“十二五”普通高等教育本科国家级规划教材

波谱原理及解析

（第四版）

白银娟　张世平　王云侠　曾凡龙　编著
常建华　董绮功　审定

科学出版社
北　京

内 容 简 介

本书主要讲述各种波谱法的原理、谱图与物质结构的关系、谱图解析方法及波谱法的应用。全书共 8 章，包括绪论、紫外-可见光谱、红外光谱和拉曼光谱、^{1}H 核磁共振、^{13}C 核磁共振与二维核磁共振、质谱法、综合解析、旋光光谱和圆二色光谱。书中有大量插图和表格，可以帮助读者理解内容。

本书可作为高等学校化学、化工、医药及生化等专业本科生的教学用书，也可供相关专业的研究生和科技工作者参考。

图书在版编目（CIP）数据

波谱原理及解析／白银娟等编著. —4 版. —北京：科学出版社，2021.8
“十二五”普通高等教育本科国家级规划教材
ISBN 978-7-03-063601-0

Ⅰ. ①波… Ⅱ. ①白… Ⅲ. ①波谱分析-高等学校-教材 Ⅳ. ①O657.61

中国版本图书馆 CIP 数据核字（2019）第 272211 号

责任编辑：丁 里／责任校对：杨 赛
责任印制：赵 博／封面设计：迷底书装

科学出版社 出版
北京东黄城根北街 16 号
邮政编码：100717
http://www.sciencep.com

天津市新科印刷有限公司印刷
科学出版社发行 各地新华书店经销
*
2001 年 8 月第 一 版 开本：787 × 1092 1/16
2006 年 2 月第 二 版 印张：29
2012 年 1 月第 三 版 字数：758 000
2021 年 8 月第 四 版 2025 年 1 月第二十七次印刷

定价：89.00 元

（如有印装质量问题，我社负责调换）

第四版前言

党和国家对教育事业日益重视，党的二十大报告指出：“教育、科技、人才是全面建设社会主义现代化国家的基础性、战略性支撑”，“要坚持教育优先发展、科技自立自强、人才引领驱动”。《波谱原理及解析》从 2001 年出版以来，受到了广大读者的欢迎，被多所高校选为教材或参考书。第三版发行至今，波谱法无论从理论、技术、仪器还是应用等各方面都有了很大的发展，对化学和相关学科工作者的波谱解析和应用能力的要求也越来越高，同时学生的思想认识、学习习惯、学习环境，以及教学条件、教学水平和对教材的要求都发生了很大变化。为此，作者对第三版进行了全面的修订和增补，以便教材能更好地适应课程学习和自学，使读者开卷有益，学以致用。

本次再版将全书重新编写，并充实了一些应用性较强的新内容。主要修订工作有：对部分章节内容进行了调整，将某些分散的知识进行了整合，如实验样品的准备全部集中于绪论部分进行介绍；紫外-可见光谱中，将最大吸收波长的计算合并于相应的化合物中等。对一些内容进行了增补，如在核磁共振氢谱中增加了 n+1 规律的说明；补充了二维核磁共振具体实例等。对例题和习题进行了筛选更新，更利于课堂讲解和课后训练。

本书注重教材的基础性、科学性和新颖性，也蕴含着丰富的思政元素，便于循序渐进学习并启发思维，培养学生分析、解决波谱问题的实际能力，全面提升学生的思想认识和综合素质。为了满足读者学习和工作中应用波谱法解决物质结构表征、结构分析、定性、定量以及结构与物性关系研究的需要，在紫外-可见光谱、红外光谱、拉曼光谱、核磁共振谱和质谱的基础上保留了旋光光谱和圆二色光谱。书中有大量谱图和表格，例题、习题选取典型、丰富，与实际应用相结合，并引入了通过应用软件、与标准谱图对比来辅助确定结构的方法。

本书具体分工为：第 1～3 章由张世平修订和增补，第 4 章由白银娟修订和增补，第 5 章由曾凡龙修订和增补，第 6～7 章由王云侠修订和增补，第 8 章无改动，全书由白银娟统稿和定稿。常建华教授和董绮功教授是本书前三版的作者，为本书的出版奠定了坚实的基础，本次修订工作也得到了两位老师的悉心指导，在此表示衷心的感谢！在本次修订过程中还得到了孙伟高级工程师和王晓青实验师的大力帮助，在此一并表示感谢。本书参考了大量相关著作和文献，主要参考资料见书后列表。在此谨对相关作者表示衷心的感谢。

由于作者水平有限，书中难免有疏漏和不妥之处，敬请读者批评指正。热忱欢迎读者告知对本书的意见和发现的问题，E-mail：baiyinjuan@nwu.edu.cn。

作　者

2023 年 6 月

第三版前言

《波谱原理及解析》从 2001 年出版以来，受到广大读者的欢迎，被多所高校选为教材或参考书。很多读者发来电子邮件，表达了他们选择该书的理由，并对教材内容提出了修改意见，在此我们深表感谢。

在第三版中，考虑到波谱法近年来在仪器、方法及应用上的新进展和各学科对波谱法的新需求，并根据课程设置及读者的建议，删除了第二版中第 9 章 X 射线衍射法，增补了 ^{19}F 和 ^{31}P 对质子的耦合、LC-NMR、固体 NMR、波谱法在分子识别中的应用和 IR 漫反射法等知识；增加了对波谱综合解析的叙述；增补了习题并在书后附上了习题答案。第三版中所用的图谱基本采用标准图谱。

本书着眼于用波谱法解决物质结构表征、结构分析、物质定性、定量以及结构与物性关系研究，着重讲述各种波谱法的原理、图谱与结构的关系、图谱解析及波谱法的应用。全书共 8 章，包括绪论、紫外-可见光谱、红外光谱和拉曼光谱、^{1}H 核磁共振、^{13}C 核磁共振与二维核磁共振、质谱法、综合解析、旋光光谱和圆二色性谱。书中有大量插图和表格，帮助读者理解教材内容，并有相关的参考文献。

为了满足不同需求，有些章节内容较细、较深，在相应章节标题上标有“*”，读者可根据具体情况选择。

在本书编著过程中参考了大量相关著作和文献，也参考了一些网上资料，主要的参考文献列于书后，我们在此一并表示感谢。

本书第 1 章、第 3 章～第 5 章由常建华编写和修订，第 2 章、第 6 章～第 8 章由董绮功编写和修订。全书由常建华整理定稿。

热忱欢迎读者用 E-mail 告知对本书的意见和发现的问题。作者的 E-mail：nwuchangjh@21cn.com 或 changjh@tom.com。

作　者

2011 年 6 月

第二版前言

《波谱原理及解析》从 2001 年出版以来，已印刷 3 次，受到广大读者的欢迎。短短的几年，波谱法自身取得了很大的发展，同时化学和相关学科对我们掌握波谱原理和图谱解析的能力提出了更高的要求，为此本书在第二版时对内容做了适当调整和补充。

本书为满足读者学习及工作中应用波谱法解决物质结构表征、结构分析、物质定性、定量及结构与物性关系研究的需要，着重讲述了各种波谱法的原理、图谱与结构的关系、图谱解析及波谱法的应用。全书共 9 章，包括紫外-可见光谱、红外光谱、拉曼光谱、^{1}H 核磁共振、^{13}C 核磁共振及二维核磁共振、质谱、波谱综合解析、旋光光谱及圆二色光谱和 X 射线衍射法等内容。书中有 200 多幅插图和 100 多个表格，可帮助读者理解内容；各章后附有习题，书后附有相关参考文献，有助读者学习。

考虑到波谱法近年来在仪器、方法及应用上的新进展和各学科对波谱法的新需求，第二版补充了手性化合物的 NMR 测定、^{13}C NMR 去耦谱中杂原子对图谱的影响、NMR 成像、标准谱图的网上检索及计算机(Chemdraw)模拟等知识；增加了混合物样品波谱分析的叙述；增加了习题；补充新的仪器和方法介绍。其中所用的图谱基本采用标准图谱。

本书参考了大量相关著作和文献，也参考了一些网上资料，限于篇幅不能一一列举，在此谨对相关作者表示感谢。

本书具体分工为：第 1 章、第 3～5 章、第 9 章由常建华编写，第 2 章、第 6～8 章由董绮功编写。全书由常建华统稿。

本书可作为高等学校化学、化工、药学、材料化学、高分子及应用化学的本科生教学用书，也可供化学、化工、药学、生物、材料、石油化工和应用化学等相关专业的研究生和科技工作者参考。

使用本书作教材或参考书的老师及科技工作者，需要习题答案者，可用 E-mail 与作者联系，我们会及时提供习题答案。同时热忱欢迎读者用 E-mail 告知对本书的意见和发现的问题。作者的 E-mail：nwuchangjh@21cn.com,changjh@tom.com。

作　者

2005 年 7 月

第一版前言

随着科学技术的进步，化学中物质结构的测定、定性及定量分析、反应机理的研究、结构与物性的研究等诸多任务已越来越依靠仪器分析来完成。虽然化学分析法还不会完全丧失其应用价值，有时它还是重要的手段，但是上述任务的大部分工作已经靠仪器分析，特别是用各种波谱法和色谱法来完成。这些方法的应用大大促进了化学学科的发展，以前无法解决的问题或需要很长时间才能完成的工作现在在较短的时间内就可以较方便地解决。为了解决科研和生产中提出的问题，波谱法自身也在不断地完善和创新，在方法、原理、仪器设备以及应用上都在突飞猛进。现在，对一个化学工作者来说，不了解、不熟悉波谱法的原理及其应用常常会寸步难行；对一个化学系学生来说，不学习和掌握波谱法就难以成为一个合格的化学工作者。

波谱法的种类和应用范围很广，本书为了满足读者学习波谱法的需要以及对物质结构分析、结构和物性研究的需要，尝试着在一般的四谱(红外光谱、核磁共振、质谱及紫外与可见光谱)基础上，增加了旋光光谱与圆二色光谱、X 射线衍射等结构分析的方法。

作者在已使用十几年的自编讲义的基础上，参考了大量国内外专著和文献，编写成此书。书中主要讲述各种波谱法的原理、谱图与物质结构的关系、谱图的解析及波谱法在化学中的应用。董绮功撰写第 2 章、第 6 至 8 章；常建华撰写第 1 章、第 3 至 5 章、第 9 章。全书由常建华统稿。本书可作为高等学校化学专业教材，也可作为应化、化工、药学、环保、农化及生化等相关专业的教学参考书。

南开大学左育民教授、兰州大学杨立教授、北京大学崔育新教授、第四军医大学张生勇教授、204 研究所袁忠智高工审阅了初稿，并提出许多中肯的修改意见，作者在此谨致诚挚的谢意。

本书由国家理科(化学)基础科学研究与教学人才培养基地和西北大学211工程重点课程建设基金资助出版。

由于我们的水平有限，且波谱法发展极快，错误和缺点在所难免，欢迎读者批评指正。

作　者

2001 年 1 月于西安

目　录

第 1 章 绪 论

1.1 波 谱 法

物质在光(电磁波)的照射下，引起分子内部某种运动，从而吸收、散射或转动某种波长的光，将入射光在经过样品后强度的变化或散射及转动光的信号记录下来，得到一张信号强度与光的波长或波数(频率)或散射角度及强度的关系图，用于物质结构、组成及化学变化的分析，这就是波谱法。

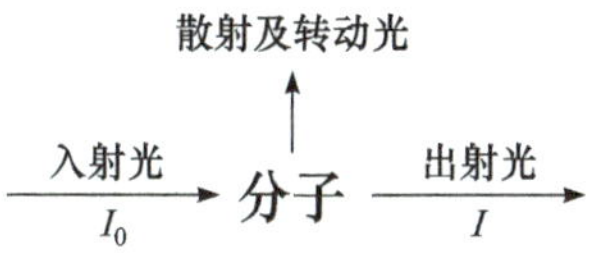

波谱法的范围很广，通常将红外光谱(IR)、紫外-可见光谱(UV-Vis)、核磁共振(NMR)和质谱(MS)四种波谱法简称为四谱。除了上述四种波谱法以外，拉曼光谱、荧光光谱、旋光光谱和圆二色光谱、顺磁共振谱及 X 射线衍射法等都属于波谱法范畴。

上述四谱中，UV-Vis、IR 和 NMR 都是吸收光谱，MS 不属于吸收光谱。MS 能准确测定化合物的分子量，提供部分结构片段信息。MS 的原理与光谱不同，但它是把不同质量的离子分开排列，这点与光谱中把不同波长或频率的辐射分开有些类似，并且它是未知化合物结构解析不可或缺的一环，因此把 MS 归在波谱法中。

早在 19 世纪 50 年代，人们就开始应用目视比色法。不久，比尔(Beer)发现了以其名字命名的比尔定律，成为分光光度法定量分析的依据。19 世纪末开始了化合物红外光谱和紫外光谱的测定。1912 年左右，第一台质谱装置制成，并用其发现了氖(Ne)的两个同位素，^{20}Ne 和 ^{22}Ne。1945 年发现了核磁共振现象以后，核磁共振在化合物结构解析中得到了广泛应用。近几十年来，随着科学技术的发展，仪器性能大大提高，实验方法也得到不断改进和革新，特别是计算机的应用，使波谱法得到了突飞猛进的发展。波谱法在理论、设备和实验技术上有了很大的进步，应用也越来越广。核磁共振、质谱、X 射线衍射法等仪器的应用为化合物结构表征、结构解析、定性鉴定及结构与物性的关系研究带来了革命性的变革。

众所周知，一种新化合物被发现或合成出来以后，就要设法确定其组成、性质和应用。用经典的化学分析法确定物质的分子量、分子式和结构式是很困难的。例如，吗啡于 1803 年从鸦片中提取出来到最后确定其结构并在 1956 年完成吗啡的全合成，前后大约用了 150 年的时间，所花费的人力、物力难以计算。若使用现代的波谱分析就比较容易解决其结构问题。现代的波谱法不仅可以确定化合物的分子量、分子式、结构片段及相互关系，从而确定其结构式，还可以使用 X 射线衍射法，特别是使用单晶衍射仪，测定晶体的 X 射线衍射图，进而确定分子中键长、键角等结构参数。物质的性能取决于结构，这是众所周知的事实。在一些复杂化合物，如某些天然产物、蛋白质、核酸及高分子化合物的结构与性能研究中，波谱法更是重要和不可替代的表征手段。现代的物质结构分析首选方法就是波谱法。

计算机化的波谱仪，利用计算机的信息快速存储、再解析及运算功能，加上波谱仪的快速采样分析，可以为需要进行快速检测而以前无法实现的研究领域(如化学反应的跟踪、反应动力学研究及反应机理的研究)提供强有力的工具。例如，在超分子化学的研究中，波谱法可以通过观察 IR 谱图基团吸收位移的变化、NMR 谱图中化学位移的变化或 UV-Vis 谱图中最大吸收位移和吸收强度的变化来判断主-客体的作用及作用部位。

化合物的定量分析一般优先选用色谱法，因为色谱分析误差比波谱分析小，还可以较方便地用于复杂样品中若干组分的定量分析。紫外光谱法因为使用方便，在几种波谱法中定量误差相对较小，也常用于有发色基团的物质的定量分析。其他波谱法也可以用于定量分析，但误差相对更大些。而且波谱法用于定量分析常受到样品中其他组分的干扰。

波谱仪与其他分析仪器(如气相色谱仪、液相色谱仪)联用，可以充分发挥各自的优势，在一次测定中完成一个样品中两三百种化合物的分离与鉴定，使原来很难实现的混合物的定性分析和结构测定更为方便快捷。现代波谱法有时所需样品仅为几微克甚至几皮克，使微量结构分析成为可能。

波谱法已成为一门重要的学科，在科研、生产、公共卫生等方面有广泛的应用。它是化学、化工、医药、生物、环保、食品及法医等诸多科研和生产领域中不可缺少的工具，并且随着仪器和方法的发展，应用领域会越来越宽广。

1.2 电磁波与波谱

1.2.1 电磁波的性质

光同时具有波动性和粒子性，即光的波粒二象性。

波动观点认为光是电磁波。电磁波是能量的一种，凡是高于绝对零度的物体，都会释放出电磁波。电磁波是一种横波，具有两个相同相位、互相垂直且垂直于传播方向的振动矢量，即电场强度(又称电矢量和光矢量)E 和磁场强度(磁矢量)H。平面电磁波传播示意图见图 1-1。

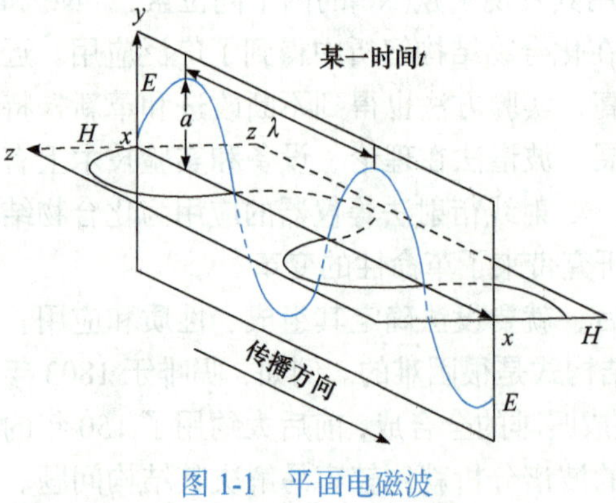

图 1-1 平面电磁波

光的折射、衍射、偏振、干涉等都是光的波动性的表现。另外，光的波动性可用经典的正弦波加以描述。通常涉及的参数有：①振动频率ν，即每秒出现的周数，单位是赫兹 Hz 或周/秒(c/s)；②波长λ，即光移动一周的距离，常用单位是纳米(nm)和微米(μm)；③周期τ，即完成一周所需的时间，单位是秒/周；④波数$\tilde{\nu}$，即在电磁波的传播方向上每单位长度内的光波数目，其常用单位是 cm^{-1}；⑤光速 c，等于 3.0×10^8 m/s。上述参数间的关系如式(1-1)所示。

$$\nu = \frac{c}{\lambda} = \frac{1}{\tau} = c\tilde{\nu} \tag{1-1}$$

光波是横波，光矢量振动方向与传播方向垂直。但是在垂直于传播方向的平面上看，光矢量还有三种不同的状态，即偏振态、非偏振态和部分偏振态。偏振态光又分为线偏振光、圆偏振光和椭圆偏振光。

(1) 线偏振光。光矢量在通过传播方向轴的一个平面内振动，光矢量只改变大小而不改变方位。在垂直于传播方向轴的平面上或从光源沿传播方向看过去，光矢量只是一条线，所以称为线偏振光；从同一时刻看，线偏振光分布在某一个平面上，而传播方向轴是此平面上的一条直线，所以线偏振光又称为平面偏振光。包含光矢量和传播矢量的平面称为振动面，见图 1-1 中的 *xy* 平面。

(2) 圆偏振光。在传播过程中，光矢量顶端的轨迹描出一条螺旋线，它的大小不变，而其光矢量围绕传播轴作方位变化。若面对传播方向向光源看过去，光矢量顶端的轨迹顺时针旋转称为右旋圆偏振光，逆时针旋转称为左旋圆偏振光，见图 1-2(a)。平面偏振光也可以看成是由两束振幅相等而旋转方向相反的圆偏振光组合的结果，见图 1-2(b)。

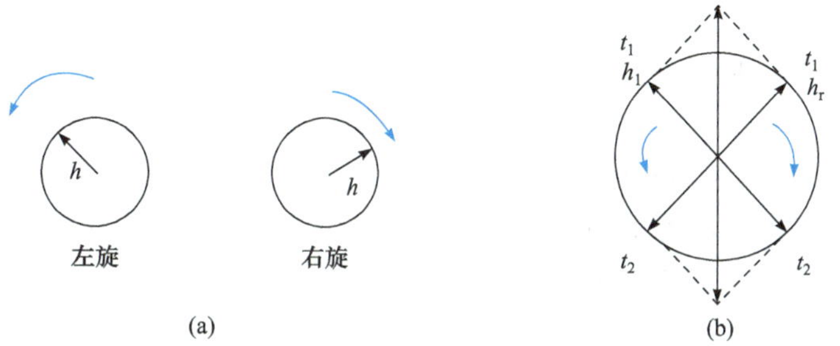

图 1-2　圆偏振光(a)和两束圆偏振光组合成平面偏振光(b)

h 为光矢量

(3) 椭圆偏振光：当平面偏振光通过手性化合物后，由于左右旋两束光被吸收情况不同，因此振幅也不相等。两束旋转方向相反而振幅不相等的圆偏振光组成一束椭圆偏振光，此时光矢量的大小和方向都在变。从传播方向面对光源看过去，光矢量顶端的轨迹是一个椭圆，见图 1-3。

自然光是由大量独立发光基元发射的光波的集合，所以自然光是沿着同一传播方向上的许多偏振光的集合，自然光的光矢量在垂直于光波传播方向的平面上各个方向上对称地平均分布，见图 1-4。

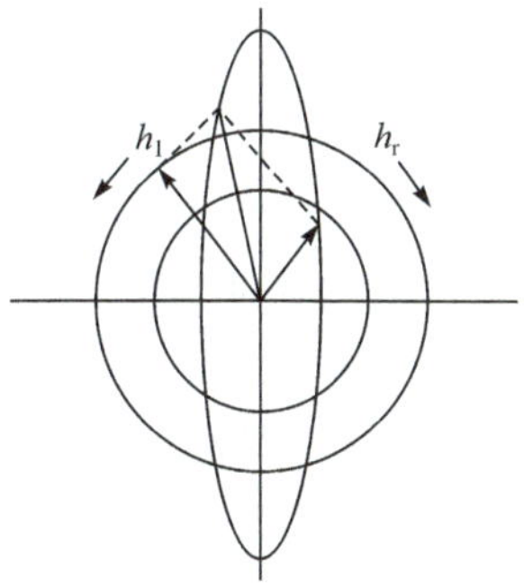

图 1-3　椭圆偏振光

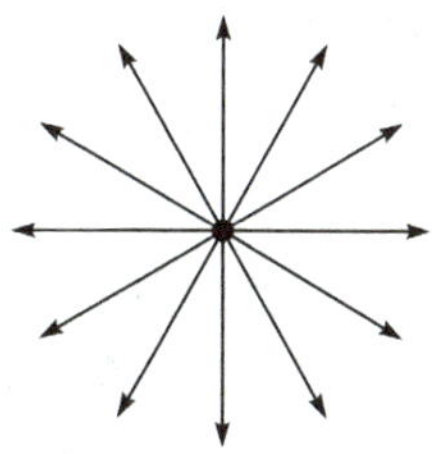

图 1-4　自然光

自然光通过一些作为起偏器的棱镜后，可以得到平面偏振光。

从量子观点看，光是由一个个光子组成的，具有粒子性。表现为它的能量不是均匀连续分布在它传播的空间，而是集中在辐射产生的粒子上。光的吸收、发射和光电效应等是电磁辐射粒子性的表现。电磁辐射不仅具有广泛的波长、频率等分布，而且因为波长、频率等不同具有不同的能量。能量(E)与波长、频率等的关系如式(1-2)所示。

$$E = h\nu = \frac{hc}{\lambda} = hc\tilde{\nu} \tag{1-2}$$

式中：E 的常用单位是焦耳(J)或电子伏特(eV)，1 eV=1.6022×10^{-19} J；h 为普朗克常量，等于 6.63×10^{-34} J · s，其他字母含义同式(1-1)。由式(1-2)可以看出，光波的频率(也可用波长 λ、波数 $\tilde{\nu}$ 代表)决定了光波的能量。频率越大，即波数越大，波长越小，光波的能量越大。

另外，根据相对论，光子质量与能量的关系如式(1-3)所示。

$$E = mc^2 \tag{1-3}$$

1.2.2 吸收光谱

吸收光谱是指物质吸收光子，从低能级跃迁到高能级而产生的光谱。也可以说，当物质吸收的电磁辐射能等于物质两个能级间跃迁所需要的能量时就将产生吸收光谱，即满足式(1-2)。四大谱中 UV-Vis、IR 和 NMR 都属于吸收光谱。处于高能级的原子或分子以光子的形式释放多余的能量回到较低能级产生的辐射所形成的光谱则是发射光谱。室温下，大多数物质都处于基态，所以一般多发生基态到激发态的跃迁得到吸收光谱。吸收、发射跃迁示意图见图 1-5。

吸收光谱分为原子吸收光谱、分子吸收光谱及磁场诱导吸收光谱。研究吸收光谱有助于了解原子、分子和其他许多物质的结构和运动状态，以及它们与电磁场或粒子相互作用的情况。分子吸收光谱通常是线状谱或吸收带，如图 1-6 所示。

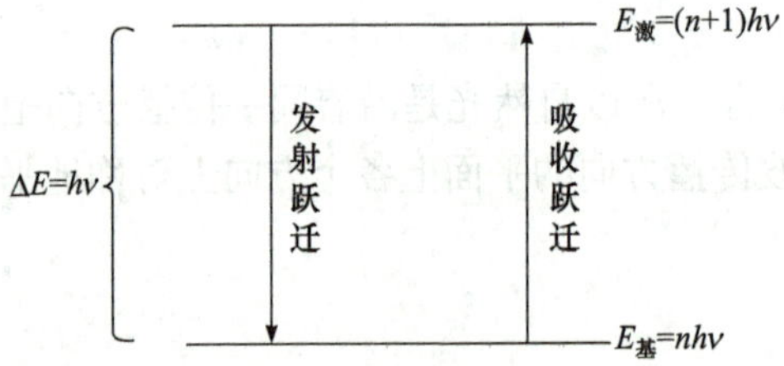

图 1-5 吸收、发射跃迁示意图

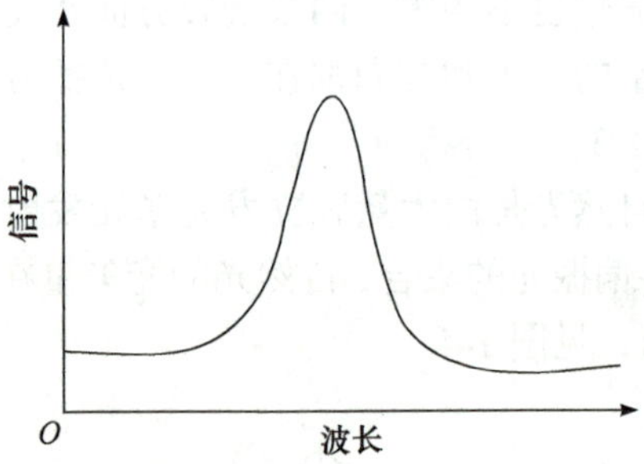

图 1-6 分子吸收光谱示意图

本书讨论的吸收光谱是与 UV-Vis、IR 和 NMR 密切相关的分子吸收光谱和磁场诱导吸收光谱(NMR)。其中，UV-Vis 主要用于化合物中共轭体系及异构体的鉴别；IR 主要用于官能团及异构体的分析；NMR 主要用于分析化合物中 C(^{13}C NMR)、H(^{1}H NMR)的种类、数目及连接方式。结构不同的化合物均有其特征的光谱图，因此可利用光谱图推测化合物的结构。

构成光谱图的三要素是：①谱峰的位置，即谱图的横坐标，一般作为定性分析的指标；②谱峰的强度，即谱图的纵坐标，一般作为定量分析的指标；③谱峰的形状。进行化合物的谱图分析，要同时注意上述三要素，才能得到正确的分析结果。

1.2.3 分子能级与吸收光谱

分子内的运动有分子的平动、转动、原子间的相对振动、电子跃迁、核的自旋跃迁等形式。每种运动都有一定的能级。除了平动以外，其他运动的能级都是量子化的。某一种运动具有一个基态以及一个或多个激发态，从基态跃迁到激发态，所吸收的能量是两个能级的差而不是随意的，其能级差满足式(1-4)。

$$\Delta E = E_{激} - E_{基} \tag{1-4}$$

1. 平动能

平动是分子整体的平移运动。平动能 E_k 随温度升高而增大。E_k 可以是连续变化的、非量子化的。平动不会产生光谱。E_k 的计算公式如式(1-5)和式(1-6)所示。

$$E_k = \frac{1}{2}mv^2 \tag{1-5}$$

$$E_k = \frac{1}{2}k_B T \tag{1-6}$$

式中：k_B 为玻尔兹曼常量。

平动能是各种分子运动能中最小的。

2. 核的自旋跃迁

磁场中的物质，因其某些元素的电子或原子核受到磁场作用产生附加的量子化能级，即磁性质的简并能级分裂，生成具有微小能量差的不同量子化的能级，当辐射能量满足要求时，就有吸收现象，即磁场诱导吸收。外磁场作用下核自旋能级裂分如图 1-7 所示。

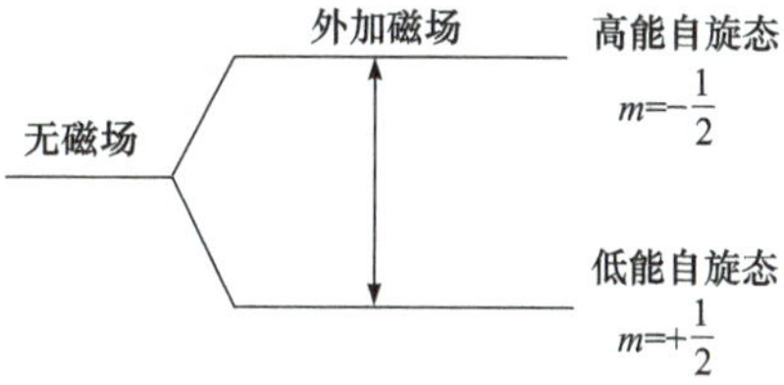

图 1-7 外磁场作用下核自旋能级裂分

核的自旋跃迁所需的能量比平动能大，而小于其他分子运动能。核磁共振的研究对象是具有磁矩的原子核，对原子核来说，自旋量子数(I)为 1/2 的核，如 ^1H、^{13}C 等在磁场中有两种自旋取向，一个能级高，另一个能级低。低能级的核吸收电磁波跃迁到高能级时得到核磁共振谱。

3. 转动能

分子围绕它的重心转动，其能量称为转动能。分子的转动也受温度的影响。根据量子力学原理，转动能级的分布也是量子化的。转动量子数 J 可取 0、1、2、…。转动能为 E_j，大于核自旋跃迁能而小于振动能。E_j 的计算公式见式(1-7)。

$$E_j = \frac{J(J+1)\hbar^2}{2I} \tag{1-7}$$

式中：J 为转动量子数；$\hbar$ 为约化普朗克常量$\left(\hbar = \frac{h}{2\pi}，h 为普朗克常量\right)$；$I$ 为转动惯量。

纯粹的转动光谱只涉及分子转动能级的改变，不产生振动和电子状态的改变，转动能级间距离很小，吸收光子的波长长，频率低。两个转动能级相差 0.004～0.04 kJ/mol，单纯的转动光谱发生在远红外区和微波区。

4. 振动能

分子中原子离开其平衡位置作振动，所具有的能量称为振动能。在处理分子中振动体系时，常借用机械振动模型。机械振动的能级变化可以是连续的，而分子的某个振动其能级变化是量子化的，是不连续的。量子力学把分子体系中某个振动当作谐振子处理，其能量状态由式(1-8)决定：

$$E_v = h\nu\left(V + \frac{1}{2}\right) \tag{1-8}$$

式中：E_v为在振动量子数V下的振动能；ν为基本振动频率；h为普朗克常量；V为振动量子数，可取整数0，1，2，…。

当V=0时，振动处于最低振动能级，即基态，其振动能称为零点振动能。零点振动能不为0，$E_0 = \frac{1}{2}h\nu$。振动的选律为$\Delta V = \pm1$，±2，…，$\Delta V = \pm1$即从基态到第一激发态($V = 0 \rightarrow V = 1$或$V = 1 \rightarrow V = 2$)，同一个振动所有$\Delta V = \pm1$的振动在谱图上重叠在一起。$V = 0 \rightarrow V = 1$的振动称为基频。也可以发生$\Delta V = \pm2$的振动，这称为倍频，其发生概率比基频小得多。

振动光谱反映分子振动能级改变，分子吸收光子后产生振动能级跃迁，在每一振动能级改变时，还伴有转动能级改变，显示出转动能级改变的细微结构，谱线密集，吸收峰加宽，称为振动-转动吸收带或振动吸收。引起这种改变的光子能量比转动的高，两个振动能级差为0.4～40 kJ/mol，产生于波长较短、频率较高的红外区。

振动能级大于转动能级，小于电子能级，所以振动光谱中涵盖了转动光谱，见图1-8。

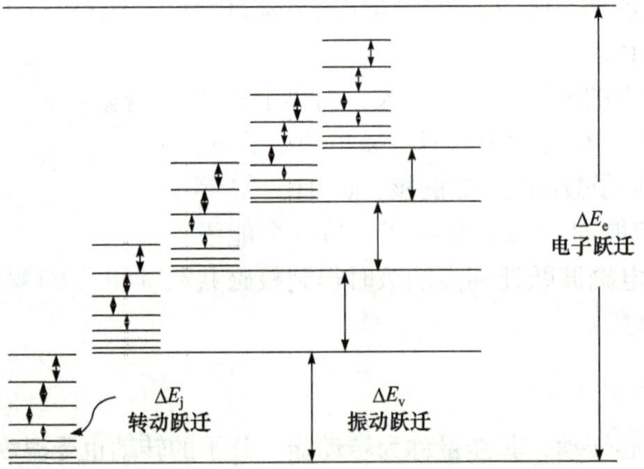

图1-8　分子能级示意图

5. 电子能

电子具有动能与势能。动能是电子运动的结果，势能是电子与核的作用造成的。电子的能级分布是量子化的、不连续的。分子吸收特定波长的电磁波可以从电子基态跃迁到激发态，产生电子光谱。电子跃迁所需能量ΔE_e为80～1200 kJ/mol，高于振动、转动跃迁所需的能量，即$\Delta E_e > \Delta E_v > \Delta E_j$，见图1-8。电子能级的变化都伴随有振动能级与转动能级的改变。因此，两个电子能级之间的跃迁不是产生单一吸收谱线，而是由很多相距不远的谱线所组成的吸收带。

由上所述可知，分子的各种运动具有不同的能级。除平动外，其他运动形式如转动、振动、电子跃迁和核自旋跃迁的能级分布都是量子化的。从基态吸收特定能量的电磁波跃迁到高能级，可得到相应的波谱。

电磁波的能量由式(1-2)决定。分子接受电磁波照射会发生某种运动，将样品前后光强度的变化或吸收光后产生的散射光的信号记录下来就得到各种谱图。分析所得的谱图就可以对分子的结构及基团化学环境作出判断。按吸收波长或频率的区域不同，吸收光谱的分类及其主要参数见表 1-1。

表 1-1 电磁波与光谱

辐射区域	波长	波数/cm^{-1}	光子能量/eV	跃迁类型	光谱类型
γ 射线	5～140 pm	2×10^{10}～7×10^{7}	2.5×10^{6}～8.3×10^{3}	核能级跃迁	γ 射线谱
X 射线	0.001～10 nm	1×10^{10}～1×10^{6}	1.2×10^{6}～1.2×10^{2}	内层电子跃迁	X 射线谱
真空紫外光	10～200 nm	1×10^{6}～5×10^{4}	125～6		
紫外光	200～400 nm	5×10^{4}～2.5×10^{4}	6～3.1	外层电子跃迁	电子光谱
可见光	400～800 nm	2.5×10^{4}～1.25×10^{4}	3.1～1.7		
近红外光	0.75～2.5 μm	1.3×10^{4}～4×10^{3}	1.7～0.5		
中红外光	2.5～50 μm	4000～200	0.5～0.02	振动与转动跃迁	红外光谱
远红外光	50～1000 μm	200～10	2×10^{-2}～4×10^{-4}		
微波	0.1～100 cm	10～0.01	4×10^{-4}～4×10^{-7}	转动跃迁、自旋跃迁	微波谱、顺磁共振
无线电波	1～1000 m	10^{-2}～10^{-5}	4×10^{-7}～4×10^{-10}	核自旋跃迁	核磁共振

1.3 分子不饱和度的计算

分子不饱和度即分子中不饱和的程度。分子有不饱和度即说明分子中含有不饱和键或环。分子有 1 个及以上不饱和度才可能含 C═O、C═N、C═C、NO_2或饱和的环。分子有 2 个及以上不饱和度才有可能含有 C≡C 或 C≡N。当不饱和度大于 4 时分子中才有可能存在苯环或其他六元芳环。因此，知道不饱和度对化合物结构解析很有价值。

在已知分子式的情况下，结构解析的优先步骤之一就是求出不饱和度。

分子的不饱和度计算公式如下：

$$U = 1 + n_4 + \frac{1}{2}(n_3 - n_1) + \frac{3}{2}n_5$$

式中：n_5、n_4、n_3、n_1分别为 5 价(N、P)、4 价(C)、3 价(N、P)、1 价(H、卤素)原子的个数。

例如，$C_2H_5NO_2$不饱和度：U=1+2+(1−5)/2=1；$C_8H_6Cl_2$不饱和度：U=1+8+(0−8)/2=5。

不饱和度的规定如下：

(1) 单键对不饱和度不产生影响，因此烷烃的不饱和度为零(所有原子均已饱和)。

(2) 碳的同素异形体，可将其视作氢原子数为 0 的烃，如 C_{60}(足球烯)的不饱和度为零。

(3) 双键(C═C、C═O、C═N)的不饱和度为 1。

(4) 硝基的不饱和度为 1。

(5) 饱和环的不饱和度为 1。

(6) 三键(C≡C、C≡N)的不饱和度为 2。

(7) 苯环的不饱和度为 4，苯可以看作是三个双键和一个环的结构形式。

(8) 稠环芳烃不饱和度用下式计算：

$$U=4r-s$$

式中：r 为稠环芳烃的环数；s 为共用边数目。环数等于将环状分子剪成开链分子时，剪开的碳碳键的个数。例如

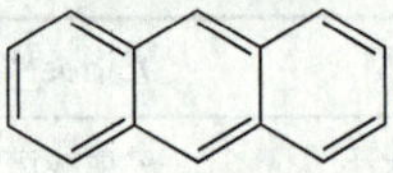的不饱和度：$r=3$，$s=2$，$U=4\times3-2=10$

(9) 立体封闭有机分子(多面体或笼状结构)不饱和度的计算，其成环的不饱和度比面数少1。例如，金刚烷和立方烷的面数分别为 4 和 6，对应的不饱和度为 3 和 5。

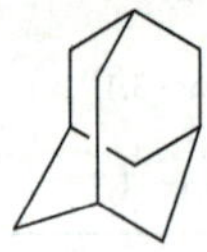

金刚烷

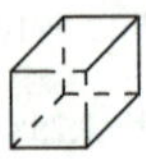

立方烷

不饱和度在有机化学中主要有以下用途：①书写有机物的分子式；②判断有机物的同分异构体；③推断有机物的结构与性质；④推断有机物分子中的结构单元；⑤检查对应结构的分子式是否正确。

注意：

(1) 在进行化合物不饱和度计算时，不论元素，只按照化合价进行分类计算。

(2) 元素的化合价要按照其在化合物中实际提供的成键电子数计算。例如，分子式为 $C_{12}H_9N_2O_8P$ 的双(4-硝基苯)磷酸酯中，氮元素为 3 价，磷元素为 5 价，则分别按照 3 价和 5 价计算其不饱和度，$U=1+12+(2-9)/2+3/2=11$。

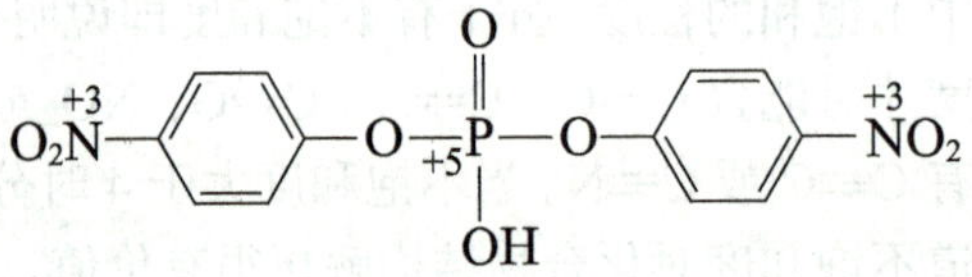

(3) 若化合物结构中含有变价元素，如氮、磷等，在不确定其结构前，要对每种情况进行计算，再结合波谱数据进行确定。例如，分子式为 $C_{11}H_{17}O_3P$ 的化合物，P 为 3 价时其不饱和度 $U=1+11+(1-17)/2=4$，其可能是结构(A)；P 为 5 价时其不饱和度 $U=1+11+(0-17)/2+3/2=5$，其可能是结构(B)。

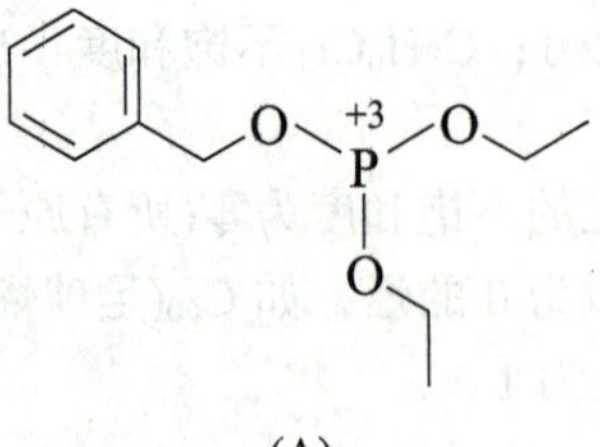

(A)

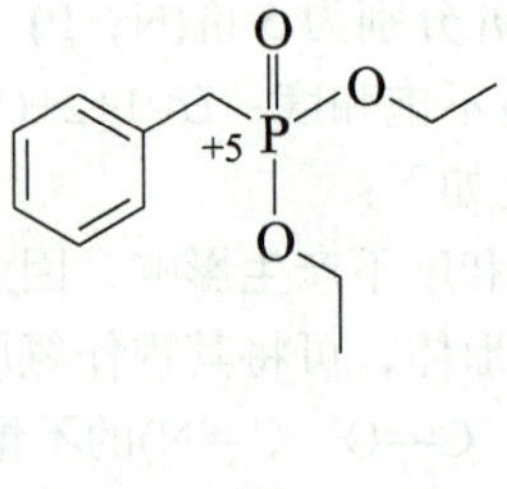

(B)

1.4 波谱实验样品的准备

波谱分析应用十分广泛，可用于物质的结构表征和测定、定性分析、定量分析、键能

和键长测定、反应机理研究、平衡常数测定、物性与结构关系研究等领域。波谱法测定的对象可以是无机物也可以是有机物，有天然的复杂物质，也有较简单的合成物质，来源各异，性质千差万别。在波谱测定前，需要根据样品的来源、性质、用量、纯度、杂质组分及测定目的等选择合适的波谱方法，进行样品的准备。

样品准备主要有三方面的工作：一是准备足够的量；二是在很多情况下要求样品有足够的纯度，所以要做纯度检验；三是样品在上机前进行制样处理。

1.4.1 样品的量

(1) 波谱实验需要样品的量首先取决于波谱法的检测灵敏度，也就是说不同波谱法对样品的量要求不同。

例如，紫外光谱法中，若样品分子有共轭体系，ε 较大时，一般做定性分析，若配制 100 mL 溶液，需要的量为 $M\times10^{-6}$～$M\times10^{-5}$ (g)，M 为分子量。

红外光谱做结构分析需要 1～5 mg 样品。

^{1}H NMR 一般要 2～5 mg 样品。

^{13}C NMR 要十几毫克到几十毫克样品。样品量大可减少采样时间，节省费用。分子量越大，需要样品量也越大。

质谱的检测灵敏度很高，可达 10^{-12} g，因此样品用量很少，固体样小于 1 mg，液体纯样几微升即可测定。

(2) 需要样品量的多少与测定的目的有关。一般情况下，定量分析比定性鉴定需要的量多一些。定量分析的样品要称量，样品至少要有一定的量才能保证称量误差控制在一定范围内。

(3) 需要样品量的多少还与样品分子结构有关。一般分子量大的样品需要的量也多。另外，被检测对象信号的大小也制约着取样量，如 ^{1}H 在核磁共振中比 ^{13}C 灵敏度大得多，故 ^{1}H NMR 样品量可少于 ^{13}C NMR。

(4) 在红外光谱、核磁共振、紫外光谱中使用微量测定装置可减少样品量。

1.4.2 样品的纯度

用波谱法做化合物的结构表征和分析时，样品有纯化合物或混合物两种可能。在进行波谱分析前应注意样品的纯度，若将混合物误认为纯物质进行解析，谱图中混有其他物质的吸收峰，由此推断可能会得出意想不到的错误结论。可用于混合物各组分结构分析的方法有：

(1) 色谱和波谱联用法，如气相色谱和红外光谱联用(GC-IR)、气相色谱和质谱联用(GC-MS)、高效液相色谱和质谱联用(HPLC-MS)、高效液相色谱和核磁共振联用(HPLC-NMR)等。其中，色谱-质谱联用可在一次测定中对上百种组分进行定性分析。

(2) 粉末 X 射线衍射进行物相分析，其对象也可以是混合物。X 射线衍射分析是一种对照鉴别物相的方法，即将未知物和已知物的 X 射线衍射图作比较，若未知物的衍射图中包含已知物的衍射图，就可以认定未知物中含有已知物。这种物相分析不是简单的元素组成分析，而是分析组成物质的元素的状态，可区分化合物的相和相变，当物质成分是两种以上时，可区分是混合物还是固溶体。

(3) 差谱技术用于混合物分析。该技术是对存储的谱图进行数据处理的一种计算机软件功能，通过一定的数据处理，可以实现溶剂、基体和干扰组分的扣除，以及进行多组分光谱分离等。

(4) 在进行定量分析时，样品一般也是混合物。

除了上述使用混合物样品的情况外，大多数情况下要求物质是纯样，允许存在的杂质的量以其谱峰不会对物质谱图解析产生干扰为准。因此，在对某化合物进行结构分析和结构表征时，应该先对样品做纯度检验。

样品的纯度检验要综合使用物理常数测定和色谱分析两种方法，只有当两种方法都证明是纯的样品，结论才可靠。

1. 测定物理常数判定样品纯度

常用的物理常数有固体的熔点(m. p.)、液体的沸点(b. p.)和折射率(n)。

1) 固体样品

固定的熔点和小的熔程是固体样品纯度的重要依据之一。纯的固体物质的熔程一般小于0.5 ℃。某些分子量较大的样品熔程较大。一个纯物质应该有固定的熔点，但是有一些物质有两个熔点，另有一些物质在测定时分解。例如，一些氨基酸、脒、季铵盐，分解时是焦化、萎缩及放出气体，而不是变成澄清的液体，分解点不固定，随加热速率而变化，如酪氨酸缓慢加热分解点为280 ℃，快速加热分解点为318 ℃。有些物质因重结晶溶剂不同而得到不同晶形的固体，它们的熔点有时差别很大。例如，丙醛的缩脲醛用水重结晶的熔点是154 ℃，而用苯-石油醚重结晶的熔点是89 ℃。有些物质晶形不同，熔点也不同。例如，薄荷醇有α、β、γ和δ四种晶形，熔点分别为 42.5 ℃、35.5 ℃、33.5 ℃和 31.5 ℃。有些物质(如对溴苯甲酸)易升华，给熔点测定造成困难。

固定的熔点和小的熔程是样品纯度的标志，但是有些混合物也会有固定的熔点及较小的熔程。例如，二苯酮(m. p. 47.7 ℃)与二苯胺(m. p. 52.8 ℃)以物质的量比 1∶1 混合，形成一种化合物，其熔点为40.2 ℃。因此，一般情况下还应与色谱法对照作出判断。已知物质可对照文献的熔点值以确定纯度。

2) 液体样品

纯样品有固定的沸点和折射率，并且有窄的沸程(0.5～1 ℃)。因此，可以通过测定液体的沸点和折射率来判断样品的纯度。

由于沸点的测定一般不是在标准大气压下测定，所以测得的沸点应进行校正。对于非缔合体(如烃、卤代烃、醚、酯等)，校正值Δt为

$$\Delta t = 8.82\times10^{-7}(273+t)(101\,325-p)$$

对于缔合型液体(如醇、酸)，校正值Δt为

$$\Delta t = 7.35\times10^{-7}(273+t)(101\,325-p)$$

式中：Δt为校正温度值(℃)；t为观察到的沸点(℃)；p为大气压(Pa)。

纯物质有固定的折射率，若已知某物质的折射率，则可以通过测定液体样品的折射率来判断此样品是不是某物质或判断其纯度。折射率可测出五位有效数字，准确度很高。应注意的是测量时的入射光波长和温度。折射率符号n_D^{20}右下角的 D 表示在钠光灯照射下测定，钠光谱中 D 线的波长为589.3 nm；右上角数字为测定时的温度。在与文献数据对照时，这两个条件要一致。若温度不一致，可以用校正值校正。物质的折射率随温度升高而降低，温度每升高1 ℃，折射率减小约0.0004。

2. 色谱法在样品纯度检验中的应用

色谱法是常用的样品纯度检验手段之一，应与物理常数测定结合使用。

纯物质在气相色谱(GC)和高效液相色谱(HPLC)中应出一个峰，在薄层色谱(TLC)中出一个斑点。用色谱法检验纯度时，应更换两个以上不同的色谱体系，纯样品应仍为一个峰或一个斑点。

应注意的是，各种色谱法对检出的物质范围常有局限性。在 GC、HPLC 和 TLC 中，纯样品应为一个峰或一个斑点；但是样品出一个峰或一个斑点不一定就是纯样。其原因是色谱分离不够好，两种物质保留值太接近，色谱检测灵敏度不够或杂质在该色谱检测条件下无信号。有时样品有杂质而不能检出，如常用的 HPLC 紫外检测器只对有紫外吸收的物质灵敏，对没有紫外吸收的物质很不灵敏。用 HPLC 检验样品时应特别注意这个问题。若紫外检测器上只有一个峰，最好用对所有物质均可检出的折光检测器再进行检验。若仍为一个峰，则样品是纯样。GC 的氢火焰检测器对绝大多数在操作温度下有一定蒸气压的有机物可以检出，但对在该温度下蒸气压太低的有机物可能无法检出，少数有机物(如甲醛及甲酸)在氢火焰检测器上也无法检出。TLC 在用荧光薄板时也有局限性，不吸收紫外光和无颜色的物质不能直接观察到。从分离度来说，GC 最好，TLC 最差。分离度不好时，就有可能使几种物质的峰或斑点重叠在一起。因此，用色谱法检验纯度时，应更换两个以上不同的可以互补的色谱体系，样品应仍为一个峰或一个斑点，而且物理常数测定也说明样品是纯样，才能确定样品是纯的。

3. 不纯样品的处理

经检验纯度不够的样品应进行提纯处理。提纯的方法主要分两类：一是根据样品组分理化性质(如沸点、溶解度)的不同进行提纯，常用的方法有蒸馏(包括精馏)、重结晶、升华和萃取等；二是根据样品组分在某种色谱体系中迁移速度的不同进行提纯。例如，组分是离子化合物和在某个 pH 下形成离子的化合物可用离子交换色谱进行分离。TLC 和 LC 是最常用的两种色谱。GC 因处理量太小不常用。

另外，考察样品中杂质的混入途经也是很重要的。一种可能是在原始样品中就已含有杂质，如合成产品中的试剂、反应物、副产物等。此时，要尽可能详细地研究有关原始样品来源的资料，推断杂质大致属于哪一类型的化合物。另一种可能是在原始样品纯化过程中混入的杂质，此时应重新研究纯化过程。例如，纯化时混入的水分和溶剂，或者是溶剂的纯度有问题，溶剂含有其他杂质而引起的结果。因此，要特别重视原始样品的纯化。

习　题

1. 波谱法中常提到的四大谱指的是什么？分别用什么字母缩写表示？
2. 什么是光的二象性？有哪些现象可以证明？
3. 什么是吸收光谱？有机化合物的吸收光谱是如何产生的？
4. 有机化合物的纯度检验如何进行？
5. 计算下列分子式的不饱和度。

(1) $C_6H_{12}O_6$　　(2) C_4H_5NO (氮元素为三价)　　(3) C_9H_8NOP (磷元素为五价，氮元素为三价)

6. 构成光谱图的三要素是什么？

第 2 章　紫外-可见光谱

紫外-可见光谱(ultraviolet-visible spectroscopy，UV-Vis)，简称紫外光谱(UV)，是吸收光谱的一种。

紫外光谱是最早应用于有机化合物结构鉴定的物理方法之一，也是常用的一种快速、简便的分析方法，广泛用于化学、生物化学、石油化工、药物化学、食品化学、环境科学等科研和国民经济领域。它在确定有机化合物的共轭体系、生色团和芳香性等方面有独到之处。

紫外光谱用于化合物结构分析是在经典比色法的基础上不断完善而逐渐发展起来的。目视比色法开始于 19 世纪 50 年代，不久后比尔发现了以其名字命名的比尔定律，成为分光光度法重要的理论基础。20 世纪 30 年代，光电效应应用于光强度的测定，产生了第一台分光光度计。随着单色器材料的改进，这种古老的分析方法由可见区扩展到紫外区和红外区。紫外光谱本身有许多特点，如测量灵敏度高、准确度较高、应用范围广，对很多金属元素和非金属元素及其化合物都能进行测定，也能定性或定量测定很多有机化合物，此外仪器的价格较便宜、操作简便、快速、易于普及推广，所以至今仍然是分析鉴定有紫外吸收的化合物的重要工具。但紫外光谱所提供的信息较少，在大多数情况下不能单独解决问题，只有与其他光谱方法密切配合，才能比较完满地解决有机化合物结构鉴定中的问题。紫外光谱也是常规质量控制和质量分析不可缺少的方法之一，常用于有发色团化合物的定量分析。

随着分光元器件及分光技术、检测器件与检测技术、大规模集成制造技术等的发展，以及单片机、微处理器、计算机和数字信号处理(digital signal processing，DSP)技术的广泛应用，紫外分光光度计的性能指标不断提高，并向自动化、智能化、高速化和小型化等方向发展。紫外光谱也日益成为追踪化学反应和反应动力学研究的重要工具。

2.1　紫外光谱的基本原理

分子吸收紫外-可见区(200～800 nm)的电磁波产生电子跃迁，测定样品池前后光强度的变化而得到的吸收光谱称为紫外-可见光谱。

紫外-可见光可分为 3 个区域：

远紫外区　10～200 nm

紫外区　200～400 nm

可见区　400～800 nm

其中，远紫外区又称真空紫外区。由于氧气、氮气、水及二氧化碳等物质对这个区域的紫外光有强烈的吸收，因此这部分光谱的研究必须在绝对真空状态或充有其他稀有气体(如氩气、氖气、氦气)的情况下进行。稀有气体实际上在该区域内也有一定的吸收，如氩气在 107 nm 以下，氦气在 60 nm 下存在吸收。由于技术上的困难，对该区域的光谱研究较少。一般的紫外光谱仪都包括紫外区和可见区两部分，测试范围一般为 200～800 nm，有的加宽至 190～1000 nm，也有的与近红外或红外光谱联用。

紫外光有足够的能量使分子的价电子由基态跃迁到高能量的激发态而得到紫外光谱，所以紫外光谱也称为电子吸收光谱(electronic absorption spectrum)。

2.1.1 基本原理

紫外-可见光谱与电子跃迁有关。以 A、B 两个不同原子组成的分子为例，分子中电子的状态可以用分子轨道理论来描述。这里仅做一些定性的、简单的说明。分子轨道可以看成是由相应的原子轨道线性组合而成。以 A—B 的 σ 键来说，A 的原子轨道(s 电子、p 电子或其他，现以 s 电子表示)和 B 的原子轨道(也以 s 电子表示)线性组合，可以形成两个不同的分子轨道。一个分子轨道能量低，为成键分子轨道(bonding molecular orbital)，称为 σ 分子轨道；另一个分子轨道能量高，为反键分子轨道(antibonding molecular orbital)，称为 σ^*分子轨道。成键的两个电子都在能量低的 σ 分子轨道中，一个自旋向上，另一个自旋向下，这是 A—B 分子的基态，对应能量为 E_0。分子也可能处于高能态，对应能量为 E_1，此时其中一个电子在 σ 分子轨道，而另一个电子在 σ^*分子轨道。分子通常是处于基态的，但当分子受紫外光照射，且紫外光的能量($E=h\nu$)恰等于基态与高能态能量的差值($\Delta E=E_1-E_0$)，则可能吸收能量，使电子从 E_0 跃迁至 E_1(图 2-1)。

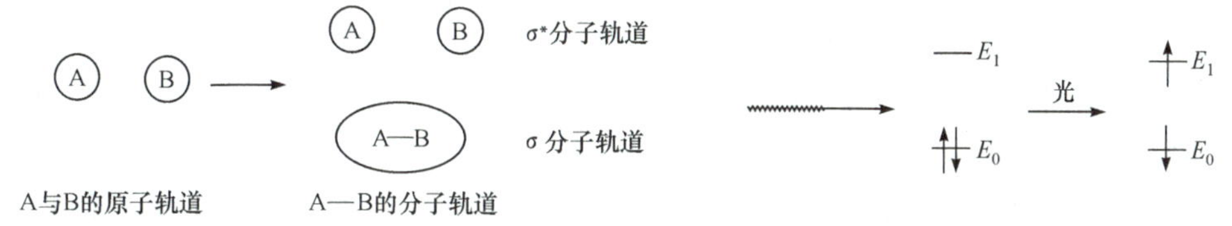

图 2-1 价电子跃迁示意图

1. 富兰克-康顿原理及谱线的形状

分子在电子基态和激发态都存在不同的振动能级，通常基态分子处于最低的振动能级($V=0$)。电子发生跃迁时可由基态跃迁到激发态的多个振动能级，电子跃迁一定伴随着能量变化较小的不同振动能级和转动能级的跃迁。如图 2-2(a)所示，E_0 为电子基态，E_1 为电子激发态，其中还有不同的振动能级 V_0'、V_1'、V_2'、…。一般从电子能量最低、振动能也是最低的能态 E_0V_0 向高能态跃迁，其可能是

$$E_0V_0 \rightarrow E_1V_0'$$

$$E_0V_0 \rightarrow E_1V_1'$$

$$E_0V_0 \rightarrow E_1V_2'$$

$$\cdots$$

激发态键的强度比基态低，所以激发态的平衡核间距也比基态的核间距长，它们的势能曲线见图 2-2(a)。

发生电子跃迁时，原子核的移动与电子跃迁相比慢得多，所以核的移动可以忽略不计，即电子跃迁开始时 A—B 距离与跃迁之后 A—B 距离是不变的，这就是富兰克-康顿(Franck-Condon)原理。

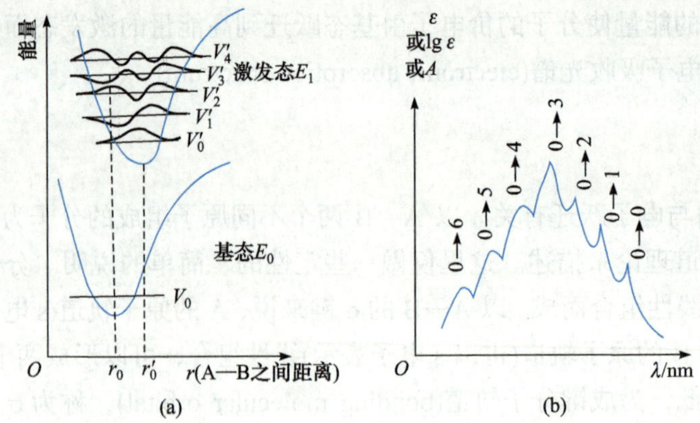

图 2-2 电子跃迁示意图

(a) 能量与距离的关系；(b) 紫外跃迁

每个振动能级的振动波函数的分布是不同的。在振动基态以平衡位置振动的波函数最大，在振动激发态则在相应振动能级的两端振动波函数较大。电子由基态跃迁到激发态，分子的构型和键能等应发生相应的变化。但相对于电子跃迁的速度，原子核间的振动是很慢的(其间相差 10^3 倍)，还来不及发生任何变化时，电子跃迁过程就完成了。这就说明一个电子受激发所包含的振动跃迁的最大概率是在原子核位置不变的情况下确定的。按照富兰克-康顿原理，当电子从基态(E_0V_0)向激发态 E_1 某一振动能级跃迁时，要判断跃迁到哪个振动能级的概率最大，可由基态平衡位置向激发态作一垂线(垂直跃迁)，交于某一振动能级的波函数最大处，则向这个振动能级跃迁的概率最大。例如，按图 2-2(a)所示的分子状态，垂直跃迁到 E_1V_3' 的振动能级时两种振动波函数(V_0 和 V_3')有最大的重合，所以电子跃迁 $E_0V_0\rightarrow E_1V_3'$ 吸收谱带强度最大，其他跃迁 0→2、0→1、0→0 和 0→4、0→5、0→6 强度依次降低，构成有精细结构的紫外吸收谱带，见图 2-2(b)。但是在溶剂中做的紫外光谱往往得到的是一个很宽的峰。这是由于溶液中分子间的相互作用使电子跃迁到不同的振动能级处引起的精细结构平滑化，所以只看到宽峰。

在紫外光谱图中，纵坐标为吸光度 A(仪器直接测得)、摩尔吸光系数ε或 lgε(均由计算求得)；横坐标为波长 λ(nm)，峰最高处的对应波长为极大吸收波长，记为 λ_{max}。波长 λ_{max} 处对应的摩尔吸光系数ε值是该样品的ε_{max}，如图 2-3 所示。图 2-3 中，吸收强度次于 λ_{max} 的波峰称为次峰或第二峰；在吸收峰旁产生的一个曲折称为肩峰，用 λ_{sh} 表示；相邻两峰之间的最低点称为波谷，用 λ_{min} 表示；在吸收曲线短波处呈现吸收趋势但并未成峰的部分称为末端吸收。

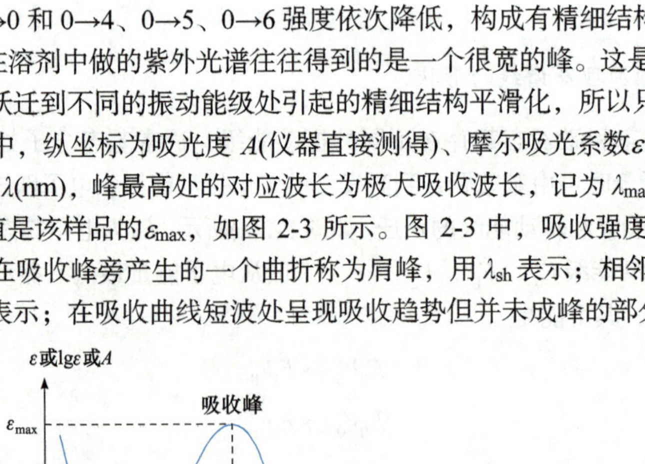

图 2-3 紫外光谱图及相关参数

λ_{max}取决于跃迁时的能级差(对应吸收光波的能量大小)。$E_0 \to E_1$能级差大，吸收光波的能量也大，λ_{max}就小；反之，$E_0 \to E_1$能级差小，则λ_{max}大。ε值对应跃迁的概率，跃迁的概率大，ε值也大。

2. 峰的强度

在紫外光谱中，峰的强度遵守朗伯-比尔(Lambert-Beer)定律：

$$A = \lg\frac{I_0}{I} = abc$$

式中：A 为光密度，又称吸光度；I、I_0 分别为透过样品池、参比池的光强度；b 为光程长，即比色皿的厚度(cm)；c 为浓度；a 为吸光系数，$a=A/(bc)$。当浓度 c 的单位用 mol/L 时，吸光系数 a 用ε表示，称为摩尔吸光系数，单位为 L/(mol · cm)，使用时常省略单位。

$$A = \varepsilon bc$$

$$\varepsilon = \frac{A}{bc}$$

每个峰的强度用实验测出的数据 A 或计算得到的ε表示。A 是一个与浓度有关的值，而ε的大小取决于分子结构，与样品浓度无关，在一定实验条件下为常数。ε的大小是表示这个分子在吸收峰的波长处发生跃迁的可能性。跃迁概率大，ε也大。一般观察到的ε范围为 10～10^5(也可以用 lgε的值 1～5 表示)。

如果朗伯-比尔定律中的浓度 c 为 1 g/(100 mL)，则相应的吸光系数符号用$a_{1\,cm}^{1\%}$表示，$a_{1\,cm}^{1\%} = A/(bc)$。它与ε的关系为

$$a_{1\,cm}^{1\%} = 10\varepsilon/M$$

或

$$\varepsilon = 0.1Ma_{1\,cm}^{1\%}$$

式中：M 为物质的摩尔质量；$a_{1\,cm}^{1\%}$ 为百分吸光系数或比吸光系数(specific absorptivity)。

对于不知其摩尔质量的物质，在紫外光谱图中也可用$a_{1\,cm}^{1\%}$作纵坐标，波长作横坐标。

3. 电子跃迁的分类

前面已讲到分子轨道是由原子轨道线性组合而成，有几个原子轨道参加组合，就组成几个分子轨道。成键轨道电子云互相交盖，能量低；反键轨道电子云相互背离，能量高。分子处于基态时，电子占据成键轨道，且两个电子自旋方向相反，反键轨道上无电子。当吸收紫外-可见光后，成键轨道中的电子可受激发跃入反键轨道(高能级)。有机化合物的外层电子主要有三种：形成单键的 σ 电子、形成不饱和键的π电子及杂原子上未成键的 n 电子，即孤对电子。现以羰基为例说明电子跃迁类型(图 2-4)。

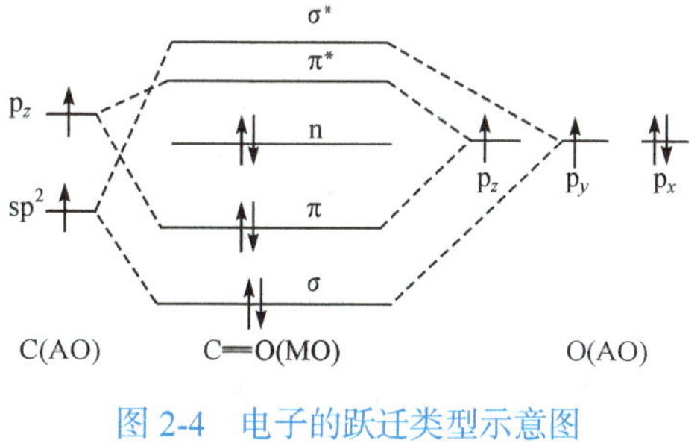

图 2-4　电子的跃迁类型示意图

组成羰基的碳原子提供一个 p 轨道和一个 sp^2 杂化轨道参与成键，而氧原子以两个 p 电子参与成键，还剩一对电子在 p_x 轨道上，共形成五个分子轨道。碳原子提供的 sp^2 轨道上的一个电子和氧原子提供的一个 p_y 电子形成成键轨道 σ，相应的有反键轨道 σ^*；氧原子的一个 p_z 电子与碳原子的 p_z 电子形成另一个成键轨道π，其反键轨道为π^*；氧原子的一对 p_x 电子在非键轨道 n 中。根据分子轨道理论，上述成键轨道和反键轨道的能级高低顺序为：$E_\sigma < E_\pi < E_n < E_{\pi^*} < E_{\sigma^*}$(图 2-5)。当以一定波长的光照射有机分子，分子中处于基态的电子吸收一定能量的光子，从基态的 σ、π或 n 轨道跃迁至未占有的反键轨道 σ^*或π^*，可能发生 $\sigma\to\sigma^*$、$\sigma\to\pi^*$、$\pi\to\sigma^*$、$n\to\sigma^*$、$\pi\to\pi^*$、$n\to\pi^*$等跃迁。除$\pi\to\sigma^*$和 $\sigma\to\pi^*$跃迁是禁阻的不易发生外，有机化合物有以下几种电子跃迁：$\sigma\to\sigma^*$、$n\to\sigma^*$、$\pi\to\pi^*$、$n\to\pi^*$。跃迁时所需能量按照以上顺序依次递减，被吸收光子的波长依次加大。

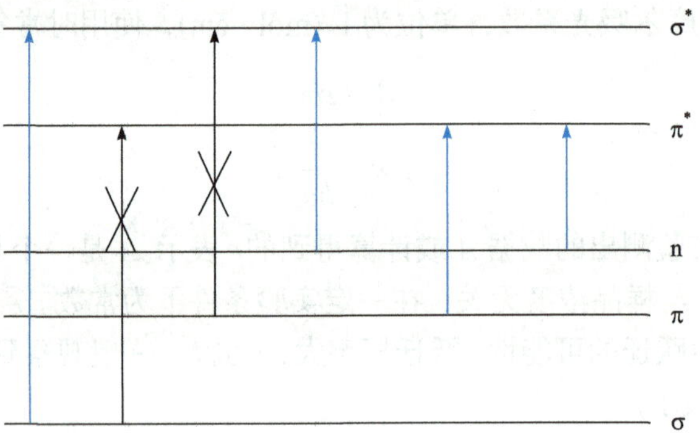

图 2-5 电子能级和跃迁类型示意图

1) $\sigma\to\sigma^*$跃迁

σ 电子能级很低，一般不易被激发。$\sigma\to\sigma^*$跃迁需要吸收很多能量，这种跃迁谱带都落在远紫外区(λ_{max}<150 nm)。例如，饱和碳氢化合物只含有结合牢固的 σ 键，仅在远紫外区可观察到它们的吸收光谱。只有环丙烷的 $\sigma\to\sigma^*$跃迁稍靠近紫外区，λ_{max} 约为 190 nm。

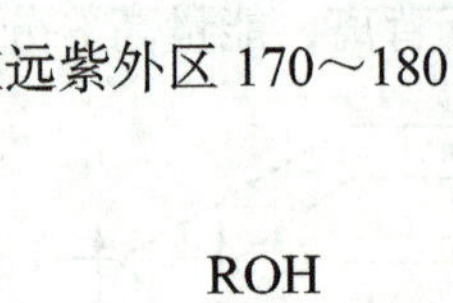

图 2-6 含杂原子的饱和烃衍生物的 $\sigma\to\sigma^*$和 $n\to\sigma^*$跃迁

2) $n\to\sigma^*$跃迁

含氧、氮、卤素、硫等杂原子的饱和烃衍生物的分子轨道中有一对非成键电子(n 电子)，它们除有 $\sigma\to\sigma^*$跃迁外还有 $n\to\sigma^*$跃迁，见图 2-6。

$n\to\sigma^*$跃迁需要能量较低。原子半径较大的硫或碘的衍生物，n 电子的能级较高，吸收光谱的 λ_{max} 在紫外区 220～250 nm；而原子半径较小的氧或氯的衍生物，n 电子的能级较低，吸收光谱 λ_{max} 在远紫外区 170～180 nm。例如

		λ_{max}/nm	lgε
ROH	$n\to\sigma^*$	180～185	2.5
R—N(R)R	$n\to\sigma^*$	199～200	3.4
RSR′	$n\to\sigma^*$	210～215	3.1

上述化合物只有硫化物的 $n\to\sigma^*$跃迁吸收勉强可以通过紫外光谱仪看到，其他的看不到，即在 200 nm 以上区间是透明的(或没有吸收)。

3) $\pi\to\pi^*$跃迁

π电子容易跃迁到反键轨道π^*，$\pi\to\pi^*$跃迁的吸收波长比 $\sigma\to\sigma^*$的长。含孤立双键体系的$\pi\to\pi^*$跃迁的吸收波长比 $n\to\sigma^*$跃迁短，所需能量较大，如具有一个孤立π键的乙烯吸收光谱的λ_{max}约在 165 nm。但如果分子中有两个或多个π键共轭，则这种$\pi\to\pi^*$跃迁的谱带将随共轭体系的增大而向长波方向移动。共轭体系的$\pi\to\pi^*$跃迁的吸收波长比 $n\to\sigma^*$跃迁长，所需能量较小。

4) $n\to\pi^*$跃迁

π键的一端连接含非键电子对的杂原子(O、N、S 等)时，则杂原子的非键电子可以激发到反键轨道π^*，产生 $n\to\pi^*$跃迁，如 C═O、C═S、N═O 等基团都可能发生这类跃迁。非键轨道 n 轨道的能级最高，所以 $n\to\pi^*$跃迁所需能量最小，吸收谱带波长最长。例如，饱和醛、酮在紫外区可出现两个谱带，一个是λ_{max}约为 180 nm 的强谱带，另一个是处于 270～290 nm 的弱谱带。前者来自$\pi\to\pi^*$跃迁，后者则来自 $n\to\pi^*$跃迁。

除电子从有机化合物的基态跃迁到激发态会产生紫外吸收谱带外，还有两种情况会产生紫外吸收谱带，即电荷转移引起的吸收谱带和配位体场吸收谱带。

5) 电荷转移跃迁

当外来辐射照射某些有机或无机化合物时，可能发生一个电子从该化合物具有电子给予体特性的部分(给体，donor)转移到该化合物的另一具有电子接受体特性的部分(受体，acceptor)，这种电子转移产生的吸收光谱称为电荷转移吸收光谱。电荷转移吸收光谱实质是给体最高能级的占有轨道中的电子吸收光跃迁到受体的空轨道，因此电荷转移跃迁也可视为配合物或分子内的氧化-还原过程。这种跃迁的一般表达式为

$$D + A \xrightarrow{h\nu} D^+A^-$$

D^+A^-为配合物或一个分子中的两个π体系，D 为电子给体，A 为电子受体。

分子内、分子间都可能发生电荷转移跃迁。例如，某些取代芳烃产生如下所示的分子内电荷转移跃迁吸收带：

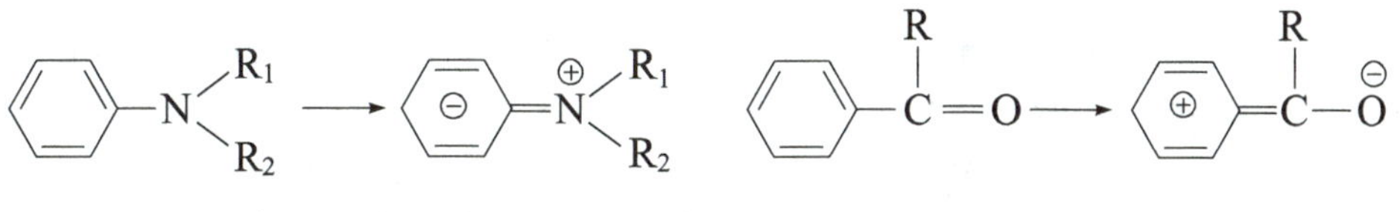

又如，黄色的四氯苯醌与无色的六甲基苯形成深红色的配合物，以及乙醇介质中醌与氢醌混合获得美丽的醌氢醌暗绿色结晶体，它们的吸收光谱在可见区内，属于分子间电荷转移跃迁吸收带。

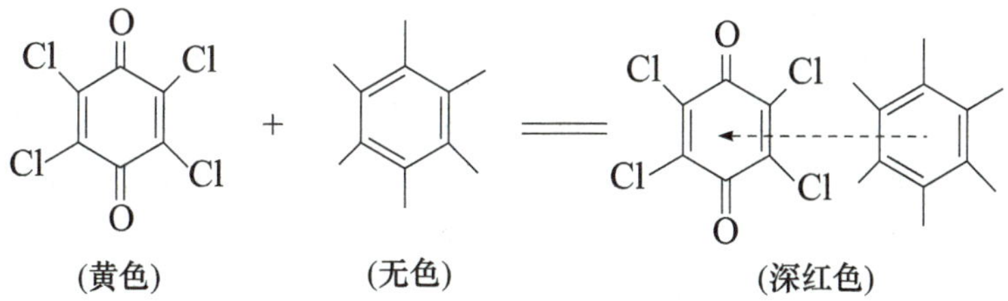

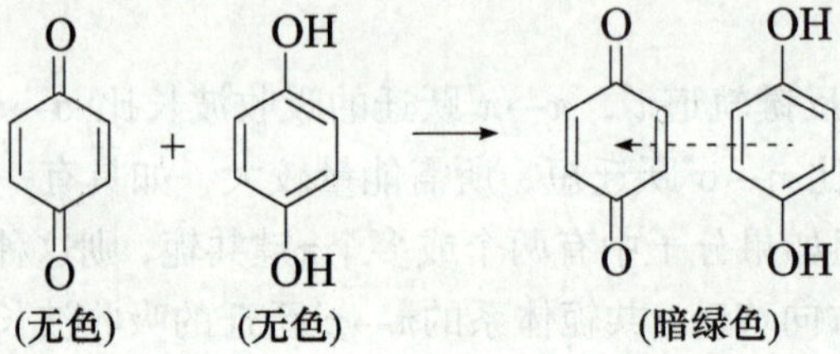

另外，在无机化合物中电荷转移跃迁也相当普遍。无机化合物的电荷转移吸收光谱是描述配合物在发生电荷转移时吸收光强度和波长的对应关系的光谱。这种跃迁进行时电子可以从配体向金属转移，也可以从金属向配体转移。其一般表达式为

$$M^{n+}L^{b-} \longrightarrow M^{(n-1)+}L^{(b-1)-}$$

M 为金属，L 为配体，$M^{n+}L^{b-}$为 M、L 形成的配合物。

这种跃迁实质上是配体与金属离子之间发生分子内的氧化-还原反应。不少过渡金属离子与含有生色团的配体形成的配合物及许多水合无机离子均可发生电荷转移跃迁而产生吸收光谱。例如

$$[Fe^{3+}SCN^{-}]^{2+} \longrightarrow [Fe^{2+}SCN]^{2+}$$

此外，一些具有 d^{10} 电子结构的过渡金属元素所形成的卤化物，如 AgBr、PbI_2、HgS 等，也是由于这类电子跃迁而呈现颜色。

电荷迁移光谱出现的波长位置取决于电子给体和电子受体相应轨道的能量差。能量差减小，谱带红移。电荷迁移光谱的谱带多出现在可见区，有较深的颜色。就强度而言，电荷转移吸收光谱的摩尔吸光系数一般都较大，$\varepsilon>10\,000(\lg\varepsilon>4)$。

6) 配位体场微扰的跃迁

配位体场吸收谱带是指过渡金属水合离子或过渡金属离子与显色剂(通常是有机化合物)所形成的配合物吸收了适当波长的紫外光或可见光，从而获得相应的吸收光谱。配位场跃迁包括 $d\rightarrow d^*$跃迁和 $f\rightarrow f^*$跃迁。元素周期表中第四、五周期的过渡金属元素分别含有 3d、4d 轨道，镧系、锕系元素分别含有 4f、5f 轨道。在自由状态下，d 轨道或 f 轨道的能量是简并的。但是，当上述金属离子与一些配体配位后，由于配体负电场的存在，就产生了配位场效应。金属离子在其周围配体电场的作用下，原来能量相同轨道发生了分裂。这种由于配位体场作用而使中心离子轨道能级分裂的效应称为配位场效应。各种不对称配位体场引起的轨道分裂的情况各不相同，分裂能也各不相同。第四、五周期的过渡金属元素，发生的是 $d\rightarrow d^*$跃迁；镧系和锕系元素，发生的是 $f\rightarrow f^*$跃迁。

$d\rightarrow d^*$跃迁和 $f\rightarrow f^*$跃迁的相同之处是：①两种跃迁同属配位场跃迁，其吸收峰远不如电荷转移吸收峰强，一般弱到 $\varepsilon<100$；②这两种跃迁的能级差不大，产生吸收谱带的波长处于较长波长段，甚至常发生在可见区内。二者最大的不同在于 $d\rightarrow d^*$跃迁峰较宽，而 $f\rightarrow f^*$跃迁峰较窄，尤其是峰顶呈现尖锐的“线状”谱带。这是因为镧系元素的配位场跃迁只涉及 4f 电子，锕系元素的只涉及 5f 电子。f 电子轨道被其外层已处于充满状态的各电子层电子所屏蔽，因此 f 电子轨道承受外界(包括溶剂、配体配位状态、键合性质等)的影响程度远不如 d 电子的严重，甚至几乎可以认为不受外界条件的影响，故其分裂能级发散很小，导致峰形较窄。并且，镧系、锕系元素的 UV 谱峰可很好地用于定量分析。

由上可知，常见的有机分子的紫外吸收光谱有以下几类：①由$\pi\rightarrow\pi^*$或 $n\rightarrow\pi^*$跃迁所产生

的紫外吸收光谱；②由含原子半径较大的杂原子的 n→σ*跃迁产生的紫外吸收光谱；③电荷转移跃迁和配位体场微扰的 d→d*跃迁和 f→ f*跃迁得到的紫外吸收光谱。

2.1.2 常见光谱术语和谱带的分类

1. 常见光谱术语

(1) 生色团(chromophore)。生色团又称发色团，是指分子中某一基团或体系能在一定的波段范围内产生吸收而出现谱带，这一基团或体系即为生色团。有机化合物分子中，典型生色团有烯键、羰基、羧基、酯基、硝基、偶氮基及芳香体系等。这些生色团的结构特征是都含有π电子，少数情况是含有原子半径较大的杂原子。当分子内存在这些基团时，它们将在紫外-可见区产生特征的吸收谱带(表 2-1)。孤立的碳-碳双键或三键虽然 λ_{max} 值落在近紫外区，但已接近一般仪器可能测量的范围，具有“末端吸收”，所以也可以视为生色团。在不同的分子内孤立地存在相同的这类生色团时，它们的吸收峰将有相近的 λ_{max} 和 ε_{max}；同一个分子内孤立地存在数个生色团时，该化合物的吸收光谱将包含这些生色团原有的吸收峰，吸收峰的位置和强度相互影响不大；同一个分子内若有几个生色团且生色团之间共轭，则原生色团的吸收峰消失，同时产生新的吸收峰，峰的 λ_{max} 红移，而且强度也有显著的增加。

表 2-1 常见生色团的吸收光特性

生色团	实例	溶剂	λ_{max}/nm	ε_{max}	跃迁类型
烯键	$H_2C{=}CH_2$	—	165	~10 000	π→π*
	$H_2C{=}CH{-}CH{=}CH_2$	—	217	~10 000	π→π*
羰基	CH_3CHO	正己烷	289	12.5	n→π*
	CH_3COCH_3	正己烷	280	22	n→π*
	CH_3COOH	乙醇	204	41	n→π*
	CH_3CONH_2	水	214	90	n→π*
硝基	CH_3NO_2	异辛烷	280	22	n→π*
偶氮基	$CH_3N{=}NCH_3$	乙醇	339	5	n→π*
亚硝基	C_4H_9NO	乙醚	300	100	n→π*
芳香体系	C_6H_6	水	254	205	π→π*(B 带)

(2) 助色团(auxochrome)。助色团是指它们孤立地存在于分子中时，在紫外-可见区内不产生吸收，但当它与生色团相连时能使生色团的吸收谱带明显地向长波方向移动，而且吸收强度也相应地增加。助色团的特点在于常含有 n 电子。当助色团与生色团相连时，n 电子与π电子的 p-π共轭效应导致π→π*跃迁能量降低，生色团的吸收波长向长波方向移动。常见的助色团有—OH、—Cl、—NH_2、—NO_2、—SH 等。例如

λ_{max}= 254 nm　　ε_{max} =205

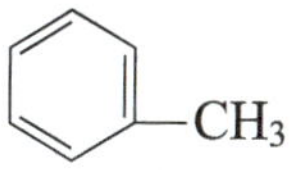

λ_{max}= 261 nm　　ε_{max} =225

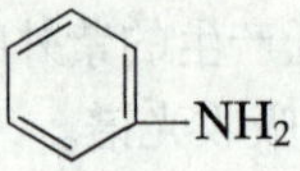
λ_{max} = 280 nm　　　ε_{max} =1450

其中，—CH_3、—NH_2 均为助色团。

(3) 红移(red shift)和蓝移(blue shift)。由于存在取代基作用或溶剂效应，生色团的吸收峰向长波方向移动的现象称为光谱红移(bathochromic shift)或红移；相反，向短波方向移动的现象称为光谱蓝移(hypsochromic shift)或蓝移。

(4) 增色效应(hyperchromic effect)和减色效应(hypochromic effect)。使吸收带强度增加的作用称为增色效应，使吸收带强度减弱的作用称为减色效应。

(5) 强带(strong band)和弱带(weak band)。在紫外光谱中，ε_{max} ≥10 000 L/(mol · cm)的吸收带称为强带；ε_{max} ≤1000 L/(mol · cm)的吸收带称为弱带。

2. 谱带的分类

(1) R 带[radikalartin(德文)，基团型的]。R 带为 n→π*跃迁引起的吸收带，产生该吸收带的生色团是分子中的 p-π共轭体系，如—NO_2、—C═O、—CHO 等。R 带的特征是强度弱，ε < 100(lgε <2)，吸收峰一般在 270 nm 以上。下面是两个化合物的 R 带：

CH_3CHO　　　$\lambda_{max}^{庚烷}$ =291 nm　　　ε =11

CH_2═CH—CHO　　　$\lambda_{max}^{乙醇}$ =315 nm　　　ε =14

(2) K 带[konjugierte(德文)，共轭的]。K 带是由π→π*跃迁引起的吸收带，产生该吸收带的生色团是分子中的共轭系统，而孤立的不饱和键的π→π*吸收带一般在真空紫外区，难以观察到。K 带的特点是吸收峰强度很强，ε ≥10 000(lgε ≥4)。例如

CH_2═CH—CH═CH_2　　　π→π*　　　λ_{max}=217　　　ε =21 000

CH_2═C(CH_3)—C(CH_3)═CH_2　　　π→π*　　　λ_{max}=226　　　ε =21 400

CH_2═CH—CH═CH—CH═CH_2　　　π→π*　　　λ_{max}=258　　　ε =35 000

以上均为共轭体系的π→π*跃迁，属于 K 带。可以看出，随着共轭双键增加，谱带红移且强度增加。

(3) 芳香化合物的吸收带。苯环有三个π→π*跃迁的吸收峰，即一个 B 带(benzene band，苯型谱带)和两个 E 带(ethylene band，乙烯型谱带)，均为芳香化合物的吸收带。

B 带，有的称为 ^1L_b 峰，由苯的π→π*跃迁和振动效应的重叠引起，为一宽峰并出现若干小峰(或称精细结构)，位于 230～270 nm，中心在 254 nm，ε_{max} ≈250。苯环为六角对称，理论上此跃迁是禁阻的，但因为分子振动时产生扭曲，所以出现弱的吸收，在气态或非极性溶剂中表现出精细结构，在极性溶剂中出现有两个以上肩峰的宽带。此峰虽不强，却是苯环的特征峰。苯环被取代后，精细结构消失或部分消失。B 带常用来识别芳香化合物。

E 带又分为 E_1 带和 E_2 带。

E_1 带，有的书中称为 ^1B 峰。λ_{max}≈184 nm，lgε >4。E_1 带是苯环的特征谱带，吸收强度较大，没有精细结构。它是苯环中乙烯键上的π电子被激发所致，是π→π*跃迁。它在真空紫外区，当苯环上有助色团时，向长波方向移至 200～220 nm。

E_2 带，有的书中称为 ^1L_a 带。λ_{max}≈203 nm，ε_{max} =7400。它有分辨不清的精细结构，与

E_1 带重叠。它是苯环中共轭二烯引起的 $\pi \to \pi^*$ 跃迁。该带相当于 K 带。当苯环引入生色团与苯环形成共轭时，E_2 带移至 220～250 nm，ε＞10 000，此时又称为 K 带。

苯在己烷中的紫外光谱见图 2-7。对苯环的三个吸收谱带的表述，在各著作和文献中常用不同的命名符号，相应于 E_1 带、E_2 带和 B 带的其他命名符号一并归纳于表 2-2。表 2-3 列举了各种电子跃迁和相应的紫外光谱带示例。

大体上上述四种谱带可以通过它们的 ε 值予以区别。例如

R 带　　ε 值约为 100 或小于 100

B 带　　ε 值为 250～3000

E 带　　ε 值为 2000～10 000

K 带　　ε 值为 10 000 或大于 10 000

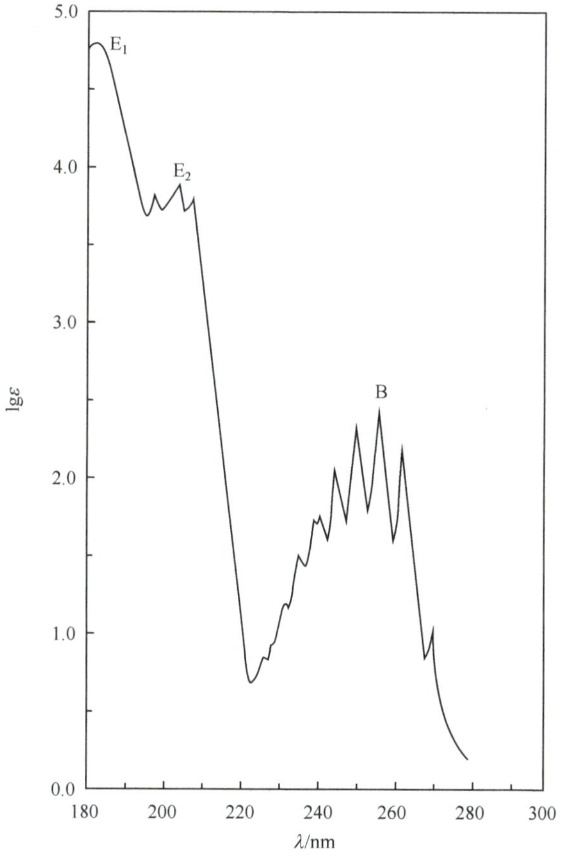

图 2-7　苯在己烷中的紫外光谱

表 2-2　苯的吸收谱带及各种命名符号

$\lambda_{max}(\varepsilon_{max})$	184 nm(47 000)	203 nm(7 400)	254 nm(250)
命名符号	E_1	E_2	B
	B	L_a	L_b
	β	P	α
		E	B
		K	K

续表

$\lambda_{max}(\varepsilon_{max})$	184 nm(47 000)	203 nm(7 400)	254 nm(250)
命名符号	E_{2u} 第二主带 second primary	B_{1u} 第一主带 primary	B_{2u} 副带 secondary

表 2-3　各种电子跃迁和紫外光谱带示例

电子结构	化合物	电子跃迁	λ_{max}/nm	ε_{max}	谱带
σ	乙烷	$\sigma\to\sigma^*$	135	10 000	—
n	水	$n\to\sigma^*$	167	7 000	—
	甲醇	$n\to\sigma^*$	183	500	—
	正己硫醇	$n\to\sigma^*$	224	126	—
	正碘丁烷	$n\to\sigma^*$	257	486	—
π	乙烯	$\pi\to\pi^*$	165	10 000	—
	乙炔	$\pi\to\pi^*$	173	6 000	—
n 和π	丙酮	$\pi\to\pi^*$	约 150	—	—
		$n\to\sigma^*$	188	1 860	—
		$n\to\pi^*$	279	15	R
π-π	1, 3-丁二烯	$\pi\to\pi^*$	217	21 000	K
	1, 3, 5-己三烯	$\pi\to\pi^*$	258	35 000	K
π-π和 n-π	丙烯醛	$\pi\to\pi^*$	210	11 500	K
		$n\to\pi^*$	315	13.8	R
芳香族π	苯	芳$\pi\to\pi^*$	约 184	47 000	E_1
		芳$\pi\to\pi^*$	约 203	7 000	E_2
		芳$\pi\to\pi^*$	约 254	230	B
芳香族π-π	苯乙烯	芳$\pi\to\pi^*$	244	12 000	K
		芳$\pi\to\pi^*$	282	450	B
芳香族π-σ(超共轭)	甲苯	芳$\pi\to\pi^*$	208	2 460	E_2
		芳$\pi\to\pi^*$	262	174	B
芳香族π-π和 n-π	苯乙酮	芳$\pi\to\pi^*$	240	13 000	K
		芳$\pi\to\pi^*$	278	1 110	B
		$n\to\pi^*$	319	50	R
芳香族π-π(助色团)	苯酚	芳$\pi\to\pi^*$	210	6 200	E_2
		芳$\pi\to\pi^*$	270	1 450	B

2.1.3　溶剂效应

1. 溶剂的选择

一般紫外光谱的测定都是在稀溶液中进行。制备样品溶液的理想溶剂应具备以下特征：①能溶解样品的所有组分，且形成的溶液具有良好的化学稳定性；②尽量选用非极性或低极性溶剂；③溶剂不易燃烧且无毒，并在测定波长区透明，即在样品的测试波段没有吸收。蒸馏水是较理想的溶剂，但对多数非极性有机化合物不适用。不同的溶剂对紫外光的透明情况不同。表 2-4 列出了紫外光谱常用溶剂及其透明范围的下限，在大于此波长时该溶剂是透明的。

表 2-4　紫外光谱常用溶剂及其透明范围的下限

溶剂	透明下限/nm	溶剂	透明下限/nm
95%乙醇	210	乙醚	210
水	210	异辛烷	210
正己烷	210	环己烷	210
二氯甲烷	235	二氧六环	230
1, 2-二氯乙烷	235	四氢呋喃	220
甲酸甲酯	260	氯仿	245
四氯化碳	265	苯	280
二甲基甲酰胺	270	正丁醇	210
丙酮	330	异丙醇	210
吡啶	305	甲醇	215
乙腈	210	庚烷	210

2. 溶剂极性对紫外光谱的影响

溶剂对紫外光谱的影响很复杂，极性不同的溶剂不仅可以引起谱带形状的改变，也可以引起谱带 λ_{max} 位置的改变。

1) 溶剂极性对紫外光谱图形状的影响

一般气态样品的谱图可以显示出较清晰的精细结构。在非极性溶剂(如己烷)中，还能观察到振动跃迁的精细结构。但若改为极性溶剂，由于溶剂和溶质的分子作用力增强，谱带的精细结构变得模糊，以致完全消失变为平滑的吸收谱带。如图 2-8 所示，该图是 1, 2, 4, 5-四嗪在不同条件下的紫外光谱。图中所示的是在可见区的 R 带(n→π^*跃迁)。在气相中，不仅振动吸收，连转动吸收的精细结构也清晰可见；在非极性溶剂中，温度低时仍大概可以看出转动吸收的边带，温度高时只有平滑的振动精细结构；在极性溶剂中，则连振动的精细结构也消失了。

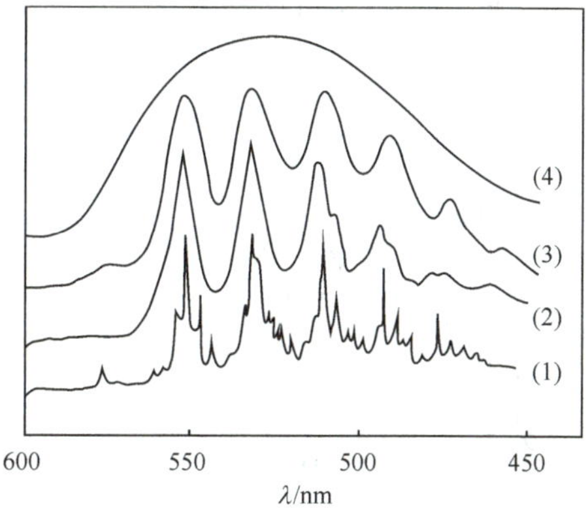

图 2-8　1, 2, 4, 5-四嗪在不同条件下的紫外光谱(R 带)

测试条件：(1) 室温，气相；(2) 7 K，异戊烷/甲基环己烷中；(3) 室温，环己烷中；(4) 室温，水中

2) 溶剂极性对紫外光谱 λ_{max} 的影响

溶剂对吸收谱带的另一重要影响是可能改变最大吸收波长(λ_{max})位置。这种影响对 n→σ*、n→π*和π→π*跃迁类型是不同的。通常随着溶剂极性的增加，n→σ*和 n→π*跃迁谱带向短波方向移动，而π→π*跃迁谱带向长波方向移动。一种可能的解释是发生 n→σ*和 n→π*跃迁的分子都含有非键 n 电子，基态极性比激发态大，因此基态能够与溶剂之间产生较强的氢键，能量下降较大，而激发态能量下降较小，所以跃迁能量增加，吸收波长向短波方向移动，即发生蓝移。而发生π→π*跃迁的分子，其激发态的极性比基态强，溶剂使激发态的能级降低的比基态多，π→π*跃迁所需能量变小，吸收峰发生红移(图 2-9 和图 2-10)。表 2-5 是异丙叉丙酮的紫外吸收光谱与溶剂极性的关系。可以看出，随着溶剂极性增加，异丙叉丙酮的π→π*跃迁产生的吸收峰红移(229 nm 到 245 nm)，而 n→π*跃迁产生的吸收峰蓝移(327 nm 到 305 nm)。

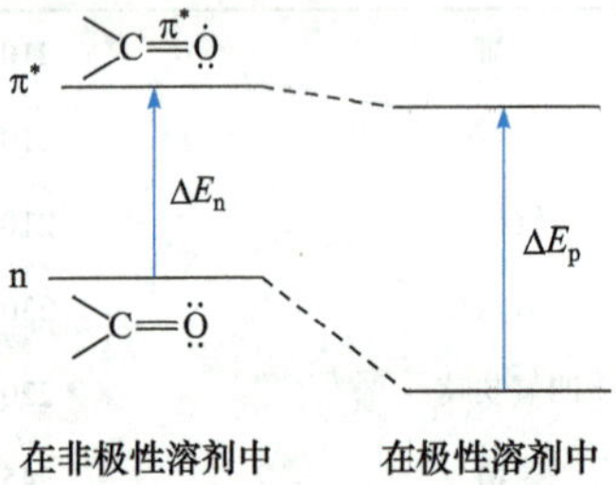

图 2-9 n→π*跃迁的溶剂效应

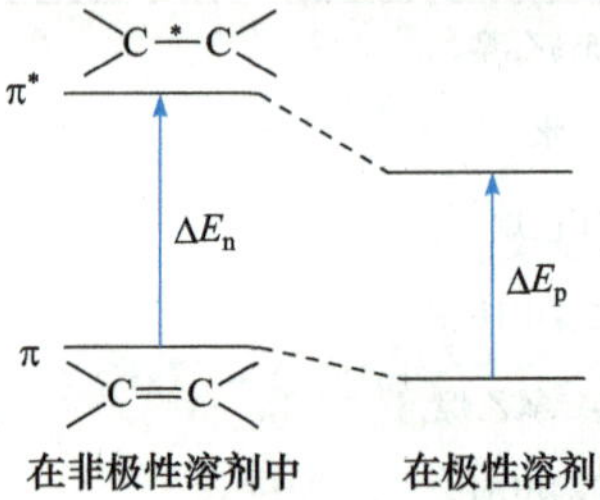

图 2-10 π→π*跃迁的溶剂效应

表 2-5 异丙叉丙酮的紫外吸收光谱与溶剂极性的关系

溶剂		正己烷	乙醚	乙醇	甲醇	水
λ_{max}/nm (ε_{max})	π→π*	229 (12 600)	230 (12 600)	237 (12 600)	238 (10 700)	245 (10 000)
	n→π*	327 (97.5)	326 (96)	315 (78)	312 (74)	305 (60)

3. 氢键对紫外光谱的影响

若溶剂和溶质(如羰基化合物)能形成氢键，则 n→π*跃迁吸收峰蓝移，如图 2-11 所示。如果羰基化合物与溶剂(H_2O 或 EtOH)形成氢键，则化合物的 n→π*的吸收位置向更短的波段移动，甚至移至真空紫外区。

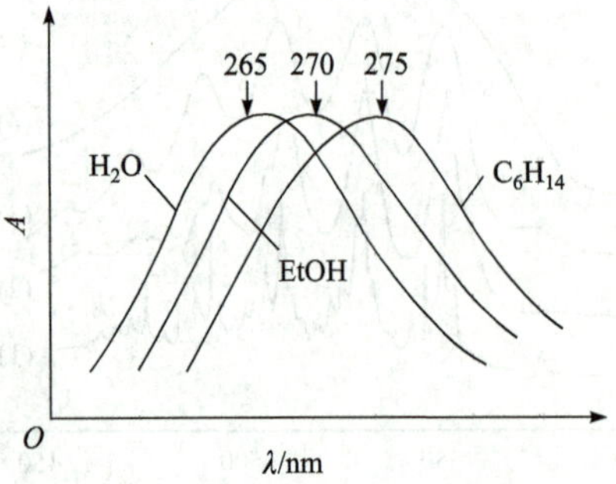

图 2-11 溶剂对丙酮紫外光谱 n→π*的影响

4. pH 对紫外光谱的影响

羧酸、酚和胺等有机化合物在不同 pH 介质中存在的结构不同，吸收峰的位置会随溶液 pH 的改变而改变。

与苯相比，在苯胺或苯酚分子中，由于 p-π共轭效应，氨基或羟基的 n 电子向苯环转移，导致苯胺或苯酚的 B 带红移，且强度增加。当苯胺在酸性溶液中转变为铵正离子时，由于质子与氨基的 n 电子结合，而不再与苯环的π电子共轭，因此这种离子吸收带的位置和强度变得与苯相似，此时苯胺的吸收带蓝移至与苯相同的位置。苯胺-苯胺离子相互转化的反应在光谱上的变化可以方便地用于结构鉴定。例如，在测定某化合物的紫外光谱时，向样品的吸收池内滴入 1 滴 0.1 mol/L 盐酸，发现 λ_{max} 蓝移。然后加 1 滴 0.1 mol/L 氢氧化钠溶液，再测其紫外光谱，若 λ_{max} 又红移至原位，则可判断该化合物有—NH_2、—NR_2 等基团与芳香环相连。

同样，苯酚转化成酚氧负离子时，增加了一对可以用来形成 p-π共轭的电子对，结果酚的吸收波长红移，强度增加。再加入盐酸，吸收峰又回到原处。苯酚-酚氧负离子的相互转化同样可以用来检查化合物中是否有羟基与芳香环相连的结构。

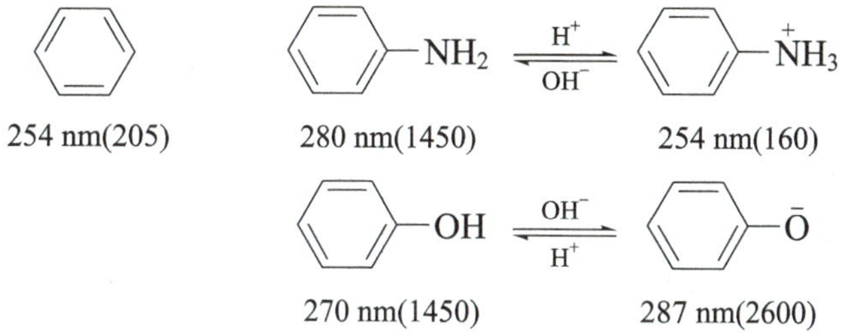

综上所述，由于溶剂对紫外光谱影响很大，因此在记录紫外光谱数据时，要特别注明所使用的溶剂。例如，λ_{max}^{EtOH} 是指在乙醇溶液中检测得到谱带最强的吸收位置。

此外，还需要注意溶剂中杂质的影响，一般先做一次纯溶剂的紫外光谱，然后才放入样品进行测试。

2.2　紫外光谱仪和实验方面的一些问题

2.2.1　紫外-可见分光光度计的基本构造

目前通用的紫外-可见分光光度计是自动记录式光电分光光度计。这种仪器以平衡型为多，可以进行包括紫外区和可见区吸收光谱的测定，能自动地连续记录样品的紫外吸收光谱，具有灵敏度高、快速和易于操作的特点。仪器一般与计算机配套使用。

各种型号的紫外-可见分光光度计，无论是简易型还是非简易型的，其结构大致都由光源(紫外光和可见光)、单色器、吸收池、检测器和记录装置及计算机等几个部分组成。

1. 光源

可见光光源一般可选择钨灯(波长范围为 325～2500 nm)或卤钨灯(为延长灯的寿命，在钨灯中加入适量的卤素或卤化物，如碘钨灯加入纯碘，溴钨灯加入溴化氢)。紫外光源可选择氘灯、氢灯(氢弧灯波长为 165～375 nm)、氙灯及汞灯。近年来也有用激光做光源的，如采用氩离子激光器、可调谐染料激光器等。可调谐表示波长可以调节，它的波长范围通常为 350～750 nm。若把非线性晶体插入激光腔进行二倍频，则可调波长延伸至紫外区 260 nm 左右。可调谐染料激光器是一种用有机荧光染料溶液作为工作介质，用其他光源或激光作为激励源的激光器。

2. 单色器

单色器由入射狭缝、色散系统和出射狭缝组成。色散系统是使不同波长的光以不同角度发散的组件。将其与适当的出射狭缝组合，就可实现从连续光源光谱中选择特定波长(一个窄波段)的光。紫外分光光度计中常用的色散元件是棱镜或用激光全息技术制成的全息光栅。棱镜虽然简单便宜，但产生的色散是弯曲而非线性的，并且色散角随温度改变而改变，因此现代分光光度计采用全息光栅代替棱镜。光栅是一块表面按一定规律刻有很窄凹槽的玻璃。以前刻画用机械方法，现在用全息光学方法。刻槽的尺寸与被色散光的波长在同一数量级。最后再镀一层铝膜用以反射光。全息光栅产生的色散角与波长呈线性关系，并且与温度无关。光栅反射出不同级数的光，相互重叠，必须用滤光片只让所需的反射光达到检测器。凹面光栅还可同时起到色散和聚焦的作用。

3. 吸收池

吸收池又称比色皿，其形状因所用的仪器不同而异，一般为方柱形。两面是光面，另两面是毛面，应该让光线从光面通过，而手拿毛面操作。用作样品池和参比池的一对吸收池必须严格匹配，以确保它们的光学性质、壁厚和吸收光程等完全相同。为校正吸收池的光学不等性，在测量实验中可用交换样品池和参比池的办法，采用它们的平均值作为实际吸光度。

用石英或熔硅玻璃制成的吸收池可用于 190 nm 以上的整个紫外-可见光波段测定。若仅在可见区测量，一般采用 Pyrex 或类似质量的光学玻璃制成，这类玻璃吸收池在 280 nm 以上是透明的。

一般吸收池的吸收光程(或称池厚)为 1 cm，当需要使溶剂的吸收减少到最小时，应使用短光程(如 2.5 mm)的吸收池。

4. 检测器

检测器将光信号转换为电信号。理想的检测器应有宽的线性响应范围、噪声低、灵敏度高。分光光度计一般使用光电倍增管或光电二极管检测。有些现代分光光度计用一个光电二极管阵列代替单个检测器。二极管阵列由一系列光电二极管检测器一个接一个地排列在一块硅晶片上组成。每个二极管有一个专用电容，并通过一个固态开关接到总输出线上。这些开关由一个位移寄存器控制。开始时，电容器充电至特定的电平，当光子穿过硅片后，产生的自由电子载体使电容放电。然后经规定的间隔再次充电，该间隔代表每次扫描的测量周期。电容器再次充电的电量与每个二极管检测到的光子数目成正比，而电子数又与光强成正比。通过测量整个波长范围内光强的变化就可得到吸收光谱。一般阵列含有 200～1024 个单元，具体数目取决于仪器及其应用目的。例如，HP 8453 分光光度计的二极管阵列由 1024 个检测单元组成，其光敏感区面积约为 25 mm×0.5 mm。数字显示周期对应的光照时间为 100 ms。光电二极管阵列技术与计算机处理器技术十分相似，虽然复杂，但由于它们是固态，因此可靠性高。二极管阵列检测分光光度计由于具有平行采集数据及电子扫描功能，其测定速度很快，而且波长重复性好，测量结果十分可靠。有些二极管阵列检测器会有杂散光较大等问题。

2.2.2 紫外-可见分光光度计的仪器类型

紫外-可见分光光度计主要有以下几种类型：单光束分光光度计、双光束分光光度计、双波长分光光度计和多通道分光光度计。

1. 单光束分光光度计

单光束分光光度计光路简单、成本较低。简单的光路可提供高的光通量，因此灵敏度高。使用传统的单光束分光光度计时，空白和样品依次测量，测量间隔时间从单个波长的几秒到全波长的几分钟。若测量时间较长，光源漂移将产生较大的误差。该类型仪器适用于测量给定波长的吸光度或透光度，一般不能做全波段光谱扫描。721 型分光光度计是最简单的单波长、单光束分光光度计，其示意图见图 2-12。

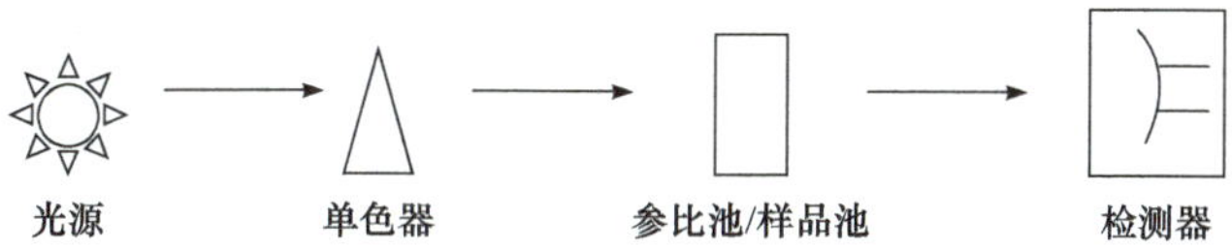

图 2-12　单光束分光光度计示意图

2. 双光束分光光度计

双光束分光光度计是为了消除测量空白和不同样品池之间由光源强度漂移引起的误差而设计的。在样品池和参比池光路前放置一个斩光器，斩光器依次将通过单色器的单色光分成两束交替断续的单色光束，使其交替通过参比池和样品池到达检测器。双光束分光光度计示意图见图 2-13。斩光器以一定速度旋转，使空白和样品交替测量，每秒进行数次，因此能校正光源强度漂移产生的误差，还可以方便地在整个波段范围内对被测组分进行连续扫描，从而获得精细的吸收光谱。

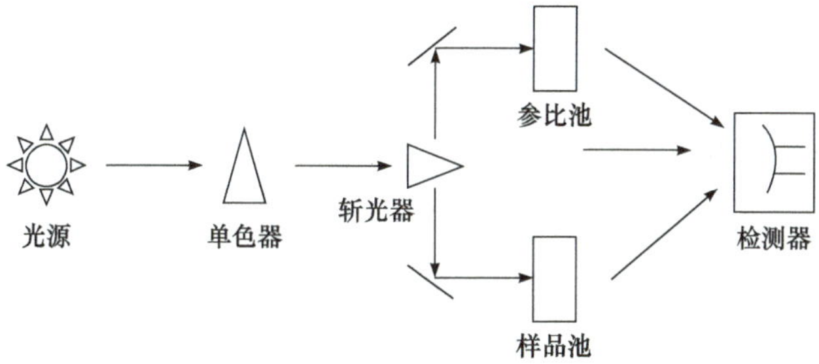

图 2-13　双光束分光光度计示意图

3. 双波长分光光度计

双波长分光光度计将从同一光源发出的光分为两束，经两个单色器后得到两束不同波长(λ_1 和 λ_2)的单色光，通过斩光器使两束光以一定频率交替照射在同一个样品上，测定两个波长下的吸光度差值($\Delta A = A_{\lambda_1} - A_{\lambda_2}$)，将 ΔA 用于计算结果。此仪器的特点是：可以测定高浓度、多组分、浑浊试样，也可测得导数光谱。不需使用参比溶液，消除了由于参比池的不同和制备空白溶液等产生的误差。双波长分光光度计示意图见图 2-14。

以上几种紫外-可见分光光度计均属于扫描式分光光度计，其最常见光源是氘灯和钨/氘灯组合。使用这种分光光度计进行一次完整的光谱扫描需要较长时间，且扫描过程还可能导致波长选择的准确度和重复性降低。双光束分光光度计虽然在性能上有很大的提升，但其构造复杂，维护和维修困难，价格也相对较高。

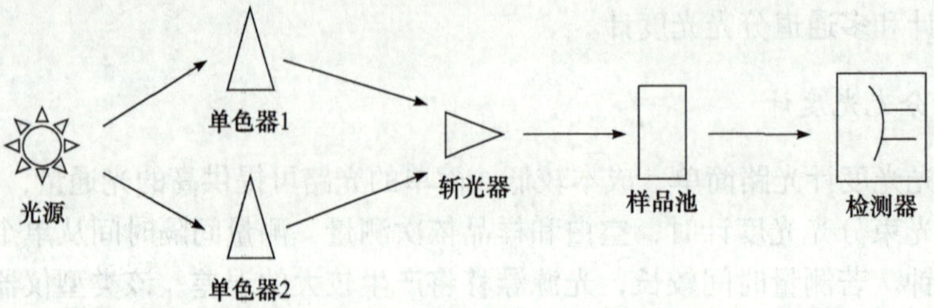

图 2-14　双波长分光光度计示意图

4. 多通道分光光度计

多通道分光光度计是使用光电二极管阵列检测器的单光束分光光度计，属于阵列式分光光度计，其光路图如图 2-15 所示。这种光度计一般采用氙灯(一种石英灯泡中密封了氙气的发射光源，能产生从紫外区到近红外区 190～1100 nm 的高强度连续光谱)作光源，光源发出的光聚焦在样品池后到达光栅，经分光后照射到光电二极管阵列检测器。多通道分光光度计的特点是：具有多路优点，可同时测量 200～820 nm 的整个光谱，信噪比高，测量速度快，整个光谱记录时间仅需 1 s 左右，可检测仪器整个波长范围的全部数据，获得全光光谱。这种类型的分光光度计可以基于反向光学技术加快一次完整光谱扫描的速度，特别适合进行快速反应的反应动力学及多组分混合物的分析。近年来，多通道分光光度计常用作高效液相色谱仪和毛细管电泳仪的检测器。另外，这种阵列式分光光度计没有任何移动光学元件，可确保绝佳的光学性能，且维护成本相对较低，与扫描式分光光度计相比更简单，零件损坏或失效的概率降低。

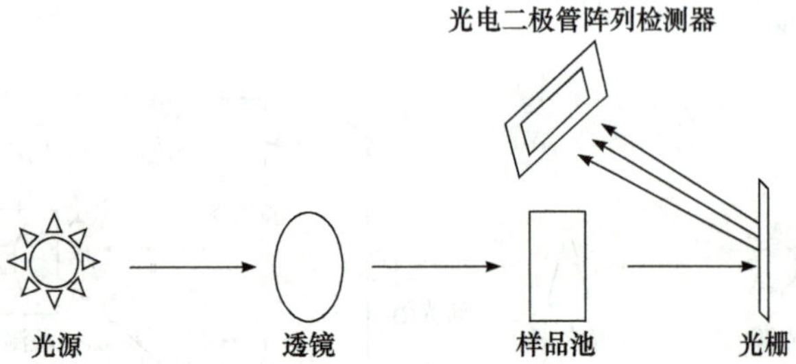

图 2-15　多通道分光光度计光路图

5. 光导纤维探头式分光光度计

光导纤维探头式分光光度计的探头由两根相互隔开的光导纤维组成。光源(常用钨灯)发出的光由一根光纤传导至样品溶液，再经镀铝反射镜反射后，由另一根光纤传导，经滤光片，再由光敏器件接收转变为电信号。探头在溶液中的有效路径可在 0.1～10 cm 调节。这种类型的分光光度计不需要吸收池，常用于环境、土壤和过程监测。

2.2.3　样品溶液的配制

紫外光谱仪的灵敏度很高。为得到一张如实反映样品结构性质的光谱图，对样品的纯化、溶液浓度和溶剂的选择都是至关重要的。经严格纯化的样品应保存在干燥器内，以防水分侵入。选用的溶剂除与样品不发生任何化学反应且在所测定的波长范围内透明外，对样品应有一定的溶解度。对极性样品还要考虑溶剂的极性和 pH 对所测吸收光谱的影响。物质的ε不同，其溶液的浓度范围有较大差异，必须调整浓度使吸收峰的顶端落在记录纸内，并控制在一定的吸光值范围内。定性测定时控制吸光度 A 为 0.7～1.2，定量测定时吸光度控制在 0.2～0.8 测定误差较小。共轭二烯生色团的ε_{max}值为 8000～20 000，测量浓度应为 10^{-5}～10^{-4} mol/L。对于有 n→π*跃迁的羰基生色团，ε_{max}值为 10～100，浓度应为 10^{-2} mol/L 左右。一个分子内有多种生色团，应当兼顾不同ε值而选择适当的浓度，或以不同的浓度测定不同生色团的吸光度。例如，为测量异丙叉丙酮的 A-λ 吸收曲线，配制浓度为 9.37×10^{-5} mol/L 的溶液，测量其π→π*跃迁谱带；再配制浓度为 9.37×10^{-2} mol/L 的另一溶液，测量其 n→π*跃迁谱带，得到紫外光谱图，如图 2-16 所示。

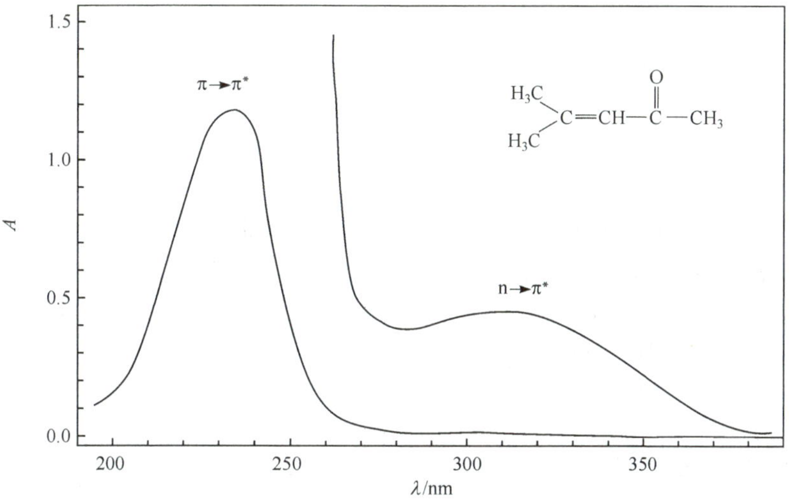

图 2-16 异丙叉丙酮的 A-λ 吸收曲线

2.3 各类化合物的紫外光谱

前已述及，有机化合物在紫外-可见区的吸收取决于分子的电子结构。电子的跃迁需要吸收较低能量时，相应的吸收发生在长波区；电子的跃迁需要吸收较高能量时，相应的吸收发生在较短的波长区。

有机分子的特征吸收不仅取决于电子跃迁的类型，而且与这些电子是否参与共轭有关。常用的紫外-可见分光光度计测量的范围是 200～400 nm 的紫外区及 400～800 nm 的可见区。因此，在紫外分析工作中，对含有 n→π*跃迁、含原子半径较大杂原子的 n→σ*跃迁、有共轭的π→π*跃迁、电荷转移跃迁和配位体场微扰的跃迁的样品进行紫外分析才有实际意义。紫外光谱通常用于分子中具有不饱和共轭结构的有机化合物的测定。

2.3.1 饱和烃及其含杂原子的简单化合物

饱和烃的原子间都以 σ 键相连，只能产生 σ→σ* 跃迁。σ 轨道能级很低，为使电子由成键轨道 σ 跃迁到反键轨道 σ*，必须吸收较大的能量，光谱出现在远紫外区。例如

甲烷：λ_{max}=125 nm；乙烷：λ_{max}=135 nm；环丙烷：λ_{max}=190 nm

如果饱和烃中的氢原子被 O、S、N、X 等杂原子或由它们组成的基团取代，可以产生较低能量的 n→σ*跃迁和 σ→σ*跃迁(表 2-6)。

表 2-6 含杂原子饱和烃衍生物的吸收光谱

化合物	$\lambda_{max}(\sigma \to \sigma^*)$/nm	$\lambda_{max}(n \to \sigma^*)$/nm
CH_3Cl	164～154	174
CH_3OH	150	183
CH_3NH_2	173	213
CH_3I	210～150	258
$N(CH_2CH_3)_3$		227

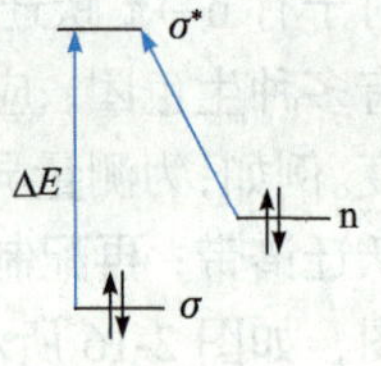

以上例子中仅有几个勉强可以在通用的紫外光谱仪中看到，其他的仍看不到，即是透明的。

2.3.2 烯类化合物

烯类化合物的紫外光谱有以下特点：

(1) 当连接在双键碳原子上的氢被含 α-氢的烷基取代时，由于相邻的 C—H 的 σ 轨道与π轨道相互作用而产生 σ-π超共轭(hyperconjugation)效应，引起$\pi \to \pi^*$吸收峰向长波方向移动。双键上烃基数增加，吸收谱带向长波方向移动越多(表 2-7)，逐渐接近仪器可测量的范围。因此，在紫外区大多不出现吸收峰，仅能观察到吸收曲线长波一侧的末端出现较强的吸收峰，如图 2-17 所示，这称为末端吸收。

表 2-7 乙烯及其同系物$\pi \to \pi^*$跃迁的吸收光谱

化合物	λ_{max}/nm	ε
$H_2C{=}CH_2$	165	10 000
$R{-}CH{=}CH_2$	187	9 000
$(H_3C)_2C{=}C(CH_3)_2$	197	11 500

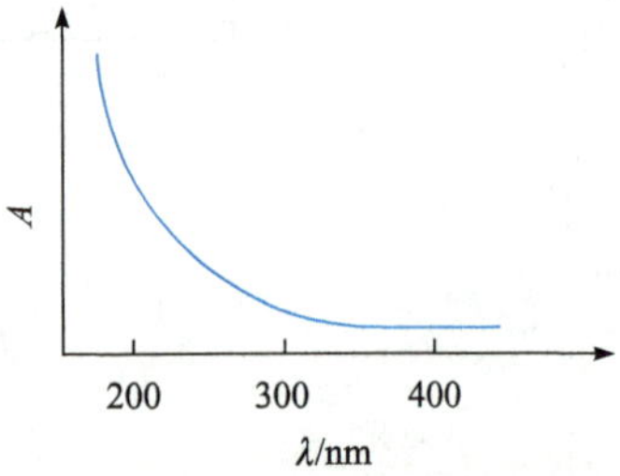

图 2-17 烯烃的末端吸收

(2) 顺反异构体中反式吸收比顺式吸收波长长。

(3) 含多个孤立双键的分子的吸收为各独立双键吸收谱带的加和。

(4) 双键共轭使谱带发生明显红移。

(5) 环状烯烃中，吸收光谱与双键所处的位置有关。当双键处于环外时，吸收峰明显地向长波方向移动。若双键同时与两个环结构相连，这种移动会更大(表 2-8)。

表 2-8 环状烯烃$\pi \to \pi^*$跃迁的紫外吸收

化合物骨架	λ_{max}/nm	ε
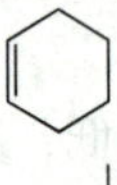	183	6 800
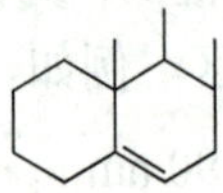	191	10 200
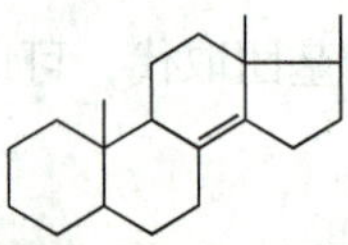	206	11 200

1. 单烯烃

单烯烃除了 σ 键还有π键，π键是由两个 2p 原子轨道线性组合而成的。如图 2-18 所示，有一个能级低的成键分子轨道π和一个能级高的反键分子轨道π^*。π键的能级比 σ 键高，而π^*键的能级比 σ^*键的能级低。在光照下，单烯烃化合物可以发生 $\sigma\to\sigma^*$跃迁和$\pi\to\pi^*$跃迁。孤立双键的$\pi\to\pi^*$跃迁比 $\sigma\to\sigma^*$跃迁所需能量低，波长则较长，$\pi\to\pi^*$吸收强度大，但仍在远紫外区，一般仪器观察不到。

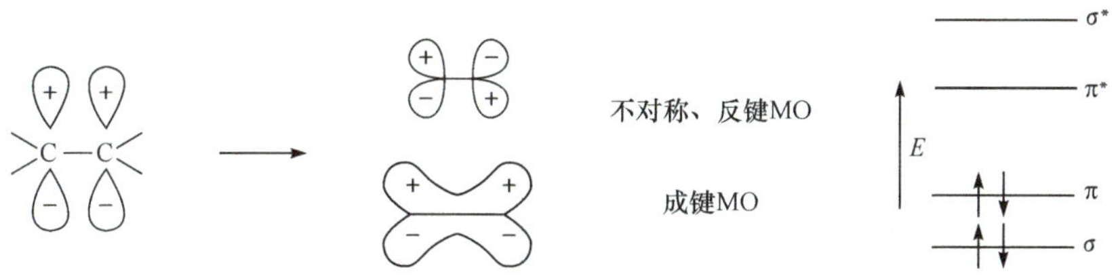

图 2-18　π轨道的形成和能级图

例如

		λ_{max}/nm	$\lg\varepsilon_{max}$
$CH_2{=}CH_2$	$\pi\to\pi^*$	165	～4
$CH_3CH{=}CHCH_3$	$\pi\to\pi^*$	178	～4
环己烯	$\pi\to\pi^*$	183	～4

2. 共轭双键体系

一个分子中如有多个双键组成共轭双键体系，则吸收光谱发生较大幅度的红移。

在最简单的共轭多烯 1, 3-丁二烯分子中，四个原子轨道(p 轨道)线性组合成四个分子轨道(π轨道)。这四个轨道随着节点数的增加，能量逐渐升高，其中π_1、π_2为成键轨道，π_3、π_4为反键轨道(图 2-19)。1, 3-丁二烯的$\pi\to\pi^*$跃迁实际上是$\pi_2\to\pi_3$跃迁，这显然比乙烯的$\pi\to\pi^*$

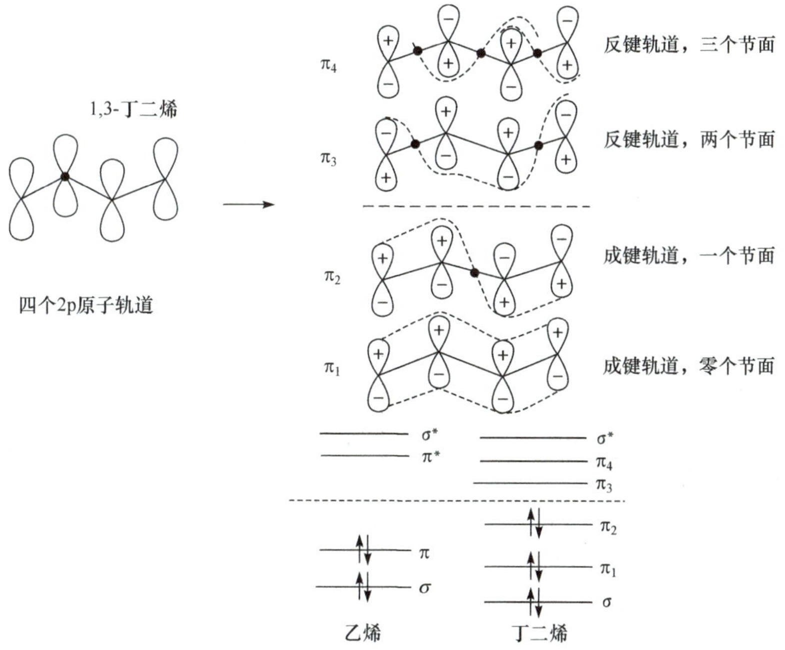

图 2-19　乙烯与 1, 3-丁二烯的分子轨道和能级图

能量变化小得多，所以 1, 3-丁二烯的π→π*跃迁的吸收波长移向长波方向。

	λ_{max}/nm	lg ε_{max}
$H_2C{=}CH_2$	165	~4
$CH_2{=}CH{-}CH{=}CH_2$	217	~4

随着共轭体系的延伸，ΔE 减小，λ_{max} 增大，吸收强度也随着增加，化合物的颜色逐渐变深，典型的例子见图 2-20 和表 2-9。

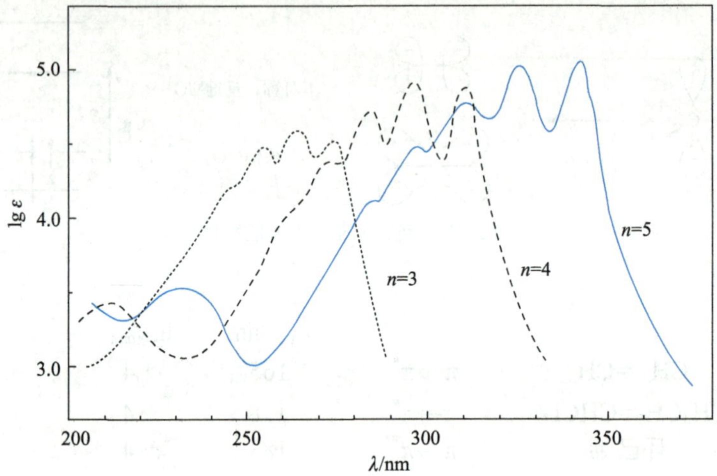

图 2-20 共轭多烯体系 H—(CH═CH)$_n$—H 的紫外光谱

表 2-9 共轭多烯体系 H—(CH═CH)$_n$—H 的吸收光谱(溶剂：己烷)

n	λ_{max}/nm	ε_{max}	颜色
1	165	10 000	无色
2	217	21 000	无色
3	267.5	35 000	无色
4	304	52 000	无色
5	334	118 000	淡黄色
8	415	210 000	橙色
11	470	185 000	红色
15	547	150 000	紫色

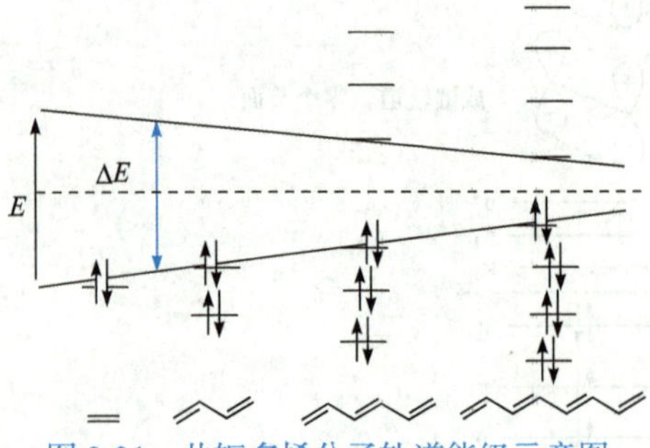

图 2-21 共轭多烯分子轨道能级示意图

图 2-20 和表 2-9 表明，随着共轭双键数目的增多，吸收峰发生红移，最终进入可见区。产生这种现象的原因是随着共轭烯键的增加，最高占据分子轨道(highest occupied molecular orbital，HOMO，即成键轨道)能量升高，最低未占分子轨道(lowest unoccupied molecular orbital，LUMO，即反键轨道)能量降低，所以π电子跃迁所需的能量ΔE 逐渐减小(图 2-21)，$\Delta E = E_{LUMO} - E_{HOMO}$，吸收带红移。

3. 共轭烯烃 K 带 λ_{max} 的估算

在紫外光谱中，λ_{max} 是反映分子结构的一个重要参数。人们从大量的实验数据中归纳出一些经验规则，用于估算各种发色团和共轭体系的 λ_{max}，从而将紫外光谱的极大吸收波长与分子结构联系起来。通过选择适当的母体，再加上经验规则的一些参数项，即可估算出某些类型化合物的 λ_{max}。

有 2～4 个双键共轭的烯烃及其衍生物 K 带的 λ_{max} 可按伍德沃德-菲泽(Woodward-Fieser)规则计算。首先选择一个共轭双烯作为母体，确定其最大吸收位置的基数，然后加上表 2-10 所列与π共轭体系相关的经验参数，即可估算出此类化合物的 λ_{max}。将计算所得的数值与实测的 λ_{max} 比较，可以帮助确定推断的共轭体系骨架结构是否正确。需要注意的是，用伍德沃德-菲泽规则只能计算共轭烯烃的 λ_{max}，芳香体系的化合物不适用。

表 2-10　计算共轭烯烃 K 带 λ_{max} 的伍德沃德-菲泽规则

	λ_{max}/nm
异环或开环共轭双烯母体 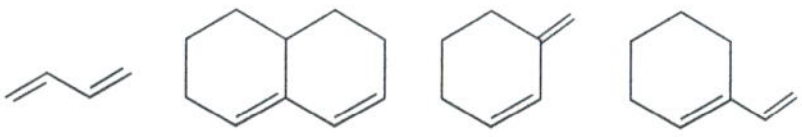	217
同环双烯*母体 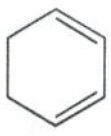	253
	λ 增值/nm
增加一个共轭双键	+30
每一个烷基或环烷基取代	+5
环外双键**	+5
每一个极性基团	
—O—CO—R 或—O—CO—Ar	0
—OR	+6
—SR	+30
—Cl、—Br	+5
—NR_2	+60
溶剂校正	0

*同环双烯：两个双键在同一个环内且共轭。

**环外双键：共轭体系中某个双键，其一个烯碳在某个环上，另一个烯碳不在这个环上。

例如(括号内为实测值)

(1) 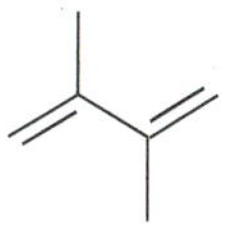　217+2×5=227(nm)(226 nm)

(2) 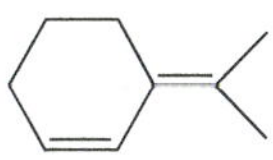　217+4×5+5=242(nm)(242 nm)

使用这个规则时，应注意如果同时有多个母体可供选择时，应优先选择波长长的作母体，如例(3)中选同环二烯作母体，而不选异环双烯作母体。

(3) 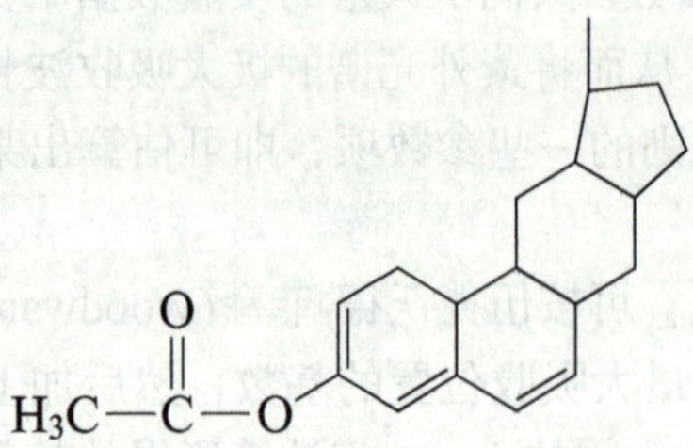

同环双键	253
一个延伸双键	30
三个取代基	3×5
一个环外双键	5
一个酰氧基	0
	303 nm(304 nm)

交叉共轭体系只能选取一个共轭链，分叉上的双键不能算延伸双键，其取代基也不计算在内。交叉共轭体系计算值与实验值误差也比较大。

(4) 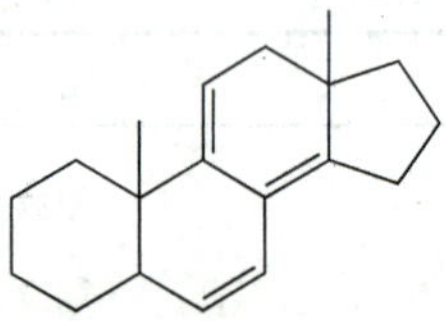

同环双烯	253
五个取代基	5×5
三个环外双键	3×5
	293 nm(285 nm)

共轭体系的所有取代基及所有的环外双键均应考虑在内，所以例(5)的 C_{10} 应看作两个烯碳的取代烃基，计算两次。

(5) 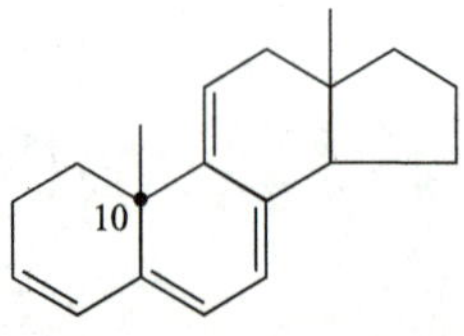

同环双烯	253
延伸双键	2×30
环外双键	3×5
取代基	5×5
	353 nm

伍德沃德-菲泽规则计算共轭烯烃及其衍生物K带的 λ_{max} 仅适用于2～4个双键的共轭烯烃。对于有四个以上双键的共轭烯烃体系，其 λ_{max} 和 ε_{max} 可按菲泽-库恩(Fieser-Kuhn)规则计算。

$$\lambda_{max} = 114 + 5M + n(48.0 - 1.7n) - 16.5R_{环内} - 10R_{环外}$$

$$\varepsilon_{max} = 1.74\times10^4\times n$$

式中：M 为共轭体系上取代烷基数；n 为共轭双键数；$R_{环内}$ 为含环内双键的环的个数；$R_{环外}$ 为含环外双键的环的个数。

例如，β-胡萝卜素(括号内为实测值)

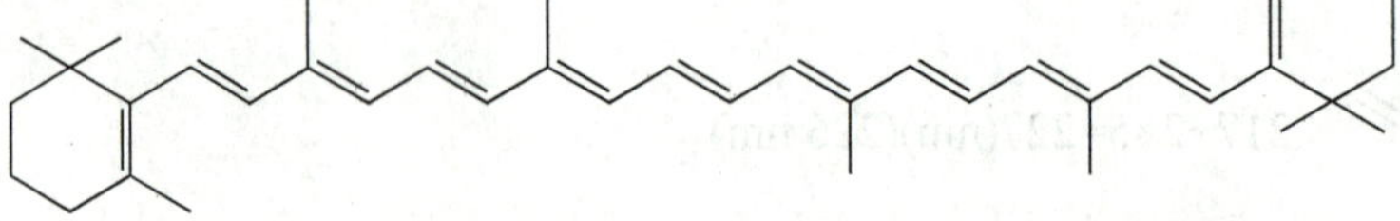

$$\lambda_{max} = 114+5\times10+11\times(48.0-1.7\times11)-16.5\times2=453.3(\text{nm})(452\ \text{nm}，己烷)$$

$$\varepsilon_{max} = 1.74\times10^4\times11=19.1\times10^4(15.2\times10^4，己烷)$$

2.3.3　羰基化合物

1. 饱和羰基化合物

在简单的羰基化合物中，除有 σ 电子和π电子外，羰基的氧原子上还有一对孤对电子 n 电子，因此存在四种跃迁：$\sigma\to\sigma^*$、$\pi\to\pi^*$、$n\to\sigma^*$、$n\to\pi^*$。其中，$\sigma\to\sigma^*$跃迁在 120～130 nm 产生吸收，$\pi\to\pi^*$跃迁在 160 nm 左右、$n\to\sigma^*$跃迁在 180 nm 左右有吸收。可见，简单的羰基化合物的前三种跃迁落在一般仪器能测量的范围之外。因此，孤立羰基化合物研究最多的是 $n\to\pi^*$跃迁，其吸收谱带出现在 270～300 nm，一般是低强度吸收(ε=10～20)的宽谱带，称为 R 带。其吸收位置的变化对溶剂很敏感，羰基的轨道能级和电子跃迁吸收位置如图 2-22 所示。例如

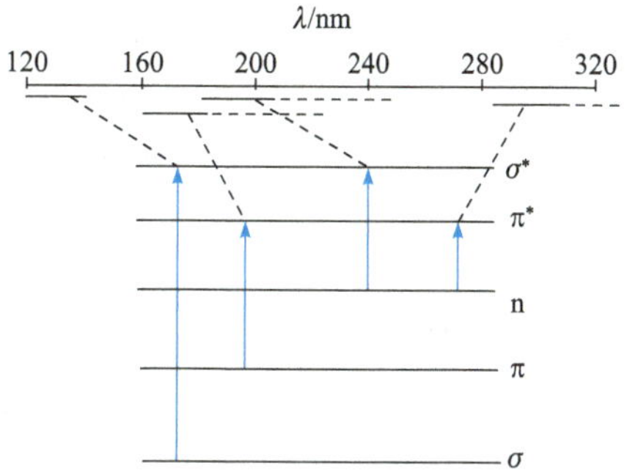

图 2-22　羰基的轨道能级和电子跃迁吸收位置

CH_3CHO	190 nm($n\to\sigma^*$)	289 nm ($n\to\pi^*$)	lgε～1.5
CH_3COCH_3	180 nm($n\to\sigma^*$)	280 nm ($n\to\pi^*$)	lgε～2
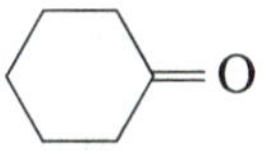		291 nm($n\to\pi^*$)	lgε～1.4

所有醛、酮类化合物都在 270～300 nm 有一个弱吸收峰，ε均为 20～50。许多化合物含有羰基，这对结构的测定是很有用的。羰基的吸收谱带受取代基影响位移显著，醛和酮羰基的 $n\to\pi^*$跃迁能量略有差别。一般酮在 270～280 nm，而醛略移向长波方向移动，为 280～300 nm。这是因为酮比醛多了一个烃基，由于超共轭效应，π轨道能级降低，相应的反键轨道π^*能级升高，致使 $n\to\pi^*$跃迁需要较高的能量。例如，甲醛、一般醛和丙酮的 λ_{max} 分别为 304 nm、289 nm 和 275 nm，依次向短波方向移动。3, 3-二甲基-2-丁酮只有一边发生 σ-π超共轭，具有与醛相近的最大吸收波长(λ_{max}=285 nm)。同时，叔丁基的空间效应使羰基分子轨道发生扭曲，从而使 ε_{max} 增大。

在紫外光谱中，只有醛和酮羰基有此特征吸收峰，而羧酸、酯、酰胺的羰基 $n\to\pi^*$跃迁吸收波长较短。例如

	λ_{max}/nm	lgε_{max}
R—COOR′	～205	1～2
R—CONR′₂	～205	～2
R—COSH	～219	～3

这是由于在酸、酯等化合物中，羰基与杂原子上的未成键电子对共轭，使π轨道能级降低，而π^*轨道能级升高，因而使 $n\to\pi^*$跃迁能量增大，谱带发生蓝移。

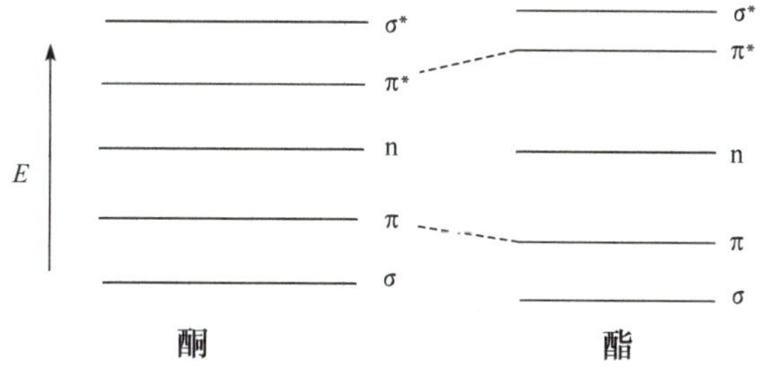

因此，紫外光谱不仅可以用来鉴别酮和醛的结构，而且还可以将酮、醛与酯、酸、酰胺区分开。

2. 不饱和羰基化合物

α, β-不饱和醛、酮的C═C与C═O处于共轭状态，其K带和R带与相应孤立生色团的吸收带相比均有红移。如图2-23所示，K带由$\pi \rightarrow \pi^*$跃迁产生，λ_{max}出现在220 nm附近，为强吸收带，ε_{max}一般大于10 000。R带由$n \rightarrow \pi^*$跃迁产生，一般出现在300 nm附近，为弱吸收带，ε_{max}为10～1000。

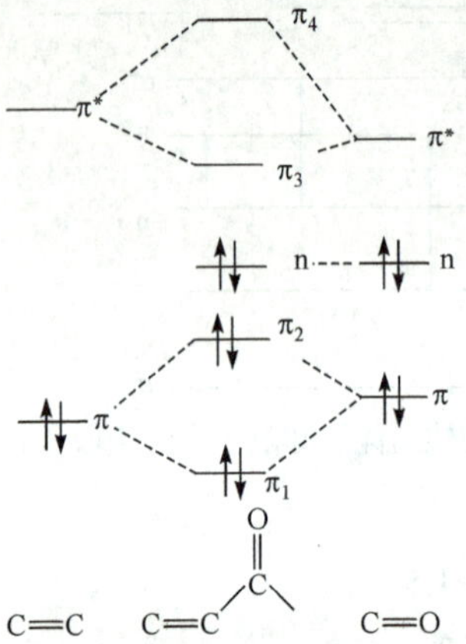

图 2-23 不饱和羰基化合物的分子轨道和电子跃迁

光离子化实验指出，n轨道能量相对变化小，所以红移是来自π体系的LUMO能级的降低和HOMO能级的升高。

不饱和羰基化合物随着羰基共轭数目的增加，$\pi \rightarrow \pi^*$跃迁的能量不断降低，吸收谱带红移，且吸收强度随之增加(与共轭多烯相似)。$n \rightarrow \pi^*$跃迁因共轭链增加的影响较小。结果，这个低强度的吸收带在长共轭体系的羰基化合物光谱中经常看不清楚，或者表现为肩峰(sh)的形式，或者被$\pi \rightarrow \pi^*$吸收带完全掩盖。

α, β-不饱和羧酸及其衍生物与相应的不饱和醛、酮不同。如前所述，羧酸及其衍生物的$n \rightarrow \pi^*$跃迁谱带(R带)比相应的醛、酮显著蓝移。这是因为在这类化合物(RCO—X)中，X基团中n电子占据的p轨道(或类p轨道)与羰基的π轨道可以发生p-π共轭效应，形成多电子的大π体系，如图2-24所示。结果产生两个π成键轨道π_1、π_2和一个反键轨道π_3，其中π_2比孤立羰基的π轨道能级高，π_3比孤立羰基的π^*轨道能级也高。由于X基团的吸电子诱导效应，原来羰基的n轨道能级略有下降，因此羧酸及其衍生物的R带比相应的醛、酮有较大幅度的蓝移。相似地，α, β-不饱和羧酸及其衍生物的R带与相应的醛、酮相比也发生蓝移，而K带也在较小的波长位置。烷基取代的α, β-不饱和羧酸及其衍生物与共轭多烯体系相似，由于σ-π超共轭效应，K带发生红移。

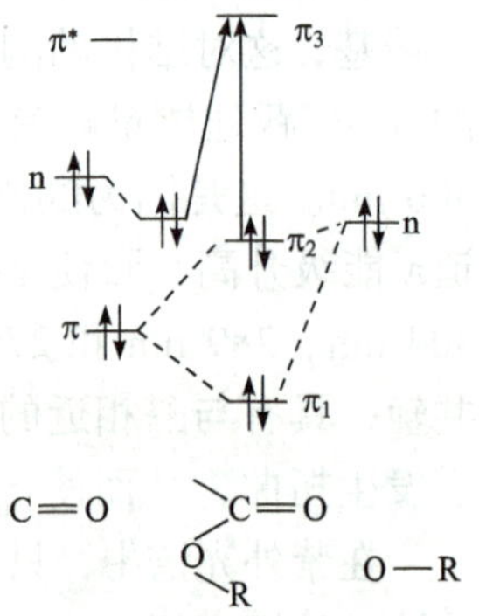

图 2-24 羧酸及其衍生物的分子轨道和电子跃迁

一些α, β-不饱和羧酸及其衍生物的K带吸收数据列于表2-11。

表 2-11 一些α, β-不饱和羧酸及其衍生物的K带($\pi \rightarrow \pi^*$)吸收数据

化合物	λ_{max}/nm	ε_{max}	溶剂
trans-$CH_3CH{=}CHCOOH$	205	14 000	乙醇
cis-$CH_3CH{=}CHCOOH$	205	13 500	乙醇
 COOH	217	10 000	乙醇
trans-$CH_3CH{=}CHCOOC_2H_5$	210	12 600	乙醇
trans-$CH_3CH{=}C(CH_3)CONH_2$	214	12 100	乙醇
$CH_3C(NH_2){=}CHCOOC_2H_5$	268	16 200	环己烷

续表

化合物	λ_{max}/nm	ε_{max}	溶剂
$(C_2H_5O)_2C{=}CHCOOC_2H_5$	234	14 500	环己烷
$CH_3(CH{=}CH)_2COOH$	254	26 000	乙醇

3. α,β-不饱和醛、酮 K 带 λ_{max} 的估算

与共轭双烯不同，羰基化合物的$\pi\to\pi^*$和 $n\to\pi^*$跃迁峰的 λ_{max} 受溶剂极性的影响非常显著。表 2-12 所列伍德沃德-菲泽规则计算$\pi\to\pi^*$跃迁 K 带的 λ_{max} 时，只有用 95%乙醇作溶剂才能获得与实测值相符合的计算结果。若用其他溶剂，必须用表 2-12 的数值进行校正。取代基的位置从羰基相连的烯碳数起，依次为 α、β、γ、δ。

$$-\underset{\underset{\delta}{\uparrow}}{C}=\underset{\underset{\gamma}{\uparrow}}{C}-\underset{\underset{\beta}{\uparrow}}{C}=\underset{\underset{\alpha}{\uparrow}}{C}-C=O$$

表 2-12　计算 α,β-不饱和醛、酮 K 带 λ_{max} 的伍德沃德-菲泽规则(单位：nm)

基数：烯酮(开链或大于五元环酮)		215	—SR	β	+85
五元环烯酮		202	—Cl	α	+15
α,β-不饱和醛		210		β	+12
α,β-不饱和酸和酯		195	—Br	α	+25
增值：				β	+30
延伸一个共轭双键		+30	$—NR_2$	β	+95
烷基或环烷基			环外双键*		+5
	α	+10	同环共轭双键		+39
	β	+12	溶剂校正(从计算值中减去)：		
	γ 和 γ 以上	+18	二氧六环		+5
极性基团 —OH	α	+35	氯仿		+1
	β	+30	乙醚		+7
	γ	+50	水		−8
—OAc	α、β、γ	+6	己烷		+11
—OR	α	+35	环己烷		+11
	β	+30	甲醇		0
	γ	+17	乙醇		0
	δ	+31			

*环外双键定义同表 2-10。

应用这一规则计算时，应注意环(六元环及六元以上的环)上羰基不能视为环外双键，环外双键的含义是共轭体系中与环相连的碳碳双键，除此以外都不是环外双键。但五元环上的羰基要加 5 nm。例如

(1) 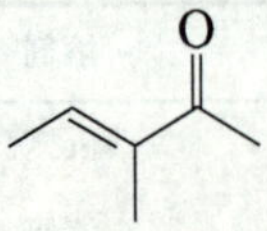

基值	215
α-烷基	+10
β-烷基	+12
	237 nm(236 nm)

(2) 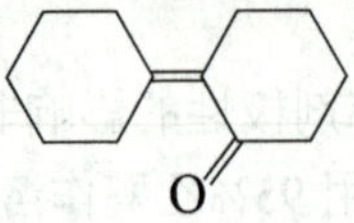

基值	215
α-烷基	+10
β-烷基	2×12
环外双键	2×5
	259 nm(257 nm)

(3) 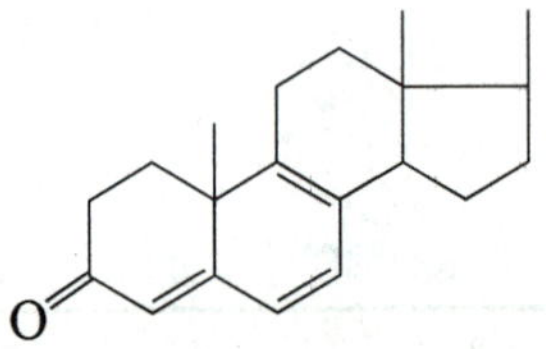

基值	215
β-烷基	+12
γ 以远烷基	3×18
同环双键	+39
延伸双键	2×30
环外双键	+5
	385 nm(388 nm)

(4) 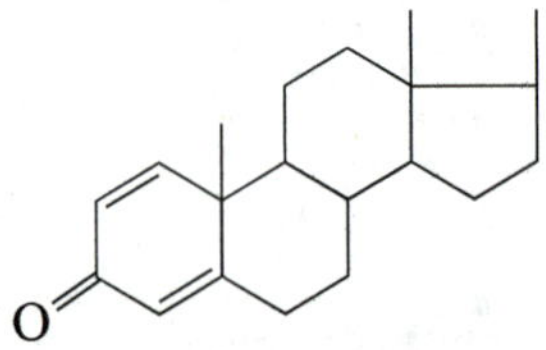

基值:	215
β-烷基	2×12
环外双键	+5
	244 nm(245 nm)

这个化合物有交叉共轭，因此有两种计算办法，其中较大波长往往与实际值接近。

(5) 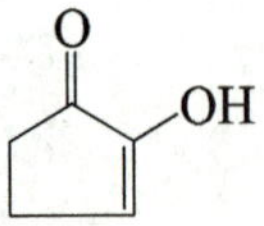

基值	202
α-羟基	35
β-烷基	12
羰基	5
	254 nm(247 nm)

4. α, β-不饱和羧酸及酯类 K 带 λ_{max} 的估算

α, β-不饱和羧酸及酯类 K 带 λ_{max} 值的计算规则列于表 2-13，它们的 λ_{max} 值一般比相应的 α, β-不饱和酮小。

表 2-13 计算 α, β-不饱和羧酸及酯类 K 带 λ_{max} 的聂尔森(Nielsen)规则(单位：nm)

不饱和羧酸和酯的基值:		增值:	
α 或 β 一元取代	208	与 C=C 共轭	+30
α, β 或 β, β 二元取代	217	γ-或 δ-烷基	+18
α, β, β 三元取代	225	环外双键	+5
		不饱和双键在五元环或七元环内	+5

例如

(1) 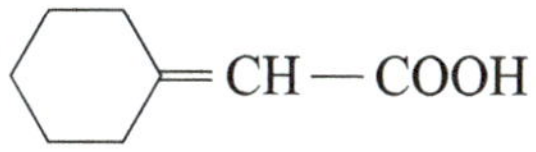　　$\lambda_{max} = 217+5 = 222(nm)(220\ nm)$

(2) $CH_3(CH{=}CH)_2COOH$　　$\lambda_{max} = 208+18+30 = 256(nm)(254\ nm)$

(3) 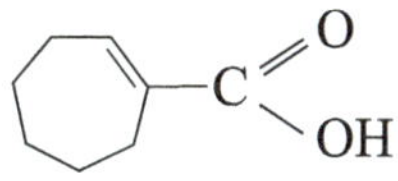

基值	217
七元环内双键	+5
	222 nm(222 nm)

2.3.4　不饱和含氮化合物

这里的不饱和含氮化合物是指有π键与氮相连的有机化合物，重要的有亚胺基化合物、偶氮化合物、硝基化合物和亚硝基化合物，它们具有与羰基相似的电子结构。

亚胺基化合物可能出现两个谱带，一个对应$\pi\to\pi^*$跃迁，大约出现在 172 nm；另一个吸收带出现在 244 nm 左右，吸收强度ε约为 100，对应$n\to\pi^*$跃迁。酮亚胺吸收比醛亚胺吸收略偏短波方向，一些亚胺基化合物的吸收数据列于表 2-14，结构对吸收的影响因素也与醛、酮相似。亚胺基上烷氧基、羟基取代使谱带蓝移。

表 2-14　一些亚胺基化合物的$n\to\pi^*$特征吸收数据

化合物	λ_{max}/nm	ε_{max}	溶剂
$(CH_3)_3CCH{=}NC_4H_9$	244	87	己烷
5, 5-二甲基吡咯啉 	231	145	己烷
2-甲基吡咯啉 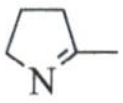	277	214	己烷
$(C_6H_{11})(CH_3)C{=}NOH$	250	1380	庚烷

偶氮基一般呈现出三个吸收带，两个分别出现在 165 nm 和 195 nm 附近，第三个具有特殊性质的吸收谱带出现在 360 nm 左右，由$n\to\pi^*$跃迁引起，因此一些偶氮化合物主要表现为黄色。偶氮基$n\to\pi^*$跃迁吸收强度随着取代基的不同而有较大幅度的变化。特别是顺反异构体间的吸收相差很大，反式异构体吸收强度较低，ε约为 20；而顺式异构体的吸收强度较高，ε为 100～500。一些偶氮化合物的吸收数据列于表 2-15。

表 2-15　一些偶氮化合物的$n\to\pi^*$特征吸收数据

化合物	λ_{max}/nm	ε_{max}	溶剂
trans-$CH_3N{=}NCH_3$	343	25	水
cis-$CH_3N{=}NCH_3$	353	240	水
trans-$(CH_3)_2CHN{=}NCH(CH_3)_2$	358	19	异辛烷
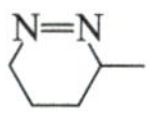	383	112	异辛烷
	342	420	异辛烷

硝基的饱和衍生物出现两个吸收带：一个高强度的吸收带在 200 nm 附近，为$\pi \to \pi^*$跃迁引起；另一个由 $n \to \pi^*$跃迁引起的低强度吸收带出现在 275 nm 左右。α-碳有氢原子的硝基化合物在碱性溶液中 $n \to \pi^*$吸收峰的位置向短波移至 235 nm。这是由于生成的碳负离子与硝基共轭，其电子结构与羧酸及其衍生物类似。一些硝基化合物的吸收数据列于表 2-16。

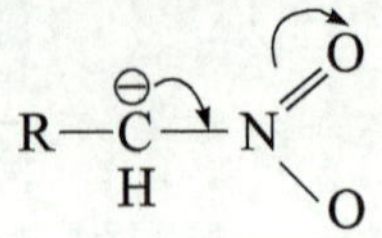

表 2-16 一些硝基化合物的特征吸收数据

化合物	λ_{max}/nm	ε_{max}	溶剂
CH_3NO_2	202	4400	己烷
	279	15.8	
	233	8100	1 mol/L NaOH 水溶液
$C_2H_5NO_2$	278	20	汽油
$(CH_3)_2CHNO_2$	280	22	汽油
H_2NNO_2	209	6400	乙醇

2.3.5 芳香族化合物

1. 苯及其衍生物

苯环有三个吸收带，分别是 E_1、E_2、B 带，均由$\pi \to \pi^*$跃迁引起。在仪器上能看到的是 E_2 的末端吸收带和 B 带。

(1) 烷基取代苯中，烷基仅对苯环的电子结构产生很小的影响。由于超共轭效应，一般 E_2 带和 B 带发生红移，同时会降低 B 带的精细结构特征。氯代烷基取代苯比烷基取代苯的吸收带红移幅度大，一氯甲基苯、二氯甲基苯和三氯甲基苯的 B 带 λ_{max} 分别为 269 nm、270 nm 和 272 nm。一些苯的烃基取代物的吸收数据列于表 2-17。

表 2-17 一些苯的烃基取代物的特征吸收数据

化合物	溶剂	E_2		B	
		λ_{max}/nm	ε_{max}	λ_{max}/nm	ε_{max}
苯	己烷	204	8800	254	250
	水	203.5	7000	254	205
甲苯	己烷	208	7900	262	260
	水	206	7000	261	225
邻二甲苯	25%甲醇	210	8300	262	300
间二甲苯	25%甲醇	212	7300	264	300
对二甲苯	乙醇	216	7600	274	620
1, 3, 5-三甲苯	乙醇	215	7500	265	220

(2) 有助色团的取代苯，助色团—OH、—NH_2、—X 等的 n 电子与苯环形成 p-π共轭体系，一方面使 E_2 带和 B 带均发生红移，B 带的强度增大，失去其精细结构的特征(注意与杂原子对羰基化合物的影响对照)，当助色团为强推电子基团时，B 带的这些变化更为显著；另一方面产生新的谱带 R 带，通常 R 带的 λ_{max} 为 275～330 nm，为低强度吸收带(ε 为 10～100)，常被增强的 B 带所掩盖而观察不到，或者偶尔以肩峰形式出现。助色团的推电子能力越强，影响越大。助色团的推电子能力顺序为

$$—N(CH_3)_2 > —O^- > —NH_2 > —OR > —OH > —Br > —Cl > —CH_3$$

一些典型的助色团取代苯的吸收数据列于表 2-18。

表 2-18　一些助色团取代苯的特征吸收数据

化合物	溶剂	E_2		B		R	
		λ_{max}/nm	ε_{max}	λ_{max}/nm	ε_{max}	λ_{max}/nm	ε_{max}
氯代苯	乙醇	210	7500	257	170	—	
碘代苯	乙醇	226	13000	256	800	—	
	己烷	207	7000	258	610	285(sh)	180
苯酚	水	211	6200	270	1450	—	
酚氧负离子	NaOH 水溶液	236	9400	287	2600	—	
苯胺正离子	酸性水溶液	203	7500	254	160	—	
苯胺	水	230	8600	280	1450	—	
苯硫酚	己烷	236	10000	269	700	—	
苯甲醚	水	217	6400	269	1500	—	

(3) 有生色团的取代苯，苯环上的氢被—CH═CH_2、—CH═O、—COOH 等生色团取代，延长了π-π共轭体系，除 B 带明显地红移且吸收强度增加外，体系中还增加了π和π*分子轨道，因而产生新的 K 带，这种 K 带通常与 E_2 带合并出现在 E_2 带和 B 带之间。生色团对苯紫外吸收的影响与基团的吸电子能力有关，吸电子能力越强，红移越明显。常见生色团的吸电子能力大小顺序为

$$—NO_2 > —CHO > —COCH_3 > —COOH > —COO—$$

一般简单生色团取代苯的吸收数据列于表 2-19。

表 2-19　简单生色团取代苯的吸收带位置和强度范围

吸收带	λ_{max}/nm	ε_{max}
E_2	180～220	$(2～6)\times10^3$
K	220～250	$(1～3)\times10^4$
B	250～290	$10^2～10^3$
R	275～330	10～100

K 带是在苯环上引入生色团而产生的，引入不同的生色团，K 带的位置与吸收强度也各不相同，它的变化范围很大。随着基团共轭体系的延伸，λ_{max} 进一步红移，ε_{max} 进一步增加，

在一些大共轭体系中 B 带可以被 K 带完全掩盖。

带有 n 电子对的生色团取代苯的光谱将出现低强度的 R 带，由于这种体系的 LUMO 能级很低，因此由 $n \to \pi^*$ 跃迁引起的 R 吸收带出现在 B 带后面的较长波段处。例如，苯乙酮的 R 带 λ_{max}=320 nm，而 B 带 λ_{max}= 276 nm，这两个谱带都发生红移，其吸收强度由于苯环的π电子和羰基的π电子共轭而有相应的增加。

(4) 多取代苯。多取代苯的紫外光谱与取代基的性质、取代基间的电子效应以及它们在苯环上取代的位置有关，情况比较复杂。下面仅以二取代苯为例说明取代基性质、位置等对其紫外光谱的影响。

对位二取代：当两个取代基的电子效应相同，即同为吸电子或推电子基团，这样的取代苯的 E_2 带红移，且红移程度由最强的基团决定。例如，对二硝基苯和对硝基苯甲酸的 E_2 带基本与硝基苯的 E_2 带相同。

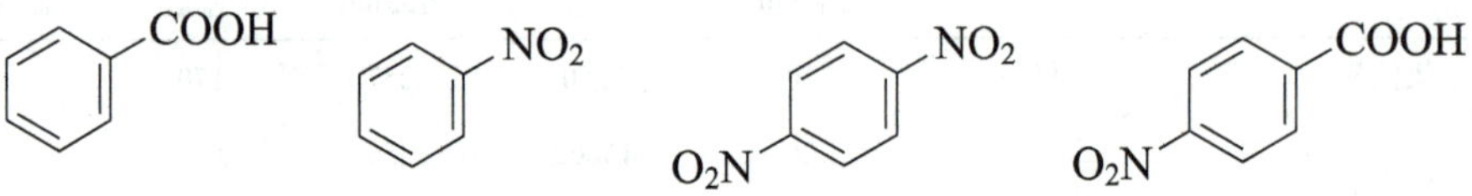

λ_{max}/nm　230　252　255　253

当两个取代基的电子效应不同，即一个取代基为吸电子基团，而另一个取代基为推电子基团，这样的取代苯红移程度比两个单取代基各自贡献的加和还要多。例如，与苯的 E_2 带(203 nm)相比，苯胺、苯酚和硝基苯的 E_2 带分别红移 27 nm、8 nm 和 49 nm，对硝基苯胺和对硝基苯酚的 E_2 带分别红移 178 nm 和 115 nm，远远大于两个取代基的加和。这种现象主要是共轭引起的。

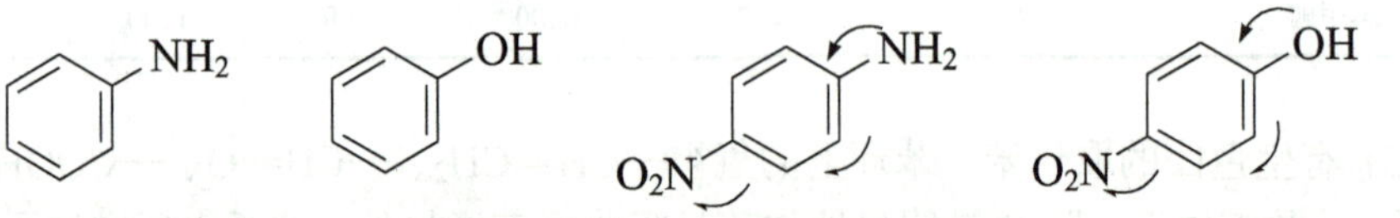

λ_{max}/nm　230　211　381　318

邻、间位二取代：这两种取代苯的红移程度近似等于两个单取代基各自贡献的加和。例如，邻硝基苯胺和间硝基苯胺的最大吸收波长分别为 280 nm 和 283 nm。

2. 多核芳香族化合物

(1) 多联苯。两个或多个苯环以单键相连时苯环可以处在同一平面上，电子的离域程度扩大，K 带向长波方向移动且吸收强度增加，将 B 带掩盖。这种对位的多联苯，苯环越多，红移越显著，逐渐进入可见区，化合物有了颜色。例如

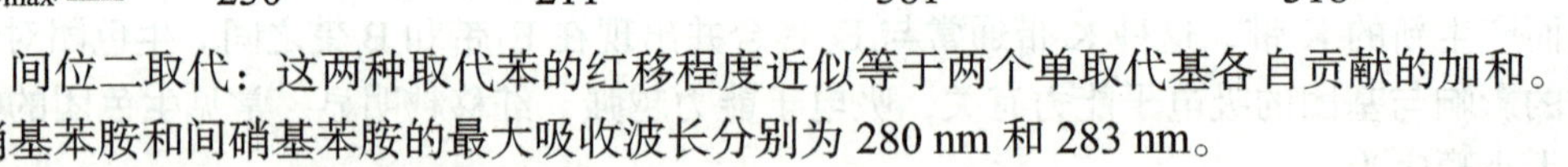

λ_{max}/nm　252　280　300

(2) 骈环芳香族化合物。此类化合物可分为两类：一类如萘、蒽等线形骈环体系的分子，分子对称性较强，一般有苯的三个典型谱带。与苯相比，这三个谱带都强烈地红移而产生明显的振动精细结构，随着环的增加逐渐移向可见区。另一类如菲等角形骈环体系的分子，此类化合物的紫外光谱也出现三个典型的苯谱带，与苯相比都出现在长波区。这类吸收谱线较

复杂，在 E 带以外的短波区出现新的谱带，见表 2-20 和图 2-25。由于骈环芳香族化合物的芳烃母体较大，取代基效应显得很小，因此骈环芳烃衍生物的吸收光谱与其母体相似。

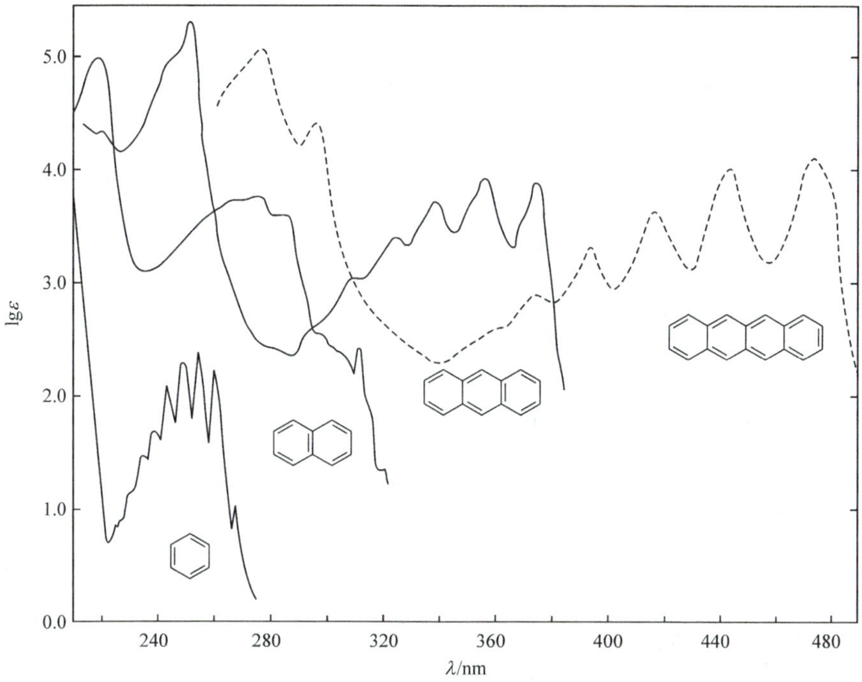

图 2-25　苯、萘、蒽、并四苯的吸收光谱

表 2-20　典型的骈环芳烃的紫外光谱 $\lambda_{max}(\varepsilon_{max})$

化合物	环数	E_1	E_2	B	溶剂
苯	1	180 nm(55 000)	203 nm(7 400)	254 nm(205)	水
萘	2	220 nm(100 000)	275 nm(10 000)	310 nm(650)	乙醇
蒽	3	251 nm(200 000)	355 nm(7 500)	—	甲醇-乙醇
并四苯	4	274 nm(350 200)	471 nm(12 500)	—	乙醇
并五苯	5	303 nm(160 000)	528 nm(6 000)	428 nm(700)	三氯苯
菲	3	251 nm(90 000)	292 nm(20 000)	345 nm(390)	甲醇-乙醇

3. 杂环芳香族化合物

(1) 五元杂环芳香族化合物。五元杂环芳香族化合物分子杂原子上的未成对电子参与芳环共轭所需的六个电子，其紫外光谱不显示 $n\rightarrow\pi^*$ 跃迁的吸收带。常见的五元杂环芳香族化合物有呋喃、吡咯和噻吩。呋喃、吡咯的吸收带在 210 nm 左右，噻吩在 215 nm 和 231 nm 左右出现两个吸收带，且前者有精细结构。前述三种五元杂环芳香族化合物的紫外光谱与苯的紫外光谱的相似性以呋喃＜吡咯＜噻吩的顺序递减。

(2) 六元杂环芳香族化合物。六元杂环芳香族化合物分子本身具有环状 6π电子体系，其紫外光谱与相应的芳烃类似，但其 B 带比苯环(ε250)强度强，ε 约为 2000，且精细结构减少甚至消失。其比芳烃的光谱增加了一个 $n\rightarrow\pi^*$ 跃迁的吸收带。常见的几种六元杂环芳香族化合物的紫外吸收如下：

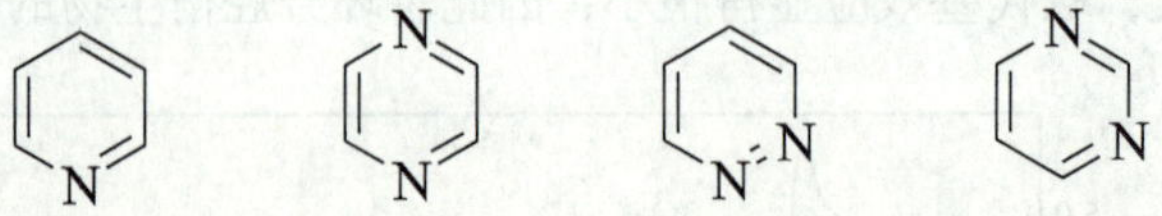

λ_{max}/nm	$\pi\to\pi^*$	250	260	251	244
	$n\to\pi^*$	270	328	340	298

2.3.6 金属配合物

金属离子与配体反应生成配合物的颜色一般不同于游离金属离子(水合离子)和配体本身的颜色。金属配合物的生色机理可分为三种类型：①配体微扰的金属离子 $d\to d^*$电子跃迁和 $f\to f^*$电子跃迁；②电荷转移吸收光谱(荷移吸收光谱)；③金属离子微扰的配体内电子跃迁。对某一金属配合物来说，可能是其中的一种或几种同时起作用。

1. 配体微扰的金属离子 $d\to d^*$电子跃迁和 $f\to f^*$电子跃迁

大多数 d 轨道或 f 轨道未充满的金属离子与不含共轭体系的无色配体(如 H_2O、NH_3、EDTA、酒石酸等)形成的配合物的光谱都属于这种类型。在最简单情况下，K^+、Ca^{2+}、Sc^{3+}、Ti^{4+}没有 d 电子，属 d^0结构；Cu^+、Zn^{2+}、Ga^{3+}等属 d^{10}结构，它们与 H_2O、NH_3、EDTA 等形成的配合物都是无色的，因为没有 $d\to d^*$电子跃迁。而 Ti^{3+}、V^{3+}、Cu^{2+}、Ni^{2+}等的 d 轨道部分充满($d^{1\sim9}$结构)，与 H_2O、EDTA 等生成的配合物都是有色的。同一金属离子与不同配体结合，配合物的最大吸收波长不同；不同金属离子与同一配体反应，生成的配合物的颜色也不相同。

配位场理论比较完善地解释了上述一些实验事实。对于自由态过渡金属离子，即在没有电磁场作用的情况下，5 个 d 轨道的能量相同，离子处于五重简并的基态。在水溶液中，当有水分子或其他配体与金属离子生成配合物时，d 轨道与配体偶极子作用，破坏了 d 轨道的简并性，使 d 轨道分裂为两个或多个能级组。当吸收紫外-可见光能量时，就可能在分裂之后的能级之间发生电子(d 轨道)跃迁，以致形成 $d\to d^*$电子跃迁的光谱。

稀土离子与一些非共轭体系的配体生成的配合物的吸收谱带本质上是 $f\to f^*$电子跃迁的光谱。

2. 电荷转移吸收光谱

构成分子的两个组分(金属和配体)，一个可视为电子给体，另一个可视为电子受体。这种电荷转移光谱通常发生在具有 d 电子的过渡金属和有π键共轭体系的有机分子中，故又称 d-π 生色团。

电荷转移吸收光谱可分为以下三种类型。

1) 配体→金属的电荷转移

这一过程相当于金属的还原，较易还原的金属和较易氧化的配体，发生电荷转移的能量较低。在无机化合物中，I^-是较易氧化的配体，通常具有较高氧化态的金属阳离子的碘化物在可见区有电荷转移吸收带，如 TiI_4 为紫黑色，HgI_2 为红色，AgI 为橙黄色。又如

配合物	$ZrCl_4^{2-}$	$TiCl_4^{2-}$	VCl_4^{2-}
λ_{max}/nm	236	314	467

从上面的例子可知，随着金属阳离子还原能力增强，电荷转移吸收带向长波方向移动。在 MO_4^{n-}型离子中，随着金属阳离子氧化能力增强，颜色加深，如 VO_4^{3-}为无色，CrO_4^{2-}为黄色，MnO_4^-为紫色。

含有非键电子的酸性基团—COOH、—SH、=NH 等共轭π电子体系的有机化合物(可氧化性配体)与高氧化态过渡金属离子生成的配合物中，有机配体上的非键电子向金属离子中未充满的 d 轨道转移，产生电荷转移吸收带。具有这种性质的金属离子如 Ti(Ⅳ)、Fe(Ⅲ)、V(Ⅴ)、Nb(Ⅴ)、Ta(Ⅴ)、Mo(Ⅵ)、W(Ⅵ)，有机配体如 8-羟基喹啉及其衍生物、钛铁试剂、磺基水杨醛、邻苯二酚、邻苯三酚等。这类显色反应产物的摩尔吸光系数一般在 10^3 以上，在分光光度分析中应用较广。例如

Fe(Ⅲ)-(8-羟基喹啉)	$\lambda_{max} = 581\ nm(\varepsilon = 4.0\times10^3)$
Fe(Ⅲ)-(磺基水杨醛)	$\lambda_{max} = 425\ nm(\varepsilon = 6.3\times10^3)$
Fe(Ⅲ)-(钛铁试剂)	$\lambda_{max} = 480\ nm(\varepsilon = 6.3\times10^3)$
Ti(Ⅳ)-钛铁试剂	$\lambda_{max} = 410\ nm(\varepsilon = 14.5\times10^3)$
Co(Ⅲ)-(α-亚硝基-β-萘酚)$_3$	$\lambda_{max} = 425\ nm(\varepsilon = 23.5\times10^3)$
Nb(Ⅴ)-(8-羟基喹啉)$_2$	$\lambda_{max} = 385\ nm(\varepsilon = 9.5\times10^3)$

2) 金属→配体的电荷转移

产生这种电荷转移的必要条件是金属离子容易被氧化(处于低氧化态)，配体容易被还原。配体具有空的反键轨道，可接受从金属离子转移出来的电子，如吡啶、2, 2′-联吡啶、1, 10-二氮杂菲及其衍生物。这类试剂容易与可氧化性阳离子 Ti(Ⅲ)、Fe(Ⅱ)、V(Ⅱ)、Cu(Ⅰ)结合生成有色配合物。反应过程中，电子从主要定域在金属离子中的 d 轨道转移到配体 N 原子的π^*轨道。例如

Fe(Ⅱ)-(2, 2′-联吡啶)	$\lambda_{max} = 523\ nm(\varepsilon = 8.6\times10^3)$
Fe(Ⅱ)-(1, 10-二氮杂菲)	$\lambda_{max} = 510\ nm(\varepsilon = 11.2\times10^3)$
Fe(Ⅱ)-(4, 7-二苯基-1, 10-二氮杂菲)	$\lambda_{max} = 533\ nm(\varepsilon = 22.4\times10^3)$
Cu(Ⅰ)-(2, 2′-联吡啶)	$\lambda_{max} = 435\ nm(\varepsilon = 4.5\times10^3)$
Cu(Ⅰ)-(1, 10-二氮杂菲)	$\lambda_{max} = 435\ nm(\varepsilon = 7.0\times10^3)$
Cu(Ⅰ)-(2, 9-二甲基-1, 10-二氮杂菲)	$\lambda_{max} = 455\ nm(\varepsilon = 8.0\times10^3)$
Cu(Ⅰ)-(2, 9-二苯基-1, 10-二氮杂菲)	$\lambda_{max} = 457\ nm(\varepsilon = 12.1\times10^3)$

3) 金属→金属的电荷转移

配合物中含有两种不同氧化态的金属时，电子可以在两种不同氧化态金属间转移，其中高氧化态金属起电子受体的作用，低氧化态金属起电子给体的作用。这类配合物有很深的颜色，如普鲁士蓝 $KFe^{Ⅲ}[Fe^{Ⅱ}(CN)_6]$、硅(磷、砷)钼蓝 $H_8[Si(Mo_2^{Ⅲ}O_5)(Mo_2^{Ⅵ}O_7)_5]$、黑色的 $Cs_2Au^{Ⅰ}Au^{Ⅲ}Cl_6$ 等。在最后一种化合物中，电子转移在$[Au^{Ⅲ}Cl_4]^-$和$[Au^{Ⅰ}Cl_2]^-$之间发生。

3. 金属离子微扰的配体内电子跃迁

金属离子与有色的有机配体(显色剂)反应生成配合物所引起的颜色变化主要取决于金属离子与配体之间成键的性质。当金属离子与配体分子结合本质上是静电的，则金属离子以类似于配体质子化的方式影响其光谱。这种影响通常表现为配合物的吸收光谱红移或蓝移，但吸收光谱的形状和摩尔吸光系数变化不显著。

当金属离子与配体分子结合本质上是共价键和配位键时，即在生成螯合物的显色反应情况下，配体分子的共轭体系在螯合前后发生显著的变化。金属离子一方面取代了试剂分子中氢离子或氢原子形成共价键，另一方面又与具有孤对电子的杂原子(O、S、N 等)相连接，形成配位键。这不仅扩大了分子中的共轭体系，而且改变了原有基团的吸电子或给电子性质。因此，多数情况下，螯合物的形成均可使吸收峰显著红移，摩尔吸光系数明显提高。这种螯合物的谱带位置还受到溶液 pH 及螯合物中配体个数的影响。

2.4 紫外光谱的应用

紫外光谱经常用于物质纯度的检验、定量分析和结构鉴定。这里主要介绍其在结构鉴定方面的应用。

紫外光谱主要用于发色团和共轭体系的鉴定。由于其给出的信息少，单靠紫外光谱，一般无法确定化合物的结构。如果与其他波谱分析(如红外光谱、核磁共振谱或质谱等)配合使用，则可发挥一定的作用。

由紫外光谱可得到以下信息：某一化合物如果在 200～800 nm 没有吸收带，它就不含共轭链烯、醛、酮及 α, β-不饱和醛、酮和酸，不含与苯环连接的生色团等。另外，很可能不含孤立的双键。如果在 200～250 nm 有强吸收带($\varepsilon \geqslant 10\ 000$)，就有共轭烯烃或 α, β-不饱和醛、酮或酸。如果在 260 nm、300 nm 或 330 nm 附近有强吸收带，就可能各有 3、4 或 5 个共轭的不饱和键。如果在 260～300 nm 有中等强度的吸收带(ε=200～1000)，就很可能有芳香环。如果在 290 nm 附近有弱吸收带(ε=20～100)，就可能有酮或醛。有颜色的化合物，或者含有较长的共轭体系，或者含有硝基、偶氮基、重氮基或亚硝基等基团。α-二酮、乙二醛、金属离子配合物及碘仿等化合物虽不一定含共轭链，但也有颜色。

用紫外光谱推测化合物结构类型是极其简便的，可以缩短结构鉴定的进程，但只适用于有生色团的化合物。

2.4.1 共轭体系的判断

根据紫外光谱可以判断生色团之间是否有共轭关系。如果有共轭体系，根据 K 带的波长就有可能推断取代基的种类、位置和数目。

例 2-1 分子式为 $C_{10}H_{16}$ 的水芹烯有 α、β 两种异构体。红外光谱：α-水芹烯，1640 cm^{-1}(w)、1387 cm^{-1}(m)、1369 cm^{-1}(m)、820 cm^{-1}(s)、700 cm^{-1}(m～s)；β-水芹烯，1800 cm^{-1}(w)、1645 cm^{-1}(m)、1383 cm^{-1}(m)、1370 cm^{-1}(m)、890 cm^{-1}(s)。紫外光谱：α-水芹烯，λ_{max}=263 nm(ε=2500)；β-水芹烯，λ_{max}=231 nm(ε=9000)。

两种水芹烯经催化氢化都得到 $C_{10}H_{20}$[薄荷烷(menthane)]：

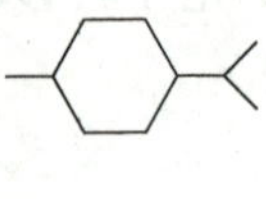

请确定 α-水芹烯和 β-水芹烯的结构。

解 两种水芹烯的红外光谱中，1640 cm^{-1} 和 1645 cm^{-1} 为双键的伸缩振动，1380 cm^{-1} 和 1370 cm^{-1} 附近吸收为异丙基的特征双谱带，这表明两种水芹烯均含有双键且双键不在叉链上。

β-水芹烯的红外光谱 890 cm^{-1} 谱带还表明有末端烯键($=CH_2$)结构，1800 cm^{-1} 附近弱谱带为倍频，紫外光谱 231 nm(ε=9000)为 K 带，表示有共轭双键，但不是同环双烯。只有以下结构符合：

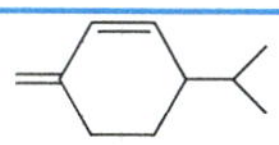

按伍德沃德-菲泽规则计算 λ_{max}：

$$217+2\times5+5=232(nm)$$

与实测的 231 nm 接近。以上 β-水芹烯结构应是正确的。

α-水芹烯中 820 cm^{-1} 和 700 cm^{-1} 附近谱带似表明烯的取代类型包括 $\rangle C{=}C\langle_{H}$ 和 $_{H}\rangle C{=}C\langle_{H}$，没有末端烯键。可以写出 A、B、C、D 四种可能结构式。

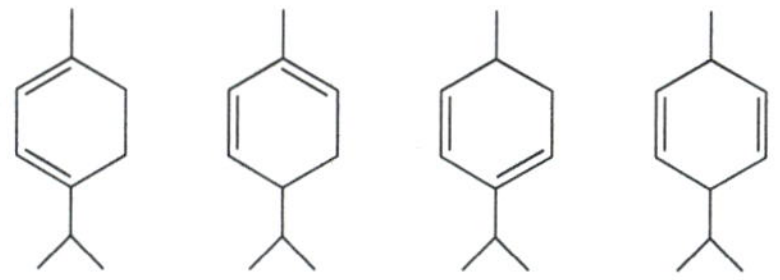

A　B　C　D

由紫外光谱 263 nm(ε=2500)可知两个双键是同环共轭的，D 可以否定。其余三个共轭双烯结构中 A 有四个取代烃基，B、C 都含三个取代烃基。含三个取代烃基的 λ_{max} 计算值为：253+3×5=268(nm)，与实测值 263 nm 接近。如按四个取代基计算相差更远。因此，α-水芹烯结构可能为 B 或 C。对这两者进行进一步辨认，除与红外标准谱图比较外，还可以用核磁共振谱鉴定。α-水芹烯的结构经确定为 B。

例 2-2 松香酸和左旋海松酸的分子式都是 $C_{20}H_{30}O_2$，它们的结构应分别为下面的 A 和 B。已知松香酸的 λ_{max}=237.5 nm(ε=16 000)，左旋海松酸的 λ_{max}=272.5 nm(ε=7000)。确定它们的结构式。

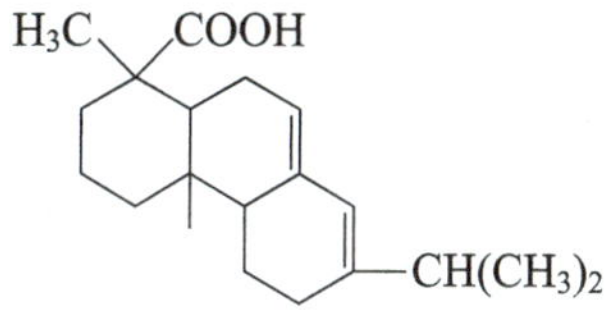

A

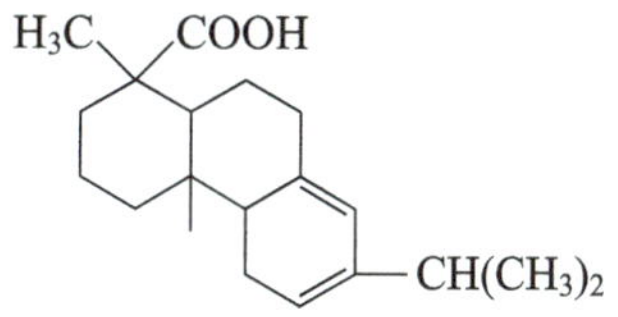

B

解 从结构看 A 和 B 的区别仅在于共轭双键的位置不同，A 中共轭双键跨两个环，B 为同环二烯。可用伍德沃德-菲泽规则计算 λ_{max}：

$$A\text{ 的 }\lambda_{max}=217+4\times5+5=242(nm)$$

$$B\text{ 的 }\lambda_{max}=253+4\times5+5=278(nm)$$

这说明结构式 A 代表松香酸，结构式 B 代表左旋海松酸。

2.4.2 骨架的推定

未知化合物与已知化合物的紫外光谱(峰的个数、λ_{max} 和 ε)一致时，可以认为两者具有相同或相近的生色团，根据这个原理可以推测未知化合物的骨架。

例 2-3 维生素 K_1(A)有以下吸收带：λ_{max} 为 249 nm(lg ε =4.28)、260 nm(lg ε =4.26)、325 nm(lg ε =3.38)。这与 1, 4-萘醌的吸收带 λ_{max} 为 250 nm(lg ε =4.6)、330 nm(lg ε =3.8)相似。在确定维生素 K_1 的骨架时，把 A 与几种已知 1, 4-萘醌化合物的紫外光谱进行比较，结果发现 A 与 2, 3-二烷基-1, 4-萘醌(B)的吸收带很接近。A 的部分骨架就是这样阐明的。

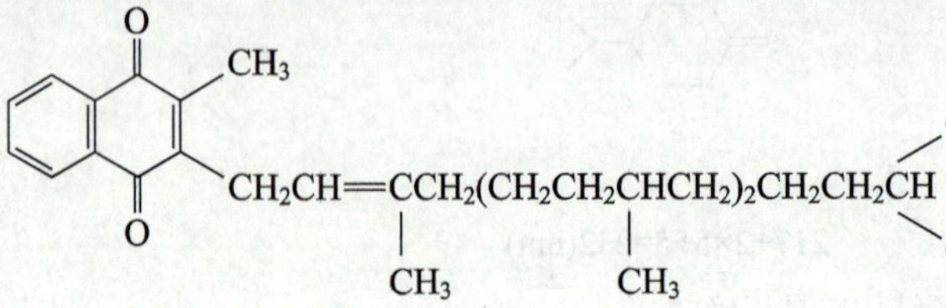

A

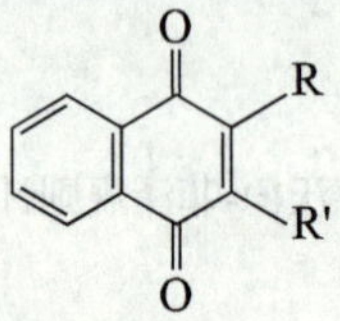

B

例 2-4 喹啉的氰基化反应得到两个固体化合物 A 和 B，它们的熔点不同，但不知低熔点的产物是哪一个。用紫外光谱可以帮助作出判断。

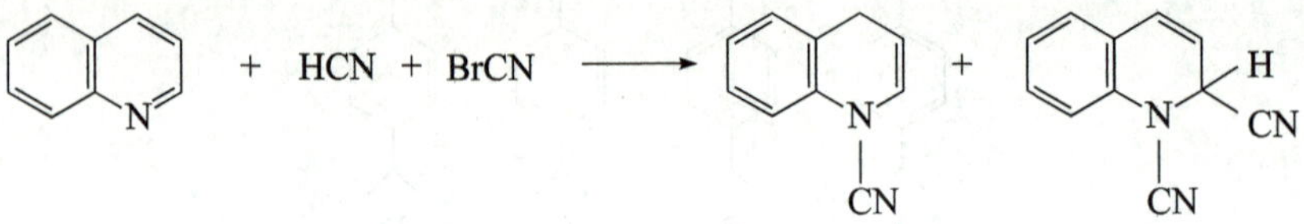

A B

解 考虑在化合物 A 中紫外吸收主要来自 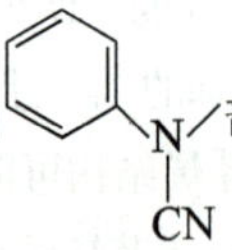 部分，而 B 的紫外吸收主要来自 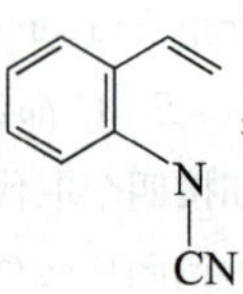 部分，为了与以上基本骨架对照，可选用以下两个模型化合物：

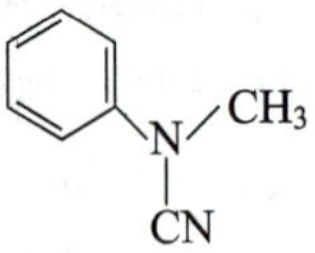

C

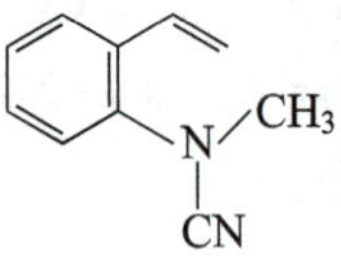

D

测定它们的紫外光谱，结果 C 的紫外光谱与低熔点的产物相似，D 的紫外光谱与高熔点的产物相似，说明 A、B 两结构分别对应低熔点和高熔点产物结构。

2.4.3 构型与构象的测定

1. 立体异构

α-取代的环己酮有两种可能的构象：取代基在直立键(a 键)上(A)和取代基在平伏键(e 键)上(B)。

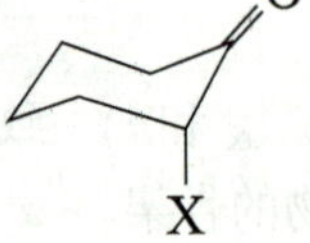

A

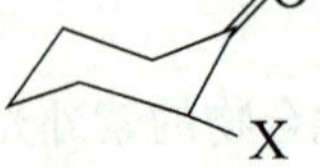

B

当取代基为卤素、羟基、苯环等基团时，它们在 a 键还是 e 键上将对羰基的吸收光谱产生不同的影响。当卤素处于 e 键时，R 带略向蓝移。当卤素处于 a 键时，R 带红移，同时吸收强度增加。例如，在 2-氯-4-叔丁基环己酮的紫外光谱中，氯在 a 键上的 α-氯代异构体的 R 带与其环己酮母体光谱相比向长波方向移动了 18 nm，吸收强度增加了 3 倍以上。

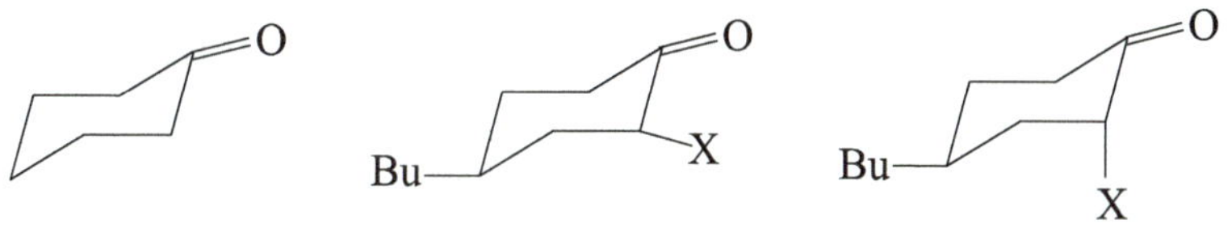

λ_{max}/nm	288	286	306
ε_{max}	15	17	49

α-取代环己酮的立体异构对紫外光谱的影响为甾体、萜类化合物的构象的研究提供了有用的信息。不同取代基对 α-取代环己酮 R 带的影响列于表 2-21。

表 2-21　α-取代环己酮 R 带的位置变化数值

取代基	$\Delta\lambda_e$/nm	$\Delta\lambda_a$/nm
Cl	−7	+22
Br	−5	+28
OH	−12	+17
OAc	−5	+10

2. 几何异构

在烯烃的顺反异构体中，顺式异构体的紫外吸收波长 λ_{max} 一般都比反式的短，ε_{max} 也较小。例如，反式肉桂酸的分子为平面型，因此双键与在同一平面上的苯环容易产生共轭，λ_{max} 增大。顺式肉桂酸的苯环由于立体障碍，不可能与侧链双键在同一平面上，因此共轭较差，λ_{max} 减小。

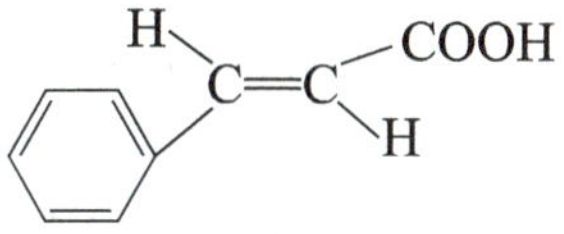

反式肉桂酸 λ_{max}=273 nm，ε_{max}=20 000

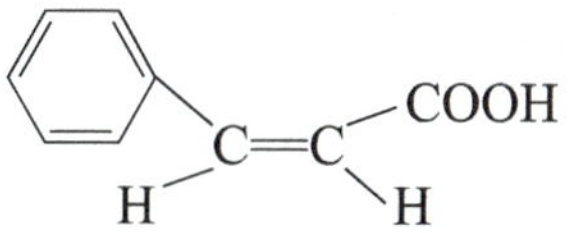

顺式肉桂酸 λ_{max}=264 nm，ε_{max}=9500

3. 结构异构体的判断

在天然产物的分离、分析和有机合成中，往往得到各种结构的异构体。它们具有相同的官能团和类似的骨架结构，如位置异构、顺反异构等。对于这类异构体，用其他方法包括一些光谱方法有时也难以判断，而应用紫外光谱有时可以得到较好的解决。

例 2-5　分子式为 $C_7H_{10}O$ 的有机化合物，经 IR 测定有一个共轭的酮羰基，但不能确定是六元环酮还是开链脂肪酮。在乙醇中测得紫外光谱 λ_{max} =257 nm，试判断其结构。

解　该化合物的不饱和度为 3，共轭羰基体系用去两个不饱和度，剩下的一个可能是环，也可能是双键。如果是六元环，可能有以下 6 种可能的结构：

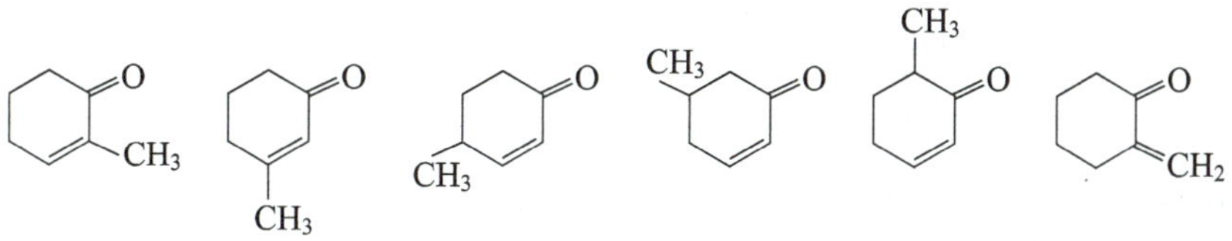

A　B　C　D　E　F

按伍德沃德-菲泽规则计算，A 的 λ_{max} 应为 237 nm，B 的 λ_{max} 为 239 nm；C、D、E 的 λ_{max} 均应为 227 nm，F 的 λ_{max} 为 230 nm，均与实测值相差太远。但如果是开链脂肪酮，按不饱和度可多一个双键，并应与原有共轭体系共轭，除去共轭体系 5 个碳，还有一个甲基在羰基碳上，另一个甲基可在 α、β、γ、δ 位：

CH_2=CH—CH=C(CH_3)—C(CH_3)=O　　CH_2=CH—C(CH_3)=CH—C(CH_3)=O

G　　H

CH_2=C(CH_3)—CH=CH—C(CH_3)=O　　CH_3—CH=CH—CH=CH—C(CH_3)=O

I　　J

按伍德沃德-菲泽规则计算，G 的 λ_{max} 为 255 nm，H 的 λ_{max} 为 257 nm，I 和 J 的 λ_{max} 都为 263 nm。可见，G 和 H 的 λ_{max} 与实测值相符。因此，可判定该化合物是开链脂肪酮，取代甲基的确切位置还有待进一步鉴定。

4. 互变异构体的确定

β-二羰基化合物有酮式和烯醇式的互变异构。在酮式结构中，两个羰基不共轭，烯醇式中，双键共轭。乙酰乙酸乙酯在水中，λ_{max}= 255 nm(ε=120)，证实其对应的结构应为酮式的乙酰乙酸乙酯；而在环己烷中，λ_{max}= 244 nm(ε=8100)，证实其对应的结构应为烯醇式的乙酰乙酸乙酯。可见，在不同溶剂中，酮式和烯醇式的含量不同，一般可以通过紫外光谱的谱峰强度推知互变异构体的大致含量。

酮式　　烯醇式

2.4.4 测定分子量

在某些特定条件下，也可用紫外光谱测定分子量。例如，一个自身无紫外吸收或在某一波长处吸收很小的未知化合物与某一试剂加成形成衍生物，而在某一波长处试剂本身的摩尔吸光系数与这一衍生物的近似相等，可以用下式求出未知化合物的分子量 M:

$$\varepsilon = a_{1\,\text{cm}}^{1\%} \times (M + M')/10$$

所以

$$M = (10 \times \varepsilon / a_{1\,\text{cm}}^{1\%}) - M'$$

式中：ε 为摩尔吸光系数；$a_{1\,\text{cm}}^{1\%}$ 为百分吸光系数；M' 为试剂的分子量。

许多胺类的苦味酸盐在 380 nm 处有吸收峰，其ε=13 440，这ε值与苦味酸本身在这一波长区的ε值几乎相同，而对大多数胺来说，380 nm 处的紫外吸收是一个很小的常数。因此，胺类化合物可以用制备苦味酸盐的方法测定分子量。尽管这种方法有一定误差，有时偏差也比较大，但在没有其他方法可求得分子量时，也不失为一种好方法。

例 2-6 取可卡因 2.159 mg 溶于 100 mL 苦味酸的 95%乙醇溶液中，用 1 cm 厚比色皿在 380 nm 处测得其吸光度值为 0.550，求其分子量(苦味酸的分子量为 229)。

解
$$M = 13\,440 \times 2.159 \times \frac{10}{1000} \times \frac{1}{0.550} - 229 = 299$$

按可卡因分子式 $C_{17}H_{21}O_4N$ 计算分子量为 303，相对偏差−1.3%。

2.4.5 纯度检查

紫外光谱实验中所用溶剂的纯度也是至关重要的。如果某有机化合物在紫外-可见区没有吸收，而其杂质在紫外-可见区有强吸收，则可以利用紫外光谱检验化合物的纯度。例如，图 2-26

和图 2-27 分别是被污染的甲醇和乙醇的紫外光谱，可以看出微量杂质对谱图的严重影响。另外，如果样品本身有紫外吸收，则可以通过差示法进行纯度检验，即取相同浓度的纯品在同一溶剂中测定其紫外光谱作为空白对照，样品与纯度之间的差示光谱就是样品中杂质的光谱。例如，菲的氯仿溶液在 299 nm 有强吸收($\lg\varepsilon = 4.1$)，相同浓度另一瓶菲的氯仿溶液在 299 nm 的 $\lg\varepsilon$ 值比标准菲低了 8%，说明该菲样品的纯度为 92%，可能含有蒽等杂质。

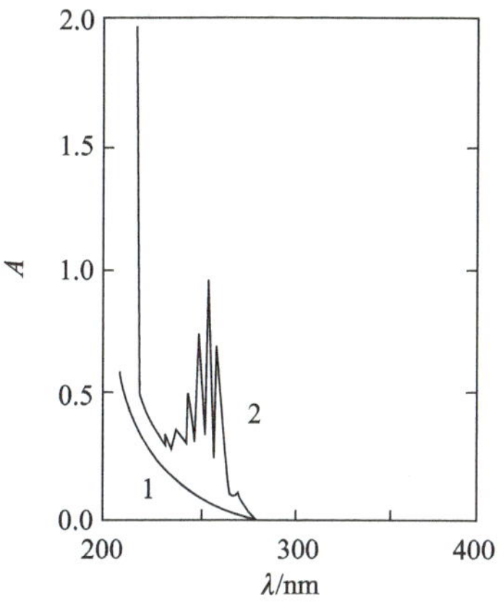

图 2-26 甲醇的紫外光谱(1 cm 池)

1. 纯甲醇；2. 被苯污染的甲醇

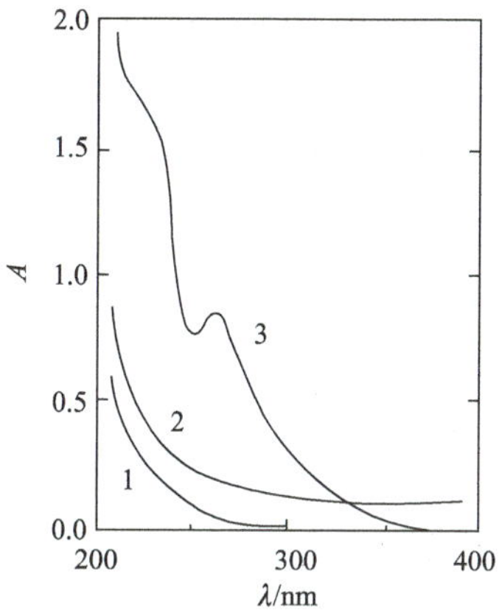

图 2-27 乙醇的紫外光谱(1 cm 池)

1. 纯乙醇；2. 被软木塞污染的乙醇；3. 被橡皮塞污染的乙醇

商业上供应的标示“光谱纯”的试剂也不一定是纯的。使用前先要在光谱仪上检查，必要时进行一定处理，以保证在测定的紫外-可见区没有杂质的吸收。

2.4.6 氢键强度的测量

由 2.1.3 可以知道，当样品分子与溶剂分子形成氢键时，样品的紫外光谱会发生较大的变化，由此可以测定氢键的强度。例如，丙酮在非极性溶剂(无氢键)中的 $\lambda_{max} = 279$ nm，对应的能量为 428.99 kJ/mol；在极性溶剂水(有氢键)中的 $\lambda_{max} = 264.5$ nm，对应的能量为 452.53 kJ/mol。由此推算丙酮与水之间形成的氢键键能为 452.53–428.99 = 23.54(kJ/mol)。

2.4.7 光谱解析应注意的事项

一般紫外光谱只有与物理、化学或其他光谱方法相配合才能发挥其在有机化合物结构鉴定中的作用。其他结构信息资料的来源多种多样，紫外光谱进行鉴定时的内容和方法也各不相同，所以不必遵循固定的解析程序。下面仅介绍一种紫外光谱解析的方法以供参考。

(1) 确定分子式，并算出不饱和度 U。

(2) 确定样品吸收带 λ_{max} 及相应的 ε_{max}。

(3) 辨认 K 带。K 带很强，一般在 217～280 nm，这表示有π键共轭体系存在。π键共轭体系是指共轭多烯、α,β-不饱和醛酮、芳香环及其他不饱和键形成的共轭体系等。

(4) 改变溶剂极性将导致 K 带和 R 带移动。充分利用溶剂效应和介质 pH 对光谱的影响，可有助于谱图解析。

(5) 根据谱带的 λ_{max} 和 ε_{max} 估计分子中存在的生色团和共轭体系的部分骨架结构。由 K 带的位置可以确定共轭体系的大小及某些生色团的相对位置。例如，某化合物的红外光谱表明，该分子中含有苯环和硝基。紫外光谱中 λ_{max} =257 nm(ε_{max} =237)，且有精细结构。由紫外光谱推测该谱带应属 B 带，且其与未取代苯环相似，可以判定硝基不与苯环共轭。

(6) 与化学反应配合可进一步考察确定某些体系的骨架结构。例如，已知酰氧基(RCOO—)对共轭体系 λ_{max} 的增值很小或等于零，因此可用酚羟基乙酰化的办法得到消除了羟基影响的芳香体系骨架的相似光谱，这是天然产物结构鉴定中经常采用的方法。例如，rubofusarin(A)的结构鉴定就曾用此法确定其骨架结构上甲氧基的位置。将化合物 A 进行碱性降解，得到黄色晶体 B。B 用乙酸酐/吡啶处理，酚羟基全部被乙酰化，得到化合物 C。化合物 C 的紫外光谱与 β-甲氧基萘(D)一致，证明了 B 及 A 中甲氧基的位置。

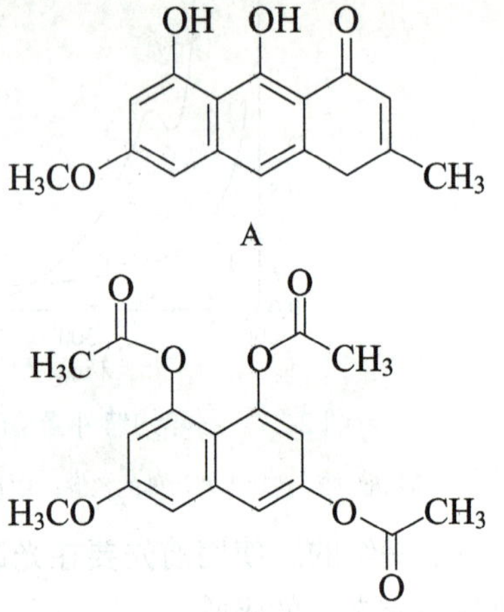

A　B　C　D

(7) 酚类物质、不饱和酸、烯醇和苯胺类化合物有一定的酸碱性。当改变溶液的 pH 时，如果光谱发生变化，就表示可离子化的基团与共轭体系有关系。溶液从中性变为碱性时，如果吸收带发生红移，就可能有酚类物质、烯醇或不饱和酸。相反，溶液从中性变为酸性时，如果吸收带发生蓝移，就表示有氨基与芳香环相连。

(8) 样品分子中存在有两个以上分离的生色团体系，可以寻找或合成适当的模型化合物，利用光谱的加和规则，测量其加和光谱或差示光谱，以推测较复杂的分子的结构。

加和规则(或称叠加规则)：当化合物中有两个以上的生色团，且被饱和原子团(如—CH_2—、—O—等)隔开时，其紫外光谱近似等于这两个生色团光谱的叠加。

例 2-7 除虫菊酯是从杀虫植物除虫菊的干燥花头中得到的有效成分。早先化学工作者确定，其有效成分分别为除虫菊酯Ⅰ和除虫菊酯Ⅱ。除虫菊酯Ⅰ中 R 为 CH_3；除虫菊酯Ⅱ中 R 为 CO_2CH_3。

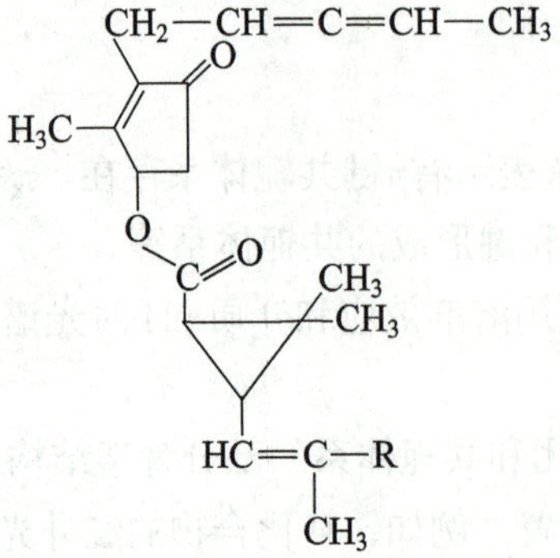

除虫菊酯Ⅰ：R=CH_3

除虫菊酯Ⅱ：R=CO_2CH_3

它们经皂化后都得到除虫菊醇酮，即除虫菊酯分子中醇的部分 A。

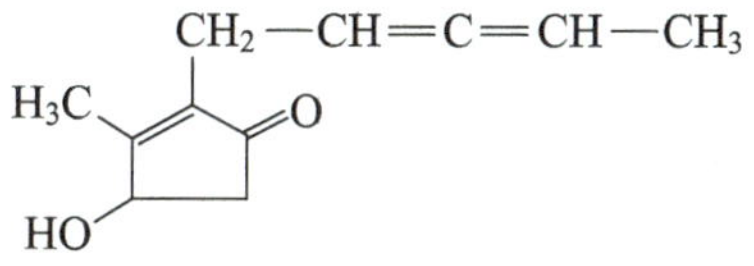

A

后来一些化学工作者认为侧链的双烯部分应为共轭体系，即 B。

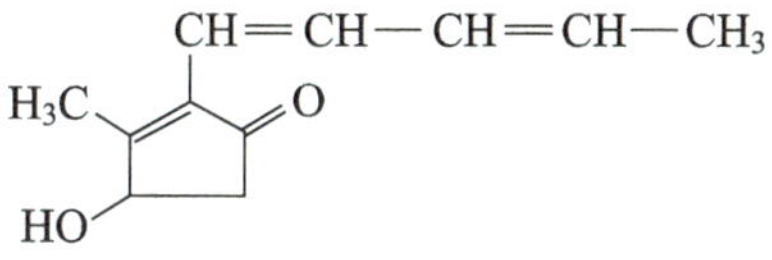

B

但此结论被一些化学实验结果所否定。于是用紫外光谱进行研究(表 2-22)。在除虫菊酯 Ⅰ 中没有不饱和羧酸酯的共轭体系，而在除虫菊酯 Ⅱ 的羧酸部分有一个 α,β-不饱和羧酸酯的生色团，但其 K 带应在 215 nm 以下，也不应当明显影响除虫菊酯 Ⅰ 或 Ⅱ 的吸收峰(227 nm 或 231 nm)。换言之，表 2-22 所列除虫菊酯 Ⅰ 或 Ⅱ 的 K 带和 R 带主要是其分子中醇部分的贡献。如上所述，除虫菊醇酮可能的结构式是 A 或 B。但这与表 2-22 中所列的数据不符。

表 2-22　除虫菊酯的紫外光谱数据

化合物	K 带		R 带	
	λ_{max}/nm	ε_{max}	λ_{max}/nm	ε_{max}
除虫菊酯 Ⅰ	227	29 000	—	—
除虫菊酯 Ⅱ	231	35 400	—	—
除虫菊醇酮	227	26 700	308	95
四氢除虫菊醇酮	232	11 600	312	65

如果是 B，则侧链共轭双键与五元环的 α,β-不饱和体系共轭。例如，B 侧链双键氢化所得四氢除虫菊醇酮的 λ_{max} 不可能与未氢化的除虫菊醇酮的 λ_{max} 如此靠近(分别为 227 nm 和 232 nm)。如果是 A，侧链两个双键是累积双键，且与五元环的 α,β-不饱和体系不共轭，这就可以用“加和规则”来检验。当纵坐标用摩尔吸光系数 ε 表示时(横坐标仍用波长)，对于两个不共轭的生色团分子，其紫外光谱等于这两个生色团的紫外光谱的加和。图 2-28 给出了除虫菊醇酮(曲线 1)、四氢除虫菊醇酮(曲线 3)以及它们之差(曲线 2)的紫外光谱。注意曲线 2 的强度(ε 值)仍然很强，而—C═C═C—部分结构的紫外吸收强度应当很小(两个π键不共面，不能共轭)。实际上，曲线 2 很接近 1, 3-戊二烯的紫外光谱。这就是说，除虫菊醇酮分子的侧链确实含有一个共轭双键，但它不与五元环 α,β-不饱和酮共轭，应如 C 所示。

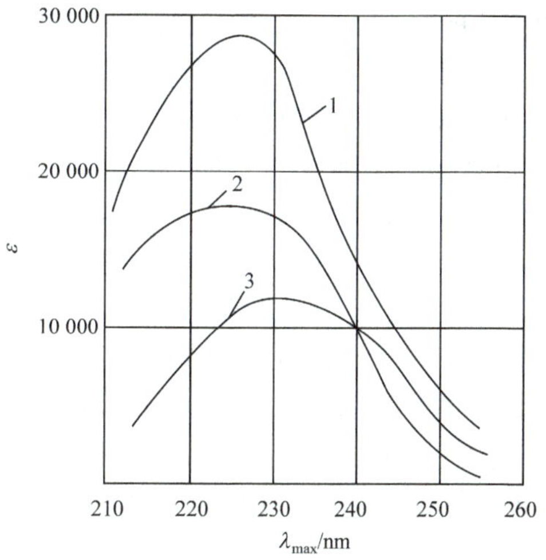

图 2-28　除虫菊醇酮及有关化合物的紫外光谱

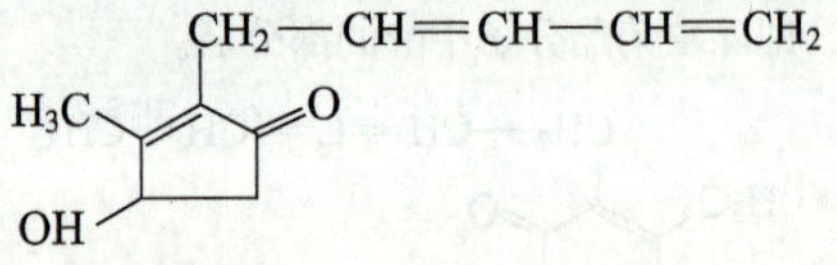

C

因为—CH_2—把丁二烯和五元环的 α, β-不饱和酮共轭体系隔开，所以才有曲线 1 等于曲线 2 与曲线 3 的加和。进一步的合成工作完全证实了这一结论。

(9) 当推测的结构与光谱数据有出入而得不到合理解释时，应考虑键的张力、空间位阻效应或跨环效应影响的可能。

(10) 伍德沃德-菲泽规则可用于估计共轭体系大小及取代基位置，与最后推定的结构进行核对。

2.4.8 定性分析

虽然紫外光谱并不能单独鉴别未知物，但是可以用比较参比光谱与被测光谱的方法推测是否有某种物质存在。

紫外光谱吸收峰少，给定性分析带来困难。当两个样品的谱图十分相似时，可以用导数光谱来判断它们是否为同一种物质。峰的数目随导数阶数的提高而增加，如图 2-29 所示。图 2-29(a)为典型的紫外光谱的高斯型吸收曲线(或称零阶曲线)，图 2-29(b)～(e)为一阶至四阶导数曲线。将吸光度 A 对波长求 n 次微分，将 n 次微分信号对波长作图，得到的曲线称为 n 阶导数曲线。描述导数曲线的方程可由朗伯-比尔定律推出。在进行定性分析时，导数光谱十分有用，既表明物质的特性又有助于鉴定。

导数光谱具有以下特征：

(1) 零阶导数(紫外光谱)极大处，相应于奇阶导数($n = 1, 3, 5, \cdots$)曲线通过零点处；零阶曲线的拐点处，相应于奇阶导数曲线极大或极小处；零阶导数极大处，相应于偶阶导数($n=2, 4, \cdots$)曲线的极大或极小处；零阶曲线的拐点处，相应于偶阶导数曲线通过零点处。

(2) 谱带的极值个数随导数阶数的增加而增加，一个吸收带经过 n 次求导后，产生的极值数(包括极大和极小)为 $n+1$ 个。

(3) 在导数曲线中，随着求导阶次的增加，谱带变尖锐，带宽变窄，二阶导数曲线的半宽度仅为零阶导数曲线的 1/3，四阶导数曲线仅为零阶曲线半宽度的 1/5。

导数技术可分辨重叠的吸收谱带，分析化学性质相似的多组分体系和浑浊样品，消除背景干扰和增强吸收光谱的精细结构，进行复杂光谱的辨认等，导数分光光度法在一定程度上能解决传统分光光度法难以解决的问题。现在，大多数中、高档仪器都附有双波长、三波长、导数吸收测量的附件，可进行一阶至四阶导数光谱测定，从而使定性、定量测定的方法多样化，扩展了分光光度法的应用范围。如图 2-30 所示，两个紫外光谱相近的物质，其导数光谱可能差异较大而易于判断。

2.4.9 定量分析

只有在紫外-可见区(200～800 nm)有吸收的物质才可以用紫外光谱进行定量分析，ε 值越大越有利于紫外定量分析。

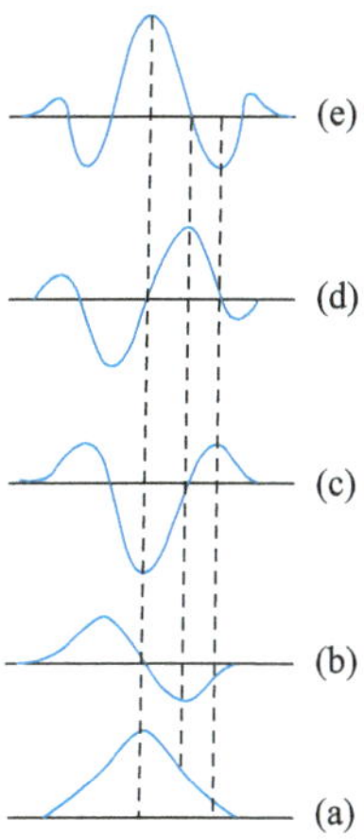

图 2-29　高斯型吸收峰的导数光谱

(a) 紫外光谱；(b)～(e) 一阶至四阶导数光谱

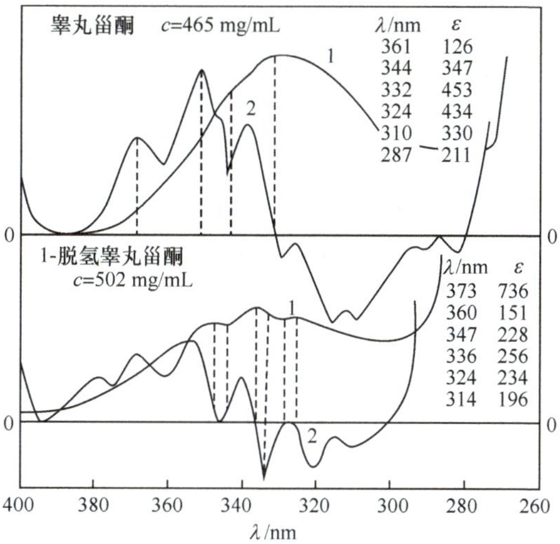

图 2-30　睾丸甾酮和 1-脱氢睾丸甾酮的紫外光谱(曲线 1)和一阶导数光谱(曲线 2)

曲线 1 的纵坐标为 A，曲线 2 的纵坐标为 $\frac{dA}{d\lambda}$

利用紫外光谱进行定量分析的方法很多。例如，在进行单组分的定量测定时，可选用绝对法、标准对照法、吸光系数法、标准曲线法等；不经预先分离进行多组分混合物的紫外测定，可采用等吸收点作图法、y-参比法、解联立方程法、多波长作图法等。遇到这种问题时，要根据具体测定对象和目的选择合适的测定方法。

需要指出的是，常规紫外-可见分光光度法对多组分同时测定是比较困难的。导数分光光度法对重叠吸收带有较好的分辨能力，可简单、快速地实现多组分的同时测定。在有机化合物分析中，导数分光光度法能有效地检测某些具有微小光谱差别的异构体或同系物。例如，α-萘酚和 β-萘酚的结构相似，紫外光谱互相重叠，但它们的二阶导数光谱则各有特征峰，可根据其峰的位置和强度对两种化合物进行定性和定量分析。在无机化合物分析中，导数分光光度法特别适用于化学性质相似元素的同时测定。如果采用高灵敏度的有机显色剂，再配以有信号放大功能的模拟微分回路装置，可使分光光度法的灵敏度提高两三个数量级，使其成为痕量分析的有力工具。

经精馏制得的乙醇仍有微量有毒的苯、甲苯、二甲苯，而作为药用或饮料的酒精，对上述有害杂质必须严加控制。用常规紫外分光光度法，一般只能测定浓度大于 5×10^{-5} mol/L 的苯；而用导数光谱法，二阶导数光谱法可检测出浓度大于 5×10^{-6} mol/L 的苯，四阶导数光谱法则可检测出浓度大于 1×10^{-6} mol/L 的苯。

在波谱分析中，紫外光谱使用方便，且准确度高，是最常用的定量分析方法。其局限是只能用于有紫外-可见光吸收的样品。

紫外光谱定量分析的依据是朗伯-比尔定律。常用的标准曲线法步骤如下：

(1) 将待测样品组分的标准样配成一定浓度梯度的溶液，做紫外光谱(A-λ 或 ε-λ)，找出 λ_{max}。

(2) 将波长固定在 λ_{max} 处(注意：若测定波长 λ_{max} 受样品中其他杂质干扰，则要设法避开，另找测定波长)，测定一系列不同浓度待测样品组分的标准样溶液的吸光度值。以溶液浓度 c 为横坐标、吸光度值 A 为纵坐标，绘制标准曲线。

(3) 未知样品用相同溶剂配成合适浓度的溶液，在 λ_{max} 处测定其吸光度值 $A_{未}$。

(4) 在标准曲线上找出对应 $A_{未}$ 的浓度，再计算未知样品中待测组分的含量。

习　题

1. 分子中的电子跃迁有哪些类型？在紫外光谱上反映出的电子跃迁有哪几类？

2. 计算下列化合物在乙醇中的 λ_{max}：

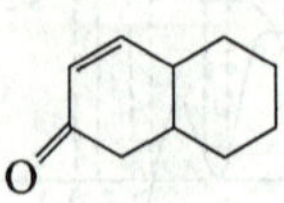
A

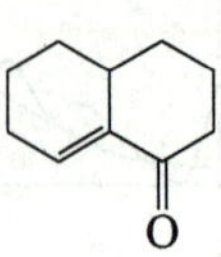
B

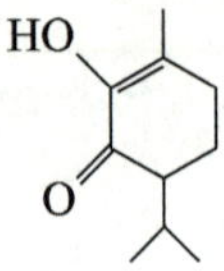
C

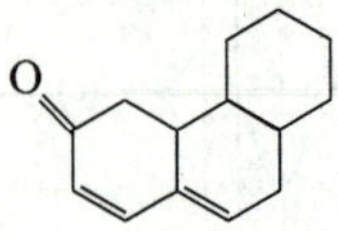
D

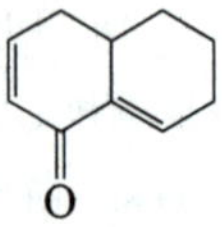
E

F

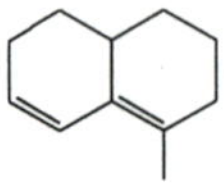
G

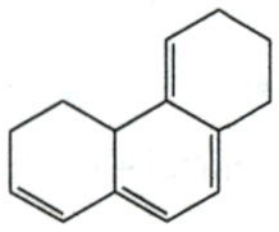
H

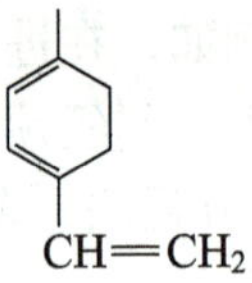
I

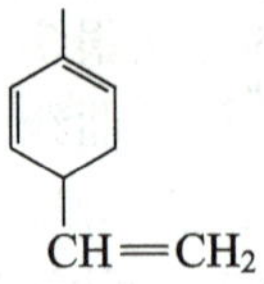
J

3. 能否用紫外光谱区分下列化合物？如何区分？(提示：λ_{max} 相差≥5 nm 可以区分)

(1) 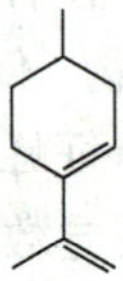 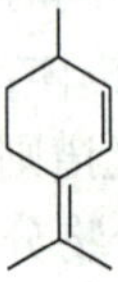

(2) 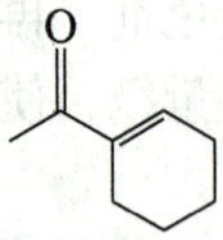 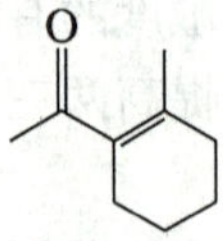

(3) 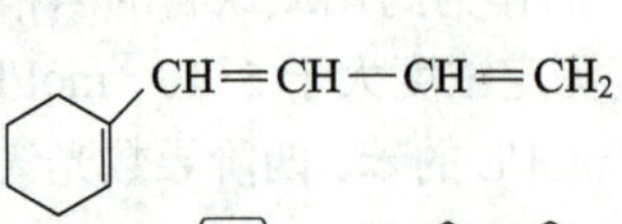 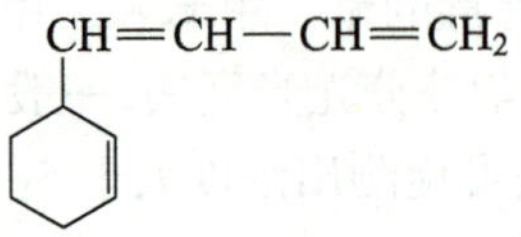

(4) 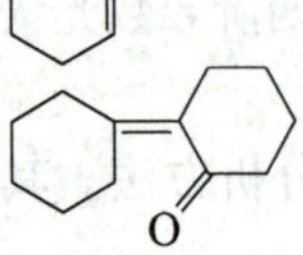 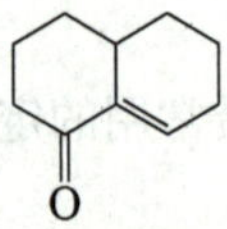

4. 下列化合物在反应前后吸收带将发生什么变化？为什么？

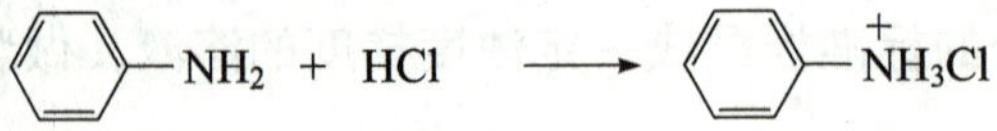

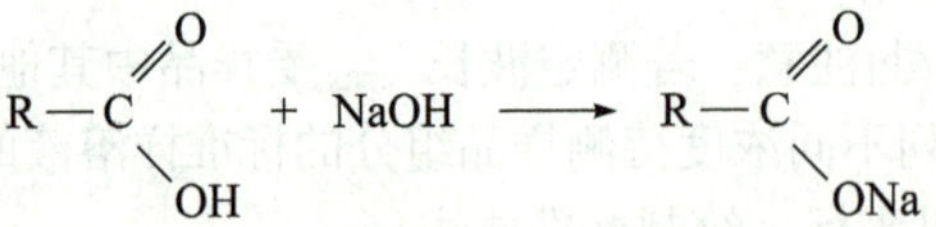

5. 某化合物的分子量为 236，称取其纯样 4.963 mg 配成 1000 mL 溶液，在 λ_{max}=355 nm 处用 1 cm 比色皿测得此溶液的 A=0.557，求此化合物的 ε_{max}。

6. 已知对硝基苯甲酸和邻硝基苯甲酸的 $\lambda_{max}(\varepsilon_{max})$分别是 258 nm(11 000)和 255 nm(3470)，这两组数据分别对应哪个化合物？为什么？

7. 紫外光谱仪由哪几个部件构成？单光束、双光束、双波长分光光度计在光路设计上有何不同？

8. 乙酰乙酸乙酯的紫外光谱数据如下，解释紫外吸收值与溶剂之间的关系。

溶剂	λ_{max}/nm	ε_{max}	溶剂	λ_{max}/nm	ε_{max}
环己烷	244	8100	乙醇	246	1900
乙醚	244	5100	水	255	120

9. 2-(环己-1-烯基)-2-丙醇在硫酸存在下加热处理，得到的主要产物分子式为 C_9H_{14}，产物经纯化，测得紫外光谱 λ_{max}=242 nm，ε=10 100，推测这个主要产物的结构。

10. 有一个 α, β-不饱和酮(不溶于水，在有机溶剂中有一定溶解度)要做紫外光谱，下列溶剂(水、乙醇、丙酮、环己烷、苯、甲醇)可用哪几个？为什么？

11. 下列哪个化合物的 λ_{max} 大？为什么？

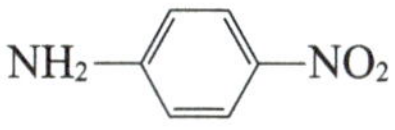

A

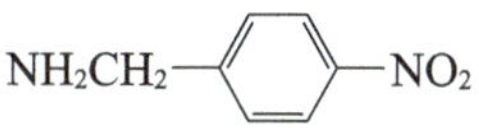

B

12. 下列双烯(A、B、C)在乙醇中的 λ_{max} 分别是 231 nm(ε=21 000)，236 nm (ε=12 000)、245 nm (ε=18 000)，试判断这些吸收峰分别属于哪个化合物。

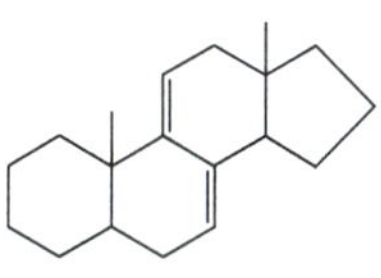
A

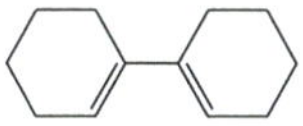
B

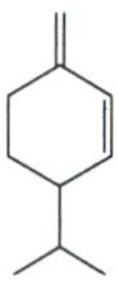
C

13. 一种抗菌物质 cordycepin 含碱性氮。取 1.036 mg 它的苦味酸盐溶于 100 mL 甲醇中。在 380 nm 处用 1 cm 比色皿测得此溶液的吸光度值为 0.288。cordycepin 结构式经证明如下，试将测定所得分子量与计算得到的分子量进行比较。

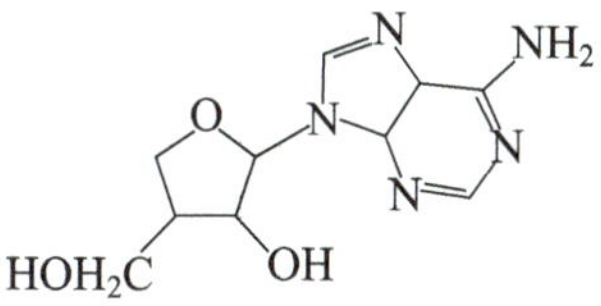

14. 山梨酸(A)λ_{max}=261 nm(ε=25 000)，而呋喃甲酸(B)吸收较弱，λ_{max}= 254 nm(ε=11 000)，试解释原因。

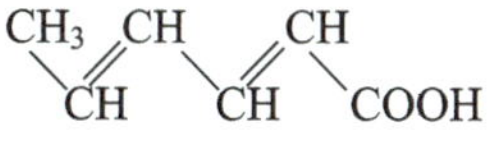

A

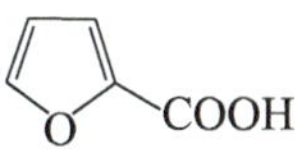

B

15. 某化合物在乙醇中测得 λ_{max} = 287 nm，在二氧六环中测得 λ_{max} = 295 nm。观测到的吸收峰是什么类型的跃迁引起的？

16. 环己烯-2-酮(C_6H_8O)的ε_{max}=10 000，λ_{max}=225 nm，如果将该化合物制备成溶液，其吸光度值是 0.30，用 1 cm 吸收池，则每升溶液中需多少克环己烯-2-酮?

17. 历史上曾把沙草酮的结构定成下列两种结构式 A 和 B，该化合物的λ_{max}=252 nm，ε≈20 000，查阅文献给出更合理的结构式。

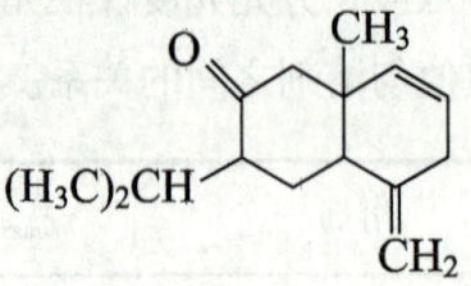

A

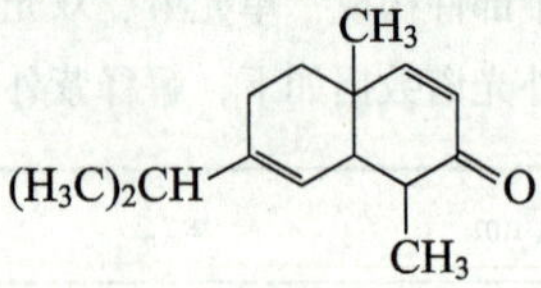

B

第 3 章　红外光谱和拉曼光谱

3.1　引　　言

3.1.1　红外光谱的发展

红外光谱(infrared spectroscopy, IR)和拉曼(Raman)光谱都是研究分子的振动和转动跃迁的光谱，常称为分子振动光谱。红外光谱和拉曼光谱两者得到的信息可以互补，都是化合物鉴定和结构分析的常用手段。相对而言，红外光谱的应用更为普遍。

早在 19 世纪初人们就发现了红外线，但由于灵敏的红外检测器及红外光谱应用技术进展缓慢，直到 1892 年才有人利用岩盐棱镜和测热辐射计(电阻温度计)测定了 20 多种有机化合物的红外光谱，发现凡是含有甲基的物质都会在 3.45 μm 处有一吸收。此后，人们又陆续测定了含羰基、羟基等官能团的化合物的红外光谱。1905 年，科伯伦茨发表了 128 种有机化合物和无机化合物的红外光谱，红外光谱与分子结构间的特定联系才被确认。1930 年前后，随着量子理论的提出和发展，红外光谱的研究得到了全面深入的开展。研究人员依据测得的大量物质的红外光谱，对吸收带中基频谱带的归属进行了研究。根据分子振动理论计算了很多简单分子的基频和键力常数，进而又计算了分子的键长和比热容等热力学常数。但当时的仪器比较简陋，测量误差较大。随着高灵敏度检测器的应用和电子放大技术的发展，红外光谱的研究发展到了一个新的高度。

1947 年第一台实用的双光束自动记录红外分光光度计问世。这是一台以棱镜作为色散元件的第一代红外分光光度计。20 世纪 50 年代初相继发表了特征吸收谱带频率表和《复杂分子的红外光谱》一书。60 年代，用光栅代替棱镜作分光器的第二代红外分光光度计投入使用，红外光谱的应用范围扩大到配合物、高分子聚合物和无机化合物的分析上，并且可以储存标准谱图，用计算机进行自动检索。70 年代后期，干涉型傅里叶变换红外光谱仪(FTIR)投入使用，这就是第三代红外分光光度计，它已成为目前的主导机型。第三代红外分光光度计的开发使红外光谱的应用越来越广，一些原来无法研究的问题，如反应动力学测定有了解决的工具。近年来，采用可调激光器作为光源来代替单色器，成功研制了激光红外分光光度计，即第四代红外分光光度计，它具有更高的分辨率和更广的应用范围，但目前还未普及。为进一步拓宽红外光谱的应用范围，近年来还开发了一些新的红外技术，如用于不溶、不熔且难粉碎样品的全反射红外光谱，用于污浊液体样品或难压片粉末样品的漫反射红外光谱，还有对于不能破坏的样品的显微红外光谱测试，以及低温红外光谱及色谱与红外光谱联用等技术。

与其他实验学科一样，红外光谱的确立、发展和应用，除了依靠光谱理论的发展、测定方法和技术的进步以及实验数据的积累以外，在很大程度上还取决于相关学科的进步和红外光谱仪性能的提高。理论和实践的互相促进，以及相关学科之间的互相促进，加速了科学技术的发展。

3.1.2 红外光谱法的特点

红外光谱与紫外光谱都属于吸收光谱。红外光谱是化合物分子中的基团吸收特定波长的电磁波引起分子内部的某种振动，用仪器记录相应的入射光和出射光强度的变化而得到光谱图。红外光谱的研究对象是在分子振动或转动时能产生瞬间偶极矩变化的化合物，除了单原子分子及同核双原子分子，几乎所有的化合物都有红外吸收。与其他光谱法或其他仪器分析法相比，红外光谱法有以下特点：

(1) 红外光谱是依据样品在红外光区(一般指波长为 2.5～25 μm 的中红外光区)吸收谱带的位置、强度、形状、个数，并参照谱带与溶剂、聚集态、浓度等的关系来推测分子的空间构型，求化学键的力常数、键长和键角，推测分子中某种官能团的存在与否以及官能团的邻近基团，确定化合物结构。

(2) 红外光谱不破坏样品，并且样品的任何存在状态都适用红外光谱分析，如气体、液体、可研细的固体或薄膜状的固体都可以进行红外光谱分析，测定方便，制样简单。

(3) 红外光谱特征性强。红外光谱提供的信息多，可以对不同结构的化合物给出特征性的谱图，从指纹区可以确定化合物的异同。因此，人们也常把红外光谱称为分子指纹光谱。对于一些同分异构体、几何异构体和互变异构体，也可以用红外光谱进行有效的鉴定。红外光谱不适用于水溶液及含水物质的分析。

(4) 分析时间短。一般红外光谱做一个样可在十几分钟内完成。采用傅里叶变换红外光谱仪，在 1 s 以内就可完成多次扫描，为一些要求快速分析的动力学研究提供了十分有用的工具。

(5) 所需样品用量少，且可以回收。红外光谱分析一次用样量为 1～5 mg，有时甚至可以只用几十微克。

(6) 可与分离设备联用，如 GC-FTIR，为复杂的多组分样品分析提供有效的工具。

(7) 红外光谱仪构造简单，操作方便，价格较低，更易于普及。

3.1.3 红外光谱图

红外光谱图的纵坐标是透射率 T(%)。透射率是辐射光透过样品物质的百分数，即 $I/I_0\times$100%，其中 I 为辐射光的透过强度，I_0 为入射光强度。

也可以用光密度(又称吸光度)A 表示吸收强度：$A=\lg\dfrac{I_0}{I}$。这种表示法的优点是光密度直接与浓度呈线性关系。

红外光谱图的横坐标一般有波长和波数两种表示方法。谱图上方的横坐标是波长 λ，单位为μm；谱图下方的横坐标是波数(用 $\tilde{\nu}$ 表示，也可以直接用 ν 表示)，单位为 cm^{-1}。现在一般只用波数表示横坐标。图 3-1 为邻二甲苯的红外光谱图。

波数即波长的倒数，表示单位长度(1 cm)中所含光波的数目。波长和波数可以按下式互换：

$$\tilde{\nu}\,(cm^{-1})=1/\lambda(cm)=10^4/\lambda(\mu m)$$

例如，在 2.5 μm 处，对应的波数值为

$$\tilde{\nu}=10^4/2.5=4000(cm^{-1})$$

在 25 μm 处，对应的波数值为

$$\tilde{\nu}=10^4/25=400(cm^{-1})$$

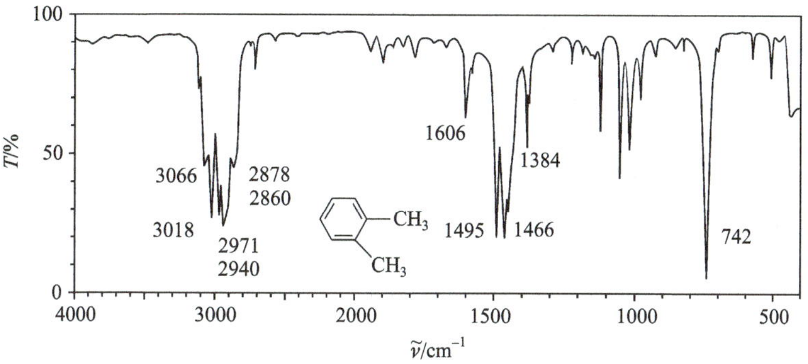

图 3-1 邻二甲苯的红外光谱图

红外光谱以波数作横坐标时，一般扫描范围为 4000～400 cm^{-1}，对应的波长范围为 2.5～25 μm，该区间称为中红外区；波长范围为 0.75～2.5 μm 的区间称为近红外区；波长范围为 25～100 μm 的区间称为远红外区。

3.2 红外光谱的基本原理

3.2.1 化学键的振动与频率

红外光谱是分子中基团原子振动跃迁时吸收红外光所产生的。为了讨论方便，在最简单的双原子分子中化学键的振动可按谐振子处理，即把双原子分子中的原子看成质量分别为 m_1 和 m_2 的两个小球，其间的化学键看成是无质量的连接两个小球的弹簧。当分子吸收红外光时，两个原子将在连接的轴线上振动。可以用胡克定律表示振动频率、原子质量和键力常数之间的关系：

$$\nu = \frac{1}{2\pi}\sqrt{\frac{K}{\mu'}} \tag{3-1}$$

若用波数表示，则有以下关系式：

$$\tilde{\nu} = \frac{1}{2\pi c}\sqrt{\frac{K}{\mu'}} \tag{3-2}$$

式中：K 为键力常数，其含义是两个原子由平衡位置伸长 0.1 nm(1 Å)后的回复力[10^{-5} N/cm(dyn/cm)]；μ' 为折合原子质量，$\mu'=m_1m_2/(m_1+m_2)$。

为了计算方便，可将式(3-2)化简，原子质量用原子量代替，$m_1=A_1/N_A$，$m_2=A_2/N_A$。A_1、A_2 为原子量，N_A 为阿伏伽德罗常量。将 π、c 和 N_A 的数值代入式(3-2)，并指定将键力常数(表 3-1)K 中的 10^5 代入。由于 $\frac{\sqrt{10^5 N_A}}{2\pi c}\approx 1307$，因此得到

$$\tilde{\nu} \approx 1307\sqrt{\frac{K}{\mu}}\ (\mathrm{cm^{-1}}) \tag{3-3}$$

式中：μ为折合原子量，$\mu=\frac{A_1A_2}{A_1+A_2}$，$K$ 取键力常数表中去掉 10^5 剩下的系数部分。由式(3-3)可计算化学键伸缩振动基频吸收的大致波数值，此值随化学键的化学环境变化而改变。

表 3-1 化学键的力常数及振动波数

键	分子	$K(\times10^5\ \text{dyn/cm})$	$\tilde{\nu}\ /\text{cm}^{-1}$	键	分子	$K(\times10^5\ \text{dyn/cm})$	$\tilde{\nu}\ /\text{cm}^{-1}$
H—F	HF	9.7	4180	H—C	$CH_2{=}CH_2$	5.1	3071
H—Cl	HCl	4.8	2904	H—C	CH≡CH	5.9	3304
H—Br	HBr	4.1	2660	C—C		4.5～5.6	1130～1260
H—I	HI	3.2	2350	C═C		9.5～9.9	1645～1680
H—O	H_2O	7.8	3760	C≡C		15～17	2066～2200
H—O	游离	7.12	3590	C—O		5.0～5.8	1116～1200
H—S	H_2S	4.3	2750	C═O		12～13	1725～1800
H—N	NH_3	6.5	3450	C—Cl	CH_3Cl	3.4	810
H—C	CH_3X	4.7～5.0	2950～3040	C≡N		16～18	2060～2130

例 3-1 已知羰基 C═O 的键力常数 $K = 12\times10^5$ dyn/cm，求 $\tilde{\nu}_{C=O}$。

解

$$\tilde{\nu}=1307\times\sqrt{\frac{12}{\frac{12\times16}{12+16}}}=1725(\text{cm}^{-1})$$

上面的讨论是限于将双原子分子作为谐振子模型并用经典力学的方法加以讨论的，虽然较圆满地解释了振动光谱的基频吸收，但是对一些弱的吸收带无法解释。这是因为将微观粒子当作经典粒子处理，未考虑其波动性。

按照量子力学的观点，当分子吸收红外光发生跃迁时要满足一定的选律，即振动能级是量子化的，可能存在的能级要满足下式：

$$E=\left(V+\frac{1}{2}\right)h\nu$$

式中：h 为普朗克常量；ν 为振动频率；V 为振动量子数(0, 1, 2, …)。

实际上，双原子分子的势能曲线不像简谐振动那样对称。如图 3-2 所示，图中虚线表示谐振子振动能曲线，实线表示实际振动能曲线，水平线代表各振动量子数 V 所对应的能级。可以看出：在原子间振动较小时，谐振子振动能曲线和实际振动能曲线有较好的重合，这时的振动可以近似地用谐振子模型处理。振幅较大时，原子间的振动已不是对称的谐振动，此时

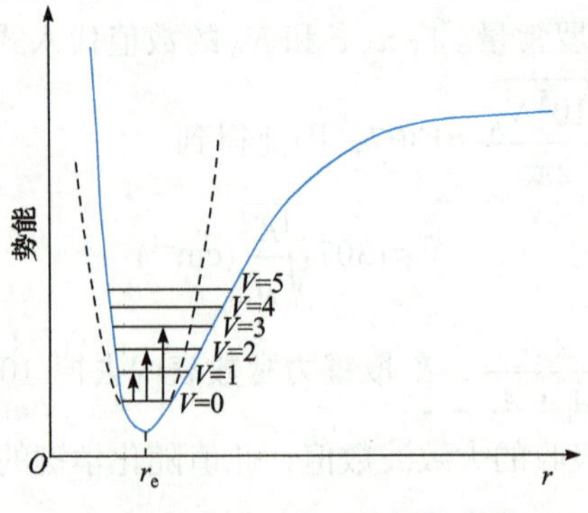

图 3-2 双原子分子的势能曲线

的振动不能用谐振子模型处理。若原子间振动大到一定的程度，或者核间距离大到一定的数值，核间吸引力近似为零。此时，势能与核间距 r 无关，势能曲线显示一条水平线，分子也就解离了。

常温下分子处于最低振动能级，此时称为基态，V=0。当分子吸收一定波长的红外光后，它可以从基态跃迁到第一激发态 V=1，此过程 $V_0 \rightarrow V_1$ 跃迁产生的吸收带较强，称为基频或基峰。例如，羰基在 1715 cm^{-1} 处的吸收即为羰基的基频峰。

此外，红外光谱还会产生基频以外的吸收。当分子吸收比原有能量大一倍或两倍的光子后，发生从基态跃迁到第二激发态甚至第三激发态的情况，这些 $V_0 \rightarrow V_2$(一级倍频)或 $V_0 \rightarrow V_3$(二级倍频)跃迁产生的吸收带称为倍频吸收，用 $2\nu_1$、$2\nu_2$、…表示。分子连跳两级以上的概率很小，因此一级倍频峰的强度很弱，仅有基频峰强度的十分之一或百分之一。例如，羰基在 3430 cm^{-1} 处的弱吸收即为羰基的一级倍频峰。

分子吸收光子同时激发了两种频率的振动，在两个基频峰频率之和($\nu_1+\nu_2$)或倍频与基频之和($2\nu_1+\nu_2$ 等)处产生的吸收称为合频吸收；已处于一个激发态的分子又吸收光子跃迁到另一个激发态，在两个频率之差($\nu_1-\nu_2$)处产生的吸收称为差频吸收。合频吸收和差频吸收统称组合频吸收，组合频的吸收峰强度比基频峰弱得多。

某些情况下，两个振动基频相差不大的基团相邻时，会发生振动的偶合，引起吸收频率偏离基频，一个移向高频方向，另一个移向低频方向，称为偶合频。

当倍频或组合频与某一个强的基频有相近的频率时，这两个振动也会相互作用发生偶合，弱的倍频或组合频被强化，在比基频高一点和低一点的地方出现两个谱带。两谱带中均含有基频和倍频的成分，这种现象称为费米共振。

在 V_0、V_1 等不同振动能级中含有多个转动能级，即发生 $V_0 \rightarrow V_1$ 振动跃迁时，可从 V_0 的不同转动能级跃迁到 V_1 的不同转动能级。一些特殊情况下，在很简单的分子的谱图中可看到其精细结构。因此，红外光谱又称为分子振转光谱。

3.2.2　分子振动与红外光谱

在一个分子中，每个原子在空间的位置由三个坐标确定，由 N 个原子组成的分子就需要 $3N$ 个坐标，也就是有 $3N$ 个运动自由度。由于分子是一个整体，分子本身作为一个整体有三个平动自由度和三个转动自由度(线形分子有两个转动自由度)，因而分子振动自由度的数目等于 $3N-6$ 个(线形分子的振动自由度为 $3N-5$ 个)。

每一个振动都对应一个能级的变化，但是并非每一个振动都可以产生红外吸收谱带。只有那些可以产生瞬间偶极矩变化的振动才能产生红外吸收，那些没有偶极矩变化而有分子极化率变化的振动可以产生拉曼光谱。化学键正、负电荷中心间的距离 d 与电荷中心所带电量 q 的乘积称为偶极矩μ，数学表达式为$\mu = qd$。偶极矩是一个矢量，如果化学键正、负电荷中心间的距离发生变化，偶极矩将随之变化。极化率表示成键的电子云在外界电场作用下发生变化的相对程度。极化率除了与成键原子的结构和键的种类有关外，还与外界电场强度有关。成键原子的体积越大，电负性越小，原子核对成键电子的束缚越小，键的极化率就越大。有红外吸收的振动称为红外活性振动。一个分子的振动是否具有红外活性与分子的对称类型有关。中心对称分子的全对称振动总的偶极矩变化为零，因此该振动在红外光谱中不产生吸收，但在拉曼光谱中有吸收。中心对称分子的非全对称振动在红外光谱中有吸收，而在拉曼光谱中无吸收。因此，在分子结构研究中，将红外光谱和拉曼光谱联合使用，互相补充是很有用的。

一般来说，红外光谱的基频峰个数小于振动自由度，即小于 $3N-6$(或 $3N-5$)。例如，CO_2 分子是 $N=3$ 的直线形分子，应该有 $3N-5$，即 $3\times3-5=4$ 个基本振动，但其红外基频谱带只有两个(图 3-3)。红外光谱的基频峰个数小于振动自由度的可能原因是：①在光谱图上能量相同的峰发生简并，使谱带重合；②仪器分辨率的限制，使能量接近的振动峰区分不开；③能量太小的振动，仪器检测不出来；④有些吸收非红外活性。

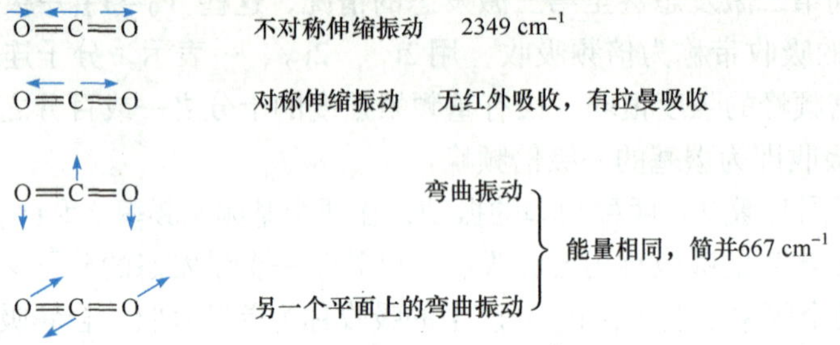

图 3-3 CO_2 的振动与红外吸收

又如，H_2O 分子是由 3 个原子组成的非线形分子，应该有 $3N-6=3\times3-6=3$ 个振动自由度。这三个振动均有偶极矩的变化，均是红外活性。它们的振动能级不同，振动频率不同，各自的基频吸收位置也不同，分别为 3756 cm^{-1}、3652 cm^{-1}、1545 cm^{-1}。

分子的振动分为伸缩振动和变形振动两类。伸缩振动是沿原子核之间的轴线振动，键长有变化而键角不变，用字母 ν 表示。伸缩振动可按振动方式是否具有一定的对称性而分为不对称伸缩振动 ν^{as} 和对称伸缩振动 ν^{s}。变形振动是键长不变而键角改变的振动方式，用字母 δ 表示。根据振动是发生在平面内或不在一个平面内而将变形振动分为面内变形振动和面外变形振动。现以亚甲基—CH_2—为例说明可能的振动方式(图 3-4)。

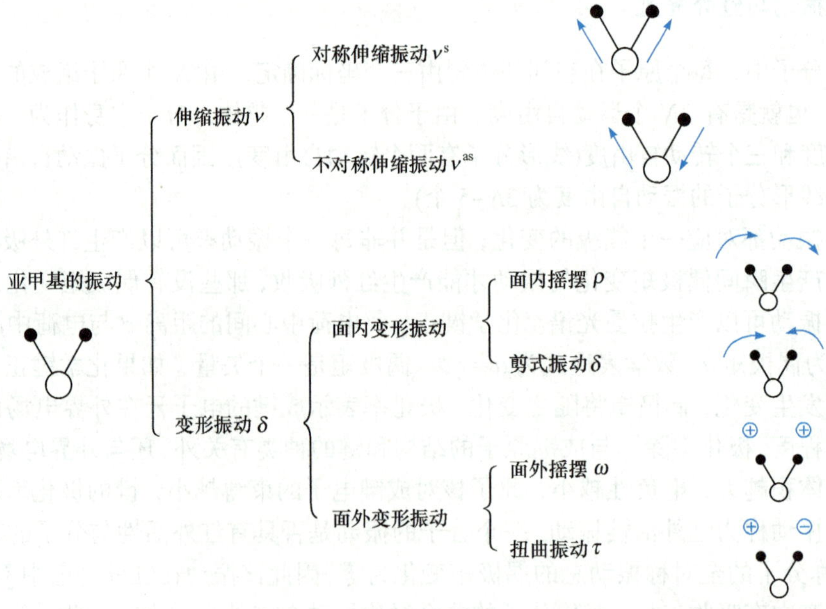

图 3-4 亚甲基的振动方式

红外光谱中出峰的位置是由基团振动时能级变化的大小决定的。能级变化大的振动需要吸收的光波能量大，出峰在高频区，即波数值大；反之，能级变化小的振动出峰在低频区，即波数值小。以上几种振动方式，按照其能级变化的大小顺序为：$\nu^{as}>\nu^{s}>\delta$。基频伸缩振动的谱带位置可以按式(3-3)计算。

红外光谱谱带的强度主要由两个因素决定：一是振动中偶极矩变化的程度，瞬间偶极矩变化越大，吸收峰越强；二是能级跃迁的概率，跃迁的概率大，吸收峰也就强。一般来说，基频($V_0 \rightarrow V_1$)跃迁概率大，所以吸收较强；倍频($V_0 \rightarrow V_2$)虽然偶极矩变化大，但跃迁概率很小，所以吸收反而很弱。

偶极矩变化的大小与以下因素有关：

(1) 原子的电负性。化学键两端的原子之间电负性差别越大，偶极矩变化越大，其伸缩振动引起的红外吸收越强。例如，吸收峰强度为$\nu_{O-H}>\nu_{C-H}>\nu_{C-C}$。

(2) 振动方式。相同基团的各种振动，由于振动方式不同，分子的电荷分布不同，偶极矩变化也不同。通常，相同基团的各种振动吸收峰强度为$\nu^{as}>\nu^{s}>\delta$。

(3) 分子的对称性。结构为中心对称的分子，若其振动也以中心对称，则此振动的偶极矩变化为零，无红外活性。例如，CO_2的对称伸缩振动没有红外活性。对称性差的振动偶极矩变化大，吸收峰强。

(4) 其他因素。

(i) 氢键的形成使有关的吸收峰变宽变强。

(ii) 与极性基团共轭使吸收峰增强。例如，C═C、C≡C 等基团的伸缩振动吸收很弱，但是如果与 C═O 或 C≡N 共轭，吸收强度会大大增加。

(iii) 费米共振。倍频或组合频与基频的偶合振动，结果是弱的倍频或组合频被强化。

红外光谱的峰强度可以用摩尔吸光系数表示：

$$\varepsilon=\frac{1}{cL}\lg\frac{I_0}{I} \tag{3-4}$$

式中：ε为摩尔吸光系数；c 为样品浓度(mol/L)；L 为吸收池厚度(cm)；I_0 为入射光强度；I 为出射光强度。

通常，当$\varepsilon>100$时，峰很强，用 vs 表示；ε为 20～100，为强峰，用 s 表示；ε为 10～20，为中强峰，用 m 表示；ε为 1～10，为弱峰，用 w 表示。另外，用 b 表示宽峰，用 sh 表示大峰边的小肩峰。

实际上，红外光谱吸收峰的强度受狭缝宽度、温度、溶剂等因素的影响，强度不易精确测定。因此，在实际谱图分析中，常以羰基等吸收峰作为最强吸收，其他峰与之比较，进行定性划分。

3.3 红外光谱仪

红外分光光度计是红外光谱的测试工具。红外分光光度计可分为色散型和干涉型两大类。色散型是以棱镜和光栅为色散元件的红外光谱仪；干涉型是由迈克尔逊干涉仪和数据处理系统组成，没有色散元件和狭缝的红外光谱仪。

红外分光光度计从单光束手动式红外分光光度计发展到双光束红外分光光度计(色散型)、傅里叶变换红外分光光度计(干涉型)和激光红外分光光度计。目前的主导仪器是第三代傅里叶变换红外分光光度计。

3.3.1 双光束红外分光光度计的工作原理

红外分光光度计由光学系统、电学系统、机械系统和计算机系统组成。图 3-5 给出了第二代双光束红外分光光度计的系统概略图。

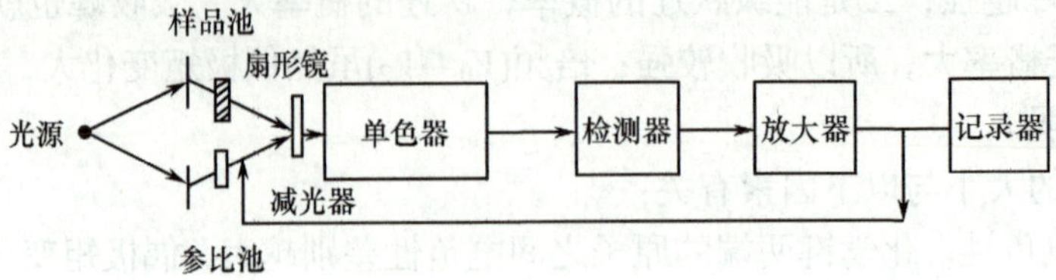

图 3-5 第二代双光束红外分光光度计的系统概略图

自光源发出的连续红外光对称地分为两束，一束通过样品池，另一束通过参比池。这两束光经过半圆形扇形镜调制后交替进入单色器，再交替地射在检测器上。当样品有选择地吸收特定波长的红外光后，两束光强度就有差别，在检测器上产生与光强差成正比的交流信号电压。信号经放大后带动参比光路中的减光器(光楔)，使其向减小光强差的方向移动，直至两光束强度相等。与此同时，与光楔同步的记录笔可描绘出物质的吸收情况，得到光谱图。

3.3.2 红外分光光度计的主要部件

以下是光栅作为分光元件的红外分光光度计的部件介绍。傅里叶变换红外分光光度计的部件有所不同。

1. 光源

光源的作用是产生高强度、连续的红外光。目前在中红外区较为实用的红外光源有硅碳棒和能斯特灯。

(1) 硅碳棒。由硅碳砂加压成型并经煅烧制成。工作温度 1300～1500 ℃，使用寿命为 1000 h。硅碳棒不需要预热，寿命也较长，价格便宜。

(2) 能斯特灯。由稀土金属氧化物加压成型后在高温下烧结而成。主要成分为氧化锆，工作温度 1300～1700 ℃，使用寿命可达 2000 h。能斯特灯有负的电阻系数，在常温下不导电，在 500 ℃以上为半导体，因此点亮这种灯要预热到 700 ℃以上。能斯特灯寿命长、稳定性好，但价格较贵，操作不如硅碳棒方便。

2. 分光系统

红外分光光度计的分光系统包括入射狭缝到出射狭缝这一部分。它主要由反射镜、狭缝和色散元件组成。这是红外分光光度计的关键部分，其作用是将通过样品池和参比池的复色光分解成单色光。因此，分光系统也称单色器。

(1) 狭缝。在分光系统光路的入口和出口各有一个狭缝，其开口的大小直接影响分辨率和灵敏度。狭缝开口大，光的能量增加，但分辨率下降；开口小，光的能量减小，但分辨率提高。

(2) 反射镜。仪器中有若干个反射镜，有的用于反射光线；有的除了反射作用外，还可将聚焦的光变为平行光或将平行光变为聚焦的光。这些反射镜一般采用真空镀铝制成，镜面要严格防尘、防腐蚀和防机械擦伤。

(3) 色散元件。色散元件是将复色光分解为单色光的部件。色散元件的优劣对仪器的性能影响极大。色散元件的发展也反映了红外分光光度计的进化过程。

第一代红外分光光度计的色散元件是棱镜，它是基于棱镜材料对光线的折射率随波长而变化的特征进行分光。棱镜是用透红外光的 KBr、NaCl、CaF_2 和 LiF 等盐的单晶制成。由于材质不同，适用的波长也不同。因此，对应不同的波长范围，要使用不同的棱镜。此类色散元件怕潮，分辨率和波长精度都很受限制。

第二代红外分光光度计的色散元件是衍射光栅。光栅是一块刻有很多条平行等宽、等间隔多线槽的反射镜。其中，具有三角形线槽的衍射光栅称为闪耀光栅。它是基于光栅每条缝对光线的衍射和缝间的干涉所产生的衍射花样的极大位置与波长有关这一特性进行分光的。光栅的分辨率可以表示为：$R=mN$。式中：R 为分辨率；m 为光栅的衍射级次；N 为光栅的刻线数。由此可见，光栅的刻线数与分辨率成正比，刻线数越多，分辨率越高。一般来说，在同一色散度下，光栅的光强比棱镜大 2～20 倍。光栅对环境的要求也不像棱镜那么严格。目前，这种光栅作色散元件加上计算机控制的红外光谱仪仍在应用。

第三代红外分光光度计的色散元件是迈克尔逊干涉仪，这类分光光度计没有进、出口狭缝，是目前的主导仪器类型。

3. 检测器

检测器是测量红外光强度的大小并将其转换为电信号的装置。色散型红外分光光度计的检测器有热检测器和光检测器两类，目前的仪器使用前者作为检测器的居多。其原理是将大量光子累积的能量经过热效应转化为可检测的响应值。热检测器主要有真空热电偶、高莱池和热电量热计三种。光检测器是一种半导体装置，利用光导效应检测，如碲镉汞(MCT)检测器。

1) 热检测器

(1) 真空热电偶。这种检测器应用最广泛。它的应用范围为 2～50 μm。当红外光通过窗片射到涂黑的热电偶接点上时，接点温度升高，产生温差电势，回路有电流产生。热电偶的时间常数为 0.05 s。由于热电偶时间常数大，因此不能用作高速扫描红外分光光度计的检测器。热电偶的使用寿命可达 10 年以上。

(2) 高莱池。这是灵敏度较高的气胀式检测器。在充氮的气室两端各封有低硝化纤维素膜。前面的膜涂黑，可接受红外光；后面的膜真空镀 Sb 作为可伸曲的反射镜。当红外光透过窗片射到涂黑的膜上，气室内温度升高，改变了可伸曲膜的曲率，导致射到光电管上的光线强度发生变化。高莱池寿命短，为 1～2 年。膜容易老化引起漏气，现已很少使用。

(3) 热电量热计。利用硫酸三甘肽(TGS)和其氘代产物 DTGS 作热电材料而制成。这是一种铁电物质，在居里点以下时有很大的极化效应，极化强度与温度有关。若将这种材料的薄片两面与电极相连，即形成一个电容。当红外光照射在上面时，其极化度发生改变，两电极产生感应电荷，接入外电阻后可以检测出来。由于它在室温下热电系数大，时间常数小，斩光频率可达 2000 Hz，可以实现高速扫描，已广泛应用于傅里叶变换红外分光光度计中。

2) 光检测器

常用的 MCT 检测器是由宽频带的半导体碲化镉和半金属化合物碲化汞混合而成，目前已有测量范围、灵敏度各异的多种 MCT 检测器。一般来说，光检测器具有更快的响应时间和更高的灵敏度，但需要液氮冷却。MCT 检测器更适合傅里叶变换红外分光光度计。

现以图 3-6 为例说明光栅型双光束红外分光光度计光路系统的工作情况。光源发出的光通过反射镜 M_1、M_2 分成两路强度相等的平行光，分别通过样品池和参比池。在光路中有减光器，用于平衡两个光路。这两束光在反射镜 M_3 和扇形旋转反射镜 M_4 的作用下，交替地经过入射狭缝进入同一光路。经反射镜 M_5 反射，照在光栅上进行分光，色散后的光又经反射镜 M_5 通过 M_6 反射，通过出射狭缝、反射镜 M_7 和 M_8 交替照在检测器上。通过样品池和参比池的光是交替进入和射出单色器到达检测器的。如果样品对某个波数的光有吸收，样品光束被削弱，两束光不平衡，会产生交流信号，此信号经放大后带动参比光路中的减光器，使其向减小光强不平衡的方向移动，直到两束光光强相等。并且同步地带动记录笔，描绘出物质的波长改变时吸收的变化情况，即红外光谱图。现在傅里叶变换红外分光光度计已是主导产品，但光栅型红外分光光度计仍在使用。

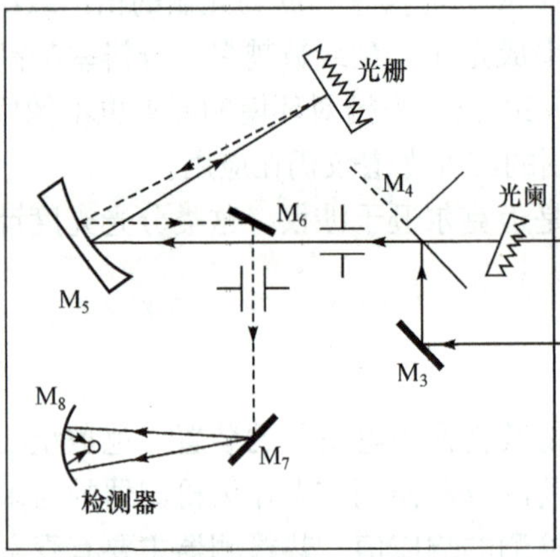

图 3-6 光栅型双光束红外分光光度计的光路示意图

3.3.3 傅里叶变换红外分光光度计

回顾前面经典红外光谱仪的框图(图 3-5)，红外光源发出的混合光先通过试样，经过单色器得到各种波长的单色光，再测量不同波长下对应的透射率(此过程称为扫描)，以波长和透射率为坐标得到的曲线即为红外光谱图。这种连续波扫描的方法在任何一段时间内，仪器只检测一个波长的透射率，扫描一次需十几分钟。傅里叶变换红外分光光度计属于干涉型仪器，其工作原理与色散型仪器完全不同。傅里叶变换红外分光光度计是利用迈克尔逊干涉仪获得入射光的干涉图，然后通过数学运算(傅里叶变换)把干涉图变成红外光谱图。红外光的强度 $h(\delta)$ 与形成此光的两束相干光的光程差 δ 之间有傅里叶变换的函数关系。通过迈克尔逊干涉仪发生一种光的干扰过程，在不同光程差 δ 处测量混合的红外光的相干相加强度 $h(\delta)$，得到干涉图。图 3-7 为傅里叶变换红外分光光度计的工作原理框图。

傅里叶变换红外分光光度计由光学检测系统、计算机数据处理系统、计算机接口、电子线路系统组成。

光学检测系统由光源(硅碳棒、高压汞灯等)、迈克尔逊干涉仪、检测器组成。迈克尔逊干涉仪内有两个互相垂直的平面反射镜 M_1、M_2 和一个与两镜成 45°的分束器，见图 3-8(a)。M_1 可沿镜轴方向前后移动。自光源发出的红外光经准直镜 M_3 反射后变为平行光，照在分束器上

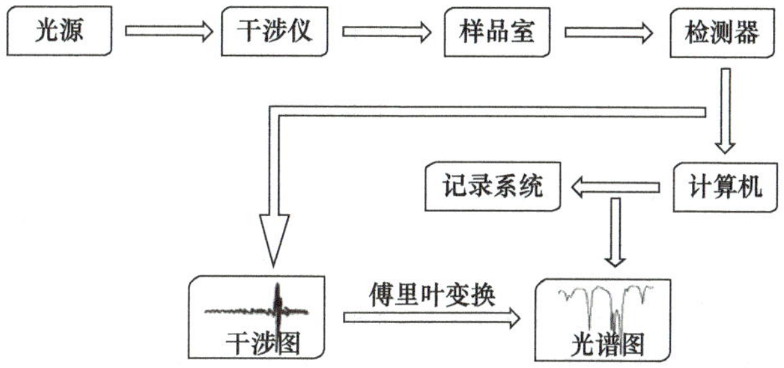

图 3-7 傅里叶变换红外分光光度计的工作原理框图

后变成两束光。其中，一束被反射到可动镜 M_1 后又被 M_1 反射回分束器，并在分束器上再次分成反射光和透射光，透射光部分照在聚光镜 M_4 上，然后到达检测器；另一束光透过分束器，射在固定镜 M_2 上，并被 M_2 反射回分束器，在分束器上再次发生反射和透射，反射部分照在聚光镜 M_4 上，最后也到达检测器。因此，这两束到达检测器的光有了光程差，成为相干光。移动可动镜 M_1 可改变两光束的光程差。在连续改变光程差的同时，记录中央干涉条纹的光强变化，即得到干涉图。当光程差为零或等于波长的整数倍，发生相长干涉，干涉光最强；当光程差等于波长的半整数倍，发生相消干涉，干涉光最弱。理想状态下，单色光的干涉图为一条余弦曲线，其周期和振幅与单色光的波长有关，如图 3-8(b)所示。对于复色光，零光程差处各种单色光发生相长干涉，干涉光最强。随着光程差的增大，各波长的干涉光发生不同程度的抵消，光强变弱。因此，复色光的干涉图是一条中心具有最大值、两侧迅速衰减的对称干涉图，如图 3-8(c)所示。如果在复合的相干光路中放有样品，就得到样品的干涉图。干涉图通过计算机进行傅里叶变换后才能得到红外光谱图。

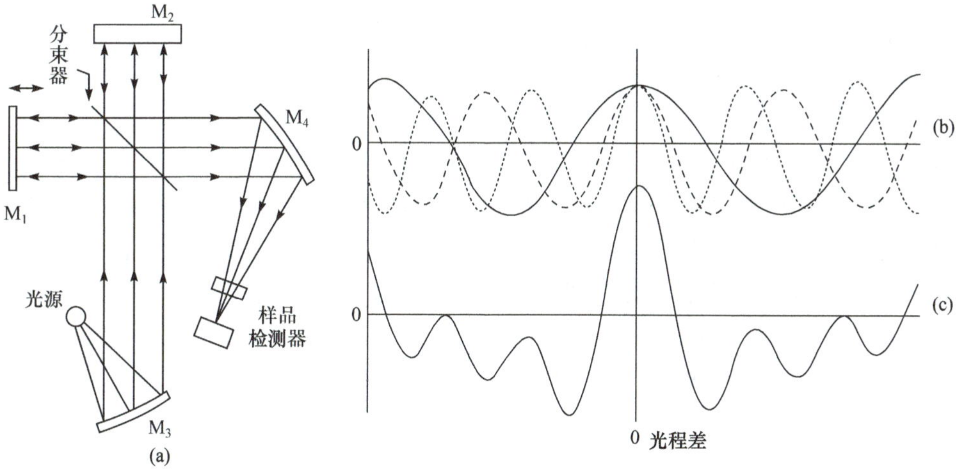

图 3-8 迈克尔逊干涉仪的结构示意图(a)、单色光干涉图(b)和复色光干涉图(c)

干涉仪的基本功能是产生两束相干光，并使其以可控制的光程相互干涉，以给出干涉图。干涉图就是检测器记录下来的干涉强度和两束光光程差之间的函数关系。

傅里叶变换红外分光光度计的检测器常用热释电检测器，如 DTGS(氘代硫酸三甘肽)、MCT(汞镉碲)。

光学检测系统控制电路的主要任务是把检测器得到的信号经放大器、滤波器等处理，然后送到计算机接口，再经处理后送到计算机数据处理系统。

计算机通过接口与光学检测系统电路相连，把测量得到的模拟信号转换为数字信号，在计算机内进行运算处理。计算结果输出给显示器或打印机。另外，可由键盘输入仪器的控制指令，指挥仪器运行。

傅里叶变换红外分光光度计不用狭缝和分光系统，消除了狭缝对光谱能量的限制，使光能的利用率大大提高。与色散型仪器的扫描不同，傅里叶变换红外分光光度计能同时测量记录全波段光谱信息，因此在任何测量时间内都能够获得辐射源的所有频率的全部信息。这种傅里叶变换技术与光谱(如红外光谱、紫外光谱、荧光光谱和拉曼光谱)相结合，成为光谱学的一个分支——傅里叶变换光谱学。

傅里叶变换红外分光光度计具有以下特点：

(1) 分辨率高。可达 0.1 cm^{-1}，波数准确度高达 0.01 cm^{-1}。

(2) 扫描时间短，在几十分之一秒内可扫描一次，在 1 s 以内可以得到一张分辨率高、噪声低的红外光谱图。因此，FTIR 可用于快速化学反应的追踪，研究瞬间的化学变化，解决气相色谱和红外光谱的联用问题。

(3) 灵敏度极高。FTIR 无狭缝和单色器，光学元件少；反射镜面大，减少了能量损失，使到达检测器的辐射强度增大。FTIR 可以在短时间内进行多次扫描，使样品信号累加、储存。噪声可以平滑掉，提高了灵敏度。

(4) 光谱测量范围宽(10 000～10 cm^{-1})，精密度高(±0.01 cm^{-1})，重现性好(0.1%)。

(5) 具有极低的杂散光。一般低于 0.3%，且样品不受因红外聚焦而产生的热效应的影响。

(6) 价格贵，操作较复杂，环境要求高。

(7) 适合与各种仪器联用，如与气相色谱仪联用的 GC-FTIR，与超临界流体色谱仪联用的 SFC-FTIR，与热重分析仪联用的 TGA-FTIR。

(8) FTIR 可以用于痕量分析，样品量可以少到 10^{-11}～10^{-9} g。

3.3.4 气相色谱-傅里叶变换红外光谱联用仪

气相色谱是除毛细管电泳外分离效果最好的方法，但是色谱得不到分子的结构信息；红外光谱是分子结构测定的有力手段，但是对混合物中各组分的分离无能为力。若把两者结合，可以互相取长补短，组成一种有用的分析工具。傅里叶变换红外分光光度计的扫描速度极快、灵敏度极高，可以对每个色谱流出峰进行检测。谱图存于计算机，需要时随时调出。混合物样品经过 GC-FTIR 分析，可以同时得到色谱图和每个物质的红外光谱图。将色谱参数和红外光谱结合用于定性分析，有助于加快分析速度。谱图解析可借助计算机光谱检索系统。

3.3.5 红外显微镜

在实际工作中，常有些特殊的固体样品要进行分析，如工业部门和科研部门的微量样品；司法部门在破案过程中提取到的极微量犯罪物证；不能破坏样品的特殊鉴定，如对文物的分析；对某些分析对象表面不同部位或某一微区的分析。这些以前无法做到的分析，现在可以用红外显微镜这个特殊附件来完成。将红外显微镜与傅里叶变换红外光谱仪相连接，便组成了一台显微红外光谱仪。

红外显微镜由显微镜观察系统、光学系统和 MCT 检测器组成，一般具有透射式和反射式两种工作方式。透射式红外显微镜用于分析可透过红外光的样品，如厚度小于 20 μm 的薄膜、固体切片和微量液体样品。反射式红外显微镜用于分析样品的表面或样品中的杂质及一些不透光物质。一般的红外显微镜透射式和反射式两种方式都可以做。

在分析样品时，来自 FTIR 光学台的干涉红外光进入红外显微镜后被聚焦照在置于 KBr 窗片(或无 KBr 窗片的固体)的样品上，形成一个直径约为几百微米的光斑。透过(或反射)的红外光聚焦到 MCT 检测器上，得到信号。由于使用红外显微镜可以将光聚焦在很小的一个区域，因此可以对固体样品的局部进行分析。

使用红外显微镜进行分析有以下优点：

(1) 测量灵敏度高。由 FTIR 光学台来的高光通量的干涉红外光被聚焦在样品的微小区域，因此灵敏度大大提高。一般检测限为 10^{-9} g(ng)，有时能达到 pg 级，测试的微小区域面积可小到 10 μm×10 μm。

(2) 可用于样品的微区分析。常规的红外光谱法测量微小样品时，大部分红外光并没有通过微小样品，而是直接到达检测器，分析效果很差。红外显微镜是显微技术和光谱技术的结合，在可见光观察条件下，利用红外显微镜中的光学显微镜调节可变光阑的狭缝大小，可有效地选择样品中的某一个微区进行红外分析。对非均相的混合物样品，不需要分离，可通过红外显微镜选择混合物中各单一组分直接测定其红外光谱。

(3) 使用红外显微镜分析是无损检测，测试前不用制样，测试后样品没有受到破坏或污染。

红外显微镜也有不方便的地方。MCT 检测器要用液氮，装一次液氮 MCT 检测器可工作 18 h 左右。在分析气体和微量液体时也有一些困难。放样品的窗片及样品表面要很干净，微量的污染物也可能造成误差。

3.4　试样的调制

样品的红外光谱测定必须先按照试样的状态、性质、分析目的、测定装置等条件选择一种最合适的制样方法，这是获得成功的第一步。

3.4.1　制样时要注意的问题

首先要了解样品纯度。一般要求样品纯度大于 99%，否则要提纯(用红外光谱做定量分析不要求纯度)，或使用 GC-FTIR 和 HPLC-FTIR 联用仪测定。对含水分和溶剂的样品要进行干燥处理。

根据样品的物态和理化性质选择制样方法。如果样品不稳定，则应避免使用压片法。制样过程要注意避免空气中水分、CO_2 及其他污染物混入样品。

3.4.2　固体样品的制样方法

固体样品可以以薄膜、粉末及结晶等状态存在，制样方法因物而异。

1. 压片法

最常用的压片法是取 1～3 mg 试样，加 100～300 mg 光学纯的 KBr 或 KCl 在研钵中研细，使其粒度小于 2.5 μm。放入压片机中一边抽真空，一边加压，样品便与 KBr 的混合物形成一个薄片。薄片要求厚薄均匀，外观上半透明，且无裂痕。如果压好的薄片上有不透明的小白点，说明试样中有未研细的小粒子，应重新压片。另外，薄片的厚度一般应在 0.5 mm 以下，厚度大于 0.5 mm 时，常可在光谱上观察到干涉条纹，对样品的光谱产生干扰。

此法适用于可以研细的固体样品。但对不稳定的化合物，如加压时发生分解、异构化、升华等变化的化合物则不宜使用压片法。压片法测试后的样品可以回收。由于 KBr 易吸收水分，因此制样过程要尽量避免水分的影响。压片法可以对片的厚度和试样量进行精确控制，可用于定量分析。但是样品的粒度大小影响吸光度，而每次测试时粒度无法控制，只能尽可能研细，所以定量分析时压片法的准确度和精确度不如溶液法。样品的粒度一定要控制在 2.5 μm 以下，以减少光的散射。

2. 糊状法

固体粒子对光有散射，这一现象在压片法中无法避免，而只能通过尽量研细来减少此现象。固体有机化合物的折射率为 1.5～1.6。若选用与样品折射率相近、出峰少且不干扰样品吸收谱带的液体与样品混合后研磨成糊状，可以大大减小散射的影响。研磨后的糊状物夹在两个窗片之间或转移到可拆液体池窗片上进行测试。通常选用的液体有液体石蜡(在 2920～2710 cm^{-1}，1470～1410 cm^{-1}，1380～1350 cm^{-1} 有吸收)、六氯丁二烯(在 1200～1140 cm^{-1}，1010～760 cm^{-1} 有吸收；在 4000～1060 cm^{-1} 无吸收)及氟化煤油(在 4000～1300 cm^{-1} 无吸收)等。这些液体在某些区有红外吸收，要根据样品出峰选择使用。

此法适用于可以研细的固体样品。试样调制容易，但不能用于定量分析。液体的吸收有时会干扰样品的吸收。糊状法可消除水峰(3400 cm^{-1}、1630 cm^{-1})干扰，当研究某些含—OH 和—NH_2 基团的样品时，为排除 KBr 中水汽干扰，可选用此法进行红外测试。

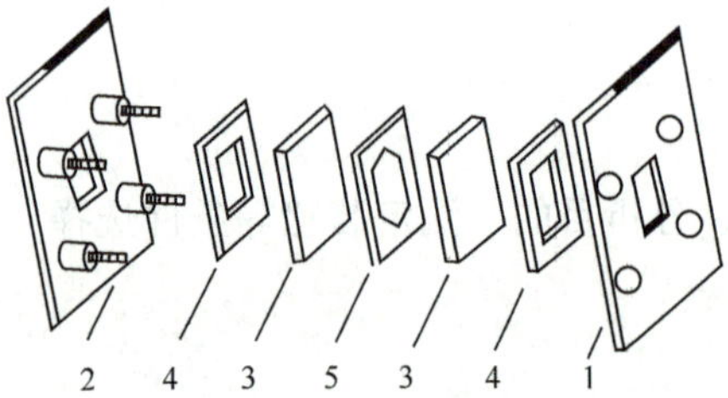

图 3-9 可拆液体池的结构

1. 前框；2. 后框；3. 红外透光窗片；4. 橡胶垫；5. 间隔片

3. 溶液法

溶液法是将固体样品溶解在溶剂中，然后注入液体池进行测定的方法。液体池有固定池、可拆池和其他特殊池(如微量池、加热池、低温池等类型)。液体池由框架、垫片、间隔片及红外透光窗片组成。可拆池的结构见图 3-9。红外透光窗片的种类及性质见表 3-2。

表 3-2 红外透光窗片的种类及性质

种类	波长范围/μm	在水中的溶解度(20 ℃)/[g/(100 g 水)]	其他特征
玻璃	～2.5	不溶	依种类不同有差别
石英	～4.0	不溶	—
LiF	～6.0	0.27	—
CaF_2	～9.0	0.001 6	机械强度差
NaCl	～16	36	表面易划伤
KBr	～25	54	表面易划伤
AgCl	～23	0.000 15	极软，遇光发黑，反射损失大
KRS-5	～40	0.05	极软，反射损失大，易着色，有毒

续表

种类	波长范围/μm	在水中的溶解度(20 ℃)/[g/(100 g 水)]	其他特征
CsBr	～40	124	比 KRS-5 反射损失小，无色
CsI	～53	44	—

可拆池的液层厚度可由间隔片的厚薄调节，但由于各次操作液层厚度的重现性差，即使小心操作，误差也在 5%左右，所以可拆池一般用于定性或半定量分析，而不用于定量分析。固定池与可拆池不同，使用时不拆开，只用注射器注入样品或注入溶剂清洗池子，它可以用于定量分析和易挥发液体的定性分析。红外透光窗片由多种材料制成，可以根据透红外光的波长范围、机械强度及对试样溶液的稳定性自行选用。

溶液法使用的溶剂都有红外吸收，所以要在参比光路中用相同厚度的池子装上溶剂进行补偿，以消除溶剂吸收，得到样品的光谱图。但是在溶剂吸收特别强的区域，不能真实地记录样品的吸收。因为该区域的光能几乎被溶剂全部吸收，形成了所谓的“死区”，记录下的谱线在此区域为平坦的曲线。所以在选择溶剂时不要让观察的吸收峰落入“死区”。几种常用溶剂的强吸收峰位置如下：

氯仿：3010～2990 cm^{-1}，1240～1200 cm^{-1}，815～650 cm^{-1}；二硫化碳：2220～2120 cm^{-1}，1630～1420 cm^{-1}；四氯化碳：820～725 cm^{-1}；二氯甲烷：1290～1240 cm^{-1}，905～890 cm^{-1}，800～600 cm^{-1}；二氧六环：3100～2650 cm^{-1}，1490～1020 cm^{-1}，915～830 cm^{-1}；四氢呋喃：3000～2800 cm^{-1}，1525～1450 cm^{-1}，1250～850 cm^{-1}；水：3650～2930 cm^{-1}，1750～1580 cm^{-1}，930～650 cm^{-1}。

在选择溶剂时，还要注意溶剂的其他影响，如氢键的形成、样品与溶剂的化学反应等。例如，伯胺和仲胺能与 CS_2 反应生成烷基二硫代氨基甲酸，所以测定伯胺和仲胺不能用 CS_2 作溶剂。溶剂效应还会造成谱带的位置及形状的改变。溶液法通常难以得到一张完整的红外光谱图。另外，液体池窗片常用的 NaCl、KBr 和 CsI 等材料在水溶解度大，所以溶剂中不能含水且要注意防潮；CaF_2 和 KRS-5 可用于水溶液样品的测试。

4. 薄膜法

某些材料难以用前面几种方法测试，可以试用薄膜法。一些高分子膜通常可以直接用来测试，而更多的情况是要将样品制成膜。

(1) 熔融法：熔点低、对热稳定的样品可以放在窗片上用红外灯烤，使其受热熔融成流动性液体，再加压成膜，冷却后使用。

(2) 溶液成膜法：将样品溶于低沸点溶剂后，涂在平板上使溶剂挥发后成膜。

(3) 切片成膜：不溶、难熔又难粉碎的固体可以用机械切片法成膜。

5. 衰减全反射光谱测定法

一些不溶、不熔且难粉碎的试样及不透明表面的涂层可以采用衰减全反射(ATR)光谱测定法测定。常见的有焦油、油膏、漆胶、涂料等，在透射光谱测定中过厚(＞0.1 mm)的塑料、高分子薄膜及橡胶、织物等，以及催化剂表面和表面涂层的研究等。

一束红外光射入折射率(n)不同的两种物质界面时，会发生两种情况：一种是光由折射率小的材料(光疏介质)射入折射率大(光密介质)的材料，此时产生外反射；另一种是光由折射率大的材料射入折射率小的材料，入射角在临界角和 90°之间，产生 100%的内反射，此现象即为全反射。全反射原理如图 3-10(a)所示。此现象发生时，光要稍许穿入反射表面之下才反射回来。当样品对红外光有吸收时，穿入反射表面之下(穿入样品中一定深度)的光能被样品有选择地吸收而减弱，光衰减的程度与样品对它的吸收有关。反射光谱也具有吸收光谱的特点，二者的相对强度和峰形略有不同。一次反射能量的变化相当小，所得光谱的吸收谱带很弱。如果增加全反射的次数，则可使反射的吸收谱带增强，如图 3-10(b)所示，且反射次数越多，灵敏度越高。现在用的全反射晶体为板状，反射次数约 25 次。晶体由折射率大的光学材料如氯化银(n=2)、溴化铊-碘化铊(KRS-5，n=2.4)和锗(n=4)制成。将样品紧贴在晶体(用作棱镜)上、下两面，入射光的入射角多采用 45°左右调节，以期得到好的谱图。入射角的选择也会影响反射次数和光对样品的穿透深度。它必须大于导致红外光在晶体内部反射的临界角，一般高折射率的晶体都具有较大的临界角。另外，由于入射光随样品与晶体距离的增加迅速衰减，为了得到高质量的谱图，要求样品表面较平整且压紧在晶体表面。

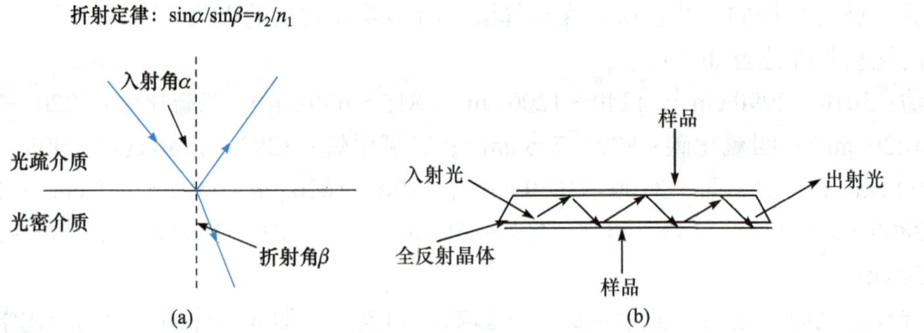

图 3-10 全反射原理(a)和多重衰减全反射晶体的示意图(b)

衰减全反射光谱测定法的优点是样品不受破坏，且水分对测试结果影响不大，可用于检测水溶液中的成分或含水量多的样品。

6. 漫反射法

当光照射到样品上时，一部分光在样品表面产生镜面反射，另一部分光经折射进入样品内部，在样品内部与样品分子作用而发生反射、折射、散射和吸收，再从样品表面辐射出来。辐射出来的光由于散向空间各个方向而称为漫反射。由于漫反射光曾进入样品内部与样品分子发生作用，因此漫反射光将载有样品分子的结构信息。这是漫反射光谱技术的工作基础。漫反射光谱图与透射法测得的谱图形状基本一致。

漫反射技术主要用于难以用压片法测量的粉末样品(煤、矿物等)和污浊液体的红外光谱研究，粉末样品几乎不需要样品制备。

漫反射谱测试要有一个漫反射附件。测试时将卤化钾(KCl 或 KBr)与样品混合研磨，装入样品池，即可测得混合粉末的漫反射谱，将该谱与卤化钾粉末的漫反射谱(背景谱)相比就得到样品的漫反射光谱。样品与卤化钾的质量比一般为(1∶20)~(1∶10)。

3.4.3 液体样品的制样方法

(1) 溶液法：使用适当的溶剂，将液体样品配成溶液，注入液体池进行测试，详见固体样品的溶液法。

(2) 液膜法：在两个窗片之间滴上 1～2 滴液体试样，使其形成一层薄的液膜用于测定。此法操作方便，没有干扰，但只适用于高沸点液体化合物，不能用于定量分析，所得谱图的吸收带不如溶液法那么尖锐。

3.4.4　气体样品

气体样品一般使用气体池进行测定(图 3-11)。

气体池长度可以选择。用玻璃或金属制成两端有两个透红外光的窗片的圆筒，在圆筒两边装有两个活塞，作为气体的进、出口。为了增长有效的光路，也有多重反射的长光路气体池。

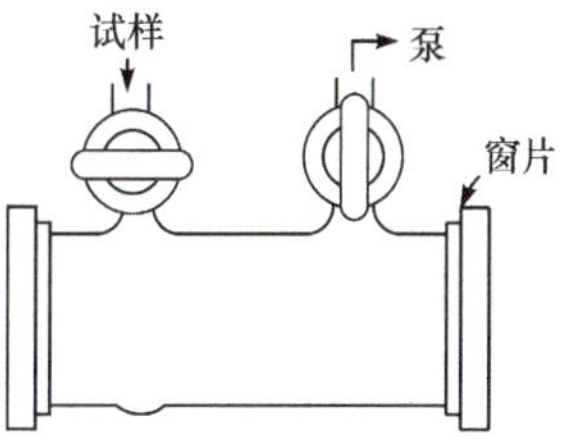

图 3-11　气体池

3.5　有机化合物基团的特征吸收

有机化合物的各种基团在红外光谱的特定区域会出现对应的吸收带，其位置大致固定。虽然受化学结构和外部条件的影响，吸收带会发生位移，但综合吸收峰的位置、强度、形状及相关峰的存在，仍可以从谱带信息中判断出某个基团的存在与否。人们将中红外区(4000～400 cm^{-1})分成两部分，即官能团区(3700～1333 cm^{-1})和指纹区(1333～650 cm^{-1})。官能团的特征吸收大多出现在官能团区，而一些有关的分子结构特征，如几何异构、同分异构及取代类型等情况可以在指纹区观察到。下面介绍各种有机化合物的特征吸收。

3.5.1　烷烃

1. 烷烃的特征谱带

烷烃只由碳、氢两种元素组成，其红外光谱只与 CH_3、CH_2、CH 及碳链骨架的振动有关。烷烃有以下四种吸收带：

(1) CH 的伸缩振动：基本在 2975～2845 cm^{-1}，包括 CH_3、CH_2、CH 的对称及不对称伸缩振动。但是环丙烷的 CH_2、与卤素相连的 CH_2 及 $CH_2C(NO_2)_3$ 中 CH_2 的伸缩振动吸收在 3000～3100 cm^{-1}。

(2) CH 的变形振动：在 1460 cm^{-1} 附近、1380 cm^{-1} 附近及 720～810 cm^{-1} 会出现有关吸收。

(3) C—C 骨架振动：在 1250～1150 cm^{-1}。如果此峰区为中等强度的峰，化合物为支链烃。如果此峰区为弱峰，化合物很可能是直链烃。

(4) C—C 环的骨架振动：在 720～1250 cm^{-1}。

2. 甲基

(1) 甲基(CH_3)主要有下列吸收：2960 cm^{-1}±15 cm^{-1}，ν_{CH}^{as} (s)；2870 cm^{-1}±10 cm^{-1}，ν_{CH}^{s} (s～m)；1465 cm^{-1}±10 cm^{-1}，δ_{CH}^{as} (m)；1380 cm^{-1} 左右，δ_{CH}^{s}。

(2) CH_3 连接在不同基团上，吸收带会发生位移，强度也会有变化。连接在有孤对电子的杂原子 N、O、S 原子上的 CH_3，三个 C—H 键中的一个 C—H 键与孤对电子处于反式，相互之间作用使之与其他两个 C—H 键不相等，导致 ν_{CH}^{as} 和 ν_{CH}^{s} 两峰相距较远，可达 100 cm^{-1}。连接在—C(O)—、—CN 和—X 等基团的甲基，ν_{CH}^{as} 和 ν_{CH}^{s} 两峰的波数略有升高，但强度变弱。CH_3 的化学环境与光谱的关系见表 3-3。

表 3-3 CH_3 的化学环境与光谱的关系

结构	ν_{CH}^{as} /cm^{-1}	ν_{CH}^{s} /cm^{-1}	δ_{CH}^{as} /cm^{-1}	δ_{CH}^{s} /cm^{-1}
脂肪 CH_3	2960±10	2872±12	1462±12	1378±8
芳香 CH_3	2925±5	2865±5		
R—O—CH_3	2925±5	2870±13	1455±15	1362±12
R—$COCH_3$	2975±20		1422±18	1375±13
脂肪 NH—CH_3	2808±12		1425±15	
芳香 NH—CH_3	2815±5			
脂肪 $N(CH_3)_2$	2818±8	2770±5		
芳香 $N(CH_3)_2$	2830±40			
R—S—CH_3	2975±20	2878±13	1427±13	1310±20

(3) CH_3 的 δ_{CH}^{s} 随着结构变化也有变化。偕二甲基，即 $CH(CH_3)_2$ 结构中的甲基的 δ_{CH}^{s} 分裂成两个强度大体相等的吸收，一个在 1385 cm^{-1} 附近，另一个在 1375 cm^{-1} 附近；叔丁基，即 $C(CH_3)_3$ 结构中的甲基的 δ_{CH}^{s} 分裂成强度不等的两个峰，一个在 1395 cm^{-1}(m)附近，另一个在 1365 cm^{-1}(s)附近。

(4) CH_3 与杂原子相连时，δ_{CH}^{s} 的吸收位置为 P—CH_3，1300 cm^{-1}；Si—CH_3，1255 cm^{-1}；S—CH_3，1312 cm^{-1}。

(5) CH_3 与羰基相连时，δ_{CH}^{s} 的吸收位置为 1380～1365 cm^{-1} (s)，吸收位置没有什么特征，但强度大。因此，一般的化合物乙酰化后 1380～1365 cm^{-1} 的吸收带要比 1460 cm^{-1} 的吸收带强。

3. 亚甲基

(1) 亚甲基(CH_2)主要有以下吸收：2925 cm^{-1}±10 cm^{-1}，ν_{CH}^{as} (s)；2850 cm^{-1}±10cm^{-1}，ν_{CH}^{s} (s)；1465 cm^{-1}±20cm^{-1}，δ_{CH}。

(2) 与羰基相连的 CH_2 的 ν_{CH} 吸收在 1440～1400 cm^{-1}，强度比一般的 ν_{CH} 大。

(3) 在具有$\left(CH_2\right)_n$结构的碳链中，CH_2 的面内摇摆在 720～810 cm^{-1} 变化，吸收峰的位置与 n 的大小有关。n 值越大，吸收峰越接近 720 cm^{-1}，见表 3-4。

表 3-4 $\left(CH_2\right)_n$结构中亚甲基的面内摇摆振动

结构	谱带/cm^{-1}	结构	谱带/cm^{-1}
C—CH_2—CH_3	770	C$\left(CH_2\right)_4$$CH_3$	730～725
C$\left(CH_2\right)_2$$CH_3$	750～740	C$\left(CH_2\right)_n$$CH_3$($n$>4)	722
C$\left(CH_2\right)_3$$CH_3$	740～730	C—CH_2—C	810

续表

结构	谱带/cm^{-1}	结构	谱带/cm^{-1}
C$\leftarrow$CH$_2$$\rightarrow_2$C	754	C$\leftarrow$CH$_2$$\rightarrow_4$C	725
C$\leftarrow$CH$_2$$\rightarrow_3$C	740	C$\leftarrow$CH$_2$$\rightarrow_n$C($n$>4)	722

4. 次甲基

次甲基(CH)在两处有弱的吸收，常被其他吸收所掩盖，实用价值不大。2890 cm^{-1}±10 cm^{-1}，ν_{CH}(w)；～1340 cm^{-1}，δ_{CH}(w)。

例 3-2　图 3-12 为正庚烷[$CH_3(CH_2)_5CH_3$]的红外光谱图。2869～2961 cm^{-1}为ν_{CH}，1468 cm^{-1}为δ_{CH}^{as}，包括甲基和亚甲基的δ_{CH}^{as}。1379 cm^{-1}为甲基的δ_{CH}^{s}。723 cm^{-1}为亚甲基链 n>4 时亚甲基的面内摇摆振动。

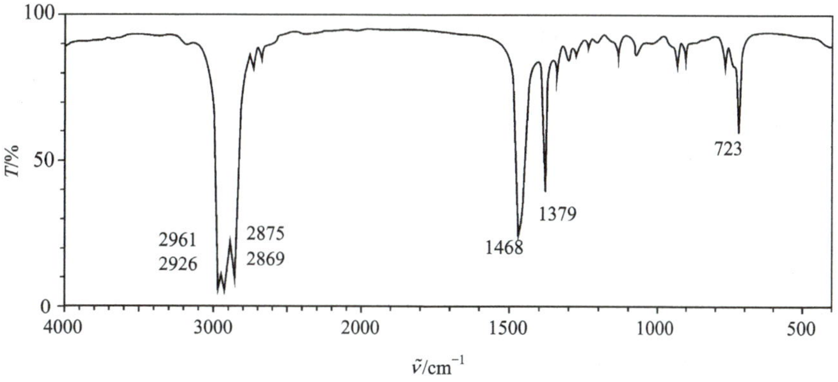

图 3-12　正庚烷的红外光谱图

例 3-3　图 3-13 是 2, 4-二甲基戊烷[$(CH_3)_2CHCH_2CH(CH_3)_2$]的红外光谱图。2840～2958 cm^{-1}为ν_{CH}，1468 cm^{-1}为δ_{CH}^{as}，1386 cm^{-1}和 1368 cm^{-1}是偕二甲基的特征吸收δ_{CH}^{s}。

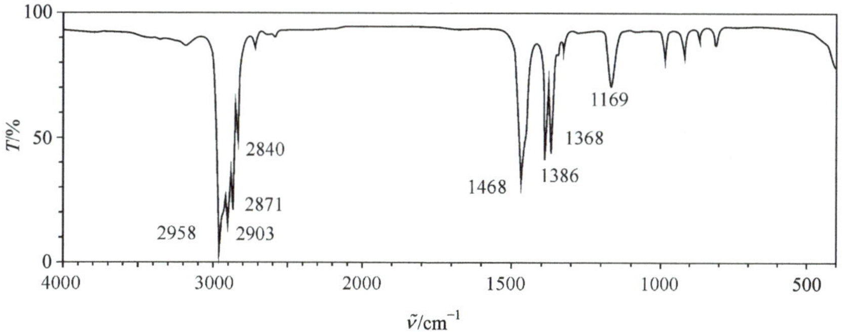

图 3-13　2, 4-二甲基戊烷的红外光谱图

3.5.2　烯烃

烯烃有以下三个特征吸收区：

(1) 3100～3000 cm^{-1}，$\nu_{=CH}$。

(2) 1680～1620 cm^{-1}，$\nu_{C=C}$。

(3) 1000～650 cm^{-1}，烯碳上质子的面外摇摆振动$\omega_{=CH}$，用于判断烯碳的取代类型及顺反异构。

(1)和(2)用于判断烯键的存在与否。不同类型烯烃的特征吸收频率见表 3-5。

表 3-5 不同类型烯烃的特征吸收频率(单位：cm^{-1})

取代烯烃	$\nu^{as}_{=CH_2}$	$\nu^{s}_{=CH_2}$	$\nu_{=CH}$	$\nu_{C=C}$	$\omega_{=CH_2}$	$\omega_{=CH}$	$2\times\omega_{=CH_2}$
$RCH=CH_2$	3095～3075	～2975	3040～3010	1645～1640	915～905(s)	995～985	1840～1805(w)
$R_1R_2C=CH_2$	3095～3050	～2975	—	1660～1640	895～885(s)	—	1800～1780(w)
$R_1R_2C=CHR_3$	—	—	3040～3020	1690～1670	—	830～810(s)	—
$R_1HC=CHR_2$ (顺式)	—	—	3040～3010	1665～1635	—	730～665(s)	—
$R_1HC=CHR_2$ (反式)	—	—	3040～3010	1675～1665	—	980～960(s)	—
$R_1R_2C=CR_3R_4$	—	—	—	w 或无	—	—	—

$\nu_{=CH}$＞3000 cm^{-1}，这是不饱和碳氢键与饱和碳氢键伸缩振动吸收的重要区别，除三元环和极强的吸电子基团邻接的饱和碳氢振动外，其他饱和碳氢键的ν_{CH}＜3000 cm^{-1}。烯烃$\nu_{=CH}$的吸收在 3100～3000 cm^{-1}，强度一般较弱。但乙烯醚($CH_2=CHOR$)由于双键连接了—OR，其$\nu_{=CH}$吸收在 3120 cm^{-1}，超过了这一范围。

在 650～1000 cm^{-1} 区域，根据烯氢被取代的个数、取代位置及顺反异构的不同，出峰个数、吸收峰位置及强度也不同。因此，该区域的吸收对于判别烯碳的取代情况及顺反异构有很大的帮助。

$\nu_{C=C}$ 的位置及强度与烯碳的取代情况及分子对称性密切相关。单取代乙烯基型($CH_2=CH—$)的$\nu_{C=C}$出现在 1640 cm^{-1}，随着烯烃碳取代基的增多移向高波数(可以高出 50 cm^{-1})。端烯的双键偶极矩变化大，$\nu_{C=C}$吸收峰强。四取代烯烃或对称取代烯烃，因其有对称中心，$\nu_{C=C}$看不到。烯键与 C=C、C=O、C≡N 及芳环等共轭时，$\nu_{C=C}$比类似结构的非共轭烯降低 10～30 cm^{-1}，但强度大大加强。例如，共轭二烯的$\nu_{C=C}$在 1620～1680 cm^{-1}，共轭三烯的$\nu_{C=C}$在 1650～1600 cm^{-1}，共轭多烯的$\nu_{C=C}$在 1650～1580 cm^{-1}，苯环与烯键共轭的$\nu_{C=C}$在 1630～1610 cm^{-1}。

环状烯烃中，当环变小时，键角变小，由于环的张力效应，$\nu_{C=C}$ 由高频向低频移动，而烯碳上质子的$\nu_{=CH}$则由低频向高频移动，三元环烯的$\nu_{C=C}$例外。这是由于这种三元环键角为 60°，C=C 键的振动伴随 C—C 键的扩张运动，因此需要较高的能量，导致$\nu_{C=C}$较大，在 1641 cm^{-1}。例如

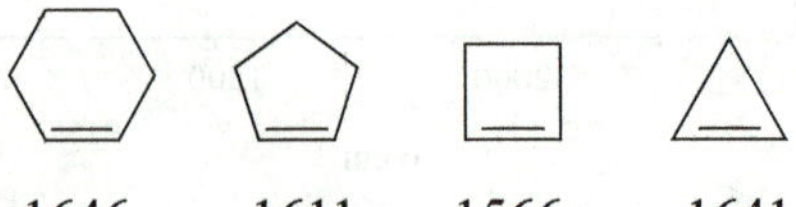

$\nu_{C=C}/cm^{-1}$　1646　1611　1566　1641

$\nu_{=CH}/cm^{-1}$　3017　3045　3060　3076

环内双键上的质子被取代基取代，$\nu_{C=C}$升高。环越小，升高的幅度越大。例如

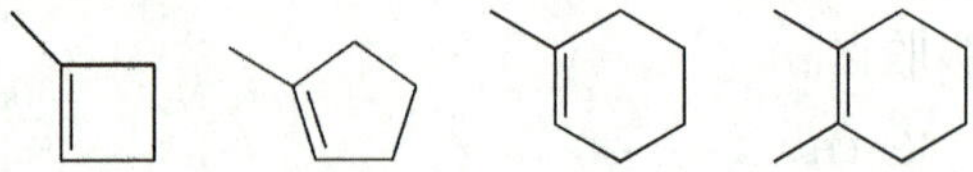

$\nu_{C=C}/cm^{-1}$　1641　1658　1674　1685～1677

环外双键，当环变小张力增大时，烯烃的双键特性增强，$\nu_{C=C}$移向高频。此特点与环内

烯烃正好相反。例如

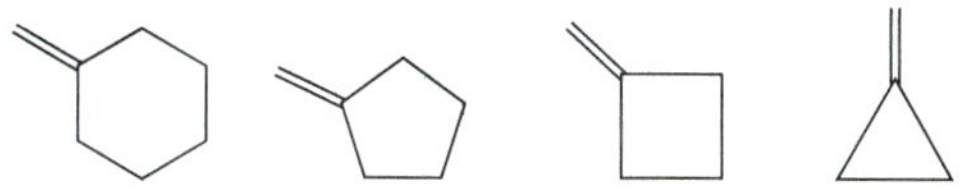

$\nu_{C=C}/cm^{-1}$ 1651 1657 1678 1730

例 3-4 图 3-14 为 1-己烯的红外光谱图。分子中既有 CH_3、CH_2 等饱和碳原子基团，又有═CH、═CH_2 和 C═C 不饱和基团，所以两类吸收在红外光谱上均能看到。其中，1642 cm^{-1} 为 $\nu_{C=C}$，910 cm^{-1} 为═CH_2 的摇摆振动 $\omega_{=CH_2}$，993 cm^{-1} 为═CH 的摇摆振动 $\omega_{=CH}$，1821 cm^{-1} 的小峰为 910 cm^{-1} 的倍频。$\nu_{=CH}$ 在 3080 cm^{-1}。

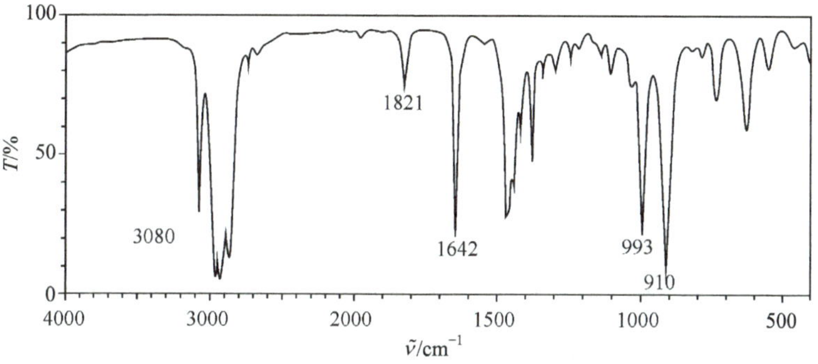

图 3-14 1-己烯的红外光谱图

例 3-5 图 3-15 为 3,4-二甲基-2-戊烯的红外光谱图。$\nu_{C=C}$ 在 1666 cm^{-1}，～808 cm^{-1} 处的强吸收为═CH 的面外变形振动 $\omega_{=CH}$。以 3000 cm^{-1} 为界，3033 cm^{-1} 为 $\nu_{=CH}$，而小于 3000 cm^{-1} 的那一组峰为 ν_{CH}。1384 cm^{-1} 和 1373 cm^{-1} 为偕二甲基的 $\delta^{s}_{CH_3}$ 吸收，1460 cm^{-1} 为甲基和亚甲基的 δ^{as}_{CH} 吸收。

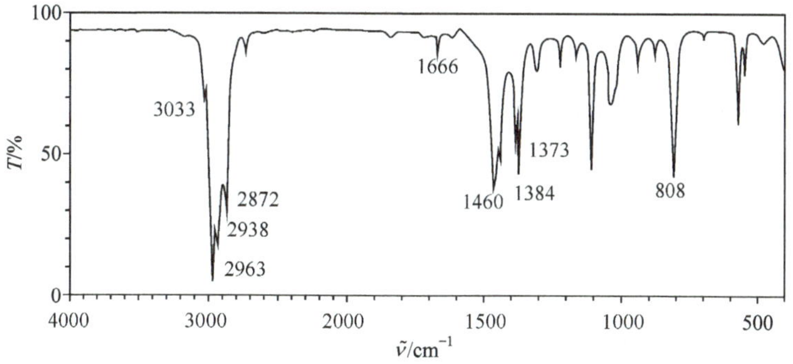

图 3-15 3,4-二甲基-2-戊烯的红外光谱图

3.5.3 炔烃

(1) 炔烃有三个特征吸收带：$\nu_{\equiv CH}$，3340～3260 cm^{-1} (s，尖)；$\nu_{C\equiv C}$，2260～2100 cm^{-1} (m～w)；$\delta_{CH}^{面外}$，700～610 cm^{-1}(s，宽)。$\nu_{\equiv CH}$ 与 ν_{OH} 及 ν_{NH} 有重叠，$\nu_{\equiv CH}$ 比后两者尖，容易辨认。

(2) $\nu_{C\equiv C}$ 与 $\nu_{C=C}$ 类似，强度随分子对称性及共轭情况的不同而变化。分子中心对称时，$\nu_{C\equiv C}$ 看不到。分子与其他基团共轭时，$\nu_{C\equiv C}$ 强度大大增强。

(3) 炔键(C≡C)是 sp 杂化键，与 sp^2 杂化相比 s 成分较多，所以三键的伸缩振动频率大于双键的伸缩振动频率，峰形尖锐，强度中到弱。非共轭化合物的 $\nu_{C\equiv C}$：H—C≡C—R(R 为烷基)的 $\nu_{C\equiv C}$ 在 2140～2100 cm^{-1}；R—C≡C—R′，在 2260～2190 cm^{-1}，R 与 R′相同时看不到

$\nu_{C\equiv C}$；R—C≡C—CH_2X (X 为 OH 或卤素)在 2260 cm^{-1} 附近。

(4) X≡Y、X=Y=Z 与 C≡C 有重叠的吸收。例如，$\nu_{C\equiv N}$，2260～2210 cm^{-1}(s)；$\nu_{C=C=C}$，1950～1930 cm^{-1} (s)；$\nu_{N=C=O}$，2280～2260 cm^{-1} (s)；$\nu_{C=C=O}$，约为 2150 cm^{-1}(s)。

例 3-6 图 3-16(a)、(b)分别为 Ph—C≡CH、Ph—C≡C—Ph 的红外光谱图。因为前者有炔氢，$\nu_{\equiv CH}$ 出现在 3291 cm^{-1}，$\delta_{\equiv CH}$ 出现在 600～700 cm^{-1}；后者没有炔氢，没有出现 $\nu_{\equiv CH}$ 和 $\delta_{\equiv CH}$ 的吸收峰。前者因为炔键与苯环共轭，并且对称性差，所以在 2110 cm^{-1} 出现 $\nu_{C\equiv C}$，而后者因为分子中心对称，所以看不到 $\nu_{C\equiv C}$。

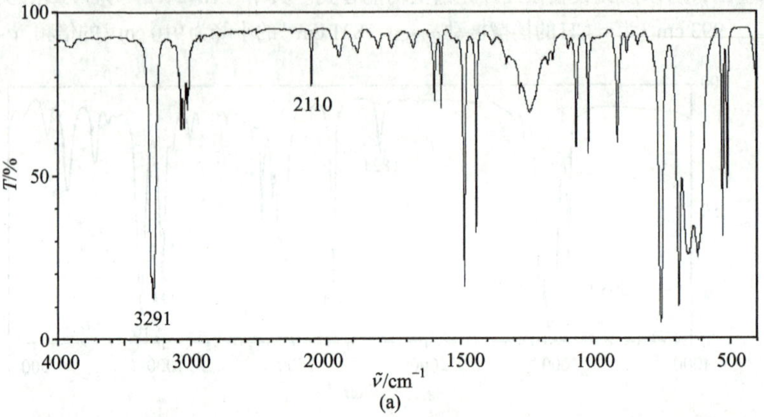

(a)

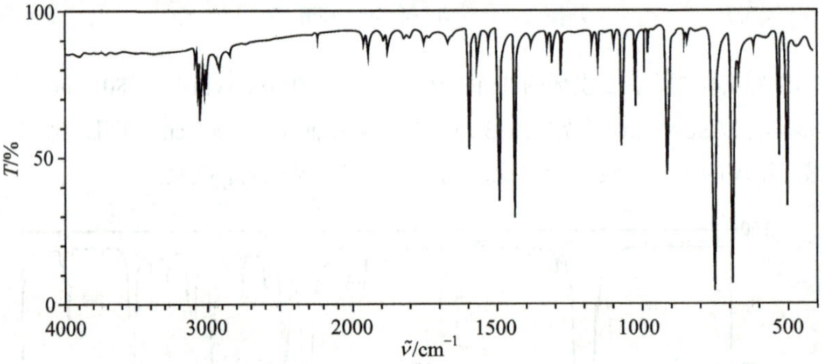

(b)

图 3-16 Ph—C≡CH(a)和 Ph—C≡C—Ph(b)的红外光谱图

3.5.4 芳香烃

苯环在四个区域有特征吸收：3100～3000 cm^{-1}、2000～1650 cm^{-1}、1625～1450 cm^{-1} 及 900～650 cm^{-1}。

苯环上碳氢键的伸缩振动 $\nu_{=CH}$ 在 3100～3000 cm^{-1}，一般有一两个吸收带，强度较弱，通常出现在 3030 cm^{-1} 附近。当苯环上连有吸电子取代基，$\nu_{=CH}$ 出现在较高波数，如硝基苯的 $\nu_{=CH}$ 在 3079 cm^{-1}；而当苯环上连有给电子取代基，$\nu_{=CH}$ 出现在较低波数，如甲基苯的 $\nu_{=CH}$ 在 3030 cm^{-1}。苯环与烯烃的 $\nu_{=CH}$ 易混淆，一般只能作为鉴别是否是芳香族化合物的佐证。

苯环的骨架振动又称呼吸振动，即芳香环的扩大和缩小引起的振动，在 1625～1450 cm^{-1}，最多有 4 个吸收峰，强弱及个数均与结构有关，其中以 1600 cm^{-1} 左右和 1500 cm^{-1} 左右两个吸收峰为主。当苯环与其他基团共轭时，1600 cm^{-1} 左右的峰分裂为二，在 1580 cm^{-1} 左右处又出现一个吸收。当分子有对称中心时，1600 cm^{-1} 左右的谱带很弱或看不到。1500 cm^{-1} 左右的谱带对取代基很敏感，吸电子取代基使频率降为 1480 cm^{-1}，而给电子取代基使其频率升到 1510 cm^{-1}。

除了上述 1600 cm^{-1}、1580 cm^{-1} 及 1500 cm^{-1} 左右的三个谱带以外，1450 cm^{-1} 左右也会有一吸收峰，但它与甲基及亚甲基的 1460 cm^{-1} 的δ_{CH}吸收重叠。苯环骨架振动的吸收带较弱，可用来鉴别是否是芳香族化合物。值得注意的是，有几个卤素取代的苯环，如 1, 2, 4, 5-四取代苯，其骨架振动的吸收带往往不出现，具体的原因尚不清楚。另外，随着苯环上取代基增多，苯环上氢减少，导致谱图简单化，特征性降低。因此，五取代和六取代芳香化合物的图形只有与其他取代基少的典型谱图对比才有意义，此时单独靠红外光谱确定芳香环的取代类型是不可靠的。

芳环质子的面外变形振动$\delta_{=CH}$在 900～650 cm^{-1}。根据此区间吸收峰的位置、个数及强度可以判断苯环上取代基个数及取代模式(表 3-6)。

表 3-6　取代苯和烯烃 C—H 变形振动的吸收峰位置

取代苯	C—H 变形振动的吸收峰位置/cm^{-1}	取代烯烃	C—H 变形振动的吸收峰位置/cm^{-1}
苯	～670	$RCH=CH_2$	915～905(s)，995～985
单取代苯	770～730(vs)，710～690(s)	$R_1R_2C=CH_2$	895～885(s)
二取代苯			
1, 2-	770～735(vs)		
1, 3-	810～750(s)，710～690(s)	$R_1R_2C=CHR_3$	830～810(s)
1, 4-	830～810(vs)		
三取代苯			
1, 2, 3-	780～760(s)，745～705(s)		
1, 2, 4-	910～830(s～m)，860～790(s)	$R_1HC=CHR_2$(顺式)	730～665(s)
1, 3, 5-	910～830(s)，730～675(s～m)		
四取代苯			
1, 2, 3, 4-	810～790(s)		
1, 2, 3, 5-	910～830(s)，725～680(s～m)	$R_1HC=CHR_2$(反式)	980～960(s)
1, 2, 4, 5-	910～830(s～m)		
五取代苯	870	$R_1R_2C=CR_3R_4$	

芳香烃与烯烃$\nu_{=CH}$的吸收虽然都在 3100～3000 cm^{-1}，但烯烃在～1640 cm^{-1} 只有一个$\nu_{C=C}$吸收峰，而芳香烃在 1625～1450 cm^{-1} 有两个以上的峰。另外，芳香烃与烯烃在 900～650 cm^{-1} 的吸收也有明显的差别。

例 3-7　图 3-17 为邻二甲苯(1, 2-二取代苯)的红外光谱图。苯环的邻二取代化合物的四种特征吸收带均可以观察到。$\nu_{=CH}$在 3066 cm^{-1} 和 3018 cm^{-1}，芳氢的变形振动的倍频及组合频在 2000～1667 cm^{-1}，苯环的骨架振动在 1606 cm^{-1}、1495 cm^{-1} 及 1466 cm^{-1}，邻二取代后苯氢的吸收在 742 cm^{-1}。

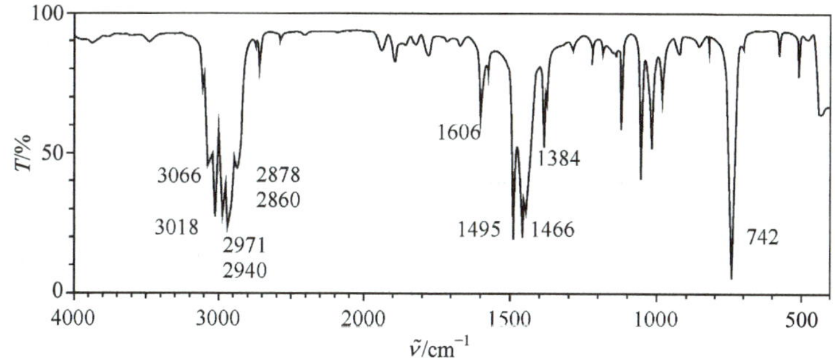

图 3-17　邻二甲苯的红外光谱图

例 3-8 图 3-18 为 1, 2, 4, 5-四氯苯的红外光谱图。苯环的四种特征吸收带中，骨架振动的吸收带几乎看不到。1, 2, 4, 5-四氯苯苯氢的吸收在 881 cm^{-1}。

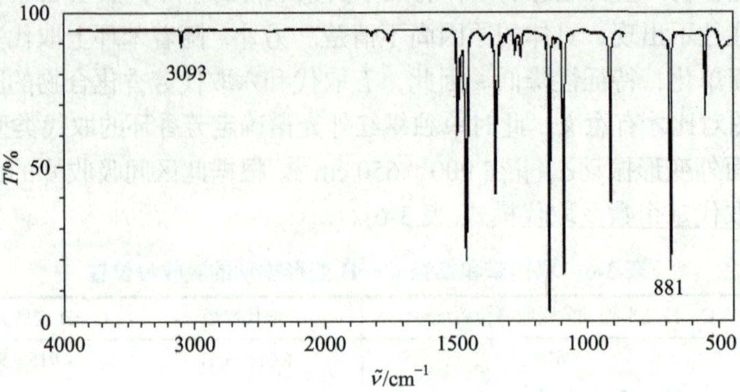

图 3-18 1, 2, 4, 5-四氯苯的红外光谱图

例 3-9 图 3-19 为 1, 2, 3, 4, 5, 6-六氯苯的红外光谱图。六取代苯的苯环上没有质子，其对应的吸收峰消失，化合物没有特征峰。

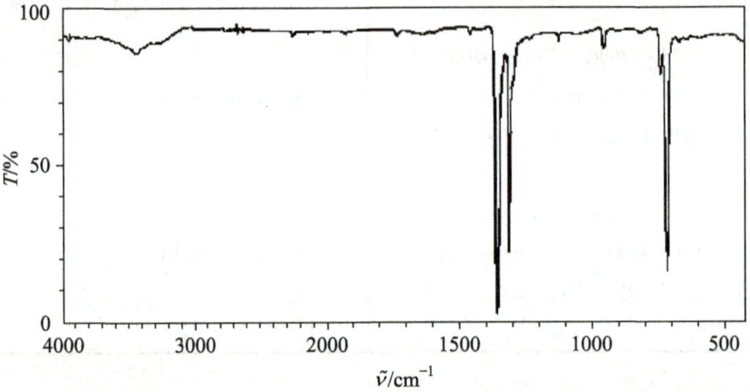

图 3-19 1, 2, 3, 4, 5, 6-六氯苯的红外光谱图

3.5.5 醇和酚

醇和酚都含有羟基，都有三个特征吸收带：ν_{OH}、δ_{OH}和ν_{C-O}。

羟基的伸缩振动ν_{OH}在 3670～3230 cm^{-1} (s)。游离羟基的ν_{OH}峰尖，且大于 3600 cm^{-1}；缔合羟基的ν_{OH}移向低波数(小于 3600 cm^{-1})，峰加宽。缔合程度越大，峰越宽，越移向低波数。

羟基的面内变形振动 $\delta_{OH}^{面内}$ 在 1420～1260 cm^{-1}。吸收位置与伯、仲、叔醇和酚的类别有关(表 3-7)，还与缔合状态及浓度有关。缔合状态的伯醇 $\delta_{OH}^{面内}$ 在 1330 cm^{-1} 有吸收，稀释时吸收带移向低波数。

表 3-7 醇、酚的$\delta_{HO}^{面内}$和ν_{C-O}吸收带

化合物	$\delta_{OH}^{面内}$ /cm^{-1}	ν_{C-O} /cm^{-1}
伯醇	1350～1260	1070～1000
仲醇	1350～1260	1120～1030
叔醇	1410～1310	1170～1100
酚	1410～1310	1230～1140

碳氧键的伸缩振动ν_{C-O}在 1250～1000 cm^{-1}。具体位置与伯、仲、叔醇及酚的类别有关(表 3-7)。

在解谱时要注意，水和氨基质子的伸缩振动也会在羟基的伸缩振动区域出现。例如，水的ν_{OH}在～3400 cm^{-1}，胺和酰胺的ν_{NH}会在 3500～3200 cm^{-1}出峰。

例 3-10 图 3-20 为 $CH_3(CH_2)_6CH_2OH$ 的红外光谱图。图中 3338 cm^{-1}的宽峰为ν_{OH}，1059 cm^{-1}为ν_{C-O}。

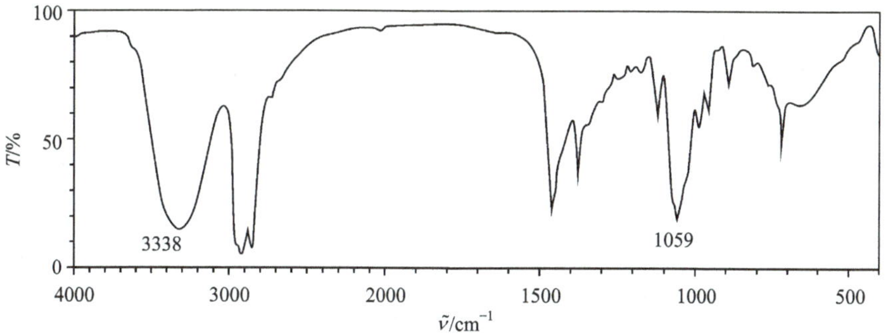

图 3-20 $CH_3(CH_2)_6CH_2OH$ 的红外光谱图

例 3-11 图 3-21 为苯酚的红外光谱图。ν_{OH}在 3229 cm^{-1}，是一宽峰，因形成缔合羟基而在较低波数处有多个小峰；δ_{OH}在 1372 cm^{-1}，ν_{C-O}在 1234 cm^{-1}。

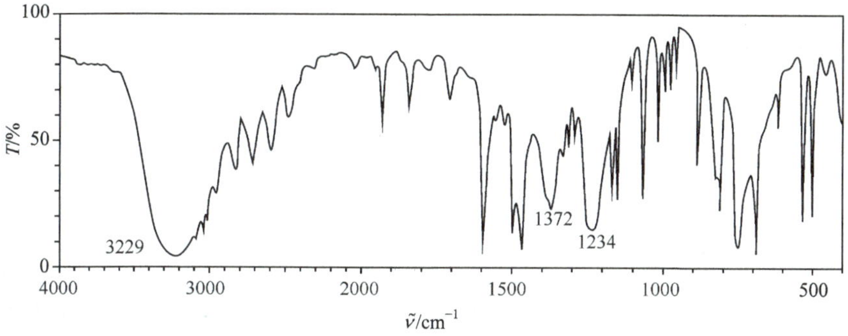

图 3-21 苯酚的红外光谱图

3.5.6 醚

醚的特征吸收为碳氧碳键的伸缩振动ν^{as}_{C-O-C}和ν^{s}_{C-O-C}。

(1) 脂肪族醚(R—O—R)。脂肪族醚中ν^{s}_{C-O-C}太小，只能根据ν^{as}_{C-O-C}判断。ν^{as}_{C-O-C}在 1150～1050 cm^{-1}(s)。

(2) 芳香族醚和乙烯基醚。Ph—O—R、Ph—O—Ph 和 R—C═C—O—R′都具有ν^{as}_{C-O-C}和ν^{s}_{C-O-C}吸收带。氧原子未共用电子对与苯环或烯键的 p-π共轭，使═C—O 键级升高，键长缩短，力常数增加，因此伸缩振动频率升高。1310～1020 cm^{-1}为ν^{as}_{C-O-C}的强吸收，而 1075～1020 cm^{-1}为ν^{s}_{C-O-C}，强度较弱。

(3) 饱和环醚。饱和的六元环醚与非环醚谱带位置相近。环减小时，ν^{as}_{C-O-C}降低，而ν^{s}_{C-O-C}升高。例如

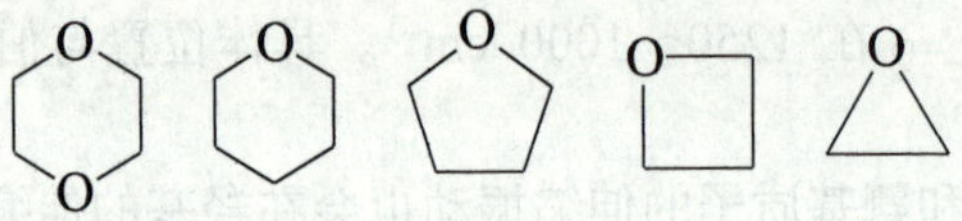

ν_{C-O-C}^{as} /cm^{-1}	1124	1098	1071	983	839
ν_{C-O-C}^{s} /cm^{-1}	878	813	913	1028	1270

(4) 环氧化合物。环氧化合物有三个特征吸收带，即所谓的“8μ峰”、“11μ峰”和“12μ峰”。“8μ峰”是环的对称伸缩振动，出现在1280～1240 cm^{-1}(s～m)；“11μ峰”是环的不对称伸缩振动，出现在950～810 cm^{-1}(s～m)；“12μ峰”出现在840～750 cm^{-1} (s～m)。

醚分子含有C—O—C键，由于氧原子的质量与碳原子接近，并且C—O键和C—C键的力常数也无多大差别，因此C—O—C键的振动并无多大特征。但是C—O—C键的振动引起的偶极矩变化大，因此其吸收峰一般较强。

一般情况下，只用红外光谱判别醚是困难的，因为其他一些含氧化合物，如醇、羧酸、酯类都会在1100～1250 cm^{-1}有强的ν_{C-O}吸收。

例 3-12 图3-22(a)、(b)分别是乙醚、二苯基醚的红外光谱图。乙醚的ν_{C-O-C}^{as}吸收在1126 cm^{-1}；二苯基醚的ν_{C-O-C}^{as}吸收在1237 cm^{-1}，都是强吸收峰。

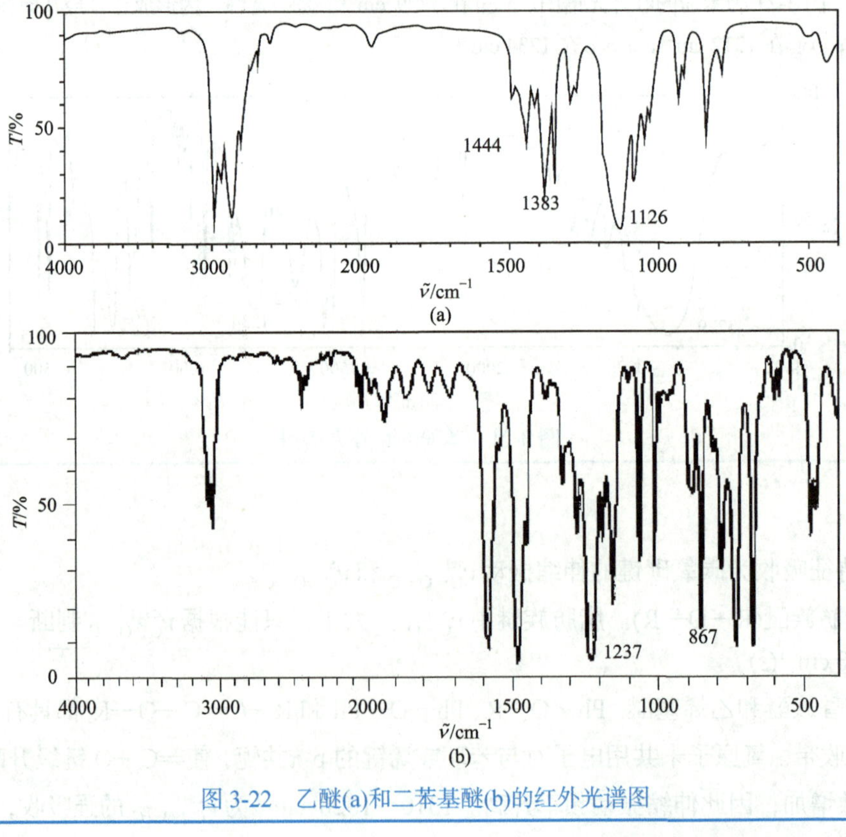

图 3-22 乙醚(a)和二苯基醚(b)的红外光谱图

3.5.7 酮

酮、醛、羧酸、酸酐、酯、酰胺和酰卤都有羰基。羰基的伸缩振动吸收$\nu_{C=O}$在红外光谱中很有特征，基本上在1900～1650 cm^{-1}，受其他基团吸收的干扰较少，除酯以外通常是第一强峰。而且$\nu_{C=O}$对化学环境比较敏感，所以对结构分析很有帮助。

(1) 酮的特征吸收为$\nu_{C=O}$，通常是第一强峰。饱和脂肪酮的$\nu_{C=O}$在 1725～1705 cm^{-1}。

(2) α-C 上有吸电子基团，使羰基的双键性增强，力常数增大，$\nu_{C=O}$升高。吸电子作用越强，$\nu_{C=O}$升高得越多。

R—CO—R′(R、R′为烷基)　　$\nu_{C=O}$ 1725～1705 cm^{-1}

R—CHCl—CO—R′　　$\nu_{C=O}$ 1745～1725 cm^{-1}

R—CHCl—CO—CHCl—R′　　$\nu_{C=O}$ 1765～1745 cm^{-1}

脂肪族的α-卤代酮，由于不同构象的存在，会出现两个或三个羰基的伸缩振动吸收带。

(3) 羰基与苯环、烯键或炔键共轭后，羰基的双键性减小，力常数减小，$\nu_{C=O}$移向低波数。随着共轭程度的增加，$\nu_{C=O}$向低波数移动得越多。

R—CO—CH═CH—R′　　$\nu_{C=O}$ 1695～1665 cm^{-1}

Ph—CO—R′　　$\nu_{C=O}$ 1680～1665 cm^{-1}

α, β-不饱和酮的顺、反异构共存时，两者的吸收都会出现。例如，在 CS_2 溶液中，苯叉丙酮在 1674 cm^{-1} 和 1699 cm^{-1} 出现$\nu_{C=O}$的吸收，分别对应其反式和顺式的$\nu_{C=O}$的吸收。

(4) 环酮中$\nu_{C=O}$随张力的增大而增大。环己酮：$\nu_{C=O}$，1718 cm^{-1}；环戊酮：$\nu_{C=O}$，1751 cm^{-1}；环丁酮：$\nu_{C=O}$，1775 cm^{-1}。

(5) 二酮的$\nu_{C=O}$吸收。α-二酮 R—CO—CO—R′在 1730～1710 cm^{-1} 有一强吸收。β-二酮 R—CO—CH_2CO—R′有酮式和烯醇式互变异构体。

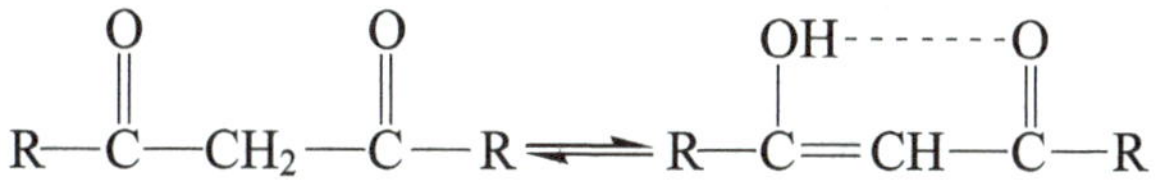

酮式　　**烯醇式**

酮式中，因为两个羰基的偶合效应，在 1730～1690 cm^{-1} 有两个强的$\nu_{C=O}$吸收；烯醇式中，氢键及共轭共同作用，使其在 1640～1540 cm^{-1} 出现一个宽且很强的$\nu_{C=O}$吸收。

(6) C—CO—C 面内弯曲振动。α-位无取代基的脂肪酮在 630～620 cm^{-1} 有一强吸收；α-位有取代基的脂肪酮在 580～560 cm^{-1} 有一中强吸收。除芳香甲酮在 600～580 cm^{-1} 有一强吸收外，其他芳香酮无此谱带。

(7) C—C═O 面内弯曲振动。α-位无取代基的脂肪酮在 540～510 cm^{-1} 有一强吸收带；α-位有取代基的脂肪酮在 560～550 cm^{-1} 有一强度有变化的吸收。甲基酮则在 530～510 cm^{-1} 有一中强吸收。环酮在 505～480 cm^{-1} 有一强吸收带。

例 3-13　图 3-23(a)、(b)分别是 3-戊酮、苯乙酮的红外光谱图。苯乙酮中的羰基因为与苯环共轭，所以$\nu_{C=O}$往低波数移至 1680 cm^{-1}。

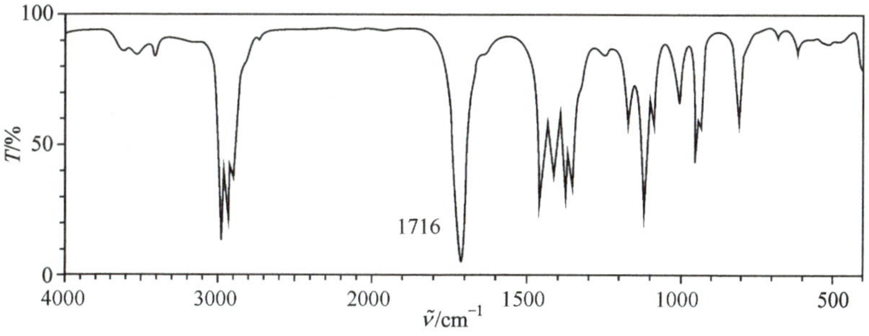

(a)

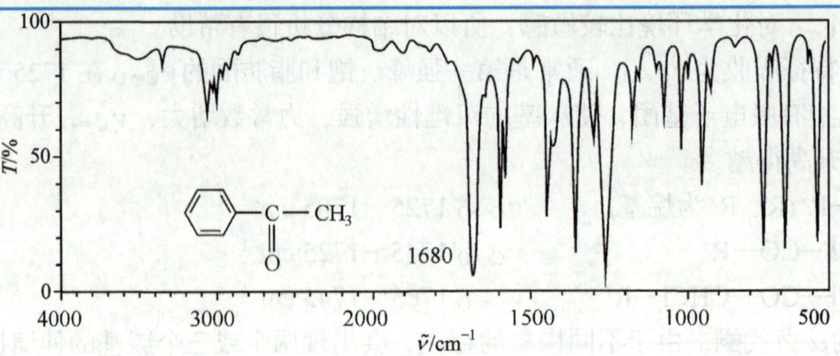

(b)

图 3-23 3-戊酮(a)和苯乙酮(b)的红外光谱图

3.5.8 醛

(1) 醛有$\nu_{C=O}$和醛基质子的ν_{CH}两处特征吸收带。

(2) 醛的$\nu_{C=O}$高于酮。醛的羰基峰类似于酮，是一很强的吸收峰。但醛羰基碳上连接一个 H 原子，质量效应(质量为 12 的 C 原子被质量为 1 的 H 原子代替)和力常数的改变，使其吸收波数比相应结构的酮高 15 cm^{-1}左右。

饱和脂肪醛(R—CHO)的$\nu_{C=O}$在 1740～1715 cm^{-1}；α, β-不饱和脂肪醛的$\nu_{C=O}$在 1705～1685 cm^{-1}；芳香醛的$\nu_{C=O}$在 1710～1695 cm^{-1}。

(3) 有氢键形成时，醛的$\nu_{C=O}$的吸收频率降低。例如，邻羟基苯甲醛$\nu_{C=O}$的吸收峰出现在 1666～1670 cm^{-1}。

(4) 醛基质子的伸缩振动。醛基的ν_{CH}在 2880～2650 cm^{-1}出现两个强度相近的中强吸收峰，一般这两个峰在 2820 cm^{-1}左右和 2740～2720 cm^{-1}出现，后者较尖，是区别醛和酮的特征谱带。这两个吸收是由醛基质子的ν_{CH}与δ_{CH}的倍频的费米共振产生的。其中，高频部分的峰常被烷基链中的ν_{CH}掩盖。并且，当δ_{CH}的吸收峰与 1390 cm^{-1}相差较远时，不能产生费米共振，此时醛基的ν_{CH}只出现一个吸收峰。对于邻位有吸电子共轭取代基的芳香醛，其ν_{CH}的吸收峰在 2900 cm^{-1}附近。

(5) C—C—C(O)面内弯曲振动。脂肪醛在 695～665 cm^{-1}有此中强吸收，当α-位有取代基时移到 665～635 cm^{-1}。

(6) C—C═O 面内弯曲振动。脂肪醛在 535～520 cm^{-1}有一强谱带，当α-位有取代基时移到 565～540 cm^{-1}。

例 3-14 图 3-24 为苯甲醛的红外光谱图。其中，醛基质子的ν_{CH}在 2820 cm^{-1}和 2738 cm^{-1}，$\nu_{C=O}$在 1703 cm^{-1}，苯环质子的ν_{CH}在 3086 cm^{-1}和 3065 cm^{-1}。

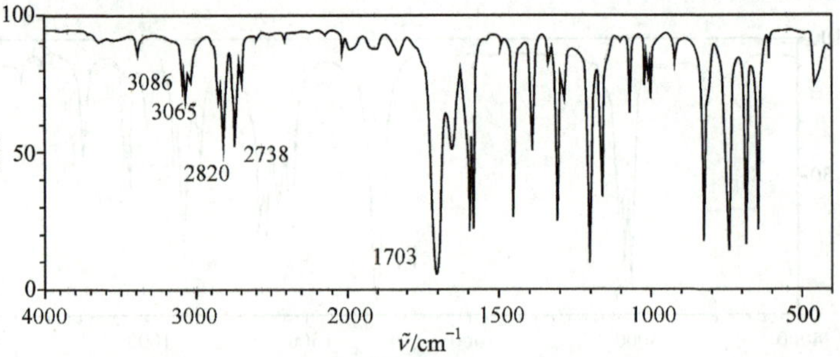

图 3-24 苯甲醛的红外光谱图

3.5.9　羧酸

羧酸(RCOOH)在气态和极稀的非极性溶液中以单体为主，在液体和固体状态一般以二聚体形式存在：

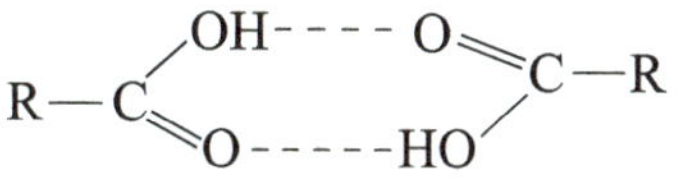

羧酸分子中既有羟基又有羰基，两者的吸收均有。

(1) 羧酸的$\nu_{C=O}$高于酮的$\nu_{C=O}$。这是羰基与羟基作用的结果。

单体脂肪酸的$\nu_{C=O}$在 1760 cm^{-1}左右；单体芳香酸的$\nu_{C=O}$在 1745 cm^{-1}左右；二聚脂肪酸的$\nu_{C=O}$在 1725～1700 cm^{-1}；二聚芳香酸的$\nu_{C=O}$在 1705～1685 cm^{-1}。

在浓度为 0.01～0.002 mol/L 的稀溶液中，羧酸的单体和二聚体共存，因此会有两个羰基的吸收带存在。

分子内氢键的存在同样会降低$\nu_{C=O}$的吸收频率。例如，水杨酸$\nu_{C=O}$的吸收在 1665 cm^{-1}左右。

(2) ν_{OH}。在很稀的溶液中，酸以单体存在时，ν_{OH}在 3550 cm^{-1}左右有一个尖峰。因羧酸一般情况下以二聚体存在，ν_{OH}在 3200～2500 cm^{-1}这个较大的范围内以 3000 cm^{-1}为中心有一个宽而散的峰。此吸收在 2700～2500 cm^{-1}常出现几个小峰。因为此区域其他峰很少出现，所以对判断羧酸很有用。这是由 C—O 伸缩振动和变形振动峰的倍频或组合频与缔合羟基的基频发生费米共振产生的。

(3) CH_2的面外摇摆吸收。晶态的长链羧酸及其盐在 1350～1180 cm^{-1}出现峰间距相等的特征吸收峰组，峰的个数与亚甲基个数有关。当链中不含不饱和键时，长链脂肪酸及其盐若含有 n 个亚甲基，n 为偶数时，谱带数为 $n/2$ 个；n 为奇数时，谱带数为$(n+1)/2$ 个。一般 $n>10$ 时就可以使用此计算法。

(4) 在 955～915 cm^{-1}有一特征性宽峰，是酸的二聚体中—OH···O═的面外变形振动引起的，可用于确认羧基的存在。

(5) 羧酸盐。羧酸盐中的羧酸根—COO^-无$\nu_{C=O}$吸收。—COO^-是一个多电子的共轭体系：

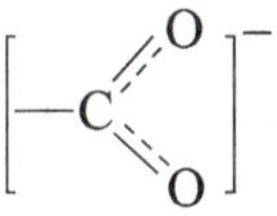

，两个 C┄O 振动偶合，所以在两个地方出现强吸收。其中，不对称伸缩振动在 1610～1560 cm^{-1}；对称伸缩振动在 1440～1360 cm^{-1}，强度弱于不对称伸缩振动吸收，并且常是两个或三个较宽的峰。

例 3-15　图 3-25(a)、(b)分别为苯甲酸、苯甲酸钠的红外光谱图。苯甲酸的红外光谱图ν_{OH}在 3000 cm^{-1}

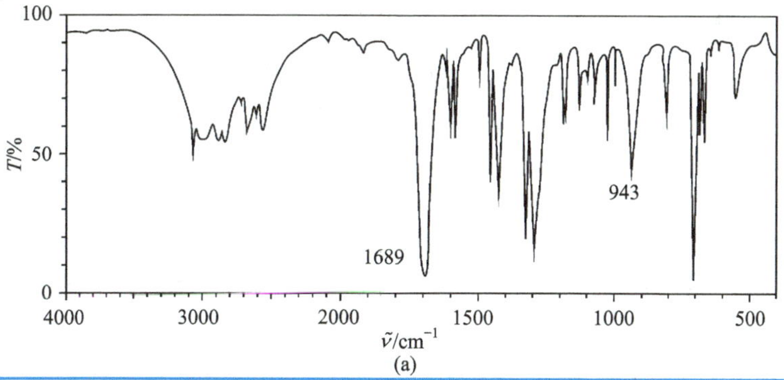

(a)

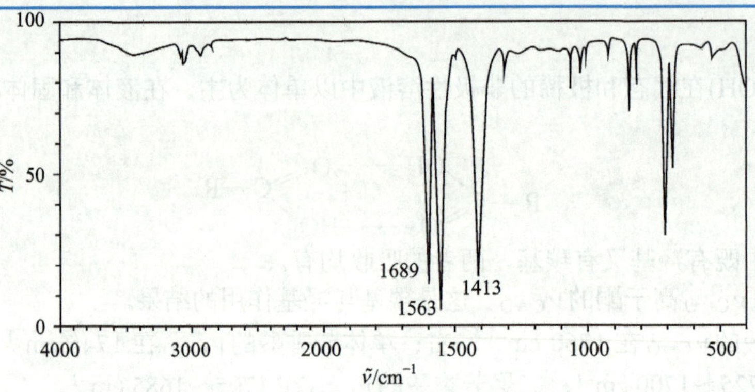

(b)

图 3-25 苯甲酸(a)和苯甲酸钠(b)的红外光谱图

附近，峰宽，另外在 2800～2600 cm^{-1} 有几个小峰。$\nu_{C=O}$ 在 1689 cm^{-1}。943 cm^{-1} 的吸收是—OH⋯O═的面外变形振动。苯甲酸钠的红外光谱中 $\nu_{C=O}$ 消失，1563 cm^{-1}、1413 cm^{-1} 是 C$\overset{...}{-}$O 的吸收。

3.5.10 酯

(1) 酯(RCOOR′)有两个特征吸收，即 $\nu_{C=O}$ 和 ν_{C-O-C}。

(2) 酯羰基的伸缩振动 $\nu_{C=O}$。

R—CO—OR′(R、R′为烷基)：1750～1735 cm^{-1} (s)

Ph—CO—OR、C═C—CO—OR：1730～1717 cm^{-1} (s)

R—CO—O—C═C、R—CO—OPh：1800～1770 cm^{-1} (s)

(3) ν_{C-O-C}。在 1330～1050 cm^{-1} 有两个吸收带，即 ν^{as}_{C-O-C} 和 ν^{s}_{C-O-C}。其中，ν^{as}_{C-O-C} 在 1330～1150 cm^{-1}，峰宽且强度大，在酯的红外光谱中常为第一强峰。酯的 ν^{as}_{C-O-C} 与其结构的关系见表 3-8。

表 3-8 酯的 ν^{as}_{C-O-C} 与其结构的关系*

酯	谱带位置/cm^{-1}	酯	谱带位置/cm^{-1}
HCOOR	1200～1180	α, β-不饱和酸酯	1330～1160
CH_3COOR	1230～1200	Ph—COOR	1330～1230
CH_3CH_2COOR	1197～1190	内酯	1250～1370
$CH_3CH_2CH_2COOR$	1265～1262，1194～1189	碳酸二烷基酯	1290～1265
高级脂肪酸酯	1200～1180		

*液态或 $CHCl_3$ 溶液中测定。

(4) 内酯的 $\nu_{C=O}$ 与环的大小及共轭基团和吸电子取代基的连接位置有关。例如

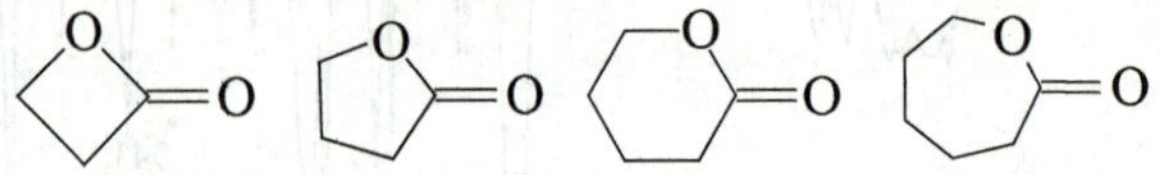

$\nu_{C=O}$ /cm^{-1} 1818 1770 1735 1727

羰基与双键共轭时，$\nu_{C=O}$ 减小；内酯的氧原子与双键连接时 $\nu_{C=O}$ 增大。

α, β-不饱和内酯和 γ-内酯常有两个 $\nu_{C=O}$ 吸收带，在 1780 cm^{-1}、1755 cm^{-1} 附近。这是羰基 α-位的 δ_{CH} (881 cm^{-1} 附近)的倍频与 $\nu_{C=O}$ 发生费米共振的结果。

结构类似的酮和酯，酮的$\nu_{C=O}$小于酯的$\nu_{C=O}$。但一般不用$\nu_{C=O}$的大小区分酮和酯，而用酯在 1330～1150 cm^{-1}很强的ν_{C-O}吸收带来区分。醚、醇、羧酸等分子中也含有 C—O 键，同样在 1330～1150 cm^{-1}有很强的ν_{C-O}吸收，其中醚、醇分子中没有羰基，容易区分。羧酸和酯的区别则要借助羧酸羟基的伸缩振动峰，或者将其转化成相应的盐观察$\nu_{C=O}$吸收的变化情况。

例 3-16　图 3-26 为乙酸乙酯的红外光谱图。$\nu_{C=O}$在 1743 cm^{-1}，ν^{as}_{C-O-C}在 1243 cm^{-1}，是第一强峰。ν^{s}_{C-O-C}在 1048 cm^{-1}。

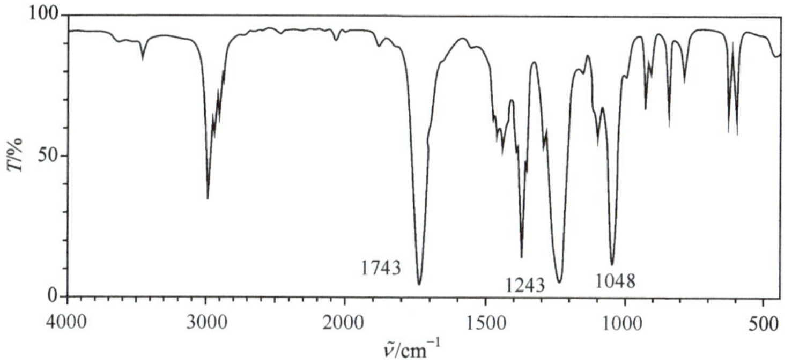

图 3-26　乙酸乙酯的红外光谱图

例 3-17　图 3-27 为γ-丁内酯的红外光谱图。$\nu_{C=O}$在 1770 cm^{-1}，ν^{as}_{C-O-C}在 1169 cm^{-1}，ν^{s}_{C-O-C}在 1037 cm^{-1}。

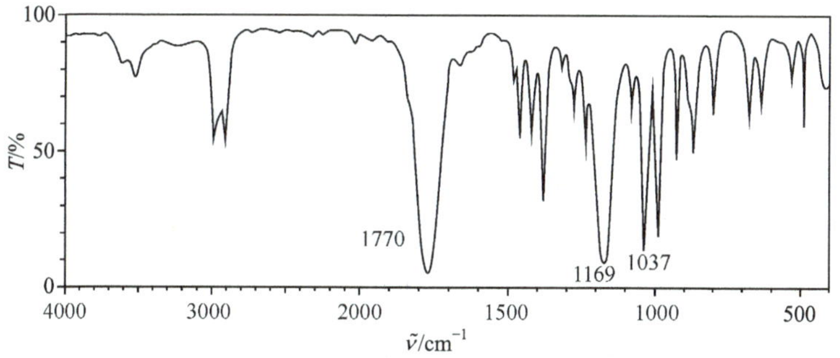

图 3-27　γ-丁内酯的红外光谱图

3.5.11　酸酐

(1) 酸酐(R—CO—O—CO—R)的特征吸收为$\nu_{C=O}$和ν_{C-O}。

(2) $\nu_{C=O}$。酸酐有两个连在同一个氧原子上的羰基，它们振动偶合的结果产生两个$\nu_{C=O}$吸收，相差几十个波数，分别在 1860～1800 cm^{-1}和 1800～1750 cm^{-1}。两羰基峰的峰间距及相对强度与化合物的结构有关(表 3-9)。

表 3-9　酸酐的$\nu_{C=O}$吸收谱带

酸酐	$\nu_{C=O}$/cm^{-1}	酸酐	$\nu_{C=O}$/cm^{-1}
乙酸酐	1825(s)，1748(m)	丁二酸酐	1865(s)，1782(s)
己酸酐	1820(s)，1760(w)	顺丁烯二酸酐	1855(w)，1783(s)
丁烯酸酐	1780(s)，1725(m)	戊二酸酐	1802(w)，1761(s)
苯甲酸酐	1780(s)，1715(m)	邻苯二甲酸酐	1845(w)，1775(s)

开链酸酐的$\nu_{C=O}$吸收带，高波数强，环状酸酐中低波数的$\nu_{C=O}$强。环状酸酐两峰间的峰间距及峰的相对强度都与环的张力有关。峰间距随环张力的增大而变大。

(3) ν_{C-O}吸收。饱和的脂肪酸酐在 1180～1045 cm^{-1}有一强吸收，环状酸酐在 1300～1200 cm^{-1}有一强吸收。各类酸酐在 1250 cm^{-1}都有一中强吸收。

例 3-18 图 3-28 为乙酸酐的红外光谱图。其中，$\nu_{C=O}$在 1827 cm^{-1}和 1755 cm^{-1}，前者较强。ν_{C-O}在 1124 cm^{-1}。

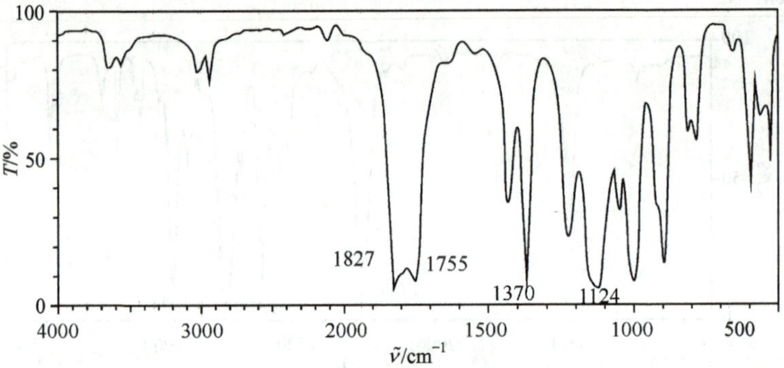

图 3-28 乙酸酐的红外光谱图

例 3-19 图 3-29 是一个环状酸酐——1,8-萘二羧酸酐的红外光谱图。羰基的伸缩振动谱带因羰基与芳环共轭而移向低波数，出现在 1774 cm^{-1}和 1743 cm^{-1}。ν_{C-O}在 1308 cm^{-1}。

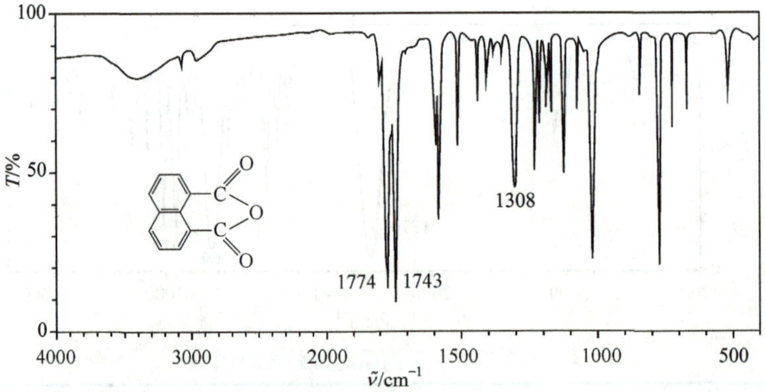

图 3-29 1,8-萘二羧酸酐的红外光谱图

3.5.12 酰卤

(1) $\nu_{C=O}$。由于酰卤(R—CO—X)中卤素原子的吸电子效应大于卤素原子上未成键电子 p-π 共轭的给电子效应，因此$\nu_{C=O}$移向高波数。液体脂肪族酰卤在 1810～1795 cm^{-1}有一强吸收带。芳香族或α, β-不饱和酰卤在 1780～1750 cm^{-1}有一强吸收带，有时在小于 1800 cm^{-1}另有一强吸收带，稍弱于$\nu_{C=O}$，是ν_{C-C}的倍频与$\nu_{C=O}$的费米共振产生的。酰卤非常活泼，容易水解成酸，如果其红外光谱出现了羧酸的吸收峰，则应考虑操作问题。

酰卤的羰基峰常有分叉或肩峰，尤其是 α-碳上有取代基时分叉情况更明显。与酸酐的不同之处是分叉的两个峰的峰间距很小，同时不存在酸酐 C—O—C 键伸缩振动的强峰，这是区别酰卤和酸酐的重要依据。

(2) C—C(O)的伸缩振动。脂肪酰卤在 965～920 cm^{-1} 有吸收，芳香酰卤在 890～850 cm^{-1} 有吸收。芳香酰卤在 1200 cm^{-1} 还有一吸收峰。

例 3-20　图 3-30(a)、(b)分别为 2,2-二甲基丙酰氯、苯甲酰氯的红外光谱图。两化合物羰基的伸缩振动谱带分别在 1831 cm^{-1} 和 1775 cm^{-1}。

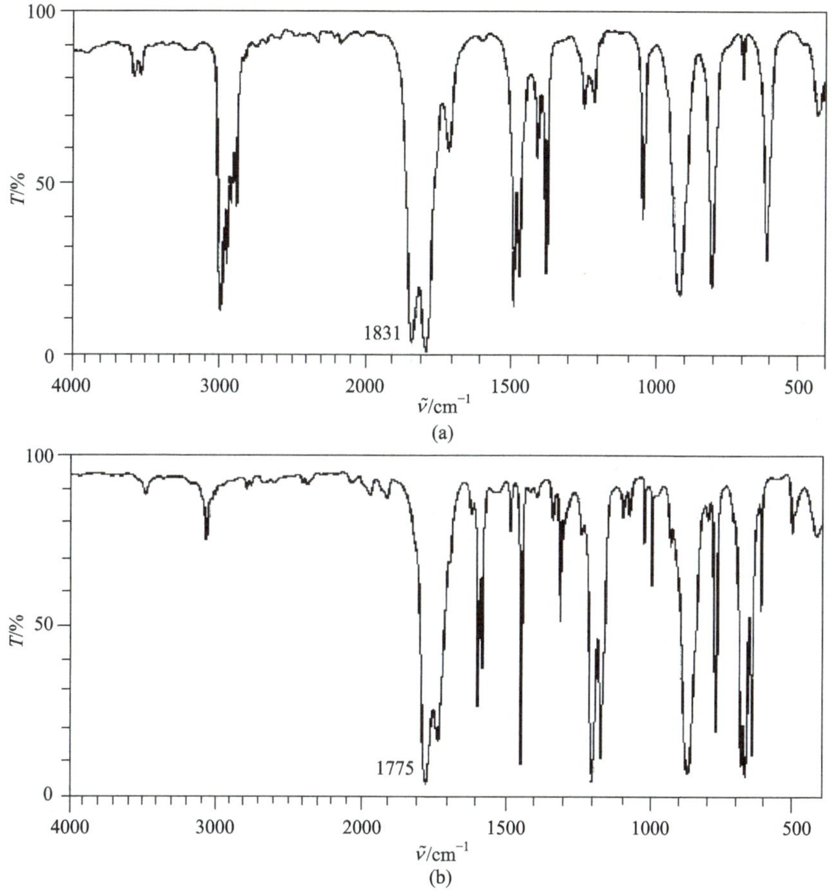

图 3-30　2,2-二甲基丙酰氯(a)和苯甲酰氯(b)的红外光谱图

3.5.13　酰胺

酰胺(R—CO — NR$'_2$)有三种形式，即伯酰胺、仲酰胺和叔酰胺，它们分别具有 $RCONH_2$、RCONHR′ 和 RCONR$'_2$ 结构。由于氮原子上的氢被取代的情况不同，红外光谱也有不同的特征。酰胺的特征峰有：ν_{NH}，$\nu_{C=O}$，ν_{CN} 和δ_{NH}。

1. 伯酰胺($RCONH_2$)

(1) ν_{NH}。NH_2 的伸缩振动吸收在 3540～3180 cm^{-1} 有两个尖的吸收带。当在稀的 $CHCl_3$ 溶液中测试时，ν_{NH} 在 3400～3390 cm^{-1} 和 3530～3520 cm^{-1} 出现。

(2) $\nu_{C=O}$，即酰胺 I 带。由于氮原子上未共用电子对与羰基的 p-π 共轭(给电子效应)大于氮原子的吸电子诱导效应，总的影响表现为给电子作用，因此 $\nu_{C=O}$ 伸缩振动频率降低，出现在 1690～1630 cm^{-1}。

(3) NH_2面内变形振动，即酰胺Ⅱ带。此吸收较弱，并靠近$\nu_{C=O}$。一般在 1655～1590 cm^{-1}。

(4) ν_{C-N}。在 1420～1400 cm^{-1}有一很强的碳氮键伸缩振动的吸收带。在其他酰胺中也有此吸收。

(5) NH_2的摇摆振动吸收。伯酰胺在 1150 cm^{-1}左右有一弱吸收，750～600 cm^{-1}有一宽吸收带。

2. 仲酰胺(R—CO—NHR′)

(1) ν_{NH}吸收。在稀溶液中，仲酰胺在 3460～3400 cm^{-1}有一很尖的吸收峰，在仪器分辨率很高时可以分裂为相似的双峰，该裂分是由顺反异构体产生的。在压片法或浓溶液中，仲酰胺的ν_{NH}可能会出现几个吸收带。这是顺反异构体产生的靠氢键连接的多种聚合物所致。

(2) $\nu_{C=O}$，即酰胺Ⅰ带。仲酰胺在 1680～1630 cm^{-1}有一强吸收，是$\nu_{C=O}$，称为酰胺Ⅰ带。

(3) δ_{NH}和ν_{C-N}之间偶合造成酰胺Ⅱ带和酰胺Ⅲ带。酰胺Ⅱ带在 1570～1510 cm^{-1}，酰胺Ⅲ带在 1335～1200 cm^{-1}。

(4) 其他。在 620 cm^{-1}、700 cm^{-1}和 600 cm^{-1}附近还会有酰胺Ⅳ、Ⅴ、Ⅵ带，但应用上不如前面的谱带重要。

3. 叔酰胺(R—CO—NR′R″)

叔酰胺的氮原子上没有质子，其唯一的特征谱带是$\nu_{C=O}$，在 1680～1630 cm^{-1}。

酰胺的特征吸收谱带见表 3-10。

表 3-10 酰胺的特征吸收谱带

酰胺	吸收谱带	游离态/cm^{-1}	缔合态/cm^{-1}
R—CO—NH_2	ν_{NH}两个吸收带	3540～3380	3360～3180
	$\nu_{C=O}$酰胺Ⅰ带	1690～1670	1665～1630
	δ_{NH}酰胺Ⅱ带	1620～1590	1655～1610
R—CO—NHR′	ν_{NH}一个或多个吸收带	3500～3400	3330～3060(多个带)
	$\nu_{C=O}$酰胺Ⅰ带	1680～1670	1655～1630
	δ_{NH}与ν_{C-N} 偶合产生酰胺Ⅱ带和Ⅲ带	1550～1510 ～1290	1570～1515 1335～1200
R—CO—NR′R″	$\nu_{C=O}$	1680～1630	1680～1630

综上所述，可以依据ν_{NH}特征峰区分伯、仲、叔酰胺。伯酰胺有两个ν_{NH}吸收峰，强度相近，峰间距一般大于 120 cm^{-1}。仲酰胺一般只有一个ν_{NH}吸收峰，当仲酰胺有顺反异构时，也会有两个ν_{NH}吸收峰，但峰间距仅有 40～50 cm^{-1}，而且当顺、反异构体比例不同时，两峰的相对强度差异较大。叔酰胺无ν_{NH}吸收峰。

五元环的环状酰胺，酰胺Ⅰ带的频率较高，在 1750～1700 cm^{-1}。有些内酰胺没有酰胺Ⅱ带。

例 3-21 图 3-31 为苯甲酰胺的红外光谱图。其中，ν_{NH}在 3369 cm^{-1}、3177 cm^{-1}有两个吸收，这是伯酰胺的特征。酰胺Ⅰ带$\nu_{C=O}$在 1661 cm^{-1}，酰胺Ⅱ带δ_{NH}在 1626 cm^{-1}。

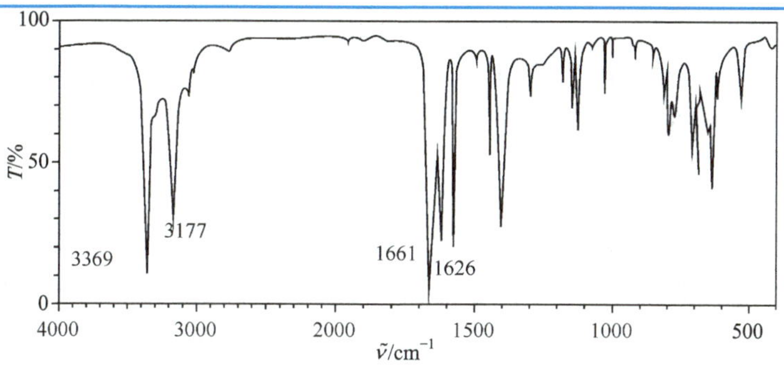

图 3-31　苯甲酰胺的红外光谱图

例 3-22　图 3-32 为苯甲酰苯胺的红外光谱图。其中，ν_{NH} 在 3346 cm^{-1}，一个峰，为仲酰胺。酰胺Ⅰ带 $\nu_{C=O}$ 在 1657 cm^{-1}，酰胺Ⅱ带在 1538 cm^{-1}，酰胺Ⅲ带在 1323 cm^{-1}。

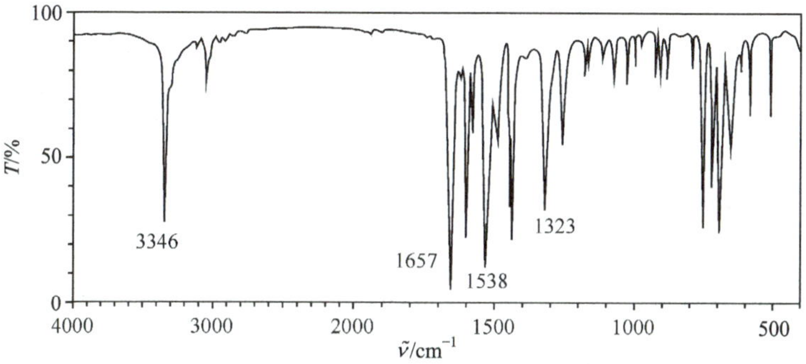

图 3-32　苯甲酰苯胺的红外光谱图

3.5.14　胺与铵盐

1. 胺

胺有伯胺、仲胺和叔胺之分，它们分别对应 RNH_2、RNHR′和 RNR′R″结构。胺的特征吸收带有 ν_{NH}、δ_{NH} 和 ν_{C-N}。一般可根据 ν_{NH} 吸收峰的数目区分三种胺。氨基为 sp^3 不等性杂化键，N—H 键所占 s 成分多于 sp^3 杂化的 C—H 键，因此 N—H 键键长比 C—H 键键长短，ν_{NH} 高于 ν_{CH}。

1) 伯胺

(1) ν_{NH}：3500～3250 cm^{-1}(m)有两个吸收带，有时因缔合形成多个吸收带。

(2) $\delta_{NH}^{面内}$：1650～1570 cm^{-1} (m～s)。

(3) $\delta_{NH}^{面外}$：900～650 cm^{-1} (m，b)。

(4) ν_{C-N}：脂肪族胺在 1250～1020 cm^{-1}(m～w)，芳香族胺在 1360～1250 cm^{-1}(s)。

2) 仲胺

(1) ν_{NH}：3500～3300 cm^{-1}(m)有一个吸收带。若分子中有氢键，也会出现两个吸收峰，容易误认为是伯胺。如果是氢键产生的两个峰，溶液稀释后低波数的峰会消失。

(2) $\delta_{NH}^{面内}$：1650～1515 cm^{-1} (w～m)，脂肪族胺常看不到此吸收。

(3) $\delta_{NH}^{面外}$：750～700 cm^{-1} (m～s)。

(4) ν_{C-N}：同伯胺。

3) 叔胺

无 NH 基团吸收，只有 ν_{C-N} 吸收。

ν_{NH}和ν_{OH}的区别在于：ν_{OH}的波数比ν_{NH}的高。随着羟基的缔合，ν_{OH}移向低波数，易与ν_{NH}峰重合，不过缔合的ν_{OH}峰变宽，而ν_{NH}峰形尖。当红外光谱图中的ν_{NH}和ν_{OH}峰难以区分时，可利用胺的碱性，将其制备成铵盐，再根据谱图变化辨别ν_{NH}和ν_{OH}峰。

2. 铵盐

伯胺、仲胺和叔胺的特征吸收常受到干扰，或缺少特征吸收(叔胺)，因此可以利用简单的化学反应将它们变成相应的铵盐。在惰性溶液中通入干燥的氯化氢气体，即可将胺转化成铵盐。

1) 伯胺盐

$\nu_{NH_3^+}$ 在 3000～2250 cm^{-1} 有强的较宽吸收带，另外在 2600 cm^{-1} 附近有一个或一系列吸收(m～s)，在 2200～1950 cm^{-1} 有一个中等强度的吸收带，该吸收带有时不存在。$\delta^{as}_{NH_3^+}$ 在 1625～1560 cm^{-1}。$\delta^{s}_{NH_3^+}$ 在 1550～1495 cm^{-1}。

2) 仲胺盐

$\nu_{NH_2^+}$ 在 3000～2250 cm^{-1} 有较宽的强吸收或一系列吸收带。$\delta_{NH_2^+}$ 在 1620～1560 cm^{-1}(m)。

3) 叔胺盐

ν_{NH^+} 在 2750～2250 cm^{-1} 有宽或一系列吸收带，这个吸收带不与ν_{C-H}重叠。

4) 季铵盐

季铵盐没有特征吸收带，只在 1000～950 cm^{-1} 有中等强度的吸收峰。

例 3-23 图 3-33 为$CH_3CH_2CH_2NH_2$的红外光谱图。这个伯胺的ν_{NH}有两个吸收，出现在 3369 cm^{-1}和 3291 cm^{-1}附近。δ_{NH}在 1607 cm^{-1}，ν_{C-N}在 1072 cm^{-1}。

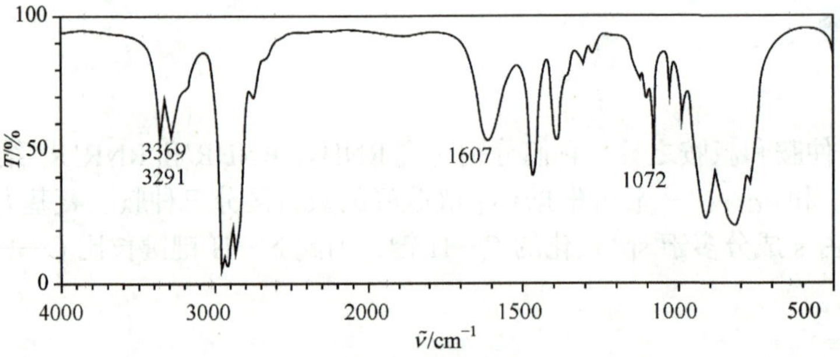

图 3-33 $CH_3CH_2CH_2NH_2$的红外光谱图

例 3-24 图 3-34 为$PhCH_2NHPh$的红外光谱图。这是一个仲胺，ν_{NH}在 3419 cm^{-1}，ν_{C-N}在 1329 cm^{-1}。

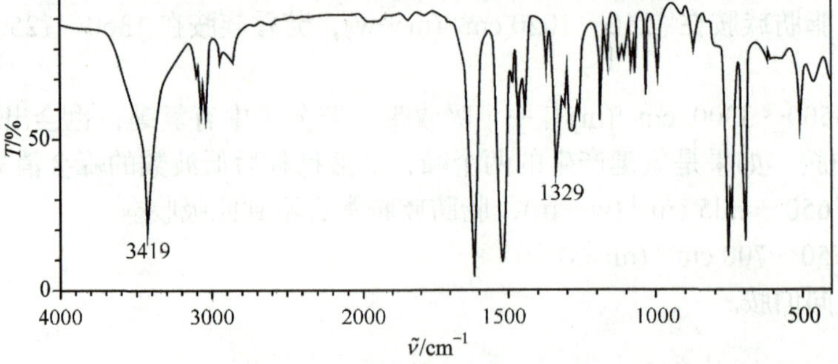

图 3-34 $PhCH_2NHPh$的红外光谱图

例 3-25 图 3-35 为 $CH_3CH_2CH_2NH_2 \cdot HCl$ 的红外光谱图。这个伯胺盐酸盐的 $\nu_{NH_3^+}$ 在 3200～2700 cm^{-1} 有很强的宽吸收带，在 1569 cm^{-1} 和 1504 cm^{-1} 各有一个强吸收带，分别对应 $\delta_{NH_3^+}^{as}$ 和 $\delta_{NH_3^+}^{s}$ 的吸收。

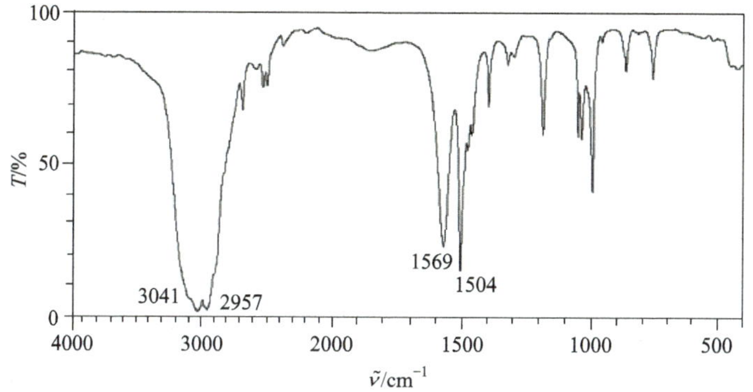

图 3-35 $CH_3CH_2CH_2NH_2 \cdot HCl$ 的红外光谱图

3.5.15 硝基化合物

(1) 硝基化合物的特征吸收是有两个很强的吸收带，分别为 $\nu_{NO_2}^{as}$ 和 $\nu_{NO_2}^{s}$，很容易识别。脂肪族硝基化合物中，$\nu_{NO_2}^{as}$ 在 1565～1545 cm^{-1}；$\nu_{NO_2}^{s}$ 在 1385～1350 cm^{-1}，$\nu_{NO_2}^{s}$ 与甲基的 δ_{CH}^{s} 常重叠。芳香族硝基化合物中，$\nu_{NO_2}^{as}$ 在 1550～1500 cm^{-1}，$\nu_{NO_2}^{s}$ 在 1365～1290 cm^{-1}，出峰的位置与取代基的性质、大小和位置有关。邻位取代主要与取代基的大小有关，空间位阻大的基团破坏了苯环和硝基的共轭，使其波数升高。间位取代基对吸收峰的影响较小。对位有吸电子取代基的芳香族硝基化合物的 $\nu_{NO_2}^{as}$ 较高；有给电子取代基的芳香族硝基化合物的 $\nu_{NO_2}^{as}$ 较低；$\nu_{NO_2}^{s}$ 受取代基影响很小。

芳香族硝基化合物硝基的特征吸收谱带列于表 3-11(硝基苯的 $\nu_{NO_2}^{as}$ 在 1527 cm^{-1}，强峰；$\nu_{NO_2}^{s}$ 在 1348 cm^{-1}，特强峰)。

表 3-11 芳香族硝基化合物硝基的特征吸收谱带($CHCl_3$，单位：cm^{-1})

取代基	邻位		间位		对位	
	$\nu_{NO_2}^{as}$	$\nu_{NO_2}^{s}$	$\nu_{NO_2}^{as}$	$\nu_{NO_2}^{s}$	$\nu_{NO_2}^{as}$	$\nu_{NO_2}^{s}$
—OCH_3	1530	1357	1526	1348	1510	1338
—OH	1537	1335	1529	1352	1517	1338
—CH_3	1527	1354	1531	1350	1520	1346
—CH_2Cl	1515	1342	1532	1353	1527	1348
—Cl	1537	1357	1527	1350	1522	1343
—Br	1536	1356	1532	1380 1348	1527	1355 1346
—$COOCH_3$	1537	1353	1532	1348	1528	1348
—$COCH_3$					1530	1342
—CHO	1532	1347			1535	1343

续表

取代基	邻位		间位		对位	
	$\nu_{NO_2}^{as}$	$\nu_{NO_2}^{s}$	$\nu_{NO_2}^{as}$	$\nu_{NO_2}^{s}$	$\nu_{NO_2}^{as}$	$\nu_{NO_2}^{s}$
—CN			1538	1352	1536	1348
$—NO_2$	1538	1361	1539	1346	1553	1362

(2) 硝基化合物的$\nu_{C–N}$弱，脂肪族硝基化合物中$\nu_{C–N}$在 920～850 cm^{-1}，芳香族硝基化合物中$\nu_{C–N}$在 868～832 cm^{-1}。

例 3-26 图 3-36 为间二硝基苯的红外光谱图。两个很强的谱带是$\nu_{NO_2}^{as}$ 1535 cm^{-1}，$\nu_{NO_2}^{s}$ 1355 cm^{-1}。

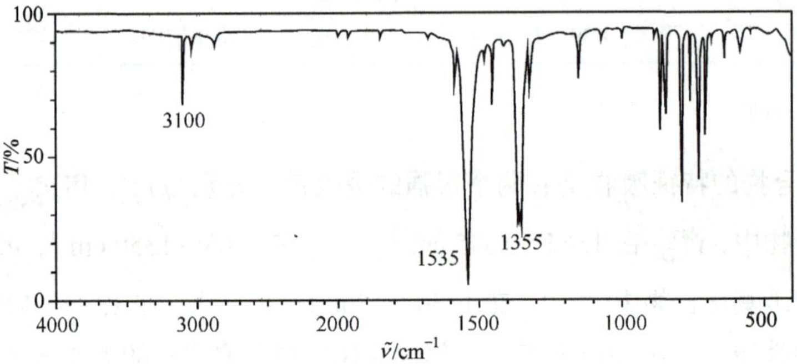

图 3-36 间二硝基苯的红外光谱图

3.5.16 含卤素化合物

含卤素化合物的红外特征吸收是$\nu_{C–X}$。这个吸收带的频率受邻近基团的影响变化较大，尤其是氟化物和氯化物。并且用溶液法或液膜法测定时往往由于构象不同出现几个$\nu_{C–X}$吸收。因此，只用红外光谱确认含卤素化合物的化学结构是不可靠的。

含卤素化合物的$\nu_{C–X}$见表 3-12。

表 3-12 碳卤键的红外光谱特征吸收谱带

碳卤键形式	$\nu_{C–X}$/cm^{-1}	碳卤键形式	$\nu_{C–X}$/cm^{-1}
$\nu_{C–F}$	1400～1000(vs)	$\nu_{C–Br}$	600～500(s)
$\nu_{C–Cl}$	800～600(s)	$\nu_{C–I}$	500 附近(s)

3.6 无机化合物及配位化合物的红外光谱

3.6.1 无机盐中基团的红外光谱

一般来说，无机盐的红外谱图比有机化合物的简单得多。无机盐在中红外区的吸收主要是由其阴离子的晶格振动引起的，与阳离子的关系不大。无机盐中基团的红外特征吸收谱带见表 3-13。

表 3-13　无机盐中基团的红外特征吸收谱带

基团	谱带/cm^{-1}
CO_3^{2-}	1450～1410(vs)，880～860(m)
HCO_3^-	2600～2400(w)，1000(m)，850(m)，700(m)，650(m)
SO_3^{2-}	1000～900(s)，700～625(vs)
SO_4^{2-}	1150～1050(s)，650～575(s)
ClO_3^-	1000～900(m～s)，650～600(s)
ClO_4^-	1100～1025(s)，650～600(s)
NO_2^-	1380～1320(w)，1250～1230(vs)，840～800(w)
NO_3^-	1380～1350(vs)，840～815(m)
NH_4^+	3300～3030(vs)，1430～1390(s)
PO_4^{3-}，HPO_4^{2-}，$H_2PO_4^-$	1100～1000(s)
CN^-，SCN^-，OCN^-	2200～2000(s)
各种硅酸盐	1100～900(s)
CrO_4^{2-}	900～775(s～m)
$Cr_2O_7^{2-}$	900～825(m)，750～700(m)
MnO_4^-	925～875(s)

3.6.2　金属配合物的红外光谱

配体在形成配位化合物以后，其振动光谱会发生变化。一方面，配体的对称性在配位后有所下降，某些简并模式解除，使谱带数增加；另一方面，配位原子参与配位，导致化学键的伸缩振动频率发生变化。因此，比较自由配体与配合物的振动光谱的差异，可以获得配合物的许多信息。

1. 谱带增多

配体在配位后对称性有所下降，使振动模式发生变化，原来一些非红外活性的振动变为红外活性。例如，同核双原子分子 N_2、O_2、H_2 在自由状态下的振动为非红外活性，在配位后为活性。配位化合物中 N_2 的红外光谱伸缩振动频率见表 3-14。

表 3-14　配位化合物中 N_2 的红外光谱伸缩振动频率

配合物	$\nu_{N\equiv N}/cm^{-1}$	配合物	$\nu_{N\equiv N}/cm^{-1}$
N_2(自由)	非红外活性，2331(拉曼)	$[Os(NH_3)_5N_2]^{2+}$	2028
$[Ru(NH_3)_5N_2]^{2+}$	2114	$[CoH(N_2)(PR_3)_3]$	2090

SO_4^{2-}、ClO_4^-、NO_3^-、CO_3^{2-}等阴离子在配位时可以有不同的配位方式。例如，SO_4^{2-}可以通过单齿也可以通过双齿配位。游离 SO_4^{2-}对称性高，单齿配位时对称性降低，双齿配位时更低。在红外光谱中表现为对称性降低，谱带增多(图 3-37)。

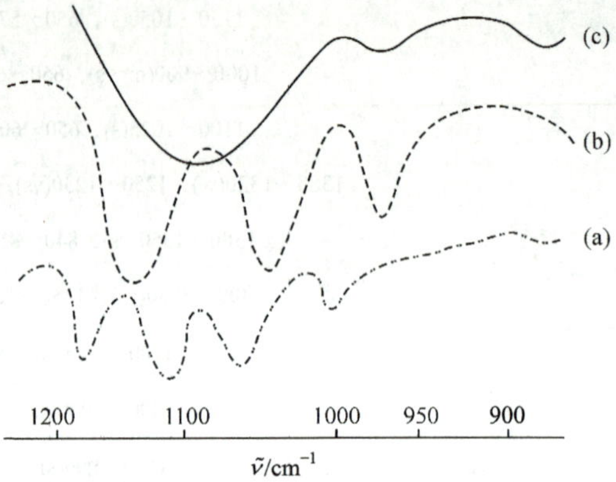

图3-37 $\left[(NH_3)_4Co\genfrac{}{}{0pt}{}{H_2N}{SO_4}Co(NH_3)_4\right](NO_3)_3$(a)、$[Co(NH_3)_6SO_4]Br$(b)、$[Co(NH_3)_6](SO_4)_3\cdot 5H_2O$(c)的红外光谱图

又如，NO_3^-为 4 个原子组成的体系，该体系有 4×3−6=6 个振动自由度，其中 4 个有红外吸收。在 $NaNO_3$ 中，NO_3^-的 4 个吸收为：ν^{s} 1068 cm^{-1}，ν^{as} 1400 cm^{-1}，δ 831 cm^{-1}，δ 710 cm^{-1}。NO_3^-参与配位，可以为单齿形式，也可以为双齿形式，配位后对称性均降低，谱带增多。例如，在 $Sn(NO_3)_4$ 中有 1630 cm^{-1}、1250 cm^{-1}、985 cm^{-1}、785 cm^{-1}、750 cm^{-1}、700 cm^{-1} 6 个吸收带。

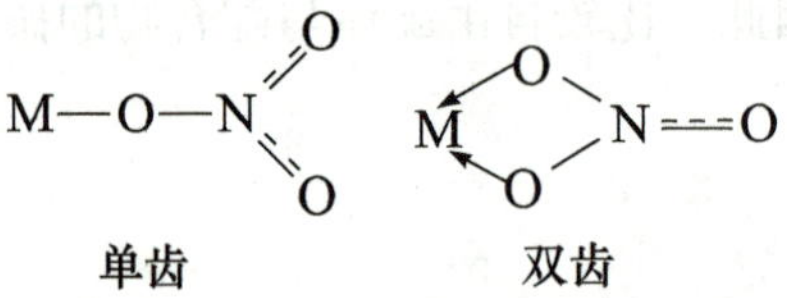

2. 谱带位移

配体配位后改变了键的力常数，使谱带频率发生改变。配位方式不同，变化也不同。例如，含酰胺键(—CO—N)的化合物若是氧参与配位，$\nu_{C=O}$ 减小；若是氮参与配位，ν_{C-N} 减小，$\nu_{C=O}$ 增大。

3. 键合异构的影响

一个配体有几种不同的配位原子，它与金属离子配位时可能得到不同的异构体，称为键合异构体，利用红外光谱可以区分或确定它们。例如，NO_2 在配合物中以不同形式出现。$[Co(NH_3)_5(NO_2)]Cl_2$ 和 $[Co(NH_3)_5(ONO)]Cl_2$ 中，红色的亚硝酸根配合物(后者)不稳定，能逐渐转变为黄色的硝基配合物(前者)。硝基配合物分别在 1430 cm^{-1} 和 1315 cm^{-1} 出现 NO_2 不对称和对称伸缩振动谱带，而亚硝酸根配合物分别在 1460 cm^{-1} 和 1065 cm^{-1} 出现两个 ONO 伸缩振动谱带。硝基配合物还在 600 cm^{-1} 附近出现 NO_2 的摇摆振动吸收带，而在亚硝酸根配合物中没有这一吸收带(图 3-38)。

$[Co(NH_3)_5(NO_2)]Cl_2$ $\nu_{NO_2}^{as}$ 1430 cm^{-1}

$\nu_{NO_2}^{s}$ 1322 cm^{-1}

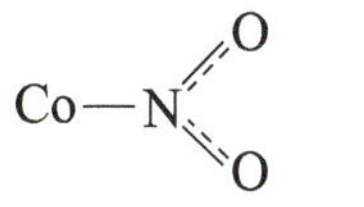

$[Co(NH_3)_5(ONO)]Cl_2$ ν_{ONO}^{as} 1460 cm^{-1}

ν_{ONO}^{s} 1065 cm^{-1}

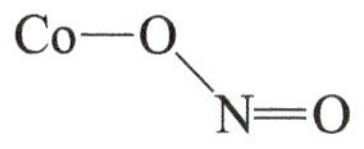

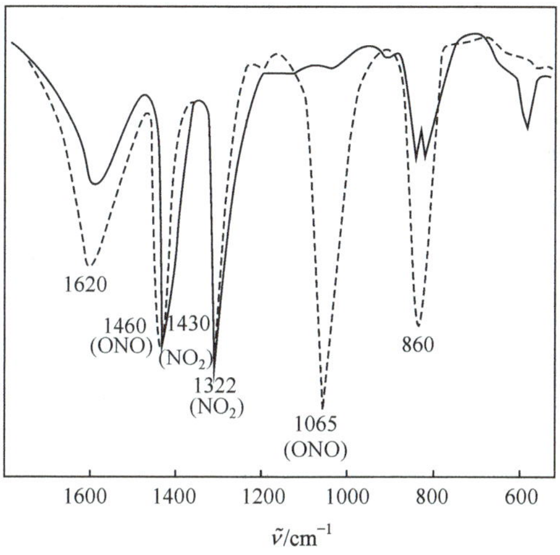

图 3-38 $[Co(NH_3)_5(NO_2)]Cl_2$(实线)和$[Co(NH_3)_5(ONO)]Cl_2$ (虚线)的红外光谱图

M—SCN 和 M—NCS 是键合异构的另一个例子。

	M←S—C≡N	M←N≡C—S
$\nu_{C\equiv N}/cm^{-1}$	2100(尖)	低于 2100(宽)
ν_{C-N}/cm^{-1}	690～720	760～780
δ_{NCS}/cm^{-1}	400～440	400～450

4. 顺反异构的影响

红外光谱还可以用于配合物顺反异构的区分。图 3-39 是$[Os(NH_3)_4(N_2)_2]$的红外光谱图，根据在 2000 cm^{-1} 左右观察到两个$\nu_{N\equiv N}$(对称和不对称伸缩振动)的事实，可以判断$[Os(NH_3)_4(N_2)_2]$是顺式异构体，因为反式异构体只有一个红外活性模式，其对称伸缩是非红外活性的。

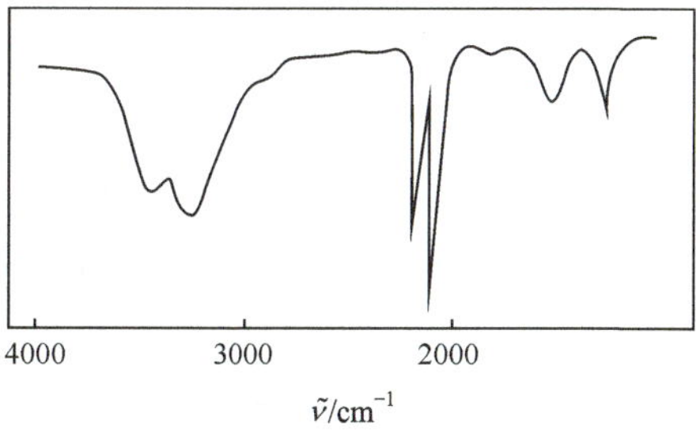

图 3-39 $[Os(NH_3)_4(N_2)_2]$的红外光谱图

5. 配位键的伸缩振动

配位键的伸缩振动(ν_{M-X})及变形振动一般在低频区，这主要是因为金属离子的质量大以及配位键比较弱。例如，金属与卤素形成的键的伸缩振动及变形振动频率见表 3-15。

表 3-15 金属与卤素形成的键的振动频率

卤素	ν_{M-X}/cm^{-1}	δ_{M-X}/cm^{-1}
F	750～580	480～250
Cl	380～230	200～110
Br	290～200	120～60
I	250～160	80～40

3.7 影响基团吸收频率的因素

在双原子分子中，其伸缩振动吸收谱带的位置由键力常数和原子质量决定。在复杂有机化合物分子中，某一基团的特征吸收频率还要受到分子结构和外界条件的影响。同一种基团，由于其周围的化学环境和测试条件不同，其特征吸收频率会有所位移，而不是在同一个位置出峰。也就是说，基团的吸收不是固定在某一个频率上，而是在一个范围内波动。

3.7.1 外部条件对吸收位置的影响

1. 物态效应

同一个化合物在固态、液态和气态时的红外光谱之间会有较大的差异。例如，丙酮的$\nu_{C=O}$，气态时在 1742 cm^{-1}，液态时在 1718 cm^{-1}，而且强度也有不同。

1,10-二溴正癸烷的红外光谱见图 3-40，其中(a)为固体状态下测定，(b)为液体状态下测定。两者有一定的差别。

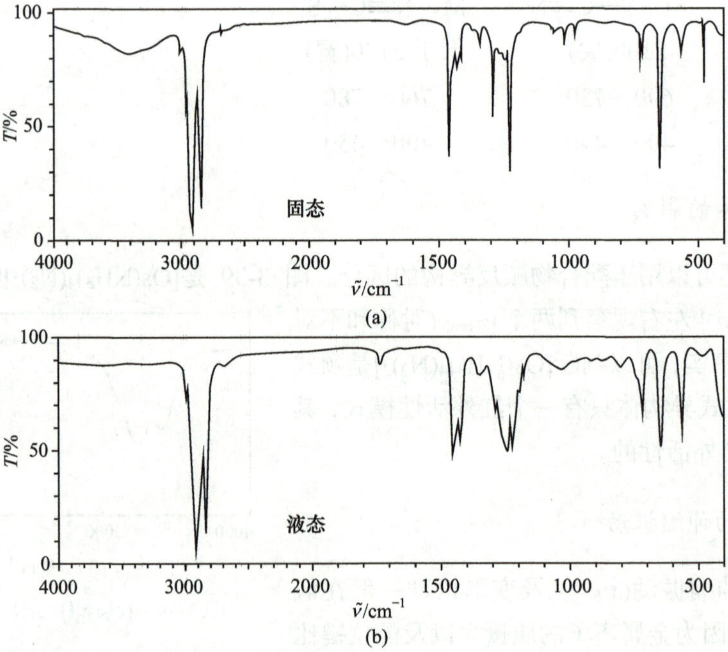

图 3-40 1,10-二溴正癸烷的红外光谱图

2. 晶体状态的影响

固体样品在用液体石蜡糊状法或压片法测定时，如果晶形不同或粒子大小不同，都会产生谱图的差异。用不同的溶剂重结晶的样品，晶形可能不同，就有产生谱图差异的可能性。用压片法测定时，研磨后粒子大小不同都会引起谱图的变化。当红外偏振光通过具有各向异性的薄膜或结晶时，红外偏振光的电矢量与样品中基团振动偶极矩改变的方向平行或垂直，则基团振动谱带的强度可在不同方向上出现最大值或最小值。光谱的这种变化称为红外二色性。利用固体的红外二色性，可以测定薄膜或晶体等高分子物质的取向度，研究其结构。

3. 溶剂效应

用溶液法测定红外光谱时，使用的溶剂种类不同对谱图会有影响。溶剂分子能引起溶剂和溶质的缔合，从而改变溶质分子吸收带的位置及强度。通常在极性溶剂中，溶质分子中的 NH、OH、C═O 及 C═N 等极性基团的伸缩振动频率随溶剂极性的增加移向低波数，同时强度增加。这一变化一般较小。如果溶剂能引起溶质的互变异构并伴随有氢键形成，则吸收谱带的振动频率和强度有较大变化。例如，双甲酮在不同溶剂中羰基吸收频率的变化如图 3-41(a) 所示。

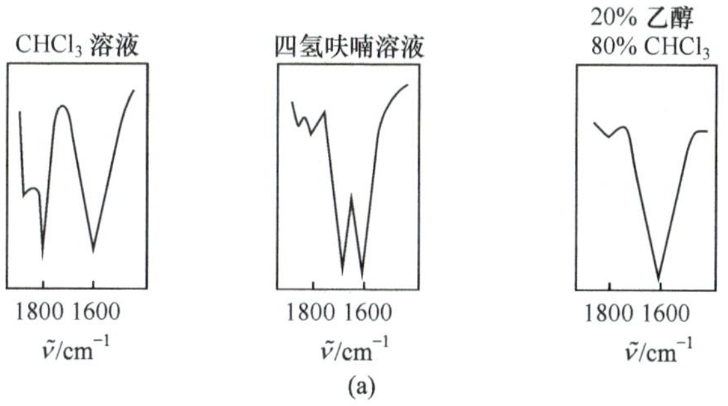

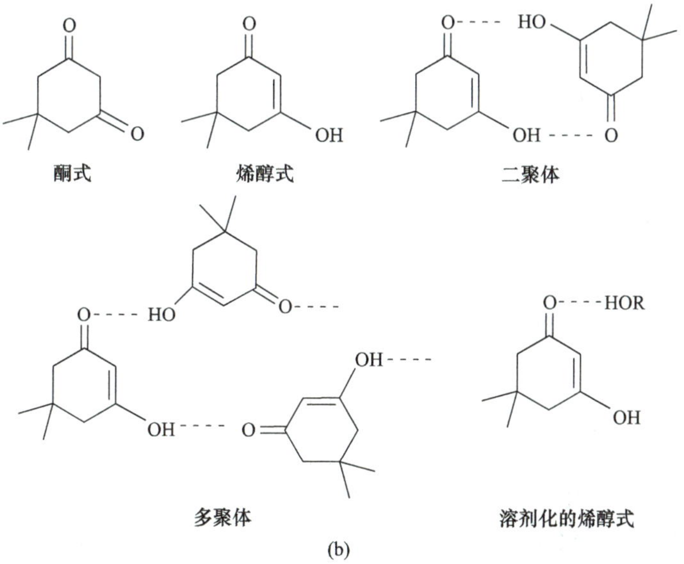

图 3-41　溶剂对双甲酮红外光谱的影响(a)及其异构体(b)

双甲酮又名二甲酮，化学名为 5,5-二甲基环己酮，属于 β-二酮类化合物，在溶液中出现酮式、烯醇式和三种聚合形式，其结构如图 3-41(b)所示。在 $CHCl_3$ 中，以酮式和二聚体的平衡形式存在；在四氢呋喃(THF)中，以烯醇式和溶剂化的烯醇式形式存在；在乙醇和 $CHCl_3$ 混合溶剂中，则以多聚体的形式存在。由此可见，同一物质在不同溶剂中的存在形式不同，其红外光谱图会有明显不同。

3.7.2 分子结构对基团吸收谱带位置的影响

外部条件对基团吸收谱带位置的影响是随条件的改变而变化的，而分子结构对基团吸收谱带的影响一般只取决于分子结构，与测试条件无关。

1. 质量效应

由质量不同的原子构成的化学键，其振动频率是不同的。以 X—H 化学键为例，当 X 为同族元素时，X—H 的伸缩振动频率随 X 质量的增大而降低。例如，$\nu_{F-H}\approx 4000\ cm^{-1}$，$\nu_{Cl-H}\approx 2890\ cm^{-1}$，$\nu_{Br-H}\approx 2650\ cm^{-1}$，$\nu_{I-H}\approx 2310\ cm^{-1}$。而当 X 为同周期元素时，X—H 化学键的伸缩振动频率却随 X 质量的增大而升高。例如，$\nu_{C-H}\approx 2950\ cm^{-1}$，$\nu_{N-H}\approx 3400\ cm^{-1}$，$\nu_{O-H}\approx 3600\ cm^{-1}$。

2. 成键碳原子的杂化类型

化学键的原子轨道 s 成分越多，化学键力常数 *K* 越大，吸收频率越大。

	≡C—H	=C—H	—C—H
	sp	sp^2	sp^3
ν_{C-H}/cm^{-1}	3340～3260	3100～3000	2975～2845

3. 诱导效应(I 效应)

分子内某个基团邻近有不同电负性的取代基时，由于诱导效应引起分子中电子云分布的变化，从而引起键力常数 *K* 的改变，使基团吸收频率变化。通常情况下，吸电子诱导(–I 效应)使邻近基团吸收频率升高，给电子诱导(+I 效应)使邻近基团吸收频率降低。例如，不同取代基对羰基吸收频率的影响如下：

	CH_3—CO—CH_3	CH_2Cl—CO—CH_3	Cl—CO—CH_3	Cl—CO—Cl	F—CO—F
$\nu_{C=O}/cm^{-1}$	1715	1724	1806	1828	1928

取代基的吸电子作用越强，$\nu_{C=O}$ 升高得越多；取代基的给电子作用越强，$\nu_{C=O}$ 降低得越多。

4. 共轭效应(C 效应)

在有不饱和键存在的化合物中，共轭体系经常会影响基团的吸收频率。共轭效应要求共轭体系有共平面性。共轭效应使共轭体系的电子云密度平均化，键长也平均化，双键略有伸长，单键略有缩短。共轭体系容易传递静电效应，所以常显著地影响某些基团的吸收位置及强度。共轭体系有 π-π 共轭和 p-π 共轭。与吸电子基团共轭(–C 效应)，基团的吸收频率升高；与给电子基团共轭(+C 效应)，基团的吸收频率降低。共轭的结果总是使吸收强度增加。

孤对电子与多重键相连产生的 p-π 共轭效应，类似于某些教材中提到的中介效应。

当一个基团邻近同时存在诱导效应和共轭效应的基团，或存在一个既有诱导效应又有共轭效应的基团时，其振动频率的位移取决于它们的净效应。若两个作用一致，则两个作用互相加强；若两个作用不一致，则总的影响取决于作用强的基团。

例 3-27 羰基的伸缩振动频率受苯环和烯键两种给电子共轭基团的影响而降低。

	CH_3—CO—CH_3	CH_3—CH═CH—CO—CH_3	Ph—CO—Ph
$\nu_{C=O}/cm^{-1}$	1715	1677	1665

例 3-28 在酯和酰胺类化合物中，氧原子和氮原子都有吸电子的诱导效应，但是同时存在氧原子和氮原子上的未共用电子对(p 电子)与羰基 π 电子的 p-π 共轭。在此共轭体系中，氮原子和氧原子都是给电子共轭。共轭作用和诱导作用相反，总的作用取决于影响大的作用。由于氧原子的吸电子诱导(–I)大于给电子共轭(+C)，因此酯的 $\nu_{C=O}$ 大于脂肪族饱和酮。氮原子的吸电子诱导(–I)小于给电子共轭(+C)，总的作用表现为给电子共轭，所以酰胺的 $\nu_{C=O}$ 小于脂肪族饱和酮。

	R—CO—CR′	R—CO—O—R′	R—CO—NR′R″
$\nu_{C=O}/cm^{-1}$	1715	1735	1630～1690

例 3-29 下面两个例子中，—$N(CH_3)_2$ 为给电子基团，而—NO_2 为吸电子基团，因此苯甲醛羰基的伸缩振动频率大于对 *N*,*N*-二甲胺基苯甲醛羰基的伸缩振动频率；而苯乙酮羰基的伸缩振动频率小于对硝基苯乙酮羰基的伸缩振动频率。

	Ph—CHO	*p*-$(CH_3)_2N$—Ph—CHO	Ph—CO—CH_3	*p*-NO_2—Ph—CO—CH_3
$\nu_{C=O}/cm^{-1}$	1690	1663	1680	1700

5. 偶极场效应

诱导效应和共轭效应是通过化学键起作用的，而偶极场效应不通过化学键传递，是互相靠近的基团之间通过空间起作用的。当羰基的 *α*-位上有卤素时，因卤素相对于羰基的位置(空间构型)不同而引起 $\nu_{C=O}$ 的位移作用称为 *α*-卤代酮规律。

例 3-30 1,3-二氯丙酮有三种异构形式存在，其液态时光谱中出现了三个 $\nu_{C=O}$ 吸收。其原因是氯原子空间位置不同，对羰基的影响也不同。氯与羰基处于顺式时，空间距离近，羰基氧原子的孤对电子产生 $>\overset{\delta^+}{C}=\overset{\delta^-}{O}$ 偶极子，以及 $>\overset{\delta^+}{C}-\overset{\delta^-}{Cl}$ 偶极子产生近距离的同性排斥，使羰基的双键性增强，$\nu_{C=O}$ 升高。

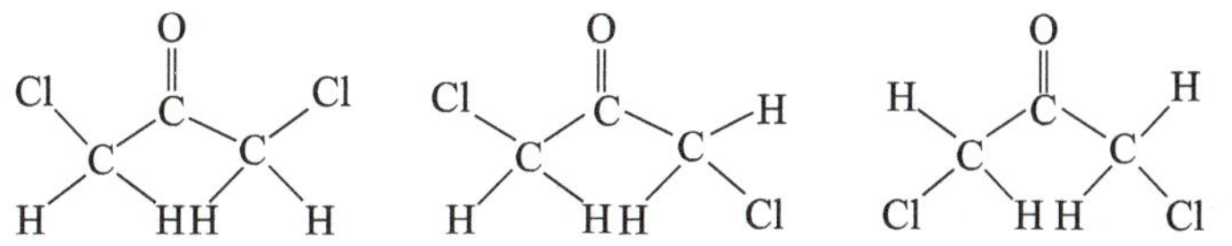

$\nu_{C=O}/cm^{-1}$	1755	1742	1728

例 3-31 环己酮的 $\nu_{C=O}$ 为 1712 cm^{-1}。2-溴环己酮的稳定式为竖键溴代的椅式构象，此时溴与羰基距离远，影响小，$\nu_{C=O}$ 为 1716 cm^{-1}。4,4-二甲基-2-溴环己酮中，2-位溴处于平伏键稳定，此时 Br 与羰基距离近，$\nu_{C=O}$ 升高，为 1728 cm^{-1}。

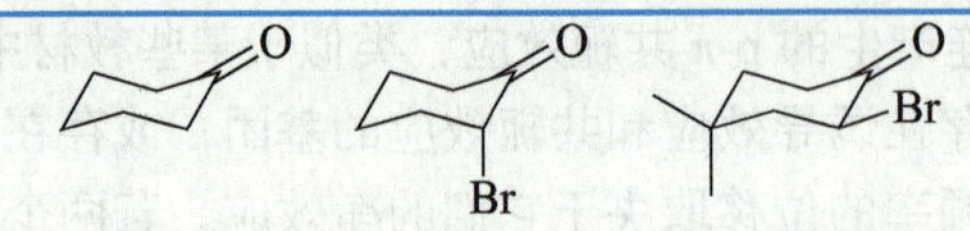

$\nu_{C=O}/cm^{-1}$　　1712　　1716　　1728

6. 张力效应

环状化合物环大小不同，环内碳的键角、键长不同，导致化学键的振动频率不同。例如，环丙烷中碳的四个键不等价：环内两个键各占17% s轨道，可视作sp^5杂化；环外两个键各占33% s轨道，可视作sp^2杂化，s成分多于正常四价碳(sp^3杂化，s成分25%)。因此，环丙烷C—H键键长比饱和烃的C—H键键长短，其伸缩振动频率高于饱和烃(2975～2848 cm^{-1})的。

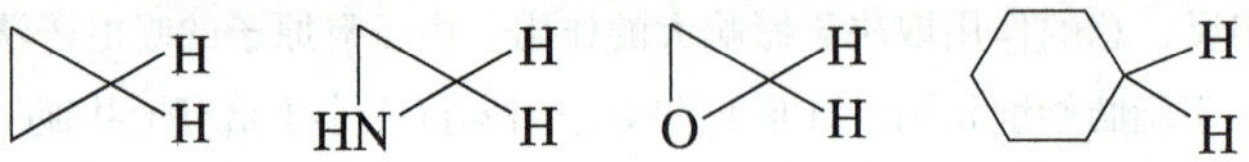

ν_{C-H}/cm^{-1}　　3030　　3015　　3007　　2960

与环直接连接的环外双键(烯键、羰基)的伸缩振动频率与环的大小有关，环越小张力越大，环的键角越小，环外双键碳的s成分越多，使双键伸缩振动所需的能量越大，频率越高。

环张力对环内双键的影响与环外双键相反，环越小张力越大，伸缩振动频率越低，但是环丙烯例外。一般六元以上大环烯的键角与直链烯类似，因此其双键的伸缩振动在1645 cm^{-1}左右。四元环的键角接近90°，环内双键p成分增加，键长增加，伸缩振动频率变小。而环外的═C—H键由于s成分增加，键长变短，伸缩振动频率增加。

环外双键、环内双键详细情况参见烯烃(3.5.2)和酮(3.5.7)的特征吸收部分。

7. 位阻效应

共轭效应会使基团吸收频率移动。若分子结构中存在空间阻碍，使共轭受到限制，则基团吸收频率减小，吸收接近正常值。下面例子中，由于环上取代基增多，羰基与烯键的共轭效应减弱，则$\nu_{C=O}$比无取代基的空间阻碍增大，接近饱和脂肪酮的$\nu_{C=O}$。

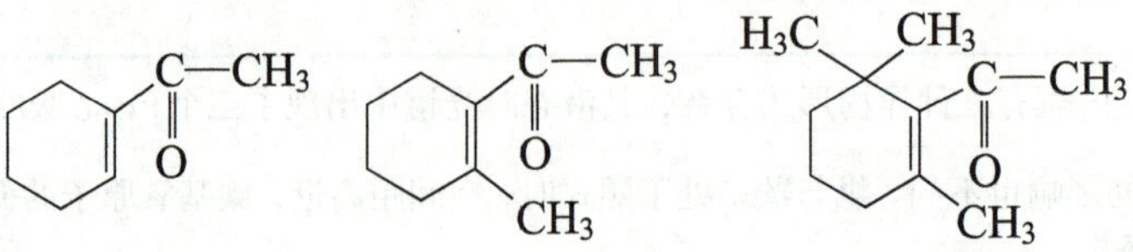

$\nu_{C=O}/cm^{-1}$　　1663　　1686　　1693

8. 偶合效应

邻近的两个基团同时具有大约相等的频率就会偶合产生两个吸收带，这称为振动偶合。偶合程度越强，两个频率相差就越大。在不少化合物中都可以发现这种现象。

(1) 一个碳上含有两个或三个甲基，则在1385～1350 cm^{-1}出现两个吸收峰。

(2) 酸酐上两个羰基互相偶合产生两个吸收带。

(3) 二元酸的两个羧基之间只有一两个碳原子时，会出现两个$\nu_{C=O}$，相隔三个碳原子则不发生这种偶合。

	$HOOCCH_2COOH$	$HOOC(CH_2)_2COOH$	$HOOC(CH_2)_nCOOH$
$\nu_{C=O}/cm^{-1}$	1740，1710	1780，1700	$n \geq 3$ 时一个 $\nu_{C=O}$

(4) 具有 RNH_2 和 $RCONH_2$ 结构的化合物有两个 ν_{N-H}，也是偶合产生的。

(5) 酰胺中 δ_{NH} 与 ν_{C-N} 偶合产生酰胺Ⅱ和Ⅲ带。

(6) 费米共振。

9. 氢键的影响

氢键常用 X—H…Y 表示，在给电子基团 X—H(如—OH、—NH_2)的 H 和吸电子基团 Y(O、N、卤素等)之间形成。氢键的形成使电子云密度平均化，化学键的力常数降低，体系能量下降，最终导致伸缩振动频率移向低波数；与此同时，振动时的偶极矩变化加大，吸收强度增强，峰变宽。峰移动的幅度有以下顺序：$\nu_{O-H} > \nu_{N-H} > \nu_{S-H} > \nu_{P-H}$。另外，氢键的形成会使变形振动频率移向高波数，但变化不如伸缩振动显著。氢键作用分为分子内氢键和分子间氢键。

(1) 分子间氢键：两个或多个同种或不同种化合物之间通过 X—H…Y 作用缔合。X—H 和形成 Y 的键同轴或距离近时作用最强。分子间氢键可产生二聚体(见 3.5.9)或多缔合分子。形成分子间氢键的化合物谱图会随测试条件的变化而改变。例如，醇类化合物在很稀的溶液中，其羟基为游离态，$\nu_{OH} \geq 3600\ cm^{-1}$；当浓度增大时，羟基逐渐形成聚合状态，游离态羟基逐渐减少甚至消失，ν_{OH} 逐渐移向低波数，$\nu_{OH} < 3600\ cm^{-1}$。图 3-42 为不同浓度的环己醇-CCl_4 溶液中环己醇的部分红外光谱图。

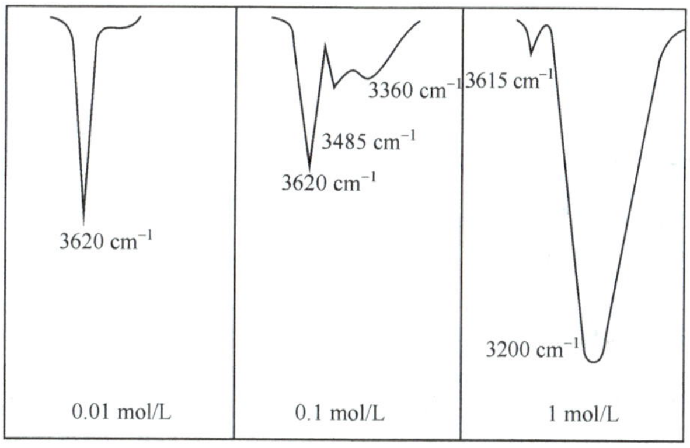

图 3-42　不同浓度的环己醇-CCl_4 溶液中环己醇的部分红外光谱图

(2) 分子内氢键：X—H…Y 中 X—H 和 Y 存在于同一个分子中，且空间条件允许有必要的轨道重叠。形成分子内氢键的化合物谱图不随测试条件变化。

例 3-32　下列化合物中，(a)的 $\nu_{C=O}$ 吸收在 1677 cm^{-1}；(b)、(c)可形成分子间氢键，$\nu_{C=O}$ 吸收的变化不大；(d)、(e)可以形成分子内氢键，$\nu_{C=O}$ 吸收的频率明显降低。

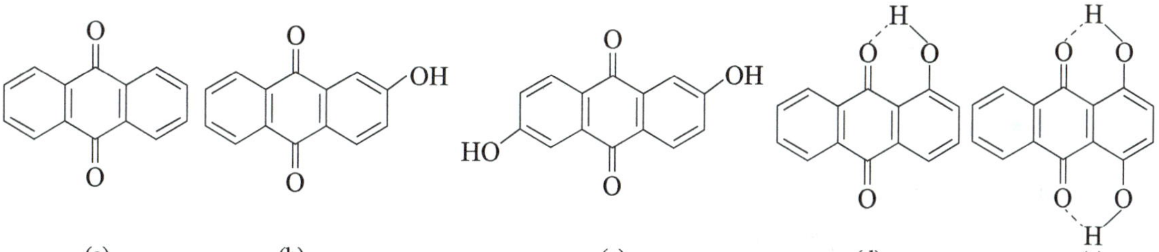

(a) $\nu_{C=O}/cm^{-1}$ 1677　(b) 1676，1673　(c) 1665　(d) 1675，1622　(e) 1630

10. 互变异构的影响

有互变异构现象存在时，在红外光谱上能够看到各种异构体的吸收带。各种吸收的相对强度不仅与基团种类有关，而且与异构体的相对含量有关。例如，乙酰乙酸乙酯有酮式和烯醇式结构，两者的吸收均能在红外光谱图上找到，但烯醇式的$\nu_{C=O}$比酮式的$\nu_{C=O}$弱，说明烯醇式含量较低。

$$CH_3—CO—CH_2—COO—C_2H_5 \rightleftharpoons CH_3—C(OH)=CH—COOC_2H_5$$

$\nu_{C=O}$在 1738 cm^{-1}(s)，1717 cm^{-1}(s)　　$\nu_{C=O}$与$\nu_{C=C}$在 1650 cm^{-1}(w)，ν_{OH}~3000 cm^{-1}

3.8 红外光谱定量分析

红外光谱可以用于定量分析，不仅可对单组分还可对多组分样品进行定量分析。利用红外光谱进行定量分析，样品不用分离，而且不受样品状态的限制，气、固、液体均可以分析。对于一些色谱法测定有困难的物质，如异构体、过氧化物和高分子化合物的定量分析，红外光谱有其独特的用处。但红外光谱定量分析灵敏度低，不适合微量成分的分析，准确性也较差。这主要是因为：①红外谱图复杂，相邻峰重叠多，难以找到合适的检测峰；②红外谱图峰形窄，光源强度低，检测器灵敏度低；③进行红外光谱测定时吸收池厚度不易确定，利用参比难以消除吸收池、溶剂等的影响。

3.8.1 朗伯-比尔定律

红外光谱定量分析与紫外光谱一样，都是基于朗伯-比尔定律。

同一个物质在某一波长处的吸光系数不随浓度变化，是一个常数。当吸收池厚度固定后，样品的吸光度应与其浓度成正比。若以相同的吸收池在固定波长下测定一系列不同浓度的标准样品的吸光度，以浓度为横坐标，以吸光度 $A\left(或\lg\dfrac{I_0}{I}\right)$为纵坐标，可以得到一条直线，称为工作曲线。此直线理论上是经过原点的。不同的物质，因为在此波长下的吸收不同，所以直线的斜率不同。光程长与吸光度的关系见图 3-43，浓度与吸光度的关系见图 3-44。

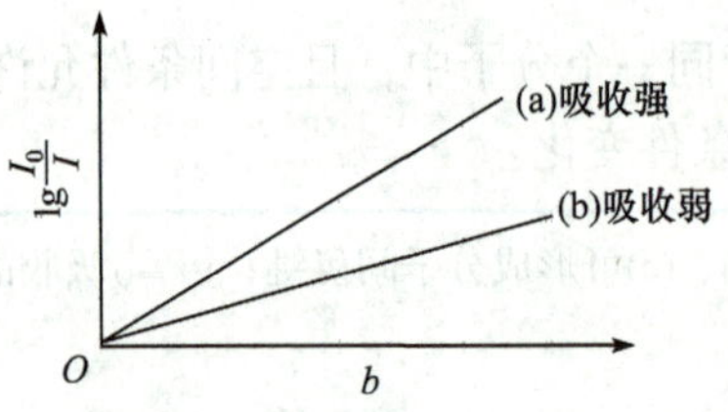

图 3-43　光程长与吸光度的关系

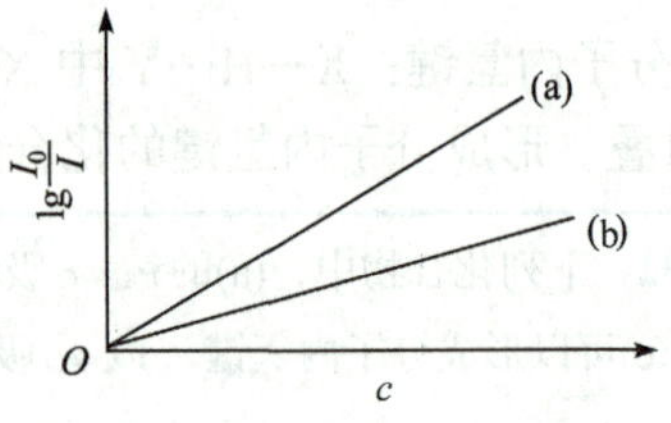

图 3-44　浓度与吸光度的关系

3.8.2 定量分析

红外光谱的定量分析是以测定样品的特征官能团的吸收峰强度为基础的，此吸收峰称为“分析峰”。分析峰应选择待测组分的特征吸收带，强度尽可能大，与邻近谱带及杂质的谱带尽可能分离，以防止杂质和其他组分的干扰。以后的定量分析工作就用此分析峰代表待测组分。

1. 吸光度的测量

吸光度的测量主要有两种方法，即顶点强度法和面积强度法(图 3-45)。

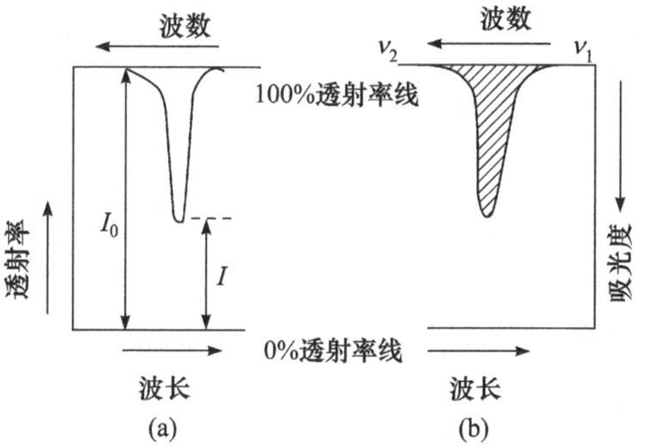

图 3-45　顶点强度法(a)和面积强度法(b)的计算方法

1) 顶点强度法

顶点强度法又可分为峰高法和基线法。下面介绍常用的基线法。在分析峰的两侧选谱带两边有最大透射率处的两个点作切线为基线，I_0 和 I 可像图 3-46 那样确定。原则上应尽量选取连接吸收带邻近区域的透射率最高的两点作基线，这样可以减少干扰因素的影响。用公式 $A=\lg(I_0/I)$计算吸光度。

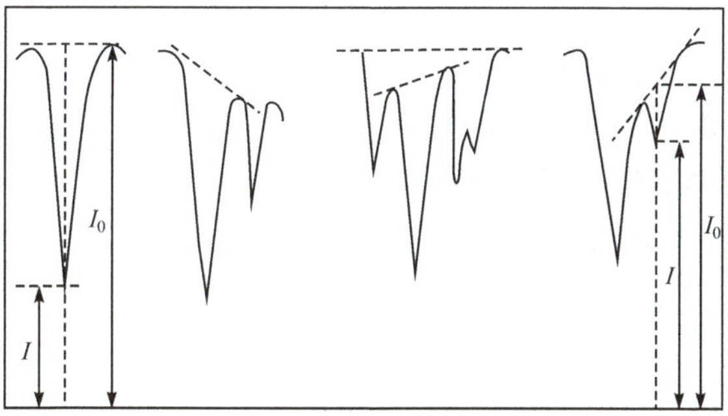

图 3-46　基线画法示例

2) 面积强度法

在图 3-45(b)中，用吸收谱带的全面积确定吸收强度可按下式计算：

$$B=\frac{1}{Lc}\int_{\nu_1}^{\nu_2}\lg\frac{I_0}{I}\,\mathrm{d}\nu$$

式中：B 为吸收谱带的表观积分强度；L 为光程长；c 为浓度；ν_1、ν_2 分别为吸收谱带起始、终止的波数。如果谱带对称性好，可以用谱带半峰宽和光密度计算谱带积分强度；如果谱带对称性不好，可以用光密度对吸收频率作图，然后用求积仪求面积，计算表观积分强度。

2. 定量分析的方法

定量分析的根据是朗伯-比尔定律。首先做出未知样品和待测成分的标准物质的红外光谱，选择待测组分的分析峰。用已知浓度的标准样品和未知样品进行比较，根据它们分析峰的吸光度进行定量分析，这个方法称为标准法。具体做法有以下两种。

1) 直接计算法

由朗伯-比尔定律可知，样品浓度 $c=A/(KL)$，其中 A 可由光谱图上测得[$A=\lg(I_0/I)$]，光程长 L 为已知或可测量获得，K 可由已知浓度的标准物质求出。使用同样的方法测出试样的吸光度 A^*，因 K、L 已知，所以试样中待测组分的浓度 c^*可由公式 $c^*=A^*/(KL)$求出。此方法只适用于浓度与光密度呈线性关系，分析峰不被其他成分和溶剂干扰，吸收池厚度可精密测得的情况。

2) 工作曲线法

若被测定的试样浓度变化很大，或由于使用极性溶剂造成光密度与浓度的关系不严格遵守朗伯-比尔定律，可采用工作曲线法。先用待测组分的标准样品配制一系列不同浓度的标准溶液，逐一在分析峰处测出吸光度。以吸光度为纵坐标，以浓度为横坐标，绘制工作曲线。然后测定待测样品溶液的吸光度值，在工作曲线上找出对应的待测样品溶液的浓度值，再计算。

混合物的红外光谱是各组分化合物红外光谱的加和，因此也可利用混合物红外光谱中的某些特定峰确定混合物中各组分的百分含量。每个组分选一两个特征峰，测其在不同浓度时峰的吸收强度，得到浓度对吸收强度的工作曲线。用同一吸收池测混合物的红外光谱和对应特征峰的吸收强度，进而从其工作曲线上求出各组分的含量。

3.9 红外光谱图的解析

红外光谱可用来对化合物进行定性鉴定、定量分析和结构分析。所有这些分析都离不开谱图的解析。谱图解析就是根据红外光谱图上出现的吸收带的位置、强度和形状，利用各种基团特征吸收的知识，确定吸收带的归属，确定分子中所含的基团，再结合其他分析所获得的信息，进行定性鉴定和推测分子结构。

3.9.1 红外光谱一般解析步骤

红外光谱的解析无统一的规范，解析大体可按以下步骤进行：

(1) 检查光谱图是否符合要求。基线的透射率在 90%左右；最大的吸收峰不应成平头峰；没有因样品量用得不合适或者压片时颗粒未研细而引起谱图不正常的情况。

(2) 了解样品来源、理化性质、重结晶的溶剂及纯度等。合成的产品解析前由反应物及反应条件预测出反应产物的结构，对解谱会有很大的帮助。样品纯度不够，一般不能用来进行定性鉴定及结构分析，因为杂质会干扰谱图分析，应该先进行纯化处理或者做 GC-IR。一些不太稳定的样品要注意其结构变化而引起谱图的变化。

(3) 排除可能出现的“假谱带”。常见的有水的吸收峰，在 3400 cm^{-1}、1640 cm^{-1} 和 650 cm^{-1}。CO_2 的吸收峰在 2350 cm^{-1} 和 667 cm^{-1}。还有处理样品时重结晶的溶剂、合成产品中未反应完的反应物及副产物等，都可能会带入样品而引起干扰。在 KBr 压片过程中可能有水混入试样，样品保存时吸附水也会使试样中出现水的吸收峰。要证实谱图中的 ν_{OH} 是否是假谱带，可将样品溶于重水后蒸干，再测其红外光谱。经过这个操作，—OH 会转化成—OD，相应的吸收带会移向低波数。此法不适用于压片法，因为 KBr 易吸湿使—OD 转化成—OH。

(4) 若可以根据其他分析数据写出分子式，则应先算出分子的不饱和度 U。

(5) 确定分子所含基团及化学键的类型。每种不同结构的分子都有其基团的特征红外光谱，谱图上的每个吸收带代表了分子中某一个基团或化学键的特定振动形式。可以由特征谱带的位置、强度、形状确定所含基团或化学键的类型。例如，羧基可能在 3600～2500 cm^{-1}、1760～1685 cm^{-1}、995～915 cm^{-1} 及 1440～1210 cm^{-1} 附近出现多个吸收，并且有一定的强度和形状。根据上述多个相关峰的出现可以确定羧基的存在。当然，由于具体的分子结构和测试条件有差别，基团的特征吸收带会在一定范围内位移，强度也会有所变化，相关峰也不一定会出全，因此还要考虑各种因素对谱带的影响。

分析谱图常按“先官能团区后指纹区，先强峰后次强峰和弱峰，先否定后肯定”的原则进行，并指配峰的归属。根据官能团区 4000～1333 cm^{-1} 的谱带判断化合物的种类；根据指纹区 1333～650 cm^{-1} 的谱带推测整个分子的结构特点。两个化合物若指纹区图谱完全一样，则就是同一种化合物。例如，苯环的存在可以由 3100～3000 cm^{-1}、～1600 cm^{-1}、～1580 cm^{-1}、～1500 cm^{-1}、～1450 cm^{-1} 的吸收带判断，而苯环上取代类型要用 900～650 cm^{-1} 的吸收带判断。

为了便于记忆，将整个红外光谱区域分成几个大区，表 3-16 说明各个区域可能出现的振动类型及相应的基团。

表 3-16　基团与红外吸收频率

频率范围/cm^{-1}	基团	振动类型
3700～3000	OH，NH，≡CH	ν_{X-H}
3100～3000	Ar—H，=CH，环丙烷，—CH_2—X，—CH_2—$C(NO_2)_3$	ν_{Ar-H}，$\nu_{=CH}$，ν_{C-H}
3000～2700	CH_3，CH_2，CH，—CHO	烷烃及醛的 ν_{C-H}
2400～2000	—C≡C，—C≡N，—C=C=C，—N≡C，O=C=O	三键和累积双键的伸缩振动
1900～1650	—C=O	$\nu_{C=O}$
1675～1500	—C=C，—C=N，NH	$\nu_{C=C}$，$\nu_{C=N}$，苯环骨架振动，δ_{N-H}
1500～1100	CH_3，CH_2，CH C—C，C—O，C—N	δ_{C-H} ν_{C-O}，ν_{C-N}
1000～650	Ar—H，=CH OH，NH C—X(X 为卤素)	ω_{Ar-H}，$\omega_{=CH}$ ω_{O-H}，ω_{N-H} ν_{C-X}

在分析谱图时先否定后肯定，只要在该出现某基团吸收的区域没有出现相应的吸收，就可以否定此基团的存在，按此否定是可靠的。若出现了某基团的吸收，则还应该查看该基团的相关峰是否也存在，肯定某官能团的存在常会遇到似是而非的情况，要注意仔细辨认。总之，要综合考虑谱带位置、强度、形状和相关峰的个数，再确定基团的存在。

红外光谱图上吸收峰并非要全部解释清楚，一般只要解释较强的峰，但是对一些特征性的弱峰也不可忽视。

(6) 推定分子结构。应用以上谱图分析，结合其他分析数据，可以确定化合物的结构单元，再依照化学知识和其他谱图信息，提出可能的结构式。

(7) 已知化合物分子结构的验证要根据推定的化合物结构式，查找该化合物的标准谱图。若测试条件(单色器、制样方式及谱图坐标等)相同，则样品谱图应该与标准谱图一致。测定并与文献比对已知化合物的物理常数(如熔点和沸点等)常有助于判断。

对于新化合物，一般情况下只靠红外光谱是难以确定结构的。应该综合应用质谱、核磁共振、紫外光谱、元素分析等手段进行结构分析。新化合物最后结构的确定，应合成出一个相同的化合物，再做其谱图，并与原样品谱图一致才算完成。

例 3-33 有一化合物分子式为 $C_5H_8O_2$，其红外光谱图如图 3-47 所示，试推测其可能的结构。

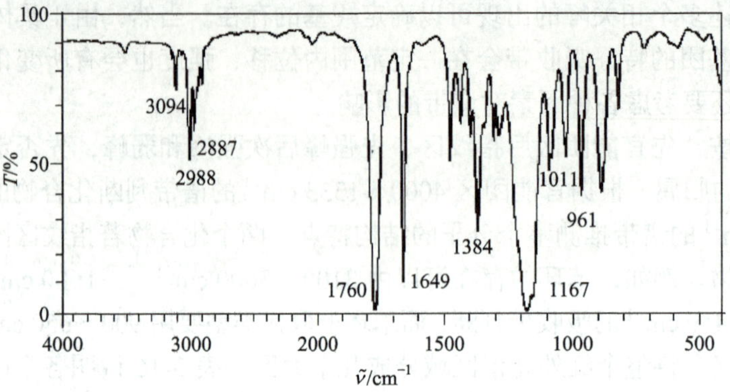

图 3-47 $C_5H_8O_2$ 的红外光谱图

解 (1) U=1+5+(0−8)/2=2。

(2) 3094 cm^{-1} 和 1649 cm^{-1} 的吸收说明有分子中含有烯键，结合 1011 cm^{-1}、961 cm^{-1} 的吸收，可以推测该化合物含有单取代的端基烯键，即具有—CH═CH$_2$ 结构。

(3) 1760 cm^{-1} 的强吸收是 $\nu_{C=O}$ 的吸收峰，结合 1167 cm^{-1}(ν_{C-O-C})的极强吸收，推测该化合物含有酯键。

(4) 1384 cm^{-1} 的吸收峰没有裂分，说明烷基链中没有异丙基或叔丁基。

综上所述，该化合物可能是丙酸乙烯酯 $CH_3CH_2C(O)OCH═CH_2$；乙酸丙烯酯 $CH_3C(O)OCH_2CH═CH_2$；丙烯酸乙酯 $CH_2═CHC(O)OCH_2CH_3$。图 3-47 中 $\nu_{C=O}$ 波数较高(连有烷基链的 $\nu_{C=O}$ 吸收在 1750～1735 cm^{-1})，可能是连接吸电子基团。因此，该化合物为 $CH_3CH_2C(O)OCH═CH_2$。

例 3-34 有一化合物分子式 C_8H_8O，其红外光谱图如图 3-48 所示，试推测其可能的结构。

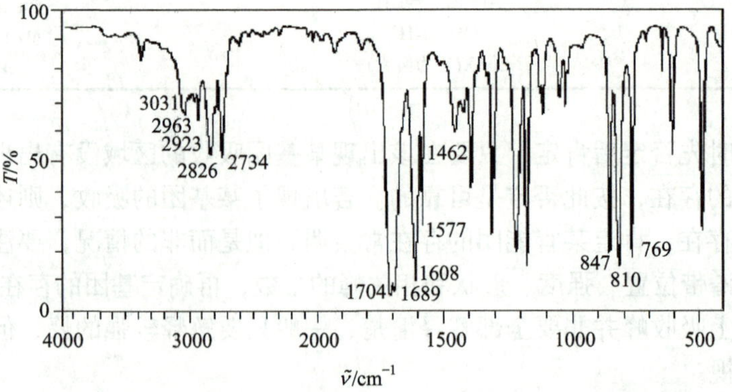

图 3-48 C_8H_8O 的红外光谱图

解 (1) U=1+8+(0−8)/2=5。

(2) 3031 cm^{-1}、1608 cm^{-1}、1577 cm^{-1}、1462 cm^{-1} 的吸收说明有苯环，结合在 810 cm^{-1} 的吸收，可以认为是对位取代的苯环。苯环 1600 cm^{-1} 左右的吸收裂分为二(1608 cm^{-1} 和 1577 cm^{-1})，说明苯环与其他基团共轭。

(3) 1704 cm^{-1} 的强吸收是 $\nu_{C=O}$ 的吸收峰，波数较低，应该有共轭。

(4) 2826 cm^{-1}、2734 cm^{-1} 两个吸收是醛基的 ν_{C-H} 特征吸收。

综上所述，该化合物有两个基团：对位取代苯环(C_6H_4)和醛基(—CHO)；对照分子式 C_8H_8O，可见分子式中还有一个甲基。因此，该化合物应该是对甲基苯甲醛 *p*-CH_3—Ph—CHO。

3.9.2　标准红外光谱图集和红外光谱图的在线检索

已知物的结构表征和定性分析往往要用标准谱图作对照来确认。红外光谱的谱图因谱图的表示方式、仪器的性能和操作条件的不同而有所差异。但是对同一种分子而言，特征吸收频率的位置和相对强度的顺序是相同的，在实际工作中要注意这个问题。标准谱图分为谱图集、穿孔卡片和电子资料(网上资料和计算机内谱图)等种类。

在使用标准谱图作对照时，应注意制样方法、单色器类型和重结晶溶剂。应尽可能使测试条件与标准谱图的条件一致。若推定物质的红外光谱的吸收峰位置、强度、形状与标准谱图完全一致，便可予以确认。若仅有弱吸收不一致，可能是有杂质或压片时结晶的晶形不同造成的，要注意结合其他分析，仔细研究，不要匆忙下结论。

1. 萨特勒红外谱图集

标准谱图集有多种，萨特勒(Sadtler)红外谱图集是一套收集谱图最多、比较实用的谱图集。它收集了棱镜、光栅和傅里叶变换三代仪器的光谱图共 20 多万张。由美国萨特勒实验室编制，于 1947 年开始出版。它分为化合物标准谱图和商品谱图两大部分。这套谱图有下列索引：

(1) Alphabetical Index，按字母顺序排列的化合物名称索引。

(2) Chemical Classes Index，按字母顺序排列的化合物种类索引。

(3) Functional Group Alphabetical Index，按字母顺序排列的官能团索引。

(4) Molecular Formula Index，分子式索引。按 C、H、Br、Cl、F、I、N、O、P、S、Si、M 的顺序排列。M 表示金属元素。

(5) Commercial Formula Index，按字母顺序排列的商品名索引。从商品名可以找出光谱的号码。

(6) Specfinder，一种谱带索引。根据化合物光谱中的几个强峰，可从 Specfinder 查出可能的化合物及其谱图。

在萨特勒红外谱图集上查对标准谱图，需要先在索引卷查到该化合物的谱图号，再按号在谱图集找标准谱图。

萨特勒红外谱图已经数字化，可通过网络检索，但需要付费。

2. Wyandotte-ASTM 穿孔卡片

这是美国材料与试验学会(ASTM)和万道特化学公司在 1954 年开始出版发行的穿孔卡片。这套卡片必须用 IBM 统计分类机和电子计算机检索，目前已出版 14 万多张。卡片分十二区，共有八十行，每行标以 0～9 数目，因而每张卡片可有 960 个数字的穿孔位置，每个孔均表示一定的含义。卡片给出的是光谱峰值的数据信息，不能给出光谱强度和光谱。在进行光谱图的检索时，可以利用谱图的索引，也可以利用一些检索工具书，如由 ASTM 光谱资料组编成的“已发表红外光谱的化合物分子式、名称和文献索引”，即“Molecular-Formula List of Compounds,

Names, and References to Published Infrared Spectra”。该索引收录了已发表的图集和文献上的 10 万多张红外光谱，按分子式和字母顺序两种方法编目，并提供了光谱来源，可使查阅者很快找到谱图。

3. 网上标准谱图的查对

随着信息技术的发展及标准红外谱图的迅速累积，谱图数据库和谱图的网络传输已快速取代传统的谱图集。现在网上有很多波谱谱图数据库，有免费的也有收费的。这些数据库可以提供多种化合物的标准谱图，包括谱图及测试条件、数据、分子结构式，并且可以下载，使用很方便。例如，萨特勒红外谱图在 http://www.jetting.com.cn/Bio-Rad/Sadtler/SadtlerDB_Index.html 网站也可以查寻，是目前最齐全的红外光谱谱库，但部分要收费。

下面介绍几个免费网站：

(1) https://sdbs.db.aist.go.jp/sdbs/cgi-bin/direct_frame_top.cgi/。此网站有日文界面和英文界面。由日本产业技术综合研究所(National Institute of Advanced Industrial Science and Technology, AIST)开办。该网站可以找到并下载化合物的 IR，^{1}H NMR，^{13}C NMR，MS 等标准谱图。进入此网站，屏幕上面有一栏声明，对进入者下载和使用其谱图有一些要求，要想进入，需点击“I agree the disclaimer and use SDBS”，出现栏目“SDBS Compounds and Spectral Search”(图 3-49)。输入化合物名称、分子式、元素组成(C、H、O、N 个数)、分子量范围、CA 登录号等信息中的一种或多种。例如，要查苯乙酮(acetophenone)的 IR 谱图，在分子式一栏填入“C8H8O”，在分子量一栏填入“119-121”，点击“search”，进行查找。网站会列出一系列与查询的信息相符的化合物名称及 SDBS 编号，与这些数据相符的有 8 个化合物。再选择要查的化合物，点击苯乙酮对应的 SDBS 编号 722。屏幕出现 SDBS 编号、物质名称、分子式、分子量、CA 登录号、结构式以及此化合物在 SDBS 网站有其谱图的种类，如苯乙酮有 MS、^{13}C NMR、^{1}H NMR 和 IR 等，而 IR 还有液膜法和溶液法两种谱图。点击“IR：liquid film”，在屏幕右边出现其结构式、IR 谱图和峰强度与波数值的对应表。谱图可以下载。

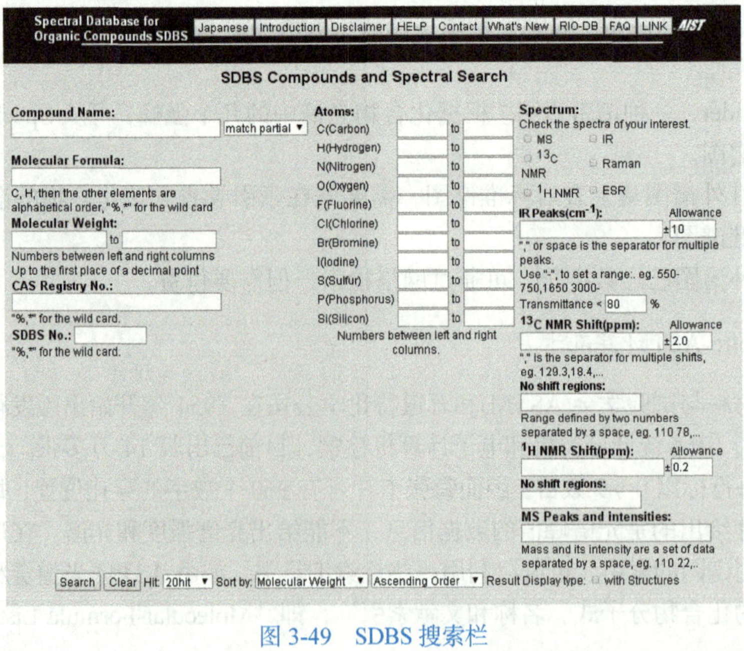

图 3-49 SDBS 搜索栏

(2) http://webbook.nist.gov/chemistry/。此网站由美国国家标准与技术研究院(National Institute of Standards and Technology)开办，可在网站找到并下载化合物的 IR、MS、UV 等谱图。由此地址进入网站后，在“Search Options”一栏下点击选择查询类别，Formula、Name、IUPAC identifier、CAS registry number、Reaction、Author、Structure 等。例如，点击“Formula”，进入界面后，在标题“Search for Species Data by Chemical Formula”下第 1 条填入要查询的分子式，如要查“环氧氯丙烷”的红外光谱则输入“C3H5ClO”，再在第 4 条选择要查询的谱图种类，如“IR spectrum”，点击“Search”。在屏幕上出现“Search Results”，下有四个符合分子式“C3H5ClO”的化合物，再选择点击要查的化合物，在本例中为“Oxirane, (chloromethyl)-”，查询谱图。在屏幕上出现该化合物的分子式、分子量、CA 登录号等诸多数据。下拉在“Information on this page”一栏点击“IR Spectrum”即可看到该化合物的红外谱图，谱图可以下载。

(3) https://www.bio-rad.com/zh-cn/product/ir-spectral-databases? ID=N0ZXNZE8Z。Bio-Rad 是光谱数据库领域的领导者，世界最大的光谱图集，拥有 200 多万张光谱，包括 IR、Raman、NMR、MS 及 UV 等。Bio-Rad 的高质量 KnowItAll 光谱库是光谱解析、识别、验证和分类的理想工具。该网站有中、英文界面。

(4) http://chemport.ipe.ac.cn/ListPageC/L67.shtml，中国国家科学数字图书馆-化学学科信息门户网站综合了中国科学院上海有机化学研究所化学数据库，Aldrich Spectral Viewer(FTIR、FT-NMR 谱图库光盘)等谱图数据库。

(5) scifinder.cas.org/scifinder/view/scifinder/scifinderExplore.jsf。搜索、查找谱图方法与上面几个网站类似，另外该网站还可以知道谱图来源等信息。

3.10　拉曼光谱法简介*

拉曼光谱与红外光谱一样，是测定分子振转和转动的光谱。但与红外光谱不同的是，拉曼光谱属于散射光谱。拉曼散射效应是 1928 年印度物理学家拉曼(Raman)发现的。拉曼散射效应是拉曼光谱学的基础，是分子的光散射现象产生的。光散射现象是光波在被散射后频率发生变化的现象，即散射光频率和入射光频率有偏离。这种频率位移与分子的振动和转动有关，记录频率位移即可得到拉曼光谱。拉曼光谱与红外光谱在化合物结构分析上各有所长，可以相辅相成，更好地研究分子振转跃迁及结构组成。

与红外光谱相比，拉曼光谱发展较为缓慢。1960 年以来，随着激光光源及近红外光源的使用，拉曼光谱才有了较快的发展。目前，拉曼光谱已逐步应用于生物学、材料学、地质学、医药学、化学、食品学等领域。

3.10.1　拉曼散射

用单色光照射透明样品时，大部分光透过而小部分光会被样品在各个方向上散射。散射分为瑞利(Rayleigh)散射与拉曼散射两种。

1. 瑞利散射

若光子与样品分子发生弹性碰撞，即光子与分子之间没有能量交换，光子的能量保持不变，散射光频率与入射光相同，但方向可以改变，这是弹性碰撞，这种散射称为瑞利散射(图 3-50)。

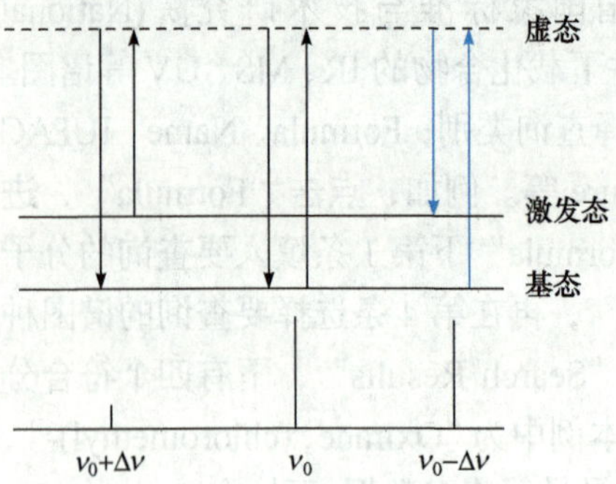

图 3-50 拉曼散射机制

ν_0 为瑞利散射；$\nu_0+\Delta\nu$ 为反斯托克斯散射；$\nu_0-\Delta\nu$ 为斯托克斯散射

2. 拉曼散射

当光子与分子发生非弹性碰撞，光子与分子之间有能量交换，光子的频率和方向均发生变化，这种散射称为拉曼散射。

处于振动基态的分子在光子作用下，吸收能量激发到较高的不稳定能态(虚态)，然后又散射出光回到较低能级的振动激发态。此时，激发光能量大于散射光能量，产生拉曼散射的斯托克斯线，散射光频率小于入射光(图 3-50)。

若光子与处于振动激发态的分子相互作用，使分子激发到更高的不稳定能态(虚态)后又散射出光回到振动基态，散射光的能量大于激发光，产生反斯托克斯散射，散射光频率大于入射光。

常温下分子大多处于振动基态，所以斯托克斯线强于反斯托克斯线。另外，随着温度的升高，斯托克斯线的强度降低，而反斯托克斯线的强度升高。在一般拉曼光谱图中只有斯托克斯线。拉曼散射中，散射线频率与激发光(入射光)频率都有一个频率差$+\Delta\nu$或$-\Delta\nu$。$\Delta\nu$称为拉曼位移，其值取决于振动激发态与振动基态的能级差，$\Delta\nu=\Delta E/h$。因此，同一振动方式产生的拉曼位移频率和红外吸收频率是相等的。

拉曼光谱图的纵坐标为谱带强度，横坐标为拉曼位移频率，用波数表示。由于拉曼位移是激发光频率作为零时得到的，因此拉曼位移取决于分子中基团的振动形式及结构，与激发光波长无关。不同化合物分子具有不同的振动能级，因此拉曼位移具有特征性，是研究化合物结构的重要依据之一。图 3-51 为甲醇的拉曼光谱图。

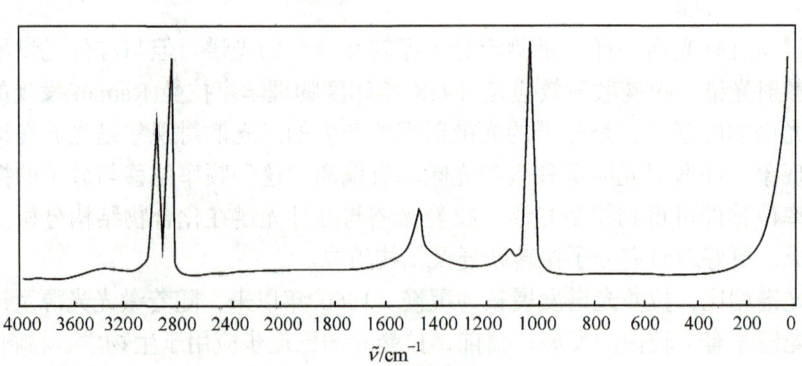

图 3-51 甲醇的拉曼光谱图

使用不同的激光光源照射同一物质，所得拉曼谱线的频率不同，但其形状和拉曼谱线间的相对位置，即拉曼位移不变。拉曼散射强度取决于分子的极化度、活性基团的浓度、光源的强度等。分子的极化度越高，活性基团的浓度越高，散射越强；不考虑吸收时，散射强度与入射光频率的四次方成正比。

3.10.2 拉曼选律

我们知道，只有产生偶极矩变化的振动是红外活性的，即红外光谱谱带强度正比于振动中原子通过它们平衡位置时偶极矩的变化。而拉曼活性取决于振动中极化度是否变化，只有极化度有变化的振动才是拉曼活性的。极化度就是分子在电场(如光波这种交变的电磁场)的作用下分子中电子云密度变形的难易程度。例如，CCl_4 分子具有高度的对称性，没有偶极矩，但在电场作用下可以极化，且极化度很高。拉曼光谱强度与原子在通过平衡位置前后电子云形状的变化大小有关。极化度 α、电场 E 与诱导偶极矩 P 有以下关系：$P=\alpha E$。换句话说，拉曼谱线强度正比于诱导偶极矩的变化。

在分子中，某个振动可以既是拉曼活性，又是红外活性；也可以是只有拉曼活性而无红外活性，或只有红外活性而无拉曼活性。例如，CS_2 是三原子线形分子，它有 $3n-5=4$ 个基本振动(图 3-52)。

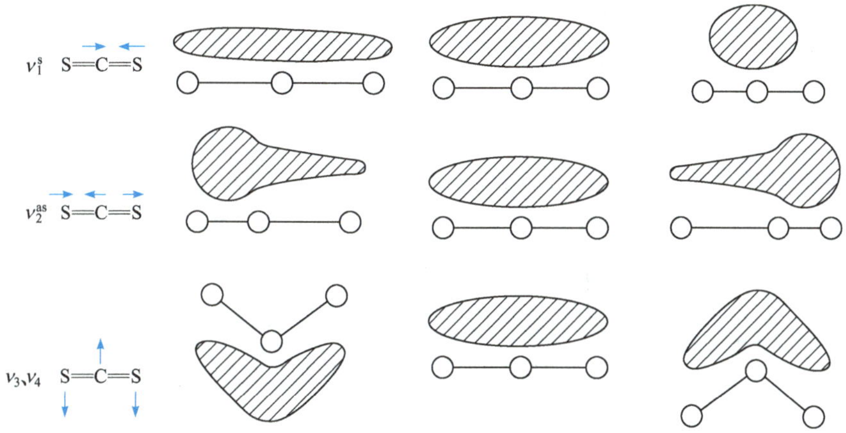

图 3-52　CS_2 的基本振动

其中，ν_3 与 ν_4 是二度简并的振动，只是发生在互相垂直的两个平面上。在 ν_1^s 中偶极矩不变，所以是非红外活性的，但电子云形状有变化，所以是拉曼活性的。ν_2^{as} 和 ν_3、ν_4 是红外活性的，而非拉曼活性，因为在平衡位置前后电子云形状相同。

3.10.3　拉曼光谱的特征谱带及强度

在拉曼光谱中，官能团谱带的频率与其在红外光谱中出现的频率基本一致，都反映分子的振动频率。不同的是，红外光谱研究的是有偶极矩变化的振动，而拉曼光谱研究的是有极化度变化的振动。一般来说，极性基团的红外吸收明显；而非极性基团则有明显的拉曼吸收。对于一个分子，其拉曼和红外是否活性可用以下规则判别。

(1) 相互排斥规则：凡有对称中心的分子，若红外是活性，则拉曼是非活性的；反之，若红外为非活性，则拉曼是活性的。例如，O_2 只有一个对称伸缩振动，它在红外光谱中很弱或不可见，而在拉曼光谱中较强。

(2) 相互允许规则：一般来说，没有对称中心的分子，其红外和拉曼可以都是活性的。例如，2-戊烯中 C—H 键的伸缩振动和弯曲振动分别在 2800～3000 cm^{-1} 和 1460 cm^{-1} 左右，在红外光谱和拉曼光谱中都有峰出现。又如，水的三个振动 ν^{as}、ν^s 和 δ 均是红外和拉曼活性的。

(3) 相互禁阻规则：相互排斥规则和相互允许规则可以概括大多数分子的振动行为。但有少数分子的振动可能在红外和拉曼中都是非活性的。例如，乙烯的扭曲振动既无偶极矩变化，也无极化度变化，所以在红外及拉曼中均为非活性。

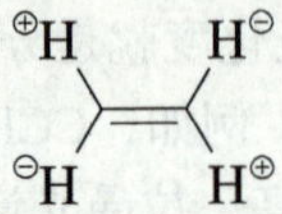

一般情况下，化合物往往同时具有拉曼活性和红外活性，但可能在两种谱图中峰的强度有所不同。如图 3-53 所示，2,3-二甲基-2-丁烯双键的吸收峰(1680～1620 cm^{-1})的红外光谱[图 3-53(a)]未见吸收，而其拉曼光谱[图 3-53(b)]在 1675 cm^{-1} 出现了强而尖的吸收。

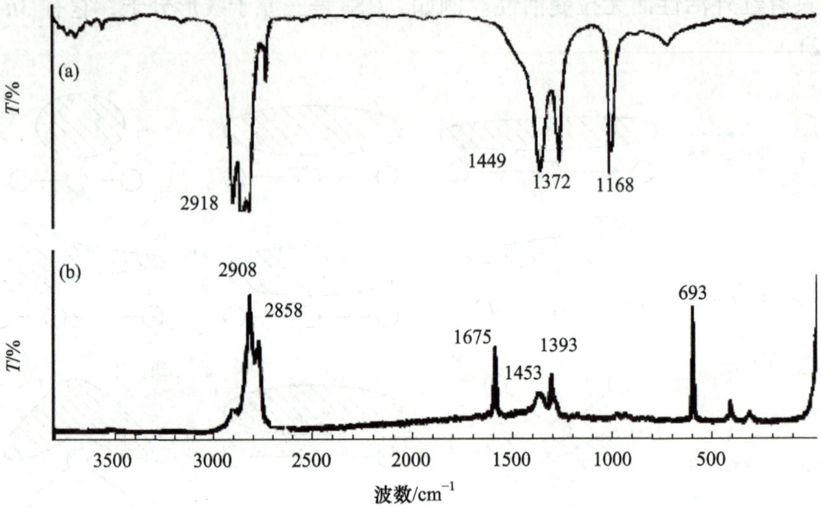

图 3-53　2,3-二甲基-2-丁烯的红外光谱(a)和拉曼光谱(b)

拉曼光谱还有以下基本特征：

(1) 对称取代的 S—S、C═C、N═N、C≡C 振动产生强拉曼谱带。由单键、双键到三键，因为可变形的电子逐渐增加，所以谱带也逐渐增强。

(2) 在红外光谱中，C≡N、C═S、S—H 的伸缩振动谱带强度可变或较弱，而在拉曼光谱中为强谱带。C—O—O—C 的对称伸缩振动在 880 cm^{-1} 也是强谱带。

(3) 环状化合物骨架的对称伸缩振动通常是最强的拉曼谱带。

(4) X═Y═Z、C═N═C 和 O═C═O 这类键的对称伸缩振动在拉曼光谱中为强谱带，在红外光谱中弱；相反，不对称伸缩振动在拉曼光谱中弱，在红外光谱中强。

(5) ν_{C-C} 在拉曼光谱中强。

(6) 醇和烷烃的拉曼光谱相似。因为 O—H 的拉曼谱带弱，而 C—O 和 C—C 键力常数及键强度无很大差别，且羟基与甲基质量仅相差 2 个质量单位。

一些重要的有机化合物中基团的拉曼特征谱带及强度见表 3-17。环烷烃的特征拉曼谱带见表 3-18。

表 3-17　有机化合物中基团的拉曼特征谱带及强度

振动	频率范围/cm^{-1}	拉曼强度	振动	频率范围/cm^{-1}	拉曼强度
ν_{O-H}	3650～3000	w	ν_{C-C}芳香类	1600～1580	s～m
ν_{N-H}	3500～3300	m		1500，1400	m～w
$\nu_{\equiv C-H}$	3300	w	ν^{as}_{C-O-C}	1150～1060	w
$\nu_{=C-H}$	3100～3000	s	ν^{s}_{C-O-C}	970～800	s～m

续表

振动	频率范围/cm^{-1}	拉曼强度	振动	频率范围/cm^{-1}	拉曼强度
ν_{C-H}	3000～2800	s	$\nu^{as}_{Si-O-Si}$	1110～1000	w
ν_{S-H}	2600～2550	s	$\nu^{s}_{Si-O-Si}$	550～450	vs
$\nu_{C\equiv N}$	2255～2220	m～s	ν_{O-O}	900～845	s
$\nu_{C\equiv C}$	2250～2100	vs	ν_{S-S}	550～430	s
$\nu_{C=O}$	1820～1680	s～w	ν_{Se-Se}	330～290	s
$\nu_{C=C}$	1900～1500	vs～m	$\nu_{芳香 C-S}$	1100～1080	s
$\nu_{C=N}$	1680～1610	s	$\nu_{脂肪 C-S}$	790～630	s
δ_{CH_2}，$\delta^{as}_{CH_3}$	1470～1400	m	ν_{C-F}	1400～1000	s
$\nu_{N=N 脂肪取代}$	1580～1550	m	ν_{C-Cl}	800～550	s
$\nu_{N=N 芳香取代}$	1440～1410	m	ν_{C-Br}	700～500	s
$\nu^{as}_{C-NO_2}$	1590～1530	m	ν_{C-I}	660～480	s
$\nu^{s}_{C-NO_2}$	1380～1340	vs	ν_{C-Si}	1300～1200	s
$\nu^{as}_{C-SO_2}$	1350～1310	w	ν_{C-Sn}	600～450	s
$\nu^{s}_{C-SO_2}$	1160～1120	s	ν_{C-Hg}	570～510	vs
ν_{C-SO-C}	1070～1020	m	ν_{Pb}	480～420	s
$\nu_{C=S}$	1250～1000	s			

表 3-18 环烷烃的特征拉曼谱带

环烷烃	环丙烷	环丁烷	环戊烷	环己烷(船式)	环己烷(椅式)	环庚烷	环辛烷
环对称伸缩振动/cm^{-1}	1185	1000	890	820	800	735	705

3.10.4 拉曼光谱的应用

1. 拉曼光谱的特点

(1) 拉曼光谱的常规扫描范围为 4000～40 cm^{-1}。

(2) 固体粉末样品、高聚物、纤维、单晶、溶液等各种样品均可以做拉曼光谱。溶液样品可以装在玻璃瓶及玻璃毛细管中，因为拉曼散射可以全部透过玻璃。

(3) 水的拉曼光谱很弱，所以水是优良的溶剂。

(4) 固体粉末样品可直接进行测定，不必制样。但样品可能被高强度激光束烧焦。拉曼光谱以激光束作为激发光源。

(5) 拉曼光谱谱峰尖锐，更适合定量研究。尤其是共振拉曼光谱，灵敏度高，检出限可达 10^{-8}～10^{-6} mol/L。

(6) 有色物质和有荧光的物质难以进行拉曼光谱测定。

(7) 红外光谱和拉曼光谱均反映了分子振动的变化，红外光谱适用于分子中基团的测定，拉曼光谱更适用于分子骨架的测定。

(8) 拉曼光谱所需试样少，微克级即可。

2. 有机化合物结构分析

拉曼光谱与红外光谱相配合是有机化合物分子结构分析的重要工具。如前所述，红外活性对应分子振动时偶极矩的变化，拉曼活性对应分子振动时极化度的变化。因此，高度对称的振动是拉曼活性的。例如，一些非极性基团和碳骨架的对称振动有强的拉曼谱带。高度非对称的振动是红外活性的。例如，一些强极性基团的不对称振动有强的红外谱带。一般有机化合物分子则介于两者之间，可以在两个谱中均有反映。

例如，$CH_3C{\equiv}CCH_3$在2200 cm^{-1}有强的拉曼谱带(C≡C)，C_2H_5—S—S—C_2H_5在500 cm^{-1}有强的拉曼谱带(S—S)；相反，在红外光谱中没有观察到这两个强峰。对于强极性基团，如O—H，在红外光谱中有强吸收，在拉曼光谱中谱带弱或看不到。C═C 键的拉曼散射很强，而且随结构变化而变，用拉曼光谱测定顺反异构体和双键位置异构体很有效。

拉曼光谱的研究不如红外光谱多，标准谱图也有限，仪器价格昂贵，故应用受到限制。

3. 在高聚物分析中的应用

拉曼光谱可以用于高聚物的构型、构象研究，也可以用于高聚物立体规整性以及结晶度和取向度的研究。例如，聚四氟乙烯结晶度大小的变化在拉曼光谱中可以观察到。随着结晶度降低，谱带变宽，尤其是在600 cm^{-1}很明显。在聚乙烯中也有此现象。

4. 用于生物大分子的研究

水的红外吸收很强，在红外光谱中常会掩盖不少其他基团的吸收。而水的拉曼吸收很弱，因此很多水溶性物质，包括一些生物大分子及其他生物体内组分可以用拉曼光谱研究。例如，蛋白质、核酸等生物活性物质常需在水溶液中接近生物体内环境下研究它们的一些性质，此时拉曼光谱比红外光谱更合适，可以提供这些生物大分子的构象、氢键和氨基酸残基周围环境等方面大量的结构信息。

5. 无机化合物及金属配合物的研究

拉曼光谱可测定某些无机原子团的结构。例如，汞离子在水溶液中可以以 Hg^+或 Hg^{2+}形式存在，红外光谱中无吸收，而拉曼光谱中在169 cm^{-1}出现强偏振线，表明 Hg^{2+}存在。

在金属配合物中，金属与配体键的振动频率一般都在100～700 cm^{-1}，这些键的振动常有拉曼活性。因此，可以用拉曼光谱对配合物的组成、结构和稳定性进行研究。

配体在形成配位化合物后一般有谱带增多、谱带位移现象。例如，NO_3^-有 4 个原子、6 个简正振动，自由 NO_3^- 有 4 个吸收带。$NaNO_3$的 4 个谱带分别为：$\nu_1(A_1')$，1068 cm^{-1}(R，ν^s)；$\nu_2(A_2'')$，831 cm^{-1}(IR，δ)；$\nu_3(E')$，1400 cm^{-1}(IR，R，ν^{as})；$\nu_4(E')$，710 cm^{-1}(IR，R，δ)。在自由的 NO_3^- 与配位的 NO_3^- 中对称性和谱带均有差别，而且 NO_3^- 在形成配位化合物时又有单齿和双齿的差别。表 3-19 为自由 NO_3^- (对称性 D_{3h})和配位的 NO_3^- 振动模式及红外(IR)和拉曼(R)活性。

表 3-19 自由和配位 NO_3^-的振动模式及其光谱活性

	ν_1	ν_2	ν_3	ν_4
D_{3h}	A_1'(R)	A_2''(IR)	E′(IR，R)	E′(IR，R)
C_{2v}	A_1(IR，R)	B_1(IR，R)	A_1(IR，R)+B_2(IR，R)	A_1(IR，R)+B_2(IR，R)

在表 3-19 中，A、B、E 为点群中振动类型的符号。A 和 B 分别表示对于主对称轴的对称和反对称振动，E 表示双重简并(又称双重退化)振动。下标 1、2、3 分别表示对于主轴外的旋转轴或旋转反映轴对称或反对称，在仅有一个对称轴的点群中，表示对于对称面对称或反对称。上标“′”和“″”分别表示对于对称面对称和反对称。

6. 振动模式的研究

拉曼光谱可以通过测定退偏振比(depolarization ratio)ρ 来研究对应某个峰的基团振动模式。对应于拉曼散射的每一条谱带都可以用偏振分析器测量该谱带在垂直于入射光电矢量方向的强度 $I_{\perp}$ 和平行于入射光电矢量方向的强度 $I_{/\!/}$，见图 3-54。

$$\rho = I_{\perp}/I_{/\!/}$$

拉曼谱带可分为偏振的和退偏振的两类。$\rho<0.75$ 的谱带是偏振的，其对应的是全对称振动。$\rho=0.75$ 的谱带是退偏振的，对应的是对称性较低的振动。对称性越高，ρ 越小。

例如，图 3-55 为 $CHCl_3$ 的部分拉曼光谱图。在 760 cm^{-1} 的 D 带和 261 cm^{-1} 的 A 带是退偏振的，分别对应于 C—Cl 键的 ν^{as} 和 δ^{as}；在 667 cm^{-1} 的 C 带和 366 cm^{-1} 的 B 带是偏振的，分别对应于 C—Cl 键的 ν^{s} 和 δ^{s}。

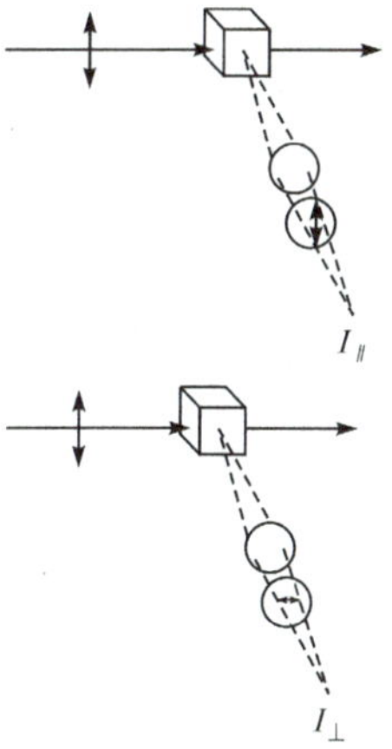

图 3-54　退偏振比的测定

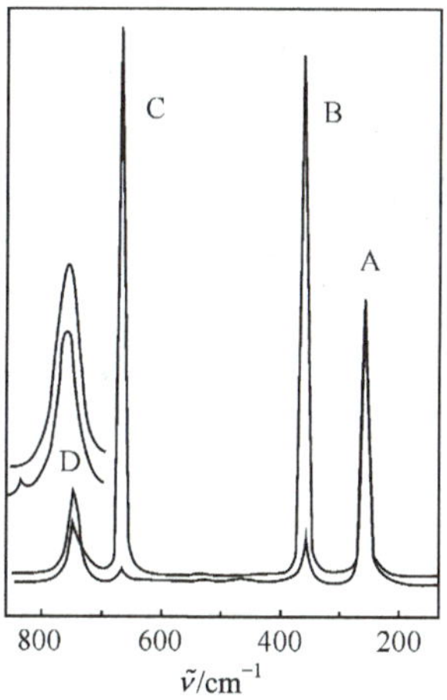

图 3-55　$CHCl_3$ 的部分拉曼光谱图

上线为 $I_{\perp}$，下线为 $I_{/\!/}$

习　题

1. 分子的每一个振动是否都能产生一个红外吸收？为什么？

2. 判断下列化合物指定化学键的对称伸缩振动在红外光谱中的活性情况。

(1) O_2，ν_{O-O}　(2) CO_2，$\nu_{O=C=O}$　(3) $H_3C—CH_3$，ν_{C-C}　(4) $H_2C═CH_2$，$\nu_{C=C}$

(5) 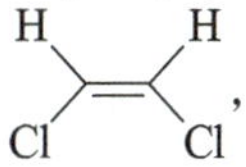

，$\nu_{C=C}$　(6) 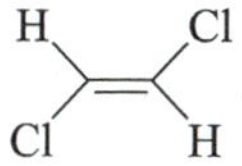

，$\nu_{C=C}$

3. 下列几组化合物的 $\nu_{C=O}$ 如何变化？为什么？

(1) Ph—CHO(A)，p-$(CH_3)_2$N—Ph—CHO(B)

(2) R—CO—R′(A)，R—CO—OR′(B)，R—CO—NHR′(C)

(3) 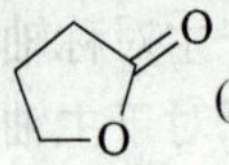 (A)，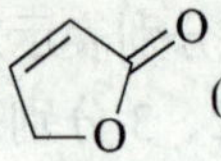 (B)，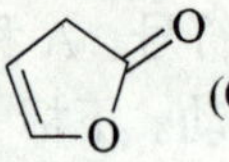 (C)

4. 如何用红外光谱区别下列各组化合物？

(1) p-CH_3—Ph—COOH 和 Ph—$COOCH_3$

(2) 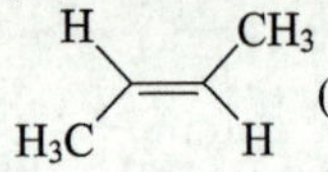

(A)、$H_2C=CH-CH_2CH_3$(B)和 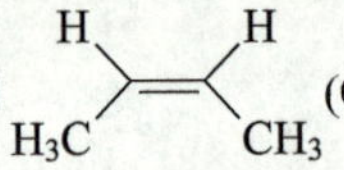

(C)

(3) $CH_3(CH_2)_3OH$(A)、$(CH_3)_3COH$(B)和 $CH_2=CHCH_2CH_2OH$(C)

5. 下面是对氨基苯甲酸(p-$NH_2C_6H_4COOH$)的红外光谱图，试分析谱图与分子结构之间的关系。

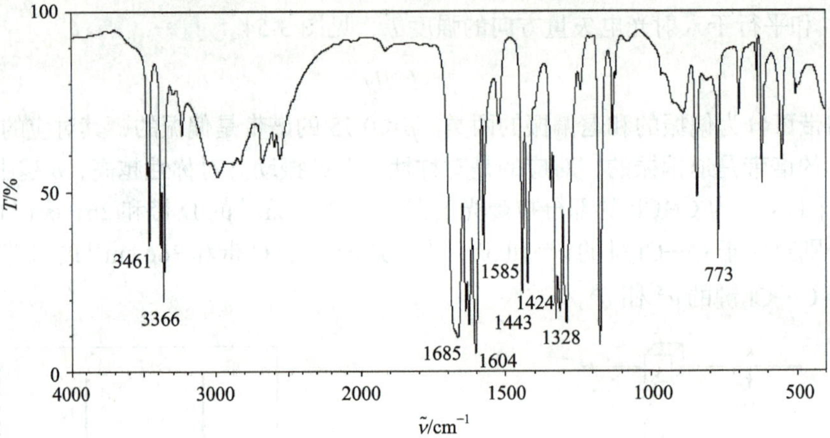

6. 下面是分子式为 C_8H_8O 化合物的红外光谱图，沸点为 202 ℃，试推测其结构。

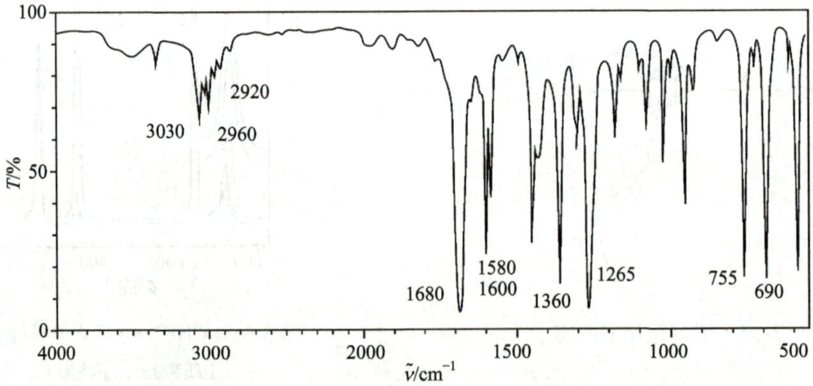

7. 根据下面的红外光谱图，推测化合物 $C_7H_5NO_3$(熔点为 106 ℃)的结构。

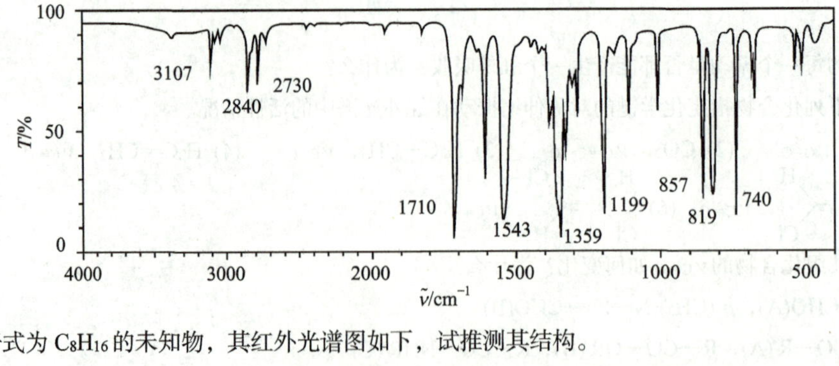

8. 分子式为 C_8H_{16} 的未知物，其红外光谱图如下，试推测其结构。

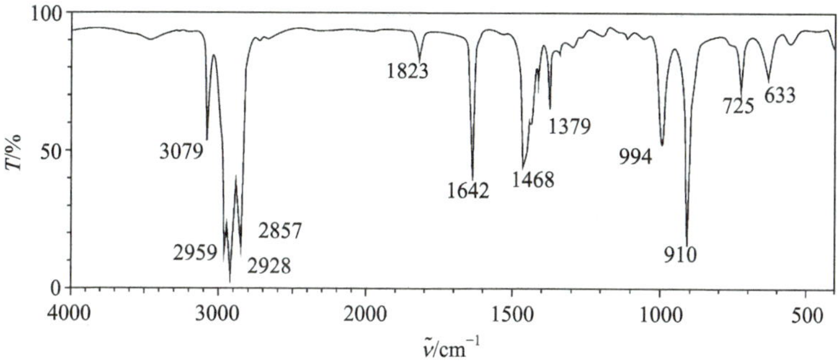

9. 乙酰乙酸乙酯有以下互变异构：

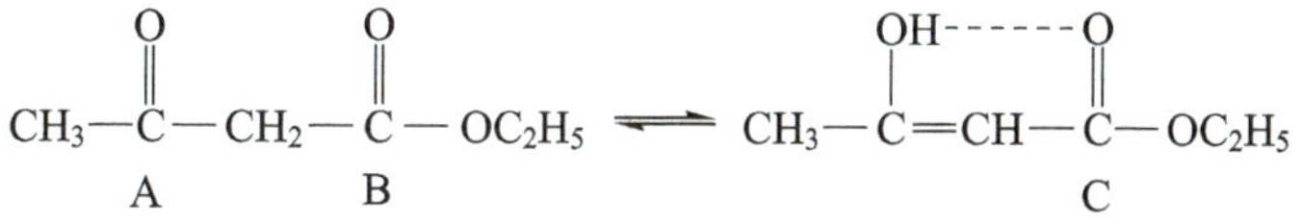

随着溶剂极性的减小，烯醇式增多。1738 cm^{-1}、1650 cm^{-1}、1717 cm^{-1} 分别为酮式或烯醇式羰基 A、B、C 中某一个的 $\nu_{C=O}$，请回答：

(1) 1738 cm^{-1}、1650 cm^{-1}、1717 cm^{-1} 分别为酮式和烯醇式哪个羰基的 $\nu_{C=O}$?

(2) 将乙酰乙酸乙酯配成不同极性溶剂的浓度相同的溶液，当溶剂极性减小时，其红外光谱中这 3 个 $\nu_{C=O}$ 吸收强度如何变化?

(3) 已知烯醇式的紫外光谱中 244 nm 有一强吸收，ε=16 000，而酮式没有此强吸收。此强吸收对应什么结构？溶剂由乙醇变为己烷时，其紫外光谱有何变化?

10. 某化合物只含碳、氢两种元素，分子量为 98，红外光谱图如下，试推测其结构。

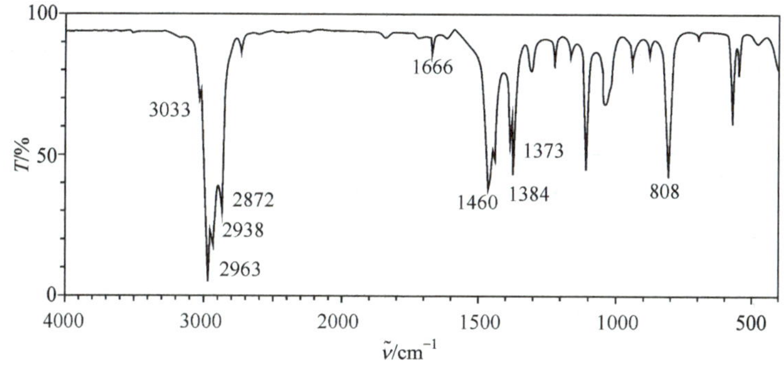

11. 某化合物的分子式为 $C_4H_8O_2$，红外光谱图如下，试推测该化合物是丁酸还是乙酸乙酯。

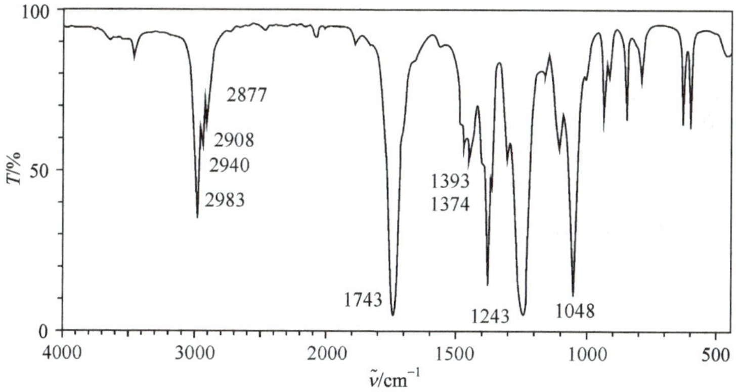

12. 某化合物的分子式为 $C_9H_5NO_4$，红外光谱图如下，试推测其结构。

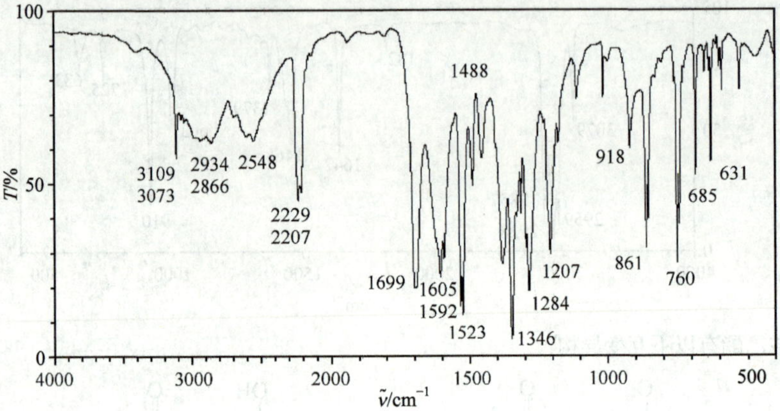

13. 两个同分异构体，结构简式为 $CH_3(CH_2)_3CH{=}CHCH_3$，红外光谱图如下，试推测它们分别对应哪个异构体，并说明理由。

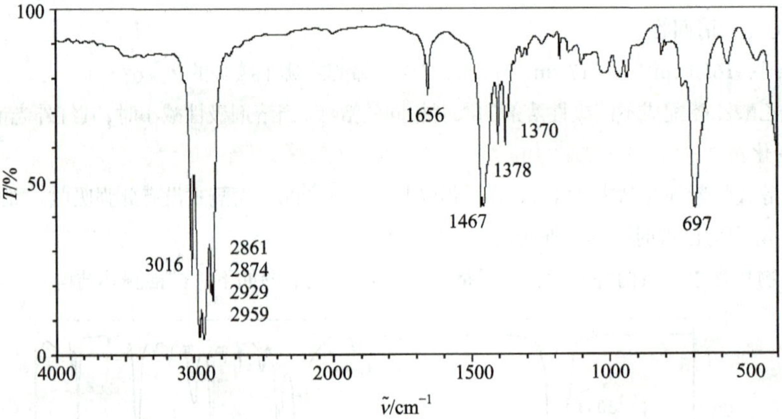

A

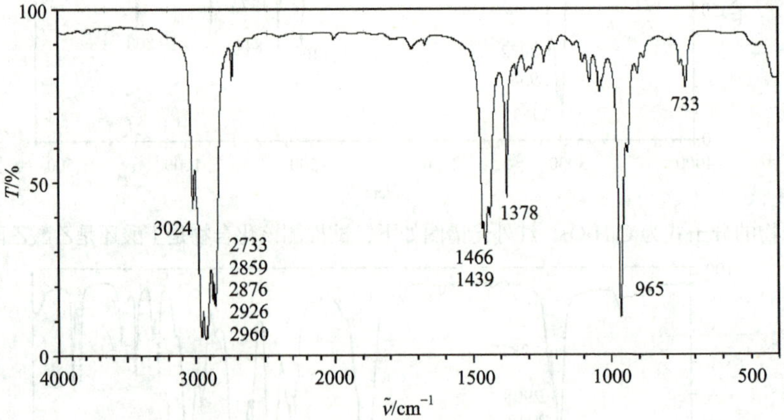

B

14. 有一个分子式为 C_8H_6 的化合物，红外光谱图如下，试推测其结构。

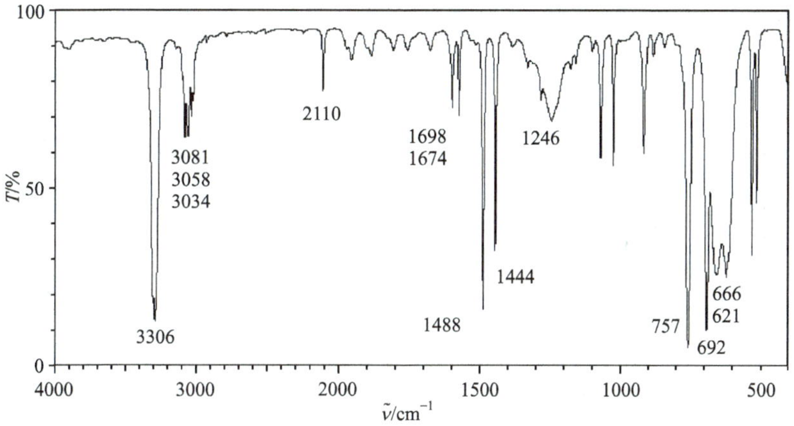

15. 有一个分子式为 C_8H_7N 的化合物，红外光谱图如下，试推测其结构。

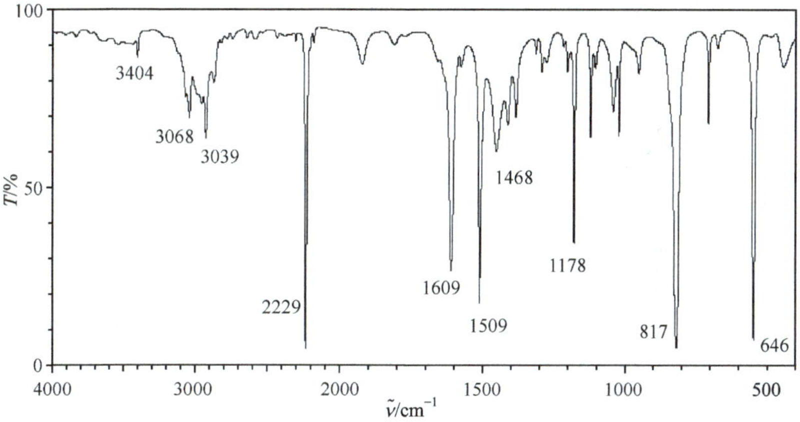

16. 有分子式为 C_9H_{10} 的化合物，其三个同分异构体的红外光谱图如下，《联合化学词典》(*Combined Chemical Dictionary*)记载它们的沸点分别为：A. 168～169 ℃；B. 171.6 ℃；C. 172～178 ℃。试推测对应的结构。

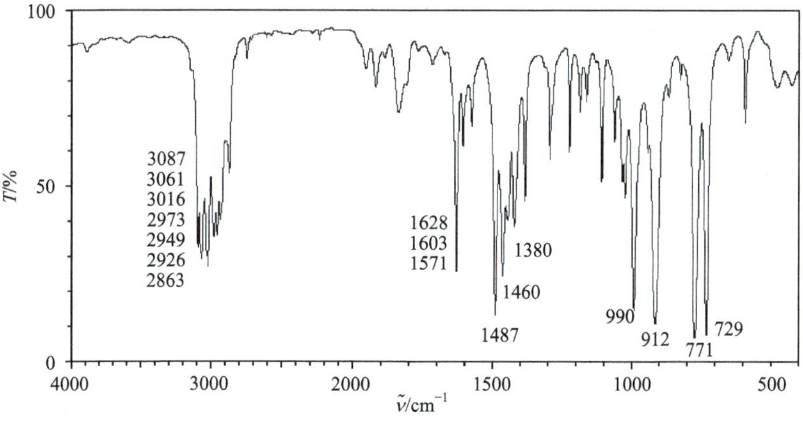

A

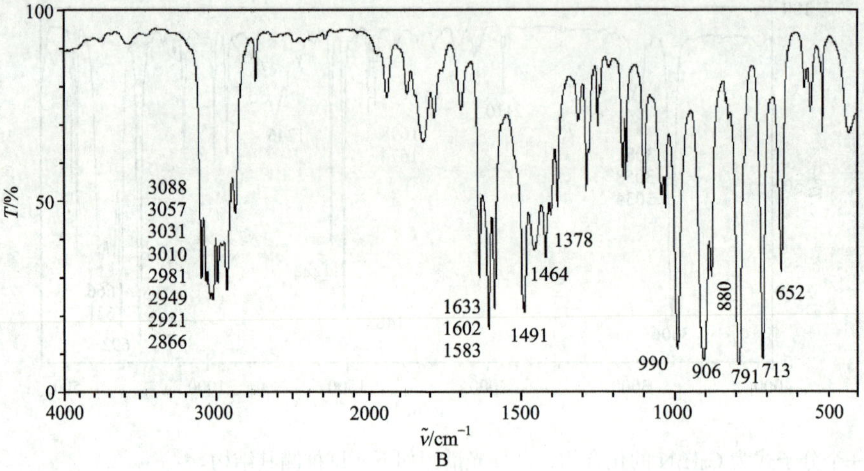

B

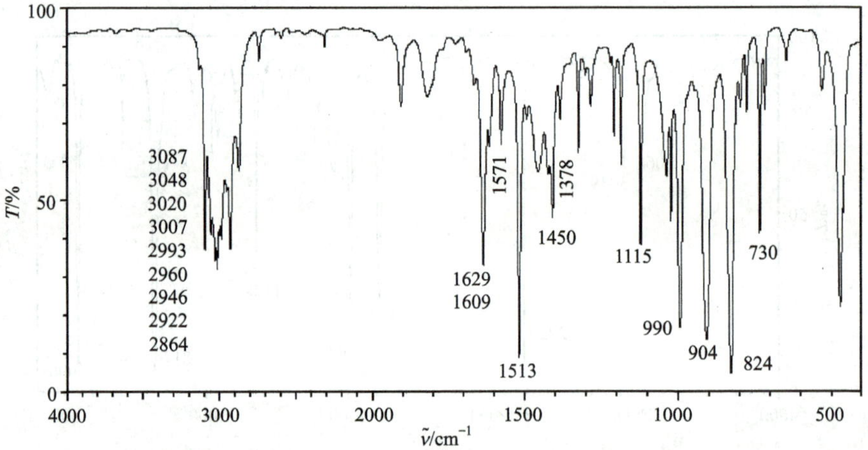

C

17. 有分子式为 C_3H_7NO 的化合物，其两个同分异构体的红外光谱图如下，它们的熔点分别为：A. 80～83 ℃；B. 26～28 ℃。试推测对应的结构。

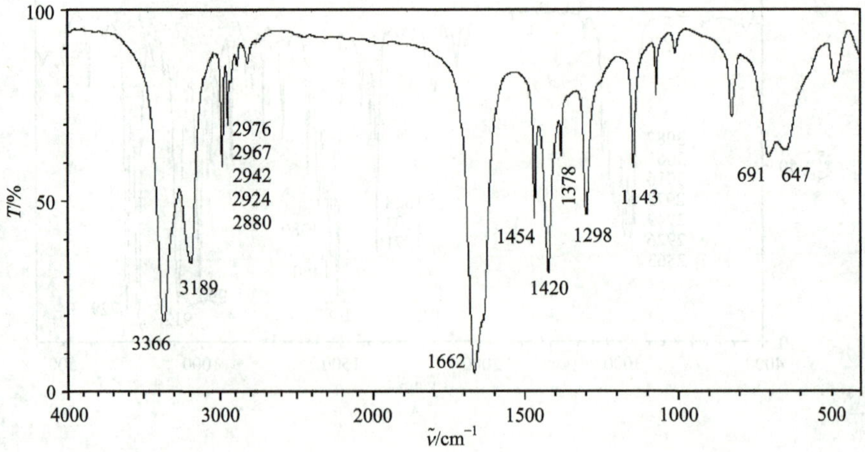

A

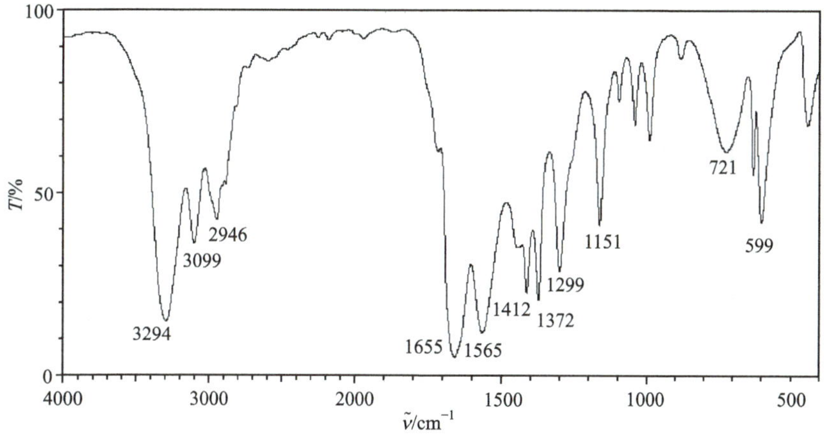

B

18. 有分子式为 $C_{10}H_{14}$ 的化合物，其四个同分异构体 A、B、C 和 D 的红外光谱图如下。试推测对应的结构。

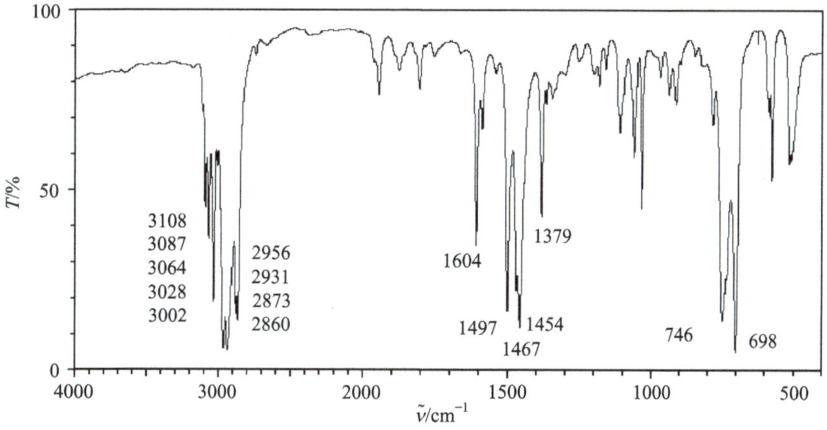

A

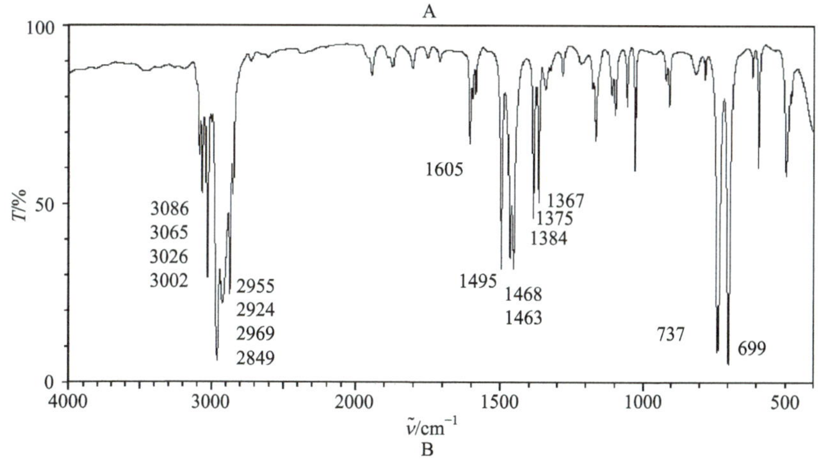

B

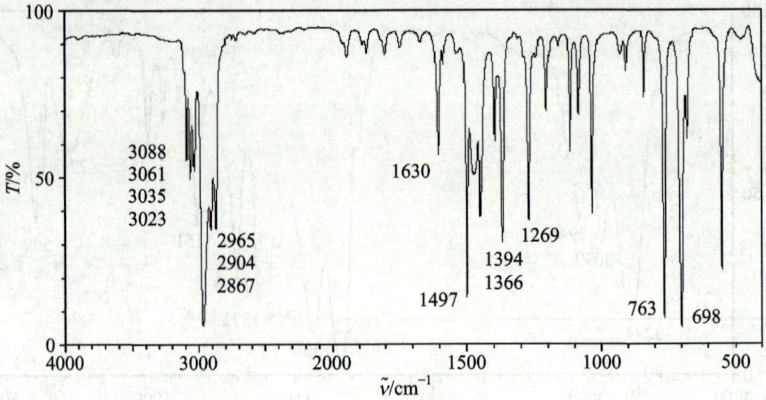
100
T/%
50
0
3088
3061
3035
3023
2965
2904
2867
1630
1497
1394
1366
1269
763
698
4000
3000
2000
1500
1000
500
$\tilde{\nu}$/cm^{-1}

C

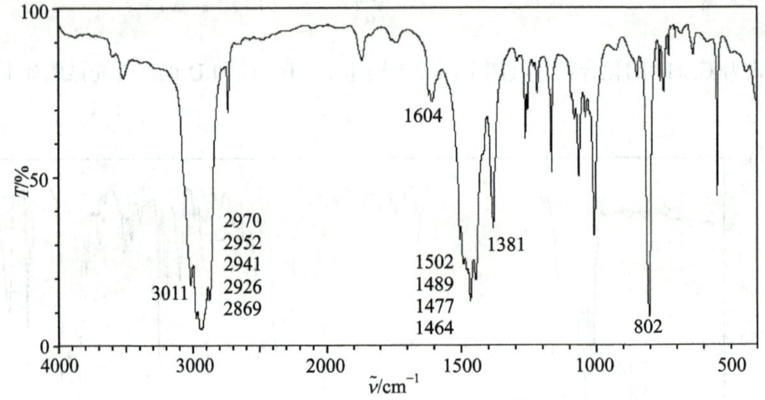
100
T/%
50
0
3011
2970
2952
2941
2926
2869
1604
1502
1489
1477
1464
1381
802
4000
3000
2000
1500
1000
500
$\tilde{\nu}$/cm^{-1}

D

第 4 章　^{1}H 核磁共振

自 1945 年以布洛赫(Bloch)和珀塞耳(Purcell)为首的两个研究小组同时独立发现核磁共振(nuclear magnetic resonance，NMR)现象以来，核磁共振的理论和方法得到了不断的发展和进步，应用领域也在不断扩大。NMR 的理论基础是量子光学和核磁感应理论。核磁共振分析能够提供的主要结构信息有化学位移δ、耦合常数 J 和各种核的信号强度比。通过分析这些信息，可以了解特定原子(如 ^{1}H、^{13}C、^{19}F 等)的原子个数、化学环境、邻接基团的种类，甚至连分子骨架及分子的空间构型也可以研究确定。随着超导磁体和脉冲傅里叶变换技术的普及，NMR 的新方法、新技术不断涌现，如二维核磁共振技术、差谱技术、极化转移技术、变温核磁共振及固体核磁共振技术的发展，使核磁共振的分析方法和技术不断完善，应用范围日趋扩大，样品用量减少，灵敏度大大提高。由只能测溶液试样发展到可以做固体样品，灵敏度很低的 ^{13}C 和 ^{15}N 等核的 NMR 测试也已可以顺利完成。总之，NMR 在化学、生物学、医学和材料学等领域的应用日趋广泛，已经成为现代结构分析中十分重要的手段。NMR 可以提供多种结构信息，不破坏样品。NMR 也可以进行定量分析，但误差较大，不能用于痕量分析。

4.1　NMR 的基本原理

布洛赫和珀塞耳对核磁共振的解释采取了不完全相同的理论。布洛赫使用的是核磁感应的观点，而珀塞耳却采用量子光学中能量吸收的观点。这两种观点都在广泛使用。为了方便，我们将在不同的场合分别采用它们来说明问题。

4.1.1　原子核的自旋

原子核有自旋现象，因而具有一定的自旋角动量，用 P 表示。由于原子核是带电的粒子，自旋时将产生磁矩 μ，角动量和磁矩都是矢量，其方向是平行的。

按自旋量子数 I 的不同，可以将核分成以下几类：

(1) 自旋量子数 I=0，这类核没有核磁矩，μ=0，如 ^{12}C、^{16}O、^{32}S 等。这类核不能用 NMR 测定。

(2) 自旋量子数 $I\neq0$，这类核有核磁矩，$\mu\neq0$，可以发生核磁共振。这类核又可分为两种情况。一种情况是 I=1/2，这类核可以看成是电荷均匀分布的旋转球体，如 ^{1}H、^{13}C、^{15}N、^{19}F、^{29}Si、^{31}P 等，这些核是 NMR 测试的主要对象。另一种情况是 $I\geqslant1$，可以把它们看成是绕主轴旋转的椭球体。它们的电荷分布不均匀，有电四极矩存在，NMR 信号复杂。两个大小相等、方向相反的电偶极矩相隔一个很小的距离排列，就构成了电四极矩。有些原子核相当于一个点电荷加一个电四极矩的作用，这种核具有电四极矩，如 ^{2}H、^{27}Al、^{17}O 等。核的自旋量子数、原子序数、质量数之间的关系如表 4-1 所示。

表 4-1　核的自旋与核磁共振

质量数	原子序数	自旋量子数	自旋形状	NMR 信号	原子核
偶	偶	0	非自旋球体	无	^{12}C，^{16}O，^{28}Si，^{32}S
	奇	1，2，3，…	自旋椭球体	有	^{2}H，^{10}B，^{14}N
奇	奇或偶	1/2	自旋球体	有	^{1}H，^{13}C，^{15}N，^{19}F，^{29}Si，^{31}P
		3/2，5/2，…	自旋椭球体	有	^{11}B，^{17}O，^{33}S，^{35}Cl，^{37}Cl，^{79}Br，^{81}Br，^{127}I

自旋量子数是 1/2 的核，如 ^{1}H、^{13}C、^{15}N、^{19}F、^{29}Si、^{31}P 等是 NMR 测试的主要对象。无外加磁场时，核的自旋取向是无规则的。若将原子核置于外加磁场中，则核可以形成规则的自旋取向。在外加磁场中，自旋量子数为 I 的核共有 $2I+1$ 个自旋取向。每个自旋取向用磁量子数 m 表示，则 $m = I, I-1, I-2, 0, \cdots, -I$。以 I=1 的氘核为例，其共有 $2I+1=2\times1+1=3$ 个自旋取向，即 m=1, 0, −1。核由自旋产生的角动量不是任意数值，而是由自旋量子数决定的。根据量子力学理论，原子核的总角动量 $\boldsymbol{P}$ 的值为

$$P=\sqrt{I(I+1)}\frac{h}{2\pi}=\hbar\sqrt{I(I+1)}$$

式中：h 为普朗克常量；$\hbar$ 为角动量的单位，$\hbar = h/2\pi$。

自旋不为零的原子核都有磁矩，其数值用 μ 表示：

$$\mu = \gamma P$$

式中：γ 为磁旋比，它是核磁矩与自旋角动量之比，$\gamma = \mu/P$。

4.1.2　核磁共振

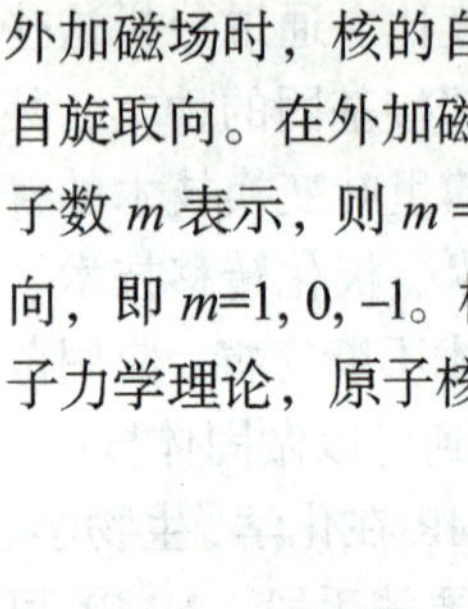

图 4-1　^{1}H 的自旋取向

氢原子(^{1}H)原子核自旋量子数 I=1/2，所以磁量子数 m 有两个值，$m = +1/2$、$m = -1/2$。也就是说，^{1}H 在外加磁场 B_0 中，其核有两个自旋取向(图 4-1)，$m = +1/2$ 时，自旋取向与外加磁场一致，能量较低；$m = -1/2$ 时，自旋取向与外加磁场方向相反，能量较高。

核的自旋角动量 P 在 z 轴(与外加磁场一致)上的投影 P_z 为

$$P_z = \hbar m$$

核磁矩 μ 在 z 轴上的投影 μ_z 的值为

$$\mu_z = \gamma P_z = \gamma\hbar m$$

核磁矩与磁场的相互作用能为 E，其值为

$$E = -\mu_z B_0 = -\gamma\hbar m B_0$$

当 $m = -1/2$ 时

$$E_{(-1/2)} = -\gamma\hbar(-1/2)B_0 = \gamma\hbar B_0/2$$

当 $m = +1/2$ 时

$$E_{(+1/2)} = -\gamma\hbar(+1/2)B_0 = -\gamma\hbar B_0/2$$

由量子力学的选律可知，只有 $\Delta m=\pm 1$ 的跃迁才是允许的。因此，相邻两能级之间发生跃迁的能量差为

$$\Delta E = E_{(-1/2)} - E_{(+1/2)} = \gamma\hbar B_0$$

上式表明，ΔE 与外加磁场 B_0 的强度有关，ΔE 随外加磁场 B_0 的增大而增大。

在磁场中的氢核的核磁矩方向与外加磁场成一定的角度 θ。核绕自旋轴自旋，同时又由于自旋轴与外加磁场成一定的角度 θ，因此自旋的核受到一个外力矩的作用，使得氢核在自旋的同时还绕顺磁场方向的一个假想轴回旋进动，称为拉莫尔(Larmor)进动(图 4-2)。回旋频率 ν_1 与外加磁场成正比：

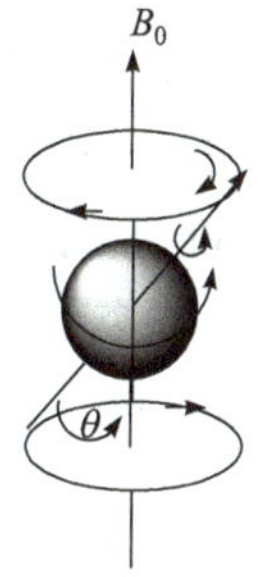

图 4-2 原子核的自旋

$$\nu_1 = \frac{\gamma}{2\pi} B_0$$

式中：γ 为磁旋比；B_0 为外加磁场。

由于在磁场中具有核磁矩的 ^{1}H 有两个不同能级，若在 B_0 的垂直方向用电磁波照射，核可以吸收能量从低能级跃迁到高能级。吸收的电磁波的能量等于 ΔE：

$$\Delta E = h\nu_2 = \gamma\hbar B_0 = \frac{\gamma}{2\pi} hB_0$$

吸收的电磁波的频率为

$$\nu_2 = \frac{\gamma}{2\pi} B_0$$

也就是说，当 $\nu_1=\nu_2$ 时，核会吸收射频的能量，由低能级跃迁到高能级，这种现象称为核磁共振。核磁共振的基本关系式为

$$\nu = \frac{\gamma}{2\pi} B_0$$

同一种核，γ 为一常数；磁场强度 B_0 增大，共振频率 ν 也增大。在相同的磁场强度下，不同的核 γ 不同，共振频率也不同。例如，B_0=2.3 TG(1 TG=10^4 G)时，^{1}H 共振频率为 100 MHz，^{13}C 为 25 MHz，^{31}P 为 40.5 MHz。因此，在观察一种核的核磁共振时，不会同时观察到另一种核的核磁共振。

4.1.3 宏观磁化强度矢量

观测到的核磁共振现象是大量原子核的行为，可以从宏观的角度进行讨论。

样品放入静磁场 B_0 后，各个原子核的磁矩 $\boldsymbol{\mu}_i$ 会绕 B_0 作回旋进动。回旋进动将沿着以 B_0 为轴、顶点为坐标原点的圆锥面进行。圆锥面的数目取决于自旋量子数 I 的数值，以质子为例，将有两个进动圆锥面，如图 4-3 所示。宏观磁化强度矢量 $\boldsymbol{M}$ 为单位体积内各个原子的核磁矩 $\boldsymbol{\mu}_i$ 的矢量和，$\boldsymbol{M} = \sum \boldsymbol{\mu}_i$。从统计规律来说，在热平衡的情况下，原子核在两个圆锥面回旋进动时，各个核的核磁矩 $\boldsymbol{\mu}_i$ 在两个圆锥面上的分布是均匀的，但在两个圆锥面上的核磁矩

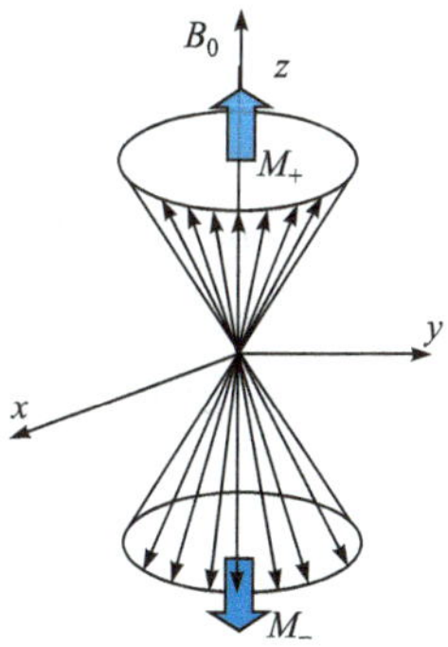

图 4-3 $I=1/2$ 的原子核在 B_0 中沿两个圆锥面回旋进动

μ的数目略有区别，沿着 B_0 方向的核磁矩数目略多。因此，宏观磁化强度 $\boldsymbol{M}$ 是沿着 B_0 方向的。$\boldsymbol{M}$ 可以分解为 B_0 方向分量和垂直于 B_0 方向分量。

4.1.4 饱和与弛豫

吸收光谱的产生是入射电磁波的能量等于样品分子的某种能级差 ΔE 时，分子吸收能量，由低能级跃迁到高能级。高能级的粒子可以通过辐射释放能量，回到低能级。紫外-可见光谱和红外光谱等能级差 ΔE 较大的吸收光谱，自发辐射足够有效使高能级粒子回归而维持玻尔兹曼(Boltzmann)分布，使吸收光谱测定得以实现。

^{1}H 核有两种能级状态，由于两者之间能量差很小，低能级核的总数仅比高能级核的总数稍微多一点。若外加磁场强度为 14 092 G，温度为 27 ℃，则低能级与高能级 ^{1}H 核数目之比为

$$e^{\Delta E/KT} = e^{\gamma hB/2\pi KT} = 1.000\ 009\ 9$$

式中：K 为玻尔兹曼常量，T 为热力学温度。也就是说，每 1×10^6 个核中，低能级的氢核仅比高能级核多 10 个左右。对每个核来说，由低能级向高能级或由高能级向低能级的跃迁概率是一样的，但低能级核的数目较多，因此总的来说，产生净的吸收现象，即产生 NMR 信号。由于两种核的总数相差不大，若高能级的核没有其他途径回到低能级，也就是说没有过剩的低能级核可以跃迁，就不会有净的吸收，NMR 信号将消失，这个现象称为饱和。

在正常情况下，为了维持 NMR 信号的检测，必须要有某种过程使高能级的核可以不用辐射的方式回到低能级，这个过程称为弛豫。当满足共振条件时，使宏观磁化强度矢量 $\boldsymbol{M}$ 向 y 轴倾倒。$\boldsymbol{M}$ 的两个分量中沿 B_0 方向也即纵向分量是从 M_0 下降到某一数值；垂直于 B_0 方向也即横向分量则从 0 上升到某一数值。弛豫使 $\boldsymbol{M}$ 向恢复初始状态变化。弛豫有两种方式：

(1) 纵向弛豫，又称自旋-晶格弛豫，是 $\boldsymbol{M}$ 纵向分量(磁场 B_0 中纵轴方向)的弛豫，朝着 M_0 恢复。纵向弛豫反映了核(自旋体系)与环境(又称晶格)进行能量交换，高能级的核把能量以热运动的形式传递给周围，如固体的晶格、液体中同类分子或溶剂分子等，由高能级返回低能级。这个弛豫过程需要一定的时间，其半衰期用 T_1 表示。T_1 与核的种类、样品的状态、温度等因素有关。液体样品的 T_1 一般为 10^{-4}～10^2 s；固体样品的 T_1 较长，可达几小时甚至更长。液体样品的 T_1 明显比固体样品小很多。T_1 越小表示弛豫过程的效率越高。

(2) 横向弛豫，又称自旋-自旋弛豫，是 $\boldsymbol{M}$ 横向分量的弛豫，使核磁矩在 xy 平面上的投影均匀分布。自旋-自旋弛豫反映了核磁矩之间的相互作用，高能级核把能量传递给同类低能级核。在此弛豫过程前后，各种能级核的总数不变，总能量不变。其半衰期用 T_2 表示。液体样品的 T_2 约为 1 s，固体或高分子样品的 T_2 较小，约为 10^{-3} s。

对每一种核来说，它在某一较高能级平均的停留时间只取决于 T_1 及 T_2 中的较小者。根据不确定性原理，谱线宽度与弛豫时间成反比(由 T_1 或 T_2 中的较小者决定)。固体样品的 T_2 很小，所以谱线很宽。因此，在化合物结构分析的 NMR 测试中，一般将可找到合适溶剂的固体样品都配成溶液测定。另外，如果溶液中有铁磁性和顺磁性物质(如铁、氧气等)，会使 T_1 缩短，谱线加宽，所以样品中不能含铁磁性和其他顺磁性物质。

4.2 核磁共振仪简介

核磁共振现象的观察有两种方法，即可用连续波核磁共振仪或脉冲傅里叶变换核磁共振

仪完成。连续波核磁共振仪中磁场一般用永磁铁或电磁铁，在固定射频下进行磁场扫描或在固定磁场下进行频率扫描，使不同的核依次满足共振条件而画出谱线。连续波核磁共振仪做样时间长，灵敏度低，无法完成 ^{13}C 核磁共振和二维核磁共振的工作，已经基本不生产，取而代之的是脉冲傅里叶变换核磁共振仪。

4.2.1 连续波核磁共振仪

核磁共振仪是复杂、精密的仪器，这里先简要介绍一下连续波核磁共振仪的结构。其简要结构如图 4-4 所示。

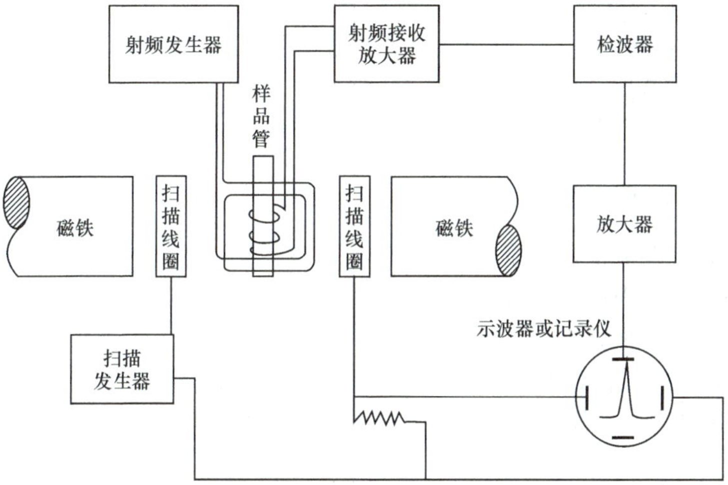

图 4-4 连续波核磁共振仪的简要结构

(1) 磁铁。用来产生一个强的外加磁场，按磁铁的种类分为永久磁铁、电磁铁、超导磁铁三种。前两种磁铁，仪器磁场最高可以做到 2.35 TG，等于 100 MHz(核磁共振仪的磁场常用 ^{1}H 共振频率 MHz 来表达)。超导磁铁目前可高达 1000 MHz，用于脉冲傅里叶变换核磁共振仪。磁场强度、稳定性和均匀性是磁体性能的主要指标。磁场强度越大，频率(MHz)越大，仪器越灵敏，得到的谱图越简单，越易解析。在磁铁上有一个扫描线圈[又称亥姆霍兹(Helmholtz)线圈]，内通直流电。它产生一个附加磁场，可用来调节原有磁场的磁场强度，连续改变磁场强度进行扫描。把射频振荡器的频率固定，进行磁场扫描，使各种质子在不同磁场强度下发生共振，得到 NMR 谱图，这种方法称为“扫场”。一般这种连续波扫描的仪器，从低磁场强度即左端扫起，向高磁场强度的右端扫描，磁场强度的增加数值折合成频率而被记录下来。在进行测定时，电磁铁要发热，所以要用水冷却，使其温度变化小于 0.1 ℃/h。

磁场的稳定性和均匀性对核磁共振测定影响很大。磁场稳定才能使测定的吸收信号保持在恒定位置，特别是长时间的信号累加对磁场稳定性要求更高。为此，除了磁体本身外，还需要锁场来检测磁场的漂移，并对此进行补偿以抵消磁场的变化。目前常使用氘代溶剂中的氘信号锁场。通过对氘信号的检测，判断磁场的变化，通过微小的附加电流对磁场进行补偿。磁场的均匀性也是核磁共振实验成功与否的关键因素。磁场不均匀，不但信号分辨率下降，而且还会出现峰形的畸变，给出错误的结构信息。因此，测定样品时，样品的每一个几何位置都应该处在同样的外加磁场强度中，这样才能保证样品中所有的自旋感受到的磁场是相同的。为此，每次实验前都需要调整磁场，使其均匀，也就是匀场。锁场和匀场完成后，才可以开始核磁共振实验。

(2) 射频发生器。其主要用于产生射频。一般情况下，连续波核磁共振仪的射频频率是固定的。在测定其他核(如 ^{13}C、^{15}N)时，要更换其他频率的射频发生器。

(3) 射频接收器和记录仪。产生核磁共振时，射频接收器能检出被吸收的电磁波能量。此信号被放大后，用仪器记录下来就是 NMR 谱图。射频发生器和射频接收器在样品管外面，两者互相垂直，并且与扫描线圈垂直。

(4) 探头和样品管座。射频线圈和射频接收线圈都在探头内。样品管座能够在压缩空气的推动下旋转，使样品受到均匀磁场的作用。

(5) 电子计算机(工作站)。用于控制测试过程、进行数据处理和谱图存储等。

(6) 其他。核磁共振仪还可以有其他一些装置，用于不同的测试目的，扩大仪器的应用。例如：①双照射去耦装置，用于做各种双照射测定；②可变温度控制装置；③异核射频发生器，用于测定 ^{13}C、^{15}N 等核；④固体探头，用于固体样品的测试。

4.2.2 脉冲傅里叶变换核磁共振仪

一般连续波核磁共振仪是在核进动的频率范围内用扫频或扫场的方式来观察 NMR 信号的。由于每一时刻只能观察一条谱线，因此效率低。^{13}C 的化学范围远比 ^{1}H 宽，^{1}H 的化学位移范围约为 15，而 ^{13}C 的化学位移范围在 250 以上。显然，^{13}C NMR 从头到尾扫描一次费时甚多。又由于 ^{13}C 丰度低，信号太弱，必须将信号累加多次来解决这个问题。为了解决上述难题，必须采用脉冲傅里叶变换核磁共振仪(PFT-NMR)。脉冲傅里叶变换核磁共振仪的简要结构如图 4-5 所示。

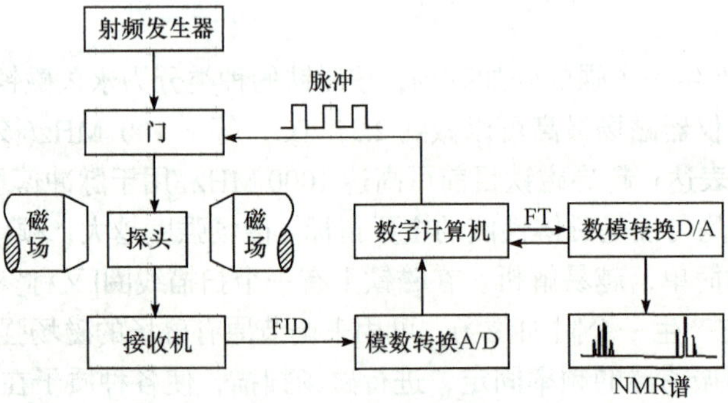

图 4-5 脉冲傅里叶变换核磁共振仪的简要结构

脉冲傅里叶变换核磁共振仪如前所述，是用一个强的射频以脉冲方式(一个脉冲中同时包含一定范围的各种频率的电磁波)将样品中所有的核激发。为了提高信噪比，需要多次重复照射、接收，将信号累加。

现在生产的脉冲傅里叶变换核磁共振仪大多是超导核磁共振仪，采用超导磁铁产生高的磁场。超导线圈浸泡在液氦中，为了减少液氦的蒸发，液氦容器的外面用液氮冷却。这样的仪器磁场强度可以达到 200～1000 MHz，仪器性能大大提高，但消耗也大大增加。

一般 PFT-NMR 在探头上有三个通道：①锁通道，为了保持磁场高度稳定性；②发射及接收通道，作为观察 NMR 信号的重要部件；③干扰通道，可根据需要发射干扰射频，以完成各种不同的操作。仪器的运行及数据处理均用计算机控制。

PFT-NMR 采用发射脉冲，使不同化学环境的某一种核同时被激发。为了恢复平衡，各个核通过各种方式弛豫，在接收机中可以得到一个随时间逐步衰减的信号，称为自由感应衰减(free induction decay，FID)信号。它是这种核(在 ^{1}H NMR 中是质子)的所有不同化学环境核的 FID 信号的叠加，这种信号是随时间衰减的信号 $f(t)$。而平常的 NMR 谱图中信号是频率的函数 $f(\omega)$或 $f(\nu)$，所以要用计算机进行傅里叶变换，将 $f(t)$变成 $f(\omega)$或 $f(\nu)$，得到普通的 NMR 谱图。

4.2.3 脉冲傅里叶变换核磁共振的基本原理*

脉冲傅里叶变换核磁共振中用一个射频脉冲代替连续变化的射频波，它所获得的信号是自由感应衰减(FID)信号，需要经过傅里叶变换才能转换为一般的核磁共振谱图。

样品放入静磁场 B_0 后，在热平衡的情况下，B_0 方向的宏观磁化强度 $\boldsymbol{M}_0$ 在 y 方向的分量为 0，无核磁共振信号。如果沿 x 方向加一个射频脉冲，在 y 方向接收信号。此时，宏观磁化强度 $\boldsymbol{M}_0$ 不再保持静止，而是绕着 x 轴转动，也就是核自旋受到了激发。当激发为 x 方向时，宏观磁化强度转动方向为 $z\rightarrow y\rightarrow -z\rightarrow -y\rightarrow z$。$\boldsymbol{M}_0$ 偏离 z 轴，倾倒了一个角度(图 4-6)。若此角度为 90°，这个射频脉冲称为 90°射频脉冲，这时 $\boldsymbol{M}$ 在 y 方向的分量 $\boldsymbol{M}_y$ 最大。

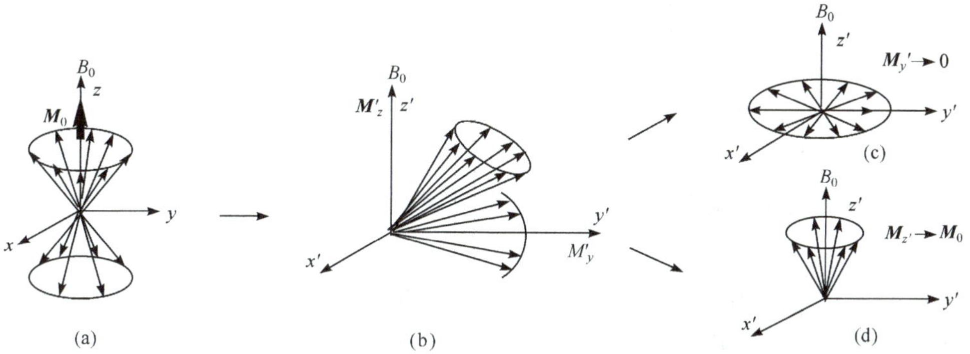

图 4-6 脉冲前后宏观磁化强度 $\boldsymbol{M}$ 的运动

(a) 热平衡时；(b) 受射频脉冲后；(c) T_2 弛豫作用；(d) T_1 弛豫作用

射频脉冲过后，$\boldsymbol{M}$ 仍受到外加静磁场 B_0 的作用，逐渐要恢复到热平衡状态，即从 $\boldsymbol{M}\rightarrow\boldsymbol{M}_0$。这个过程称为纵向弛豫，其变化速率用弛豫时间 T_1 表示(图 4-6)。这个过程不是瞬间完成的，而是受弛豫时间的制约。此时，$\boldsymbol{M}$ 受 B_0 的作用，有 $\boldsymbol{M}\rightarrow\boldsymbol{M}_0$ 的过程，同时 $\boldsymbol{M}$ 还在进行拉莫尔进动。两种运动的综合结果，$\boldsymbol{M}$ 将如图 4-7(c)所示，以螺旋旋进的方式恢复到 $\boldsymbol{M}_0$。此时，在 y 轴方向上的探测器将测得宏观磁化强度 $\boldsymbol{M}$ 在 y 轴上分量 $\boldsymbol{M}_y$ 的变化。如果要把 $\boldsymbol{M}_y$ 随时间 t 的变化表示出来，就是把 $\boldsymbol{M}\rightarrow\boldsymbol{M}_0$ 过程中 $\boldsymbol{M}$ 的螺旋旋进图形向 zy 平面作投影，其坐标为 $\boldsymbol{M}_y$ 和 t。这个 $\boldsymbol{M}_y$ 随时间 t 变化的图形称为自由感应衰减信号[图 4-7(d)]，它代表信号随时间 t 的变化的函数，又称为时畴函数 $f(t)$。若要将 FID 信号转化为一般的谱图，必须经过傅里叶变换，将时畴函数 $f(t)$转化为频畴函数 $f(\nu)$，得到核磁共振谱。射频脉冲过后，在纵向弛豫的同时还有横向弛豫，也就是前面讲到的核磁矩 $\boldsymbol{\mu}$ 在 xy 平面上的分布由相对密集到均匀分散(图 4-6)，其弛豫时间用 T_2 表示。

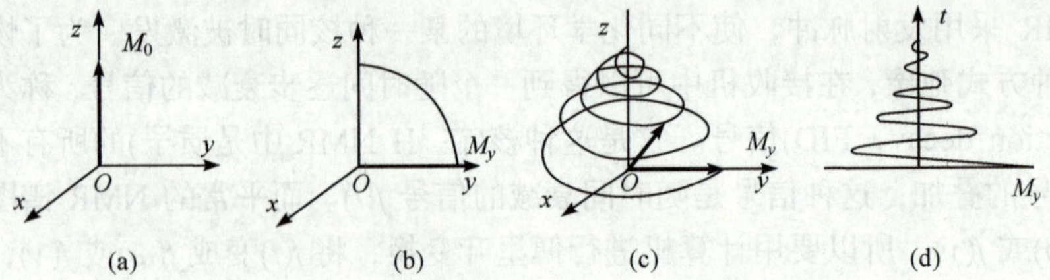

图 4-7 宏观磁化强度 ***M*** 的激发和弛豫过程

(a) 热平衡时的 ***M***；(b) 90°脉冲后的 ***M***；(c) 弛豫中的 ***M***；(d) M_y 随 t 的变化

在脉冲傅里叶变换核磁共振实验中，是在频率为 ν_0 的连续、等幅的射频波的基础上加一个射频脉冲方波。若脉冲方波宽度为 t_p，脉冲间隔(周期)为 t_r，这个脉冲系列可以被调制为如图 4-8(a)所示的频谱。这个频谱作用在样品上时如图 4-8(b)所示，是一个以 ν_0 为中心具有很多不同频率的频谱。其强度用包络线表示，主带频谱范围 $W=2/t_p$。在这个频谱范围 W 内，相邻射频频率差为 $\Delta=1/t_r$。在整个主带频谱范围内，频率不同的射频总数 $n=W/\Delta=2t_r/t_p$(图 4-8)。

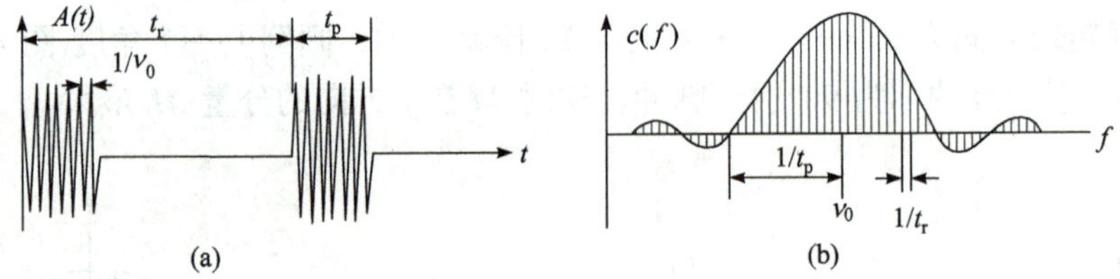

图 4-8 射频脉冲系列

(a) 调制后的频谱，横坐标为时间；(b) 作用在样品上的频谱，横坐标为频率

若某一个脉冲的脉冲宽度 t_p 为 10 μs，脉冲间隔 t_r 为 2 s，则

$$n = 2\ t_r/t_p = 2 \times 2\ /(10\times10^{-6}) = 4\times10^5$$

也就是说，这个脉冲系列内包含 4×10^5 不同频率的射频波，足以使样品中处于不同化学环境中的核同时受到激发，产生共振，得到 FID 信号，经过傅里叶变换后得到核磁共振谱图。脉冲傅里叶变换核磁共振实验脉冲时间短，两次脉冲间的间隔一般也仅为几秒。许多在连续波核磁共振仪上无法做的测试可以在脉冲傅里叶变换核磁共振仪上完成。

4.3 化 学 位 移

由 NMR 测定可以同时得到 3 个光谱参数，即化学位移δ、耦合常数 J 和谱线强度；若要测定弛豫时间，需另外做实验。下面讨论前三个光谱参数的由来、应用及其与分子结构的关系。

4.3.1 化学位移的起源

前面已经讲到，核磁共振的条件是改变频率或磁场强度，以满足特定核的共振条件：

$$\nu = \frac{\gamma}{2\pi} B_0$$

对于同一种核，磁旋比是相同的。固定了射频频率，是否所有 ^{1}H 核都在同一个磁场强度下发生共振呢？情况并非如此，质子的共振磁场强度与它的化学环境有关。

不同的质子(或其他种类的核)，由于在分子中所处的化学环境不同，因此在不同的磁场强度下共振的现象称为化学位移。出现化学位移的原因是各种氢核所处的化学环境不同，所受到的屏蔽作用不同。化学环境主要是指氢原子核的核外电子云以及该氢原子邻近的其他原子对它的影响。当氢核处在外加磁场中时，其外部电子在外加磁场相垂直的平面上绕核旋转的同时，将产生一个与外加磁场相对抗的附加磁场。附加磁场使外加磁场对核的作用减弱。这种核外电子削弱外加磁场对核的影响的作用称为屏蔽。若以σ表示屏蔽常数，外加磁场为B_0，这个屏蔽作用的大小为σB_0，则核的实受磁场 $B = B_0-\sigma B_0$。因此，核磁共振的条件应表达为

$$\nu = \frac{\gamma}{2\pi}B = \frac{\gamma}{2\pi}B_0(1-\sigma)$$

式中：σ为核的化学环境的函数。因为各种氢核所处的化学环境不同，所以σ值也不同，各种核在不同磁场强度下共振，产生了化学位移。各种氢核化学位移的差别是很小的，差异在 10^{-6} 范围内，即百万分之几。这么小的差别要靠测定磁场的绝对强度来加以辨别是很难办到的。另外，核外电子的感应磁场与外加磁场成正比，因此感应磁场的屏蔽作用所引起的化学位移的大小也与外加磁场强度成正比。由于所用的仪器有不同的磁场强度(MHz)，用磁场强度或频率表示化学位移值，则不同磁场强度的仪器测得的数值是不同的。为了使不同磁场强度的仪器测的化学位移有一个共同的标准，也为了克服绝对磁场强度测不准的难题，使用标准物的化学位移为原点，其他质子与它的距离(频率差)即化学位移值，用δ表示，则化合物质子的化学位移值与仪器无关。δ是一个无因次的参数。

$$\delta = \frac{\Delta\nu}{\nu_{标}}\times10^6 = \frac{\nu_{样}-\nu_{标}}{\nu_{标}}\times10^6(\text{ppm})$$

$$\delta = \frac{\Delta B}{B_{标}}\times10^6 = \frac{B_{标}-B_{样}}{B_{标}}\times10^6(\text{ppm})$$

式中：$\Delta\nu$为样品与标准物共振频率之差(Hz)；ΔB 为样品与标准物共振磁场强度之差(Hz)；$\nu_{样}$($\nu_{标}$)为样品(标准物)的共振频率；$B_{样}$($B_{标}$)为样品(标准物)的共振磁场强度。

因为$\Delta\nu/\nu_{标}$和$\Delta B/B_{标}$的值仅为百万分之几，为了使δ值易读易写，所以乘上 10^6，并且用 ppm(10^{-6})作δ的单位。现在我国取消 ppm 这个单位，δ只写数字或数字$\times10^{-6}$，后面不写 ppm，但国外和进口仪器仍然使用 ppm 这个单位。

标准物一般使用四甲基硅[$Si(CH_3)_4$，简称 TMS]，它是化学惰性的，沸点为 27 ℃，易挥发，并与许多有机物互溶。它的四个甲基对称，12 个质子呈球形分布，完全相同。甲基的氢核和碳核的核外电子屏蔽作用比一般化合物的都要强，只在高场出一个单峰。其δ值定为 0，绝大多数有机化合物出峰在其左边 0～15 个化学位移单位处，δ为正值，若出峰在 TMS 的右边则δ为负。以前也有用τ作为化学位移值的单位，此时 TMS 的峰τ=10。若把以τ表示的化学位移值换算成δ值，则δ=10−τ。

由上面讨论可知，同一个物质的某一个质子在不同磁场强度的仪器中，其出峰位置即样品峰离标准物的距离用δ(ppm 作单位)表示时，其数值是相同的；但若用 Hz 作单位，则其数

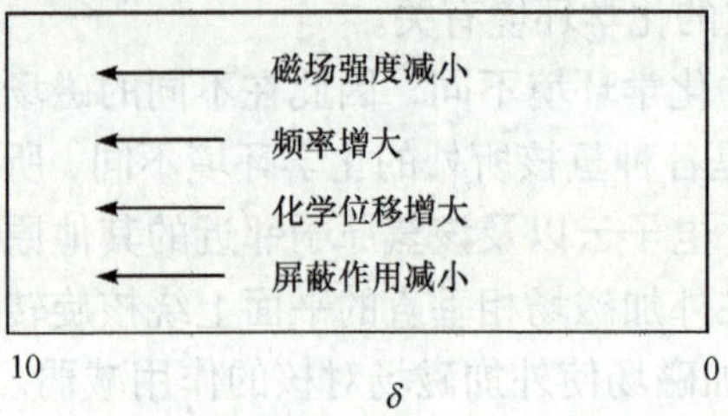

图 4-9 NMR 中σ、δ与B_0的关系

值因仪器磁场强度而异。例如，一个质子δ=2，则这个质子在 60 MHz 的仪器中，离开标准物的距离$\Delta\nu=2\times60=120$(Hz)；而在 100 MHz 仪器中，$\Delta\nu=2\times100=200$(Hz)。同样是 1 ppm 的化学位移差，在 60 MHz 仪器中包含了 60 Hz；而在 100 MHz 仪器中则包含了 100 Hz。在 NMR 谱图中，质子受的屏蔽效应、化学位移值与共振磁场强度之间的关系如图 4-9 所示，记住这个变化规律是很有用的。

4.3.2 内标物和溶剂

样品的化学位移值是选择某个标准物的化学位移作标准来测量的，这个标准物常直接加入样品溶液中作内标。理想的内标物应满足以下条件：

(1) 有高度的化学惰性，不与样品缔合。

(2) 它是磁各向同性的或者接近磁各向同性。

(3) 信号为单峰，这个峰出在高场，使一般有机化合物的峰出在其左边。

(4) 易溶于有机溶剂。

(5) 易挥发，使样品可以回收。

对于 ^{1}H NMR，最适宜的标准物是 TMS。TMS 在有机溶剂中溶解性很好，但在重水中不溶。重水作溶剂时，常用 DSS 或 TSP 作内标。DSS(4,4-二甲基-4-硅代戊磺酸钠)即$(CH_3)_3Si(CH_2)_3SO_3Na$，TSP(3-三甲基硅烷基-2, 2, 3, 3-四氘代丙酸钠)即$(CH_3)_3Si(CD_2)_2CO_2Na$。它们的甲基的化学位移值也规定为 0.00，DSS 的三个亚甲基在δ0.5～3.0 有信号。用量大时，三个亚甲基会干扰测试。TSP 中亚甲基质子被氘代，不会有吸收信号。也可以用其他内标物，但要注意校正不同内标物所引起的化学位移值的变化。

NMR 一般是将样品溶解在有机溶剂中进行测定的，所用的溶剂本身最好不含质子，以免溶剂中质子干扰测定。常用氘代溶剂、不含质子的溶剂或只有一种已知化学位移值的质子的溶剂，如 CCl_4、$CDCl_3$、D_2O、CF_3COOH、CD_3COCD_3 等溶剂。但是这些氘代溶剂会存在少量未被氘代的分子而在某一位置出现残留的质子峰，因此在解谱时要注意识别。例如，$CDCl_3$ 在δ7.27 处出现吸收，是残留的 $CHCl_3$ 质子吸收。其他溶剂的残留质子出峰位置见表 4-2。

表 4-2 一些溶剂残留质子的δ值

溶剂	残留质子的δ	溶剂	残留质子的δ
$CDCl_3$	7.27	苯-d_6	7.20
CD_3OD	3.35，4.8*	乙酸-d_4	2.05，8.5*
CD_3COCD_3	2.05	CCl_4	—
D_2O	4.7*	CS_2	—
CD_3SOCD_3	2.50	CD_3NO_2	4.33
二氧六环-d_8	3.55	CD_3CN	1.95
吡啶-d_5	7.23，7.62，8.59	CF_3COOH	12.5*
二甲基甲酰胺-d_7	2.77，2.93，7.5(宽)*		

*变动较大，与所测化合物浓度及温度等有关。

除残存质子峰外，溶剂中有时会有微量的 H_2O，会有一个 H_2O 质子峰出现，而且这个峰的位置会因溶剂的不同而变化。例如，$CDCl_3$ 中微量 H_2O 的质子峰出现在 1.5，CD_3COCD_3 中在 2.8，CD_3SOCD_3 中在 3.3，解谱时要仔细辨认。

4.3.3 影响化学位移的因素

在 ^1H NMR 中影响质子的化学位移的因素有两类。一类是分子结构因素，即质子的化学环境，主要从各类质子外部电子云密度分布和电子运动感生磁场两方面考虑，如共轭效应、诱导效应、化学键各向异性效应、范德华效应及分子内氢键效应等；另一类是外部因素，即测试条件，如溶剂效应、分子间氢键等。外部因素对非极性碳上的质子影响不是很大，主要是对 OH、NH、SH 及某些带电荷的极性基团影响较大。

从质子外部的电子云环流的影响来考虑，若某种影响使质子周围电子云密度降低，或核外电子感生磁场方向与外加磁场方向相同，则屏蔽效应也减弱，去屏蔽增加，化学位移值增大，移向低场(向左)；相反，若某种影响使质子周围电子云密度升高，或核外电子感生磁场方向与外加磁场方向相反，则屏蔽效应也增加，化学位移值减小，移向高场(向右)。

1. 相连碳原子的 sp 杂化

与氢相连的碳原子有不同的杂化状态。从 sp^3、sp^2 到 sp 杂化，成键电子更靠近碳，因而对相连的氢有去屏蔽作用。但由于其他因素的影响，炔氢并没有依此顺序在谱图中排列，芳氢和烯氢在谱图中也表现出了差异性。

2. 诱导效应

与质子相连的碳原子上如果连有电负性基团，则由于它们的吸电子诱导效应，质子周围的电子云密度降低，屏蔽作用也相应减弱，质子共振吸收移向低场，化学位移值增大。所连接基团的电负性越强，化学位移值越大。卤代甲烷的化学位移(表 4-3)就是一个典型例子。取代基的诱导效应随着距离的增大下降很快，对 γ-位以后碳上质子的化学位移影响基本消失。例如，1-氯丁烷中 1～4 位碳上质子的化学位移值分别为 3.42、1.68、1.41 和 0.92。

表 4-3 卤代甲烷的化学位移

化合物	取代基(电负性)			
	F(4.0)	Cl(3.0)	Br(2.8)	I(2.5)
CH_3X	4.26	3.05	2.68	2.16
CH_2X_2	5.45	5.33	4.94	3.90

3. 共轭效应

极性基团通过π-π和 p-π共轭作用使较远的碳上的质子受到影响。若使质子周围的电子云密度降低，屏蔽作用减弱，则质子共振吸收移向低场，化学位移值加大。例如

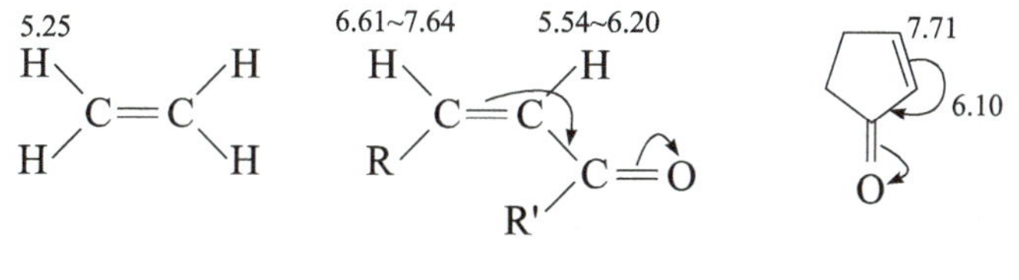

在下面两个化合物中，以乙烯为标准来观察，乙烯质子化学位移δ= 5.25。在化合物 A 中，由于氧原子的未共用电子对与双键的 p-π共轭作用和吸电子的诱导作用共存，其综合作用使α-碳上氢表现为去屏蔽，δ 值大于 5.25；而β-碳上氢表现为屏蔽增大，δ 值小于 5.25。在化合物 B 中，由于羰基的吸电子π-π共轭作用和吸电子的诱导作用，两个烯碳上质子均表现为去屏蔽。

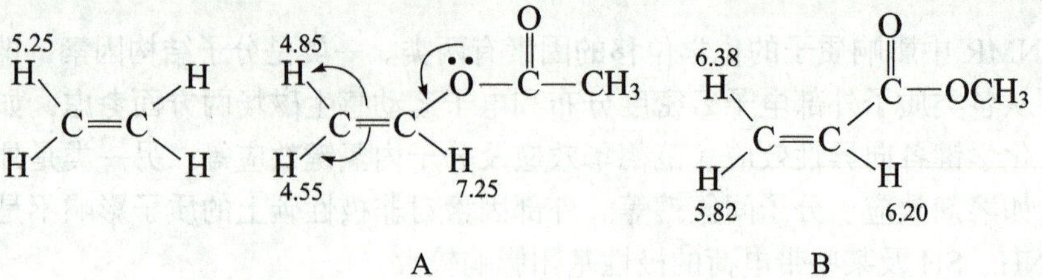

再如，苯的质子化学位移值为 7.26。当羟基、氨基等含饱和杂原子的基团取代时，饱和杂原子的孤对电子将与苯环形成 p-π共轭，因此苯环的电子云密度升高，尤其是邻、对位升高非常明显，使邻、对位氢表现为屏蔽，向高场移动，化学位移值减小。当羰基、硝基等含不饱和杂原子的基团取代时，基团与苯环形成π-π共轭，苯环的电子云密度降低，去屏蔽增加，苯氢向低场移动，其中邻位氢移动得最多，化学位移值最大。

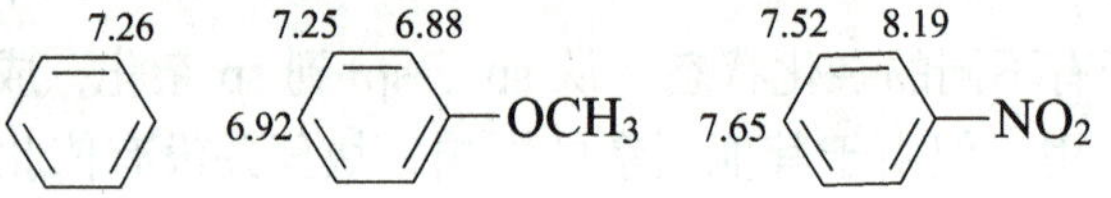

4. 各向异性效应

在外加磁场作用下，化学键尤其是π键将产生一个小磁场，并通过空间作用影响邻近的氢核。其特征是有方向性，其作用的大小及正负是距离与方向的函数，所以称为各向异性效应。这种各向异性的小磁场，有些区域在磁场方向上与外加磁场一致，将增强外加磁场的作用，使受影响的 ^{1}H 核的共振移向低场，δ值增大，这是去屏蔽效应，用“–”表示。有些区域的小磁场方向与外加磁场方向相反，削弱了外加磁场，受影响的氢核的共振移向高场，δ值减小，是屏蔽效应，用“+”表示。下面介绍各种化学键的各向异性效应。

1) 单键的各向异性

碳碳单键产生一个锥形的各向异性效应，C—C 键是去屏蔽区的轴(图 4-10)。位于去屏蔽区内的质子的δ值增大。C—C 键的两个碳原子上的氢都受这个 C—C 键的去屏蔽效应影响，所以当 CH_2 不能自由旋转时，CH_2 上两个氢的化学位移就会略有差别。以构象固定的六元环为例，C_1 上有两个氢，平伏键上的 H_e 和直立键上的 H_a 都受到 C_1—C_2 和 C_1—C_6 两个单键的去屏蔽效应，但是 H_a 在 C_2—C_3 和 C_5—C_6 两个单键的去屏蔽区以外；而 H_e 在 C_2—C_3 和 C_5—C_6 两个单键的去屏蔽区中(图 4-11)。因此，平伏键上的 H_e 出现在较低场，δ值较大，而直立键上 H_a 的δ值较小。

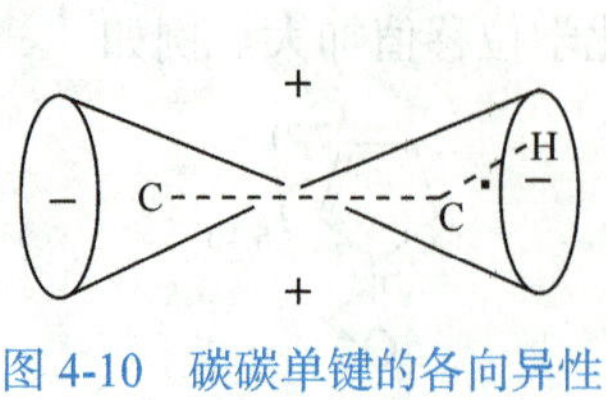

图 4-10 碳碳单键的各向异性

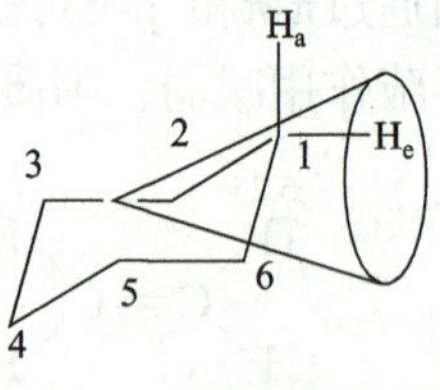

图 4-11 环己烷构象中的各向异性

2) 双键的各向异性

在双键(碳碳双键和羰基 C═O)平面的上、下部分电子云密度大，双键平面的上下为两个锥形的屏蔽区；双键所在的平面为去屏蔽区(图 4-12、图 4-13)。但是也有人认为双键的各向异性效应应该如图 4-14 及图 4-15 所示。因此，双键的各向异性效应要慎重处理，最好找类似的化合物作对照。

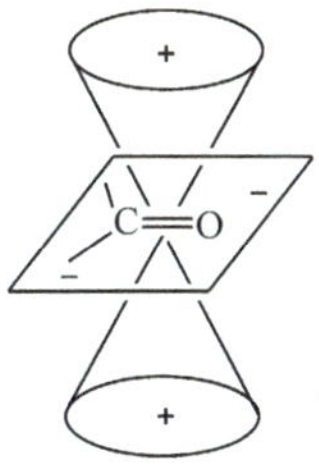

图 4-12　羰基的各向异性(Ⅰ)

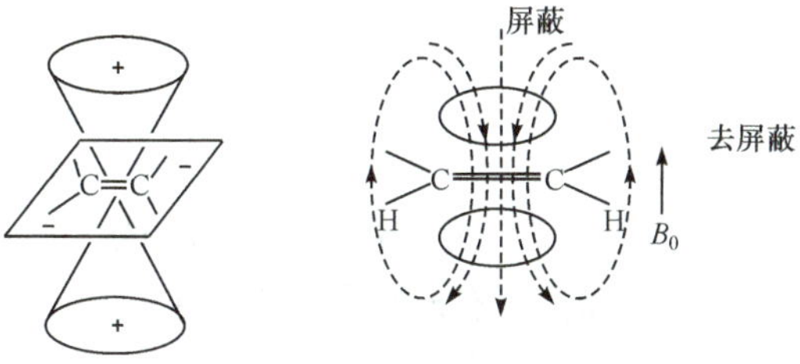

图 4-13　烯键的各向异性(Ⅰ)

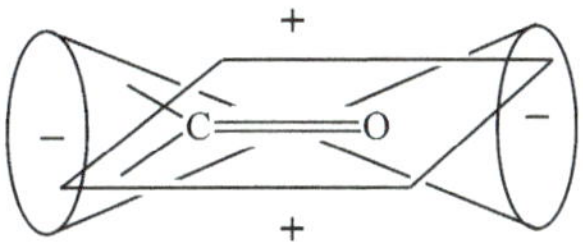

图 4-14　羰基的各向异性(Ⅱ)

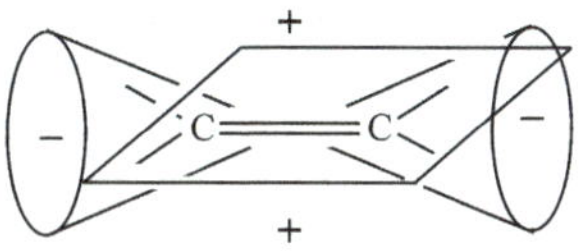

图 4-15　烯键的各向异性(Ⅱ)

例如，醛基质子的δ值为 9～10.5，其δ值如此大，除了因为羰基碳带部分正电性外，还有醛基质子正好处在羰基平面上，受到了强的去屏蔽效应。

又如，下列化合物中羰基有两个烯碳上的β-H，顺式β-H 的δ值较大，这是因为它受到羰基的去屏蔽效应较大。

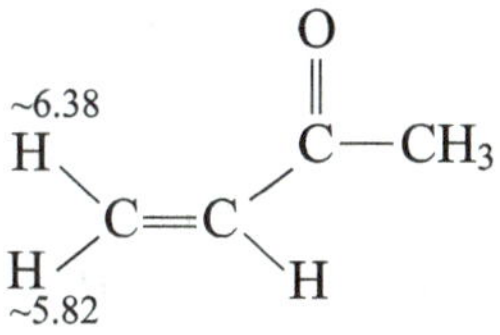

再如，下列化合物 A 的 CH_2 上两个质子受到一定大小碳碳双键的去屏蔽效应，所以δ值较大。

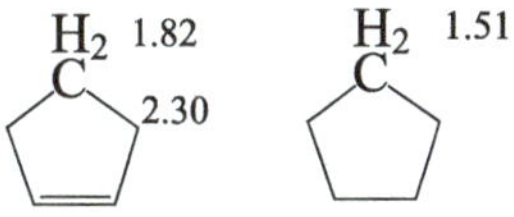

A　B

3) 炔键的各向异性

炔键的各向异性如图 4-16 所示。炔碳 sp 杂化，与 sp^3 和 sp^2 杂化相比 s 成分最高，成键电子更靠近碳原子，炔氢有一定的酸性，可见其外围电子云密度较低。此种情况下，化学位移应该较大。但由于炔基的π 电子形成了以碳碳键为轴的圆柱体形状，炔氢处于碳碳三键的轴线上，因此受到了炔键的屏蔽作用，使炔氢的化学位移值反而相当小，处在烯氢的右侧(较高场)。

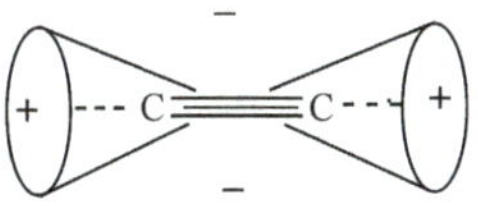

图 4-16　炔键的各向异性

4) 三元环体系

三元环的屏蔽作用很强，在环平面的上下为屏蔽区。环丙烷本身的氢的δ值为 0.22 也说明了这个现象。例如，在下列化合物 A、B 中，H_a的化学位移比 H_b小 0.3，也是由环丙基的屏蔽作用造成的。

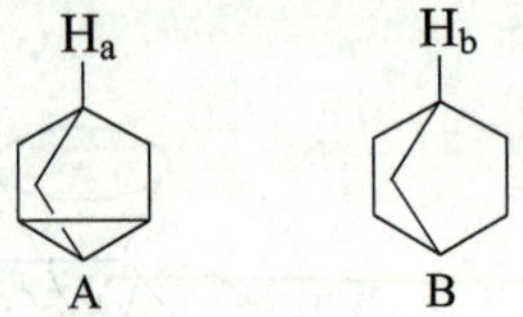

A　　B

5) 苯环及大环芳香化合物的各向异性

苯环平面上下有π电子环流，在外加磁场 B_0的作用下，当B_0的方向垂直于苯环平面时，π电子环流产生的感应磁场方向在环内及环平面的上下方正好与外加磁场相反，在环外与外加磁场方向一致。因此，苯环平面上下为屏蔽区，苯环平面外侧为去屏蔽区。苯环上质子受到去屏蔽效应，所以其δ值较大，在 7 左右(图 4-17)。

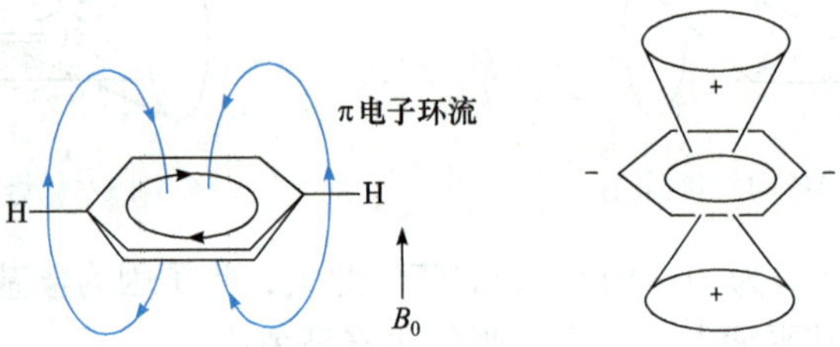

图 4-17　苯环的电子环流(a)和苯环的各向异性(b)

例如，下列化合物侧链环上质子化学位移值的变化清楚地说明了苯环上各个方向的屏蔽效应的不同。

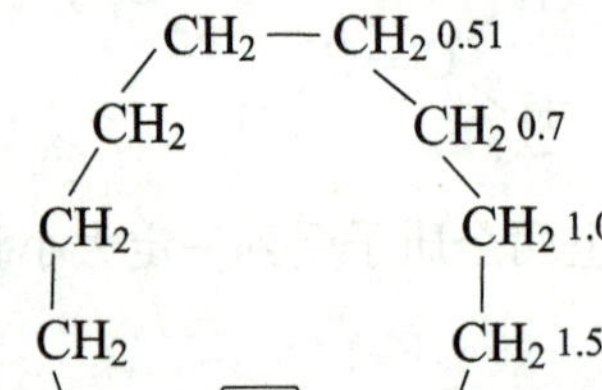

大环芳香化合物与苯环类似，环内及环平面的上下为屏蔽区，环平面外侧为去屏蔽区。环平面外的质子化学位移值很大，环内的质子化学位移值为负值。

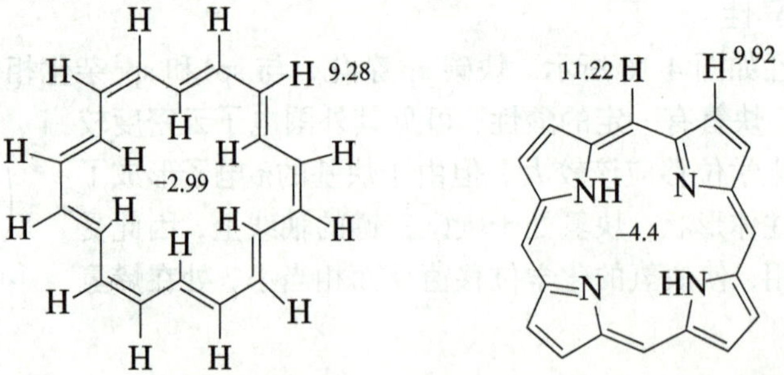

5. 范德华效应

两个原子在空间非常靠近时，具有负电荷的电子云就会互相排斥，使这些原子周围的电子云密度降低，屏蔽作用减弱，δ值增大。例如

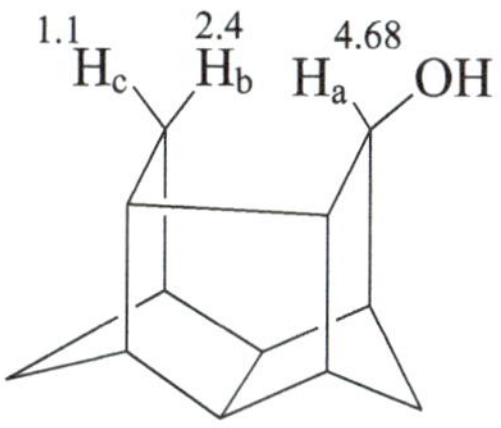

A

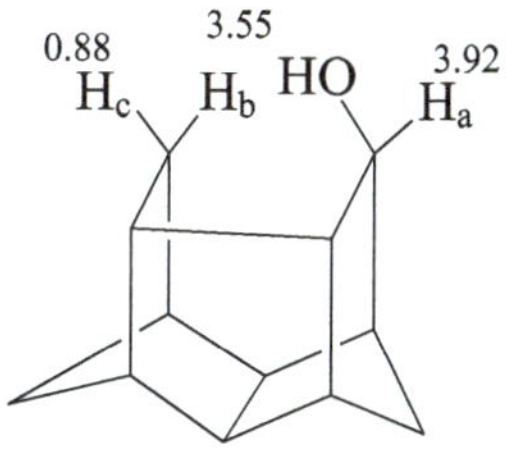

B

在 A、B 两个化合物中，化合物 A 的 H_a 比 B 的 H_a 的δ值大，而两个化合物中 H_b 都比 H_c 的δ值大，都是由邻近原子的范德华(van der Waals)效应引起的。

6. 氢键的影响

在 O、N、S 原子上的质子形成氢键后，其化学位移值移向低场。当分子结构允许形成分子内氢键时，化学位移值移向更低场。由于氢键的形成与溶液浓度、pH、温度、溶剂等都有关系，因此 O、N、S 原子上的质子的化学位移值与测试条件关系很大，δ值在较大的范围内变化。

7. 溶剂效应

同一样品用不同的溶剂，其化学位移值甚至峰形都可能会有变化。这种由于溶剂不同使得谱图发生变化的效应称为溶剂效应。不同的溶剂对同一个化合物的影响是不同的。例如，苯和吡啶的磁各向异性效应比较大，对某些化合物可能产生较明显的影响。同一种溶剂对不同化合物的不同基团的影响也是不同的，有时可以利用溶剂效应使重叠的峰组分开。

例如，二甲基甲酰胺分子中，由于氮上的孤对电子与羰基发生共轭，氮上的两个取代甲基与羰基处于同一个平面之内，因此两个取代甲基处于不同的状态。由于氮原子上孤对电子与羰基的 p-π 共轭，碳氮单键带有一定的双键性，旋转困难，因此氮上两个甲基出现两种不同的化学位移值(图 4-18)。由于分子中电荷的分布不均匀，当苯逐渐加入二甲基甲酰胺的氯仿溶液时，苯和二甲基甲酰胺形成分子复合物。苯环在靠近二甲基甲酰胺带正电一端而远离负电端(图 4-19)。由于苯环是磁各向异性的，二甲基甲酰胺的 α 和 β 两个甲基在苯环不同的屏蔽区，α 受到屏蔽效应大，其δ值减小，于是 α、β 两个甲基的化学位移值随苯的加入而发生变化(图 4-18)。

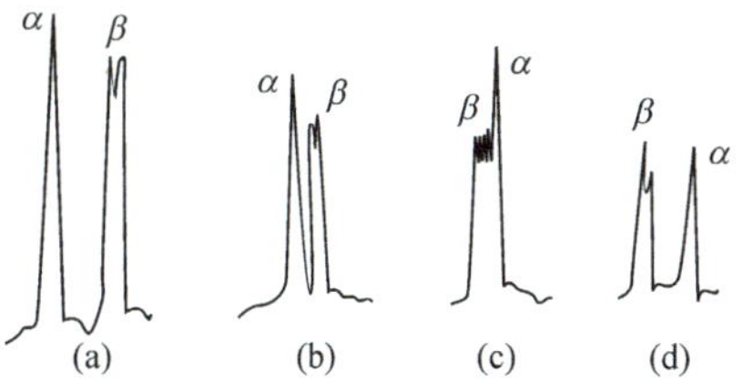

图 4-18 溶剂对二甲基甲酰胺的甲基的影响

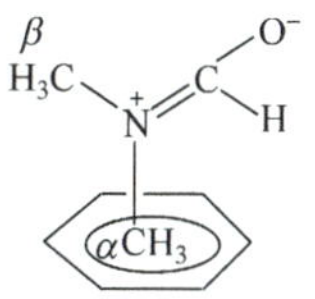

图 4-19 苯环对二甲基甲酰胺的甲基的屏蔽

溶剂效应还可能由氢键的形成引起。

8. 位移试剂的影响

位移试剂对化合物的化学位移值影响很大，将在后文中讨论。

9. 温度的影响

温度对碳上质子化学位移影响小，但温度不仅影响活泼氢与其他质子的耦合情况(见后文)，从而影响 NMR 谱图形状，同时也对活泼氢形成氢键的多少有影响。一般温度升高，形成氢键程度减少，活泼氢的化学位移向高场移动。

4.4 各类质子的化学位移

碳上质子的化学位移主要取决于质子的化学环境。因此，也可以反过来由质子的化学位移推测质子的化学环境及分子的结构。各类质子的化学位移值大体有一个范围，某些类别的质子，如亚甲基、苯氢和烯氢的质子可以通过不同的计算公式进行估算。当然，这些计算公式都是经验公式，对不同化合物的计算误差也大小不等。但是它们在实际工作中是很有用的。

4.4.1 各类质子的粗略化学位移

各类质子的粗略化学位移见表 4-4。

表 4-4 各类质子的粗略化学位移

质子	δ
脂肪族 CH(C 上无杂原子)	0～2.0
β-取代脂肪族 C—H	1.0～2.0
炔氢	1.6～3.4
α-取代脂肪族 C—H(C 上有 O、X、N 或与烯键、炔键相连)	1.5～5.0
烯氢	4.5～7.5
苯环、杂芳环上氢	6.0～9.5
醛基氢	9.0～10.5
氧上的氢(OH)	
醇类	0.5～5.5
酚类	4.0～8.0
酸	9.0～13.0
氮上的氢(NH)	
脂肪胺	0.6～3.5
芳香胺	3.0～5.0
酰胺	5.0～8.5

4.4.2 甲基、亚甲基和次甲基的化学位移

表 4-5 列举了同碳、邻碳和间位碳上有取代基的甲基、亚甲基和次甲基的化学位移。同碳上有取代基时δ变化范围大(1.5～4)；α-位的取代基影响较小，δ变化 0.2～0.7；而 β-位(间位)的取代基影响更小。

表 4-5 烷基化合物(RY)的化学位移

Y	CH_3Y	CH_3CH_2Y		$CH_3CH_2CH_2Y$			$(CH_3)_2CHY$		$(CH_3)_3CY$
	CH_3	CH_2	CH_3	α-CH_2	β-CH_2	CH_3	CH	CH_3	CH_3
H	0.23	0.86	0.86	0.91	1.33	0.91	1.33	0.91	0.89
—CH=CH_2	1.71	2.00	1.00				1.73		1.02
—C≡CH	1.80	2.16	1.15	2.10	1.50	0.97	2.59	1.15	1.22
—C_6H_5	2.35	2.63	1.21	2.59	1.65	0.95	2.89	1.25	1.32
F	4.27	4.36	1.24						
Cl	3.06	3.47	1.33	3.47	1.81	1.06	4.14	1.55	1.60
Br	2.69	3.37	1.66	3.47	1.89	1.06	4.21	1.73	1.76
I	2.16	3.16	1.88	3.16	1.88	1.03	4.24	1.89	1.95
—OH	3.39	3.59	1.18	3.49	1.53	0.93	3.94	1.16	1.22
—O—	3.24	3.37	1.15	3.27	1.55	0.93	3.55	1.08	1.24
—OC_6H_5	3.73	3.98	1.38	3.86	1.70	1.05	4.51	1.31	
—$OCOCH_3$	3.67	4.05	1.21	3.98	1.56	0.97	4.94	1.22	1.45
—$OCOC_6H_5$	3.88	4.37	1.38	4.25	1.76	1.07	5.22	1.37	1.58
—$OSO_2C_6H_4CH_3$	3.70	3.87	1.13	3.94	1.60	0.95	4.70	1.25	
—CHO	2.18	2.46	1.13	2.35	1.65	0.98	2.39	1.13	1.07
—$COCH_3$	2.09	2.47	1.05	2.32	1.56	0.93	2.54	1.08	1.12
—COC_6H_5	2.55	2.92	1.18	2.86	1.72	1.02	3.58	1.22	
—CO_2H	2.08	2.36	1.16	2.31	1.68	1.00	2.56	1.21	1.23
—CO_2CH_3	2.01	2.28	1.12	2.22	1.65	0.98	2.48	1.15	1.16
—$CONH_2$	2.02	2.23	1.13	2.19	1.68	0.99	2.44	1.18	1.22
—NH_2	2.47	2.74	1.10	2.61	1.43	0.93	3.07	1.03	1.15
—$NHCOCH_3$	2.71	3.21	1.12	3.18	1.55	0.96	4.01	1.13	
—SH	2.00	2.44	1.31	2.46	1.57	1.02	3.16	1.34	1.43
—S—	2.09	2.49	1.25	2.43	1.59	0.98	2.93	1.25	
—S—S—	2.30	2.67	1.35	2.63	1.71	1.03			1.32
—CN	1.98	2.35	1.31	2.29	1.71	1.11	2.67	1.35	1.37
—NC	2.85			3.30			4.83	1.45	1.44
—NO_2	4.29	4.37	1.58	4.28	2.01	1.03	4.44	1.53	

1. 邻位上有两个以上取代基时对化学位移的影响

邻位上有两个以上取代基时，其影响可以用表 4-5 所列数据叠加进行粗略估计。

1) 邻位有取代的甲基的化学位移($H_3C—CXYZ$)

$$\delta_{CH_3}=0.86+(\delta_X-0.86)+(\delta_Y-0.86)+(\delta_Z-0.86)$$

式中：δ_X、δ_Y、δ_Z为表 4-5 中 CH_3CH_2Y 的 CH_3 的位移值，只是 Y 分别为 X、Y、Z。

例 4-1 计算化合物 $CH_3C(CH_3)(CN)OH$ 中甲基的化学位移。

解 $\delta_{CH_3}=0.86+(1.31-0.86)+(1.18-0.86)+(0.91-0.86)=1.68$(实测 1.63)

2) 邻位有取代的亚甲基的化学位移(CH_3CH_2CXYZ)

$$\delta_{CH_2}=1.33+(\delta_X-1.33)+(\delta_Y-1.33)+(\delta_Z-1.33)$$

式中：δ_X、δ_Y、δ_Z为表 4-5 中 $CH_3CH_2CH_2Y$ 的 Y 对应为 X、Y、Z 时 β-CH_2 的值。

例 4-2 计算化合物 $CH_3CH_2CHBrCOOH$ 中亚甲基的化学位移。

解 $\delta_{CH_2}=1.33+(1.89-1.33)+(1.68-1.33)=2.24$(实测 2.07)

2. 计算亚甲基质子化学位移的 Shoolery 公式

同碳原子上有两个或两个以上取代基的亚甲基和次甲基的化学位移可按 Shoolery 公式计算，计算亚甲基化学位移误差较小，次甲基误差较大。

Shoolery 公式(适用于 $X—CH_2—Y$ 或 CHXYZ)：

$$\delta=0.23+\sum\sigma$$

式中：σ为 Shoolery 公式屏蔽常数(表 4-6)。

表 4-6 Shoolery 公式屏蔽常数

取代基	σ	取代基	σ	取代基	σ
$—CH_3$	0.47	—Br	2.33	$—CONR_2$	1.59
—C═C	1.32	—I	1.82	$—NR_2$	1.57
—C≡C	1.44	—OH	2.56	—NHCOR	2.27
—C≡C—Ar	1.65	—OR	2.36	—CN	1.70
—C≡C—C≡C—R	1.65	$—OC_6H_5$	3.23	$—N_3$	1.97
$—C_6H_5$	1.85	—OCOR	3.13	—SR	1.64
$—CF_3$	1.14	—COR	1.70	—SC≡N	2.30
—Cl	2.53	$—CO_2R$	1.55	—N═C═S	2.86

例 4-3 计算 $Br—CH_2—Cl$ 中亚甲基的化学位移。

解 $\sigma_{Br}=2.33$，$\sigma_{Cl}=2.53$

$$\delta=0.23+2.33+2.53=5.09\text{(实测 5.16)}$$

例 4-4　求 $CHCl_2Ph$ 中次甲基的化学位移。

解　$\delta = 0.23+2.53\times2+1.85 = 7.14$(实测 6.61)

4.4.3　烯氢的化学位移

烯氢的化学位移可按下列经验公式计算：

$$\delta_{=CH} = 5.25 + Z_{同} + Z_{顺} + Z_{反}$$

式中：$Z_{同}$为同碳取代基 R_a 对烯氢化学位移影响的参数；$Z_{顺}$为顺位取代基 R_b 对烯氢化学位移影响的参数；$Z_{反}$为反位取代基 R_c 对烯氢化学位移影响的参数。

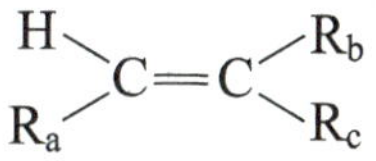

用此公式计算所得化合物质子的δ 值，约 94%的误差在 0.3 以下。取代基对烯氢化学位移影响的参数见表 4-7。

表 4-7　取代基对烯氢化学位移影响的参数

取代基	$Z_{同}$	$Z_{顺}$	$Z_{反}$	取代基	$Z_{同}$	$Z_{顺}$	$Z_{反}$
—H	0	0	0	—OR(R 饱和)	1.22	−1.07	−1.21
—R	0.45	−0.22	−0.28	—OR(R 共轭)	1.21	−0.60	−1.00
—R(环)	0.69	−0.25	−0.28	—OCOR	2.11	−0.35	−0.64
$—CH_2S—$	0.71	−0.13	−0.22	—Cl	1.08	0.18	0.13
$—CH_2F$，Cl，Br	0.70	0.11	−0.04	—Br	1.07	0.45	0.55
$—CH_2—C═O$，$—CH_2—CN$	0.69	−0.08	−0.06	—I	1.14	0.81	0.88
$—CH_2Ar$	1.05	−0.29	−0.32	>N—R	0.80	−1.26	−1.21
—C═C	1.00	−0.09	−0.23	>N—R(共轭)	1.17	−0.53	−0.99
—C═C(共轭)	1.24	0.02	−0.05	>N—C═O	2.08	−0.57	−0.72
—CN	0.27	0.75	0.55	—Ar	1.38	0.36	−0.07
—C≡C	0.47	0.38	0.12	—Ar(固定)	1.60	—	−0.05
—C═O	1.10	1.12	0.87	—Ar(邻位有取代基)	1.65	0.19	0.09
—C═O(共轭)	1.06	0.91	0.74	—SR	1.11	−0.29	−0.13
$—CO_2H$	0.97	1.41	0.71	$—SO_2$	1.55	1.16	0.93
$—CO_2H$(共轭)	0.80	0.98	0.32	$—SF_5$	1.68	0.61	0.49
$—CO_2R$	0.80	1.18	0.55	—SCN	0.80	1.17	1.11
$—CO_2R$(共轭)	0.78	1.01	0.46	$—CF_3$	0.66	0.61	0.31
—CHO	1.02	0.95	1.17	$—SCOCH_3$	1.41	0.06	0.02
—CO—N<	1.37	0.98	0.46	$—PO(C_2H_5)_3$	0.66	0.88	0.67
—COCl	1.11	1.46	1.01	—F	1.54	−0.40	−1.02
$—CH_2O$，$—CH_2I$	0.64	−0.01	−0.02	$—CH_2—N<$	0.58	−0.10	−0.08

注：共轭指被计算的质子所在的烯键与其他基团已有共轭。

例 4-5 计算下列化合物烯氢的化学位移。

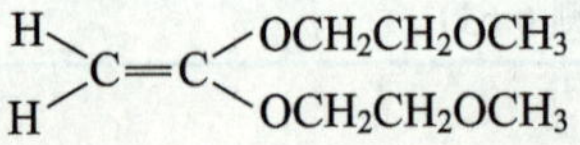

解 $Z_{同}=0$，$Z_{顺}=-1.07$，$Z_{反}=-1.21$

$$\delta=5.25+0-1.07-1.21=2.97(\text{实测 }3.0)$$

例 4-6 计算下列化合物烯氢的化学位移。

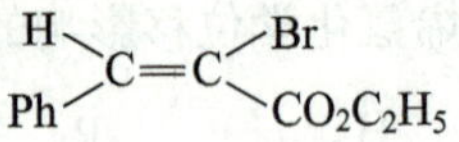

解 $Z_{同}=1.38$，$Z_{顺}=0.45$，$Z_{反}=0.46$

$$\delta=5.25+1.38+0.45+0.46=7.54(\text{实测 }8.17)$$

4.4.4 苯氢的化学位移

苯环上的质子由于受到苯环的去屏蔽效应，化学位移位于低场，δ 常为 7～8。取代基较少的苯环芳氢的化学位移可以用下列经验公式估算：

$$\delta=7.26-\sum S$$

式中：7.26 为苯氢的δ值；S 为取代基参数(表 4-8)。

表 4-8 取代基对苯环的氢化学位移的影响

取代基	$S_{邻}$	$S_{间}$	$S_{对}$	取代基	$S_{邻}$	$S_{间}$	$S_{对}$
—H	0.0	0.0	0.0	—$CONH_2$	−0.61	−0.10	−0.17
—CH_3	0.20	0.12	0.22	—CHO	−0.56	−0.22	−0.29
—CH_2CH_3	0.14	0.06	0.17	—$COCH_3$	−0.62	−0.14	−0.21
—$C(CH_3)_3$	−0.02	0.08	0.21	—COC_6H_5	−0.47	−0.13	−0.22
—CH=CH_2	−0.06	0.03	−0.10	—CO_2H	−0.85	−0.18	−0.27
—C_6H_5	−0.18	0.00	0.08	—NO	−0.58	−0.31	−0.37
—CH_2Cl	0.00	0.00	0.00	—NO_2	−0.95	−0.26	−0.38
—$CHCl_2$	−0.10	−0.06	−0.10	—NH_2	0.75	0.25	0.65
—CCl_3	−0.80	−0.20	−0.20	—$NHCOCH_3$	−0.31	−0.06	—
—CH_2OH	0.07	0.07	0.07	—N=NC_6H_5	−0.67	−0.20	−0.20
—CH_2NH_2	0.00	0.00	0.00	—$NHNH_2$	0.60	0.08	0.55
—F	0.26	0.00	0.20	—CN	−0.36	−0.18	−0.28
—Cl	−0.03	0.02	0.09	—NCO	0.10	0.07	—
—Br	−0.18	0.08	0.04	—SH	0.08	0.16	0.22
—I	−0.39	0.21	0.00	—SCH_3	0.08	0.10	0.24
—OH	0.56	0.12	0.45	—SO_3CH_3	−0.60	−0.26	−0.33
—OCH_3	0.48	0.09	0.44	—SO_3Na	−0.45	0.11	—
—OC_6H_5	0.29	0.05	0.23	—SO_2Cl	−0.76	−0.35	−0.45
—$OCOCH_3$	0.25	−0.03	0.13	—SO_2NH_2	−0.60	−0.22	—

例 4-7 求苯氢 2、3 的δ值。

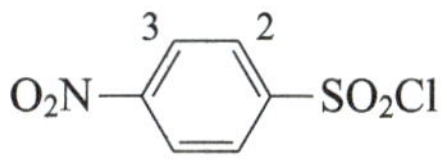

解 δ_2 = 7.26+0.76+0.26=8.28(实测 8.25)，δ_3 = 7.26+0.35+0.95=8.56(实测 8.45)。

4.4.5 炔氢的化学位移

炔氢的化学位移为 1.6～3.4(表 4-9)，与其他类型的氢有重叠。但它们无邻位氢，仅有远程耦合作用，参考耦合常数可加以识别。

表 4-9 炔类化合物的炔氢化学位移

化合物	$\delta_{\equiv CH}$	化合物	$\delta_{\equiv CH}$
H—C≡C—H	1.80	CH_3—C≡C—C≡C—C≡C—H	1.87
R—C≡C—H	1.73～1.88	HO—CRR′—C≡C—H	2.20～2.27
Ph—C≡C—H	2.71～3.37	RO—C≡C—H	～1.3
C=C—C≡C—H	2.60～3.10	$PhSO_3CH_2$—C≡C—H	2.55
—CO—C≡C—H	2.13～3.28	CH_3—NH—CO—CH_2—C≡C—H	2.55
C≡C—C≡C—H	1.75～2.42		

4.4.6 活泼氢的化学位移

常见的活泼氢有 OH、NH、SH 等。由于它们受活泼氢的相互交换作用及氢键形成的影响，同一种分子的同一个活泼氢在不同条件下δ值很不固定。一般交换速度为 OH＞NH＞SH。当交换速度足够快时，样品中几种不同活泼氢会出一个综合的平均的活泼氢信号。例如，羧酸在水溶液中有以下交换平衡：

$$RCOOH_a + HOH_b \rightleftharpoons RCOOH_b + HOH_a$$

两种质子的平均化学位移δ可按下式计算：

$$\delta=\delta_a \cdot N_a+\delta_b \cdot N_b$$

式中：δ_a、δ_b 分别为羧酸、水的活泼氢的化学位移值；N_a、N_b 分别为羧酸、水的活泼氢的摩尔分数。

从峰形来看，羟基一般较尖，而且由于羟基质子的交换作用快，在常温下看不到与邻近氢的耦合；在低温下可以看到与邻近氢的耦合。例如，甲醇在不同温度下的 ¹H NMR 谱图见图 4-20。

氮上的氢的峰形变化大，如大多数一级、二级胺的峰尖；而酰胺和吲哚等杂环氮上的氢峰很宽，甚至观察不到。$RCONH_2$ 中的 NH_2 一般为双峰，这是由于—CO—N 中的 C—N 键不能自由旋转。

活泼氢的交换和氢键的形成与温度、浓度、溶剂及 pH 有很大关系，δ 随这些条件的变化而改变。

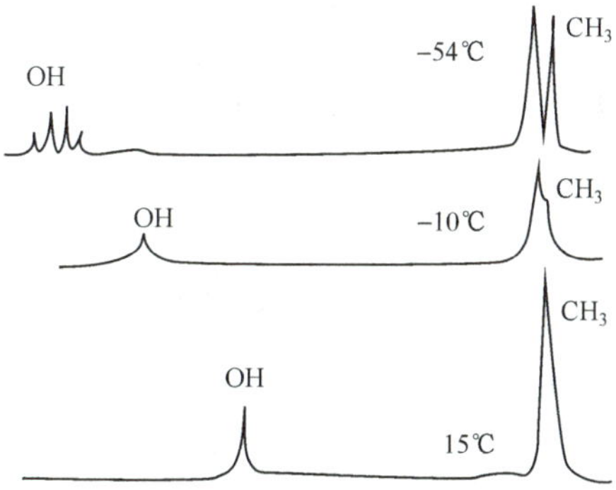

图 4-20 甲醇在不同温度下的 ¹H NMR 谱图

表 4-10 列出了一些活泼氢δ值的大概范围。

表 4-10 活泼氢的化学位移

化合物类型	δ	化合物类型	δ
醇	0.55～5	ArSH	3～4
酚(分子内缔合)	10.5～16	RSO_3H	11～12
其他酚	4～8	RNH_2，R_2NH	0.4～3.5
烯醇(分子内缔合)	15～19	$ArNH_2$，Ar_2NH，ArNHR	2.9～4.8
羧酸	10～13	$RCONH_2$，$ArCONH_2$	5～6.5
肟	7.4～10.2	RCONHR′，ArCONHR′	6～8.2
RSH	0.9～2.5	RCONHAr，ArCONHAr	7.8～9.4

4.4.7 脂环氢的化学位移

环状化合物的构象受到环的影响，有几种构象状态，而多环体系往往只有一种构象状态。但是脂环氢的化学位移没有一定规律。与同类开链化合物相比，取代基对化学位移的影响有时差别很大。脂环氢的化学位移数据一定要慎重处理，只能找类似化合物才能进行比较。表 4-11 中列出一些脂环氢的化学位移供参考。

表 4-11 一些脂环氢的化学位移

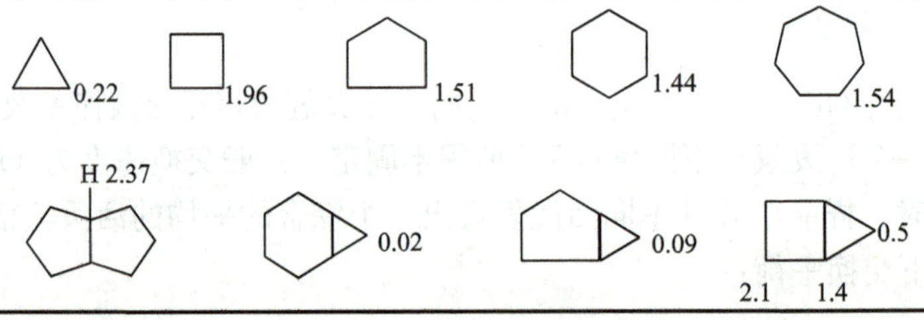

4.4.8 杂芳环氢的化学位移

杂芳环含 N、O、S 等杂原子时，杂原子的诱导效应与共轭效应同时存在，芳氢化学位移与环类型及其相对杂原子的位置有关。例如，吡啶氮原子对邻、对位氢表现出强的吸电子效应，使其化学位移增大，与间位氢相比出现在低场。从低场到高场按邻、对、间顺序排列。五元杂芳环为富电子基团，如吡咯与吡啶相比，化学位移变小，比苯氢还小。2-H 受到较强的去屏蔽效应，化学位移明显比 3-H 大。杂芳环氢受溶剂的影响也较大。例如，吲哚的α-氢及β-氢非常敏感，由纯液体变成 30%的 CCl_4 溶液时化学位移能产生 0.8 的变化。

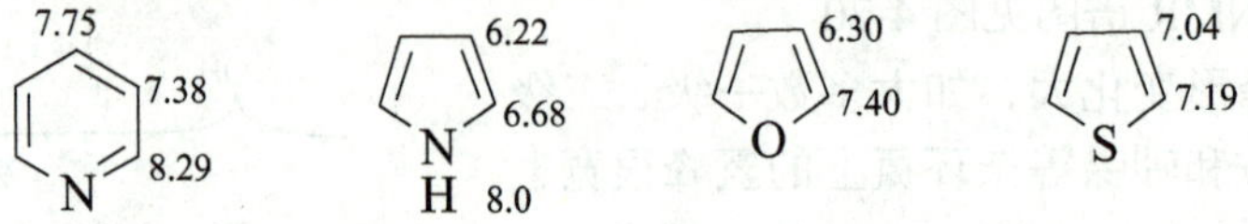

4.4.9 醛基氢的化学位移

醛基氢的化学位移范围不大，为 9～10.5，不能分辨脂肪醛或芳香醛。饱和醛和共轭醛可以由其耦合常数加以区别，一般共轭醛与邻位氢的耦合常数为 7 Hz，而饱和醛仅为 3 Hz。

4.5 自旋耦合

我们在讨论化学位移时考虑了核的化学环境对化学位移的影响。此外，同一分子内存在质子之间的相互影响，虽然这种影响不涉及化学位移的变化，但对谱图的峰形有重要的影响。

4.5.1 自旋耦合与自旋分裂

在低分辨 ¹H NMR 中，一个分子中同一种氢只出一个峰，它们的峰面积之比等于氢原子个数之比。例如，乙醇的低分辨 ¹H NMR 谱图如图 4-21 所示。

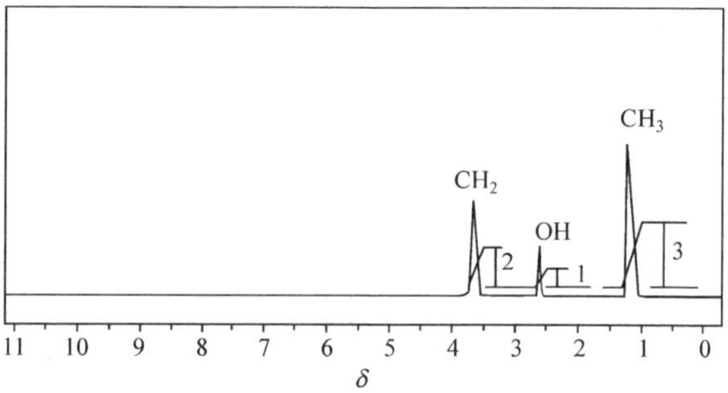

图 4-21 乙醇的低分辨 ¹H NMR 谱图

但是在高分辨 ¹H NMR 中，乙醇同一种氢可产生多重峰。这是由各种质子之间的互相干扰引起的。几种质子的峰面积之比仍然为 1∶2∶3。

前面已讲过，氢核在磁场中有两种自旋取向，$m = +1/2$ 和 $m = -1/2$，分别以α和β表示。对于乙醇分子中的亚甲基上的两个质子，每个质子的核都可以有α、β两种取向，所以两个氢核就可能产生四种自旋组合：$\alpha\alpha$、$\alpha\beta$、$\beta\alpha$、$\beta\beta$，而$\alpha\beta$、$\beta\alpha$是等同的，实际为三种自旋组合，其概率比为 1∶2∶1。这三种自旋组合方式构成了三种不同的局部小磁场，在—CH_2—CH_3结构中影响甲基，使甲基的共振峰分裂为三重峰，甲基裂分小峰面积比等于亚甲基核自旋组合概率比，为 1∶2∶1。

两种自旋核之间引起能级分裂的相互干扰称为自旋耦合。它是通过化学键传递的。一般只考虑相隔两个或三个键的两个核之间的耦合，相隔四个或四个以上单键的耦合基本为零，有远程耦合的情况除外。

由自旋耦合所引起的谱线增多的现象称为自旋分裂。

自旋耦合作用的大小用耦合常数 J 表示，单位为 Hz。耦合常数反映了磁核间的干扰作用，其大小不受外界磁场及条件的影响。

由于自旋耦合的作用，乙醇的 ¹H NMR 谱图变为如图 4-22 所示。甲基的峰受亚甲基的耦合分裂成三重峰，这三个小峰面积之比为 1∶2∶1。亚甲基则受甲基三个氢的耦合分裂成四重峰，强度比为 1∶3∶3∶1。羟基质子在常温下一般溶剂中不考虑与其他质子的耦合，仍为单峰。

4.5.2 $n + 1$ 规律

一般情况下，某核 A 有 n 个耦合作用相同的核 B 时，若核 B 的自旋量子数为 I，磁量子

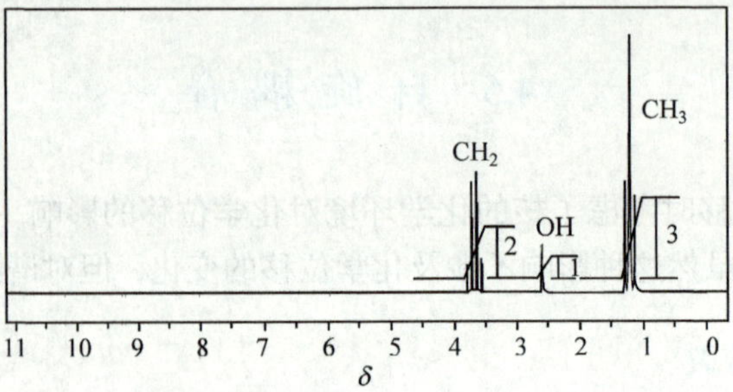

图 4-22　乙醇的高分辨 ^{1}H NMR 谱图

数为 $2I+1$，也就是核 B 有 $2I+1$ 个自旋取向，n 个核 B 产生的自旋组合数就是 $2nI+1$。这些自旋组合构成了核 A 环境中 $2nI+1$ 个不同的局部小磁场，造成了核 A 谱峰的分裂，裂分为 $2nI+1$ 条。核磁共振中最常研究的核，如 ^{1}H、^{13}C、^{19}F 和 ^{31}P 等，I 为 1/2，代入 $2nI+1$ 公式中简化，裂分的谱峰数则为 $n+1$。谱峰裂分的峰形也是有规律可循的，见表 4-12。比较各裂分峰的总附加磁场，可见每相邻两条谱线间的差值都是相等的，因此谱图中相邻两峰的裂距相等。

表 4-12　相邻质子的耦合裂分

结构	自旋组合	总附加磁场	概率	H_a 峰形
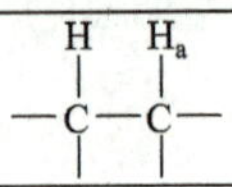	α β	B' $-B'$	1/2 1/2	
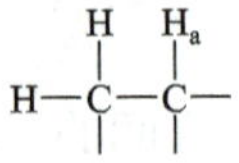	$\alpha\alpha$ $\alpha\beta$　$\beta\alpha$ $\beta\beta$	$2B'$ 0 $-2B'$	1/4 2/4 1/4	
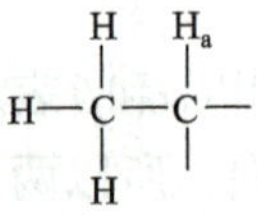	$\alpha\alpha\alpha$ $\alpha\alpha\beta$　$\alpha\beta\alpha$　$\beta\alpha\alpha$ $\alpha\beta\beta$　$\beta\alpha\beta$　$\beta\beta\alpha$ $\beta\beta\beta$	$3B'$ B' $-B'$ $-3B'$	1/8 3/8 3/8 1/8	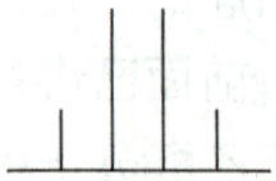

在一级谱(又称为低级谱)中，氢原子受邻近碳上的氢的耦合产生裂分峰的数目可以用 $n+1$ 规律计算：若邻近碳上有 n 个相同的氢，则产生 $n+1$ 个裂分峰；由 $n+1$ 规律所得的裂分峰强度比可以用二项式$(a+b)^n$ 的展开式的各项系数来表示，见表 4-13。若邻近还有 n'个另一种氢原子与其耦合，则将产生$(n+1)(n'+1)$个峰，各峰强度比仍有规律可循，但不符合表 4-13。单峰、二重峰、三重峰、四重峰、五重及多于五重峰(多重峰)分别用 s、d、t、q、m 表示。在二级谱中 $n+1$ 规律不适用。

表 4-13　二项式$(a+b)^n$ 的展开式的各项系数

n	展开式的各项系数	峰形
0	1	单峰
1	1　1	二重峰
2	1　2　1	三重峰
3	1　3　3　1	四重峰
4	1　4　6　4　1	五重峰
5	1　5　10　10　5　1	六重峰
6	1　6　15　20　15　6　1	七重峰
7	1　7　21　35　35　21　7　1	八重峰

例如，在乙醛的 ^{1}H NMR 谱图中，有两组质子，即 CH_3 和醛基质子，它们互相耦合。甲基受醛质子的耦合分裂成二重峰，强度比为 1∶1。醛基质子受甲基的耦合分裂成四重峰，强度比为 1∶3∶3∶1。但是醛基质子四个峰的总面积和甲基两个峰的总面积之比等于质子数之比，即 1∶3。

在两组互相耦合的峰中，还有一个“倾斜现象”，即两个强度应该相等的裂分峰表现出内侧高、外侧低，使两个耦合质子的各自两个峰顶点连线构成一个“人”字形，见图 4-23。此现象有助于辨别两组峰是否耦合，若构成一个“V”字形，耦合关系就是找错了。

这里，我们是考虑氢核之间的耦合，但还要注意一些其他元素 I=1/2 的核，特别是无重同位素、天然丰度为 100%的 P 和 F 对同碳和邻近碳上的氢有耦合，会使其裂分。

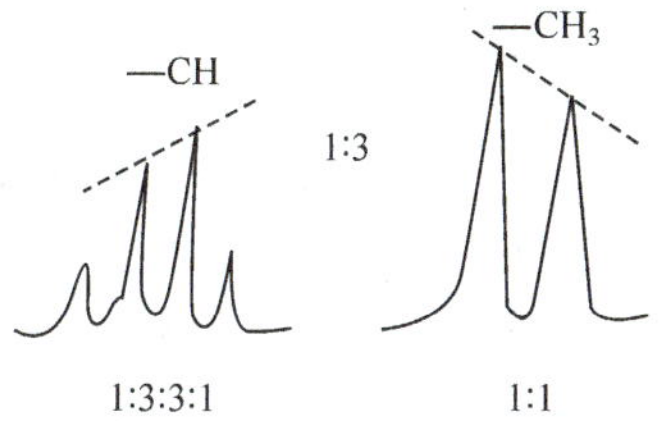

图 4-23　乙醛的 ^{1}H NMR 示意图

4.5.3　耦合常数与分子结构的关系

耦合常数 J 是一个与仪器和测试条件无关的参数。自旋核之间的相互干扰作用是通过它们之间的化学键成键电子传递的，所以耦合常数的大小主要与它们之间相隔键的数目有关，也与影响其电子云分布的因素(如单键、双键、取代基性质，立体构型等)有关。因此，耦合常数可以用于判断有机化合物分子的结构。

耦合常数 J 的单位为 Hz，它有正负号的区别，但在图上表现出来的裂分距离及由两个质子化学位移差计算出来的耦合常数值是其绝对值的大小，与正负号无关。一般来说，通过偶数个键耦合的耦合常数为负值，通过奇数个键耦合的耦合常数为正值。这是因为当磁旋比为正的情况下，核的自旋与核外电子的自旋方向相反，在同一轨道上的一对电子自旋相反，占据不同轨道的围绕同一原子的电子自旋方向相同。因此，当两个氢核相距奇数键，核自旋方向相反时能态较低，J 为正；当两个氢核相距偶数键，核自旋方向相同时能态较高，J 为负。这与实验事实基本相符。

1. 同碳耦合(^2J 或 $J_{同}$)

两个氢原子在同一个碳原子上(H—C—H)，它们之间通过两个键耦合，所以称为同碳耦合，其耦合常数用 ^2J 或 $J_{同}$表示。^2J 一般为负值，其与下列因素有关：

(1) 杂化成分的影响。sp^3 杂化轨道上的氢 ^2J 为−10～−15 Hz，sp^2 杂化的 C═CH_2 型氢的 ^2J 为+2～−2 Hz。环丙烷类的 ^2J 为−3～−9 Hz。

(2) 电负性取代基的影响。一般来说，直接连在两个氢所在的碳上的电负性取代基，随着电负性增加，^2J 增大(指代数值，在此绝对值减小)，相隔一个碳原子取代的电负性基团，随着电负性增加，^2J 减小。例如，在取代甲烷系列中：CH_4，^2J = −12.4 Hz；CH_3Cl，^2J = −10.8 Hz；CH_2Cl_2，^2J = −7.5 Hz。

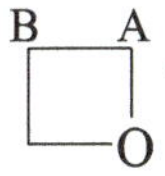

J_{AA}= −6～−7 Hz

J_{BB}= −11 Hz

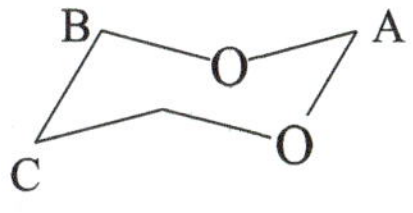

J_{AA}= −6～−6.2 Hz

J_{BB}= −10.9～11.5 Hz

J_{CC}= −12.6～−13.2 Hz

(3) 邻位π键(C═C、C≡C、C═O 等)的影响。邻位π键使 ^2J 减小。例如，下列化合物的 B

位有邻位的羰基，J_{BB} 比 J_{AA} 更负。在开链化合物中，有关键若能自由旋转，每一个邻位π键对 ^2J 的贡献为−1.9 Hz。

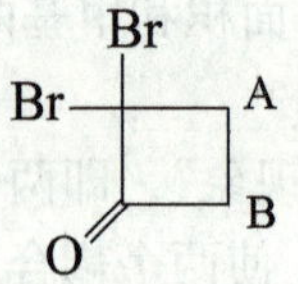

$J_{AA}=-10.92$ Hz

$J_{BB}=-15.31$ Hz

(4) 环系的影响。环己烷中 ^2J 为−12.6 Hz，环丁烷体系中为−10.9～−14 Hz，环丙烷体系中为−3.1～−9.1 Hz。

(5) 末端双键类型的 ^2J。末端双键—C═CH_2 的 ^2J 为+2～−2 Hz，在 Y—CH═CH_2 体系中，^2J 随 Y 电负性的增大而递减(表 4-14)。

表 4-14 Y—CH═CH_2 体系中 ^2J 与 Y 的关系

Y	R	COOR	NR_2	OCOR	OR	Br	Cl	F
电负性	2.5	2.5	3.0	3.5	3.5	3.0	3.25	3.95
^2J/Hz	1.8	1.7	0	−1.4	−1.9	−1.8	−1.4	−3.2

2. 邻碳耦合(^3J 或 $J_{邻}$)

氢原子在两个相邻碳上，通过三个键耦合 H—C—C—H，所以表示为 ^3J 或 $J_{邻}$。^3J 一般为正值。在饱和型邻位耦合中，当 C—C 键可以自由旋转时，^3J 为 6～8 Hz，构象固定时，^3J 为 0～18 Hz。在烯烃化合物(H—C═C—H)中，^3J 与构型有关，顺式氢 ^3J 为 6～14 Hz，反式氢 ^3J 为 11～18 Hz。

(1) ^3J 与双面夹角的关系。双面夹角如图 4-24 所示。卡普拉斯从理论上计算得到下式：

$$J=J^0\cos^2\varphi-C \quad (0°\leqslant\varphi\leqslant 90°) \qquad J=J^{180}\cos^2\varphi-C \quad (90°\leqslant\varphi\leqslant 180°)$$

式中：C 为常数；J^0 和 J^{180} 可随不同结构类型调整(图 4-25)；φ为双面角，φ为 90°时 ^3J 值最小，φ为 0°和 180°时 ^3J 值最大，而且 $J^{180}>J^0$。

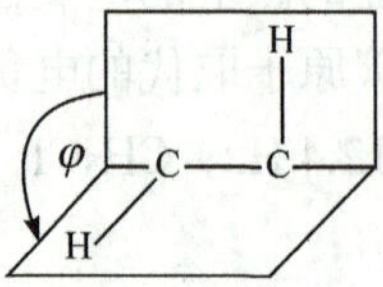

图 4-24 双面夹角示意图

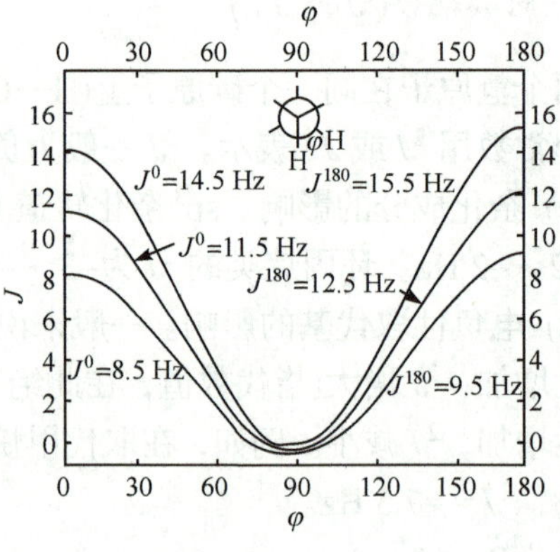

图 4-25 ^3J 与双面夹角φ的关系

(2) 取代基的影响。在 Y—CH—CH—结构类型中，取代基 Y 的电负性增加，^3J 下降。

(3) 双键的影响。表 4-15 列举了含有双键的化合物(H—C—CH═)的 ^3J 数据，双键对 ^3J 的影响看不出有什么规律，^3J 的大小仍与构象有关。

表 4-15 一些含有双键的化合物的 ^3J

化合物	^3J/Hz	化合物	^3J/Hz
CH—CH═C(自由旋转时)	5～8	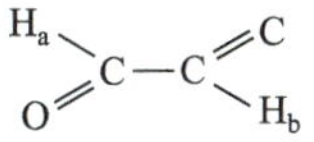	8
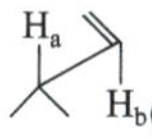(构象固定时)	～11.5	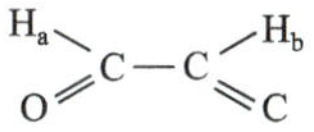	～2.6
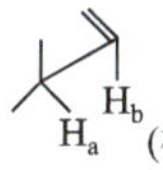(构象固定时)	～3.7	H_2C═CH—CH═CH_2	10～12
CH—CH═O	1～3(特殊为 6)		

(4) 环状化合物中的 ^3J。表 4-16 列举了一些环状化合物的饱和型 ^3J，可见 ^3J 与环的关系很大。

表 4-16 一些环状化合物的 ^3J

化合物	^3J/Hz	化合物	^3J/Hz
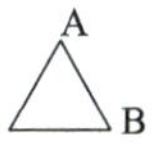	$J_{AB(顺)}$=7～13 $J_{AB(反)}$=4～9.5	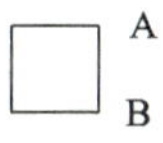	$J_{AB(顺)}$=4～12 $J_{AB(反)}$=2～10
	$J_{AB(顺)}$=5～10 $J_{AB(反)}$=5～10		J_{aa}=8～13 J_{ae}=2～6 J_{ee}=2～5
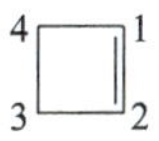	J_{12}=2.5～4.2 J_{23}=1.0 J_{34}=1.6～4.9	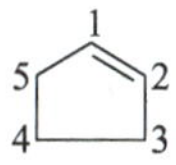	J_{23}=2.1 $J_{45(顺)}$=7.4 $J_{45(反)}$=4.6

(5) 在 CH_2═CHX 型烯烃中，^3J 与构型有关，在任何情况下 $J_{反}>J_{顺}$。例如

Cl—CH═CH—Cl　　$J_{顺}$ = 5.6 Hz，$J_{反}$ = 12.1 Hz

Br—CH═CH—Br　　$J_{顺}$ = 4.7 Hz，$J_{反}$ = 11.8 Hz

CH_2═CH_2　　$J_{顺}$ = 11.7 Hz，$J_{反}$ = 19.0 Hz

3. 芳环及杂芳环的耦合常数

芳环中的耦合常数为正值。在苯环中邻位耦合常数较大，为 6～9.4 Hz，一般在 8 Hz 左右；间位耦合常数较小，为 0.8～3.1 Hz；对位耦合常数最小，为 0.2～1.5 Hz。后者在常规操作中不易觉察。

对于邻位耦合，由于键角的改变，五元芳环的 $J_{邻}$小于六元环的 $J_{邻}$；对于间位耦合，由于其几何位置有利于远程耦合(W 型)，因此 $J_{间}$与芳环的大小关系不大。杂芳环中，由于杂原子的影响，邻位耦合与所考虑的氢相对杂原子的位置有关，紧邻杂原子的 ^3J 较小，远离杂原子的 ^3J 较大，见表 4-17。

表 4-17　一些杂环化合物的 J

化合物	J/Hz	化合物	J/Hz
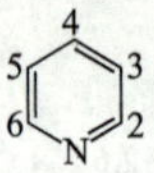	J_{23}=5～6 J_{34}=7～9 J_{24}=1～2 J_{35}=1～2 J_{25}=0.7～0.9 J_{26}=0～1	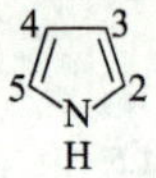	J_{23}=2～3 J_{34}=3～4 J_{24}=1～2 J_{25}=1.5～2.5
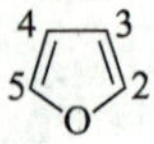	J_{23}=1.7～2.0 J_{34}=3.1～3.8 J_{24}=0.4～1.0 J_{25}=1～2	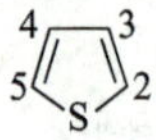	J_{23}=4.7～5.5 J_{34}=3.3～4.1 J_{24}=1.0～1.5 J_{25}=2.8～3.5

4. 远程耦合

两个核通过四个或四个以上的键进行耦合，称为远程耦合。远程耦合需要具有一定的结构因素。远程耦合常数一般较小，通常为 0～3 Hz，经常不易看出远程耦合引起的裂分。远程耦合有几种类型。

1) 丙烯型

通过三个单键和一个双键(H—C═C—C—H)的耦合作用称为丙烯型远程耦合，耦合常数为负值，其大小为 0～–3 Hz。

丙烯型远程耦合常数的大小与双面夹角有关(图 4-26)。C_1、C_2和 C_3以及 H_1、H_2都在一个平面上，C_3—H_3键与这个平面之间成夹角θ，θ为 90°时耦合常数最大；θ为 0°和 180°时耦合常数最小。

2) 高丙烯型

通过四个单键和一个双键(H—C—C═C—C—H)的远程耦合称为高丙烯型耦合，其大小为 0～4 Hz，耦合常数为正值。高丙烯型远程耦合与两个双面角有关(图 4-27)，当两个夹角θ和θ'均为 90°时耦合常数最大，当θ和θ'有任何一个等于 0°或 180°时高丙烯体系耦合常数即等于零。

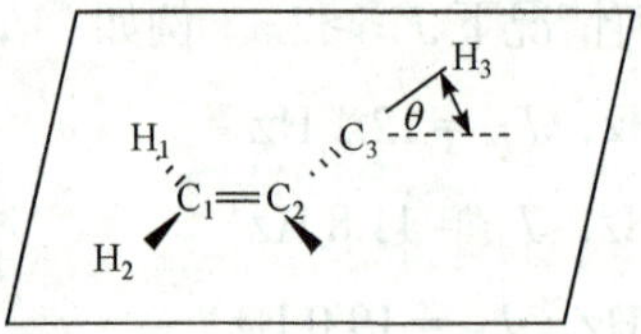

图 4-26　丙烯型耦合

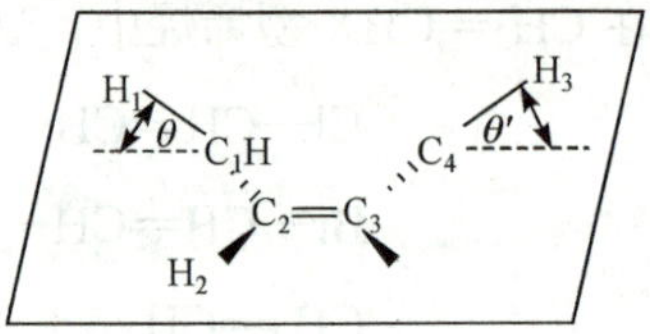

图 4-27　高丙烯型耦合

以下为丙烯型和高丙烯型远程耦合的几个例子：

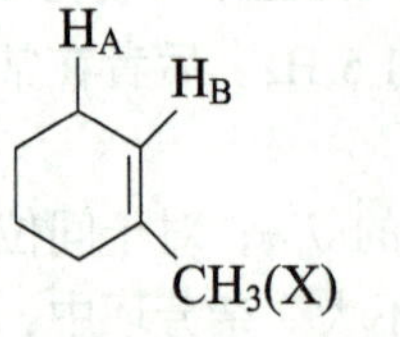

J_{AX}(高丙烯型) =1.3 Hz
J_{BX}(丙烯型) =1.1 Hz

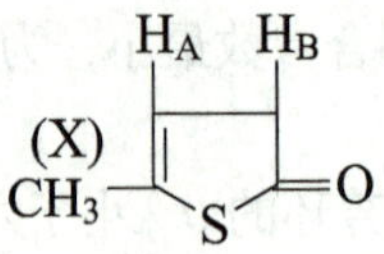

J_{BX} (高丙烯型) = 2.5 Hz
J_{AX} (丙烯型) = 1.5 Hz

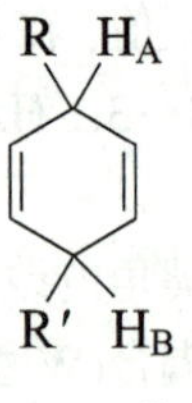

R=H,CPh_3
R′=Ph,COOH

J_{AB}=7.5～11 Hz
(有两个耦合通道)

3) 炔及叠烯

一般来说，炔和叠烯类化合物传递耦合作用的能力较大。炔键的π电子是圆柱形对称的，善于传递耦合作用，甚至有的通过 9 个键耦合常数仍不为零。叠烯两端氢的耦合常数较大。例如

$H_3C—C≡C—C≡C—C≡C—CH_2—OH$　　$J_{AX} = 0.4$ Hz

(A)　　　　　　　　　　　(X)

$H—C≡C—CH_3$　　$J = 2.93$ Hz

$CH_3—C≡C—CH_3$　　$J = 2.7$ Hz

$CH_3—CH=C=CHCl$　　$J_{AB} = 5.8$ Hz，$J_{BC} = 2.4$ Hz

(C)　(A)　(B)

4) “W”通道耦合

在饱和化合物中，有共平面的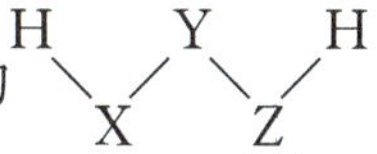

W 通道存在时(X、Y、Z 为 C 或间有 N、O)，这种 ^4J 的远程耦合常数可达 1～2 Hz。例如

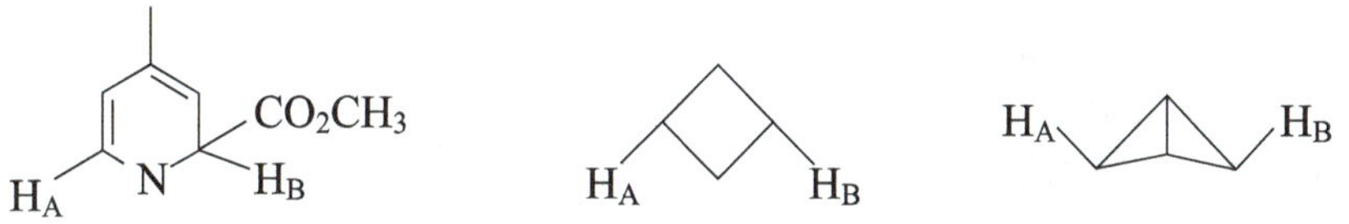

J_{AB}=1.7 Hz　　J_{AB}=0.5~2.0 Hz　　J_{AB}=4.4~10 Hz

5) 通过五个键的折线形耦合

在共轭体系中，当五个键构成延伸的折线(如

型)时往往有一定的远程耦合，耦合常数的大小为 0.4～2 Hz。例如，下列化合物的 H_A 与 H_B 之间有远程耦合。

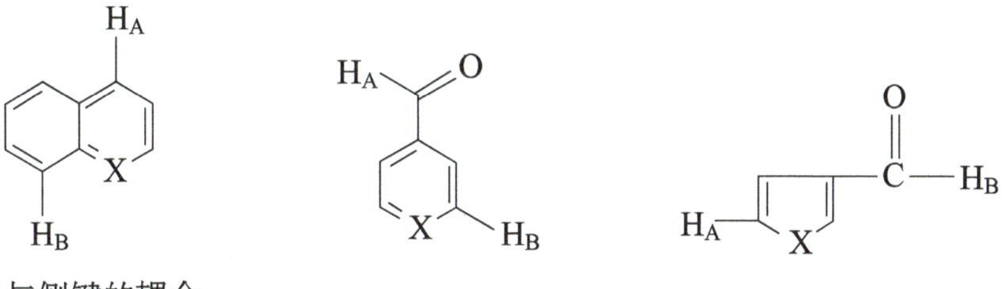

6) 芳氢与侧键的耦合

在苯环中，苯环上的甲基与其邻位芳氢的耦合常数为 0.6～0.9 Hz，与其对位芳氢的耦合常数为 0.5～0.6 Hz，与其间位芳氢的耦合常数较小，为 0.36～0.37 Hz。

在杂芳环中，杂芳环上的甲基与其邻位芳氢的耦合常数为 0.5～1.3 Hz。如图 4-28 所示，呋喃环上的甲基 D 和呋喃环上的氢 A、B、C 都有耦合，$J_{AD} = 0.40$ Hz，$J_{BD} = -0.45$ Hz，$J_{CD} = -1.20$ Hz。

7) 通过空间传递的耦合

两个质子间隔多个键，但空间位置很近时，仍会有通过空间传递的耦合存在(见 4.3.3 中的“范德华效应”)。

4.5.4 耦合常数的计算

两个原子核之间的相互干扰称为自旋耦合，自旋耦合的结果产生自旋裂分。在一级谱中

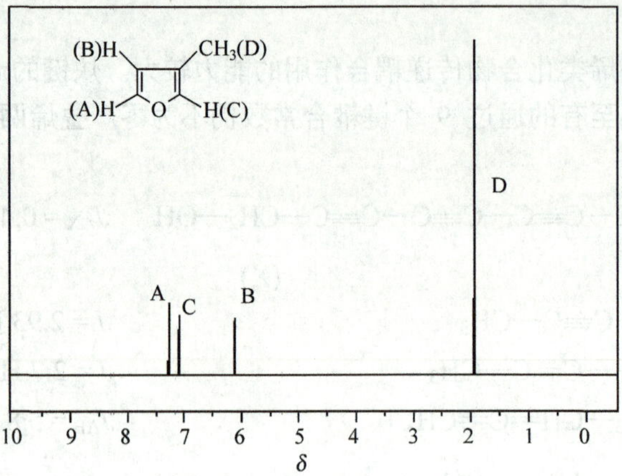

图 4-28 呋喃环上的甲基与呋喃环上氢的耦合谱图(300 MHz)

耦合常数就表现为裂分的大小，可由谱图直接计算得到。耦合常数有正有负，由谱图计算得到的耦合常数是其绝对值，单位是 Hz。

对于两种质子 A 和 X 之间的耦合，耦合常数 J 只有一个，J 等于 A 或 X 类质子多重峰中相邻两个峰化学位移的差乘以仪器的磁场强度(MHz)，即 $J(\text{Hz}) = \Delta\delta \times$ 仪器的磁场强度(MHz)。只要 A 与 X 是耦合的，无论用 A 或 X 质子多重峰的任意两个峰来计算都是相等的。例如，在图 4-29 的乙氧基质子 A_2X_3 中，J_{AX} 可由 X_3 相邻两个峰化学位移的差乘以仪器的磁场强度(MHz)计算得到(用 A_2 计算也一样)：

$$J_{AX} = (1.359-1.341)\times 400 = (1.341-1.323)\times 400 = 7.2(\text{Hz})$$

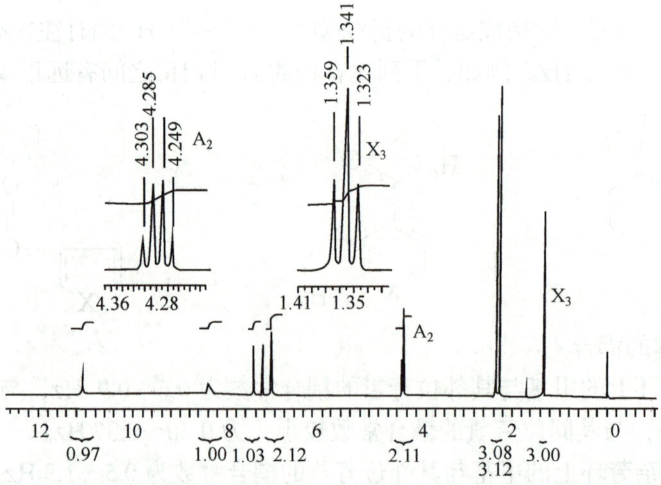

图 4-29 化合物 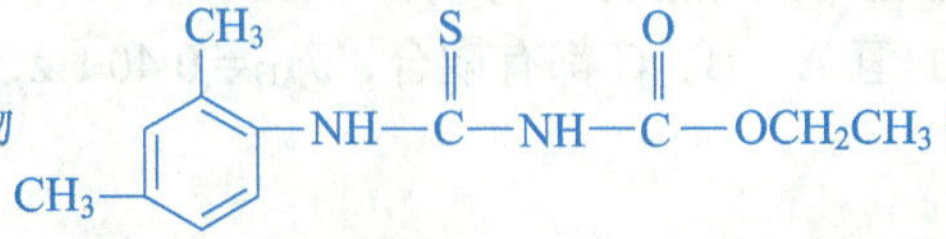 的 ^{1}H NMR 谱图(400 MHz)

对于 3 种质子 A、M 和 X 之间的耦合，每个质子的耦合常数有 2 个，一共有 3 个耦合常数。如图 4-30 所示的质子 A、M 和 X，每个质子的多重峰中都有该质子与其他两个质子的 2 个耦合常数。对于每个质子的顺序为 1、2、3、4 的四重峰，1、2 或 3、4 两个峰化学位移的差乘以仪器磁场强度(MHz)是一个耦合常数，1、3 或 2、4 峰化学位移的差乘以仪器的磁场强度(MHz)是另一个耦合常数。至于哪个耦合常数是该质子与另一个质子的耦合常数，要在计算了另外两个质子的耦合常数后确定。若两个质子有相同的一个耦合常数，就表示此耦合常数是这两个质子之间的耦合常数。若要清楚理解该计算方法和判断两质子间耦合常数的值，先要弄清楚图 4-30 中画法 1 和画法 2 的树杈法画法。

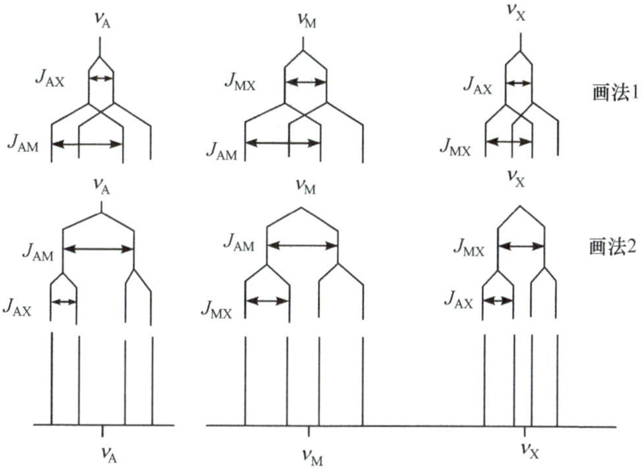

图 4-30 A、M、X 之间的耦合裂分

4.5.5 其他核与 ¹H 的耦合

在 ¹H NMR 中，¹H 峰的重数不仅与邻近质子个数及耦合情况有关，还与邻近的其他 I=1/2 的核有关，主要是 ^{13}C、^{19}F 和 ^{31}P。^{13}C、^{19}F 和 ^{31}P 的核磁共振信号不会出现在 ¹H NMR 谱中，但 ^{13}C、^{19}F 和 ^{31}P 可以与邻近 ¹H 耦合裂分。^{13}C 天然丰度很低，对 ¹H 的耦合一般观察不到。^{19}F、^{31}P 的天然丰度都是 100%，因此在含 F 和 P 的化合物中可以清楚地看到 ^{19}F、^{31}P 与 ¹H 的耦合及由此造成的裂分。^{19}F、^{31}P 与 ¹H 耦合都符合 n+1 规律。

^{19}F 对 ¹H 的耦合，耦合常数较大，$^2J_{H-C-F}$ 为 45～90 Hz，$^3J_{H-C-C-F}$ 为 0～45 Hz，$^4J_{H-C-C-C-F}$ 为 0～9 Hz。在苯的氟代衍生物中，与邻位氢的 J_o 为 6～10 Hz，与间位氢的 J_m 为 4～8 Hz，与对位氢的 J_p 为 0～3 Hz。

^{31}P 对 ¹H 的耦合，耦合常数变化极大，如 RPH_2 中 $^1J_{H-P}$ 为 180～200 Hz，$(CH_3)_3P$ 中 $^2J_{H-C-P}$ 为 2.1 Hz，$(CH_3)_3P{=}O$ 中 $^2J_{H-C-P}$ 为 13.4 Hz，$(CH_3CH_2)_3P$ 中 $^2J_{H-C-P}$ 为 0.5 Hz，$^3J_{H-C-C-P}$ 为 13.7 Hz，$(CH_3CH_2)_3P{=}O$ 中 $^2J_{H-C-P}$ 为 11.9 Hz，$^3J_{H-C-C-P}$ 为 16.3 Hz。

例如，在 Ph—PO$(OCH_3)_2$ 中两个 OCH_3 等价，但为二重峰，是因为 P 的耦合造成 CH_3 质子裂分成二重峰。

在图 4-31 中，二丁基二氟甲基氧化膦上二氟甲基的氢原子先被氟裂分成三重峰，每个峰又被磷原子裂分成二重峰。这样，二氟甲基的氢原子的 ¹H NMR 图形是六重峰。

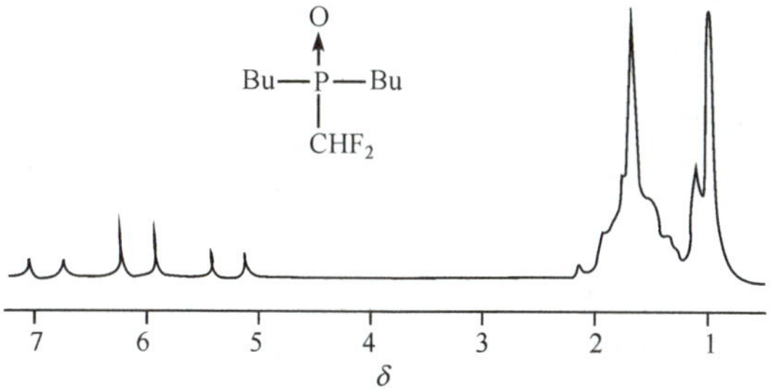

图 4-31 二丁基二氟甲基氧化膦的 ¹H NMR 谱图

4.6 核磁共振谱图的类型

4.6.1 核的等价性

核之间的相互耦合产生裂分，但是只有磁不等价的质子间耦合才产生裂分；磁等价的质子间耦合，谱图上不产生裂分。P 和 F 对邻近碳上氢的耦合也产生裂分。

为了深入理解核的等价性问题，首先简要介绍分子的对称性问题。

1. 分子的对称性

分子的对称因素包括对称面、对称轴、对称中心和更迭对称轴等。

(1) 对称面。若有一个平面能把一个分子切成两部分，一部分正好是另一部分的镜像，这个平面就是这个分子的对称面，用σ表示。

(2) 对称轴 C_n。如果分子沿某轴旋转 $2\pi/n$(或其倍数)能够复原，则此旋转轴称为分子的 n 阶对称轴，用 C_n 表示。有时分子具有几个对称轴，阶次最高的轴称为分子的主轴。

(3) 对称中心 i。若分子中有一点 P，从分子中任何一个原子 A 向 P 引一直线 AP，再延长，若延长线遇见分子中和 A 相同的原子 B，并且 $AP = PB$，则 P 点为该分子的对称中心，用 i 表示。

(4) 更迭对称轴 S_n。如果一个分子围绕一个一定的轴旋转 $2\pi/n$(或其倍数)以后，再用一面垂直于该轴的镜子将分子反映，这时所得的镜像若能与原分子迭合，这个轴就称为该分子的 n 阶更迭对称轴，用 S_n 表示(图 4-32)。

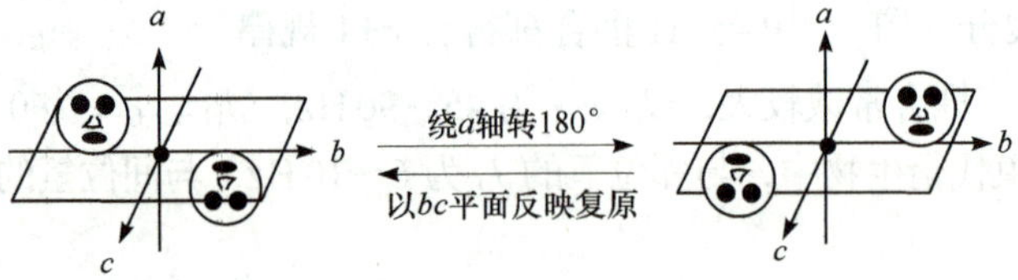

图 4-32 更迭对称轴示意图

绕对称轴 C_n 旋转，通过对称面反映，通过对称中心 i 反映，绕更迭对称轴 S_n 旋转再用垂直于该轴的平面反映，所有这些动作都称为对称操作。考察对称性不能将分子想象成平面形，而一定要从分子的立体构型观察对称性。

2. 核的等价性判断

(1) 化学等价。有相同化学位移值的核是化学等价的。在分子中，如果通过对称操作或快速运动机理(见后文)，一些核可以互换而分子不变，则这些核是化学等价的核。在非手性条件下，这些核具有严格相同的化学位移。

化学不等价的两个基团在化学反应中表现出不同的反应速率，在光谱、波谱测量中有不同的结果。

例如，下列 3 个化合物的质子可以通过对称轴旋转而互换。如果将化合物中质子的标识去掉，则分不清是否进行了对称操作。在化合物 1, 2-二氯环丙烷中 H_a 与 H_b 是化学等价的，H_c 与 H_d 是化学等价的。

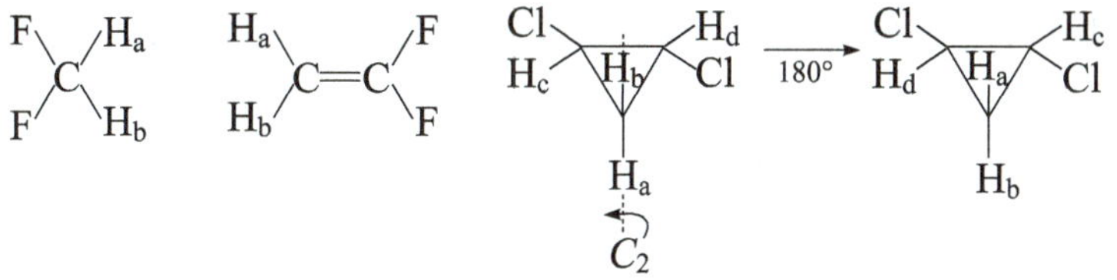

化学等价有等位质子和对映异位质子两种情况。可以通过对称轴旋转而互换的质子称为等位质子，等位质子在任何环境(手性或非手性)中都是化学等价的。

没有对称轴，但是有其他对称因素的质子称为对映异位的质子。在非手性溶剂中，对映异位的质子具有相同的化学性质，是化学等价的；但是在光学活性溶剂或酶产生的手性环境中，对映异位的质子在化学上是不等同的，在 NMR 谱图上也不等同。

例如，下列化合物 A 的两个质子有一对称面，当用另一个基团分别取代 H_a 和 H_b 后，产生的两个新化合物 A′和 A″为不能重叠的对映异构体，这个化合物的两个质子为对映异位质子。在化合物环丙烯(B)中，两个烯氢有对称轴，为等位质子。而甲基环丙烯(C)中两个烯氢有对称面，为对映异位质子。

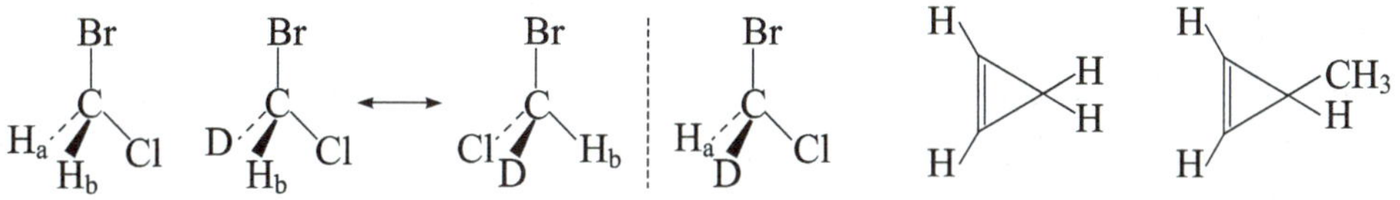

分子中不能通过对称操作进行互换的质子称为非对映异位的质子。非对映异位的质子在任何环境中都是化学不等价的，即一般情况下它们有不同的化学位移，虽然它们有可能偶尔有相同的化学位移，但这只是巧合而已。例如，下列化合物中亚甲基上的质子是非对映异位的。

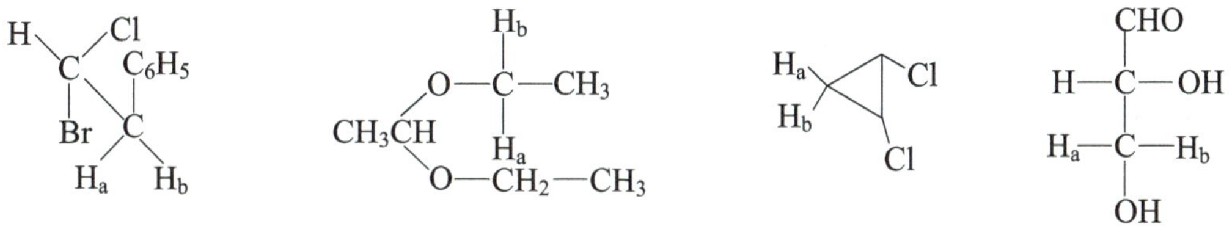

非对映异位不仅对原子来说适用，对基团也适用。例如，下列两个化合物中异丙基上两个甲基为非对映异位。

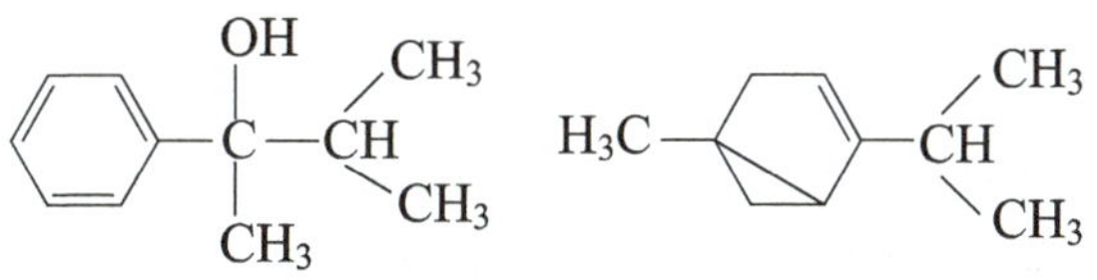

(2) 磁等价。磁等价又称磁全同。若分子中化学等价的核对其他任何一个原子核(自旋量子数为 1/2 的所有核)都有相同的耦合作用，则这些化学等价的核称为磁等价。

例如，化合物 CH_2F_2 中两个 H 是磁等价的，而在 $H_aH_bC{=}CF_aF_b$ 中两个 H 虽然化学位移相同，但对 F 的耦合情况不同，即 H_a 与 F_a 的耦合不同于 H_b 与 F_a 的耦合，所以为磁不等价。

磁等价的核之间也有耦合，但不产生裂分。磁不等价的两组核之间的耦合才有自旋裂分。

(3) 快速运动机理。在分析核的等价性时，分子的内部运动如键的旋转、环的反转和分子内几个活泼氢之间的快速交换是必须考虑的。如果分子的内部运动相对快于 NMR 测定的时间标度，则分子中本来不是等价的核将表现为等价；如果这个过程是慢的，则不等价性就会表现出来。

例如，CH_3CH_2X 分子有很多种构象，其中之一用纽曼(Newman)投影式表示如下：

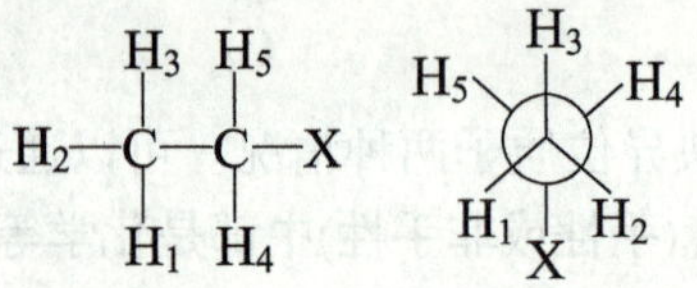

由投影式看到 H_1、H_2、H_3 应是磁不等价，H_4、H_5 也应是磁不等价。可是在室温下，分子绕 C—C 键高速旋转，各个质子都处于一个平均环境中，因此 CH_3 中三个质子为磁等价，CH_2 中两个质子为磁等价。

环己烷在室温下由于其环的快速反转，因此低温时同碳上构象为非对映异位的平伏键和直立键的质子变成了对映异位质子，即化学等价。

常见的活泼氢 OH、NH、SH 有活泼氢的快速相互交换作用及氢键形成，δ 值很不固定，耦合情况也较复杂。一般交换速度为 OH＞NH＞SH。巯基 SH 质子交换速度慢，同碳上质子一样，与邻近碳上质子有耦合作用。NH 质子交换速度较慢，与其他质子有无耦合与氨基碱性有关。例如，*N*-甲基苯胺的甲基为单峰，而 *N*-甲基-2, 5-二氯苯胺的甲基为双峰。当分子内有几个不同羟基时，由于活泼氢的快速交换，谱图上可能只有一个峰。例如，羟基酸中的羧酸质子和羟基质子只产生一个单峰，即化学位移一样。在羧酸质子和羟基质子快速交换后，产生的单峰是一个综合平均的信号。当分子中有多个活泼氢，快速交换后，在谱图上产生的平均信号的化学位移可由下式计算：

$$\delta_{观察} = \sum N_i \delta_i$$

式中，N_i 为第 i 种活泼氢的摩尔分数；δ_i 为第 i 种活泼氢的 δ 值。

当羟基形成缔合与自由羟基可以不发生交换或交换变慢，两者就不等同。例如，下列化合物形成分子内氢键的羟基和自由羟基的化学位移不一样，分别为 11.6 和 6.0。

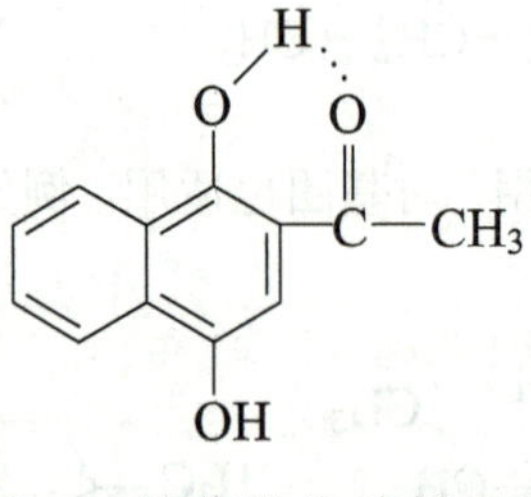

胺形成盐以后，对其 NH 及邻近 CH 的化学位移都有影响，而且铵离子的 NH 交换速度大大降低，NH 之间及 NH 与邻近的 CH 之间都表现出耦合关系。

3. 质子的磁不等价性

没有对称因素、化学位移不相等的质子肯定磁不等价，下面再举例说明一些常见质子中哪些质子为磁不等价。

(1) 双键的同碳质子是磁不等价。前面讲到 $H_aH_bC{=}CF_aF_b$ 的两个氢虽为化学等价但磁不等价，因为它们对两个 F 的耦合不相同，$J_{H_aF_a} \neq J_{H_bF_a}$，$J_{H_aF_b} \neq J_{H_bF_b}$。

(2) 单键带有双键性质时，有可能得到磁不等价质子。例如，R—CO—NH_2 中，由于 N 上孤对电子与羰基共轭，C—N 键带有一定双键性质，所以 NH_2 的两个 H 为磁不等价。用于质子等价性的判断规则也可用于简单基团。在室温下 *N*, *N*-二甲基甲酰胺的两个甲基质子分别在 2.84 和 3.0 出峰。

(3) 单键不能自由旋转和环不能自由反转时有磁不等价质子产生。这又有几种情况。

构象固定的环上的 CH_2 为磁不等价。例如，下列化合物 1-甲基-3, 5-二苯基吡唑啉的五元环上的亚甲基 CH_2 两个质子为磁不等价。

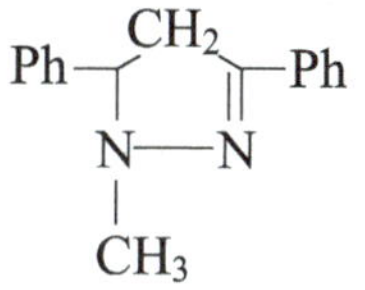

1-甲基-3, 5-二苯基吡唑啉

环己烷在低温时同碳上的平伏键和直立键的质子不等价。例如，化合物环己烷-d_{11}($C_6D_{11}H$)在室温到−57 ℃是一个单峰，在−57 ℃以下出现两个峰。原因是在较高温度下，环己烷-d_{11} 可较快翻转，使 $C_6D_{11}H$ 中的质子在 H_a 和 H_e 之间高速互变，$C_6D_{11}H$ 中的质子出一个单峰。在低温下，$C_6D_{11}H$ 中的质子在 H_a 和 H_e 两处的化学位移不同，H_a 在较高场，H_e 在较低场，出现两个峰。

单键不能自由旋转造成质子不等价的还有很多例子。例如，在下列化合物中，A 在室温和较低温度下，亚甲基上两个质子不等价。在 B 中取代基影响两个苯环间的自由旋转，也使亚甲基上两个质子不等价。在 C 中取代基影响两个苯环间的自由旋转，使异丙基上两个甲基的化学位移不同，出现二重峰，升温到 110 ℃，二重峰融合为一。

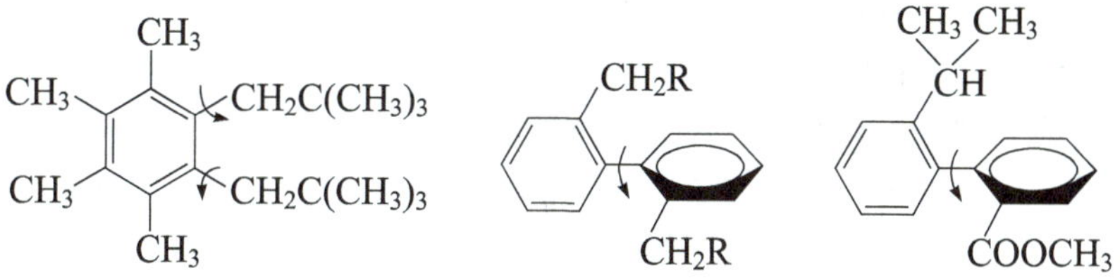

A　　B　　C

(4) 与不对称碳原子相连的 CH_2 的两个质子为磁不等价，如 R—CH_2—CR'R"R'"中的 CH_2。这里的不对称碳原子只要是三个取代基不同即可，并非必须是手性碳原子。例如，CH_2Br—CHBr—CH_2Br 中间的 CHBr 上的碳原子为非手性碳，但在考察质子的磁不等价性时就算不对称碳原子，因为它上面有三个不同的取代基 $BrCH_2$、Br 和 H，所以与它相连的 CH_2 上两个质子磁不等价。

(5) 与不对称碳原子相连的氧原子上的 CH_2 的两个质子为磁不等价。例如，下列化合物标*号的 CH_2 的两个质子为磁不等价。

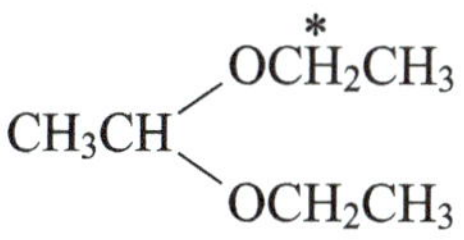

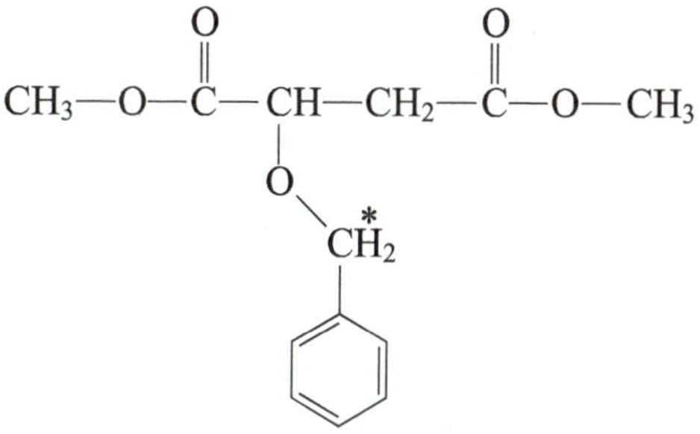

(6) 硫原子引起的非对映异位。对于硫化合物，如亚磺酸酯、亚砜等，硫原子具有四面体结构(未共用电子对为其中一个顶角)，会使其中 CH_2 的两个氢不等价。例如，下列化合物中 CH_2 的两个氢不等价。

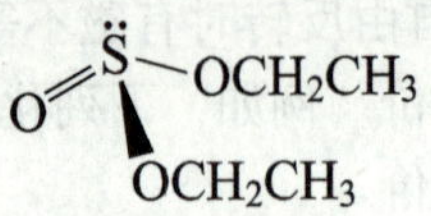

(7) 取代苯环上的对称质子为磁不等价。例如，甲苯中，虽然$\delta_A = \delta_{A'}$，但 $J_{AB} \neq J_{A'B}$，$J_{AB'} \neq J_{A'B'}$，所以 A 与 A'磁不等价，B 与 B'磁不等价。

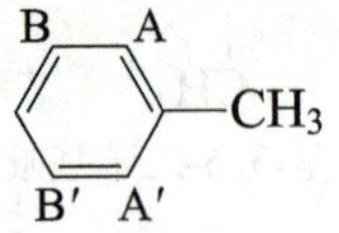

4. 自旋体系的分类与表示

分子中相互作用的许多核构成一个自旋体系。自旋体系内的核不与自旋体系以外的任何核相互作用，也就是说自旋体系是孤立的。在一个自旋体系中核之间有耦合，但并不要求某一个核与自旋体系中其他所有的核都发生耦合。例如，在化合物 CH_3CH_2—CO—$CH(CH_3)_2$ 中，CH_3CH_2 的 5 个质子为一自旋体系，$CH(CH_3)_2$ 的 7 个质子为另一自旋体系。

自旋体系的表示法如下：

(1) 一个自旋体系中化学等价的核构成一个核组，用一个大写英文字母表示。若这些核虽然化学位移一样，但磁不等价，则在字母右上角加一撇、两撇、……来区分。

(2) 化学不等价的核用不同的大写字母表示，当它们的化学位移值相差大，即$\Delta\nu/J \geq 6$ 时($\Delta\nu$为以 Hz 为单位的两核化学位移之差)，则用相差较远的字母表示。一组核可用 A、B、C、…，另一组核可用 K、L、M、…，再一组核可用 X、Y、Z、…字母中的一个表示，从而构成 AX、AMX、…系统。当它们的$\Delta\nu/J < 6$ 时用相近的字母表示，如 AB、ABC、…系统。

(3) 每一种磁等价的核的个数写在大写字母右下角。

(4) 写自旋体系时 $I = 1/2$ 的非氢核(如 ^{13}C、^{15}N、^{19}F 和 ^{31}P 等)也应写入，它们对氢也有耦合。例如

CH_3CH_2OH　　$^{13}CH_2F_2$

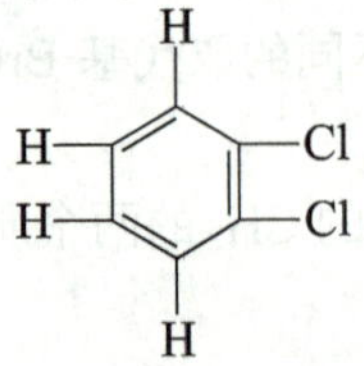

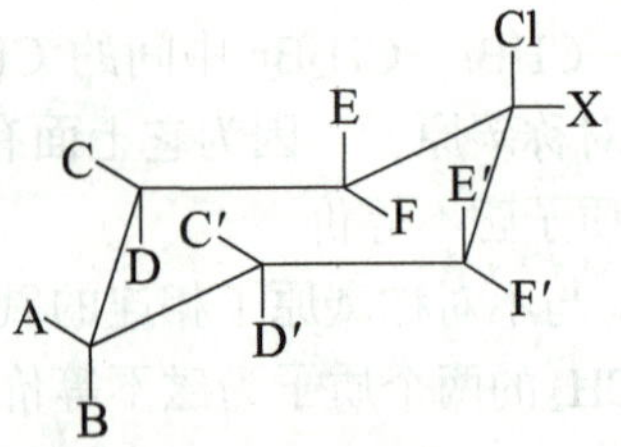

A_3M_2X　　A_2M_2X　　AA′BB′　　ABCC′DD′EE′FF′X(ABCDEFX 均为 H)

4.6.2 一级谱的条件与规律

核磁共振谱图分为一级谱(低级谱)和二级谱(高级谱)，一级谱较容易解析。

1. 一级谱的条件

满足下列两个条件的 NMR 谱称为一级谱，可以用一级近似法解析：

(1) 一个自旋体系中的两组质子的化学位移差($\Delta\nu$)至少是耦合常数 J 的 6 倍以上，即 $\Delta\nu/J \geq 6$。在此，$\Delta\nu$和 J 均以 Hz 为单位，$\Delta\nu = \delta\times$仪器磁场强度(MHz)。例如，$CHCl_2—CH_2Cl$ 中$\delta_{CH}=5.85$，$\delta_{CH_2}=3.96$，$J=6.5$ Hz，在 60 MHz 的仪器中$\Delta\nu=(5.85-3.96)\times60=113.4$(Hz)，$\Delta\nu/J=113.4/6.5=17>6$，所以 $CHCl_2—CH_2Cl$ 在 60 MHz 仪器中的 NMR 谱是一级谱。当 $\Delta\nu/J<6$ 时为二级谱。

(2) 在这个自旋体系中，同一组质子(它们的化学位移相同)的各个质子必须是磁等价的。

2. 一级谱的规律性

符合上面两个条件的谱图为一级谱，它有下列规律：

(1) 磁等价的质子之间尽管有耦合，但不发生裂分，如果没有其他质子的耦合应出单峰。例如，$CH_3—CO—CH_3$ 中甲基的三个质子为磁等价质子，甲基出一个单峰。$ClCH_2—CH_2Cl$ 的四个质子也是磁等价质子，虽然在两个碳上，仍为单峰。

(2) 磁不等价的质子之间有耦合，发生的裂分峰数目应符合 $n+1$ 规律。

(3) 各组质子的多重峰中心为该组质子的化学位移，峰形左右对称，还有内侧高、外侧低的“倾斜现象”。

(4) 耦合常数可以从图上的数据直接计算出来。找出耦合裂分的两个峰，由它们的化学位移差 $\Delta\delta$ 计算耦合常数。

(5) 各组质子的多重峰的强度比为二项式展开式的系数比。

(6) 不同类型质子的积分面积(或峰强度)之比等于质子的个数之比。

现将典型一级谱的解析说明如下。

4.6.3 典型的一级谱系统

1. AX 系统

(1) AX 系统有四条线，A、X 各为二重峰。

(2) 二重峰的两峰之间裂距为耦合常数 J_{AX}。

(3) 各组二重峰的中点为该核的化学位移(图 4-33 中的 ν_A、ν_X)。

(4) 四条谱线高度相等(用树杈法表示如图 4-33 所示)。

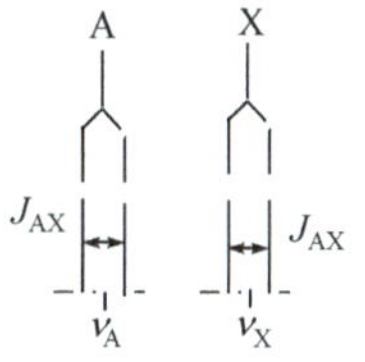

图 4-33 AX 系统

2. AX_2 系统

(1) AX_2 系统有五条谱线，A 受 X 两个质子的耦合分裂成三重峰，X 受 A 的耦合分裂成二重峰。

(2) 二重峰及三重峰的相邻裂分峰之间的裂距为耦合常数 J_{AX}。

(3) 两组峰的对称中心为化学位移。

(4) A 组三重峰强度比为 1 : 2 : 1，X 组强度比为 1 : 1(图 4-34)。

例如，$CHCl_2—CH_2Cl$ 为典型的 AX_2 系统。CH 为三重峰，$\delta=5.80$；CH_2 为双峰，$\delta=3.96$ (图 4-35)。

3. AMX 系统

(1) 在 AMX 系统(图 4-30)中，任何两核之间的化学位移之差都应远大于它们之间的耦合

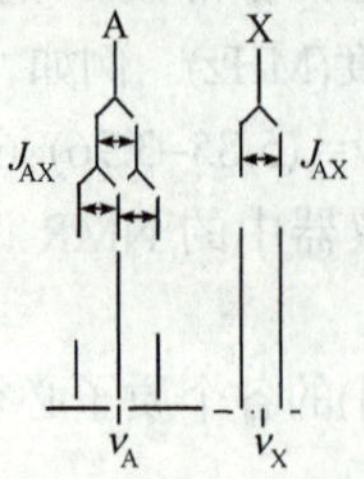

图 4-34 AX_2 系统

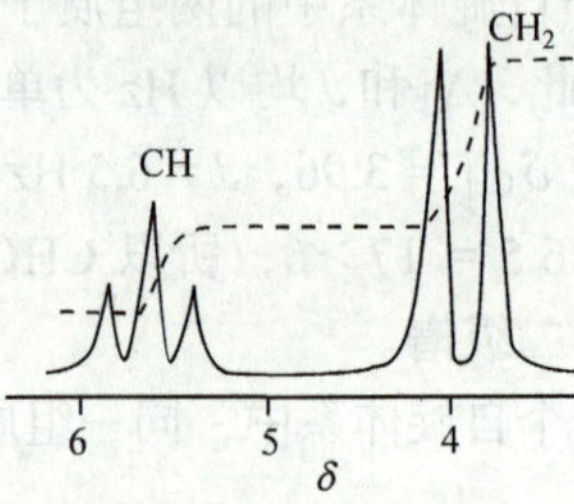

图 4-35 $CHCl_2—CH_2Cl$ 的核磁共振谱图

常数，即 $\Delta\nu_{AM} \gg J_{AM}$，$\Delta\nu_{AX} \gg J_{AX}$，$\Delta\nu_{MX} \gg J_{MX}$。AMX 系统有十二条线，其中 A、M、X 各占四条，四条谱线强度相等。

(2) 十二条谱线有三种裂距，分别对应 J_{AM}、J_{AX}、J_{MX}。每个质子的四条谱线有两种裂距，分别为该原子与其他两个原子的耦合常数。

(3) 每组四重峰的中点为该核的化学位移。

例如，1, 3, 5-三苯基吡唑啉的 ^{1}H NMR 谱图如图 4-36 所示，其 $CH—CH_2$ 部分是一个典型的 AMX 系统。

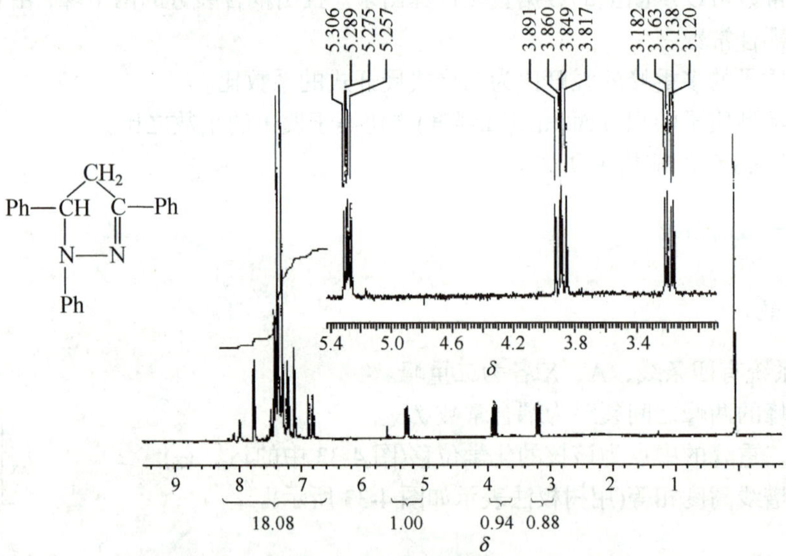

图 4-36 1, 3, 5-三苯基吡唑啉的 ^{1}H NMR 谱图(400 MHz)

内插小图为 AMX 系统放大图

4. A_2X_2 系统

(1) A_2X_2 系统共有六条谱线，A_2 和 X_2 各为三条谱线。

(2) 每组三条谱线中的两条相邻谱线间的距离为 J_{AX}。

(3) 三条谱线的中点为化学位移。

(4) 每组三条谱线的强度比为 1∶2∶1。

例如，化合物 $Ph—CH_2—CH_2—O—CO—CH_3$ 中的两个亚甲基为 A_2X_2 系统，其 ^{1}H NMR 谱图如图 4-37 所示。

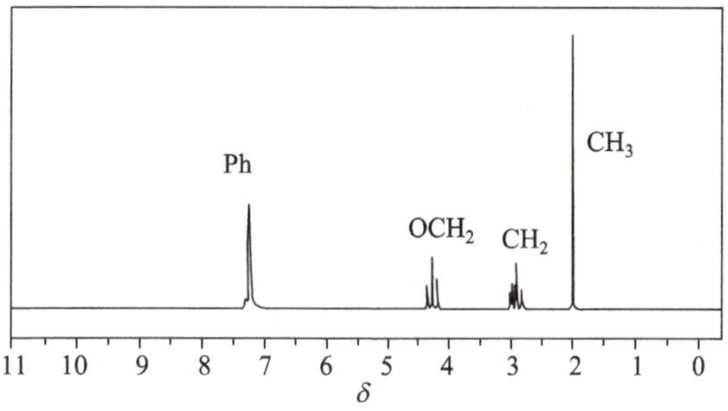

图 4-37 Ph—CH_2—CH_2—O—CO—CH_3 的 ^{1}H NMR 谱图

5. AX_3 系统

(1) 常见的 AX_3 系统为 >CH—CH_3，有六条谱线，A 为四重峰，X 为二重峰。
(2) A 的四重峰两条相邻谱线间距离等于 X 两谱线间距离，等于 J_{AX}。
(3) 每组谱线中央为化学位移。
(4) A 的四条谱线强度比为 1 : 3 : 3 : 1，X 的两条谱线强度比为 1 : 1。

6. A_2X_3 系统

(1) A_2X_3 系统共有七条谱线，A 为四条，X 为三条。
(2) 各组谱线中相邻两条谱线间的距离为 J_{AX}。
(3) 每组谱线中央为化学位移。
(4) A 的四条谱线强度比为 1 : 3 : 3 : 1，X 的三条谱线强度比为 1 : 2 : 1。
例如，常温下 CH_3CH_2OH 中的 CH_3CH_2 为 A_2X_3 系统(图 4-22)。
又如，下列化合物的 CH_2CH_3 部分是 A_2X_3 系统(图 4-29)。

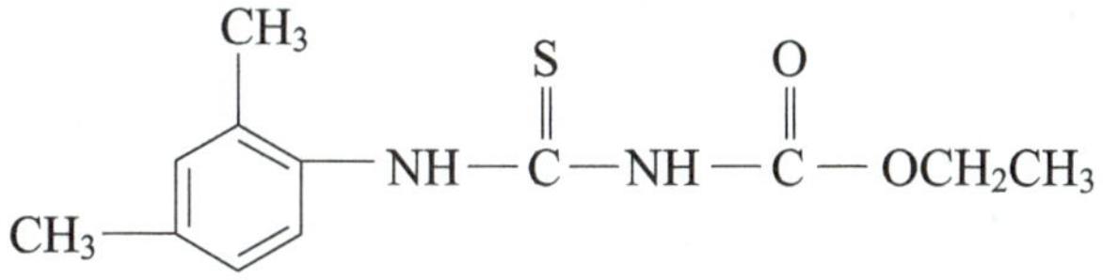

7. 其他自旋体系

以上是一些典型的自旋体系，实际上化合物很复杂，自旋体系也多种多样，远不止上述几种。下面再看几个例子。

异丙苯的 ^{1}H NMR 谱图见图 4-38。内插小图为异丙基部分的放大图，两个甲基 6 个质子和次甲基 1 个质子形成一个 A_6X 自旋体系。两个甲基 6 个质子化学位移相同，与次甲基的耦合也相同。次甲基质子被 6 个甲基质子裂分成七重峰，甲基质子被 1 个次甲基质子裂分成二重峰。在某些条件下，类似的七重峰也有可能只看到五重峰(见后面例 4-10)。

图 4-39 为硝基丙烷的 ^{1}H NMR 谱图。甲基和与硝基相连的亚甲基都是三重峰，中间与甲基相连的亚甲基是六重峰。与甲基相连的亚甲基裂分峰数目本应按$(n+1)(n'+1)$计算，甲基 3 个质子和与硝基相连的亚甲基 2 个质子的化学位移虽然不同，但是它们和中间亚甲基的耦合常

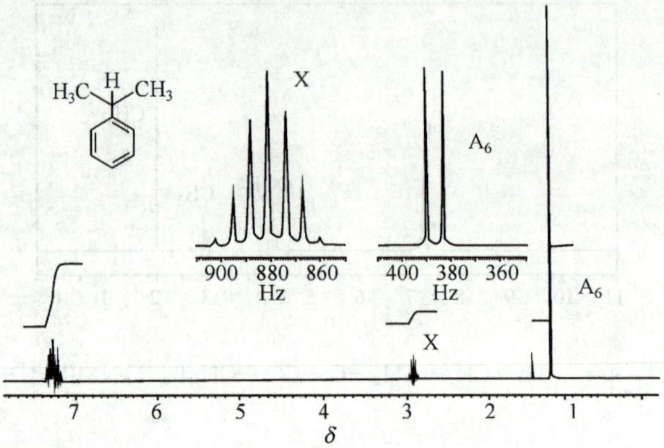

图 4-38　异丙苯的 ^{1}H NMR 谱图($CDCl_3$ 溶剂，300 MHz)

数相同，所以得到此谱图。这种情况在开链化合物中经常见到。如果两边碳上的质子耦合常数不相同，则要裂分成(3+1)×(2+1)重峰。

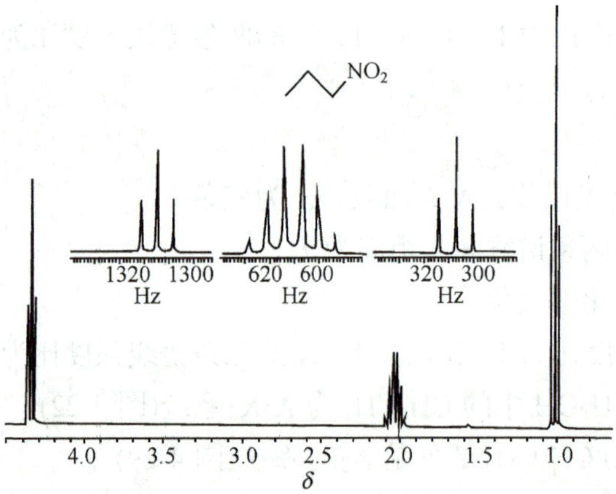

图 4-39　硝基丙烷的 ^{1}H NMR 谱图($CDCl_3$ 溶剂，300 MHz)

还要注意的是，理论上的裂分数与在图上实际看到的可能会有差别，主要是有些耦合常数小，在图上看不清有无裂分，当耦合常数值大于仪器分辨率时，看不清的裂分可以由仪器打印出化学位移。例如，丙醛 CH_3CH_2CHO 的亚甲基应是(3+1)×(1+1)= 8，为八重峰。但在图上看似四重峰，主要是因为亚甲基与醛基的耦合常数仅为 1.7 Hz。

8. 不同取代数和不同取代基情况下的苯环质子裂解图形

苯环质子的化学位移一般为 6～9.5，受干扰较少。苯环质子的一取代、二取代(又因邻、间、对取代而异)、三取代等不同取代情况，出峰个数、裂分情况、峰形很不相同，综合其裂解图形、耦合常数、积分面积可以判断苯环的取代情况。要注意的是，同样的取代情况，取代基不同，峰形有很大变化；不同磁场强度的仪器做的图，外观也会有很大差别。由于苯环邻位、间位和对位质子之间都有耦合，因此在高磁场强度仪器和苯环质子化学位移差别较大时，其谱图为清晰的一组组裂分峰；相反，在低磁场强度仪器和苯环质子化学位移差别较小时，其谱图为杂乱的一组峰。当苯环有邻位耦合质子时，耦合常数较大，约为 8 Hz，在图上可看到明显的裂距；当苯环为间位和对位耦合时，耦合常数较小，裂分小，不放大不一定能看清。

下面举例说明苯环质子裂解的图形。

1) 单取代苯环质子的 ^{1}H NMR

在使用高磁场强度仪器得到的单取代苯环质子的 ^{1}H NMR 谱图中，当取代基使三类质子化学位移差别较大时，a、b、c 三类质子分得很好。取代基的邻位质子 a 外观一般是二重峰，积分面积为 2；取代基的间位质子 b 外观一般是三重峰，积分面积为 2；取代基的对位质子 c 外观一般是三重峰，积 分面积为 1。在使用低磁场强度仪器得到的单取代苯环质子的 ^{1}H NMR 谱图中，有时是一组重叠的峰，分辨不清(图 4-40～图 4-42)。

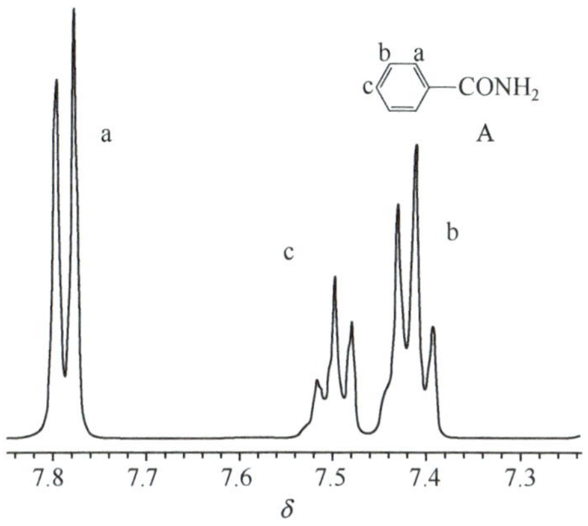

图 4-40 化合物 A 的苯环部分 ^{1}H NMR 谱图(400 MHz)

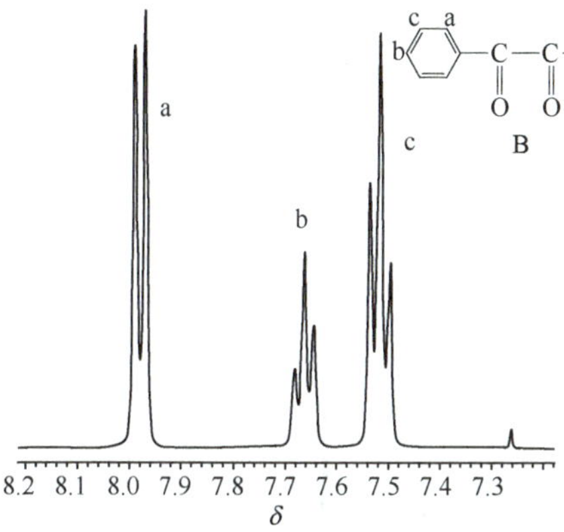

图 4-41 化合物 B 的苯环部分 ^{1}H NMR 谱图(400 MHz)

2) 二取代苯环质子的 ^{1}H NMR

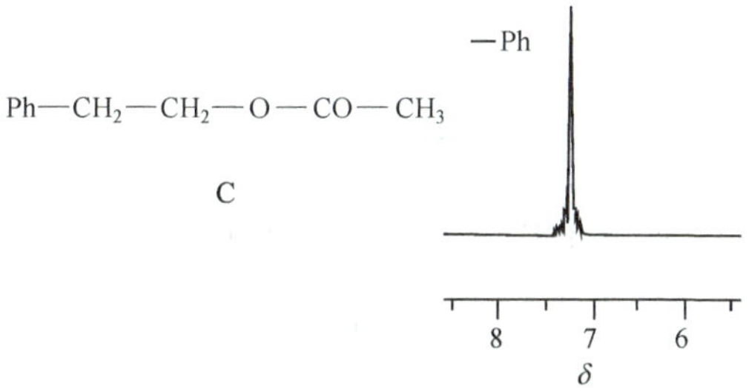

图 4-42 化合物 C 的苯环部分 ^{1}H NMR 谱图(90 MHz)

二取代苯环质子的 ^{1}H NMR 谱图与取代基位置、苯环质子化学位移值及仪器磁场强度有关。

取代基不同的间二取代，如图 4-43 所示，间硝基苯甲醛 a 为单峰(有小的裂分)；b、d 受 c 耦合基本各为二重峰；c 为三重峰。对于间二取代，若取代基相同，则有三组峰。如图 4-44 所示，间二硝基苯 a 质子为单峰；b 组两个质子为两组二重峰，若不放大，看似二重峰，因为与 c 的耦合常数大，与 a 的耦合常数很小；c 组一个质子为三组二重峰，若不放大，看似三重峰，因为与 b 的耦合常数大，与 a 的耦合常数很小。

取代基不同的对二取代苯一般是规则的两组二重峰，每组二重峰代表化学位移相同的两个质子(图 4-45)。相同取代基的对二取代苯出单峰。

对于邻二取代，若两个取代基不同，则有 4 个不等同的苯环质子，每个质子因位置不同为二重峰或三重峰，也可能有两个质子化学位移接近而重叠(图 4-46)。取代基相同的邻二取代则情况不同，此时有两组化学位移不同的质子，高磁场强度仪器的谱图中一般出两组峰。

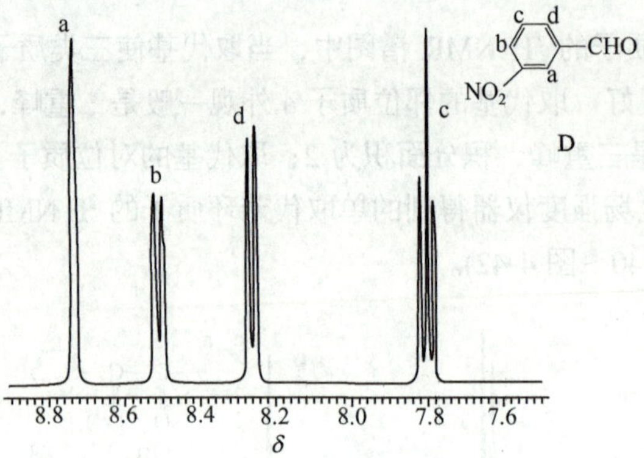

图 4-43　化合物 D 的苯环部分 ^{1}H NMR 谱图(400 MHz)

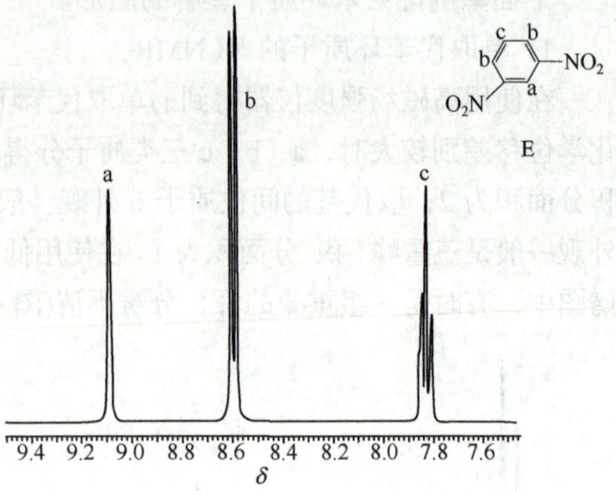

图 4-44　化合物 E 的苯环部分 ^{1}H NMR 谱图(400 MHz)

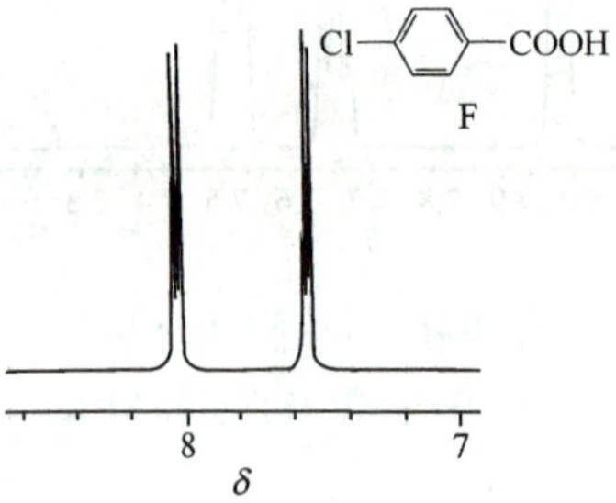

图 4-45　化合物 F 的苯环部分 ^{1}H NMR 谱图(400 MHz)

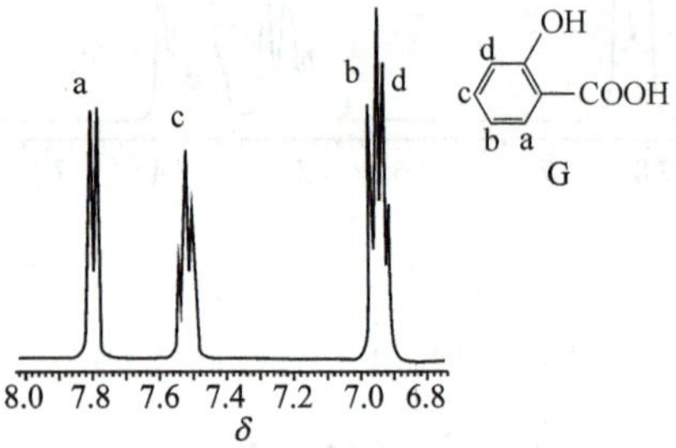

图 4-46　化合物 G 的苯环部分 ^{1}H NMR 谱图(400 MHz)

3) 三取代苯环质子的 ^{1}H NMR

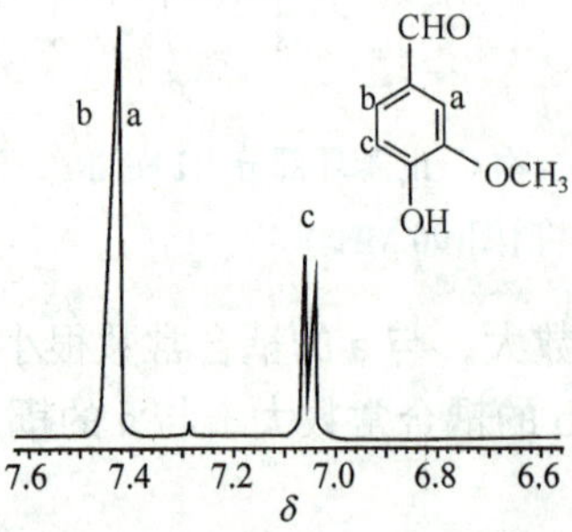

图 4-47　3-甲氧基-4-羟基苯甲醛的苯环部分 ^{1}H NMR 谱图

三取代苯环质子的 ^{1}H NMR 谱图与取代基位置有关，3 个质子在不同取代情况下有单独的、两个相连或三个相连的情况，图形不同。图 4-47 为 3-甲氧基-4-羟基苯甲醛的苯环部分 ^{1}H NMR 谱图。a、b 两个质子化学位移接近而重叠，c 质子为两组二重峰，受 b 的耦合大而受 a 的耦合小。

9. *活泼氢与碳上质子的耦合*

活泼氢与碳上质子的耦合情况既与温度有关，又与活泼氢的种类和溶剂有关。

常温下 SH 因交换慢，可以观察到与碳上质子的耦合。NH 的质子与碳上质子的耦合有较复杂的情况。因为与氮原子直接相连的质子受到 ^{14}N 四极矩的作用，其弛豫过程变得复杂。一般情况下，一级胺和二级胺的氮上质子自身之间及与其他活泼氢有快速交换，不表现耦合，为一尖峰。若氮上质子的交换是中等速度，常出现一个宽峰，如 RCONHR′和吡咯环中的 NH 为一较平坦的宽峰。伯酰胺 $RCONH_2$ 的两个 NH 常出现两个较平坦的宽峰，有时为一较平坦的宽峰。胺在酸性溶液中会形成铵盐，N^+H 交换慢，可以形成外观强度相等的三重宽峰，若 N 邻近有碳上质子，N^+H 和 CH 之间会有耦合。

COOH 及 OH 的活泼氢存在快速交换，是尖峰，经常观察不到与碳上质子的耦合。

在两种情况下可以观察到 OH 活泼氢与碳上质子的耦合。一是在低温下，如甲醇在 −54 ℃可以看到 CH_3 分裂成二重峰，OH 分裂成四重峰(图 4-20)。二是当 DMSO-d_6 作溶剂时，如图 4-48 是以 DMSO-d_6 作溶剂时乙醇的 ¹H NMR 谱图，可以看到 OH 与 CH_2 的耦合。

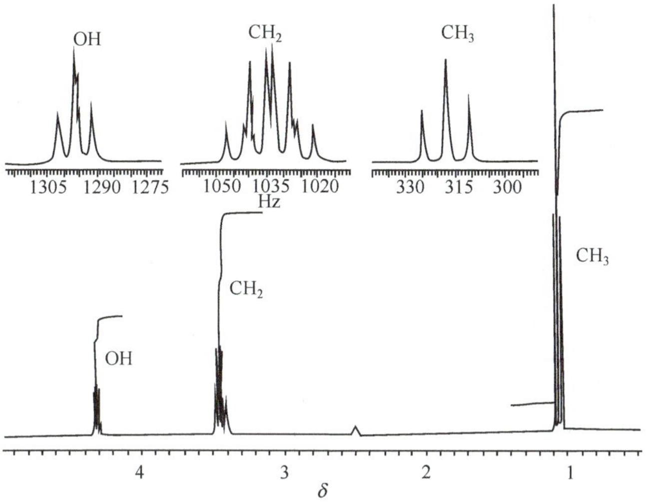

图 4-48 乙醇的 ¹H NMR 谱图(DMSO-d_6 溶剂，300 MHz)

4.6.4 二级谱*

当不能满足产生一级谱的条件时，则得到二级谱，如 AB 系统、AB_2 系统、ABX 系统、A_2B_2 系统、AB_3 系统、A_2B_3 系统等。

二级谱的解法较复杂，化学位移和耦合常数通常不能直接量出，而要通过计算得到。谱线条数也不符合 n+1 规律。下面介绍常见的几个二级谱解法供参考。

1. AB 系统

当 $\Delta\nu$ 不够大时，AX 系统就变成 AB 系统。与 AX 系统类似的是，AB 系统仍是四条谱线。A 和 B 各为两条，两线的间隔等于耦合常数 J_{AB}。与 AX 系统不同的是，AB 系统四条谱线高度不相等，内侧两条线高于外侧两条线。ν_A 和 ν_B 不在所属两线的中心，需通过计算求出(图 4-49)。

图 4-49 中 $\Delta\nu_{AB}$ 表示 A 和 B 化学位移之差，D 表示 A 的两线中心与 B 的两线中心之间的距离。$D=\nu_1-\nu_3=\nu_2-\nu_4$。$\nu_1$、$\nu_2$、$\nu_3$、$\nu_4$ 为四个峰的位置。AB 系统计算公式如下：

(1) $J_{AB}=\nu_1-\nu_2=\nu_3-\nu_4$。

(2) 化学位移：

$$\Delta\nu_{AB}=\sqrt{(D+J_{AB})(D-J_{AB})}=\sqrt{(\nu_1-\nu_4)(\nu_2-\nu_3)}$$

$$C=\frac{1}{2}[(\nu_1-\nu_4)-\Delta\nu_{AB}]$$

$$\nu_A=\nu_1-C \qquad \nu_B=\nu_4+C$$

(3) 峰强度比(I_1、I_2、I_3、I_4分别为四个峰的强度)

$$I_1=I_4 \qquad I_2=I_3$$

$$\frac{I_1}{I_2}=\frac{I_4}{I_3}=\frac{D-J_{AB}}{D+J_{AB}}=\frac{\nu_2-\nu_3}{\nu_1-\nu_4}$$

要注意的一点是，AB 系统不能发生交叉，如图 4-50 所示是错误的解法。$\nu_1-\nu_3=\nu_2-\nu_4\neq J_{AB}$，以$\nu_1-\nu_3$作为$J_{AB}$是错误的。

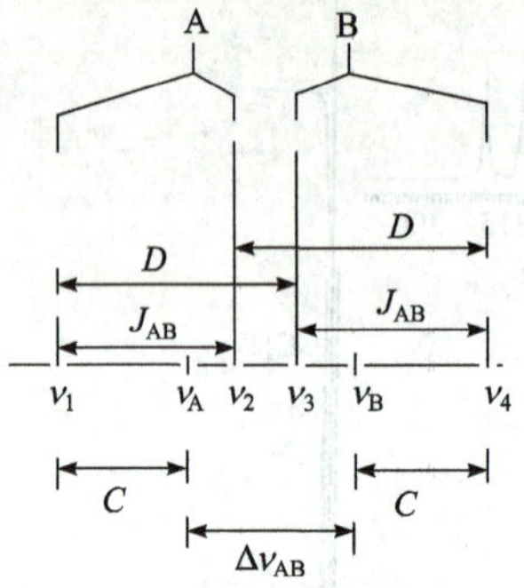

图 4-49 AB 系统

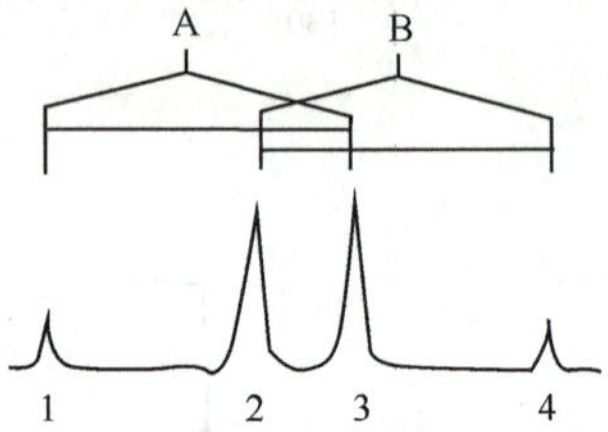

图 4-50 AB 系统错误的解法

例 4-8 下面为化合物中两个烯氢的 ^{1}H NMR 数据(60 MHz)，是典型的 AB 系统。ν_1=396.6 Hz，ν_2=387.9 Hz，ν_3=386.7 Hz，ν_4=378.0 Hz。计算两个烯氢的化学位移值。

解 $J_{AB}=\nu_1-\nu_2=396.6-387.9=8.7(\text{Hz})$

$$\Delta\nu_{AB}=\sqrt{(\nu_1-\nu_4)(\nu_2-\nu_3)}=4.72$$

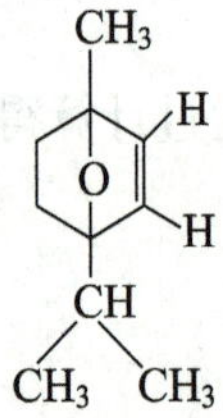

$$C=\frac{1}{2}[(\nu_1-\nu_4)-\Delta\nu_{AB}]=\frac{1}{2}\times[(396.6-378.0)-4.72]=6.94(\text{Hz})$$

$$\nu_A=\nu_1-C=396.6-6.94=389.66(\text{Hz})$$

$$\delta_A=\nu_A/\text{仪器磁场强度(MHz)}=389.66/60=6.5$$

$$\nu_B=\nu_4+C=378.0+6.94=384.94(\text{Hz})$$

$$\delta_B=384.94/60=6.4$$

2. AB_2 系统

AB_2 也是二级谱中常见的一种，它的谱峰基本分两组，强度比为 1∶2，共有八条谱线，其中 A 四条，B_2 四条。B 的最外部有时可以发现很弱的综合峰，这是第九条线，A 部分的谱线由内向外强度递减；B 部分由两组二重峰组成，里面双峰较强，有时五、六两峰重合在一起呈单峰(最强峰)。其解析法如下：

(1) 读出ν_1，ν_2，…，ν_7，ν_8。

(2) $J_{AB}=[(\nu_1-\nu_4)+(\nu_6-\nu_8)]/3$。

(3) 第三条谱线的读数是质子 A 的化学位移。

(4) 第五与第七两条谱线的中点读数是质子 B 的化学位移。

AB_2 系统各条谱线之间的距离有以下规律：

$$\nu_1-\nu_2=\nu_3-\nu_4=\nu_6-\nu_7$$

$$\nu_1-\nu_3=\nu_2-\nu_4=\nu_5-\nu_8$$

$$\nu_3-\nu_6=\nu_4-\nu_7=\nu_8-\nu_9$$

AB_2 的实例见图 4-51。

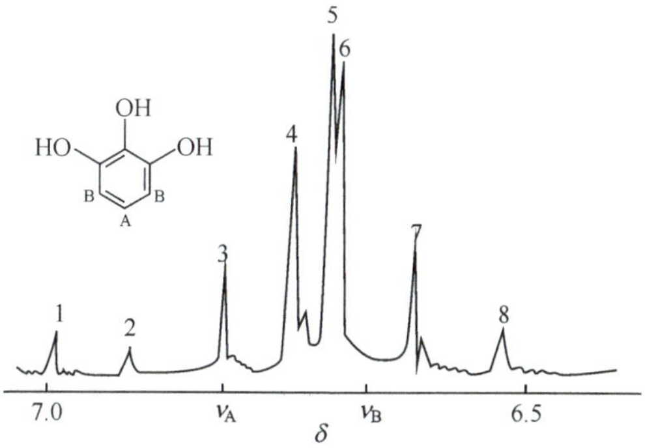

图 4-51 AB_2 系统的 ^1H NMR 谱图示例(D_2O 溶剂，60 MHz)

3. ABX 系统

若 AMX 系统中有两个核的化学位移较近，就得到 ABX 系统。ABX 系统谱峰的特征是分为 X 和 AB 两部分。X 部分有时出现六个峰，最外部两个峰很弱，有时只出现四个强度几乎相等的峰。AB 部分有八个峰，分属两组 AB 型谱，每组四个峰。ABX 系统的解析程序如下：

(1) 认出 X 部分和 AB 部分两组各个峰的位置。

(2) 由 X 部分四重峰的中心读出 ν_X。

(3) 将 AB 部分八个峰分成两个 AB 系统，每个 AB 系统四个峰。在图 4-52 中，1、3、5、6 为一 AB 系统，而 2、4、7、8 为另一 AB 系统。两个 AB 系统裂距都为 J_{AB}。AB 系统不能交叉，各峰强度符合 AB 系统公式。

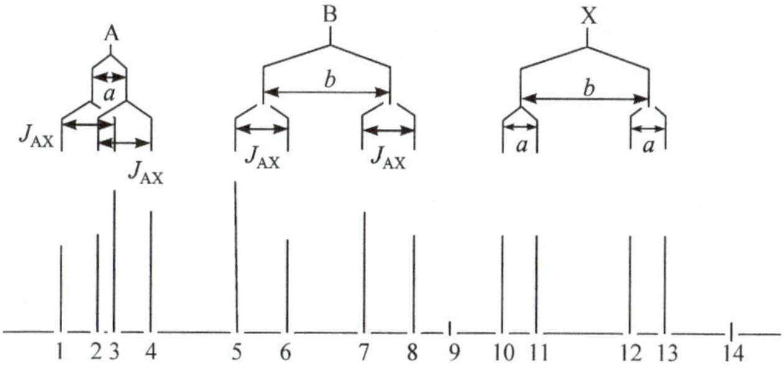

图 4-52 ABX 系统

(4) 读出两组 AB 系统的中心，算出两中心的距离，此值的二倍等于$(J_{AX}+J_{BX})$。

(5) 读出两组 AB 系统中各自的$(\nu_1-\nu_3)$或$(\nu_2-\nu_4)$两峰的距离，将这两组差值中的较大值定为 $2D_+$，较小值定为 $2D_-$。

(6) 若 X 部分是四个强度几乎相等的峰，则选用图 4-53(a)中直角三角形关系，由上述 J_{AB}、

$2D_+$、$2D_-$各值求 $\Delta\nu_{AB}$ 和$(J_{AX}-J_{BX})$；若 X 部分是六个峰，则选用图 4-53(b)中直角三角形关系进行计算。

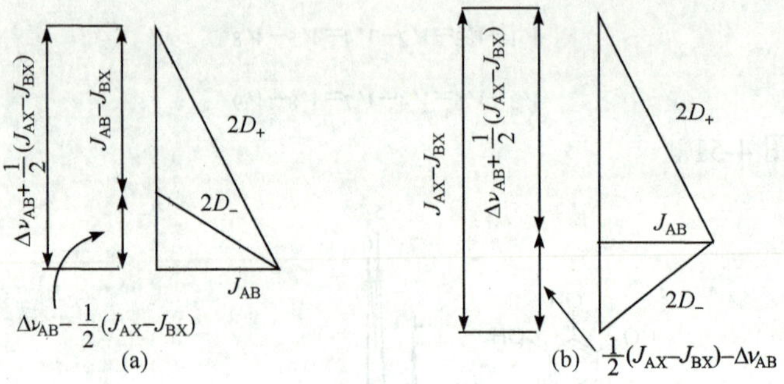

图 4-53 ABX 系统的解析

(7) 将以上$(J_{AX}+J_{BX})$和$(J_{AX}-J_{BX})$值联立，求得 J_{AX} 和 J_{BX}。

(8) 求出两组 AB 系统的中心点，这两点的中心位置作为δ_{AB}，$\delta_{AB}=0.5(\nu_A+\nu_B)$。由上述的 $\Delta\nu_{AB}=\nu_A-\nu_B$，解联立方程可以求得 ν_A 和 ν_B。

4. A_2B_2 系统

A_2B_2 系统中 A_2 和 B_2 分别为磁等价，所以只有一个耦合常数 J_{AB}。A_2B_2 系统共有 18 条谱线，其中四条为综合线，由于强度太弱一般难以观察到。因此，A_2B_2 系统一般只有 14 条谱线，其中 A、B 各占 7 条，且左右对称(图 4-54 和图 4-55)。

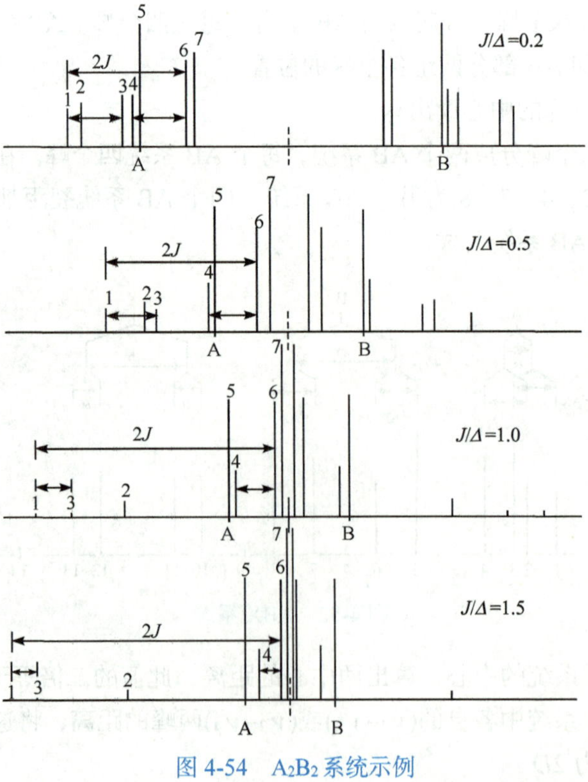

图 4-54 A_2B_2 系统示例

A_2B_2 系统有以下关系：

$$\nu_1-\nu_3=\nu_4-\nu_6 \qquad J_{AB}=0.5(\nu_1-\nu_6)$$

A 的第五条线和 B 的第五条线的位移值分别为 A 和 B 的化学位移 ν_A 和 ν_B。

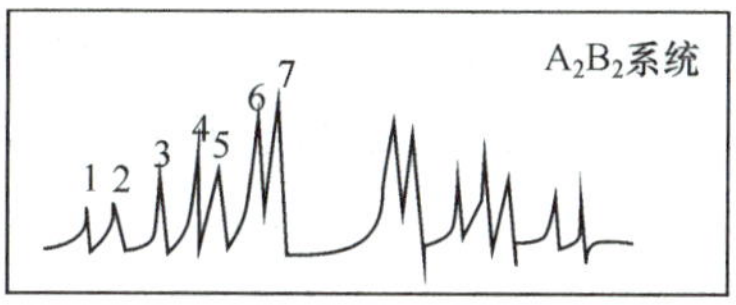

图 4-55 NC—CH₂—CH₂—C(CH₃)₂—CHO 中—CH₂—CH₂—部分的 ¹H NMR 谱图

4.7 ¹H NMR 若干实验技术问题

解析复杂化合物的结构时，常要借助一些特殊的实验技术来简化谱图，确定峰的归属。

4.7.1 重氢交换法确认活泼氢

当化合物分子中含有—OH、—COOH、—NH、—SH 等含活泼氢的基团时，这些活泼氢的 δ 值和峰形随测试条件(如温度、浓度、溶剂等)的变化而有较大的变动。在低温下活泼氢与邻近质子有耦合，在常温下一般不考虑活泼氢—OH、—COOH 及部分—NH 与其他质子的耦合。要进一步确认活泼氢，可以在样品采集核磁共振氢谱之后，向样品溶液中加入约 1 滴重水(D_2O)振荡，使原有活泼氢 H 被重水的 D 取代。重新作图，原有谱图中活泼氢的峰消失，而在 δ= 4.7～4.8 出现 DOH 的质子吸收峰。

4.7.2 位移试剂的应用

位移试剂是能够使样品的化学位移有较大移动的一种试剂。常用镧系金属的 β-二酮配合物，特别是铕(Eu)的配合物。例如，三(2, 2, 6, 6-四甲基庚二酮-3, 5)铕[$Eu(DPM)_3$]就是一种常用的位移试剂。

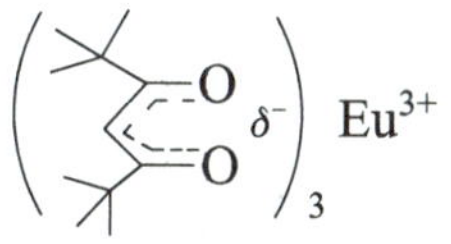

位移试剂对带孤对电子的化合物都有明显的增大位移、拉开谱图的作用。一般来说，它对一些官能团的位移影响的大小顺序如下：

—NH＞—OH＞C═O＞—O＞—COOR＞—CN

位移试剂的影响见表 4-18。

表 4-18 位移试剂的影响(样品与位移试剂等物质的量)

基团类型	位移变化	基团类型	位移变化
RNH_2	～150	RCHCHO	19
ROH	～100	RCH_2OCH_2R	10
RCH_2NH_2	30～40	$RCH_2CO_2CH_3$	7
RCH_2OH	20～50	$RCH_2CO_2CH_3$	6～5
RCH_2COR'	10～17	RCH_2CN	3～7
RCH_2CHO	11～19		

例如，苄醇的芳氢在未加位移试剂前是一个尖峰，加了位移试剂后，三种芳氢的化学位移拉开了距离，其分裂情况可以用一级近似处理。羟基位移特别大，未加扫描(图 4-56)。

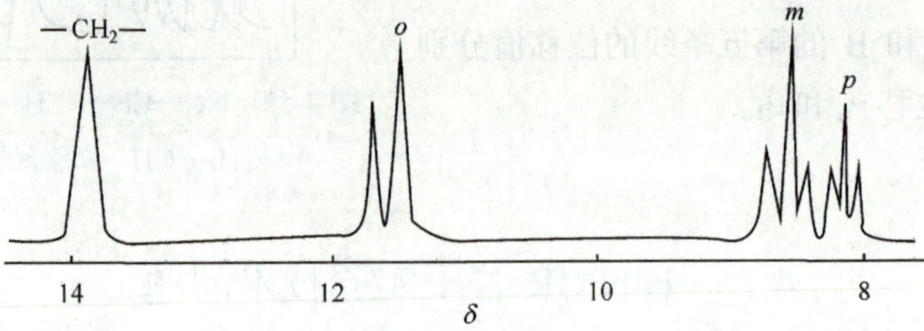

图 4-56　位移试剂对苄醇芳氢的影响

样品：HO—CH_2—Ph，含 $Eu(DPM)_3$ 0.39 mol

4.7.3　高磁场强度仪器的应用

前面讲过，一个化合物各组氢的δ和 J 是不随仪器变化的。但是各种仪器因磁场强度不同，一个化学位移单位所含的赫兹数也不同。磁场强度高的，每个化学位移单位内含的赫兹数大，以 Hz 作单位的距离就大。例如，60 MHz 仪器每个化学位移单位为 60 Hz，100 MHz 仪器则每个化学位移单位为 100 Hz。这样，用高磁场强度的仪器便把谱图拉开了，便于解析。

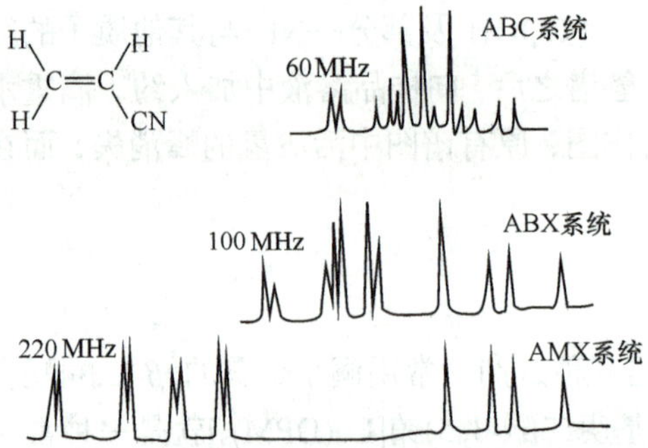

图 4-57　三种仪器上丙烯腈的 ¹H NMR 谱图

例如，丙烯腈在不同仪器上做出的谱图大不一样。由 60 MHz 仪器上的 ABC 系统到 220 MHz 上的 AMX 系统，谱图在高磁场强度仪器上会简化且容易解析(图 4-57)。

4.7.4　核磁双共振

核磁双共振(又称双照射法)时采用两个射频场，用一个射频场 W_2 干扰核的自旋体系，用另一个射频场 W_1 观察谱图。用双照射技术可以准确确定某组多重峰的化学位移，确定核群之间的耦合关系。

双照射的符号用 $A_m\{X_n\}$表示。A 表示被射频 W_1 观察的核，X 表示被射频 W_2 照射的核，m、n 表示核的数目。

按照 W_2 照射强度的不同，产生的效果不同，双照射可以分为几类(表 4-19)。

表 4-19　$A_m\{X_n\}$双照射的各种类型

照射强度	名称	一般现象
$>nJ_{AX}$	自旋去耦	A 核多重峰叠合为一
$\sim J_{AX}$	选择性自旋去耦	A 核谱线部分简化
$W_{1/2}^{*} \ll J_{AX}$	挠痒法	A 的某些相关峰发生分裂
$<W_{1/2}$	核 Overhauser 效应	A 的峰面积发生变化

*$W_{1/2}$ 为半峰宽。

1. 自旋去耦法

自旋去耦的原理是：化学位移不同的 H_a 和 H_b 有耦合时，因为 H_b 有两种自旋取向，对 H_a 有不同的影响，使 H_a 发生分裂。在扫频法测定中，若用 W_1 射频扫描，同时用第二个射频 W_2 照射 H_b 使其达到自旋饱和，H_b 核高速往返于两种自旋状态之间，此时 H_b 对 H_a 不再有两种不同的影响，使 H_a 的二重峰变成单峰。当然，若 H_a 与分子内其他质子还有耦合，则不是变成单峰，而是一组简化了的多重峰(图 4-58)。

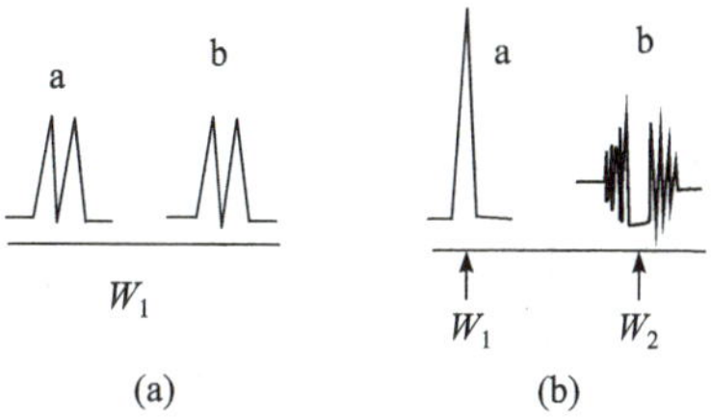

图 4-58　扫频法测定中自旋去耦法示意图

例如，化合物 Ph—CH_2—CH_3 的正常谱图(—CH_2—CH_3 部分)如图 4-59 所示，图 4-60 为用 W_2 干扰 CH_2 得到的谱图。

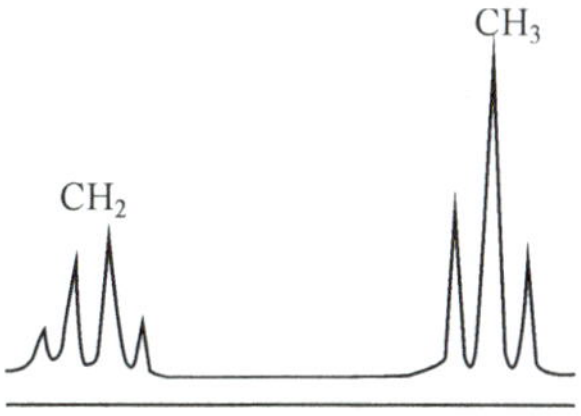

图 4-59　Ph—CH_2CH_3 的 CH_2CH_3 部分 ¹H NMR 谱图

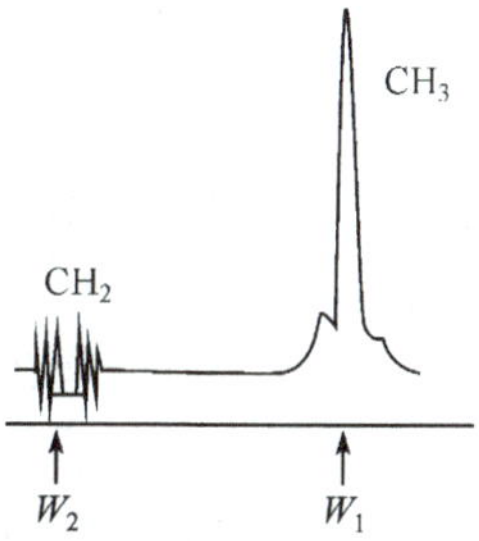

图 4-60　Ph—CH_2CH_3 的 CH_2CH_3 自旋去耦谱图

2. NOE

分子内有两个邻近的质子时(两核之间不一定有耦合)，若用一个强度小于 $W_{1/2}$ 的射频照射其中的一个质子使其饱和，另一个质子的吸收峰面积就会增加。这一现象称为“核的奥氏效应”(nuclear Overhauser effect，NOE)。利用 NOE 可以识别谱峰归属，研究分子的立体化学问题。

例如，图 4-61 为下列化合物的正常谱图中 H_a、H_b、H_c 部分，图 4-62 为照射—OCH_3 的 NOE，H_a 的强度在照射后比照射前增强了 23%。

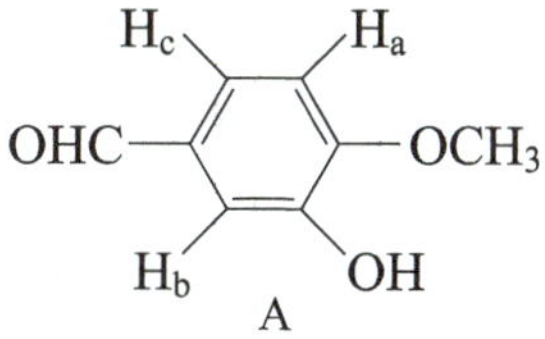

A

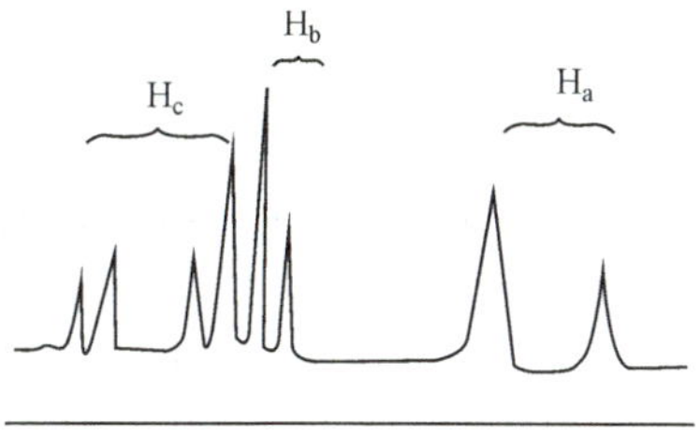

图 4-61　化合物 A 的一般 ¹H NMR 谱图

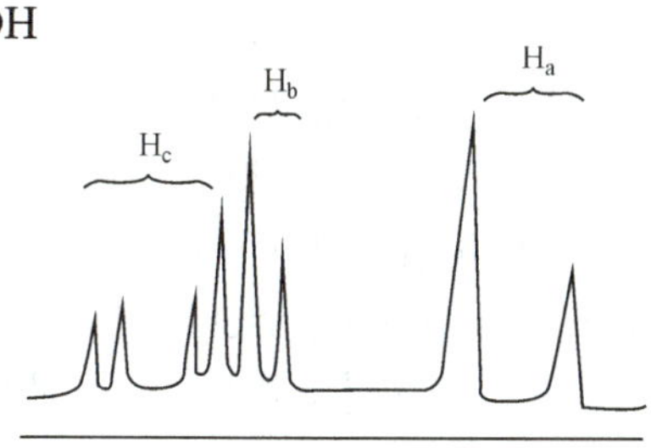

图 4-62　照射化合物 A 的—OCH_3 的 NOE

4.8 ^{1}H NMR 谱图解析步骤

4.8.1 ^{1}H NMR 谱图解析的一般步骤

在解析 ^{1}HNMR 谱图时，一般由简到繁，先解析和归属易确定的基团和一级谱，再解析难确认的基团和二级谱。在很多情况下，比较复杂的化合物只靠一张 ^{1}H NMR 谱图是难以确定结构的，应综合各种测试数据加以解析。必要时有针对性地做一些特殊分析，如重氢交换确认活泼氢、用双共振技术及 2D NMR 确认指配的基团及基团间的关系等，特别是 2D NMR 在新化合物的结构解析中非常有用。

解析 ^{1}H NMR 谱图的一般步骤如下：

(1) 先检查谱图是否合格：基线是否平坦？TMS 信号位移值是否为零？样品中有无干扰杂质(若有铁或氧气等顺磁性杂质，会使谱线加宽，应先除去)？积分线没有信号处是否平坦？

(2) 识别“杂质”峰。在使用氘代溶剂时，由于有少量未氘代溶剂的质子存在，会在谱图上出现 ^{1}H 的小峰。若使用普通溶剂，除了正常 ^{1}H 峰，还要注意旋转边峰和卫星峰。另外，溶剂中常有少量水，会出另一个峰，在不同溶剂中微量水峰的位置也不同。

(3) 若已知分子式，则先算出不饱和度。

(4) 按积分曲线得出各组质子的相对面积比，若已知分子总的氢原子个数，则可以算出每组峰的氢原子的个数。由峰的裂分个数与裂距(耦合常数)找耦合关系，结合各组质子的相对面积比，推测邻近基团质子个数。

(5) 由δ值及峰形推测质子相连的原子类型；若是碳原子上的氢原子，可推测是饱和碳、烯碳还是苯环碳上的氢。一般先解析 CH_3O—、CH_3N—、CH_3Ph、CH_3—C≡等孤立的甲基信号，这些甲基均为单峰。

(6) 解释低磁场处，$\delta>10$ 处出现的—COOH、—CHO 及分子内氢键的信号。

(7) 解释芳氢信号，一般δ为 6.5～8，经常是一组耦合常数有大(邻位耦合)有小(间位、对位耦合)的峰。

(8) 若有活泼氢，可以加入重水交换，再与原图比较加以确认。

(9) 解释图中一级谱，找出δ及J，解释各组峰的归属，再解释二级谱。

(10) 若谱图复杂，可以应用简化谱图的技术。

(11) 应用元素分析、质谱、红外光谱、紫外光谱及 ^{13}C NMR 等结果综合考虑，推定结构。

(12) 将谱图与推定的结构对照检查，看是否符合。已知物可以再与标准谱图对照来确定。标准谱图的查找可参考第 3 章红外光谱图的查找方法。有多种 ^{1}H NMR 标准谱图集，但谱图最全、用得最多的是萨特勒谱图集。可用萨特勒谱图集手工查找，也可以通过计算机在 www.bio-rad.com/网站上查萨特勒标准谱图，氢谱和碳谱合计有 50 余万张谱图。

标准谱图也可在一些网站上免费用计算机查找。谱图较多、使用较方便的网站是 http: //riodb01.ibase.aist.go.jp/sdbs/cgi-bin/cre_index.cgi，使用方法见第 3 章。

另外，还可以使用计算机模拟，如使用 Chemdraw 软件，画出可能的结构式，计算机可以使用谱库资料，给出此结构式各类质子可能的化学位移。此方法为结构解析提供参考，不能作为依据。具体操作见第 5 章。

4.8.2　¹H NMR 解析实例

例 4-9　一个未知物，液体，沸点为 218 ℃，分子式为 $C_8H_{14}O_4$，其 IR 谱图显示有 $\nu_{C=O}$ 吸收。¹H NMR 谱图如图 4-63 所示，试推断化合物的结构。

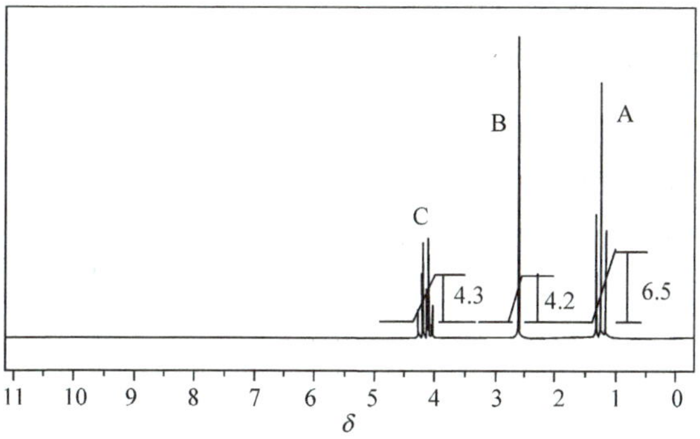

图 4-63　未知物的 ¹H NMR 谱图

解　(1) 不饱和度 $U=2$，IR 谱图显示有 $\nu_{C=O}$，其中至少有一个羰基。

(2) 无苯环，有三种不同的质子。

(3) 共有 14 个氢原子，每组氢原子个数为

C 组：$14\times\dfrac{4.3}{4.3+4.2+6.5}=14\times\dfrac{4.3}{15}=4$

B 组：$14\times\dfrac{4.2}{15}=4$

A 组：$14\times\dfrac{6.5}{15}=6$

(4) A 组有 6 个氢，由 δ 值可知为甲基氢，所以有两个 CH_3。A 组氢分裂为三重峰，其邻近应有两个质子与其耦合。C 组有四个氢，可能为两个 CH_2。分裂为四重峰，其邻近应有 3 个质子，即 CH_3 与其耦合，所以应有两个 CH_3CH_2。B 组为 4 个氢，且为单峰，可能是化学环境一样的两个 CH_2。由其化学位移及分子内含有羰基的情况，初步推定有—CO—CH_2CH_2—CO—，这两个 CH_2 的 4 个氢为磁等价质子。C 组的 4 个氢化学位移值较大，应是与氧相连，所以有两组—O—CH_2CH_3。

(5) 综合上述分析，该未知物为

$$CH_3CH_2O—CO—CH_2CH_2—CO—O—CH_2CH_3$$

(6) 核对所有数据与谱图，该化合物的结构是正确的。

(7) 从 http: //riodb01.ibase.aist.go.jp/sdbs/cgi-bin/cre_index.cgi 网站上查到此化合物的标准谱图(图 4-64)，

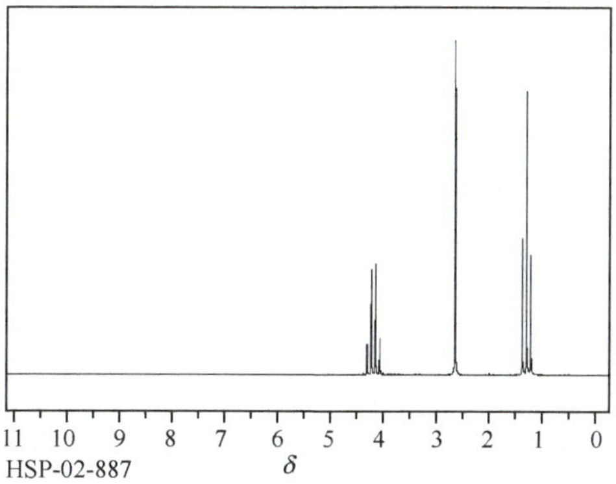

图 4-64　化合物的 ¹H NMR 标准谱图

也证明结论是正确的。

例 4-10 图 4-65 为正丙苯与异丙苯混合物的 ^{1}H NMR 谱图，试求两种异构体的相对含量。

解 两种异构体的苯环芳氢共振峰在 6.92 左右，为典型的单取代苯芳氢吸收峰。其余峰是：

正丙苯：δ_a 0.72(t)；δ_b 1.35(六重峰)；δ_c 2.30(t)。

异丙苯：δ_d 1.0(d)；δ_e 2.60(应为七重峰，现为五重峰)。

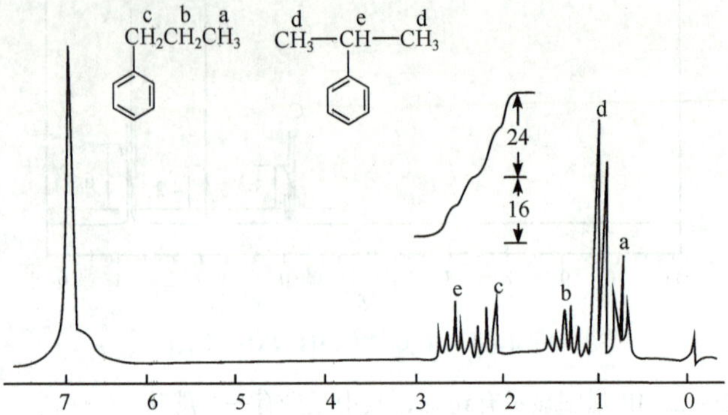

图 4-65 正丙苯与异丙苯混合物的 ^{1}H NMR 谱图

根据 δ_c 2.30(t)峰及 δ_e 2.60 峰的积分曲线高度，可求出两个化合物的相对含量。

$$\text{异丙苯}=\frac{\delta 2.60\text{峰强度}}{\frac{1}{2}\delta 2.30\text{峰强度}+\delta 2.60\text{峰强度}}\times 100\%=\frac{16}{\frac{1}{2}\times 24+16}\times 100\%=57\%$$

$$\text{正丙苯}=1-57\%=43\%$$

例 4-11 一个结晶固体，分子式为 $C_6H_3OBr_3$，熔点为 96 ℃，^{1}H NMR 谱图(CCl_4 溶剂)如图 4-66 所示。溶液加 D_2O 振荡后 δ 5.8 处信号消失，试推测结构。

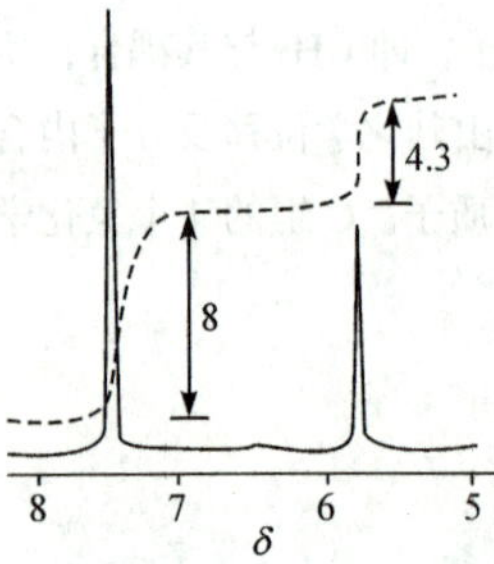

图 4-66 分子式为 $C_6H_3OBr_3$ 化合物的 ^{1}H NMR 谱图

解 (1) 不饱和度 $U=4$。

(2) 由 δ 7～8 峰和 $U=4$ 可知有苯环。

(3) 因为分子中有 3 个氢，所以应该可以从积分曲线看出有两个苯氢，另一个氢在 δ 5.8 处。

(4) δ 5.8 处的氢加重水交换消失，所以是活泼氢，由分子式可以确定这是一个 OH。

(5) 由于两个苯氢出一个单峰，因此两个苯氢应对称。按分子式排列可能有两种结构 A 和 B。

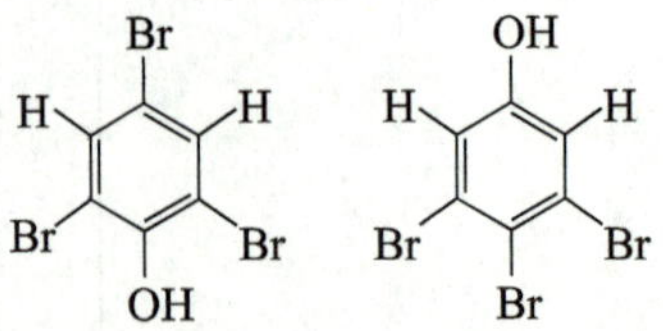

A　　　B

(6) 用公式计算苯氢的化学位移：

$$\delta_A = 7.26 - 2\times(-0.18)-0.12-0.04 = 7.46$$

$$\delta_B = 7.26-(-0.18)-0.56-0.08-0.04 = 6.76$$

所以 A 为该化合物的结构。

例 4-12　画出 2-丁酮的核磁共振氢谱可能的谱图。

(1) 标出各组峰代表什么基团。

(2) 标出各类质子的化学位移(不计算，不写数值)。

(3) 标出耦合常数。

(4) 说明各类质子的裂分小峰峰面积比。

(5) 说明各类质子的积分面积。

解　学习 ^{1}H NMR 后，应该能由简单的结构式推测其可能的 ^{1}H NMR 谱图。首先判断化合物有几类质子、几个自旋体系及裂分情况：2-丁酮有 3 类质子，2 个自旋体系：AB 两类质子形成 A_3X_2 体系，A 类质子三重峰，B 类质子四重峰；C 类质子单独一个自旋体系。

判断 3 类质子的化学位移顺序：B>C>A。

根据上述判断，结合一级谱的规律性，画出可能谱图，并回答问题。2-丁酮的 ^{1}H NMR 谱图如图 4-67 所示。

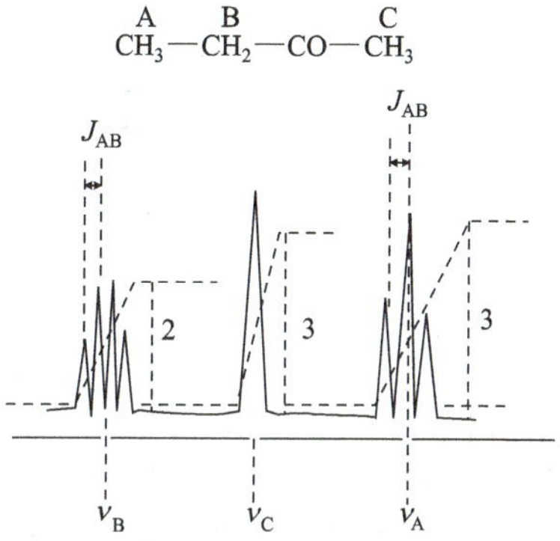

图 4-67　2-丁酮的 ^{1}H NMR 谱图

问题(1)、(2)、(3)见图 4-67。各类质子的裂分小峰峰面积比为 A 质子三重峰，裂分小峰面积比为 1∶2∶1；B 质子四重峰，裂分小峰峰面积比为 1∶3∶3∶1；C 质子单峰。

各类质子的积分面积(高度)比为 A∶B∶C＝3∶2∶3。

例 4-13　某化合物分子式为 $C_{11}H_{14}O_2$，其 IR 和 ^{1}H NMR 谱图分别如图 4-68 和图 4-69 所示，推测其结构。

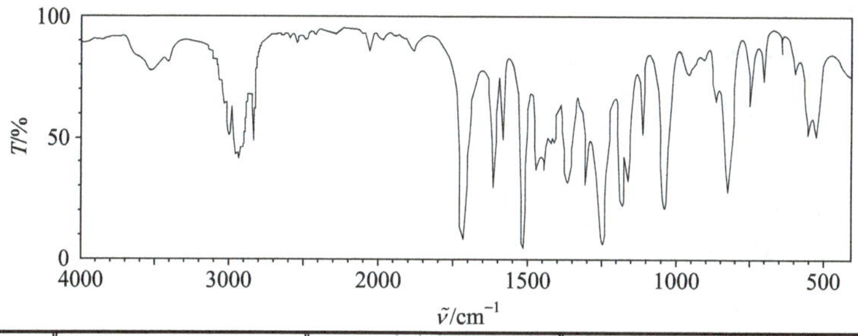

$\tilde{\nu}$/cm^{-1}	T/%	$\tilde{\nu}$/cm^{-1}	T/%	$\tilde{\nu}$/cm^{-1}	T/%	$\tilde{\nu}$/cm^{-1}	T/%	$\tilde{\nu}$/cm^{-1}	T/%
3526	74	2913	43	1466	39	1248	5	821	26
3413	79	2837	47	1443	35	1179	21	743	60
3061	70	1715	7	1421	46	1151	30	699	70
3032	60	1612	28	1409	46	1109	49	592	74
3001	49	1584	47	1366	30	1038	20	546	49
2955	41	1513	4	1318	58	955	72	535	57
2936	39	1488	36	1301	29	863	62	522	49

图 4-68　某化合物的 IR 谱图

解　(1) 不饱和度 U=5。可初步判断分子结构中可能含一个苯环和一个双键。

(2) 从 IR 谱图可以得到以下主要结论：

(i) 分子结构中含有苯环(3032 cm^{-1}，1612 cm^{-1}，1584 cm^{-1}，1513 cm^{-1}，821 cm^{-1})和饱和烃类(2955 cm^{-1}，2936 cm^{-1}，2913 cm^{-1}，2837 cm^{-1}，1466 cm^{-1}，1366 cm^{-1})片段。

(ii) 分子结构中含有羰基(1715 cm^{-1})和 C—O 键(1248 cm^{-1}，1038 cm^{-1})，并且 C—O 键中存在 p-π 超共轭作用。

(iii) 分子中的苯环结构可能为对位二取代(821 cm^{-1})。

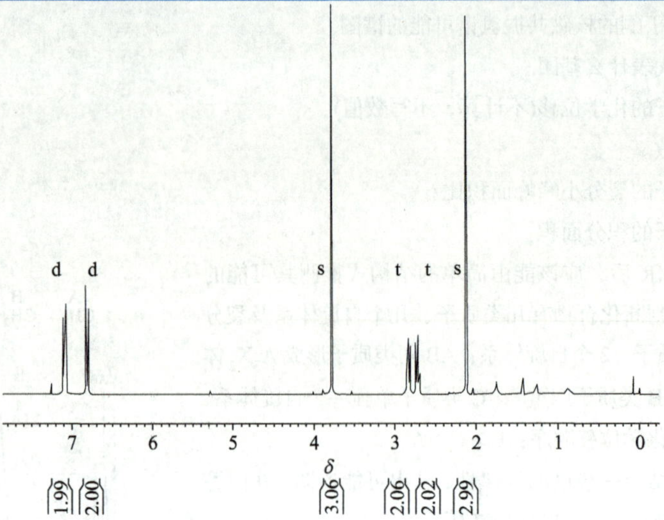

图 4-69 某化合物的 ¹H NMR 谱图

(3) 从 ¹H NMR 谱图可以得到以下主要结论：

(i) 化学位移为 7.10 和 6.80 两组氢，通过其耦合和相互指向可判断为苯环对二取代，且一个为强给电子基团，另一个为弱给电子基团。结合已知分子式可以大致得到如下结构： 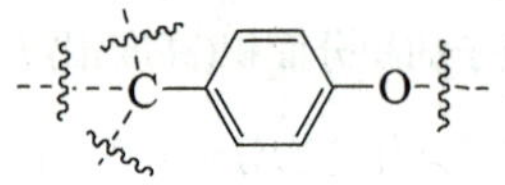 。此结论能与红外谱图中的结论相吻合。

(ii) 化学位移为 3.80 单峰 3 个氢，初步判断为 CH_3O。

(iii) 化学位移为 2.75 和 2.85 两个三重峰，依据耦合裂分和相互指向的特点可以判断为 $CH_2—CH_2$，并且不与氧原子相连。

(iv) 化学位移为 2.1 单峰 3 个氢，可能为连接于芳环或羰基上的甲基。结合给出的分子式，应为 CH_3CO。此结论能与红外谱图中的羰基数据相对应。

(4) 综上所述，对谱图分析中得到的碎片进行组装，可以得到如下结构式：

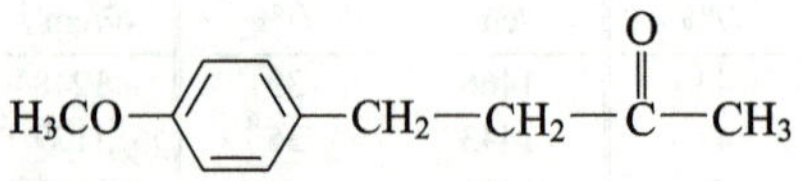

(5) 将得到的分子式与红外光谱和核磁共振氢谱数据进行核对，确认该结论正确。

4.9 ¹H NMR 的应用*

¹H NMR 最大的应用是有机化合物的结构分析和结构鉴定。此外，还广泛用于定量分析、动力学研究、配合物研究、聚合物研究、反应机理的研究、反应程度的检测和手性化合物对映体的测定等方面。¹H NMR 在有机化合物的结构分析和结构鉴定方面的应用前面已做了叙述，下面简要介绍一下其他方面的某些应用。

4.9.1 配合物的研究

配合物的电子构型和磁性对它的 NMR 谱有较大的影响。反磁性配合物无未成对电子，其

NMR 不受中心金属离子的磁性影响，因此可以根据有机化合物(配体)的波谱特点进行解析；顺磁性配合物由于受中心金属离子的未成对电子的影响，可以观察到接触位移(contact shift)或超精细相互作用。

接触位移是由原子核受不对称电子自旋造成对磁场的影响而引起的 NMR 信号的位移。未成对电子通过空间与核相互作用还可以引起假性接触位移。含有 f 电子的顺磁性配合物三(β-二酮)铕(Ⅲ)加入含有氨基、羟基等能与金属相互作用的有机化合物中时，可以拉开谱图，提高谱图分辨率，这就是位移试剂。

配合物的 NMR 测定大部分是用于结构分析和结构鉴定。反磁性配合物的 NMR 谱较简单。例如，双(β-二酮)配合物的顺反异构可以用 NMR 判别。ⅣA 族金属除 Pb(Ⅳ)外都能与 β-二酮形成[$M^{IV}Cl_2(\beta\text{-dik})_2$]型配合物。对称的 β-二酮(如乙酰丙酮)与 M^{IV} 的配合物有两种异构体：A 与 B。A 的 4 个甲基化学位移相等，出单峰；B 的 4 个甲基化学位移两两相等，出两个强度相等的甲基峰。实际波谱测定表明，有两个强度相等的甲基峰，所以为式 B。

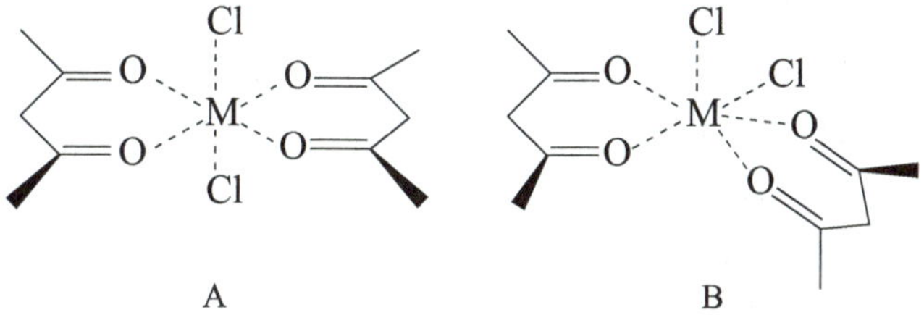

A　　　　　　B

4.9.2 聚合物的研究

¹H NMR 可用于聚合物的研究，如测定聚合物中单体的比例。甲基丙烯酸甲酯和丙烯酸氯乙酯聚合得到的聚合物结构如下：

$$\left[CH_2-\underset{\displaystyle COOCH_3}{\underset{|}{CH}}\right]_m\left[CH_2-\underset{\displaystyle COOCH_2CH_2Cl}{\underset{|}{CH}}\right]_n$$

由 ¹H NMR 可以求其单体的比例 $m:n$。共聚比的测定是基于聚合物中特征质子的积分高度之比计算出来的。在该聚合物中 OCH_3 在 δ3.6(s)的峰与 CH_2Cl 在 δ3.6(t)的峰重叠，积分高度为 h。$COOCH_2$ 的峰很有特征，在 δ4.3(t)，此峰不受干扰，其积分高度为 h_1。则聚合物中两种单体的比例可按下式计算：

$$m:n=\frac{h-h_1}{3}:\frac{h_1}{2}$$

4.9.3 定量分析

¹H NMR 可用于定量分析。¹H NMR 定量分析是基于在 NMR 谱图中每个质子峰的面积近似相等，质子个数比等于积分面积(或积分高度)比。以实际样品中各种化合物特征的某种质子峰的峰面积除以分子中这种质子的个数，所得的面积之比等于这些化合物的物质的量比，见例 4-10。

若要测定样品溶液中某种物质的绝对质量，要加入一定量的某种出峰单一的标准物质(如二氧六环)，再由标准物质的出峰面积和待分析物质的某类质子的积分面积及它们的质子个数进行计算。

¹H NMR 用于定量分析的误差较大。

4.9.4 分子量的测定

^{1}H NMR 谱图中每摩尔质子的峰的积分面积近似相等，以一定量($W_{标}$)的已知分子量($M_{标}$)的物质为标样(其物质的量为$W_{标}/M_{标}$)，加到一定量($W_{样}$)的未知样中。若未知样的分子量为($M_{样}$)，其物质的量为$W_{样}/M_{样}$。由 ^{1}H NMR 测定它们互不干扰的特征基团的积分面积(高度)分别为$h_{标}$及$h_{样}$。若它们互不干扰的特征基团的质子数分别为$n_{标}$、$n_{样}$，则有下列等式成立：

$$\frac{h_{标}}{\dfrac{W_{标}}{M_{标}}\times n_{标}}=\frac{h_{样}}{\dfrac{W_{样}}{M_{样}}\times n_{样}}$$

式中除$M_{样}$外都是已知的，由此可求出样品的分子量$M_{样}$。

4.9.5 固体核磁共振

^{1}H NMR 一般要将样品用溶剂配成溶液进行测定。当一些样品找不到合适溶剂或溶解后结构发生变化时，可用固体核磁共振研究其结构。此时，仪器要有固体探头。固体物质弛豫时间短，峰比较宽。为了获得较高分辨率的结果，现在一般采用交叉极化(cross polarization，CP)结合使用魔角旋转(magic angle spinning，MAS)的方法来获得较高分辨率的固体核磁共振谱图。此方法也称为 CP-MAS。魔角旋转时样品在旋转轴与磁场方向的夹角θ等于 54°44′的情况下高速旋转，可以消除核自旋之间的直接偶极相互作用和化学位移的各向异性的影响，使峰变窄。交叉极化可以提高探测灵敏度。魔角旋转和交叉极化两者结合可以大大提高检测灵敏度，使峰变窄。固体核磁共振可用于高分子材料的结构分析和动力学研究、催化剂结构和性能测定等。

4.9.6 磁共振成像

1971 年，工程物理学家达马迪安(Damadian)最先将磁共振成像(magnetic resonance imaging，MRI)用于临床医学，发现肿瘤组织的纵向弛豫时间(T_1)、横向弛豫时间(T_2)值比正常组织长。1978 年，Lauterbur 等用磁共振设备获得了第一幅人体头、胸和腹部的图像。1980 年，Hawkes 等证实了 MRI 多平面成像的优点，并首次报告了用 MRI 检查颅内病变的结果，同年商品 MRI 仪器开始出售。随后，这一新的技术迅速在各个国家的医疗中心和大医院被应用，成为最先进的影像诊断技术之一。目前这一技术仍然处于高速发展之中。磁共振成像就是利用生物体不同组织在外磁场影响下产生不同的共振信号来成像的，用于临床诊断的大部分是质子磁共振成像。人体不同组织的含水量有一定差别；同一组织发生病变时，病变部位周围的免疫反应和细胞浸润增加了局部的含水量，造成正常组织和病变组织含水量也存在差别。不同组织间、正常组织与病变组织间的T_1(T_2)值有较大差别，因此临床 MRI 均采用T_1或T_2成像。MRI 检测无损伤性并能对多种疾病提供准确的诊断，但是有 30%以上必须用到磁共振成像造影剂以缩短成像时间，提高成像对比度和清晰度。

图 4-70 为某患者肝部横断面磁共振成像图。

4.9.7 手性化合物对映体的测定

手性化合物两个对映体的测定也可以使用 NMR 完成。

一般情况下，互为对映体的两个物质的 NMR 信号没有区别。只有给两个对映体创造一个

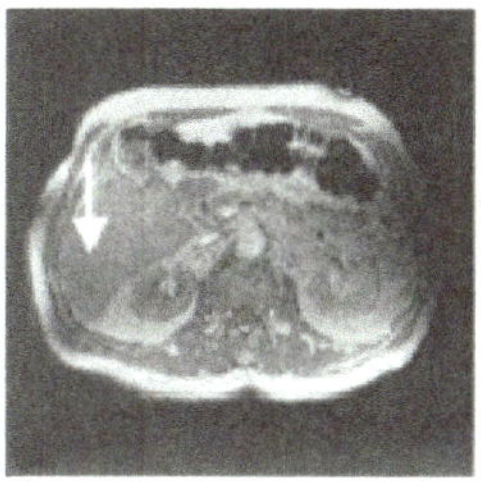

(a)

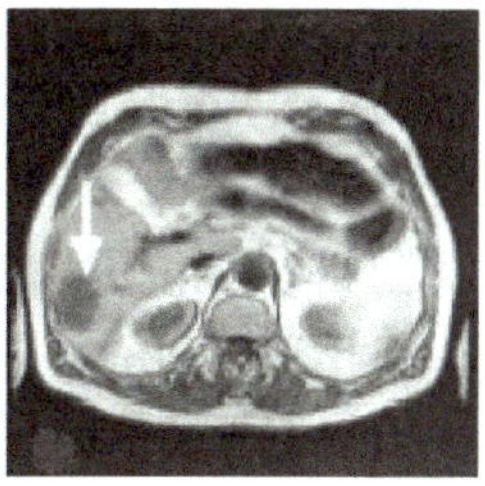

(b)

图 4-70 某患者肝部横断面磁共振成像图

(a) 未使用造影剂；(b) 使用造影剂

手性和不对称环境，使它们处于非对映的条件下，才有可能使两个对映体有不同的化学位移而进行测定。

创造一个手性或不对称环境有两种方法：一是用一种旋光性试剂与这两个对映体反应，将它们转变为非对映体后进行测定；二是在两个对映体的样品中加入手性溶剂或手性位移试剂。使用这两种方法后，两个对映体的同一种基团的质子化学位移值不相等而分开，由两个对映体同一种基团的质子的积分面积比还可以求出这两个对映体的物质的量比。此方法也可以用于手性化合物的纯度测定。

4.9.8 高效液相色谱-核磁共振联用

高效液相色谱-核磁共振(HPLC-NMR)联用技术在 20 世纪 70 年代末开始出现，近年来才逐渐得到实际应用。HPLC-NMR 联用技术要解决几个问题：一是 NMR 信号会随流动相流速的变化而变动；二是在流通池不能旋转的情况下如何保证磁场均匀；三是流动相溶剂质子会干扰谱图；四是 NMR 灵敏度比 UV 和 MS 低，如何得到一张好的谱图需要采取必要的措施。随着色谱技术和高磁场强度 FT-NMR 仪器的使用，HPLC-NMR 联用技术已在天然产物和药物研究等方面得到应用，显现出其独特的优点。HPLC-NMR 探头是由一个不旋转的直接固定在射频线圈上的细玻璃管组成，两头用 PTFE 管引出。为了减少干扰，常用 CH_3CN 和重水作流动相，并结合溶剂质子抑制技术，以减少流动相溶剂质子干扰。检测时可以采用停流和连续检测两种方法。与连续检测法相比，停流检测的灵敏度更高，可用于较长时间的一维谱和二维谱的获得，但时间长会造成色谱峰的扩散。

图 4-71 是在 500 MHz 仪器上用 HPLC-NMR，以 CD_3COCD_3 作溶剂，从含 Vitisin B 的混合物中得到的 Vitisin B 的 ^{1}H NMR 谱图。Vitisin B 是从蛇葡萄中提取的白藜芦醇四聚体，是具有抗炎、抗菌、抗癌等作用的植物药物。

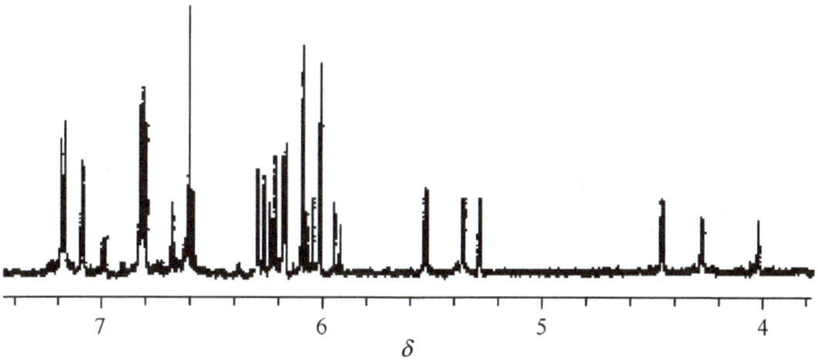

图 4-71 由 HPLC-NMR 得到的 Vitisin B 的 ^{1}H NMR 谱图

4.9.9 在超分子化学研究中的应用

超分子化学是研究分子通过分子间非共价相互作用而形成的分子聚集体的化学，研究分子间的弱相互作用，如氢键、配位键、疏水作用和它们的协同作用而生成的分子聚集体的组装、结构和功能。超分子化学是研究生命科学、材料科学、合成化学和信息科学的有力工具。而 NMR 又是研究超分子化学的有力手段，在研究分子识别、分子组装、仿生体系、分子器件和多相催化等方面有重要应用。

超分子结合是建立在分子识别基础上。主体(受体)对客体(底物)的选择性结合并产生某种特定功能称为分子识别。主体(受体)和客体(底物)在结合前后 NMR 数据会有变化，这种变化提供了其作用部位和结构分析的依据。

例如，某含刚性骨架桥连两个芳环的剪刀分子受体，可以由两个芳环协同底物的芳环发生 π-π 作用，形成芳环夹心配合物。游离的剪刀分子和底物的 NMR 数据与夹心配合物的数据有明显的变化。图 4-72 为剪刀分子受体示意图。

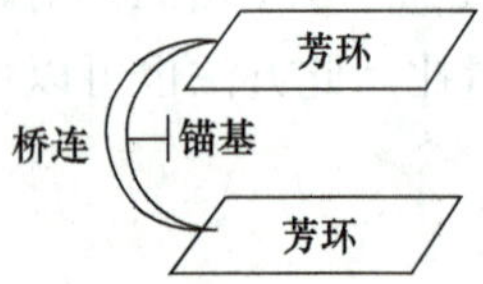

图 4-72 剪刀分子受体示意图

图 4-73 是剪刀分子受体(2*S*, 8*S*)-双(2-萘甲酰氨基甲基)-1, 5, 9-三氮杂双环[4.4.0]癸-5-烯氯化物与对硝基苯甲酸钠形成夹心配合物前后的 ^{1}H NMR 数据。由于胍基和酰胺基的 N—H 与羧基形成氢键，化学位移发生明显变化，几个氮上质子的化学位移都加大了。受体的萘环和底物的苯环质子化学位移减小，说明它们有 π-π 作用，由于芳环平面上下的屏蔽作用，因此芳环质子化学位移减小。

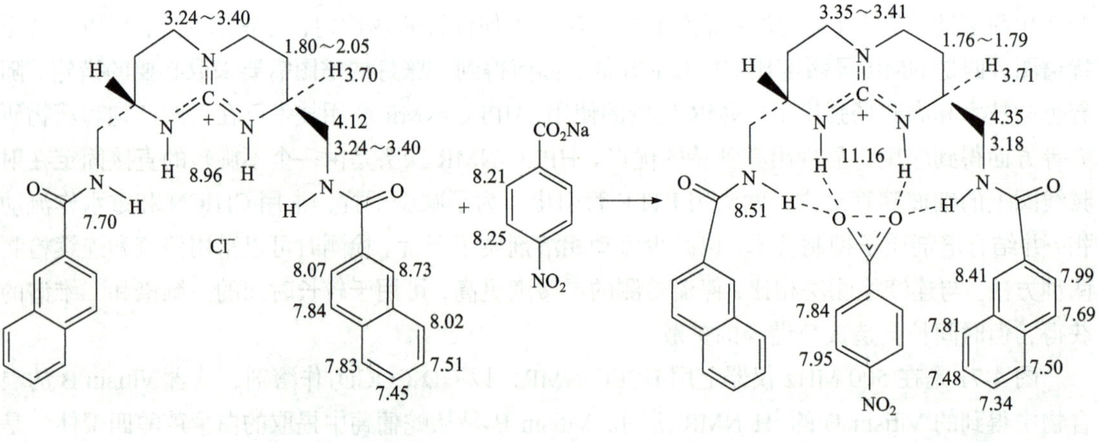

图 4-73 剪刀分子受体(2*S*, 8*S*)-双(2-萘甲酰氨基甲基)-1, 5, 9-三氮杂双环[4.4.0]癸-5-烯氯化物与对硝基苯甲酸钠形成夹心配合物前后的 ^{1}H NMR 数据

习 题

1. 3 个不同的质子 H_a、H_b、H_c，其屏蔽常数的大小次序为 $\sigma_b > \sigma_a > \sigma_c$。这 3 种质子在共振时所需外加磁场强度的次序如何？这 3 种质子的化学位移次序如何？σ 增大，化学位移如何变化？

2. 下列每个化合物中质子 H_a 和 H_b 哪个化学位移大？为什么？

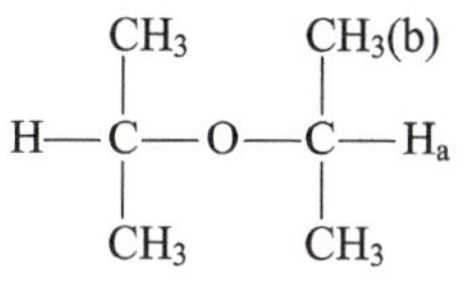

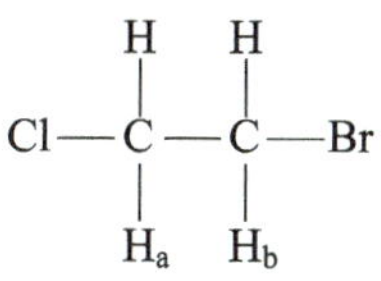

3. 推测下列化合物各类质子间有无耦合，指出各种质子裂分峰的数目及裂分小峰的面积比。画出化合物(1)～(5)的 ^{1}H NMR 的可能图形。

(1) $CH_2Cl—CH_2Cl$　　(2) $CH_3—CCl_2—CH_2Cl$　　(3) $CH_3—O—CH_2—CH_3$

(4) CH_3CH_2OH　　(5) $CH_3—CH_2—CHO$

4. 指出下列化合物属于何种自旋体系。

(1) $CH_2Br—CH_2Cl$　　(2) CH_3CH_2F

(3) 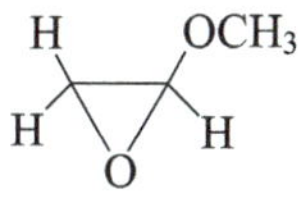　　(4) 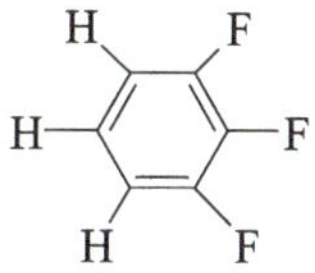

5. 有一化合物，分子式为 C_3H_6O，其 ^{1}H NMR 数据如下：δ2.72(m，2H)，δ4.73(t，4H)，试推测其结构式。

6. 异香草醛 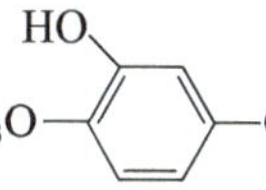 (Ⅰ)与一分子溴在 HOAc 中溴化得(Ⅱ)，(Ⅱ)的羟基被甲基化，主要产物为(Ⅲ)。(Ⅲ)的 ^{1}H NMR 谱图如下，溴的位置在何处？

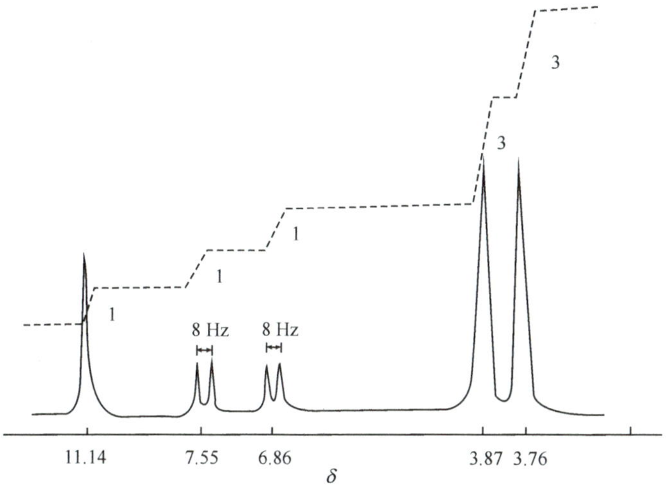

7. 丙酰胺的 ^{1}H NMR 谱图如下，说明谱图中各组峰对应分子中哪类质子。

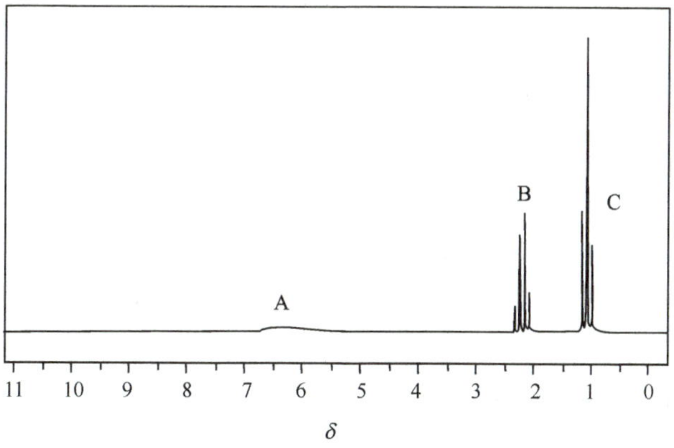

8. 下列一组化合物的 ^{1}H NMR 谱图如下，试分别推测其结构式。

(1) $C_5H_{12}O_2$

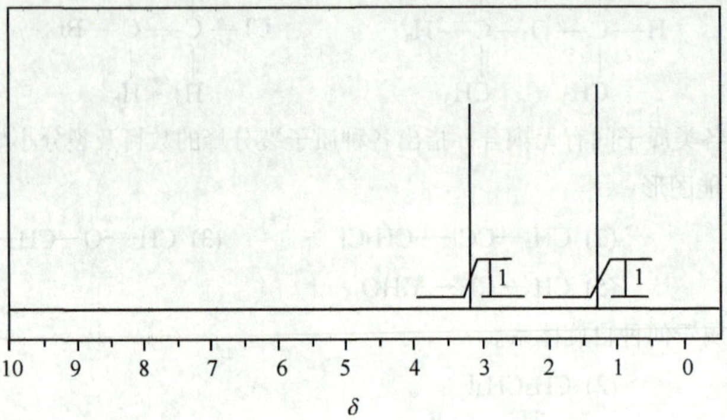

(2) $C_6H_{12}O_2$

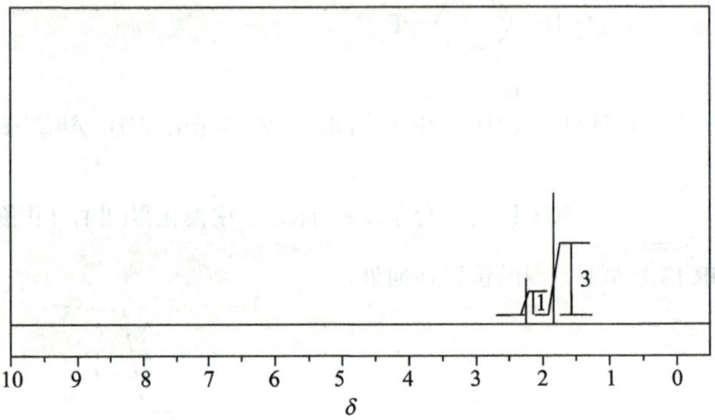

(3) $C_{10}H_{13}Cl$

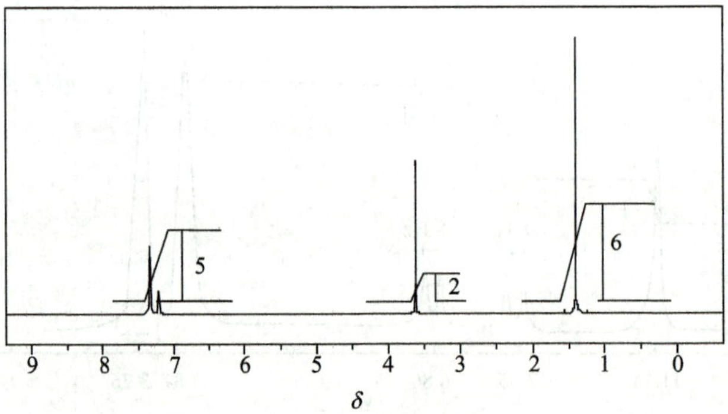

(4) $C_{10}H_{12}O_2$

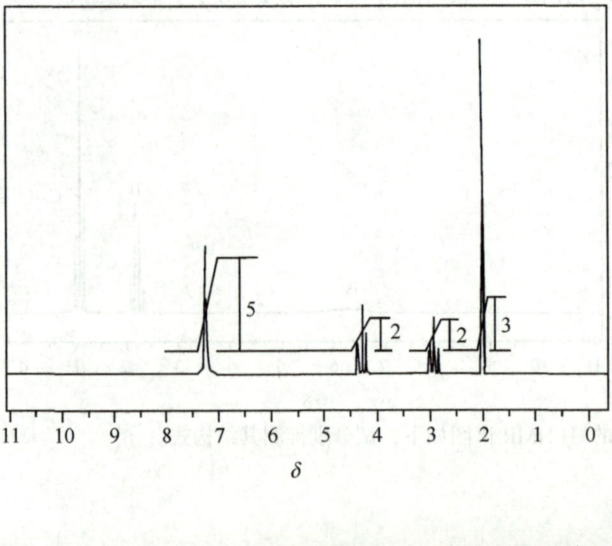

9. 分子式为 $C_3H_6Cl_2$ 的四种同分异构体的 ^1H NMR 数据如下，试确定其结构：

(1) 2.4(s，6H)

(2) 1.2(t，3H)，1.9(m，2H)，5.8(t，1H)

(3) 1.4(d，3H)，3.8(m，2H)，4.3(m，1H)

(4) 2.2(m，2H)，3.7(t，4H)

10. 下图描述了四个经常遇到的自旋体系的多重谱线，它们是下列六个分子式中某个的谱图。对每张谱图指配适当的质子自旋体系。

(1) CH_3CHXY　　(2) X_2CHCH_2Y　　(3) CH_3CH_2X

(4) XCH_2CH_2Y　　(5) $XCH{=}CH_2$　　(6) $(CH_3)_2CHX$

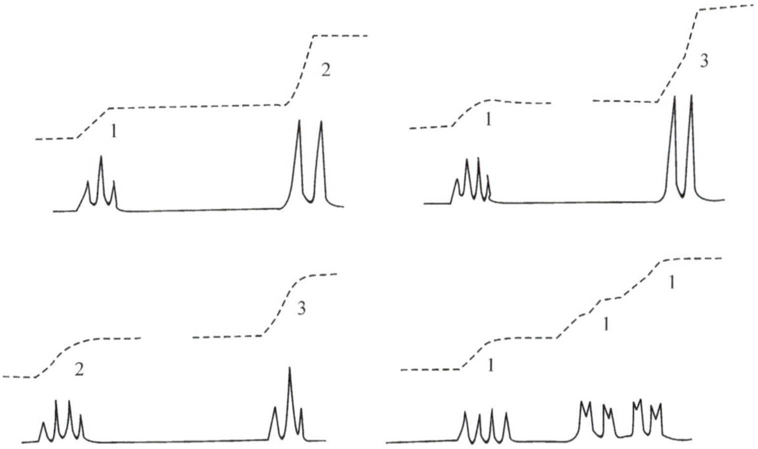

11. 化合物 A 中的 H_a 和 H_b、化合物 B 与 C 中甲基的化学位移哪个大哪个小？为什么？

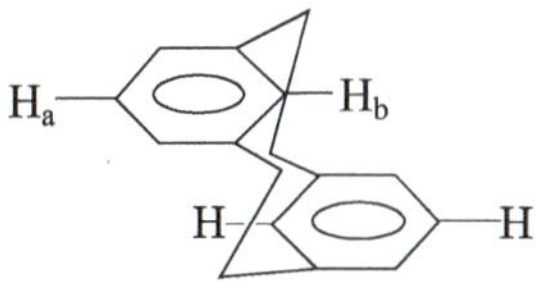

A

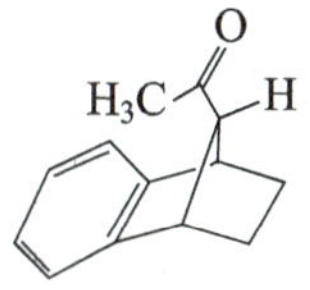

B

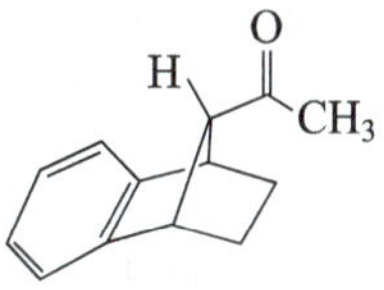

C

12. 在常温下，下列有*号的质子在 ^1H NMR 中出几重峰($CDCl_3$ 溶剂)？

(1)

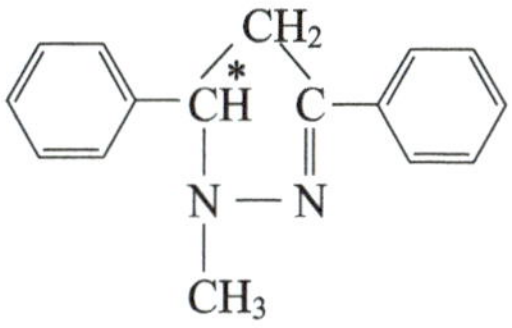

(2)

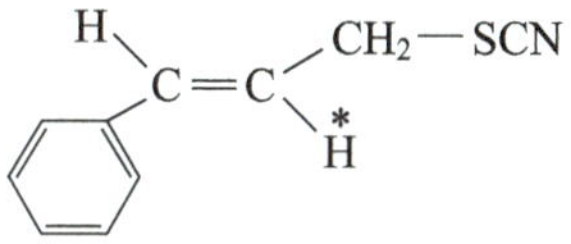

(3) $CH_3CH_2—O—\underset{\underset{O}{\|}}{C}—CH_2\overset{*}{C}H_2—\underset{\underset{O}{\|}}{C}—O—CH_2CH_3$

(4) $CH_3C\overset{*}{H}_2OH$

13. 分子式为 $C_6H_{13}NO_2$ 的化合物中有两个的 ^1H NMR 谱图(90 MHz)A 和 B 如下，IR 没有发现硝基，有羰基，试推测结构式。各组峰边上的数字为积分面积比。

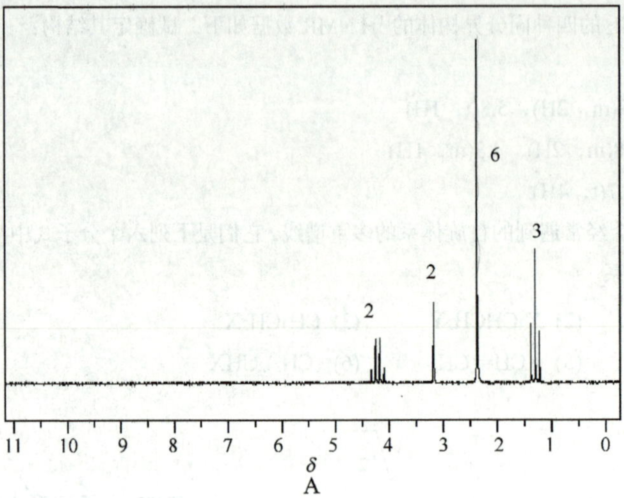

A

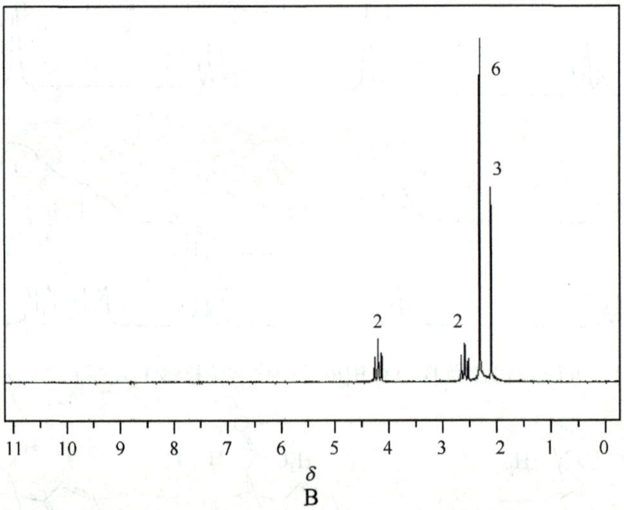

B

14. 分子式为 $C_{10}H_{12}O_2$ 和 $C_{10}H_{14}O_2$ 的化合物中有六个的 ^{1}H NMR 谱图(90 MHz)A、B、C、D、E 和 F 如下，试推测结构式。各组峰边上的数字为积分面积比。

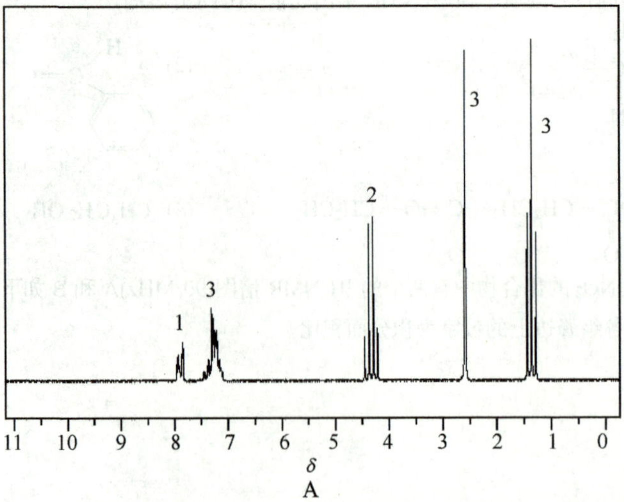

A

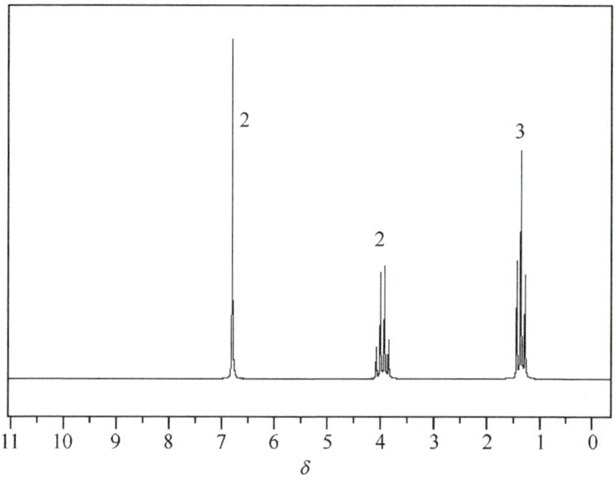
2
2
3
11 10 9 8 7 6 5 4 3 2 1 0
δ
B

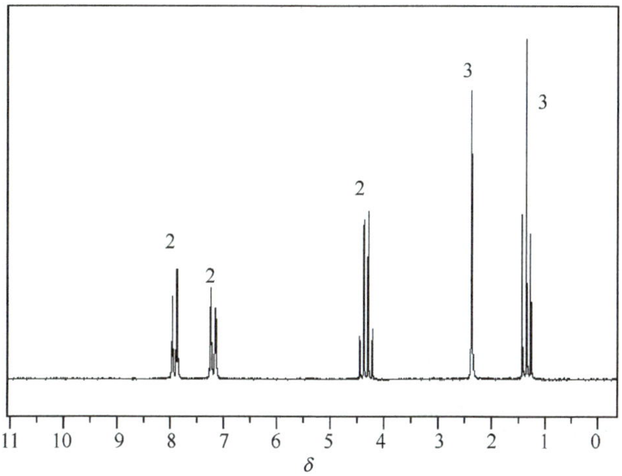
2
2
2
3
3
11 10 9 8 7 6 5 4 3 2 1 0
δ
C

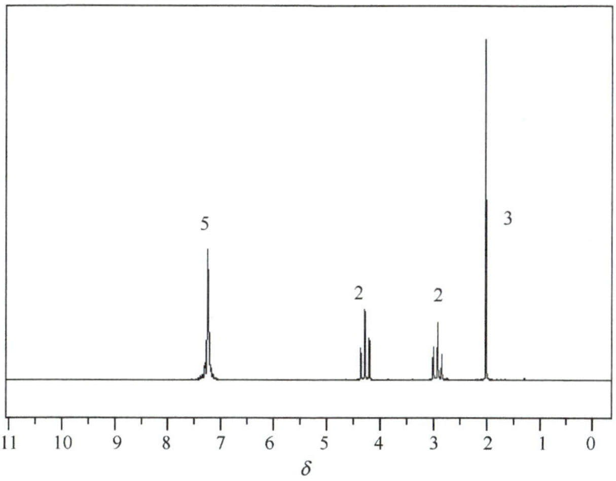
5
2
2
3
11 10 9 8 7 6 5 4 3 2 1 0
δ
D

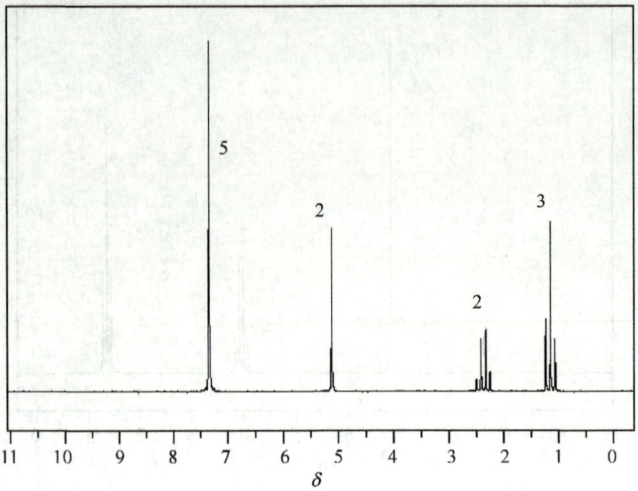

E

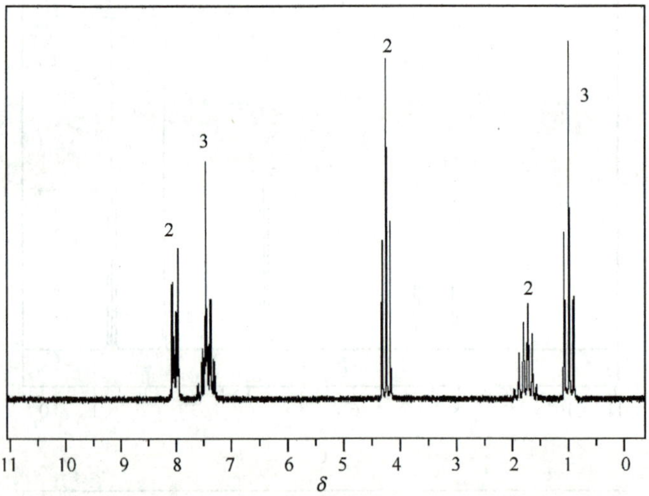

F

15. 分子式为 $C_6H_{15}NO_2$ 的化合物 ^1H NMR 谱图(90 MHz)如下，试推测结构式。

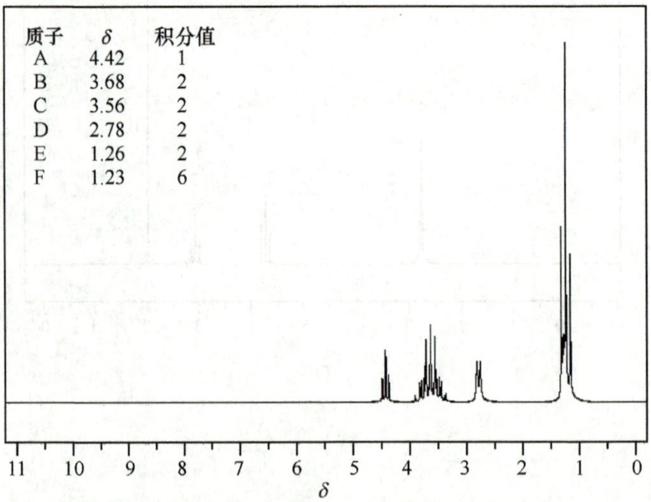

16. 分子式为 $C_{10}H_{14}$ 的 3 个同分异构化合物的 ^{1}H NMR 谱图如下(A，90 MHz；B、C，400 MHz)，试推测结构式。

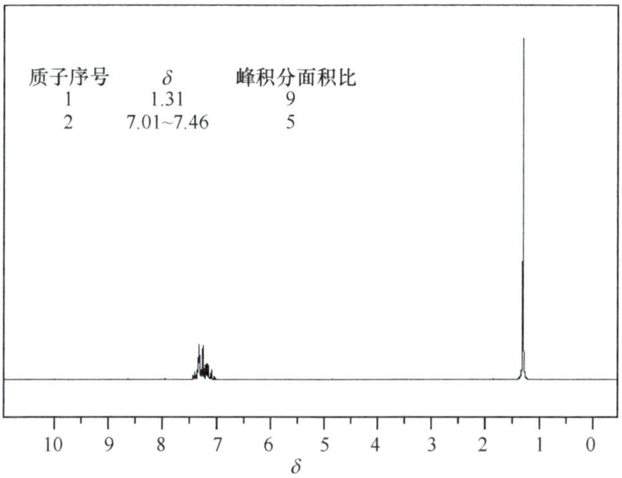

A

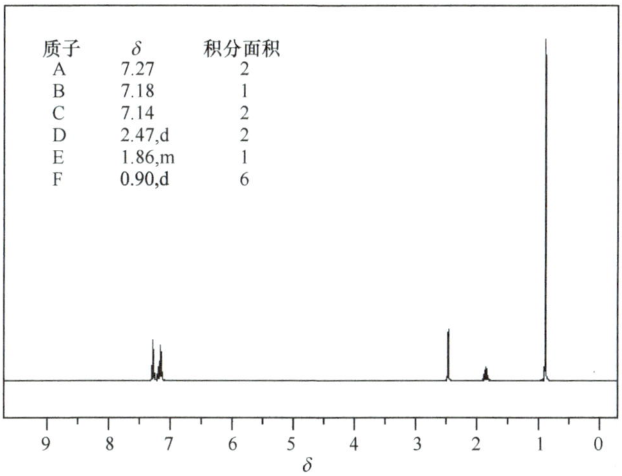

B

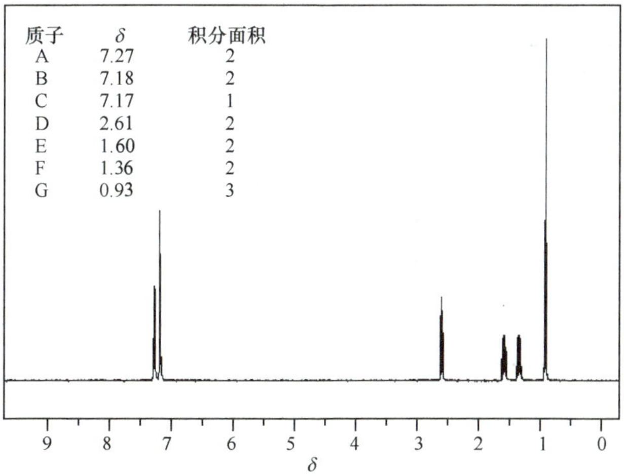

C

17. 分子式为 $C_6H_{10}O_3$ 的化合物 ^1H NMR 和 IR 谱图如下，试推测其结构式。

^1H NMR(左表：各峰 δ；右表：峰 A、B 和 C 各裂分小峰的频率 ν(Hz)和 δ，各组峰上方的数字为积分面积比)：

^1H	δ
A	6.44
B	6.18
C	5.85
D	4.32
E	3.64
F	3.40

^1H	ν/Hz	δ
A	2583.50	6.465
	2582.03	6.461
	2566.16	6.422
	2564.70	6.418
B	2480.83	6.208
	2470.46	6.182
	2463.50	6.165
	2453.13	6.139
C	2344.24	5.866
	2342.77	5.863
	2333.86	5.840
	2332.40	5.837

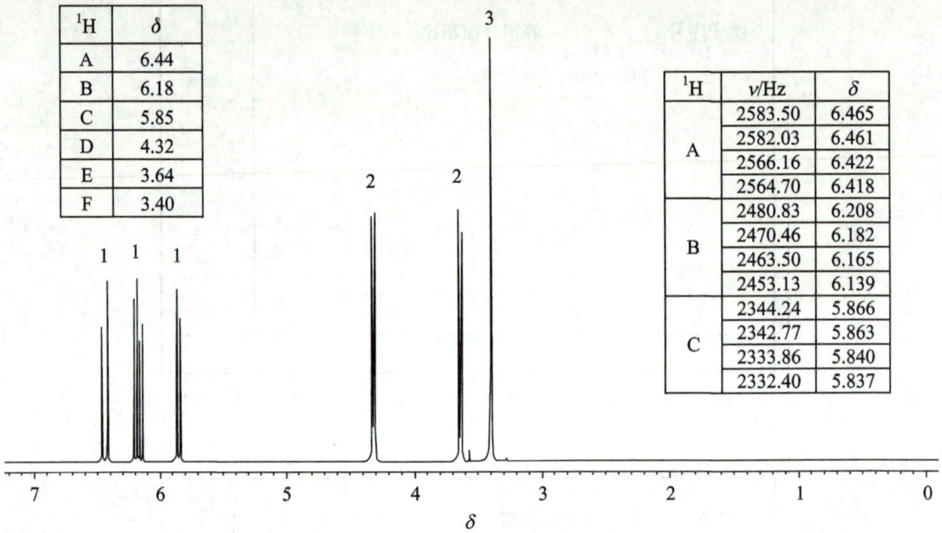

IR：

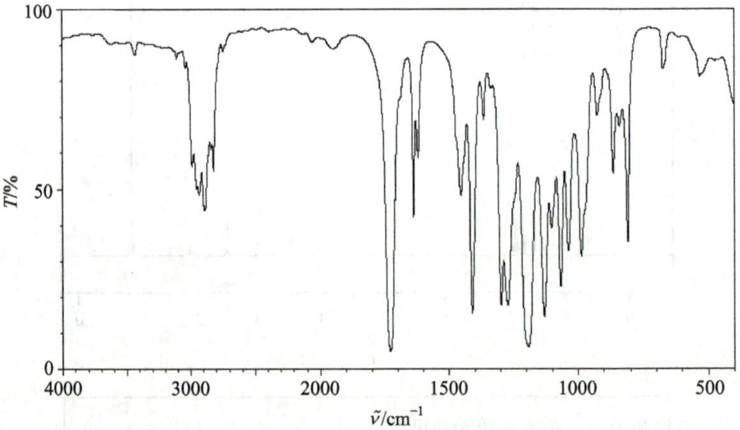

$\tilde{\nu}$ /cm^{-1}	T/%	$\tilde{\nu}$ /cm^{-1}	T/%	$\tilde{\nu}$ /cm^{-1}	T/%	$\tilde{\nu}$ /cm^{-1}	T/%	$\tilde{\nu}$ /cm^{-1}	T/%
3434	84	2891	42	1638	41	1193	6	866	62
3418	86	2841	58	1620	57	1131	13	842	66
3107	84	2821	55	1454	46	1103	37	810	34
3039	81	2748	84	1411	14	1067	21	676	81
2986	53	1953	86	1365	66	1036	31	534	79
2952	47	1948	86	1299	17	986	30	528	79
2933	46	1727	4	1272	17	926	68		

第 5 章　^{13}C 核磁共振与二维核磁共振*

大多数有机化合物分子的骨架是由碳原子组成的，^{13}C 核磁共振(^{13}C NMR)是研究有机分子结构的十分有用的手段。1957 年，Lauterbur 第一次观察到天然有机物的 ^{13}C NMR。但由于 ^{13}C 的天然丰度只占 1.108%，而天然丰度大的 ^{12}C 又没有核磁共振信号，所以含碳化合物的 ^{13}C NMR 信号很弱，致使 ^{13}C NMR 的应用受到了极大的限制。20 世纪 60 年代后期，脉冲傅里叶变换(PFT)谱仪的出现，才使 ^{13}C NMR 成为可实际应用的测试手段。近年来，^{13}C NMR 技术及应用有了飞速的发展。它在有机化学的各个领域，如分子结构及构型构象的研究、合成高分子、天然高分子及动态过程的研究等方面都有十分广泛的应用，成为化学、生物、医学和化工等领域不可缺少的分析工具。

5.1　^{13}C 核磁共振的原理

^{13}C 的自旋量子数 $I = 1/2$。^{13}C NMR 的原理与 ^{1}H NMR 是一样的。在一个频率为 ν 的射频场中，只要 ^{13}C 核的实受磁场 B 满足 $\nu = \dfrac{\gamma}{2\pi}B$，^{13}C 就发生核磁共振。式中，$\gamma$ 为 ^{13}C 核的磁旋比，$\gamma_C \approx \dfrac{\gamma_H}{4}$。在静磁场(外加磁场)$B_0 = 23\,487$ G 下，^{1}H 核的共振频率为 100 MHz，而 ^{13}C 核的共振频率为 25.144 MHz。

核磁共振的信号强度正比于 $[NB_0^2\gamma^3 I(I+1)]/T$。式中，$B_0$ 为外加磁场；N 为共振核的数目；γ 为磁旋比；I 为自旋量子数；T 为热力学温度。由上式可见，共振信号与磁旋比的立方成正比。而 $\gamma_C \approx \dfrac{\gamma_H}{4}$，^{13}C 的天然丰度也只有 1.1%，所以 ^{13}C 核的测定灵敏度是很低的，大约是 ^{1}H 核的 1/6000，测定很困难。为了提高信号强度，常采用下列方法：

(1) 提高仪器灵敏度。

(2) 提高仪器外加磁场强度和射频场功率。但是射频场功率过大容易发生饱和，这两条都受到限制。

(3) 增大样品浓度，增大样品体积，以增大样品中 ^{13}C 核的数目。

(4) 采用双共振技术，利用 NOE 增强信号强度。

(5) 多次扫描累加，这是最常用的有效方法。在多次累加时，信号 S 正比于扫描次数，而噪声 N 正比于 $\sqrt{\text{扫描次数}}$，所以 S/N(信噪比，即信号强度)正比于 $\sqrt{\text{扫描次数}}$。若扫描累加 100 次，S/N 增大 10 倍。

过去使用的连续波 NMR 仪是在核进动频率范围内使用扫场或扫频的方式来观察 NMR 信号。由于 ^{13}C 核的化学位移范围很大，在 250 以上，甚至可大到 600，而 ^{1}H NMR 的化学位移范围在 15 以内，因此 ^{13}C NMR 从头到尾扫描一次要很长时间。而 ^{13}C 的测定灵敏度很低，信号弱，必须累加多次。为了解决这个问题，只有采用脉冲傅里叶变换 NMR 仪。

脉冲傅里叶变换 NMR 仪采用脉冲发射，调节脉冲宽度及间隔可以同时满足样品中各种不同核跃迁所需的不同频率的要求，使它们同时被激发，结果是打破了其玻尔兹曼平衡。为了恢复平衡，各个核通过各种方式弛豫，所以在接收器中可以得到一张随时间逐步衰减的信号，称为自由感应衰减(FID)信号，它是各种核的 FID 信号的叠加，同时包括了各种核的信息。

脉冲傅里叶变换 NMR 的过程如下：样品$\xrightarrow{B_0}$核群处于玻尔兹曼平衡$\xrightarrow[\nu=\frac{\gamma}{2\pi}B_0]{\text{脉冲激发}}$核跃迁$\xrightarrow{\text{弛豫}}$得到 FID 信号，体系逐步恢复平衡。

脉冲傅里叶变换 NMR 得到的 FID 信号是随时间衰减的信号 $f(t)$，而人们习惯的 NMR 谱是随频率变化的函数 $f(\nu)$。因此，近代仪器都配有计算机，把 FID 信号通过傅里叶变换变成通常的 NMR 谱图。

$$\text{FID 信号}\, f(t) \xrightarrow{\text{FT}} \text{NMR 谱}\, f(\nu)$$

5.2 ^{13}C NMR 测定方法

在 ^{1}H NMR 中我们已知道核之间的耦合作用。因为 ^{1}H 及其他一些自旋量子数不为 0 的核(如 ^{19}F、^{31}P、D)与 ^{13}C 之间也有耦合作用，所以 ^{13}C NMR 谱中碳原子的谱峰也会发生分裂。因为 ^{13}C 和 ^{1}H 等核的化学位移相差很大，它们形成的 CH_n 等系统是满足一级谱的，也符合 $n+1$ 规律。在只考虑一键耦合时，如 $^1J_{C-H}$ 耦合，各个碳在耦合谱中的峰数和相对强度见表 5-1。

表 5-1 CH_n 系统的峰数及强度比

体系	峰数	峰数代号	多重峰相对强度
季碳	1	s	—
$\geqslant$CH	2	d	1 : 1
$>CH_2$	3	t	1 : 2 : 1
$—CH_3$	4	q	1 : 3 : 3 : 1

对于其他任意原子构成的 CX_n 系统，计算裂分峰的通式为 $2nI_X+1$。当 X 为 ^{1}H 时，$I=1/2$，所以 $2nI_X+1=n+1$。当 X 为重氢 D 时，因为 $I_D=1$，所以 $2nI_X+1=2n+1$。例如，在 $CDCl_3$ 中，碳为三重峰，峰的相对强度之比为三项式$(a+b+c)^1$系数之比 1 : 1 : 1。在 CD_3COCD_3 中，甲基碳原子为 $2\times3+1=7$ 重峰，峰的相对强度之比为三项式$(a+b+c)^3$的系数之比 1 : 3 : 6 : 7 : 6 : 3 : 1。

在 ^{13}C NMR 谱中，因为碳与其相连的质子耦合常数很大，$^1J_{C-H}$ 为 100～200 Hz，而且 $^2J_{CCH}$ 和 $^3J_{CCCH}$ 等也有一定程度的耦合，以致耦合谱的谱线交叠，使谱图复杂化，难以解析，所以常采用一些特殊的测定方法，核磁双共振及二维核磁共振就是最重要的方法。核磁双共振又分为若干种不同的方法，如质子宽带去耦、偏共振去耦等。在 ^{13}C NMR 测定中常规的测试就是质子宽带去耦。核磁双共振采用两个射频进行照射，一个作观察用，另一个作干扰用，所以又称为双照射。

双共振又分为同核双共振(如 ^{1}H-^{1}H)和异核双共振(如 ^{13}C-^{1}H)。通常采用符号 A{X}表示，A 表示被观察的核，X 表示被另一射频场(ν_2)照射干扰的核。因为在天然丰度的化合物中，可以不考虑 ^{13}C-^{13}C 耦合，所以 ^{13}C NMR 双共振都是异核双共振。因此，质子去耦的双共振表示为 ^{13}C{^{1}H}。

5.2.1　质子宽带去耦谱

质子宽带去耦又称质子噪声去耦。这是 ^{13}C NMR 谱的常规谱。

质子宽带去耦是在采样时，同时用一个强的去耦射频在可使全部质子共振的频率区间进行照射，使得 ^{1}H 对 ^{13}C 的耦合全部去掉(脉冲示意图见图 5-1)。但 ^{19}F、^{31}P、D 等核对碳的耦合仍然存在并有裂分。

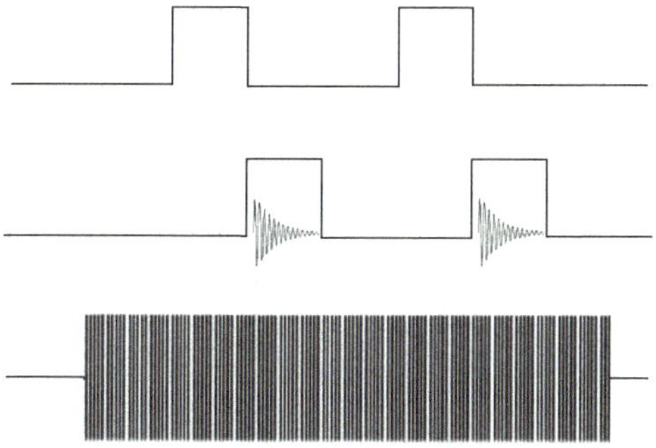

图 5-1　质子宽带去耦脉冲示意图

质子宽带去耦简化了谱图，每种碳原子都出一个单峰，但有 F、P 等杂原子时会有多重峰(见 5.3.2)。一般来说，在分子中没有对称因素和不含 F、P 等会使碳裂分的元素时，每个碳原子都出一个峰，互不重叠(也有偶然两个碳化学位移相同而重叠的情况)。而且由于多重耦合峰合并成单峰，提高了信噪比，信号增强。一般去耦时的 NOE 常使谱线增强 1～2 倍。但是各个碳原子受到的 NOE 强度不一，峰强度比与碳原子数比不是完全一致，质子宽带去耦法不能用于碳原子数定量。

例如，对二甲氨基苯甲醛的质子宽带去耦谱如图 5-2(a)所示。

5.2.2　偏共振去耦谱

宽带去耦使 ^{13}C NMR 谱简化，各种碳核都是一条单峰，但是也失去了许多结构信息，如碳的类型、耦合情况等。采用偏共振技术可以补充很多信息，如碳所连接的质子数、耦合情况等。偏共振谱现在一般不太做，已被 DEPT 谱取代。

在 ^{13}C NMR 的偏共振谱中，采用一个较弱的干扰照射场，这个射频不满足任一质子的共振要求，而与各种质子的共振频率偏离，使碳原子上的质子在一定程度上去耦(脉冲示意图见图 5-3)。耦合常数比原来的 J_{CH} 小，称为剩余耦合常数 J_R。但是峰的裂分数目不变，仍保持原来的数目，而裂距减小。J_R 与照射频率偏置程度有关。例如，对一个 CH_3 进行照射，当远离甲基质子的共振频率时没有影响，得到耦合谱，有四重峰。若干扰射频逐渐接近质子共振频率，则得到偏共振谱。虽然仍得到四条谱线，但四个峰逐渐压缩，裂分逐渐变小。当照射频率使甲基质子共振时，此甲基的碳原子成为单峰，此时即为去耦谱(图 5-4)。

剩余耦合常数 J_R 的大小可以计算如下：

$$J_R = \frac{2\pi}{\gamma_H \nu_2} \Delta \nu J_{CH}$$

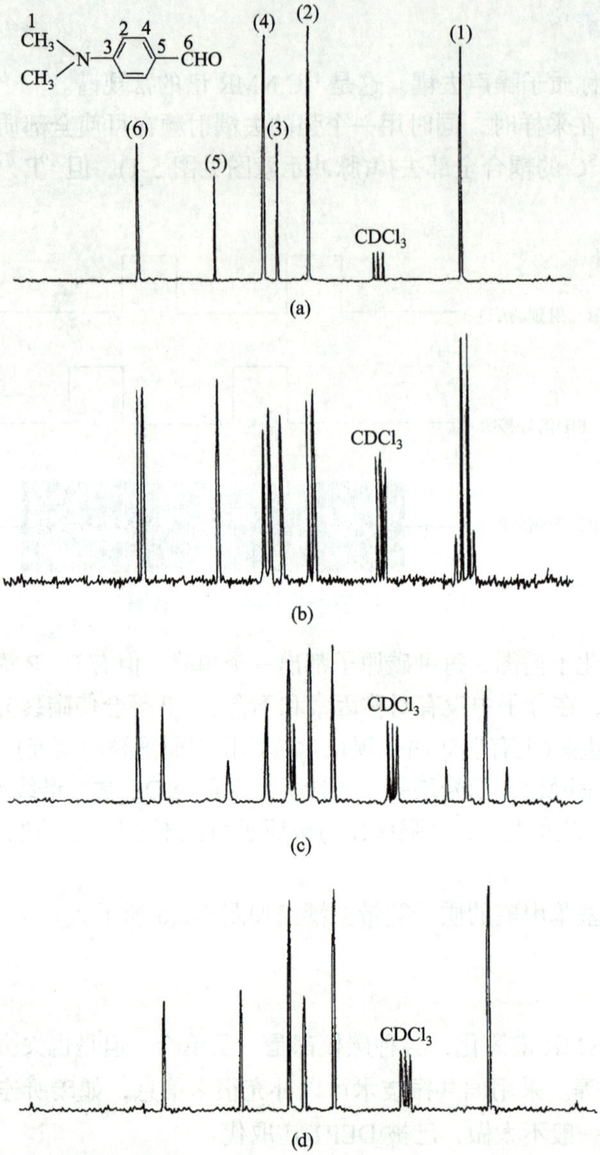

图 5-2 用各种方法测定的对二甲氨基苯甲醛的 ^{13}C NMR 谱图($CDCl_3$ 溶剂)

(a) 质子宽带去耦；(b) 偏共振去耦；(c) 门控去耦(NOE 方式)；(d) 反转门控去耦

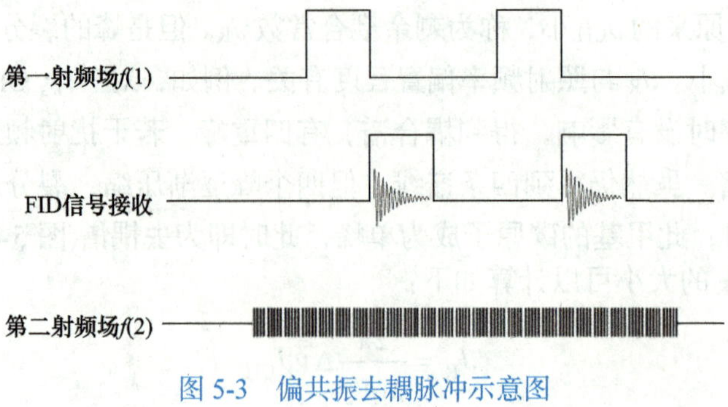

图 5-3 偏共振去耦脉冲示意图

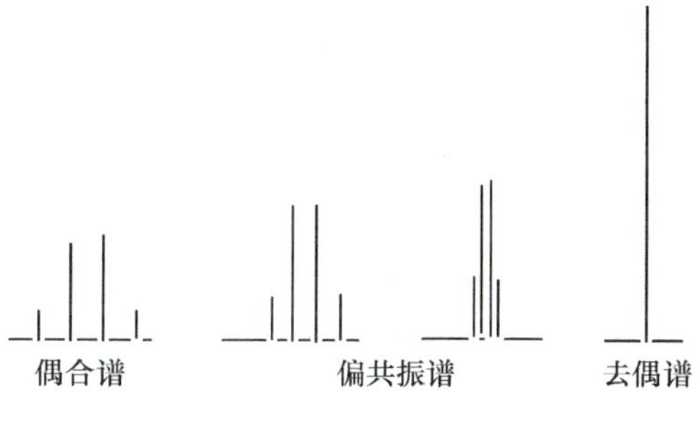

图 5-4　CH_3 在 ^{13}C NMR 中干扰照射频率的变化与谱图的关系

式中：J_{CH} 为原耦合常数；ν_2 为照射场频率；$\Delta\nu$ 为干扰照射频率与质子共振频率的偏差；$\frac{\gamma_H \nu_2}{2\pi}$ 为干扰照射射频 ν_2 的强度。

例如，对二甲氨基苯甲醛的偏共振谱如图 5-2(b)所示。

5.2.3　质子选择去耦谱

质子选择去耦是归属碳的吸收峰的重要方法之一，特别是当化合物的氢谱已全部归属时更加有利。质子选择去耦是用一个很小功率的射频以某一特定质子的共振频率对其进行照射，观察碳谱(脉冲示意图见图 5-5)。结果是只与被照射质子直接相连的碳发生谱线简并，并且由于 NOE，峰的强度增强。连有其他质子的碳，由于干扰射频和其他质子的共振频率相差$\Delta\nu$只引起偏共振去耦作用，谱线压缩而不发生简并。

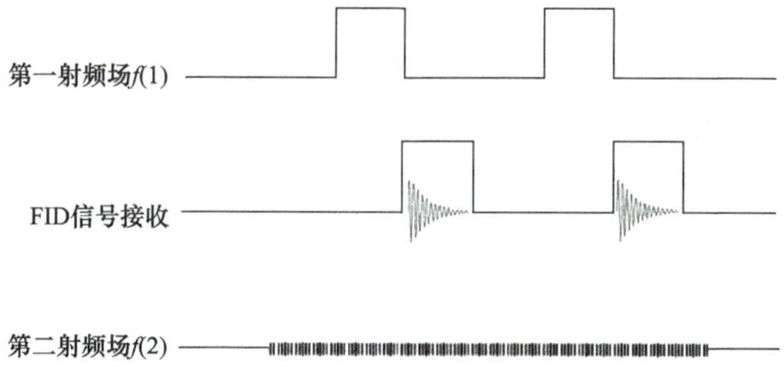

图 5-5　选择性去耦脉冲示意图

例如，甲苯中甲基氢和芳氢的化学位移差别很大，当用选择质子去耦照射芳氢时，芳碳上的质子的耦合被去耦，但甲基的远程耦合并未完全去耦，所以可以看到 C_1 和 C_2 受甲基氢的耦合的剩余分裂情况(图 5-6)。

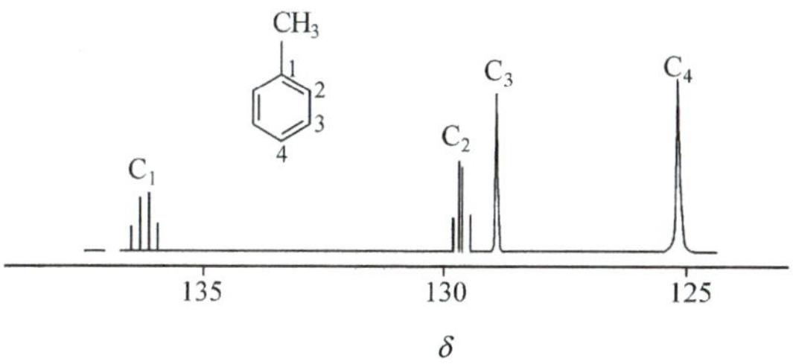

图 5-6　甲苯的质子选择去耦的低场部分

5.2.4 门控去耦谱

质子宽带去耦得不到C—H的耦合信息，质子偏共振去耦仅能看到一个键C—H耦合的剩余耦合裂分，看不到远程耦合。为了得到真正的一键或远程耦合，则需要对质子不去耦。但一般耦合谱费时太长，需要累加很多次。为此，采用带NOE的不去耦技术，称为门控去耦法，也称交替脉冲法。接收FID信号时没有去耦，峰有多重性；除接收FID信号时外，都去耦，有NOE。接收的FID信号是具有耦合同时有NOE增强的信号。

门控去耦是在发射脉冲前预先加一个去耦照射ν_2，这时自旋体系被去耦，粒子分布改变，有NOE。紧接着发射脉冲ν_1，进行FID信号的接收，ν_2被关掉，核迅速恢复耦合。核的弛豫时间T_1为秒数量级，发射脉冲为微秒级，NOE的衰减与弛豫时间同数量级，所以接收的FID信号是具有耦合同时有NOE增强的信号(图5-7)。

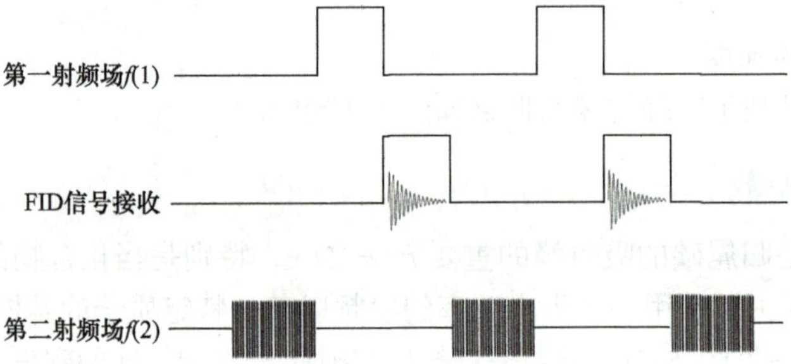

图5-7　门控去耦脉冲示意图

例如，对二甲氨基苯甲醛的门控去耦谱如图5-2(c)所示。

5.2.5 反转门控去耦谱

这是另一种门控去耦法，去耦器在弛豫延迟期关闭而在采样期打开，脉冲序列如图5-8所示。它的目的是得到宽带去耦谱，但消除NOE，保持碳数与信号强度成比例。反转门控去耦可用于碳原子个数的定量。而一般的宽带去耦由于NOE引起信号强度的增大会因各碳原子的杂化轨道状态和分子环境的不同而异，因此信号强度与碳原子个数不成比例。

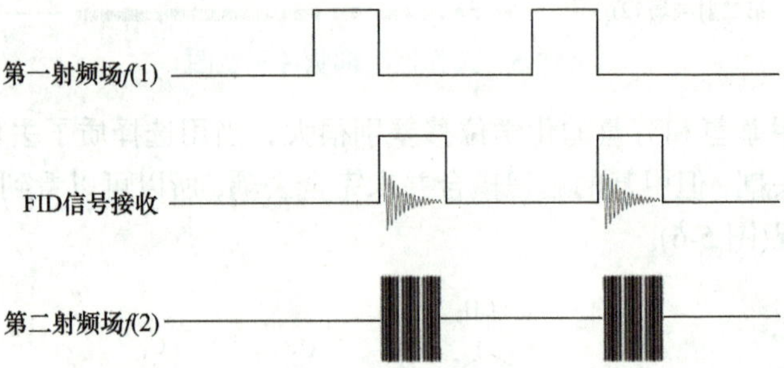

图5-8　反门控去耦脉冲示意图

例如，对二甲氨基苯甲醛的反转门控去耦谱如图5-2(d)所示。

5.2.6　极化转移技术、DEPT 谱和 APT 谱

在傅里叶变换核磁共振实验中，采用多种脉冲组成一个脉冲序列，称为多脉冲实验。多脉冲实验因采用脉冲序列不同而衍变出若干种不同的方法。极化转移技术是其中之一。一种核的极化变化而引起与它耦合的另一种核的极化变化称为极化转移。

极化转移技术可以克服偏共振实验中共振谱线发生重叠和归属复杂分子的 ^{13}C 谱时的一些困难，可以准确归属 CH、CH_2、CH_3 和季碳，而测量时间比 ^{13}C 偏共振谱短。但极化转移技术要求仪器有多脉冲器，射频脉冲有 45°、90°、135°等相位移控制装置。一般 20 世纪 80 年代以后的仪器都可以做此实验。

1. INEPT 实验

核磁共振实验中有些低天然丰度的核(^{13}C、^{15}N 等)灵敏度很低。后来发现，在具有两种核的自旋体系中，可以把高灵敏核(^{1}H)的自旋极化(自旋极化就是让电子、原子核等的自旋方向都朝向特定的方向排列)传递到低灵敏核(^{13}C)上去，使低灵敏核(^{13}C)的信号强度增强 4 倍。在此基础上产生了 INEPT 脉冲实验，现在常规测试的是一个改进的 INEPT 脉冲序列，又称重聚 INEPT 实验。其脉冲序列为

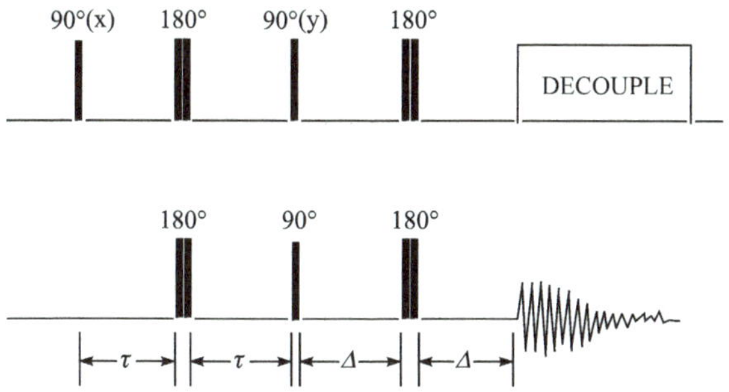

INEPT 实验即低敏核极化转移增强(insensitive nuclei enhanced by polarization transfer)实验，可用调节Δ的时间来调节 CH、CH_2、CH_3 信号的强度，从而有效地识别 CH、CH_2、CH_3。而季碳因为没有质子，没有极化转移条件，在 INEPT 实验中无信号。各种碳的信号强度与Δ的关系如下：

CH：$I = I_0\sin(2\pi J_{CH}\Delta)$

CH_2：$I = I_0\sin(4\pi J_{CH}\Delta)$

CH_3：$I = 0.75I_0[\sin(2\pi J_{CH}\Delta)+\sin(6\pi J_{CH}\Delta)]$

当 $\Delta \approx 1/(6.6J)$ 时，$I_{CH} : I_{CH_2} : I_{CH_3} = 0.82 : 0.95 : 0.82$，三种碳获得近似相等的强度。当$\Delta = 1/(8J)$时，CH、$CH_2$、$CH_3$ 均为正峰。当$\Delta = 1/(4J)$时，只有正的 CH 峰。当$\Delta = 3/(8J)$时，CH、CH_3 为正峰，CH_2 为负峰。由此可以很容易区分 CH、CH_2、CH_3。再与去耦谱对照，可以确定季碳。

图 5-9 为β-紫罗兰酮的 INEPT 谱。

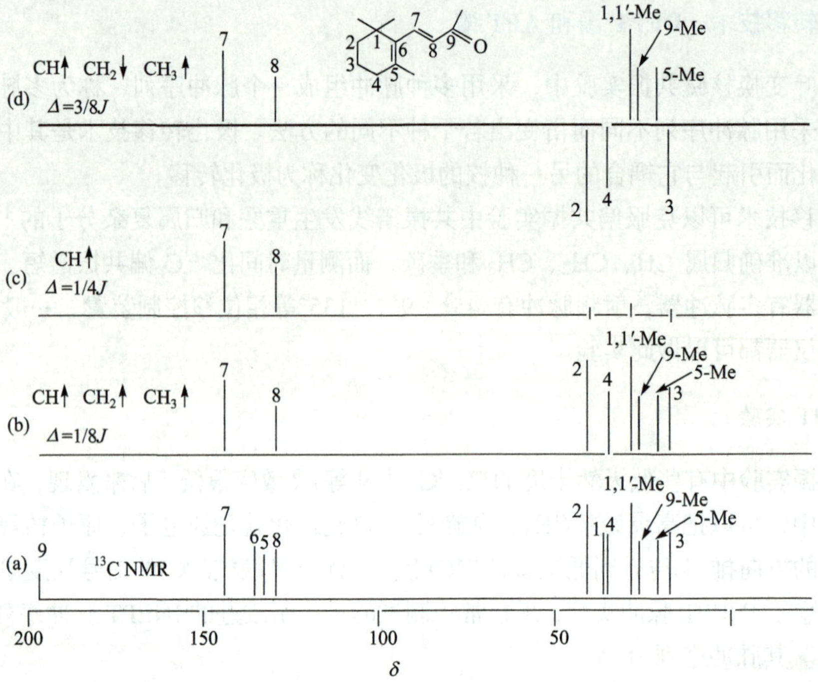

图 5-9 β-紫罗兰酮的 ^{13}C 谱和 INEPT 谱

2. DEPT 实验

DEPT 脉冲序列为

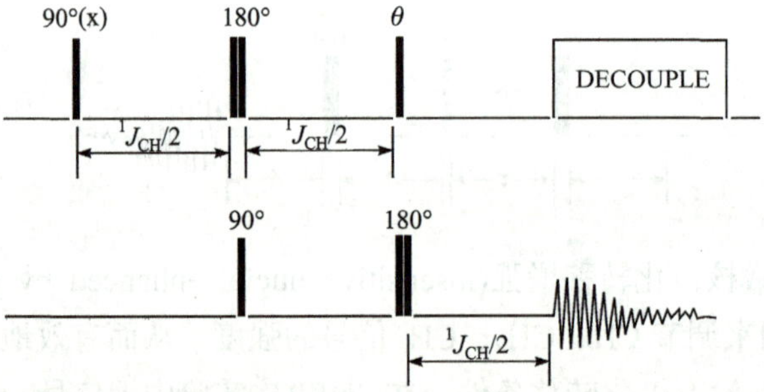

DEPT 实验即无畸变极化转移增强(distortionless enhancement by polarization transfer)实验，克服了 INEPT 实验的某些缺点，如 INEPT 实验中的强度比和相位畸变等问题。

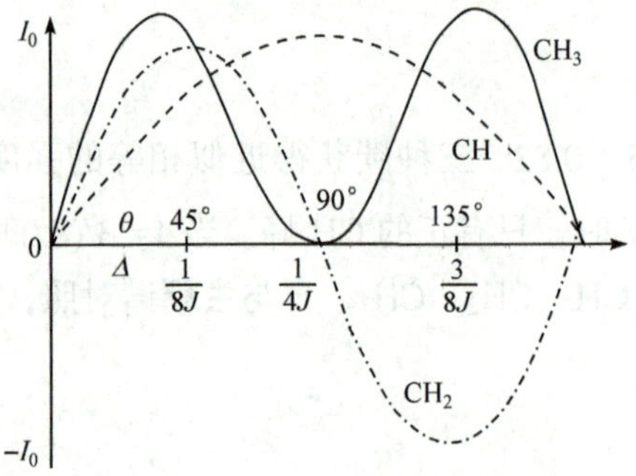

图 5-10 DEPT 信号强度与脉冲倾倒角 θ 的关系

在 DEPT 实验中用 θ 脉冲的变化来代替 $\varDelta$ 的改变，信号强度仅与 θ 脉冲倾倒角有关，CH、CH_2、CH_3 的信号强度与 θ 脉冲倾倒角的关系如下：

CH：$I = I_0\sin\theta$

CH_2：$I = I_0\sin2\theta$

CH_3：$I = 0.75I_0(\sin\theta + \sin3\theta)$

式中：θ 为倾倒角，它与耦合常数 J 无关。在实验中，只要设置 θ 发射脉冲分别为 45°、90°、135°，做三次实验，就可以区分各种碳。与 INEPT 实验一样，季碳的信号不出现，见图 5-10。

图 5-11 为化合物 A 的 ^{13}C 谱和 DEPT 谱，进行对照可以区分各种碳。

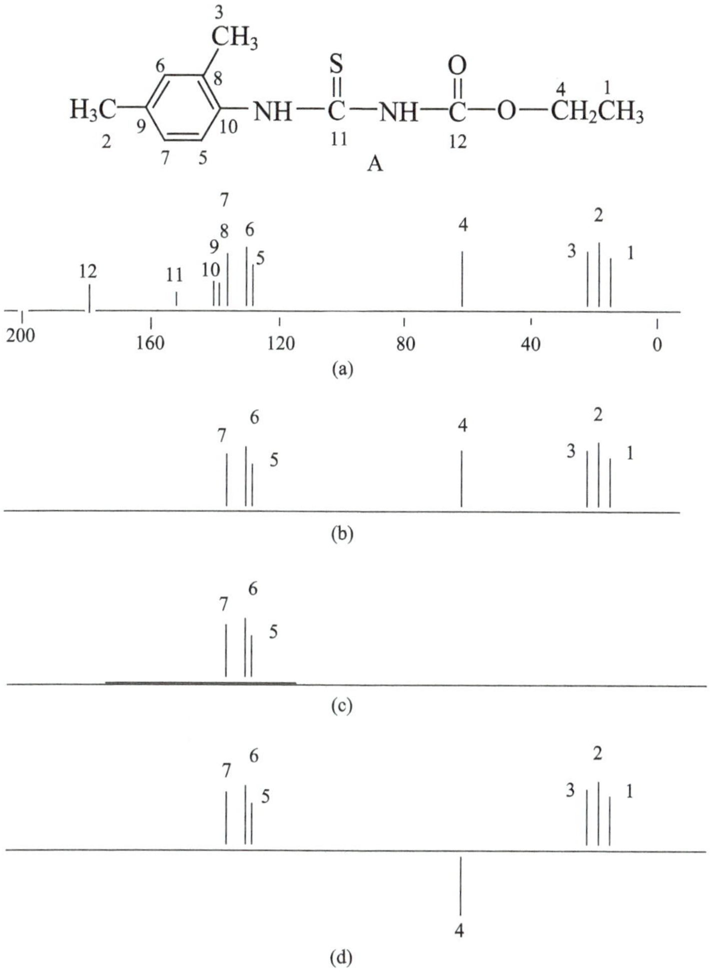

图 5-11　化合物 A 的 ^{13}C 谱和 DEPT 谱

(a) 常规质子去耦 ^{13}C 谱；(b) DEPT-45°谱，所有与质子相连的碳；
(c) DEPT-90°谱，只有 CH 峰；(d) DEPT-135°谱，CH、CH_3 为正峰，CH_2 为负峰

DEPT-45°、DEPT-90°和 DEPT-135°三类谱图中最常用的是 DEPT-135°。图 5-12 是化合物 β-紫罗兰酮的 DEPT-45°、DEPT-135°和 ^{13}C NMR 谱图。将 DEPT-135°与 ^{13}C NMR 进行对照，可以确定季碳峰；仅利用 DEPT-135°峰的正负便可区分出 CH_2 与 CH、CH_3。

3. 连接质子测试

连接质子测试(attached proton test，APT)又称 J 调制法。这种方法脉冲序列简单，但对碳谱的解析非常有帮助，并且季碳也可出峰。

APT 法最简单的脉冲序列示意图如图 5-13 所示。

在 APT 实验中，C、CH、CH_2 和 CH_3 四种碳原子产生的核磁共振信号强度如下：

C：$=1$

CH：$=\cos(\pi J\tau)$

CH_2：$=0.5+0.5\cos(2\pi J\tau)$

CH_3：$=0.25\cos(3\pi J\tau)+0.75\cos(\pi J\tau)$

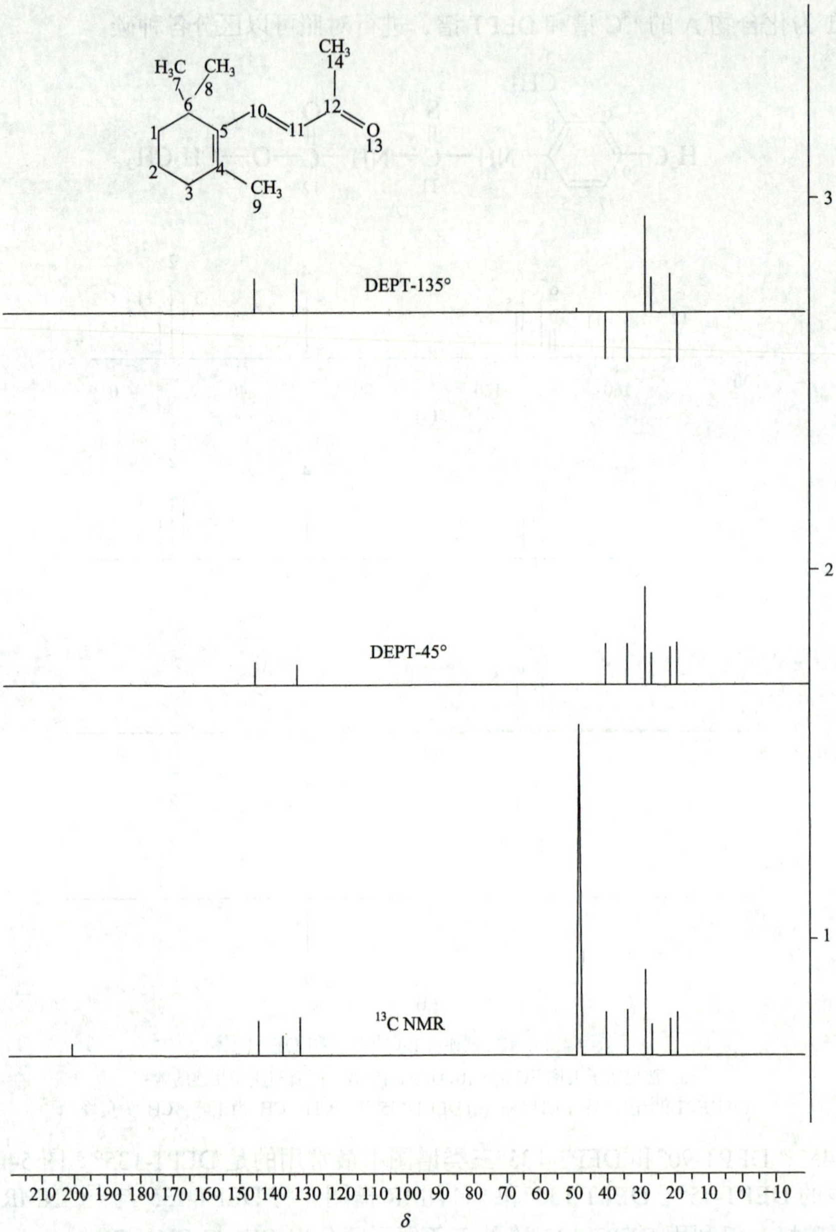

图 5-12　β-紫罗兰酮的 DEPT-45°、DEPT-135°和 ^{13}C NMR 谱图(400 MHz，CD_3OD 溶剂)

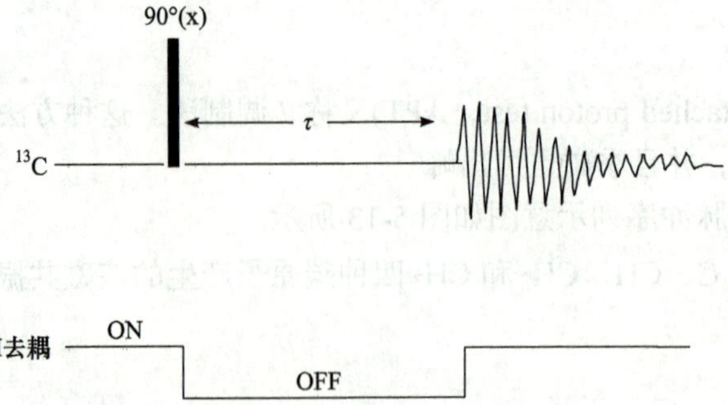

图 5-13　APT 法最简单的脉冲序列示意图

当$\tau = 1/J$时，C 和 CH_2 产生正信号，CH 和 CH_3 产生负信号。碳谱的解析便简化为 C 与 CH_2、CH 与 CH_3 之间的相互区分，一般来说比较容易。APT 技术实现了对分子骨架中所有碳原子依据其连接质子的情况进行编辑，与 DEPT-135°谱非常类似，但其包括了季碳的信号峰。

图 5-14 为化合物 2-乙基-1-茚酮的 APT 谱图。9、5、4、7 和 11 号碳原子给出正峰；6、1、2、3、8 和 12 号碳原子给出负峰，使得对碳原子的区分变得相对容易。

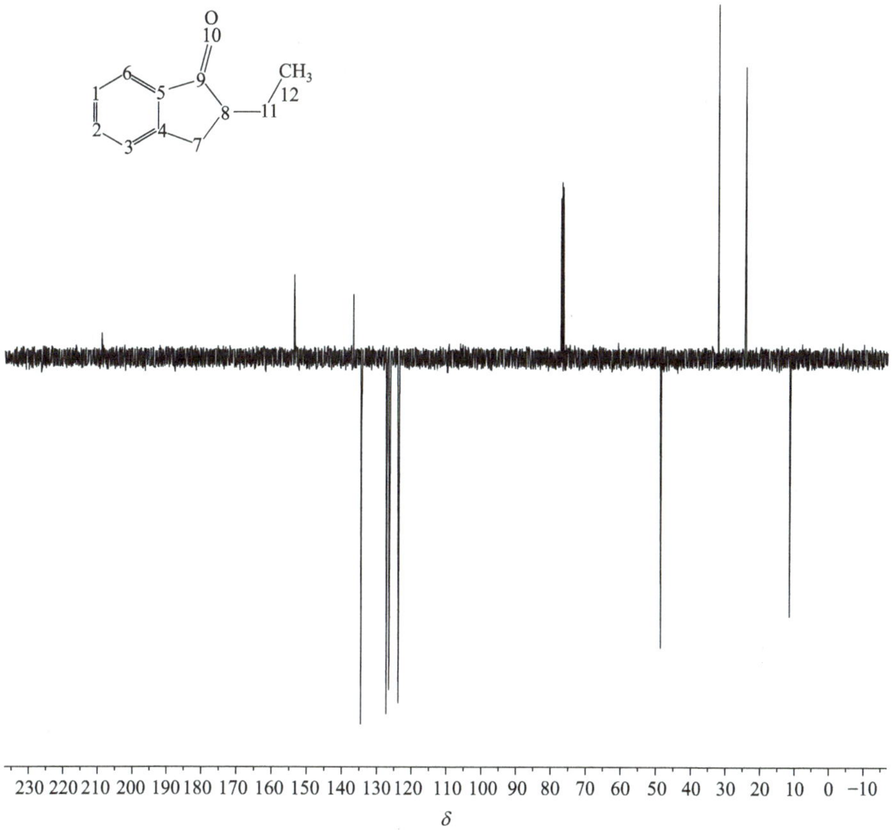

图 5-14 2-乙基-1-茚酮的 APT 谱图(400 MHz，$CDCl_3$ 溶剂)

5.3 ^{13}C NMR 参数

^{13}C NMR 与 ^{1}H NMR 类似，主要有化学位移δ、耦合常数 J 和谱线强度 3 个参数。但它们的重要程度与 ^{1}H NMR 有所不同，在 ^{13}C NMR 中最重要的是化学位移δ，另外还有峰的个数。

5.3.1 化学位移及其影响因素

化学位移是 ^{13}C NMR 中最重要的参数。^{13}C NMR 谱化学位移的分布范围约为 400，δ_C 能直接反映碳核周围的电子云分布，即屏蔽情况，因此对分子构型、构象的微小差异也很敏感。一般情况下，对于宽带去耦的常规谱，化合物每个不同的种类的碳几乎均能分离开。

1. ^{13}C 化学位移的内标物和溶剂

在 ^{13}C NMR 谱中，与 ^{1}H NMR 类似，常用四甲基硅作内标。用四甲基硅(TMS)的 ^{13}C 信号的 δ_C 作为零，把出现在 TMS 低场一侧(左边)信号的 δ_C 值规定为正值，在 TMS 右侧即高场

的 ^{13}C 信号规定为负值。

除 TMS 作参比物外，CS_2 (δ_C 192.5) 和一些溶剂峰均可作内标。可用下式换算成以 TMS 为内标的 δ 值：

$$\delta_{C(TMS)} = 192.5 + \delta_{C(CS_2)} = 67.4 + \delta_{C(\text{二氧六环})} = \cdots$$

一般水溶性样品常用二氧六环或 DSS 作内标，DSS 各碳的位移值如下：

DSS　　$NaO_3S—CH_2—CH_2—CH_2—Si(CH_3)_3$

δ_C　　56.66　21.22　17.35　　0

^{13}C NMR 常用的溶剂也是氘代溶剂和不含质子的溶剂，它们的 δ_C 值见表 5-2。

表 5-2　常用溶剂的 δ_C 值(TMS 为内标)

溶剂	δ_C	
	质子化合物	氘代化合物
CH_3CN	1.7(CH_3)	1.3(CH_3)
环己烷	27.5	26.1
$CH_3—CO—CH_3$	30.4(CH_3)	29.2(CH_3)
$CH_3—SO—CH_3$	40.5	39.6
CH_3OH	49.9	49.0
CH_2Cl_2	54.0	53.6
二氧六环	67.4	66.5
$CHCl_3$	77.2	76.9
CCl_4	96.0	—
苯	128.5	128.0
CH_3COOH	178.3(COOH)	—
CS_2	192.5	—

2. 化学位移与屏蔽

与 ^1H NMR 一样，^{13}C NMR 要满足以下关系式：

$$\nu = \frac{\gamma_C}{2\pi} B_0 (1 - \sigma)$$

由于各种碳原子受到的屏蔽不同，即屏蔽常数不同，因此有不同的化学位移值。C 的屏蔽常数是 4 项因素的加和，即

$$\sigma = \sigma_d + \sigma_p + \sigma_a + \sigma_s$$

(1) 局部抗磁屏蔽项 σ_d。σ_d 为绕核的局部电子环流产生的屏蔽，它产生一个平行于 B_0 并与 B_0 方向相反的小磁场。核上电子云密度越大，抗磁屏蔽越大，化学位移移向高场，化学位移小。这种作用是各向同性的。在 ^{13}CNMR 中 σ_d 项不是决定因素。

(2) 局部顺磁屏蔽项 σ_p。局部顺磁屏蔽项是决定 ^{13}C 化学位移的主要因素。σ_p 是反映各向异性、非球形局部电子环流的贡献。分子中其他原子和化学键的存在使核的核外电子运动受阻，电子云非球形。这种非球形电子云产生的磁场为顺磁屏蔽。顺磁屏蔽加强了外加磁场，σ_p 使共振移向低场(左侧)。s 电子为球形，对此项无贡献。p、d 电子对此项有贡献。

根据卡普拉斯(Karplus)和波普尔(Pople)公式：

$$\sigma_p = -\frac{e^2h^2}{2m^2c^2}(\Delta E)^{-1}(\gamma^{-3})_{2pN}\left(Q_{NN} + \sum_{N\neq B} Q_{NB}\right)$$

式中：ΔE 为平均电子激发能；$(\gamma^{-3})_{2pN}$ 为一个 2p 电子与核 N 的距离三次方倒数的平均值；Q 为非微扰分子的 MO 表达式中电荷密度及键序矩阵元；负号表示$|\sigma_p|$越大，去屏蔽越大。

其中，$(\gamma^{-3})_{2pN}$ 项为决定 σ_p 的主要因素，γ 表示核与 2p 轨道的距离。它主要取决于核上的有效核电荷。在碳原子上电荷密度增加，则 2p 轨道趋于扩大，$(\gamma^{-3})_{2pN}$ 就迅速下降，即顺磁效应降低，δ_C 移向高场。2p 轨道电子增加，顺磁效应降低，移向高场。2p 轨道上增加 1 个电子可使相应的 ^{13}C 共振向高场移动 160。这也是 ^{13}C 化学位移范围宽的原因。当碳上有电负性基团相连时，碳原子的电子云密度下降，轨道收缩，γ 减小，γ^{-3} 增大，$|\sigma_p|$ 增大，δ_C 移向低场。

(3) 邻近各向异性屏蔽项 σ_a。$\sigma_a = \sum_{N\neq B} \sigma_{NB}$，在所观察的碳核周围有许多其他核 B 存在，这些核的电子环流各向异性影响对碳原子可产生正或负的效应。σ_{NB} 只取决于 B 的性质和几何位置，而与核 N 性质无关。

(4) σ_s 为溶剂和介质的影响。除位移试剂对 δ_C 影响很大外，溶剂影响较小。

3. 影响 ^{13}C 化学位移的因素

δ_C 与 δ_H 不同的一点是 δ_C 受分子间影响较小。因为 H 处在分子的外部，邻近分子对它影响较大，如氢键缔合等因素的影响。而碳处在分子骨架上，所以分子间效应对碳影响较小，分子内部相互作用显得重要。

一般分子内 δ_C 的大小次序与该碳上氢的 δ_H 次序基本上平行。某个碳 δ_C 大，其上面的氢的 δ_H 也大；反之，某个碳 δ_C 小，其上面的氢的 δ_H 也小。

(1) 杂化状态。杂化状态是影响 δ_C 的重要因素。

sp^3	CH_3＜CH_2＜CH＜季 C(无杂原子取代)	在较高场 0～50
sp	C≡CH，杂原子取代的 sp^3-C	在中间 50～80
sp^2	—CH=CH_2(烯碳和苯环碳)	在较低场 80～150
	＞C=O	在最低场 150～220

(2) 诱导效应。碳上有电负性取代基、杂原子及烷基连接时，都能使其 δ_C 信号向低场位移，位移的大小随取代基电负性的增大而增加，这称为诱导效应。其原因是，随着取代基电负性增加，从碳原子 2p 轨道上吸电子的能力也增加，σ_p 项中 $(\gamma^{-3})_{2pN}$ 项增加，去屏蔽增加。表 5-3 列举了一些取代基对正烷烃的诱导效应。可以看出诱导效应对 α-C 影响较大，但对 β-C 和 γ-C 影响较小，而且它们的诱导位移随取代基的变化无明显变化。

表 5-3　正烷烃末端氢被电负性取代基取代后的诱导位移 $\Delta\delta_C$

取代基电负性	取代基	碳		
		α	β	γ
	X------	-CH------	-CH------	-CH
2.1	H	0	0	0
2.5	CH_3	+9	+10	−2

续表

取代基电负性	取代基	碳		
		α	β	γ
	X	CH	CH	CH
2.5	SH	+11	+12	−6
3.0	NH_2	+29	+11	−5
3.0	Cl	+31	+11	−4
4.0	F	+68	+9	−4

(3) 空间效应。^{13}C 化学位移对分子的几何形状非常敏感，相隔几个键的碳，如果它们空间非常靠近，则互相产生强烈的影响，这种短程的非成键的相互作用称为空间效应。

格兰特(Grant)提出了一个空间效应的简单公式，由空间效应引起的位移增量 $\Delta\delta_{St}$ 不仅取决于质子和质子间的距离 γ_{HH}，而且取决于 H···H 轴和被干扰的 C—H 键之间的夹角 θ:

$$\Delta\delta_{St} = CF_{HH}(\gamma_{HH})\cos\theta$$

式中：F_{HH} 为质子之间的排斥力，是 γ_{HH} 的函数；C 为常数；$\Delta\delta_{St}$ 的符号取决于 θ, 可正可负。其示意图为

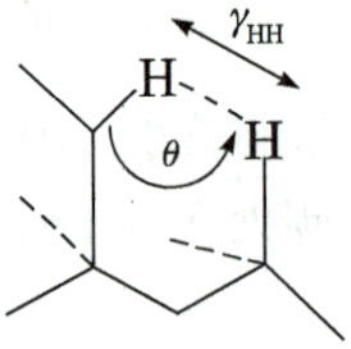

例如，苯乙酮中若乙酰基邻近有甲基取代，则苯环和羰基的共平面发生扭曲，羰基碳的化学位移与扭曲角 Φ 有关。

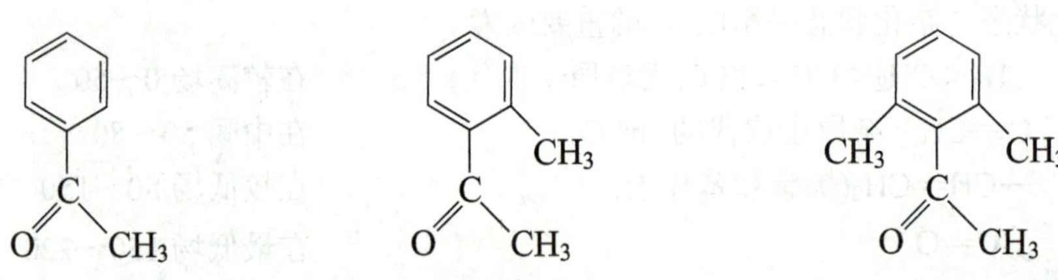

$\Phi = 0$ $\delta_C = 195.7$　　$\Phi = 28°$ $\delta_C = 199.0$　　$\Phi = 50°$ $\delta_C = 205.5$

图 5-15　超共轭示意图

(4) 超共轭效应及共轭效应。当第二周期的杂原子 N、O、F 处在被观察的碳的 γ 位并且为对位交叉时，则观察到杂原子使该碳的 δ_C 不是移向低场而是向高场位移 2～6。这可以用超共轭效应解释，超共轭(图 5-15)提高了 γ-C 的电荷密度。

当苯环的氢被取代基取代后，苯环上碳原子的 δ_C 变化是有规律的。若苯氢被—NH、—OH 等饱和杂原子基团取代，则这些基团的孤对电子将离域到苯环的π电子体系上，增加了邻位和对位碳上的电荷密度，屏蔽增加，δ_C 变小；若苯氢被吸电子共轭基团—CN、—NO_2 取代，则苯环上的π电子离域到这些吸电子基团上，减少了邻、对位碳的电荷密度，屏蔽减小，δ_C 变大。

 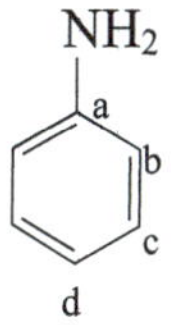 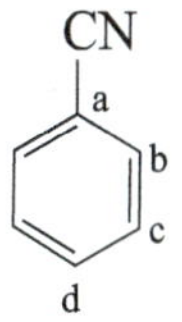

δ=128.5　　δ_a=147.7, δ_b=116.1, δ_c=129.8, δ_d=119.0　　δ_a=112.5, δ_b=132.0, δ_c=129.0, δ_d=132.8

在羰基与有孤对电子的取代基相连的系统和不饱和羰基化合物中，这些基团的给电子共轭效应使羰基碳正电荷分散，使其共振向高场位移。例如

	—CHO	—CO—CH$_3$	—COOH	—CONH$_2$	—COCl	—COBr	—COI
$\delta_{C=O}$	201	204	177	172	170	167	160

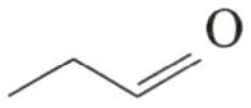 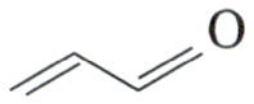 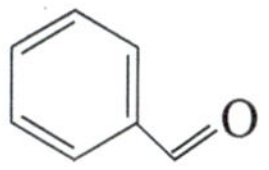

$\delta_{C=O}$　　201.5　　192.4　　190.7

(5) 重原子效应。大多数电负性基团的作用是去屏蔽的诱导效应。但对于较重的卤素，除诱导效应外，还存在一种所谓“重原子”效应，即随着原子序数的增加，抗磁屏蔽增大。这是因为重原子的核外电子数增多，使抗磁屏蔽项增加而产生的。对于化合物 $CH_{4-n}X_n$(X = F、Cl、Br、I)，其 δ_C 随卤素种类及原子个数的变化如表 5-4 所示，这是诱导效应引起的去屏蔽作用和重原子效应的屏蔽作用综合作用的结果。对于碘化物，表现出屏蔽作用；对于溴化物，当溴原子多时也表现出屏蔽作用。

表 5-4　卤代甲烷中碳的 δ_C 值

化合物	Cl	Br	I	化合物	Cl	Br	I
CH_3X	25.1	10.2	−20.5	CHX_3	77.7	12.3	−139.7
CH_2X_2	54.2	21.6	−53.8	CX_4	96.7	−28.5	−292.3

(6) 分子内氢键。例如，邻羟基苯甲醛及邻羟基苯乙酮中分子内氢键的形成，使羰基碳去屏蔽，δ_C 增大。

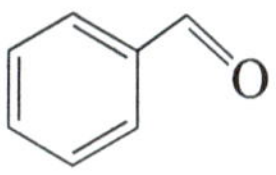 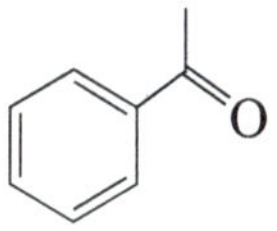 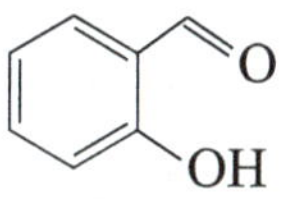 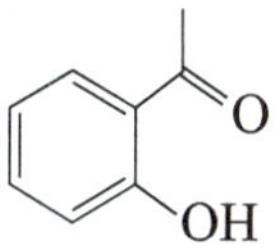

$\delta_{C=O}$　　191.5　　195.7　　196.9　　204.1

(7) 介质位移。介质对 δ_C 有一定的影响，但一般比较小。介质位移主要是稀释位移、溶剂位移和 pH 位移。介质 pH 对胺、羧酸、氨基酸等化合物有影响。

$$C—C—C—NH_2 + H^+ \longrightarrow C—C—C—N^+H_3$$

$$\Delta\delta_\alpha \approx -1.5 \qquad \Delta\delta_\beta \approx -5.5 \qquad \Delta\delta_\gamma \approx -0.5$$

一些化合物的 δ_C 在不同溶剂中也有一定位移。苯胺的 δ_C 与溶剂的关系见表 5-5。

表 5-5 苯胺的δ_C与溶剂的关系

溶剂	C-1	邻位	间位	对位
CCl_4	+18.0	−13.0	+0.9	−9.7
CH_3COOH	+5.5	−6.0	+1.4	−1.1
CH_3SO_3H	+0.4	−5.1	+1.9	+1.7
DMSO-d_6	+20.7	−14.3	+0.5	−12.5
CD_3COCD_3	+20.1	−13.8	+0.6	−11.5

(8) 位移试剂。稀土元素如Eu(Ⅱ)、Pr(Ⅱ)、Yb(Ⅱ)的配合物常用作位移试剂。这些位移试剂加入试样后，稀土元素离子的孤对电子与试样中的极性基团(如—OH、—NH_2、—SH、—COOH、>C═O 等)作用，使样品的δ_C产生诱导的、附加的化学位移，可以把谱带拉开。

5.3.2 耦合常数

1. 理论

核之间的自旋耦合作用是通过成键电子自旋相互作用造成的，与分子取向无关，这是一种标量耦合。实验发现核 N 与核 K 之间的相互作用能与它们核的自旋量子数 I 的标量积成正比。

$$E = J_{NK} \cdot I_N \cdot I_K$$

式中：J_{NK}为耦合常数。耦合常数由分子结构决定，与外磁场大小及外界条件无关。

波普尔及桑特里(Santry)提出直接相连的 C—H 耦合常数为

$$J_{CH}=\left(\frac{4}{3}\right)^2 h\mu_B\gamma_C\gamma_H P^2_{s(C)s(H)}S^2_C(\theta)\Delta E_e^{-1}$$

式中：h为普朗克常量；μ_B为玻尔磁子；γ_C和γ_H分别为^{13}C和^1H的磁旋比；$P_{s(C)s(H)}$为与杂化轨道中 s 成分有关的电荷键序矩阵；$S_C(\theta)$与碳的 2s、氢的 1s 轨道电荷密度有关；ΔE_e为平均电子激发能。

由上式可见：①杂化轨道 s 成分的多少影响$^1J_{CH}$的大小；②电负性基团的取代改变碳核的有效电荷密度，影响$^1J_{CH}$的大小；③如果氢原子被其他原子(K)取代，则式中γ_H、P、S、ΔE各项作相应改变，假定$S_C(\theta)$与$P_{s(C)s(H)}$不变，则可估算$^1J_{CH}$：

$$^1J_{CH}/^1J_{CK} = \gamma_H/\gamma_K \cdot S^2_H(\theta)/S^2_K(\theta)\cdot \Delta E_e(K)/\Delta E_e(H)$$

以同位素 D 取代 H，则假定$S(\theta)$与ΔE_e相同，有$^1J_{CH}/^1J_{CD} = \gamma_H/\gamma_D$。

2. $^1J_{CH}$

$^1J_{CH}$一般为 120～320 Hz。

(1) $^1J_{CH}$与杂化轨道 s 成分有关。经验证明：

$$^1J_{CH} = 5\times(\%s)(Hz)$$

理论计算有以下关系：

$$^1J_{CH} = 5.7\times(\%s)-18.4(Hz)$$

s 成分增大，$^1J_{CH}$增大。例如，乙烷、乙烯、乙炔的 sp^3、sp^2、sp 杂化轨道中 s 成分分别为 25%、33%、50%。根据上面公式计算，它们的 $^1J_{CH}$ 分别为 125 Hz、165 Hz、250 Hz，与实验基本相符。

(2) $^1J_{CH}$ 还与键角有关。$^1J_{CH}$ 与脂环烃环的大小有密切关系(表 5-6)。

表 5-6 环的大小与 $^1J_{CH}$

					开链
$^1J_{CH}$/Hz	161	136	131	127	125
					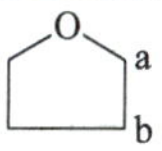
$^1J_{CH}$/Hz	220	172	175	170.5	a149, b133

(3) $^1J_{CH}$ 还受取代基的电负性影响。取代基电负性越大，碳核的有效核电荷增加越多，$^1J_{CH}$ 也增大越多。例如

	CH_4	CH_3Cl	CH_3F	CH_2F_2	CHF_3
$^1J_{CH}$/Hz	125	150.0	149.1	184.5	239.1

$^1J_{CH}$ 的取代效应近似地表现出加和性。对于 CHXYZ 型分子，其 $^1J_{CH}$ 可按下式计算：

$$^1J_{CH}=\varepsilon_X+\varepsilon_Y+\varepsilon_Z$$

式中：ε_X、ε_Y、ε_Z 通过实验求出(表 5-7)。

表 5-7 CHXYZ 中 $^1J_{CH}$ 的 ε_X 值

取代基	ε_X/HZ	取代基	ε_X/HZ	取代基	ε_X/HZ
—H	41.7	—OCH_3	56.6	—Cl	66.6
—CH_3	42.6	—OC_6H_5	59.6	—Br	67.6
—CH=CH_2	38.6	—NH_2	49.6	—I	67.6
—C_6H_5	42.6	—$NHCH_3$	48.6	—CCl_3	50.6
—C≡CH	47.6	—$N(CH_3)_2$	48.6	—$CHCl_2$	47.6
—CHO	43.6	—NO_2	63.6	—CH_2Cl	44.6
—$COCH_3$	43.6	—CN	52.6	—CH_2Br	44.6
—COOH	45.6	—SCH_3	54.6	—CH_2I	48.6
—$COOCH_3$	46.6	—$SOCH_3$	54.6		
—OH	58.6	—F	65.6		

3. $^2J_{CCH}$

质子与邻位碳原子的耦合常数 $^2J_{CCH}$ 为−5～60 Hz。

$^2J_{CCH}$ 一般数值不大。它与杂化及取代基也有关系。在 $^2J_{CCH}$ 中，两个碳原子的杂化状态都影响它的值。s 成分增加，$^2J_{CCH}$ 增大；耦合的碳原子上有电负性取代基，$^2J_{CCH}$ 增大。

芳烃中 $^2J_{CCH}$ 很小，约为几赫兹。例如，苯的 $^2J_{CCH}$ 约 1.1 Hz，取代苯的 $^2J_{CCH}$ 为 0～4 Hz。取代乙烯的顺反异构体中 $^2J_{CCH}$ 有明显差别。

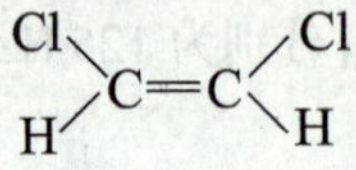

$^{2}J_{CCH}$=16 Hz

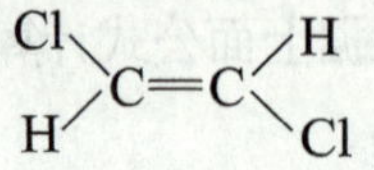

$^{2}J_{CCH}$=0.8 Hz

4. ^{3}J 及更远的耦合

^{3}J 及更远的耦合常数一般较小，但也有表现出远程耦合的例子。苯环中 $^{3}J_{CCCH}$ 反而比 $^{2}J_{CCH}$ 大。在未取代的苯中，$^{2}J_{CCH}$ = 1.1 Hz，$^{3}J_{CCCH}$ = 7.6 Hz，$^{4}J_{CCCCH}$ = –1.2 Hz。

5. 其他核对 ^{13}C 的耦合

在 ^{13}C NMR 的常规谱即质子去耦谱中，杂原子对 ^{13}C 的耦合仍然存在，在谱图上可以看到。了解杂原子对 ^{13}C 的耦合有助于指配 ^{13}C NMR 信号的归属。

在常见化合物中，杂原子对 ^{13}C 的耦合主要有重氢 D、^{19}F 及 ^{31}P 等几种核。由于在质子去耦谱中它们与碳的耦合仍然存在，因此要注意它们通过 ^{1}J 使碳原子裂分的情况，还要注意它们通过 ^{2}J 甚至 ^{3}J 使碳原子裂分。

(1) 重氢 D 对 ^{13}C 的耦合。D 的自旋量子数 I = 1，n 个 D 使碳裂分成 $(2n + 1)$ 重峰。例如，$CDCl_3$ 在 ^{13}C NMR 的常规谱中在 77 出三重峰，CD_3COCD_3 的 D 取代甲基碳在 29.2 出七重峰。$^{1}J_{CD}$ 的值为 20～30 Hz。

(2) ^{19}F 对 ^{13}C 的耦合。氟没有同位素，只有 ^{19}F 一种核，^{19}F 的自旋量子数 I = 1/2。在化合物中若有氟存在，n 个 F 会使碳裂分成 $(n + 1)$ 重峰。$^{1}J_{CF}$ 的值为 158～370 Hz，$^{2}J_{CCF}$ 的值为 30～45 Hz，$^{3}J_{CCCF}$ 的值为 0～8 Hz。图 5-16 是化合物 1-(4-氟苯基)-2-(二氟甲基)二硫醚的质子宽带去耦的碳谱，从图中可以看出，去掉了质子对碳的耦合，但氟对碳原子的耦合保留。10 号碳连接两个氟原子，呈现三重峰(δ 122.04)；1、2、3 和 4 号碳原子都与 7 号氟原子耦合，呈现为裂距不同的双峰。

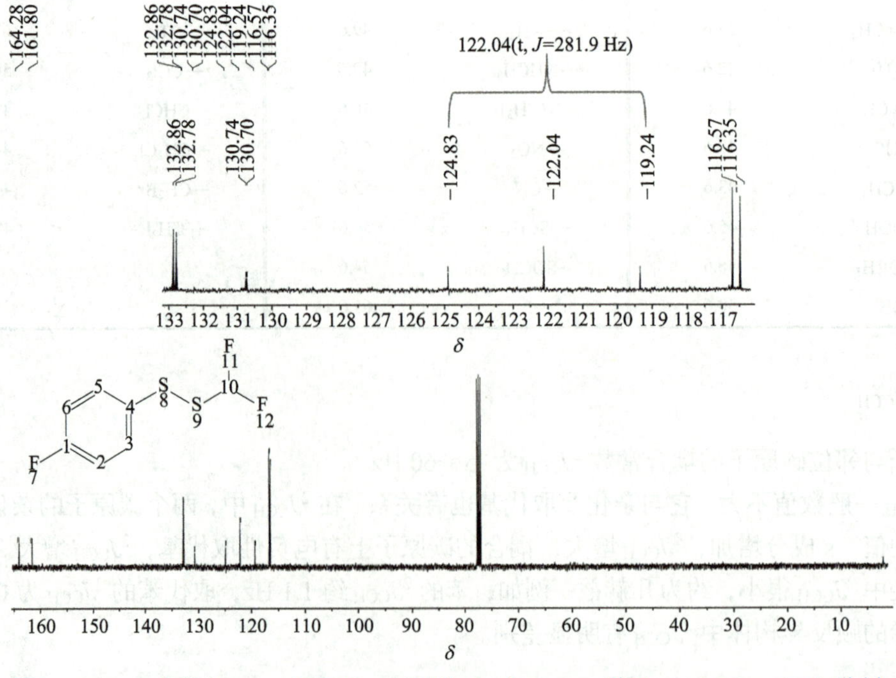

图 5-16 1-(4-氟苯基)-2-(二氟甲基)二硫醚的 ^{13}C{^{1}H}NMR 谱图(100 MHz，$CDCl_3$ 溶剂)

(3) ^{31}P 对 ^{13}C 的耦合。磷没有同位素，只有 ^{31}P 一种核，^{31}P 的自旋量子数 I=1/2。在化合物中若有磷存在，n 个 P 会使碳裂分成(n + 1)重峰。^{31}P 与 ^{13}C 的耦合常数的大小与磷的价态、化合物种类及相隔几个键有关。一般 $^1J_{CP}$ 的值为–14～150 Hz，$^1J_{CP}^{V} > {}^1J_{CP}^{Ⅲ}$。$^1J_{CP}^{V}$ 为 100～150 Hz，$^1J_{CP}^{Ⅲ}$ 为几十赫兹。例如，在下列含磷化合物中

$(RO)_2PO$—R：$^1J_{CP}$ = 130～160 Hz，$^2J_{CP}$ = 6～7 Hz，$^3J_{CP}$ = 5～6 Hz

$(C_6H_5)_3P$：$^1J_{CP}$ = 12.4 Hz，$^2J_{CP}$ = 19.6 Hz，$^3J_{CP}$ = 6.7 Hz

5.4　各类碳的化学位移

碳原子在 ^{13}C NMR 中的 δ_C 与很多因素有关，主要是杂化轨道状态及化学环境。饱和烃的 sp^3-C 的 δ_C 为 0～50；sp-C 的 δ_C 为 50～80；烯和芳烃 sp^2-C 的 δ_C 为 100～165，羰基的 δ_C 为 160～220。在有强取代效应时位移范围可扩大。

各类碳的化学位移顺序与氢谱中各类碳上对应质子的化学位移顺序有很好的一致性。若质子在高场，则该质子连接的碳也在高场；反之，若质子在低场，则该质子连接的碳也在低场。但这并不意味着 ^{13}C NMR 谱图中 δ_C 排序与 ^1H NMR 谱图中 δ_H 排序完全一致。

各类碳的化学位移范围如图 5-17 所示。

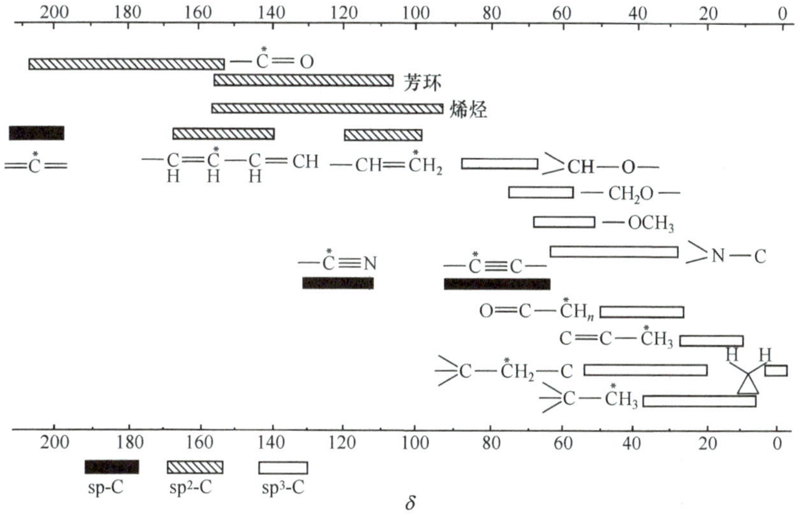

图 5-17　各类碳的化学位移范围

5.4.1　烷烃

在链烷烃中每个碳的 δ_C 与它直接相连的碳原子数和相近的碳原子有关。

(1) 饱和碳的 δ_C 为–2.1～43。其中，CH_4 屏蔽最大，δ_C 在–2.1。

(2) CH_4 的氢被 CH_3 取代，则中心碳的 δ_C 分别增加为 5.9、16.1、25.2 及 27.9。每增加一个 CH_3，中心碳的 δ_C 发生约 9 个化学位移单位的去屏蔽效果，这称为α取代效应。

(3) 若β-H 被甲基取代，如 $C_\alpha—C_\beta—H \longrightarrow C_\alpha—C_\beta—CH_3$，则 C_α的 δ_C 向低场移动 9 左右，称为β效应。

(4) 若γ-H 被甲基取代，如 $C_\alpha—C_\beta—C_\gamma—H \longrightarrow C_\alpha—C_\beta—C_\gamma—CH_3$，则 C_α的 δ_C 向高场移动 2.5 左右。此效应与α、β效应相反，称为γ效应。

(5) δ及以远的甲基影响很小。

(6) 直链烷烃及开环支链烷烃中第 k 个碳原子的化学位移 $\delta_{C(k)}$ 可以用经验公式林德曼(Lindeman)和亚当斯(Adams)方法计算，其表达式为

$$\delta_{C(k)} = B_s + \sum_{m=2}^{4} D_m A_{sm} + \gamma_s N_{k3} + \Delta_s N_{k4}$$

式中：B_s、A_{sm}、γ_s、Δ_s 为表 5-8 中的参数；s 为直接与第 k 个碳原子连接的碳原子数；D_m 为与第 k 个碳原子相邻并且含有 m(m 为 2、3、4)个相邻碳的碳原子数，D_2、D_3、D_4 可以为零；N_{k3} 和 N_{k4} 分别为与第 k 个碳原子相距 3 个和 4 个键的碳原子数。

表 5-8 林德曼和亚当斯参数

B_1	6.8	B_2	15.34	B_3	23.46	B_4	27.77
A_{12}	0.56	A_{22}	9.75	A_{32}	6.60	A_{42}	2.26
A_{13}	17.83	A_{23}	16.70	A_{33}	11.14	A_{43}	3.96
A_{14}	25.48	A_{24}	21.43	A_{34}	14.70	A_{44}	7.35
γ_1	−2.99	γ_2	−2.69	γ_3	−2.07	γ_4	0.68
Δ_1	0.49	Δ_2	0.25	Δ_3	0	Δ_4	0

表 5-9 列举了一些直链烷烃的 δ_C 值。表 5-10 列举了一些支链烷烃的 δ_C 值。

表 5-9 一些直链烷烃的δ_C值

化合物	C-1	C-2	C-3	C-4	C-5
甲烷	−2.1	—	—	—	—
乙烷	5.9	5.9	—	—	—
丙烷	15.6	16.1	15.6	—	—
丁烷	13.2	25.0	25.0	13.2	—
戊烷	13.7	22.6	34.5	22.6	13.7
己烷	13.9	22.9	32.0	32.0	22.9
庚烷	13.9	23.0	32.4	29.5	32.4
辛烷	14.0	23.0	32.4	29.7	29.7
壬烷	14.0	23.1	32.4	29.8	30.1
癸烷	14.1	23.0	32.4	29.9	30.3

表 5-10 一些支链烷烃的δ_C值

化合物	C-1	C-2	C-3	C-4	C-5
异丁烷	24.3	25.2	—	—	—
异戊烷	22.0	29.9	31.8	11.5	—
2-甲基戊烷	22.5	27.8	41.8	20.7	14.1
新戊烷	31.5	27.9	—	—	—

续表

化合物	C-1	C-2	C-3	C-4	C-5
新己烷	28.9	30.4	36.7	8.7	—
3-甲基戊烷	11.3	29.3	36.7	—	—

例 5-1 计算 3-甲基庚烷的 C-5 的 δ_C。

$$\overset{1}{CH_3}—\overset{2}{CH_2}—\overset{3}{CH}(CH_3)—\overset{4}{CH_2}—\overset{5}{CH_2}—\overset{6}{CH_2}—\overset{7}{CH_3}$$

解 (1) 与 C-5 直接相连的碳原子数是 2，$s = 2$。

(2) 连接 C-5 的两个碳均为仲碳，所以 $D_2 = 2$，$D_3 = 0$，$D_4 = 0$。

(3) 与 C-5 相隔三个键的碳原子数为 2，相隔四个键的碳原子数为 1，因此 $N_{k3} = 2$，$N_{k4} = 1$。

(4) B_s 为 $B_2 = 15.34$，A_{sm} 为 $A_{22} = 9.75$，γ_s 为 $\gamma_2 = -2.69$，$\varDelta_s$ 为 $\varDelta_2 = 0.25$。

(5) 将有关参数值代入，得

$$\begin{aligned}\delta_{C\text{-}5} &= B_2 + D_2A_{22} + \gamma_2 N_{k3} + \varDelta_2 N_{k4}\\ &= 15.34 + 2\times 9.75 + (-2.69)\times 2 + 0.25\times 1\\ &= 29.7 \qquad\qquad (\text{实测值}29.7)\end{aligned}$$

5.4.2 环烷烃

环烷烃中 δ_C 与环的大小无明显内在关系，除环丙烷外，环烷烃中碳的 δ_C 变化幅度不超过 6。环丙烷的 δ_C 为–2.6，其余环烷烃(环丁烷到环十七烷)的 δ_C 为 23.3～29.4。甲基取代的环己烷，平伏键取代甲基的 δ_C 为 22～23，直立键取代甲基的 δ_C 为 18～19。取代环己烷的环碳及降冰片烷的碳原子的 δ_C 可以用经验公式计算，详见有关专著。

5.4.3 烯烃

烯碳为 sp^2 杂化，δ_C 为 100～165，与芳环碳的 δ_C 范围重叠。

1. 单烯

表 5-11 列举了某些直链烯及支链烯中烯碳的 δ_C 值。

表 5-11 某些链烯中烯碳的 δ_C 值

化合物	C-1	C-2	C-3	C-4	C-5	C-6
乙烯	122.8	122.8				
丙烯	115.4	135.7				
丁烯	112.8	140.2				
戊烯	113.5	137.6				
己烯	113.5	137.8				
十二烯	114.8	139.0				
2-丁烯	—	123.3	123.3			
2-戊烯		123.1	132.6			

续表

化合物	C-1	C-2	C-3	C-4	C-5	C-6
2-己烯		123.0	129.8			
3-己烯			130.3	130.3		
3-十二烯			132.1	129.7		
4-辛烯				129.3		
4-十二烯				130.8	130.8	
5-十二烯					130.1	
6-十二烯						130.0

在不对称取代的端基单烯中，当碳链多于 3 个碳时，两个烯碳的 δ_C 之差约为 24，端基烯碳的 δ_C 较小，约为 110。在 2-烯中，碳链多于 5 个碳时，两个烯碳的 δ_C 之差为 7～10。在 3-烯中，两个烯碳的 δ_C 之差为 1～2。

线形及开链支化烯烃中的烯碳 k 的 δ_C 可以用下式计算：

$$\begin{array}{ccccccccccccccc} & \gamma & & \beta & & \alpha & & k & & k' & & \alpha' & & \beta' & & \gamma' & \\ — & C & — & C & — & C & — & C & = & C & — & C & — & C & — & C & — \end{array}$$

$$\delta_{C(k)} = 123.3 + \sum_i A_{ki}(R_i) + \sum_i A_{ki'}(R'_i) + 校正项$$

式中：$A_{ki}(R_i)$为在碳链中第 i 位置引入取代基 R_i 对烯碳 k 的化学位移的增值；i'为双键另一边的取代基位置。各种取代基 A_{ki} 及 $A_{ki'}$ 参数见表 5-12。

表 5-12 计算单烯烃中烯碳化学位移的经验参数

R_i	$A_{ki'}(R_{i'})$			$A_{ki}(R_i)$		
	γ'	β'	α'	α	β	γ
C(CH, CH_2, CH_3)	1.5	−1.8	−7.9	10.6	7.2	−1.5
OH	—	−1	—	—	6	—
OR	—	−1	−39	29	2	—
OAC	—	—	−27	18	—	—
$COCH_3$	—	—	6	15	—	—
CHO	—	—	13	13	—	—
COOH	—	—	9	4	—	—
COOR	—	—	7	6	—	—
CN	—	—	15	−10	—	—
Cl	—	—	−6	3	−1	—
Br	—	2	−1	−8	0	—
I	—	2	7	−38	—	—
C_6H_5	—	—	−11	12	—	—

校正项		校正项		校正项	
α, α'(反式)	0	α, α	−4.8	β, β	2.3
α, α'(顺式)	−1.1	α', α'	2.5	其他作用	~0

例 5-2 求下列顺式化合物中 C-2 的 δ_C 值。

$$\begin{matrix} \alpha & k & k' & \alpha' & \beta' \\ CH_3— & CH= & CH— & CH_2— & CH_3 \end{matrix}$$

解 $\delta_{C(2)} = 123.3 + A(\alpha) + A(\alpha') + A(\beta') + \alpha, \alpha'(cis)$

$= 123.3 + 10.6 + (-7.9) + (-1.8) + (-1.1)$

$= 123.1$ (实测值122.8)

2. 非环双烯

单烯的加和规则在此无效。双烯是否共轭与烯碳的屏蔽无关。在 C═C═C 型双烯中，sp^2 杂化的烯碳 δ_C 为 70～90，而中心 sp 杂化的烯碳 δ_C 为 208～213，见表 5-13。

表 5-13 双烯中烯碳的 δ_C 值

化合物	C-1	C-2	C-3	C-4
1,3-丁二烯	116.6	137.2	—	—
1,4-戊二烯	115.0	136.4	—	—
戊烯	113.5	137.6	—	—
1,5-己二烯	114.1	137.3	—	—
2,3-二甲基-1,3-丁二烯	111.6	142.4	—	—
2,5-二甲基-1,5-己二烯	110.1	144.5	—	—
1,2-丙二烯	74	213	74	—
1,2-丁二烯	73.2	209.5	83.5	—
1,2-戊二烯	74.4	208.0	90.8	—
2,3-戊二烯	—	84.5	206.2	
1,7-辛二烯	113.5	137.9	33.1	27.8
顺，顺-2,6-辛二烯	11.6	123.1	129.5	26.1
顺，反-2,6-辛二烯	11.6	123.1	129.5	26.3
反，反-2,6-辛二烯	16.8	124.1	130.4	32.1
顺，顺-3,5-辛二烯	13.2	20.0	132.3	122.5

3. 取代烯

取代烯 $C_\beta H_2═C_\alpha HX$ 中 α-C 的 δ_C 变化范围为 70，β-C 的 δ_C 变化范围为 55，见表 5-14。

表 5-14 $CH_2═CHX$ 中烯碳的 δ_C 值

X	α-C 的 δ_C	β-C 的 δ_C	X	α-C 的 δ_C	β-C 的 δ_C
H	122.8	122.8	OCH_2CH_3	152.9	84.6
Cl	126.1	117.4	$OCH(CH_3)_2$	—	90.6
Br	115.6	122.1	$O(CH_2)_3CH_3$	151.6	83.1
I	85.4	130.5	OCH_2CH_2Cl	—	88.2
OCH_3	153.1	85.5	OAc	141.7	96.4

续表

X	α-C 的δ_C	β-C 的δ_C	X	α-C 的δ_C	β-C 的δ_C
$NCO(CH_2)_3$	130.0	94.3	CN	107.7	137.8
$SiCl_3$	131.8	138.7	CHO	136.4	136.0
CH_3	133.1	115.0	$COCH_3$	138.5	129.3
CH_2Br	133.2	117.7	COOH	128.0	131.9
CH_2Cl	133.7	117.5	$COOCH_3$	128.7	129.9
CH_2OH	139.1	113.7	$COOCH_2CH_3$	129.8	130.5
$CH_2OCH_2CH_3$	135.8	114.7	$SO_2CH{=}CH_2$	137.8	131.4

5.4.4 炔烃

炔的 sp 杂化碳原子的δ_C为 67～92。

端基炔键的 C-1 的δ_C与 C-2 的δ_C之差约 15，而不对称的 2-炔及 3-炔中，炔碳的δ_C之差仅为 3～4 或 1～2。C≡C—H 变为 C≡C—CH_3，则甲基使 C-1 去屏蔽 6.5，使 C-2 增屏蔽 5.0。在取代炔烃中，炔碳的δ_C变化范围可达 100。表 5-15 列举了一些线形炔烃中 sp-C 的δ_C值。

表 5-15 线形炔烃中 sp-C 的δ_C值

化合物	C-1	C-2	C-3	C-4	C-5	C-6
丁炔	67.3	85.0				
庚炔	68.6	84.1				
辛炔	70.2	85.2				
十二炔	68.8	84.7				
2-丁炔		73.9	73.9			
2-己炔		74.9	78.1			
2-辛炔		76.0	79.7			
2-十二炔		75.3	79.1			
3-己炔			81.1	81.1		
3-辛炔			82.2	80.9		
3-十二炔			81.7	79.9		
4-辛炔				80.2	80.2	
4-十二炔				80.0	80.0	
5-十二炔					80.0	80.0
6-十二炔						80.5

5.4.5 芳烃及取代苯

苯的δ_C为 128.5，除联苯撑外，所有芳烃的δ_C为 123～142。而取代芳烃的δ_C基本为 110～170。与碘相连的芳碳δ_C可在 96.7 的较高场。某些芳香烃中芳碳的δ_C值见表 5-16，单取代苯中芳碳的δ_C值见表 5-17。

表 5-16 某些芳香烃中芳碳的 δ_C

化合物	C-1	C-2	C-3	C-4	其他
苯	128.5	128.5	128.5	128.5	
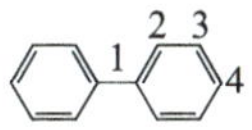	141.7	127.6	129.2	127.7	
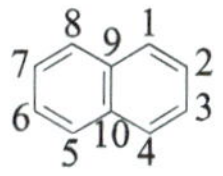	128.3	126.1	126.1	128.3	139.9(C-9)
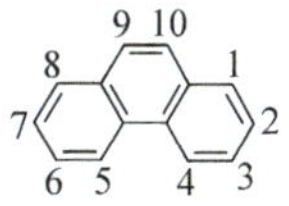	129.1	126.9	126.9	123.2	127.5(C-9) 132.5(C-11) 130.7(C-12)
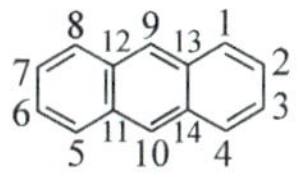	130.3	125.7	125.7	130.3	132.8(C-9, C-10) 132.4(C-11, C-14)
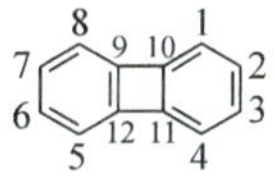	118.0	128.8	128.8	118.0	151.9(C-9)

表 5-17 单取代苯中芳碳的 δ_C

取代基	C-1	邻-C	间-C	对-C
OH	155.6	116.1	130.5	120.8
OCH_3	158.9	113.2	128.7	119.8
OPh	157.9	119.3	130.3	123.6
OAc	151.7	122.3	130.0	126.4
NH_2	147.9	116.3	130.3	119.2
$N(CH_3)_2$	151.3	113.1	129.7	117.2
NHAc	139.8	118.8	128.9	123.1
$N(CH_2CH_3)_2$	148.6	113.4	130.1	116.5
CH_2OH	141.0	127.3	127.3	127.3
F	163.8	114.6	130.3	124.3
Cl	135.1	128.9	129.7	126.7
Br	123.3	132.0	130.9	127.7
I	96.7	138.9	131.6	129.7
$CH{=}CH_2$	138.2	126.7	128.9	128.2
$COOCH_3$	130.0	128.2	128.2	132.2
COCl	134.5	131.3	129.9	136.1
CHO	137.7	129.9	129.9	134.7
$COCH_3$	136.6	128.4	128.4	131.6
$COCH_2CH_3$	136.3	127.2	127.2	131.1
CN	109.7	130.1	127.2	130.1
NO_2	148.3	123.4	129.5	134.7

取代苯中取代基对苯环碳δ_C的影响是具有加和性的，环上第 k 个碳的δ_C值可由下式计算：

$$\delta_{C(k)}=128.5+\sum_i A_i(R)$$

式中：A_i为在环上第 i 个位置上的取代基 R_i 对第 k 个碳的化学位移的贡献。取代苯中各基团的 A_i 值见表 5-18。

表 5-18　取代苯中各基团的 A_i 值

R	C-1	邻位	间位	对位	R	C-1	邻位	间位	对位
H	0	0	0	0	$COOCH_3$	2.1	1.1	0.5	4.5
CH_3	9.3	0.8	0	−2.9	COCl	5	3	1	7
$SiCH_3$	13.6	4.6	−0.9	−0.9	CHO	8.6	1.3	0.6	5.5
CH_2CH_3	15.6	−0.4	0	−2.6	$COCH_3$	9.1	−0.1	0	4.2
$CH(CH_3)_2$	20.2	−2.5	0.1	−2.4	$COCH_2CH_3$	8.8	−1.3	−1.3	3.1
$C(CH_3)_3$	22.4	−3.1	−0.1	−2.9	COC_6H_5	9.4	1.7	−0.2	3.6
CF_3	−9.0	−2.2	0.3	3.2	CN	−15.4	3.6	0.6	3.9
C_6H_5	13	−1	0.4	−1	OH	26.9	−12.7	1.4	−7.3
$CH{=}CH_2$	9.5	−2.0	0.2	−0.5	OCH_3	31.4	−14.4	1.0	−7.7
$C{\equiv}CH$	−6.1	3.8	0.4	−0.2	$OCOCH_3$	23	−6	1	−2
CH_2OH	12	−1	0	−1	OC_6H_5	29	−9	2	−5
COOH	2.1	1.5	0	5.1	NH_2	18	−13.3	0.9	−9.8
COO^-	8	1	0	3	NO_2	20	−4.8	0.9	5.8
F	34.8	−12.9	1.4	−4.5	Br	−5.5	3.4	1.7	−1.6
Cl	6.2	0.4	1.3	−1.5	I	−32	10	3	1

例 5-3　计算化合物CH_3— 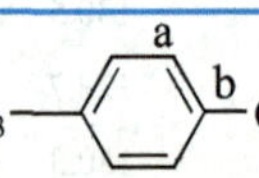 —OCH_3的$\delta_{C(a)}$和$\delta_{C(b)}$。

解

$$\delta_{C(a)}=128.5-14.4+0=114.1$$

$$\delta_{C(b)}=128.5+31.4-2.9=157.0$$

一些杂环芳烃的δ_C见表 5-19。

表 5-19　六元及五元杂环芳烃的δ_C值

化合物	溶剂	C-2	C-3	C-4	C-5	C-6
吡啶 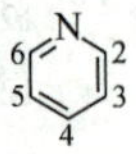		150.6	124.5	136.4	124.5	150.6
哒嗪 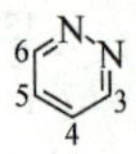		—	152.6	127.7	127.7	152.6
嘧啶 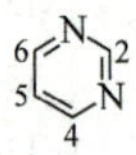		159.2	—	157.6	122.6	157.6

续表

化合物	溶剂	C-2	C-3	C-4	C-5	C-6
吡嗪 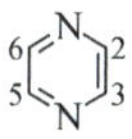	$CHCl_3$	146.1	146.1	—	146.1	146.1
呋喃 		142.8	109.8	109.8	142.8	
噻吩 		125.6	127.4	127.4	125.6	
吡咯 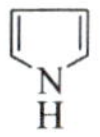		118.7	108.4	108.4	118.7	
咪唑 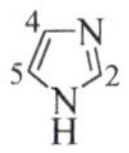	$(CH_3)_2CO$	135.7	—	121.8	121.8	

5.4.6 卤代烷

卤代烷中各个碳的δ_C不仅要考虑诱导效应，还要考虑重原子效应。卤素对α-C、β-C、γ-C有显著影响。取代效应的平均值列于表 5-20。

表 5-20 卤代烷中 X 的取代效应

碳的位置	X		
	Cl	Br	I
α	31.2	20.0	–6.0
β	10.5	10.6	11.3
γ	–4.6	–3.1	–1.0
δ	0.1	0.1	0.2
ε	0.5	0.5	1.0

5.4.7 醇

由于氧原子的吸电子性质，与相应烷烃相比，醇中α-C、β-C、γ-C 的δ_C 分别向低场位移35～52、5～12、0～6。某些直链醇的δ_C 值见表 5-21。

表 5-21 某些直链醇的δ_C 值

醇	C-1	C-2	C-3	C-4	C-5	C-6	C-7	C-8	C-9	C-10
甲醇	49.3	—	—	—	—	—	—	—	—	—
乙醇	57.3	17.9	—	—	—	—	—	—	—	—
丙醇	63.9	26.1	10.3	—	—	—	—	—	—	—
丁醇	61.7	35.3	19.4	13.9	—	—	—	—	—	—
戊醇	62.1	32.8	28.5	22.9	14.1	—	—	—	—	—

续表

醇	C-1	C-2	C-3	C-4	C-5	C-6	C-7	C-8	C-9	C-10
己醇	62.2	33.1	26.1	32.3	23.1	14.5	—	—	—	—
庚醇	62.2	33.2	26.4	29.7	32.4	23.1	14.2	—	—	—
辛醇	62.2	33.2	26.4	30.0	29.9	32.4	23.1	14.2	—	—
壬醇	62.3	33.2	26.5	30.1	30.2	29.9	32.5	23.2	14.3	—
癸醇	62.3	33.2	26.4	30.1	30.1	30.2	29.9	32.5	23.1	14.3
2-丙醇	25.4	63.7	25.4	—	—	—	—	—	—	—
2-丁醇	22.9	69.0	32.3	10.2	—	—	—	—	—	—
2-戊醇	23.6	67.3	41.9	19.4	14.2	—	—	—	—	—
2-己醇	23.6	67.5	39.5	28.6	23.2	14.2		—	—	—

5.4.8 胺

伯胺基沿烷基链中各取代效应的平均值分别为α位 29.3；β位 11.3；γ位 4.6；δ位 0.6。伯、仲、叔胺中碳的δ_C值见表 5-22。

表 5-22 脂肪胺 R_nNH_{3-n} 中碳的δ_C值

R	n	α-C	β-C	γ-C	δ-C	ε-C	ρ-C
甲基	1	28.3					
	3	47.5					
乙基	1	36.9	19.0				
	3	58.2	13.8				
丙基	1	44.5	27.3	11.2			
	3	57.1	21.7	12.5			
丁基	1	42.3	36.7	20.4	14		
戊基	1	42.5	34.0	29.7	23.0	14.3	
	3	50.8	30.7	30.3	23.3	14.6	
己基	2	50.4	31.1	27.8	32.3	23.1	14.5

5.4.9 羰基化合物

1. 羰基碳的δ_C特征

(1) 羰基碳一般在很低场，$\delta_{C(C=O)}$为 150～220，且干扰很少，只有丙二烯及叠烯的中央碳及强去屏蔽的芳碳在此区域有峰。

(2) 醛基的质子被甲基取代后，$\delta_{C(C=O)}$仅向低场移动～5。

(3) 与烯键或苯环共轭后，$\delta_{C(C=O)}$向高场位移。

(4) 羰基上连有未成键电子对的杂原子时，因 p-π共轭使羰基屏蔽增加，移向高场。

(5) 羰基碳的δ_C变化范围约为 60，所以对结构变化很敏感。

(6) 醛、酮的羰基使邻近α-C 去屏蔽。

(7) 不同羰基碳的δ_C范围见图 5-18。

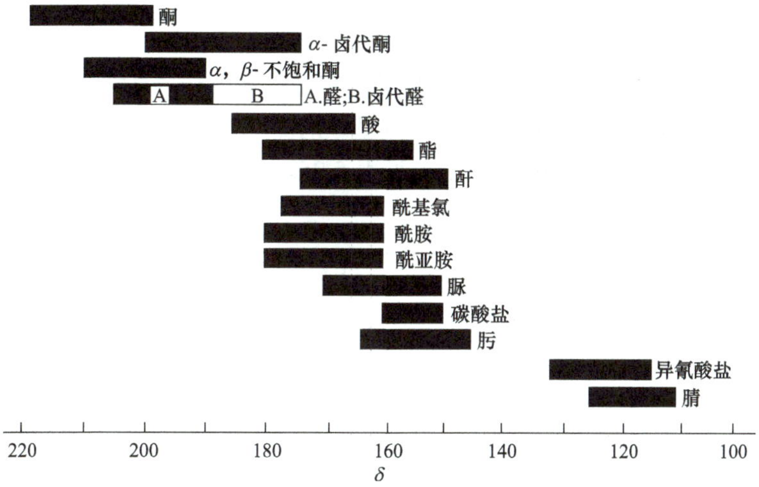

图 5-18 羰基碳的 δ_C 范围

2. 酮、醌、醛

与其他羰基相比，酮羰基的化学位移在最低场。环状或开链的烷基取代脂肪酮的 δ_C 为 200～220。

α-卤代酮的 δ_C 为 170～200。α, β-不饱和酮的 δ_C 为 190～210。

醌羰基的 δ_C 为 170～190。邻醌的 δ_C 较对醌的小。

与相应的甲基酮相比，醛羰基的 δ_C 一般小 5～10。在相同条件下，醛羰基信号比酮羰基强。在偏共振谱中醛羰基信号为双峰。

一些醛、酮羰基的 δ_C 值见表 5-23，一些脂环酮的 δ_C 值见表 5-24。

表 5-23 一些醛、酮羰基的 δ_C 值

R	RCHO	$RCOCH_3$	RCOR
甲基	199.6	205.1	205.1
乙基	201.8	206.3	209.3
丙基	201.6	206.6	—
烯丙基	—	204.7	—
乙烯基	192.4	197.2	—
丙烯基	191.4	196.5	—
苯基	191.0	196.0	195.2
萘基	192.5	199.5	—

表 5-24 一些脂环酮的 δ_C 值

化合物	$\delta_{C(C=O)}$	化合物	$\delta_{C(C=O)}$
环丁酮	208.2	环己酮	208.8
环戊酮	213.9	3-环己烯酮	207.9
3-环戊烯酮	215.9	2-环己烯酮	197.1
2-环戊烯酮	208.1	环庚酮	211.7

3. 羧酸及其酯

羧酸羰基碳的δ_C为 165～185，形成相应的阴离子后去屏蔽 5 左右(注意此特殊效应)。酯羰基碳的δ_C为 160～180。在酯 RCOOR′中，羰基碳的δ_C与 R 及 R′都有关系。

一些脂肪酸及其衍生物中羧基碳的δ_C值见表 5-25。

表 5-25　一些脂肪酸及其衍生物中羧基碳的δ_C值

R	$RCOOCH_3$	CH_3COOR	RCOOH
甲基	170.7	170.7	177.2
乙基	173.3	170.4	180.4
丙基	173.0	169.9	179.6
丁基	—	170.0	179.7
异丁基	—	169.9	—
异丙基	175.7	167.1	183.0
环丁基	174.0	—	181.4
环戊基	175.0	—	182.8
乙烯基	165.3	—	169.7，171.0
丙烯基(顺式)	166.2	—	169.8，172.5
丙烯基(反式)	166.0	—	169.3，172.1
丁烯基(顺式)	—	—	172.7
丁烯基(反式)	—	—	173.1
戊烯基(顺式)	—	—	172.7
戊烯基(反式)	—	—	173.0

4. 酸酐、酰卤、酰胺

酸酐羰基的δ_C与相应羧酸相比屏蔽增大 10 左右，δ_C为 150～175。酰氯羰基的δ_C与相应羧酸相比屏蔽增大 4～8，而酰溴和酰碘分别屏蔽 5 和 10。酰胺羰基的δ_C范围为 160～180，氮原子上取代基相对于羰基的构象对羰基化学位移有明显影响。例如，*N*-甲基甲酰胺中，两个异构体羰基的δ_C相差 3.3。

$\delta_{C(C=O)}=163.4$　　　　$\delta_{C(C=O)}=166.7$

表 5-26 列举了一些酰卤羰基碳的δ_C值，表 5-27 列举了一些酸酐羰基碳的δ_C值。

表 5-26　一些酰卤羰基碳的δ_C值

化合物	$\delta_{C(C=O)}$	化合物	$\delta_{C(C=O)}$
CH_3COCl	168.6	CH_3CH_2COCl	174.5
CH_3COBr	166.5	$(CH_2CH_2COCl)_2$	174.3
CH_3COI	159.8	PhCOCl	168.7

续表

化合物	$\delta_{C(C=O)}$	化合物	$\delta_{C(C=O)}$
$ClCH_2COCl$	169.7	Cl_3CCOCl	163.5
$Cl_2CHCOCl$	161.2		

表 5-27　一些酸酐羰基碳的 δ_C 值

化合物	$\delta_{C(C=O)}$	化合物	$\delta_{C(C=O)}$
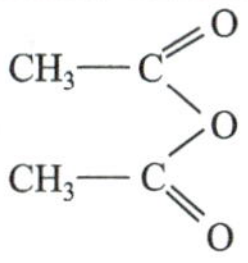	167.3	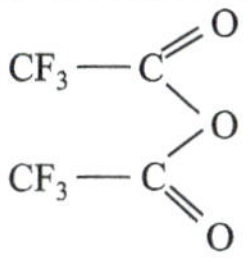	151.5
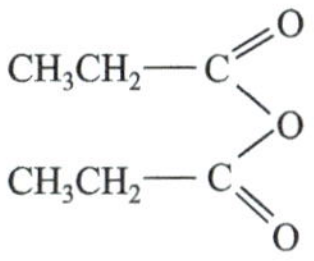	170.8	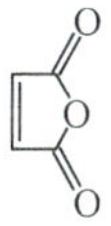	165.9
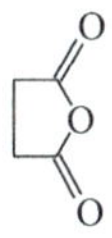	173.1	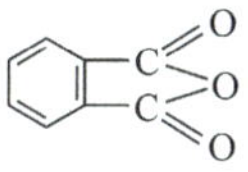	163.6
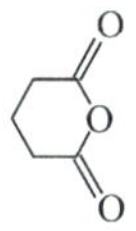	168.2	Ph—CO—O—CO—Ph	162.8

5.5　^{13}C NMR 的谱图解析、计算机模拟及标准谱图的网上查对

^{13}C NMR 是有机物结构分析中很重要的方法，它可以提供很多结构信息。特别是在其他方法难以解决的分子骨架确定、立体化学构型、构象、分子运动性质等问题的解决中，^{13}C NMR 也是有力的工具。近年来一些新方法、新技术的发展，使 ^{13}C NMR 应用日益广泛和便利。

^{13}C NMR 谱图解析通常按下列步骤进行：

(1) 充分了解已知的信息，如分子量、分子式、元素分析数据和其他波谱分析数据。若已知分子式，则先算出不饱和度。

(2) 检查谱图是否合格，基线是否平坦，出峰是否正常，清楚测试条件和方法。

(3) 找出溶剂峰及杂质峰。

(4) 确定谱线数目，推断碳原子数。当分子中无对称因素时，宽带去耦谱的谱线数等于碳原子数；当分子中有对称因素时，谱线数少于碳原子数。由于宽带去耦谱中峰强度与碳原子数不成正比，因此当分子中有对称因素时要用反转门控去耦(非 NOE 方式)测定碳原子数。

(5) 由 DEPT 谱等方法确定各种碳的类型：季碳、叔碳、仲碳、伯碳等。

(6) 分析各个碳的 δ_C，参考其他信息，推断碳原子上所连的官能团及双键、三键存在的情况。

一般谱图从高场到低场可分为四大区：0～40 为饱和碳区(无杂原子取代)；40～90 为饱和碳上有 N、O 等取代和炔碳区；90～160 为芳碳及烯碳区；大于 160 为羰基碳及叠烯碳区。

有一个重要的规律在结构解析中很有用：分子中碳原子在碳谱中化学位移大小的顺序与碳原子上氢原子在氢谱中化学位移大小的顺序是基本一致的。

(7) 推测可能的结构式(可能的结构式可能有多个)。用类似化合物的δ_C的文献数据进行对照；按取代基参数估算可能的结构式的各种δ_C；结合其他分析，找出合理的结构式。

(8) 当分子比较复杂，碳链骨架连接顺序难以确定时，可应用后面讲到的 2D NMR，确定各个碳之间的关系及连接顺序。

(9) 已知化合物可对照标准谱图确定结构，用计算机模拟(Chemdraw 软件有从结构式模拟 ^{1}H NMR 和 ^{13}C NMR 谱图的功能)得到的数据也可以提供参考。标准谱图的查找可参考第 3 章红外光谱图的查找方法，可用《萨特勒谱图集》手工查找，也可在一些网站上用计算机查找，如使用网站 http://riodb01.ibase.aist.go.jp/sdbs/cgi-bin/cre_index.cgi，参见例 5-4。

必要时用一些特殊方法验证结构。

例 5-4 某未知物，分子式为 C_7H_9N，^{13}C NMR 谱图如下，推断结构式(下图中 s、d、q 是由偏共振谱得到的峰重数)。

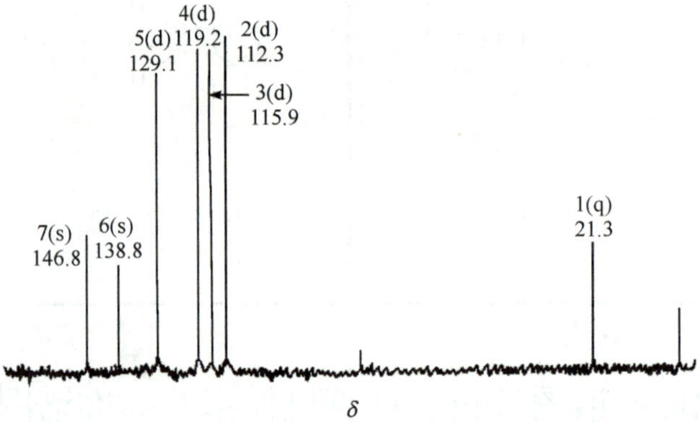

解 (1) 不饱和度 $U=4$。

(2) 1 号峰为饱和碳，为四重峰，所以是 CH_3。按δ_C值可能有 CH_3—Ph 或 CH_3—C═C。

(3) 2～7 号峰为 sp^2 杂化碳。

(4) 2～7 号峰从多重峰的组成及δ_C值看是二取代苯上的碳。

(5) 除以上两个结构单元 CH_3 和 C_6H_4 外，还剩一个 NH_2。

(6) 可能结构为 CH_3—Ph—NH_2，有 3 种可能的结构式。

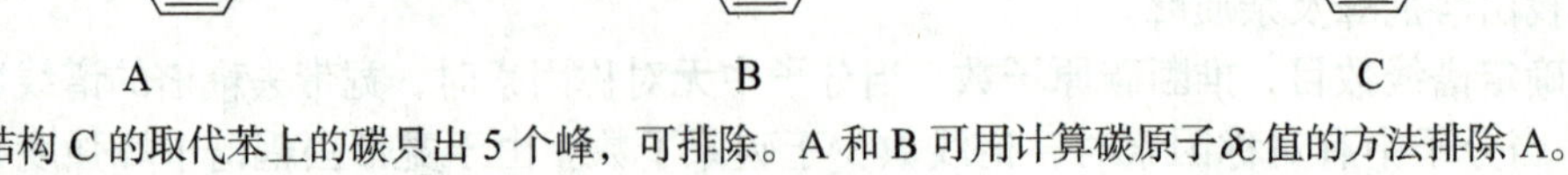

A　　B　　C

(7) 结构 C 的取代苯上的碳只出 5 个峰，可排除。A 和 B 可用计算碳原子δ_C值的方法排除 A。因此，判定化合物为 B。

注 1 NMR 谱图的计算机模拟。

现在有一些软件，可以对画出的结构式用计算机模拟给出谱图和数据，省去人工计算。当然，计算机模拟是有误差的，只能在解谱时提供参考，对已知化合物的结构，最后的结论要与标准谱图对照确定。最方便的 ^{1}H NMR 和 ^{13}C NMR 计算机模拟软件是 Chemdraw。

以例 5-4 中 A 和 B 两个化合物的计算机模拟为例，说明 Chemdraw 软件的 ^{13}C NMR 谱图模拟(^{1}H NMR 谱图模拟也可类似操作)。

(1) 用 Chemdraw 画出 A 和 B 两个化合物的结构式。结构式要正确(结构式上不能出现表示错误的小红方框)。也可点击主菜单上的“Structure”，再点击“Convert Name to Structure”，在对话框输入化合物英文名称，点击“OK”，计算机会自动给出结构式。

(2) 选定结构式(结构式外围有虚线方框)。

(3) 点击主菜单上的“Structure”一栏。

(4) 点击主菜单上的“Structure”一栏下菜单中“Predict ^{13}C NMR Shifts”。

(5) 屏幕上出现谱图和有关数据：

(i) 最上面是一行字：ChemNMR C-13 Estimation。

(ii) 下面是结构式上有化学位移值的图形。

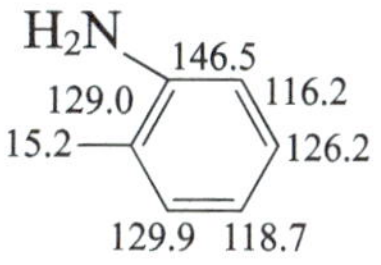

A

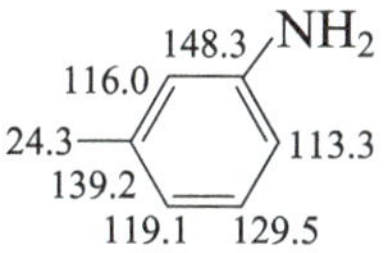

B

(iii) 下面是模拟出来的谱图：

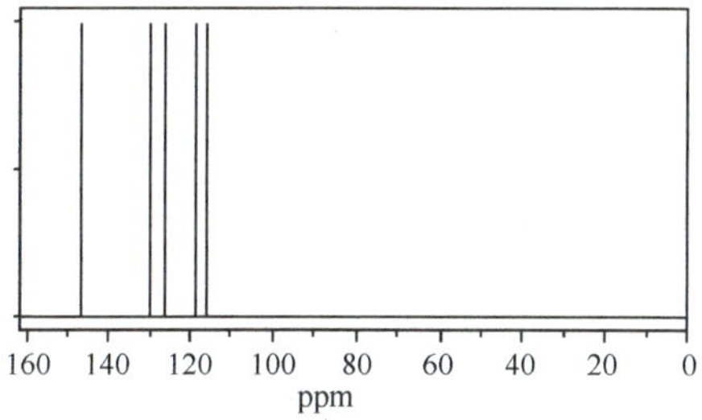

A

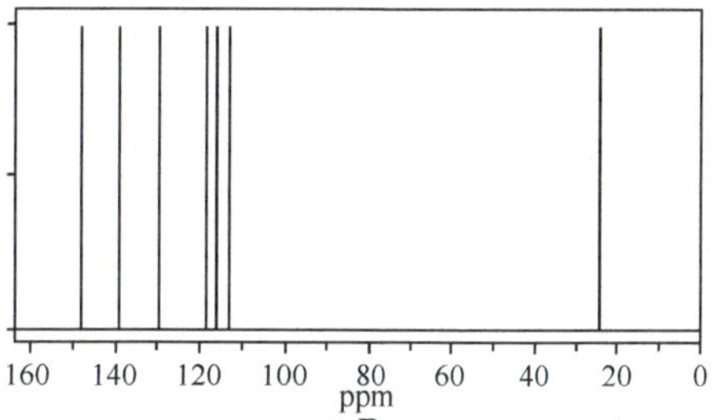

B

(iv) 再下面还有碳原子编号、化学位移值及连接情况(在此未列出)。

(6) 对照模拟出来的谱图及数据，例 5-4 中的化合物应是 B，与计算结果一致。

注 2　标准谱图的网上查对。

已知化合物的最后确认一般要做两方面的工作：①物理常数测定，并与文献值一致；②谱图与标准谱图一致。在例 5-4 中，A 与 B 的化学位移值经过计算和 Chemdraw 模拟，可以认为是化合物 B。要确认结构，需与标准谱图对照。可按照前面提供的方法，利用网络查找比对，也可从标准谱图集查找比对，参见第 3 章。下面是从 http://riodb01.ibase.aist.go.jp/sdbs/cgi-bin/cre_index.cgi 网站查到的化合物 B 的谱图及各个碳原子的化学位移值，说明对应的物质是 B。

ppm	Int.	Assign.
146.52	365	1
138.96	440	2
129.11	865	3
119.28	1000	4
115.89	885	5
112.23	950	6
21.36	540	7

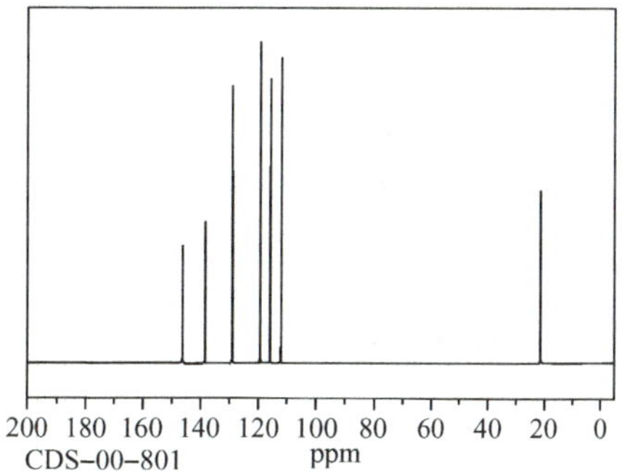

例 5-5 有一未知物，分子式为 C_8H_{18}，宽带去耦谱见下图(a)，偏共振谱见下图(b)。试推测结构。

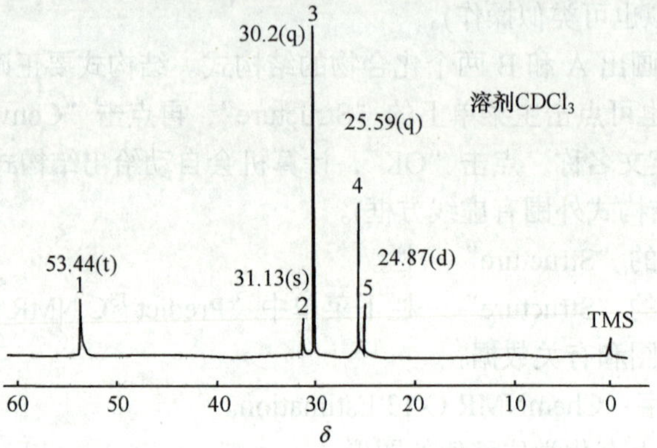

(a)

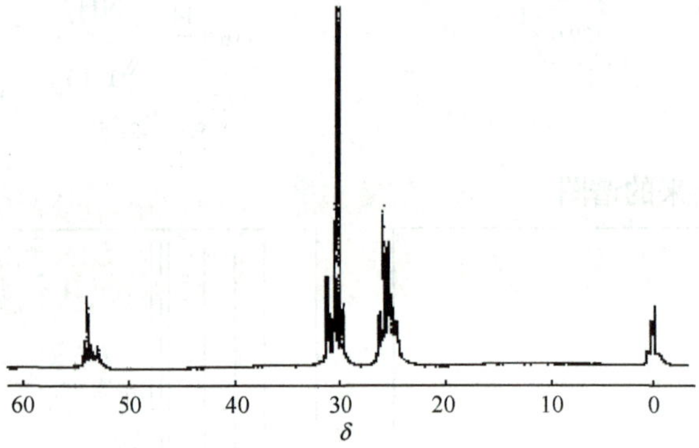

(b)

解 (1) 不饱和度 $U=0$，所以为饱和的链烃。

(2) 谱线数为 5，小于碳原子数 8，分子应有对称性，碳原子数比谱线数多 3。谱线 3 是四重峰，δ_C 为 30.21，应是甲基。其强度特别强，可能有几个位移相同的甲基，可能为叔丁基 $C(CH_3)_3$ 的甲基。谱线 4 是四重峰，应是甲基，强度也比其他峰强很多，可能是异丙基 $CH(CH_3)_2$ 的甲基。

(3) 谱线 1 是三重峰，是—CH_2—，它的δ_C最大，所以其α位取代最多。

(4) 谱线 2 为季碳，是叔丁基中的季碳。

(5) 谱线 5 为 CH，是异丙基中的次甲基。

(6) 可能的结构式为$(CH_3)_3C—CH_2—CH(CH_3)_2$。

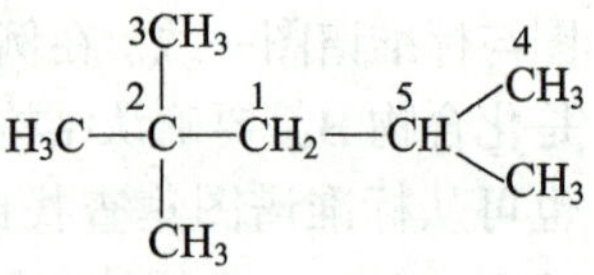

(7) 计算各碳化学位移，并与实验值对照：

	$\delta_{C\text{-}1}$	$\delta_{C\text{-}2}$	$\delta_{C\text{-}3}$	$\delta_{C\text{-}4}$	$\delta_{C\text{-}5}$
实验值	53.44	31.13	30.21	25.59	24.87
计算值	53.47	31.75	30.27	24.63	23.85

计算值与实验值符合得很好，所以可以认为结构正确。

例 5-6 证明乙酰丙酮的互变异构。下面是乙酰丙酮的 ^1H NMR 和 ^{13}C NMR 谱图。

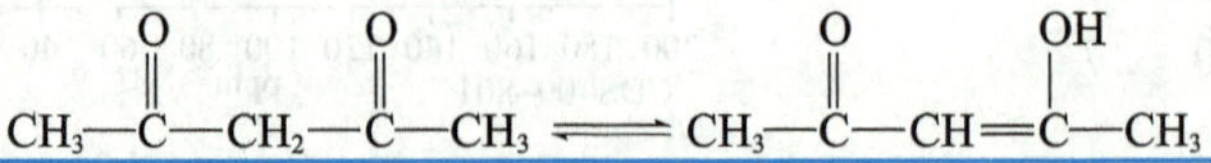

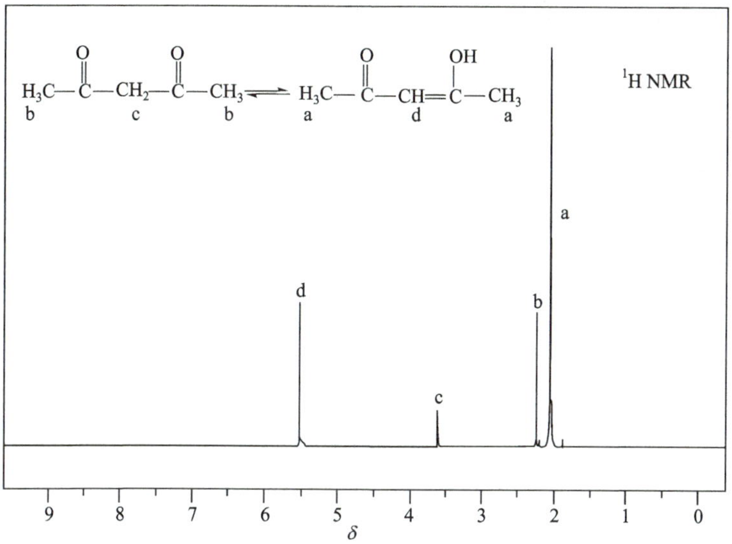

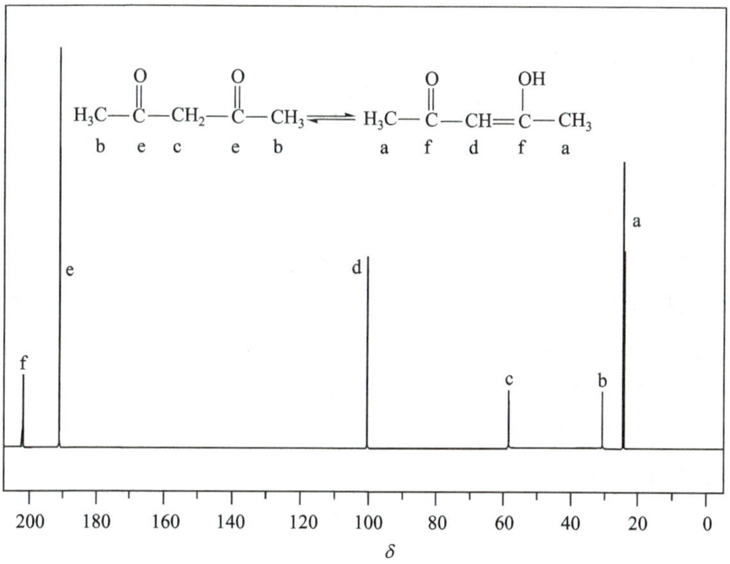

解 乙酰丙酮的结构为 $CH_3—CO—CH_2—CO—CH_3$。其 ^1H NMR 应出现一个 CH_3 单峰和一个 CH_2 单峰，其强度比为 6∶2。但实际上有多个峰，证明有不同构型存在。从 ^{13}C NMR 看，除了两种 >C═O 外，还在 100 左右有一个峰，为烯碳。因此，可以推断有互变异构体。由化学常识可知，应有酮式和烯醇式的互变异构。

在氢谱中各个峰对应的质子如下：

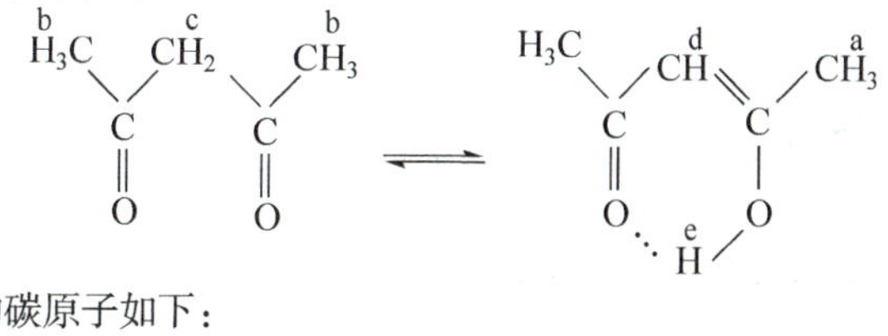

在碳谱中各个峰对应的碳原子如下：

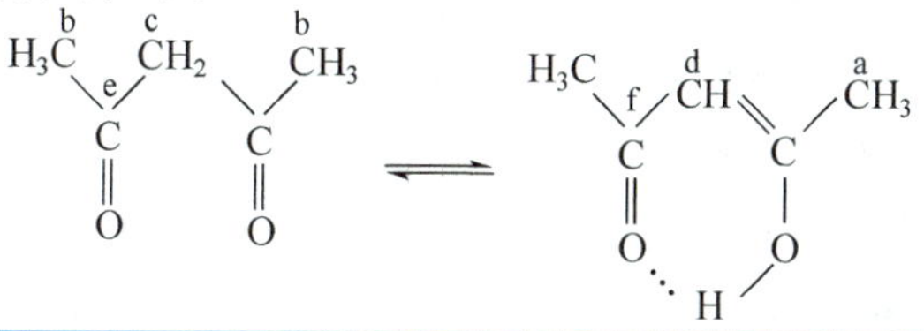

由于烯醇式可以由任意一个羰基形成，加上酮式和烯醇式的互变转换，因此分子中两个甲基没有区别，两个羰基也没有区别。

例 5-7 一化合物为，在常温下，其宽带去耦 ^{13}C NMR 谱由两条谱带组成，试解释原因。

解 这是 ^{13}C NMR 谱用于动力学研究的例子。在化合物中 C-1、C-3 和 C-4 是不一样的，本应有三条谱带。但是由于该化合物在常温下快速互变，而且互变异构体的稳定性、热力学能相等，C-3 和 C-4 谱带合二为一，所以只有两条谱带。

5.6 二维核磁共振简介

5.6.1 二维核磁共振的基本原理

二维核磁共振(2D NMR)方法是 20 世纪 70 年代提出并发展起来的。NMR 一维谱的信号是一个频率的函数，共振峰分布在这个频率(或磁场)上，用横轴表示，纵轴方向为信号强度，一维谱可记为 $S(\omega)$。而二维谱谱图是两个独立频率(或磁场)变量的函数，记为 $S(\omega_1, \omega_2)$，共振信号分布在两个频率轴(横轴、纵轴)F_1、F_2 组成的平面上。也就是说，2D NMR 将化学位移、耦合常数等 NMR 参数在二维平面上展开，于是在一般一维谱中重叠在一个坐标轴上的信号被分散到由两个独立的频率轴构成的平面上，使得谱图解析和寻找核之间的相互作用更加容易。不同的 2D NMR 方法得到的谱图不同，两个坐标轴所代表的参数也有所不同。

在二维核磁共振中，最初得到的信号是两个时间变量的函数 $S(t_1, t_2)$，这是一个 FID 信号。一般将第二个时间变量 t_2 表示采样时间，第一个时间变量 t_1 则是与 t_2 无关的独立变量，是脉冲序列中某一个变化的时间间隔。这个 FID 信号要经过两次傅里叶变换，得到含两个独立频率(或磁场)变量的谱图 $S(\omega_1, \omega_2)$。

在一个 2D NMR 实验中，整个时间轴按其物理意义分割成四个区间：

预备期(t_d) ⟶ **发展期(t_1)** ⟶ **混合期(t_m)** ⟶ **检测期(t_2)**

预备期(t_d)：预备期通常是一个较长的时期，它是为了使实验体系回到平衡状态。

发展期(t_1)：发展期的初期用一个或几个脉冲使体系激发，使其处于非平衡状态。发展期时间 t_1 是变化的。

混合期(t_m)：在此期间建立信号检测的条件。混合期不是必不可少，有可能不存在。

检测期(t_2)：在此期间检测作为 t_2 函数的各种 FID 信号，它的初始相及振幅都受到 t_1 函数的调制。

一个脉冲序列完成后，得到一个 FID 信号。这样的实验要反复多次，使灵敏度提高，信噪比增大。得到的 FID 信号要经过两次傅里叶变换，一次对 t_1，另一次对 t_2，然后得到两个频率变量的函数 $S(\omega_1, \omega_2)$，即 2D NMR 谱。采用不同的脉冲序列可以得到不同的 2D NMR 谱。

2D NMR 一般分为二维 *J* 分解谱(*J*-resolved spectrum)、二维化学位移相关谱(chemical shift correlation spectrum)和多量子谱(multiple quantum spectrum)三类。

二维 *J* 分解谱一般不提供比一维谱更多的信息，只是将不同的 NMR 信号分解在两个不同的轴上，使重叠在一起的一维谱的化学位移和耦合常数分解在平面上，便于解析。二维 J 分解谱分为同核或异核 J 分解谱。

二维化学位移相关谱是检测核的自旋耦合及偶极相互作用等核自旋间的相互作用。二维相关谱可分为同核化学位移相关谱、异核化学位移相关谱、化学交换和 NOE 二维谱等种类。

多量子谱：通常所测定的核磁共振谱线为单量子跃迁($\Delta m = \pm 1$)。发生多量子跃迁时Δm 为大于 1 的整数。用特定的脉冲序列可以检出多量子跃迁，得到多量子跃迁的二维谱。

2D NMR 实验的记录有四种谱图类型：

(1) 堆积图。堆积图是一种准三维立体图。两个频率变量为二维，信号强度为第三维。这种图有立体感，能直观地显示谱峰信息。但这种图使大峰后面的小峰被掩盖，画图很费时，故一般不用[图 5-19(a)]。

(2) 平面等值线图。平面等值线图又称平面等高线图。最中心圆圈表示峰的位置，圆圈的数目表示峰的强度。一般 2D NMR 常使用这种图。它是把堆积图用一个平行于轴 F_1 和 F_2 的平面平切后所得。平切位置对图的信息量有影响[图 5-19(b)]。

(3) 截面图。只记录 2D NMR 全谱的某个剖面，剖面常与一个频率轴平行或成 45°。

(4) 积分投影图。积分投影图是一维谱形式的图，是对垂直于投影轴的剖面上信号强度进行积分得到。

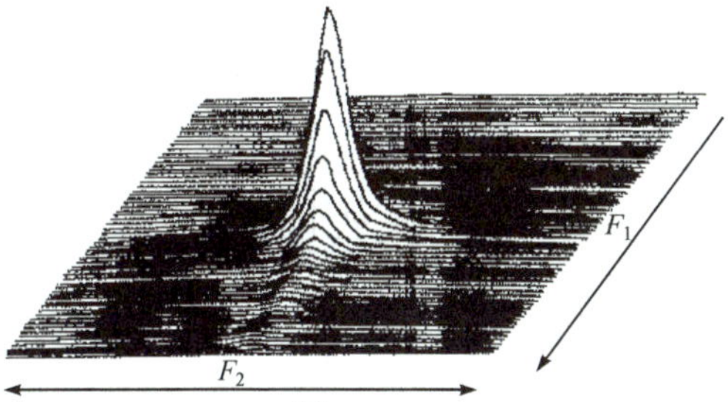

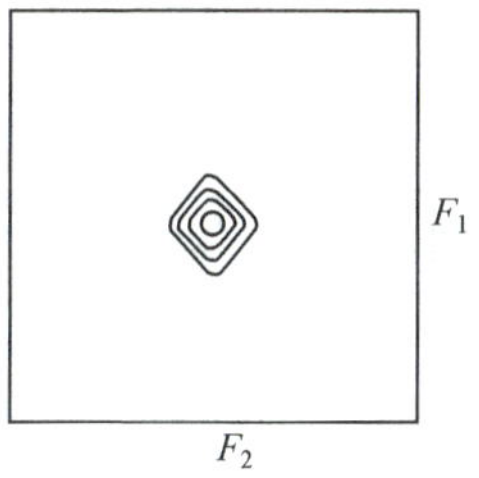

图 5-19 $CHCl_3$ 的 ^1H-^1H COSY 谱图

(a) 堆积图；(b) 平面等值线图

5.6.2 二维 J 分解谱

与一维谱相比，二维 J 分解谱并不增加信息量，而是把一维谱的信号按一定规律在一个二维平面上展开，即在 F_1 轴(一般为纵轴)上显示耦合信息，从图上可得到耦合常数 J_{HH} 或 J_{CH}，在 F_2 轴(一般为横轴)上显示化学位移δ_C 或δ_H，从而使谱图比一维谱容易解析。

二维 J 分解谱又可分为同核 J 分解谱和异核 J 分解谱。

1. ^1H-^1H 同核二维 J 分解谱

同核二维 J 分解谱是采用自旋回波技术将 ^1H NMR 中重叠密集的谱线多重峰结构展开在一个二维平面上，可将化学位移与耦合常数分别在 F_1、F_2 两个轴上给出。图 5-20 右边为 A_2X_3 体系的 ^1H-^1H 同核二维 J 分解谱的原谱。在 F_1 轴上可得到 J_{HH} 耦合信息，而在 F_2 轴上是化学位移和 J_{HH} 同时出现。例如，A_2 部分的质子为四个峰，X_3 部分为三重峰，它们的连线分别与 F_1 轴成 45°，斜率为 1。A_2 的四个峰，其在 F_2 轴上的投影见图 5-20 下部，在 F_2 轴上坐标从左到右分别为$\left(\delta_A + \frac{3}{2}J\right)$、$\left(\delta_A + \frac{1}{2}J\right)$、$\left(\delta_A - \frac{1}{2}J\right)$、$\left(\delta_A - \frac{3}{2}J\right)$。$A_2$ 部分在 F_1 轴上投影的坐标从上到下分别为$\left(-\frac{3}{2}J\right)$、$\left(-\frac{1}{2}J\right)$、$\left(+\frac{1}{2}J\right)$、$\left(+\frac{3}{2}J\right)$。将图进行倾斜 45°处理，$A_2$或 X_3的四重峰、三重峰的连线都与 F_1轴平行而与 F_2轴垂直(图 5-20 左边)。此时，图的 F_1轴显示耦合裂分，而 F_2轴的投影就成了去耦谱，只呈现质子的化学位移值。A_2和 X_3在 F_2轴的投影都为单峰，位置分别为δ_A和δ_X。

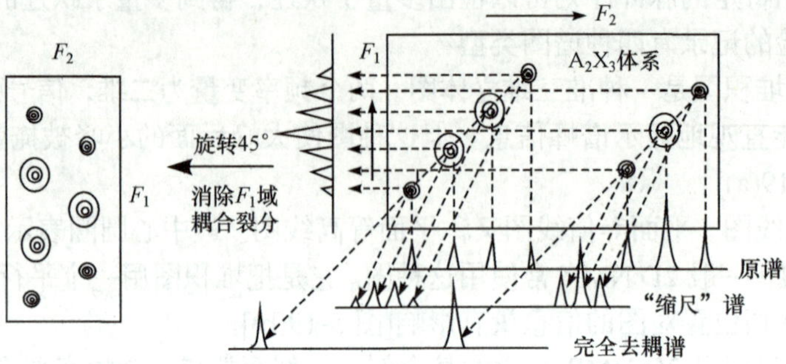

图 5-20　A_2X_3体系的 ^1H-^1H 同核二维 J 分解谱

图 5-21 为反式丁烯酸乙酯的 ^1H-^1H 同核二维 J 分解谱，质子化学位移与耦合易看清。

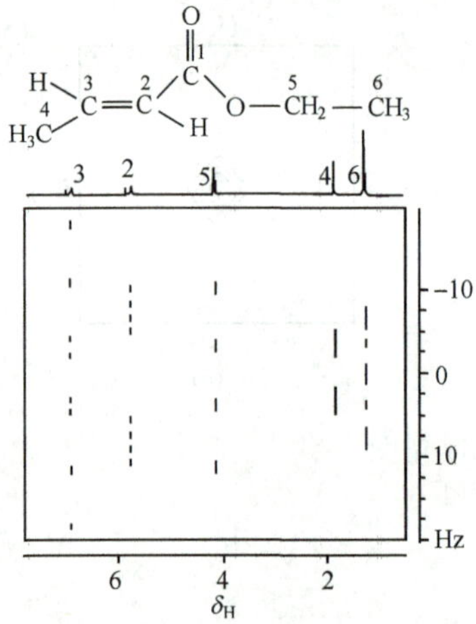

图 5-21　反式丁烯酸乙酯的 ^1H-^1H 同核二维 J 分解谱

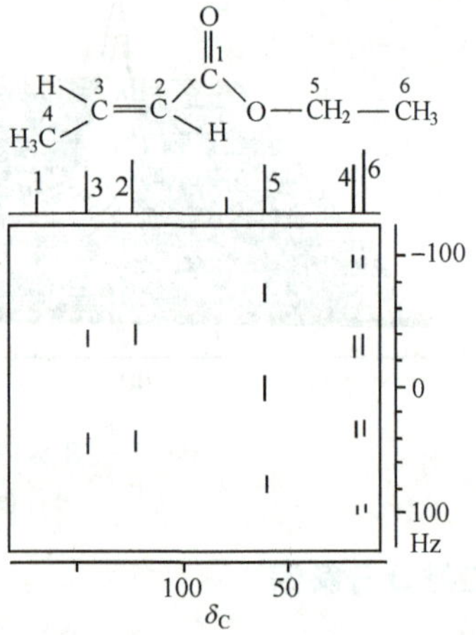

图 5-22　反式丁烯酸乙酯的 ^{13}C-^1H 异核二维 J 分解谱

2. ^{13}C-^1H 异核二维 J 分解谱

异核二维 J 分解谱是指被测定的核的化学位移为一维，该种核与另一种核之间耦合的多重峰裂分为另一维的分解谱。^{13}C-^1H 异核二维 J 分解谱的 F_2轴为 ^{13}C 的化学位移，F_1轴为质子与 ^{13}C 的耦合。由于使用的脉冲序列不同，可以得到几种谱图。应用最多的为门控去耦 ^{13}C-^1H 二维 J 分解谱。此时，F_2轴为 ^{13}C 的化学位移，F_1轴为 J_{CH}耦合的多重峰。出峰情况是季碳为单峰，CH 为二重峰，CH_2为三重峰，CH_3为四重峰。

图 5-22 为反式丁烯酸乙酯的 ^{13}C-^1H 异核二维 J 分解谱，碳化学位移及碳上质子与其的耦合都可看清，由此还可判断碳上质子个数。

图 5-23 为 2-乙基-1-茚酮的 ^{13}C-^1H 异核二维 J 分解谱，利用图中的耦合信息可判断碳原子上质子的连接情况。9、5 和 4 号碳为季碳，谱图中没有信号峰；1、2、3、6 和 8 号碳为 CH 结构，谱图中为双峰；7 和 11 号碳原子为 CH_2结构，谱图中为三重峰；12 号碳原子为 CH_3

结构，谱图中为四重峰。

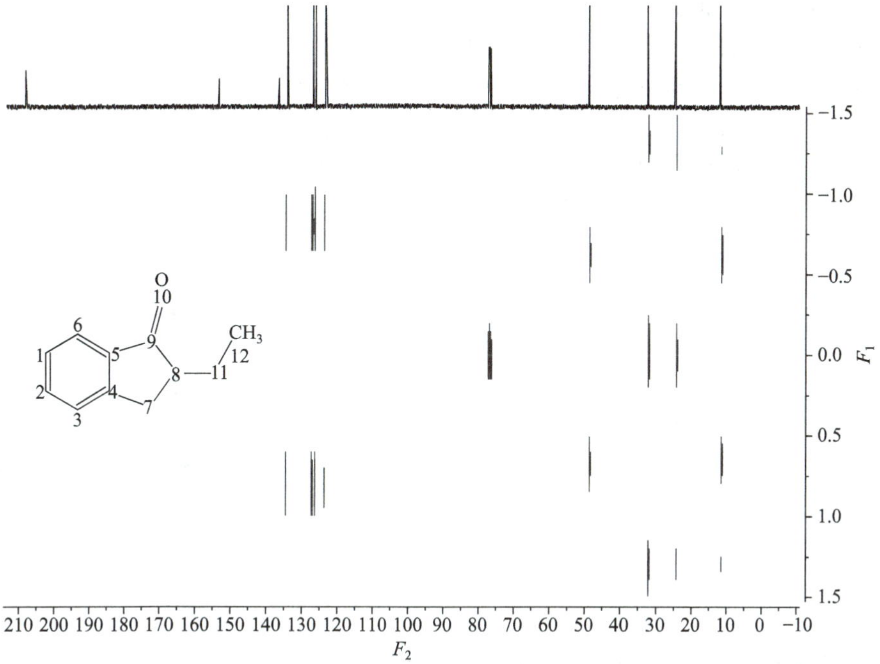

图 5-23 2-乙基-1-茚酮的 ^{13}C-^{1}H 异核二维 *J* 分解谱(400 MHz，溶剂 $CDCl_3$)

5.6.3 同核化学位移相关谱

二维化学位移相关谱(correlation spectroscopy，COSY)是比二维 *J* 分解谱更重要、更有用的方法，又分为同核相关谱和异核相关谱两种。

相关谱的两维坐标 F_1 和 F_2 都表示化学位移。

1. 氢-氢化学位移相关谱(^{1}H-^{1}H COSY)

^{1}H-^{1}H COSY 是同一个耦合体系中质子之间的耦合相关谱。^{1}H-^{1}H COSY 可以确定质子化学位移以及质子之间的耦合关系和连接顺序。

^{1}H-^{1}H COSY 因使用的基本脉冲序列不同而有多种实验技术，如 ^{1}H-^{1}H COSY 90°谱(一般的 COSY)、COSY 45°谱、远程耦合 ^{1}H-^{1}H COSY(LR-COSY)、自旋回波相关(SECSY)、双量子滤波 COSY(DQF-COSY)、相敏 COSY(PH-COSY)等。下面以 ^{1}H-^{1}H COSY 90°谱为例介绍 ^{1}H-^{1}H COSY。

^{1}H-^{1}H COSY 90°谱的脉冲序列为：t_m-90°$_x$-t_1-90°$_x$-t_2-(ACQ)。ACQ 即采样。

COSY 一般画成正方形。图 5-24 是 AX 体系的 ^{1}H-^{1}H COSY 示意图，常用的是等高线图。图 5-24 上有两类峰，第一类为对角峰(diagonal peak)，它们处在坐标 $F_1 = F_2$ 的对角线上。对角峰在 F_1 或 F_2 上的投影得到常规的耦合谱或去耦谱。AX 体系的对角峰处在(δ_A, δ_A)和(δ_X, δ_X)两处。它们的坐标即是各自的化学位移。第二类为交叉峰(cross peak)，也称为相关峰。它们不在对角线上，即坐标 $F_1 \neq F_2$。交叉峰显示了具有相同耦合常数的不同核之间的耦合。交叉峰有两组，分别出现在对角线两侧，并以对角线对称。这两组交叉峰的坐标分别为(δ_A, δ_X)和(δ_X, δ_A)。这两组对角峰和交叉峰可以组成一个正方形，并且由此来推测这两组核 A(δ_A, δ_A)和 X(δ_X, δ_X)有耦合关系。

在实际的谱图解析中，首先选择一个归属明确的峰，从这个峰出发，画与 F_1、F_2 轴平行的直线。若这两个方向的直线分别在与这个峰等距离的地方与两个峰相遇，则应该在对角线上找到与这个峰耦合的另一组峰。可由在对角线的左上方或右下方，由一组交叉峰与两组对角峰组成相应的直角三角形(或两组交叉峰与两组对角峰组成的正四边形)来判断耦合关系的存在。

需要注意的是，COSY 反映的是 ^3J 耦合关系，有时也会出现反映长程耦合关系的相关峰，而当 ^3J 小时(如双面角接近 90°时)，也可能看不到相应的交叉峰。

图 5-25 为 2, 3-二溴丙酸的 AMX 体系 ^{1}H-^{1}H COSY。

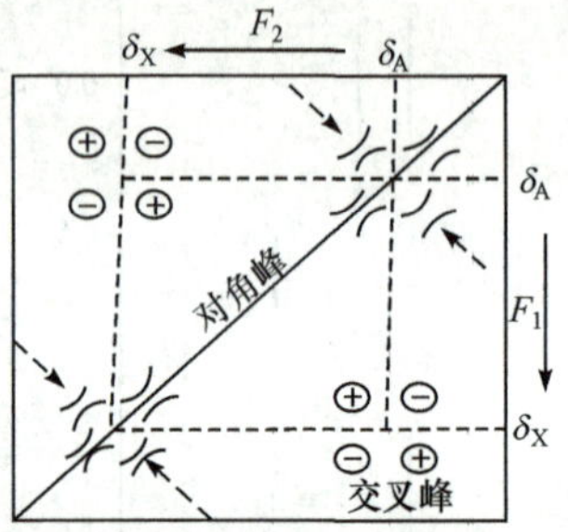

图 5-24 AX 体系的 ^{1}H-^{1}H COSY 示意图

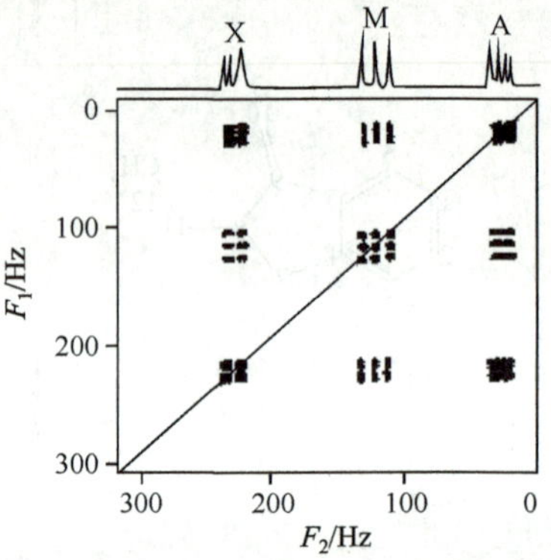

图 5-25 2,3-二溴丙酸的 AMX 体系 ^{1}H-^{1}H COSY

图 5-26 为下列化合物的 COSY 谱图。上方和左侧都为氢谱。该化合物的氢谱见图 4-29。

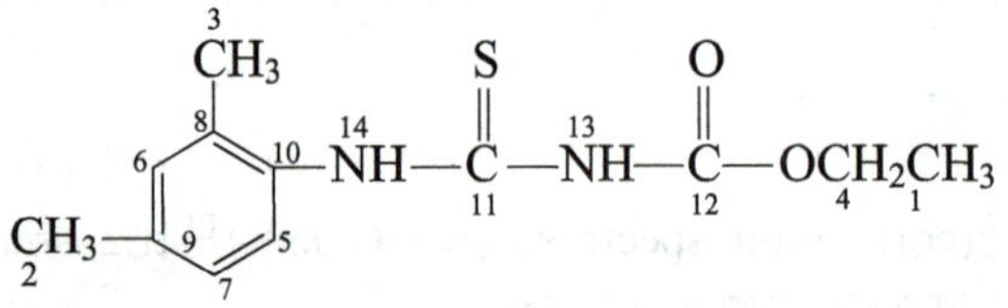

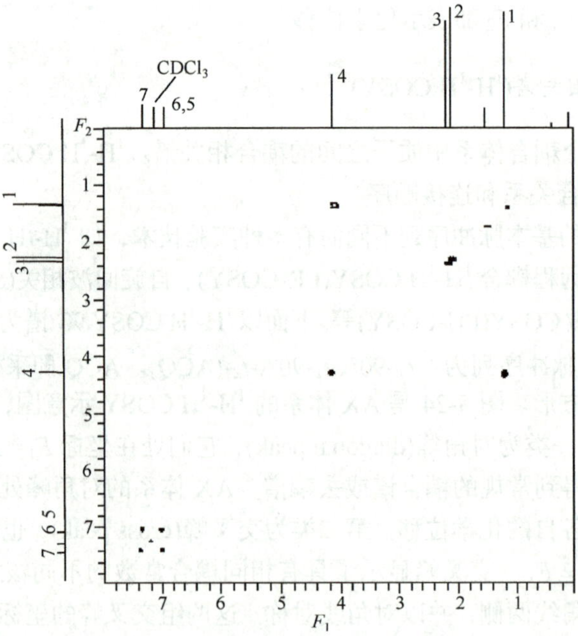

图 5-26 某化合物的 COSY 谱图

在图 5-26 上化学位移最大的是苯环 7 号碳上的氢 7(7.43，d)，从其出发在对角峰上可找到苯氢 5(7.06，d)，这两个质子在苯环的邻位，耦合大。在 COSY 上可看到两个交叉峰，与这两个质子的对角峰组成一个矩形。乙基上的甲基(1 号)和亚甲基(4 号)也互相耦合，在图上有甲基的对角峰(1.34，t)和亚甲基的对角峰(4.28，q)与它们的交叉峰组成的矩形。其他质子之间无耦合，也看不到它们的交叉峰，只有对角峰。

图 5-27、图 5-28 和图 5-29 依次为 β-紫罗兰酮的 ^1H NMR、^{13}C NMR 和 ^1H-^1H COSY 90°

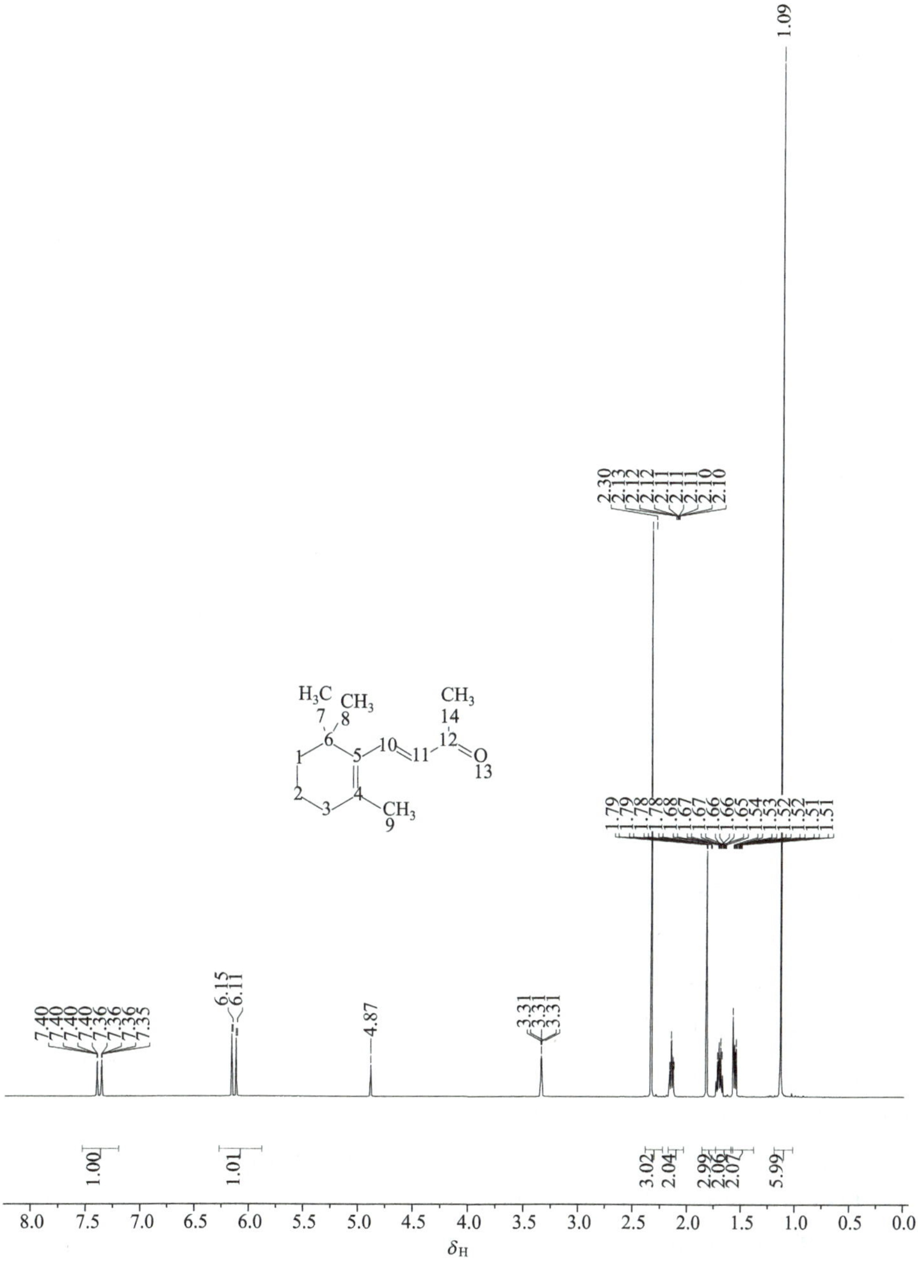

图 5-27 β-紫罗兰酮的 ^1H NMR 谱图(400 MHz，溶剂 CD_3OD)

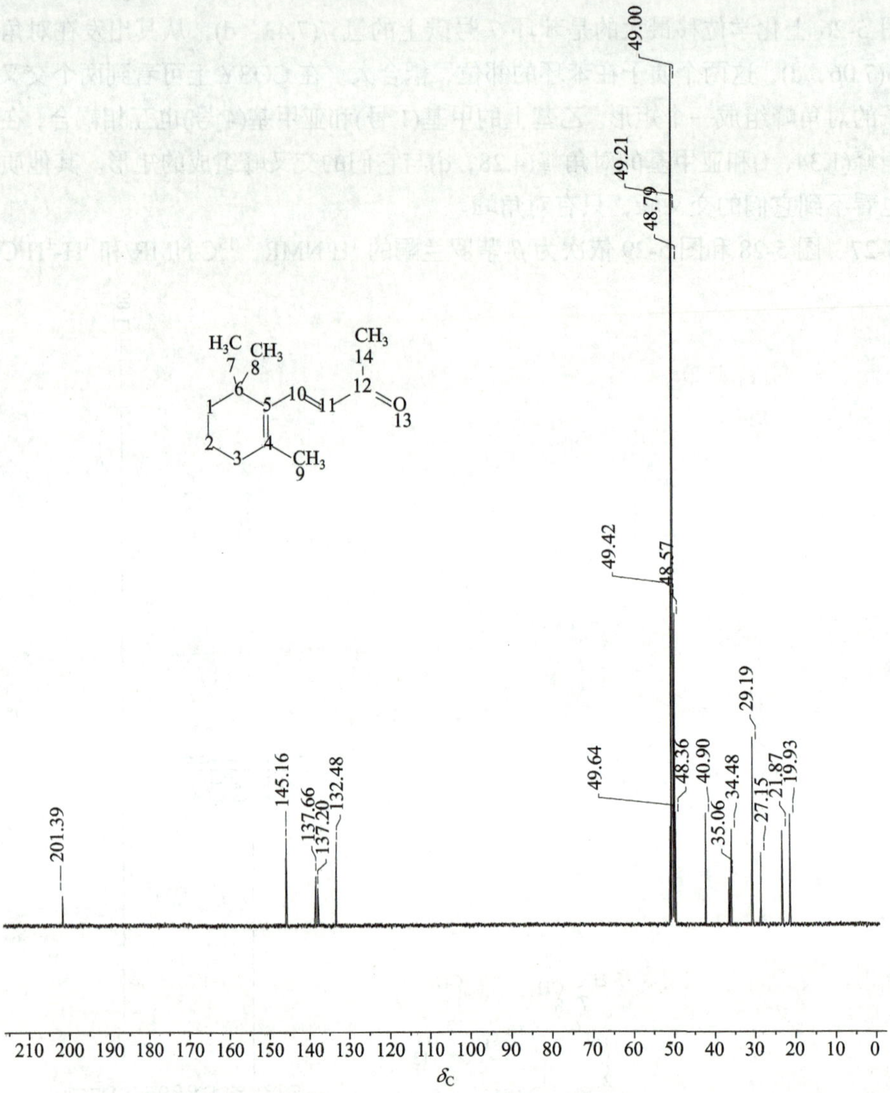

图 5-28 β-紫罗兰酮的 $^{13}C\{^1H\}$ NMR 谱图(100 MHz，溶剂 CD_3OD)

谱图。解析谱图的第一步首先要排除氘代试剂 CD_3OD 所对应的峰：^1H NMR 谱图中应为化学位移 3.33 和 4.89 的两组峰；^{13}C NMR 谱图中应为化学位移 49.00 的一组七重峰。图 5-29 中化学位移最大的氢为 10 号碳原子上的氢(7.38，m)，从其出发水平方向找到交叉峰，再回到对角线上，可找到 11 号碳原子上的氢(6.13，d)，这两个质子为双键上反位氢，耦合作用大，在 COSY 上可看到两个强信号的交叉峰，与这两个质子的对角峰组成一个矩形。显而易见，化学位移为 2.12 的亚甲基为 3 号亚甲基，通过对角峰→交叉峰→对角峰的路径，可确定化学位移为 1.66 的两个氢为 2 号亚甲基。同理，可以确定化学位移为 1.52 的两个氢为 1 号亚甲基。

^1H-^1H COSY 主要反映了分子骨架中的 $^3J_{HH}$ 耦合作用，有时也可以观察到分子骨架中氢原子之间弱的远程耦合(图 5-30，调整了 ^1H-^1H COSY 中峰的显示强度)。从图中可以观察到处于高烯丙位的 10 号碳原子上质子与 3 号和 9 号碳原子上质子之间的远程耦合作用，以及 3 号碳与 9 号碳上氢之间的远程耦合作用(它们都给出了交叉峰)。

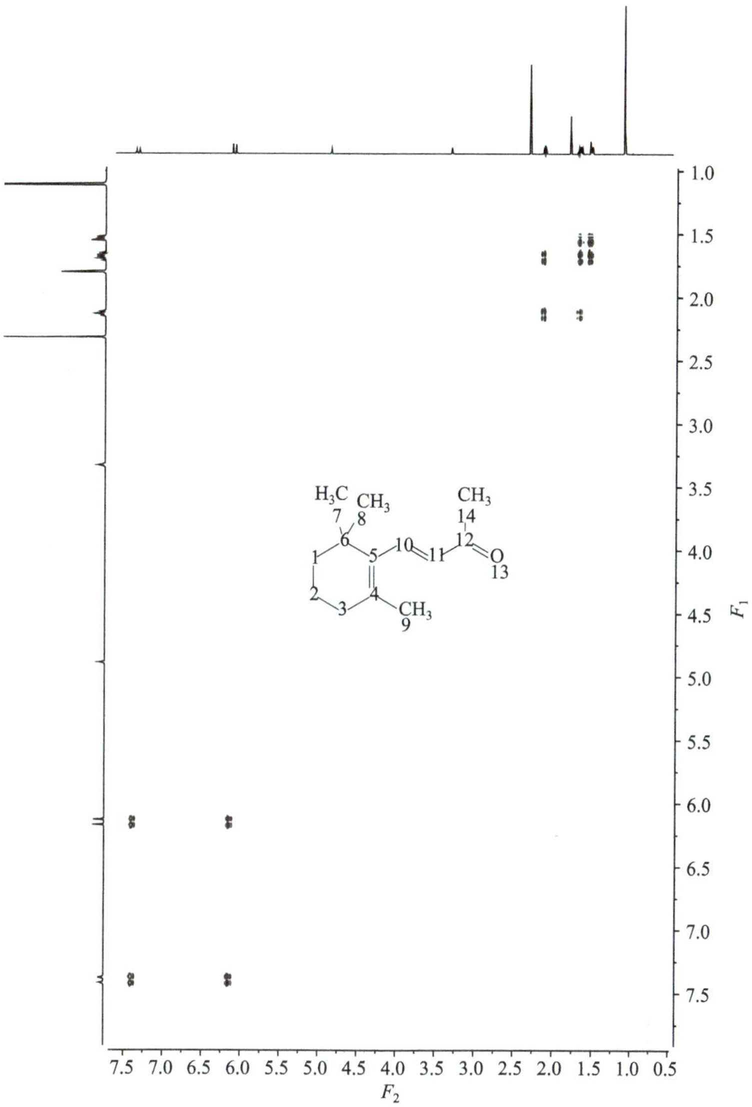

图 5-29 β-紫罗兰酮的 ^{1}H-^{1}H COSY 谱图(400 MHz，溶剂 CD_3OD)

^{1}H-^{1}H COSY 谱图对氢谱的解析非常有帮助，但 COSY 也有局限性，如化学位移相近的峰信号易重叠、交叉峰信号不对称(理论上交叉峰信号是关于对角线对称的)、噪声信号多(一般称为 t_1 噪声)等问题。纯吸收线型的相敏 COSY(phase sensitive COSY)、双量子滤波 COSY(DQF-COSY)和多量子滤波 COSY(PQF-COSY)等新型谱图极大地改善了 COSY 的质量，目前广受欢迎(对比示例见图 5-47 和图 5-48)。

2. 碳-碳同核化学位移相关谱

碳-碳同核化学位移相关谱也就是二维双量子 INADEQUATE(incredible natural abundance double quantum transfer experiment)。二维双量子 INADEQUATE 是目前 ^{13}C 谱归属最有效的方法。但是由于 ^{13}C 天然丰度低，二维双量子 INADEQUATE 灵敏度很低，实验的累加时间很长，所以一般不太做。

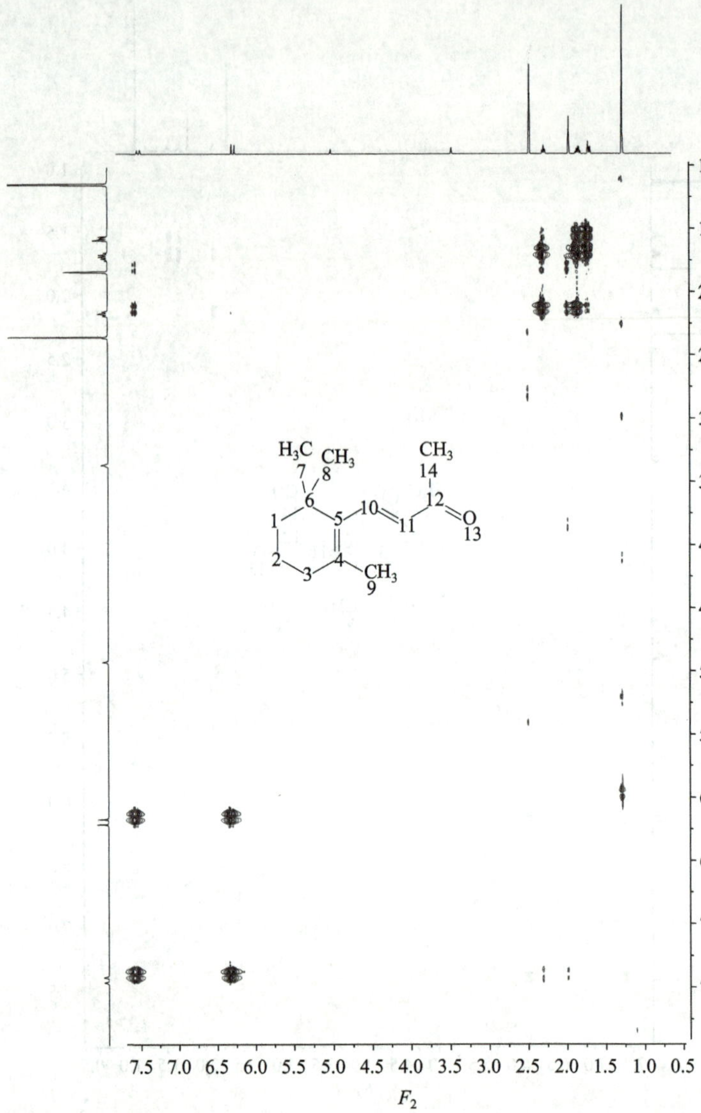

图 5-30 峰信号强度调整后的 β-紫罗兰酮的 ^1H-^1H COSY 谱图(400 MHz，溶剂 CD_3OD)

二维双量子 INADEQUATE 谱有两种形式。第一种形式 F_2 轴为碳原子的化学位移，F_1 轴为双量子跃迁频率 ν_{DQ}，相互耦合的两个碳原子作为一对双峰排列在平行于 F_2 轴的同一水平线上，每一对耦合碳原子双峰连线的中点都落在谱中 $F_1 = 2F_2$ 的“对角线”上，图 5-31(a)为四个碳相连的二维双量子 INADEQUATE 谱。若 F_1 谱宽取窄，则对角线发生折叠，见图 5-31(b)。二维双量子 INADEQUATE 谱的另一种形式是 F_1 与 F_2 都为 ^{13}C 化学位移。此时，相互耦合的两个碳原子作为一对双峰出现在对角线两侧对称的位置上。若某一个碳与几个碳相连，在图上相同坐标处会出现几次这个碳的信号(图 5-32)。因为样品薄荷醇分子中的 C-3 与羟基相连，化学位移最大，易识别，所以可将 C-3 作为解谱的切入点，由 C-3 出发，可依次找出相连的其他碳原子，由此推测碳链骨架。

$$C_1—C_2—C_3—C_4$$

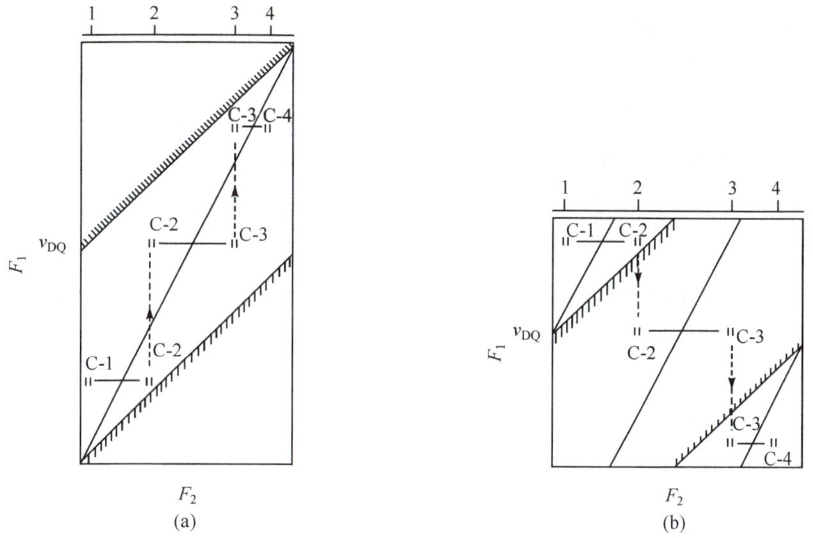

图 5-31　四个碳相连的二维双量子 INADEQUATE 谱示意图

(a) $F_1 = 2F_2$；(b) F_1 取窄

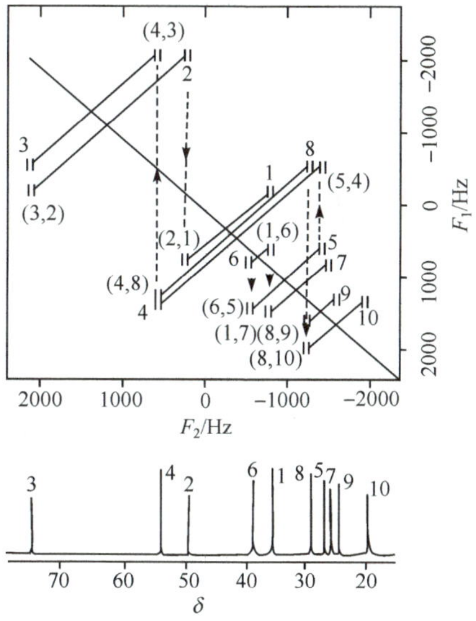

图 5-32　薄荷醇的二维双量子 INADEQUATE 谱图

F_1、F_2 都为 ^{13}C 化学位移

$C_3 \rightarrow C_3C_2 \rightarrow C_2 \rightarrow C_2C_1 \rightarrow C_1 \rightarrow C_1C_6 \rightarrow C_6 \rightarrow C_6C_5 \rightarrow C_5 \rightarrow C_5C_4 \rightarrow C_4 \rightarrow C_4C_3 \rightarrow C_3$

$C_4 \searrow C_4C_8 \rightarrow C_8 \rightarrow C_8C_{10} \rightarrow C_{10}$

$C_8 \searrow C_8C_9 \rightarrow C_9$

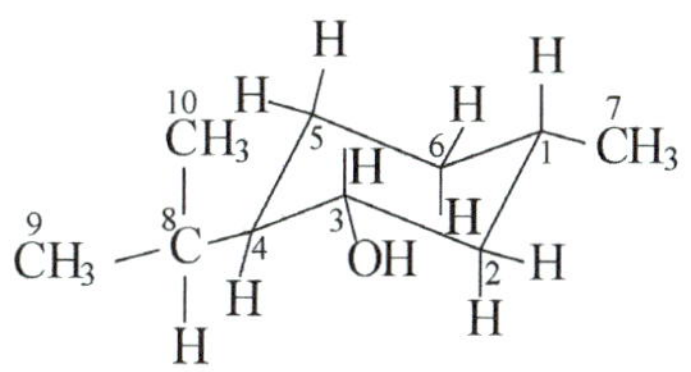

图 5-33 为蔗糖的二维双量子 INADEQUATE 谱图。组成蔗糖分子骨架的碳原子都是 sp^2 杂化形式且都与氧原子相连，化学环境较为接近，仅利用 ^{13}C NMR 谱图对碳原子进行归属非常困难，但利用二维双量子 INADEQUATE 谱则可以非常容易地对碳谱进行归属。蔗糖分子的骨架被 7 号氧原子分成两个独立的碳相干体系，要分别找到两个体系的切入点。C-14 与两个氧原子和两个碳原子相连，化学位移最大；C-5 与两个氧原子和一个碳原子相连，化学位移次之，二者易识别，故可以将 C-14 和 C-5 分别作为两个自旋体系的切入点。对于五元环体系，由 C-14 出发，有两条路径可依次找出相互连接的碳原子。路径一：C-14→C-17，C-17 没有再与其他的碳原子相连，路径终止。路径二：C-14→C-15→C-16→C-12→C-19，C-19 没有再与其他的碳原子相连，路径终止。对于六元环体系，从 C-5 出发仅有一条路径，C-5→C-4→C-3→C-2→C-1→C-11，C-11 没有再与其他的碳原子相连，路径终止。详细路径见图 5-34。

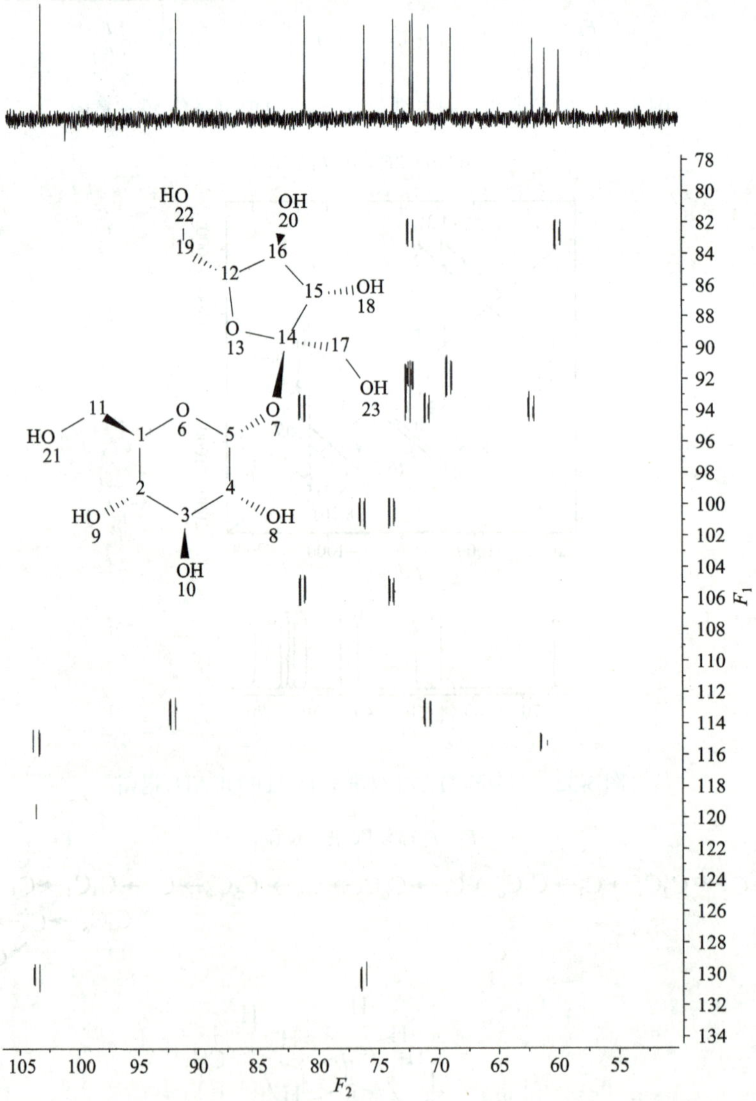

图 5-33 蔗糖的二维双量子 INADEQUATE 谱图(400 MHz，溶剂 D_2O)

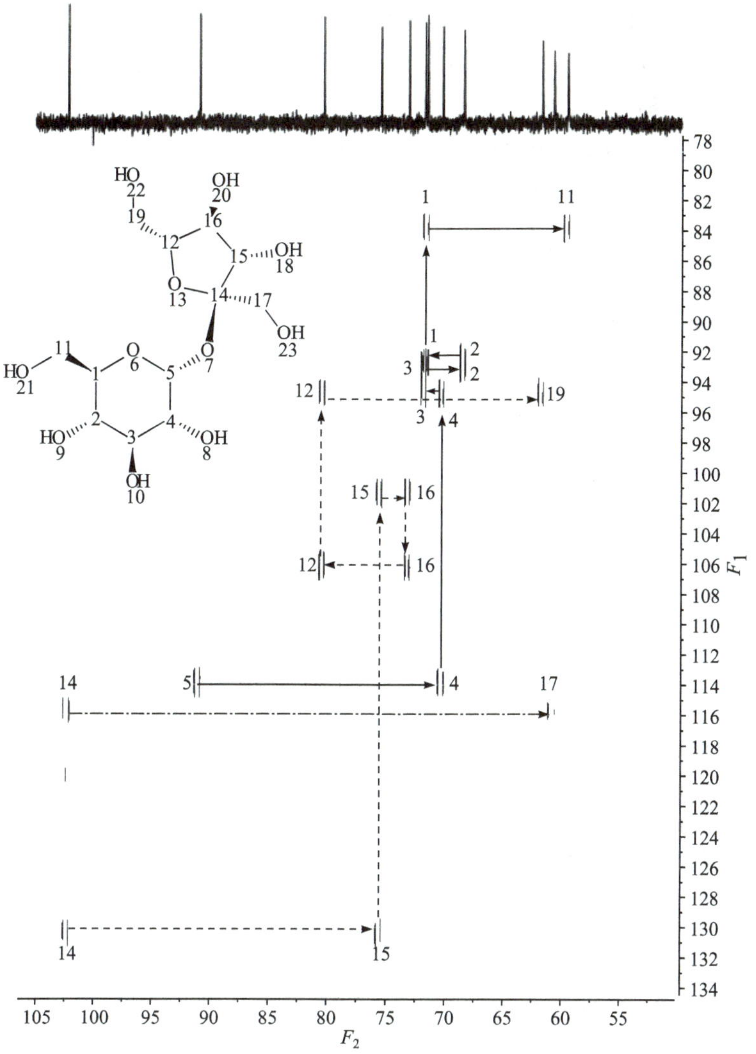

图 5-34 蔗糖的二维双量子 INADEQUATE 谱图解析(400 MHz，溶剂 D_2O)

5.6.4 异核碳氢化学位移相关谱

异核化学位移相关谱中用得最多的是 ^{13}C-^{1}H COSY，它把分子中一键耦合($^{1}J_{CH}$)的 ^{1}H 和 ^{13}C 信号相关联，为解析结构提供了基本数据。碳氢化学位移相关谱可分为碳氢相关谱(^{13}C-^{1}H COSY，又称 HETCOR)、远程碳氢化学位移相关谱(long-range ^{13}C-^{1}H COSY，又称 COLOC)和异核接力相干转移谱(^{13}C-^{1}H RELAY，又称异核 RCT 谱)。

1. ^{13}C-^{1}H COSY

在 ^{13}C-^{1}H COSY 中，F_1 轴是 ^{1}H 的化学位移，F_2 轴是 ^{13}C 的化学位移。一个有关 $^{1}J_{CH}$ 的信号，在不去耦谱中会有六个信号。其中两个在 F_2 轴的信号对解谱无用，其余四个信号两个强度为正，两个为负，形成一个正方形，边长等于 J。当使用不同去耦脉冲后，可以分别使 F_2 轴去耦，只留下 F_1 坐标上一正一负两个信号；也可以使 F_2、F_1 都去耦，只留下一个正信号。

一个 CH 结构单元在常规 ^{13}C-^{1}H COSY 中出现的谱图如图 5-35 所示。

一般 F_2 包含频率范围远比 J 大，所以出现在实际谱上的信号并不是这种形状。由于脉冲程序不同，在 F_1、F_2 轴可以观察到 J_{HH} 和 $^1J_{HC}$ 出现，或者是去耦的信号。在谱图中只出现每一个碳直接键合的氢的交叉峰(相关峰)，没有对角峰。

常规的 ^{13}C-^{1}H COSY 得到的是直接相连的碳与氢($^1J_{CH}$)的耦合关系。从一个已知的 ^1H 信号，按照相关关系可以找到与之相连的 ^{13}C 信号；反之亦然。在 ^{13}C-^{1}H COSY 中，季碳没有信号。若一个碳上有几个化学位移值不同的氢，则在谱图中该碳的 δ_C 处(相同的 F_2 坐标)而不同的 δ_H 处(不同的 F_1 坐标)出现几个信号；若一个碳上几个氢的化学位移值相等，则只出现一个信号。

在 F_2 方向的投影为全去耦碳谱，F_1 方向的投影为氢谱。

图 5-36 为 2, 3-二溴丙酸($CH_2BrCHBrCOOH$)的常规 ^{13}C-^{1}H COSY 谱图。

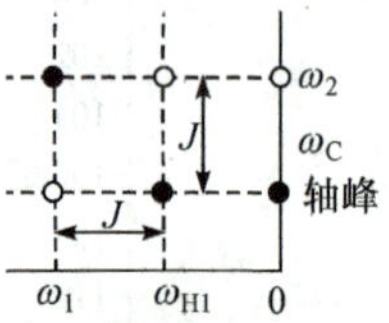

图 5-35 ^{13}C-^{1}H COSY 谱图

○：强度是正的相关峰；●：强度是负的相关峰

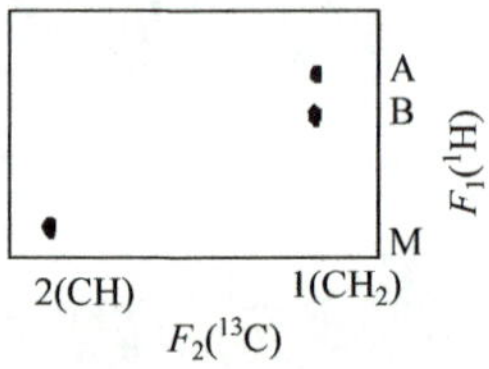

图 5-36 2, 3-二溴丙酸的常规 ^{13}C-^{1}H COSY 谱图

图 5-37 为下列化合物的 HETCOR 谱图，可与前面的 COSY 谱图对照。分子中只有 1、2、3、4、5、6、7 号碳上有氢，在图中有这些碳与氢的相关峰，没有对角峰，没有其他无氢的碳的信息。

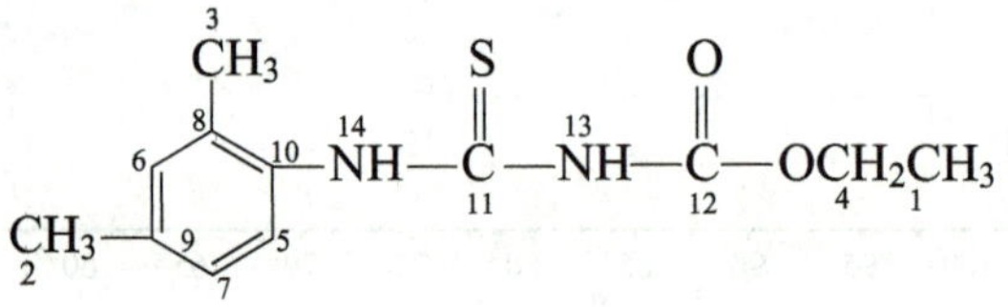

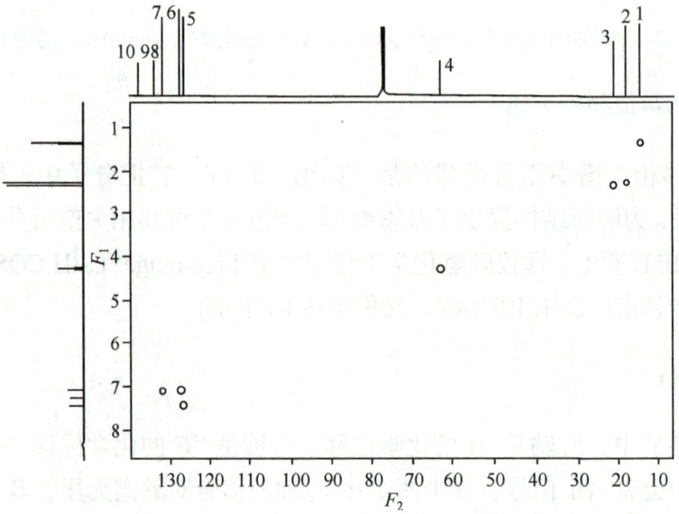

图 5-37 某化合物的 HETCOR 谱图(400 MHz)

由图 5-36 和图 5-37 可见，在 HETCOR 中，从图上相关峰向 F_1 作垂线，得到 ^1H 的化学位移，向 F_2 作垂线，得到 ^{13}C 的化学位移。也就是说，图上的相关峰出现在该碳和这个碳上的氢的化学位移相交处。若某一个碳上有两个化学位移不同的氢，则该碳和这个碳上的两个氢会有两个相关峰，分别出现在它们的化学位移相交处。

图 5-38、图 5-39 和图 5-40 依次为 2-乙基-1-茚酮的 ^1H NMR、^{13}C NMR 和 HETCOR 谱图。该化合物中 7 号和 11 号碳原子上的质子为磁不等价质子，每个质子的化学位移都不相同，独立出峰。仅利用 ^1H NMR 的信息，对 7 号、11 号和次甲基 8 号碳原子的质子进行归属相当困难。此时，可以借助 HETCOR 提供的 $^1J_{CH}$ 耦合信息对谱图进行解析。从图 5-40 中可以看出：化学位移为 1.95 和 1.54 的两个质子连接于化学位移为 24.6 的同一个碳原子上；化学位移为 2.61 的质子连接于化学位移为 48.9 的碳原子上；化学位移为 2.82 和 3.32 的两个质子连接于化学位移为 32.5 的同一个碳原子上。因此，化学位移为 1.95 和 1.54 的两个质子应为 11 号碳原子上的质子，化学位移为 2.61 的质子应为次甲基 8 号碳原子上的质子，化学位移为 2.82 和 3.32 的两个质子应为 7 号碳原子上的质子。

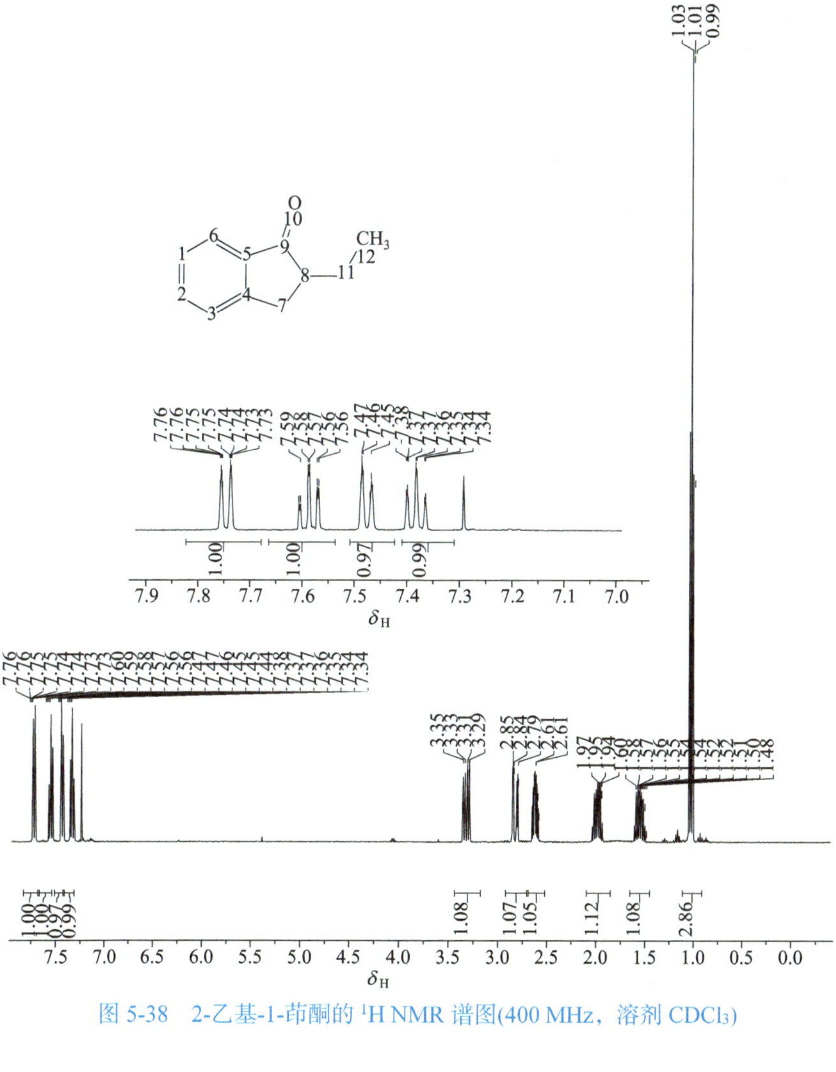

图 5-38 2-乙基-1-茚酮的 ^1H NMR 谱图(400 MHz，溶剂 $CDCl_3$)

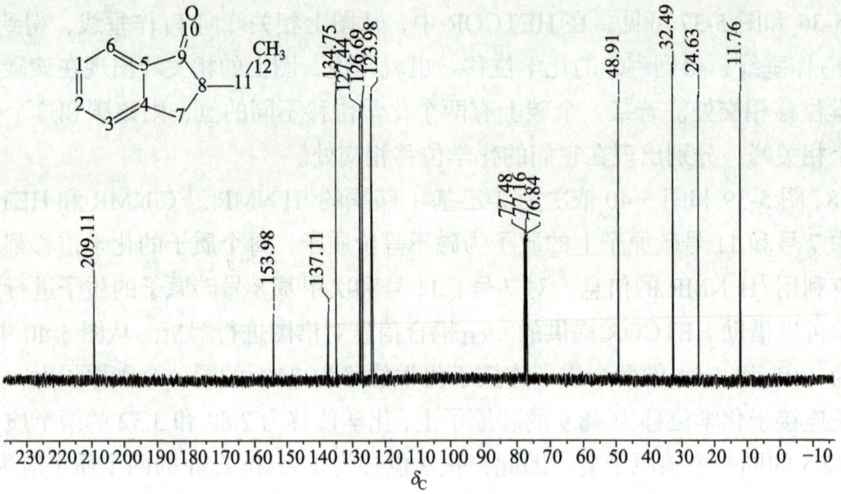

图 5-39　2-乙基-1-茚酮的 $^{13}C\{^1H\}$ NMR 谱图(100 MHz，溶剂 $CDCl_3$)

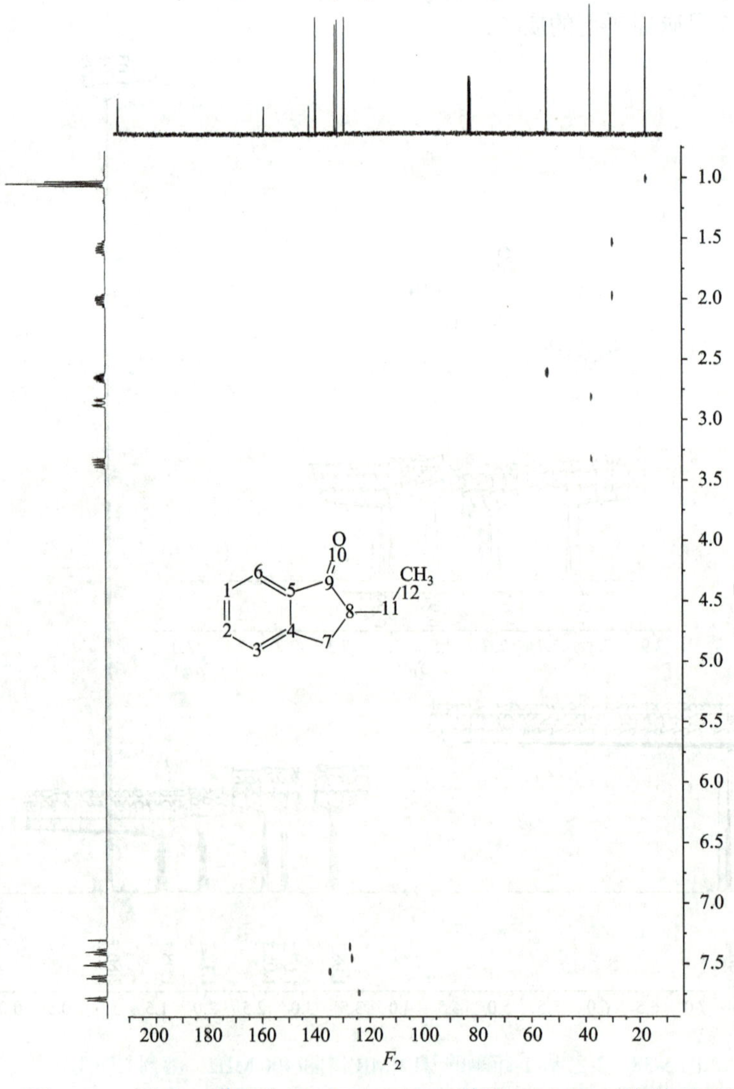

图 5-40　2-乙基-1-茚酮的 ^{13}C-^1H HETCOR 谱图(400 MHz，溶剂 $CDCl_3$)

2. 远程 ^{13}C-^{1}H 化学位移相关谱

COLOC 中可以获得包括季碳在内的一键以上的远程 C-H 耦合信息，建立起 C-C 间的关联，确定分子骨架。这种远程耦合甚至可以越过氧、氮或其他原子的官能团，将碳与相隔两三个键的氢相关，如—CO—O—CH 中的 H 与羰基碳相关，C—NH_2 中的 C 与 H 相关。

COLOC 中 F_1 轴仍为 ^{1}H 的化学位移，F_2 轴为 ^{13}C 的化学位移。无对角峰，交叉峰除出现 $^{n}J_{CH}$(一般 $n=2\sim3$)远程相关峰外，也会出现强的 $^{1}J_{CH}$ 相关峰。有时能得到一些季碳的信息，但有时 $^{1}J_{CH}$ 无峰，碳与相隔两三个键的氢的相关峰也不一定都能观察到。

解谱时要与 ^{13}C-^{1}H COSY 对照，以便扣除 ^{13}C-^{1}H COSY 上也有的 $^{1}J_{CH}$ 交叉峰，得到远程 $^{n}J_{CH}$ 的耦合信息。与二维双量子 INADEQUATE 相比，COLOC 用样品量少、时间短、灵敏度高。

图 5-41 为反式丁烯酸乙酯的 COLOC 谱图。由图 5-41 可见，H-6 与 C-5 有交叉峰，H-4 与 C-2($^{3}J_{HCCC}$)、C-3($^{2}J_{HCC}$)有相关信号，H-5 越过氧与 C-1(季碳)有交叉峰($^{3}J_{HCOC}$)，H-6 与 C-6、H-4 与 C-4、H-5 与 C-5 的信号也可看到。而在图 5-41 上未看到 H-3、H-2 与 C-1 的交叉峰，以及 H-3 与 C-3、H-2 与 C-2 的信息。

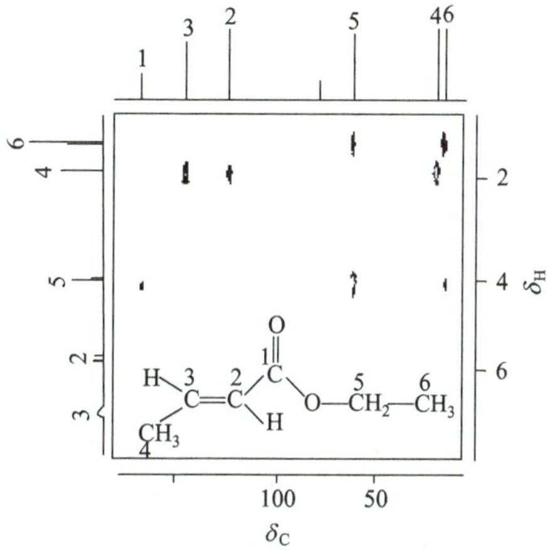

图 5-41 反式丁烯酸乙酯的 COLOC 谱图

3. 异核接力相干转移谱

二维双量子 INADEQUATE 是确定有机分子碳骨架的最有力的手段，但因灵敏度太低而使应用受到限制。^{13}C-^{1}H RELAY 灵敏度比 ^{13}C-^{1}H COSY 低，但不比 COLOC 低，而比 INADEQUATE 高得多。^{13}C-^{1}H RELAY 可以提供碳骨架信息。其实验的必要条件是分子中具有以下结构单元：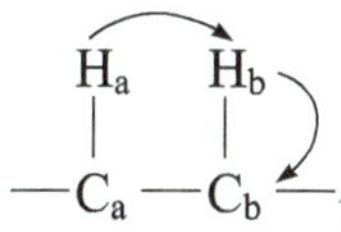 会有 $H_a \to H_b \to C_b$ 接力传递使 H_a-C_b 关联。这个结构单元中应有 $^{3}J(H_a, H_b)$和 $^{1}J(C_b, H_b)$的 AB 体系，并且在这个结构中不含季碳。

本实验是磁化矢量从一个 ^{1}H 核(H_a)转移到邻位碳的另一个 ^{1}H 核(H_b)上，再通过 H_b 传递到与其相连的 C_b 上，称为 $H_a \to H_b \to C_b$ 接力。其结果是 H_a 不仅与直接相连的 C_a 有异核关联 $^{1}J(C_a, H_a)$，而且 H_a 还与相邻的碳 C_b 相关联 $^{2}J(C_b, H_a)$。所以异核 CH 接力谱在指认了 H_a 后，就可以通过 H_a 指认邻位碳 C_b，而且 C_b 一定与 C_a 相连。

^{13}C-^{1}H RELAY 与 ^{13}C-^{1}H COSY 一样，F_1 轴为 ^{1}H 的化学位移，F_2 轴为 ^{13}C 的化学位移，没有对角峰，只有相关峰。季碳因无氢原子，没有信号。

图 5-42 为 AB 体系 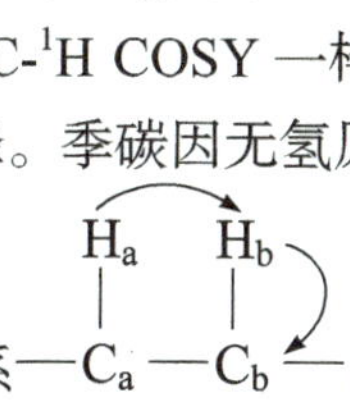 的 RELAY 示意图，与 ^{13}C-^{1}H COSY 对照可见，在 ^{13}C-^{1}H RELAY 中除了有接力交叉峰 $^{2}J(C_a, H_b)$和 $^{2}J(C_b, H_a)$外，还保留了直接耦合的 $^{1}J(C_a, H_a)$和 $^{1}J(C_b, H_b)$交叉峰。

图 5-43 为四个碳相连的分子片段的 ^{13}C-^{1}H RELAY 示意图。解析时，可从 $^{1}J(C_a, H_a)$出发，指认 C_a，从而找到 $^{2}J(C_a, H_b)$及(C_b, H_a)。由(C_a, H_b)向上与(C_b, H_a)向右的交叉处找到(C_b, H_b)，再指认 C_b。由矩形关系和 C_b 的化学位移处发现 $^{2}J(C_b, H_c)$，在 H_c 的化学位移处指认 $^{1}J(C_c, H_c)$。然后在 C_c 的化学位移与 H_d 的化学位移交叉处找到 $^{2}J(C_c, H_d)$，再用相同的方法指认 $^{1}J(C_d, H_d)$。四个碳原子的连接关系被确定。

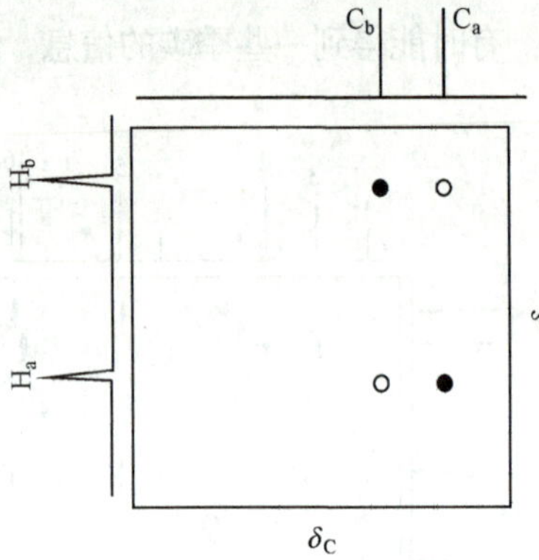

图 5-42 AB 体系的 ^{13}C-^{1}H RELAY 示意图

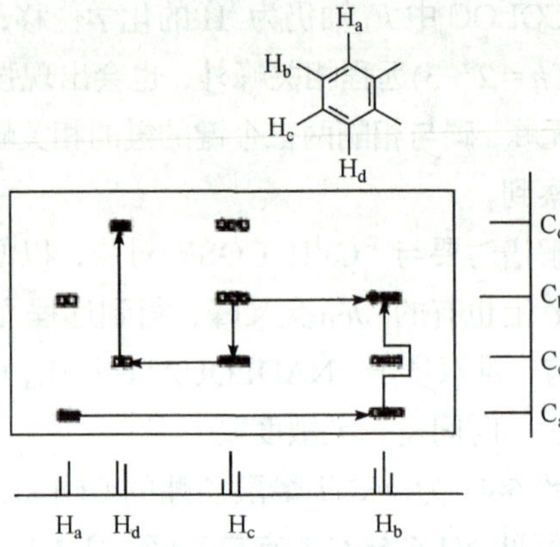

图 5-43 用 RELAY 确定四个碳的连接(示意图)

图 5-44 为 2-乙酰基萘的 ^{13}C-^{1}H RELAY 谱图(芳香碳部分)。除 $^{1}J_{CH}$ 相关峰外，还出现了一些很强的 H→H→C 接力相关峰。由图 5-44 可见，C-1 相邻的碳上无质子。C-9、C-10 无信号。其余各碳与相邻的碳上质子均出现接力峰。这为归属谱线和推导结构提供了有力的判据。

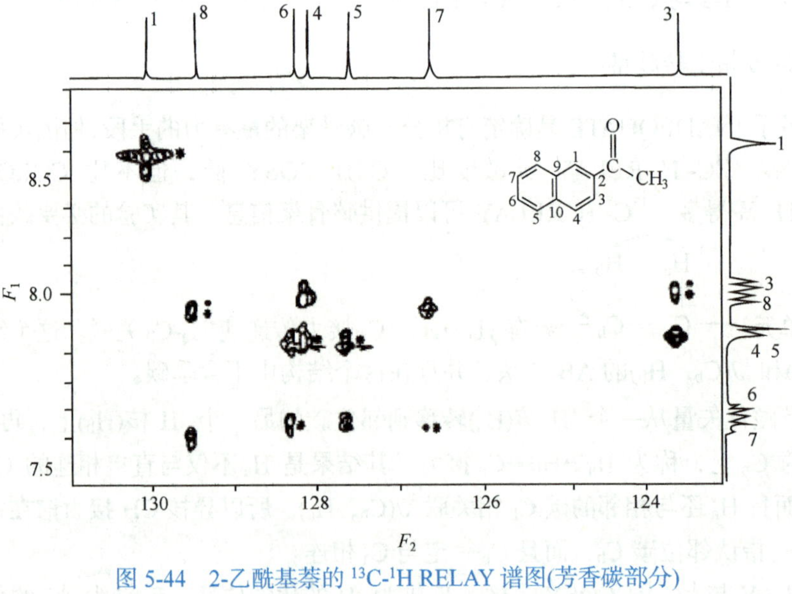

图 5-44 2-乙酰基萘的 ^{13}C-^{1}H RELAY 谱图(芳香碳部分)

*标记 ^{1}J 交叉峰

5.6.5 总相关谱

有人用同核的 Hartmann-Hahn 交叉极化，得到同核的 Hartmann-Hahn 谱(homonuclear Hartmann-Hahn spectroscopy，HOHAHA)。总相关谱(total correlation spectroscopy，TOCSY)和 HOHAHA 的脉冲序列只在混合期有不同，谱图在外观上是一样的。因此，在一般文献中 TOCSY 和 HOHAHA 两个名称都在使用。

TOCSY 类似于 COSY，可提供自旋体系中耦合关联的信息，F_1 和 F_2 都是质子的化学位移，对角峰在 F_1 和 F_2 坐标上的投影为氢谱，交叉峰为直接耦合的相关峰。与 COSY 不同的是，除对角峰和直接耦合的交叉峰外，还能得到磁化矢量多次接力所致的交叉峰。

TOCSY 在实验的混合期内，磁化矢量可以通过同核标量耦合，从一个质子接力传递到这个耦合体系的每一个质子上，如

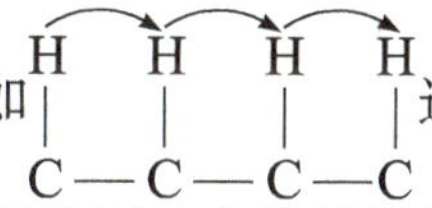

这样的耦合传递。此时，若没有使用一个较长的混合期，则强度和灵敏度都要降低。因此，选择一个合适长度的混合期对于做好谱图是重要的。

例如，某化合物分子中有两个互相独立的自旋体系，分别有 4 个氢的 AMPX 和 3 个氢的 amx 体系。图 5-45 为其 TOCSY 示意图。此图中对角峰在左上方到右下方的对角线上。两个互相独立的自旋体系有两套互相独立的相关峰。每一个自旋体系可以形成一个方形的网络，自旋体系内的多键相关也有相关峰。TOCSY 对判断自旋体系是很有用的。

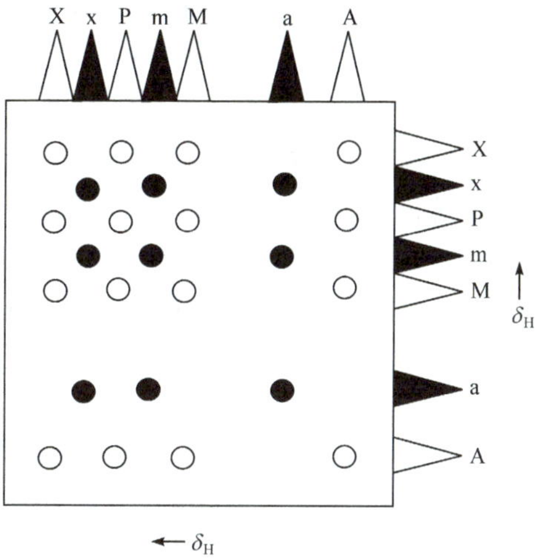

图 5-45　含 AMPX 和 amx 两个自旋体系的分子的 TOCSY 示意图
○AMPX 体系信号；●amx 体系信号

除 ^{1}H-^{1}H 同核的 TOCSY 外，还有 ^{13}C-^{1}H 异核的实验。读者可参考有关文献。

图 5-46 为 4-[*N*-(2, 4-二甲基苯基)]-3-硫代脲酸乙酯的 TOCSY 谱图。其 ^{1}H NMR 谱图见

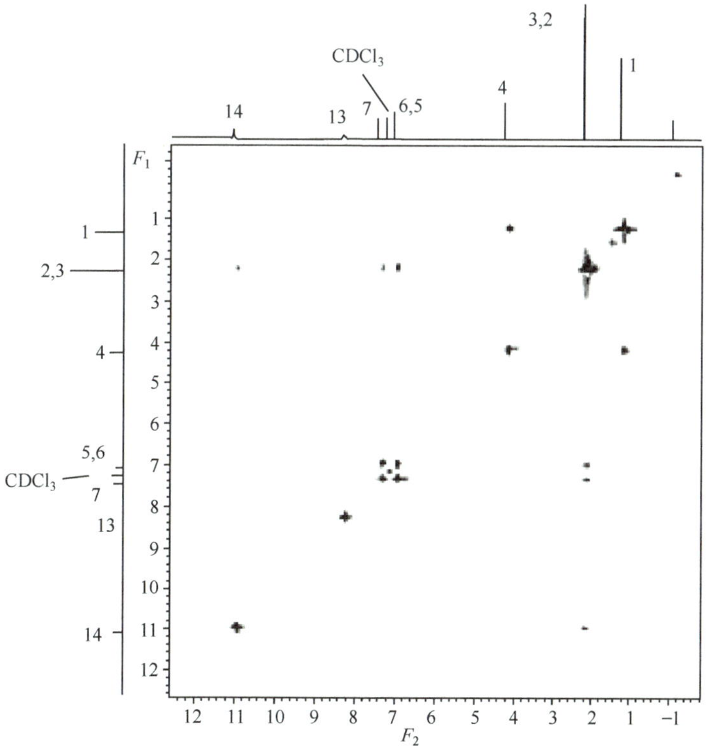

图 5-46　4-[*N*-(2,4-二甲基苯基)]-3-硫代脲酸乙酯的 TOCSY 谱图

图 4-29。与其 COSY(图 5-26)对照可见，TOCSY 多了一些信息。2, 3-位甲基的氢与苯氢也有较弱的交叉峰，也许是远程耦合造成的。图中对角峰在右上到左下的对角线上。

图 5-47 为 2-乙基-1-茚酮的 COSY 谱图，图 5-48、图 5-49 和图 5-50 为其 DQF-COSY 谱图以及局部放大图，图 5-51 为其 TCOSY 谱图。对比图 5-47 和图 5-48，可以看出 DQF-COSY 谱图对分子骨架中具有$-\overset{\overset{\text{H}}{|}}{\text{C}}-\overset{\overset{\text{H}}{|}}{\text{C}}-$结构的 $^3J_{HH}$ 耦合作用的呈现要好得多。从高场区部分 12 号甲基的对角峰出发按照“对角峰→交叉峰→对角峰→交叉峰(越过黑色方框中 11 号亚甲基上两个磁不等价氢原子的交叉峰)→对角峰→交叉峰→对角峰”路径可以“走”到 7 号碳上质子的交叉峰，由此可以知道 7、8、11、12 号碳原子是连接在一起的，即$-\overset{\overset{\text{H}}{|}}{\text{C}_7}-\overset{\overset{\text{H}}{|}}{\text{C}_8}-\overset{\overset{\text{H}}{|}}{\text{C}_{11}}-\overset{\overset{\text{H}}{|}}{\text{C}_{12}}-$的

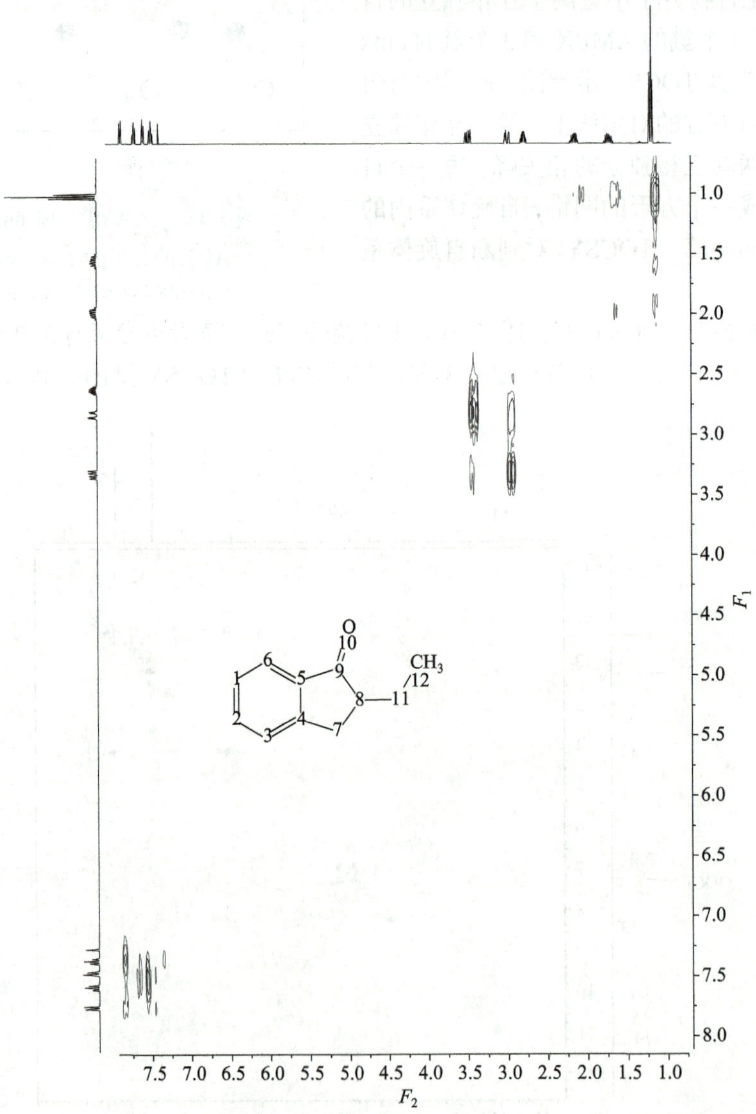

图 5-47 2-乙基-1-茚酮的 COSY 谱图(400 MHz，溶剂 $CDCl_3$)

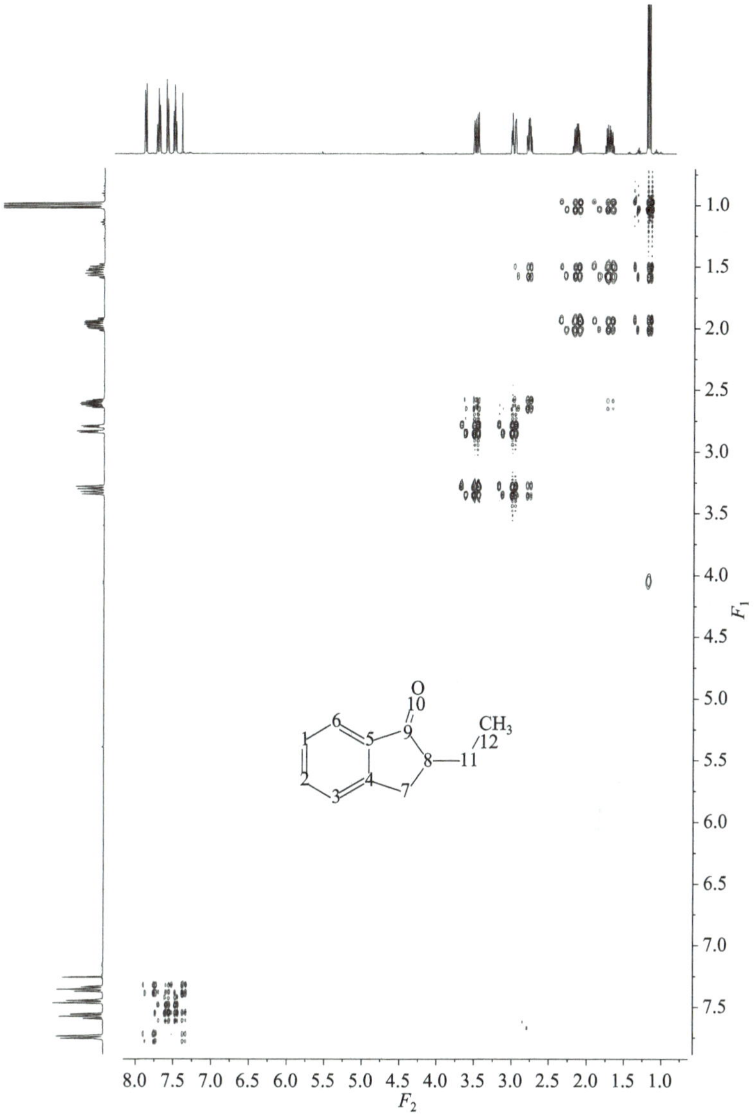

图 5-48　2-乙基-1-茚酮的 DQF-COSY 谱图(400 MHz，溶剂 $CDCl_3$)

结构形式(图 5-49)。这就是通常所说的“链行走”。由于 2-乙基-1-茚酮的结构特殊，7 号和 11 号亚甲基上的质子都是磁不等价的，独立出峰，“行走时”需要选择性地越过连接于同一个碳原子上的两个磁不等价氢原子之间的交叉峰。若连接于同一个碳原子上的氢是磁等价的，则它们的化学位移相同合并出峰，可一次“跨越”到下一个碳原子。按照此方式，对处于低场区的 6、1、2 和 3 号碳所组成的耦合体系，也可得到同样的结论，即$-\overset{\mathrm{H}}{\overset{|}{\mathrm{C}_6}}-\overset{\mathrm{H}}{\overset{|}{\mathrm{C}_1}}-\overset{\mathrm{H}}{\overset{|}{\mathrm{C}_2}}-\overset{\mathrm{H}}{\overset{|}{\mathrm{C}_3}}-$的结构形式(图 5-50)。

TOCSY 主要反映的是耦合体系内$-\overset{\mathrm{H}}{\overset{|}{\mathrm{C}}}-\overset{\mathrm{H}}{\overset{|}{\mathrm{C}}}-\overset{\mathrm{H}}{\overset{|}{\mathrm{C}}}-$结构的连接信息。图 5-51 的 TCOSY 谱图对这种结构信息的呈现相对直接和简单。在其 TCOSY 谱图中呈现出有两个独立的自旋体系。对高场区的自旋体系，12 号碳原子上的氢与 11、8 和 7 号碳原子上的氢都给出了交叉峰，

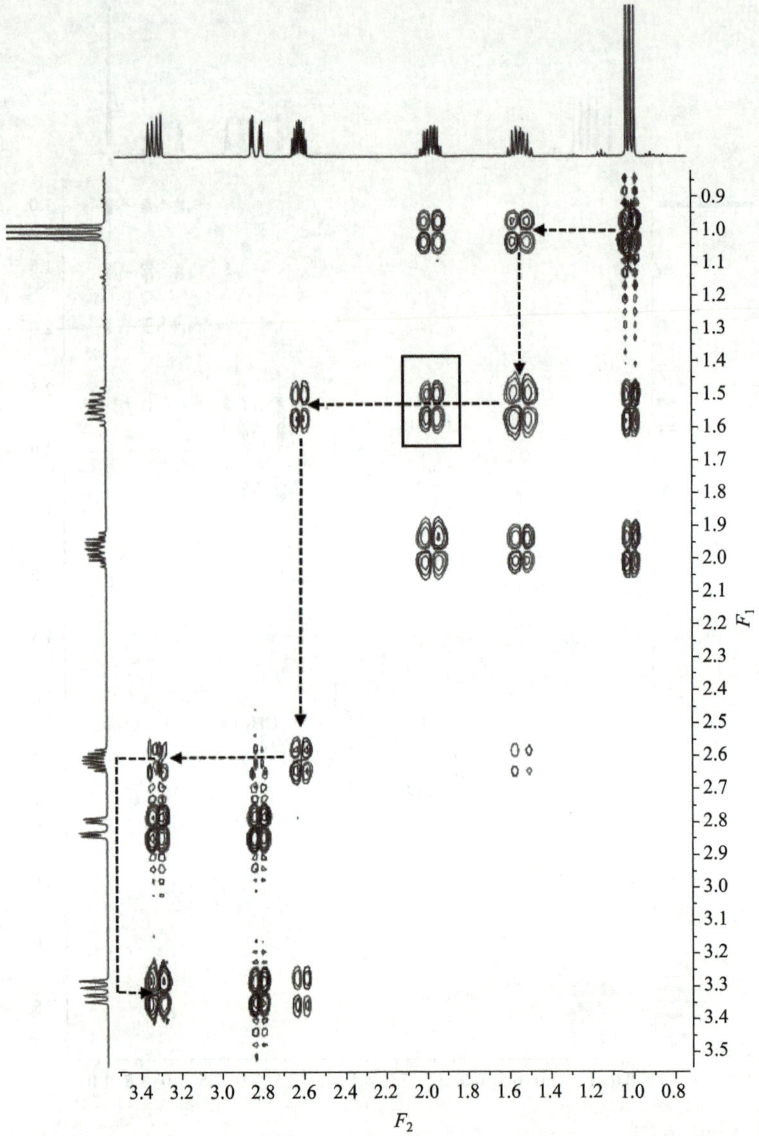

图 5-49　2-乙基-1-茚酮的 DQF-COSY 高场区放大谱图(400 MHz，溶剂 $CDCl_3$)

表明它们之间存在$-\overset{H}{C}_{12}-\overset{H}{C}_{11}-\overset{H}{C}_{8}-\overset{H}{C}_{7}-$耦合传导作用，即为$-\overset{H}{C}_{7}-\overset{H}{C}_{8}-\overset{H}{C}_{11}-\overset{H}{C}_{12}-$的结构形式(图 5-51)。同理，对处于低场区的 6、1、2 和 3 号碳组成的耦合体系，也可得到同样的结论，即$-\overset{H}{C}_{6}-\overset{H}{C}_{1}-\overset{H}{C}_{2}-\overset{H}{C}_{3}-$的结构形式(图 5-51)。

图 5-52 为 *β*-紫罗兰酮的 TCOSY 谱图。与其 COSY(图 5-29)对照可见，TOCSY 提供了更多的结构信息。例如，7、8 号甲基与 1、2、3 和 9 号氢之间都有交叉峰；10 号氢与 11、3、2、1 和 9 号氢之间也都有交叉峰。这些交叉峰对分子骨架中的 $^3J_{HH}$ 耦合以及远程耦合都有很好的呈现(远程耦合作用见 5.6.3)。

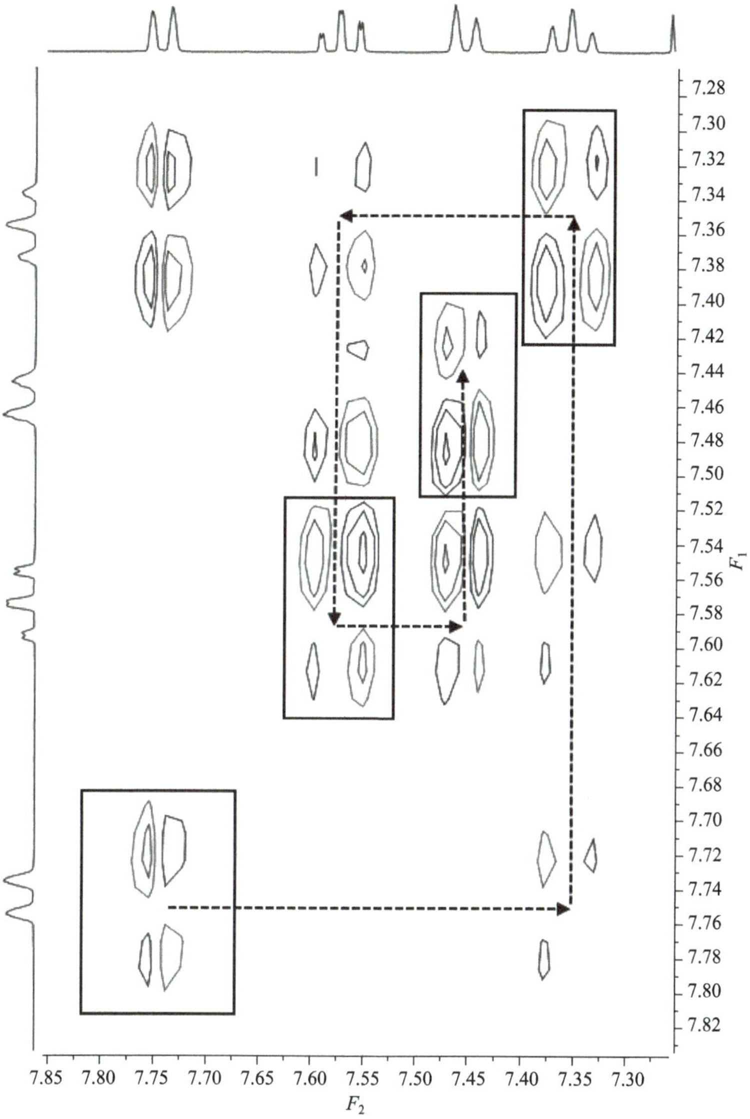

图 5-50 2-乙基-1-茚酮的 DQF-COSY 低场区放大谱图(400 MHz，溶剂 $CDCl_3$)

黑色方框标注的为四个氢原子所对应的对角峰

5.6.6 NOESY 和 ROESY

二维 NOE 谱简称 NOESY(nuclear Overhauser effect spectroscopy)。NOESY 的基本脉冲序列由三个非选择性的 90°脉冲组成：$90°–t_1–90°–t_m–90°–t_2$。

NOESY 表示的是质子的 NOE 关系，F_1、F_2 两个轴均为质子的化学位移。其谱图外观与 COSY 类似，有对角峰和交叉峰。区别是交叉峰不是表示耦合关系，而是 NOE 关系。45°对角线上的点在两轴上的投影均为一维谱，非对角线上的点(相关峰)如能与对角线上的点构成矩形，则对角线上的两点所代表的质子间有 NOE 作用，即空间位置很近。NOESY 的最大作用是在一张谱图中同时给出所有质子间的 NOE 信息。

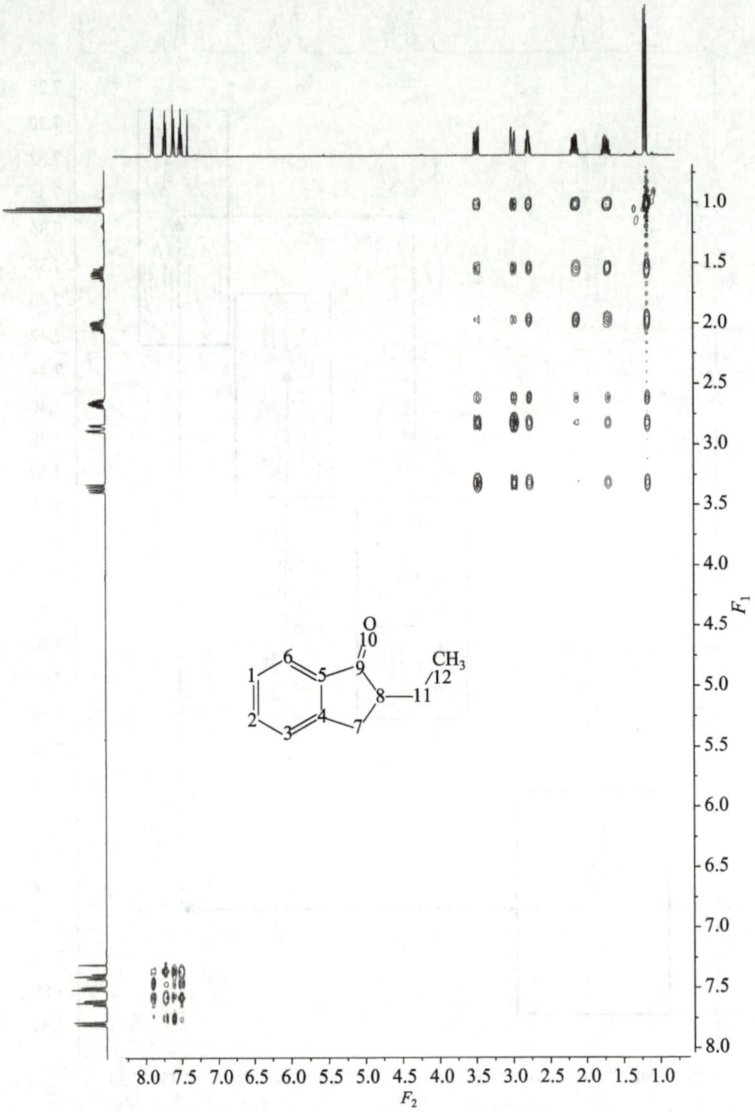

图 5-51 2-乙基-1-茚酮的 TCOSY 谱图(400 MHz，溶剂 $CDCl_3$)

NOE 是一种跨越空间的效应，是磁不等价核偶极矩之间的相互作用。它与核之间的距离有关，当质子间的空间距离小于 0.4 nm 时便可以观察到。图 5-53 给出可以观测到 NOE 的常见结构；图 5-54 给出观测不到 NOE 的常见结构。利用 NOE 可以研究分子内部质子之间的空间关系，如确定它们的空间距离以及分析和判断化合物的构型、构象。这种方法是研究有机物立体化学的有力工具。NOE 对小分子的用处不大，但对蛋白质等生物大分子的研究十分有用。

图 5-55 是图示化合物的 NOESY 示意图。由结构式可见，H_{1a} 应与 H_{3a} 和 H_{5a} 有 NOE，在图上由它们的交叉峰证实了这一点。其他交叉峰，如 H_{5a} 与 H_{5e}、H_{3a} 与 H_{3e}、H_{2a} 与 H_{3e} 的交叉峰，即使在 COSY 谱图中也会有，因为这些质子之间有 J 耦合。

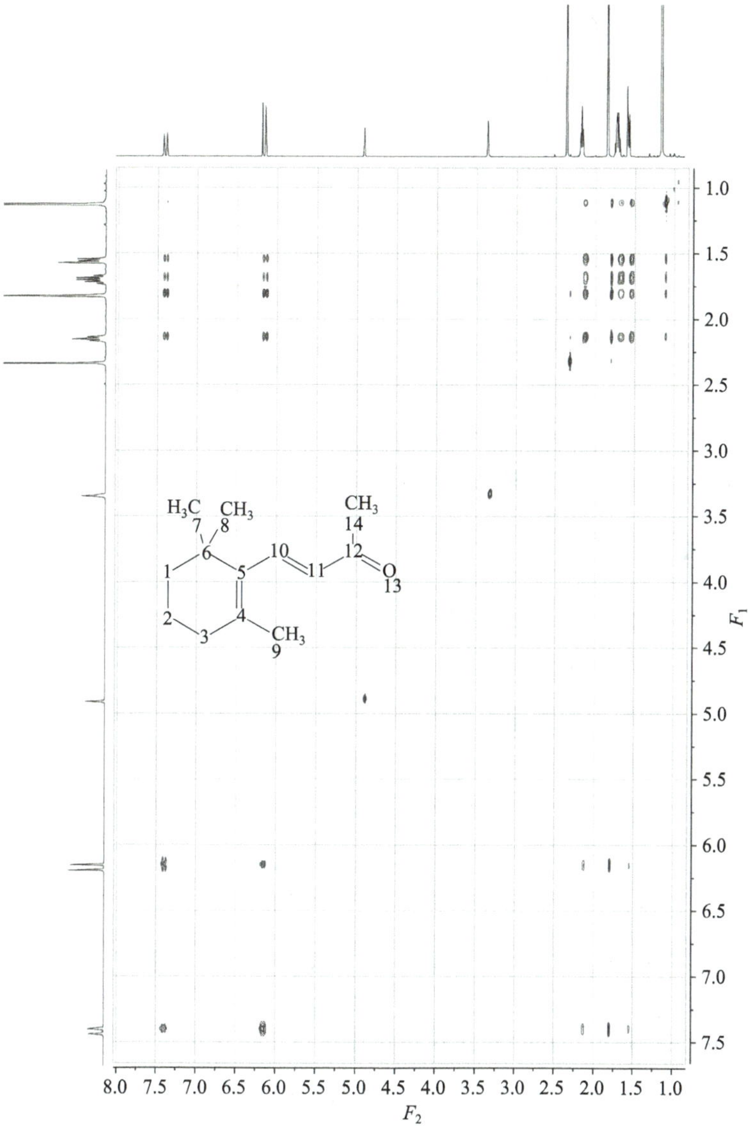

图 5-52 *β*-紫罗兰酮的 TCOSY 谱图(400 MHz，溶剂 CD_3OD)

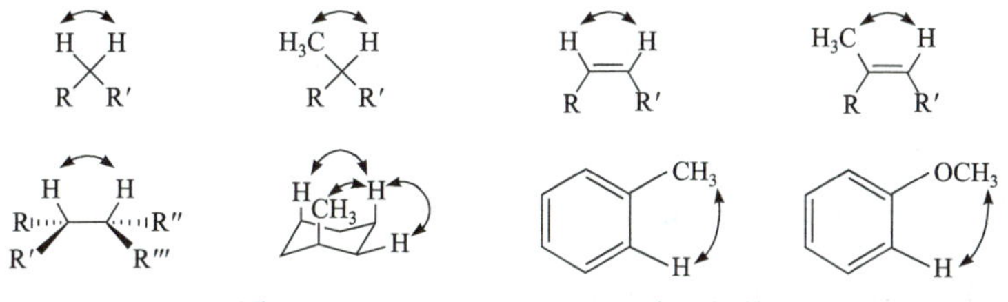

图 5-53 可以观测到 NOE 的常见结构

图 5-56 为*β*-紫罗兰酮的 NOESY 谱图。谱图中给出交叉峰氢包括：1 号与 2 号碳上的氢；1 号与 7 号或 8 号碳上的氢；2 号与 3 号碳上的氢；3 号与 9 号碳上的氢。这表明它们各自之间存在 NOE。其中，1 号碳与 2 号碳上的氢、2 号碳与 3 号碳上的氢在 COSY 谱图中也有交叉峰，因为这些氢之间有 $^3J_{HH}$ 耦合。

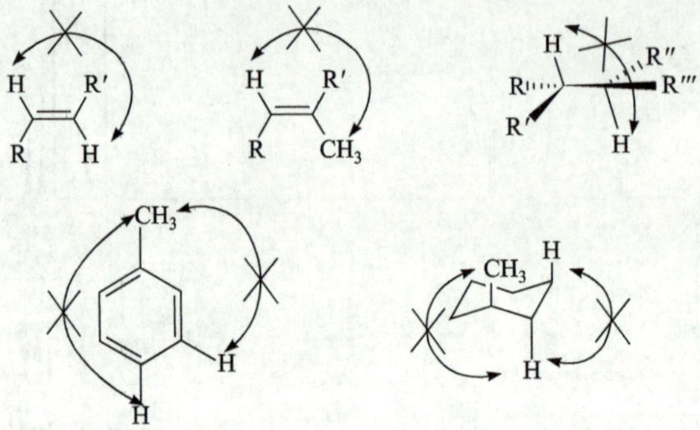

图 5-54 观测不到 NOE 的常见结构

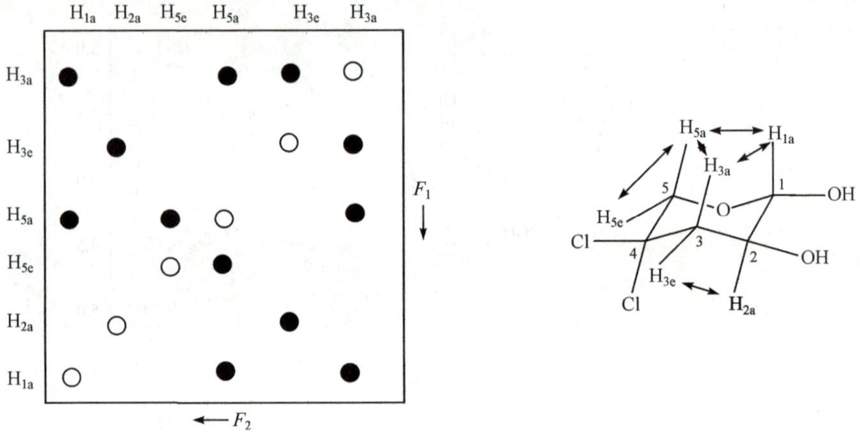

图 5-55 NOESY 示意图

●有 NOE 的相关峰；○对角峰

图 5-57 为 2-乙基-1-茚酮的 NOSEY 谱图。7 号亚甲基上两个磁不等价的氢与 11 号亚甲基上两个磁不等价的氢之间分别给出了交叉峰，表明它们各自之间存在 NOE。同样，在 COSY 谱图中也各自给出了交叉峰，因为这些质子之间有 $^2J_{HH}$ 耦合。

ROESY 是旋转坐标系中的 NOESY(rotating frame Overhauser effect spectroscopy)。当样品的分子量为 1000～3000 时，NOE 的增益为 0，NOESY 得不到交叉峰，此时就要使用 ROESY。分子量小于 1000 或大于 3000，可使用 NOESY。

ROESY 的解析方法与 NOESY 相似。图 5-58 为 2-乙基-1-茚酮的 ROESY 谱图，其与图 5-57 的 NOESY 谱图基本一致。

5.6.7 ^{1}H 检测的异核化学位移相关谱

异核化学位移相关谱对于鉴定化合物的结构是十分重要的方法，特别是 ^{13}C-^{1}H 相关谱。前面讲过的异核相关谱，HETCOR、COLOC 等都是对 ^{13}C 采样的。因为 ^{13}C 核灵敏度比 ^{1}H 低得多，所以要有较多的样品，并累加较长的时间，才能得到一张好的谱图。若能将 ^{13}C-^{1}H 相关谱由检测 ^{13}C 变为检测 ^{1}H，灵敏度将提高 8 倍，可以大大减少样品用量和累加时间。检测 ^{1}H 的异核相关谱实验统称为反向或反转(inverse 或 reverse)实验。

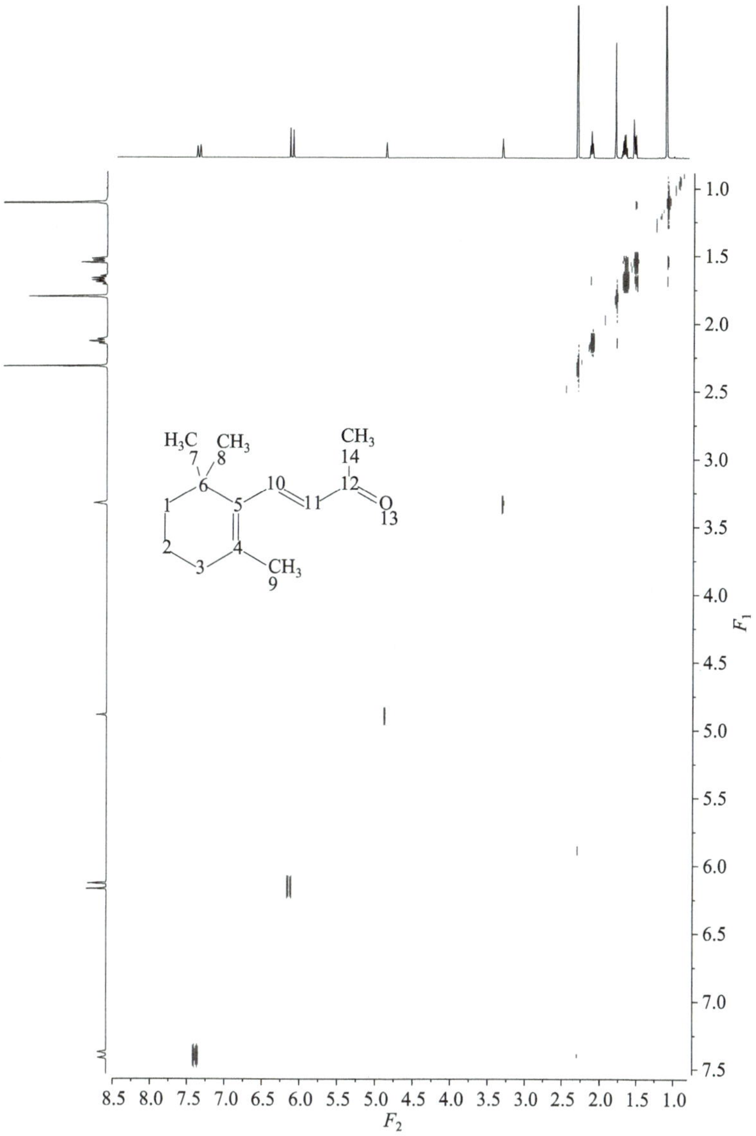

图 5-56 β-紫罗兰酮的 NOESY 谱图(400 MHz，溶剂 CD_3OD)

反向实验要使用反向探头。与常规探头不同，^{1}H 的线圈在里面，^{13}C 的探头在外面。由于 ^{13}C 的探头在外面，因此用反向探头检测 ^{13}C 时，其灵敏度比常规探头低，测试时间差不多要长几倍。但是，反向实验是由检测 ^{1}H 来做异核相关谱，所以这些谱的用样量、检测时间都大大减少了。

用反向探头做异核化学位移的相关谱有 HMQC、HSQC、HMBC。

1. HMQC 和 HSQC

HMQC 是检测 ^{1}H 的异核多量子相干(^{1}H detected heteronuclear multiple quantum coherence)，HSQC 是检测 ^{1}H 的异核单量子相干(^{1}H detected heteronuclear single quantum coherence)。

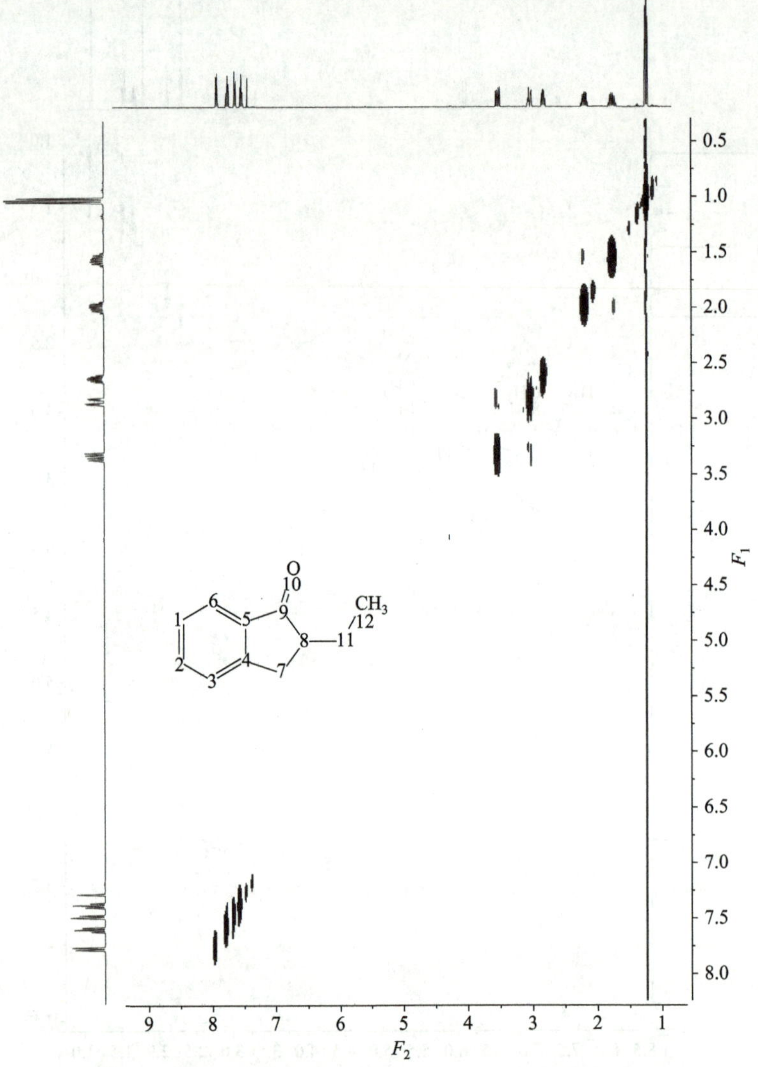

图 5-57　2-乙基-1-茚酮的 NOSEY 谱图(400 MHz，溶剂 $CDCl_3$)

HMQC 和 HSQC 都类似于 HETCOR，是把 ^{1}H 核与其直接相连的 ^{13}C 关联起来。与 HETCOR 不同的是，F_1 域为 ^{13}C 化学位移，F_2 域为 ^{1}H 化学位移。图中的交叉峰仍表示 ^{13}C-^{1}H 的相关性。在二维谱中 F_2 域的分辨率比 F_1 域好得多，F_2 域的分辨率取决于所用数据点的多少，F_1 域的分辨率取决于 t_1 的量，而后者远小于前者，F_1 域的分辨率比 F_2 域的分辨率差得多。但是 HMQC 适合低浓度样品，当样品量大时，为了提高 F_1 域的分辨率，可以做 ^{13}C-^{1}H COSY(HETCOR)。

HMQC 是多量子相干谱。普通 NMR 是研究单量子跃迁，即 $\Delta m = \pm 1$，m 为体系的总磁量子数。用量子力学微扰理论处理，在一级近似下，$\Delta m \neq \pm 1$ 的跃迁是禁阻的。但在偶极相互作用及其他作用的影响下，自旋体系的能级不再由单一态波函数来描述，而变成混合态，可能出现 $\Delta m = 0$，± 2，± 3，…的跃迁，称为多量子跃迁。利用二维谱可以观测禁阻跃迁。

HSQC 谱图的外观和 HMQC 完全一样，但在 F_1 域的分辨率比 HMQC 高。

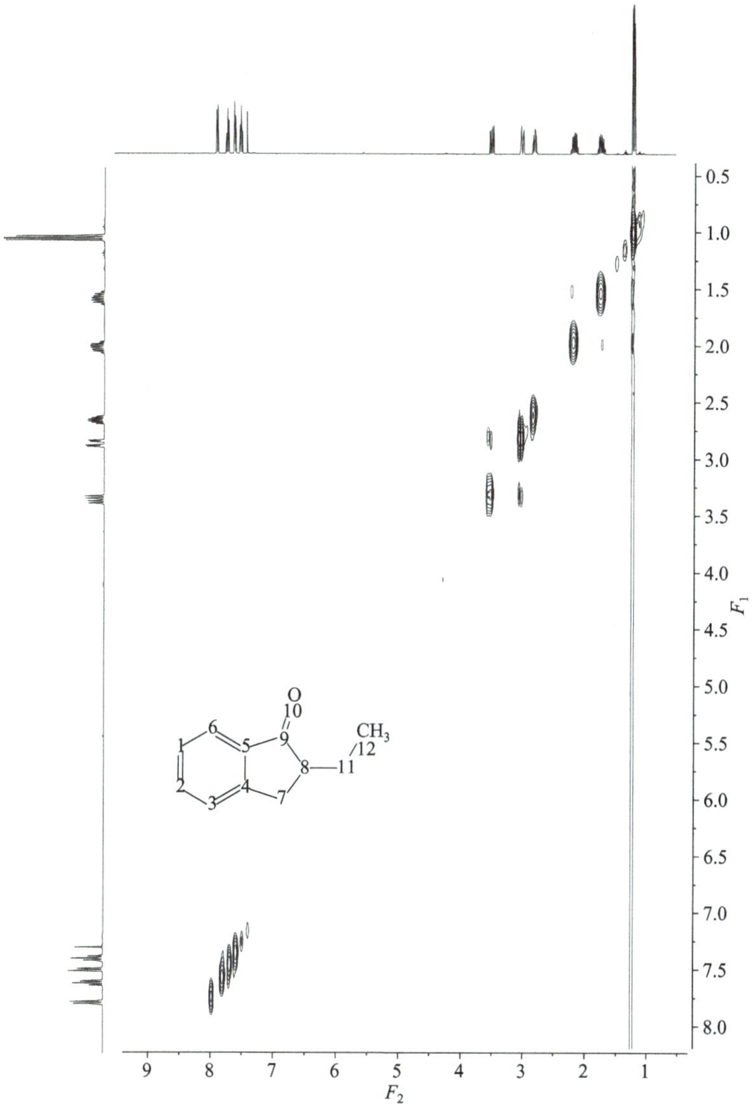

图 5-58　2-乙基-1-茚酮的 ROESY 谱图(400 MHz，溶剂 $CDCl_3$)

图 5-59 为用反向探头做的下列化合物的 HMQC 谱图。与图 5-37 的 HETCOR 相比，图形相似。图 5-37 的 HETCOR 用了 74 min，而图 5-59 的 HMQC 只用了 21 min。

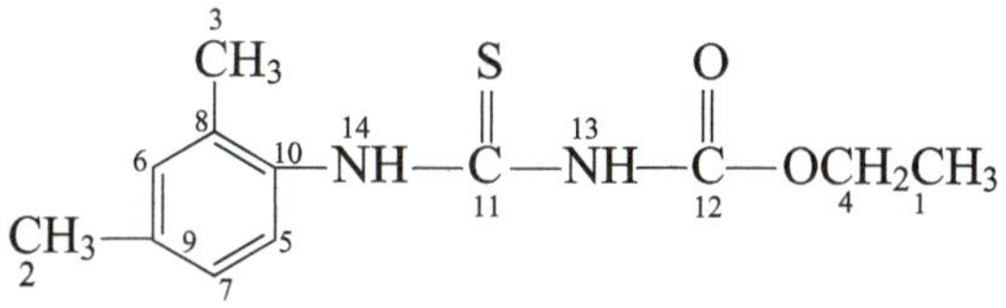

图 5-60 和图 5-61 分别为 2-乙基-1-茚酮的 HSQC 和 HMQC 谱图。它们提供了与图 5-40 ^{13}C-^{1}H 异核相干谱一致的基于 $^{1}J_{CH}$ 耦合作用而得到的 C-H 连接信息，可以方便地对 7、8 和 11 号碳原子上的氢进行归属。

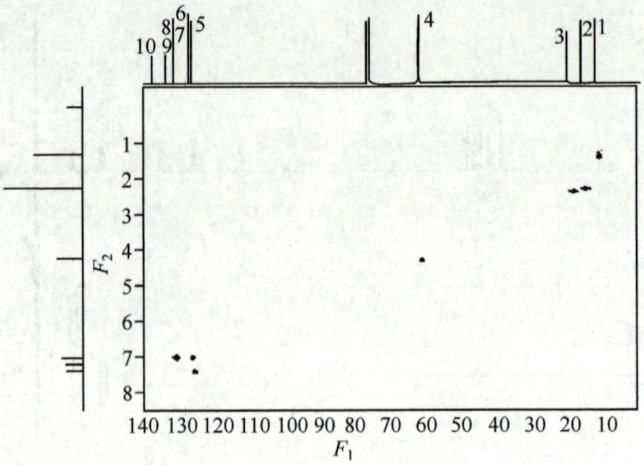

图 5-59　某化合物的 HMQC 谱图

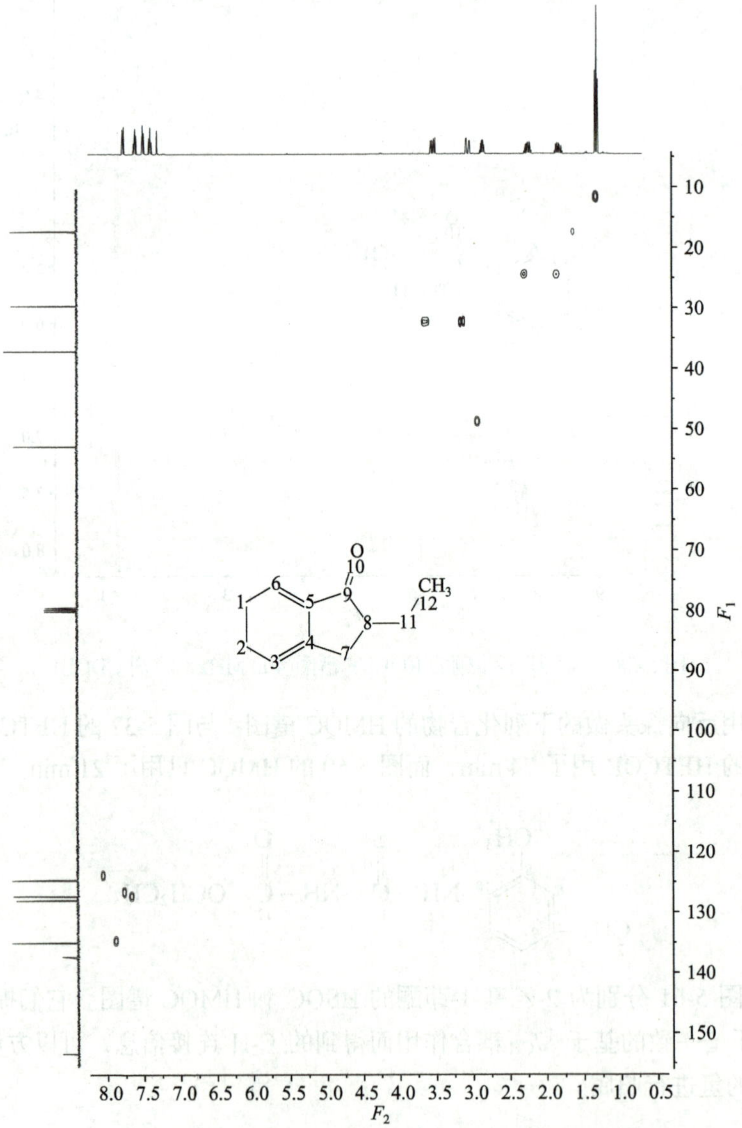

图 5-60　2-乙基-1-茚酮的 HSQC 谱图(400 MHz，溶剂 $CDCl_3$)

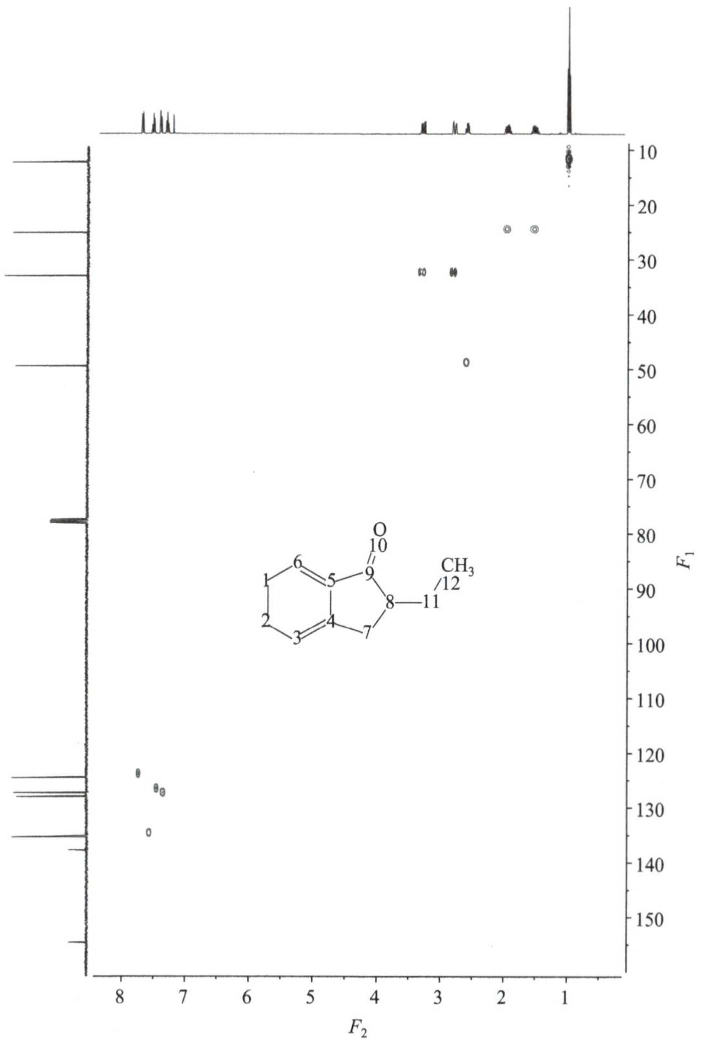

图 5-61 2-乙基-1-茚酮的 HMQC 谱图(400 MHz，溶剂 $CDCl_3$)

2. HMBC

HMBC 是检测 ^1H 的异核多键相关谱(^1H detected heteronuclear multiple bond correlation)，它把 ^1H 核和远程耦合的 ^{13}C 核关联起来，其作用类似于远程 ^{13}C-^1H 化学位移相关谱(COLOC)。与 COLOC 不同的是，F_1 域为 ^{13}C 化学位移，F_2 域为 ^1H 化学位移，灵敏度也比一般的 COLOC 高，有关通过两三个键的质子与碳的耦合信息比 COLOC 多。HMBC 可以高灵敏地检测 ^1H-^{13}C 远程耦合($^2J_{CH}$、$^3J_{CH}$)，通过两三个键的质子与季碳的耦合也有相关峰，从中得到有关碳链骨架的连接信息、有关季碳的结构信息及因杂原子存在而被切断的耦合体系之间的结构信息。有时也可以看到 $^1J_{CH}$ 的交叉峰。图 5-62 为化合物 CH_3—CH_2—CHCl—CH═CCl—CH_3 的 HMBC 示意图。

图 5-63 和图 5-64 分别为 2-乙基-1-茚酮的 HMBC 谱图和低场区局部放大图，分子结构中间隔两三个键的氢原子与碳原子之间的 $^2J_{CH}$ 和 $^3J_{CH}$ 耦合作用以交叉峰的形式呈现出来，这对碳链骨架结构的解析非常有帮助。例如，9 号羰基碳与 6、7 和 11 号碳上氢之间的 $^3J_{CH}$ 耦合分别给出了交叉峰；次甲基 8 号碳原子与 7 和 11 号碳上氢之间的 $^2J_{CH}$ 以及与 12 号碳上氢之间

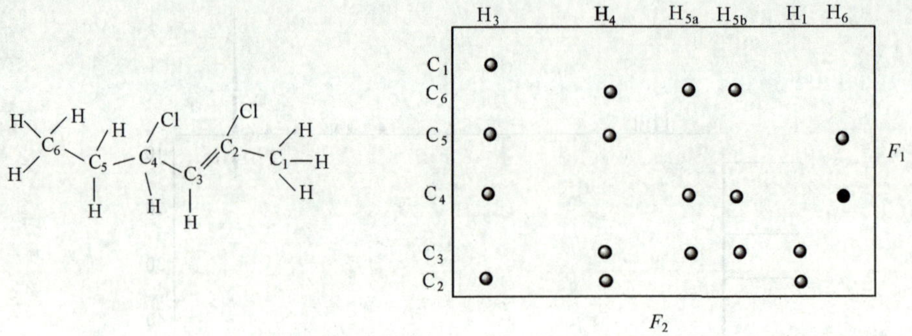

图 5-62　化合物 $CH_3—CH_2—CHCl—CH═CCl—CH_3$ 的 HMBC 示意图

的 $^3J_{CH}$ 耦合分别给出了交叉峰；亚甲基 7 号碳原子与 3 和 11 号碳上氢之间的 $^3J_{CH}$ 耦合作用也分别给出了交叉峰。

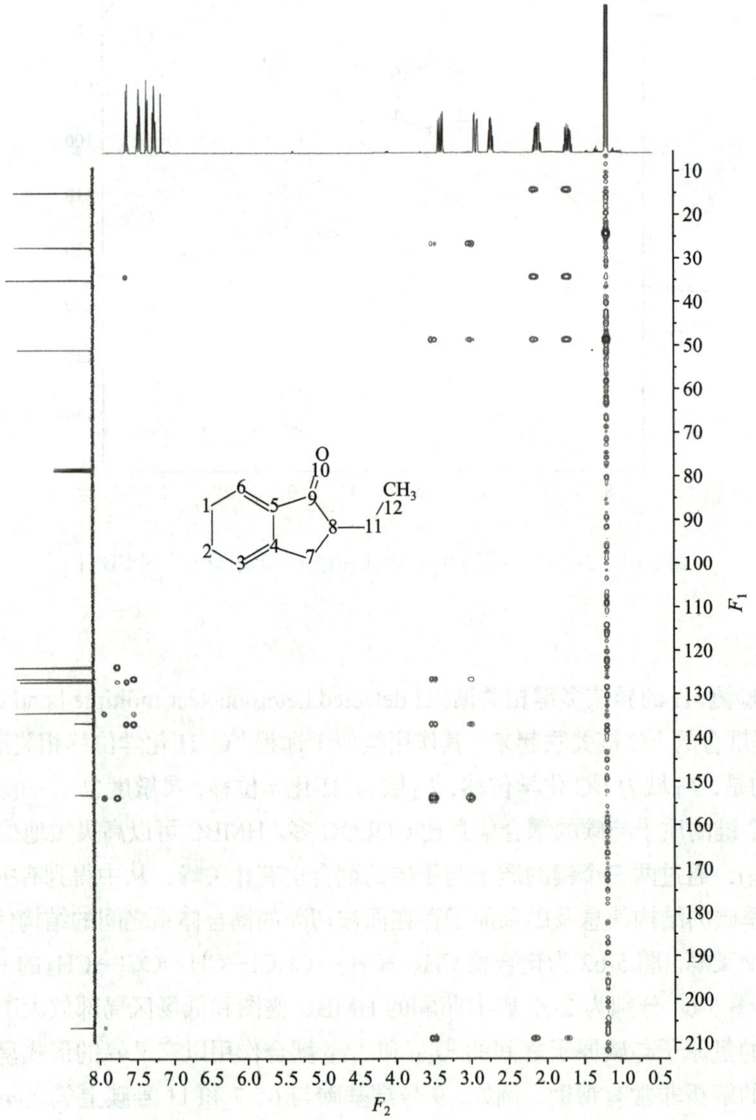

图 5-63　2-乙基-1-茚酮的 HMBC 谱图(400 MHz，溶剂 $CDCl_3$)

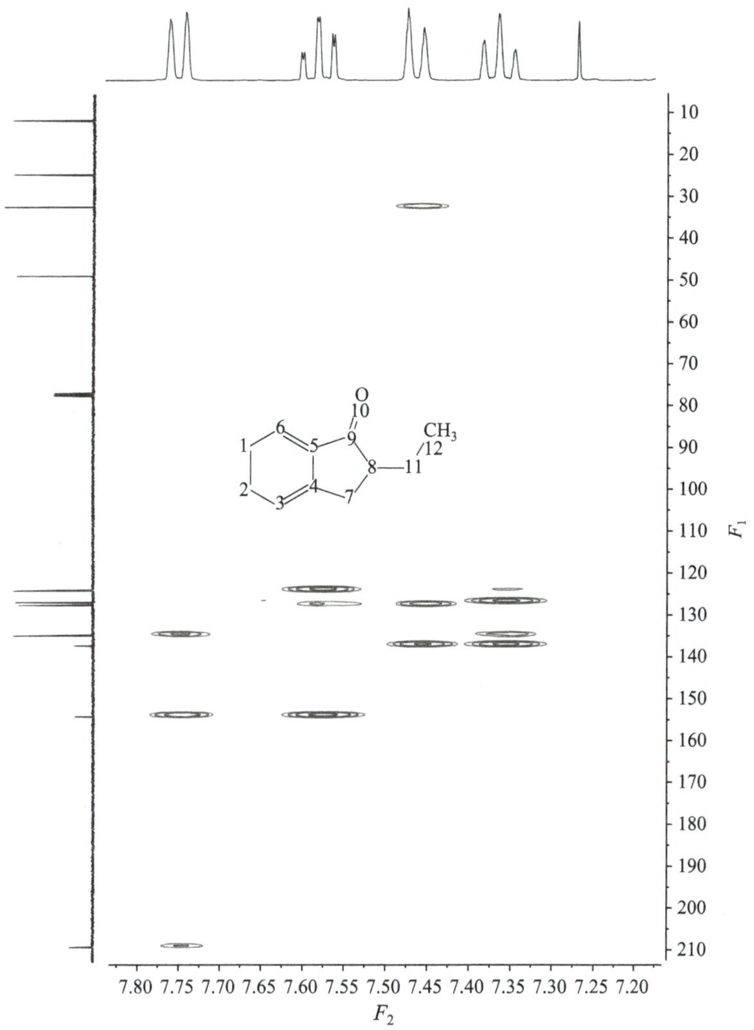

图 5-64 2-乙基-1-茚酮的 HMBC 低场区局部放大图(400 MHz，溶剂 $CDCl_3$)

5.6.8 二维核磁共振谱的对照

前面简单地介绍了结构解析常用的几种二维核磁共振谱的特点和简要解析方法。二维核磁共振谱是近年来发展极快、应用越来越广的结构解析手段。随着仪器和技术的发展，二维核磁共振谱还在不断进步和完善。减少样品用量，缩短测试时间，提高检测灵敏度，提供更加有用的信息是人们追求的目标。

现有的二维核磁共振谱种类较多，每种谱的样品用量、测试时间、用途大不相同。表 5-28 简要列出了这些二维核磁共振谱的有关信息。

表 5-28 常用二维核磁共振谱对照

名称	样品量/mg	实验时间	相关途径	用途
^1H-^1H 2D J 谱	5		J_{HH}	确定 δ_H, J_{HH}
^{13}C-^1H 2D J 谱	20		J_{CH}	确定 δ_C, J_{CH}, 碳上氢的个数
COSY	5	5～30 min	J_{HH}	确定 H-H 耦合关系

续表

名称	样品量/mg	实验时间	相关途径	用途
INADEQUATE	100	24～72 h	J_{CC}	确定分子 C-C 连接关系
HETCOR	20	1～2 h	$^{1}J_{CH}$	确定 C-H 耦合关系
COLOC	20	4～12 h	$^{n}J_{CH}(n\geqslant 2)$	确定远程 C-H 耦合关系
异核 RELAY	20	～30 min	$^{n}J_{CH}(n\leqslant 2)$	确定分子 C-C 连接关系
TOCSY	5	5～30 min	$^{n}J_{HH}$	确定自旋体系及质子间耦合关系
NOESY	10	1～2 h	NOE	提供空间或交换信息
HMQC/HSQC	10	0.5～2 h	$^{1}J_{CH}$	同 HETCOR，浓度可以低些
HMBC	10	2～12 h	$^{n}J_{CH}(n\geqslant 2)$	同 COLOC，浓度可以低些

习　题

(以下碳谱中数字为化学位移，s、d、t 和 q 为偏共振谱中的峰数目)

1. 下图给出某化合物的 ^{13}C NMR 谱。已知分子式为 $C_{10}H_{12}O$，试推测其结构式。

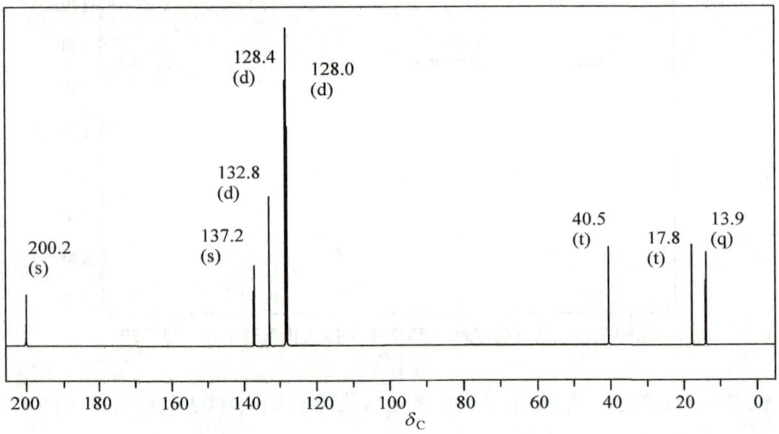

2. 某化合物 $C_4H_8O_2$ 的质子去耦 ^{13}C NMR 谱只在 δ_C = 67.12 处有一个峰，这是什么化合物？

3. 某化合物 C_7H_8O，其碳谱和氢谱($CDCl_3$ 溶剂)如下，试推测其结构式。

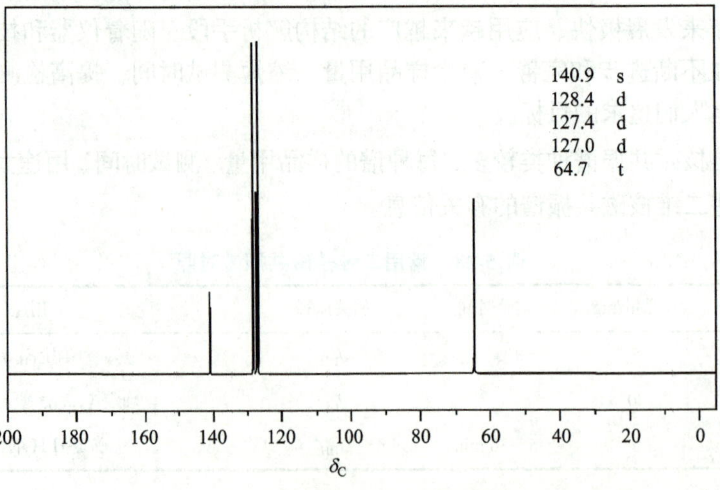

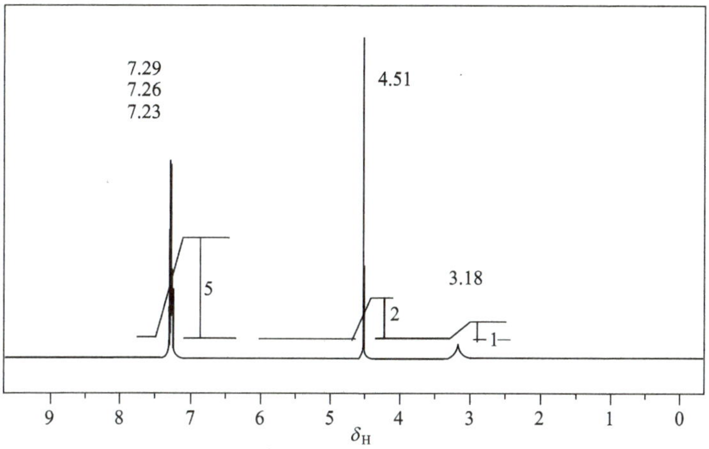

4. 某化合物分子式为 C_4H_7NO，其碳谱和氢谱($CDCl_3$溶剂)如下，试推测其结构式。

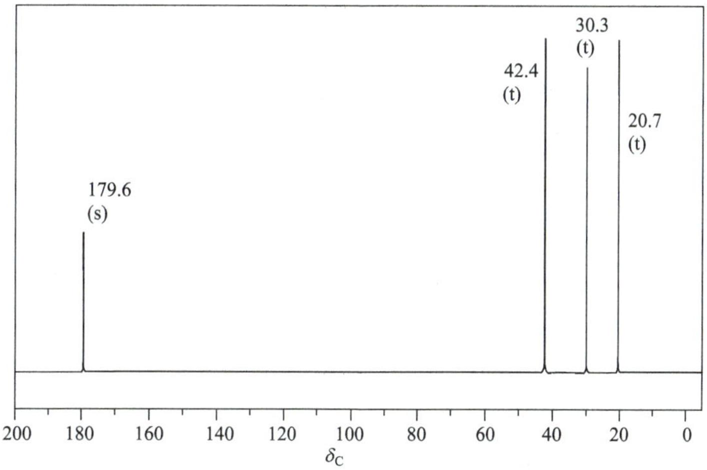

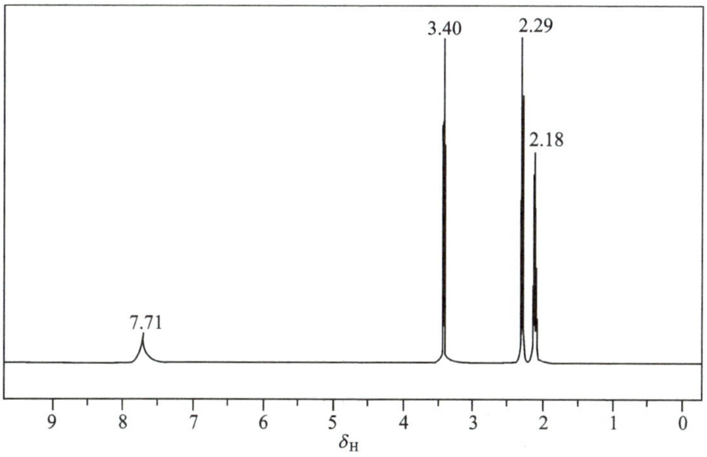

5. 从 DEPT 如何区分和确定 CH_3、CH_2、CH 和季碳?

6. 有一化合物，分子式为 $C_3H_3O_2F_3$，其氢谱显示在～3.95 有一单峰，IR 谱图中在 1792 cm^{-1}、1144 cm^{-1} 有两个强峰，^{13}C NMR 谱如下，试推测其结构式。

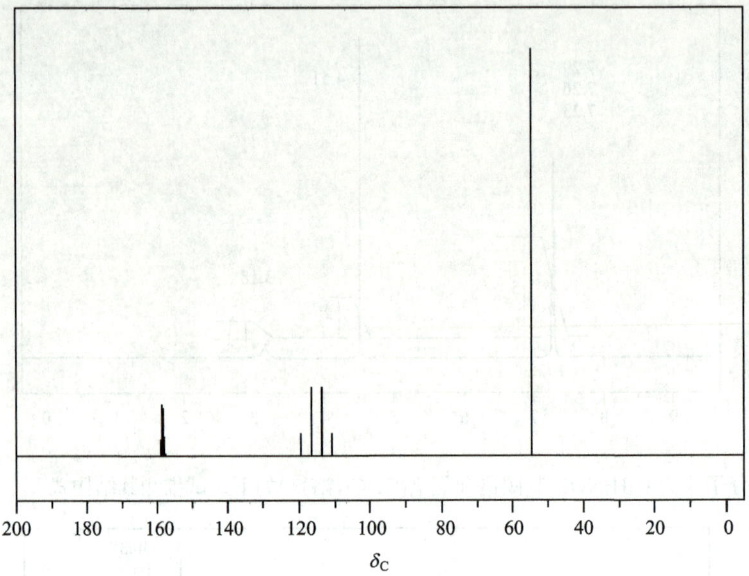

7. 有一个分子量为 121 的化合物，其碳谱如下，试推测其结构式。

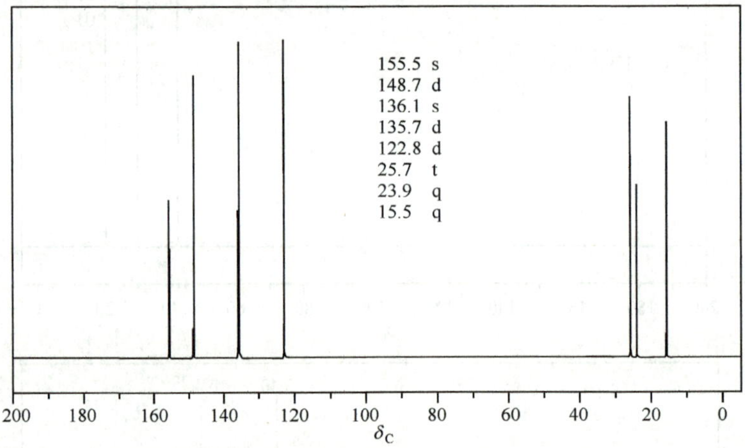

8. 有一化合物，分子式为 $C_{10}H_{13}NO_2$，其碳谱和氢谱如下，试推测其结构式。

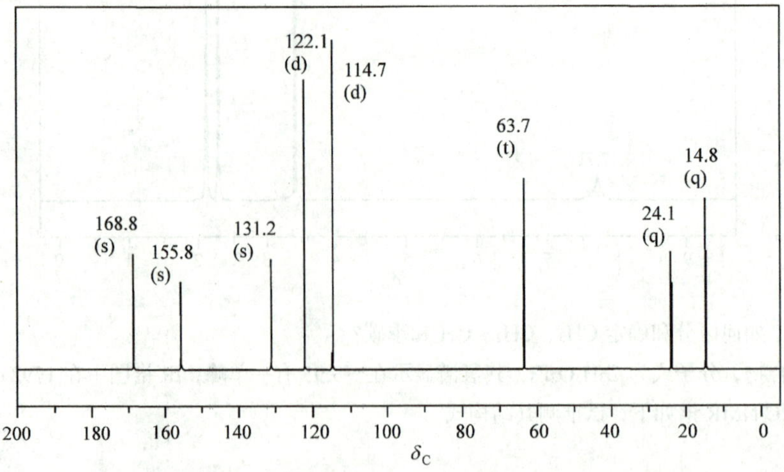

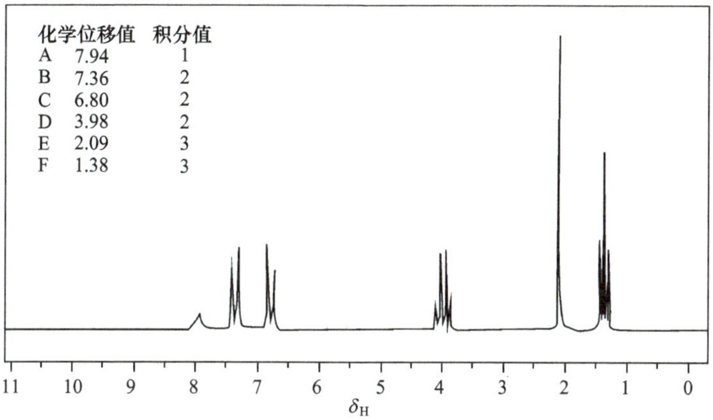

9. 有一化合物，分子式为 C_3H_7NO，其碳谱和氢谱如下，试推测其结构式。

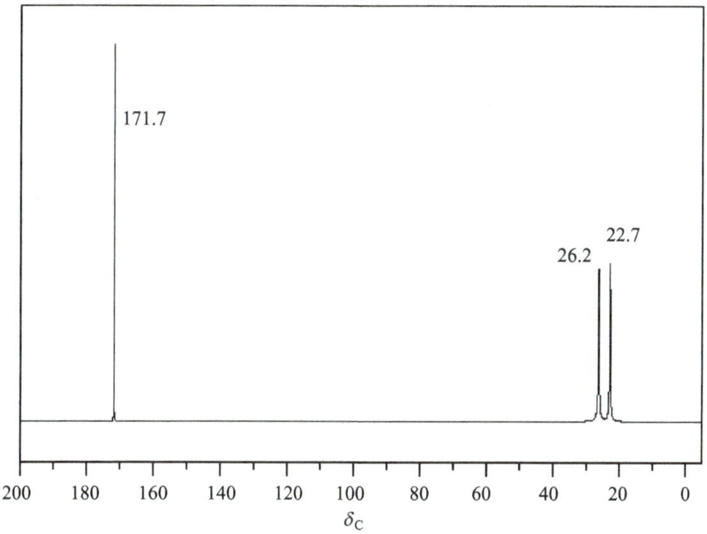

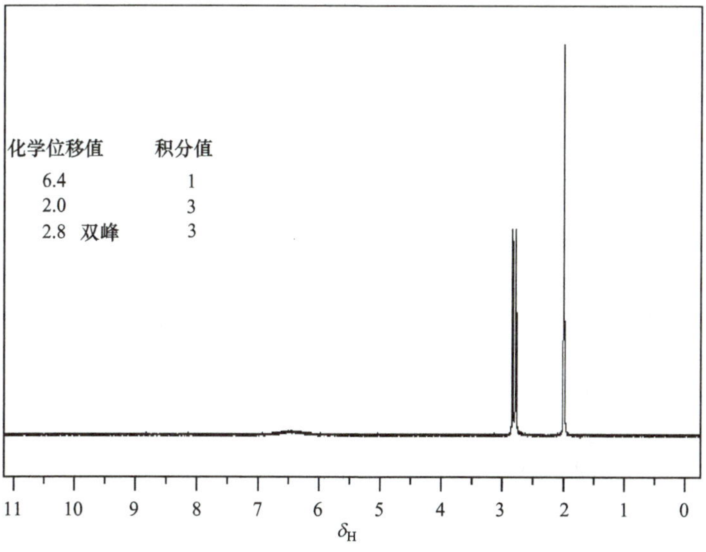

10. 有一化合物，分子式为 $C_{10}H_{12}O_2$，其碳谱和氢谱如下，试推测其结构式。

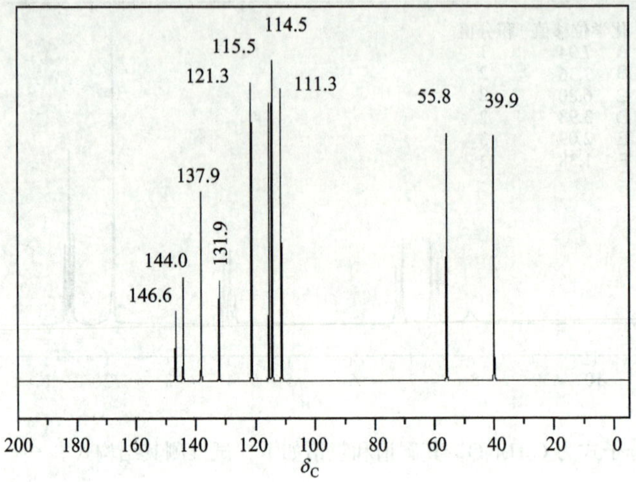

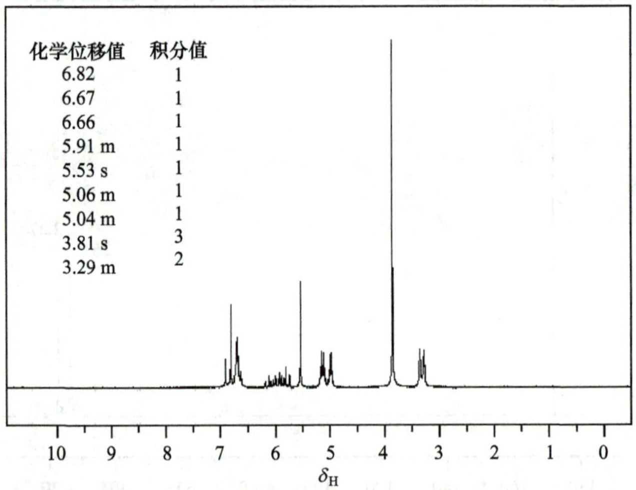

11. 有一化合物，分子式为 $C_{10}H_{12}O_2$，其碳谱和氢谱如下，试推测其结构式。

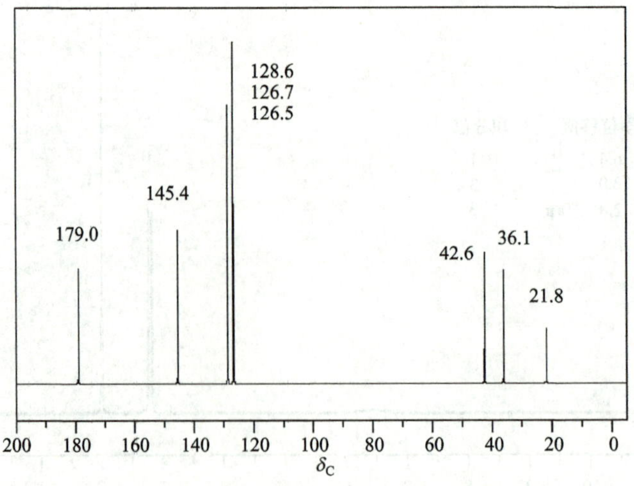

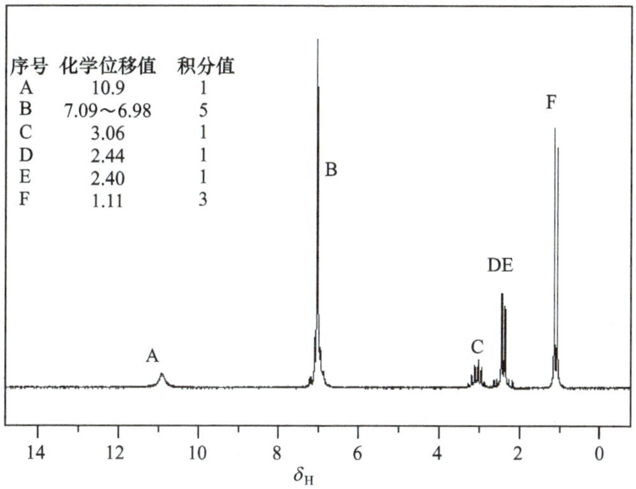

12. 有一化合物，分子式为 $C_6H_{13}NO_2$，其碳谱和氢谱如下，试推测其结构式。

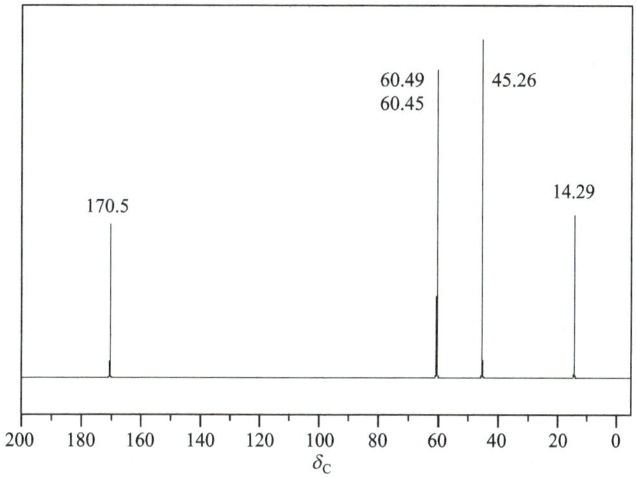

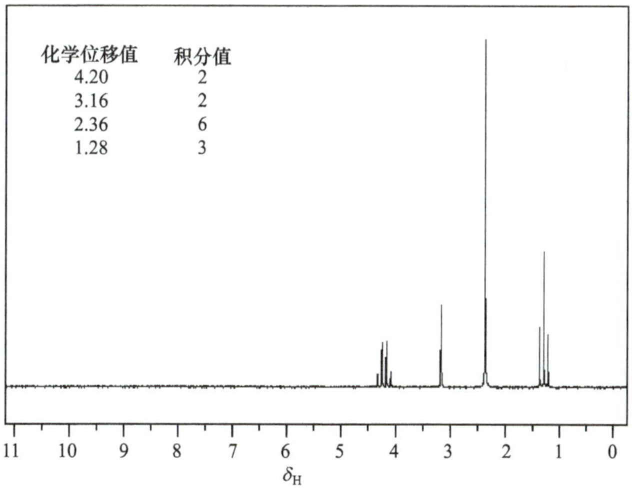

13. 有一化合物，分子式为 $C_6H_{13}NO_2$，其碳谱和氢谱如下，试推测其结构式。

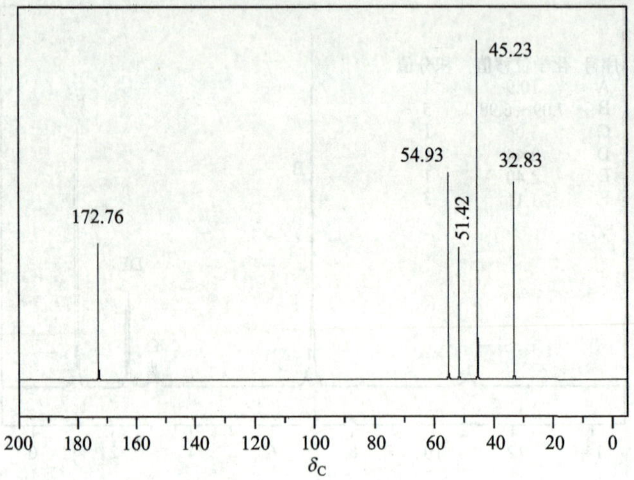

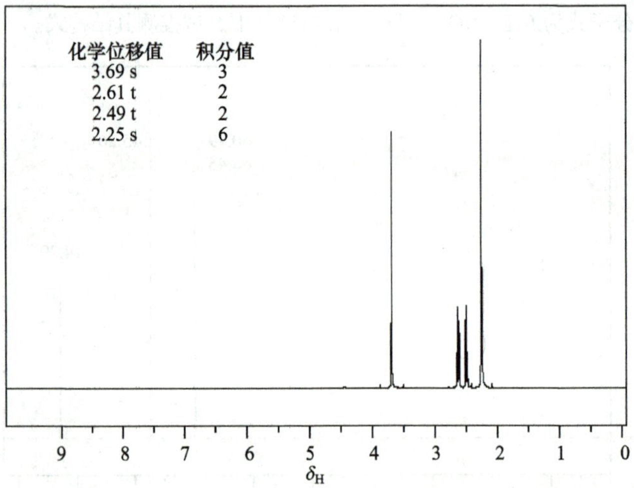

14. 有分子式为 $C_{10}H_{14}$ 的几个同分异构化合物，其 ^{13}C NMR 谱如下，试推测化合物的结构式。

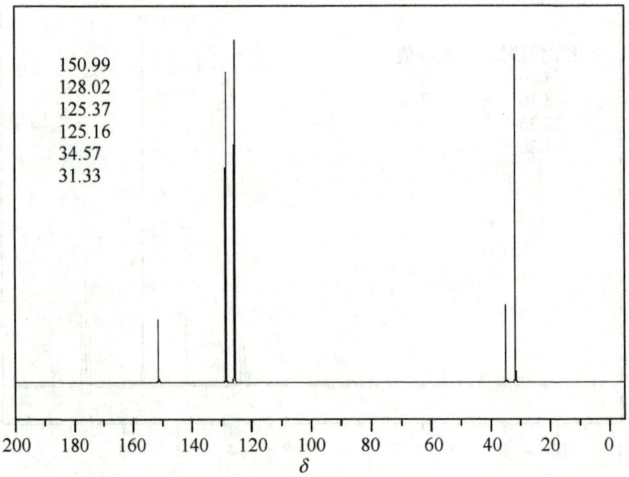

A

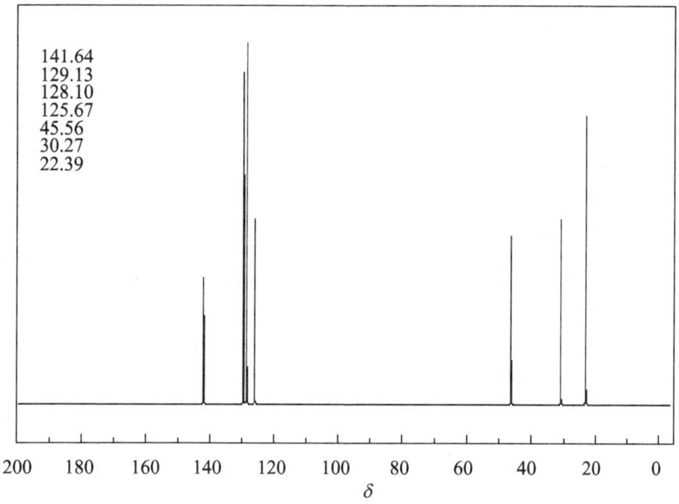

B

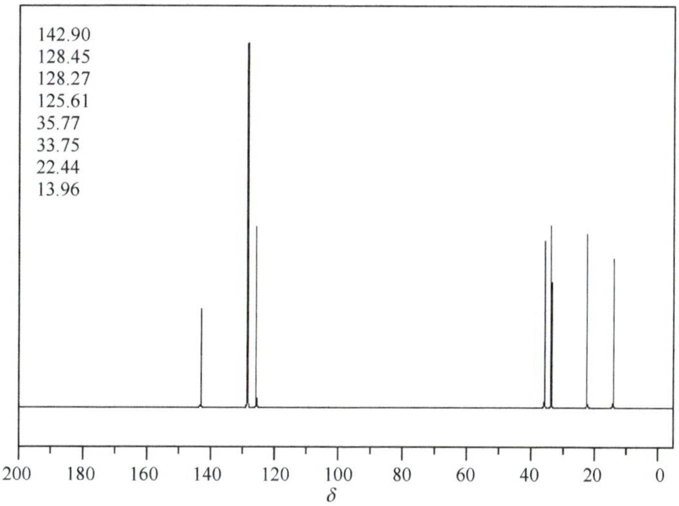

C

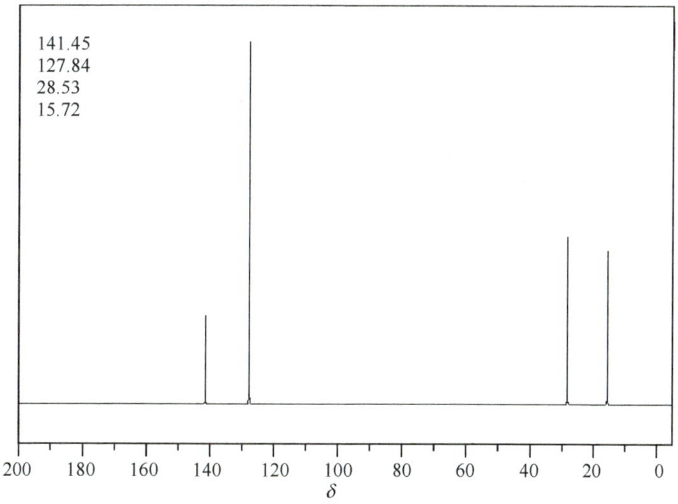

D

15. 化合物 1a 和 2a 在钯催化下，发生开环羰基化反应，产物为化合物 3a 和 3a′中的一种。试简要论述如何利用核磁共振表征技术确认产物的结构式。

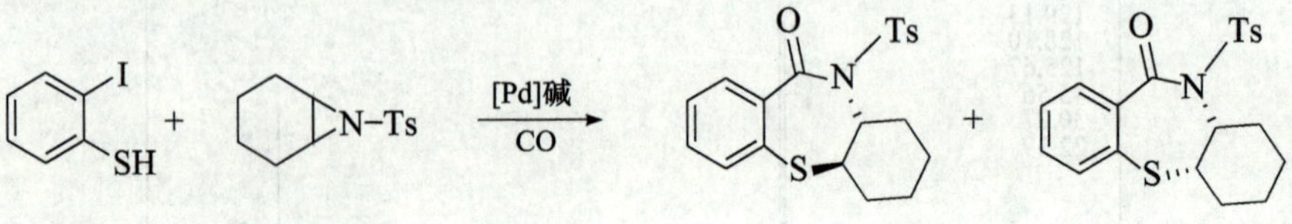

1a 2a 3a 3a′

第 6 章 质 谱 法

通过一定手段使分子电离，形成带电荷的离子，这些离子按照其相对质量 m 和电荷 z 的比值(质荷比，m/z)大小依次排列成谱，并被记录下来，称为质谱(mass spectrum，MS)。进行质谱分析的仪器称为质谱仪(mass spectrometer)。

质谱法有以下特点：

(1) 应用范围广。质谱仪种类很多，工作原理和应用范围也有很大不同，按用途分为同位素质谱仪、无机质谱仪、有机质谱仪和生物质谱仪等。被分析的样品可以是无机化合物、有机化合物，也可以是生物分子；既可以是气体和液体，也可以是固体。

从 20 世纪 60 年代开始，质谱就广泛地应用于有机化合物结构分析和定性鉴定、原子量和分子量测定、分子式推断、同位素分析、化学反应过程研究、热力学与反应动力学研究，用于化学、化工、医药、生物、环境以及生产过程监测、环境监测、生理监测与临床研究、空间探测与研究等领域。

随着科学技术的发展，质谱仪已实现了与不同分离仪器的联用。例如，气相色谱与质谱的联用、高效液相色谱与质谱的联用、质谱与质谱的联用已成为多组分有机化合物混合样品结构测定及定性分析的有效方法。

(2) 灵敏度高，样品用量少。目前有机质谱仪绝对灵敏度可达 50 pg，无机质谱仪绝对灵敏度可达 10^{-14} g，相对灵敏度可优于 10^{-9}。在只有超微量(样品取样为微克级)的样品时，质谱是能够测定其结构的很少的几种方法之一。

(3) 分析速度快(可在数分钟之内完成一次测试)，并可实现多组分同时检测；既能进行定性分析，又能进行定量分析(误差较大)。

(4) 能同时提供有机样品的精确分子量、元素组成、碳骨架及官能团结构信息。

(5) 质谱仪和电子计算机的结合使用，不仅简化了质谱仪的操作，而且扩展了质谱仪的分析能力，使质谱成为测定有机化合物结构的强有力的工具。得到谱图后，计算机与内存的十几万张标准谱图可以自动对照，从而提供可能的样品名称和分子式。

(6) 与其他仪器相比，质谱仪结构复杂，价格昂贵，使用及维修比较困难。

(7) 样品被破坏，无法回收。

本章以介绍有机质谱为主。

6.1 仪器及原理

质谱仪种类、型号各异，采用不同的仪器和配置，选择不同的测试条件，形成的质谱可能不同。目前质谱主要以测定正离子为主，当具有一定能量的电子流冲击气态有机分子时，分子失去一个价电子成为带一个正电荷的分子离子。这个离子有可能进一步裂解产生多个带正电荷的碎片。通过对这些分子离子和碎片的分析可以获得测试样品的结构信息。本章只介绍有机化合物正离子的质谱行为。

有机分子形成分子离子的离子化电压(解离能)为 9～15 eV，如苯为 9.24 eV，甲烷为 13.1 eV。但一般所用冲击电子流的能量为 50～80 eV，常规为 70 eV。此时，电子流电子的能量比解离能高很多。因此，受到轰击的分子，除形成分子离子外，还有多余的能量可导致化学键的断裂，形成许多碎片。这些碎片有的带正电荷，有的不带电荷。在某些情况下，也能产生带负电荷的碎片。带正电荷的分子离子及碎片离子按质荷比大小依次经过质谱仪，在其相应的质荷比(m/z)值处出现峰，并依质荷比(m/z)大小排列得到质谱图。

质谱图一般都采用“条图”。在图中横坐标表示质荷比(m/z)。因为 z 值常为 1，所以实际上 m/z 值多为该离子的质量数。纵坐标表示峰的相对强度(relative intensity，RI)或称相对丰度(relative abundance，RA)。纵坐标是以图中最强的离子峰(称为基准峰，也称基峰)的峰高作为 100%，而以对它的百分比来表示其他离子峰的强度(图 6-1)。峰越高表示检测到的离子越多，即谱线的强度与离子的多少成正比。

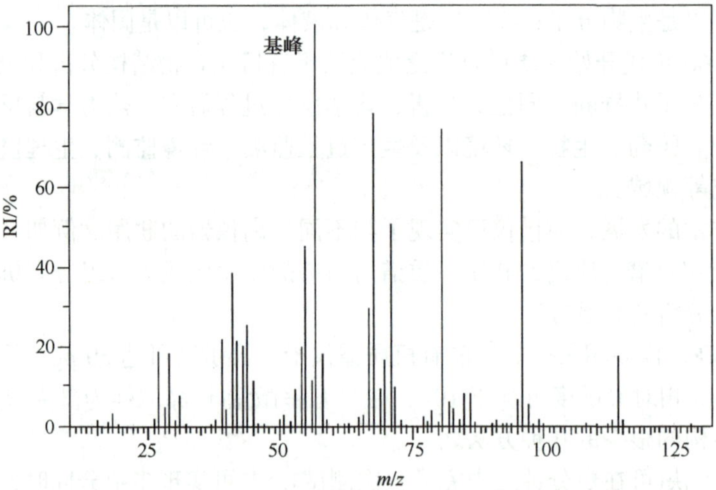

图 6-1 甲基环己烷的质谱图

6.1.1 质谱仪

早在 1912 年左右，汤姆孙(J. J. Thomson)就制成了第一台质谱装置，并用其发现了氖的两个同位素 ^{20}Ne 和 ^{22}Ne。质谱分析的早期工作主要是测定原子量，分析同位素并发现了许多稳定同位素。20 世纪 30 年代，离子光学(ion optics)理论的建立促进了质谱仪的发展，出现了各种以弯曲电场和磁场为分析器的双聚焦质谱仪。20 世纪 40 年代以后，质谱仪除用于实验室工作外，还用于原子能工业和石油工业。近几十年来，质谱仪发展非常迅速，相继出现了多种类型和多种用途的质谱仪。由于进样系统、离子源和分析系统的多样性，质谱可以适应各种样品，无论是气体、液体和固体，还是小分子、大分子和聚合物都可以分析，也有可能进行热不稳定和难挥发样品的分析。色谱-质谱联用系统的出现，实现了高性能的分离仪器与高灵敏度的质谱仪相结合，使多组分混合物样品的结构分析成为现实，也为分析生物大分子如蛋白质、核酸和多糖等的结构以及分析复杂体系中生物活性分子提供了有效手段。质谱仪在有机物分析中占有重要地位。质谱仪的另一分支——二次离子质谱仪的出现，为表面和深度分析提供了一种有力工具。目前，质谱已广泛应用于化学、化工、石油、地质、冶金、原子能、半导体、医药、卫生、环境及宇航等各个领域，已经成为一种常用的分析工具。

典型的质谱仪一般由进样系统、离子源、质量分析器、检测器组成，此外还包括真空系统、供电系统和数据处理系统等辅助设备。图 6-2 是质谱仪的组成示意图。对于不同种类和不同用途的质谱仪，其结构有所不同。现将一般质谱仪的主要组成部分及其原理叙述如下。

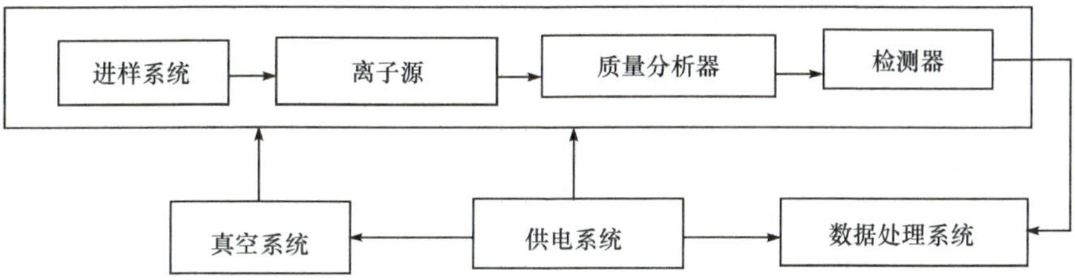

图 6-2 质谱仪的组成示意图

1. 进样系统

现代质谱仪的进样方式有很多种，离子源也有多种，两者要配套使用。其中，很多离子源，如最常用的电子轰击源要求样品必须气化。固体和沸点较高的液体样品可以用进样杆将样品通过真空闭锁装置送入离子源中，样品在高真空的离子源中被加热气化。应注意的是，采用这种直接进样杆(也称探针杆，probe)所用样品容易过多，目测恰好能看见一小粒晶体即可，加热速度也要控制，以免样品气化过快。进样杆是一直径为 6 mm、长为 25 cm 的不锈钢杆，一端装有手柄，另一端有一盛放样品的石英坩埚、金坩埚或铂坩埚。进样杆可以将微克级或更少的样品直接送入离子源，进样杆中的样品可以在数秒钟之内加热到很高的温度。这样既可增加样品分压，又可提高样品利用率。低沸点样品可以通过储罐系统导入：将过量的样品(约 0.1 mg)气化并导入一个抽空的加热储罐中，样品以恒定的流速由储罐通过一个小孔(分子漏缝)流入离子源。储罐系统应全部由玻璃制成，并保持恒温，以避免样品发生催化、热分解或冷凝。

有机质谱仪能与色谱仪通过接口连在一起，组成 GC-MS(气相色谱-质谱)或 HPLC-MS(高效液相色谱-质谱)联用系统。色谱仪作为分离工具及质谱仪的进样系统，由色谱柱流出的样品经过接口装置，除去流动相后进入质谱仪，而质谱仪则成为色谱仪的检测器。GC-MS 和 HPLC-MS 中的关键问题是气相色谱或高效液相色谱与质谱的接口问题，如 GC-MS 中的接口要解决的是气压匹配问题，而 HPLC-MS 中的接口要解决的是不让流动相进入质谱仪。为解决进样量可能过大的问题，均采用小分离柱色谱，如在 GC-MS 中是用毛细管色谱。

用于无机成分分析的质谱仪，可以把要分析的样品做成电极，置于离子源中，依靠高频电压使其电离，也可用其他方法。现在的无机质谱仪多用泵打样品溶液，在氩气气流中雾化进样，用电感耦合等离子体(ICP)离子源使样品溶液小液滴干燥，样品分子分解，变成中性粒子和离子。电感耦合等离子体及前面的配套部件既是进样装置又是离子源。

2. 离子源

质谱分析的对象是离子，因此首先要把样品分子或原子电离成离子。产生离子的装置称为离子源。离子源中的本底压力(无样品时的气压)约为 10^{-5} Pa。

在质谱仪中，要求离子源产生的离子多、稳定性好、质量歧视效应小。质谱仪的离子源种类很多，其原理和用途各不相同。无机质谱仪一般用电感耦合等离子体离子源、火花放电电离源和辉光放电离子源。下面仅就有机质谱中最常用的几种离子源加以说明。

1) 电子轰击源

图 6-3 是电子轰击(electron impact，EI)源示意图。炽热灯丝经加热后发射的电子在电离盒和灯丝之间所加的电子加速电压作用下形成高能电子，该高能电子在磁场作用下呈螺旋运动并聚焦，形成具有一定能量的高能电子束。由 GC 或直接进样杆导入的样品分子以气态形式进入离子源，与高能电子束运动路径成直角，在离子源中心被高能电子束轰击电离。其中，轰击产生的正离子由一个小的排斥电位推出离子源，然后被加速正电场加速送入质量分析器。大部分(约 99.999%)样品分子、电子和离子产物被离子源的真空泵不断抽走。

一般有机化合物的电离电位约为 10 eV，在电子流轰击下，样品分子可以失去一个电子成为离子(称为分子离子，用 $M^{+\cdot}$表示)，分子离子可以继续发生化学键的断裂形成碎片离子。在轰击电子能量一定的情况下，相同的有机物分子各碎片离子之间的相对强度是一定的，即相同的化合物在固定条件下所形成的质谱是一样的。

电子轰击源结构简单，电离效率高，得到的离子流稳定性好、产率高，因此灵敏度高，可作质量校准。得到的质谱中离子峰多，提供的结构信息丰富，重现性好，有标准质谱图库可以检索(目前所有的标准质谱图大多是在 EI 源 70 eV 下获得)，因而应用最广泛。其缺点是，样品需要先气化，不适用于难挥发、热稳定性差的样品测定。

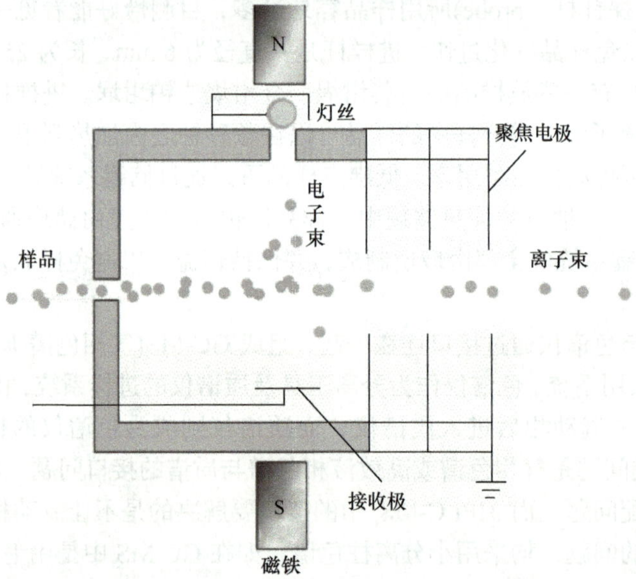

图 6-3　电子轰击源示意图

2) 化学电离源

如前所述，利用电子轰击源分析有机化合物，如果被分析的样品分子量太大或稳定性差，则不易得到分子离子，因而也不能测定分子量。化学电离(chemical ionization，CI)源就是为了解决这个问题而发展起来的一项技术。

图 6-4 是化学电离源示意图。样品放在直接进样探头顶端的玻璃毛细管中，通过隔离阀进入离子源，也可以用其他方式进样。反应气经过压强控制与测量后导入电离室，反应气压力约为 100 Pa。毛细管中样品经加热器加热蒸发进入反应室。在反应室，反应气的浓度比样品大得多，反应气首先被电离成离子。然后，反应气的离子与样品分子通过离子-分子反应，产生样品离子。化学电离源常用的反应气有 CH_4、N_2、He 或 NH_3 等。在色谱-质谱联用仪中，如果使用色谱载气作为质谱的反应气，则可以不必分离载气，因而可提高样品的利用率。

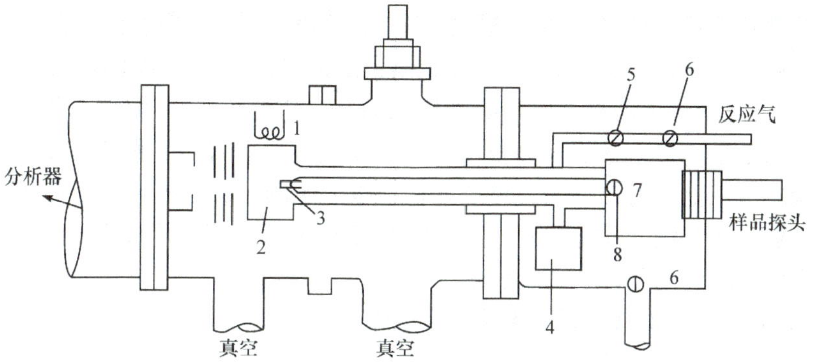

图 6-4　化学电离源示意图

1. 灯丝；2. 反应室；3. 样品；4. 真空测量规；5. 气流控制阀；6. 切换阀；7. 前级真空室隔离阀；8. 隔离阀

现以 CH_4 作为反应气，XH 表示样品分子来说明化学电离的过程。在电离室，样品含量约为反应气的 10^{-3}。由于样品气分压低，故在电子轰击下，主要是反应气电离，即

$$CH_4 \xrightarrow{e^-} CH_4^{+\bullet} + CH_3^+ + CH_2^{+\bullet} + CH^+ + C^{+\bullet} + H_2^{+\bullet} + H^+$$

在该过程中，生成的碎片离子主要是 $CH_4^{+\bullet}$ 和 CH_3^+，它们又与反应气作用，生成两种新的离子，即

$$CH_4^{+\bullet} + CH_4 \longrightarrow \cdot CH_3 + CH_5^+ \quad (48\%)$$

$$CH_3^+ + CH_4 \longrightarrow H_2 + C_2H_5^+ \quad (41\%)$$

$$CH_2^{+\bullet} + 2CH_4 \longrightarrow 2H_2 + H\cdot + C_3H_5^+ \quad (6\%)$$

$$CH_3^+ + 2CH_4 \longrightarrow 2H_2 + C_3H_7^+$$

生成的离子再与样品分子反应，得到准分子离子 XH_2^+ 或 X^+，即

$$CH_5^+ + XH \longrightarrow XH_2^+ + CH_4$$

$$C_2H_5^+ + XH \longrightarrow XH_2^+ + C_2H_4$$

$$C_2H_5^+ + XH \longrightarrow X^+ + C_2H_6$$

$$C_3H_5^+ + XH \longrightarrow X^+ + C_3H_6$$

反应生成的准分子离子也可能再发生分解，得到碎片离子，即

$$XH_2^+ \longrightarrow X^+ + H_2$$

$$XH_2^+ \longrightarrow A^+ + C$$

$$X^+ \longrightarrow B^+ + D$$

这样，样品经过电荷交换等各种离子-分子反应，总共产生 $XH_2^+(M+1)$、$X^+(M-1)$、A^+和 B^+(碎片离子)四类离子，检测这些离子，就可得到样品的质谱。

利用 CI 源比 EI 源容易得到较强的分子离子峰。严格来说，所得到的是准分子离子(quasi-molecular ion, QM^+)峰，即 $(M\pm1)$ 峰。例如，胺和醚等含杂原子的分子通常产生丰富的$(M+1)$离子，而饱和烃则常产生$(M-1)$离子。CI 源得到的谱图碎片离子少，好像谱图被大大简化了。

CI 源一般都有正 CI 和负 CI，可以根据测试情况选择。对于多数有机化合物，负离子 CI 谱图灵敏度比正离子 CI 谱图高许多。负离子 CI 谱图已逐步成为某些复杂混合物的定量分析方法。

CI 源一般不适用于热不稳定性或极性较大的有机化合物(如非衍生的多肽、多羟基苷六糖、重金属有机盐等)分析，为此又发展了解吸化学电离源。将样品直接点在解吸化学电离源的进样杆顶端的探头上，将此探头直接插入化学电离源的等离子区，瞬间加热探头，使有机化合物在热分解前即气化，并与反应气离子发生离子-分子反应，生成准分子离子，为 CI 源在生物化学研究中的应用开辟了新的前景。

由于 CI 谱不是标准质谱，因此无法进行谱库检索。

3) 场电离和场解吸离子源

场电离(field ionization，FI)和场解吸(field desorption，FD)离子源于 20 世纪 60 年代相继用于质谱分析。FI 是气态分子在强电场作用下发生的电离。在作为场离子发射体的金属刀片、尖端或细丝上施加正电压，由此形成 10^7～10^8 V/cm^2 的场强，处于高静电发射体附近的样品气态分子失去价电子而电离为正离子。对液态或固态样品进行 FI 时，仍需要气化。

FD 则没有气化要求，而是将样品吸附在作为离子发射体的金属细丝上送入离子源。只要在细丝上通以微弱电流，提供样品从发射体上解吸的能量，解吸出来的样品即扩散(不是气化)到高场强的场发射区域进行离子化。显然，FD 特别适合于难气化和热稳定性差的固体样品分析，如肽类化合物、糖、高聚有机酸的盐、金属有机化合物等。

FI 和 FD 的共同特点是形成的 $M^{+\bullet}$没有过多的剩余热力学能，减少了分子离子进一步裂解的概率，增加了准分子离子峰的丰度，碎片离子峰相对减少。这两种离子源应用已不多。

4) 二次离子质谱和快速原子轰击源

二次离子质谱(secondary ion mass spectroscopy，SIMS)如图 6-5(a)所示，是将氩离子(Ar^+)束经过电场加速打在样品上，样品分子离子化产生二次离子。这种由正离子轰击的离子化能力很强，其不足之处是由于离子源的加速电压为正高压，因此要求 Ar^+有很高的能量才能进入离子源；而且被分析的样品要有良好的导电性，能消除离子轰击中产生的电荷效应，否则将最终抑制二次离子流，这就限制了它在有机物分析上的应用。

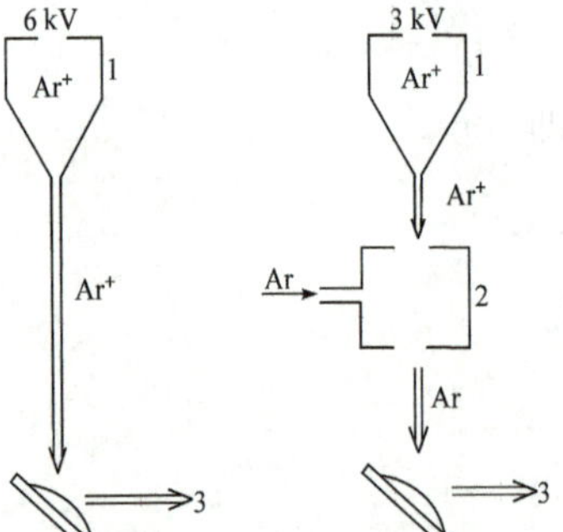

图 6-5　SIMS(a)和 FAB(b)

1. 离子枪；2. 中和器；3. 质量分析器

受到 SIMS 的启示，20 世纪 80 年代发展出新的离子源——快速原子轰击 (fast atom bombardment，FAB)源，如图 6-5(b)所示。由氩离子枪产生的高能量的 Ar^+进入充满氩气的电荷交换室，Ar^+经电荷交换后保持原来的能量，形成高能量的中性氩原子流。高速氩原子轰击样品分子使其离子化。

在这两种离子源中，原子的速度可以通过一次离子的加速电压来调节，属于“软”电离源。有机化合物通常用甘油(基质，又称为底物)调和后涂在金属靶上，生成的离子是被测有机化合物分子与质子及底物作用生成的准分子离子，其准分子离子的组成较为复杂。除质子转移之外，还可能加合基质分子及金属离子(当有金属盐存在时)，如 MH^+、$[M+G+H]^+$(G=基质)、$[2M+H]^+$及$[M+G+H-H_2O]^+$和$[2M+H-H_2O]^+$，产物也有碎片，碎片不同于 EI 源。常用的基质除甘油外，还有硫甘油(thioglycerol)、3-硝基苄醇(3-nitrobenzyl alcohol)、三乙醇胺(triethanolamine)、聚乙二醇(polyethylene glycol)等。

这两种电离源的共同特点是完全避免了对有机化合物的加热，更加适用于热不稳定的、难气化的有机化合物分析，可以检测分子量大的有机化合物。这两种电离源可以得到基本相同的谱图。FAB 由于原子束分散，灵敏度稍低，但正、负离子率相等，有利于负离子的研究，适用于多肽、核苷酸、有机金属配合物，以及磺酸或磺酸盐类等难挥发、热不稳定、强极性、大分子量的有机化合物分析，在生命科学中显示出极大的应用潜力。

5) 基质辅助激光解吸电离源

20 世纪 60 年代，激光技术开始用于质谱技术，早期的激光解吸电离源是将有机化合物制成溶液后涂敷在由不锈钢或玻璃制成的样品靶上，聚焦到功率密度高达 10^6～10^8 W/cm^2 的激光从背面照向样品使其解吸电离。1975 年，F. Hillenkamp 首先将基质辅助激光解吸电离(matrix-assisted laser desorption ionization，MALDI)源与能瞬时记录谱图的飞行时间质谱仪(TOF-MS)结合起来(MALDI-TOF-MS)分析蛋白质和多肽。现在的一种做法是将样品(浓度为 μmol/L 级)的溶液和在所用激光波长下有强吸收的基质(浓度为 mmol/L 级)的溶液混合，蒸发溶剂，得到样品与基质形成的固体物质。用一定脉冲式激光进行照射，基质分子能有效地吸收激光的能量，使基质分子和样品投射到气相并得到电离，称为基质辅助激光解吸电离质谱(MALDI-MS)。采用基质以分散分析样品是该技术的特色和创新之处，基质的主要作用是作为把能量从激光束传递给样品的中间体。此外，大量过量的基质($m_{基质}$：$m_{样品}$ = 10 000：1)使样品得以有效分散，从而减少被分析样品分子间的相互作用。基质的选择主要取决于所采用激光的波长，其次是被分析对象的性质，要求基质能强烈地吸收激光的辐照，也能较好地溶解试样并形成溶液。常用的基质有烟酸、2,5-二羟基苯甲酸、芥子酸、琥珀酸、甘油、间硝基苄醇、邻硝苯基辛基醚等。该方法大大提高了分析的灵敏度和选择性，使 MALDI-MS 成为分析生物大分子、肽类化合物和核酸等样品的最有力的工具之一，最大分子量可做到 500 000。MALDI-MS 产生的离子有$[M+H]^+$、$[M+cation]^+$(cation=K^+, Na^+, …)和$[M+n\ matrix+H]^+$(matrix=基质)和少量的碎片离子。

MALDI 是一种结构简单、灵敏度高的电离源。由于应用脉冲激光，MALDI 特别适合与飞行时间质谱仪匹配，也可以与离子阱类的质量分析器匹配。

6) 热喷雾电离源

热喷雾电离(thermospray ionization，TSI)源是最早成功用于液质联用的接口技术之一，解决了液相色谱与质谱联用的匹配问题，同时兼有使分析物电离的功能，使液相色谱与质谱的联用展现了美好的前景。

TSI 是用加热的毛细管将样品溶液导入质谱仪中，在此过程中，样品溶液被加热气化成超声速的过热微小液滴进入加热的离子源。这些微小液滴经过离子源时，溶剂继续蒸发，其蒸气被真空系统抽去。随着样品溶液的蒸发，样品分子被电离，产生的各种离子进入质量分析器。蒸发出的离子的电荷有正有负。通过选择质谱的不同极性，对两者都能进行检测。

许多商品化的多种用途质谱可以方便地从 EI/CI 操作变成 HPLC-TSI-MS 操作。首先将 EI/CI 源换成 TSI 专用源。它主要由 TSI 探针和真空系统组成。连接 HPLC 和 MS 是靠 TSI 探针，它取代了质谱中的直接进样器的位置。其他附件主要是用来排除大量 HPLC 溶剂的辅助泵系统。

总之，TSI 既可以单独作为有机质谱仪的电离源，也可以作为 HPLC-MS 联用仪的接口。得到的离子是多电荷离子，特别适合大分子的分析。目前，热喷雾电离已经被电喷雾电离所代替。

7) 大气压电离源

大气压电离(atmospheric pressure ionization，API)源泛指在大气压(或略低于大气压)条件下使分析物电离的手段，电离的方法有许多种，如放射性电离法、等离子放电法、化学电离法和电喷雾电离法等。在常规的质谱电离技术中，如 EI、CI、FI/FD 和 FAB 等，分析物的电离都是在离子源的高真空条件下进行。API 则采用不同的途径，分析物首先在大气压条件下电离，然后输入高真空质谱。其中，分析物在 API 条件下的质谱行为主要取决于它们本身的性质。

下面主要介绍电喷雾电离源和大气压化学电离源。

a. 电喷雾电离源

电喷雾电离(electrospray ionization，ESI)源是利用高静电场使毛细管中样品雾化和离子化的方法，包括电喷雾、离子的形成和离子的输送三个基本过程，其原理示意图如图 6-6 所示。

(1) 电喷雾：在内径为 0.1 mm 的不锈钢毛细管喷嘴上面施加 3～8 kV 电压，由于毛细管的顶端很窄，形成的电场强度可高达 10^6 V/m，毛细管针尖形成圆柱形的电极。当试样溶液以 0.5～5 μL/min 流速溢出毛细管顶端时，在大流量喷射气(常用氮气)的辅助作用下形成扇状喷雾。它是细小的液珠和溶剂蒸气的混合物。由于高压电场的作用，溶液中带某种电荷的溶质向表面移动，使液珠表面的某种电荷过剩。表面过量电荷的正或负由施加在毛细管电极上的电压正负决定。

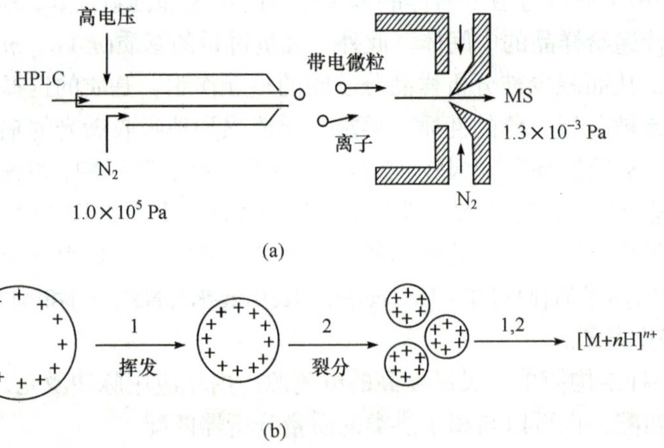

图 6-6 ESI 原理示意图

(a) ESI 仪器原理图；(b) 溶剂挥发-液滴裂分过程

(2) 离子的形成：当表面带有大量电荷的细小液珠向下游移动时，在补助气帮助下，溶剂迅速挥发，液珠表面积不断缩小，电荷密度增高。当此情况达到瑞利极限时，液珠分裂成更小的液珠。在质量和电荷重新再分配后，更小的液珠进入稳定状态，然后重复蒸发、电荷过剩和液珠分裂的过程。最后得到单电荷或多电荷的离子。

(3) 离子的输送：大气压条件下形成的离子在电位差(当然也有压力差的作用)的驱使下，通过取样孔进入质谱真空区，离子流通过一个加热的金属毛细管，进入第一个降压区，在毛细管的出口处形成超声速喷射流。由于分析物带电荷并且动能大，可通过下游处低电位的锥形分离器的小孔进入第二个降压区，经聚焦后进入质谱。而与分析物一同穿过毛细管的少量溶剂，由于呈电中性而且动量小，则在第一和第二降压区被抽走。

ESI 既是 HPLC-MS 的接口，又可作为质谱的电离源，是一种软电离源，适用于分析极性强的大分子化合物，如蛋白质、肽和糖类等。由于电离过程中容易产生多电荷离子，也适合于分子量较大的化合物分析。

b. 大气压化学电离源

大气压化学电离(atmospheric pressure chemical ionization，APCI)源是将化学电离的原理延伸到大气压下进行，其原理如图 6-7 所示。APCI 在喷嘴的下游放置一个针状电晕放电电极。通过它的高压放电，空气中某些中性分子电离，产生丰富的正离子(如 H_3O^+)和负离子(如 O_2^- 和 O^-)等。当喷射的气溶胶混合物接近放电电极时，大量的溶剂分子也会被电离。这些大量的离子与分析物分子进行气态离子-分子反应，以完成化学电离。最常见的有质子转移、加合物生成、电荷交换反应而产生正离子；质子脱离、阴离子依附和电子捕获反应而产生负离子。

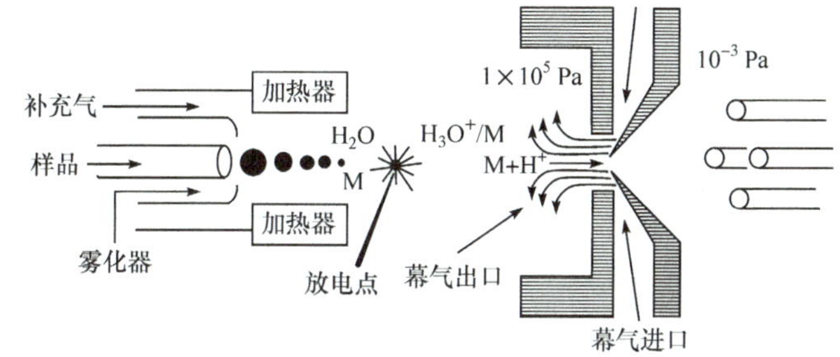

图 6-7 APCI 原理示意图

APCI 适用于分析分子量较小(一般小于 1000)的中等极性或非极性化合物，用这种电离得到的主要是准分子离子。目前在日常操作中，有些分析物由于结构和极性的特点，在 ESI 过程中不能产生足够的气相离子，可以用 APCI 的方法增加离子率，因此 APCI 往往用作 ESI 的补充手段。

APCI 既可以作为单独的离子源，也是 HPLC-MS 的接口。

8) 锎-252 等离子体解吸电离源

锎-252 等离子体解吸电离(^{252}Cf plasma desorption ionization，PDI)源是一种软电离源。^{252}Cf 原子衰变时裂解成两个几乎是在一条直线上的、方向相反的两个碎片离子(因为动量守恒)，常见的一对快速重离子是 $^{142}Ba^{18+}$和 $^{106}Tc^{22+}$，它们分别具有 79 MeV 和 104 MeV 的动能，其中一个飞向飞行时间质谱仪的“开始”检测器；另一个飞向相反方向，打在已沉积在一个薄金属箔(通常是镍箔或铝箔，厚度为 0.5～1 μm)中央上的样品，如此高能量的离子穿过样品箔时，样品温度在瞬间(10^{-12} s)升至数百摄氏度，甚至更高。当升温速度高于样品中有机化合物分子的分解速度时，有机化合物分子来不及分解就从样品表面挥发并电离，形成分子离子。形成的分子离子沿着打在样品上的高能快速重离子的飞行方向继续飞行，最后打在“停止”检测器上。两个检测器接收信号的时间差即为分子离子单位飞行时间，由此可转换成分子离子的质量。与快速原子轰击电离源相似，样品中也须加一定的底物。锎-252 等离子体解吸电离源也适用于热不稳定的、难气化的有机化合物分析。采用硝化纤维素作为底物，PDMS 可用以分析分子量高达 14 000 的多肽和蛋白质样品。图 6-8 是 ^{252}Cf 的 PDMS 实验原理框图。

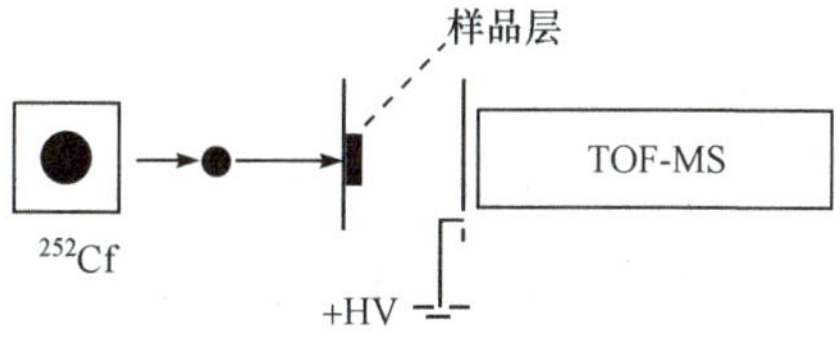

图 6-8 ^{252}Cf 的 PDMS 实验原理框图

3. 质量分析器

质量分析器是质谱仪的重要组成部分，由它将离子源产生的离子按 m/z 顺序分开。质谱仪使用的分析器有一二十种，应用比较广泛的有以下几种。

1) 单聚焦质量分析器

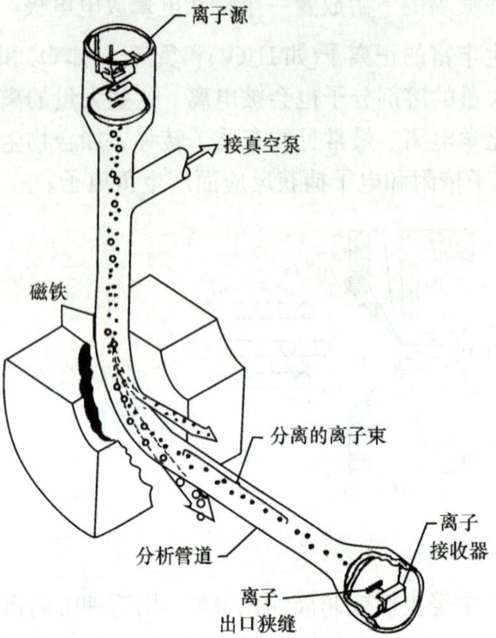

图 6-9 单聚焦质量分析器示意图

单聚焦质量分析器(single focusing mass analyzer)主要根据离子在磁场中的运动行为，将不同质量的离子分开。图 6-9 是一种单聚焦质量分析器示意图。这种分析器实际上是一个处在扇形磁场中的真空管状容器。样品在离子源中被电离成离子，假定离子的初始动能为 0，在加速电压 V 的作用下，离子所具有的动能为

$$\frac{1}{2}mv^2 = zV \tag{6-1}$$

式中：m 为离子的质量；v 为离子的速度；z 为离子的电荷量；V 为离子的加速电压。

加速后的离子进入分析器。在分析器中，离子受磁场力的作用，其运动轨迹发生偏转，改做圆周运动，圆周运动的离心力等于在磁场中受到的洛伦兹力，即

$$zVB = \frac{mv^2}{r_m} \tag{6-2}$$

式中：B 为磁场强度；r_m 为离子偏转半径。由式(6-1)和式(6-2)得

$$\frac{m}{z} = \frac{B^2 r_m{}^2}{2V} \tag{6-3}$$

$$r_m = \frac{1.41}{B}\sqrt{\frac{mV}{z}} \tag{6-4}$$

式中各项所用单位：m 为 u(原子质量单位)；B 为 G；V 为 V；r_m 为 cm；z 为离子所带电荷单位，对于单电荷离子 $z = 1$。

式(6-3)和式(6-4)为磁分析器质谱仪方程。从式中可以看出，离子在磁场中运动的轨道半径 r_m 是由 V、B 和 m/z 三者确定的。若仪器所用的加速电压和磁场强度是固定的，离子的轨道半径就仅与离子的质荷比有关。也就是说，不同质荷比的离子经过磁场后，由于偏转半径不同而彼此分开。在质谱仪中，离子接收器是固定的，r_m 值是固定的。当加速电压 V 和磁场强度 B 某一个是固定值时，只有一定质荷比的离子可以满足式(6-4)，能够通过狭缝到达接收器。如果使 B 保持不变，连续地改变 V，可以使不同 m/z 的离子依一定顺序通过狭缝到达接收器，从而得到质谱；同样，也可以使 V 保持不变，连续地改变 B，使不同 m/z 的离子被接收。前者称为电压扫描，后者称为磁场扫描。

由于磁场对离子只有质量聚焦作用，因此把只依靠磁场进行质量分离的分析器称为单聚焦质量分析器。使用这种分析器的质谱仪称为单聚焦质谱仪。单聚焦质量分析器所使用的磁场是扇形磁场，扇形的开度角有 60°、90°和 180°，本节讨论的是一种开度角为 180°的扇形磁场。

单聚焦质量分析器的优点是结构简单、体积小、安装及操作方便，广泛应用于气体分析质谱仪和同位素分析质谱仪。这种分析器的最大缺点是分辨率低，它只适用于分辨率要求不

高的质谱仪。如果分辨率要求高或离子的能量分散大，必须使用双聚焦质量分析器。

2) 双聚焦质量分析器

在讨论单聚焦质量分析器的质量分离原理时，曾假定离子的初始动能为 0，离子动能只取决于加速电压。实际上，由离子源产生的离子，其初始动能并不为 0，其能量也各不相同。经加速后的离子，其能量也就不同。因此，即使质荷比相同的离子，由于能量(或速度)不同，在磁场中的运动半径也不同，因而不能完全会聚在一起，这就大大降低了仪器的分辨率，使相邻两种质量的离子很难分离。

为了消除离子能量分散对分辨率的影响，通常在扇形磁场前附加一个扇形电场。扇形电场是一个弯曲的同心圆筒。进入电场的离子受到一个静电力的作用，改做圆周运动。离子所受电场力与离子运动的离心力平衡，即

$$zE = \frac{mv^2}{r_m} \tag{6-5}$$

式中：E 为扇形电场强度；z 为离子电荷；m 为离子质量；v 为离子速度；r_m 为离子在电场中的轨道半径。

将式(6-5)和式(6-1)联立，得

$$r_m = \frac{2V}{E} = \frac{mv^2}{zE} \tag{6-6}$$

由式(6-6)可以看出，如果电场强度 E 一定，离子轨道半径仅取决于离子的动能，而与离子质量无关。因此，扇形电场是一个能量分析器，不能起质量分离的作用。对于质量相同的离子，它是一个速度分离器。这样，质量相同而动能不同的离子，经过静电场后将被分开。如果设法使静电场和磁场对能量产生的色散作用相补偿，则可实现质量和能量的同时聚焦。

像光学透镜对光的作用一样，磁场对离子的作用也具有可逆性。由某一方向进入磁场的质量相同而能量不同的离子，经磁场后会按一定的能量顺序分开；反之，从相反方向进入磁场的以一定能量顺序排列的质量相同的离子，经磁场后可以会聚在一起。因此，把电场和磁场配合使用，使电场产生的能量色散与磁场产生的能量色散数值相等而方向相反，就可实现能量和质量双聚焦。这种把静电分析器和磁分析器配合使用，同时实现质量和能量双聚焦的分析器称为双聚焦质量分析器(double focusing mass analyzer)。

图 6-10 是一种双聚焦质量分析器的原理图。离子由离子源 S_1 出来，经加速正电场加速进

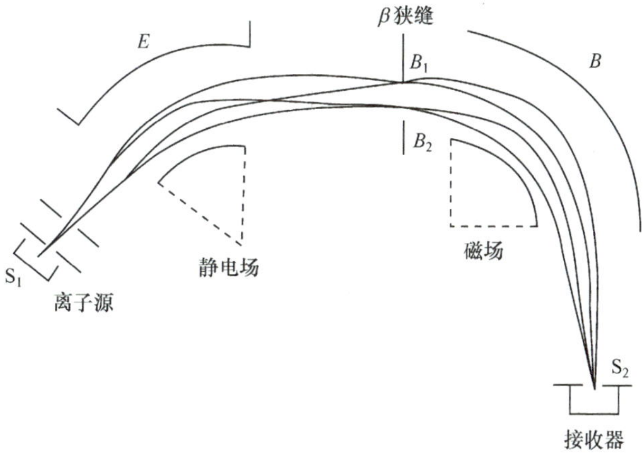

图 6-10 双聚焦质量分析器的原理图

入扇形电场 E，受电场力的作用，不同能量的离子按照能量大小顺序聚焦于 B_1B_2，处在这个聚焦面上的狭缝称为β狭缝，它可以调整所接收离子的能量范围。离子由电场进入磁场，在磁场进行质量分离。由于在电场和磁场中离子能量色散大小相等方向相反，因此质量相同而能量不同的离子经过磁场后能够会聚一点。改变磁场强度可以实现质量扫描。

双聚焦质量分析器广泛用于无机材料分析和有机结构分析。它的最大优点是分辨率高，一般可达几万或更高。其缺点是价格昂贵，操作调整比较困难。

3) 四极质量分析器

四极质量分析器(quadrupole mass analyzer)不用磁场，是将从离子源出来的离子流引入由四极杆组成的四极场(电场)中(图 6-11)。图 6-11(a)显示了 Z 轴方向，(b)显示了 X 轴和 Y 轴平面。在电极上加有一个直流电压和一个射频电压，两对电极之间的电位相反。离子从顶端通过圆孔进入高频电场，在场半径限定的空间内在 X、Y 方向上进行振动，以恒定的速度沿平行于电极的方向(Z 方向)前进。对于给定的直流电压和射频电压，在一种条件下，有一个“稳定振动”，可以使一种离子从四极场一端到达另一端而不碰撞在电极上。这种振动与离子的质荷比有关。因此，只有一种单一 m/z 值的离子通过分析器全程，所有其他离子都是不稳定离子，并碰撞在电极上。改变直流电压与射频电压并保持比值不变，就可以进行质量扫描，让不同 m/z 值的离子依次通过分析器。这种质量分析器具有体积小、质量轻、成本低、操作容易、扫描速度快、谱峰容易识别、离子流通量大和灵敏度高等优点。它的主要缺点是分辨率低，对较高质量区域的离子有质量歧视效应。该质量分析器可以使用低电压的离子源，可以与高效液相色谱仪或大气压电离源连接，也适用于 GC-MS 仪器，可用于残余气体分析、生产过程控制和反应动力学研究等。

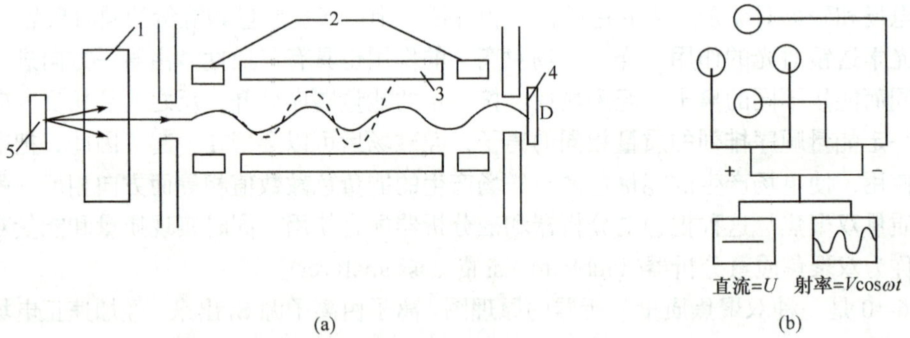

图 6-11 四极质量分析器示意图

(a) 纵剖面图(—稳定轨迹，---不稳定轨迹)；(b) 横剖面图(显示所加电压)

1. 低压离子引出器；2. 预(后)过滤器；3. 四极杆；4. 检测器；5. 样品

4) 飞行时间质量分析器

飞行时间质量分析器[time of flight(TOF) mass analyzer]不用电场也不用磁场，如图 6-12

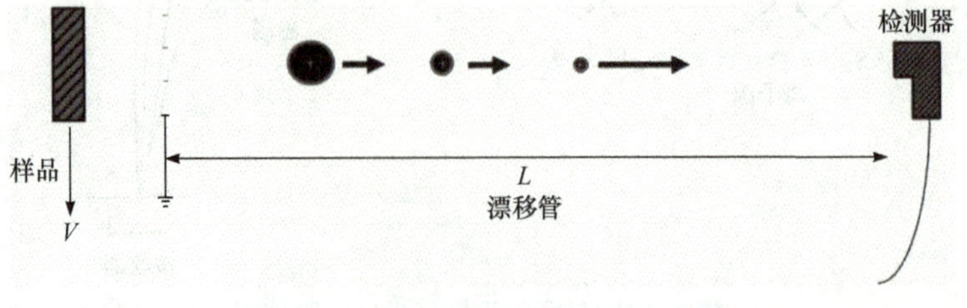

图 6-12 飞行时间质量分析器示意图

所示，其核心部分是一个无场离子漂移管。经电离的离子流从离子源引入离子漂移管，离子在加速电压 V 的作用下得到动能。

$$\frac{1}{2}mv^2 = zV \quad 或 \quad v = \left(\frac{2zV}{m}\right)^{\frac{1}{2}}$$

然后，离子进入长度为 L 的自由空间(漂移管)，假定离子在漂移管飞行的时间为 t，则

$$t = L\left(\frac{m}{2zV}\right)^{\frac{1}{2}} \quad 或 \quad t = Km^{\frac{1}{2}}$$

由上式可见，离子在漂移管中的飞行时间与离子质量的平方根成正比，即对于能量相同的离子，离子的质量越大，到达接收器所需时间越长，质量越小，所需时间越短。因此，飞行时间质量分析器可以将不同质量的离子分开。从理论上来说，适当增加漂移管的长度 L，可以提高分辨率。

飞行时间质量分析器的特点是：

(1) 扫描速度快。这种仪器记录一个完整的质谱只要 10～100 μs，适用于研究极快的过程，如色谱流出物的研究，快速反应过程的研究，火箭喷射物、发动机排出废气的研究，以及燃烧、爆炸、触媒反应的研究。

(2) 仪器体积小、质量轻、结构简单，既不要求电场也不要求磁场。

(3) 目前大部分飞行时间质谱仪的分辨率可达到 20 000 以上。早期的飞行时间质量分析器，由于离子进入漂移管前在能量、空间和时间上存在分散，尽管是质量相同的离子，到达接收器的时间也不同，因而分辨率较低。后来发展起来的激光脉冲电离、离子延迟引出技术和离子反射技术等可以在一定程度上克服上述原因造成的分辨率下降。

(4) 扫描质量范围宽，灵敏度也很高。可检测的分子量范围超过 300 000，可以检测生物大分子。

因此，飞行时间质量分析器广泛应用于气-质联用、液-质联用和基质辅助激光解吸电离-飞行时间质谱仪中。

5) 离子阱质量分析器

离子阱质量分析器(ion trap mass analyzer)又称四极离子阱质量分析器，与四极质量分析器有一定的相似性。如图 6-13 所示，离子阱质量分析器的主体结构由一个端罩电极和环形电极

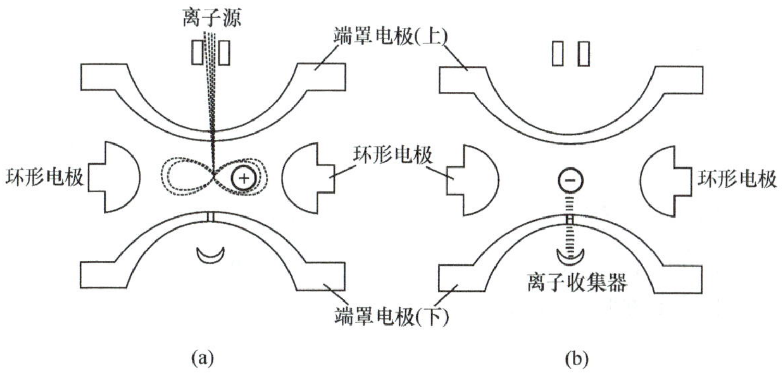

图 6-13　离子阱质量分析器结构及工作原理示意图

(a) 离子生成并储存；(b) 离子剔除，质量分析

组成，其端罩电极和环形电极上分别加一个直流电压 U 和一个射频交变电压 $V\cos\omega t$。离子阱质量分析器电场属于四极场。样品可以直接在阱内解离，也可以在阱外解离后导入。离子可以被拘禁在阱内，当 V 逐渐升高时，质荷比由小到大的离子依次被排出和检出，得到质谱。也可以将一特定质荷比的离子留在阱内，进一步裂解，做多级质谱。离子阱质量分析器结构简单，价格较低，灵敏度高，质量范围大。它既可作为一般质谱分析器，又因为其具有选择并储存离子的功能，可用于气相离子-分子反应研究，实现多级质谱功能，也可与 GC 和 HPLC 联用。

6) 傅里叶变换离子回旋共振质量分析器

傅里叶变换离子回旋共振质量分析器[Fourier transform ion cyclotron resonance(FT-ICR) mass analyzer]的分析室是一个置于均匀超导磁场中的立方空腔，离子沿平行于磁场的方向进入分析室(图 6-14)。在磁场中离子在垂直于磁力线的平面上做圆周运动。回旋运动的频率ω仅与离子的质荷比(m/z)和磁场强度有关，与离子的运动速度无关，即

$$\omega=1.537\times10^{7}\times zB/m$$

式中各项所用单位：ω为 Hz；B 为 T(特斯拉)；m 为 u(原子质量单位)。

运动速度不同的离子将以同一频率而不同的半径运动。若通过发射电极向离子加一个射频电场，当离子回旋频率等于射频电场的频率时，离子从射频吸收能量而激发，使其运动速度和运动半径逐渐加大而频率不变。此时，离子沿一螺旋线运动，如图 6-15 所示。当一组离子达到同步回旋后，在接收电极上将产生信号。固定磁场强度，依次改变射频电场的频率，就可以将不同质荷比的离子激发和检测。普通的回旋共振质量分析器扫描速度很慢，灵敏度低，分辨率也很差。FT-ICR 质量分析器采用线性调频脉冲激发离子，即在很短时间内进行快速频率扫描，使很宽范围的质荷比离子几乎同时受到激发并得到相应的自由感应衰减信号，经过傅里叶变换后得到质谱图。

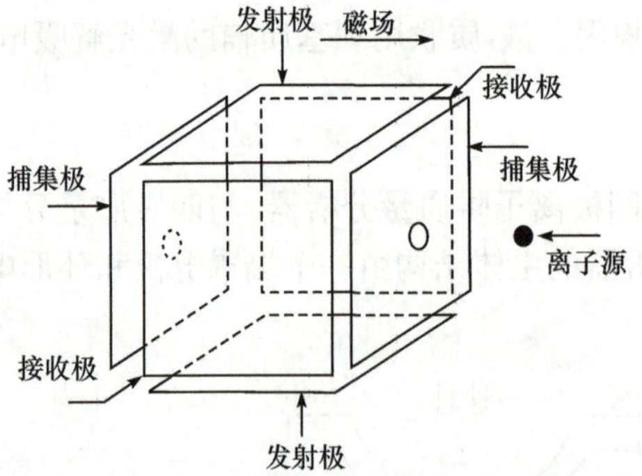

图 6-14 傅里叶变换离子回旋共振质谱分析室

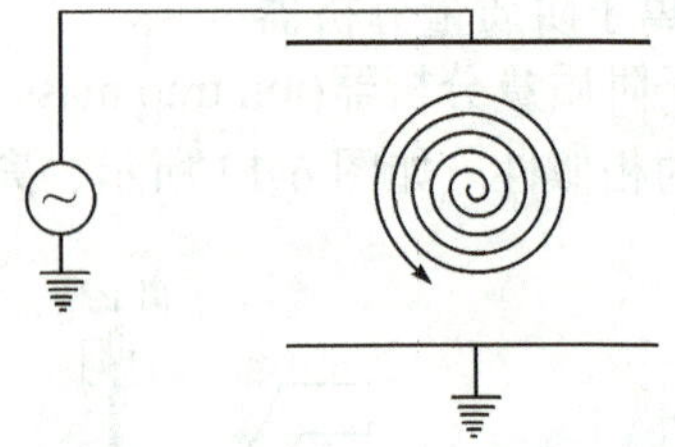

图 6-15 离子回旋共振原理

因此，FT-ICR 质量分析器具有分辨率高、灵敏度高、质量范围宽等特点，它的分辨率是所有质量分析器中最高的，价格也是最贵的，要消耗大量的液氮和液氦，运转费用也高。将来超导磁体制造技术的发展将会降低其价格而使其获得普遍使用。FT-ICR 质量分析器具有多级质谱功能，可与任何离子源连接。

有机质谱仪常用的是上述 6 种质量分析器。相应的有机质谱仪按质量分析器称为磁质谱仪(包括使用单聚焦质量分析器和双聚焦质量分析器的质谱仪)、四极质谱仪、飞行时间质谱仪、

离子阱质谱仪和傅里叶变换离子回旋共振质谱仪。无机质谱仪则是用磁质谱仪、飞行时间质谱仪、离子阱质谱仪或四极质谱仪等。

4. 检测器

有机质谱仪常用的检测器有直接电检测器、电子倍增器、闪烁检测器和微通道板等。

(1) 直接电检测器。直接电检测器是用平板电极或法拉第圆筒接收离子流，然后由直流放大器或静电放大器进行放大，最后记录。

(2) 电子倍增器。电子倍增器是用离子束撞击阴极表面，使其发射出二次离子，再用二次离子依次轰击一系列电极，最后由阳极接收电子流，使离子流信号得到放大。

(3) 闪烁检测器。闪烁检测器由质量分析器出来的高速离子打击闪烁体使其发光，然后用光电倍增器测闪烁体发出的光，并转化成电信号后放大。

(4) 微通道板。微通道板是由大量微通道管(管径约为 20 μm，长约 1 mm)组成。微通道管由高铅玻璃制成，具有较高的二次电子发射率。每一个微通道相当于一个通道型连续电子倍增器。整块微通道板则相当于若干这种电子倍增器并联，每块板的增益为 10^4。欲获得更高的增益，可将微通道板串联使用。

5. 计算机及打印机

现代的质谱仪都配有计算机，其作用有两方面：一是进行仪器的控制；二是进行数据的接收、存储和处理。计算机内还存有十几万张标准谱图，用于样品数据的自动检索，并给出可能的结构式。存在计算机内的数据和谱图可用打印机打出。

质谱仪发展得很快，20 世纪 70 年代以来，除单聚焦质谱仪、双聚焦质谱仪、四极质谱仪、飞行时间质谱仪外，还有激光探针质谱仪、分辨率超过 10^6 的 FT-ICR 质谱仪、辉光放电质谱仪、电感耦合等离子体质谱仪等新仪器面世。仪器的联用也特别引人注目，1965 年第一台商品气相色谱-质谱联用仪问世以后，高效液相色谱-质谱联用仪、质谱-质谱联用仪、电感耦合等离子体发射光谱-质谱联用仪等新产品也相继问世。

6.1.2 质谱仪的性能指标

下面介绍几个表征质谱仪性能指标的术语。

(1) 质量范围，即仪器可测量离子的质荷比的范围。例如，质量范围为 20～500 u，即该质谱仪能测定质荷比为 20～500 的离子。不同用途的质谱仪，其质量范围差别很大。气体分析用质谱仪所测样品的分子量都很小，质量范围一般为 2～100 u，而有机质谱仪的质量范围一般从几十到几千，单位为原子质量单位 u 或道尔顿(Da)。

(2) 分辨率，即仪器分开两个相邻离子的能力，通常用 R 表示。分辨率规定如下：如果仪器能刚好分开质量为 M 和 $M+\Delta M$ 的两个质谱峰，则仪器的分辨率为

$$R = M/\Delta M$$

由此可见，两峰质量数越小，对仪器的分辨率要求越高。

例如，CO 和 N_2 所形成的离子，其质量分别为 27.9949 u 和 28.0061 u。若某仪器能够刚好分开这两种离子，则该仪器的分辨率为

$$R=\frac{M}{\Delta M}=\frac{27.9949}{28.0061-27.9949}\approx 2500$$

在实际测量时，并不一定要求两个峰完全分开，而是可以有部分重叠。一般最常用的是10%峰谷定义，如图 6-16 所示。两个相邻质谱峰的质量数分别为 M 和 $M+\Delta M$，规定两个峰的信号大小(峰高)相同，它们的峰谷相当于峰高的 10%。此时，仪器的分辨率为 R，$R = M/\Delta M$，其中 M 为两峰中任一峰的质量数，ΔM 为两峰质量数的差值。实际上，很难找到峰高相等且符合 10%峰谷的相邻两个峰。因此，通常可任选一质量数为 M 的单峰，测其 5%峰高处的峰宽 $W_{5\%}$，分辨率 R 则为

$$R = M/W_{5\%}$$

如果该单峰是高斯型对称峰，则上面两种计算结果一致。

目前，FT-ICR-MS 和 TOF-MS 均采用半峰宽计算分辨率，半峰宽指 50%峰高处的峰宽，如果质量为 M 的半峰宽为ΔM，则分辨率为 $R = M/\Delta M$。如图 6-17 所示，$M= 502$，若半峰宽处$\Delta M= 0.5$，则 $R = 502/0.5=1004$；若半峰宽$\Delta M= 0.1$，则 $R = 502/0.1 = 5020$。可见，半峰宽越小，分辨率越高。

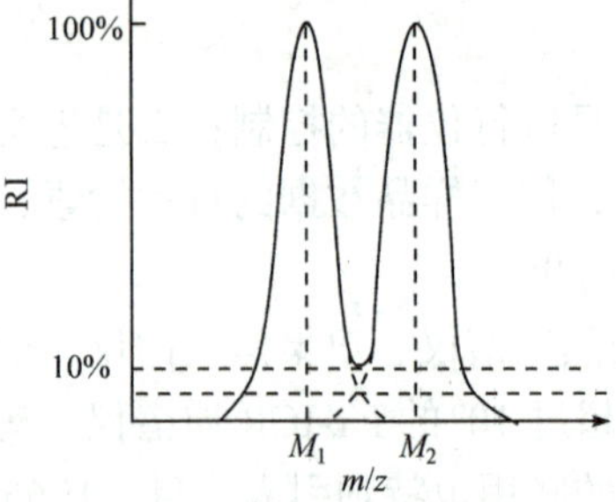

图 6-16　10%峰谷分辨率

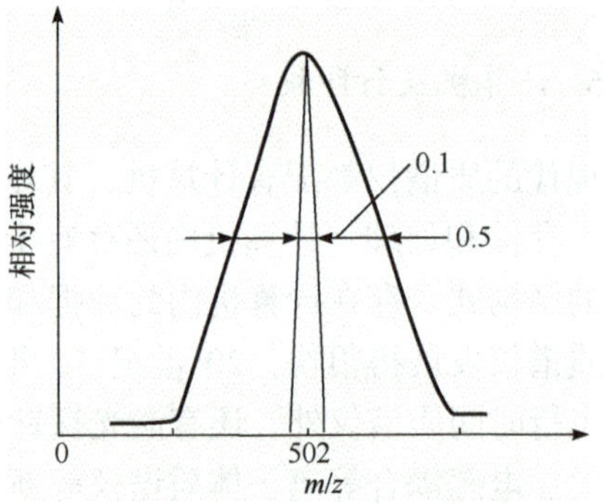

图 6-17　半峰宽分辨率

质谱仪的分辨率主要与离子通道的半径、加速器与收集器狭缝宽度和离子源的性质有关。

例如，用分辨率为 150 000 的质谱仪测量质量数为 500 u 的化合物，则它能辨别质量数相差 0.0033 u 的两个峰，因为

$$\Delta M=\frac{M}{R}=\frac{500}{150\,000}=0.0033$$

(3) 灵敏度，即仪器对样品量感测能力。灵敏度可分为绝对灵敏度、相对灵敏度和分析灵敏度等。不同用途的质谱仪，灵敏度的表示方法不同。有机质谱仪常采用绝对灵敏度。它表示对于一定的样品，在一定分辨率的情况下，产生具有一定信噪比的分子离子峰所需要的样品量。目前有机质谱仪的灵敏度可优于 10^{-10} g。

无机质谱仪常采用相对灵敏度，它表示一定进样量获得的待测信号强度(S)和噪声信号强度(N)之比 S/N。例如，某仪器的灵敏度为 10^{-9}，表示仪器可测定的样品中杂质含量最低可达样品质量的 $1/10^9$。

气体质谱仪的灵敏度以单位压强样品所产生的离子流强度表示，它实际是一种绝对灵敏度。

同位素分析用质谱仪常采用丰度灵敏度，它表示大丰度同位素峰的“拖尾”对相邻小丰度同位素峰的影响。例如，大丰度同位素离子流强度为 I_M，它对相邻的小丰度同位素峰的贡献为 I_{M+1}，则

$$丰度灵敏度 = \frac{I_M}{I_{M+1}}$$

丰度灵敏度实际是一种相对灵敏度，一般同位素分析用质谱仪的丰度灵敏度为 10^5～10^6。

(4) 准确度，指质谱分析的测量值与真实值的偏差，是质谱定性的重要依据，其表示方法如下：

$$|M - M_0| \div m$$

式中：M 为离子质量的实测值；M_0 为离子质量的计算值；m 为离子的质量数。

例如，测得某分子离子峰的精确质量为 250.1056 u，而它的计算值为 250.1059 u，则准确度为

$$\frac{|250.1056 - 250.1059|}{250} = 1.2 \times 10^{-6}$$

有时准确度也以 mmu(毫质量单位)表示，表达式为 $|M - M_0|$ (mmu)。对于高分辨率质谱仪，通常要求仪器的准确度小于 1 mmu 或 10×10^{-6}，才能满足定性分析的需要。

(5) 精密度，指质谱分析所得各测量值之间的偏差。

(6) 质量精度，指质量测定的精确程度，常用相对百分比表示。例如，某化合物的质量为 152.0473 u，用某质谱仪多次测定该化合物，测得的质量与该化合物理论质量之差在 0.003 u 之内，则该仪器的质量精度为百万分之二十(20×10^{-6})。

(7) 质量稳定性，指仪器在工作时质量稳定的情况，通常用一定时间内的质量漂移来表示。例如，某仪器的质量稳定性为 0.1 u/12 h，表明该仪器在 12 h 之内，质量漂移不超过 0.1 u。

6.1.3　质谱仪的联用技术

质谱仪可以与其他仪器联用，如气相色谱-质谱联用(GC-MS)、高效液相色谱-质谱联用(HPLC-MS)，也可以用多级质谱(MS-MS)。

1. GC-MS 联用仪

GC-MS 联用仪由气相色谱仪、质谱仪、计算机和 GC 与 MS 之间的连接装置接口(interface)组成。气相色谱仪的功能是将多组分混合物分离成单组分，目前多采用毛细管柱气相色谱仪。质谱仪作为气相色谱仪的鉴定器，计算机进行数据的采集、处理和操作、控制仪器。

GC-MS 联用技术要想实现，需要解决两个问题：一是 GC 工作条件和 MS 的真空操作条件相匹配的问题；二是速度问题，要求在色谱各个峰的出峰时间内完成质谱鉴定。前者用接口来解决，后者用快速扫描来解决。理想的接口应能除去全部载气而使试样无损耗地从气相色谱仪传送到质谱仪。GC-MS 的接口有一般性接口和特殊性接口两大类。特殊性接口除要做到 GC 和 MS 的工作气压和流量匹配、试样传输产率高、浓缩系数大、延时短、色谱的峰形扩展小外，还要满足特种色谱仪(或特种质谱仪)的要求。一般性接口可分为三类：直接导入型、分流型和浓缩型，目前最常见的接口是毛细管柱直接导入接口、开口分流接口和喷射式浓缩接口。

毛细管柱直接导入接口将毛细管色谱柱的末端直接插入质谱仪的离子源内，色谱柱的流

出物直接进入电离区。这种接口只起保护插入段毛细管柱和控制温度作用，它结构简单、产率高，但无浓缩作用。

开口分流接口：分流型接口是使色谱柱流出物的一部分流入质谱仪。开口分流接口是将毛细管柱的一端插入接口，它的出口正对流入质谱仪的限流毛细管的入口，限流毛细管承受0.1 MPa的压降。它与质谱仪真空泵组的工作流量相匹配。限流毛细管的外面有一根内套管，使两根毛细管易于对准，然后将这三组件置于充有氦气的外套管内，这里的氦气作为接口的气封气和补充气，起“多分少补”的作用。当色谱仪流量大于质谱仪工作流量时，过多的色谱流出物随气封氦气流出接口；当色谱仪流量小于质谱仪工作流量时，气封氦气可以提供补充。这种接口的优点是结构简单，操作方便，色谱柱出口为常压，联用时不影响色谱仪分离性能以及更换色谱柱时不影响质谱仪工作。不足之处是当色谱仪流量大时产率较低，不适用于填充柱色谱仪。

浓缩型接口：它具有除去载气、浓缩样品的功能。欲达到此目的，接口必须具有分子分离的功能，所以这种接口又称为分子分离器。分子分离器按分离原理的不同，可以分为喷射式分子分离器、分子流渗流式分子分离器、有机薄膜溶解式分子分离器和钯-银合金管反应式分子分离器。喷射式分子分离器是最常用的分子分离器。喷射式分子分离器的工作原理是根据气体在喷射过程中不同质量的分子都以超声速的同样速度喷射，使不同质量的分子具有不同的动能。动能大的分子保持原喷射方向运动，而动能小的分子易于扩散，偏离原喷射方向，使轻分子的载气偏离接口而消除，重分子的样品进入接口而得到浓缩，如图6-18所示。

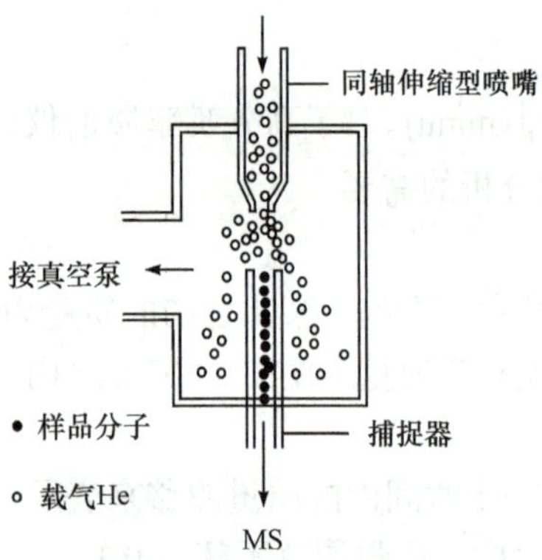

图 6-18 喷射式分子分离器

GC-MS目前已广泛地用于环境分析(如污水分析、大气中挥发性有机物分析、农药残留物分析等)、法医毒品和兴奋剂检测、石油化工分析、食品分析(如食品中农药残留物、苯并芘、亚硝胺类、黄曲霉素的检测)、香料成分分析等方面，也可用于食品中营养物质和中草药有效成分分析及有机化合物的鉴定。GC-MS最大的优点是可用于混合物的快速分离和鉴定。

2. HPLC-MS 联用仪

HPLC-MS联用仪一般由高效液相色谱仪、质谱仪、计算机和HPLC与MS之间的连接装置接口组成。HPLC的功能是将多组分混合物分离成单组分。质谱仪作为HPLC的鉴定器。计算机用于操作和控制仪器以及数据的存储和处理。

HPLC与MS联用的关键依然在于接口问题的解决。与GC-MS相比，HPLC-MS的衔接更为复杂。首先是高效液相色谱体系的高压与质谱高真空的矛盾。其次是如何除去液相色谱的流动相不使它进入离子源的问题。随着离子化技术的发展，许多接口技术已基本融入质谱的离子源系统中。因此，接口装置的主要作用是去除溶剂并使样品离子化。早期使用的热喷雾(TS)接口、粒子束(PB)接口和连续流动快速原子轰击(CFFAB)接口等都存在一定的缺陷，没有得到推广。20世纪80年代，大气压电离源用于HPLC-MS的接口和电离装置之后，HPLC-MS联用技术得到迅速提高。与传统电离技术相比，大气压电离接口模式利用待测试样与溶剂间带电荷能力的差异，更利于将二者分开。同时，大气压电离接口更容易与HPLC相匹配。因此，目前几乎所有的液-质联用仪都使用大气压电离源作为接口装置和离子源。大气压电离接口有大气压化学电离源(APCI)和电喷雾电离源(ESI)，其中 ESI 应用更为广泛。

此外，在 HPLC-MS 联用仪中，HPLC 流动相液体的流速应控制在较低的范围，而且 HPLC 必须提供高精度的输液泵，以保证在低流速下输液的稳定性。MS 的真空系统必须具备很高的效率、大的排空容量，以利于将溶剂气最大限度地抽出 MS；好的 MS 可能提供多级 MS 串联使用，有利于获得丰富的结构信息；MS 应当具有较宽的质量测定范围，利于大分子、蛋白质等生物试样的分析。而且 MS 应匹配多种接口，利于互换来测试不同样品，如现在的 MS 普遍都能实现 ESI 接口和 APCI 接口的互换。

许多有机化合物，尤其是生物大分子(如蛋白质等)具有高极性、热不稳定性、高分子量和低挥发度等特性，需要用高效液相色谱来实现分离。因此，HPLC 和 MS 的联用在有机混合物分析、药物及生物大分子分析中的重要性是显而易见的。HPLC-MS 已成为生命科学、医药和临床、环境科学和农业科学、化学化工领域中最重要的工具之一。

3. 多级质谱

多级质谱法是 20 世纪 70 年代后期快速发展起来的，这种方法是指用质谱作为质量分离的质谱技术。它可以研究母离子和子离子的关系，获得裂解过程的信息，应用于高灵敏度和高专一性的分析。它有几种称呼，如质谱-质谱法(缩写为 MS-MS 或 MS/MS)、串联质谱法、二维质谱法或序贯质谱法。多级质谱可简写为 MS^n，n 为级数。

实现 MS-MS 有两种方法：空间串联和时间串联。

空间串联 MS-MS：将有机质谱仪的质量分析器头尾串联起来，组成 MS-MS 联用仪。在两个质量分析器中间安置一个碰撞室，用第一个质量分析器作为分离手段，选出要研究的离子，送入碰撞室使其与惰性气体或选定的分子发生碰撞，用第二个质量分析器分析碰撞后的“子离子”。最简单的 MS-MS 是相当于将双聚焦质谱仪中的静电分离器和磁场分离器互换位置，中间加一个碰撞室。在碰撞室利用惰性气体与离子碰撞，使离子的热力学能增加，实现裂解反应，由此获得更多的信息。为了提高分辨率和消除来自其他扇形场内的干扰峰，可以有多个扇形场的组合，如 EBE′、BEE′和 BEB′(B、B′表示扇形磁场；E、E′表示扇形电场)。另外还有三级四极杆串联质谱，第一级和第三级四极杆分析器分别为 MS1 和 MS2，第二级四极杆分析器起碰撞解离室作用，将从 MS1 得到的各个峰进行轰击，实现母离子碎裂后进入 MS2 再进行分析。该多级质谱有子离子扫描、母离子扫描、中性碎片丢失扫描和多离子反应监测四种工作模式，用途广泛。随着接口技术的进步，不同原理的质量分析器的串联质谱也已经出现，如四极杆和磁质谱混合式串联质谱、四极杆-飞行时间(Q-TOF)串联质谱和飞行时间-飞行时间(TOF-TOF)串联质谱等。

时间串联 MS-MS：离子阱质谱仪(又称三维四极离子阱，ITMS)和傅里叶变换离子回旋共振质谱仪(FTICR-MS)都可以只用一个质量分析器，实现“时间串联”方式的 MS-MS。以 ITMS 为例，一个循环包括以下步骤：①按离子稳定性，选出某一质荷比的离子储存在离子阱中，其余离子均被分离出离子阱；②进行碰撞诱导断裂；③进行质量扫描，得到产物离子的质谱。FTICR-MS 与此类似，根据需要可进行多次循环。时间串联质谱可用于研究各种离子-分子反应，以及研究化合物的结构和反应机理。这种串联质谱的优点在于在不增加仪器主要构件的情况下，方便实现质谱的功能，尤其有利于更多级数联用的质谱仪，代表着串联质谱的一个发展方向。

利用 MS-MS 可以获得以下信息的谱图：子离子谱、母离子谱、恒定中性丢失谱、碎裂图解、选择反应监测等。

(1) 子离子谱(daughter ion spectrum)。从一个被选择的母离子(经 MS1 的质量分离)通过碰撞活化形成子离子谱。可以把 MS1 的裂解看成 MS2 的离子源。若是一个纯化合物组分，则来自分子离子以及重要碎片峰与它们相应的子离子谱的信息可以指示碎片峰的可能组成，建立各离子之间的关系，甚至区分用常规的 EI 谱难以区分的异构体。子离子谱特别适合于从软电离(如 CI、FD、FAB)的分子离子获得分子结构的信息。

(2) 母离子谱(parent ion spectrum)。母离子就是初始离子。第一个质量分析器在一个选择的质量范围内扫描，按离子质荷比的顺序，依次在碰撞室中进行化学电离。第二个质量分析器设置为通过某一选定质荷比的离子。母离子谱能追溯碎片离子的来源，能对产生某种特征碎片离子的一类化合物进行快速筛选。

(3) 恒定中性丢失谱(constant neutral loss spectrum)。MS1 和 MS2 同时扫描，但 MS2 与 MS1 始终保持某一质荷比的差值，MS2 让比 MS1 选出的低某一质荷比的离子通过。最终的谱图将显示那些来自一级谱图中通过碎裂丢失中性碎片的离子。这样，就可以检测出若干成对的离子，它们有共同的中性碎片丢失。该中性丢失谱也最能反映该化合物的特定官能团。

(4) 碎裂图解(fragmentation mapping)。离子 a 的子离子包括离子 b，则 b 的母离子必然包括离子 a。如果在一级谱图中每一个离子均得到它们的子离子谱，则无须再做实验，从上述数据就可以获得母离子谱和中性丢失谱。

(5) 选择反应监测(selected reaction monitoring，SRM)。选择反应监测不产生谱图，而是用来监测从预选的母离子所形成的预选子离子。它主要用于复杂体系中对目标化合物的快速筛选，如环境监测、法庭毒物学等研究。

总之，多级质谱可以获得较多的结构信息，可以对物质进行定性分析；可以对复杂混合物进行分析；也可以同时对多个化合物进行定量分析，在环境监测、未知物分析、新药开发和农药残留检测等方面具有广阔的应用前景。

6.2 质谱裂解表示法

质谱在大多数情况下检测的是正离子，但也可以检测负离子。检测负离子的负离子质谱法(NIMS)灵敏度高、选择性好，适合做痕量分析(10^{-15} g)和异构体的鉴别，尤其对电子亲和能较大的化合物(如含卤素、硝基和高共轭体系的化合物)特别适用。为产生分子的负离子裂片，可以使用负离子化学电离和负离子快速原子轰击电离等技术。在负离子化学电离的条件下，试剂气体除生成带正电荷的离子外，还产生热能电子和带负电荷的试剂离子。它们分别与样品分子发生电子捕获反应和离子-分子反应生成负离子。负离子质谱法使用还是较少，以下只讲述检测正离子的质谱法。

6.2.1 正电荷表示法

正电荷用“+”或“+•”表示，前者表示含有偶数个电子的离子(ion of even electrons，EE)，后者表示含有奇数个电子的离子(ion of odd electrons，OE)。要把正电荷的位置尽可能在化学式中明确表示出来，这样就易于说明裂解的历程。正电荷一般在分子中的杂原子、不饱和键 π 电子体系和苯环上。例如

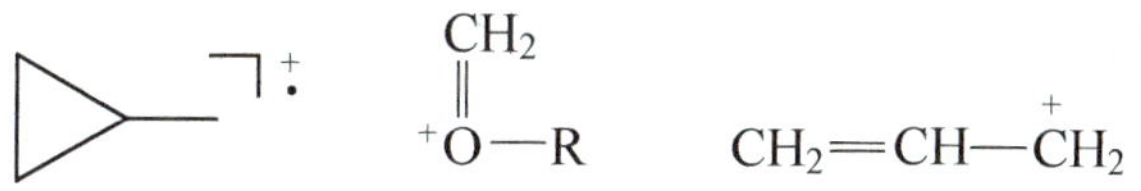

苯环带正电荷可表示为

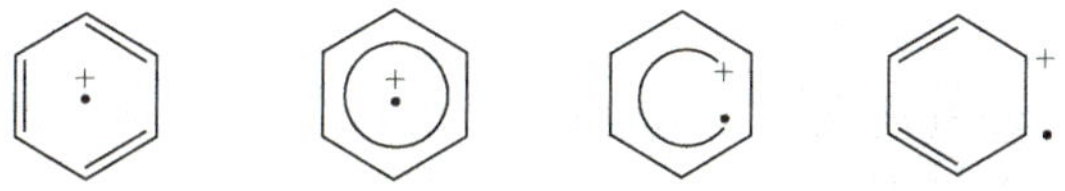

正电荷的位置不十分明确时，可以用[ ]$^{+}$或[ ]$^{+\bullet}$表示(离子的化学式写在括号中)。例如

$$[R—CH_3]^{+\bullet} \longrightarrow \dot{C}H_3 + [R]^{+}$$

如果碎片离子的结构复杂，可以在结构式右上角标出正电荷。例如

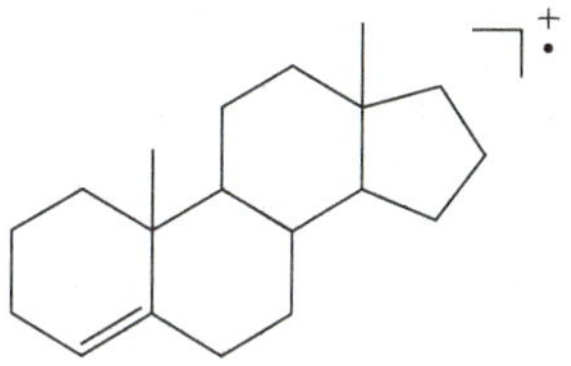

判断碎片离子含偶数个电子还是奇数个电子，有下列规律(氮规则)：

(1) 由 C、H、O、N 组成的离子，其中 N 为偶数(包括零)个时，如果离子的质量数为偶数，则必含奇数个电子；如果离子的质量数为奇数，则必含偶数个电子。

(2) 由 C、H、O、N 组成的离子，其中 N 为奇数个时，如果离子的质量数为偶数，则必含偶数个电子；如果离子的质量数为奇数，则必含奇数个电子。

其中，分子中出现卤素时按照氢对待，出现负二价硫时按照氧对待。

也就是说，如果碎片离子中 N 为偶数，则该碎片质量数与电子数奇偶性相反；如果 N 为奇数，则该碎片质量数与电子数奇偶性相同。

对氮规则的解释是：C、O、S 等的(最丰同位素)质量及化合价均为偶数，而 H、Cl、Br 等的质量数及化合价均为奇数。仅有 N 的质量为偶数，化合价为奇数(3 价)。由 C、H、O、S、卤素组成的分子或含有偶数个 N 原子的分子，其 H 原子或卤素原子总数必为偶数，故其分子量一定是偶数。而对含奇数个 N 原子的分子，其 H、卤素原子数之和必为奇数，所以分子量也一定是奇数。

6.2.2 电子转移表示法

通常用半箭头(⇀)表示一个电子的转移；用全箭头(→)表示一对电子的转移。

共价键的断裂有下列三种方式：

(1) 均裂：两个价电子一边一个，此价键断裂，即

$$X—Y \longrightarrow X\cdot + Y\cdot$$

(2) 异裂：两个价电子转移到一边，此价键断裂，即

$$X—Y \longrightarrow X^{+} + Y^{-}$$

(3) 半异裂：已失去一个价电子的离子再裂解时，剩下的一个电子转移到一边，此价键断裂，即

$$X—Y \xrightarrow{-e^{-}} X^{+}\cdot Y \longrightarrow X^{+} + \dot{Y}$$

X+· Y 表示共价键被电子流轰击失去一个电子，留下一个电子在 σ 分子轨道上。

6.3 裂解方式及机理

由于离子源中的样品蒸气压通常很低(约 10^{-4} Pa)，分子或离子的自由程又大(约 20 cm)，足以忽略双分子(离子-分子)或其他碰撞反应，可以认为质谱中富于能量的离子的裂解反应与一般热能单分子分解的化学反应类似，因此可以应用解释分子活性的有机结构理论来阐明质谱裂解结果。

离子的裂解并不是随意裂解，它必须按“偶电子规则”进行裂解：当含有奇数个电子的离子(OE)裂解时，可以产生自由基(radical，R)与一个偶数个电子的离子(EE)，或含偶数个电子的中性分子(neutral even electrons，Nee)与一个奇数个电子的离子(OE)；当含有偶数个电子的离子(EE)裂解时，只能产生偶数个电子的离子(EE)和中性分子(Nee)，而通常不会产生自由基(R)，即

$$\mathrm{OE} \longrightarrow \mathrm{EE} + \mathrm{R} \quad (\text{断1个键})$$

$$\mathrm{OE} \longrightarrow \mathrm{OE} + \mathrm{Nee} \quad (\text{断2个键})$$

$$\mathrm{EE} \longrightarrow \mathrm{EE} + \mathrm{Nee} \quad (\text{断2个键})$$

$$\mathrm{EE} \longrightarrow \mathrm{OE} + \mathrm{R} \quad (\text{断1个键})\ (\text{极少产生})$$

最后一个反应非常罕见。应当引起注意的是：奇电子离子有两个活泼的反应中心，即电荷中心和自由基中心；偶电子离子只有电荷中心。分子离子的裂解和产物离子的进一步裂解都是由这些中心引发的。若失去一个自由基，则电子的奇偶性在反应前后不一致；若失去一个中性小分子，则电子的奇偶性在反应前后不变。

6.3.1 影响离子丰度的主要因素

一个纯有机化合物的质谱图中会出现很多峰，其中一些峰是强峰，一些峰是中强峰，还有一些峰是弱峰，甚至弱到看不见。峰的强弱反映出该 *m/z* 离子的多少，某些碎片多一些，丰度就大；某些碎片少一些，丰度就小，甚至少到仪器的检测灵敏度以下，在谱图中看不出来。显然，这些碎片的多少受到多种因素的影响，影响离子丰度的主要因素有以下几种。

(1) 键的相对强度。分子裂解时首先从分子中键强度最弱处断裂。由表 6-1 可看出，在一个分子中含有单键和重键时，单键先断裂。最弱的是 C—X 型(X = Br、I、O、S 等杂原子)，该键容易发生断裂。

表 6-1 有机化合物中某些键能(单位：kcal/mol)

键	单键	双键	三键
C—H	97.8		
C—C	82.6	145.1	199.6
C—N	72.8	147	216.6
C—O	85.5	179	
C—S	65	128	

续表

键	单键	双键	三键
C—F	116		
C—Cl	81		
C—Br	68		
C—I	51		
O—H	110.6		

(2) 产物离子的稳定性。影响产物离子丰度的最重要因素是它的稳定性。稳定的正离子可以是共轭效应、诱导效应和共享邻近杂原子上的电子使正电荷分散的缘故。例如，在含杂原子的化合物中主要的离子稳定形式是杂原子中未成键轨道电子的共享，如下面的乙酰基离子

$$H_3C-\overset{+}{C}=\ddot{O} \longleftrightarrow H_3C-C\equiv\overset{+}{O}$$

或共振稳定，如稳定的烯丙基阳离子。

$$CH_2=CH-\overset{+}{C}H_2 \longleftrightarrow \overset{+}{C}H_2-CH=CH_2$$

(3) 原子或基团相对的空间排列(空间效应)。空间效应以多种方式影响单分子反应途径的竞争性，也影响产物的稳定性。例如，需要经过某种过渡态的重排裂解，若空间效应不利于过渡态的形成，则重排裂解往往不能进行。

(4) 史蒂文森(Stevenson)规则。该规则可预言奇电子离子(OE)在分解成碎片离子时两种裂解方式的概率大小。在奇电子离子(OE)经裂解产生自由基和离子两种碎片的过程中，电离电势(IP)值较高的碎片趋向保留孤电子，而将正电荷留在电离电势值较低的碎片上。

$$\underset{8.0\ eV}{C_4H_9} \vdots \underset{9.8\ eV}{\overset{+\bullet}{O}CH_3} \longrightarrow \underset{25\%}{C_4H_9]^+} \text{ 或 } \underset{1\%}{OCH_3]^+}$$

$$\underset{8.1\ eV}{C_3H_7} \vdots^{+\bullet} \underset{6.9\ eV}{CH_2OCH_3} \longrightarrow \underset{4\%}{C_3H_7]^+} \text{ 或 } \underset{100\%}{CH_2=OCH_3]^+}$$

(5) 最大烷基优先丢失原则。在反应中心优先失去最大烷基自由基是一个普遍的倾向，离子丰度随着它的稳定性的增加而降低，这是一种值得注意的例外情况。

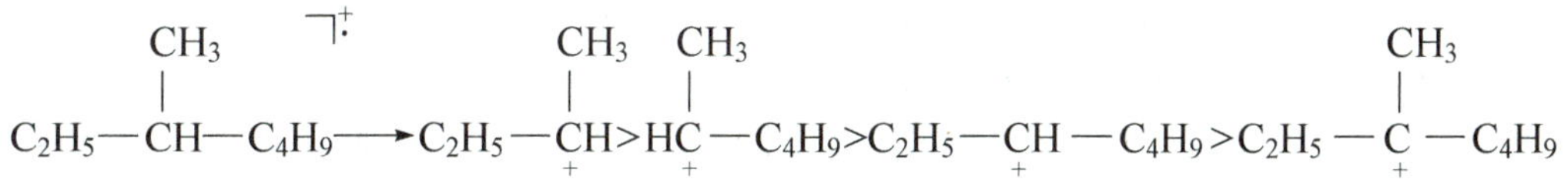

(6) 是否产生电中性小分子。产生电中性小分子的优先断裂，相应的碎片离子峰丰度也就比较高。例如，H_2、CH_4、H_2O、C_2H_4、CO、NO、CH_3OH、H_2S、HCl、$CH_2=C=O$ 和 CO_2 等中性小分子都可能在离子断裂中产生。图 6-19 是苯甲醇的质谱图，其主要峰的裂解机理如下：

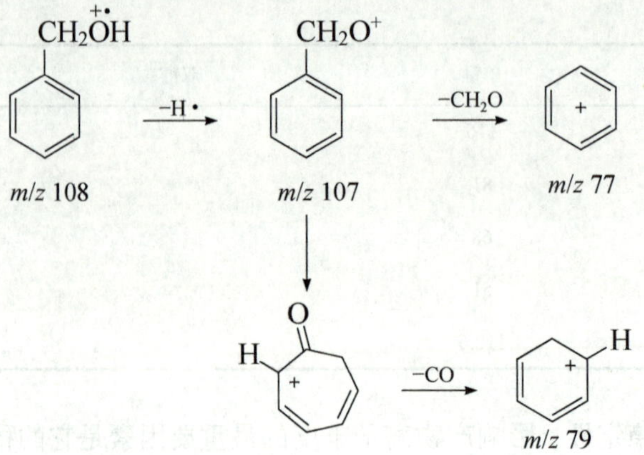

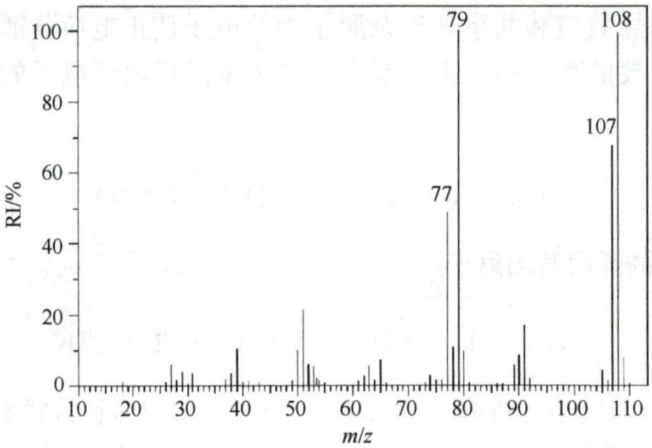

图 6-19　苯甲醇的质谱图

以上六个因素都是与结构有关的，断裂产物的稳定性通常是主要因素。但有时很难断定在分子裂解过程中哪一个是主要因素，可能会有两个或更多的平行断裂反应。

6.3.2　质谱裂解的方式

在质谱裂解反应中，按照有机分子的键断裂特点，可把它归纳为简单裂解、重排裂解、多中心裂解和随机裂解 4 类；而按照分子气相裂解反应引发机制的不同，主要分为自由基中心引发的裂解和电荷中心引发的裂解两大类。

1. 简单裂解

简单裂解是仅一个共价键发生断裂的裂解。例如

$$H_3C \overset{15}{\vdots} CH_2\overset{+\cdot}{Y} \longrightarrow CH_3^{\cdot} + CH_2{=}\overset{+}{Y}$$

虚线表示裂解位置，与它垂直的横线上的数字表示横线下碎片的质量数。

简单裂解有 3 种：α裂解、σ裂解和 i 裂解。

按照麦克拉弗蒂(McLafferty)的观点，简单裂解的引发机制有两种。一种是自由基引发的断裂，称为α裂解，发生的是均裂或半异裂；在饱和烃中，因只发生 C—C 键之间的断裂，所以也称为σ裂解。另一种是电荷引发的裂解，称为诱导裂解(或 i 裂解)，发生的是异裂，其重要性小于α裂解。

1) α裂解

α裂解是自由基引发的裂解，发生的是均裂。反应的动力是自由基强烈的配对倾向。由自

由基中心提供一个奇电子与邻近原子形成一个新键，与此同时邻近的α原子的另一个键断裂，所以称为α裂解。

在含杂原子 Y 的饱和化合物中，α裂解通式如下：

$$R—CH_2—\overset{+\cdot}{Y}R \xrightarrow{\alpha裂解} R^{\cdot} + CH_2=\overset{+}{Y}R$$

例如，醇和醚的裂解：

$$R'—CH_2—\overset{+\cdot}{O}R \longrightarrow R'\cdot + CH_2=\overset{+}{O}R$$

(R=H，醇；R=烃基，醚)

又如，硫醇和硫醚的裂解：

$$R'—CH_2—\overset{+\cdot}{S}R \longrightarrow R'\cdot + CH_2=\overset{+}{S}R$$

(R=H，硫醇；R=烃基，硫醚)

再如，胺的裂解：

$$R'—CH_2—\overset{+\cdot}{N}HR \longrightarrow R'\cdot + CH_2=\overset{+}{N}HR$$

裂解时自由基引发与电荷引发之间存在竞争，这与自由基给电子趋势相关，即 N>S，O，烯基，烷基>Cl，Br>H。但这并不意味着排位靠后的 Cl、Br 缺乏强裂解驱动力，不能发生自由基引发的α裂解。如果在同一分子中有两种不同的杂原子官能团，究竟哪一种官能团优先支配裂解，将遵循上述次序。例如

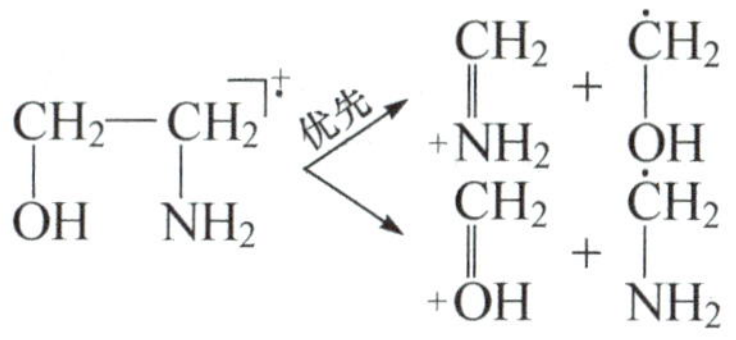

在含杂原子 Y 的不饱和化合物中，α裂解通式如下：

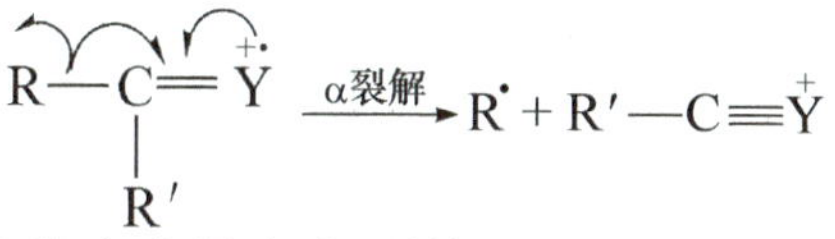

醛、酮、酯等含羰基化合物也容易发生α裂解。

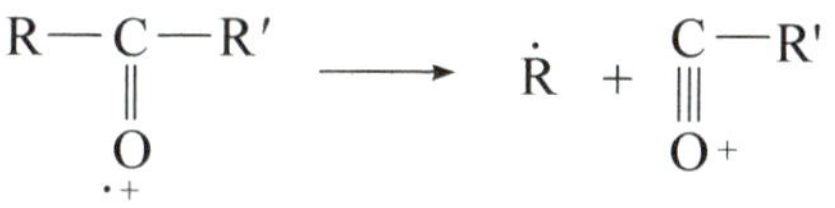

烯烃分子中，双键的 C_α—C_β键断裂经常发生α裂解，得到一个十分稳定的烯丙基正离子，这种开裂又称为烯丙基开裂。例如

$$H_2C=CH—CH_2—CH_3^{+\cdot} \longrightarrow H_2\overset{+}{C}—CH=CH_2 + CH_3^{\cdot}$$

含侧链的芳烃，在侧链的 C_α—C_β键也常发生α裂解，称为苄基裂解。例如

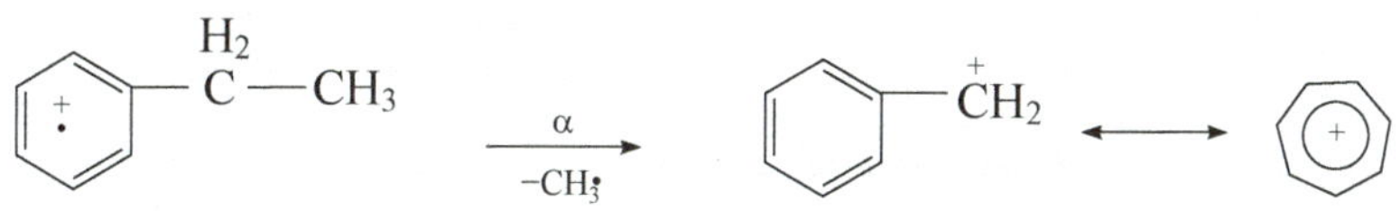

所生成的苄基离子立即转化为更稳定的䓬鎓离子(tropyllium ion)。

由一个烯烃双键(或苯基π系统)引发的反应产生烯丙基(或苄基)正离子，正电荷平均分散

在多个碳原子上，产物稳定性好，很容易发生，往往得到基峰。例如

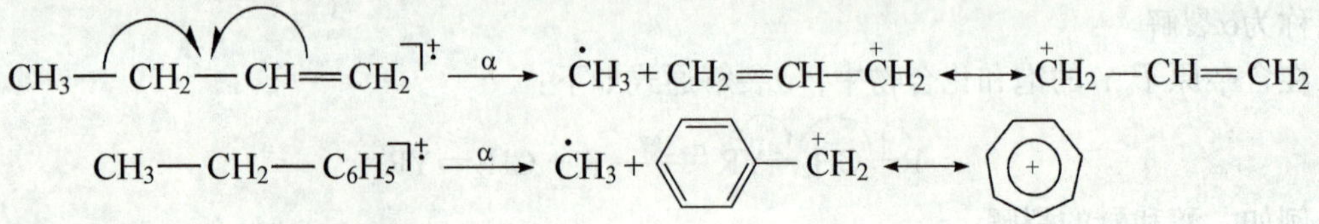

以上所发生的α裂解是均裂。

2) σ裂解

当化合物不含 O、N 等杂原子，也没有不饱和键时，发生在 C—C 键之间的σ键断裂称为σ裂解，它发生的是半异裂。

饱和烃中只有σ键，只能发生σ裂解。例如

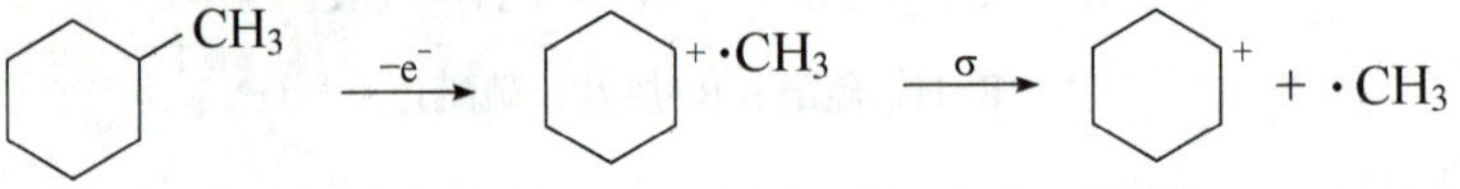

第三周期以后的杂原子与碳之间的 C—Y 键也可以发生σ断裂。

$$RR'R''C—X \xrightarrow{-e^-} RR'R''C\overset{+}{\cdot}X \xrightarrow{\sigma} RR'R''C\cdot + X^+ \qquad X=SR、SiR_3$$

当 X =卤素、OR、SR 时会发生下面讲述的 i 裂解。

在上面的 α 裂解和 σ 裂解中，由奇电子离子一个键发生均裂或半异裂断裂，得到一个偶电子离子碎片和一个含自由基的碎片。

3) i 裂解。

i 裂解是正电荷对一对电子的吸引而发生的异裂，又称诱导(inductive)裂解，用符号 i 表示。

i 裂解可分为奇电子离子型和偶电子离子型。

奇电子离子型 i 裂解：

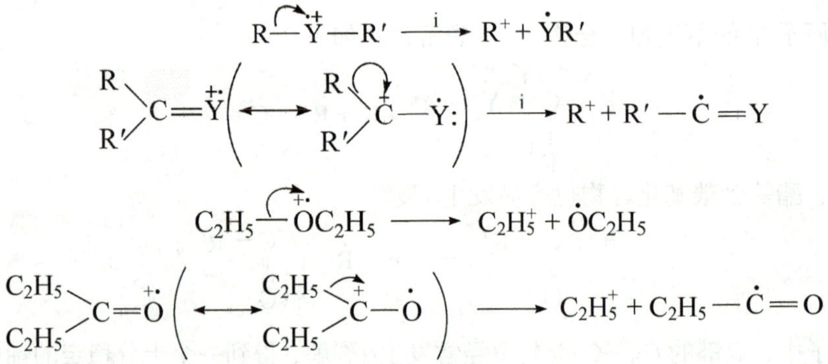

由正电荷引发的裂解涉及正电荷对一对电子的吸引，所以由 RY 形成 R^+的倾向是 Y=卤素＞O、S≫N、C。

偶电子离子型 i 裂解：

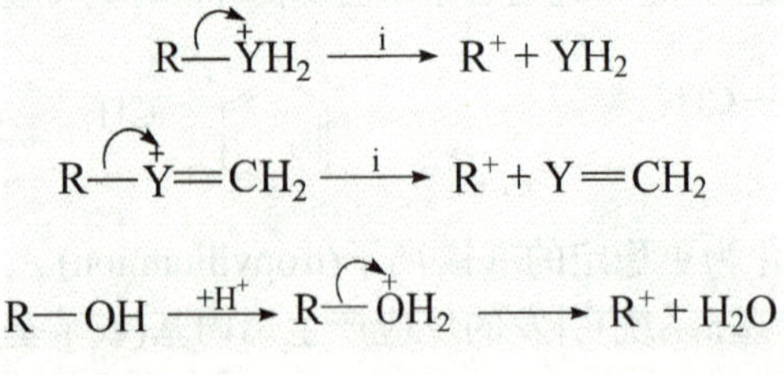

偶电子离子的裂解反应占优势的是产生偶电子离子和中性分子的反应。裂解产生的偶电子离子还可进一步因电荷诱导而裂解成 m/z 较小的偶电子离子。例如

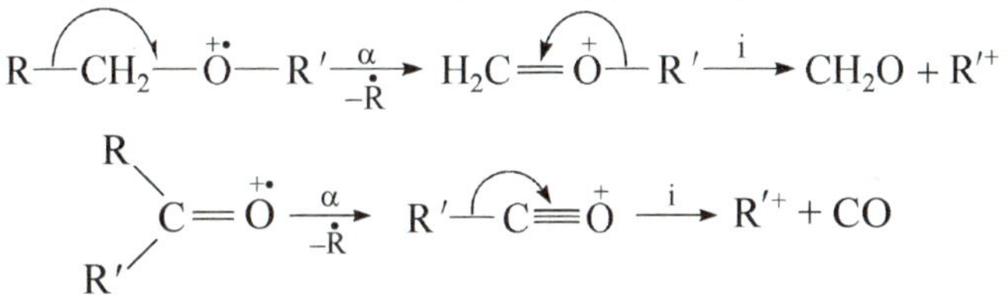

羰基的α裂解和 i 裂解反应是相互竞争的，一般情况下，α裂解反应趋势更大，因为其产物正碳酰鎓离子更稳定。

含有孤对电子的杂原子化合物，正电荷自由基优先定位于杂原子上，再引发一系列裂解反应。如果发生的是均裂，称为α裂解；如果发生的是异裂(一对电子转移)，称为诱导(i)裂解。

例如，下列含杂原子化合物的裂解：

$$R—CH_2—\overset{+\bullet}{X} \qquad X=\text{卤素、}OR'\text{、}SR'\text{、}SiR_3$$

当 X=卤素、OR′、SR′时，可发生 i 裂解：

在硝基化合物中，由于硝基强的电负性，出现明显的 i 裂解碎片：

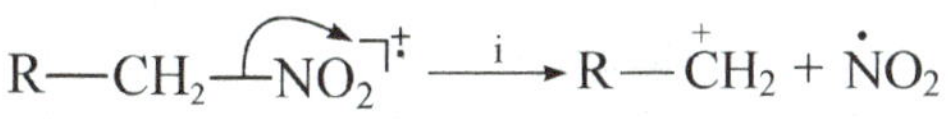

芳香族硝基化合物相应的 i 裂解大为减少。

烃基正离子也可能相继发生 i 裂解，即

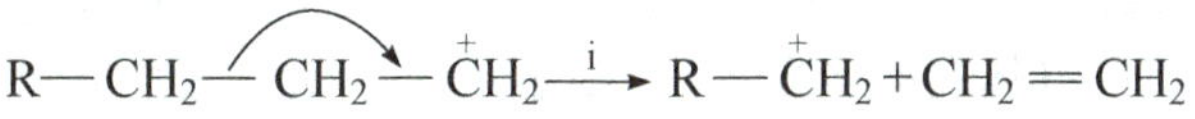

含杂原子的化合物还是最易发生“均裂”为特征的 α 裂解：

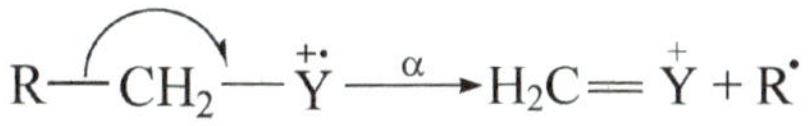

Y=OH、OR、NH$_2$

这是由于杂原子的吸电子性强，$C_\alpha—C_\beta$之间的键更弱。

4) 最大烷基优先丢失原则

在简单裂解中，当可能丢失的基团具有类似的结构时，总是优先丢失较大基团而得到较小的正离子碎片，即最大烷基自由基优先丢失原则。例如

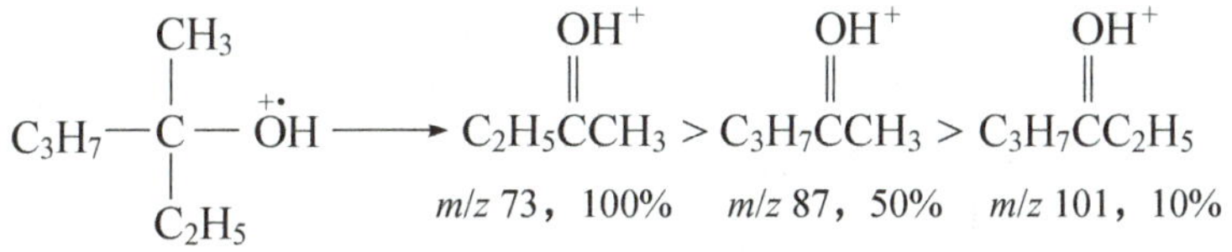

2. 重排裂解

重排裂解在共价键断裂的同时，发生氢原子的转移。一般有两个键发生断裂，少数情况下有碳骨架重排发生。断两个键、脱去一个中性小分子，且无氮原子变化的重排裂解前后，离子的电子奇偶性及质量奇偶性不发生变化。从质谱中母离子与子离子的质荷比奇偶性的变化得知该裂解是简单裂解还是重排裂解。

由重排引起的裂解有以下几种。

1) 自由基中心引发的重排裂解

(1) γ-H 重排到不饱和基团上并伴随发生 C_α—C_β断裂。例如

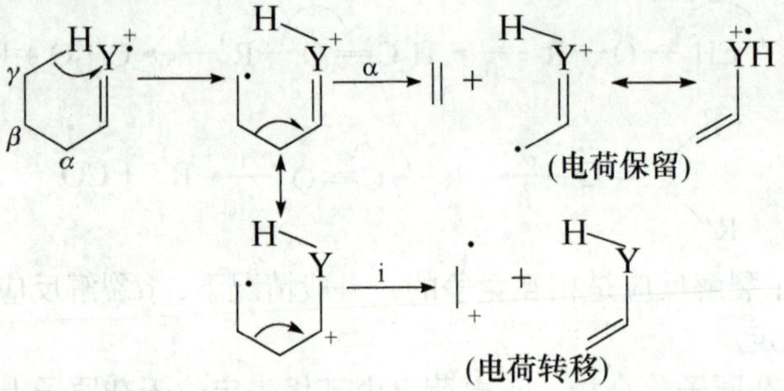

这类裂解反应典型的代表是麦氏重排，羰基化合物麦氏重排可表示如下：

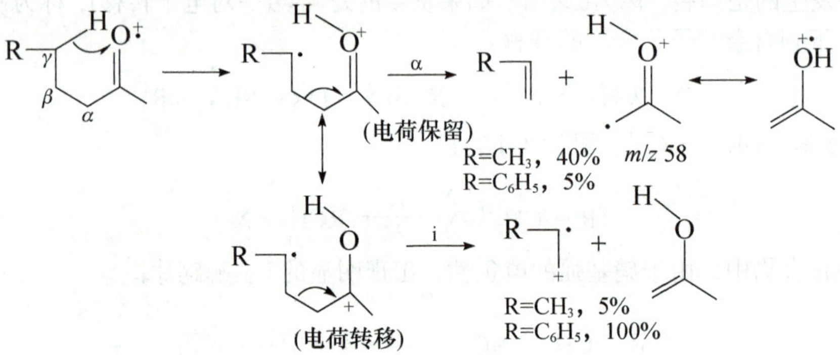

当满足含有不饱和键、苯环或三元环以及与重键相连的 γ-C 上有氢原子这两个条件时，便可发生麦氏重排。

麦氏重排时γ-H 是通过一个六元环过渡态转移的。这个最初的 H 转移过程只引起自由基中心位置的改变。新的自由基立即诱发一个α断裂反应，导致羰基 C_α—C_β键断裂；与此同时失去一个烯烃或其他中性分子，不饱和键移位到 C_α，形成一个新的电子奇偶性未发生变化的离子。在重排反应中也可能先发生电荷转移，γ-H 重排到不饱和基团上，伴随发生 i 裂解，再发生电荷转移得到新离子。在解离过程中，分解产物互相争夺电荷，占优势的离子产物应是电离能(I)较低的碎片(史蒂文森规则)。

可产生这样重排的化合物很多，如酮、醛、酯、酸、酸酐和其他含羰基的衍生物、碳酸酯、磷酸酯、亚硫酸酯、亚胺、肟、腙、烯、炔、腈和苯环化合物等。举例如下：

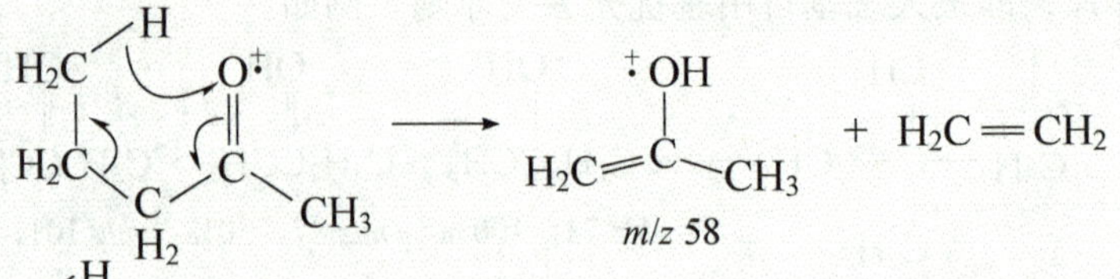

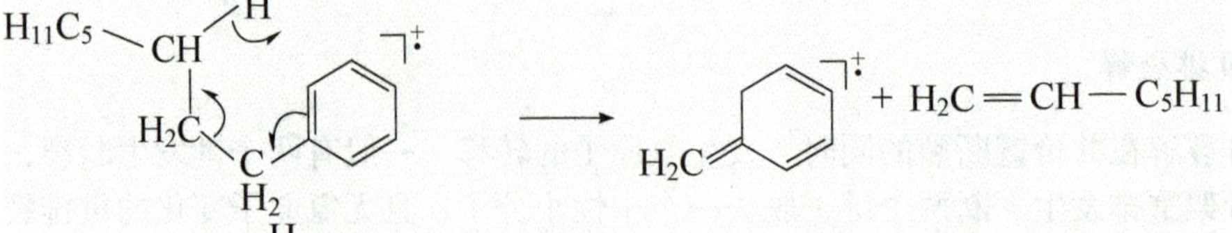

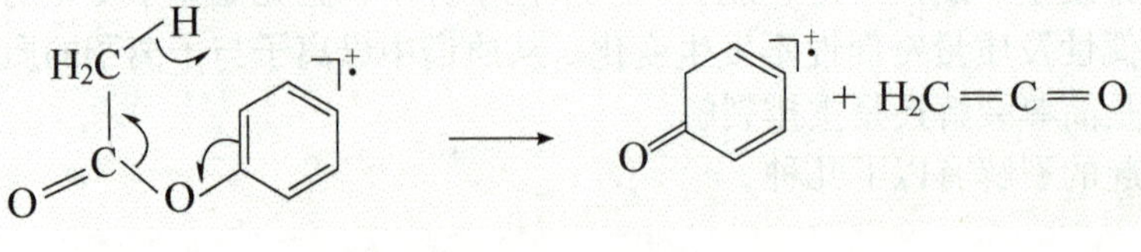

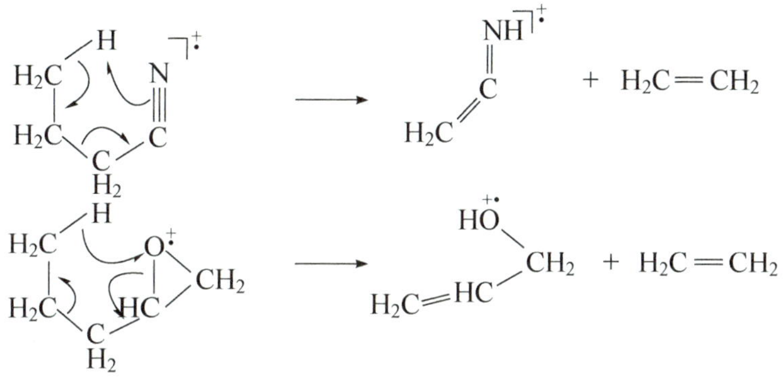

由单纯开裂或重排产生的碎片离子，如果符合麦氏重排的两个条件，也能发生麦氏重排。例如

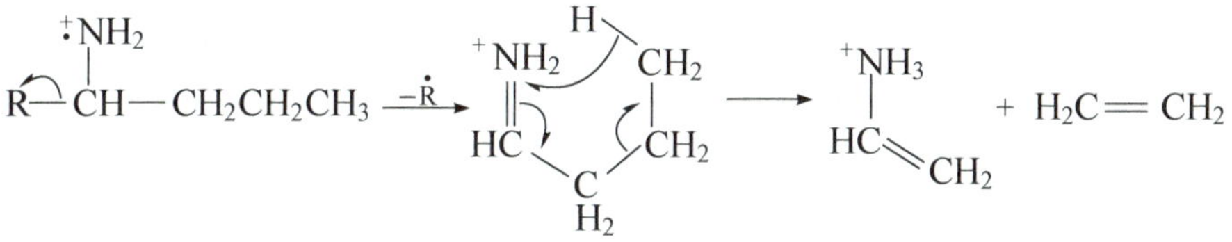

注意：这个重排实际上是由电荷中心引发的。

若 C═X 基团两边均有γ-H，可发生二次麦氏重排。由两次重排产生的两种离子碎片的百分数可看出第二次重排很容易发生。

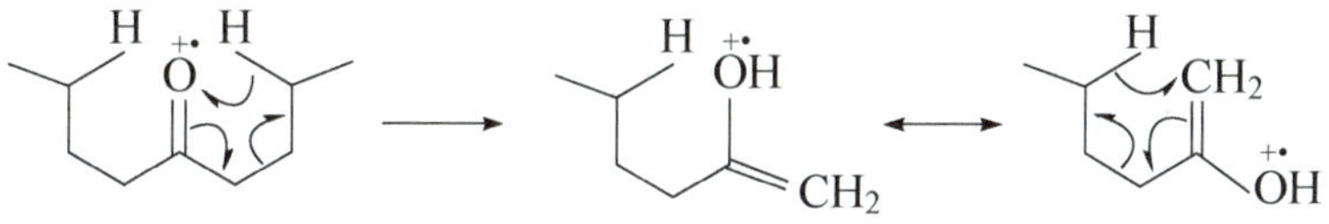

m/*z* 100, 6%

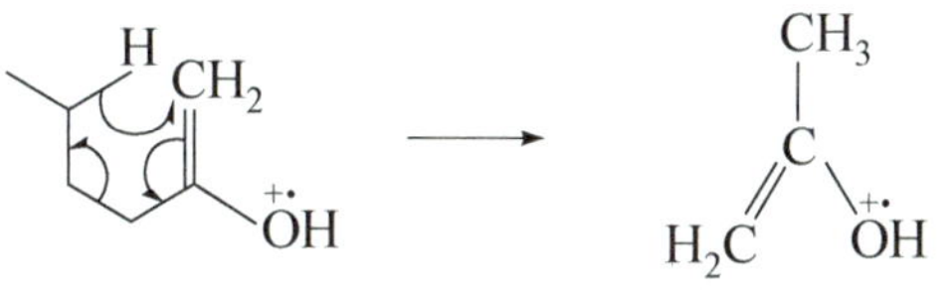

m/*z* 58, 57%

在醛、酮类化合物中，α裂解仍为主要断裂形式，在许多情况下由此而产生基峰。例如，下列酮的 MS，$m/z = 57$ 为基峰，$m/z = 85$ 为第二强峰。

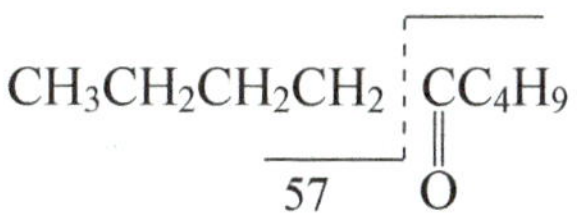

图 6-20 是正丁醛的质谱图，其主要峰的裂解机理如下：

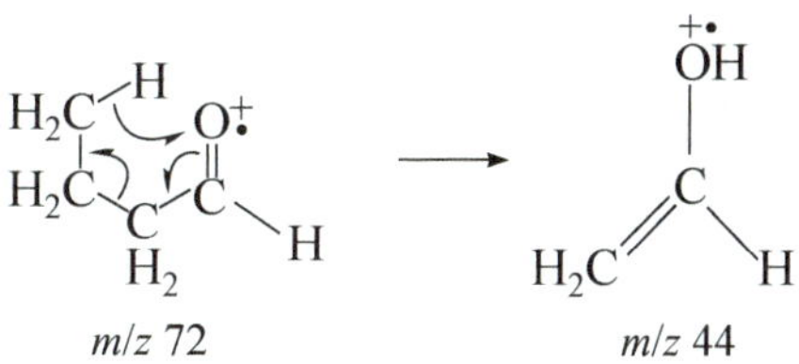

m/*z* 72　　*m*/*z* 44

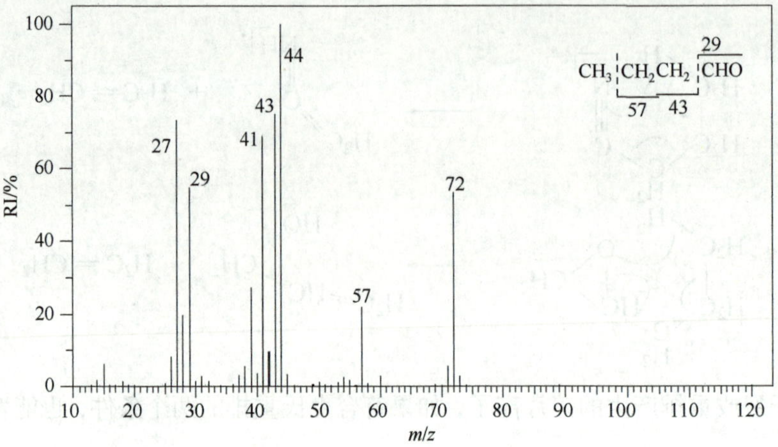

图 6-20　正丁醛的质谱图

(2) 氢原子重排到饱和杂原子 Y 上并伴随邻键(Y—C)断裂的重排裂解。该裂解反应中一个饱和杂原子上的正电荷自由基的未成对电子与一个邻近的、处于适当构型的氢原子形成一个新键，一个氢原子转移到杂原子上。随后发生一个电荷定位引发的反应，即杂原子的一个键断裂形成 $(M-HYR)^{+\cdot}$ 或 $HYR^{+\cdot}$。

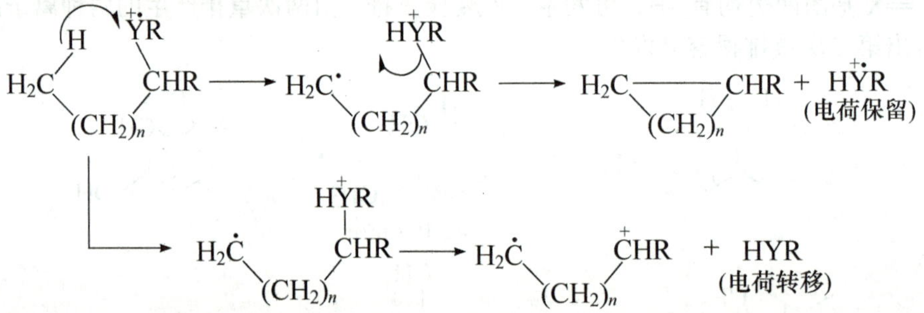

反应的第一步中转移的是哪一个氢原子，对新形成产物的影响不大(不一定非经过六元环过渡态，也可能是四元环或五元环或其他环状过渡态)。在保留电荷的裂解中，反应的第二步应该是一个自由基定位反应。产生的含杂原子的碎片是饱和的，它对电荷的争夺力很弱，使得电荷转移裂解更为普遍。电荷转移反应对电负性原子团有利，常以这种方式丢失电离能较高的饱和小分子，如 H_2O、C_2H_4、CH_3OH、H_2S、HCl 和 HBr 等。例如

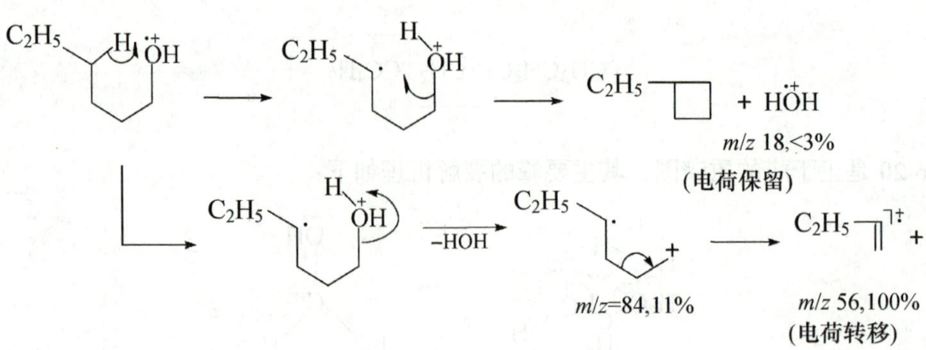

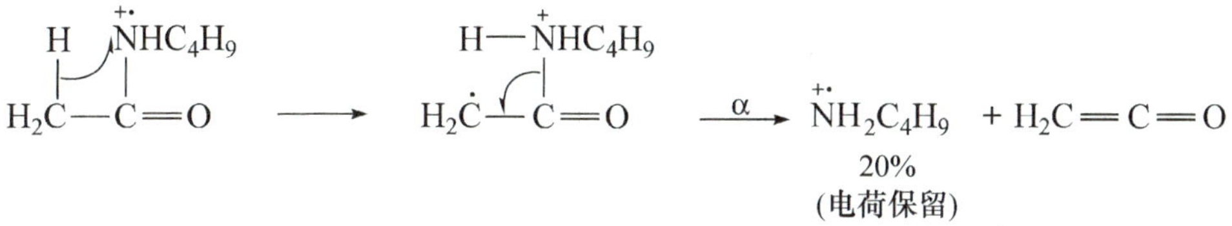

酯一般容易发生麦氏重排，但有时酸部分也会发生上述重排，即在醇部分没有易移动的氢原子，酸部分就会脱离小分子。例如

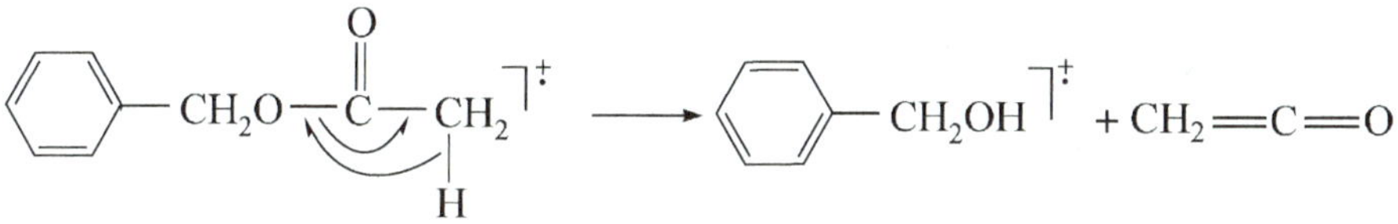

卤代烃(X=Cl、Br)通过四元环过渡态，氢原子向卤素迁移，消去卤化氢。例如

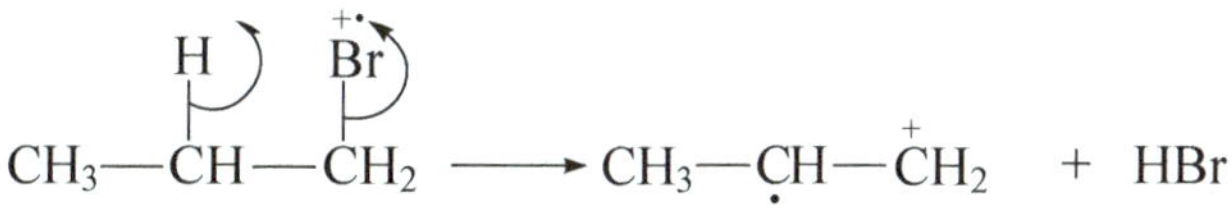

卤代烃有时也可通过五元环过渡态进行氢重排。例如

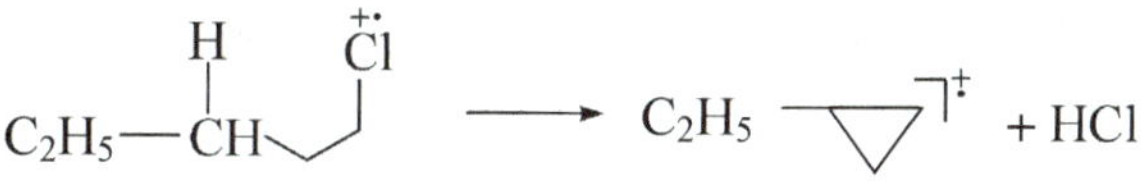

醚和硫醚也可能发生类似的反应。例如

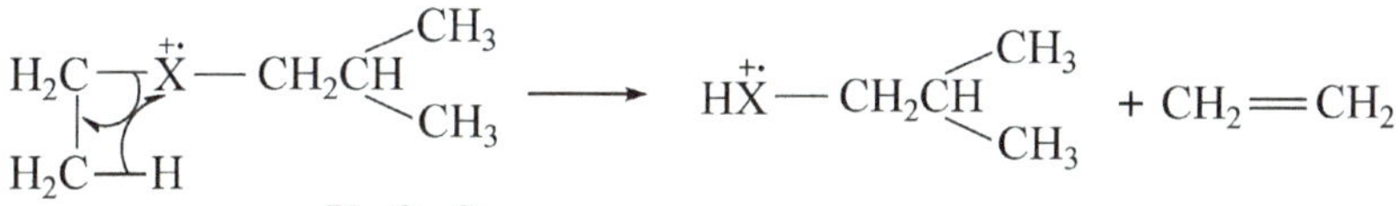

X=O、S

正丁醇和环己醇的脱水都可在 1, 3-位或 1, 4-位发生，产物质荷比是相等的。例如

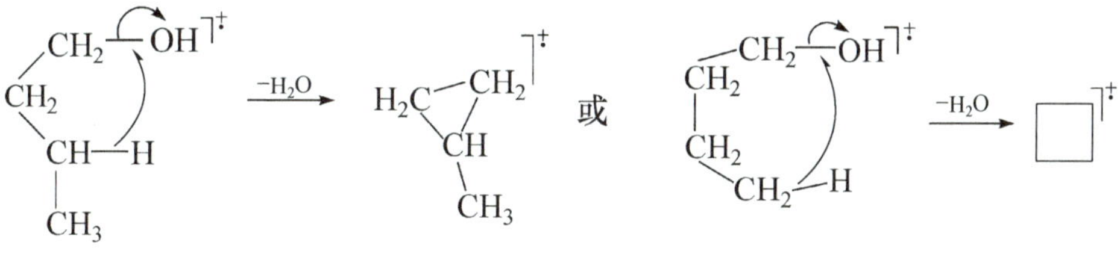

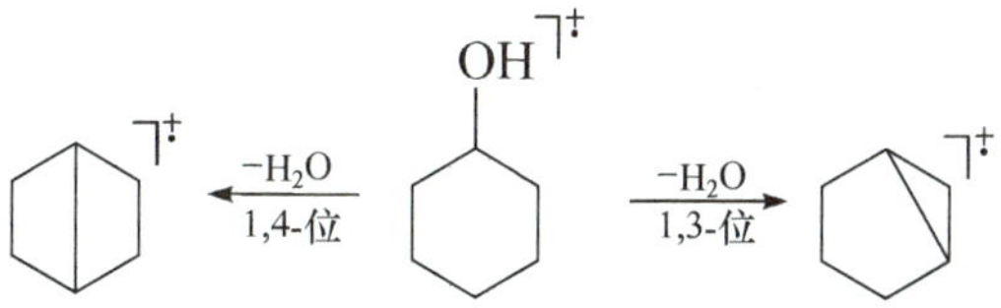

含杂原子的邻位取代苯可发生类似重排反应，又称为邻位效应(ortho effect)。例如

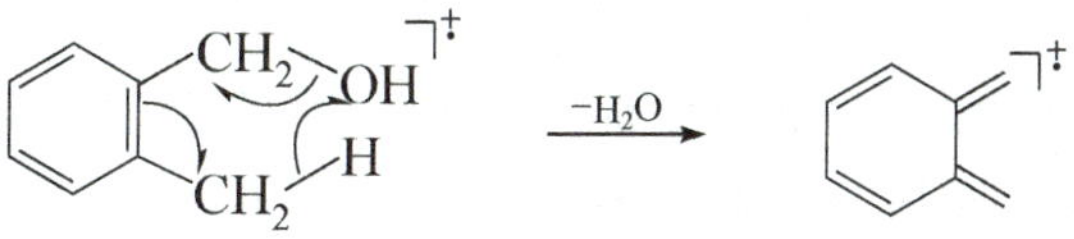

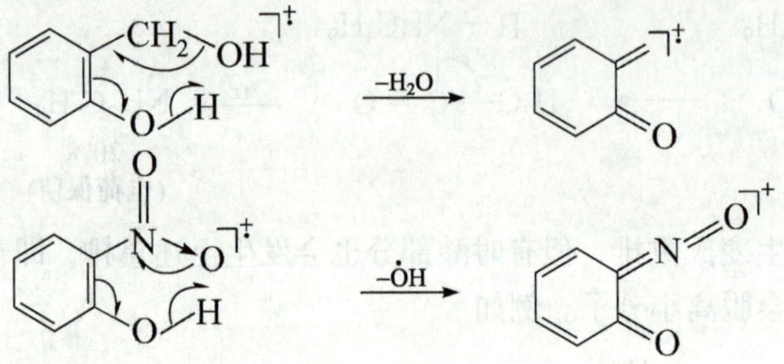

具有以下结构特点的邻二取代苯都可发生重排：

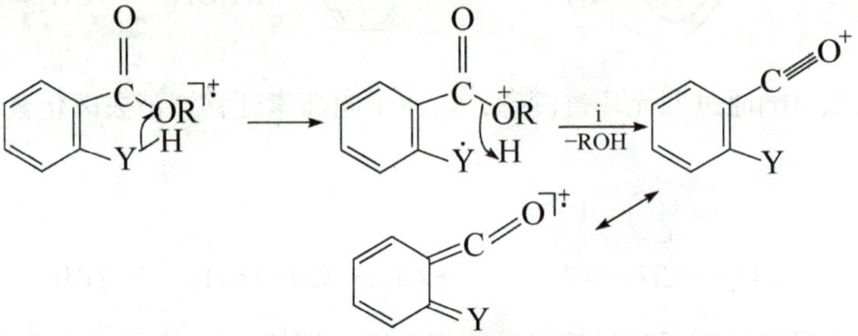

由上述例子可看到，邻位效应是通过以下两个因素的协同作用引发的：一个适于重排的活泼氢和一个由电荷转移产生的稳定离子。例如，水杨酸正丁酯经重排裂解得 *m/z* 120 的基峰(图 6-21)。

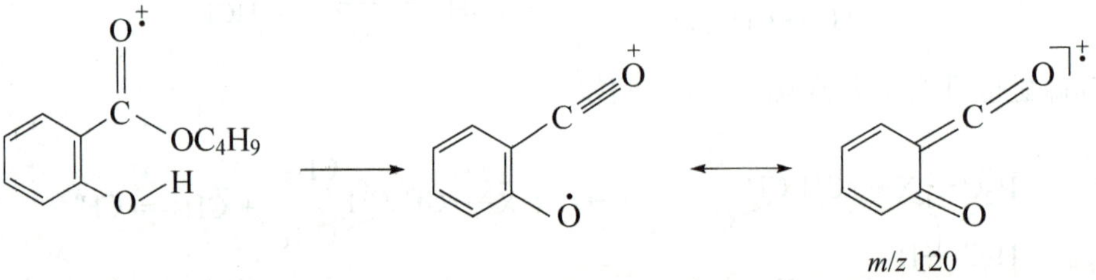

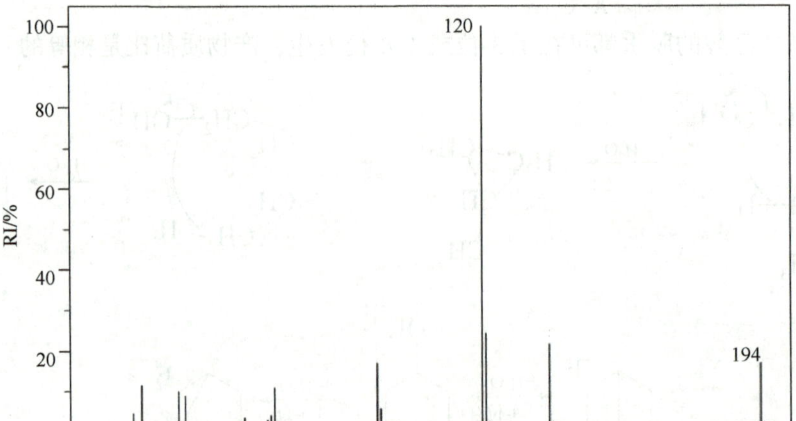

图 6-21　水杨酸正丁酯的质谱图

一个氢重排到饱和杂原子上，邻位键断裂，再脱去一个含杂原子的小分子的重排，脱去的小分子多是 H_2O、H_2S、NH_3、CH_3COOH、CH_3OH、$CH_2{=}C{=}O$、CO、CO_2、HCN 等。举例如下：

脂肪族醇脱水比脱离$^{\bullet}OH$容易，同样脂肪族的硫醇和胺容易脱离H_2S和NH_3。

$$\underset{M-17}{[M-OH]^{+}} \xleftarrow[\text{困难}]{-\dot{O}H} [ROH]^{+\bullet} \xrightarrow[\text{容易}]{-H_2O} \underset{M-18}{[M-H_2O]^{+\bullet}}$$

$$R\overset{+\bullet}{S}H \xrightarrow{-H_2S} \underset{M-34}{[M-H_2S]^{+\bullet}}$$

$$R\overset{+\bullet}{N}H_2 \xrightarrow{-NH_3} \underset{M-17}{[M-NH_3]^{+\bullet}}$$

脂肪族的乙酸酯容易脱离乙酸，而不容易脱离$\cdot OAc$。

$$[M-\dot{O}Ac]^{+} \xleftarrow{\text{困难}} [ROAc]^{+\bullet} \xrightarrow{\text{容易}} [M-HOAc]^{+\bullet}$$

乙酸酯容易脱乙酸，如果在醇部分没有脱酸所需要的氢原子，往往要脱离乙烯酮。

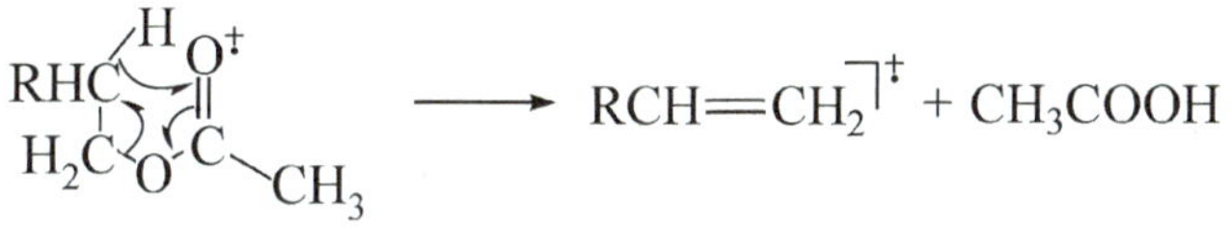

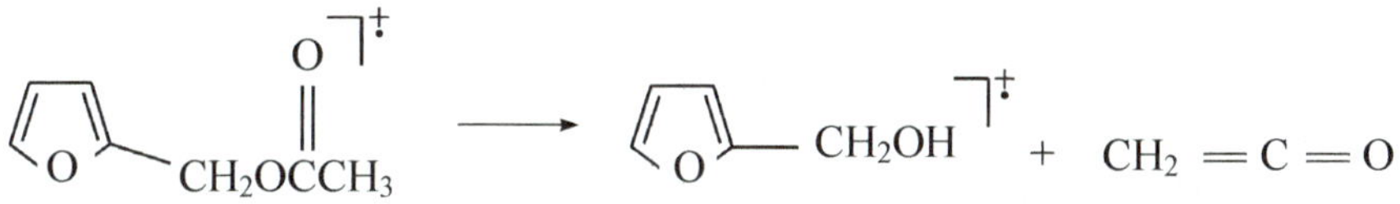

酰胺容易脱乙烯酮。

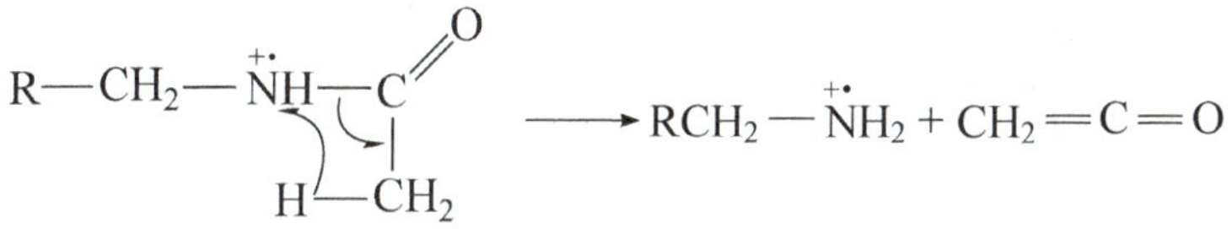

顺式链烯类化合物容易脱离中性分子，如顺巴豆酸甲酯容易脱离甲醇。

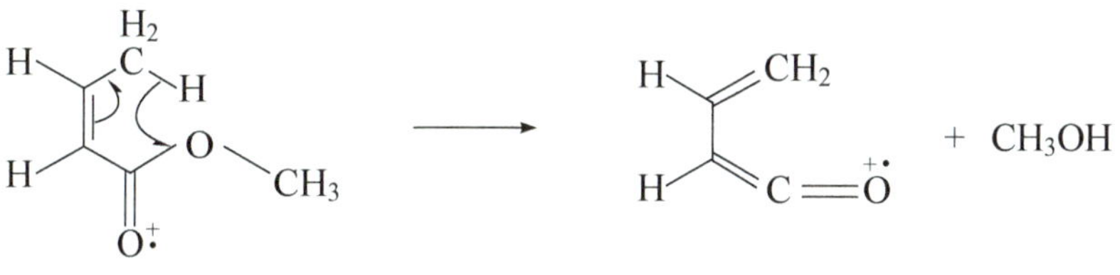

m/*z* 100　　　　*m*/*z* 68

(3) 消除重排(elimination rearrangement，通常用 re 表示)。消除重排的特点是随着基团的迁移同时消除小分子或自由基碎片，反应与氢重排相似，只是迁移的不是氢而是一种基团，所以也称“非氢重排”(non-H rearrangement)。在消除重排中，消除的中性碎片通常是电离能较高的小分子或自由基，如 CO、CO_2、CS_2、SO_2、HCN、CH_3CN 和 CH_3 等。

消除重排形式多样，这里仅举几例。

甲基迁移：

$$\left[C_6H_5-O-\underset{\underset{X}{\|}}{C}-XCH_3\right]^{+\bullet} \xrightarrow[-CX_2]{re} \left[C_6H_5-O-CH_3\right]^{+\bullet}$$

乙基和其他脂烃基迁移：

$$C_6H_5NHC(=O)-OC_2H_5^{+\cdot} \xrightarrow[-CO_2]{re} C_6H_5NH-C_2H_5^{+\cdot}$$

芳基迁移：

$$C_6H_5SO_2-C_6H_5^{+\cdot} \xrightarrow[-SO_2]{re} C_6H_5-C_6H_5^{+\cdot}$$

烷氧基迁移：

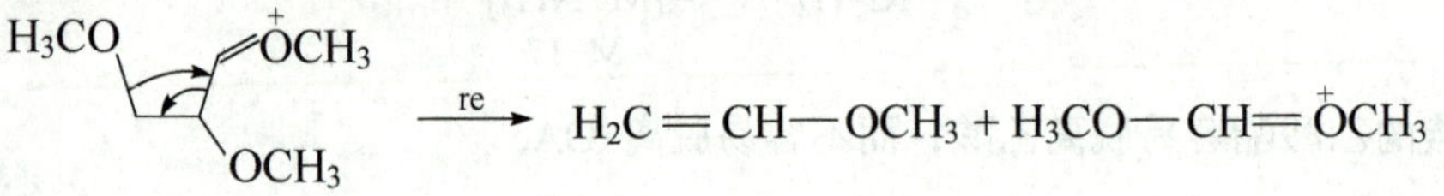

羟基迁移：

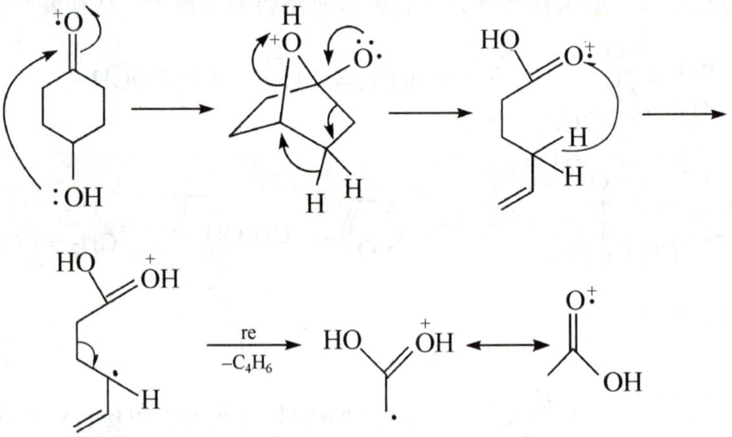

氨基迁移：

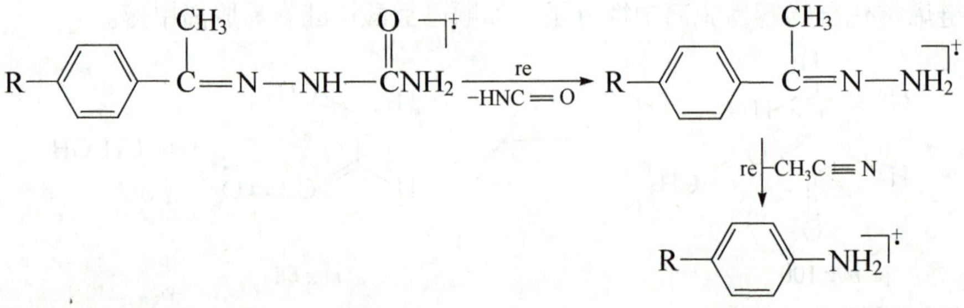

这种消除重排比较复杂，在重排反应中产生的离子或中性碎片往往不存在于原来的分子中，而是经过重排后形成的。例如

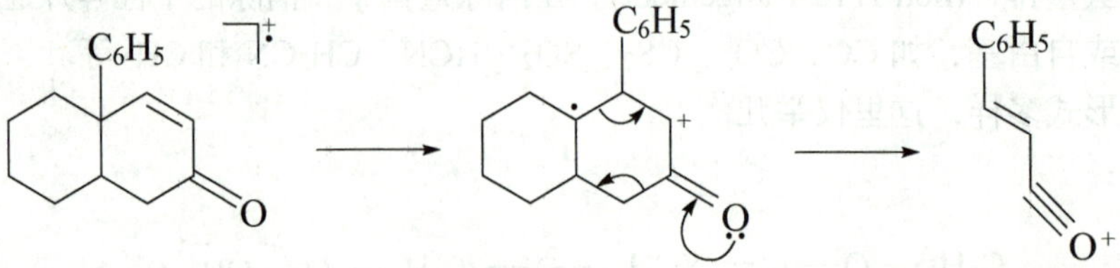

m/z 131

m/z 131是消除重排反应中苯基迁移后形成的，这种骨架重排给谱图解析带来麻烦，应引起人们的重视！

实际上，不仅消除重排引起骨架改变，有时下面的取代重排也会引起骨架的改变。因此，这两种重排也可称为骨架重排。

(4) 取代重排(displacement rearrangement，通常用 rd 表示)。有人也称其为置换反应。这也是一种非氢重排，在分子内部两个原子或基团(通常是带自由基的)能够相互作用，形成一个新键，与此同时其中一个基团的另一键断裂，在取代的同时发生环化反应和失去一个自由基碎片。

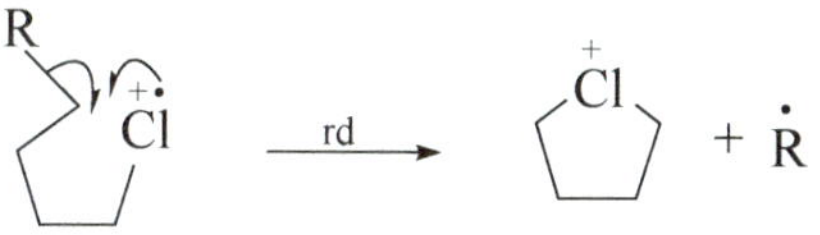

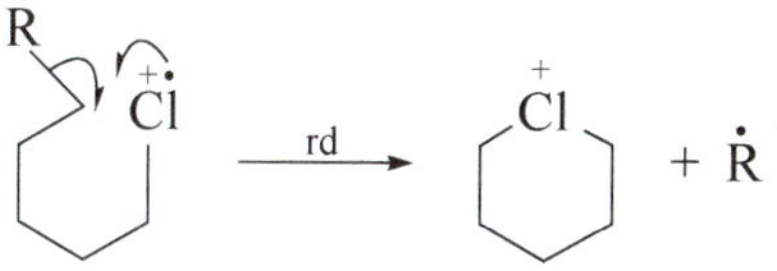

长链硫醇和硫醚经常是通过三元环过渡态发生取代重排，如己硫醚的质谱中 m/z 145 离子的产生就是这样。

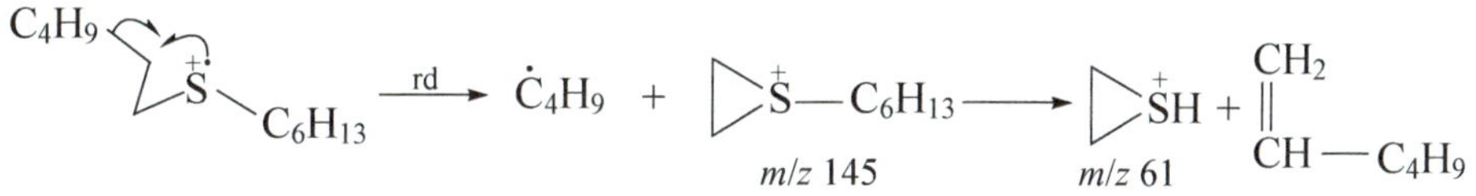

长链伯胺的取代重排主要通过六元环过渡态形成相应 m/z 86 的环状离子。

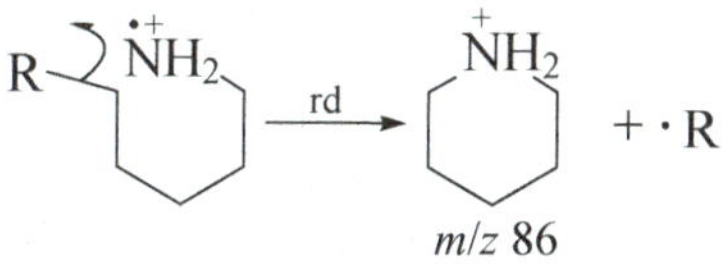

2) 电荷引发的重排反应

(1) 正电荷引发的四元环重排(Ⅰ)。在伯、仲、叔碳原子上有 OH、NH_2 或 SH 时，会发生α裂解，而产生的碎片离子如果能形成四元环过渡态，就会发生下列四元环重排：

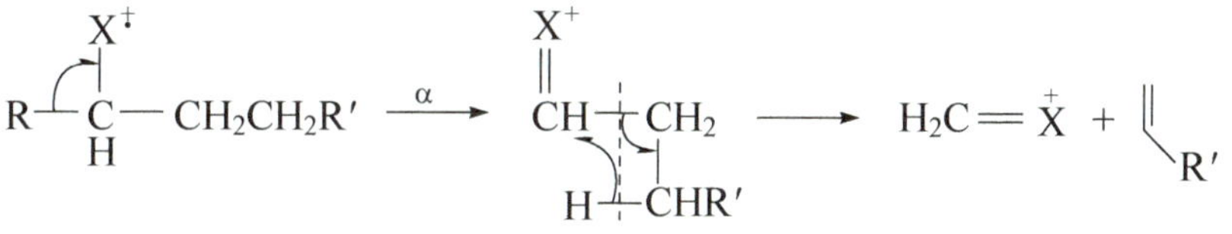

X = OH、SH、NH_2

例如，图 6-22 的 3-己醇质谱图中 m/z 31 是这种重排产生的。

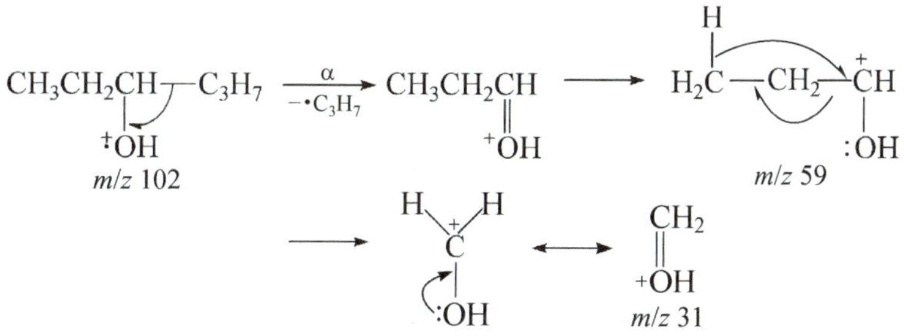

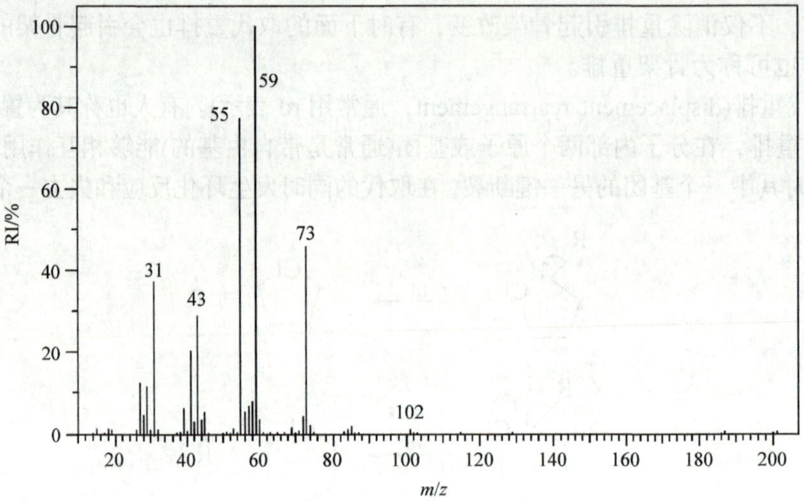

图 6-22　3-己醇的质谱图

此外，经过 m/z 73 也可以产生 m/z 31，即

$$M^{+\cdot}(m/z\ 102)\xrightarrow{-\cdot C_2H_5} m/z\ 73 \longrightarrow m/z\ 31$$

(2) 正电荷引发的四元环重排(Ⅱ)。由醚、硫醚、仲胺和叔胺的单纯开裂产生的鎓离子，如果含有乙基以上的烷基，会进一步经过四元环重排而脱离链烯。

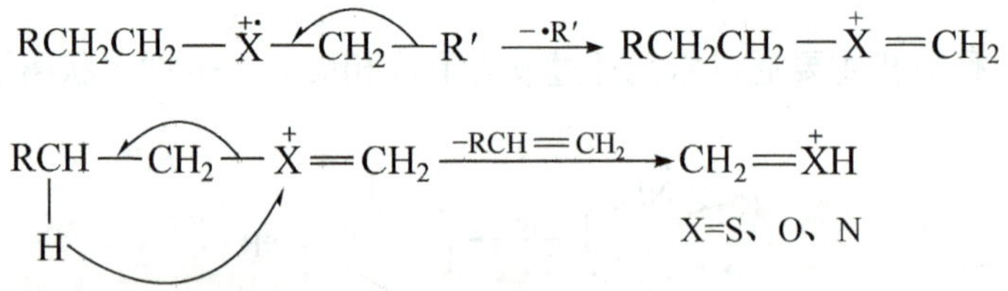

X=S、O、N

例如，图 6-23 的三乙胺质谱图中 m/z 86、m/z 58、m/z 30 是这样产生的。

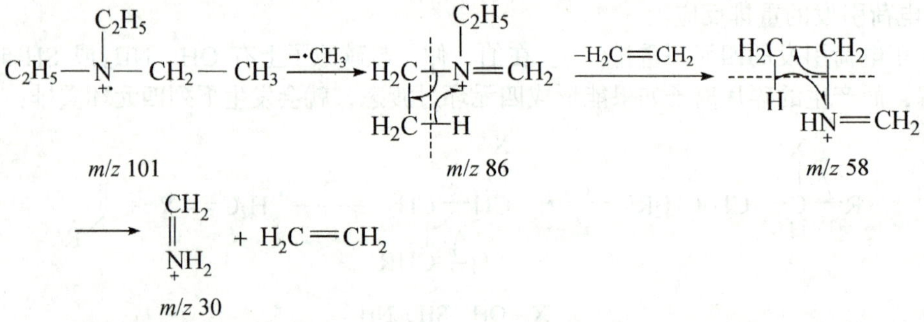

又如，在异丙基正戊基醚的质谱中 m/z 45、m/z 31 是α裂解产物重排产生的。

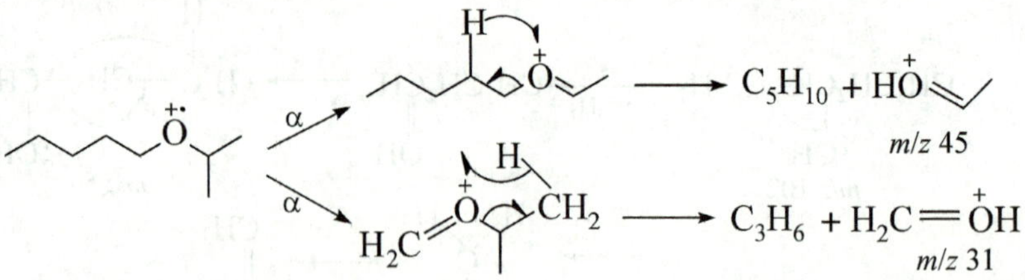

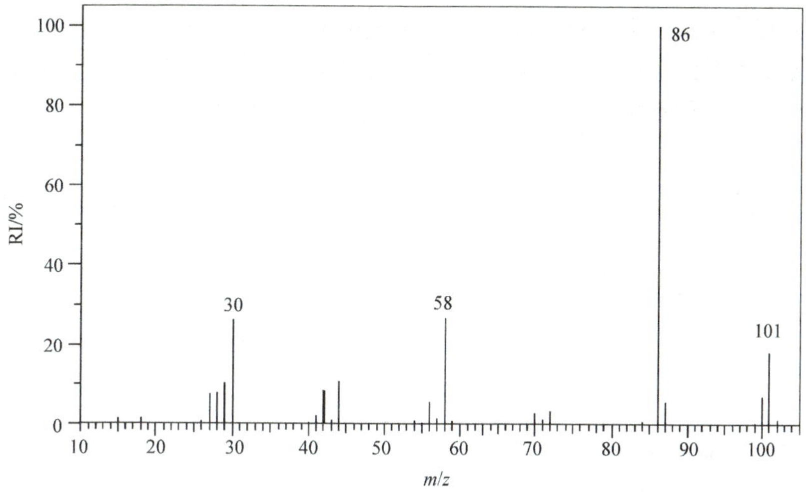

图 6-23 三乙胺的质谱图

类似地，各级醇都能得到 m/z 31 的碎片离子。

这种由杂原子上正电荷的定位引发的β-H 向杂原子的重排极为普遍。

偶电子离子也能产生与电荷中心(或不饱和杂原子)无关的氢重排。例如

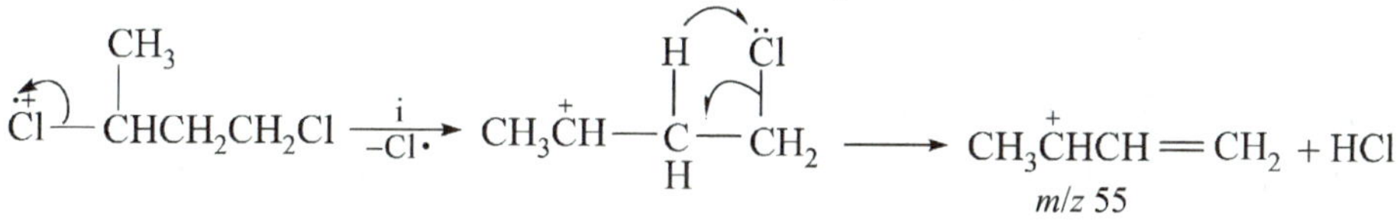

应注意的是，上述反应所得到的峰不能确定 Cl 原子在分子中的位置，如 m/z 55 在 1, 3-二氯丁烷和 1, 1-二氯丁烷的质谱图中都是基峰。

(3) 正电荷引发的四元环重排(Ⅲ)。取代芳香化合物的正离子可借四元环过渡态重排，失去中性分子。例如

正丁苯：

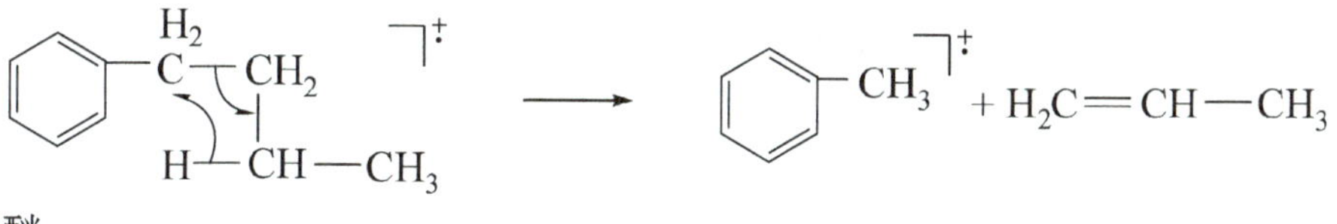

苯甲醚：

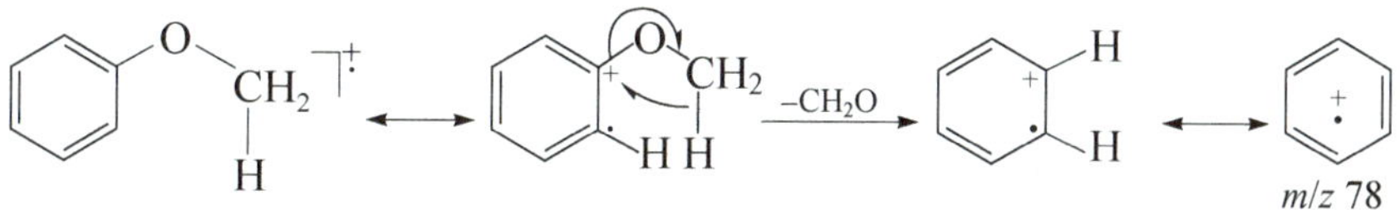

磺酰胺：

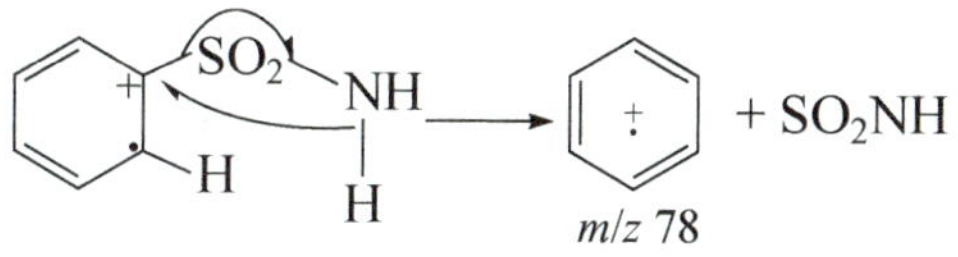

3) 双氢重排

在质谱上有时会出现比单纯开裂多两个质量单位的碎片离子，这是因为脱离的基团有两

个氢原子转移到这个离子上，称为双氢重排或双重重排。

(1) 乙酯以上的酯和碳酸酯的双氢重排。化合物(a)发生单纯裂解时产生$[RCO_2]^+$，如果发生双氢重排，就产生稳定离子(b)，而(b)比$[RCO_2]^+$多两个氢原子。

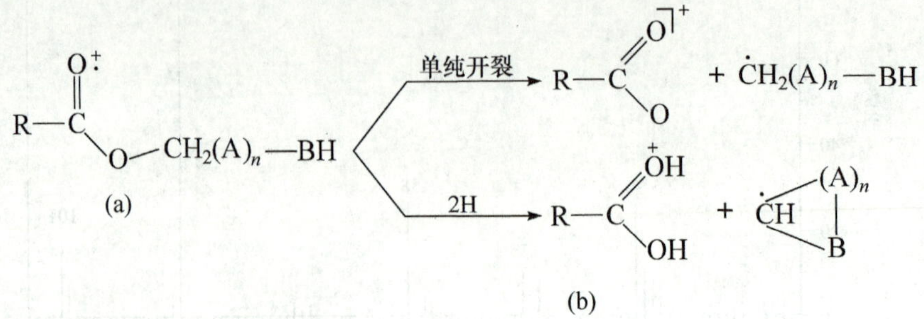

乙酯以上的酯都会发生下列重排：

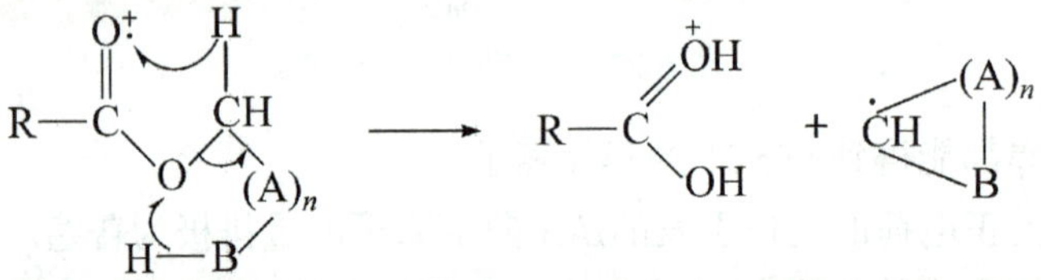

式中：A= CH_2、S、O；B = CH_2、O、S；n = 1、2、3、…。例如，n = 3 时，A 可以是 $CH_2CH_2CH_2$、CH_2OCH_2 或 CH_2CH_2O 等。但 B 为 O(或 S)时，A 的末端不应该是 O 或 S。另外，分子中必须有能移动的两个氢原子。分子为碳酸酯时，R 为 OR。

根据双氢重排产物就可以判断酯中酸部分的组成。例如，根据 m/z 61 或 m/z 89 就知道该化合物是乙酸酯或丁酸酯，因为离子的 m/z=61+14n。

下面是一些双氢重排的例子。

碳酸二正丙酯：

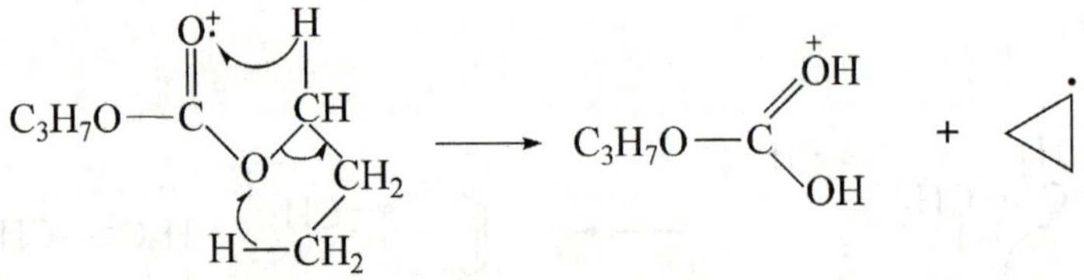

β-羟基茴香酸乙酯：

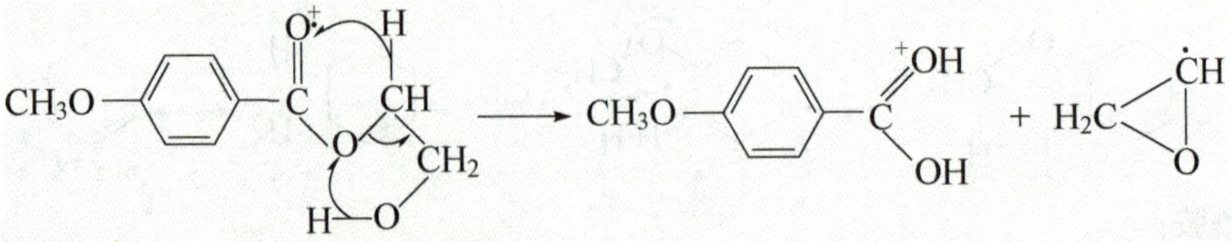

以上是通过五元环过渡态的双氢重排。

长链脂肪酸酯的质谱中，除通过麦氏重排得到 m/z = 74+14n 的基峰(长链脂肪酸甲酯 m/z 74)，还有一系列特征峰 m/z = 87、143、199、255、311、…。这一系列峰经重氢标记研究证明，m/z 87 是经六元环过渡态的双氢重排得到的。

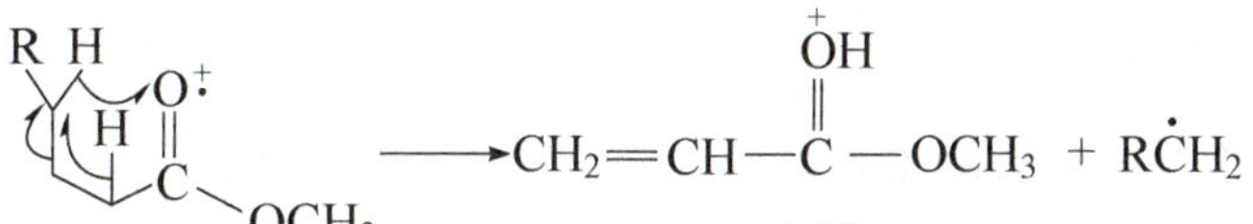

m/z 87

可以想象，其他一系列离子则可通过更大的多元环过渡态双氢重排得到。

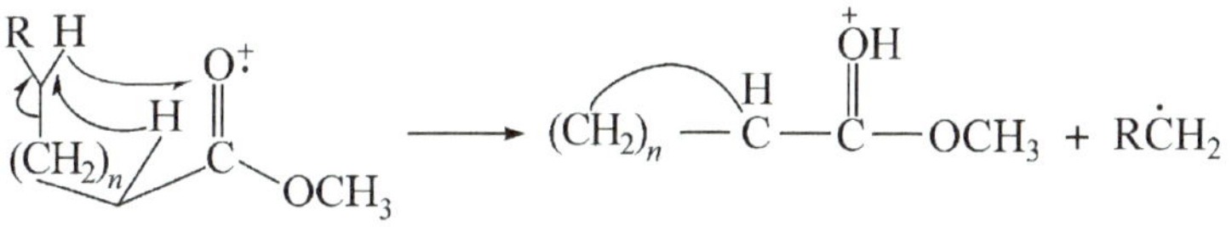

(2) 在邻接碳原子上有适当的取代基时也发生双氢重排。

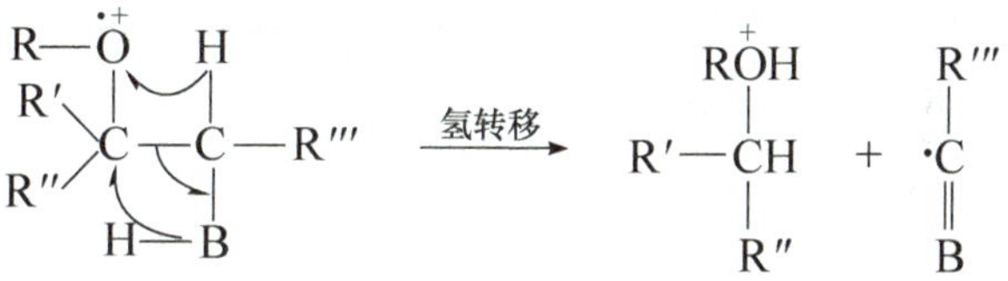

B=CH_2、S、O

乙二醇的质谱中 m/z 33 很大，就可能是双氢重排的结果。

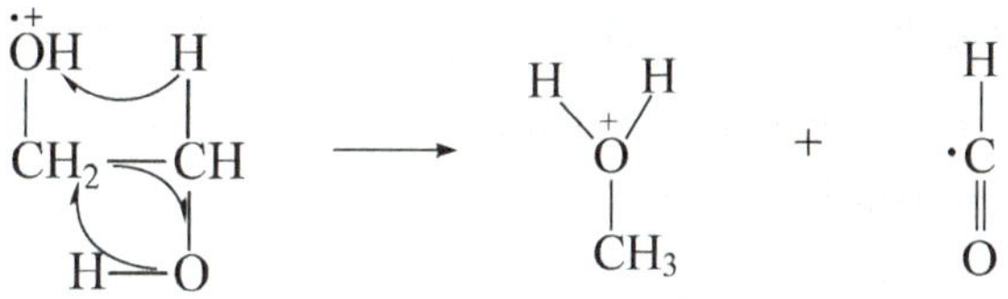

m/z 33

仔细检查酯的质谱也可以发现由这种机理生成的离子峰。如果遇到用单纯裂解或一般重排无法解释的离子峰，就应该想到可能是由双氢重排产生的。下面再举几个例子：

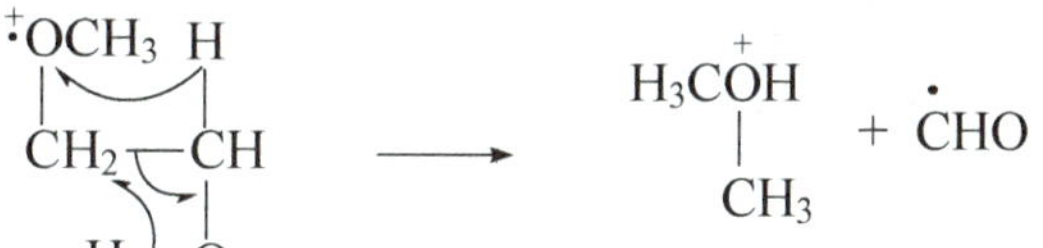

m/z 76　　m/z 47

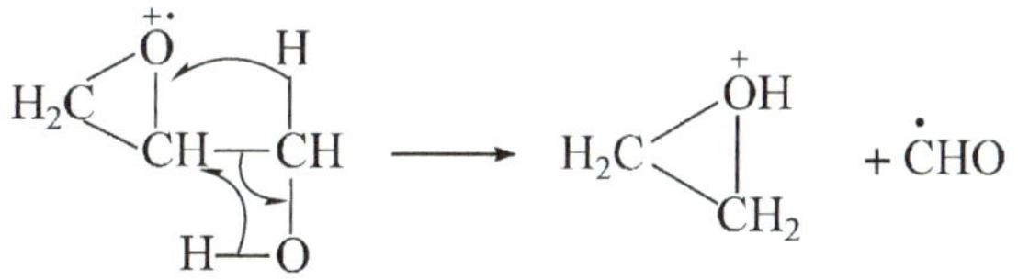

m/z 74　　m/z 45

如果注意到双氢重排前后的碎片离子质量，就可以发现，带奇数个电子的离子经重排后得到带偶数个电子的碎片离子。

双氢重排(有时称为麦氏+1 重排)其裂解机理可用下式表示：

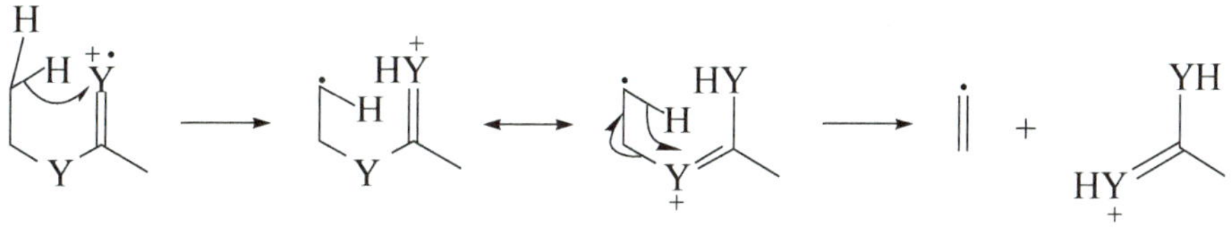

3. 环裂解-多中心裂解

在复杂的分子中，各种官能团的相互作用能给出复杂的裂解反应，这些反应涉及一个以上的键的断裂称为多中心裂解。

1) 一般的多中心裂解

一个环的单键断裂只产生一个异构离子，要产生一个碎片离子必须断裂两个键。例如

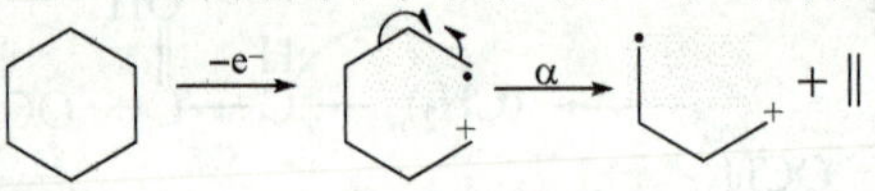

其裂解产物一定是一个奇电子离子，在反应过程中未成对电子与邻近碳原子形成一个新键，同时该α-碳原子的另一键断裂。

一般的环状化合物常发生简单裂解和氢重排相互组合的多键断裂。例如

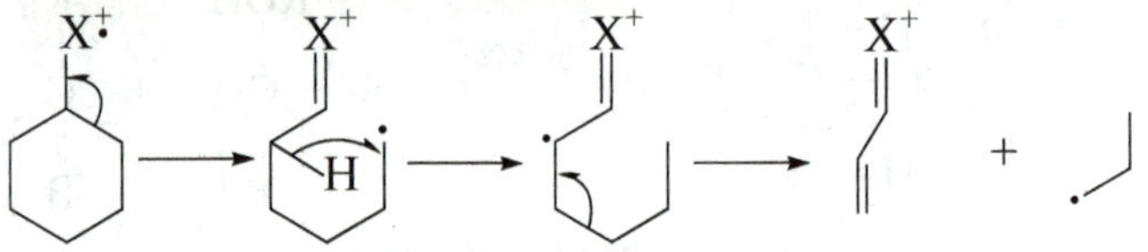

X=O、OH、OR、NH、NH_2、NR_2

裂解先是由分子离子的杂原子自由基定位驱动发生的，它没有质量损失，而是造成自由基和正电荷的分离。后者通过六元环过渡态取得一个氢原子，然后断裂邻接新自由基中心的键，形成稳定的共轭离子。在环己酮、环己醇、环己基醚、环己基胺、环己基硫醚等化合物的质谱中，都产生非常相似的特征离子。

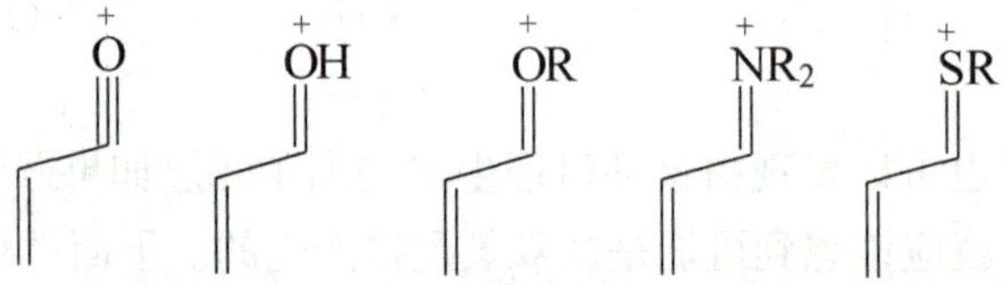

在环戊烷衍生物中，也有类似的通过五元环过渡态的反应发生。而在环丁烷衍生物中，因为四元环过渡态能量高，所以不能发生氢原子迁移。

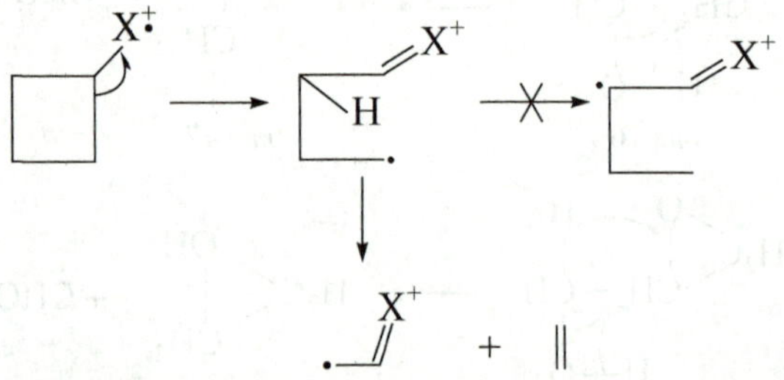

不饱和环状化合物，如环己烯，离子定位于重键处而发生多键裂解。

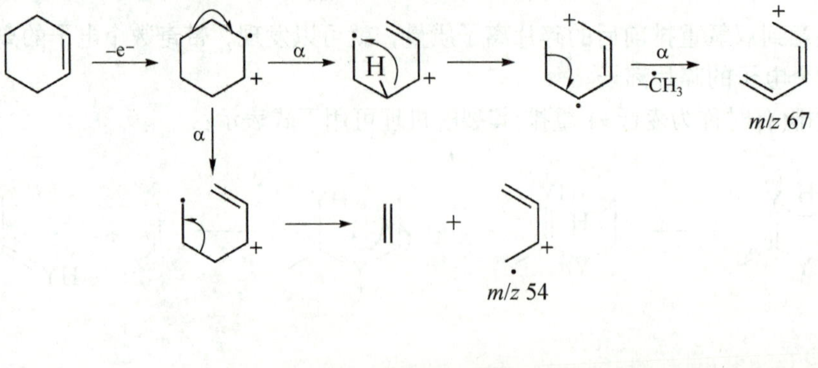

苯酚和苯胺的质谱有类似的裂解过程，在没有其他取代基的情况下，会发生氢重排裂解，然后经α裂解、i 裂解形成碎片离子(图 6-24)。

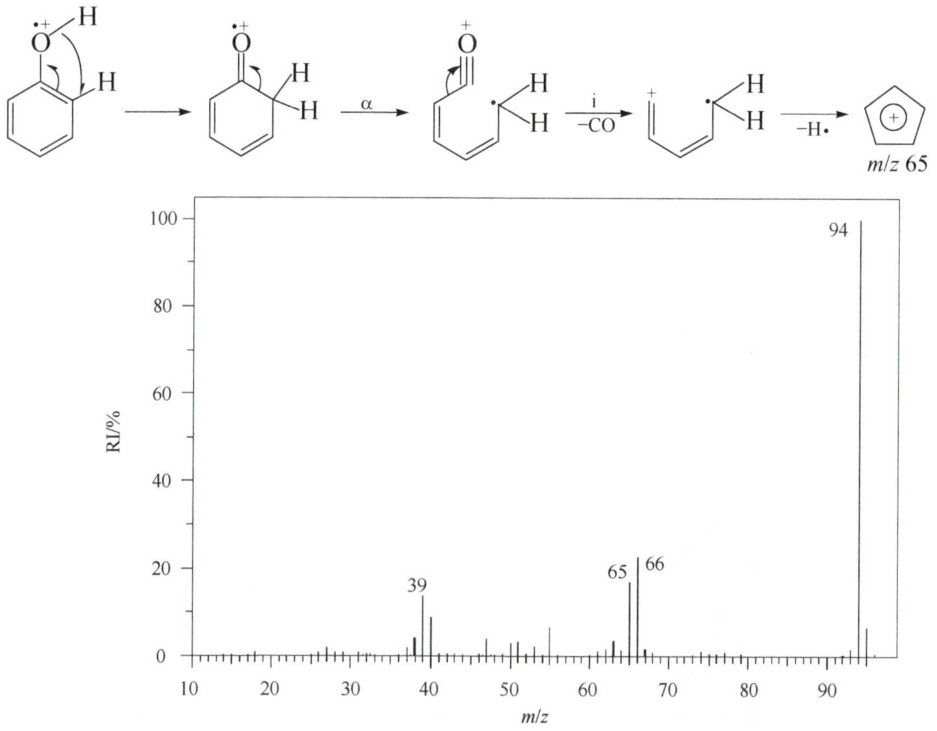

图 6-24 苯酚的质谱图

同样，苯胺将消除 H_2CN，也得到 *m*/*z* 65 离子。

2) 逆第尔斯-阿尔德裂解

逆第尔斯-阿尔德(retro Diels-Alder，RDA)裂解是以双键为起点的重排，在脂环化合物、生物碱、萜类、甾体和黄酮等化合物的质谱上经常可以看到由这种重排产生的碎片离子峰。例如，4-甲基环己烯的质谱图如图 6-25 所示。

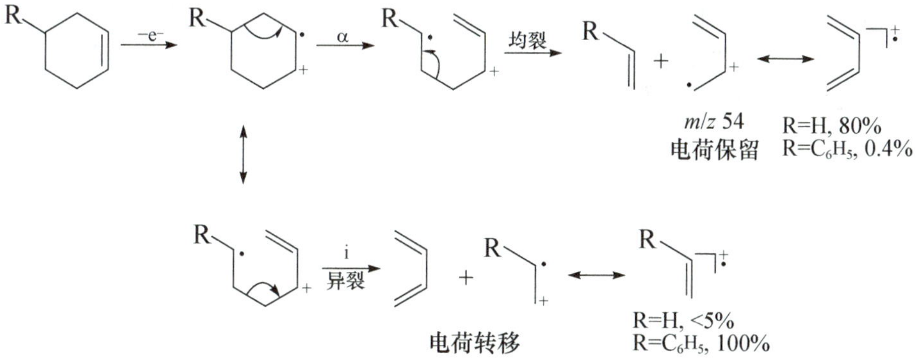

正电荷通常是在含共轭二烯的碎片上。这与电离电势有关(史蒂文森规则)，在个别情况下，也可以是含一个双键的正电荷离子碎片。例如

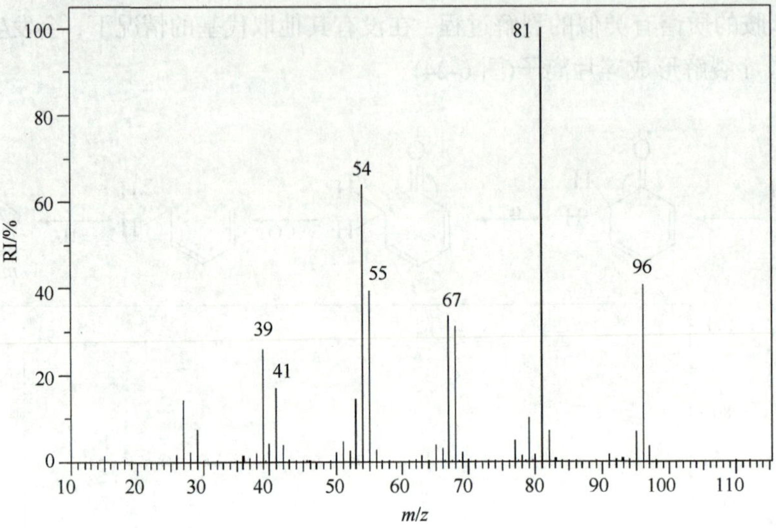

图 6-25　4-甲基环己烯的质谱图

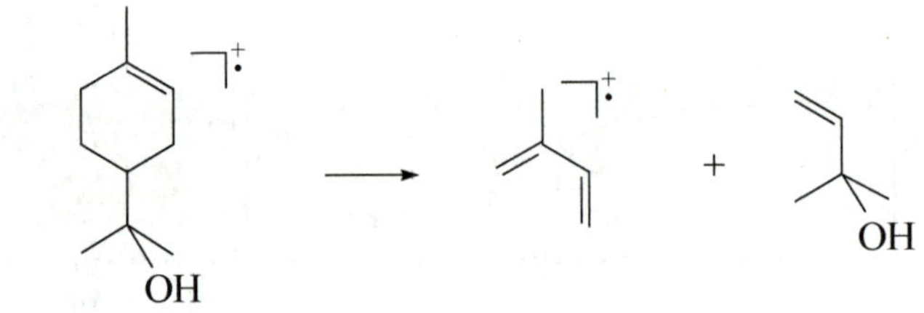

电离电势:9.0~9.4 eV　　9.0 eV　　9.4 eV

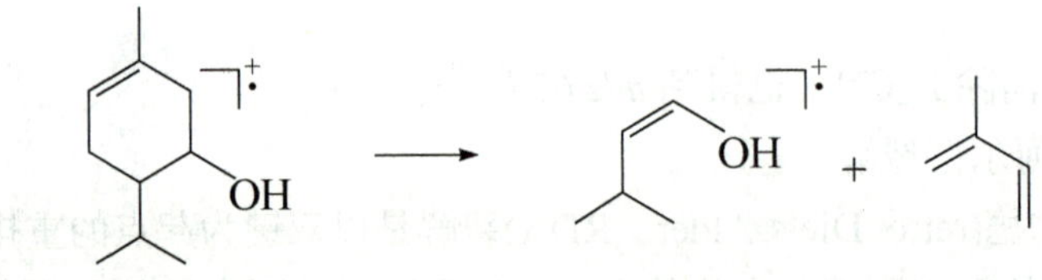

电离电势:9.0~8.7 eV　　8.7 eV　　9.0 eV

有时与化合物本身的结构也有关系。例如，下列化合物(1)是否产生共轭二烯离子，要看 C-3 和 C-4 的取代情况。如果 C-4 为仲碳原子或叔碳原子(R_3 = H；R_4 = H 或 C)，而 R_1 = R_2 = H 或 C，中间体(a)就比较稳定，因此容易产生共轭二烯离子(a′)。如果 C-4 为季碳原子(R_3 = R_4 = C)，而 R_1 = R_2 = H 中间体(b)就比较稳定，因此容易产生烯离子(b′)。

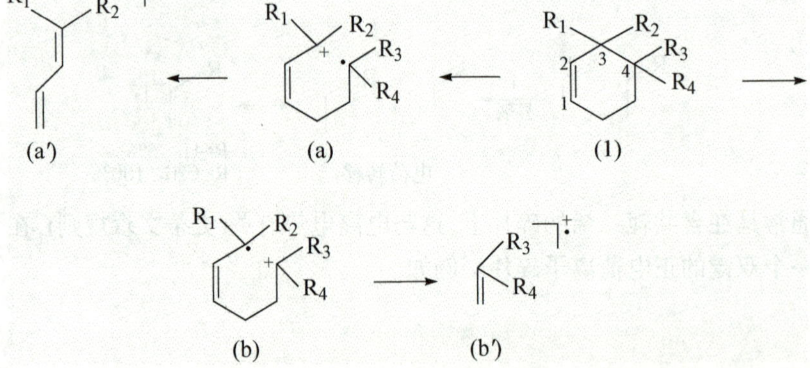

4. 随机裂解

有机化合物在离子源中受到电子流的轰击，会按照一定的规律进行裂解，类似的化合物具有类似的裂解离子碎片，这是质谱分析的基础。然而，在电子流轰击有机化合物分子时也会发生随机的裂解，这给谱图解析带来一定的困难，质谱图中的每一个峰未必都能解释得清楚。

一些碳链化合物常有难以解释的重排离子产生。例如

$$[C(CH_3)_4]^{+\cdot} \longrightarrow [CH_3CH_2]^+$$

$$CCl_2FCCl_2F\rceil^{+\cdot} \longrightarrow \overset{+}{C}Cl_3$$

6.4 质谱中离子的类型

有机质谱中出现的阳离子一般有 7 种类型，即分子离子、简单裂解离子、重排裂解离子、络合离子、亚稳离子、同位素离子和多电荷离子，现分别叙述如下。

6.4.1 分子离子

有机分子被电子流轰击失去一个电子所得的离子称为分子离子，其质量数是该化合物的分子量，用“$M^{+\cdot}$”表示。有机化合物分子离子都是奇电子离子，但经常简写为 M 或 P，而将正电荷及单电子符号省略。

在质谱中由分子离子形成的峰即分子离子峰，一般位于质荷比最高位置的一端，但不一定是质荷比最大的离子。它的质荷比即为该化合物的分子量。由它的精确质量数可推算出化合物可能的分子式。分子离子的组成是由各种元素的最丰同位素组成的。例如，CH_3Cl 分子离子峰在 m/z 50.0 处，不在 m/z 50.484 处。按照元素周期表中的原子量计算 CH_3Cl 的分子量为：$12.01 + 1.008 \times 3 + 35.45 = 50.484$。但已知碳有同位素 ^{12}C、^{13}C，氢有同位素 ^{1}H、^{2}H，氯有同位素 ^{35}Cl、^{37}Cl，而且轻同位素都是最丰同位素，所以 CH_3Cl 分子离子峰由 $^{12}C^{1}H_3{}^{35}Cl$ 组成，分子离子峰为 m/z 50.0。

分子离子是一切碎片离子的母离子，即一切碎片离子是通过分子离子再进一步裂解得到的。因此，写质谱裂解反应要从分子离子写起。

分子离子的质量奇偶性受氮规律的支配：在分子中只含 C、H、O、S 和卤素等元素时，分子量为偶数；若分子中除上述元素外还含 N，则含奇数个 N 时分子量为奇数，含偶数个 N 时分子量为偶数。

6.4.2 简单裂解离子

分子离子或其他碎片离子经过共价键的简单开裂，失去一个自由基或一个中性分子后形成的离子即为简单裂解离子。裂解时并不发生氢原子转移或碳骨架的改变。一般来说，一个含奇数个电子的离子简单开裂后失去一个自由基，得到含偶数个电子的离子碎片。例如

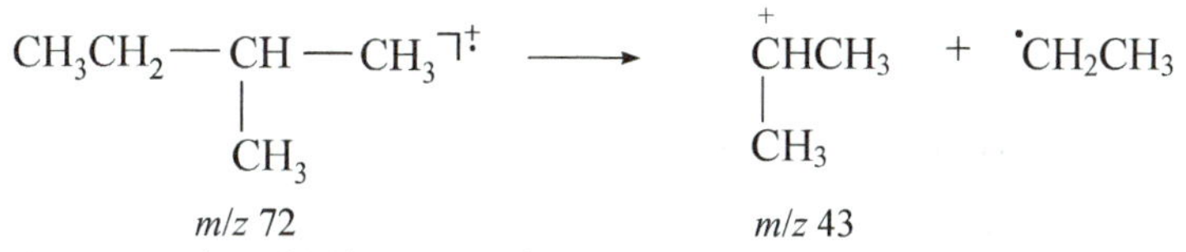

一个含偶数个电子的离子简单开裂后若失去自由基碎片，则得到含奇数个电子的离子碎片；若失去中性化合物，则得到含偶数个电子的离子碎片。例如

$$CH_3CH_2CH_2\urcorner^{+} \longrightarrow CH_3CH_2\urcorner^{+\cdot} + \cdot CH_3$$

m/z 43　　m/z 28

$$CH_3CH_2CH_2\urcorner^{+} \longrightarrow {}^{+}CH_3 + H_2C{=}CH_2$$

m/z 43　　m/z 15

6.4.3 重排裂解离子

一个离子经过重排裂解得到一个新离子时，一般要脱离含有偶数个电子的中性分子。对脱中性小分子的重排裂解，含有奇数个电子的母离子重排时，新产生的离子一定含有奇数个电子；含有偶数个电子的母离子发生重排时，新产生的离子含有偶数个电子。也就是说，重排裂解前后母离子与子离子的母电子奇偶性不变。质量奇偶性的变化与重排裂解前后母离子与子离子中氮原子的变化有关。重排裂解前后母离子与子离子中氮原子的个数不变或失去偶数个氮原子，则重排裂解前后母离子与子离子的质量奇偶性不变；若失去奇数个氮原子，则质量奇偶性变化。因此，根据离子的质量与电子奇偶性的变化就可以判断离子是否由重排产生。从以下例子可见裂解方式中的重排裂解。

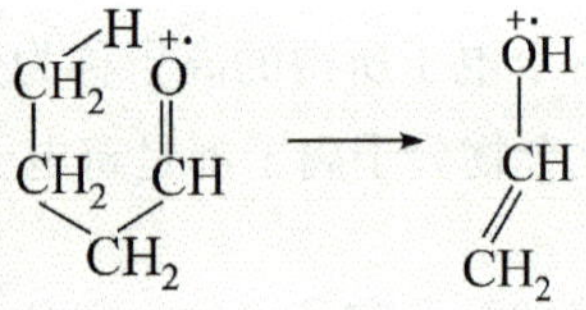

m/z 72　　m/z 44

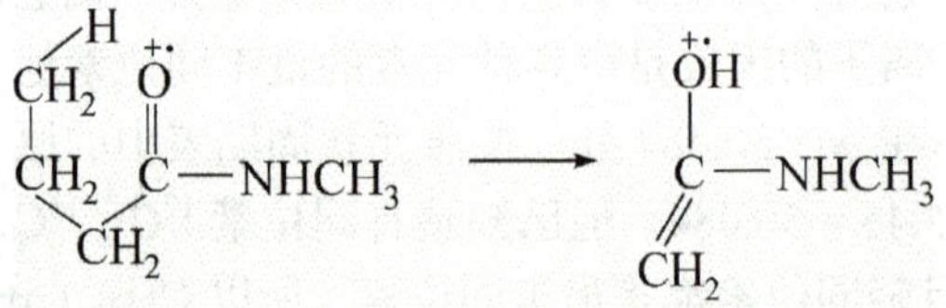

m/z 101　　m/z 73

6.4.4 络合离子

在离子源中离子与未电离的分子互相碰撞发生二级反应形成络合离子。络合离子可能是分子离子夺取中性分子中一个氢原子形成(M + 1)峰，也可能是碎片离子与整个分子形成$(M + F)^+$峰(F 表示碎片离子质量数)。解析质谱时要注意不要将络合离子峰误当作分子离子峰。例如

$$CH_3(CH_2)_3CN + CH_3(CH_2)_3\overset{\cdot +}{C}N \longrightarrow CH_3(CH_2)_3C\overset{+}{N}H$$

M=83　　$M^{+\cdot}$　　$(M+1)^+$　m/z 84

$$CH_3(CH_2)_3\overset{\cdot +}{C}N \longrightarrow \dot{C}H_2C\overset{+}{N}H + H_3C{-}CH{=}CH_2$$

$M^{+\cdot}$　　m/z 41

$$CH_3(CH_2)_3CN + \dot{C}H_2C\overset{+}{N}H \longrightarrow CH_3(CH_2)_3CNCH_2CNH\urcorner^{+\cdot}$$

M　　m/z 41　　$(M+41)^{+\cdot}$

能产生络合离子的化合物是含杂原子的醇、醚、酯、脂肪胺、腈和硫醚等。离子源中压力越高，中性分子与离子碰撞机会就越多，产生络合离子的概率也就越大。因此，这种络合

离子峰的强度随离子源中的压力改变而变化，而且也随离子源中推斥电压的改变而改变。推斥电压低，则离子在离子室中停留时间长，形成络合离子的概率也就高；推斥电压高，则离子很快被推出离子室，与中性分子碰撞机会少，形成络合离子的概率就低。可利用这一特征辨别分子离子峰和络合离子峰。

6.4.5　亚稳离子

质谱中一般离子峰无论是强还是弱都是很尖锐的，但有时会出现个别极弱但很宽的峰(可能跨 2～5 个质量单位)，它的峰形有凸起、凹落和平缓等形状，其质荷比不是整数。这种峰称为亚稳离子峰，如图 6-26 所示。

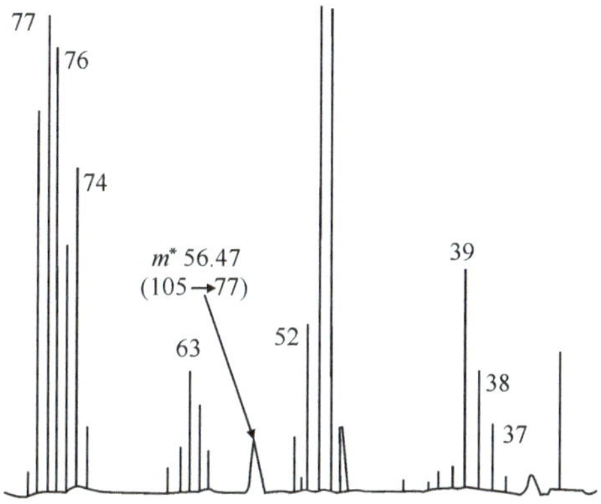

图 6-26　苯乙酮的部分质谱图

m^*为亚稳峰

亚稳离子是离子受电场加速离开离子源之后，进入质量分子器之前，裂解失去中性碎片产生的。假设这个裂分是由一个质量为 m_1 的离子变成质量为 m_2 的离子，即

$$m_1 \longrightarrow m_2 + \Delta m$$

在这样的情况下产生的 m_2 离子，因为它有部分动能被Δm 带走，其能量和质量比在电离室内产生的 m_1 小，所以质谱仪的质量分析器测量到这个离子的质荷比不是 m_2，而是一个比 m_2 小的数值 m^*。m^*和 m_1 与 m_2 的关系式为

$$m^* = \frac{(m_2)^2}{m_1}$$

式中：m^*为亚稳离子的“表观质量”。

亚稳离子在质谱上的应用主要是用以证明 $m_1 \longrightarrow m_2$ 这一裂分的“亲缘”关系，从而确定裂解途径。

例如，α-紫罗兰酮的质谱中除 m/z 192 的分子离子峰和较强峰 m/z 93、m/z 121、m/z 136 外，还发现有亚稳离子峰 m^* 108.2 和 m^* 71.8。这些数值与 $121^2/136 = 107.8$ 和 $93^2/121 = 71.5$ 很相近，因此可以肯定有以下裂解过程：

$$m/z\,136 \longrightarrow m/z\,121 \longrightarrow m/z\,93$$

由以上事实可以推定如下裂解机理：

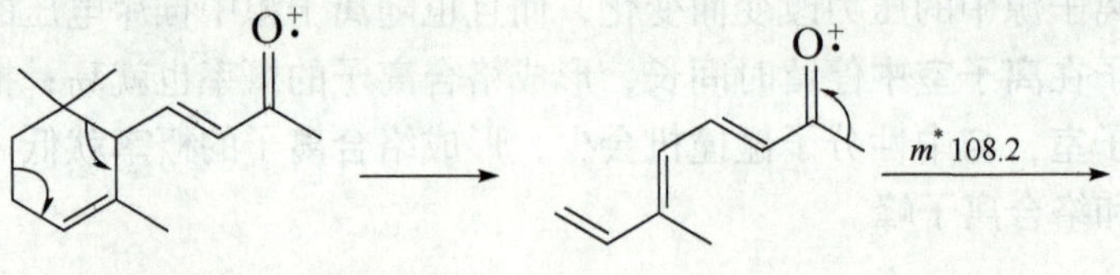

M^+192　　　　m/z 136

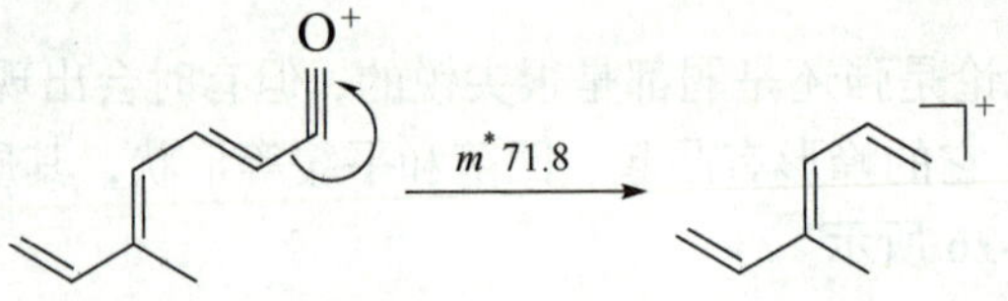

m/z 121　　　　m/z 93

从求 m^*的式子中可看到只有一个已知数 m^*，而要求出两个未知数 m_1 和 m_2，只能在质谱图上选比 m^*大的质荷比来尝试求得，有时有多个答案。

目前，用 MS-MS 很方便地做出子离子谱和母离子谱，以确定母离子与子离子间的“亲缘”关系，以及属于某个母离子的所有子离子。

6.4.6 同位素离子

天然碳含有约 1.1%的同位素 ^{13}C，天然氢含有约 0.0145%的氘(D)。因此，在裂解过程中，当一个碎片离子如质量数 14 的 $CH_2^{+\cdot}$ 产生时，质量数大于 14 的离子如 $^{13}CH_2^{+\cdot}$、$^{12}CHD^{+\cdot}$、$^{12}CD_2^{+\cdot}$、$^{13}CHD^{+\cdot}$ 和 $^{13}CD_2^{+\cdot}$ 也会产生，不过含量较少。能产生亚甲基离子的化合物的高分辨质谱中将不是 m/z 14 单一峰，而是有六个峰是由 1 个碳和 2 个氢组成，且有五个峰 m/z 大于 14。

离子碎片	m/z
$^{12}CH_2$	14.015 70
$^{13}CH_2$	15.019 00
^{12}CHD	15.021 93
$^{12}CD_2$	16.028 20
^{13}CHD	16.025 28
$^{13}CD_2$	17.031 55

除 $^{12}CH_2$ 峰以外的峰称为同位素离子峰。因为氘(D)的天然丰度很小，含氘的同位素峰极弱而看不到。

表 6-2 列出有机化合物中常见元素的同位素。由表 6-2 可以看出，元素的同位素可分为三大类：第一类是“A”，只有一个天然同位素的元素，如氟、磷和碘无天然重同位素；第二类是“A+1”，有两个同位素元素，其中重同位素比丰度大的轻同位素重一个质量单位，如碳和氮；第三类就是“A+2”，这类元素的重同位素比轻同位素重两个质量单位，如氯、溴等。有的元素既是“A+1”类，又是“A+2”类，如硫、硅。

表 6-2　一些同位素的原子量和自然含量的大约值

同位素	原子量 ^{12}C=12.000 000	自然含量/%	同位素	原子量 ^{12}C=12.000 000	自然含量/%
^1H	1.007 825	99.985	^{12}C	12.000 000	98.9
^2H	2.014 102	0.015	^{13}C	13.003 354	1.1

续表

同位素	原子量 ^{12}C=12.000 000	自然含量/%	同位素	原子量 ^{12}C=12.000 000	自然含量/%
^{14}N	14.003 074	99.64	^{31}P	30.973 763	100
^{15}N	15.000 108	0.36	^{32}S	31.972 074	95.0
^{16}O	15.994 915	99.8	^{33}S	32.971 461	0.77
^{17}O	16.999 133	0.04	^{34}S	33.967 865	4.2
^{18}O	17.999 160	0.2	^{35}Cl	34.968 855	75.4
^{19}F	18.998 405	100	^{37}Cl	36.965 896	24.6
^{28}Si	27.976 927	92.2	^{79}Br	78.918 348	50.5
^{29}Si	28.976 491	4.7	^{81}Br	80.916 344	49.5
^{30}Si	29.973 761	3.1	^{127}I	126.904 352	100

全部由"A"元素组成的化合物质谱中不产生相应同位素峰。一般同位素峰较弱；有的元素同位素丰度大，如氯或溴的重同位素天然丰度很大，所以同位素峰相当强。例如，一个含三个氯的化合物(RCl_3)产生四种分子离子和分子离子的同位素离子。M^+ 即由 $R^{35}Cl_3$ 组成；$(M+2)^+$由 $R^{35}Cl_2{}^{37}Cl$ 组成；$(M+4)^+$由 $R^{35}Cl^{37}Cl_2$ 组成；$(M+6)^+$的组成是 $R^{37}Cl_3$。这四种离子峰的相对强度为 27：27：9：1。

如果只考虑一种元素的两种同位素组成的碎片离子，用下列二项式展开公式就可以算出同位素离子的大概丰度比：

$$(a+b)^m = a^m+ma^{m-1}b+m(m-1)a^{m-2}b^2/2!+m(m-1)(m-2)a^{m-3}b^3/3!+\cdots+b^m$$

式中：a 和 b 分别为轻同位素和重同位素的丰度；m 为分子中该元素原子的数目。同位素离子的丰度比等于二项式展开的各项计算值之比。

例如，$CHCl_3$ 的同位素离子及丰度比可计算如下：

$$M=118$$
$$^{35}Cl : {}^{37}Cl = 100 : 32.5 \approx 3 : 1$$

即

$$a=3 \quad b=1 \quad m=3$$
$$(a+b)^3 = a^3+3a^2b+3ab^2+b^3 = 27+27+9+1$$

第 1 项 a^3 表示由 3 个 ^{35}Cl 组成 m/z 118 的分子离子峰,第 2 项 a^2b 表示由 2 个 ^{35}Cl 和 1 个 ^{37}Cl 组成的 M+2 峰，第 3 项 ab^2 表示由 1 个 ^{35}Cl 和 2 个 ^{37}Cl 组成的 M+4 峰，第 4 项 b^3 表示由 3 个 ^{37}Cl 组成的 M+6 峰。M、M+2、M+4、M+6 的质荷比分别为 118、120、122、124，因此在分子离子峰 m/z 118 及附近的 M+2、M+4、M+6 峰的丰度比为 27：27：9：1。

又如，CCl_4 的质谱中碎片离子$^+CCl_2$ 的质荷比可为 m/z 82、m/z 84 和 m/z 86，这些峰的丰度比可以计算如下：

$$(a+b)^2 = a^2+2ab+b^2 = 9+6+1$$

质荷比为 82：84：86 时，丰度比约为 9：6：1。

两类不同元素的同位素同时存在时，同位素离子丰度比可利用公式$(a+b)^m(c+d)^n$ 计算。第一个括号表示一类同位素，第二个括号表示另一类同位素，m 和 n 表示原子个数。

例如，若某分子仅由 Cl 和 Br 组成，则它的分子离子的同位素峰的组成为

$^{35}Cl^{79}Br$	M
$^{37}Cl^{79}Br$ 和 $^{35}Cl^{81}Br$	M+2
$^{37}Cl^{81}Br$	M+4

各峰丰度比约为

$$(a+b)^m(c+d)^n = (3+1)^1(1+1)^1 = 3 + 4 + 1$$

所以 M：M + 2：M + 4 的丰度比为 3：4：1。

由于同位素峰的存在，每种组成的质谱峰不是以单峰出现，而是丰度不一的一簇峰。

氯化物和溴化物的同位素峰是很特征的。含一个 Cl 的化合物有强的 M + 2 峰，其强度相当于 M 峰的 1/3。含一个 Br 的化合物有与 M 峰强度近似相等的 M + 2 峰。含有多个 Cl 或多个 Br 或同时含 Cl 和 Br 的化合物，质谱中出现明显的 M + 2、M + 4，还有可能有 M + 6，…峰。因此，由同位素峰 M + 2、M + 4、M + 6 等可估计试样中卤素原子的数目，如表 6-3 所示。氟化物和碘化物因无天然重同位素而没有相应的同位素峰。

表 6-3 氯化物和溴化物同位素峰的相对强度与卤素原子数目*

卤素原子	M+2/%	M+4/%	M+6/%	M+8/%	M+10/%	M+12/%
Br	97.7	—	—	—	—	—
Br_2	195.0	95.5	—	—	—	—
Br_3	293.0	286.0	93.4	—	—	—
Cl	32.6	—	—	—	—	—
Cl_2	65.3	10.6	—	—	—	—
Cl_3	99.8	31.9	3.47	—	—	—
Cl_4	131.0	63.9	14.0	1.15	—	—
Cl_5	163.0	106.0	34.7	5.66	0.37	—
Cl_6	196.0	161.0	69.4	17.0	2.23	0.11
BrCl	130.0	31.9	—	—	—	—
Br_2Cl	228.0	159.0	31.2	—	—	—
Cl_2Br	163.0	74.4	10.4	—	—	—

*相对强度是指与 M^+峰相比，以 M^+峰强度为 100%。

6.4.7 多电荷离子

在电离过程中，有些化合物可能失去两个电子或更多的电子而成为多电荷正离子；在有些离子源中化合物可以结合多个质子而成为多电荷正离子。质谱是按照离子的质荷比记录下来的，因此多电荷离子峰的质荷比相应下降，而且不一定是整数。这对测定大分子的分子量很有用。图 6-27 是化合物(1)的 ESI 质谱图。

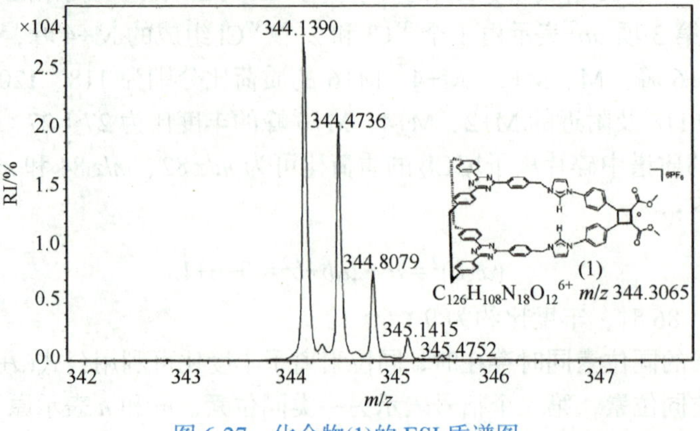

图 6-27 化合物(1)的 ESI 质谱图

6.5 各类化合物的质谱

6.4 节概括地叙述了碎片离子的形成与化学结构的关系。本节再就各类化合物的质谱特征加以讨论。

6.5.1 烃

1. 烷烃

烷烃的质谱有下列特征：

(1) 直链烷烃的 M 峰常可观察到，不过其强度随分子量增大而减少。

(2) M – 15 峰弱，因为长链烃不易失去甲基。

(3) 直链烷烃有典型的 $C_nH_{2n+1}^+$ 系列离子，其中 *m/z* 43($^+C_3H_7$)和 *m/z* 57($^+C_4H_9$)峰总是很强(基准峰)，因为丙基离子和丁基离子很稳定。此外，还有少量的 $C_nH_{2n-1}^+$ 系列离子。支链烷烃因为形成的仲碳正离子或叔碳正离子稳定，往往在分支处裂解形成的峰强度较大，而且优先失去的是最大的烷基。

(4) 环烷烃的 M 峰一般较强。环开裂时一般失去含两个碳的碎片，所以往往出现 *m/z* 28 $(C_2H_4)^{+\bullet}$，*m/z* 29$(C_2H_5)^+$和 M – 28、M –29 的峰。含环己基的化合物往往出现 *m/z* 83、*m/z* 82、*m/z* 81 峰($C_6H_{11}^+$、$C_6H_{10}^{+\bullet}$、$C_6H_9^+$)，而含环戊基的化合物则出现 *m/z* 69 峰($C_5H_9^+$)。不同类型烷烃裂解的可能机理示例如下。

直链烷烃正己烷的 MS。

正己烷质谱数据：

m/z	27	28	29	41	42	43	55	56	57	71	86
相对强度/%	22	11	42	72	42	80	12	70	100	11	15

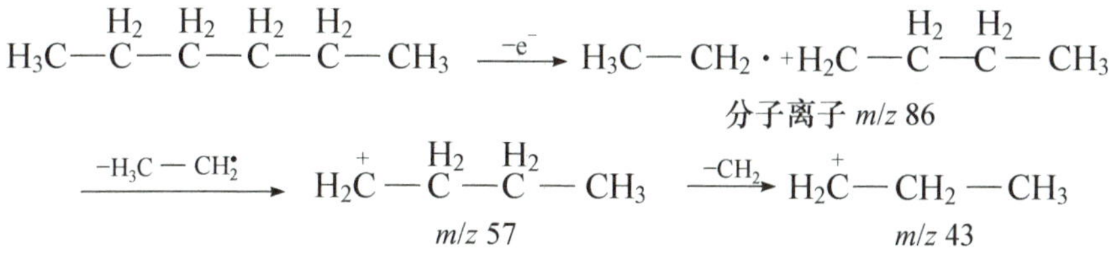

支链烷烃 2,2-二甲基丁烷的 MS。

2.2-二甲基丁烷质谱数据：

m/z	27	28	29	41	43	55	56	57	71	72
相对强度/%	17	5	33	49	100	11	28	98	76	5

环己烷的 MS。

环己烷质谱数据：

m/z	27	39	41	42	43	56	70	84
相对强度/%	18	115	50	26	23	100	1.4	73

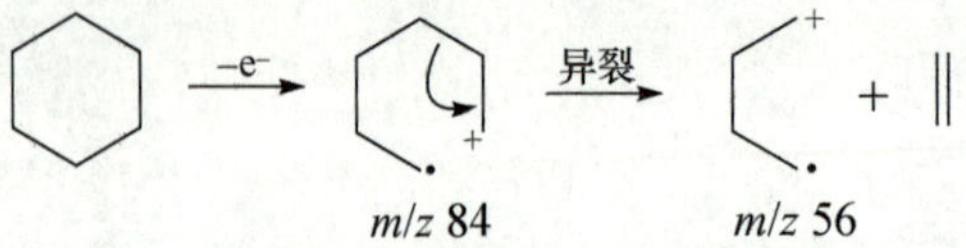

图 6-28 和图 6-29 分别为正十二烷和甲基环己烷的质谱图。

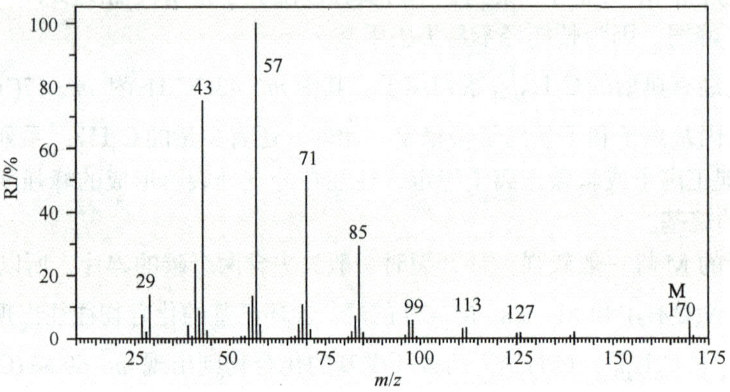

图 6-28 正十二烷的质谱图

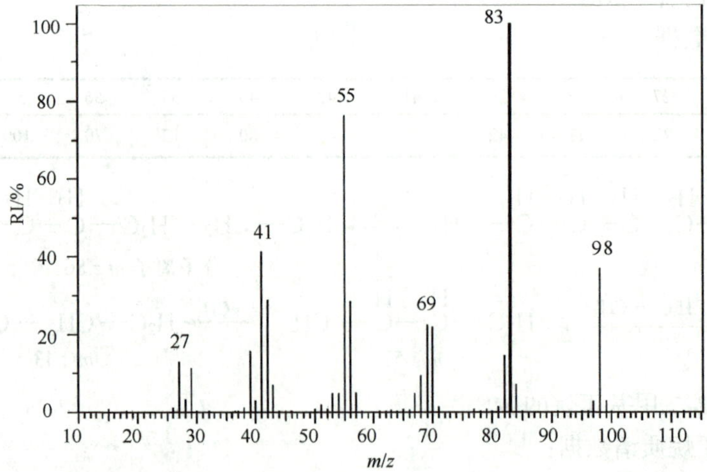

图 6-29 甲基环己烷的质谱图

2. 烯烃

烯烃的质谱有下列特征：

(1) 烯烃易失去一个 π 电子，其分子离子峰明显，峰强度随分子量增大而减弱。

(2) 烯烃质谱中最强峰(基准峰)是双键的 $C_\alpha—C_\beta$键断裂产生的峰(烯丙基型裂解)。带有双键的碎片带正电荷。

$$H_2C \overset{+\cdot}{—} CH—CH_2 \wr\!-R' \longrightarrow H_2\overset{+}{C}—\overset{H}{C}{=}CH_2 + \dot{R}'$$
$$m/z\ 41$$

由于烯丙基型裂解，出现 m/z 41 、m/z 55、m/z 69、m/z 83 等$(C_nH_{2n-1})^+$系列的离子峰。这些峰比相应烷烃碎片峰主系列少两个质量单位。

例如，丁烯的质谱数据为

m/z	15	20*	26	28	37.5*	41	52	56
相对强度/%	22	0.1	8	27	0.1	100	1	39

*表示双电荷峰。

(3) 烯烃易发生麦氏重排裂解，产生 C_nH_{2n} 离子。

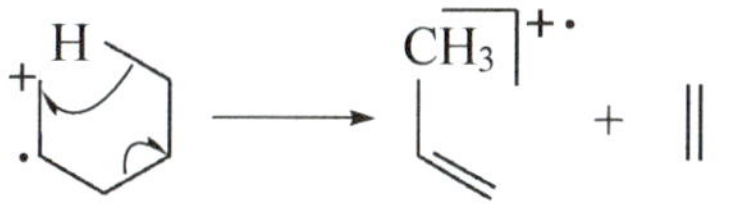

(4) 环己烯类可发生逆第尔斯-阿尔德裂解。

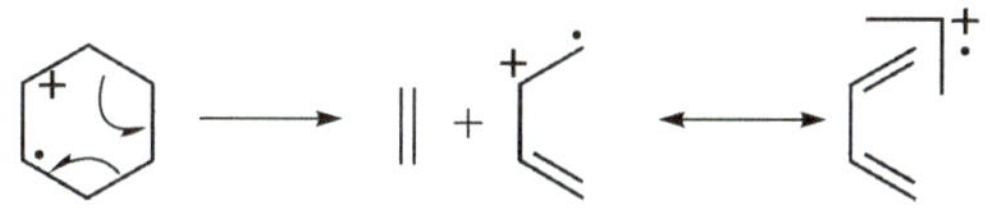

(5) 由质谱碎片峰并不能确定烯烃异构体分子中双键的位置。因为在裂解过程中往往发生双键位移。而且顺式和反式异构体通常有十分相似的质谱图。图 6-30 是 1-戊烯、顺-2-戊烯、反-2-戊烯和 2-戊烯的质谱图。

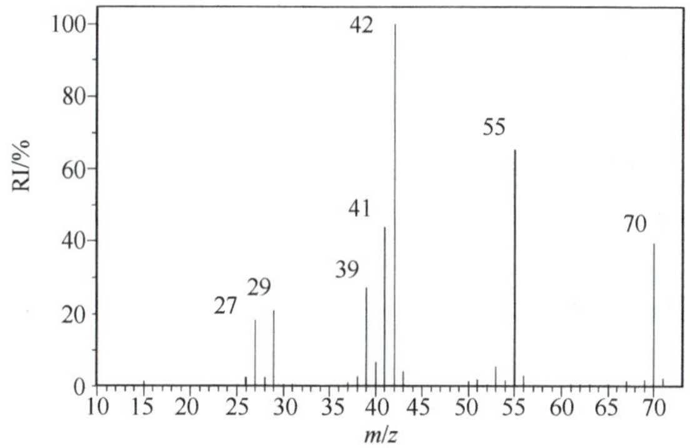

(a)

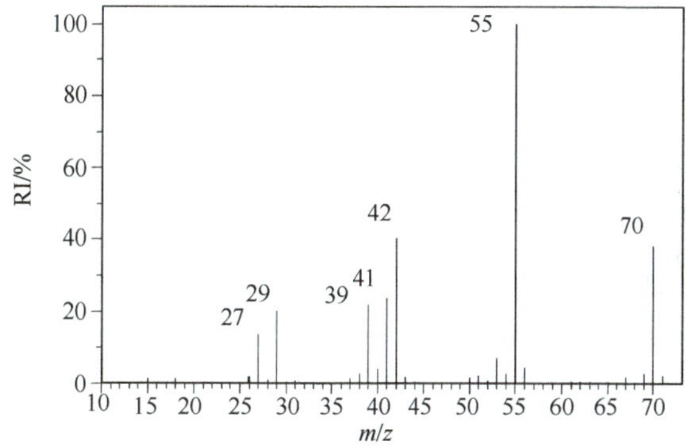

(b)

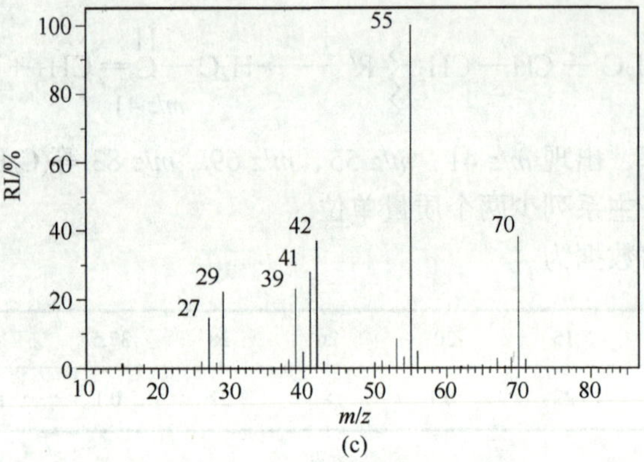

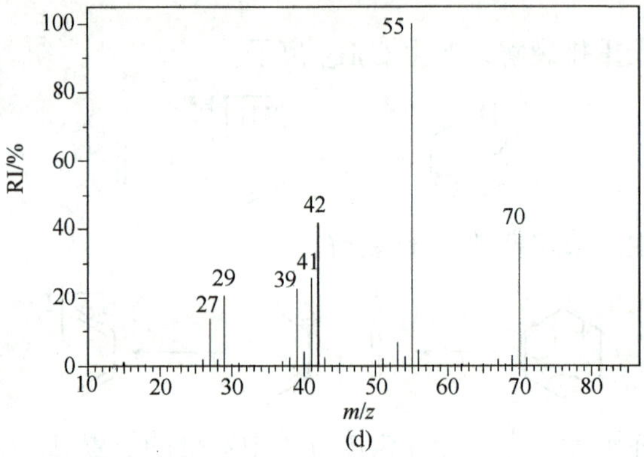

图 6-30 1-戊烯(a)、顺-2-戊烯(b)、反-2-戊烯(c)和 2-戊烯(d)的质谱图

3. 芳烃

芳烃的质谱有下列特征：

(1) 分子离子峰明显，M+1 和 M+2 可精确量出，便于推测分子式。

(2) 带烃基侧链的芳烃常发生苄基裂解，产生 $C_7H_7^+$ 的䓬鎓离子，*m/z* 91(往往是基准峰)。若基准峰的 *m/z* 比 91 大 14*n*，则表明苯环α-碳上另有烷基取代，形成取代的䓬鎓离子。例如

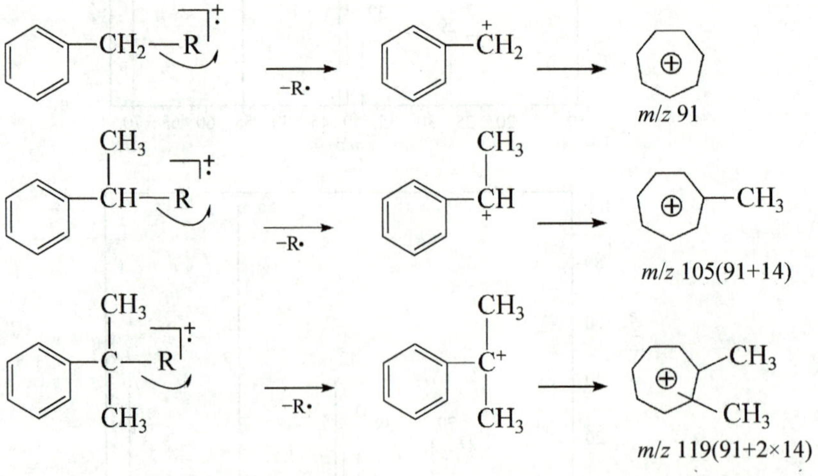

䓬鎓离子可进一步裂解形成环戊烯基离子$^+C_5H_5$和环丙烯基离子$^+C_3H_3$，质谱上出现明显的 *m/z* 39 和 *m/z* 65 峰。

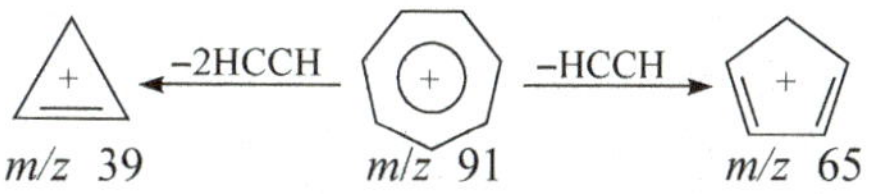

(3) 带有正丙基或丙基以上侧链的芳烃(含 γ-H)经麦氏重排产生 $C_7H_8^{+\cdot}$ (*m/z* 92)。

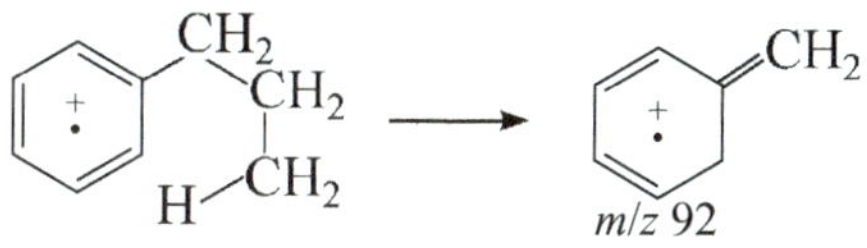

(4) 侧链α裂解虽然发生机会较少，但仍有可能。因此，芳烃质谱中可以见到 *m/z* 77(苯基$^+C_6H_5$)、*m/z* 78(苯重排产物)和 *m/z* 79(苯加 H)的离子峰。

图 6-31(a)和(b)分别为丁苯异构体 $Ph(CH_2)_3CH_3$ 和 $PhCH(CH_3)CH_2CH_3$ 的质谱图，请加以识别。

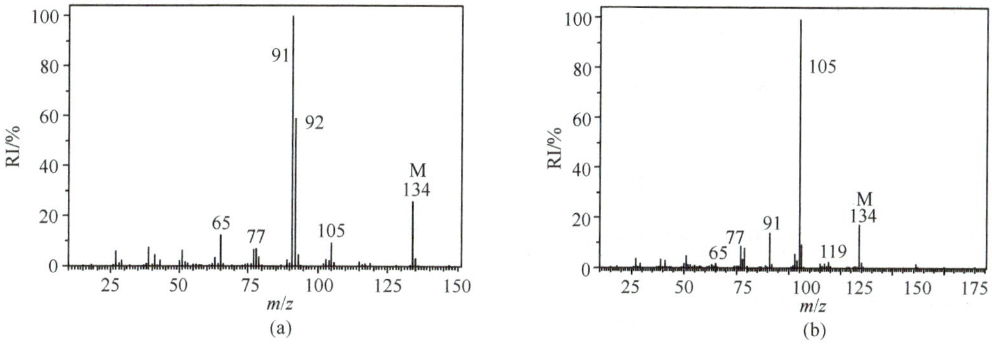

图 6-31 丁苯异构体的质谱图

6.5.2 羟基化合物

1. 醇

醇类的质谱有下列特征：

(1) 分子离子峰很弱或者看不到。

(2) 所有伯醇(甲醇例外)及高分子量的仲醇和叔醇易脱水形成 M−18 峰，不要将 M−18 峰误认为 M 峰。

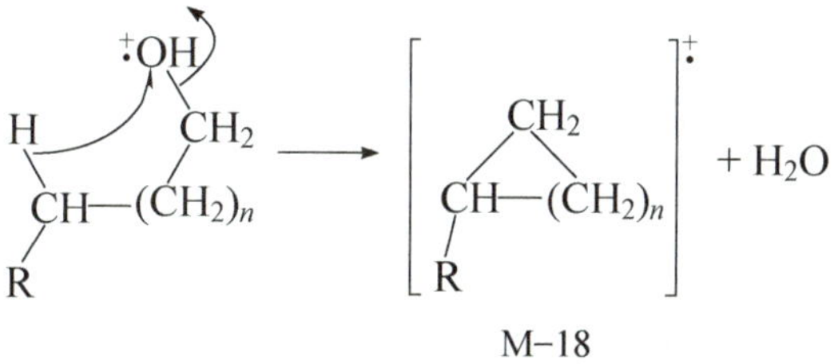

环己醇类脱水可能产生双环结构的离子，后者再继续裂解。

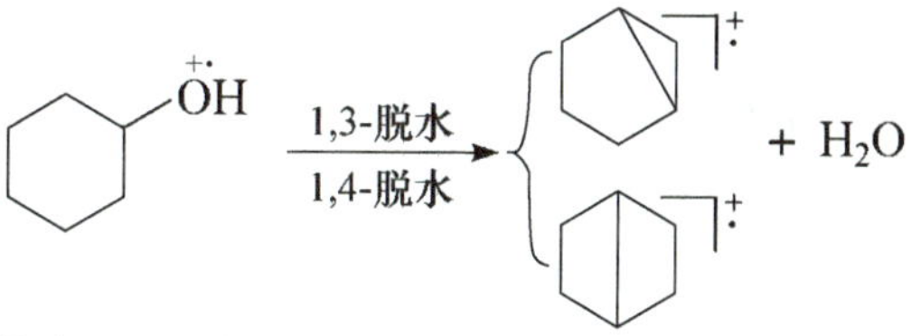

(3) 开链伯醇当含碳数大于 4 时，可同时发生脱水和脱烯，产生 M−46 的峰。

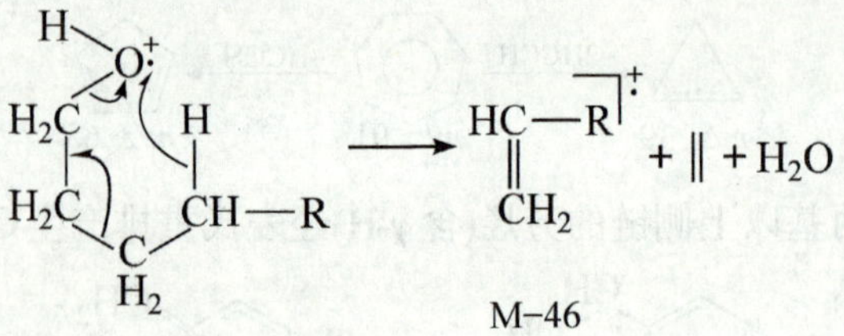

若 R 较大，M–46 的链烯还会进一步脱 $CH_2=CH_2$ 产生(M–18–28n)的峰。例如，辛醇(M=130)质谱中的 m/z 84(M–18–28)、m/z 56(M–18–28×2)峰就是这样产生的。

若β-碳上有甲基取代，则失去丙烯形成 M–60 峰。仲醇及叔醇一般不发生这种裂解。

(4) 羟基的 C_α—C_β键容易断裂，形成极强的 m/z 31 峰($CH_2=O^+H$，伯醇)，m/z 45 峰($MeCH=O^+H$，仲醇)或 45+14n 峰，m/z 59 峰($Me_2C=O^+H$，叔醇)或 59+14n 峰，这些峰对于鉴定醇类极为重要。因为醇的质谱由于脱水而与相应烯烃的质谱相似，而 m/z 31 或 m/z 45、m/z 59 峰的存在则往往可判断样品是醇而不是烯。

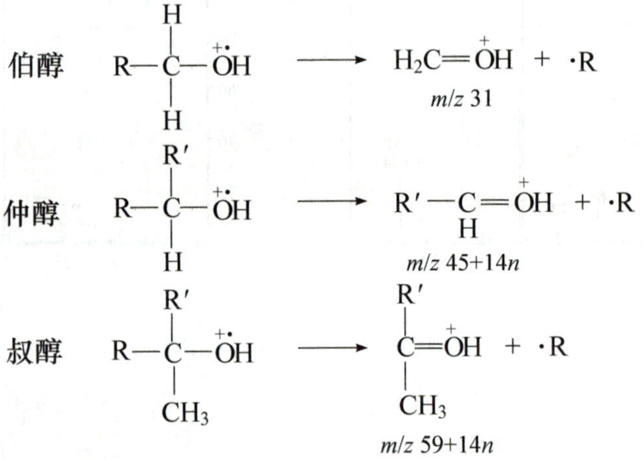

(5) 在醇的质谱中往往可观察到 m/z 19(H_3O^+)和 m/z 33($CH_3O^+H_2$)的强峰。实际上 m/z 19 在解释谱图时无重要意义，因为 H_2O(m/z 18)也可能来自样品导入系统中的解吸水或者是作为杂质存在于样品中。

(6) 烯丙醇型不饱和醇的质谱有 M–1 强峰，这是由于有生成共轭离子的裂解。

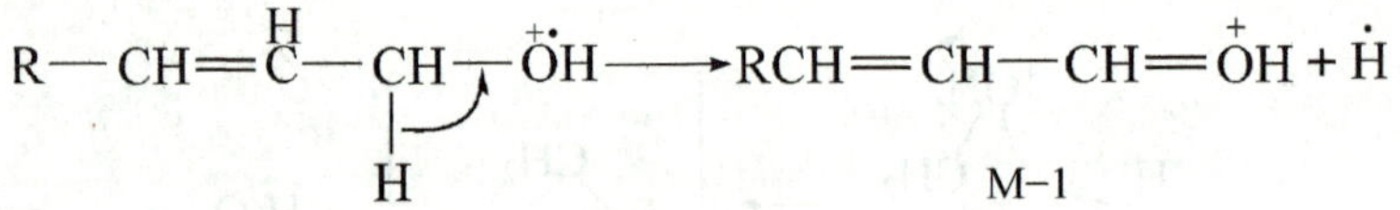

而氧原子的β-键的断裂较少发生，因能量分配不利。

(7) 环己醇类的裂解属于多中心裂解，较复杂。

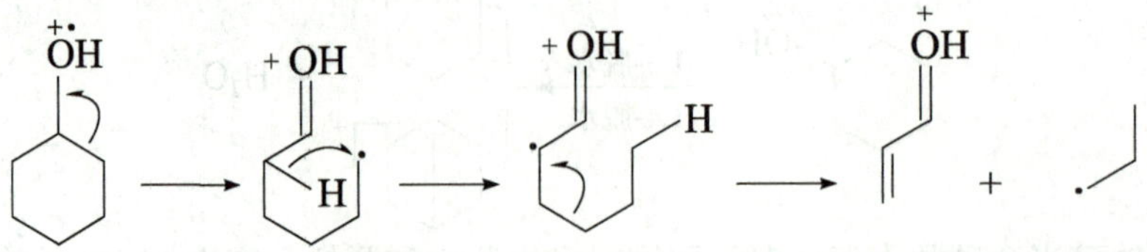

图 6-32 为 3-甲基-3-庚醇的质谱图。

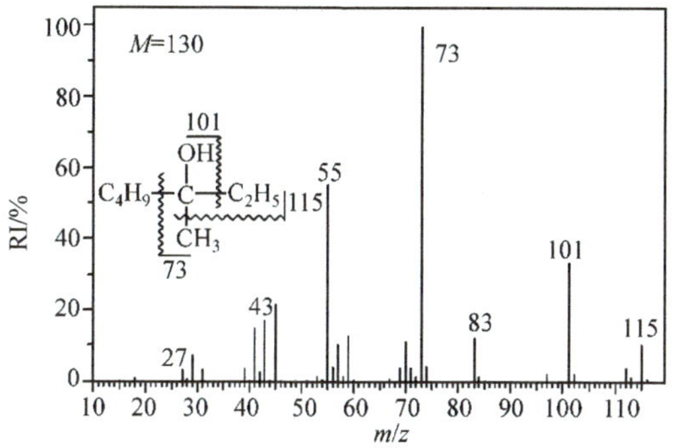

图 6-32　3-甲基-3-庚醇的质谱图

2. 酚和芳香醇

(1) 酚和芳香醇的 M 峰很强。酚的 M 峰往往是它的基准峰。
(2) 苯酚的 M–1 峰不强，而甲基苯酚和苄醇的 M–1 峰很强，因为产生稳定的鎓离子。

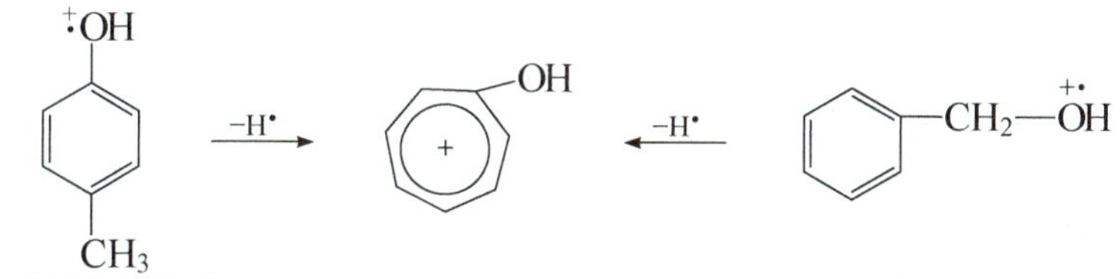

对甲苯酚离子　　　　苄醇离子

(3) 苯酚可失去 CO、HCO。

苯酚在没有其他取代基的情况下，可发生氢重排断裂，然后经α断裂、i 断裂形成 M–CO、M–HCO 的碎片离子。

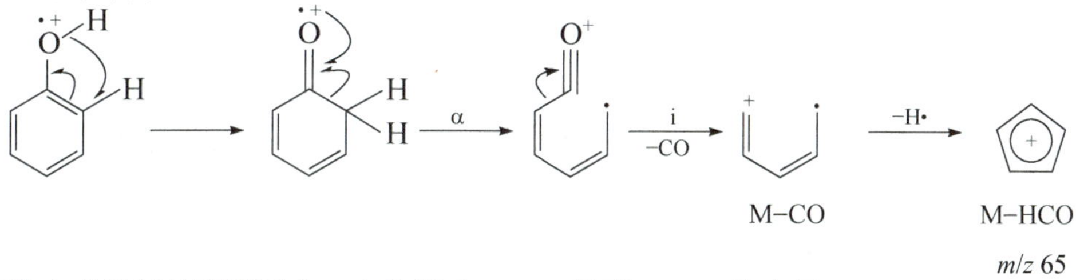

苯胺也有类似的断裂反应，它将消去 H_2CN 得到 *m/z* 65 的离子。

图 6-33 和图 6-34 分别为邻乙基苯酚和间羟基苯甲醇的质谱图。

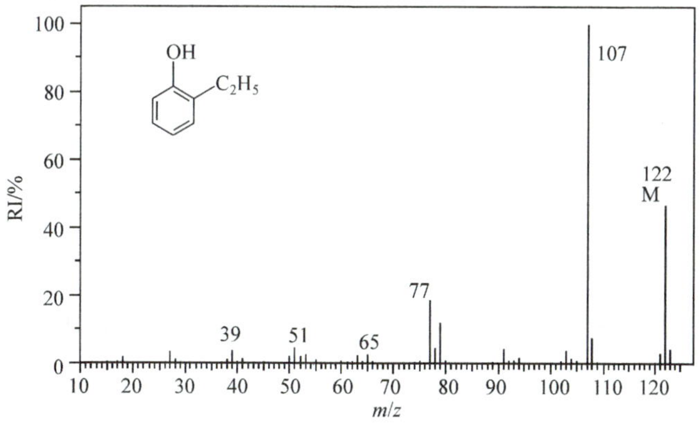

图 6-33　邻乙基苯酚的质谱图

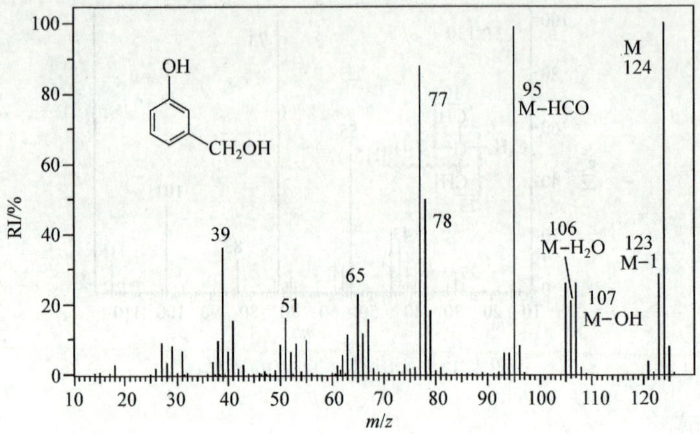

图 6-34　间羟基苯甲醇的质谱图

6.5.3　卤化物

卤化物的质谱有下列特征：

(1) 脂肪族卤化物的 M 峰不明显，芳香族卤化物的 M 峰的明显。

(2) 氯化物和溴化物的同位素峰特征明显，根据同位素峰可估计试样中卤素原子的数目。

(3) 卤化物质谱中通常有明显的 X、M−X、M−HX、M−H_2X 和 M−R 峰。

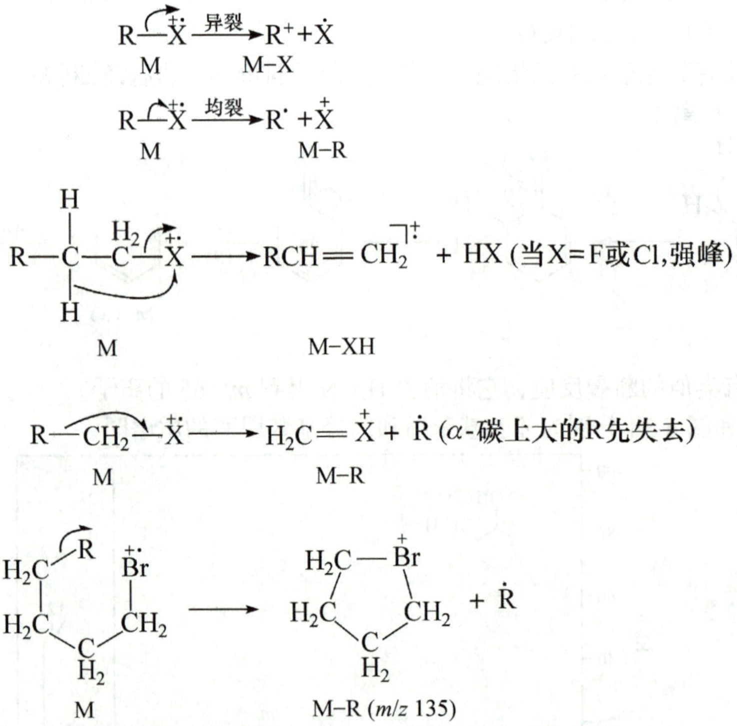

(氟化物与碘化物及支链卤化物不易形成此类杂环离子)

芳香族卤化物中，当 X 与苯环直接相连时，M−X 峰显著。多氟烷烃质谱中，*m/z* 69 (CF_3^+) 是基准峰，*m/z* 131 ($C_3F_5^+$) 和 *m/z* 181 ($C_4F_7^+$) 峰也明显。

图 6-35、图 6-36 和图 6-37 分别为间溴甲苯、氯溴甲烷和三溴甲烷的质谱图。

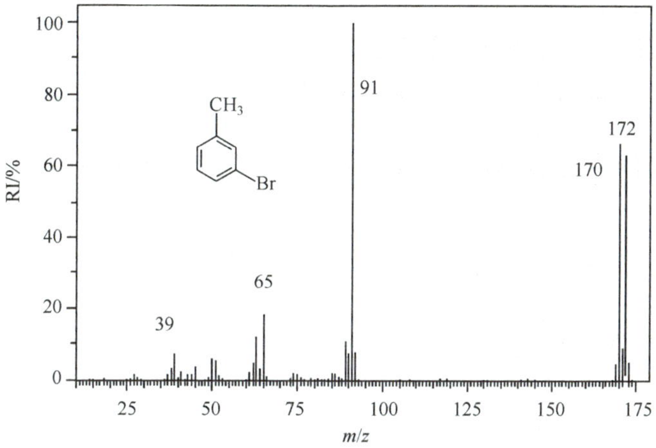

图 6-35　间溴甲苯的质谱图

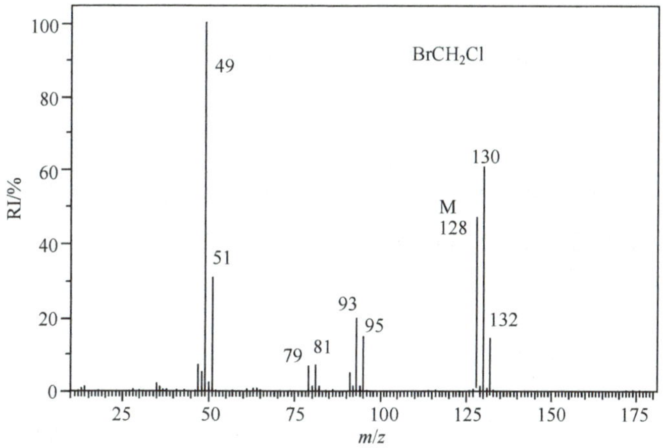

图 6-36　氯溴甲烷的质谱图

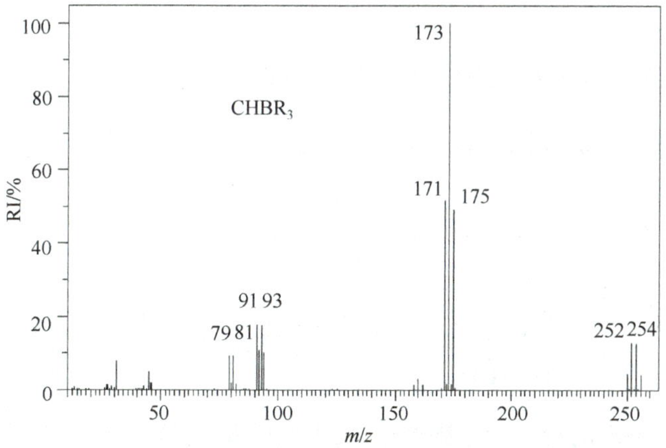

图 6-37　三溴甲烷的质谱图

6.5.4　醚

醚的分子离子裂解方式与醇相似。

(1) 脂肪醚的 M 峰很弱但可观察到，芳香醚的 M 峰较强。若增大样品用量或增大操作压力，可使 M 及 M+1 峰增强。

(2) 脂肪醚主要按下列三种方式裂解。

(i) α裂解(C_α—C_β键断裂)。正电荷留在氧原子上，取代基团大的优先丢失。例如

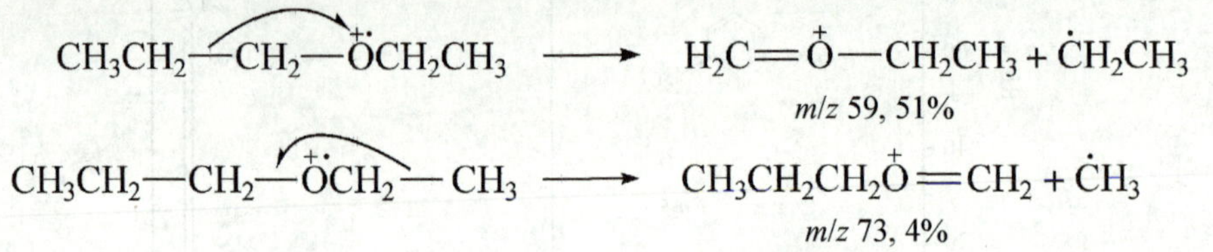

这样的裂解通常导致形成 *m/z* 45、*m/z* 59、*m/z* 73 等强峰。这样的离子还可以进一步裂解。

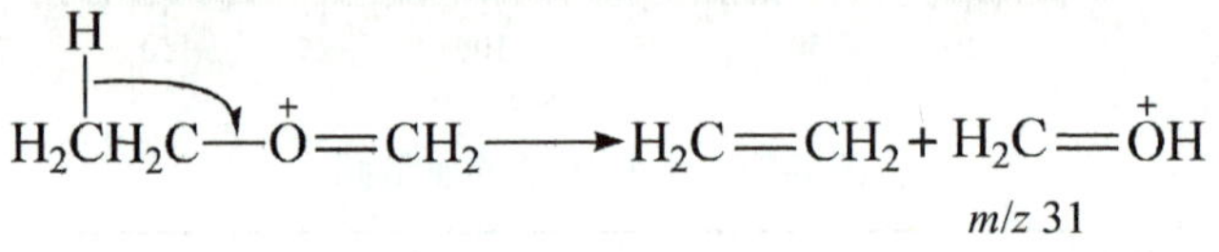

(ii) i 裂解(O—C_α键断裂)。这种裂解在醇中一般难以发生。因为醚发生这种裂解后所形成的烷氧基碎片·OR 较·OH 稳定，所以较易发生。

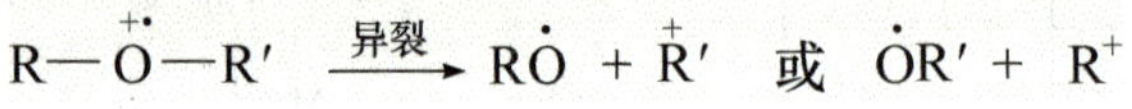

这样的裂解导致形成 *m/z* 29、43、57、71 等峰。

(iii) 重排裂解。

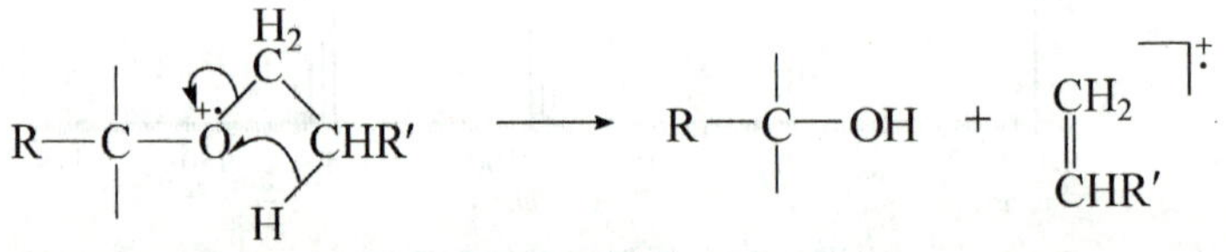

这样的裂解导致形成比不重排的 i 裂解碎片少一个质量单位的峰，如 *m/z* 28、42、56、70 等峰。

(3) 芳香醚经常发生 O—C_α键断裂的裂解。例如

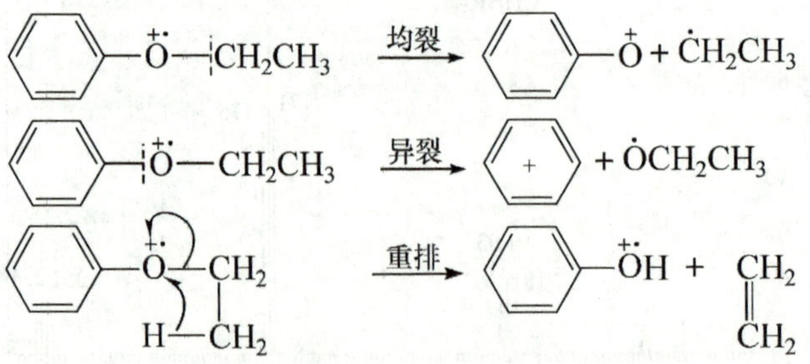

(4) 缩醛是一类特殊的醚。中心碳原子的四个键都可裂解，概率相差不大。

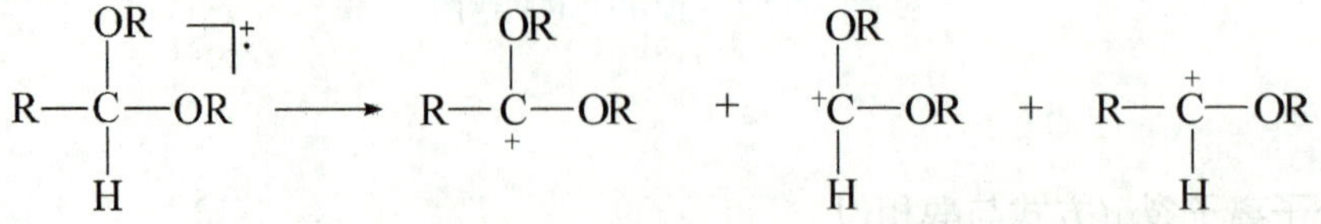

(5) 环醚裂解脱去中性碎片醛。

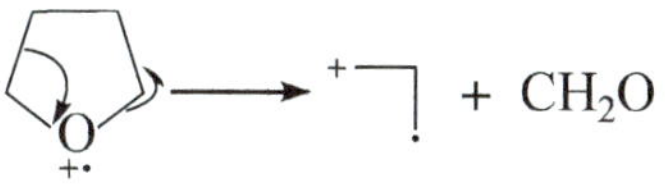

图 6-38 和图 6-39 分别为乙基仲丁基醚和苯乙醚的质谱图。

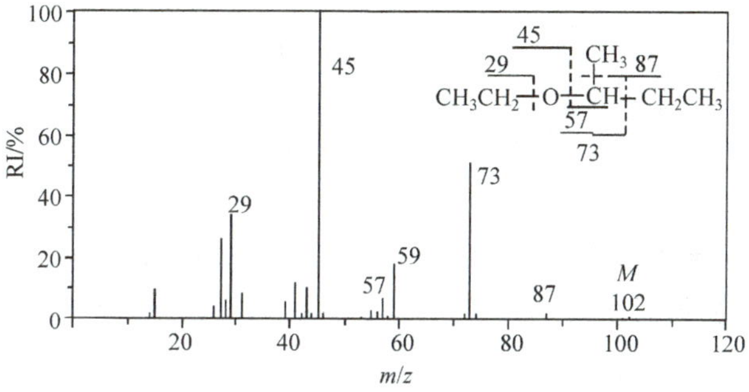

图 6-38 乙基仲丁基醚的质谱图

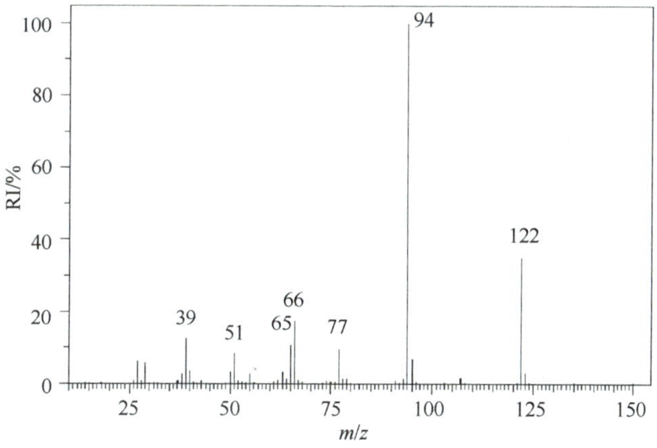

图 6-39 苯乙醚的质谱图

6.5.5 醛、酮

醛、酮的质谱有下列特征：

(1) 羰基化合物氧原子上的未成键电子对很容易被轰去一个电子，所以醛和酮的 M 峰比较明显，脂肪族醛和酮的 M 峰不及芳香族的强。

(2) 脂肪族醛、酮中，由麦氏重排裂解产生的离子是主要碎片峰之一。

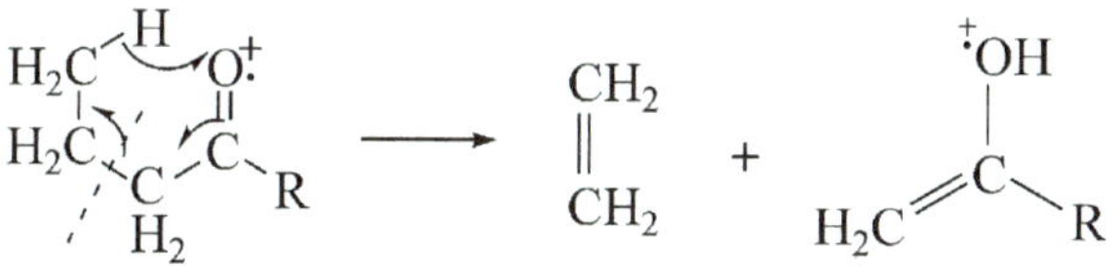

醛：R=H, *m/z* 44

酮：R=烃基, *m/z* 58、72、86等

醛类裂解时，正电荷留在不含氧的裂片上，则形成 M−44 的强峰。

酮类发生麦氏重排裂解后，若 R≥C_3，则可发生第二次重排裂解，形成更小的碎片离子。例如

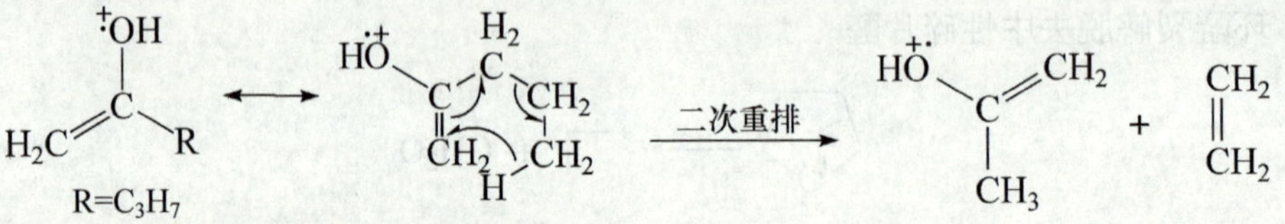

(3) 醛、酮在羰基碳发生α裂解和 i 裂解。

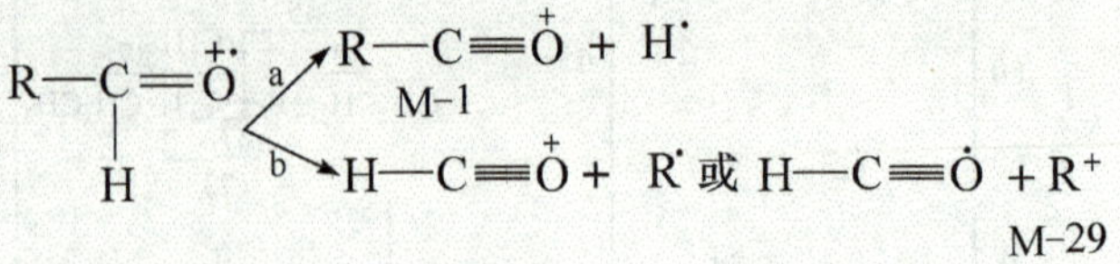

脂肪醛的 M–1 峰强度一般与 M 峰近似，而 *m/z* 29 往往很强；芳香醛则易产生 R^+(M–29)，因为正电荷与苯环存在共轭作用。酮类发生类似裂解，脱去的离子碎片是较大的烃基。

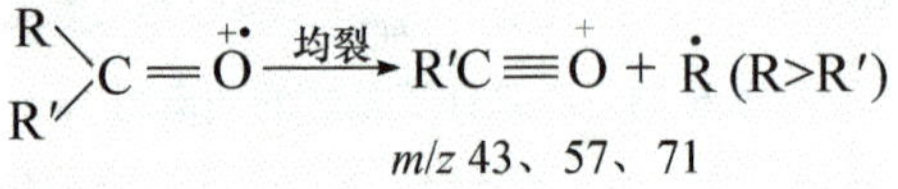

也可以发生异裂形成烃基离子。

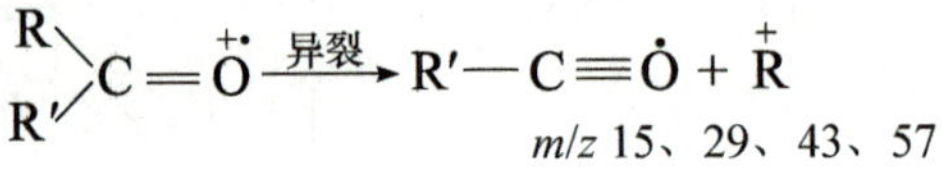

芳香酮发生 i 裂解最终产生苯基离子。

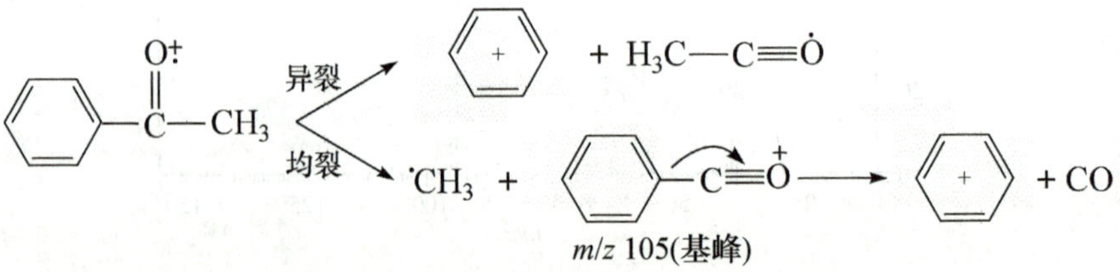

(4) 其他有利于鉴定醛的碎片离子峰是 M–18(M–H_2O)、M–28(M–CO)。

(5) 环状酮可能发生较为复杂的裂解(但仍以羰基α裂解开始)。例如，环己酮的质谱(图 6-40)和主要裂解如下。

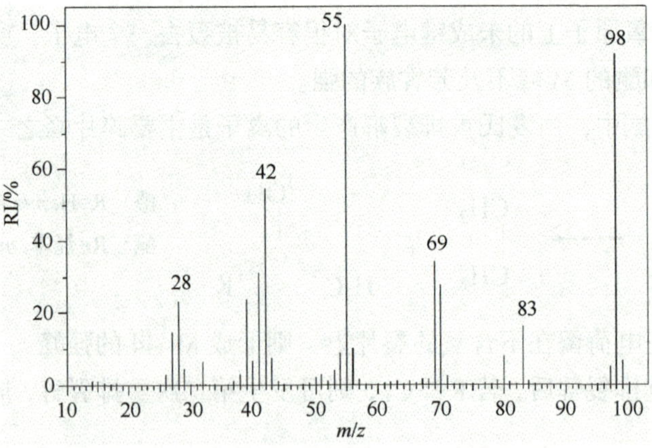

图 6-40 环己酮的质谱图

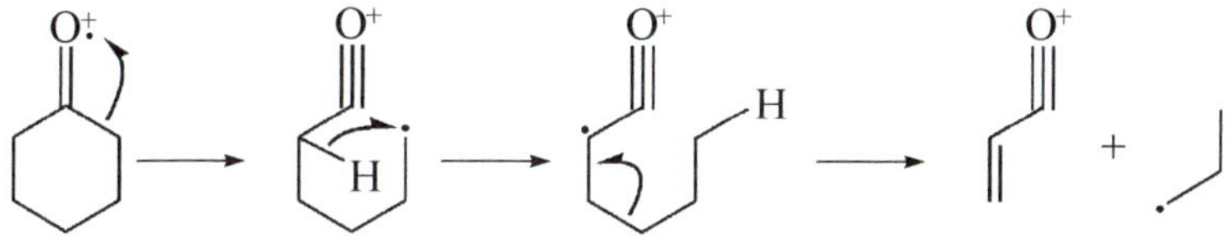

芳香稠环酮的裂解：

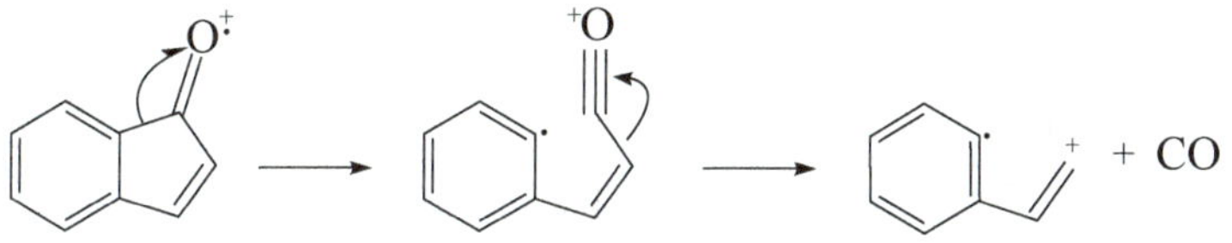

图 6-41 和图 6-42 分别为 2-甲基丁醛和 2-辛酮的质谱图。

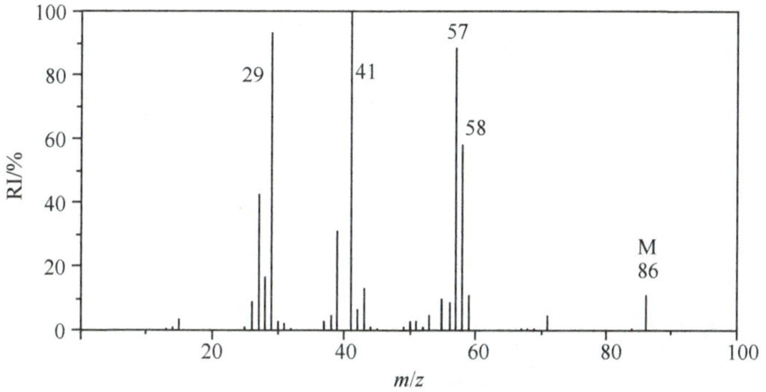

图 6-41　2-甲基丁醛的质谱图

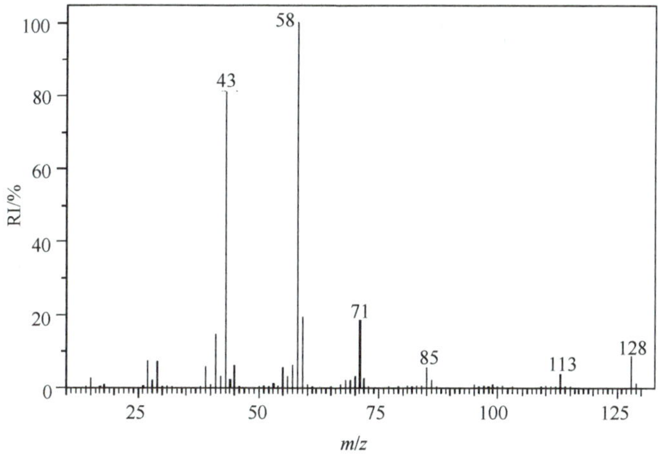

图 6-42　2-辛酮的质谱图

6.5.6　羧酸

羧酸的质谱有下列特征：

(1) 脂肪羧酸的 M 峰一般可看到。脂肪羧酸最特征的峰是 *m*/*z* 60 峰，由麦氏重排裂解产生。

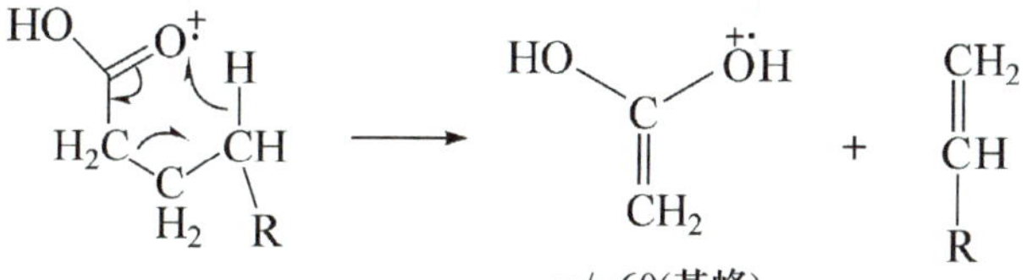

m/*z* 60(基峰)

m/z 45 峰(α裂解，失去R·形成的$^+CO_2H$)通常也很明显。低级脂肪酸常有 M−17(失去 OH)、M−18(失去 H_2O)和 M−45(失去 CO_2H)峰等。

长链酸谱图集中在质量单位相隔 14 的烃类峰簇上，然而在每一峰簇中，$C_nH_{2n-1}O_2$ 是主要的。例如，月桂酸的质谱图如图 6-43 所示。

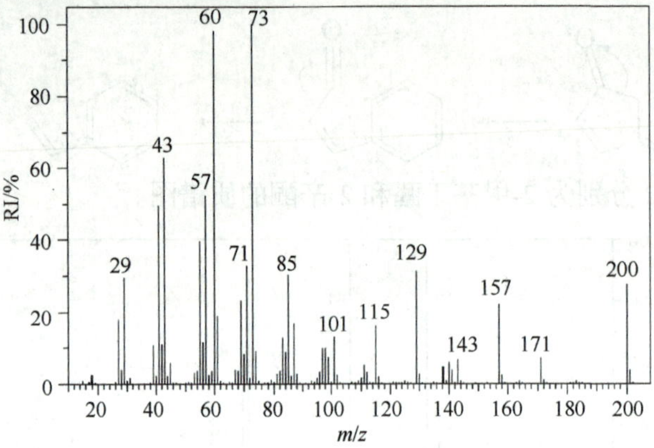

图 6-43 月桂酸的质谱图

二元酸通常有低挥发性，因而转变成酯以提高蒸气压进行质谱测定。

(2) 芳香羧酸的 M 峰相当强，其他明显峰是 M−17、M−45 峰。由重排裂解产生的 M−44 峰也往往出现。邻位取代的芳香羧酸由于“邻位效应”可能发生重排失水形成 M−18 峰。邻甲基苯甲酸的质谱图(图 6-44)和主要裂解如下。

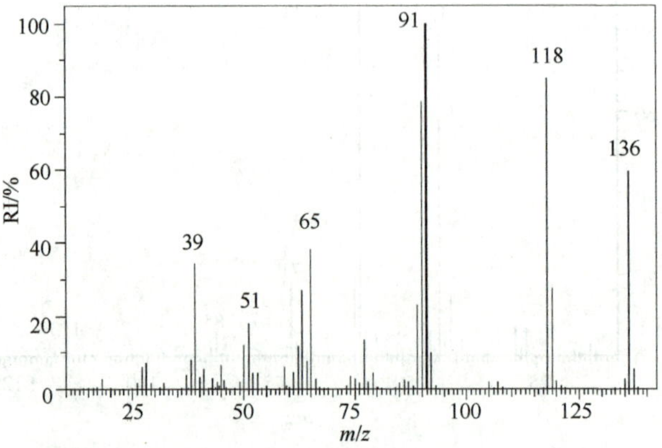

图 6-44 邻甲基苯甲酸的质谱图

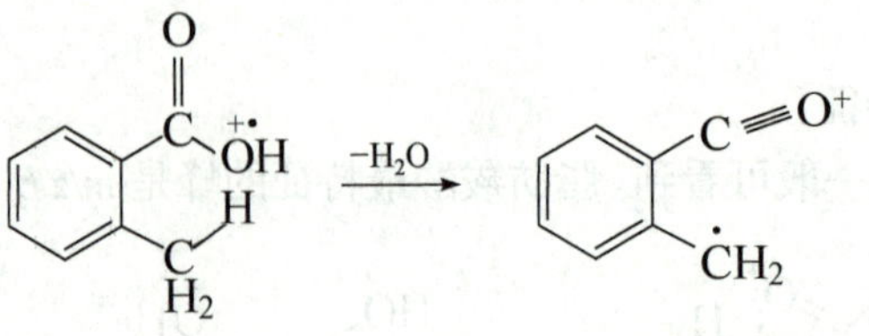

图 6-45 为戊酸的质谱图。

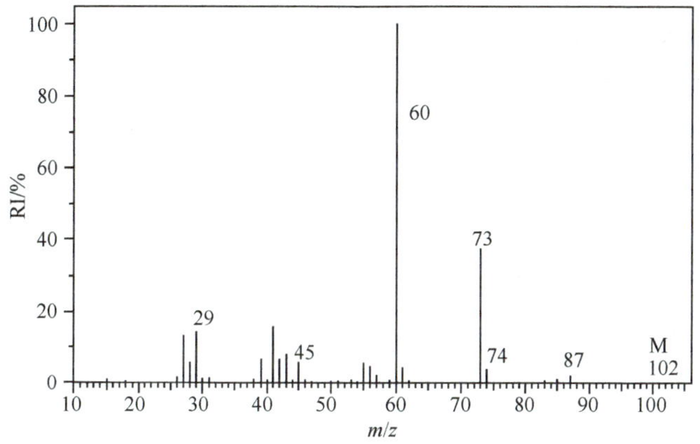

图 6-45 戊酸的质谱图

6.5.7 羧酸酯

羧酸酯的质谱有下列特征：

(1) 直链一元羧酸酯的 M 峰通常可观察到，且随分子量的增大(碳原子数>6)而增大。芳香羧酸酯的 M 峰较明显。

(2) 羧酸酯的强峰(有时为基峰)通常来源于下列两种类型的α裂解或 i 裂解：

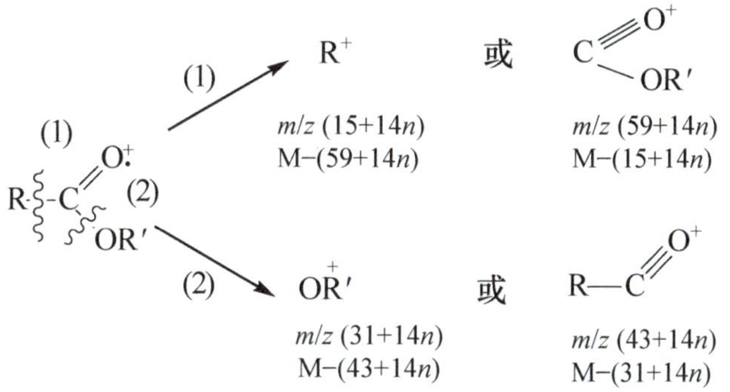

(3) 由于麦氏重排，甲酯可形成 m/z 74 的基峰，乙酯可形成 m/z 88 的基峰。若α-碳上有烃基取代，则将形成 m/z 74、88、102、116 等同系列峰。

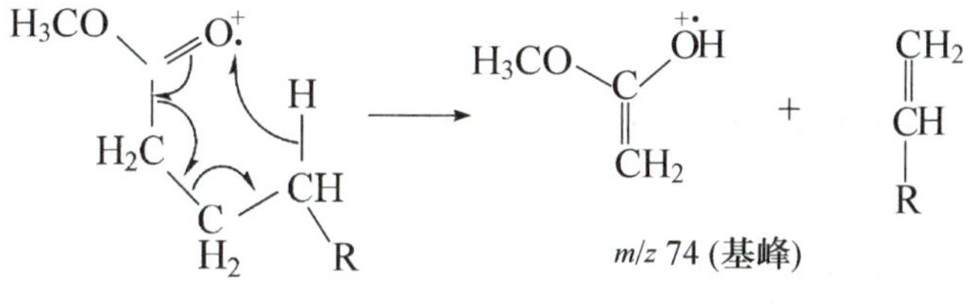

(4) 羧酸酯也可以发生双氢重排裂解，产生质子化的羧酸离子碎片峰。

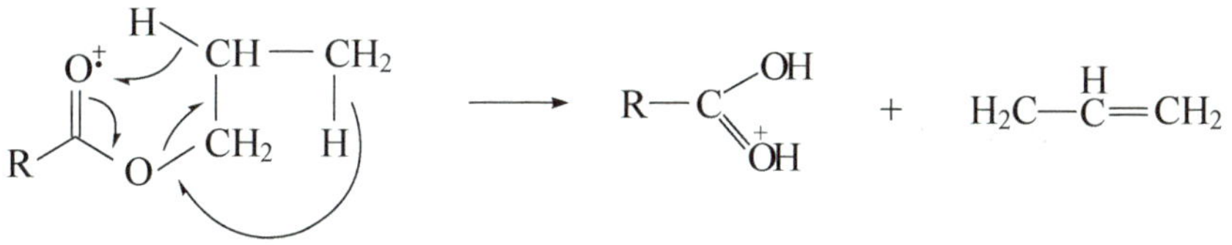

(5) 二元羧酸及其甲酯形成强的 M 峰，其强度随两个羧基接近程度增大而减弱。二元酸酯会出现由于α裂解失去两个羧基的 M−90 峰。

(6) 邻位取代的苯甲酸酯可能通过“邻位效应”失去一分子醇形成相应的基峰。例如，水杨酸正丁酯的质谱图中给出 m/z 120 的基峰(图 6-21)。

图 6-46 和图 6-47 分别为丙酸乙酯和邻苯二甲酸二丁酯的质谱图。

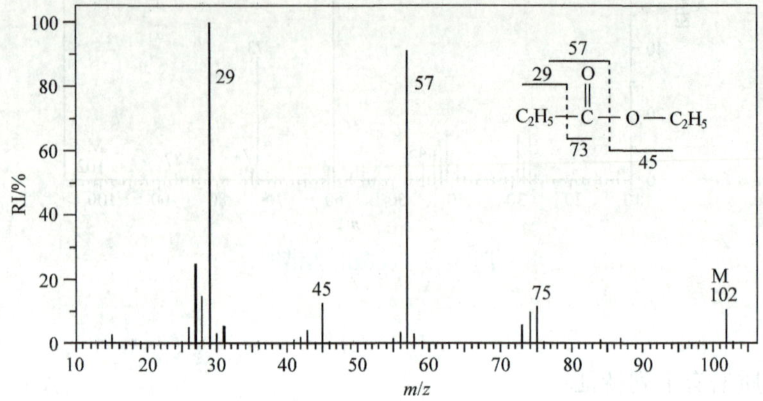

图 6-46 丙酸乙酯的质谱图

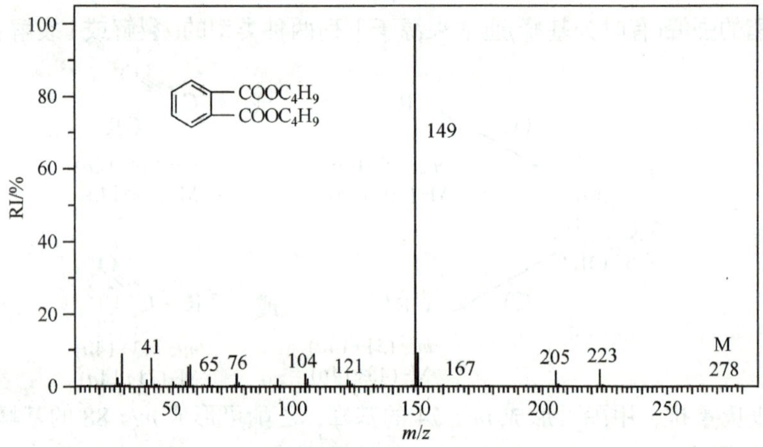

图 6-47 邻苯二甲酸二丁酯的质谱图

6.5.8 胺

伯胺的质谱与醇的质谱有些相似；仲胺的质谱与醚的质谱有些相似。

(1) 脂肪开链胺的 M 峰很弱，或者消失。脂环胺及芳胺的 M 峰较明显。含奇数 N 的胺其 M 峰质量为奇数。低级脂肪胺、芳香胺可能出现 M－1 峰(失去˙H)。

(2) 正如醇一样，胺的最重要的峰是α裂解(C_α—C_β断裂)得到的峰。在大多数情况下，这种裂解离子往往是基峰。

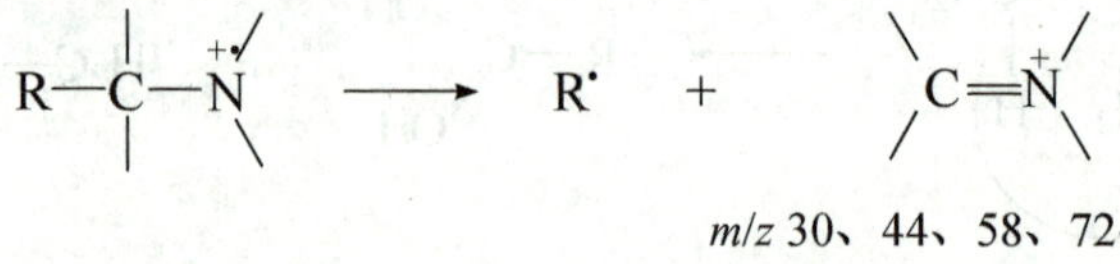

α-碳无取代的伯胺 R—CH_2NH_2 可形成 m/z 30 的强峰(CH_2=N^+H_2)。这一峰可作为分子中

有伯胺基存在的有用佐证，但不能作为确证。因为有时仲胺及叔胺由于二次裂解和氢原子重排也能形成 *m/z* 30 峰，不过强度较弱。

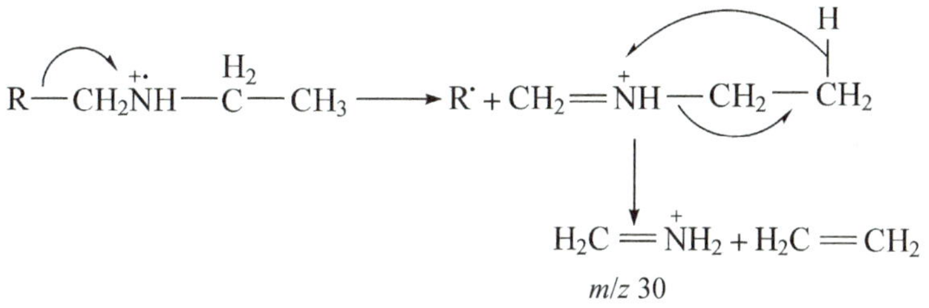

(3) 脂肪胺和芳香胺可能发生 N 原子的双侧α裂解。

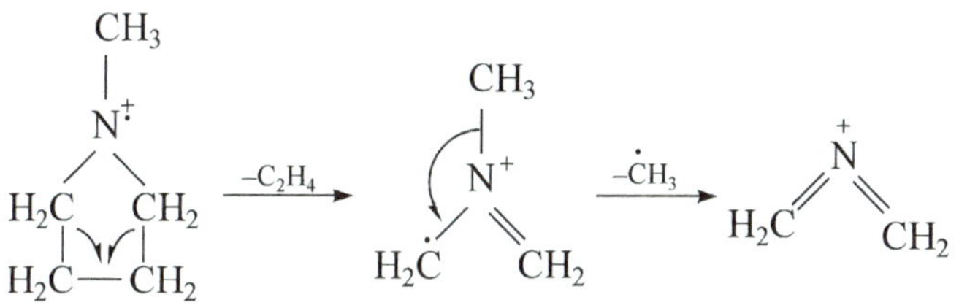

苯胺可以失去 HCN 和 H_2CN，正如苯酚失去 CO 和 CHO 一样。

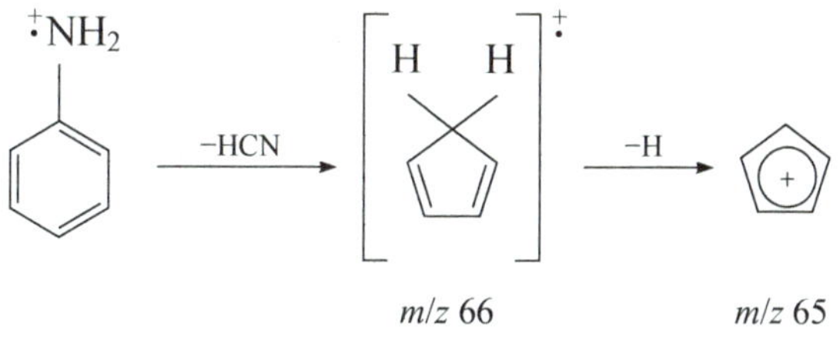

有烃基侧链的苯胺有可能自侧链α裂解形成氨基鎓离子(*m/z* 106)。

(4) 胺类极为特征的峰是 *m/z* 18($^+NH_4$)峰。醇类也有 *m/z* 18(H_2O^+)峰，但两者不难区别。在胺类中质量数 18 与 17($^+NH_3$)峰的比值远大于醇类的比值。

(5) 与含氧化合物如醇、醛等相似，胺类也产生质荷比为 31、45、59 等重排峰。

(6) *α*-氨基酸乙酯主要发生丢失 $CO_2CH_2CH_3$ 的裂解(下式中 a 途径裂解)，也可发生下式中 b 途径裂解，形成中等强度的 *m/z* 102 峰。

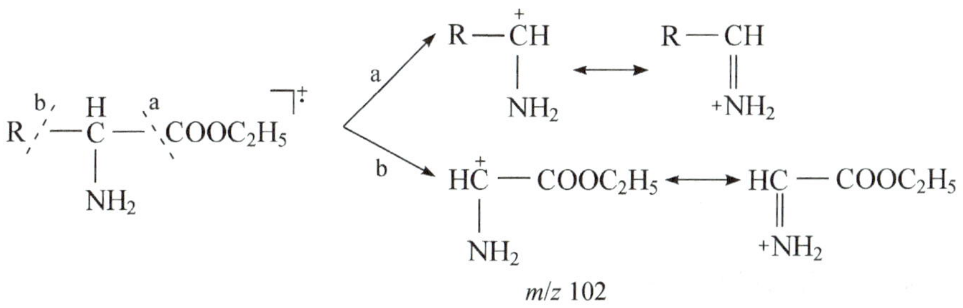

图 6-48 和图 6-49 分别为 *N*-甲基-*N*-异丙基丁胺和邻甲苯胺的质谱图。

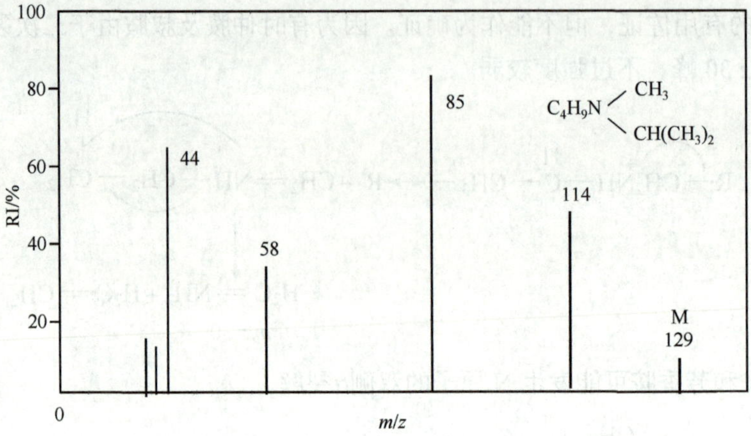

图 6-48 *N*-甲基-*N*-异丙基丁胺的质谱图

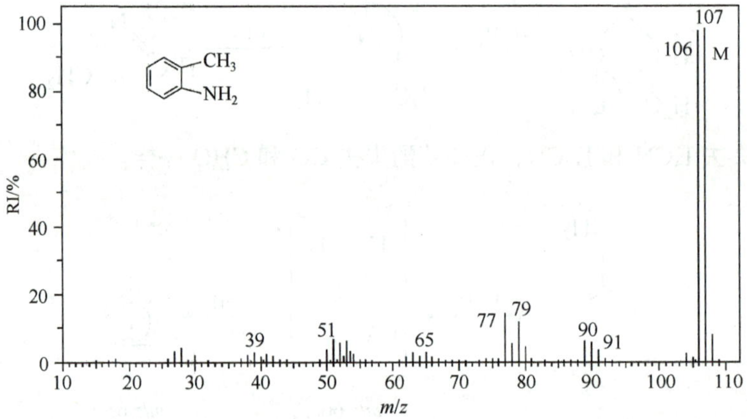

图 6-49 邻甲苯胺的质谱图

6.5.9 酰胺

酰胺的质谱与羧酸相似。

(1) 酰胺的 M 峰(含一个 N 原子的为奇数质量)一般可观察到。

(2) 正如羧酸一样，酰胺的最重要碎片离子峰(往往是基峰)是羰基碳α裂解产物。

(3) 凡含有γ-H 的酰胺通常可发生麦氏重排，得到 m/z 59 + 14n 的峰。

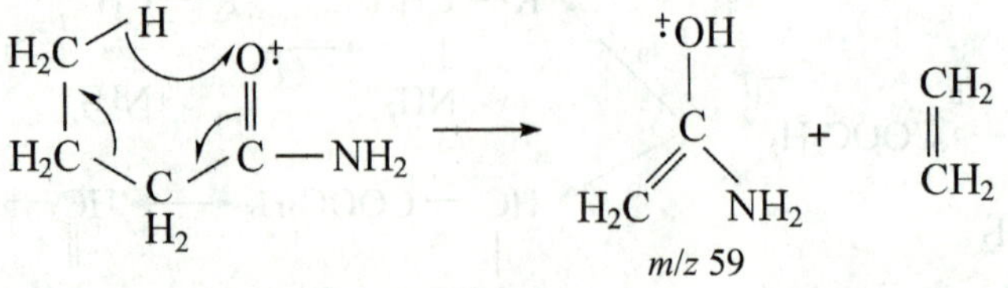

(4) 长链脂肪伯酰胺也能在羰基的 C_β—C_γ间发生裂解，产生较强的峰 m/z 72(无重排)或 m/z 73(有重排)。

m/z 72　　*m/z* 73

(5) 四个碳以上的伯酰胺也产生 *m/z* 44 的强峰，其来源于羰基的α裂解或 N 的 C_α—C_β断裂，这与胺的裂解类似。

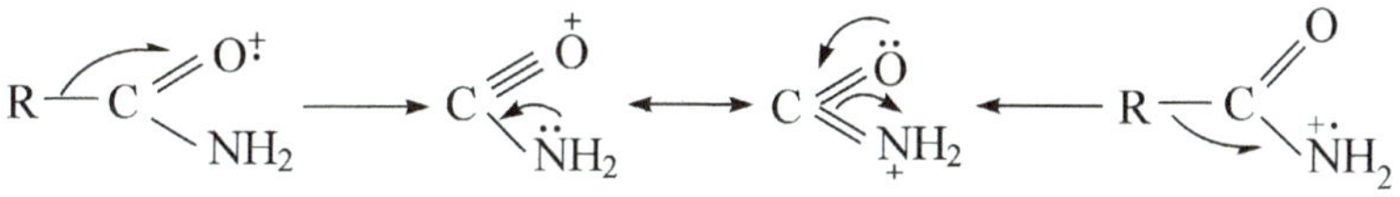

m/z 44

图 6-50 和图 6-51 分别为 *N*, *N*-二乙基乙酰胺和 3-甲基丁酰胺的质谱图。

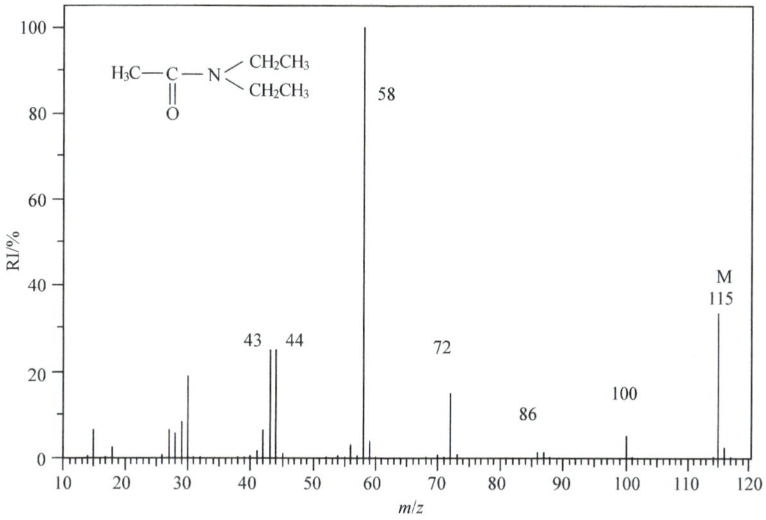

图 6-50　*N*, *N*-二乙基乙酰胺的质谱图

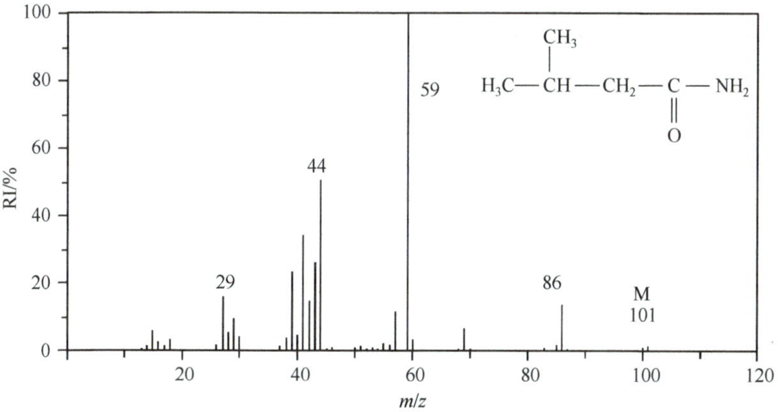

图 6-51　3-甲基丁酰胺的质谱图

6.5.10 腈

腈的质谱有下列特征：

(1) 高级脂肪腈的 M 峰看不见。增大样品量或增大离子化室压力可增强 M 峰，M+1 峰也可看到。

(2) 腈的质谱中 M－1 峰明显，此裂解方式有利于鉴定腈。脱氢的 M－1 峰碎片离子由于有共轭效应而稳定。

$$R—\dot{C}H—C\equiv \overset{+\bullet}{N} \longleftrightarrow R—\underset{H}{C}=C=\overset{+}{N}$$

含 1 个 N 原子的腈，这个 M－1 峰的质量数为偶数。相类似的偶数质量峰为 *m*/*z* 40、54、68、82 等一系列同系物峰，它们是由在碳链的不同键处单纯断裂而形成。

(3) C_4～C_{10} 的直链腈产生 *m*/*z* 41 的基峰(CH_3CN^+或 $CH_2=C=N^+H$)，是因为发生了麦氏重排裂解。

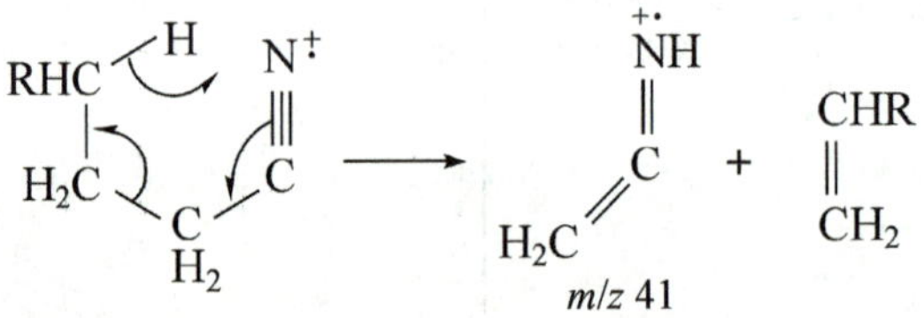

图 6-52 和图 6-53 分别为三氟乙腈和己腈的质谱图。

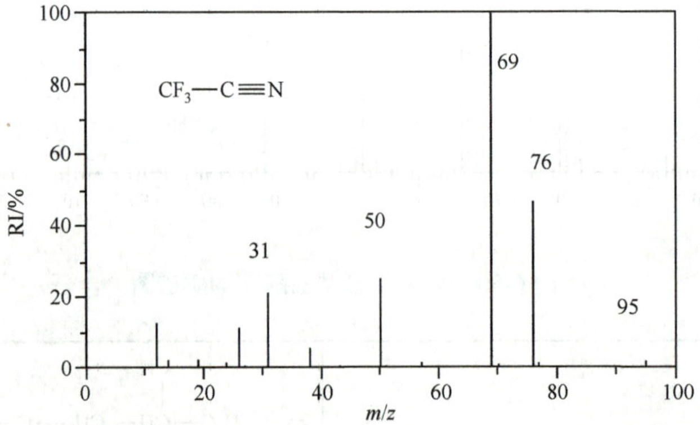

图 6-52　三氟乙腈的质谱图

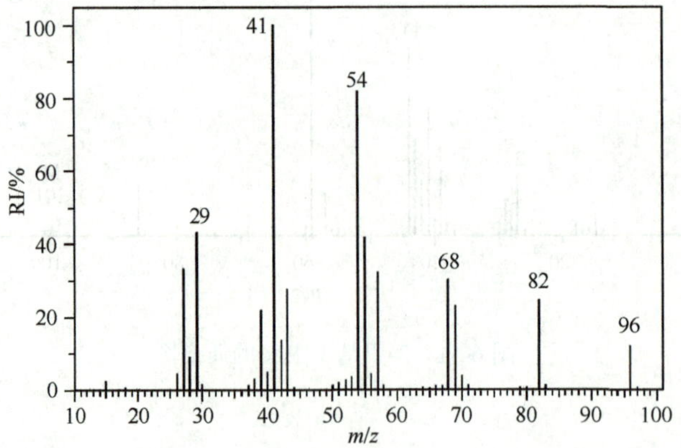

图 6-53　己腈的质谱图

6.5.11　硝基化合物

硝基化合物的质谱有下列特征：

(1) 脂肪族硝基化合物一般看不到 M 峰。

(2) 强峰出现在 m/z 46 及 30，这是形成 NO_2^+ 和 NO^+ 的缘故。

(3) 高级脂肪族硝基化合物一些强峰是烃基离子(C—C 键断裂产生)，另外还有 γ-H 的重排引起的 M－OH、M－(OH+H_2O)和 m/z 61 的峰。

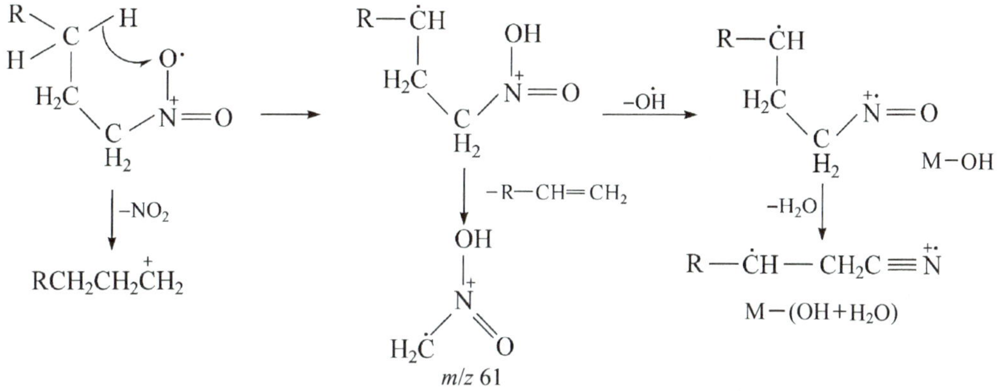

(4) 芳香族硝基化合物显出强的 M 峰，此外有 m/z 30(NO^+)及 M－30、M－46、M－58 等峰。

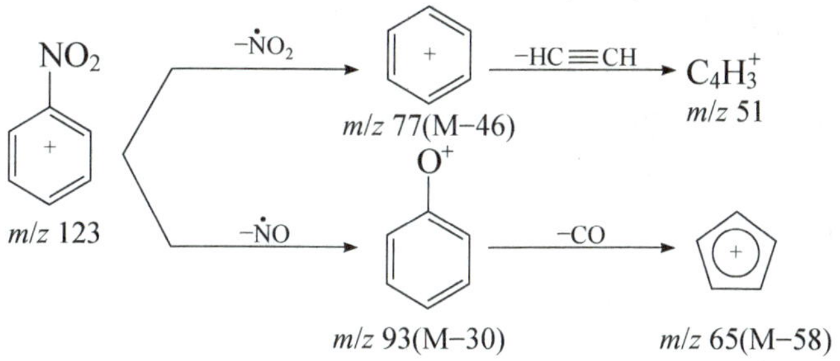

图 6-54 和图 6-55 分别为硝基苯和 1-硝基丙烷的质谱图。

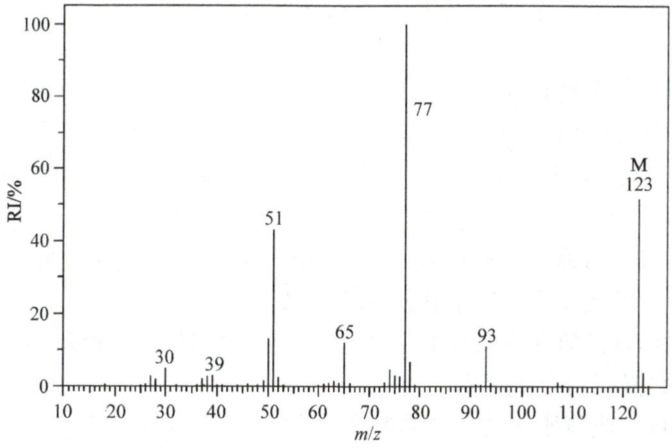

图 6-54　硝基苯的质谱图

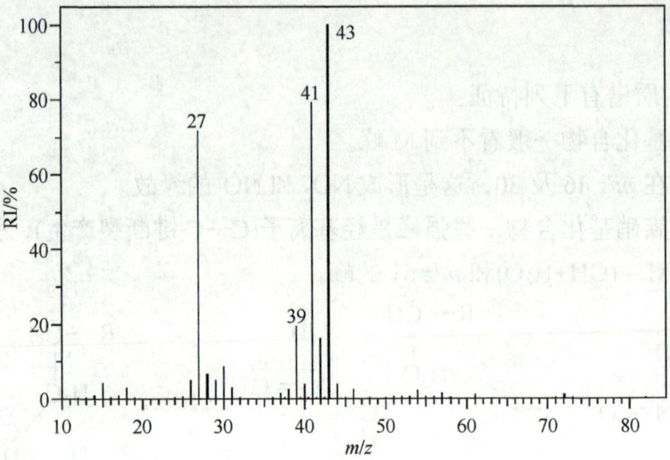

图 6-55 1-硝基丙烷的质谱图

6.6 质谱的解析

6.6.1 分子离子峰和分子量的测定

测定有机化合物结构的第一步工作就是测定它的分子量和确定分子式。用质谱法研究过的有机化合物中，几乎有 75%可由质谱图上直接读出其分子量。这些化合物所产生的分子离子足够稳定，能正常到达收集器。

由于下列两个原因，有时辨认分子离子峰会遇到一些困难。

(1) 分子离子如果不稳定，在质谱上就不出现分子离子峰。曾有人研究了各类化合物的 $M^{+\cdot}$稳定性，排出下列次序供参考(实际次序因结构影响会有变化)：芳香环(包括芳香杂环)>脂环>硫醚、硫酮>共轭烯>直链烷烃>酰胺>酮>醛>胺>酯>醚>羧酸>支链烃≫伯醇>叔醇>缩醛。在胺、醇等化合物的质谱中往往见不到分子离子峰。

(2) 有时分子离子一产生就与其他离子或分子相碰撞而结合，变为质量数更高的络合离子。

由于这两个原因，在判断分子离子峰时必须小心。在一个纯化合物质谱(不含本底和离子分子反应等产生的附加峰)中，作为一个分子离子必要但非充分的条件是：①必须是谱图中最高质量端的离子(分子离子峰的同位素峰及某些络合离子除外)；②必定是奇电子离子；③必须能够通过丢失合理的中性碎片，产生谱图中高质量区的重要离子。

假如被检查的离子未通过上述检验，则它绝不可能是分子离子。假如通过全部检验，则它可能是分子离子，但还要通过以下其他方法加以确认。

辨认在质谱中出现的质量最大端的主峰是分子离子峰还是碎片峰，还要根据以下几点：

(1) 注意质量数是否符合氮规则。

(2) 要注意该峰与质荷比比它小的邻近峰之间的质量差是否合理。

在质谱图中高质量数区的一端，除 $M^{+\cdot}$峰处，常出现由 $M^{+\cdot}$失去某些小基团的碎片峰，如 M－15(－CH_3)、M－17(－OH)、M－18(－H_2O)、M－30(－CH_2O、－NO)等。通过核对在较低质量数处的离子峰与所假定的分子离子峰的关系，可以判断所假定的分子离子峰是否正确。例如，一个假定的分子离子峰和在质谱中离它最近的碎片离子峰之间相差 1、15 或 18 质量单位，可认为是合理的。因为自含 C、H、O 的分子离子失去 H、CH_3 或 H_2O 是相当普遍的。

表 6-4 列出质谱中从分子离子脱去的常见碎片，可供识图时参考。

表 6-4 从分子离子脱去的中性裂片

离子	中性裂片	可能的推断
M–1	H	醛(某些酯和胺)
M–2	H_2	—
M–14	—	同系物
M–15	CH_3	高度分支的碳链，在分支处甲基裂解，醛、酮、酯
M–16	$CH_3 + H$	高度分支的碳链，在分支处裂解
M–16	O	硝基化合物、亚砜、吡啶 *N*-氧化物、环氧化合物、醌等
M–16	NH_2	$ArSONH_2$，$—CONH_2$
M–17	OH	醇 R┆OH，羧酸 RCO┆OH
M–17	NH_3	—
M–18	H_2O，NH_4	醇、醛、酮、胺等
M–19	F	氟化物
M–20	HF	氟化物
M–26	C_2H_2	芳烃
M–26	C≡N	腈
M–27	$CH_2═CH$	酯、R_2CHOH
M–27	HCN	氮杂环
M–28	CO，N_2	醌、甲酸酯等
M–28	C_2H_4	芳香乙酸乙酯、正丙基酮、环烷烃、烯烃
M–29	C_2H_5	高度分支的碳链，在分支处裂解；环烷烃
M–29	CHO	醛
M–30	C_2H_6	高度分支的碳链，在分支处裂解
M–30	CH_2O	芳香甲醚
M–30	NO	$ArNO_2$
M–30	NH_2CH_2	伯胺类
M–31	OCH_3	甲酯、甲醚
M–31	CH_2OH	醇
M–31	CH_3NH_2	胺
M–32	CH_3OH	甲酯
M–32	S	—
M–33	$H_2O + CH_3$	—
M–33	CH_2F	氟化物
M–33	HS	硫醇

续表

离子	中性裂片	可能的推断
M−34	H_2S	硫醇
M−35	Cl	氯化物(注意 ^{37}Cl 同位素)
M−36	HCl	氯化物
M−37	H_2Cl	氯化物
M−39	C_3H_3	丙烯酯
M−40	C_3H_4	芳香化合物
M−41	C_3H_5	烯烃(烯丙基裂解)、丙基酯、醇
M−42	C_3H_6	丁基酮、芳香醚、正丁基芳烃、烯、丁基环烷
M−42	CH_2CO	甲基酮、芳香乙酸酯、$ArNHCOCH_3$
M−43	C_3H_7	高度分支碳链，分支处有丙基，丙基酮、醛、酯、正丁基芳烃
M−43	NHCO	环酰胺
M−43	CH_3CO	甲基酮
M−44	CO_2	酯(碳架重排)、酸酐
M−44	C_3H_8	高度分支的碳链
M−44	$CONH_2$	酰胺
M−44	CH_2CHOH	醛
M−45	CO_2H	羧酸
M−45	C_2H_5O	乙基醚、乙基酯
M−46	C_2H_5OH	乙酯
M−46	NO_2	$ArNO_2$
M−47	C_2H_4F	氟化物
M−48	SO	芳香亚砜
M−49	CH_2Cl	氯化物(注意 ^{37}Cl 同位素)
M−53	C_4H_5	丁烯酯
M−55	C_4H_7	丁酯、烯
M−56	C_4H_8	Ar—n-C_5H_{11}、ArO—n-C_4H_9、Ar—i-C_5H_{11}、ArO—i-C_4H_9、戊基酮、戊酯
M−57	C_4H_9	丁基酮、高度分支的碳链
M−57	C_2H_5CO	乙基酮
M−58	C_4H_{10}	高度分支的碳链
M−59	C_3H_7O	丙基醚、丙基酯
M−59	$COOCH_3$	$RCOOCH_3$
M−60	CH_3COOH	乙酸酯
M−63	C_2H_4Cl	氯化物
M−67	C_5H_7	戊烯酯
M−69	C_5H_9	酯、烯

续表

离子	中性裂片	可能的推断
M−71	C_5H_{11}	高度分支的碳链、醛、酮、酯
M−72	C_5H_{12}	高度分支的碳链
M−73	$COOC_2H_5$	酯
M−74	$C_3H_6O_2$	一元羧酸甲酯
M−77	C_6H_5	芳香化合物
M−79	Br	溴化物(注意 ^{81}Br 同位素)
M−105		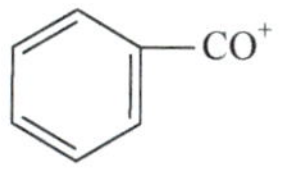
M−127	I	碘化物

在识别分子离子时，需要注意：14 质量单位的“丢失”不能发生，通常应当怀疑有一个化学式相差 CH_2 单位的同系物存在。直接从 $M^{+\cdot}$ 丢失一个亚甲基的情况几乎没有发现过。这是因为亚甲基是一个高能量的碎片。此外，在只含有 C、H、O、N 的化合物中，丢失 5～13 质量单位实际上也是不可能的。因为要丢失许多氢原子(或分子)需要很高的能量，丢失 3～5 个氢的情况是罕见的。例如，当两峰之间的差别为 3 质量单位，则表示分子量应比该最大峰高 15，比次大峰高 18，很可能由于一分子醇丢失甲基得到少 15 质量单位的峰，丢失水得到少 18 质量单位的峰，该两峰之间刚好差 3 质量单位。

一般认为分子离子和邻位相差 4～14、21～25、37、38、50～53、65、66 等是不合理的丢失。

(3) 注意 M + 1 峰。某些化合物(如醚、酯、胺、酰胺、腈、氨基酸酯和胺醇等)的质谱上分子离子峰很小，或者根本找不到，而 M + 1 峰却相当大。这是由分子离子和中性分子相撞而结合氢原子生成的络合离子，其强度可随实验条件而改变。在分析谱图时要注意，化合物的分子量应该比此峰质量小 1。

(4) 注意 M − 1 峰。有些化合物没有分子离子峰，但 M − 1 峰较大。某些醛、醇或含氮化合物往往发生这种情况。例如，在 2-甲基-2-丁醇的质谱图(图 6-56)上，*m/z* 87 的峰就是 M − 1 峰。虽然很弱，但还能看到。对它的辨认是这样的：右端最强峰 73 是奇数，此化合物不含 N，因此它不应为分子离子峰，并且它与相邻主峰 59 相差 14，也证明它不是分子离子峰。假定 *m/z* 59 和 *m/z* 73 分别是由脱乙基和脱甲基产生的，化合物的分子量就是 59+29 或 73+15。因此，*m/z* 87 就是 M − 1 峰。图中 *m/z* 70 和 *m/z* 71 弱峰归因于 M − H_2O 和 M − OH。

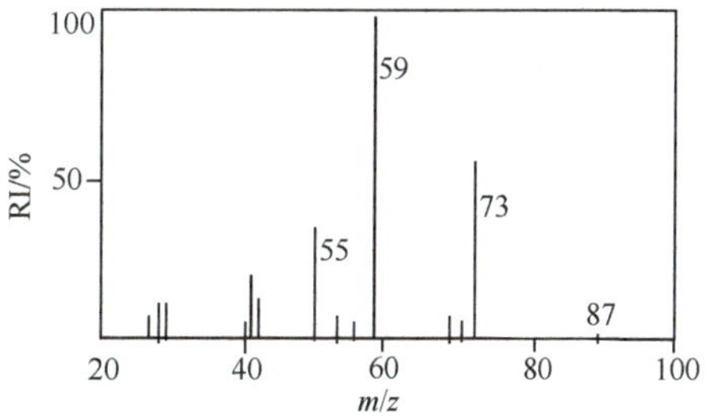

图 6-56 2-甲基-2-丁醇的质谱图

(5) 当化合物含有氯和溴元素时，根据同位素峰强度比也可以帮助识别分子离子峰。

为了方便分子离子峰的检出，可以通过改变实验条件的方法增大分子离子峰的强度。例如，可采取以下措施：

(i) 降低冲击电子流的电压，使其能量低到化合物的解离能附近(一般用 70 eV，现降低到 12 eV 附近)，这样可避免由于多余的能量使分子离子进一步裂解。于是质谱上会出现所有碎片峰都减弱，而分子离子峰的相对强度会增加。

(ii) 制备容易挥发的衍生物，分子离子峰就容易出现。例如，将酸变为酯，将醇变为醚进行测定。

(iii) 降低加热温度。加热温度越高，化合物就越容易挥发。但有些化合物在高温下容易分解，分子离子峰的强度不一定增加，甚至反而减弱或消失。对于这样的化合物，如果把加热温度降低，就可以防止因加热而分解，使分子离子峰的相对强度显著增加。

(iv) 对于一些分子量较大难以挥发的有机化合物，若改用直接进样法而不是加热进样法，往往可以使分子离子峰强度增加。

(v) 改变电离源。可采用化学电离源、快速原子轰击源或电喷雾电离源代替电子轰击源。这样得到的质谱，M 峰增强，碎片离子大大减少，特别是对热不稳定的化合物更为适用。但是碎片离子的减少对判断结构不利。现在有的仪器带好几种离子源，可按不同要求选择使用。

确定了分子离子峰，其质荷比即为分子量。

6.6.2 分子式的确定

利用质谱测定分子式有两种方法。

1. 同位素峰相对强度法

同位素峰相对强度法也称同位素丰度比法，该法适用于低分辨质谱仪。

1) 查贝农表法

有机化合物一般由 C、H、O、N、S、F、Cl、Br、I、P 等元素组成。其中，除 F、I、P 外，其余元素都有重同位素(表 6-2)。用 M + 1、M + 2(或 P + 1、P + 2)等表示比分子离子高 1、2 个质量单位处出现的峰。这些同位素峰的强度与分子中含该元素的原子数目及该重同位素的天然丰度有关。表 6-5 列出各种重同位素的丰度比值。

表 6-5 一些重同位素与最轻同位素天然丰度相对比值*

重同位素	^{13}C	^{2}H	^{17}O	^{18}O	^{15}N	^{33}S	^{34}S	^{37}Cl	^{81}Br	^{29}Si	^{30}Si
相对比值/%	1.11	0.015	0.04	0.20	0.37	0.80	4.4	32.5	98.0	5.1	3.4

*以最轻同位素的天然丰度当作 100%，求出其他同位素天然丰度的相对百分比。

例如，^{13}C 与 ^{12}C 的丰度百分比为：$^{13}C/^{12}C = 1.1\times100/98.9 = 1.11\%$。因此，在甲烷的质谱中，*m/z* 17 峰(M + 1 峰)强度为 *m/z* 16 峰(M 峰)强度的 1.11%(^{2}H 的比值仅为 0.015%，在此忽略不计)。乙烷因含两个碳，同位素峰的相对强度比(M + 1)/M = 2.22%。可见，分子式不同，M + 1 和 M + 2 的相对强度比不一样。因此，由各种分子式可计算出这些百分比值。反之，当这些百分比值计算出来后，即可由实验得到的同位素峰的相对强度推定分子式。贝农(Beynon)将元素 C、H、O 和 N 各种组合的 M、M+1、M+2 的强度值编成质量与丰度表，即贝农表。只要根据质谱上测得的 M + 1 和 M + 2 峰强度百分比值，排除 C、H、O 和 N 之外元素对 M + 1 和 M + 2 峰的贡献后，查对贝农表，即可求得可能分子式(贝农表见有关专著)。这种确定分子式的方法要求质谱中分子离子峰较强，同位素峰丰度测定准确。目前利用计算机对质谱分子离子及其同位素峰数据进行谱库检索或程序运算得到的结果一般都比较好，很少再进行手工同位素峰计算和查表了。下面举例说明。

例 6-1 某化合物的红外光谱显示含羰基，它的质谱中 M、M + 1、M + 2 峰强度比如下：

M(150)	100%
M + 1(151)	11.1%
M + 2(152)	0.8%

试求其可能的分子式。

解 化合物的(M + 2)/M < 4.44%，可知此化合物不含 S、Cl、Br。查贝农表可知，分子量为 150 的式子共 29 个，其中 M + 1 峰百分比值为 10%～12%的式子[取(M + 1)的丰度加减 1]共有下列 6 个：

可能分子式	(M + 1)/%	(M + 2)/%
$C_9H_{12}NO$	10.34	0.68
$C_9H_{14}N_2$	10.71	0.52
$C_{10}H_2N_2$	11.60	0.61
$C_{10}H_{14}O$	11.07	0.75
$C_{10}H_{16}N$	11.44	0.60
$C_{11}H_2O$	11.96	0.85

上述式子中，第 1 式、第 5 式因含奇数 N，与分子量为偶数事实不符，可排除。第 3 式、第 6 式中因 H 含量太低不合理。第 2 式及第 3 式不含氧，与红外光谱数据不符。第 6 式碳原子数大于 10，也可排除。而第 4 式 $C_{10}H_{14}O$ 的 M + 1 百分比值最接近 11.1%，并且其 M + 2 百分比值也与 0.8%很接近，又含有氧原子，因此未知物的可能分子式就是 $C_{10}H_{14}O$。

例 6-2 某化合物的质谱数据如下：

M(132)	100%
M + 1(133)	8.62%
M + 2(134)	4.70%

试求其可能的分子式。

解 因 M + 2 百分比值接近 4.4%，可知其中必含 1 个 S。而贝农表中的分子式只含 C、H、O、N 四种元素。因此，从分子量 132 减去 ^{32}S 的质量数 32，就剩下 100。又从 M + 1 和 M + 2 百分比值减去 ^{33}S 和 ^{34}S 的贡献，得

$$M + 1 \text{ 相对比值为 } 8.62 - 0.80 = 7.82$$

$$M + 2 \text{ 相对比值为 } 4.70 - 4.4 = 0.26$$

查贝农表，表中分子量为 100 的式子共有 18 个。其中，(M + 1)/M 的百分比值接近 7.82%的式子有下列四个：

分子式	(M + 1)/%	(M + 2)/%
$C_6H_{14}N$	7.09	0.22
C_7H_2N	7.98	0.28
C_7H_{16}	7.82	0.26
C_8H_4	8.71	0.33

其中，第 1 式、第 2 式含有一个 N，分子量不可能是偶数，所以应排除。剩下的式子中，C_7H_{16} 的 M + 1 与 7.82%、M + 2 与 0.26%都很接近，因此可能分子式为 $C_7H_{16}S$。

2) 估算法

从表 6-2 中可以看出元素 F、P 和 I 无同位素，对 M + 1、M + 2 峰的丰度无贡献。

C、H、O、N 四种元素组成的化合物中，对 M + 1 峰丰度做出贡献的是 ^{13}C、^{15}N(^{2}H 和 ^{17}O 由于天然丰度太低而忽略不计)；而对 M + 2 峰丰度做出贡献的是 ^{13}C 和 ^{18}O。^{18}O 的丰度为 0.2%，数值较小，计算氧原子个数会出现误差，所以应在确定其他元素组成后，再确定氧的个数。

杂原子中 ^{37}Cl、^{81}Br 对 M + 2 峰有很大贡献；^{30}Si、^{34}S 对 M + 2 峰也有较大贡献。影响 M + 1 峰丰度的杂原子是 ^{29}Si、^{33}S。

(1) 如果分子中只含有 C、H、O、N、F、P、I 时，通用分子式为 $C_xH_yO_zN_w$。M + 1 峰丰度只考虑 ^{13}C、^{15}N 的贡献；M + 2 峰丰度可以只考虑 ^{13}C、^{18}O 的贡献。以分子离子 M 的相对丰度为 100 时

^{13}C 对 M + 1 峰丰度的贡献：$1.1x$

^{15}N 对 M + 1 峰丰度的贡献：$0.37w$

所以

M + 1 峰丰度 $= 100RI(M+1)/RI(M) = 1.1x + 0.37w$

^{13}C 对 M + 2 峰丰度的贡献(近似计算)：$100RI(M+2)/RI(M) = (1.1x)^2/200$

^{18}O 对 M + 2 峰丰度的贡献：$0.20z$

所以

M + 2 峰丰度 $= 100RI(M+2)/RI(M) = (1.1x)^2/200 + 0.20z$

(2) 化合物中若除 C、H、O、N、F、I、P 外还含 s 个硫时，则除上述同位素外，还要考虑 ^{33}S、^{34}S 的贡献：

M + 1 峰丰度 $= 100\ RI(M+1)/RI(M) = 1.1x + 0.37w + 0.8s$

M + 2 峰丰度 $= 100\ RI(M+2)/RI(M) = (1.1x)^2/200 + 0.20z + 4.4s$

(3) 化合物若含 Cl、Br 之一，它们对 M + 2、M + 4 峰的贡献可按$(a+b)^n$的展开式推算。若同时含 Cl、Br，可按$(a+b)^n(c+d)^m$的展开式推算。

通过上述讨论，反过来可采用下列步骤根据分子离子及其同位素峰推测分子离子峰或某一碎片峰的元素组成(以讨论分子离子峰的元素组成为例)。

(i) 确定 M 峰及其同位素峰。

(ii) 把数据全部归一化(将 M 峰作为 100，求出 M + 1、M + 2 峰的相对丰度)。

(iii) 检查 M+2 峰，若其丰度≤3%，则说明该化合物中不含 Si、S、Cl 和 Br 等元素；若其丰度>3%，要先确定含比轻同位素大两个单位的重同位素的种类和个数。

(iv) 由 M + 1 峰丰度确定可能的碳原子数。可能的最大碳原子数≈M+1峰丰度/1.1。当化合物中含氯、溴、硫和硅，而 M − 1 峰又较强时，M − 1 峰的同位素峰会对 M + 1 峰有贡献，所以 M + 1 峰应扣除这些杂原子的影响，才能计算碳的数目。

(v) 确定氢的个数及氧的个数。

(vi) 由不饱和度或其他因素判断所求元素组成是否合理。

例 6-3 从给出的质谱图(图 6-57)及部分数据推断可能的分子式。

m/z	96	97	98	99	100
RI/%	0.6	100.0	56.0	7.6	2.4

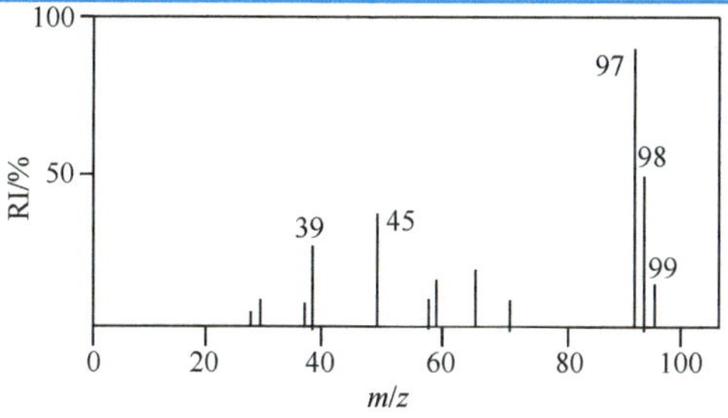

图 6-57 未知物的质谱图

解 (1) 确定 M 峰。如果将 *m/z* 97 为 M 峰，*m/z* 98 和 *m/z* 99 分别为 M + 1 峰和 M + 2 峰，但 *m/z* 98 与 *m/z* 97 的丰度比值太大，是不合理的。所以可确定 *m/z* 98 为 M 峰。此时，*m/z* 99 为 M + 1 峰，*m/z* 100 为 M + 2 峰。

(2) 数据归一化。

m/z	相对丰度/%	归一化/%
98(M)	56.0	100
99(M + 1)	7.6	7.6÷56.0×100 = 13.57
100(M + 2)	2.4	2.4÷56.0×100 = 4.29

(3) 由归一化后的 M + 2 峰丰度 4.29%可知，该化合物含一个硫原子。

(4) 由 *m/z* 99(M + 1)确定碳原子数。*m/z* 97 和 *m/z* 98 中的硫(^{34}S、^{33}S)对 *m/z* 99 的贡献应减去。

$$13.57 - 4.44 \times 100/56 - 0.80 = 4.84$$

4.84 则主要为 M 峰中 ^{13}C 的贡献，估计分子中含有 4～5 个碳原子。若含有 4 个碳，分子式为 $C_4H_{18}S$，$U = -4$ 不合理，氢太多也不符合价键规则；若为 C_5H_6S，$U = 3$ 是合理的。

(5) 确定氧原子。若分子中还有氧原子，考虑到分子已有 C_4S(不可能为 C_5)，最多只能有 1 个氧原子，即分子式为 C_4H_2OS，$U = 4$。

所以该化合物的分子式可能是 C_5H_6S 或 C_4H_2OS。

例 6-4 某化合物的质谱图(图 6-58)和部分数据如下，求分子式。

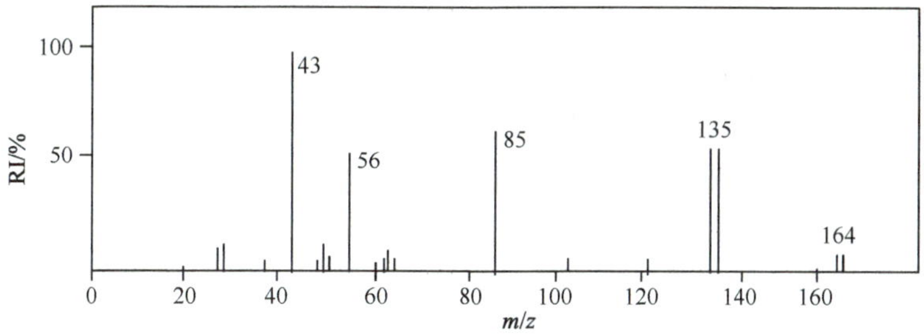

图 6-58 未知化合物的质谱图

m/z	RI/%	*m/z*	RI/%
43	100	135	50
85	49	136	2.2
86	3.2	137	49
87	0.11	164	2.2
107	5.0	165	0.15
108	0.73	166	2.2
109	4.7	167	0.13
110	0.14		

解 由以上数据及质谱图可看出，*m/z* 164 为 M 峰(因为 *m/z* 的差为 164 –135 = 29，合理)。*m/z* 164 : 166=1 : 1 说明该分子中含有 1 个溴，且不含氮或含偶数个氮。*m/z* 的差为 164 – 85 = 79，79 是 Br 的质量数。如果推出 *m/z* 85 的元素组成再加一个 Br 即可得到分子式。

m/z	RI/%	归一化/%
85	49	100
86	3.2	6.53
87	0.11	0.22

m/z 86 峰说明该分子式中可能有 5～6 个碳原子，而 *m/z* 87 峰说明该化合物可能含一个氧原子。若有 5 个碳，氢原子数为 85 – 12 × 5 – 16 = 9；若有 6 个碳，不能含氧，氢原子数为 85–12× 6 = 13。所以可能分子式为 C_5H_9OBr(U = 1)或 $C_6H_{13}Br$(U = 0)。

2. 高分辨质谱法

用高分辨质谱仪通常能测定每一个质谱峰的精确质量数，从而确定化合物的实验式和分子式。这种测定方法基于以下事实：当以 ^{12}C = 12.000 000 为基准，各种其他元素的原子量不会是整数。根据这一标准，氢原子的精确质量数不是刚好 1u，而是 1.007 825；^{16}O 的精确质量数是 15.994 915(表 6-2)。这种与整数值相差的小数值是由每个原子的“核敛集率”(nuclear packing)引起的。化合物的组成是固定的，其元素的种类和每种元素的原子个数也是一定的，所以它的精确质量数也是固定的。在仪器测得分子的质量数精确到小数点后 3～4 位数字时，与此质量数一样或相近的分子式个数已很少。仪器可根据分子的精确质量数，给出可能的几个或一个分子式，再根据其他数据确定分子式。

用低分辨质谱仪只能测得整数的质量数，无法辨别符合这个整数值的各种可能分子式。而用高分辨质谱仪则可测得小数点后 3～4 位数字，如 FT-ICR-MS 测量精度可达到 10^{-6}。质谱仪分辨率越高，测定越正确，误差越小。一般高分辨质谱仪测定分子离子质量数的误差不大于±0.006。能符合这准确数值的可能分子式数目大为减少，若再配合其他信息，即可从这少数可能化合物中判断最合理的分子式。现在高分辨质谱仪附属的计算机系统可以给出分子离子峰的元素组成，同时也可给出质谱图中主要的碎片峰的元素组成。

例如，用高分辨质谱测得某含有 C、H、N、O 元素的有机化合物的分子量为 647.3474，用该质谱自带的 SmartFormula 软件，设置误差范围小于 2 ppm，带一个电荷，则该软件自动可以匹配出其可能的分子式依次为：$C_{41}H_{47}N_2O_5$(647.3479，100 分)，$C_{28}H_{55}O_{16}$(647.3485，13.53 分)，$C_{26}H_{43}N_{14}O_6$(647.3485，13.44 分)，$C_{23}H_{35}N_{24}$(647.3471，18.60 分)，$C_{25}H_{47}N_{10}O_{10}$(647.3471，18.39 分)，而且可以判定这些分子式都符合氮规则，则排名第一的就是该化合物的分子式，与理论值的误差只有 0.8 ppm。又如，单位质量同为 28 的片段 CO、N_2、CH_2N、C_2H_4 可以用高分辨质谱区分：CO 的精确质量为 12.0000(^{12}C)+15.9949(^{16}O) = 27.9949，N_2 的精确质量为 2× 14.0031(^{14}N) = 28.0062，CH_2N 为 28.0187，C_2H_4 为 28.0312。

例 6-5 用高分辨质谱仪测定某新化合物分子离子峰的分子量为 150.1045，该化合物的红外光谱有明显羰基吸收，试确定分子式。

解 如果测定误差为±0.006，小数部分应当是 0.098～0.1105。从贝农表查得质量数 150 的分子式中，在上述小数点质量范围的分子式共 4 个：

$C_3H_{12}N_5O_2$ 150.099093 $C_5H_{14}N_2O_3$ 150.100435

$C_8H_{12}N_3$ 150.103117 $C_{10}H_{14}O$ 150.104459

其中，$C_3H_{12}N_5O_2$、$C_8H_{12}N_3$ 都含有奇数个氮原子，分子量应为奇数，可以排除。$C_5H_{14}N_2O_3$ 为饱和化合物，与含羰基矛盾，也应排除。因此，分子式为 $C_{10}H_{14}O$。

6.6.3 质谱的解析

前面讨论了各类化合物的质谱特征、分子量和分子式的确定。现将质谱解析的大致步骤叙述如下：

(1) 确认分子离子峰，并由其求得分子量和分子式；计算出不饱和度。

(2) 找出主要的离子峰(一般指相对强度较大的离子峰)，并记录这些离子峰的质荷比(m/z值)和相对强度。

表 6-6 列出了有机化合物质谱中一些常见的碎片离子(并不完全)。这个表为判断质谱中主要峰提供了初步线索。若有必要，可进一步查阅有关专著。

表 6-6 有机化合物质谱中一些常见的碎片离子(正电荷未标出)

m/z	裂片离子	m/z	裂片离子
14	CH_2	44	CO_2，(CH_2CHO+H)，CH_3CHNH_2
15	CH_3	45	CH_3CHOH，CH_2CH_2OH，CH_2OCH_3，COOH，$(CH_3CH{=}O+H)$
16	O	46	NO_2
17	OH	47	CH_2SH，CH_3S
18	H_2O，NH_4	48	CH_3S+H
19	F，H_3O	54	$CH_2CH_2C{\equiv}N$
20	HF	55	C_4H_7
26	$C{\equiv}N$	56	C_4H_8
27	C_2H_3	57	C_4H_9，$C_2H_5C{=}O$
28	C_2H_4，CO，N_2	58	(CH_3COCH_2+H)，$C_2H_5CHNH_2$，$(CH_3)_2NCH_2$，$C_2H_5CH_2NH$
29	C_2H_5，CHO	59	$(CH_3)_2COH$，$CH_2OC_2H_5$，$COOCH_3(NH_2COCH_2+H)$
30	CH_2NH_2，NO	60	$(CH_2COOH+H)$，CH_2ONO
31	CH_2OH，OCH_3	61	CH_2CH_2SH，CH_2SCH_3，$(COOCH_3+2H)$
33	SH	68	$(CH_2)_3C{\equiv}N$
34	H_2S	69	C_5H_9，CF_3，C_3H_5CO
35	Cl	70	C_5H_{10}，(C_3H_5CO+H)
36	HCl	71	C_5H_{11}，$C_3H_7C{=}O$
39	C_3H_3	72	$C_3H_7CHNH_2$，$(C_2H_5COCH_2+H)$
40	$CH_2C{\equiv}N$	73	$C_3H_7OCH_2$，$COOC_2H_5$
41	C_3H_5，$(CH_2C{\equiv}N+H)$	74	(CH_2COOCH_3+H)
42	C_3H_6	75	$(COOC_2H_5+2H)$，$CH_2SC_2H_5$
43	C_3H_7，$CH_3C{=}O$	77	C_6H_5

续表

m/z	裂片离子	m/z	裂片离子
78	(C_6H_5+H)	99	C_7H_{15}
79	(C_6H_5+2H)，Br	100	$(C_4H_9COCH_2+H)$，$C_5H_{11}CHNH_2$
80	(CH_3SS+H)，HBr，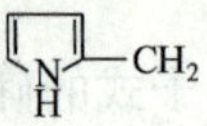	101	$COOC_4H_9$
81	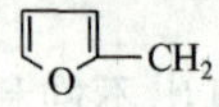	102	$(CH_2COOC_3H_7+H)$
82	$(CH_2)_4C{\equiv}N$	103	$(COOC_4H_9+H)$
83	C_6H_{11}	104	$C_2H_5CHONO_2$
85	C_6H_{13}，$C_4H_9C{=}O$	105	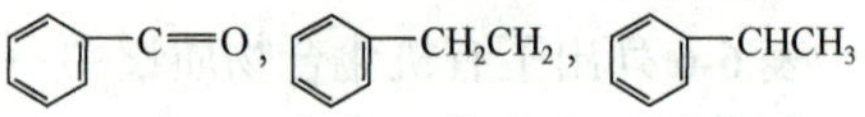
86	$(C_3H_7COCH_2+H)$，$C_4H_9CHNH_2$	107	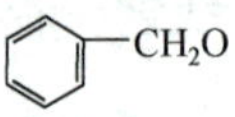
87	$COOC_3H_7$	108	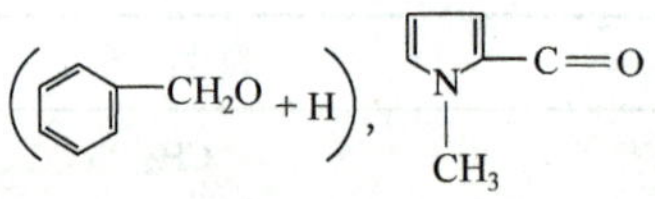
88	$(CH_2COOC_2H_5+H)$	111	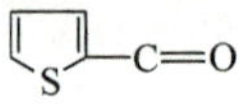
89	$(COOC_3H_7+2H)$，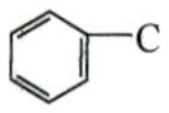	119	CF_3CF_2，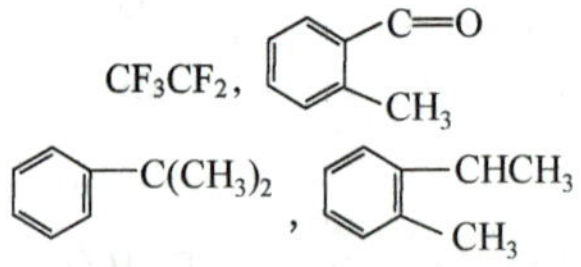
90	CH_3CHONO_2，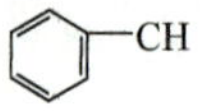	121	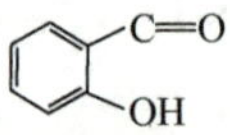
91	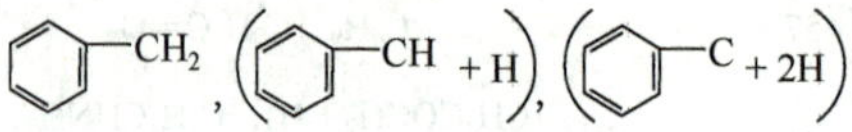	123	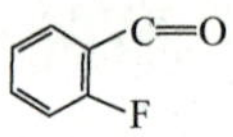
92	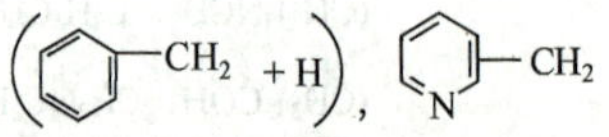	127	I
94	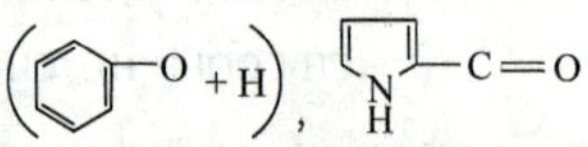	128	HI
95	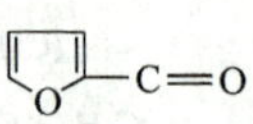	131	C_3F_5
96	$(CH_2)_5C{\equiv}N$	139	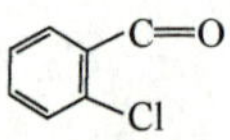
97	C_7H_{13}，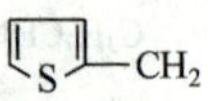	149	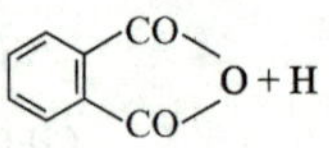
98	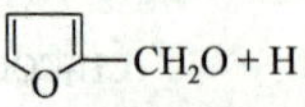		

注：出现 m/z 29、43、57、71 等离子表明有正烃基存在；出现 m/z 39、41、50、51、52、65、77、78 表明有苯环存在。

同时可根据前面所讨论的各类化合物的质谱特征和裂解规律分析这些主要离子峰的归属。

(3) 对质谱中分子离子峰或其他碎片离子峰丢失的中性碎片的分析也有助于谱图的解析。一旦确定了分子离子峰以后就不难推算所丢失的中性碎片的质量。将计算结果与常见中性碎片(表 6-4)进行对比，可推测它为何种碎片。不过在使用这些数据表时，要记住裂解时会发生重排，否则将导致错误结论。

根据前面所述各类化合物的质谱特征、裂解规律和得到的离子推论试样分子中可能含哪种官能团。官能团的推测常要注意小 m/z 端特征离子。

(4) 用 MS-MS 找出母离子和子离子，或用亚稳扫描技术找出亚稳离子，把这些离子的质荷比读到小数点后一位。根据 $m^* = (m_2)^2/m_1$ 找出 m_1 和 m_2 两种碎片离子，由此判断裂解过程，有助于了解官能团和碳骨架。

(5) 配合元素分析、UV、IR、NMR 和样品理化性质提出试样的结构式。最后将所推定的结构式按相应化合物裂解的规律，检查各碎片离子是否符合。若没有矛盾，就可确定可能的结构式。

(6) 已知化合物可用标准谱图对照来确定结构是否正确，这步工作可由计算机自动完成。对新化合物的结构，最终结论要用合成此化合物并做波谱分析的方法来确证。

标准谱图的使用请参考第 3 章。既可以使用印刷的标准谱图，如 E. Stenhagen、S. Abrahamsson 和 F. W. McLafferty 编 *The Wiley/NBS Registry of Mass Spectral Data* 和《萨特勒标准谱图集》等。http://webbook.nist. gov/chemistry/和 http://www.aist.go.jp/RIODB/SDBS/menu-e.html 两个网址和其他一些网站也可方便地查到很多已知化合物的标准谱图。使用网络比使用印刷的标准谱图更方便。也可以使用质谱仪上带的标准谱库检索、对照。

例 6-6 一个只含 C、H、O 的有机化合物，其红外光谱显示在 3100～3700 cm^{-1} 无吸收。其质谱图如图 6-59 所示，(M + 1)/M = 9.0%，在 33.8 和 56.5 有两个亚稳离子。试求其结构式。

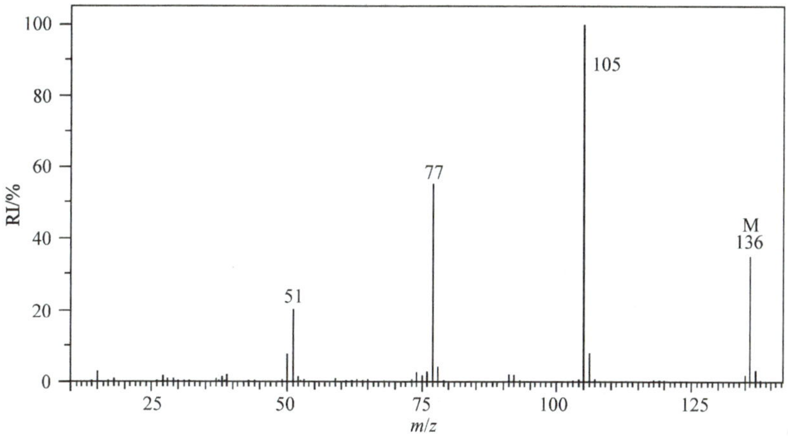

图 6-59 例 6-6 未知物的质谱图

解 (1) 由质谱图看出有相当强的 M 峰，$M = 136$。结合 m/z 39、51、77 可推测化合物为芳香化合物。

(2) 由题可知(M + 1)/M = 9.0 %。碳原子可能为 7～9 个，加上含氧，可能化合物有下列三个：①$C_9H_{12}O$；②$C_8H_8O_2$；③$C_7H_4O_3$。

(3) 计算不饱和度：①$U=4$；②$U=5$；③$U=6$。

进一步说明化合物可能含苯环。

(4) 由两种亚稳离子 33.8 和 56.5 的存在，证实可能的裂解是 *m/z* 105→77，77→51：

$$77^2/105 = 56.5 \qquad 51^2/77=33.8$$

(5) 基峰 *m/z* 105 推测为苯甲酰离子 $C_6H_5CO^+$。77 是苯环 $C_6H_5^+$ 离子峰，由此可知裂解过程为

$$\underset{m/z\ 105}{C_6H_5CO^+} \xrightarrow{-CO} \underset{m/z\ 77}{C_6H_5^+} \xrightarrow{-C_2H_2} \underset{m/z\ 51}{C_4H_3^+}$$

(6) 分子中含苯甲酰基，则其 U 应为 5，因此 $C_9H_{12}O$ 不可能(U 不合适)；此外 $C_7H_4O_2$ 也可排除，因 H 太少。剩下的只有 $C_8H_8O_2$ 符合。

(7) 由 $C_8H_8O_2$ 减去 C_6H_5CO，剩下的基团为 OCH_3 或 CH_2OH。因此，可能的结构式有两种：

$$\underset{A}{C_6H_5COOCH_3} \qquad \underset{B}{C_6H_5COCH_2OH}$$

(8) 根据红外光谱数据，B 不可能，因其含—OH，在 3400 cm^{-1} 附近会有羟基吸收。最后确定样品的结构式为 $C_6H_5COOCH_3$。

例 6-7 一个化合物的质谱图如图 6-60 所示。亚稳离子示出有下列裂解过程：

$$m/z\ 154 \longrightarrow m/z\ 139 \longrightarrow m/z\ 111$$

试推测它的结构式。

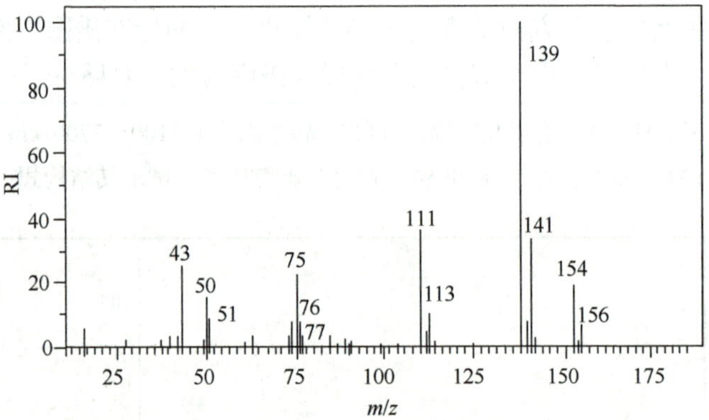

图 6-60 例 6-7 未知物的质谱图

解 从图 6-60 可以看到分子离子 *m/z* 154 的峰相当强，而且有 *m/z* 51、76、77 系列的离子，表明化合物为芳香化合物。分子量为偶数表明不含 N 或只含偶数 N。同位素峰(M + 2)约等于 M 强度的 1/3，表明有一个 Cl 原子存在。

碎片离子峰 *m/z* 139(M – 15)表明丢失 $CH_3^{\bullet}$ 。*m/z* 43 表明有 $C_3H_7^+$ 或 CH_3CO^+存在。

于是推测化合物可能为

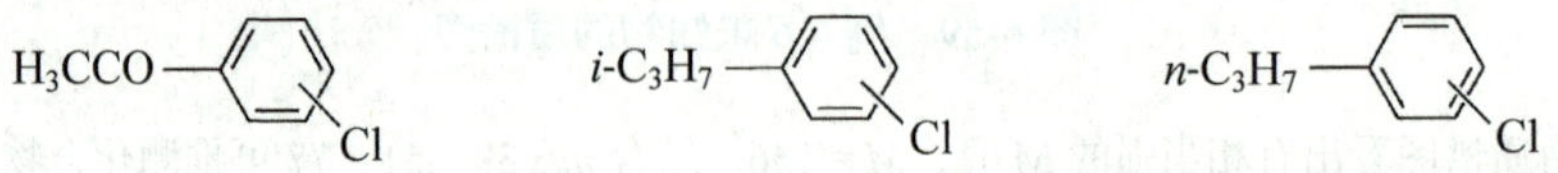

A B C

如果是结构 C，则应有 M – 29(*m/z* 125，由苄基型裂解得到)强峰和 M –28(*m/z* 124，麦氏重排裂解)的峰。

但是这两种离子峰在质谱上均不出现，因此 C 应予否定。

如果是结构 B，则应有 M－15(*m/z* 139)强峰(苄基型裂解)。虽然质谱上确实出现此峰，但按 B 无法解释以下的裂解：

$$m/z\ 139 \longrightarrow m/z\ 111$$

只有结构 A 最合理，可解释所有数据。

$$\underset{m/z\ 154}{ClC_6H_4COCH_3^{+\cdot}} \xrightarrow{-\cdot CH_3} \underset{m/z\ 139}{ClC_6H_4CO^+} \xrightarrow{-CO} \underset{m/z\ 111}{ClC_6H_4^+}$$

例 6-8　一个天然产物晶体的质谱图(图 6-61)及质谱数据如下：

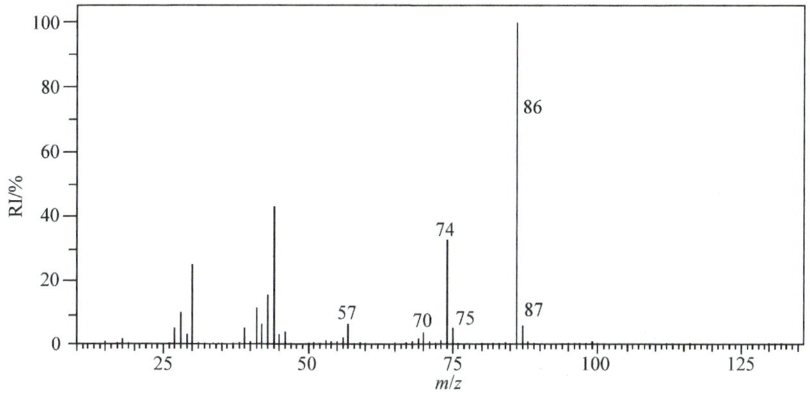

图 6-61　某天然产物晶体的质谱图

m/z	87	86	75	74	71	70	69	57
相对强度/%	5.6	100.0	3.6	18.1	0.3	1.6	0.7	2.8

注：表中只列出 *m/z* 50 以上，相对强度大于 0.2%的离子。

由亚稳扫描得知有一亚稳离子，是 *m/z* 131 离子裂解得到 *m/z* 86。CI 谱(异丁烷作反应气)显示强离子峰 *m/z* 132(100%)和 *m/z* 86 峰(72%)；两者强度之和占总离子流的 80%。FAB 谱也显示强离子峰 *m/z* 132。试推测其结构式。

解　(1) 确定分子量。*m/z* 86 不是分子离子，因为它与邻位离子 *m/z* 74 之差为 12，不合理。该化合物的分子量应大于 *m/z* 86，在谱图中未出现。

应用亚稳扫描技术，发现有亚稳离子，说明 *m/z* 131 离子裂解得到 *m/z* 86。*m/z* 131 可能是分子离子，但不能完全确定。用软电离技术，在 CI 谱中出现 *m/z* 132(相对丰度 100%)和 *m/z* 86(相对丰度 72%)两个强峰，两者强度之和占总离子流的 80%。FAB 谱显示 *m/z* 132 强峰。因此，该化合物的分子量为 131，*m/z* 132 是$(M+H)^+$。

该化合物的分子量为奇数，其必然含有奇数个氮原子。

(2) 确定结构。离子 *m/z* 86 是由分子离子丢失 45 而形成的。由表 6-4 查出产生 M－45 的可能是羧酸、乙基醚、乙基酯类化合物，相当于由羧酸丢失一个 COOH 或乙酯、乙醚丢失一个 $C_2H_5O^+$。如果化合物是乙酯 $RCOOC_2H_5$，则 $R{-}C{\equiv}O^+$(*m/z* 86)应该再裂解失去一个 CO 形成一个 *m/z* 58 峰，但该质谱中未显示此峰。并且化合物是固体结晶，熔点起码要高于室温，一个分子量如此低的酯或醚通常只可能是液体。因此，样品不可能是酯或醚，则该化合物只可能是羧酸。

m/z 74 的离子与分子离子相差 57 个质量单位，由表 6-6 可知 *m/z* 57 的离子可能是 $C_4H_9^+$、$C_2H_5CO^+$，即

分子离子失去$C_4H_9^+$、$C_2H_5CO^+$得 m/z 74 离子。若失去$C_2H_5CO^+$，则提示化合物为乙基酮。但这样的化合物会由分子离子丢失一个C_2H_5，产生 m/z 102 的离子，即$(M-C_2H_5)^+$和 m/z 57 的$C_2H_5CO^+$(α断裂)。前者在质谱中未出现；后者强度相当弱，可能 m/z 57 是$C_4H_9^+$。

$C_4H_9^+$和$COOH^+$两个离子的质量和为 102，从该化合物的分子量中减去 102，余下质量为 29 的碎片。这个化合物的分子量为奇数，即含有奇数个氮，所以 29 的碎片极可能是CH_3N^+。分子应由 3 个片段组成：C_4H_9、COOH 和CH_3N，而CH_3N很可能是$CHNH_2$。

在 EI 质谱中失去$C_4H_9^+$和$COOH^+$的α裂解是极可能的，产生的稳定的碎片离子可归因于形成亚胺离子。两个失去的离子由α裂解产生：

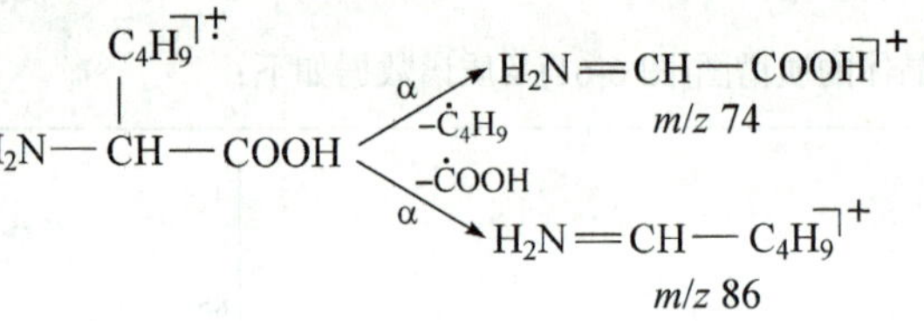

m/z 74 离子(相对强度 18.1%)含有两个 C 原子，若 m/z 75 为同位素峰，其丰度为 18.1×(2×1.1% + 0.37%) = 0.465，但实际测定远远高于此数值，因此 m/z 75 离子的形成必须另作解释。由其质量数为奇数，可推断它可能由分子离子经γ-H 重排裂解产生。

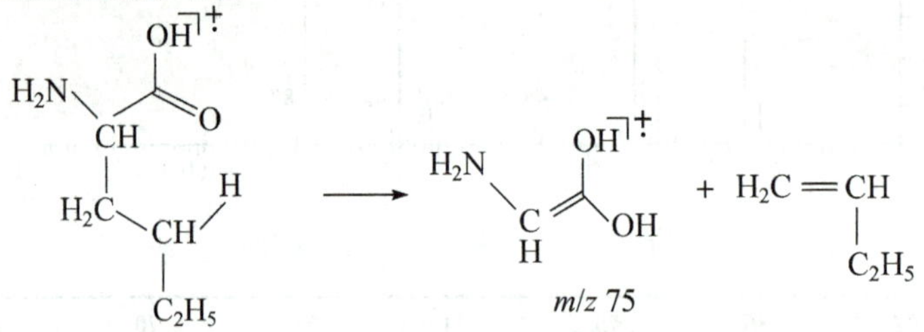

这个结果与推测的结果无矛盾。但至今对C_4H_9的具体结构未作出分析。

样品质谱数据与下列氨基酸数据相符：亮氨酸、异亮氨酸、新亮氨酸。它们分别含有 C_4H_9 基团：$(CH_3)_2CHCH_2$、$C_2H_5(CH_3)CH$、$CH_3CH_2CH_2CH_2$。这些异构体用 NMR 很容易区分。

事实上，此化合物是亮氨酸$(CH_3)_2CHCH_2CH(NH_2)COOH$。如果事先用化学法检测出样品是两性化合物，它既易溶于酸又易溶于碱，则推导它的结构会更容易。

例 6-9 某化合物的质谱图如图 6-62 所示。

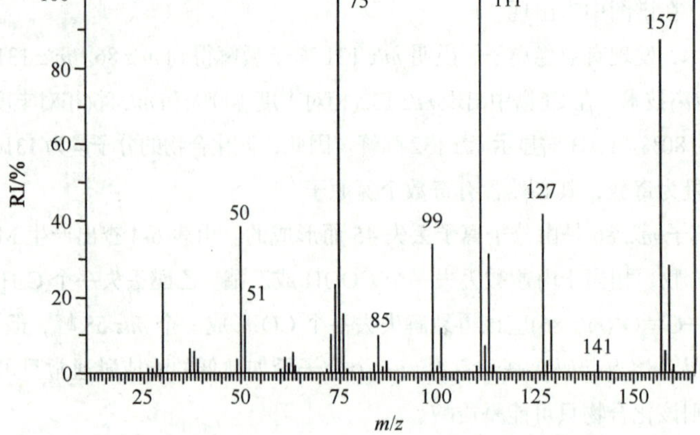

图 6-62 例 6-9 未知物的质谱图

高质量端各峰的相对强度如下：

m/z	相对强度/%
157	100
158	7.2
159	33.2
160	2.4
161	0.2

并发现有亚稳离子峰 m^*在 102.7、87.3、77.1、53.8、50.8、33.0、29.5。推断其结构式。

解 若 m/z 157 是分子离子，M－141 = 16 是合理的。至少含有一个或奇数个 N 原子。由 M/(M+2)丰度比，分子中应含一个氯原子，M 减去氯的原子量：157 − 35 = 122。

在考虑分子离子及同位素峰相对强度时，M + 2 扣除氯同位素的贡献：

离子	相对强度/%
M	100
M + 1	7.2
M + 2	33.2−32.5 = 0.7

查贝农表，分子量为 122 的 M + 1 与 7.2 接近的有

$C_5H_2N_2O_2$　$C_5H_4N_3O$　$C_5H_6N_4$　$C_6H_2O_3$　$C_6H_4NO_2$　$C_6H_6N_2O$

根据氮规则，分子量是 157，只可能有奇数个 N，为 $C_5H_4N_3O$ 或 $C_6H_4NO_2$，该化合物的分子式为 $C_5H_4N_3OCl$ 或 $C_6H_4NO_2Cl$。M + 1 相对强度为 7.2%，有 5～6 个碳，但结合 M + 1 和 M + 2 相符的程度 $C_6H_4NO_2Cl$ 更好。应是 $C_6H_4NO_2Cl$，不饱和度 $U = 5$。

M 峰很强，可能为芳香族或共轭多烯体系的稳定离子。

低质量端：m/z 38、39、50、51、75 说明有苯环。

从 $C_6H_4NO_2Cl$ 减去一个 Cl 和一个苯环，只剩下 NO_2。

高质量端：由 m/z 141、127、111、99、85 和它们的同位素峰丰度比可断定这些碎片中都含有氯原子，可见这个氯原子是很稳定的，不容易掉下来，有可能直接连在芳环上，其中 m/z 141 只可能是分子丢失氧原子形成的(157−141 = 16)。

由亚稳离子峰证明，m/z 127、111、99 的形成途径为

$$m/z\ 127:\quad 157 \xrightarrow[-NO]{m^*\ 102.7} 127$$

$$111:\quad 141 \xrightarrow[-NO]{m^*\ 87.3} 111$$

$$99:\quad 127 \xrightarrow[-CO]{m^*\ 77.1} 99$$

明显表现为芳香族硝基化合物的裂解特征。

m/z 85 离子可以合理地推测是由 m/z 111 离子失去 C_2H_2 而来，此时芳香环体系已破坏，才有可能很快失去氯原子形成 m/z 50 的碎片离子。这种推理与以上三种碎片离子的相对丰度也是一致的。如此看来，硝基与氯彼此处于苯环的对位，可以获得较大的共轭稳定性，这个化合物很可能是对硝基氯苯。

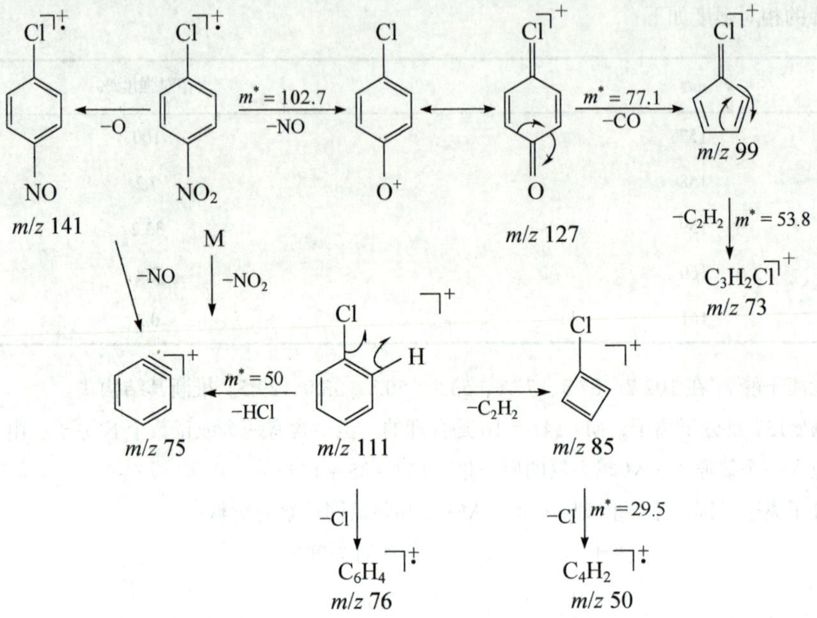

通过以上推断和裂解机制的讨论，相应于这个化合物也还不能完全确定就是对氯硝基苯，还需核对标准谱图，结合熔点、IR 和 NMR 予以确证。

例 6-10 在一名昏迷小孩的胃液中分离出一种化合物，其质谱图如图 6-63 所示，试推测其可能的结构式。

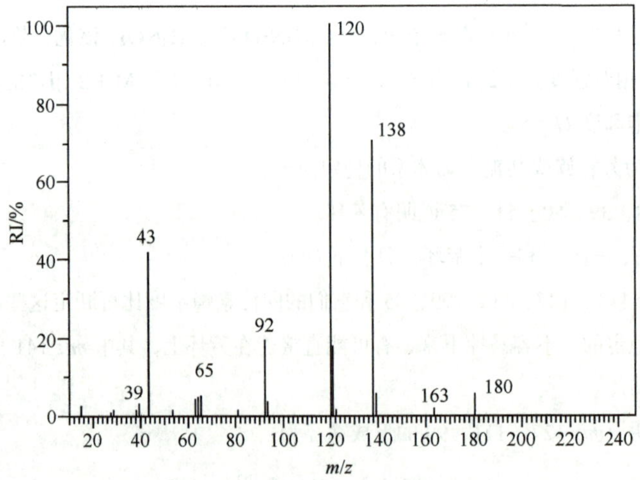

图 6-63 例 6-10 未知物的质谱图

m/z	RI/%	m/z	RI/%
15.0	2.3	43.0	42.1
28.0	1.2	44.0	1.0
38.0	1.5	53.0	3.9
39.0	5.0	64.0	4.6
42.0	1.1	65.0	4.9

续表

m/z	RI/%	m/z	RI/%
81.0	1.3	138.0	70.5
92.0	19.5	139.0	5.6
93.0	3.5	140.0	0.43
120.0	100.0	163.0	1.8
121.0	17.6	180.0	5.3
122.0	1.5		

解 (1) 确定分子离子峰。*m/z* 180 符合分子离子峰的要求。从它及碎片的同位素峰提示该化合物不含 S、Cl、Br 等杂原子，低质量端奇数碎片提示该化合物不含氮元素。

(2) 确定分子式。分子离子峰 *m/z* 180 的强度较弱，不宜用它确定分子式，这种情况比较常见。这时可用高质量端强度较大的碎片，确定其组成后，通过它与分子离子的关系来确定分子式。在本例中 *m/z* 138(70.5%)、*m/z* 139(5.6%)、*m/z* 140(0.43%)是在高质量端较强的碎片，首先归一化。

$$m/z\ 138(\mathrm{M}) \qquad 100\%$$
$$m/z\ 139(\mathrm{M}+1) \qquad (5.6/70.5)\times100\% = 7.9\%$$
$$m/z\ 140(\mathrm{M}+2) \qquad (0.43/70.5)\times100\% = 0.61\%$$

该碎片峰含 C 数为 7.9/1.1 = 7，含 O 数为 0.61/0.2 = 3，此碎片峰的可能组成是 $C_7H_6O_3$。

基峰 *m/z* 120(100%)，其组成为 $C_7H_4O_2$，但 *m/z* 121(17.6%)的强度很大，若只是 *m/z* 120 的同位素峰，则含的碳数太大。*m/z*121 还可对应组成为 $C_7H_5O_2$ 的峰。*m/z* 121 的峰是 *m/z* 120 的同位素峰和组成为 $C_7H_5O_2$ 的峰的叠加，这就解释了为什么 *m/z* 121 的强度较大。

m/z 138 及 *m/z* 120 峰与分子离子的关系是 M − 42 = 138 和 M − 60 = 120。

在低质量端的 *m/z* 39、*m/z* 64、*m/z* 65 表明该化合物中含有苯环。

m/z 43 若含氧对应是 CH_3CO，*m/z* 15 也可作为该基团存在的佐证。显然，M − 42 是从分子离子失去乙烯酮($CH_2{=}C{=}O$)所致。因此，在 *m/z* 138 峰的 $C_7H_6O_3$ 上加 C_2H_2O 即得到该化合物的分子式 $C_9H_8O_4$，$U = 6$。

M −120 = 60 是什么呢？$C_9H_8O_4 - C_7H_4O_2 = C_2H_4O_2$，苯环的不饱和度为 4，乙酰基的不饱和度为 1，所以 $C_2H_4O_2$ 也应占有一个不饱和度，它应是乙酸 CH_3COOH。

(3) 确定结构。由上面的讨论已知该化合物是由苯环、乙酰基和能失去乙酸的基团组成，考虑到氧有 4 个，可能的结构如下：

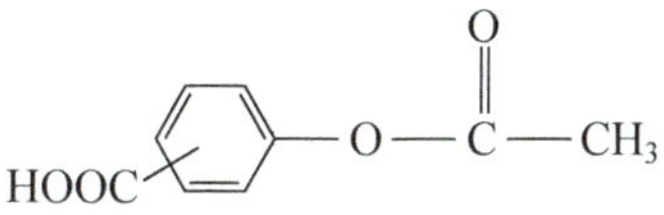

从很容易失去乙酸得到 *m/z* 120(基峰)可知羧基应在乙酰氧基的邻位。该化合物就是乙酰水杨酸(阿司匹林)，可能小孩的家长给他服用过量阿司匹林导致其昏迷。

可能的裂解方式如下：

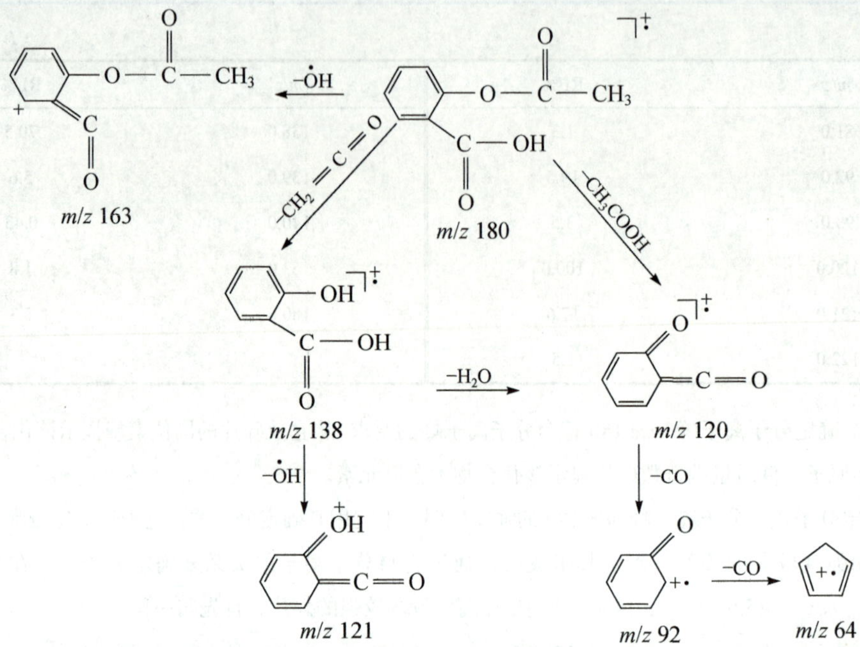

习　题

1. (1) 计算出与下列裂解反应相应的亚稳离子的 m/z 值。

(2) 根据下面一部分质谱图，解释裂解过程：

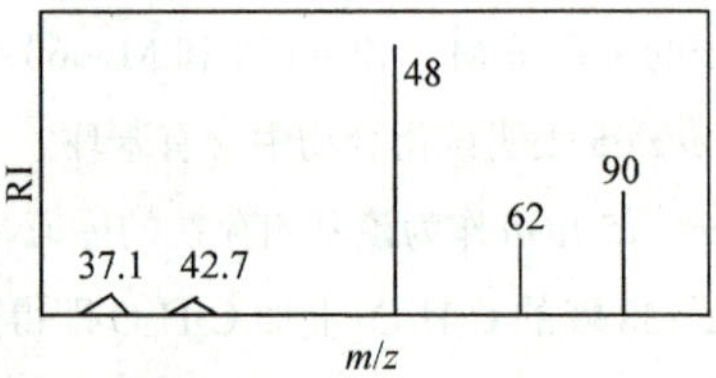

2. 化合物 $C_{12}H_{26}$($M = 170$)可能有下列结构：

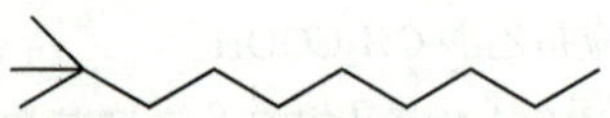

试解释其质谱中出现的 m/z 57 和 m/z 155 强峰的裂解过程，为什么这两种离子峰是强峰？

3. 5-甲基-3-庚烯的质谱中出现分子离子峰 m/z 112，试解释下列两个峰的归属：m/z 97、m/z 83。

4. 某有机化合物可能是 3,3-二甲基-2-丁醇或其异构体 2-甲基-3-戊醇。在它的质谱中出现两个强峰 m/z 87 (30%)、m/z 45(80%)和一个弱峰 m/z 102，根据这些质谱数据判断该化合物究竟应该是哪一种结构。

5. 2-甲基戊醛(M=100，50%)质谱中除分子离子峰外，还出现 m/z 71(15%)，m/z 58(95%)和 m/z 43(100%)等峰。这些离子峰是否与它的结构相符？试解释之。

6. 一个芳香酯的质谱中出现 m/z 118 峰，由此判断它应属于下列两种异构体中的哪一种。

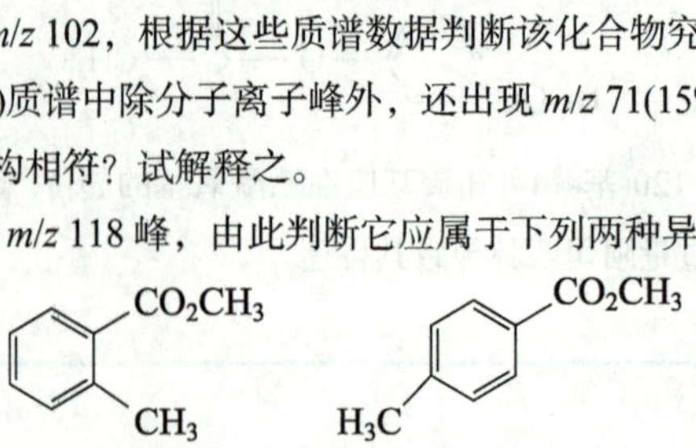

A　　　　B

7. 试解释在 3-甲基丁醇的质谱中出现 m/z 42 峰的裂解过程。

8. 一种有机样品初步判断可能是甲基二异丙基胺。其质谱图如下，试根据该质谱数据验证此推论是否正确。

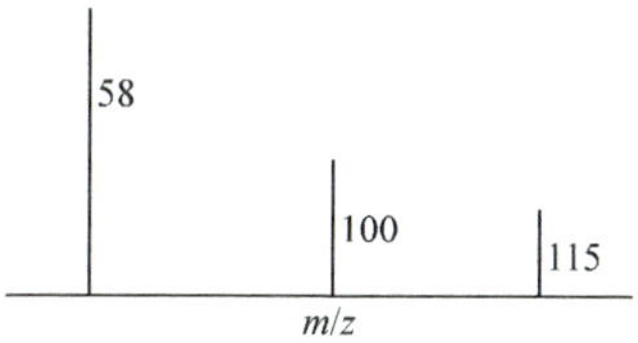

9. 化合物 A、B 的高质荷比区的数据如下，求它们的分子式。

(1) 化合物 A：

m/z	60	61	62(M)	63	64	65
RI/%	5.8	8.7	100	4.8	31	0.71

(2) 化合物 B：

m/z	60	61	62(M)	63	64	65
RI/%	9.0	19.0	100	3.8	4.4	0.09

10. 有一化合物，分子式为 $C_8H_7NO_3$，质谱图如下，推导可能结构。

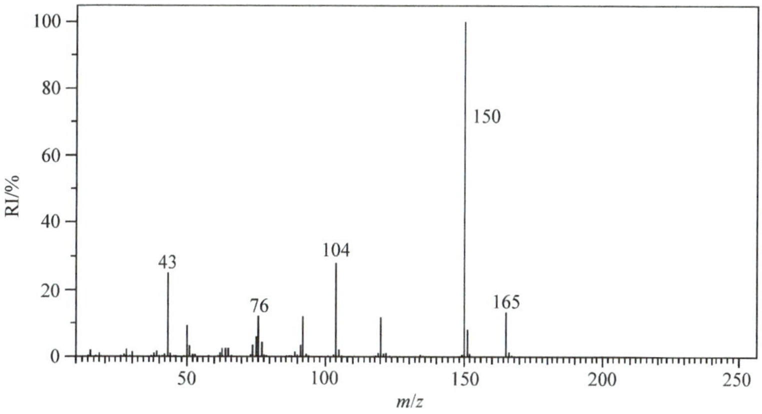

11. 某化合物质谱图如下，推测可能结构。

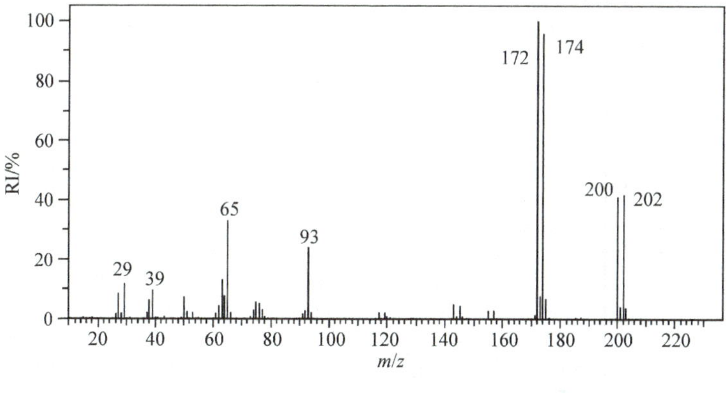

12. 有一化合物 $C_6H_{12}O$，IR 谱图～1710 cm^{-1} 处有一强吸收，质谱图及数据如下，推测可能结构。

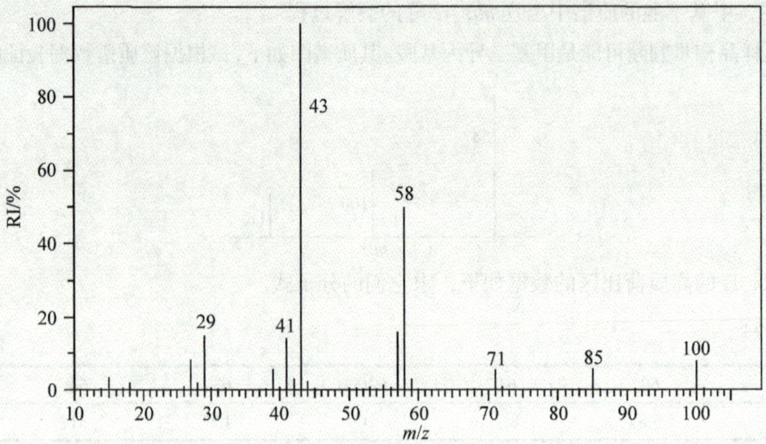

m/z	29	41	43	57	58	85	100
RI/%	14	14	100	15	49	6	8

13. 下列三套质谱数据各对应 A、B、C 中哪个化合物？

编号	$M^{+\cdot}$(RI)	基峰 *m/z*	第二强峰 *m/z*	第三强峰 *m/z*	第四强峰 *m/z*	第五强峰 *m/z*
(1)	154(12.8%)	84	139	93	93	41
(2)	154(0%)	121	93	95	43	136
(3)	154(24.4%)	112	69	41	53	139

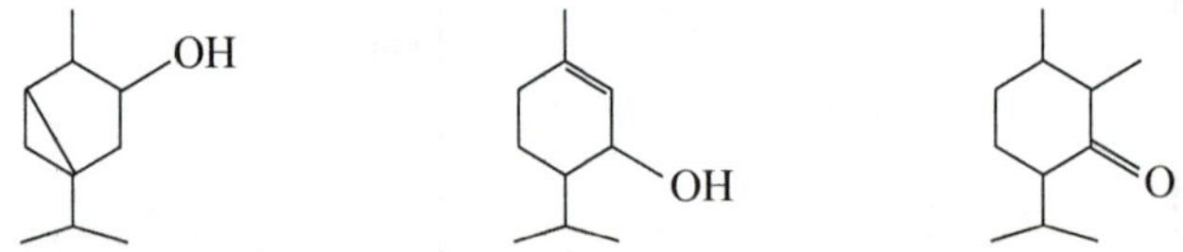

A　　B　　C

14. 估计下列化合物 A、B 的质谱图有什么不同？

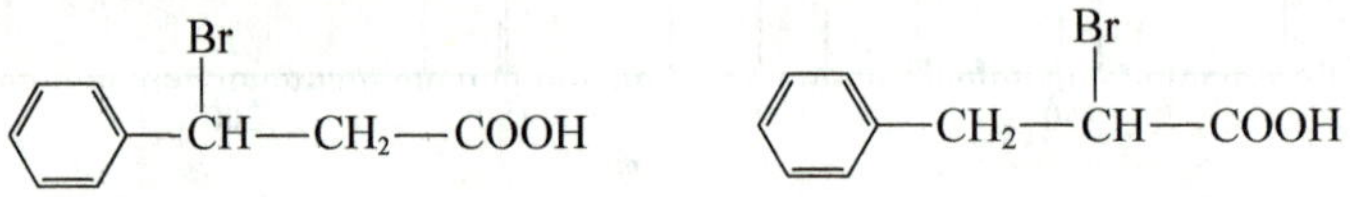

A　　B

15. 戊酸的质谱图如下，解释其中的主要峰。

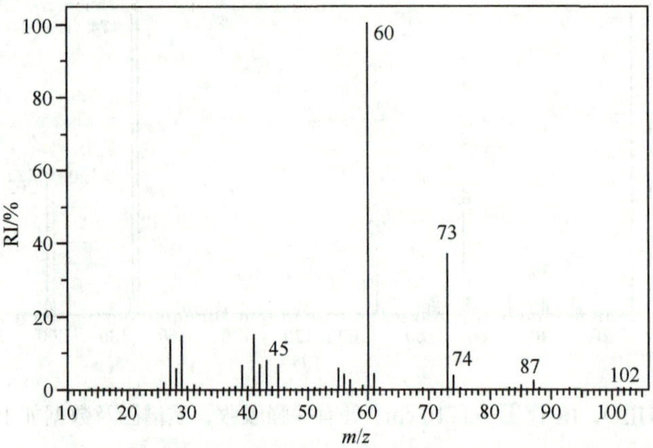

第7章 综合解析

有机化合物的结构解析最有效的手段是波谱分析。各种波谱法原理不同，其特点和应用侧重点也各不相同。每种波谱法也都有其适用范围和局限性，这是应该注意的问题。各种波谱法的数据可以互相补充和验证，但难以用一种方法完全替代另一种方法。一般应综合使用多种波谱法并结合元素分析和化合物的物理及化学性质综合判断。

对于已知有机化合物的结构，经常可以测其物理常数再加一种谱图(如 IR、NMR 或 MS，但不能用 UV)来确定。物理常数与文献值一致，谱图经过解析与结构相符合，并与标准谱图一致就可以确定此已知化合物的结构。

对于新合成的有机化合物或提取的天然化合物结构的表征和确定，需要运用多种波谱法进行分析，并将波谱法与必要的元素分析、化学分析和理化性质结合起来，彼此补充，相互印证，进行综合解析。下面介绍用于化合物结构表征和鉴定的波谱法综合解析。

7.1 各种谱图解析时的要点

波谱法各有特点和长处，没有万能的方法。它们可以彼此补充，对样品进行综合解析。

1. ^{13}C NMR、2D NMR 法

(1) 从 ^{13}C NMR 确定碳原子数。

(2) 从 2D NMR 或 DEPT 谱、偏共振谱确定碳原子级数。

(3) 根据化学位移确定碳原子杂化类型及种类，如羰基及其类型、芳基碳、烯碳、炔碳、烷基碳等。

(4) 确定碳原子所连接取代基情况，如芳香族或烯烃取代基个数，推测取代基类型、烷基连接的原子等。

(5) 由 2D NMR 确定碳链连接顺序，确定碳链骨架。

(6) 由 2D NMR 确定质子间的耦合关系，确定自旋体系。

(7) 由 2D NMR 推测分子构型、构象和空间结构信息。

2. ^{1}H NMR 法

(1) 通过各峰的积分值确定质子总数和每一类质子数。

(2) 确定 CH、CH_2、CH_3 及季碳。

(3) 由化学位移和裂分图形区分羧酸、醛、芳香族(有时知道取代位置)、烯烃、烷烃质子。判断与杂原子、不饱和键相连的甲基、亚甲基和次甲基。

(4) 从自旋耦合相互作用推断自旋体系个数、类型以及质子相邻的取代基等。

(5) 用重水鉴定活泼氢。

3. IR 法

(1) 含氧官能团的判断(特别是没有氮原子时，非常容易确定 COOR、OH、C═O、C—O—C 这几类官能团是否存在)。

(2) 含氮官能团的判断(特别容易确定 NH、C═N、NO_2 等是否存在)。

(3) 芳香环的判断(确定芳香环是否存在，以及芳环上电负性不强的取代基个数和位置)。

(4) 炔烃、烯烃的判断，推测双键类型。

4. MS 法

(1) 从分子离子峰确定分子量；从精确分子量和相关同位素峰丰度推断可能的分子式(但必须注意并非总是可能的)。

(2) 由 M + 2、M + 4 等峰进行氯、溴、硫等元素是否存在及原子个数的确定。

(3) 含氮原子的推断(由分子离子峰、氮规则、断裂形式)。

(4) 由典型碎片离子推测可能的官能团及结构片段。

5. UV-Vis 法

(1) 判断芳香环、共轭体系或某些羰基的存在情况。

(2) 由经验规则估算共轭双键或 α,β-不饱和醛、酮和酸的 λ_{max}。

7.2 波谱解析的一般程序

波谱分析前，应明确测样的目的，了解样品的来源和性质，确定样品的量和纯度达到波谱分析需求，并进行相应的制样准备。

7.2.1 测试样品的准备

用波谱法做化合物的结构表征和结构分析时，首先要了解样品的纯度。混合物各组分或不纯化合物的结构分析只能采用色谱和波谱联用的方法，组分少的样品也可用差谱技术分析。单独使用波谱法只适用于纯化合物的结构分析。此时，对样品纯度的要求是无杂质或杂质少到不会干扰分析。同时，样品准备中，还需了解化合物的理化性质，如熔点、沸点、折射率、溶解性和稳定性等。最后，根据波谱法的样品用量和制样要求准备样品。

7.2.2 分子量及分子式的确定

分子量和分子式的确定有多种方法。确定了分子式也就确定了分子量。

1. 经典的分子量和分子式测定方法

经典的分子量测定方法有沸点升高法、凝固点降低法、蒸气密度法和渗透压法。有些样品可用紫外光谱根据比尔定律测定分子量。但这些方法所得数据都不够精确。

若已知分子量，再与元素分析相配合，经过合理的调整可以确定分子式。

现在多采用有机元素分析仪测定有机化合物的元素组成，通常一个样品可同时获得 C、H、N(和 S)元素含量，当分子由 C、H、O、N(和 S)元素组成时，氧含量可通过计算得出，即用

100%减去 C、H、N(和 S)元素含量总和，剩余即是氧含量。若有需要，有机元素分析仪可以做氧元素分析。做 Cl、Br、S 等元素需要有专用的配件，或用手工方法测定。

一般情况下，有机化合物样品元素分析的结果与根据分子式计算的结果相比较，误差小于 0.3%是允许的。

2. 质谱法

高分辨质谱可以测定精确的分子量，同时还能推出可能的分子式，这是有机质谱最大的贡献。

低分辨质谱由测得分子离子峰的同位素丰度比也可推测分子中元素的组成；或由低分辨质谱得到分子离子峰结合元素分析进而推测可能的分子式。

3. 结合使用核磁共振氢谱和碳谱推测烃类化合物的分子式

在核磁共振氢谱中，峰的积分强度与氢核的数目成正比。由仪器给出的积分值之比，结合碳谱得出碳原子的个数或已知分子量，则可推算出可能的分子式。此法适合烃类化合物。

4. 综合波谱数据确定分子式

用经典方法确定分子式，一般数据不够准确，容易出现误差，碳、氢、氧原子数尤其是氢原子数需要经过较大幅度的调整。用质谱在不能确定分子离子峰或分子离子峰不出现时，则无法确定分子式。核磁共振谱确定分子式，只是对简单分子可用。而综合所有波谱资料结合有机元素分析，推定可能的分子式的方法对一般化合物都可适用，特别在无法得到分子离子峰时此方法有其特殊的价值。方法简要叙述如下。

(1) 确定碳原子数。从 ^{13}C NMR 宽带去耦谱的峰数，得出碳原子的类型数。在分子无对称因素的条件下，一条谱线即为一个碳。用反转门控去耦法得到的谱图，峰高与碳原子个数成比例，算出峰高总和，即可求出总的碳原子数。

(2) 确定氢原子数。从 ^{13}C NMR(DEPT 谱、偏共振去耦谱)及二维谱等多个谱图可以得到与碳原子相连的氢原子数，可简单地计算出碳上质子的总数 H_C。此数与从 ^1H NMR 的积分值计算得到的氢原子总数 H_H 相比较。若 H_H 比 Hc 多几个氢原子数，且此过量的氢原子数与样品重水取代后的 ^1H NMR 测定中所减少的质子数相对应，则这几个氢原子为活泼氢。

(3) 确定氧原子数。虽然现在的元素分析仪也可以直接做含氧量，由元素分析可判断化合物是否含氧，但由于样品和仪器测试条件的限制，一般不太用元素分析确定氧原子数。由 IR 确定有无 ν_{OH}、$\nu_{C=O}$ 和 $\nu_{C—O—C}$ 等含氧特征吸收谱带，结合前面提到的由 ^{13}C NMR 和 ^1H NMR 求得的氢原子数之间差别判断含氧原子上的活泼氢的情况，确定含氧原子的可能性，并可进一步用 ^{13}C NMR，^1H NMR 和 MS 等有关数据来确定。

若元素分析表示分子含氮或 MS 的分子离子峰是奇数，即分子含奇数个 N 原子时，应注意是否含硝基或亚硝基等含氧基团。

(4) 确定氮原子数。由元素分析可直接看到有无氮原子及其百分含量，若已知分子量可以计算出分子中氮原子个数。另外，若 MS 中有分子离子峰且 m/z 为奇(偶)数时，分子中应含奇(偶或零)数个氮。分子量和从(1)～(3)项计算的分子量之间差为 14 的整数倍，或者只用上述(1)～(3)各项而在谱图中还有不能说明的问题时，可能有氮原子。应由 IR 研究相应的官能团，并检查是否还有不能用步骤(2)解释的地方[步骤(2)即指 H_H–H_C 的值]，进一步检查各谱图中相应吸收峰，以确定氮原子数。

(5) 确定卤素原子数。从 MS 中很容易确定是否含有 Cl 和 Br 原子及它们的个数。由于碘和氟只有一种同位素，因此它们没有同位素峰。如果注意到质谱峰与上述各项所确定的不一致，结合裂解情况在大多数情况下能确定是否有卤素原子存在。由 ^{13}C NMR 中碳原子的裂分可以确定碳原子上的氟。

(6) 确定硫、磷原子。如果在(1)～(5)项的讨论中还剩有未解决问题时，应利用 IR 检查是否含有相应的官能团，以确定是否含有硫、磷。由于有关重键、C—S—C 键及 C—S—S—C 键等在 IR 中并不显示强的吸收带，从其他谱图也只能得到间接的信息，所以应从整体综合判断确定硫和磷原子。当然，从 MS 同位素峰中也可以得到是否含硫原子的信息，根据 ^{13}C NMR 中碳原子的裂分情况有可能确定磷原子存在与否。

在以上确定分子式过程中，若有高分辨 MS 数据，可以不做有机元素分析；若无高分辨 MS 数据，就要做有机元素分析。

7.2.3 计算不饱和度

分子式确定后，先计算出不饱和度。根据不饱和度就可知样品有无不饱和键或环，是芳香族的还是脂肪族的，给出结构测定的有效信息。不饱和度计算见第 1 章。

7.2.4 各部分结构的确定

1. 不饱和基团的类型

分子中的不饱和结构的类型在不同光谱中有不同的特征。

(1) IR 谱。红外光谱中没有以下吸收的不饱和类型，可能为环状结构或对称取代的烯、炔键结构等。

1900～1650 cm^{-1}	(s)	C═O
3100～3000 cm^{-1}	(w～m)	═C—H
1670～1630 cm^{-1}	(w～s)	C═C
1660～1580 cm^{-1}	(m～s)	C═N
～2250 cm^{-1}	(m)	C≡N
～2220 cm^{-1}	(w～m)	C≡C
1600～1450 cm^{-1}	(2～4 个峰)	苯环
1550～1290 cm^{-1}	(2 个峰，s)	NO_2

(2) UV 谱。高强度的吸收为共轭不饱和键，270 nm 左右的低强度吸收可能为醛、酮的羰基吸收，210 nm 左右的低强度吸收可能为羧基及其衍生物，250～300 nm 的中等强度吸收则表明有芳环存在。

(3) ^{1}H NMR 谱。化学位移 5～8 的峰多为 sp^2 杂化不饱和碳原子上的氢，而炔氢的化学位移为 2～3。

(4) ^{13}C NMR 谱。化学位移 100～170 为含 C═C、芳环或 C═N 等结构的 sp^2 杂化碳。化学位移 160～250 为羰基碳。

2. 官能团和结构单元

(1) IR 谱。

≡CH、OH、NH_2、NHR 等伸缩振动的谱带吸收在 3600～3120 cm^{-1}。

C≡C、C≡N 等伸缩振动的谱带吸收在 2260～2100 cm^{-1}。

C═C、C═N 等伸缩振动的谱带吸收在 1680～1580 cm^{-1}。

C═O 伸缩振动的谱带吸收在 1900～1650 cm^{-1}，由此还可推测羰基的类型。

苯环、—NO_2、—COO^-、CH_3 等都有待征的吸收带。

(2) ^{1}H NMR 谱。考察每组质子的化学位移，并由积分强度比值确定每组质子的质子数。与 IR 配合判断官能团，通过分析裂分状况和耦合常数确定各结构单元间的关系。对高级谱图应首先辨认是什么自旋系统，画出图解，确定相应的结构单元。对不易解析的谱图还可用重水交换、双照射或添加位移试剂等技术帮助解析谱图，有条件的还可以用高磁场强度仪器进行测定。

(3) ^{13}C NMR 谱。将宽带去耦谱得到的碳类型数目与分子式对照或与氢谱中各类质子的积分强度比对，均可得到分子内有无对称因素的信息。^{13}C NMR 谱上不同类型的碳一般不会在同一处出峰。

用 DEPT 或 2D NMR 确定每种类型碳上氢原子的个数，进一步判断可能存在的官能团，可能找出这些结构单元的相互关系。必要时用 2D NMR 确定碳链骨架。

(4) MS 谱。质谱中某些特征峰也可用来判断某些官能团的存在。例如

m/z 43	可能有 CH_3CO 或 C_3H_7
M – 15	可能有 CH_3
m/z 77，65，51，39	可能有苯环
m/z 91	可能有苄基

(5) UV 谱。确定分子共轭体系的状况，改变溶剂的极性或改变 pH 可进一步考察生色团和助色团之间的关系。

鉴定可能存在的官能团和部分结构时，各种波谱法要交替参照，相互印证，以增加判断的可靠性。

主要的结构单元和各种谱图之间的关系见表 7-1。

表 7-1　主要的结构单元与各种谱图之间的关系

结构单元	^{13}C NMR	^{1}H NMR	IR	MS/(m/z)
CH_3	由位于 0～82 的化学位移(q，四重峰)确定，从其位置可有效确定出与其相邻部分的结构。也能知道 CH_3 数。可由 DEPT 直接确定	δ为 0～5，从质子数可确定是 CH_3、CH_2 或 CH，显示一级谱图时，由分裂谱型和出现的位置，有可能推测出其相邻部分结构	1460 cm^{-1}、1380 cm^{-1}，特别在 1380 cm^{-1} 是 CH_3 的特征谱带，能推断是否有异丙基、叔丁基，由于相邻官能团的不同会引起吸收谱带的位移	支链上有甲基时有 15 或 M−15
CH_2 CH	由位于 0～82 的化学位移(t，三重峰)和(d，二重峰)确定，从其位置在某种程度上能推测与其相邻的部分结构。也能知道有几个。可由 DEPT 直接确定		CH_2 有 1470 cm^{-1}，由于相邻官能团的不同会有一些位移，难以得到 CH 的信息	有 CH_2 则有相差 14 的峰
季碳	可由 DEPT 直接确定	不能得到直接信息	难以得到直接信息	叔丁基(t-C_4H_9) 57、41

续表

结构单元	^{13}C NMR	^{1}H NMR	IR	MS/(*m/z*)
烯 C═C	82～160 至少需要有 2 个 C 的峰，用 CH_2═(t)、CH═(d)、C═(s)的组合可确定各种类型。从其位置也能推测出大部分与其相邻的官能团	烯碳若有氢，在 4～8。由质子数和裂分能推断出各种类型	1680～1620 cm^{-1}(分子对称时不出现)，在 1000～650 cm^{-1} 可推断出各种取代类型	烯丙基开裂产生 41、55、69
C≡C	65～100	若有氢，在 2～3	2260～2100 cm^{-1}，如果有炔氢在 3310～3300 cm^{-1} 出现吸收带	26
芳香环	82～160(芳杂环到 175)，能推断出取代方式，从其位置也可大致推断出取代基	苯环上质子 6～9，从裂分谱型大致能推断出取代基数及取代方式	首先看 1600 cm^{-1}、1500 cm^{-1} 的吸收谱带，然后用 900～650 cm^{-1} 可推断出取代类型	有苯环时，出现 77、65、51、39(分子量大时，这些峰就变小)
C═O	155～225	没有直接信息	1900～1650 cm^{-1}，除酯外为第一强峰	
羧酸	160～186(s)	羧酸质子在 10～13		酸 60、74、…
酯	160～186(s)	与 R—COO 相连的烷基质子在 3.6～5		酯 R—C≡O(R 若是烷基，则 43、57、71、…其中之一肯定有一个强峰，甲酯 74、乙酯 88)
酰胺	155～177(s)	酰胺质子在 5～8.5		酰胺 44
醛	174～225(d)	醛质子在 9～10.5		醛(M–1)
酮	174～225(s)	与其相邻的烷基质子在 2.1～2.65		酮 R—C≡O (同酯，43、57、71、…)
OH	没有直接信息，与其相连的碳原子的峰与烷基碳原子相比向低场位移	在很大范围内出现信号。加入重水，峰位移	在 3550～3100 cm^{-1} 很宽的范围内有很强的吸收，1300～900 cm^{-1} 能确定各种醇的类型	$(M–H_2O)^+$ (R—CH_2OH，31、45、…)
NH			3500～3100 cm^{-1} 有中等强度或强的窄吸收带	(R—CH_2NH_2，30、44、…)
C—O—C	没有直接信息，与其相连的碳原子的峰与烷基碳原子相比向低场位移	没有直接信息，与氧原子相邻的碳上的氢与烷基质子相比向低场位移	烷基醚 1150～1070 cm^{-1} 芳香醚 1275～1200 cm^{-1} 1075～1020 cm^{-1}	31、45、…
C≡N	117～126	没有直接信息	2275～2215 cm^{-1}	$(M–H)^+$，41、54、…
NO_2	没有直接信息	没有直接信息	C—NO_2 1580～1500 cm^{-1} 1380～1300 cm^{-1} O—NO_2 1650～1620 cm^{-1} 1280～1270 cm^{-1} N—NO_2 1630～1550 cm^{-1} 1300～1250 cm^{-1}	30、46
含硫官能团	没有直接信息	除 SH 外没有直接信息	S—H 2590～2550 cm^{-1} S═O 1420～1010 cm^{-1}	32+R，34+R ^{32}S : ^{34}S=100 : 4.44
含磷官能团	与 P 相连的 C 裂分成(*n*+1)重峰	除 PH 外没有直接信息	P—H 2440～2250 cm^{-1} P═O、P—O 1350～940 cm^{-1}	
C—X (卤素)	–20～80，与 F 相连的 C 裂分成(*n*+1)重峰	没有直接信息	有各种吸收谱带，但不大有效	Cl: ^{35}Cl : ^{37}Cl=3 : 1 Br: ^{79}Br : ^{81}Br=1 : 1

7.2.5 结构式的推定

列出所有的官能团和结构片段，找出各结构单元的关系。用 2D NMR 可确定基团之间的关系，如碳链的连接顺序、基团空间排列的位置。若无 2D NMR，可以用 ^{1}H NMR 提供的化学位移和耦合裂分情况推测结构片段的合理连接。用 ^{13}C NMR 提供的化学位移和出峰情况判断分子对称性及取代基位置。用 IR 提供的特征官能团出峰位置的偏移或裂分信息判断相邻基团的性质及连接方式。紫外光谱可提供基团间是否共轭的信息，考察 MS 中的特征峰，再结合其他化学分析和理化性质，提出一种或几种可能结构式。

7.2.6 核对并确定结构式

用全部数据核对推定的结构式，确定一种可能性最大的结构。

(1) 用 IR 核对官能团。

(2) 用 ^{13}C NMR 核对碳的类型和对称性。

(3) 用 ^{1}H NMR 核对氢的化学位移和相互耦合关系，必要时与计算值对照。

(4) 用 UV 核对共轭体系和一些官能团的取代位置，用经验规则计算 λ_{max} 值。

(5) 核对 2D NMR 表现出的基团连接顺序与推定的结构式是否一致。最后确定一种可能性最大的结构，并用质谱断裂方式证明结构式推断无误。

(6) 已知化合物用标准谱图比对，也可以用标准品、物理常数等进行比对。

(7) 未知化合物和新化合物可用 Scifinder 或 Reaxy 等搜寻类似化合物的谱图数据比对样品的谱图，为解析提供参考；也可以用软件(如 Chemdraw 软件)模拟样品的 ^{13}C NMR 和 ^{1}H NMR 谱图及数据，为确定结构提供参考。这两种方法可以为确定结构提供参考，但不能作为依据。

波谱解析切忌“先入为主”，由于主观片面性往往得到错误的结论。所讨论的波谱解析的一般程序旨在引导读者由波谱数据入手，根据谱图与有机化合物结构的关系，通过逻辑推理一步步推得所测分子结构。对训练有素的读者则不一定按这种程序进行。不一定所有的谱全做，有时可能几种谱图就可解决问题，应按具体情况，用自己的分析方法求得正确答案。使用何种波谱分析手段及如何解谱，要看样品的情况和读者运用波谱分析的水平。

7.3 化学方法与其他经典分析方法的应用

有一种误解，认为有了波谱分析就可以很方便地解决一切结构的测定，经典分析方法或化学方法就可以舍弃。而在实际工作中，将波谱方法和化学方法及经典的分析方法配合使用，有时可以更快和正确地取得结果。

其实在前面几章中也曾涉及经典的分析方法配合波谱法进行分析的例子，如样品的衍生物制备、同位素标记、重氢交换、成盐反应等。总之，可以通过化学反应改造化合物的结构，获得更有特征的波谱，便于对结构的推测。结构复杂的化合物经常需要波谱法与化学手段恰当配合才能发挥各自的长处，加速结构测定的进程。

例如，白花丹酸的结构为

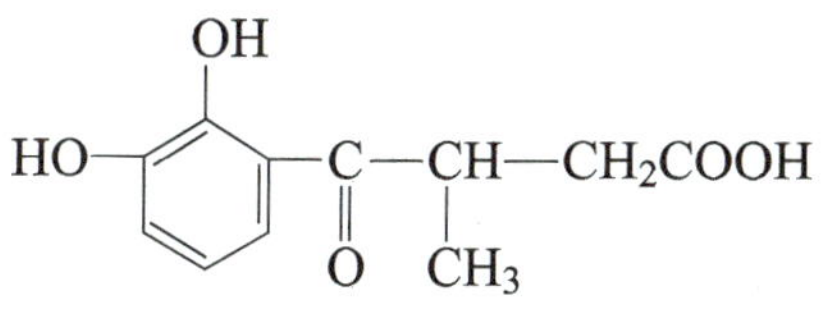

这个化合物的结构虽然不复杂，但其结构确定还是几经周折。波谱法与化学方法配合可以更好地解决苯环的取代情况和侧链的不对称碳居于什么位置两个问题。

由 IR 出峰和 MS 中 *m/z* 137 峰为基峰的情况，证明百花丹酸为二羟基苯甲酰基衍生物：

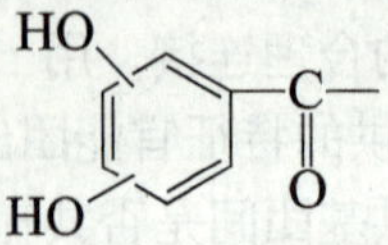

^{1}H NMR 表明芳环质子为 ABC 系统(图 7-1)，3 个质子处于相邻位置。

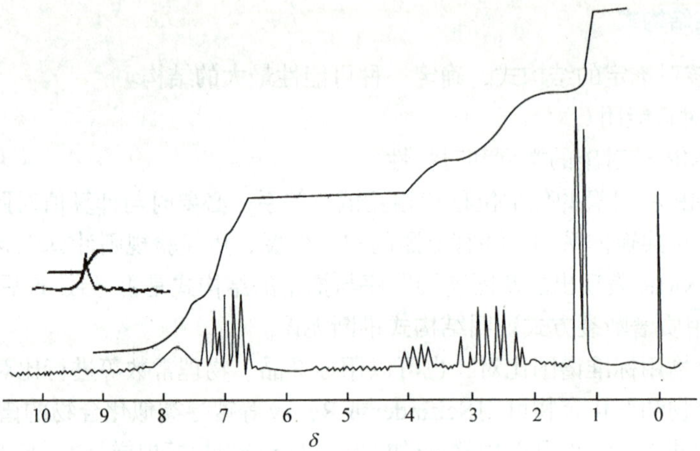

图 7-1　百花丹酸的 ^{1}H NMR 谱图

3 个取代基有 A 和 B 两种安排方式。

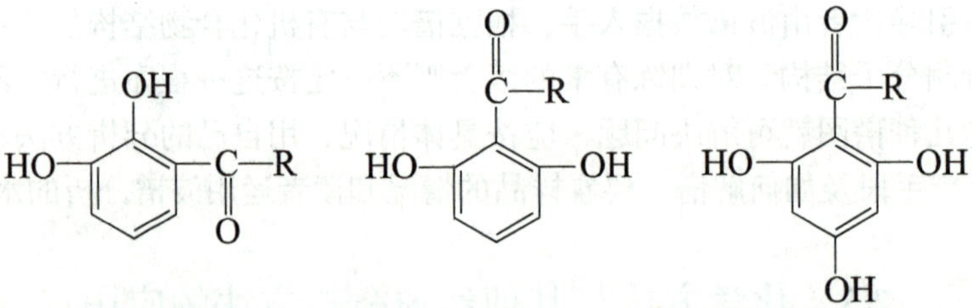

A　B　C

在氢谱中 3 个芳基质子不同，与结构 A 吻合。但若结构 B 中羰基以较慢速度分别与两边羟基螯合，则 3 个芳氢质子也可能为 ABC 系统，与 A 难以区别。样品经乙酰基化后 3 个芳氢质子的化学位移仍然不同。与已知化合物 C 的谱图对照，C 苯环上 2 个质子是等价的，为一单峰。这就表明结构类型是 A 不是 B。因此，百花丹酸按侧链不同可写出两种结构 D 和 E：

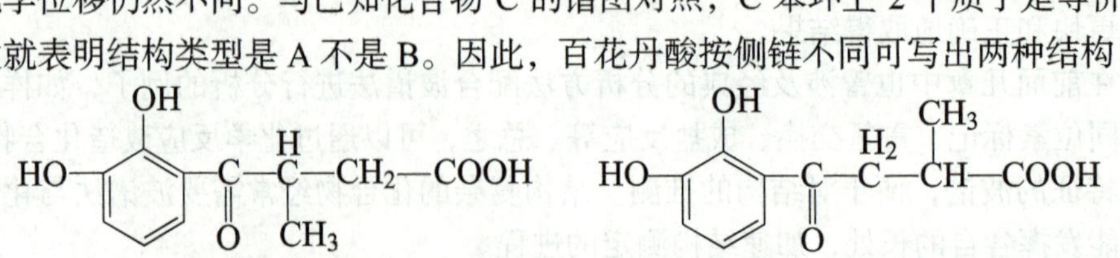

D　E

D 和 E 哪个代表百花丹酸？要用 2D NMR 才能确定。另外，也可以根据普通羰基的α-H 可以发生质子交换而羧基负离子的α-H 不能交换的特点，将样品用 D_2O-NaOD 处理再做氢谱，发现因 CH 上的 H 被 D 交换，甲基的双峰变成单峰，化学位移 2.45～2.97 处 CH_2 的多重峰变成 AB 四重峰，证明百花丹酸的结构为 D。

又如，矶松素 F 仅凭谱图不能排除异构体 G 的可能性，因为这两种结构极为相似：

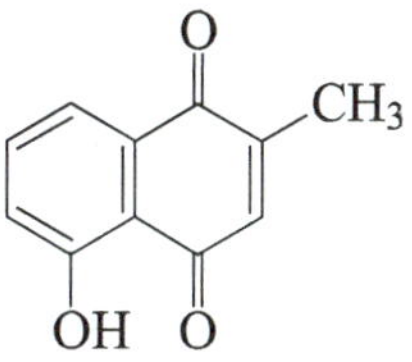

F

m.p. 78～79 ℃

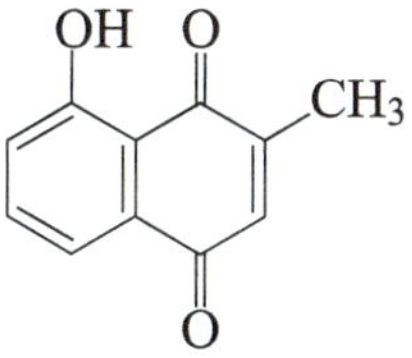

G

m.p. 157～158 ℃

NMR、MS、UV 都难以区别，红外光谱在指纹区有明显的差别，但无标准谱图可以对照。有文献报道了两者的合成，虽无谱图材料，但两者文献熔点值相差较大。因此，只需一张 IR 谱图，辅以经典的分析方法熔点测定，即可肯定矶松素的结构为 F。若无熔点作依据，即便常规的“四谱”齐全，不做 2D NMR 也难以得到确定的结论。

7.4 波谱综合解析例题

例 7-1 一化合物为无色液体，沸点为 144℃，其 IR、NMR、MS、UV 谱图和数据如下，试推测其结构。

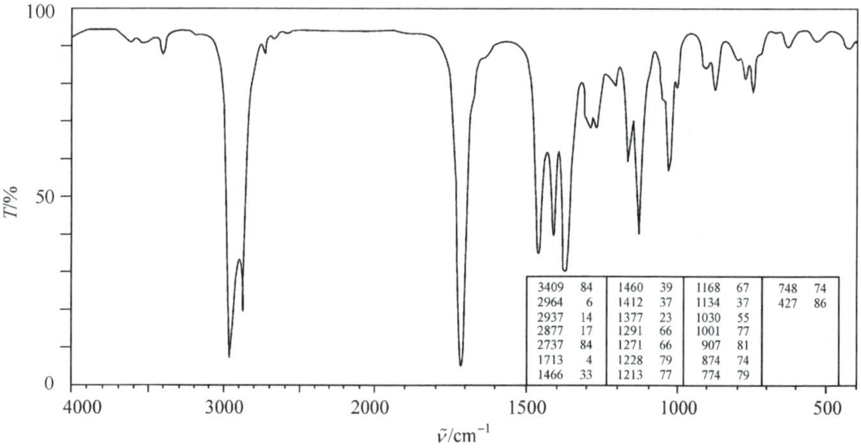

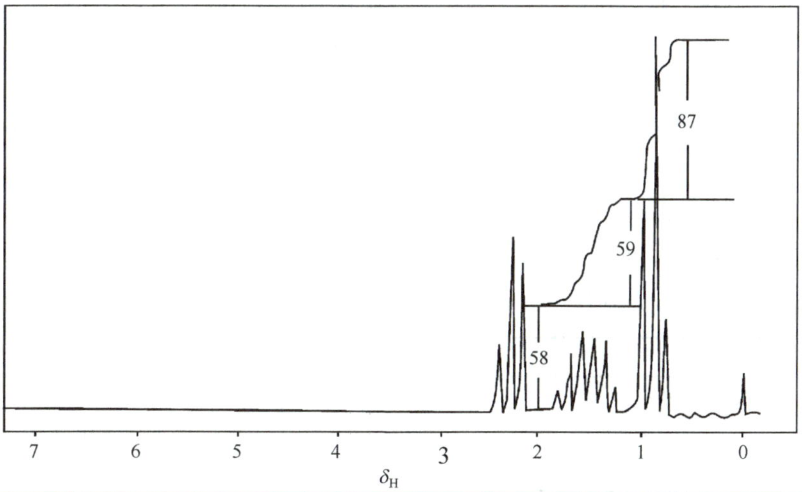

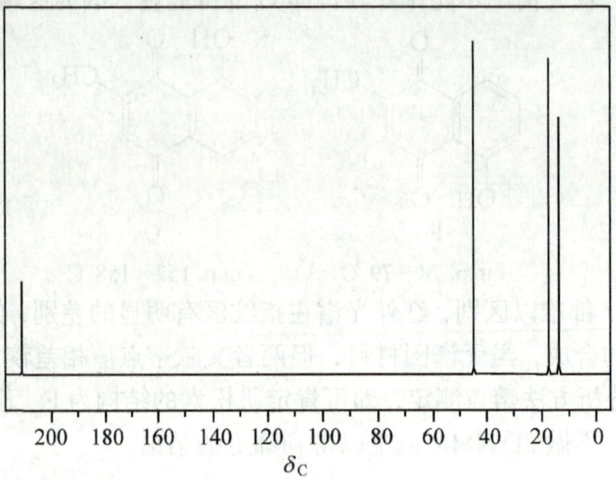

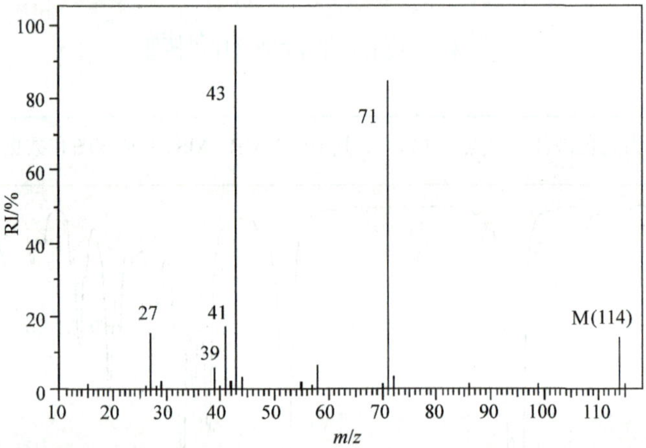

MS(m/z，括号内数字为峰的相对强度/%)：27(40)，28(7.5)，29(8.5)，31(1)，39(18)，41(26)，42(10)，43(100)，44(3.5)，55(3)，57(2)，58(6)，70(1)，71(76)，72(3)，86(1)，99(2)，114(13)，115(1)，116(0.06)。UV：λ_{max}=275 nm，ε_{max}=12。

解 (1) 确定分子结构片段。

(i) MS 谱。由 MS 已知 M 峰 m/z 114，则该化合物的分子量为 114。若其相对强度为 100%，则

$$(M+1)/M = 1/13 = 7.7\%$$

$$(M+2)/M = 0.06/13 = 0.46\%$$

因为 7.7/1.1 = 7，所以该化合物含最大 C 数为 7，不会超过 7。又由(M+2)/M = 0.46%可知该化合物中不含 Cl、Br、S。

(ii) UV 谱。λ_{max} = 275 nm，弱峰，说明为 n→π*跃迁引起的吸收带，又因 200 nm 以上没有其他吸收，所以该分子中无π-π共轭体系，但存在含有 n 电子的简单生色团。

(iii) IR 谱。重要的 IR 吸收峰如下：

吸收峰/cm^{-1}	可能的结构类型
3409(弱)	$\nu_{C=O}$，倍频峰
3000～2800(强)	ν_{C-H}，有 CH_3 或 CH_2
1713(强)	$\nu_{C=O}$，有醛、酮或酸等

IR 谱图显示无芳香环，但有 C═O、CH_2、CH_3。

1713 cm^{-1} 说明分子中有氧原子是以 C═O 存在的，这与 UV 给出的结果一致，该化合物不是酸、酸酐和酯，可能是醛或酮。又因在 2900～2700 cm^{-1} 未见—CHO 中的 C—H 吸收峰，故该化合物可能为酮。

(iv) ^{1}H NMR 谱。^{1}H NMR 显示无芳香系统。^{1}H NMR 谱出现三组氢核，其比值近似为 2∶2∶3。

δ	峰重数	积分值	氢核个数比
2.37	3	58	2
1.57	6	59	2
0.86	3	87	3

δ= 0.86：该峰相当于 3 个质子，为甲基。三重峰，因此相邻 C 上必有两个氢，即有 CH_3—CH_2—结构。

δ= 2.37：该峰为 2 个质子，峰位置表示 CH_2 与电负性的基团相连，从化学位移看具有以下结构：—CH_2—CO—。又因该峰裂分为三重峰，说明邻近的 C 上有 2 个氢，所以结构应为：—CH_2—CH_2—CO—。

δ=1.57：2 个质子，六重峰说明有 5 个相邻的质子，其结构必为 CH_3—CH_2—CH_2—，又峰位置在 1.57，说明该碳邻近有吸电子基团。所以可得出以下结构：

$$
\begin{array}{cccc}
 & CH_3— & CH_2— & CH_2—CO— \\
 & \uparrow & \uparrow & \uparrow \\
\delta & 0.86 & 1.57 & 2.37
\end{array}
$$

(v) ^{13}C NMR 谱。在谱图中发现有四个峰，有三个峰在甲基、亚甲基区，一个峰在低场羰基区，与 ^{1}H NMR 得出的结论一致。化合物含 C 数可能为 7，^{13}C NMR 谱有四个峰，可知该分子中含有对称结构。

由以上分析可知，该化合物含有以下结构：

UV 显示有—C═O

IR 显示有—C═O、—CH_3、—CH_2—

^{1}H NMR 可将上述结构组合为 CH_3—CH_2—CH_2—CO—(C_4H_7O，U = 1)

^{13}C NMR 该化合物中的对称结构应是 2 个 $CH_3CH_2CH_2$—

(2) 确定化合物的结构。

由以上推论可知，该化合物的结构为

$$CH_3—CH_2—CH_2—CO—CH_2—CH_2—CH_3$$

其分子量为 114，与 MS 谱的结论完全一致。

(3) 验证。

(i) 以上结构有三种类型的质子，其比例为 2∶2∶3；四种类型的碳。

(ii) α-碳上的质子距 C═O 最近，故在低场处共振，并因β-碳上两个氢而显示三重峰。β-碳上的质子一侧为 CH_2，另一侧为 CH_3，因此显示六重峰。γ-碳上质子因与β-碳上质子相互耦合而裂分成三重峰。

(iii) 质谱图上 m/z 43、71 系α裂解产生：

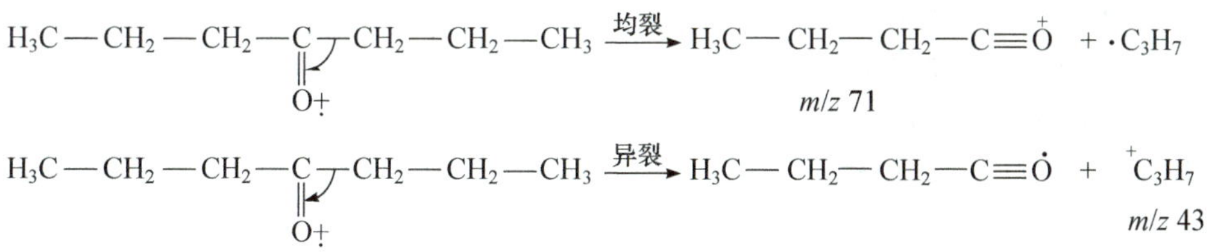

查阅文献所报道化合物外观和沸点与本化合物一致。

验证结果说明所提出的结构是合理的。

例 7-2 某烃类化合物 C_6H_{12} 的 ^{1}H NMR 和 IR 谱图如下，试推断出该化合物的可能结构。

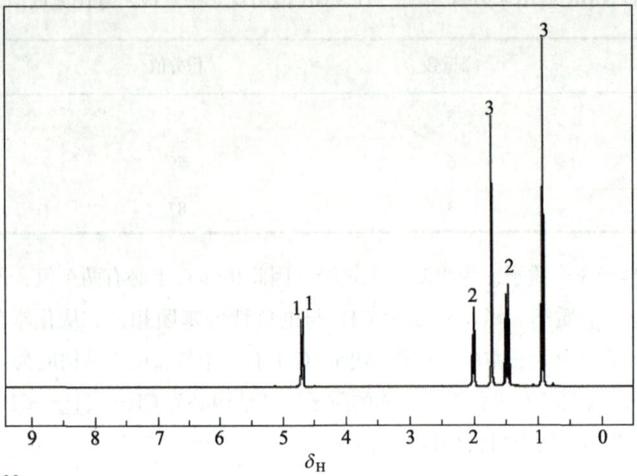

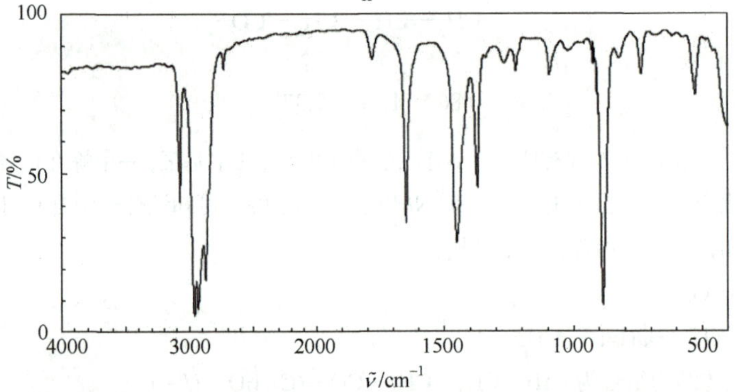

$\tilde{\nu}$ /cm^{-1}	T/%	$\tilde{\nu}$ /cm^{-1}	T/%	$\tilde{\nu}$ /cm^{-1}	T/%	$\tilde{\nu}$ /cm^{-1}	T/%	$\tilde{\nu}$ /cm^{-1}	T/%
3076	39	1781	81	1271	81	1025	84	876	41
2962	4	1661	33	1227	79	931	84	827	81
2934	6	1466	37	1209	86	926	81	740	77
2876	16	1455	26	1097	77	913	72	536	74
2730	79	1375	45	1090	79	888	8	629	72

解 (1) 计算不饱和度。$U = 1 + 6 - 12/2 = 1$，由于是烃类化合物，因此可能有环或双键。

(2) ^{1}H NMR 谱中，化学位移为 4.7 附近有 2 个氢，IR 谱 1661 cm^{-1} 出峰共同表明该化合物为烯烃。根据 ^{1}H NMR 谱这两个峰的耦合裂分及 IR 谱 888 cm^{-1} 出峰表明该烯烃为二取代 1-烯烃。

(3) ^{1}H NMR 谱中，1.70(s，3H)为—CH_3，相邻碳上无质子，该甲基应与双键直接相连。1.98 和 0.90 处的峰均为三重峰，积分值分别为 2 和 3，表明有一个—CH_2—和一个—CH_3，都与—CH_2—相连。化合物分子式为 C_6H_{12}，减去 H_2C═C、两个—CH_3、一个—CH_2—后，仅剩一个—CH_2—，故 1.98 和 0.90 处的—CH_2—以及—CH_3 都应与这个—CH_2—连接，即化合物应有丙基存在，丙基中间的—CH_2—对应谱图上 1.50 处的六重峰。

(4) 综合上述结果，该烯烃应为 2-甲基-1-戊烯，结构如下：

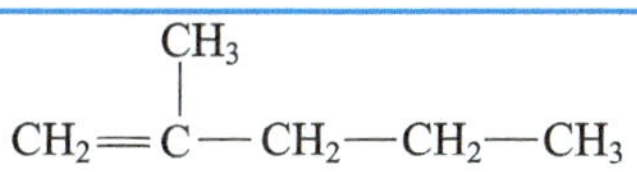

例 7-3　一化合物的谱图如下，试确定其结构。

紫外光谱数据：在甲醇中 $\lambda_{max}=236$ nm($\varepsilon=8200$)，$\lambda_{max}=300$ nm($\varepsilon=3500$)。

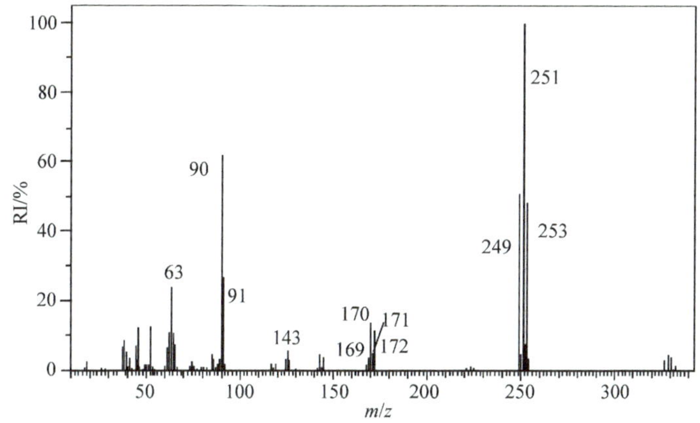

m/z	RI/%	m/z	RI/%
249	50	252	7
250	5	253	48
251	100	254	3

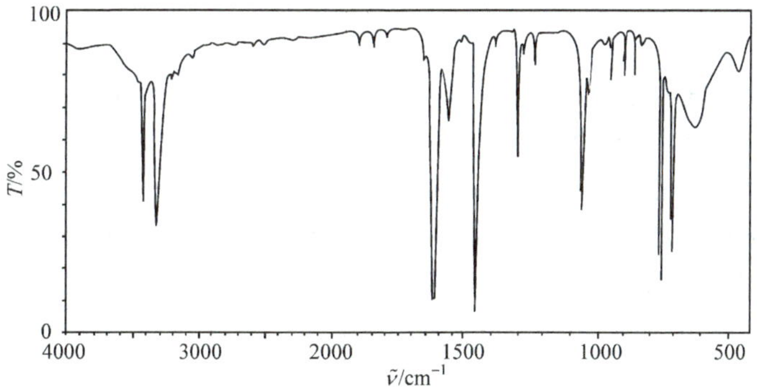

IR 数据

$\tilde{\nu}$ /cm^{-1}	T/%	$\tilde{\nu}$ /cm^{-1}	T/%	$\tilde{\nu}$ /cm^{-1}	T/%	$\tilde{\nu}$ /cm^{-1}	T/%	$\tilde{\nu}$ /cm^{-1}	T/%
3426	36	1894	86	1446	37	1030	70	710	23
3323	31	1840	84	1432	70	948	77	625	60
3210	74	1651	81	1383	84	899	77	464	79
3168	77	1613	8	1299	62	861	77		
3074	81	1569	68	1279	81	760	23		
3063	81	1557	60	1234	79	755	15		
2697	84	1466	4	1067	36	730	72		

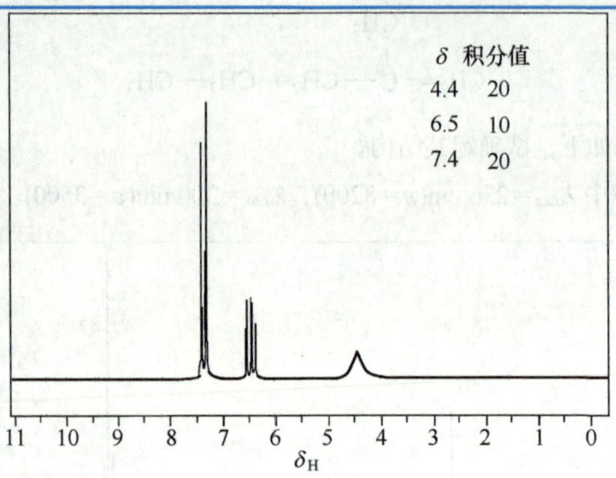

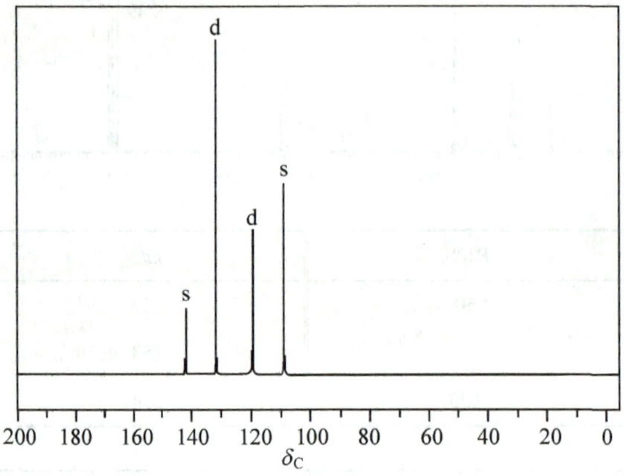

解 (1) 确定分子式。

在 MS 中可找到分子离子峰 M(m/z 249)和 M + 2(m/z 251)、M + 4(m/z 253)峰。M 峰为奇数，表明该化合物分子中含奇数个 N，最少含一个 N。M：(M + 2)：(M + 4)= 1：2：1，表明该分子中含有两个 Br。由 m/z 170 = 249 − 79(Br)，172 = 251−79(Br)，也说明有 Br。

在 IR 中 3426 cm^{-1}、3323 cm^{-1} 两个尖锐的强吸收带是 NH_2 的伸缩振动吸收带(因为在 MS 中已确定有奇数个 N，这里才能如此肯定)。3063 cm^{-1}、3074 cm^{-1}、3168 cm^{-1} 是苯环上氢的伸缩振动，1613 cm^{-1}、1466 cm^{-1} 两个是苯环的骨架振动。在 3000～2800 cm^{-1} 无明显吸收，无 CH_3、CH_2 存在，^1H NMR 和 ^{13}C NMR 也证明这一结论。

在甲醇中测定的 UV 谱 λ_{max} = 236 nm(ε = 8200)、300 nm(ε = 3500)也表明有苯环。

^1H NMR 也表明该化合物分子中含有苯环(δ 为 6.5～7.4)。由积分值可知质子数为 5 或 5n 个。

由上可知该分子中有 NH_2、两个 Br。它们的质量数和=16 + 2 × 79 = 174，与 m/z 249 相差 75。还知道分子中含有苯环，三取代苯的质量数就是 75。三取代苯的氢原子数为 3，加上 NH_2 中的 2 个氢原子，分子中有 5 个氢原子，与 ^1H NMR 结论一致。所以该化合物的分子式为 $C_6H_5NBr_2$(不饱和度 U = 4)。

(2) 结构式的确定。

由上可知，构成该化合物的结构单元是：三取代的苯环(C_6H_3)、NH_2 和两个 Br。现在的问题是如何将它们组成一个合理的结构式，所有谱图要与其相符。当然，也可考虑是三取代吡啶，但因 IR 中出现的是 NH_2 伸缩振动双峰、^1H NMR 中出现 δ = 4.4 的 NH_2 宽峰而否定三取代吡啶。三取代苯可能有下列 6 种形式：

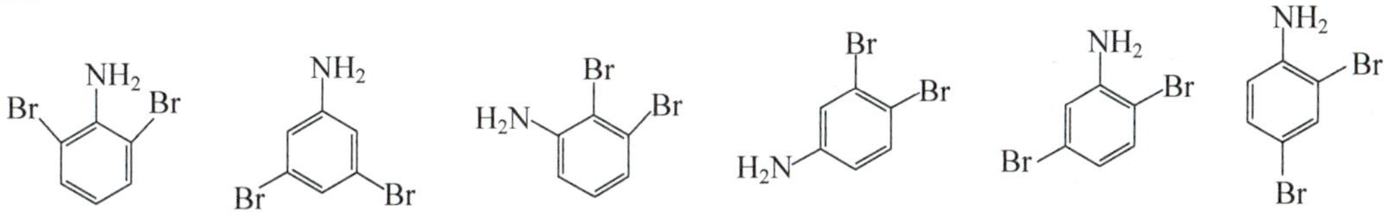

A　B　C　D　E　F

首先来看 ^{13}C NMR，苯环有 4 种碳。三取代苯有 3 个季碳，谱图上只有 2 个季碳的峰，有两个季碳化学位移值一样，即两个 Br 相连的碳的化学环境完全相同；另外，三取代苯有 3 个碳上有氢，也只有 2 个峰，两个有氢的苯环碳一样。只有 A、B 两种结构符合。

再从 ^{1}H NMR 看，苯环上质子从峰形上有一个二重峰和三重峰，从积分值看二重峰有 2 个氢，三重峰有 1 个氢，可能 3 个苯环上质子相连。IR 谱中 755 cm^{-1} 的强峰(苯环质子的面外变形振动)也可以作为 A 化合物中 3 个氢相邻的佐证，若是 B 结构应在 900～860 cm^{-1} 有一个强峰。所以应是化合物 A。

(3) 验证。

(i) ^{1}H NMR 和 ^{13}C NMR：与谱图相符。

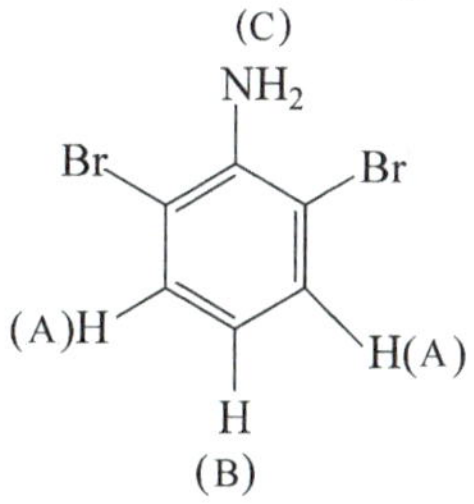

氢编号	δ_H
(A)	7.4
(B)	6.5
(C)	4.4

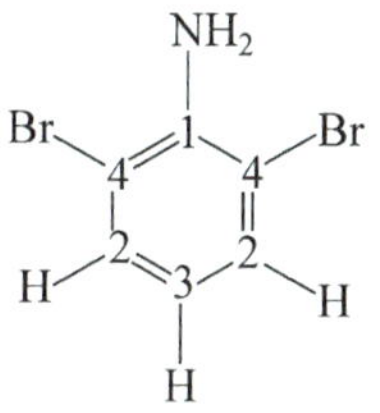

碳编号	δ_C	
1	141.9	s
2	131.7	d
3	119.3	d
4	108.8	s

(ii) MS：其裂解过程为

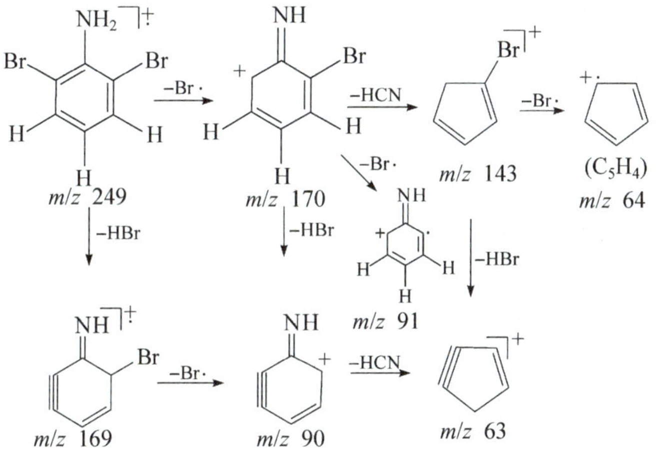

例 7-4　已知某化合物分子式为 $C_{11}H_{20}O_4$，紫外光谱图未见吸收峰，其他谱图如下，试推测其结构。

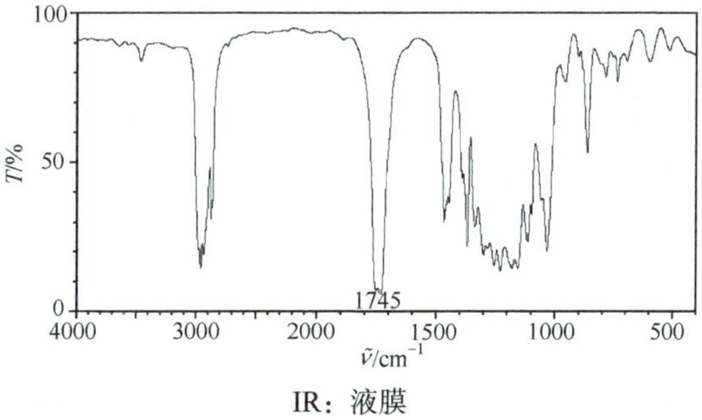

IR：液膜

$\tilde{\nu}$ /cm^{-1}	T/%	$\tilde{\nu}$ /cm^{-1}	T/%	$\tilde{\nu}$ /cm^{-1}	T/%	$\tilde{\nu}$ /cm^{-1}	T/%	$\tilde{\nu}$ /cm^{-1}	T/%
3650	86	2736	84	1369	21	1154	13	802	79
3463	81	1752	6	1336	27	1114	22	785	74
2982	19	1745	7	1300	18	1097	31	736	74
2962	13	1734	4	1283	20	1032	19	695	81
2937	18	1468	28	1255	14	955	74	596	81
2875	29	1447	34	1227	13	902	81	514	84
2865	33	1391	43	1179	13	862	60		

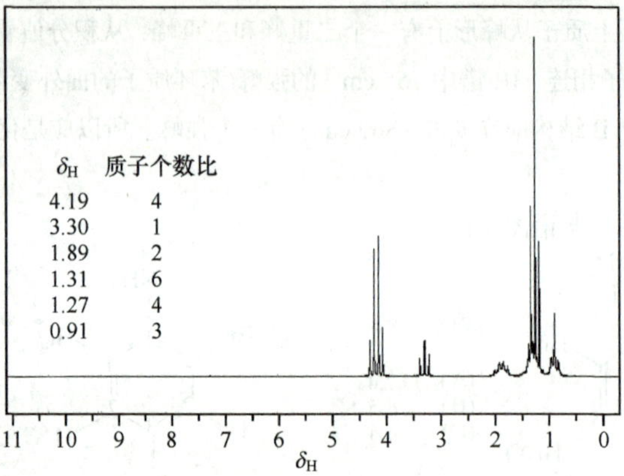

^{1}H NMR：90 MHz，溶剂 $CDCl_3$

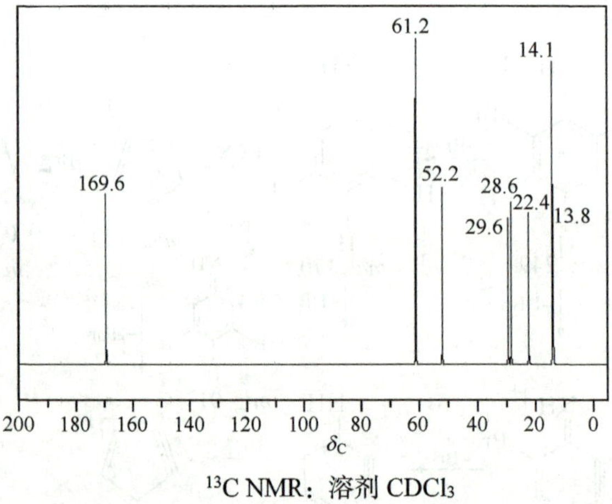

^{13}C NMR：溶剂 $CDCl_3$

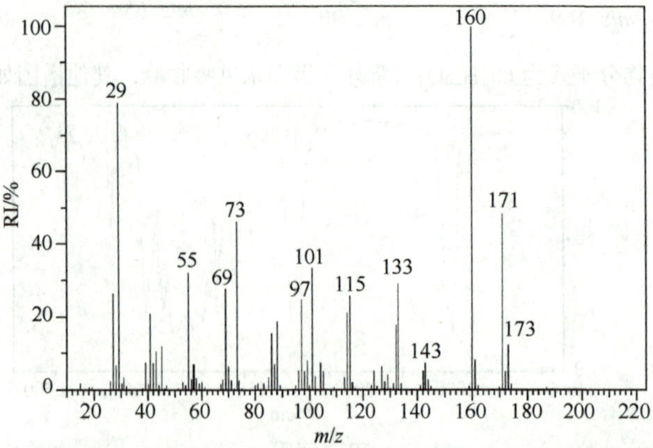

解 (1) 确定分子结构片段。

该化合物的分子式为 $C_{11}H_{20}O_4$，$M = 216$，$U = 2$，表明在该化合物中有两个双键或一个三键或一个双键和一个环。无紫外吸收，说明该化合物若含两个双键也不是共轭双键。

IR 谱：1745 cm^{-1} 为 $\nu_{C=O}$(酯羰基)。未见有碳碳双键吸收峰、羟基吸收峰，表明该化合物中 4 个氧原子中除去 2 个酯羰基中的氧原子，余下的 2 个不是羟基中的氧原子；因为碳碳双键红外吸收强度变化很大，所以未见有碳碳双键吸收峰在这里还不能说明什么问题。

^1H NMR 谱：$\delta = 4.19$ 四重峰表明可能有—O$\underline{CH_2}CH_3$，由于存在 O 的诱导效应，CH_2 在低场共振，邻位的 CH_3 又使其裂分成四重峰。$\delta = 1.31$ 三重峰为—$OCH_2\underline{CH_3}$ 中甲基的化学位移，是酯类化合物，—OCH_2CH_3 应是与 C═O 相连的基团。从质子比可推断出有两个酯羰基。$\delta = 3.30$ 三重峰一个质子来自—$\underline{CH}CH_2$—，很可能是

$$—CH_2CH(COOCH_2CH_3)_2$$

^{13}C NMR 谱：有八个峰，而分子式中含 11 个碳，说明分子中有对称结构，由上可知分子中有两个酯基，$\delta = 169.6$ 为酯羰基碳，$\delta = 61.2$、$\delta = 14.1$ 分别是酯基中的亚甲基、甲基碳，$\delta = 52.2$ 是与两个酯羰基和一个 CH_2 相连的 CH 化学位移，还余四个峰为一碳链，即

$$CH_3CH_2CH_2CH_2—$$

(2) 确定化合物结构。综合以上可推测化合物结构为

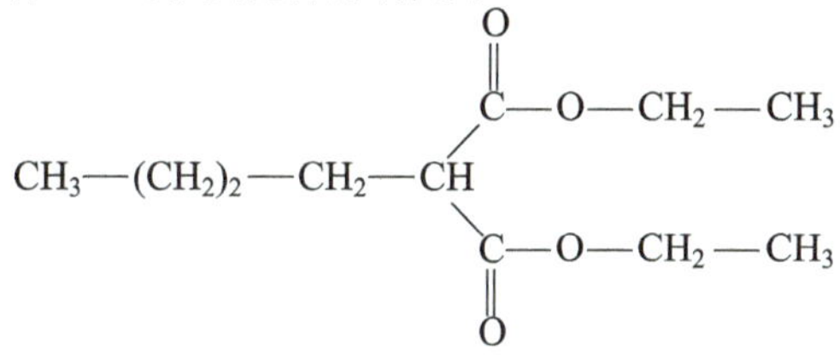

(3) 验证。

(i) ^1H NMR 谱。

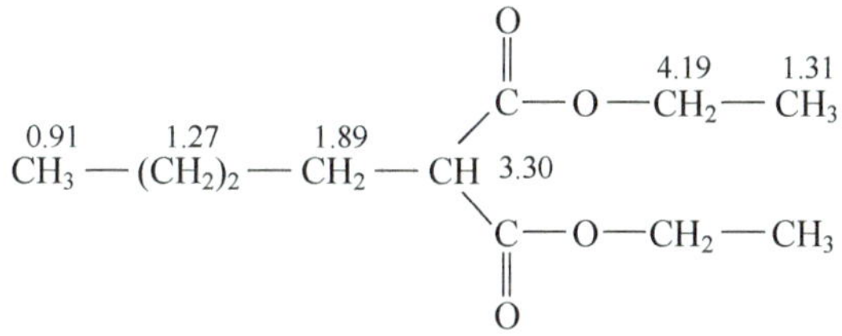

(ii) ^{13}C NMR 谱。

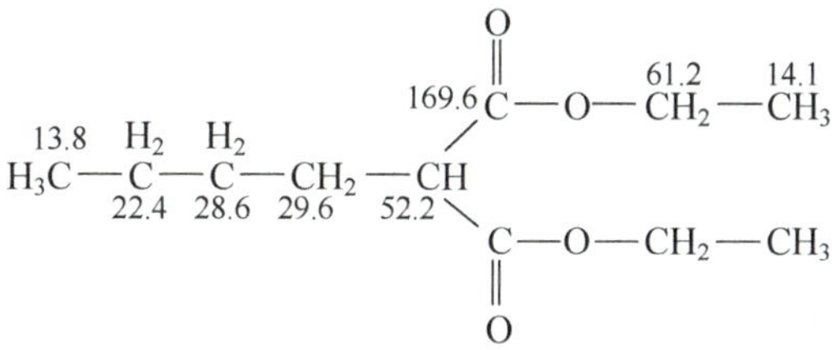

(iii) MS 谱。在该题中因分子式已给出，在推测结构中未用到 MS，但它可以验证推导出的结构是否正确。

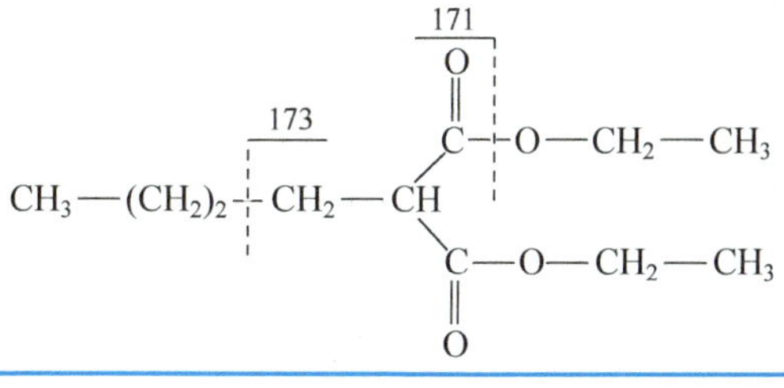

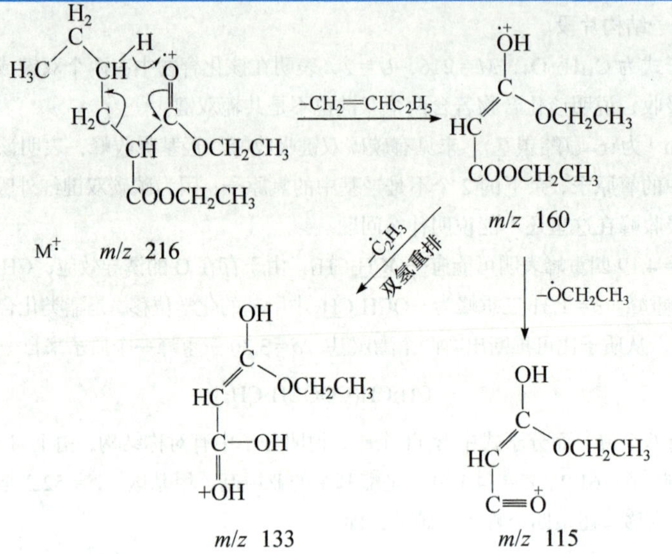

例 7-5 某化合物元素分析：C 66.7%，H 11.1%。其他谱图如下，试推测其结构。

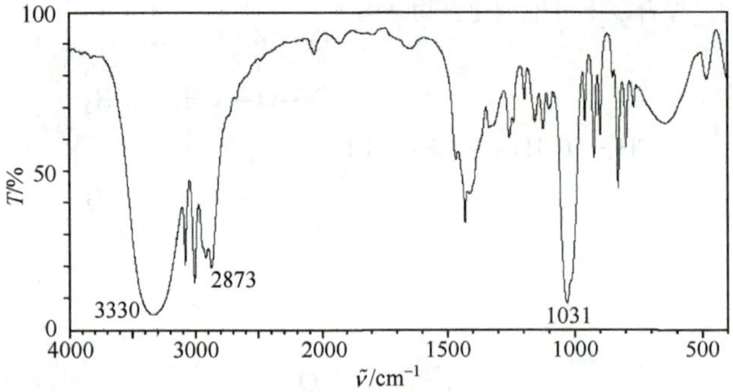

IR：液膜

$\tilde{\nu}$ /cm^{-1}	T/%	$\tilde{\nu}$ /cm^{-1}	T/%	$\tilde{\nu}$ /cm^{-1}	T/%	/cm^{-1}	T/%	$\tilde{\nu}$ /cm^{-1}	T/%
3330	4	1647	84	1321	62	1031	8	770	58
3082	20	1468	52	1256	58	960	64	650	62
3008	14	1432	32	1240	82	924	52	485	77
2919	21	1421	42	1197	70	900	58		
2873	18	1413	41	1156	62	852	77		
2059	84	1333	62	1124	80	830	49		
1652	84	1326	62	1103	66	799	55		

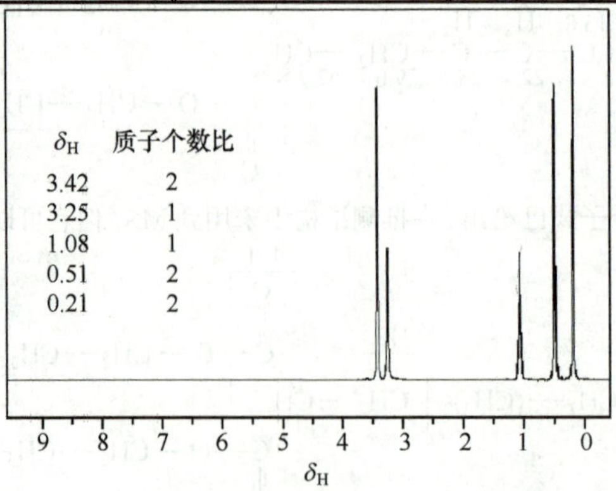

^{1}H NMR：400 MHz，溶剂 $CDCl_3$

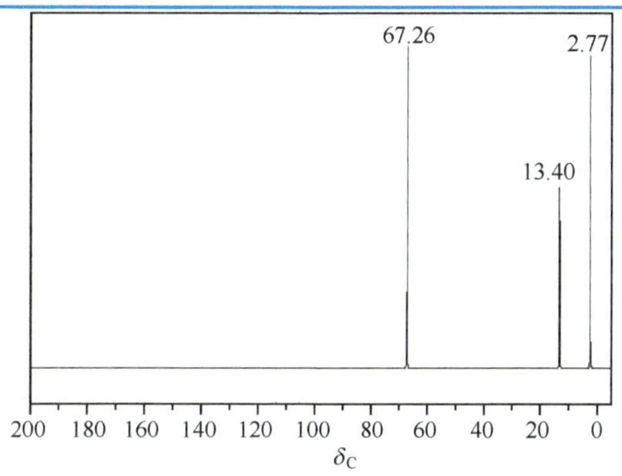

^{13}C NMR：溶剂 $CDCl_3$

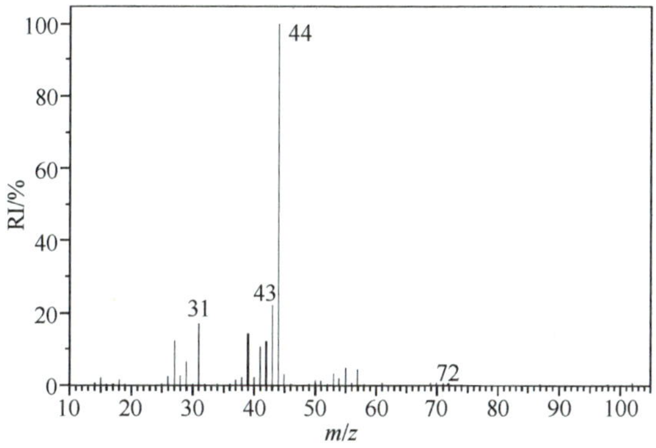

解　(1) 分子式。

在 MS 中勉强可看到 m/z 72 的分子离子峰，由元素分析可计算出分子式。

含 C 个数　　$72 \times 66.7\% \div 12 = 4$

含 H 个数　　$72 \times 11.1\% \div 1 = 7.992 \approx 8$

由 3330 cm^{-1} 和 1031 cm^{-1} 可知有羟基，即含氧原子。

含 O 个数　　$72 \times (100\% - 66.7\% - 11.1) \div 16 = 0.999 \approx 1$

分子式为　　C_4H_8O　　$U = 1$

(2) 确定分子结构片段及结构。

从分子式已计算出不饱和度等于 1，IR 有 3008 cm^{-1} 和 3082 cm^{-1}，但 ^1H NMR、^{13}C NMR 均未提供不饱和结构信息，可能有三元环结构。

IR：3330 cm^{-1} 附近宽谱带 ν_{OH}(缔合)和 1031 cm^{-1} 的 $\nu_{C—O}$ 表示该化合物为伯醇，含有结构—CH_2OH。

MS 中 m/z 31 也可作为—CH_2OH 结构存在的佐证。

C_4H_8O–CH_2OH=C_3H_5。还要有环形结构就只能是三元环：

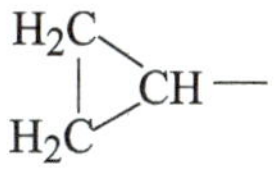

所以该化合物的结构应为

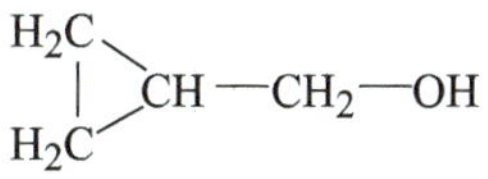

(3) 验证。

(i) ^{1}H NMR 谱。含 2 个质子的 $\delta = 3.42$ 为与羟基相连的亚甲基；各含 1 个质子的 $\delta = 3.25$ 和 $\delta = 1.08$ 分别是羟基中的质子和环中的次甲基；各含 2 个质子的 $\delta = 0.51$、$\delta = 0.21$ 是环中的两个亚甲基。

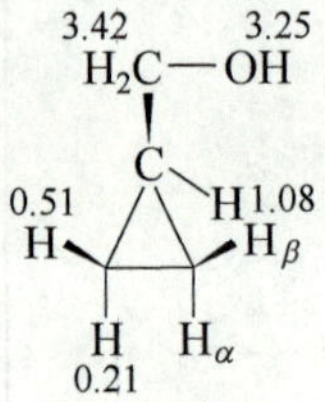

处于三元环上质子的核磁共振峰都在高场，环中有两个亚甲基，每个亚甲基的 2 个 H 不等价，化学位移分别为 $\delta = 0.51$ 和 $\delta = 0.21$。由于氧的场效应，与—CH_2OH 同一侧的质子处于低场，在另一侧的处于较高场。在环上的两个亚甲基的 4 个 H 是两组等价的质子。

(ii) ^{13}C NMR 谱。

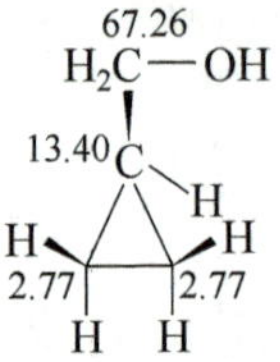

(iii) MS 谱。

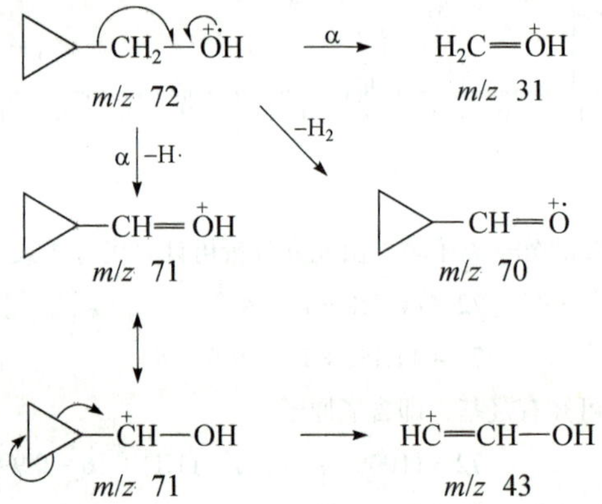

例 7-6 某化合物的谱图如下，试推测其结构。

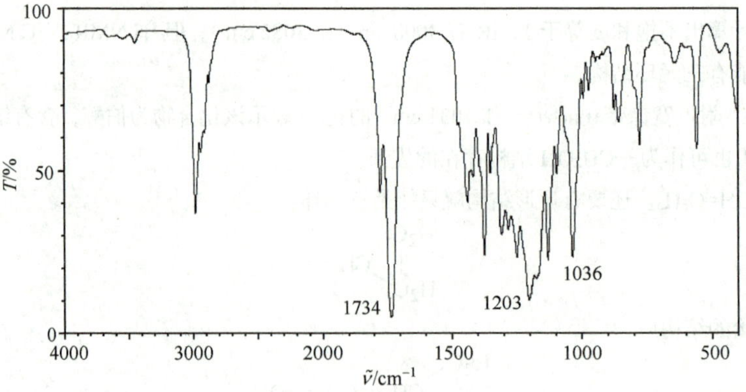

IR：液膜

$\tilde{\nu}$ /cm^{-1}	T/%	$\tilde{\nu}$ /cm^{-1}	T/%	$\tilde{\nu}$ /cm^{-1}	T/%	$\tilde{\nu}$ /cm^{-1}	T/%	$\tilde{\nu}$ /cm^{-1}	T/%
3452	86	1429	47	1251	22	948	79	643	79
2982	35	1418	46	1203	10	940	81	560	55
2941	53	1390	47	1130	21	935	81	472	84
2874	74	1376	23	1097	47	930	81		
1777	42	1352	47	1036	22	877	66		
1734	4	1310	29	993	70	860	62		
1439	38	1283	30	972	72	779	55		

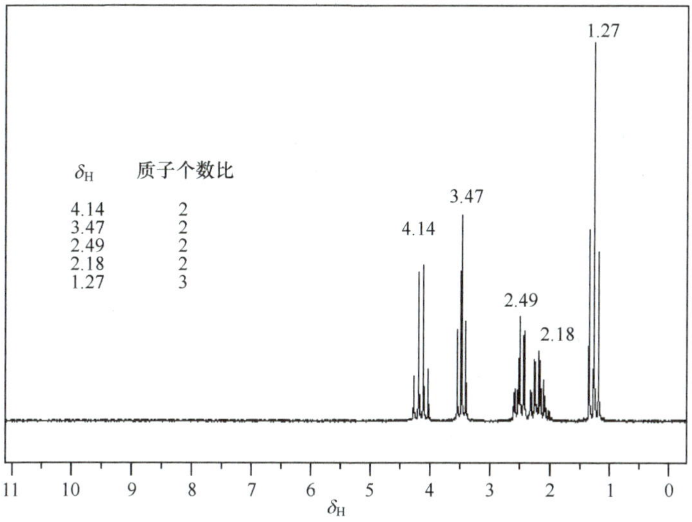

^{1}H NMR：90 MHz，溶剂 $CDCl_3$

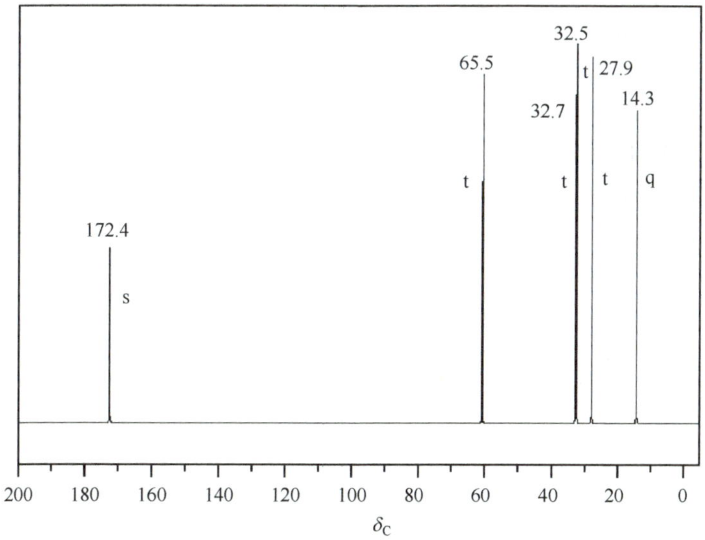

^{13}C NMR：溶剂 $CDCl_3$

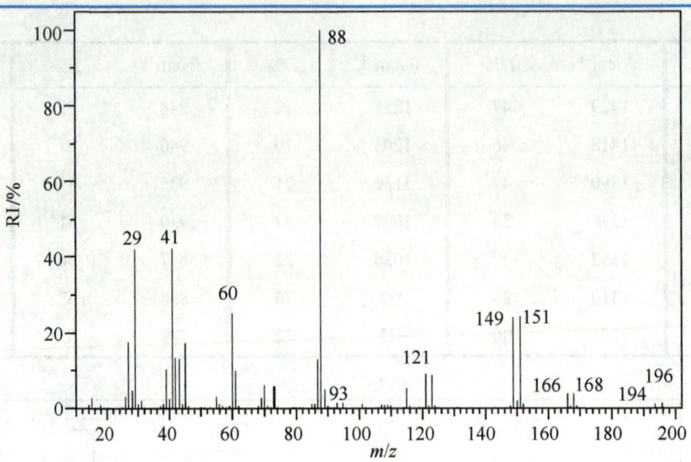

解 (1) 分子式的确定。

MS 谱：分子离子峰 *m/z* 194 与其同位素峰 *m/z* 196 强度相同，166 与 168、149 与 151、121 与 123 也相等，说明分子中含有 1 个 Br。

IR 谱：1734 cm^{-1} 为 $\nu_{C=O}$ 谱带，与 1036 cm^{-1} 和 1203 cm^{-1} 的 ν_{C-O-C} 谱带结合为酯基的特征，说明该分子中至少含有 2 个 O。

^{1}H NMR 谱：显示有 5 组峰，质子比为 2∶2∶2∶2∶3，共 11 或 11*n* 个质子。

^{13}C NMR 谱：6 种类型的碳，其中 δ = 172.4 是酯羰基碳。偏共振谱表明其他 5 种饱和碳属于 4 个亚甲基和 1 个甲基。

综上所述，分子式应为 $C_6H_{11}O_2Br$，U = 1，属于酯羰基。

(2) 确定结构。

MS 谱：

$$m/z\ 194/196 \xrightarrow{-28} m/z\ 166/168 \xrightarrow{-17} m/z\ 149/151 \xrightarrow{-28} m/z\ 121/123$$

断裂过程表现羧酸乙酯的特点。

^{1}H NMR 谱：δ= 1.27 是含 3 个质子的甲基，其三重峰与δ= 4.14 含 2 个质子的亚甲基四重峰耦合常数相同，是酯基中与羰基相连的乙氧基。δ= 3.47 的亚甲基受到 Br 的去屏蔽效应位于低场。δ= 2.49 受到羰基的去屏蔽影响，应是与羰基相连的亚甲基。δ= 2.18 多重峰是居于δ= 3.47、δ= 2.49 中间的亚甲基。

^{13}C NMR 谱：其 6 个碳信号，5 个碳上有氢原子，与 ^{1}H NMR 谱一一对应。

所以结构为

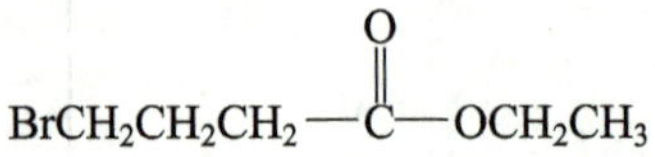

(3) 验证。

(i) ^{1}H NMR 谱。

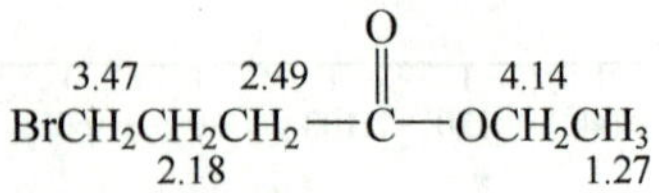

(ii) ^{13}C NMR 谱。

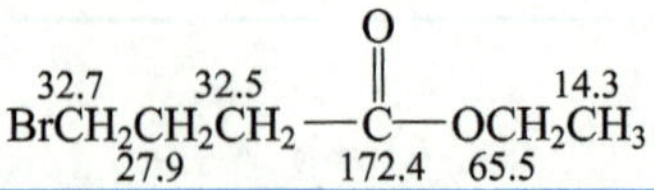

(iii) MS 谱。

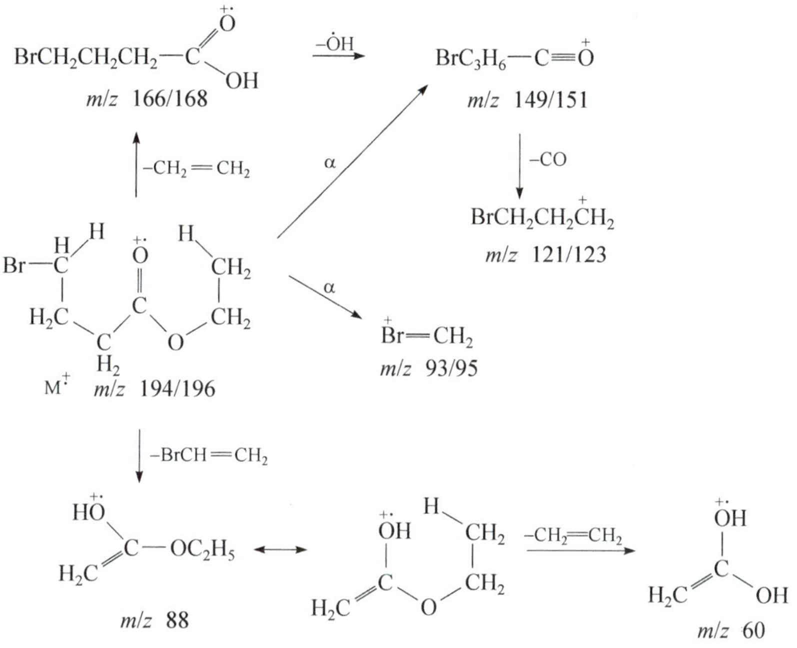

例 7-7 某化合物的元素分析：C 57.7%，H 11.6%。MS 图中最高质量的离子峰 m/z 104 强度很小，没有显示。谱图如下，推测该化合物的结构。

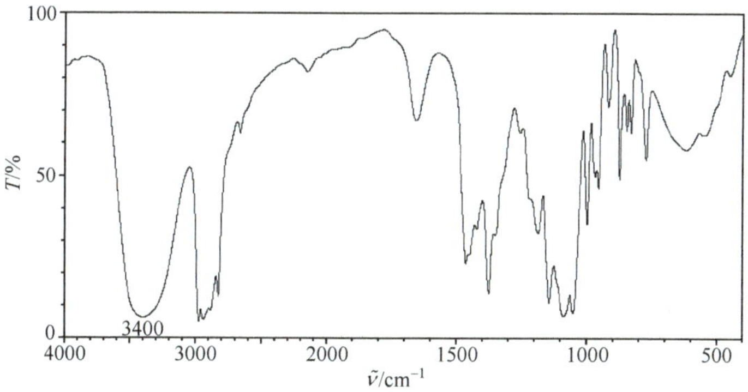

IR：液膜

$\tilde{\nu}$ /cm^{-1}	T/%	$\tilde{\nu}$ /cm^{-1}	T/%	$\tilde{\nu}$ /cm^{-1}	T/%	$\tilde{\nu}$ /cm^{-1}	T/%
2973	4	1456	25	1087	6	849	62
2937	5	1450	24	1052	7	831	60
2825	12	1423	32	999	34	773	53
2661	60	1376	13	969	47	620	55
2150	79	1256	60	956	44	450	79
1657	64	1188	31	920	88		
1465	22	1144	10	876	47		

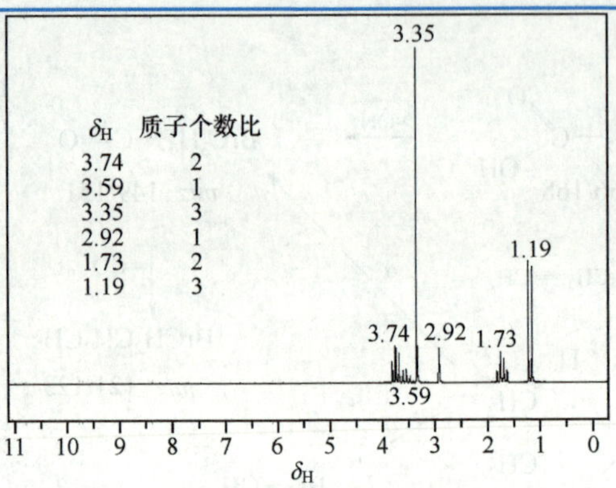

^{1}H NMR：90 MHz，溶剂 $CDCl_3$

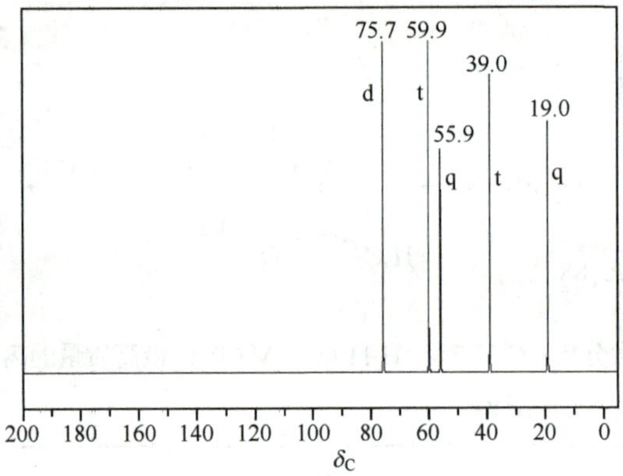

^{13}C NMR：溶剂 $CDCl_3$

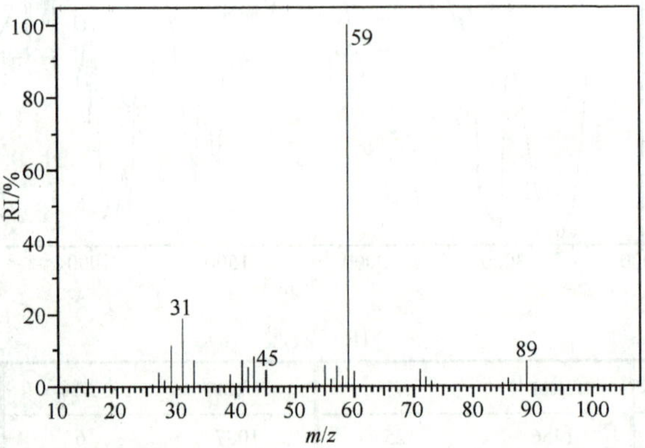

解 (1) 确定分子式。

MS 谱：看到 m/z 89，按题意最高质量数的峰 m/z 104，104 − 89 = 15 是合理的丢失，所以 m/z 104 可能是分子离子峰。

该化合物中含 C 数：$104 \times 57.7\% \div 12 = 5$

该化合物中含 H 数：$104 \times 11.6\% \div 1 = 12$

该化合物中若无其他元素，则含 O 数：$104 \times (100-57.7-11.6)\% \div 16 = 2$

分子式：$C_5H_{12}O_2$，$U = 0$

不饱和度和谱图都说明该化合物是不含不饱和键、苯环的饱和链状化合物。

(2) 确定结构。

IR 谱：3400 cm^{-1}强谱带为ν_{OH}；因为 $U=0$，说明是醇羟基；另一个氧原子可能构成醚键，在 1000～1100 cm^{-1}处有多个$\nu_{C—O}$强谱带，不能确定是伯醇还是叔醇。

^{1}H NMR 谱：有 6 组质子，积分比为 2∶1∶3∶1∶2∶3，共 12 个 H。其中，$\delta=2.92$ 是醇羟基；$\delta=3.74$(2H，t)化学位移值最大，应与醇羟基和一个亚甲基相连；$\delta=3.59$(1H，m)有多重信号，应为有两类质子与其耦合的 CH；$\delta=1.19$(3H，d)是与 $\delta=3.59$(1H，m)CH 相邻的 CH_3；$\delta=3.35$(3H，s)为 $CH_3—O—$；$\delta=1.73$(2H，m)是 CH_2，与两个带质子的碳相连。

^{13}C NMR 和偏共振谱：有 5 个峰与分子式中 5 个碳对应。有两个甲基($\delta=55.9$、$\delta=19.0$)峰、两个亚甲基($\delta=59.9$、$\delta=39.0$)峰和一个次甲基($\delta=75.7$)峰，其中 $\delta=75.7$、$\delta=59.9$、$\delta=55.9$ 是与氧直接相连的碳，$\delta=75.7$ 和 $\delta=55.9$ 对应 $CH_3—O—CH—$结构中的 CH 和 CH_3，次甲基 CH 还连有一个 CH_3，使得该次甲基位于低场。所以分子中应有结构单元

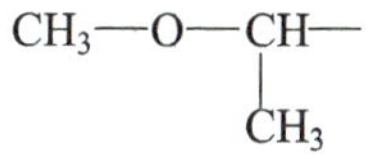

余下的结构：

$$—CH_2—CH_2—OH$$

所以该化合物可能的结构式为

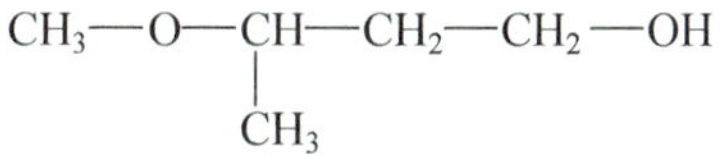

A

比较可能的结构是其同分异构体 B

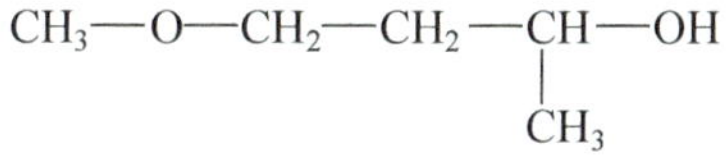

B

MS 谱：A 的谱图中应出现 m/z 59($CH_3—CH═O^+—CH_3$)，且峰强度很高，并有 m/z 31 峰。B 应裂解出碎片离子 m/z 45($CH_3O^+═CH_2$ 或 $CH_3—CH═O^+H$)的基峰，与谱图不符。确定该化合物结构是 A。

(3) 验证。

(i) ^{1}H NMR 谱。

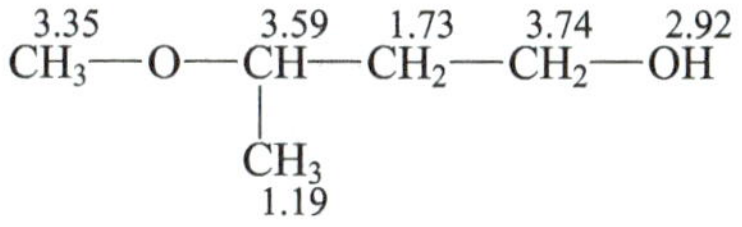

(ii) ^{13}C NMR 谱。

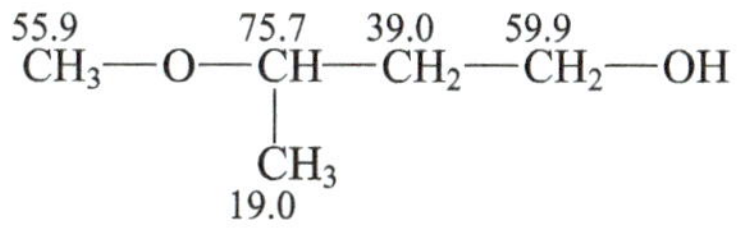

(iii) MS 谱。

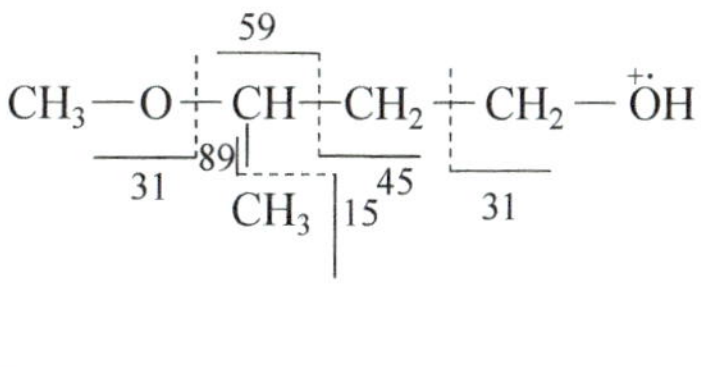

例 7-8 某化合物谱图如下，质谱中最高质量 m/z 133 峰丰度很小，在 MS 图中没有显示，推测该化合物的结构。

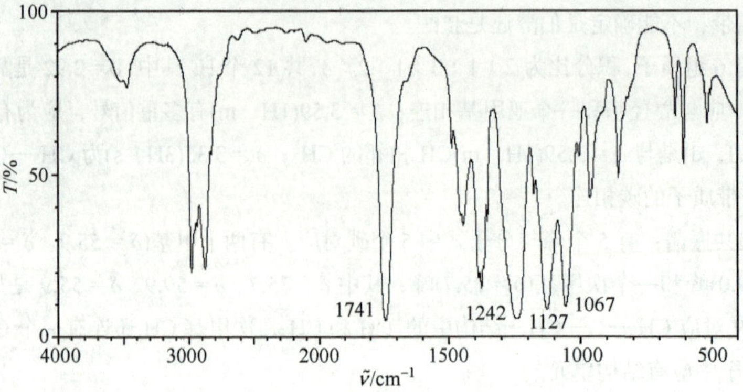

IR：液膜

$\tilde{\nu}$ /cm^{-1}	T/%	$\tilde{\nu}$ /cm^{-1}	T/%	$\tilde{\nu}$ /cm^{-1}	T/%	$\tilde{\nu}$ /cm^{-1}	T/%
3501	77	1488	55	1242	5	638	65
3469	74	1456	36	1178	42	607	52
2978	19	1445	33	1127	7	516	62
2934	32	1387	17	1067	8	506	72
2872	20	1376	14	1004	53	499	74
2821	53	1368	20	963	41		
1741	4	1364	34	856	47		

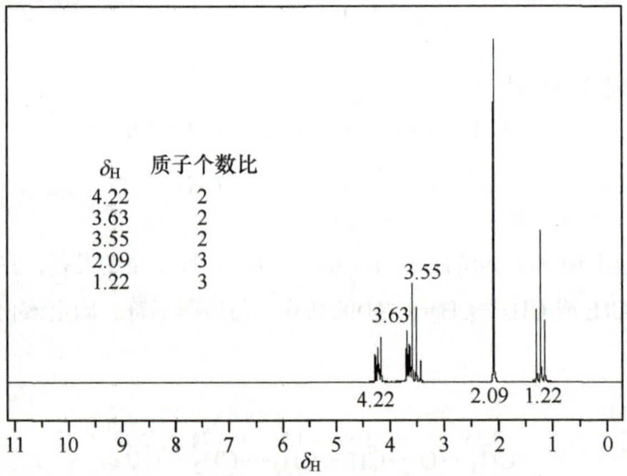

^{1}H NMR：90 MHz，溶剂 $CDCl_3$

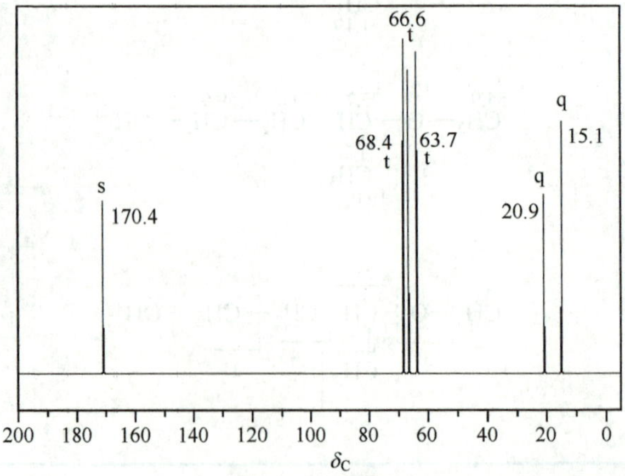

^{13}C NMR：溶剂 $CDCl_3$

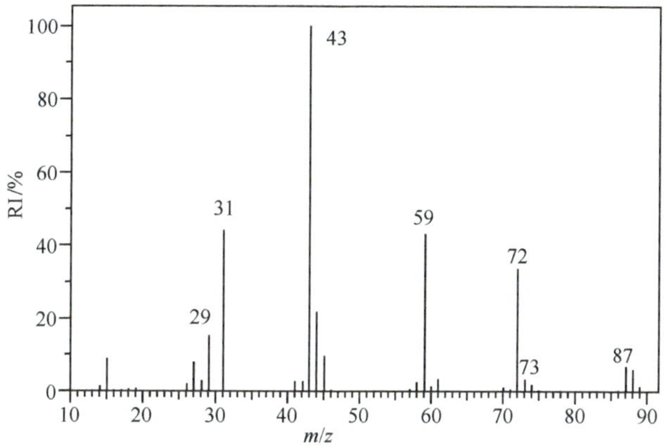

解 (1) 确定分子式。

MS 谱：最大质量峰 *m/z* 133(题意)，但谱图中主要碎片峰都是奇数，因此 *m/z* 133 不可能是分子离子峰。

^{13}C NMR 和偏共振谱显示含有 6 类碳和 12 个碳上的氢原子。

^{1}H NMR 谱：由积分比可知含有 12*n* 个氢，与 ^{13}C NMR 结论一致。

IR 谱：1741 cm^{-1} $\nu_{C=O}$、1242 cm^{-1} ν^{as}_{C-O-C} 、1067 cm^{-1} ν^{s}_{C-O-C} 说明是酯类化合物，可能是乙酸酯(乙酸酯的 ν^{as}_{C-O-C} 为 1240 cm^{-1}；ν^{s}_{C-O-C} 在 1100～1000 cm^{-1})。ν_{C-O}1127 cm^{-1} 可能为醚的吸收。因此，该分子中有 3 个氧原子，余下部分只能是 C_6H_{12}。在 ^{13}C NMR 中可看到酯基碳($\delta = 170.4$)及三个 C—O 碳的峰($\delta = 68.4$、$\delta = 66.6$、$\delta = 63.7$)。^{1}H NMR 中也有对应的酯基氧原子连接的碳上质子的峰—$COOCH_2$($\delta = 4.22$)和醚基氧原子连接的碳的质子峰($\delta = 3.65$、$\delta = 3.55$)。MS 中未显示有 N、Cl、Br、S。所以其分子式为 $C_6H_{12}O_3$，$U = 1$，分子量 132，*m/z* 133 是 M+1 峰。

(2) 确定结构。

由 ^{13}C NMR 和 ^{1}H NMR 谱可知有 6 个碳，5 个碳上有氢(2 个 CH_3，3 个 CH_2)，另外 1 个为羰基碳。

^{13}C NMR 谱：$\delta = 20.9$ 为四重峰表明为 CH_3，其应与羰基相连($CH_3C{=}O$)。$\delta = 170.4$ 为单峰，是羰基碳。若将 $\delta = 20.9$ 和 $\delta = 170.4$ 的 2 个碳相连即得结构：

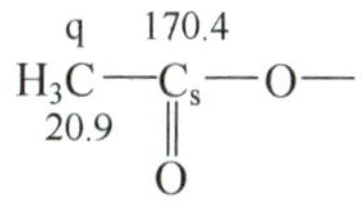

IR 谱：1741 cm^{-1} $\nu_{C=O}$、1242 cm^{-1} ν^{as}_{C-O-C} 、1067 cm^{-1} ν^{s}_{C-O-C} 是乙酸酯的特征吸收带，即有结构：

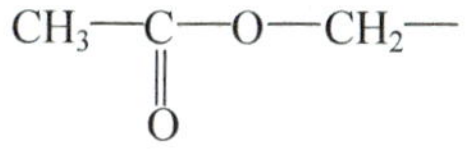

^{1}H NMR 谱：$\delta = 4.22$ 为两个氢，从化学位移值和三重峰可知是酯基氧原子连接碳上质子的峰—$COOCH_2$，并且其连有 CH_2。$\delta = 2.09$ 单峰为羰基相连的 CH_3。可得结构：

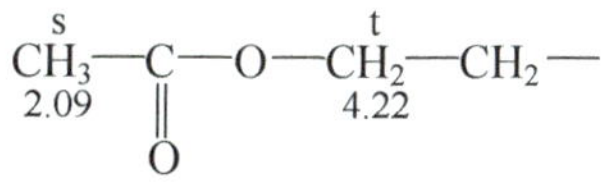

上述结构式为 $C_4H_7O_2$。从分子式中减去 $C_4H_7O_2$，$C_6H_{12}O_3 - C_4H_7O_2 = C_2H_5O$，余下的为 C_2H_5O。从 ^{13}C NMR 和 ^{1}H NMR 谱除去已有归属的峰，可知 C_2H_5O 是 1 个 CH_3、1 个 CH_2 和 1 个 O。

^{13}C NMR 谱：$\delta = 68.4$、$\delta = 63.7$ 是两个与氧相连的三重峰，即—CH_2—O—CH_2—。$\delta = 15.1$ 为 CH_3，其应与亚甲基相连，即 CH_3CH_2—，可能有 CH_2—O—CH_2—CH_3 结构。

^{1}H NMR 谱：$\delta = 3.63$、$\delta = 3.55$、$\delta = 1.22$ 的三组峰及其耦合情况也表明是上述结构。

IR 谱：1127 cm^{-1} 表明是醚键。

故结构可能为

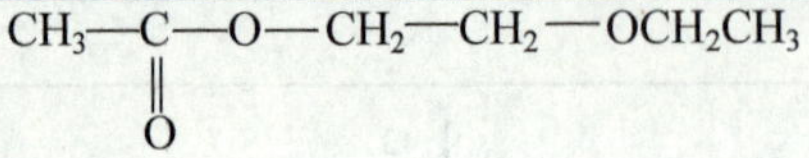

(3) 验证。

(i) ^{1}H NMR 谱。

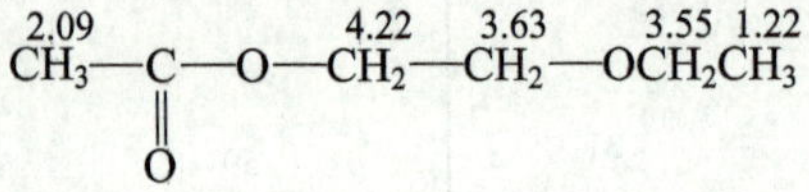

(ii) ^{13}C NMR 谱。

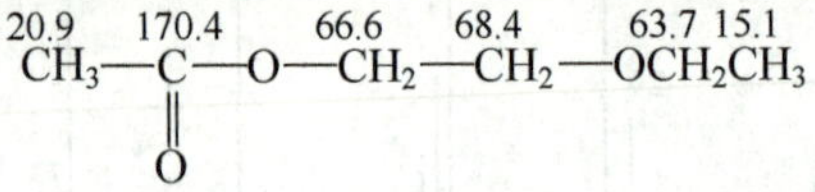

(iii) MS 谱。

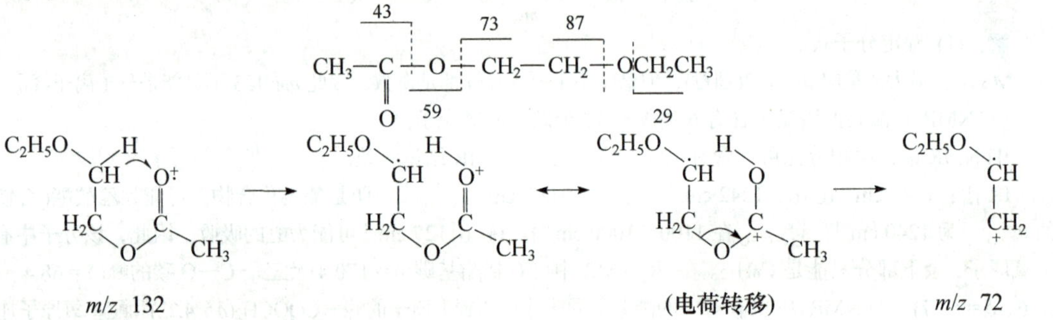

例 7-9 某化合物谱图如下，推测其结构。

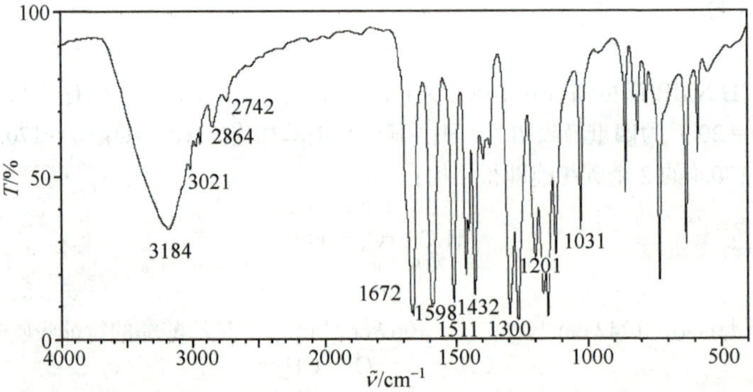

IR：KBr 压片

$\tilde{\nu}$ /cm^{-1}	T/%	$\tilde{\nu}$ /cm^{-1}	T/%	$\tilde{\nu}$ /cm^{-1}	T/%	$\tilde{\nu}$ /cm^{-1}	T/%	$\tilde{\nu}$ /cm^{-1}	T/%
3184	32	1672	7	1432	13	1172	13	814	60
3021	50	1666	6	1398	52	1155	6	782	70
2975	57	1598	10	1389	58	1125	24	733	17
2946	67	1590	10	1373	66	1031	32	633	27
2864	62	1511	10	1300	7	960	84	591	55
2848	62	1465	18	1266	4	850	42	555	79
2742	70	1464	32	1201	23	827	70	549	79

解 (1) 确定分子式。

由 MS 谱 M = 152(100)、M + 1 = 153(9.2)、M + 2 = 154(1.0)可知该化合物最多含有 9.2 ÷ 1.1 ≈ 8 个 C，从 ^{13}C NMR 的 8 个峰也得到了验证；从 ^{13}C NMR 可知碳上有 7 个与碳相连的 H，从 ^{1}H NMR 可知总共有 8n 个 H，应为 8 个 H，其中 1 个为活泼 H。从分子中减去 8 个氢和 8 个碳余 48 个质量单位，152 − 8 − 12 × 8 = 48。

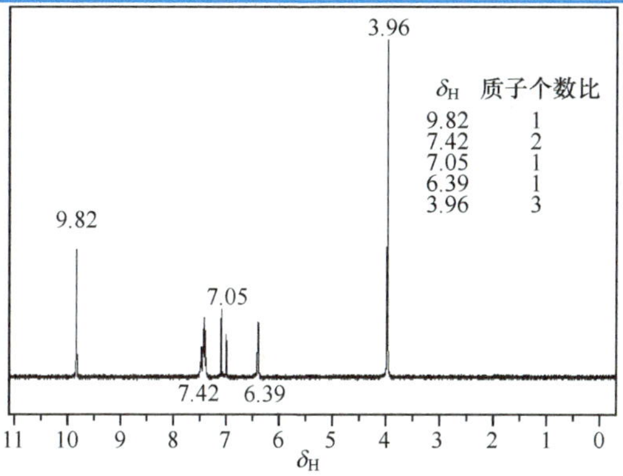

^1H NMR：90 MHz，溶剂 $CDCl_3$

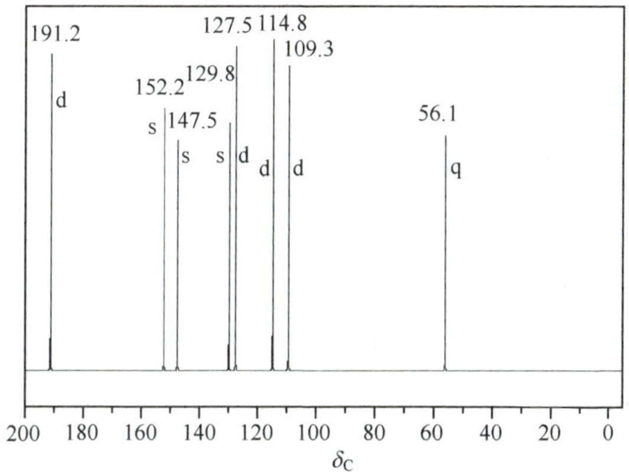

^{13}C NMR：溶剂 $CDCl_3$

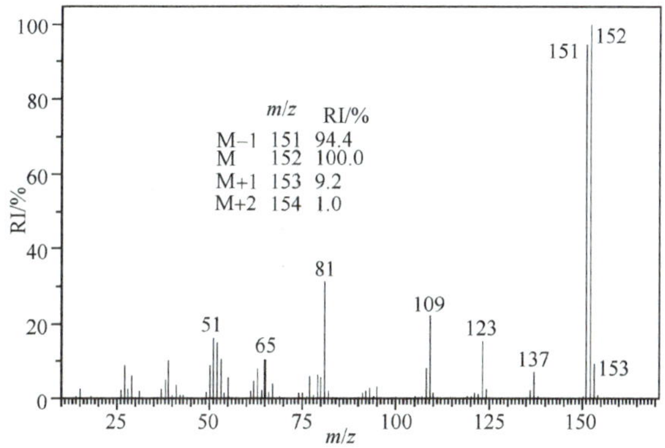

从 IR 谱可看到含羟基，未见提供有含 N 基团信息，可能有 3 个 O。该化合物中不含 N，从 MS 看不含 Cl、Br、S。得可能分子式为 $C_8H_8O_3$，$U=5$。

(2) 确定结构。

IR 谱：3184 cm^{-1} 为 ν_{OH}；1432 cm^{-1} 为 $\nu_{OH}^{面内}$，1201 cm^{-1} 为 ν_{C-O}；表明有酚羟基。3021 cm^{-1} 为苯氢的伸缩振动，1598 cm^{-1}、1511 cm^{-1} 为苯环的骨架振动。1672 cm^{-1} 为有共轭羰基的 $\nu_{C=O}$。2864 cm^{-1}、2742 cm^{-1} 可能是醛基氢的伸缩振动，结合 ^{13}C NMR 中羰基碳上有 1 个氢可以确认。1300 cm^{-1} 和 1031 cm^{-1} 分别为芳香醚的 ν_{C-O-C}^{as} 和 ν_{C-O-C}^{s}。综上所述，该化合物中含有苯环、醛基、羟基，还有醚键。

^1H NMR 谱：δ= 3.96(3H，s)甲基，与电负性基团相连位于低场。δ = 6.39(1H，s)羟基。δ =7.05～7.42(3H，m)苯环氢，三取代苯。δ = 9.82(1H，s)醛基氢。

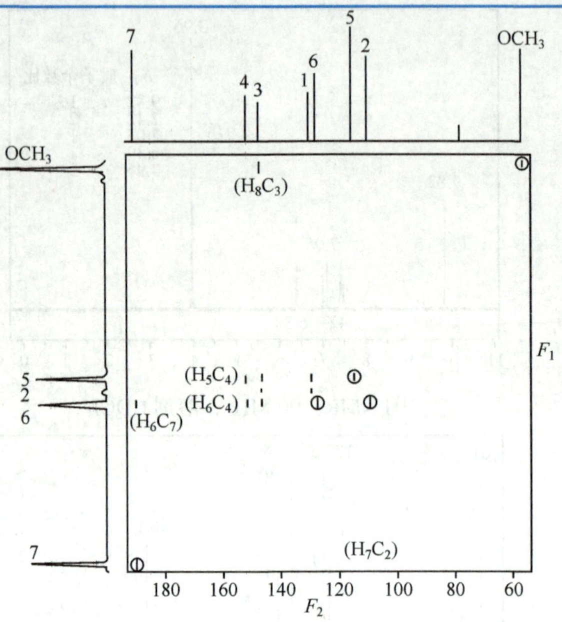

COLOC 谱

^{13}C NMR 谱和偏共振谱：$\delta = 191.2$(d)醛羰基；$\delta = 152.2 \sim 109.3$ 共六个峰，即苯环中的六个碳，其中有三个单峰，三个显示双峰，表明该化合物是三取代苯衍生物。$\delta = 56.1$(q)与 O 相连的甲基。

综上所述，可知该化合物中有一个三取代苯环、醛基、羟基和甲氧基。

COLOC 谱：由此谱的 $^3J(H_8, C_3)$相关峰可以确定 OCH_3 连在 C_3 上；由 $^3J(H_7, C_2)$和 $^3J(H_6, C_7)$相关峰可以指认 CHO 与 C_1 相连；4 位碳化学位移在次低场，应与 OH 相连，$^3J(H_5, C_4)$和 $^3J(H_6, C_4)$相关峰也可以指认 OH 与 C_4 相连。

所以该化合物的结构为

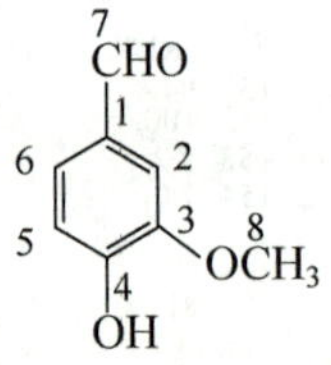

(3) 验证。

(i) ^{1}H NMR 谱。

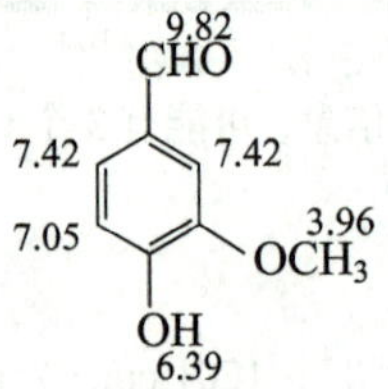

(ii) ^{13}C NMR 谱。

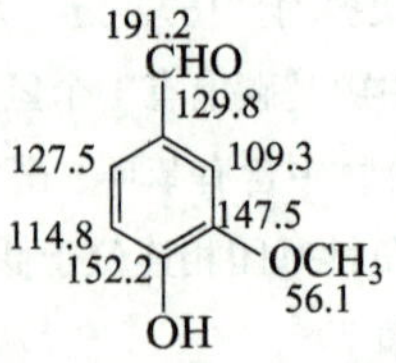

(iii) MS 谱。

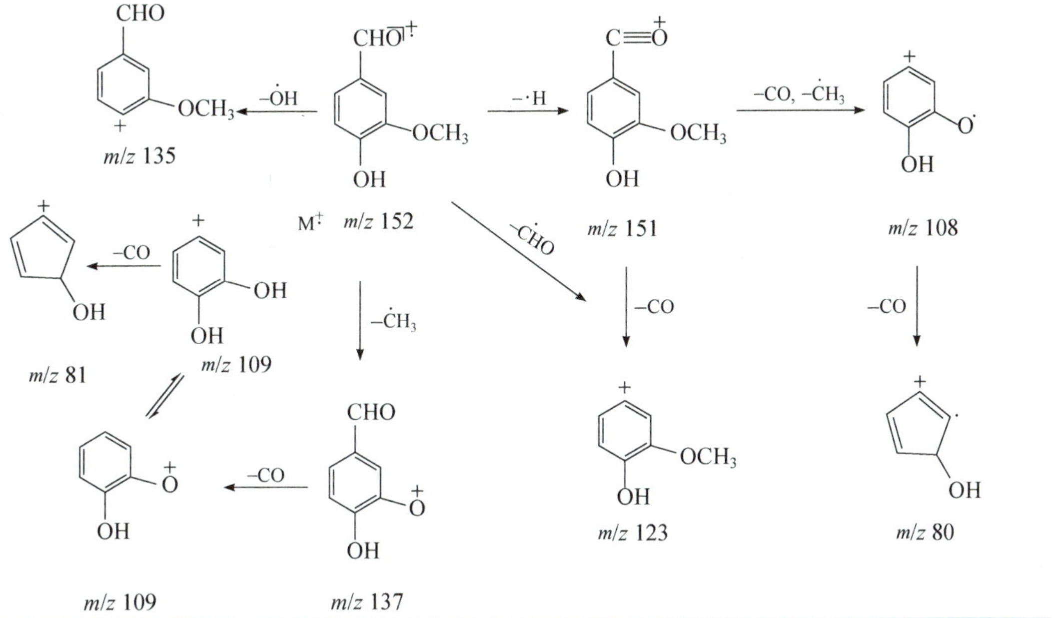

习　　题

1. 一无色液体，沸点为 102 ℃，其有关波谱数据如下，试推测结构。

质谱数据

m/z	RI/%	*m/z*	RI/%
18	2	43	4
24.5	0.1(亚稳峰)	44	1
25	1	56	3.5
25.5	0.1	57	100(基峰)
28	11	58	3.5
31.5	0.1(亚稳峰)	74	0.1
38	1	86	17.3(M)
39	3	87	1
41	2.5	88	0.1

UV 谱：$\lambda_{max}^{EtOH} = 273\ nm(\varepsilon_{max}=20)$。

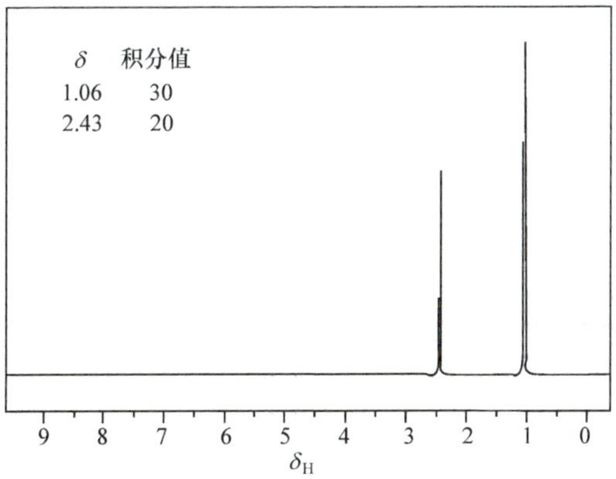

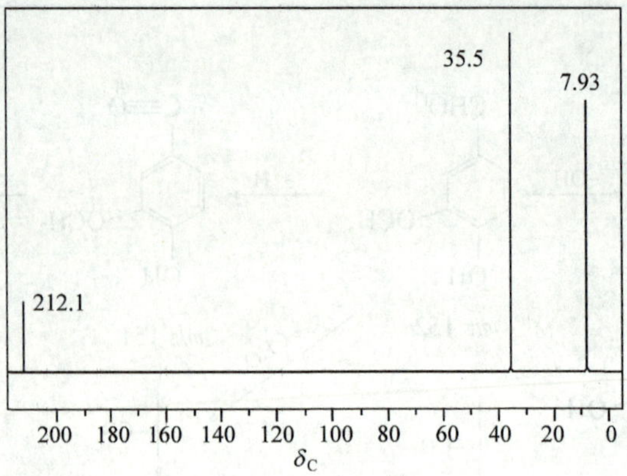

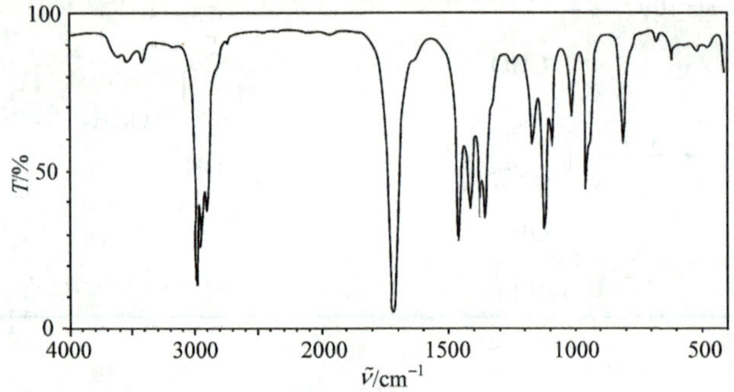

IR 数据

$\tilde{\nu}$/cm^{-1}	T/%	$\tilde{\nu}$/cm^{-1}	T/%	$\tilde{\nu}$/cm^{-1}	T/%
3638	81	1451	26	1096	66
3416	81	1415	36	1013	64
2979	12	1377	30	957	42
2941	21	1369	32	942	66
2908	35	1250	81	813	57
2884	39	1172	55	621	81
1716	4	1122	22	620	84

2. 一结晶化合物，熔点为 28.5 ℃，沸点为 184 ℃，$\lambda_{max}^{己烷}$ =210 nm。其有关波谱数据如下，试推测其结构。

质谱数据

m/z	RI/%	m/z	RI/%
28	2	62	5
38	3	63	12
39	11	65	19
45	7	74	2
45.5	1	85	4
50	6.5	91	100
51	5	170	78.6(M)
52	1	171	16.8
61	2	172	77.1(M+2)

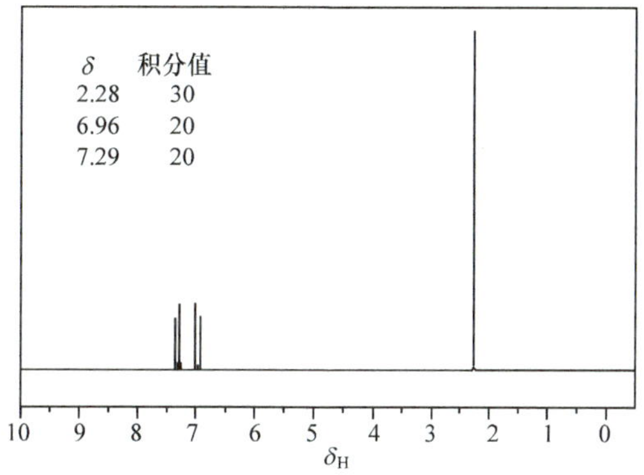

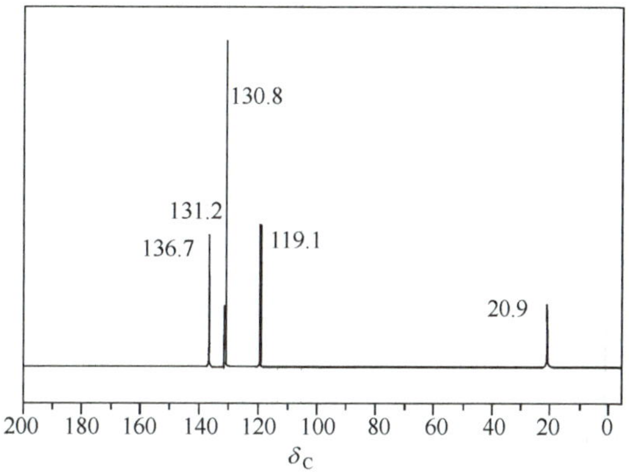

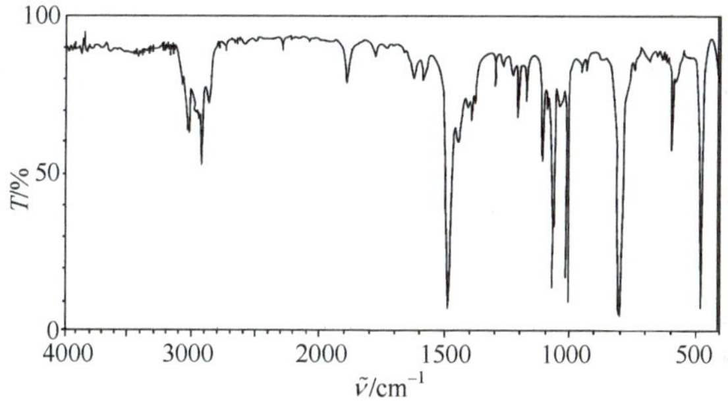

IR 数据

$\tilde{\nu}$ /cm^{-1}	T/%	$\tilde{\nu}$ /cm^{-1}	T/%	$\tilde{\nu}$ /cm^{-1}	T/%	$\tilde{\nu}$ /cm^{-1}	T/%	$\tilde{\nu}$ /cm^{-1}	T/%
3077	77	2961	64	1590	74	1211	68	1013	8
3061	74	2923	52	1487	6	1178	70	801	4
3051	74	2870	70	1447	57	1112	52	792	25
3036	66	2860	72	1411	68	1094	68	606	77
3026	60	1891	74	1393	62	1070	12	598	53
2980	86	1884	79	1378	70	1046	70	578	77
2969	66	1626	77	1301	74	1039	68	478	7

3. 某未知化合物的谱图如下，试推测其结构。

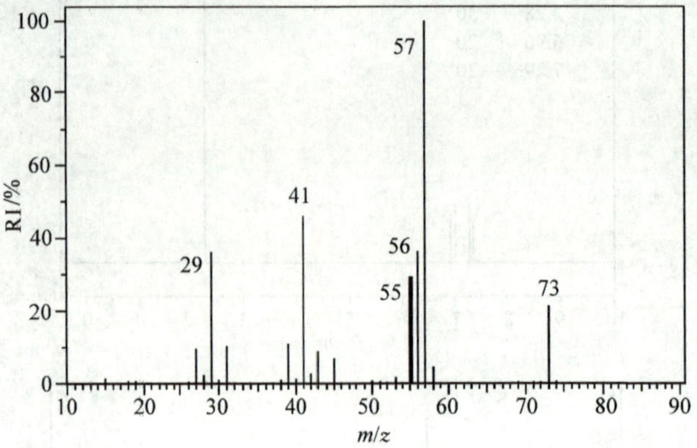

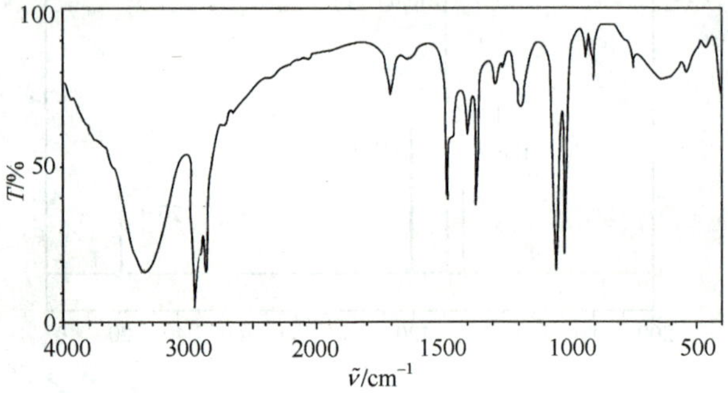

IR 数据

$\tilde{\nu}$ /cm^{-1}	T/%	$\tilde{\nu}$ /cm^{-1}	T/%	$\tilde{\nu}$ /cm^{-1}	T/%	$\tilde{\nu}$ /cm^{-1}	T/%
3364	16	1461	67	1052	16	901	74
2955	4	1397	67	1018	20	748	77
2869	16	1364	35	943	84	742	81
1702	68	1289	72	936	81	640	77
1481	37	1261	79	913	81	471	84
1467	55	1191	66	907	84		

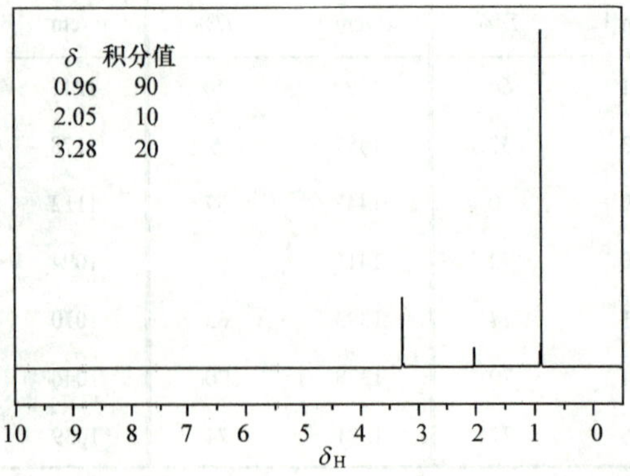

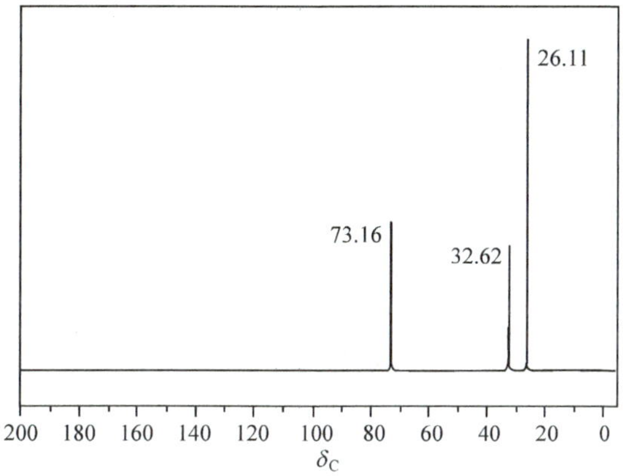

4. 某未知化合物的谱图如下，试推测其结构。

质谱数据

m/z	RI/%	m/z	RI/%	m/z	RI/%	m/z	RI/%
27	6	51	23	78	6	106	3
38	5	52	6	79	26	107	20
39	20	62	3	89	13	108	100
41	4	63	9	90	47	109	8
42	3	64	3	91	71	150(M)	28.70
43	73	65	18	92	6	151(M+1)	2.84
50	11	77	22	105	6	152(M+2)	0.26

紫外光谱数据

λ_{max}^{EtOH}/nm	ε_{max}	λ_{max}^{EtOH}/nm	ε_{max}
268	101	252	153
264	158	248(肩峰)	109
262	147	243(肩峰)	78
257	194		

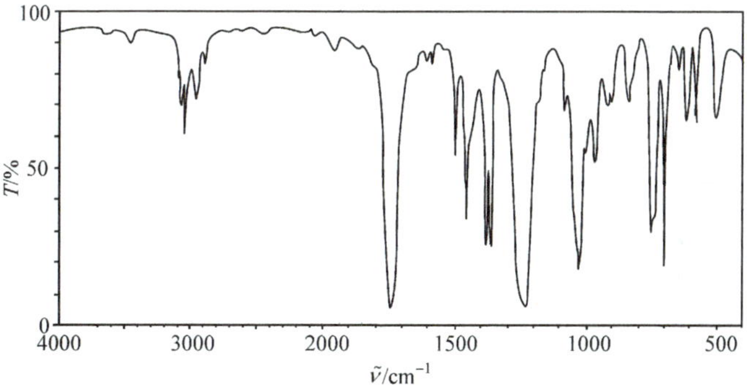

IR 数据

$\tilde{\nu}$ /cm^{-1}	T/%	$\tilde{\nu}$ /cm^{-1}	T/%	$\tilde{\nu}$ /cm^{-1}	T/%	$\tilde{\nu}$ /cm^{-1}	T/%	$\tilde{\nu}$ /cm^{-1}	T/%
3091	74	1608	79	1081	64	824	74	578	62
3067	66	1587	79	1027	16	751	27	502	62
3035	57	1498	49	1003	50	739	35	487	72
2966	68	1466	31	966	60	698	17		
2895	79	1381	23	922	66	679	79		
1956	84	1363	29	903	68	644	79		
1743	4	1229	6	837	68	614	62		

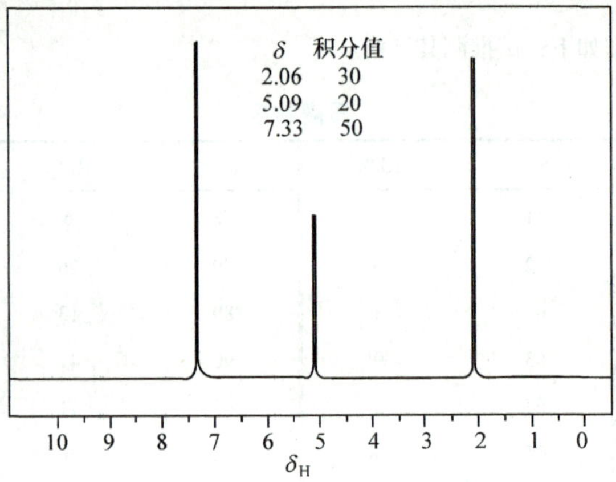

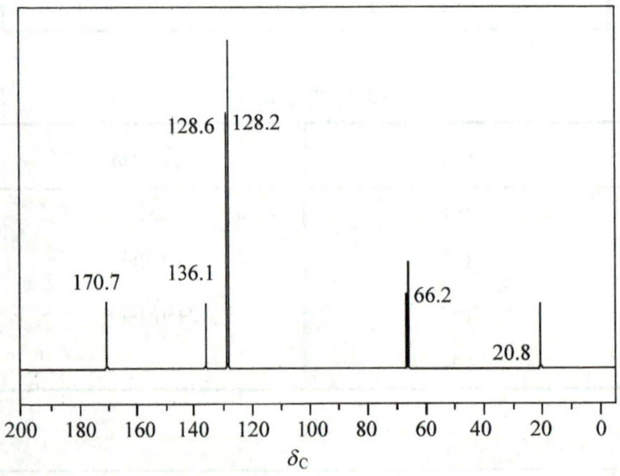

5. 某未知化合物的谱图如下，试推测其结构。

质谱数据

m/z	RI/%	m/z	RI/%	m/z	RI/%	m/z	RI/%
27	9	63	4	103	9	120	10
29	6	65	5	104	5	133	4
39	7	77	13	105	26	148(M)	16.20
41	13	78	6	115	5	149	1.98
50	5	79	9	117	5	150	0.13
51	11	91	60	118	4		
55	4	92	6	119	100		

紫外光谱数据

λ_{max}^{ETOH}/nm	$\lg\varepsilon_{max}$	λ_{max}^{ETOH}/nm	$\lg\varepsilon_{max}$
217(肩峰)	3.60	252.5	2.19
236(肩峰)	1.57	258	2.29
242(肩峰)	1.85	261	2.20
245.7(肩峰)	2.09	264	2.18

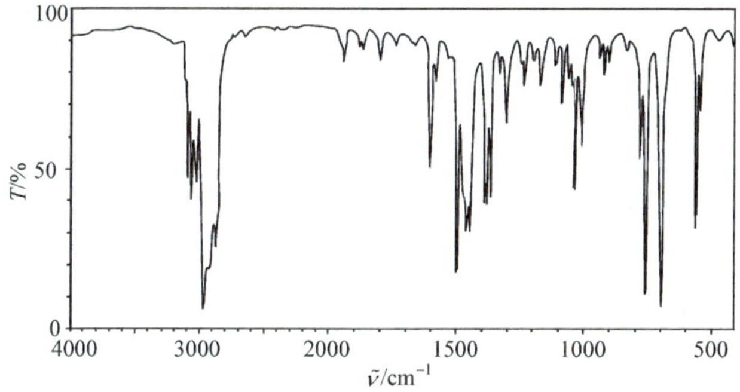

IR 数据

$\tilde{\nu}$ /cm^{-1}	T/%	$\tilde{\nu}$ /cm^{-1}	T/%	$\tilde{\nu}$ /cm^{-1}	T/%	$\tilde{\nu}$ /cm^{-1}	T/%	$\tilde{\nu}$ /cm^{-1}	T/%
3108	72	2879	21	1379	36	1170	72	918	77
3088	44	1603	49	1365	36	1158	79	901	79
3060	38	1582	72	1329	74	1083	68	782	53
3034	43	1497	16	1308	64	1068	74	760	10
3023	42	1464	28	1303	62	1045	72	699	6
2966	4	1446	27	1249	79	1032	39	560	30
2934	17	1386	37	1234	72	1006	68	542	62

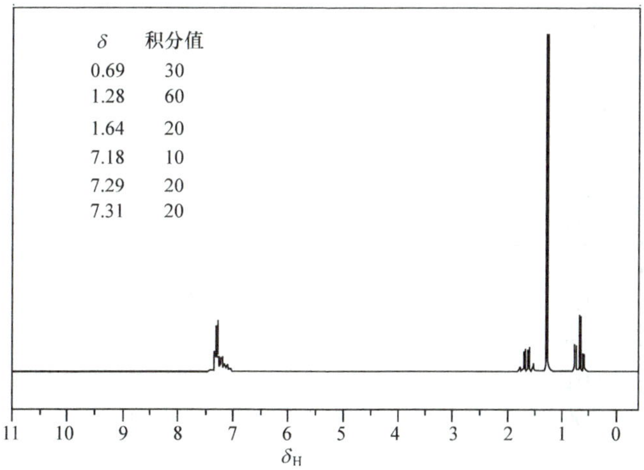

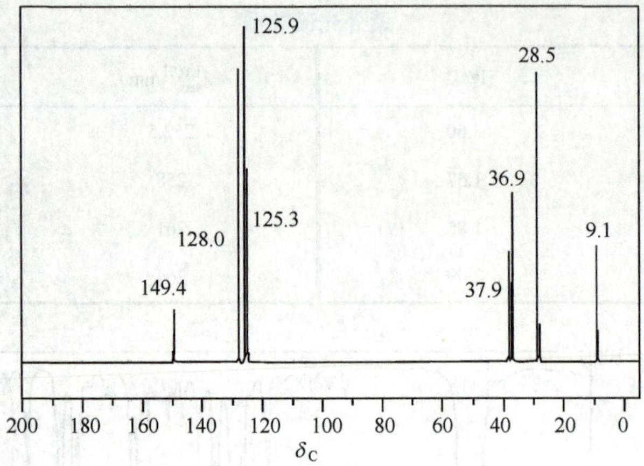

6. 某未知化合物的谱图如下，试推测其结构。

紫外光谱数据：$\lambda_{max}^{环己烷}$=292 nm，ε_{max} = 23.2 。

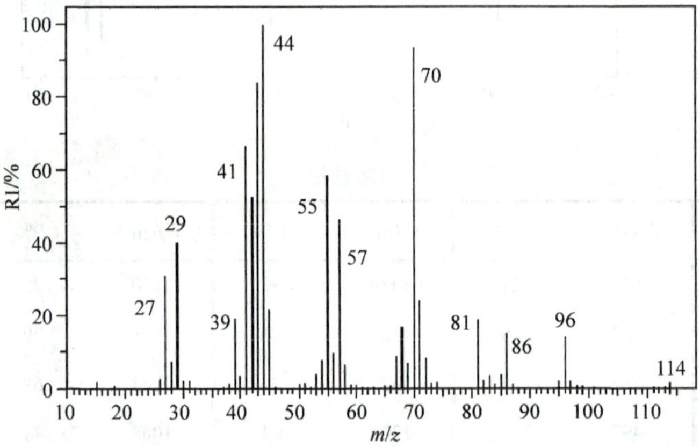

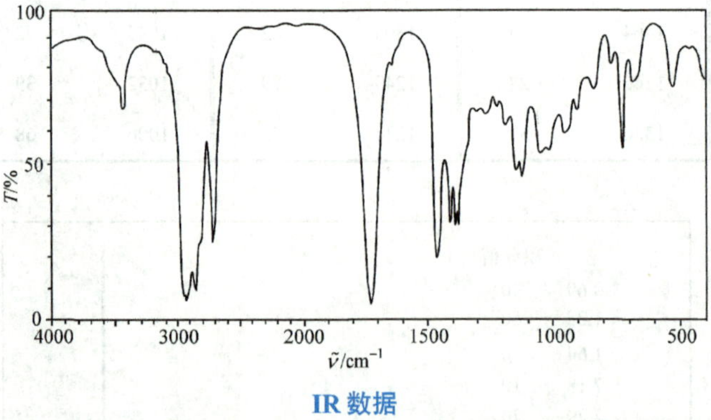

IR 数据

$\tilde{\nu}$ /cm^{-1}	T/%	$\tilde{\nu}$ /cm^{-1}	T/%	$\tilde{\nu}$ /cm^{-1}	T/%	$\tilde{\nu}$ /cm^{-1}	T/%	$\tilde{\nu}$ /cm^{-1}	T/%
3434	66	1642	77	1268	64	1047	60	687	72
2958	7	1468	19	1262	64	956	57	673	74
2931	6	1460	20	1228	86	901	64	531	72
2873	10	1411	30	1190	68	846	72		
2859	9	1390	29	1145	46	835	70		
2717	23	1360	29	1123	43	770	79		
1727	4	1273	64	1064	60	727	62		

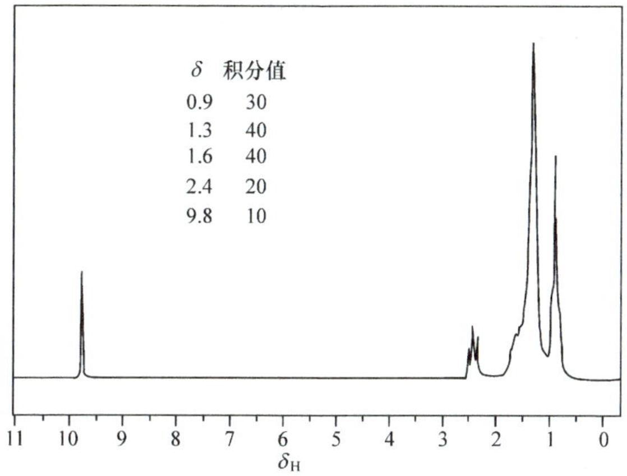

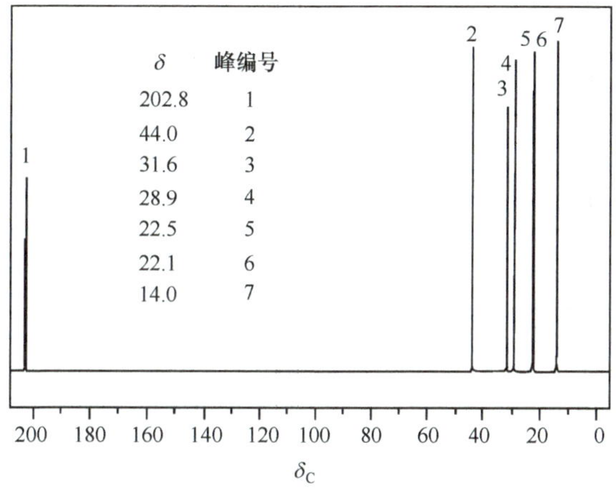

7. 某未知化合物的谱图如下，试推测其结构。

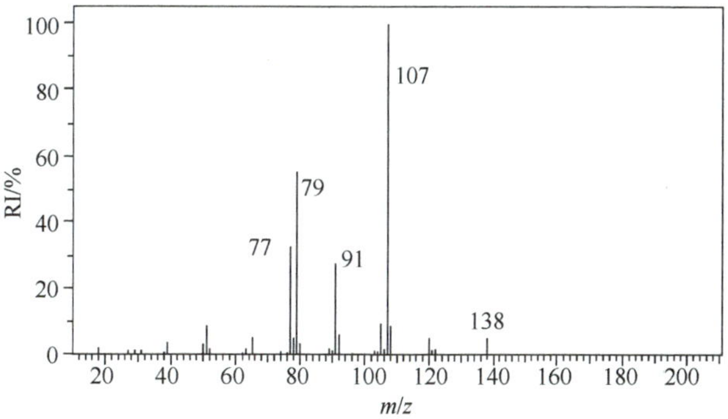

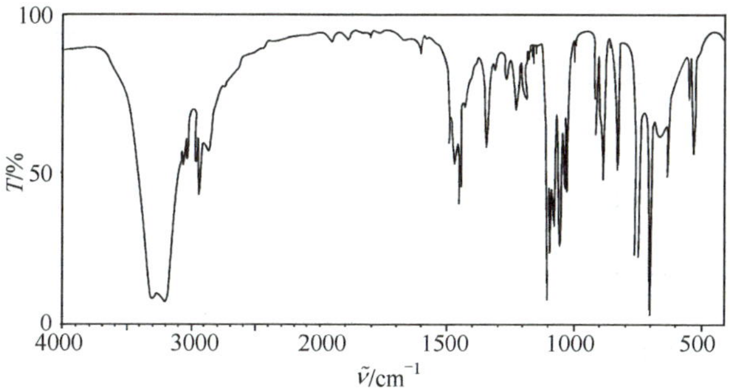

IR 数据

$\tilde{\nu}$ /cm^{-1}	T/%	$\tilde{\nu}$ /cm^{-1}	T/%	$\tilde{\nu}$ /cm^{-1}	T/%	$\tilde{\nu}$ /cm^{-1}	T/%	$\tilde{\nu}$ /cm^{-1}	T/%
3316	9	2936	38	1228	66	1064	20	761	23
3204	8	2876	53	1116	66	1036	41	748	21
3085	50	1495	58	1102	9	1026	39	700	4
3062	47	1470	50	1089	21	914	60	660	58
3048	55	1456	53	1084	39	898	64	634	46
3030	50	1449	38	1078	27	888	44	528	53
2966	49	1344	55	1061	37	833	49	522	57

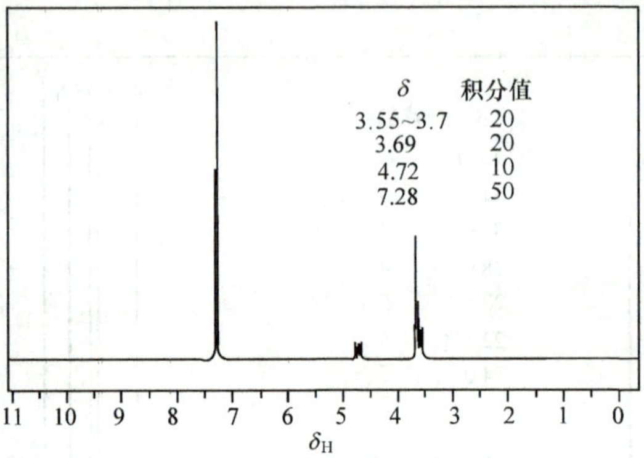

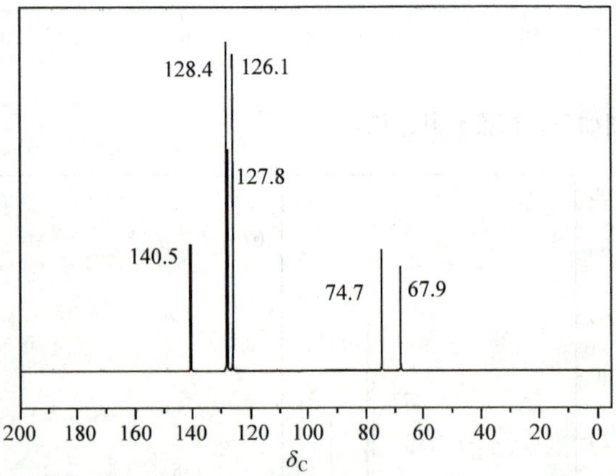

8. 某未知化合物的谱图如下，试推测其结构。

质谱数据

m/z	RI/%	m/z	RI/%	m/z	RI/%	m/z	RI/%
26	1	39	11	44	4	102(M)	0.63
27	18	41	17	45	100	103(M+1)	0.049
29	6	42	6	59	11	104(M+2)	0.0032
31	4	43	61	87	21		

紫外光谱数据：200 nm 以上无吸收。

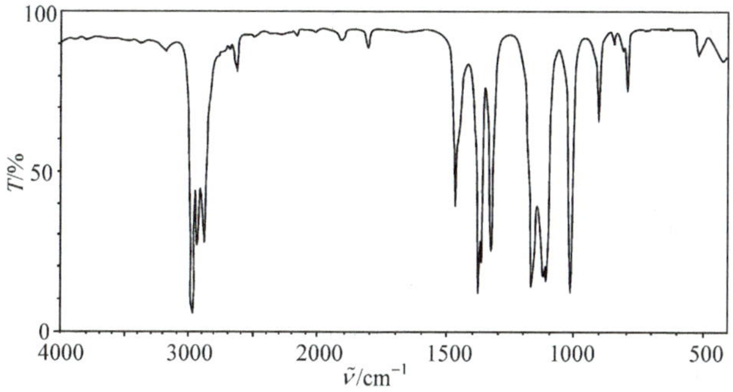

IR 数据

$\tilde{\nu}$ /cm^{-1}	T/%	$\tilde{\nu}$ /cm^{-1}	T/%	$\tilde{\nu}$ /cm^{-1}	T/%	$\tilde{\nu}$ /cm^{-1}	T/%
3183	84	1468	37	1127	16	807	86
2973	4	1466	67	1112	14	796	72
2938	25	1380	11	1016	11	622	86
2881	26	1368	16	905	62	616	84
2632	79	1327	23	850	86		
1811	84	1170	13	816	84		

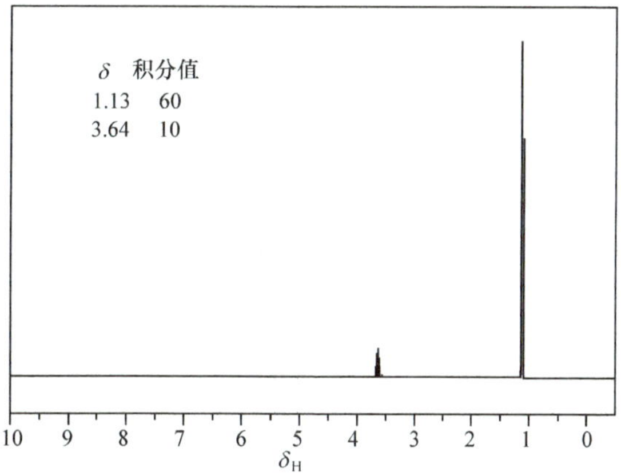

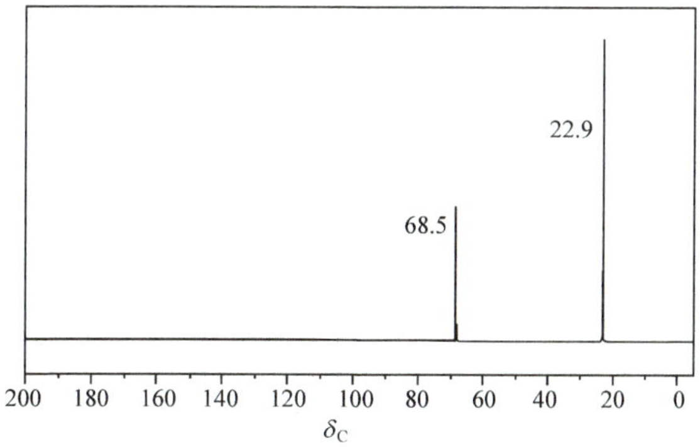

9. 某未知化合物的谱图如下，试推测其结构。

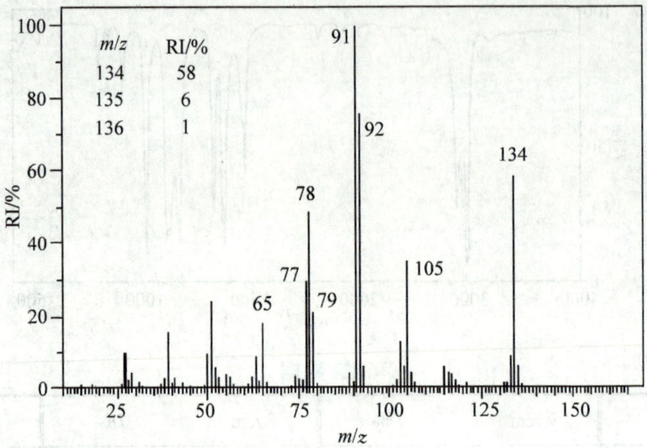

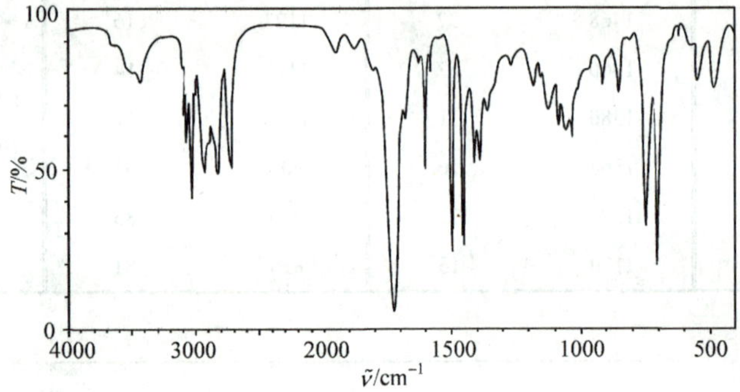

IR 数据

$\tilde{\nu}$ /cm^{-1}	T/%	$\tilde{\nu}$ /cm^{-1}	T/%	$\tilde{\nu}$ /cm^{-1}	T/%	$\tilde{\nu}$ /cm^{-1}	T/%	$\tilde{\nu}$ /cm^{-1}	T/%
3427	74	2826	46	1584	77	1180	72	916	72
3107	79	2726	49	1497	22	1156	77	855	72
3086	82	1808	77	1454	25	1124	64	747	29
3064	63	1726	4	1409	49	1084	60	701	18
3029	38	1679	62	1390	50	1059	58	547	74
3004	70	1627	79	1361	64	1052	60	537	79
2928	47	1604	46	1274	79	1031	57	486	72

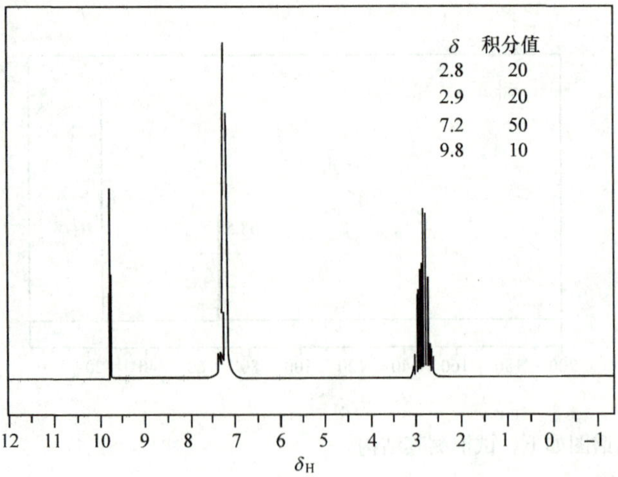

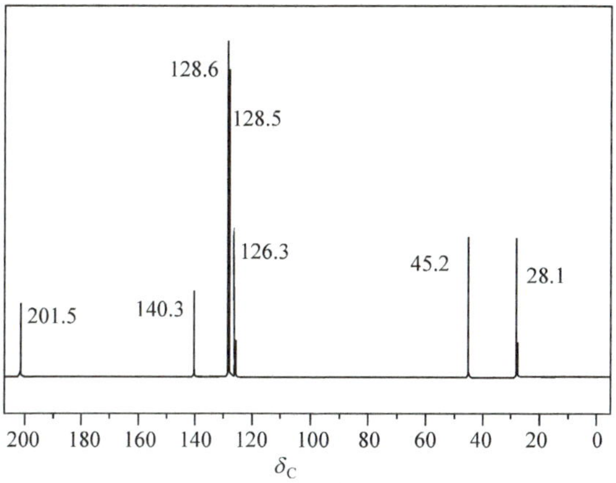

10. 某化合物的实验式是 $C_9H_{11}NO$。紫外光谱有两处吸收：λ_{max}^{EtOH} 在 230 nm 和 330 nm，其他谱图如下，试推测其结构。

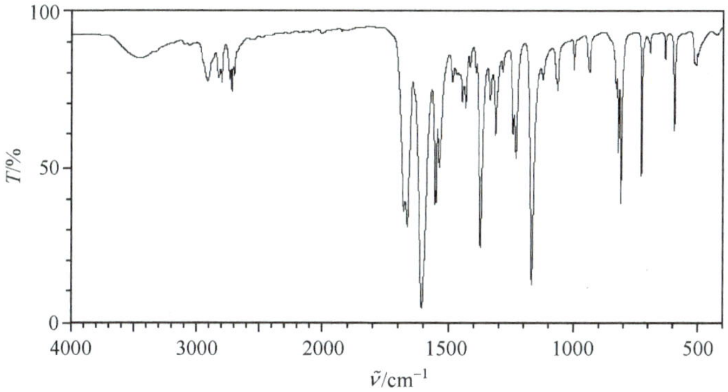

IR：KBr 压片

$\tilde{\nu}$ /cm^{-1}	T/%	$\tilde{\nu}$ /cm^{-1}	T/%	$\tilde{\nu}$ /cm^{-1}	T/%	$\tilde{\nu}$ /cm^{-1}	T/%	$\tilde{\nu}$ /cm^{-1}	T/%
2909	74	1662	30	1416	79	1233	60	834	72
2821	77	1606	4	1392	77	1169	12	826	52
2796	74	1554	37	1375	23	1124	74	814	37
2733	74	1537	47	1337	68	1071	74	730	46
2715	72	1485	74	1315	58	1065	72	597	58
2695	77	1447	68	1287	77	1001	79	518	81
1678	34	1433	66	1246	68	938	77	510	79

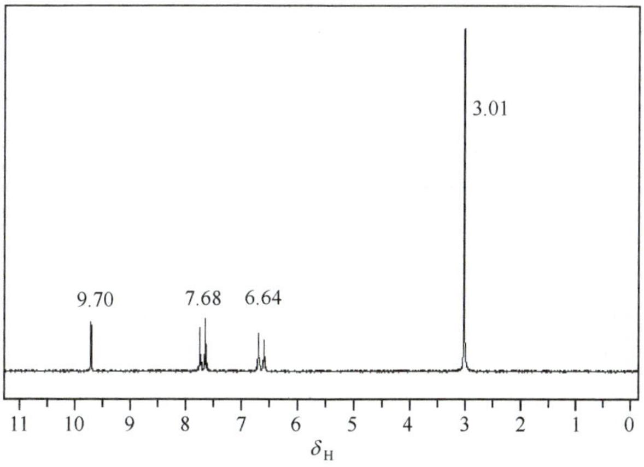

^{1}H NMR：90 MHz，溶剂 $CDCl_3$

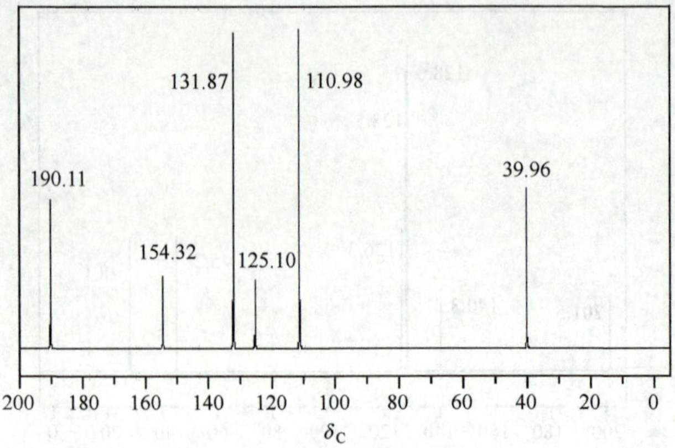

^{13}C NMR：溶剂 $CDCl_3$

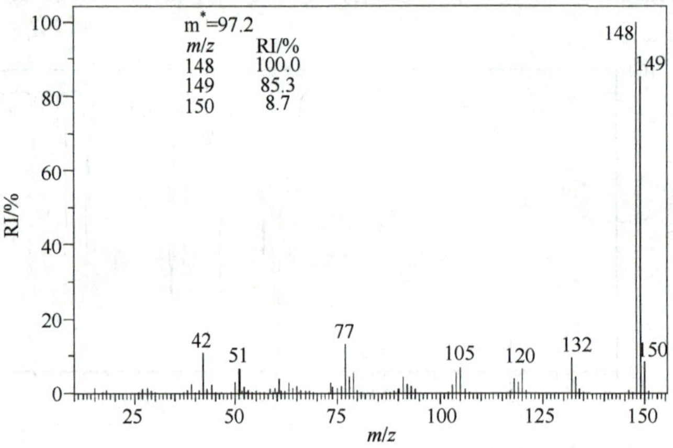

11. 某化合物的紫外光谱吸收 λ_{max} =210 nm，其他谱图如下，试推导该化合物的结构。

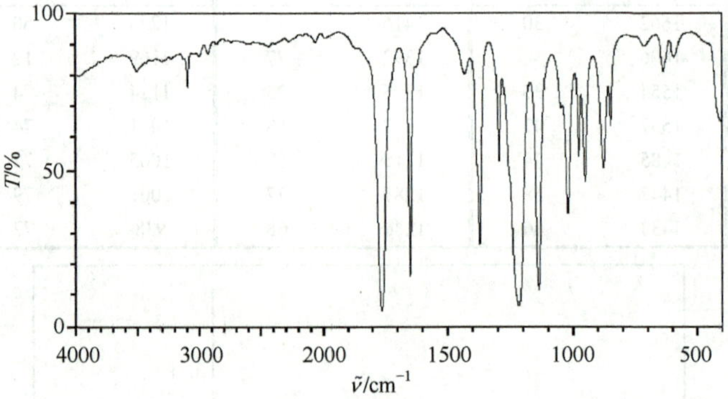

IR：液膜

$\tilde{\nu}$ /cm^{-1}	T/%	$\tilde{\nu}$ /cm^{-1}	T/%	$\tilde{\nu}$ /cm^{-1}	T/%
3609	79	2931	84	1372	25
3121	81	1762	4	1295	50
3095	74	1649	16	1217	6
3002	84	1431	77	1138	11

续表

$\tilde{\nu}$ /cm^{-1}	T/%	$\tilde{\nu}$ /cm^{-1}	T/%	$\tilde{\nu}$ /cm^{-1}	T/%
1021	35	877	49	639	79
977	62	848	82	595	81
961	44	714	86		

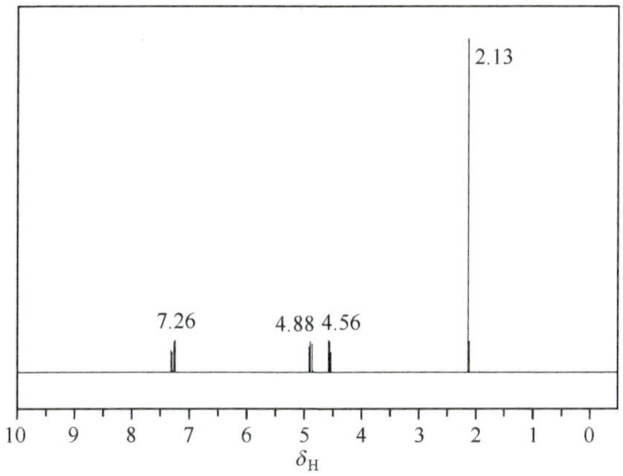

^{1}H NMR：溶剂 $CDCl_3$

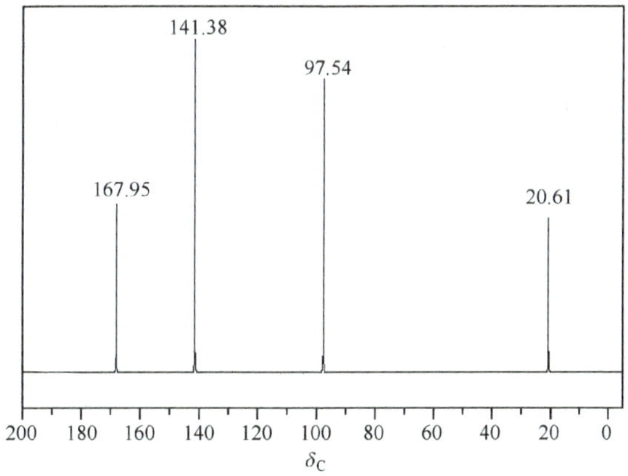

^{13}C NMR：溶剂 $CDCl_3$

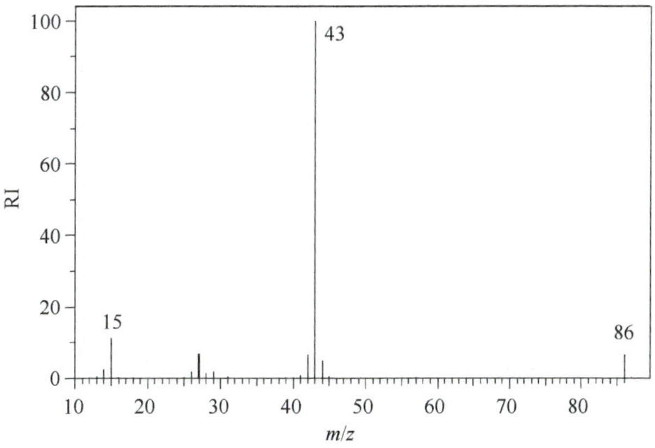

12. 某化合物的谱图如下，推测其结构。

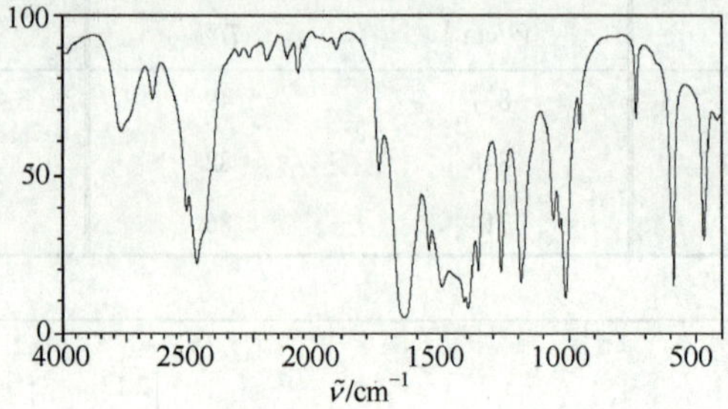

IR：液膜

$\tilde{\nu}$ /cm^{-1}	T/%	$\tilde{\nu}$ /cm^{-1}	T/%	$\tilde{\nu}$ /cm^{-1}	T/%	$\tilde{\nu}$ /cm^{-1}	T/%	$\tilde{\nu}$ /cm^{-1}	T/%
3536	60	2224	84	1549	26	1177	22	474	28
3218	70	2144	79	1499	13	1061	35	465	41
3013	37	2130	79	1412	9	1035	32	457	55
2933	21	2091	86	1396	7	1013	10		
2603	84	1916	86	1356	18	959	62		
2523	84	1747	49	1266	18	735	66		
2386	81	1646	4	1188	16	690	14		

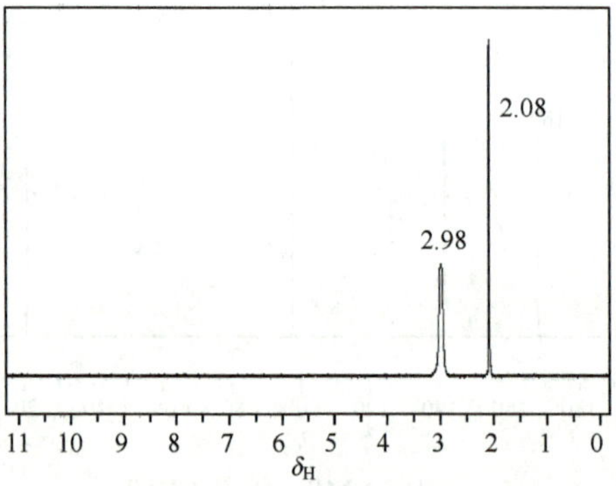

^{1}H NMR：90 MHz，溶剂 $CDCl_3$

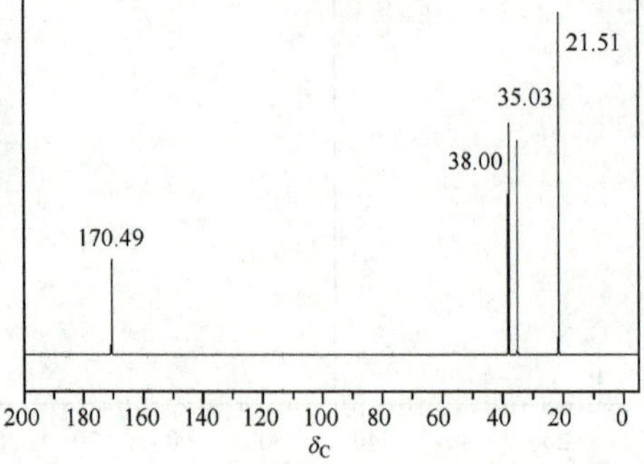

^{13}C NMR：溶剂 $CDCl_3$

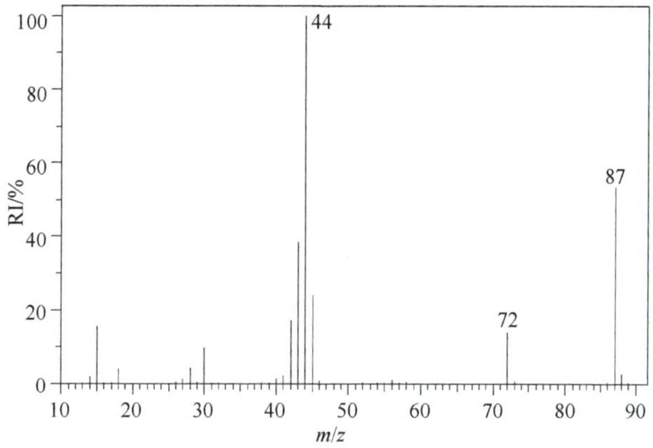

13. 由元素分析求得某化合物的实验式为 $C_4H_8N_2$，其谱图如下，试推测其结构。

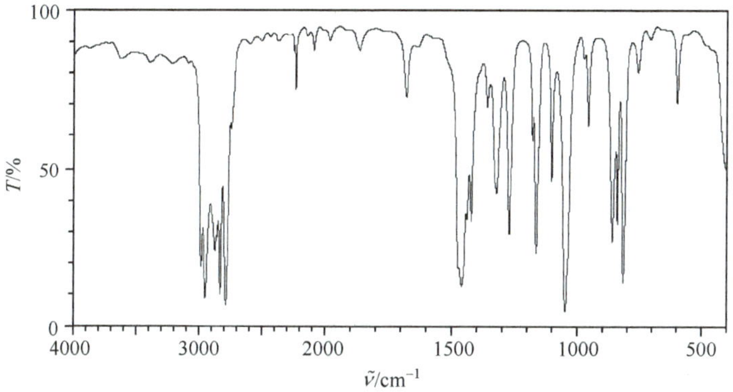

IR：液膜

$\tilde{\nu}$ /cm⁻¹	T/%	$\tilde{\nu}$ /cm⁻¹	T/%	$\tilde{\nu}$ /cm⁻¹	T/%	$\tilde{\nu}$ /cm⁻¹	T/%	$\tilde{\nu}$ /cm⁻¹	T/%
3623	81	2869	26	2087	84	1361	65	974	81
3600	81	2833	9	1863	84	1322	41	958	60
3393	79	2789	6	1678	70	1273	27	863	26
3217	79	2744	60	1473	17	1181	57	842	31
2985	18	2599	86	1460	12	1165	22	819	13
2952	8	2247	84	1440	32	1102	44	759	77
2874	23	2232	72	1423	32	1048	4	600	68

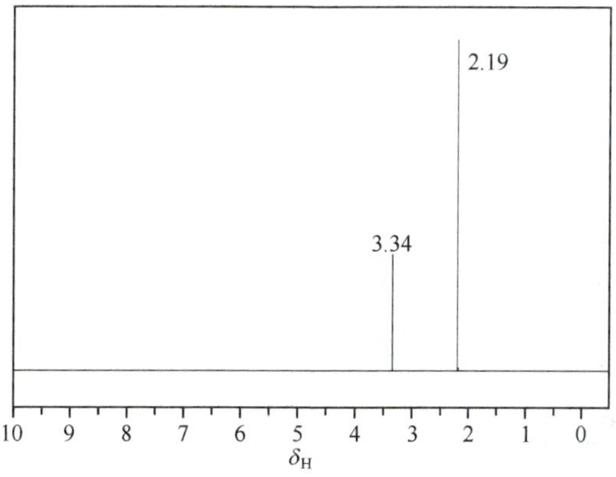

¹H NMR：溶剂 $CDCl_3$

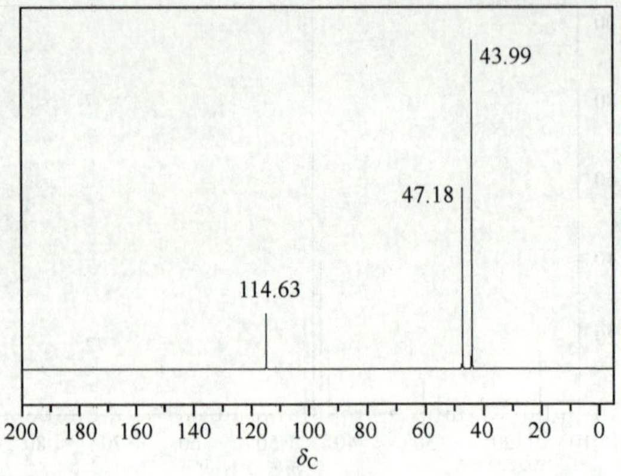

^{13}C NMR：溶剂 $CDCl_3$

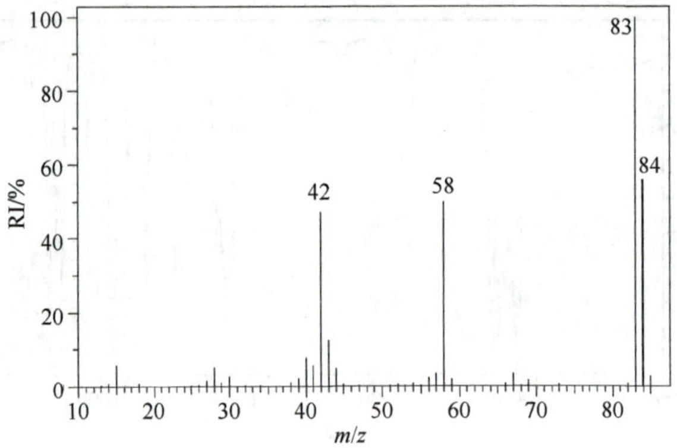

14. 某化合物的谱图如下，试推测其结构。

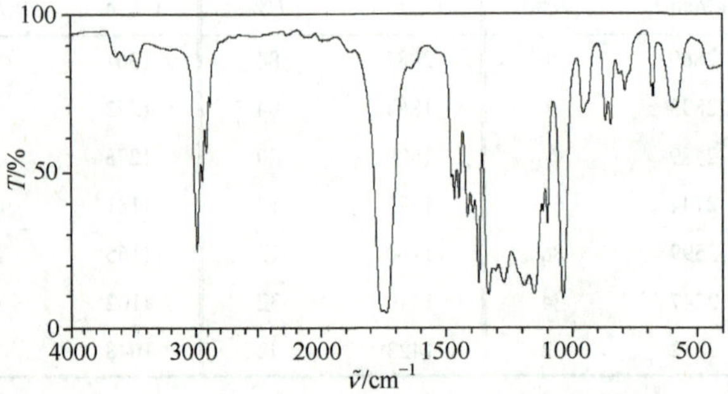

IR：液膜

$\tilde{\nu}/cm^{-1}$	T/%	$\tilde{\nu}/cm^{-1}$	T/%	$\tilde{\nu}/cm^{-1}$	T/%	$\tilde{\nu}/cm^{-1}$	T/%	$\tilde{\nu}/cm^{-1}$	T/%
3639	84	1763	6	1416	34	1116	36	788	72
3561	81	1742	5	1393	35	1097	32	692	68
3465	79	1735	4	1371	13	1037	9	684	74
2986	23	1478	46	1333	10	966	66	676	70
2943	44	1467	39	1271	13	941	68	586	68
2910	53	1457	49	1191	13	857	64		
2878	68	1448	38	1162	10	846	62		

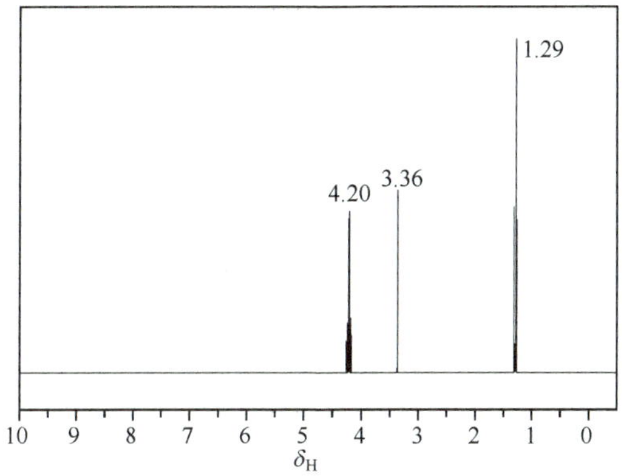

^{1}H NMR：溶剂 $CDCl_3$

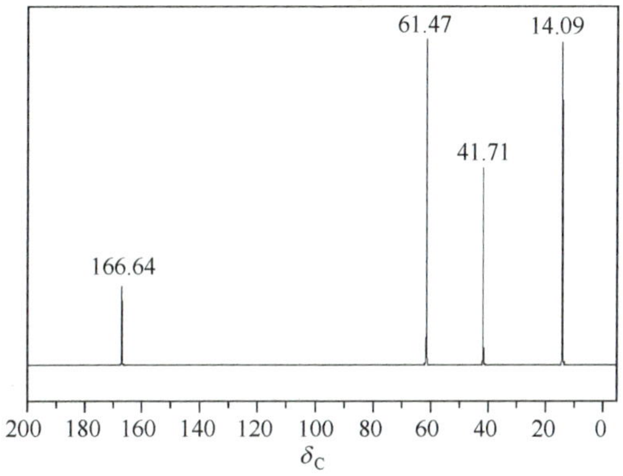

^{13}C NMR：溶剂 $CDCl_3$

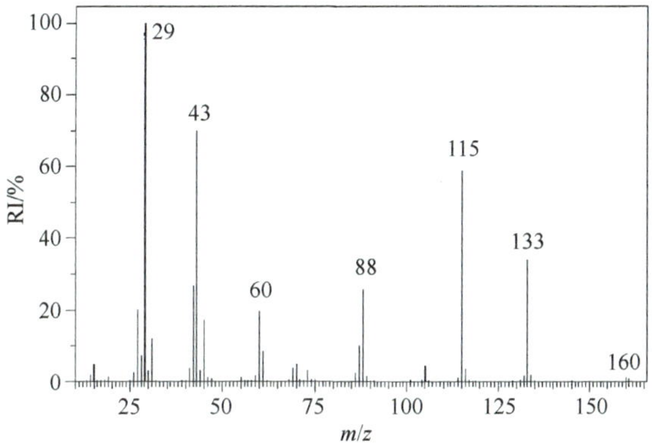

15. 某含氟化合物的谱图如下，推测其结构。

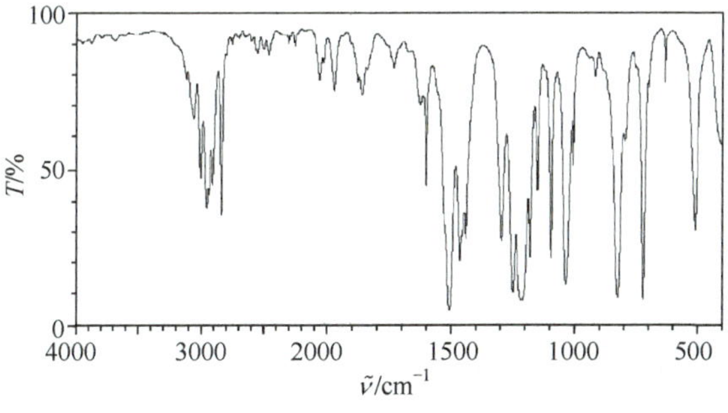

IR：液膜

$\tilde{\nu}$ /cm⁻¹	T/%	$\tilde{\nu}$ /cm⁻¹	T/%	$\tilde{\nu}$ /cm⁻¹	T/%	$\tilde{\nu}$ /cm⁻¹	T/%	$\tilde{\nu}$ /cm⁻¹	T/%
3118	77	2064	74	1626	68	1261	10	919	77
3060	64	2022	81	1612	70	1214	7	828	8
3006	46	1970	72	1603	43	1182	21	799	57
2956	36	1877	74	1507	4	1162	41	724	8
2938	41	1871	77	1467	20	1096	20	701	74
2911	43	1859	70	1442	26	1038	12	636	74
2838	34	1731	79	1298	26	1008	49	613	29

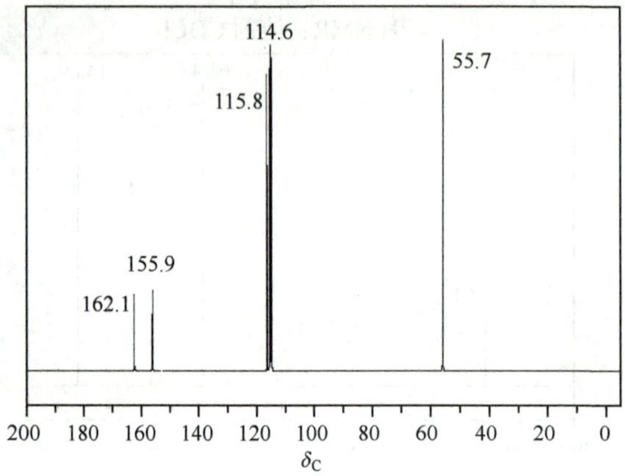

^{13}C NMR：溶剂 $CDCl_3$

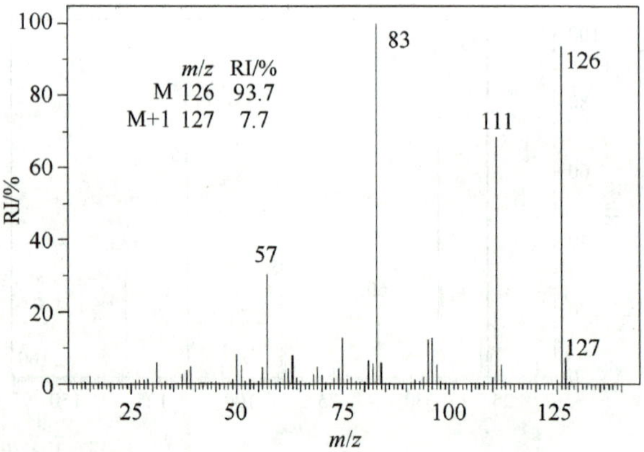

16. 已知某单环萜烯化合物的分子式为 $C_{10}H_{16}$，其谱图如下，推测其结构。

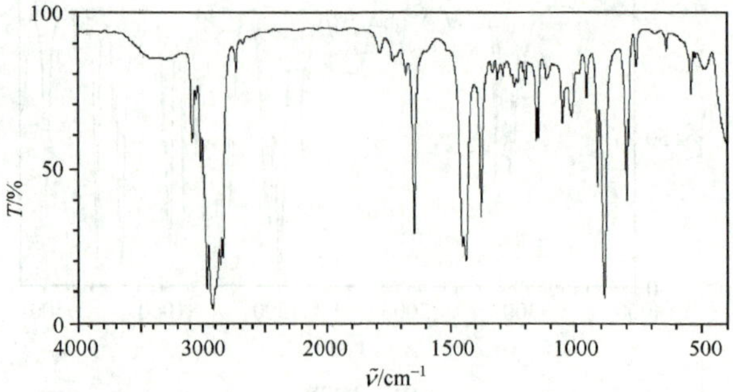

IR：液膜

$\tilde{\nu}$ /cm^{-1}	T/%	$\tilde{\nu}$ /cm^{-1}	T/%	$\tilde{\nu}$ /cm^{-1}	T/%	$\tilde{\nu}$ /cm^{-1}	T/%	$\tilde{\nu}$ /cm^{-1}	T/%
3084	66	2867	18	1377	33	1199	74	967	70
3073	57	2835	20	1330	77	1155	57	914	42
3047	70	2728	77	1311	74	1148	57	888	8
3012	60	1677	77	1288	77	1116	77	797	38
2966	10	1645	27	1243	72	1102	77	789	57
2919	4	1453	29	1228	74	1052	62	760	79
2894	11	1437	18	1207	77	1016	64	643	70

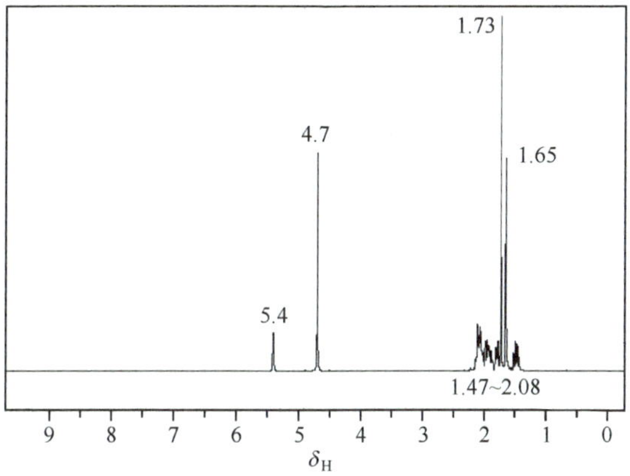

^{1}H NMR：400 MHz，溶剂 $CDCl_3$

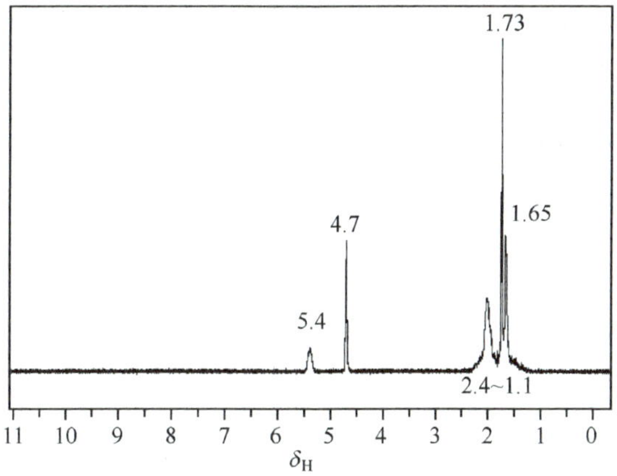

^{1}H NMR：90 MHz，溶剂 $CDCl_3$

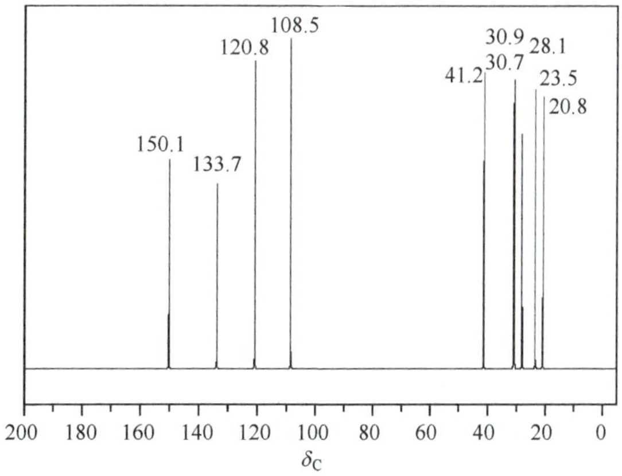

^{13}C NMR：溶剂 $CDCl_3$

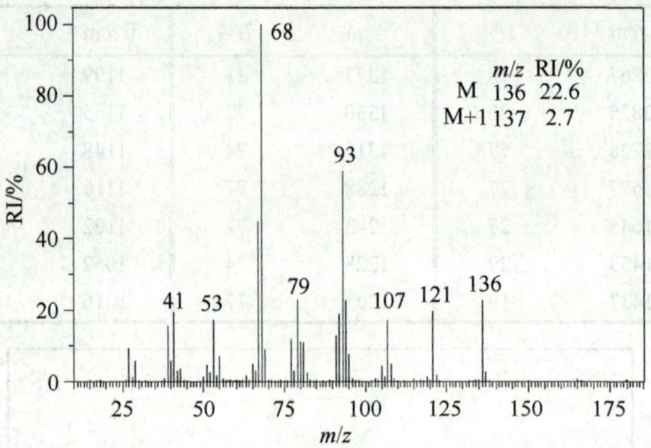

17. 某化合物的分子量为 126，谱图如下，推测其结构。

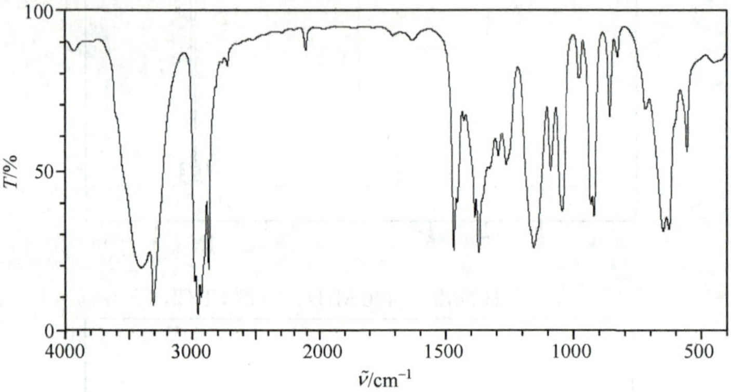

IR：液膜

$\tilde{\nu}$ /cm^{-1}	T/%	$\tilde{\nu}$ /cm^{-1}	T/%	$\tilde{\nu}$ /cm^{-1}	T/%	$\tilde{\nu}$ /cm^{-1}	T/%	$\tilde{\nu}$ /cm^{-1}	T/%
3931	84	2873	18	1387	34	1047	35	724	66
3406	18	2721	79	1371	23	981	77	654	29
3313	7	2111	84	1296	62	936	37	641	34
2981	14	1470	25	1265	50	924	34	631	30
2957	4	1456	38	1158	24	862	64	560	53
2933	10	1429	62	1092	47	831	81		

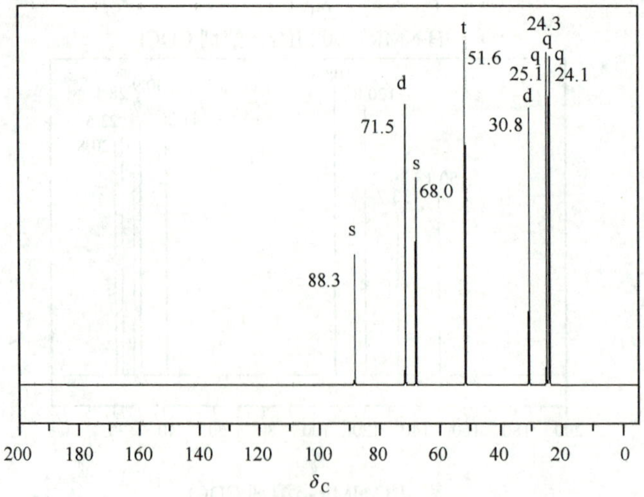

^{13}C NMR：溶剂 $CDCl_3$

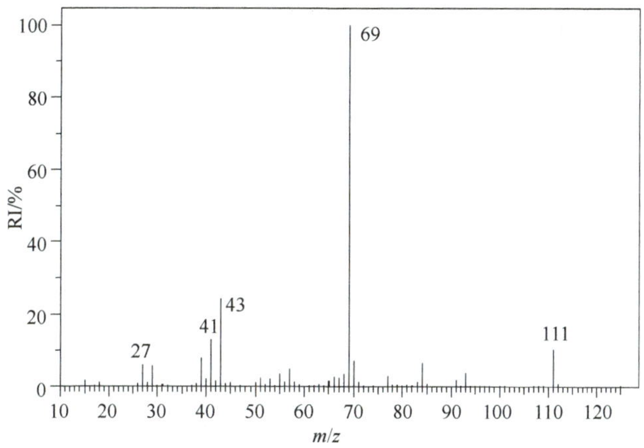

18. 某化合物的分子量为 121，IR、^{1}H NMR、^{13}C NMR 谱图及 MS 数据如下，推断结构。

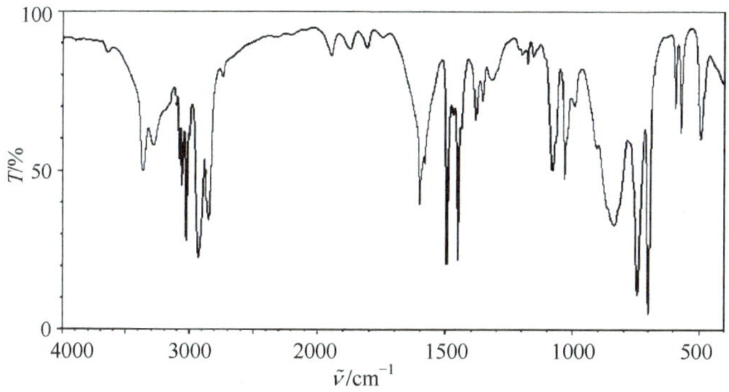

IR 数据

$\tilde{\nu}$ / cm^{-1}	T/%	$\tilde{\nu}$ / cm^{-1}	T/%	$\tilde{\nu}$ / cm^{-1}	T/%	$\tilde{\nu}$ / cm^{-1}	T/%	$\tilde{\nu}$ / cm^{-1}	T/%
3366	47	2932	21	1497	20	1179	81	839	31
3284	55	2850	33	1472	64	1157	81	746	10
3105	88	2740	77	1453	20	1149	84	700	4
3084	62	1947	81	1441	60	1079	47	694	66
3062	43	1808	84	1382	64	1067	57	571	58
3026	26	1603	37	1355	68	1030	46	495	57
3002	68	1583	60	1318	74	992	68	481	70

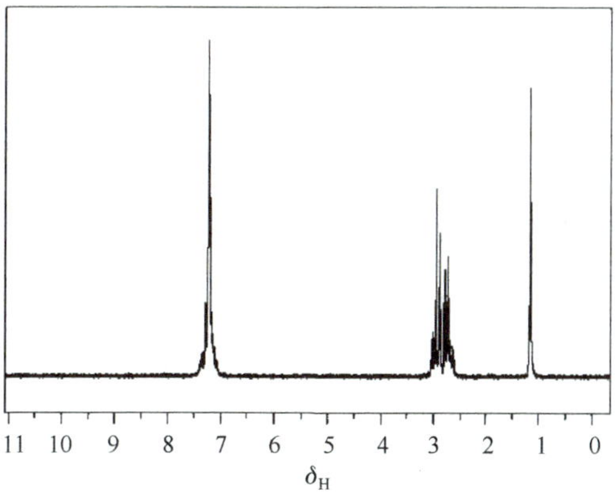

^{1}H NMR：7.42～7.04(m，5H)，2.97～2.68(m，4H)，1.16(s，2H)。

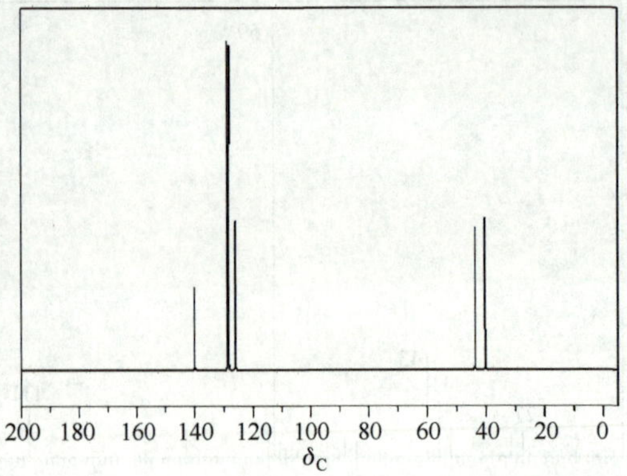

^{13}C NMR：139.93(s)，128.80(d)，128.40(d)，126.09(d)，43.60(t)，40.19(t)。

MS 数据

m/z	RI/%	m/z	RI/%	m/z	RI/%	m/z	RI/%	m/z	RI/%
28	2.3	39	3.2	63	2.1	89	1.4	103	1.6
30	100.0	50	1.3	65	5.5	91	15.1	120	1.0
31	1.3	51	2.7	77	2.4	92	6.5	121	6.0

19. 某未知化合物的 IR 谱图及 ^{1}H NMR、^{13}C NMR、MS 数据如下，推断结构。

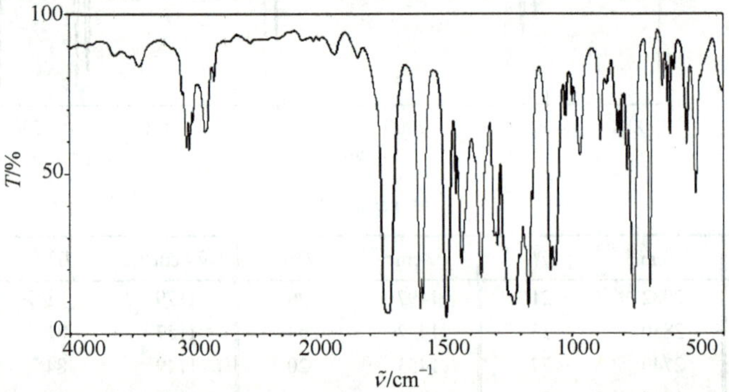

IR 数据

$\tilde{\nu}$ /cm^{-1}	T/%	$\tilde{\nu}$ /cm^{-1}	T/%	$\tilde{\nu}$ /cm^{-1}	T/%	$\tilde{\nu}$ /cm^{-1}	T/%	$\tilde{\nu}$ /cm^{-1}	T/%
3064	66	1699	7	1296	26	1026	66	782	49
3043	55	1589	10	1242	11	997	70	755	7
3033	60	1496	4	1229	8	967	59	692	13
3014	64	1466	42	1172	7	888	68	623	70
2921	60	1433	20	1155	41	861	74	612	60
1735	6	1356	16	1086	18	818	60	544	57
1726	6	1306	29	1067	20	807	68	510	42

MS 数据

m/z	RI/%	m/z	RI/%	m/z	RI/%	m/z	RI/%	m/z	RI/%
15	4	40	1	53	1	75	1	99	2
26	1	41	1	57	1	77	100	107	69
27	4	42	2	62	1	78	10	108	14
28	2	43	84	63	3	79	24	109	1
29	2	44	2	64	1	80	1	111	1
37	1	50	5	65	8	91	1	150	69
38	3	51	22	66	2	93	1	151	7
39	11	52	2	74	1	94	5		

^{13}C NMR 数据：205.4(s)，157.8(s)，129.7(d)，121.6(d)，114.5(d)，72.9(t)，26.4(q)。

^{1}H NMR 数据：7.28(m，2H)，6.98(m，1H)，6.87(m，2H)，4.52(s，2H)，2.26(s，3H)。

20. 某化合物相应的 IR、^{1}H NMR、^{13}C NMR 和 MS 谱图及数据如下，推测其结构。

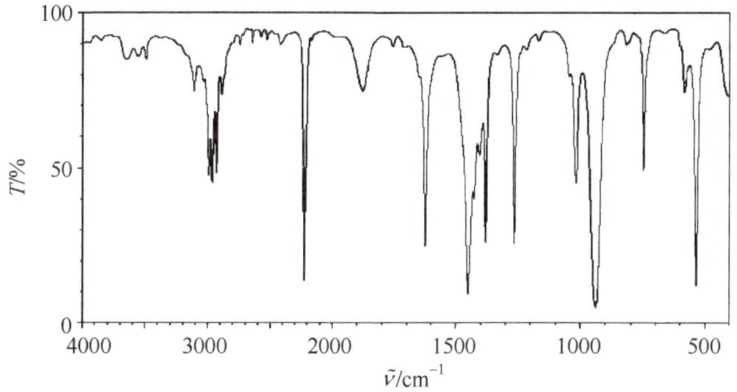

IR 数据

ṽ /cm⁻¹	T/%	ṽ /cm⁻¹	T/%	ṽ /cm⁻¹	T/%	ṽ /cm⁻¹	T/%	ṽ /cm⁻¹	T/%
3648	81	2966	43	1878	72	1381	25	749	47
3558	81	2931	46	1766	86	1266	24	585	72
3493	81	2890	70	1626	23	1218	84	576	77
3111	72	2744	86	1452	8	1018	43	636	11
3096	77	2420	86	1428	38	939	4		
2993	46	2229	13	1407	62	819	86		

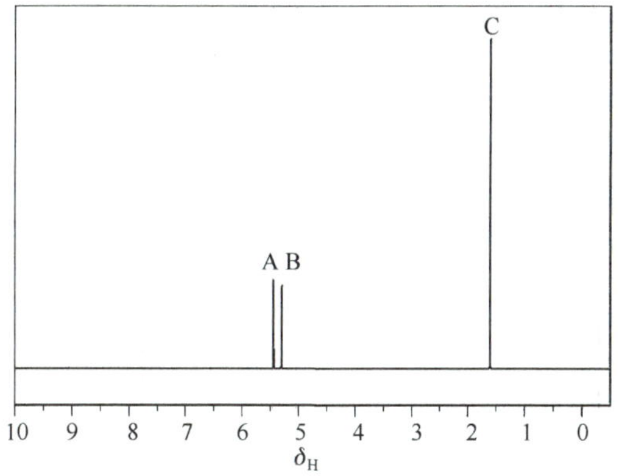

^{1}H NMR： A 5.45(1H)，B 5.30(1H)，C 1.61(3H)，J(A，B) = 0.73。

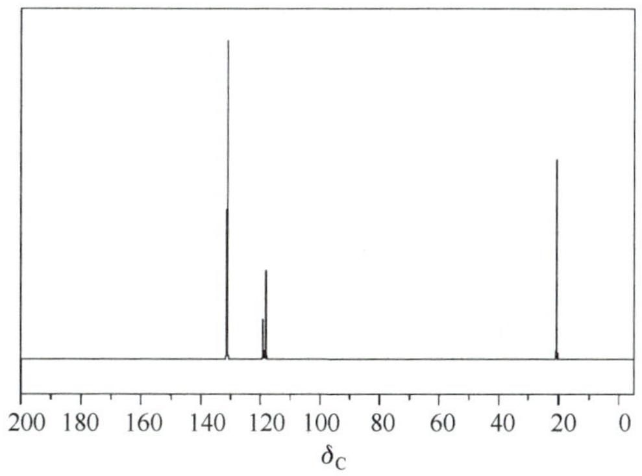

^{13}C NMR：131.2，119.2，118.2，20.7。

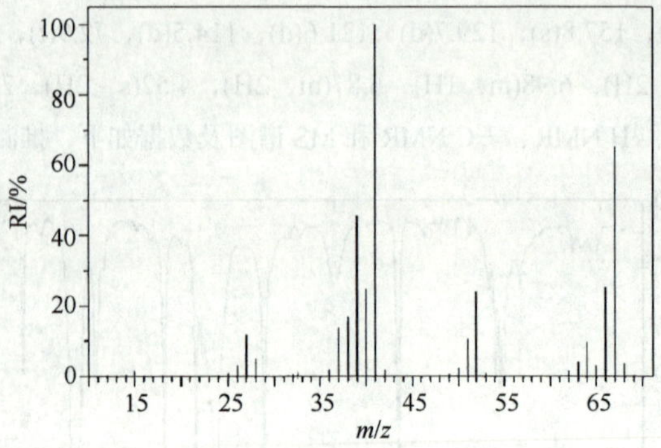

MS 数据

m/z	RI/%	m/z	RI/%	m/z	RI/%	m/z	RI/%	m/z	RI/%
15	1.3	37	13.7	42	2.0	63	4.0	68	3.6
26	3.1	38	16.8	50	2.3	64	9.4		
27	11.6	39	45.7	51	10.6	65	3.1		
28	5.0	40	24.8	52	23.9	66	25.0		
36	2.0	41	100.0	62	1.7	67	65.3		

21. 依据下列谱图，推断分子式为 $C_6H_{10}O_3$ 的化合物的结构。

UV 谱显示 250 nm 左右有吸收。

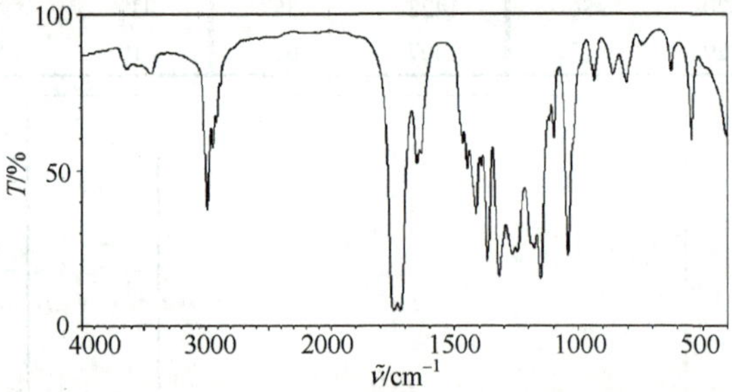

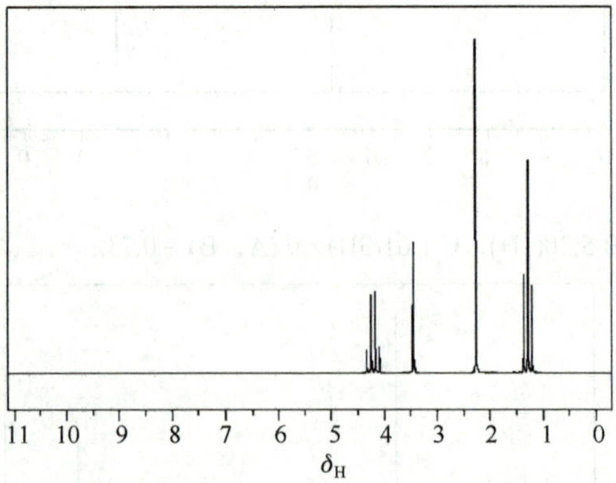

峰位 δ	峰重数	积分面积	氢数
4.2	四	1.1	2
3.5	单	1.1	2
2.2	单	1.6	3
1.2	三	1.7	3

22. 某化合物的分子量为 134，IR、^{1}H NMR、^{13}C NMR 和 MS 谱图及数据如下，推断该化合物的结构。

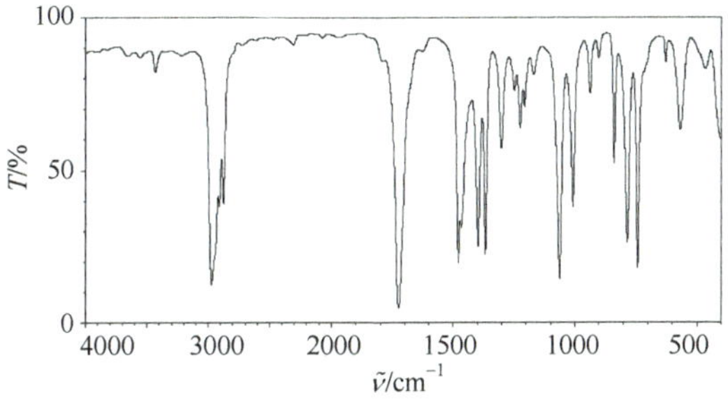

$\tilde{\nu}$ /cm^{-1}	T/%	$\tilde{\nu}$ /cm^{-1}	T/%	$\tilde{\nu}$ /cm^{-1}	T/%	$\tilde{\nu}$ /cm^{-1}	T/%	$\tilde{\nu}$ /cm^{-1}	T/%
3648	84	2874	37	1303	55	1009	36	742	17
3554	84	1726	4	1248	72	937	72	628	81
3433	79	1480	18	1225	62	908	86	569	60
3410	84	1468	29	1207	68	902	84	466	79
2972	12	1398	29	1170	79	838	50		
2910	37	1369	21	1064	13	784	25		

^{1}H NMR：4.41，1.22(积分比 2：9)。

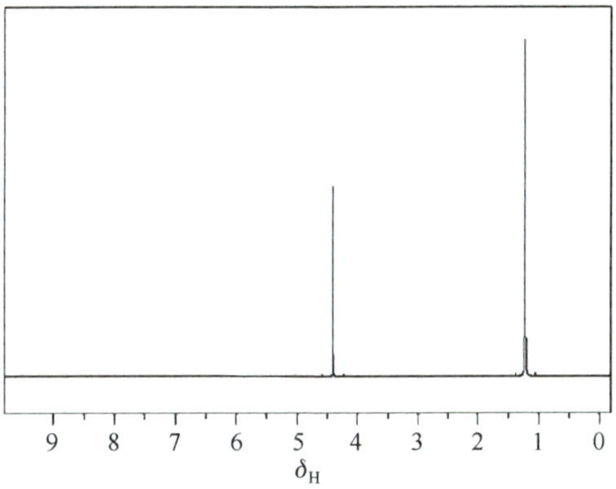

^{13}C NMR：206.0，45.5，43.9，26.5。

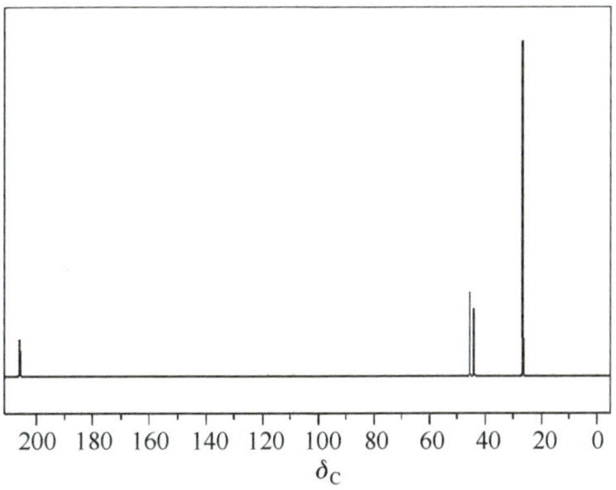

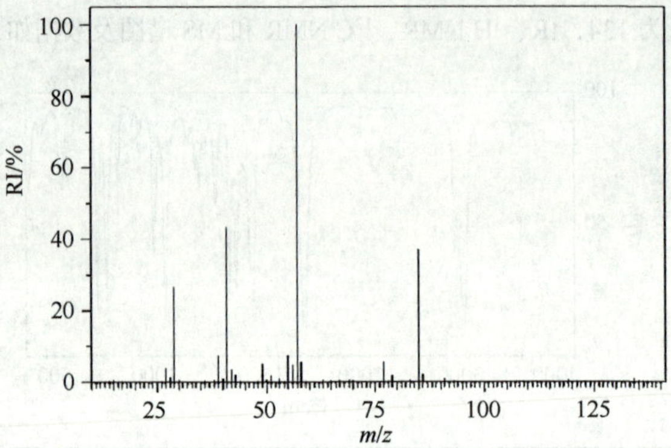

MS 数据

m/z	RI/%	m/z	RI/%	m/z	RI/%	m/z	RI/%	m/z	RI/%
14	0.2	38	0.6	51	1.8	67	0.4	86	2.1
15	0.5	39	7.4	53	1.0	69	0.4	91	1.1
26	0.3	40	1.1	54	0.2	70	0.4	93	0.4
27	3.7	41	43.3	55	7.6	76	0.3	100	0.2
28	1.3	42	3.6	56	4.8	77	5.7	119	0.6
29	26.6	43	2.2	57	100.0	78	0.2	121	0.2
30	0.6	48	0.3	58	5.6	79	1.9	134	1.1
36	0.4	49	5.2	63	0.6	83	0.4	135	0.6
37	0.2	50	0.5	65	0.4	85	37.2	136	0.3

第 8 章　旋光光谱和圆二色光谱*

旋光光谱(optical rotatory dispersion，ORD)和圆二色光谱(circular dichroism，CD)在测定手性化合物的构型和构象、确定某些官能团(如羰基)在手性分子中的位置方面有独到之处，是其他谱无法代替的。

8.1　基 本 原 理

8.1.1　旋光光谱

根据有机化学的基础知识可知，有机分子具有手性时，即分子和它的镜像是对称的，但互相不能重叠。当平面偏振光通过手性样品时，偏振面发生旋转，即该物质具有“旋光性”。偏振面所旋转的角度称为旋光度，可用旋转检偏镜进行测定。从观察者的角度看，当检偏镜顺时针方向旋转时，样品称为右旋(+)物质，逆时针方向旋转时称为左旋(−)物质(图 8-1)。通常用钠光 D 线(589.3 nm)作光源来测量，并定义比旋光度为

$$[\alpha]_D = (\alpha_{实}/cl)\times 100$$

式中，$\alpha_{实}$为实际观察到的旋光度；c 为 100 mL 溶剂中溶质的质量(单位：g)；l 为试样槽的厚度(以 dm 计)。

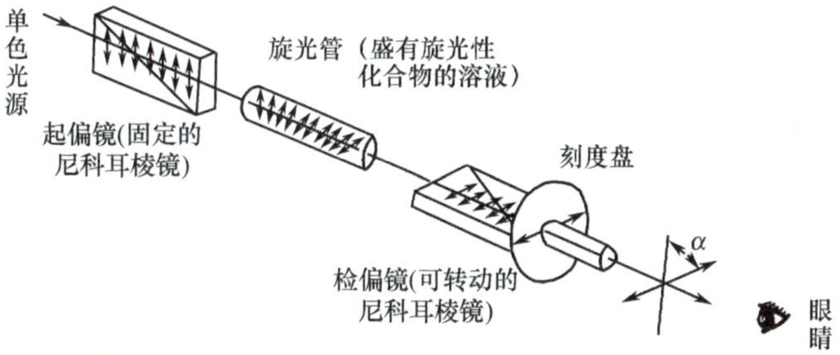

图 8-1　旋光镜示意图

实际上，可以把平面偏振光(线偏振光)看成是以相同的传播速度前进的左、右两个圆偏振光的矢量和，如图 8-2 所示。

当介质没有手性结构时，左旋圆偏振光和右旋圆偏振光在该介质中的传播速度相同，表现为它们的折射率相同，因为

$$n = 在真空中的光速/在介质中的光速$$

这时有

$$\Delta n = n_L - n_R = 0$$

从而使它们的矢量和保持在同一个平面之中[图 8-2(c)]，在迎着光传播方向观察，该矢量和是忽长忽短周期性变化的一条线[图 8-2(a)]。

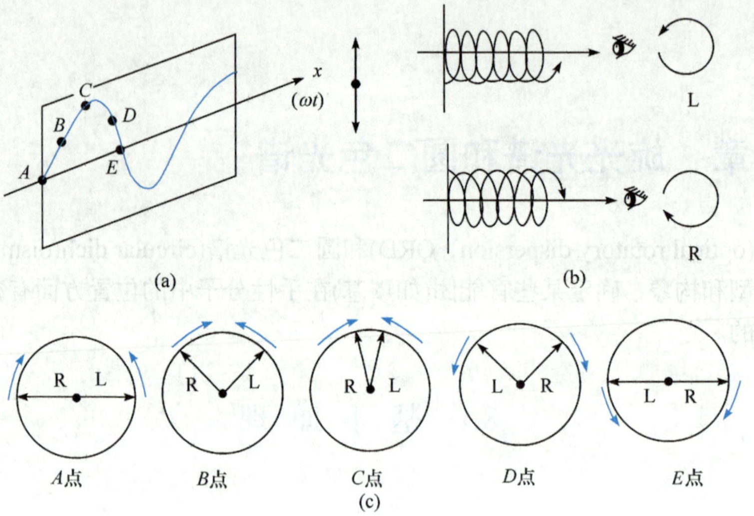

图 8-2 平面偏振光与圆偏振光的关系

(a) 平面偏振光；(b) 左、右旋圆偏振光；(c) 平面偏振光由相等的左、右旋圆偏振光合成

当介质为有不对称结构的晶体或手性化合物的溶液(总称旋光性物质)时，如冰晶石或葡萄糖水溶液，则 $n_L \neq n_R$，$\Delta n \neq 0$，从而使它们的矢量和偏离原来的偏振面，并且偏离程度随光程增大而增大，这就是旋光现象，如图 8-3 所示。

图 8-3 平面偏振光在不对称介质中发生偏转

因此，旋光现象是平面偏振光通过旋光性物质时，组成平面偏振光的左旋圆偏振光和右旋圆偏振光在介质中的传播速度不同(折射率不同，$n_L \neq n_R$)，使平面偏振光的偏振面旋转一定的角度造成的。用不同波长的平面偏振光测量化合物的比旋光度$[\alpha]_\lambda$，并以$[\alpha]_\lambda$或有关量为纵坐标，波长为横坐标，得到的谱图称为旋光光谱(ORD)。实际的 ORD 测量工作中常用摩尔旋光度$[\phi]_\lambda$代替比旋光度$[\alpha]_\lambda$，它们之间的关系为

$$[\phi]_\lambda = [\alpha]_\lambda M/100$$

式中，100 是人为规定的，目的是使摩尔旋光度的值不致过大；$[\alpha]_\lambda$为比旋光度；M 为待测物质的分子量；摩尔旋光度$[\phi]_\lambda$的单位为$(^\circ)\cdot cm^2/dmol$。

在紫外和可见区无生色团的饱和化合物，其 ORD 谱线$[\phi]_\lambda$的绝对值随波长增大而变小。旋光度为负值的化合物，ORD 谱线从紫外到可见区呈单调上升；而旋光度为正值的化合物，ORD 谱线是单调下降。两种情况下 ORD 谱线都趋向和逼近 0 线，但不与 0 线相交，即谱线只是在一个相内延伸，没有峰也没有谷，这类 ORD 谱线称为正常的或平坦的旋光谱线。图 8-4 为 2-丁醇的 ORD 谱。

分子中有一个简单的生色团(如羰基)的 ORD 谱线：从第 2 章中已经了解到羰基在 270 nm 左右有弱的(ε<100)吸收峰，它是由 $n \to \pi^*$跃迁所引起的吸收带。ORD 曲线在此处越过零点，

进入另一个相区，形成由一个峰和一个谷组成的 ORD 谱线，称为简单科顿效应(Cotton effect，CE)谱线。当波长由长波一端向短波一端移动时，ORD 谱由峰向谷变化称为正的科顿效应；ORD 谱线由谷向峰变化则称为负的科顿效应。而 ORD 与零线相交点的波长称为λ_K。谷底至峰顶之间的高度称为振幅。

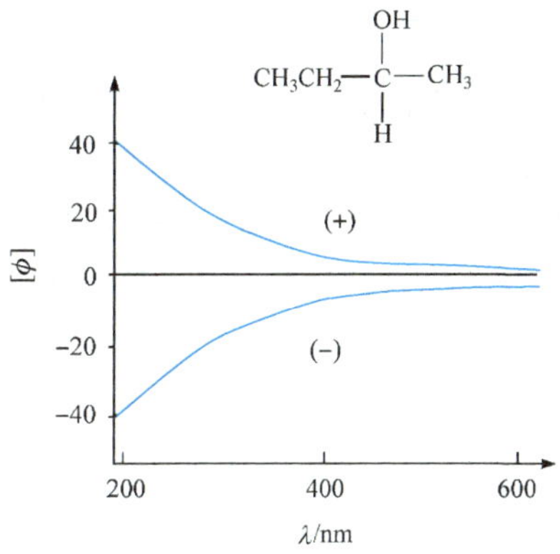

图 8-4　(+)-2-丁醇和(−)2-丁醇的 ORD 谱

科顿效应的强度通常用摩尔振幅α来表示：

$$\alpha = ([\phi]_1 - [\phi]_2)/100$$

式中，$[\phi]_1$ 为 ORD 峰顶处的摩尔旋光度；$[\phi]_2$ 为 ORD 谷底处的摩尔旋光度。

图 8-5 为 D-(+)-樟脑酮的 ORD 谱，呈正的简单科顿效应，$\lambda_K = 294$ nm，$\alpha = (+3080+3320)/100 = +64$。

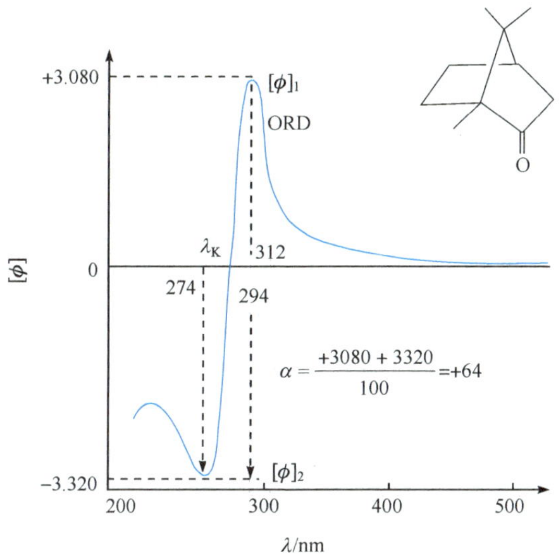

图 8-5　樟脑酮的 ORD 谱

有些化合物同时含有两个以上不同的生色团，其 ORD 谱可有多个峰和谷，为复杂科顿效应谱线。应当指出的是，每一个实际的 ORD 曲线都是分子中各个生色团的综合效应，包括 200 nm 以下的吸收，分子的每种取向及每种构象的贡献。因此，ORD 谱线常呈复杂情况。

旋光光度计是用单色器分光，一边改变波长一边连续记录旋光度的一种装置，其示意图如图 8-6 所示。

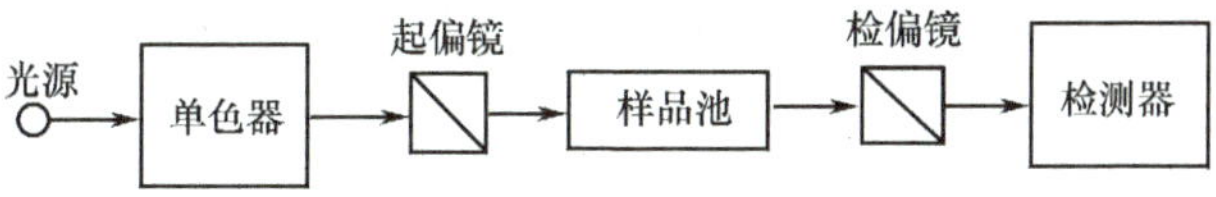

图 8-6　旋光光度计示意图

广泛的研究表明，把旋光光谱与紫外-可见光谱作图对照更有实际价值，这种旋光曲线在测定旋光性化合物的构型和构象时是很有用的。

8.1.2 圆二色光谱

旋光性有机分子对组成平面偏振光的左旋圆偏振光和右旋圆偏振光的摩尔吸光系数是不同的，即$\varepsilon_L \neq \varepsilon_R$，这种现象称为圆二色性。两种摩尔吸光系数之差$\Delta\varepsilon = \varepsilon_L - \varepsilon_R$，随入射偏振光的波长变化而变化。以$\Delta\varepsilon$或有关量为纵坐标，波长(通常用紫外-可见光区)为横坐标，得到的谱图称为圆二色光谱(CD)。由于$\Delta\varepsilon$绝对值很小，常用摩尔椭圆度$[\theta]$代替，它与摩尔吸光系数的关系为

$$[\theta] = 3300\Delta\varepsilon = 3300(\varepsilon_L - \varepsilon_R)$$

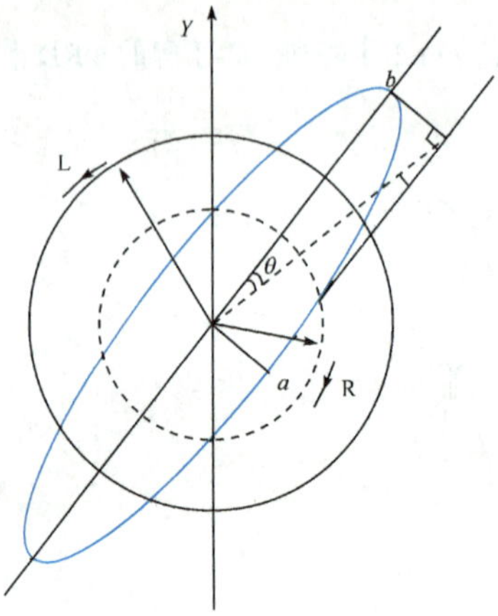

图 8-7 摩尔椭圆度的物理意义

摩尔椭圆度的物理意义参见图 8-7。当平面偏振光通过在紫外区有吸收的旋光性介质时，它所包含的左旋和右旋圆偏振光分量不仅传播速度不同(因折射率不同)，而且强度也不同(圆二色性)。在图 8-7 中用代表矢量的箭头长短表示强度，因此在迎着它的传播方向观察时，它们的矢量和将描出一个椭圆轨迹。该椭圆的长轴即二矢量相位相同时的值(左、右旋圆偏振光矢量之和)，短轴即二矢量相位相反时的值(左、右旋圆偏振光矢量之差)，短轴与长轴比例的正切 $\tan\theta$ 就同时反映了圆双折射和圆二色性。θ 是平面偏振光离开试样槽，即最后出来时的椭圆度，它与摩尔椭圆度$[\theta]$的关系为

$$[\theta] = \theta M/(100\ cl) = 3300\Delta\varepsilon$$

$[\theta]$的单位也是$(°)\cdot cm^2/dmol$，由于Δn 和$\Delta\varepsilon$ 都很小，因此椭圆的短轴很短，使图 8-7 的椭圆实际上接近线形。

因为圆二色性是当平面偏振光透过旋光性介质时，使左、右旋圆偏振光的摩尔吸光系数不同而产生的，所以在测量时，需要有交替产生左、右旋圆偏振光的装置。圆二色性光度计是在光电调制器上加一交流电压，便可得到交替组成的左、右旋圆偏振光(图 8-8)。

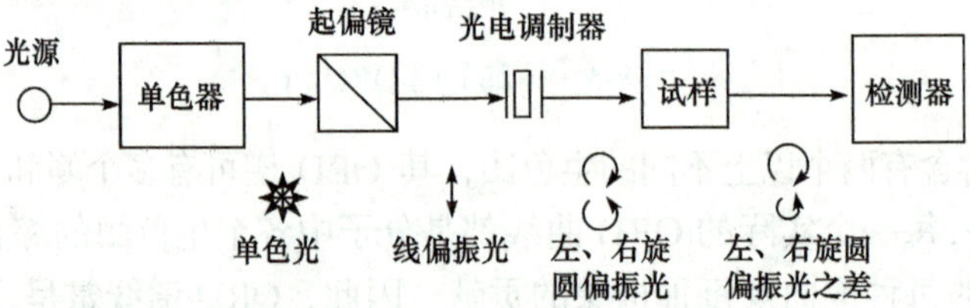

图 8-8 圆二色性光度计示意图

因为$[\theta] = 3300\Delta\varepsilon$，$\Delta\varepsilon$可为正值也可为负值，圆二色性曲线(CD)也有正性谱线(向上)和负性谱线(向下)。图 8-9 是化合物 A 和 B 的 CD 谱，A 呈正的科顿效应，B 呈负的科顿效应。

8.1.3 ORD、CD、UV 之间的关系

旋光光谱(ORD)和圆二色光谱(CD)是同一现象的两个方面，它们都是光与物质作用产生的。ORD 谱主要与电子运动有关，而 UV 谱反映了光和分子的能量交换。在紫外-可见区域，

用不同波长的左、右旋圆偏振光测量 CD 和 ORD 的主要目的是研究有机化合物的构型或构象。在这方面，ORD 和 CD 所提供的信息是等价的，实际上它们互相之间有一定的关系。

如果待测样品在 200～800 nm 波长范围内无特征吸收，ORD 呈单调平滑曲线，此时 CD 近于水平直线($\Delta\varepsilon$变化很小)，不呈特征吸收，对解释化合物的立体构型没有什么用处。若在上述范围内有特征吸收，则 ORD 和 CD 都呈特征的科顿效应。

理想情况下，UV 吸收峰 λ_{max}、CD 的$\Delta\varepsilon$绝对值最大对应波长(呈峰或谷处)及 ORD 的 λ_K 三者应相等(图 8-10)，实际上这三者很接近，但不一定重合。当 ORD 呈正性科顿效应时，相应的 CD 也呈正性科顿效应，反之亦然(图 8-11)。因此，二者都可以用于测定有特征吸收的手性化合物的绝对构型，得出的结论是一致的。这两种方法可以分别单独使用，

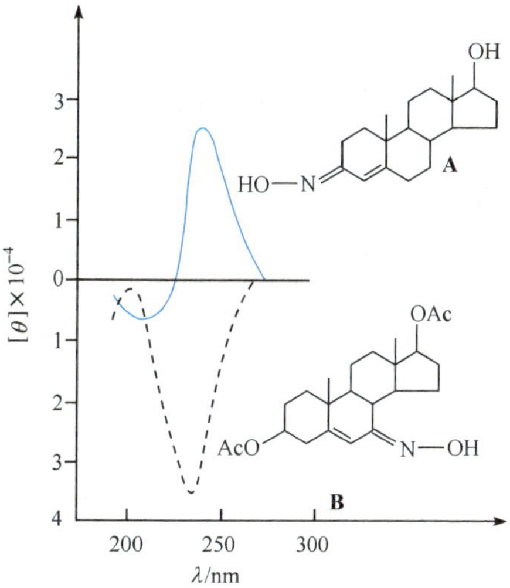

图 8-9　共轭类固醇肟的 CD 谱

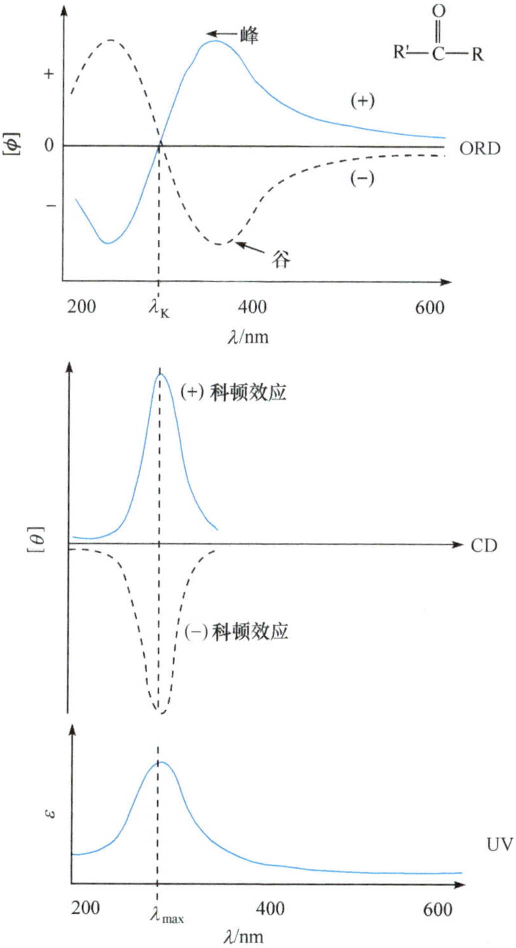

图 8-10　ORD、CD 与 UV 谱线的关系

但更经常的情况是二者与 UV 配合使用。CD 谱比较简单明确，容易解析。ORD 谱比较复杂，但它能提供更多的立体结构信息。对于有多个紫外吸收峰的化合物，就会有多个连续变化的 CD 峰和相应的 ORD 谱线。图 8-12 是 1*R*-(+)-2-苯并降冰片酮的 CD 谱，其中包括振动精细结构。作为比较，图中还给出了相应的紫外光谱(虚线)。从右边纵坐标的标度可看出正的 CD 谱相应于一个 n→π*跃迁(R 带)，它的 ORD 谱在同一波长范围(~310 nm)应有正的科顿效应。正是科顿效应的正、负与化合物中靠近生色团的手性中心的构型有密切的联系，即可通过一些积累得到的经验规律，在一定条件下把不对称分子中某生色团吸收峰的科顿效应的正、负号与该生色团附近的手性中心的构型联系起来。

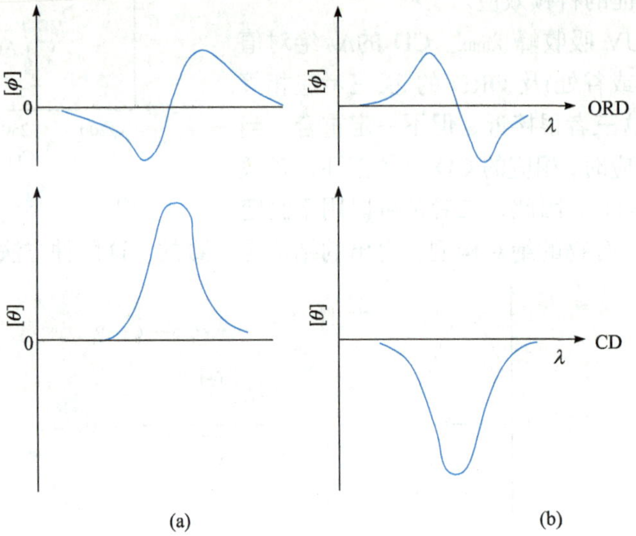

图 8-11　旋光光谱(上)、圆二色光谱(下)与右旋生色团(a)和左旋生色团(b)的对应关系

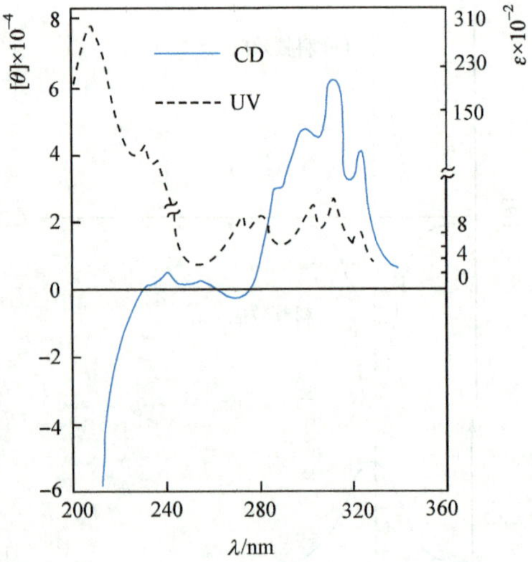

图 8-12　1*R*-(+)-2-苯并降冰片酮的 CD 谱和 UV 谱

ORD 谱中的摩尔振幅与 CD 谱中的[θ]或Δε之间存在下列关系：

$$\alpha = 0.0122[\theta] = 40.28\Delta\varepsilon$$

一般来说，对于紫外-可见区有清晰的吸收带的化合物，在研究分子结构时用 CD 谱比 ORD 谱更佳。然而，对于 UV 光谱不具有吸收的醇、胺、醚等，由于可以利用长波长一端延伸到 ORD 曲线末端部分，故用 ORD 谱比 CD 谱有利。

8.1.4 科顿效应的分类

有机物分子中生色团能级跃迁受到不对称环境的影响是产生 CD 和 ORD 科顿效应的本质原因。造成科顿效应的结构因素大致可分为三类：

(1) 由固有的手性生色团产生的，如不共面的取代联苯化合物 A、螺烯 B 等。

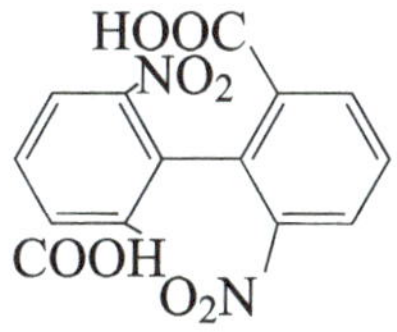

A

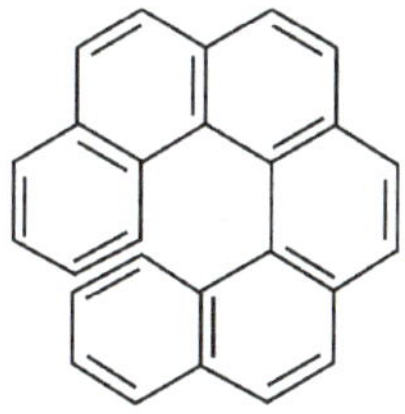

B

(2) 原生色团是对称的，但处于手性环境中而被扭曲。例如，手性环酮 C 中的羰基受邻位手性中心的影响，手性烯烃 D[(+)-3-蒈烯(carene)]中的双键也一样。

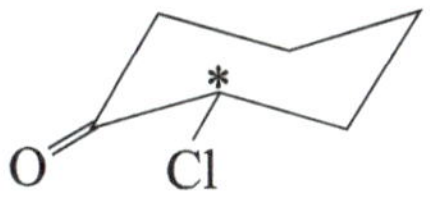

C

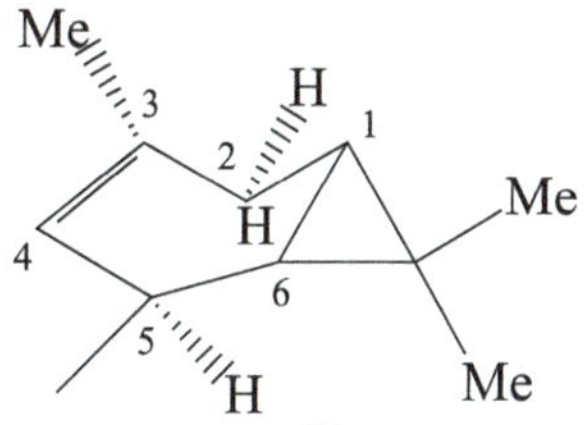

D

(3) 由分子轨道不互相交叠的生色团偶极相互作用产生的，如 E。

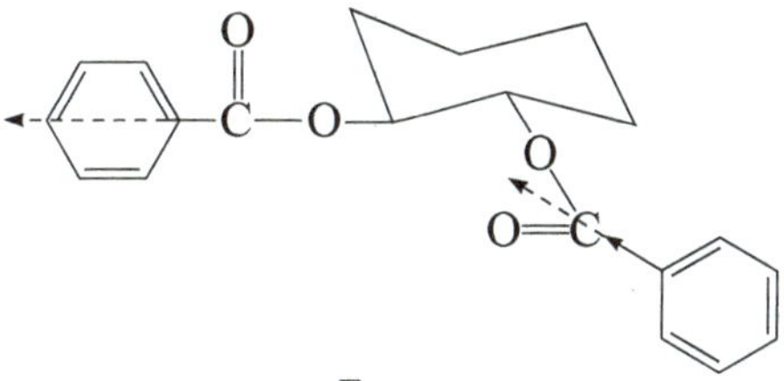

E

8.2 各类化合物的 ORD 和 CD 谱

前已述及，ORD 和 CD 曲线中的科顿效应与该化合物中生色团的 UV 吸收有关联。所以下面常联系 UV 作解释，对一些化合物的 ORD 和 CD 谱作一简单介绍。

8.2.1 羰基化合物

这是一类目前研究得比较细和深入的化合物。虽然人们很早就知道羰基生色团是对称的，但如果其处于不对称的环境中也可诱导其电子分布不对称而产生一个科顿效应。通常其在紫外光照射下发生 n→π*跃迁，有一个弱吸收带，属 R 带。

1. 饱和的酮和醛

羰基被手性环境诱导会产生具有光学活性的生色团。下面以环己酮为例，介绍经验规律——八区律。将环己酮按图 8-13 放好，即以环己酮 C═O 键的中心为原点，如用 *xy* 平面、*xz* 平面、*yz* 平面(A、B、C)三个平面隔开，就会产生八个空间。从环己酮氧的一侧来看，*xy* 平面后方的四个空间称为后八区，*xy* 平面前方的四个空间称为前八区。一般化合物只考虑后八区。

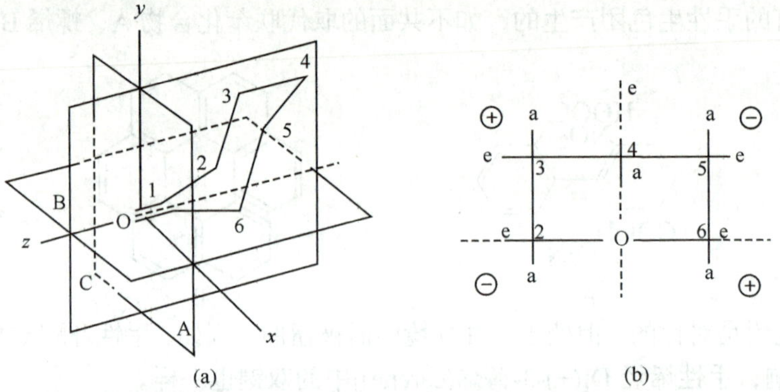

图 8-13 八区律投影图

由观察者的位置来看，图 8-13 中取代基对后八区的科顿效应贡献如图(b)所示。实验事实还指出：

(1) 位于 A、B、C 三个分割面上的取代基，对科顿效应贡献为零。

(2) 位于正、负区的取代效应可以相互抵消。

(3) 取代基对科顿效应贡献的大小随着与生色团的距离增加而减小。

(4) 贡献大小还与取代基的性质有关。

以 2, 2, 5-三甲基环己酮为例，图 8-14 中(a)是该环己酮衍生物在坐标系中应放的位置，(b)是从氧原子看过去的投影图。可以看出，C_1、C_2、C_4、C_6、C_7 均在分割面上，对科顿效应没有贡献；C_3 和 C_5 的贡献相互抵消；C_8 和 C_9 的贡献均为正，所以这个化合物应当有正的科顿效应，即 CD 谱中$\Delta\varepsilon>0$，吸收峰在横坐标上方；ORD 谱中，长波位置出现峰，短波方向出现谷。这推测与实验结果是一致的。应注意的是，C_5 上的甲基处于平伏键位置，指向纸平面内。

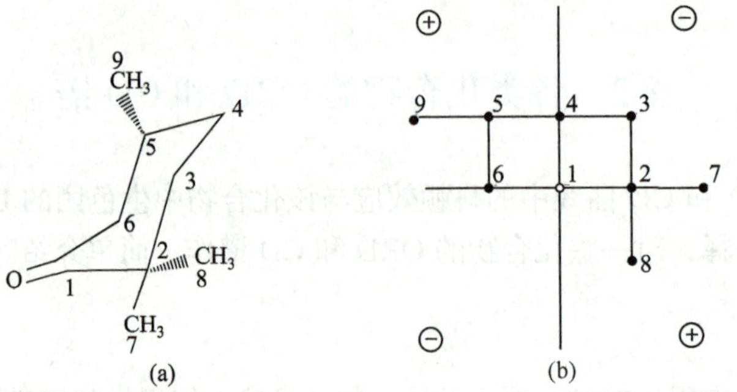

图 8-14 八区律用于 2, 2, 5-三甲基环己酮

在其翻环后的产物(同一物质不同构型)分子中，C_5位的甲基处于直立键位置，为保持在坐标系中规定的放置，必须把分子翻转。这时的投影如图 8-15 所示，它应当有负的科顿效应。可见，应用科顿效应确定构型时，首先应当知道它的构象(本例中需已知 C_5 上甲基处于平伏键位置)。反过来，如果已知化合物中 C_5 的构型，通过测定科顿效应的正、负可以判断它的构象。

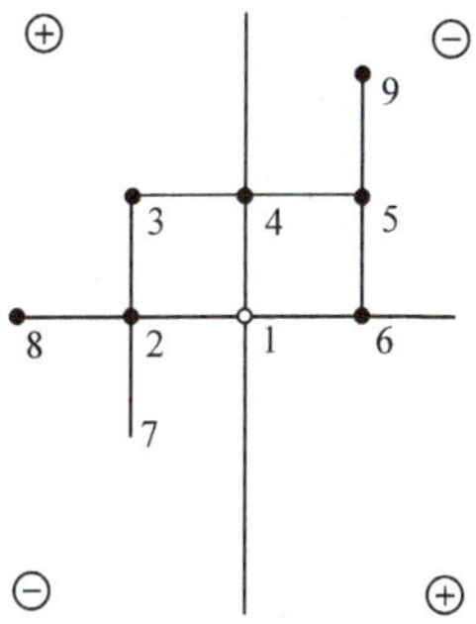

图 8-15　C_5 甲基处于直立键时的平面投影图

下面以(+)-反式-10-甲基-2-萘烷酮为例，说明构型的测定。如果此分子的构型如图 8-16 所示，则以平伏键与 C_9 相连的 C_8、C_7 和 C_6 都处于八区律的左上方，而 C_5 和角甲基都在 A 平面内，不作贡献，没有取代基连在 C_1 或 C_5 上。因为坐标平面外的唯一取代基处于八区律左上方，故分子的科顿效应是正的。事实上，因为(+)-反式-10-甲基-2-萘烷酮的科顿效应是正的，所以图 8-16 中所示的绝对构型是正确的。

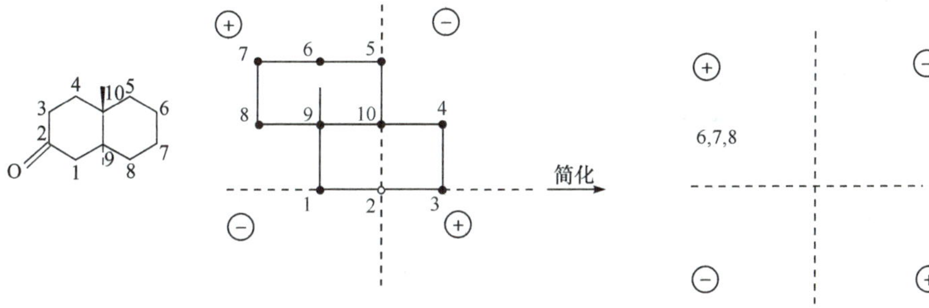

图 8-16　(+)-反式-10-甲基-2-萘烷酮平面投影图

八区律已被 Djerassi 用大量已知结构和构象的化合物进行了测试证实，例子如表 8-1 所示。

表 8-1　胆甾烷基酮后八区投影

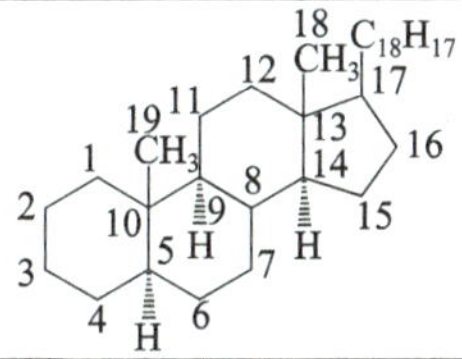		5α-衍生物	A/B 反式
酮	[α]*	八区图	预期符号
2-胆甾烷酮	+121	左上：7、19；左下：环C、D	正
3-胆甾烷酮	+65	左上：6、7、15、16	正
4-胆甾烷酮	−94	右上：19 环C、D	负
3β-乙酰氧-6-胆甾烷酮	−76	右上：19 环C、D	负

* [α] = CE 测量的振幅[CE 为 Cotton effect(科顿效应)的缩写]。

下面讨论α-取代环己酮的有关科顿效应。

1) α-卤代物

由图 8-13(b)中可以看到，α-卤代酮的卤素在平伏键时，并不影响科顿效应。而在α-位引入一个直立键的 Br、Cl 或 I 原子，根据八区律则改变了科顿效应。如果直立键引入一个 F 原子，与其他卤原子相比则给出一个相反的效应。这可能是由于 F 原子的电负性大，也说明科顿效应是与取代基的性质有关的。

2) α-烷基

一般来说，由于取代基难以进入前四区，对科顿效应贡献小，所以在八区图中，主要考虑后四区对科顿效应的贡献。当α-位为甲基取代时，平伏键的甲基取代对甾体和环己烷类型的化合物贡献不大。对于环己烷类型的化合物，一个直立键的α-甲基对其振幅的贡献约为 60，而对于 3-氧甾体，一个直立的甲基对其振幅的贡献约为 30，它的符号与八区律一致。

叔丁基的情况则与甲基不同：在椅式的环己酮中邻接于羰基的一个平伏键的叔丁基取代，[α]为 33～39。

3) α-含氧取代基团(OH，$OCOCH_3$，OCH_3)

当邻接于羰基的取代基是含氧基团，如羟基、乙酰酯基、烷氧基时，它对于酮的科顿效应的贡献受到与羰基作用的分子内氢键或酮和酯羰基相互作用的影响。这些影响是复杂的，有的情况下科顿效应服从八区律，有时却服从反八区律，在有些情况下，又表现出一个非零的平伏键贡献(表 8-2)。应当注意的是，在解释有关的资料和数据之前，首先要考虑到溶剂的极性和分子的刚性。

表 8-2 甾体乙酮醇和乙酰酯的八区行为

结构	行为	Δε(环己烷)
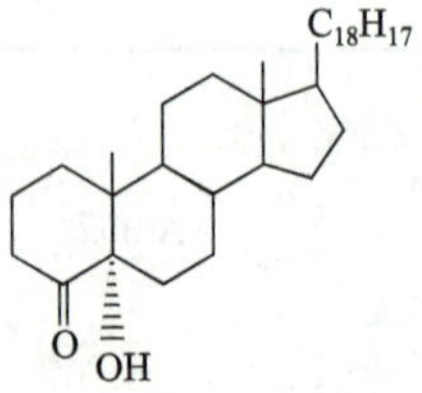	八区律	–1.1(306 nm)
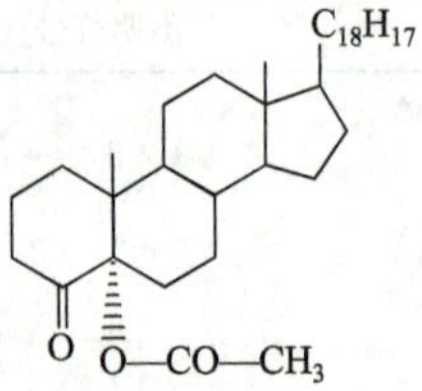	反八区律	–2.3(299 nm)
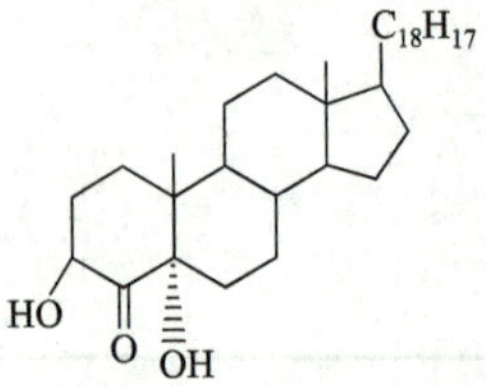	平伏键贡献	–2.25(286 nm)

4) β-取代基

在一些 C_5 或 C_6 卤代-3-氧胆甾烷中，即使在卤素原子离羰基生色团相当远的情况下，卤素原子仍可以诱导显著的旋转色散变化。许多β-取代的金刚烯酮，直立键上极性基团取代，如 COOR、Cl、Br、I 和 N_3 表现出反八区律行为，平伏键取代则服从八区律。

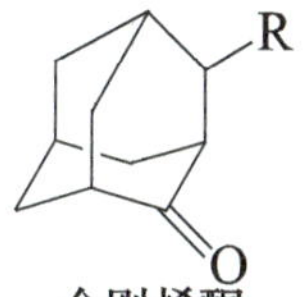

金刚烯酮

总之，当饱和酮、醛化合物使用八区律时，一定要小心从事，最好能选一模型化合物做对照，然后再下结论。

2. α, β-不饱和醛、酮

当一个双键与羰基共轭时，羰基的 $n \rightarrow \pi^*$跃迁发生红移，出现在 320～350 nm，而$\pi \rightarrow \pi^*$吸收带出现在 220～260 nm，根据伍德沃德规则，其位置与所处的环境有关。$n \rightarrow \pi^*$跃迁称为 R 带；$\pi \rightarrow \pi^*$强度大，称为 K 带。这两个带的位置强烈地受到溶剂极性影响。另有第三个带可以被 CD 检测出来，但至今尚不清楚其归属，在这一区域内，紫外光谱并不显示出可以被检测到的吸收。这三个跃迁是光学活性的，并且可以产生简单或复杂的科顿效应。α, β-不饱和酮一般为非平面构型，并且在生色团的两部分之间有一个扭转角。因此，它们可以看成是固有的不对称生色团，科顿效应的振幅和符号依赖于生色团的这个扭转角。

图 8-17 是一个共轭甾体酮的 CD 曲线。

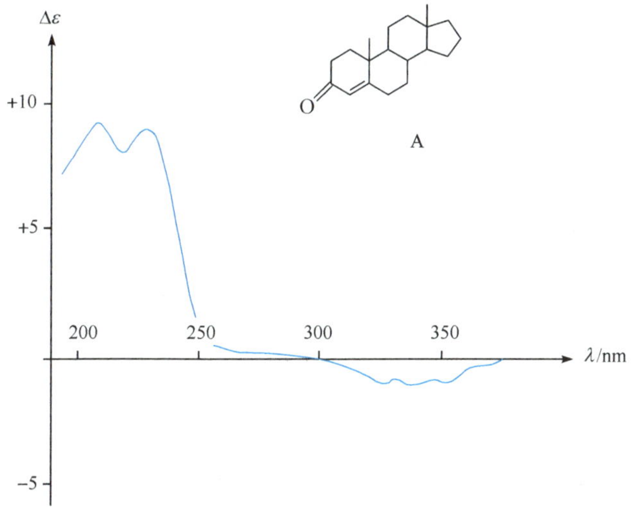

图 8-17　化合物 A 在庚烷中的圆二色光谱

$n \rightarrow \pi^*$跃迁规则：在α, β-不饱和酮中，羰基周围的一个或两个局部对称平面消失，八区律不再被应用。有人推出了在非平面共轭酮，如类反式环己烯酮和 R 带科顿效应符号之间的相互关系[图 8-18(a)]。这个规则对于六元环和七元环都是有效的。对于平面共轭的环己烯酮类化合物，伸出环平面的碳原子决定了科顿效应的符号[图 8-18(b)]。

一些甾体和萜烯类反式生色团的研究证明这种相互关系对于这一类衍生物是有效的。对

于环戊烯酮，这种相应于 R 带的 CD 符号被颠倒了过来(图 8-19)。

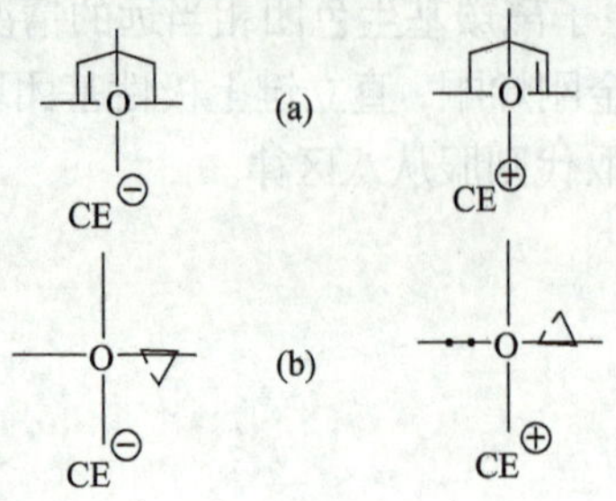

图 8-18 类反式环己烯酮手性与 $n\rightarrow\pi^*$跃迁的 CE 符号之间的关系(a)和平面环己烯酮的行为(b)

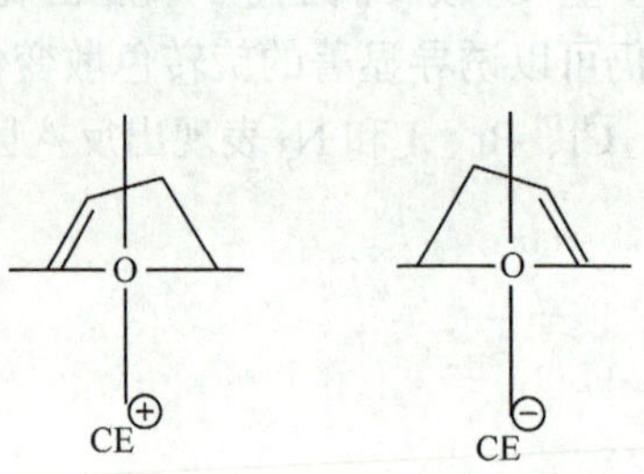

图 8-19 类反式环戊烯酮的手性与 $n\rightarrow\pi^*$跃迁的 CE 符号之间的关系

$\pi\rightarrow\pi^*$跃迁规则：将 C═C—C═O 基团看成是一个固有的不对称生色团，在 240～260 nm 处吸收为 K 带，在 A(类顺式)和 B(类反式)构型中，若羰基和双键之间的扭转角是正的，在此处有正的 K 带的科顿效应。而一个负的科顿效应代表了它们的镜像关系(图 8-20)。

图 8-20 C═C—C═O 生色团 $\pi\rightarrow\pi^*$跃迁的 CE 螺旋规律

(a) 顺式构象；(b) 反式构象

Velluz 和 Legrand 指出，通过一定量的α, β-不饱和酮圆二色散曲线的测定表明存在接近 $\pi\rightarrow\pi^*$跃迁的第三个光学跃迁(K 带)，$\pi\rightarrow\pi^*$跃迁和科顿效应的符号由于新带的重叠而变得模糊不清。200～220 nm 的谱带和 K 带的符号相互之间是没有什么联系的。另外，K 带和 R 带通常是(但不总是)相反符号的。

8.2.2 酸和酯

在羧酸和酯中，接近 210～220 nm 的弱带一般被认为是“禁阻的” $n\rightarrow\pi^*$跃迁，在不饱和酯中 $n\rightarrow\pi^*$跃迁接近 240 nm，因此酸和酯在 210 nm 处会表现出一个科顿效应，这个科顿效应对应于 $n\rightarrow\pi^*$跃迁。例如，乳酸、α-氨基酸、α-羟基酸和α-卤代酸在接近 240 nm 和低于 210 nm 处有符号相反的两个 CD 带，它预示着含有旋光异构体，但预先不能判定科顿效应符号与旋光方向的关系。对于α-羟基酸和α-氨基酸，L 构型一般与在 200 nm 处观察到的正科顿效应有关，而 D 构型则与负的科顿效应有关。

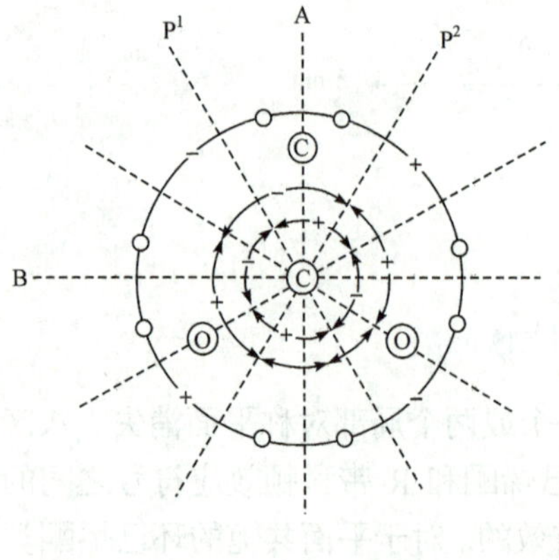

图 8-21 羧酸酯的扇形规则

扇形规则：对于α-氨基酸，有人从酮的八区律出发提出一个类似的规则，这个规则可以用来说明科顿效应的符号与绝对构型的关系。羧酸的离子如图 8-21 所示，同样它也可以适用于非电离的羧酸。

从顶部来看 C_α—COO 平面。A 是一个平分羧酸离子的对称平面，P[1] 和 P[2] 是垂直于每个 C—O 键的平面。内圈圆表示根据酮八区律的每个 C—O 键的独立贡献，外圈圆表示分隔成 30° 扇形，在各个扇形内取代物作出一个正的或负的科顿效应或者不作出贡献。

“羧酸扇形规则”最多的应用是确定化合物的优势构象。例如，4α-乙酰氧-5α-甾烷给出一个在 227 nm 处正的科顿效应 $\Phi = +1930$，由八区和扇形投影(图 8-22)说明是一种优势构象。

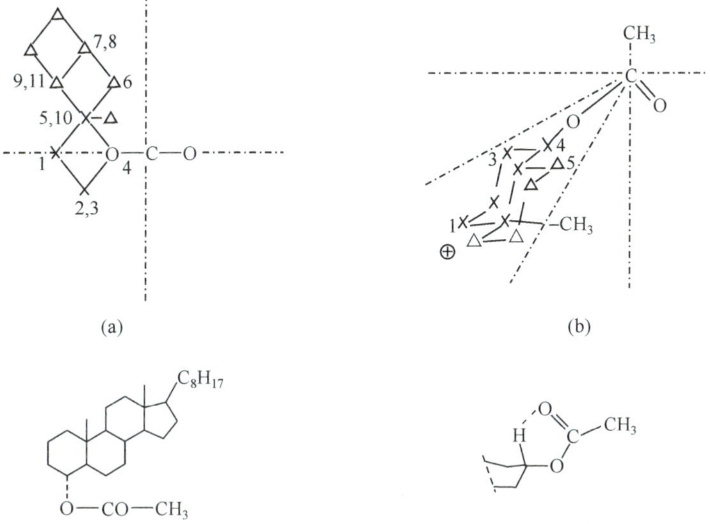

图 8-22　4α-乙酰氧-5α-甾烷的八区(a)和扇形投影(b)

△表示正的贡献；×表示消除

8.2.3　饱和烃

在一般的 ORD 和 CD 仪器操作范围内，脂肪族和大多数脂环烃类化合物没有 UV 吸收，因而并不能观察到科顿效应。然而，对于三元环(环丙烷)，在 190 nm 处可测到一个相当强的科顿效应。

8.2.4　不饱和烃类

1. 单烯烃

在 200 nm 以下有一个孤立的双键吸收。乙烯的吸收通常在 162 nm 处，烷基取代使这个吸收发生红移。烯烃上的氢被氧所取代，如烯醇醚类和烯醇乙酸酯类，或者被氮所取代，如在烯胺和烯酰胺类化合物中吸收也将发生红移。

八区律：烯烃的八区律是按烯烃的对称平面分开的(图 8-23)，在不同区的符号则是从已知构型的烯烃实验值获得的。在八个投影区，如果沿着 *z* 轴和 *y* 轴来看，其符号分布如图 8-23 所示。

这个规则在甾烯及一些双萜和单环烯烃中测试过，对烯丙甲基很准确。但烯丙基的 OH、OR 及 OCH_3 与反八区律(与图 8-23 图中的符号相反)相一致。还有一些烯类化合物，如桥式多环烯烃不遵循该规律。总之，对于单烯烃类化合物，没有一个单一的规则可以适用于任何情况。当基于活性来解释结构测定结果时，最好用一个模型化合物来对照。

烯烃衍生物：由于烯烃的生色团在低波长区很复杂，因而在该区中它的吸收限制了其在

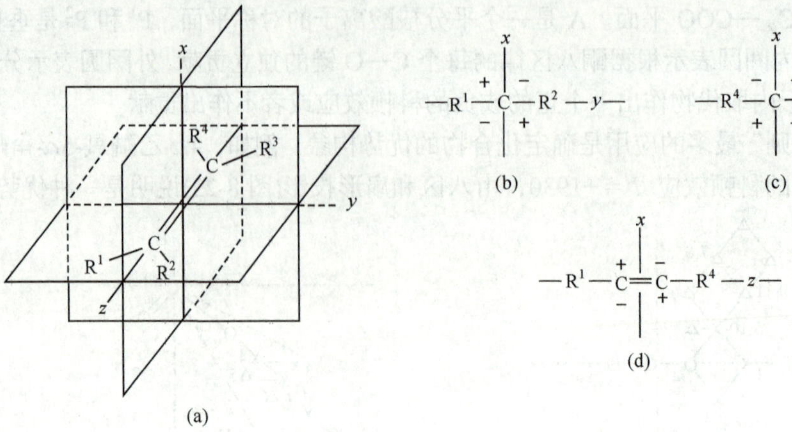

图 8-23 烯烃的八区律

(a) 乙烯横断的对称平面；(b) 前四区(沿从 z 轴方向看去)；(c) 后四区(沿从 z 轴方向看去)；(d) 沿着 y 轴看到后四区

结构测定方面的应用。这个困难有时可以通过生成衍生物的办法予以克服。

1) 锇酯

在四氧化锇存在下，用过氧化氢处理烯烃可得到 1, 2-乙二醇。这种醇可以以锇酯的形式被分离出来。这种酯在吡啶中可进行光学活性研究。1, 2-乙二醇的锇酯是五元环，在大多数情况下，它是非平面型的扭曲式构象(图 8-24)。在 500 nm 附近带的符号与扭曲的方向有关。

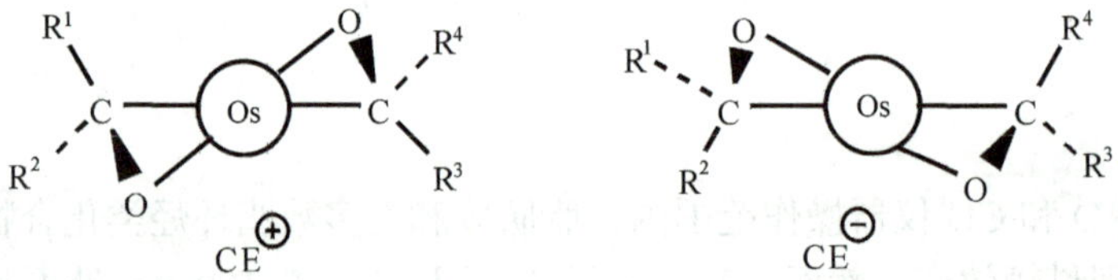

图 8-24 锇酯的科顿效应

2) 铂(Ⅱ)配合物

铂(Ⅱ)盐与烯烃反应生成配合物，这种配合物是稳定的，因而可以用它对双键化合物中的手性碳进行鉴定。这些配合物的吸收光谱相当复杂，有几个科顿效应被观察到，最大波长处的科顿效应相应于 $d \rightarrow d^*$ 跃迁，其光学活性符号似乎是与四区律(图 8-25)相一致。然而，这种四区律过于简化了。对于远离铂原子的取代物，这个四区律的符号颠倒过来更为适宜。

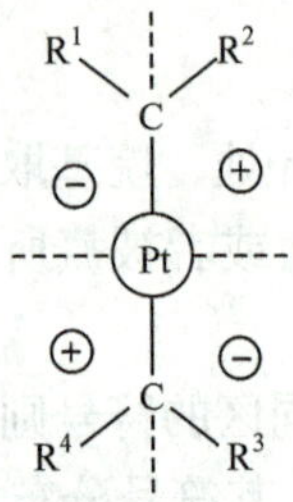

图 8-25 铂-烯烃配合物的四区律

如图 8-25 所示，对于铂-烯烃配合物，四区律给出一个长波科顿效应的符号。对于简单的单取代和反式(*trans*)-二取代烯烃，正的 CE 相应于烯烃坐标中心为 *S* 构型，负的 CE 相应于烯烃坐标中心为 *R* 构型。四取代双键得不到光学活性配合物。

2. 共轭烯烃

丁二烯的紫外吸收在 214 nm。其取代物 λ_{max} 红移，λ_{max} 可以按伍德沃德规则估算。顺式环二烯的最大吸收与环大小有关。

环的碳数	5	6	7	8
λ_{max}/nm	238	248	248	228

对于不对称共轭二烯，二烯基团的电子跃迁是光学活性的。其光学活性的符号依赖于由碳原子 C_1、C_2、C_3、C_4 所形成的螺旋手性。右手螺旋相应于一个正号(图 8-26)。该规律称为螺旋规则。

对于没有极性取代基团直接连在双键相邻位的共轭二烯，螺旋规则一般都给出很好的结果。否则，这个规则就要小心使用。

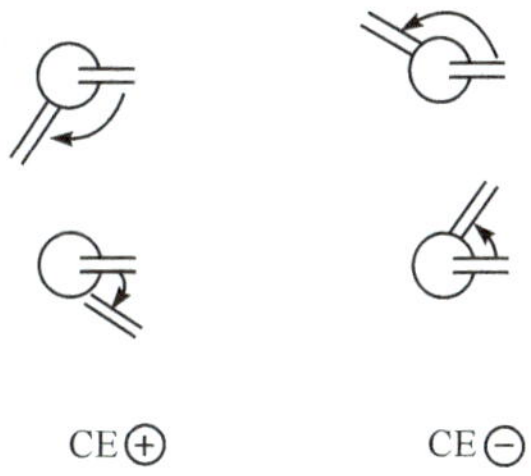

图 8-26　CE 符号与二烯生色团手性之间的相互关系

8.2.5　芳香族化合物

只有当取代苯环的取代基能产生一个不对称环境时，化合物在 CD 或 ORD 谱中才有反映。苯核在 175 nm 以上有三个确定的电子吸收带，分别在 185 nm(强，E 带)、200 nm(肩峰，E 带)和 260 nm(弱，B 带)。当一个孤立的芳香环处于一个不对称环境时，这三个带可能都具有光学活性。如图 8-27(b)所示，前面两个带表现出很好的新产生的精细结构。

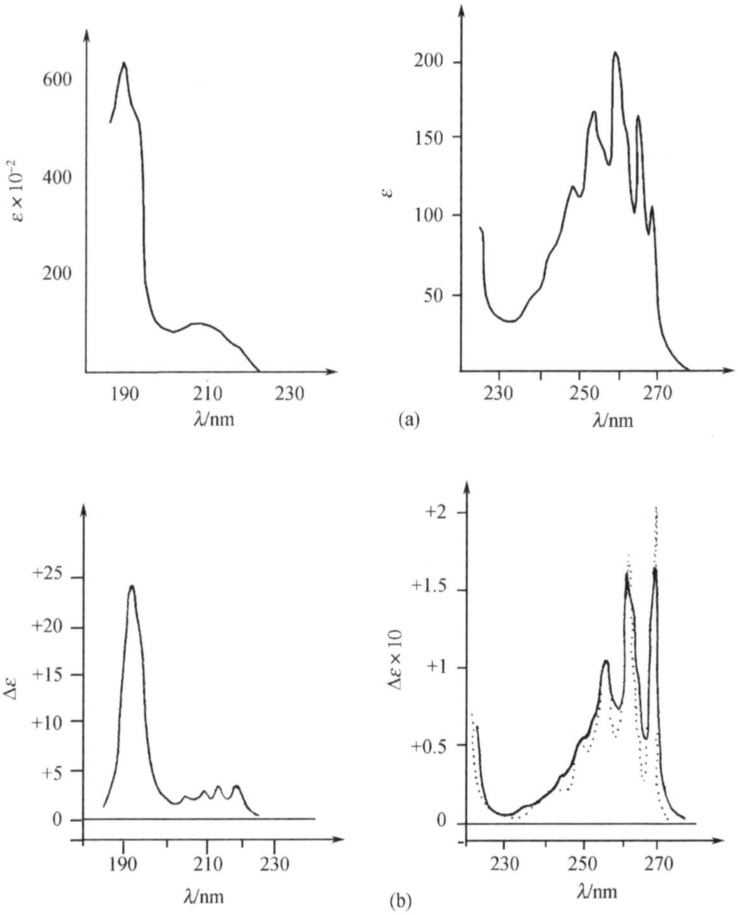

图 8-27　(+)-(s)-3,3-二甲基-2-苯基丁烷在正庚烷溶剂中室温下的 UV 谱(a)和在甲基环己烷/异戊烷中的 CD 谱(b)
室温(实线)；−100 ℃(虚线)

预测芳香族化合物的科顿效应也有一些规则。然而，所有这些规则应用面都相对狭窄，在这里不一一列举。有一个经验规则可供读者参考，即天然来源的化合物通常按结构十分相近的家族来分类。

表 8-3 中所列举的芳香族化合物衍生物表现出高的构象可变性，这个现象使测定结构变得更为困难，因此不易形成一个一般的规则。同样一个构型由于取代基不同，所得的结果有时也不同(*R*、*S* 命名在这里没有使用，否则会产生混乱)。

表 8-3　芳香族化合物衍生物的 CE

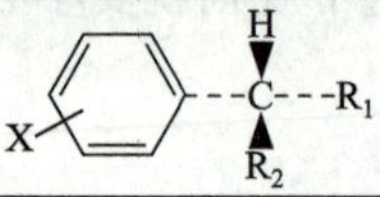

序号	X	R_1	R_2	B 带	E_2 带
1	H, 4-OCH_3	—CH_2—	CH_3	+	+
2	H	C_2H_5	CH_2SR	+	
3	H	$Si(CH_3)_3$, CH_3, $C(CH_3)_3$	OH	+	+
4	H, 2-OCH_3	CH_2OH	OH	–	
5	4-OCH_3	CH_2OH	OH	+	
6	H, 4-CN	烷基	NH_2	+	+
7	4-CH_3, OCH_3, Br, Cl	CH_3	NH_2	–	+
8	H, 4-OCH_3, 4-COOH	COOH	CH_3, NH_2OH	–	+
9	H, 3-OCH_3, 3-Cl, 3-F	COOH	OH, NH_2	+	–
10	4-Br, 4-Cl, 4-F, 2-F 4-OCH_3, 2-OCH_3	COOH	OH, OCH_3	–	–
11	4-OH	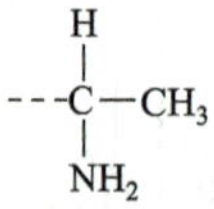	OH	–	
12	4-OH	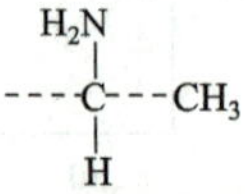	OH	–	
13	H, 4-NO_2	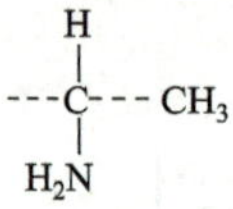	OH	+	
14	H, 4-NO_2	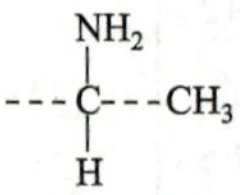	OH	+	
15	H	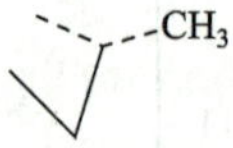		–	+
16	H	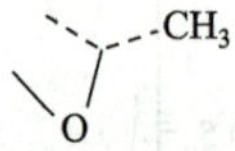		+	–
17	H	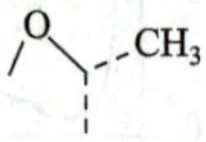		+	–
18	2-CH_3	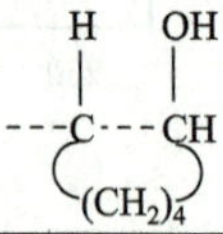		+	

8.3　旋光光谱和圆二色光谱的应用

CD 谱和 ORD 谱都是检测化合物的光学活性的光谱，它们在提供手性分子的绝对构型、优势构象和反应机理的信息方面具有其他任何光谱不能代替的独到优越性。

下面举例说明 CD 谱和 ORD 谱的应用。

例 8-1　把一种从天然油脂中分离出来的不饱和酮进行氧化，得到的产物经鉴定是 3-羟基-3-十九烷基环己酮。实验测得它具有正的科顿效应，试确定它的绝对构型。

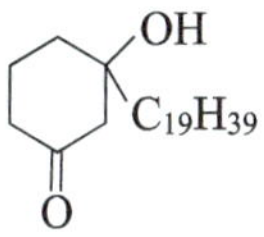

解　在该化合物中，大的烷基应处在平伏键位置。这样的一对 D、L 光学异构体的结构式应如图 8-28 所示。按照八区律，左边具有 *S* 构型的化合物应当有正的科顿效应，右边具有 *R* 构型的化合物应当有负的科顿效应。由此可知，该化合物应具有 *S* 构型。

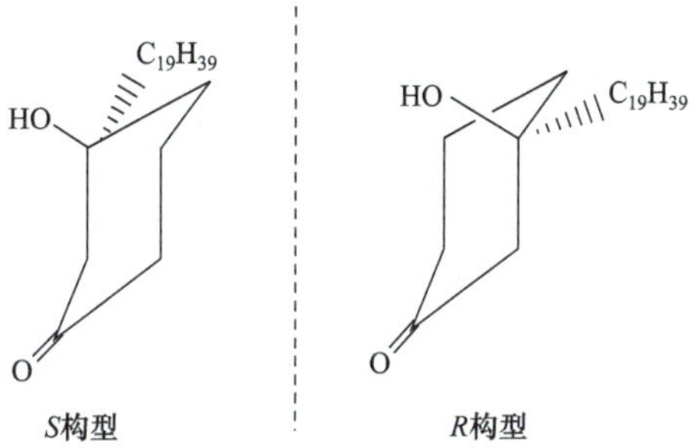

图 8-28　*R* 和 *S* 构型的 3-羟基-3-十九烷基环己酮

例 8-2　咖啡醇是来自咖啡豆的一种双萜，经化学降解后所得的产物 A 与已知构型的 4*α*-乙基-胆甾烷-3 酮(B)的 ORD 谱近似地为镜像关系(图 8-29)。为什么两骨架相似的化合物的 ORD 谱近似为镜像关系?

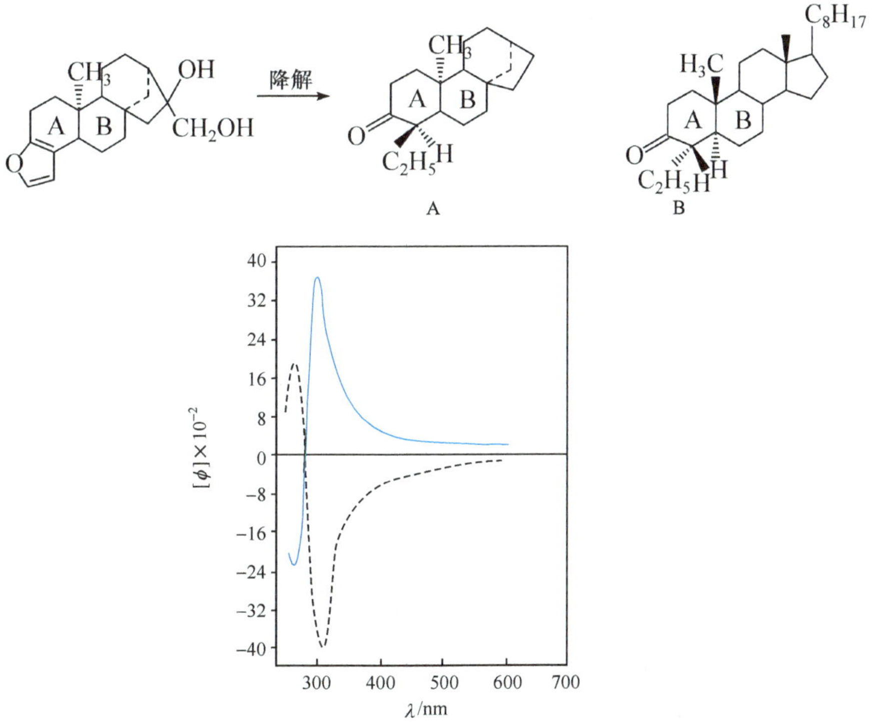

图 8-29　降解产物(A，虚线)和 4*α*-乙基-胆甾烷-3-酮(B，实线)的 ORD 谱

解 因为A、B两化合物的ORD谱近似地互为镜像，按照八区律，在生色团(羰基)附近两种化合物的部分结构(A、B环)应具有对称关系，如图8-30所示。

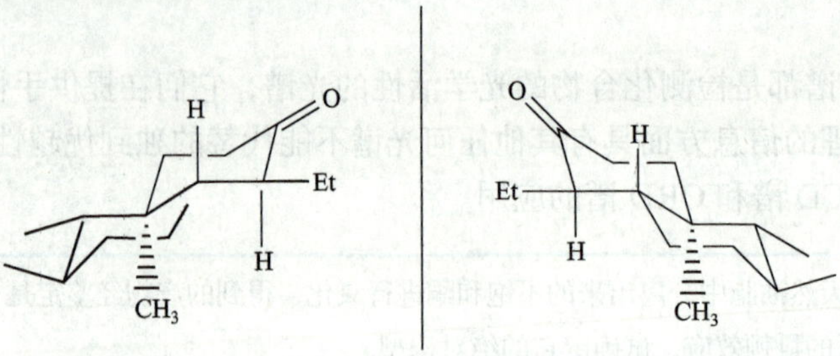

图8-30 咖啡醇降解产物(A)与4α-乙基-胆甾烷-3-酮(B)部分结构的对映关系

远离生色团的那部分结构对于ORD和CD谱线影响较小，因此尽管A、B两种化合物仅在生色团附近骨架相似而其余部分并不相同，但它们的ORD谱仍然互为镜像关系。

例8-3 天然樟脑构型的确定。

解 天然樟脑(+)-樟脑可能有两种绝对构型。Hvekel曾人为地指定它为A构型，而Fredge等却确定它为B构型。这两种构型在后四区的分布分别如C和D所示，C表明其主要分布在后四区的左上区，应为正的科顿效应，而D主要分布在后四区的右上区，应为负的科顿效应。根据实验(+)-樟脑的ORD和CD谱(图8-31)都呈正的科顿效应，故构型应确定为A。

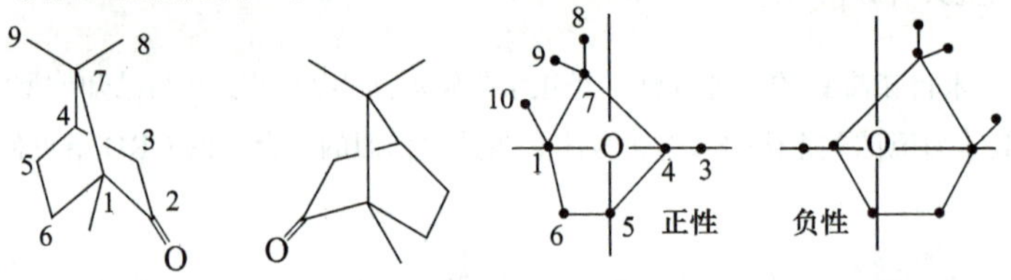

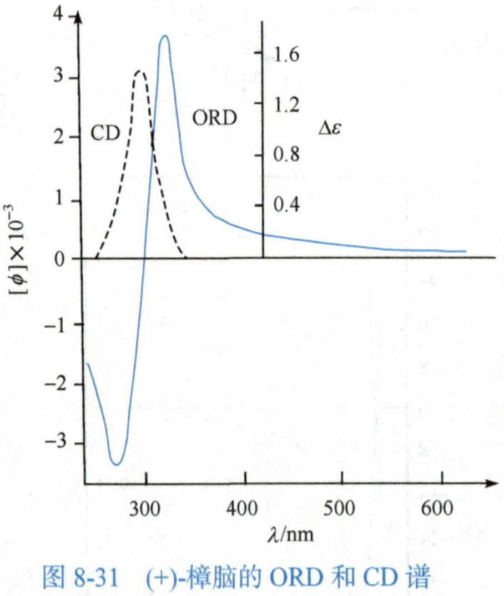

图8-31 (+)-樟脑的ORD和CD谱

例8-4 雄烷-17β-乙酰氧基-3-酮的结构和α-取代基效应。

解 雄烷-17β-乙酰氧基-3-酮的分子结构已确定，如表8-4中的A和B所示。表8-4列出了α-取代基对该化合物的ORD谱吸收强度的影响。根据八区律，羰基以外分子其他部分将主要处于后四区的左上区，应当具有强的正性科顿效应。实测ORD谱[ϕ]=+900，符合很好。当羰基α-位有取代基时，产生新的手性中心，离羰基很近，对科顿效应将产生较强的影响。实验表示，α-取代效应的大小不但与取代基性质有关：Br>Cl>叔丁基>异丙基>乙基>甲基，而且相同取代基处于 a 键(直立键)与处于 e 键(平伏键)差别很大。表 8-4 是不同的α-溴代产物的实验数据。

表 8-4　α-取代基对雄烷-17β-乙酰氧基-3-酮的 ORD 谱吸收强度的影响

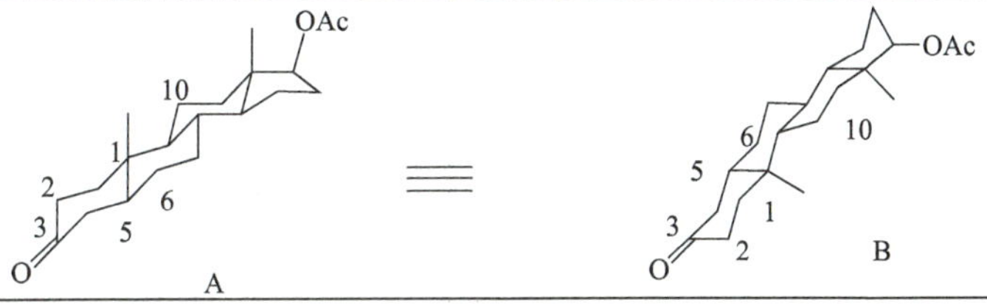

序号	结构	取代基	[φ]	Δ[φ]
1		氢	+900	标准
2	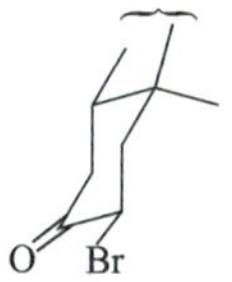	2-溴 e 键	+2500	+1400
3	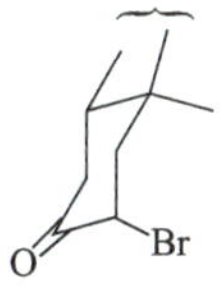	2-溴 a 键	+8100	+7200
4	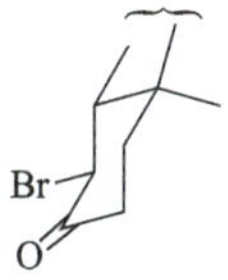	4-溴 e 键	+800	−100
5	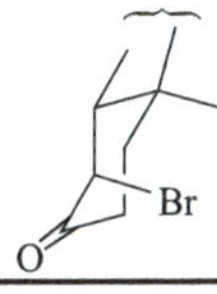	4-溴 a 键	−7400	−8300

从以上几个例子可以看出，在确定一个化合物的立体结构如绝对构型时，可以利用一些经验规则。但应当注意的是，在使用这些经验规则时要小心，因为会有很多例外。经验规则只是对于具有相同生色团而骨架又相似的化合物确定其构型或直接与模型化合物比较来确定构型时才是有用的。

常用模型化合物的选择一般要满足以下两点：

(1) 对映性。两个结构成镜像关系的化合物，它们所给出的 ORD 或 CD 谱线是以波长轴对映的。

(2) 邻近关系。生色团通过另一手性基团诱导而产生的不对称性随着该诱导基团离生色团距离的增加而迅速减弱。因此，具有相同的生色团又有类似骨架的两个化合物具有类似的光学活性(如例 8-2)，而它们的差别首先表现在振幅上，其次表现在符号上。与紫外光谱相似，当一个分子含有两个相互分离而互不影响的生色团时，其光谱是两个光学活性生色团光谱的组合。

以上概括、简要地介绍了 CD 和 ORD 谱，也介绍了有关化合物预测科顿效应的各种经验规则，如饱和酮的“八区律”，烯烃的“八区律”，共轭二烯的“螺旋规则”，α, β-不饱和醛、酮的扩展八区律及酸、酯的“扇形规则”。还有一些规则没有介绍到，读者需要时可阅读有关专著。但应当着重指出的是，尽管这些经验规则在确定各种不同生色团的手性分子的构型和构象上已有不少成功的应用，但例外也时有发生。因此，在使用这些规则时一定要小心从事，最好有标准样品或模型化合物加以对照，或配合其他方法才能取得可靠满意的结果。

习　题

1. 试用八区律判断下列结构式所代表的反式十氢萘-2-酮的科顿效应的符号。

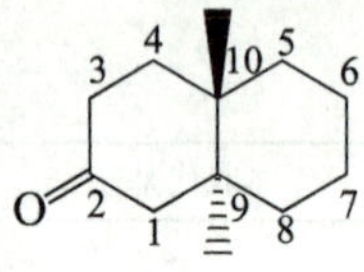

2. 试比较胆甾-2-酮和胆甾-3-酮的科顿效应。

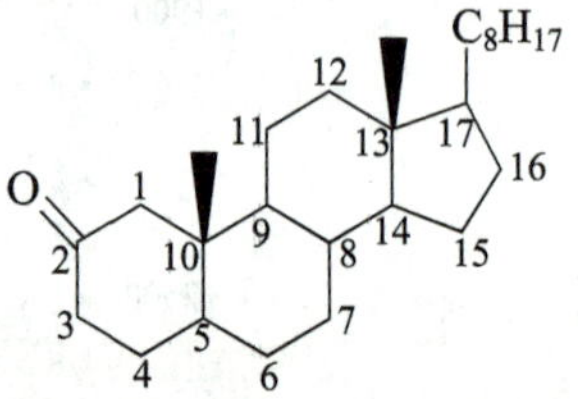

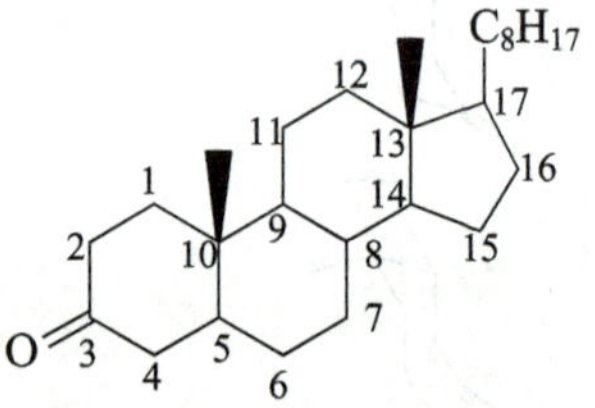

3. (+)-3-甲基环己酮的分子振幅为+29，该化合物的立体结构是什么？

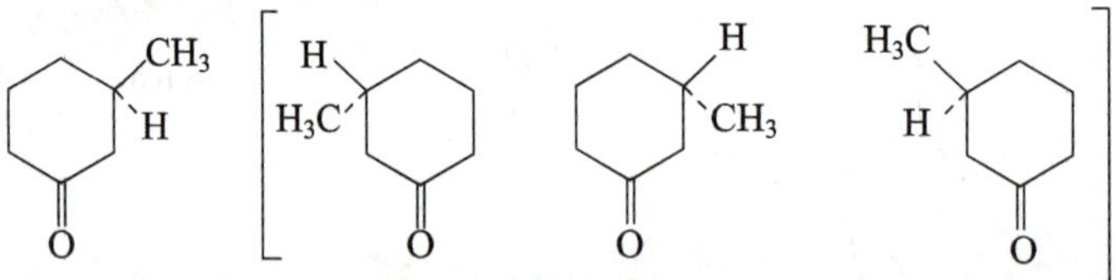

(+)-3-甲基环己酮　(+)-3-甲基环己酮　(–)-3-甲基环己酮　(–)-3-甲基环己酮

4. 若某个有生色团的手性化合物有负的科顿效应，试回答：

(1) 下面旋光光谱(ORD)中应对应Ⅰ、Ⅱ中的哪条谱线？

(2) 在圆二色光谱(CD)Ⅲ、Ⅳ中应对应哪条谱线？

(3) 此化合物的旋光性为左旋还是右旋？

(4) 其紫外光谱的 λ_{max} 与旋光光谱的 λ_K、圆二色光谱中 $\Delta\varepsilon$ 有最大绝对值的波长(峰顶或谷底)三者之间有什么关系？

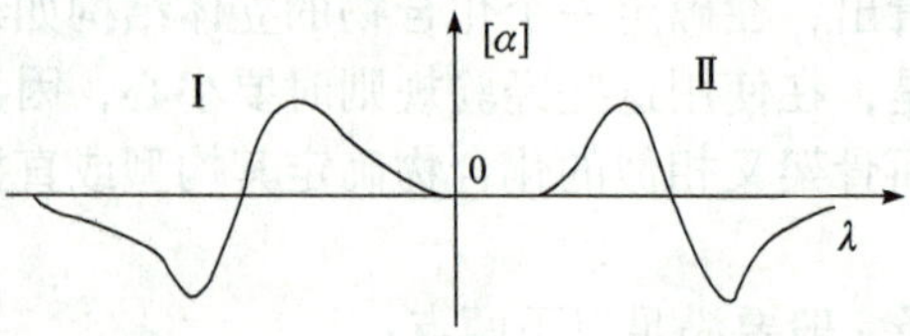

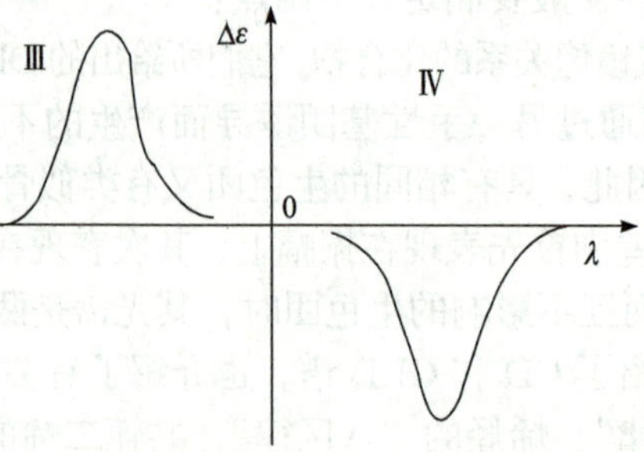

习题参考答案

第 1 章　绪　　论

1. 紫外光谱、红外光谱、核磁共振谱和质谱，字母缩写分别为 UV、IR、NMR 和 MS

2. 波动性和粒子性。光的折射、衍射、偏振、干涉等都是光的波动性的表现；光的吸收、发射和光电效应等是粒子性的表现

3. 物质吸收光子，从低能级跃迁到高能级而产生的光谱是吸收光谱。有机化合物的分子内的运动如转动、原子间的相对振动、电子跃迁、核的自旋跃迁等都具有一定的能级，有一个基态以及一个或多个激发态。分子从基态吸收特定能量的电磁波跃迁到高能级，即可得到对应的波谱

4. 结合物理常数法和色谱法

5. (1) U=1；(2) U=3；(3) U=8

6. 谱峰的位置、强度和形状

第 2 章　紫外-可见光谱

1. 有机分子常见的电子跃迁有 $\sigma\rightarrow\sigma^*$、$n\rightarrow\sigma^*$、$\pi\rightarrow\pi^*$、$n\rightarrow\pi^*$跃迁，还有电荷转移跃迁和配位体场微扰的 $d\rightarrow d^*$跃迁等。得到紫外-可见吸收光谱的主要是 $\pi\rightarrow\pi^*$、$n\rightarrow\pi^*$跃迁，含原子半径较大的杂原子的 $n\rightarrow\sigma^*$跃迁，还有电荷转移跃迁和配位体场微扰的 $d\rightarrow d^*$跃迁

2. A. 227 nm；B. 242 nm；C. 274 nm；D. 286 nm；E. 242 nm；F. 273 nm；G. 242 nm；H. 353 nm；I. 298 nm；J. 268 nm

3. (1) 可以，232 nm，242 nm；(2) 可以，237 nm，249 nm；(3) 可以，257 nm，222 nm；(4) 可以，259 nm，242 nm

4. 上式：蓝移，ε变小；下式：蓝移，ε变小

5. 2.65×10^4 L/(mol · cm)

6. 258 nm(11 000)为对硝基苯甲酸；255 nm(3470)为邻硝基苯甲酸。后者有位阻，共轭差

7. 紫外光谱仪大致由光源、单色器、样品池、检测器和记录装置及计算机等几个部分组成。仪器异同参见正文

8. 乙酰乙酸乙酯有烯醇式和酮式，烯醇式有共轭体系，其$\pi\rightarrow\pi^*$跃迁在 240 nm 附近。可见溶剂极性小，烯醇式多，ε大

9.

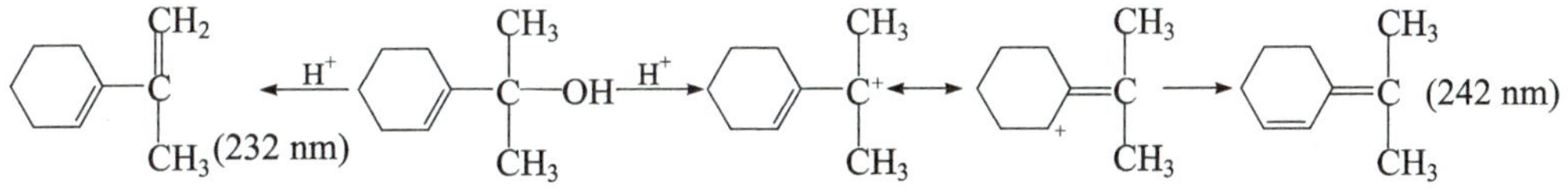

10. 样品在水中不溶，丙酮和苯的透明下限太大，水、丙酮和苯不能用。乙醇、环己烷、甲醇可用，乙醇最好，无毒、便宜，且测定后与文献值对照不用做溶剂校正

11. A 大，因 A 中 NH_2 上的未共用电子对与苯环形成共轭，而 B 中 NH_2 上的未共用电子对与苯环不形成共轭

12. A：估计 λ_{max}=247 nm，对应 245 nm (ε=18 000)；B：估计 λ_{max}=234 nm，对应 236 nm (ε=12 000)；C：估计 λ_{max}=229 nm，对应 231 nm(ε =21 000)

13. M 的测定值 254，计算值为 253

14. 因为 B 的两烯键是顺式构型，所以 λ_{max} 较短，ε 较小

15. 应是由 $n\to\pi^*$ 或 $n\to\sigma^*$ 跃迁引起

16. $A=\varepsilon bc$，A=0.30，ε=10 000，b =1.0，$c=A/(\varepsilon b)$ =0.3/(10 000×1.0)= 3.0×10^{-5}(mol/L)，环己烯-2-酮的 M =96，1 L 溶液中应加入环己烯-2-酮 $96\times3.0\times10^{-5}$mol = 2.9×10^{-3} g

17. A：没有共轭体系，在紫外光谱中只有弱的 $n\to\pi^*$ 跃迁，与实验结果不符。B：λ_{max} 应处于 215 nm(母体) + 12 nm(β-烷基取代) = 227 nm，与实验值相差甚远。可改变双键位置得结构式 C

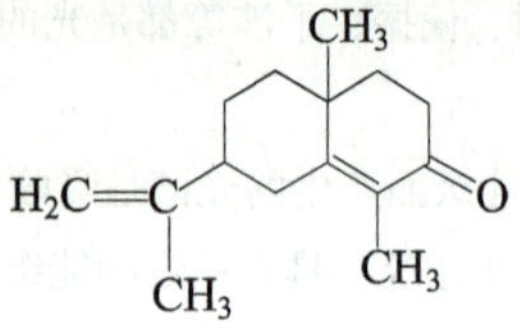

C

λ_{max} = 215 nm+12 nm×2 (2 个β-烷基取代) + 10 nm (α-烷基取代) + 5 nm (环外双键)=254 nm，与实验值符合很好，后来的实验结果证实沙草酮的结构就是 C

第 3 章　红外光谱和拉曼光谱

1. 不一定，只有有瞬间偶极矩变化的振动才产生红外吸收

2. (1) 非活性；(2) 非活性；(3) 非活性；(4) 非活性；(5) 活性；(6) 非活性

3. (1) A 的 $\nu_{C=O}$ 大，B 有二甲氨基给电子共轭效应；(2) B＞A＞C。B 中杂原子氧表现为吸电子作用，C 中杂原子氮表现为给电子作用；(3) C＞A＞B。B 双键连在羰基碳，表现为给电子作用，C 表现为吸电子作用

4. (1) 从羧基和酯基、苯环单取代和对位二取代的区别两方面讨论；(2) B 为单取代烯，A、C 为α,β-二取代烯的顺、反异构；(3) 三个化合物均有羟基，另外 B 结构中有叔丁基，C 为一取代烯

5. 从—NH_2、—COOH、苯环以及苯环的对位二取代着手分析

6. Ph—$COCH_3$

7. p-NO_2—Ph—CHO

8. 1-辛烯

9. (1) 1738 cm^{-1}、1650 cm^{-1}、1717 cm^{-1} 分别为 B、C、A 的 $\nu_{C=O}$；(2) 当溶剂极性减小时烯醇式增多，故 C 增强，A、B 减弱；(3) 此强吸收对应烯醇式中α,β-不饱和酯的紫外光谱，溶剂由乙醇变为己烷时烯醇式增多，故此吸收增强

10. 3,4-二甲基-2-戊烯

11. 乙酸乙酯

12. p-NO_2—Ph—C≡C—COOH

13. A：顺式；B：反式

14. Ph—C≡CH

15. p-CH_3—Ph—C≡N

16. A：o-CH_3—Ph—CH=CH_2；B：m-CH_3—Ph—CH=CH_2；C：p-CH_3—Ph—CH=CH_2

17. A：$C_2H_5CONH_2$；B：$CH_3CONHCH_3$

18. A：Ph—$CH_2CH_2CH_2CH_3$；B：Ph—$CH_2CH(CH_3)_2$；C：Ph—$C(CH_3)_3$；D：1,2,3,4-四甲基苯

第 4 章　^{1}H 核磁共振

1. $B_b > B_a > B_c$；$\delta_b < \delta_a < \delta_c$；$\sigma$增大，$\delta$减小

2. 左边化合物：$\delta_b < \delta_a$。因为 H_a受氧原子的吸电子效应大，受 C—C 各向异性去屏蔽效应也多。右边化合物：$\delta_b < \delta_a$。H_a受 Cl 原子的吸电子效应大于 H_b受 Br 原子的吸电子效应

3. (1) 4 个质子磁等价，单峰；(2) 两个单峰，CH_2Cl 位移大；(3) 图从左到右：四重峰(OCH_2)、单峰(OCH_3)、三重峰(CH_3)；(4) 图从左到右：单峰(OH)、四重峰(CH_2)、三重峰(CH_3)；或四重峰(CH_2)、单峰(OH)、三重峰(CH_3)；(5) 图从左到右：三重峰(CHO)、八重峰(CH_2)、三重峰(CH_3)

4. (1) A_2X_2；(2) A_3M_2X；(3) 2 个自旋系统 AMX，另有 A_3；(4) ABB′XX′Y

5. 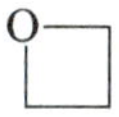

6. 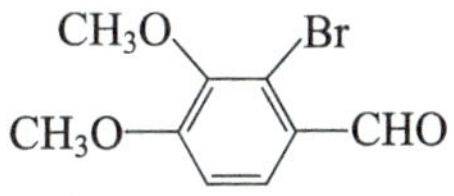

7. A：NH_2(br，~6.3)；B：CH_2(q，~2.3)；C：CH_3(t，~1.3)

8. (1) $(CH_3)_2C(OCH_3)_2$；(2) $(CH_3)_3C—O—CO—CH_3$；(3) Ph—$C(CH_3)_2CH_2Cl$；(4) 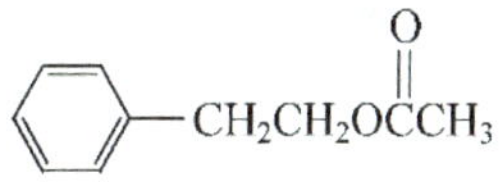

9. (1) $CH_3CCl_2CH_3$；(2) $CH_3CH_2CHCl_2$；(3) $CH_3CHClCH_2Cl$；(4) $ClCH_2CH_2CH_2Cl$

10. 图从左到右，从上到下对应：(2)、(1)、(3)、(5)

11. H_a大 H_b小，H_b在另一个苯环的正上方，受屏蔽。化合物 C 甲基的化学位移大于化合物 B 甲基

12. (1) dd(双二重峰)；(2) dt(双三重峰)；(3) s(单峰)；(4) q(四重峰)

13. A：$(CH_3)_2NCH_2COOCH_2CH_3$；B：$CH_3COOCH_2CH_2N(CH_3)_2$

14. A：*o*-CH_3—Ph—$COOCH_2CH_3$；B：*p*-CH_3CH_2O—Ph—OCH_2CH_3；C：*p*-CH_3—Ph— $COOCH_2CH_3$；D：$CH_3COOCH_2CH_2Ph$；E：$CH_3CH_2COOCH_2Ph$；F：$PhCOOCH_2CH_2CH_3$

15. $H_2NCH_2CH(OCH_2CH_3)_2$(注意：OCH_2CH_3 的亚甲基两个质子不等价)

16. A：叔丁基苯；B：异丁基苯；C：丁基苯

17. 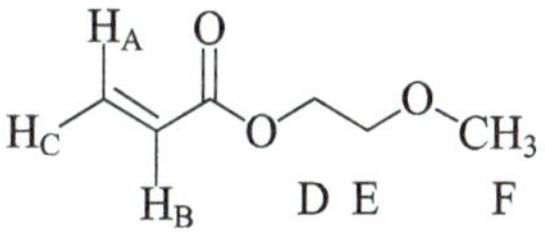

第 5 章　^{13}C 核磁共振与二维核磁共振*

1. $PhCOCH_2CH_2CH_3$

2. 二氧六环

3. $PhCH_2OH$

4. 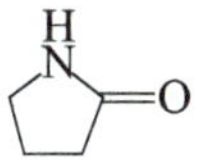

5. DEPT 可确定 CH_3、CH_2、CH，从去耦谱中减去 DEPT 中出现的有质子的碳即为季碳

6. CF_3COOCH_3

7. 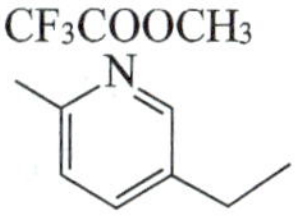

8. 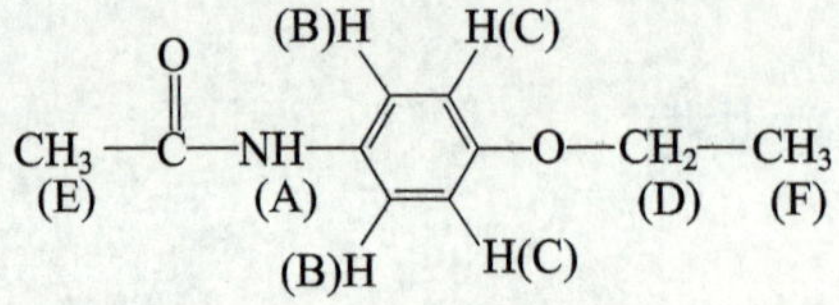

9. $CH_3CONH(CH_3)$

10. 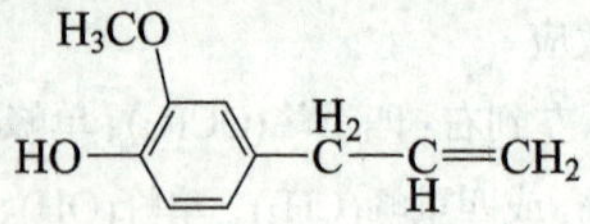

11. $PhCH(CH_3)CH_2COOH$

12. $(CH_3)_2NCH_2COOCH_2CH_3$

13. $(CH_3)_2NCH_2CH_2COOCH_3$

14. A：叔丁基苯；B：异丁基苯；C：丁基苯；D：1,4-二乙基苯

15. 该问题的难点在于产物中包含两个次甲基和多个磁不等价的亚甲基，^1H NMR 谱图中包含多个独立出峰的氢，难以归属与 S 和 N 原子连接的两个次甲基上的氢。因此，需要借助以下谱图：^1H NMR 和 ^{13}C NMR 谱图，^{13}C-^1H 二维耦合谱图(HETCOR，HMQC 或 HSQC 三者中的一种)以及 NOESY。首先借助 ^{13}C-^1H 二维关联谱图对 ^1H NMR 中与 S 和 N 原子连接的两个次甲基上的氢进行归属。然后通过 NOESY 确认两个氢之间是否存在 NOE。如果存在，产物则为 3a′；如果不存在，产物则为 3a

第 6 章 质 谱 法

1. (1) $m^* = 56.47$；(2) 由 90→62 产生 $m^* = 42.7$，由 62→48 产生 $m^* = 37$

2. m/z 57 为$(CH_3)_3C^+$，m/z 155 为分子离子丢失 $CH_3\cdot$ 所得。简单裂解易在支链碳处断裂，得到带支链较多的离子较稳定

3. 烯丙基裂解去甲基得 m/z 97 离子，烯丙基裂解去乙基得 m/z 83 离子

4. 3,3-二甲基-2-丁醇

5. 符合，简单裂解得 m/z 71、43 离子，麦氏重排得 m/z 58 离子

6. A

7. 同时脱水、脱烯得 m/z 42 离子

8. 正确

9. (1) C_2H_3Cl；(2) C_2H_6S

10. CH_3CO—Ph—NO_2

11. *p*-Br—Ph—OCH_2CH_3

12. 2-己酮

13. (1) 对应 B。产生基峰 m/z 84。从结构式也可知 $M^{+\cdot}$ 具有一定强度

m/z 84

(2) 对应 A。分子离子不稳定，$M^{+\cdot}$ 强度为零。M−H_2O−CH_3 产生基峰，M−H_2O−C_3H_7 产生 m/z 93

(3) 对应 C。因为酮类化合物的分子离子比醇类化合物的强，所以在 A、B、C 三种化合物中 C 的分子离

子强度最大

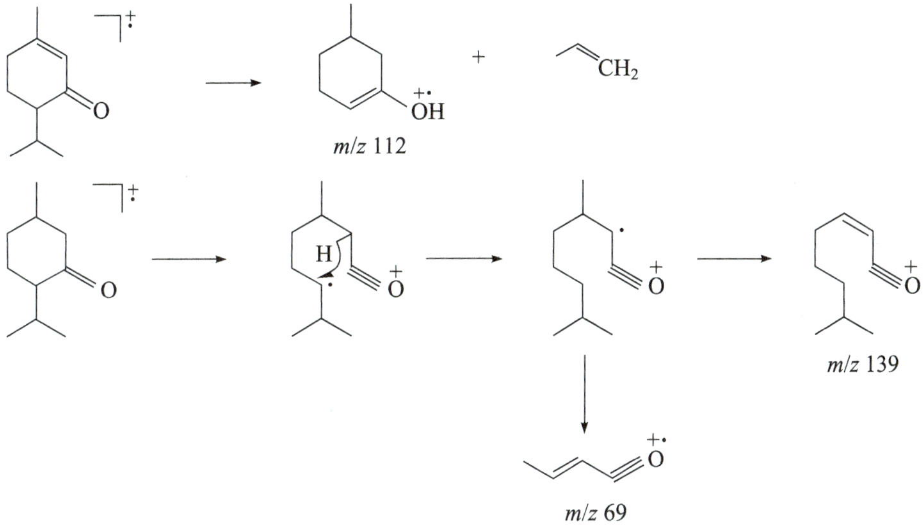

14. 它们都有苄基开裂，但产生的离子不同。A 产生 m/z 149 和 m/z 169 的离子，B 产生 m/z 91 的离子。

A 的开裂为

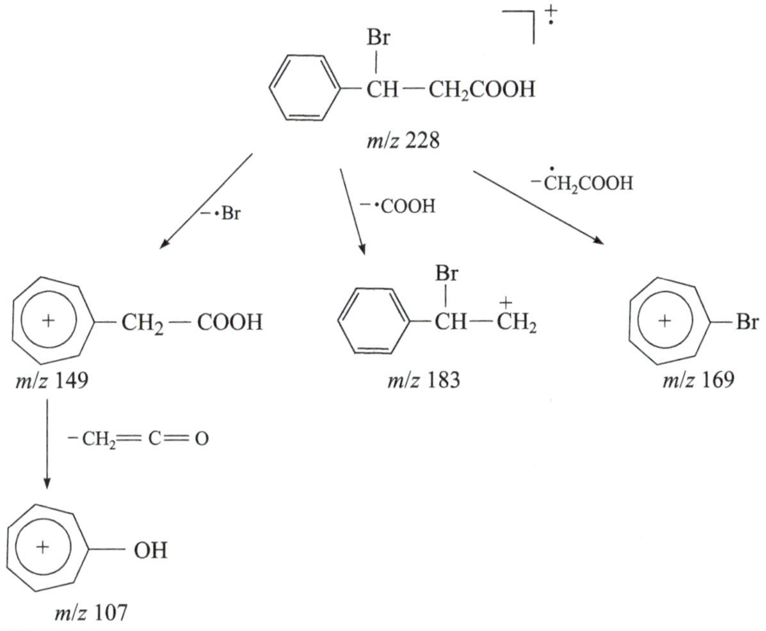

B 的开裂为

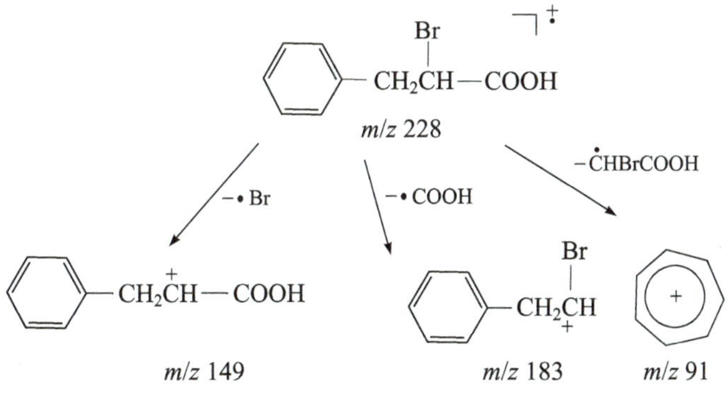

15. 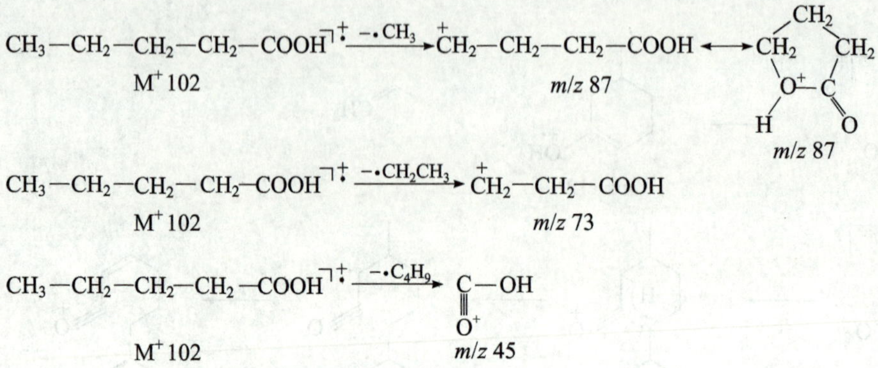

m/z 74 和 *m/z* 60 都是偶数，因此这些离子都是由重排产生的：

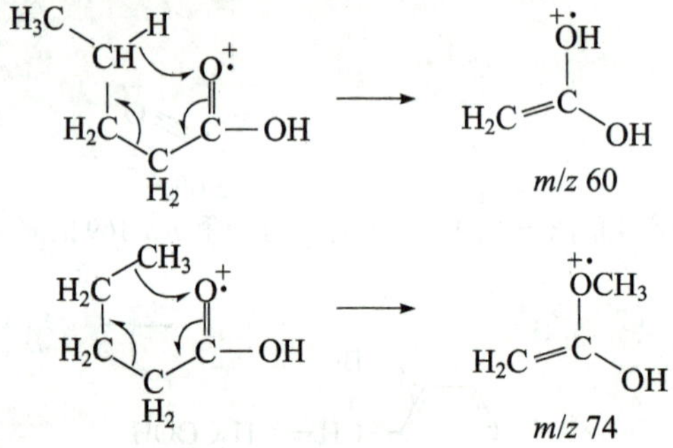

第 7 章　综 合 解 析

(结构式中数字为 ¹H NMR 和 ¹³C NMR 的δ值)

1. 3-戊酮(3-pentanone)

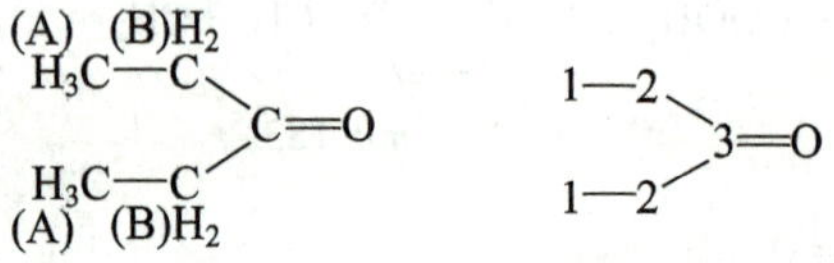

1.06	A
2.43	B

7.93	1
35.5	2
212.1	3

2. 对溴甲苯(*p*-bromotoluene)

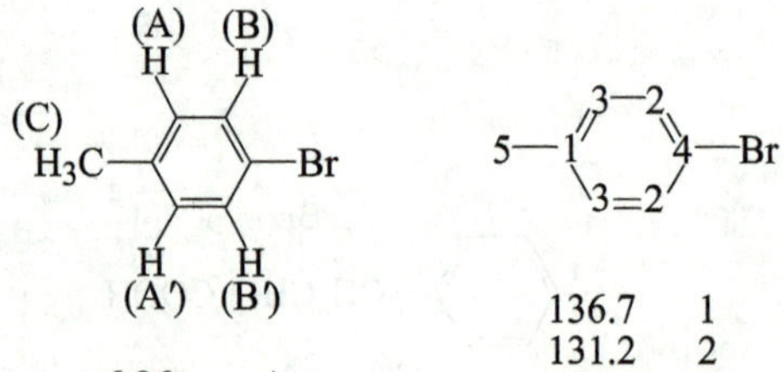

6.96	A
7.29	B
2.28	C

136.7	1
131.2	2
130.8	3
119.1	4
20.9	5

3. 新戊醇(neopentyl alcohol)

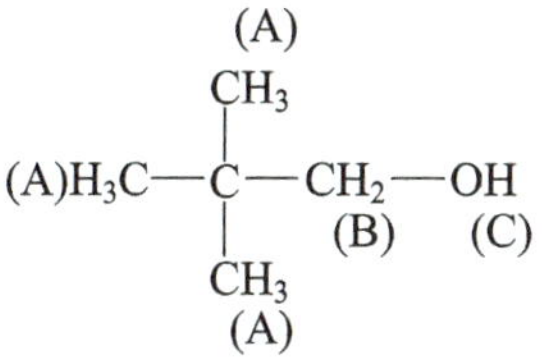

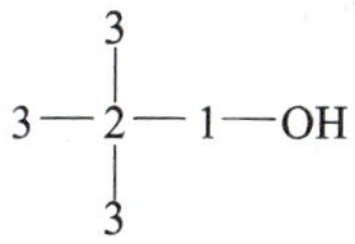

0.96 A
3.28 B
2.05 C

73.16 1
32.62 2
26.11 3

4\. 乙酸苄酯(benzyl acetate)

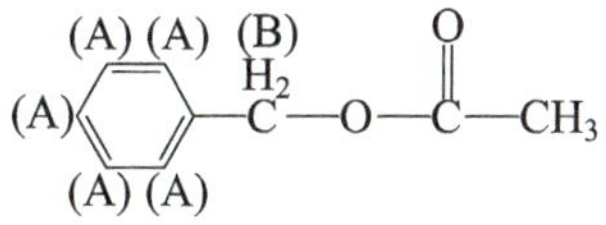

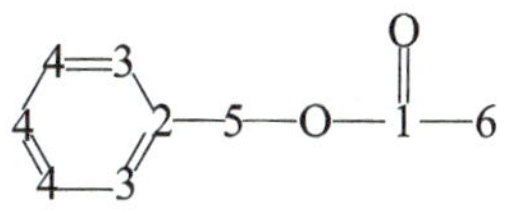

7.33 A
5.09 B
2.06 C

170.7 1
136.1 2
128.6 3
128.2 4
66.2 5
20.8 6

5\. 叔戊基苯(tert-pentylbenzene)

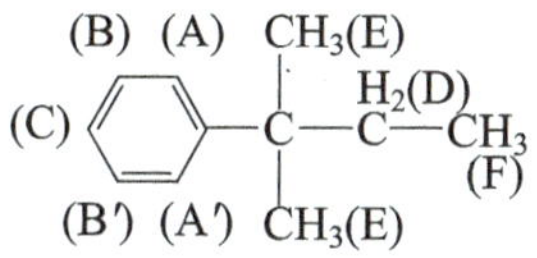

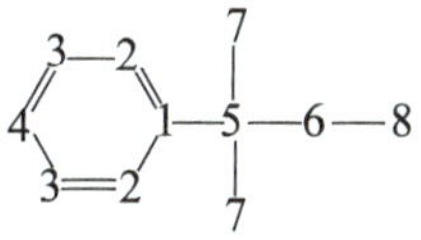

7.31 A
7.29 B
7.18 C
1.64 D
1.28 E
0.69 F

149.4 1
128.0 2
125.9 3
125.3 4
37.9 5
36.9 6
28.5 7
9.1 8

6\. 庚醛(heptanal)

(E) (D) (C) (B) (A)
$H_3C—(CH_2)_2—(CH_2)_2—CH_2—CHO$

7—6—3—4—5—2—1═O

9.8 A
2.4 B
1.6 C
1.3 D
0.9 E

202.8 1
44.0 2
31.6 3
28.9 4*
22.5 5*
22.1 6
14.0 7

7\. 1-苯基-1,2-乙二醇(1-phenyl-1,2-ethanediol)

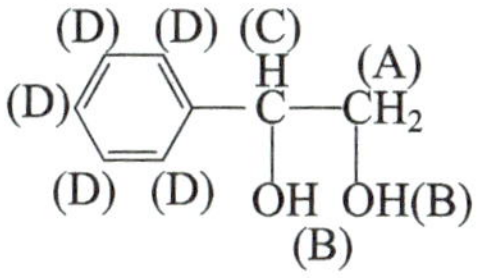

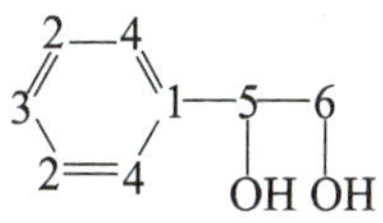

3.55～3.7 A
3.69 B
4.72 C
7.28 D

140.5 1
128.4 2
127.8 3
126.1 4
74.7 5
67.9 6

8\. 二异丙醚(diisopropyl ether)

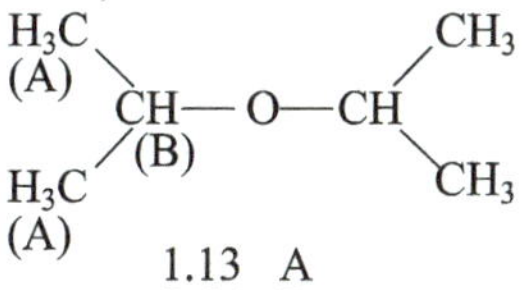

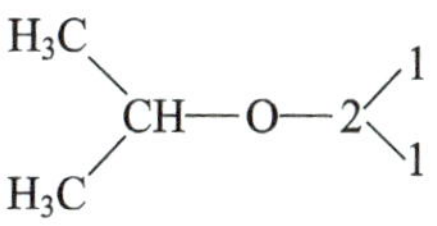

1.13 A
3.64 B

22.9 1
68.5 2

9. 3-苯基丙醛(3-phenylpropionaldehyde)

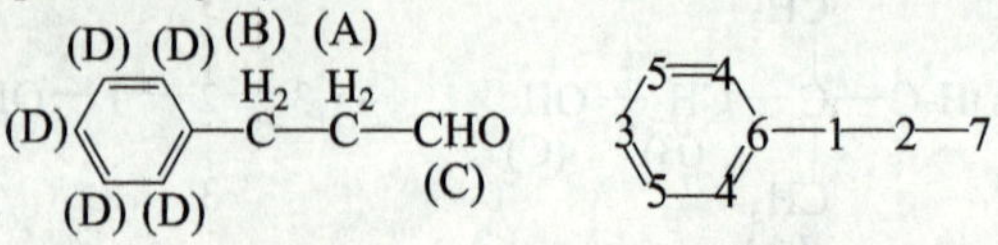

2.8	A
2.9	B
9.8	C
7.2	D

28.1	1
45.2	2
126.3	3
128.5	4
128.6	5
140.3	6
201.5	7

10. 4-二甲氨基苯甲醛[4-(dimethylamino)benzaldehyde]

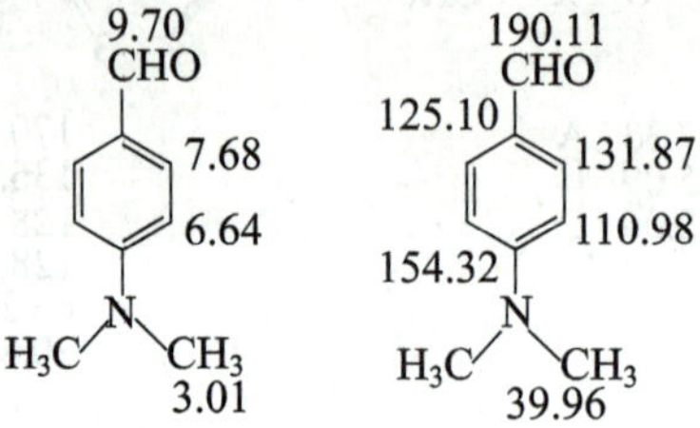

11. 乙酸乙烯酯(vinyl acetate)

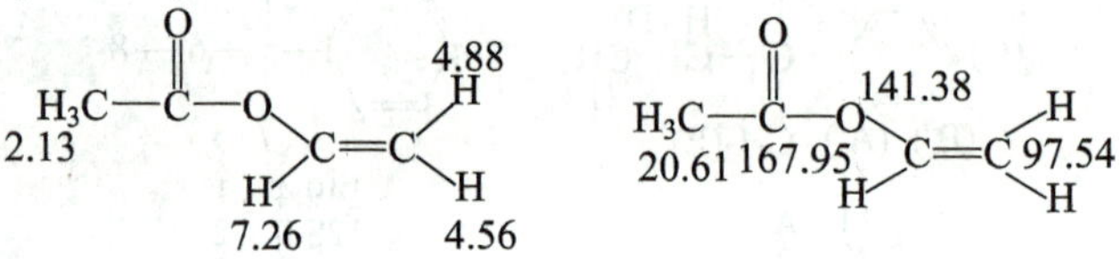

12. *N*,*N*-二甲基乙酰胺(*N*,*N*-dimethylacetamide)

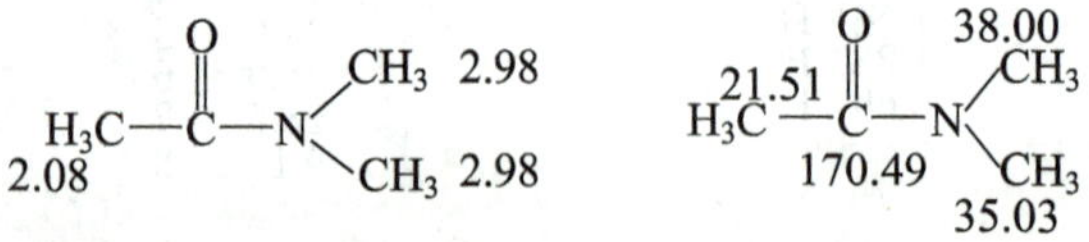

13. 2-二甲氨基乙腈[2-(dimethylamino)acetonitrile]

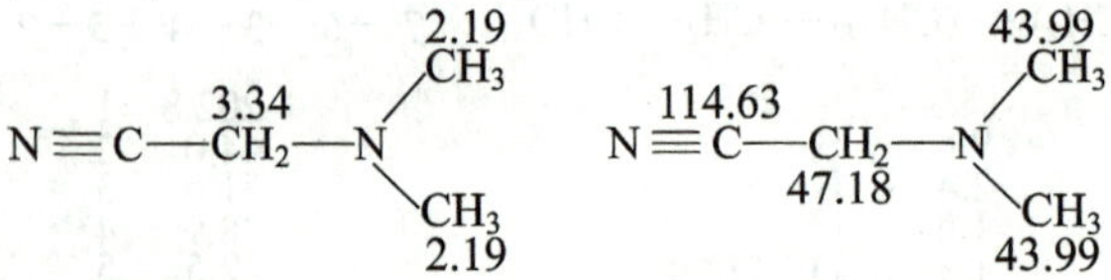

14. 丙二酸二乙酯(diethyl malonate)

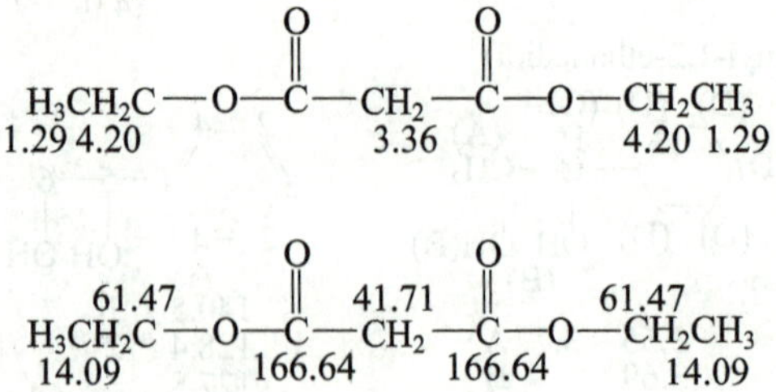

15. 对氟苯甲醚(*p*-fluoroanisole)

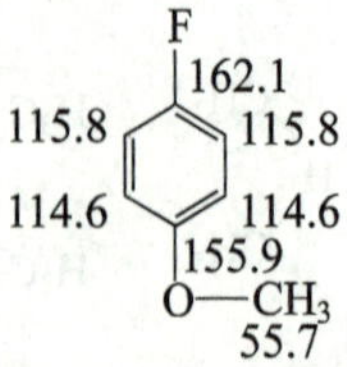

16. 1-甲基-4-异丙烯基-1-环己烯(1-methyl-4-isopropenyl-1-cyclohexene)

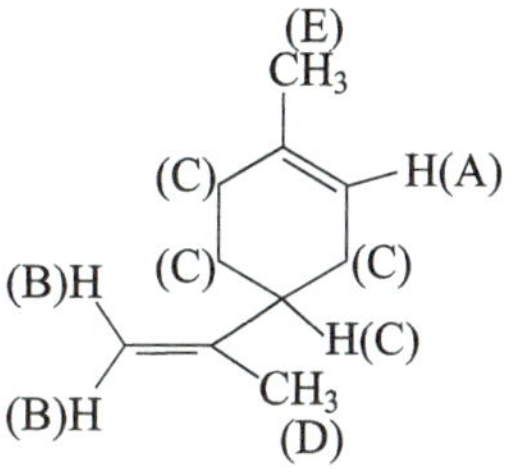

90 MHz数据

A	5.4
B	4.7
C	2.4～1.1
D	1.73
E	1.65

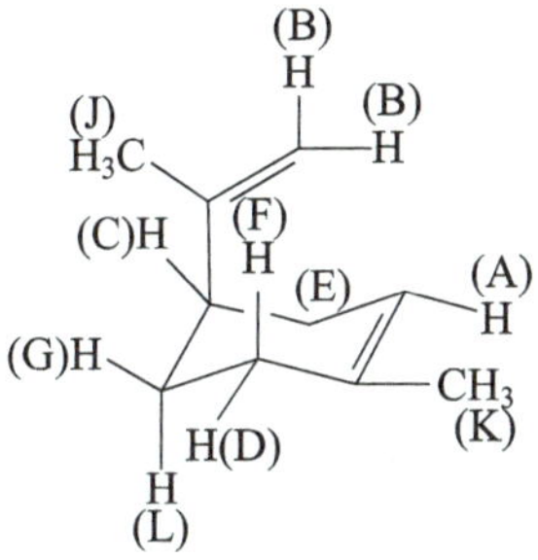

400 MHz数据

A	5.4	F	1.89
B	4.7	G	1.79
C	2.08	J	1.73
D	2.05	K	1.65
E	1.97	L	1.47

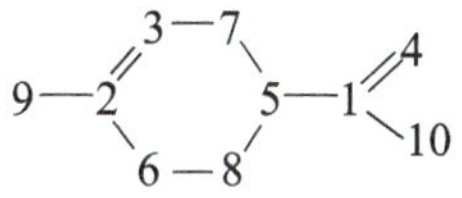

1	150.1	6	30.9
2	133.7	7	30.7
3	120.8	8	28.1
4	108.5	9	23.5
5	41.2	10	20.8

17. 3, 5-二甲基-1-己炔-3-醇(3,5-dimethylhex-1-yn-3-ol)

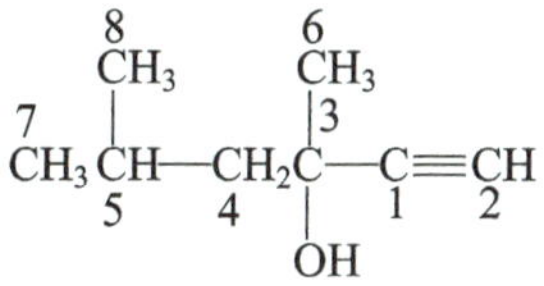

1	88.3	5	30.8
2	71.5	6	25.1
3	68.0	7*	24.3
4	51.6	8*	24.1

18. 2-苯乙胺(2-phenethylamine)

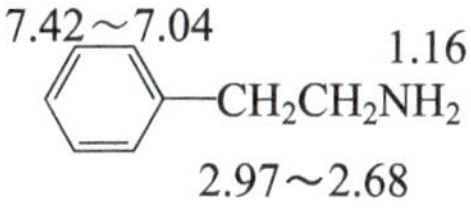

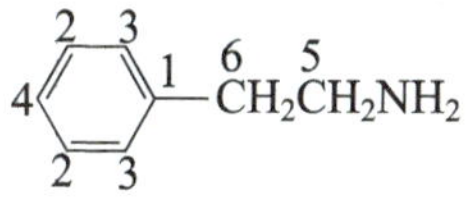

1	139.93(s)
2	128.80(d)
3	128.40(d)
4	126.09(d)
5	43.60(t)
6	40.19(t)

19. 苯氧基丙酮(phenoxyacetone)

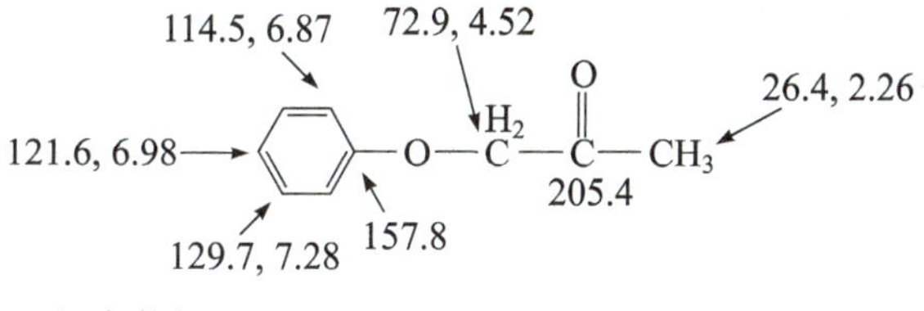

20. 甲基丙烯腈(methacrylonitrile)

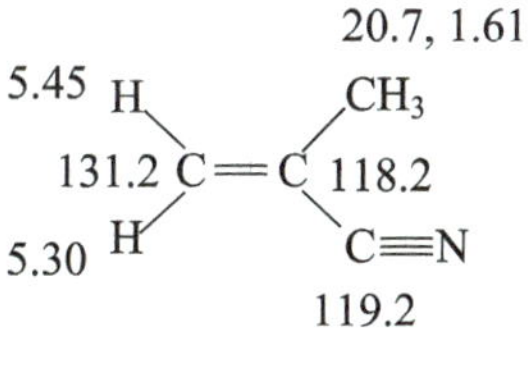

21. 乙酰乙酸乙酯(ethyl acetoacetate)

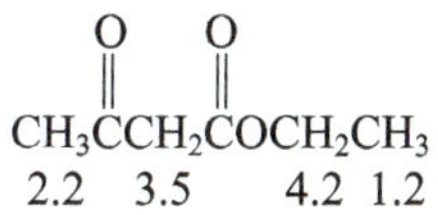

22. 1-氯-3, 3-二甲基-2-丁酮(1-chloro-3, 3-dimethyl-2-butanone)

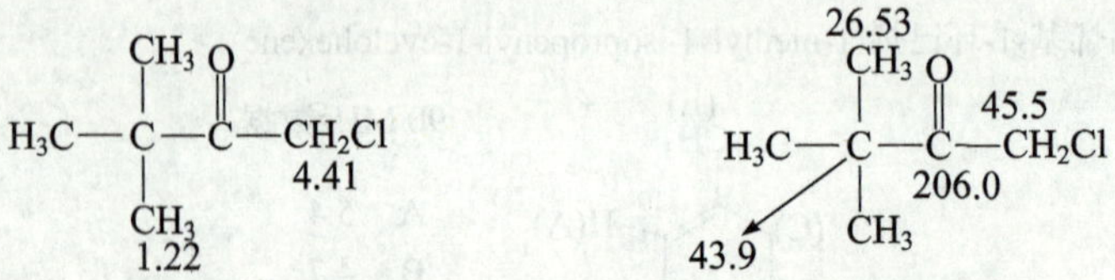

第 8 章　旋光光谱和圆二色光谱*

1. 它的平面投影(按八区律)如下所示，它应有正的科顿效应

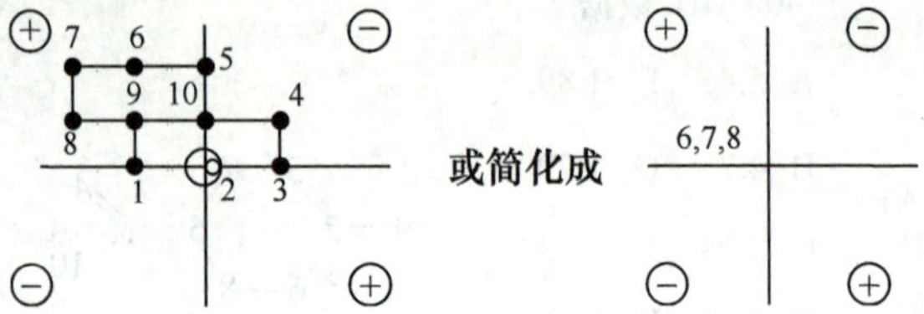

2. 从下面各自的投影图可看出，二者都应当有正的科顿效应，胆甾-2-酮的摩尔振幅应比胆甾-3-酮大得多

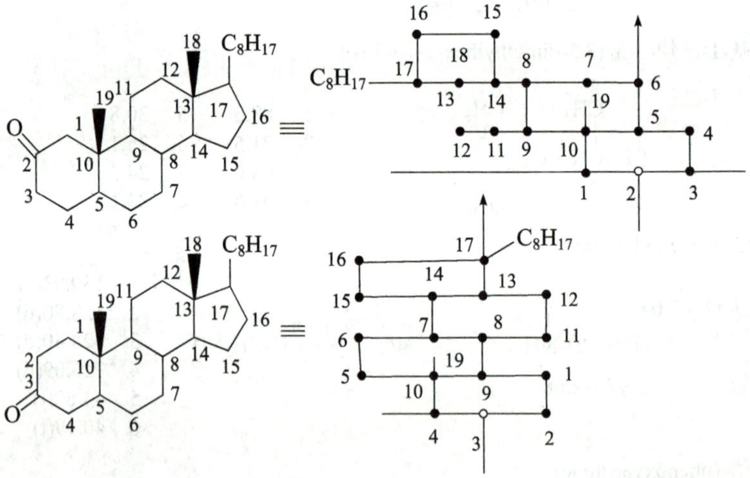

3. 该化合物的甲基有 e 构象的 A 与 a 构象的 B 两种结构，结构 A 为正科顿效应，结构 B 为负科顿效应。由于实验值为正，故该化合物为甲基有 e 构象的结构 A

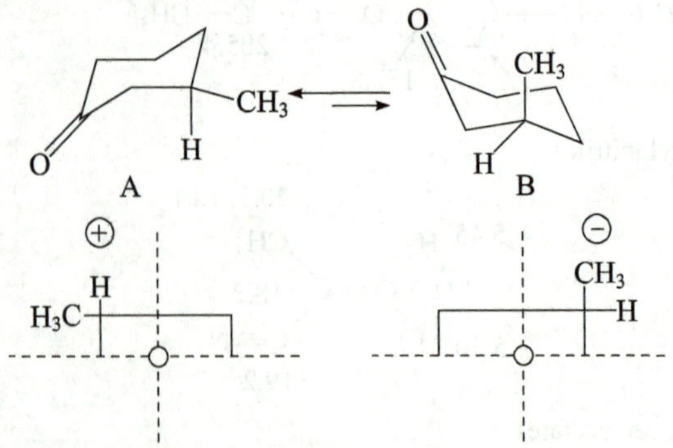

4. (1) 对应Ⅱ；(2) 对应Ⅳ；(3) 左旋；(4) 三者波长基本相等

主要参考文献

常建华, 郭立安. 1997. 有机化合物的分离与纯化. 西安: 陕西科学技术出版社.

陈德恒. 1985. 有机结构分析. 北京: 科学出版社.

陈耀祖. 1981. 有机分析. 北京: 高等教育出版社.

董庆年. 1977. 红外光谱学. 北京: 石油化学工业出版社.

范康年. 2001. 谱学导论. 北京: 高等教育出版社.

高桥浩. 1982. 波谱有机化学. 程能林译. 北京: 化学工业出版社.

郭永康, 鲍培谛. 1989. 光学教程. 成都: 四川大学出版社.

洪山海. 1980. 光谱解析法在有机化学中的应用. 北京: 科学出版社.

黄量, 于德泉. 2000. 紫外光谱在有机化学中的应用(上册). 北京: 科学出版社.

金斗满, 朱文祥. 1996. 配位化学研究方法. 北京: 科学出版社.

克拉克 J T, 普雷特施 E, 塞布尔 J. 1986. 有机化合物的结构分析：波谱方法的组合应用. 贾韵仪, 董庭威译. 上海: 上海翻译出版社.

勒格朗 M, 鲁吉耶 M J. 1990. 旋光谱和圆二色光谱. 陈荣峰等译. 开封: 河南大学出版社.

梁晓天. 1982. 核磁共振: 高分辨氢谱的解析和应用. 北京: 科学出版社.

罗庆尧, 邓延倬, 蔡汝秀, 等. 1998. 分光光度分析. 北京: 科学出版社.

麦克拉弗蒂 F W. 1987. 质谱解析. 3 版. 王光辉, 姜龙飞, 汪聪慧译. 北京: 化学工业出版社.

孟令芝, 龚淑玲, 何永炳, 等. 2016. 有机波谱分析. 4 版. 武汉: 武汉大学出版社.

宁永成. 2000. 有机化合物结构鉴定与有机波谱学. 2 版. 北京: 科学出版社.

宁永成. 2010. 有机波谱学谱图解析. 北京: 科学出版社.

清华大学分析化学教研室. 1983. 现代仪器分析. 北京: 清华大学出版社.

沈其丰, 徐广智. 1986. ^{13}C 核磁共振及其应用. 北京: 化学工业出版社.

沈淑娟. 1992. 波谱分析法. 上海: 华东化工学院出版社.

唐恢同. 1992. 有机化合物的光谱鉴定. 北京: 北京大学出版社.

田中诚之. 1986. 有机化合物的结构测定方法. 姚海文译. 北京: 化学工业出版社.

王宗明, 何欣翔, 孙殿卿. 1990. 实用红外光谱学. 北京: 石油化学工业出版社.

谢晶曦, 常俊标, 王绪明. 2001. 红外光谱在有机化学和药物化学中的应用(修订版). 北京: 科学出版社.

杨立. 1996. 二维核磁共振简明原理及图谱解析. 兰州: 兰州大学出版社.

杨文火, 王宏钧, 卢葛覃. 1994. 核磁共振原理及其在结构化学中的应用. 增订版. 福州: 福建科学技术出版社.

姚新生, 陈英杰. 1981. 有机化合物波谱分析. 北京: 人民卫生出版社.

叶秀林. 1983. 立体化学. 北京: 高等教育出版社.

尤田耙. 1993. 手性化合物的现代研究方法. 合肥: 中国科学技术大学出版社.

游效曾. 1982. 结构分析导论. 北京: 科学出版社.

张华. 2005. 现代有机波谱分析. 北京: 化学工业出版社.

赵天增. 1983. 核磁共振氢谱. 北京: 北京大学出版社.

赵瑶兴, 孙祥玉. 2003. 有机分子结构光谱鉴定. 北京: 科学出版社.

朱良漪. 1997. 分析仪器手册. 北京: 化学工业出版社.

Silverstein R M, Webster F X, Kiemle D J. 2007. 有机化合物的波谱分析. 药明康德新药开发有限公司分析部译. 上海: 华东理工大学出版社.

科学出版社

教学支持说明

科学出版社为了对教师的教学提供支持，特对教师免费提供本教材的电子课件，以方便教师教学。

获取电子课件的教师需要填写如下情况的调查表，以确保本电子课件仅为任课教师获得，并保证只能用于教学，不得复制传播用于商业用途。否则，科学出版社保留诉诸法律的权利。

微信关注公众号“科学 EDU”，可在线申请教材课件。也可将本证明签字盖章、扫描后发送到 chem@mail.sciencep.com，我们确认销售记录后立即赠送。

如果您对本书有任何意见和建议，也欢迎您告诉我们。意见经采纳，我们将赠送书目，教师可以免费选书一本。

证　明

兹证明______________大学____________学院/______系第______学年□上□下学期开设的课程，采用科学出版社出版的____________ /______________（书名/作者）作为上课教材。任课教师为______________共_____________人，学生______个班共________人。

任课教师需要与本教材配套的电子教案。

电　话：________________________________

传　真：________________________________

E-mail：________________________________

地　址：________________________________

邮　编：________________________________

院长/系主任：____________（签字）

（学院/系办公室章）

____年___月___日